# 园林景观设计

# SketchUp 2016

# 从入门到精通

麓山文化 编著

机械工业出版社

本书共10章，分为三大篇，上篇为软件基础篇（第1章~第3章），第1章介绍了园林景观设计的基础知识，第2章介绍SketchUp软件的基础知识，使SketchUp新手能够快速熟悉和掌握软件的基本用法，第3章通过6个典型的园林景观小品，讲解了SketchUp常用的建模方法和技巧；中篇为项目实战篇（第4章~第8章），通过精选的别墅庭院、屋顶花园、道路景观、滨水广场及公共绿地5个大型综合案例，结合3dsmax、V-Ray及Photoshop软件，详细讲解了各种类型、各种表现手法的园林景观设计方法和技巧；下篇为平面后期篇（第9章、第10章），讲解了使用彩绘大师（Piranesi）进行后期彩绘表现和使用Photoshop制作彩色平面布置图的方法和技巧。

全书采用“基础讲解+项目实战”的方式编写，以SketchUp软件为主线，全面讲述了SketchUp与其他软件完美结合，协作完成手绘、写实、全模、页面动画以及彩绘在内的多种园林景观表现效果的方法与技巧。

本书配套资源丰富，除提供了全书所有案例的场景文件、贴图和后期素材外，还赠送了全书高清语音视频教程，手把手的课堂讲解可以成倍提高读者的学习兴趣和效率。

本书内容丰富，讲解详尽，所有的知识点均根据不同软件的特点与园林景观设计表现的需求而编排，因此特别适合园林景观方面的设计人员与爱好者阅读，同时也适合大、中专院校相关专业师生作为园林景观专业教材。


**图书在版编目（CIP）数据**

园林景观设计SketchUp 2016从入门到精通/麓山文化编著.—4版.—北京：机械工业出版社，2017.12（2022.1重印）

ISBN 978-7-111-58489-6

Ⅰ.①园… Ⅱ.①麓… Ⅲ.①园林设计—景观设计—计算机辅助设计—应用软件 Ⅳ.①TU986.2-39

中国版本图书馆CIP数据核字(2017)第280625号

机械工业出版社（北京市百万庄大街22号 邮政编码100037）
责任编辑：曲彩云 责任校对：李秋华 责任印制：张 博
涿州市般润文化传播有限公司印刷
2022年1月第4版第6次印刷
184mm×260mm · 22.75印张 · 549千字
13001—14000册
标准书号：ISBN 978-7-111-58489-6
定价：69.00元

凡购本书，如有缺页、倒页、脱页，由本社发行部调换

| 电话服务 | | 网络服务 |
| --- | --- | --- |
| 服务咨询热线： | 010-88361066 | 机工官网：www.cmpbook.com |
| 读者购书热线： | 010-68326294 | 机工官博：weibo.com/cmp1952 |
| | 010-88379203 | 金 书 网：www.golden-book.com |
| 编辑热线： | 010-88379782 | 教育服务网：www.cmpedu.com |

# 前　言

## 本书内容

SketchUp 是直接面向设计过程的三维软件，广泛应用于室内、建筑、园林景观以及规划等设计领域中。本书通过精选的工程实际案例，全面介绍以 SketchUp 软件为主体，结合 V-Ray、Photoshop 以及彩绘大师（Piranesi）对园林景观进行设计与表现的方法和技巧。

全书由 10 章组成，各章涉及的知识点分布如下：

第 1 章：简明扼要地介绍了园林景观设计的基础知识，包括园林设计概念与分类、原则与发展趋势、构成要素以及中西园林的主要类别与特点。

古典园林

现代园林模型

经典中式园林

经典西方园林

第 2 章：全面介绍了 SketchUp 的界面组成、工具栏、特色功能、插件应用，以及与 AutoCAD、3ds max 等软件的文件互转。通过学习该章，可以快速掌握 SketchUp 软件的使用，为后面的实例制作打下坚实的基础。

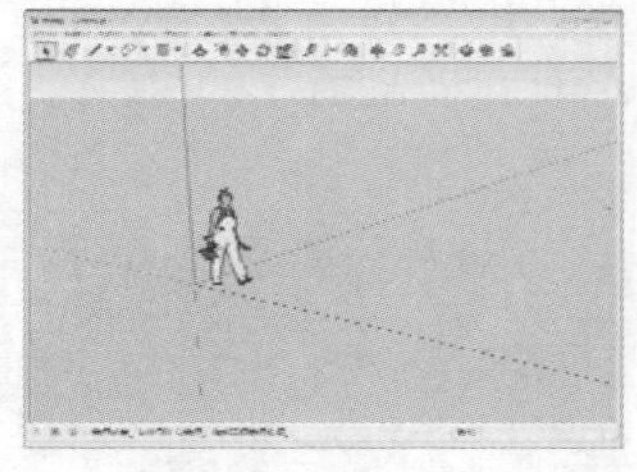

SketchUp 界面

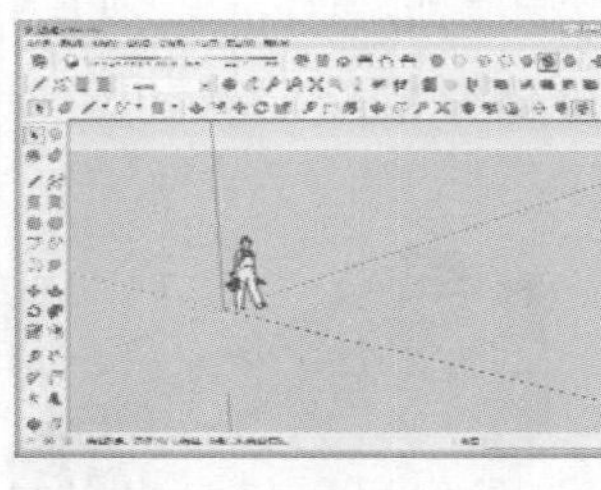

SketchUp 工具栏

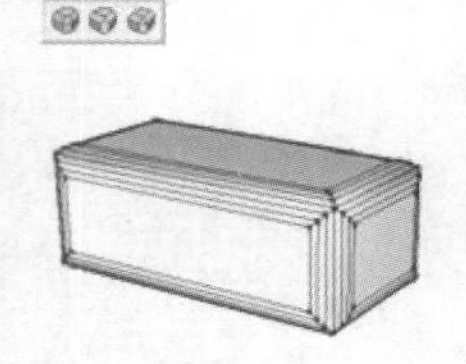

SketchUp 常用插件

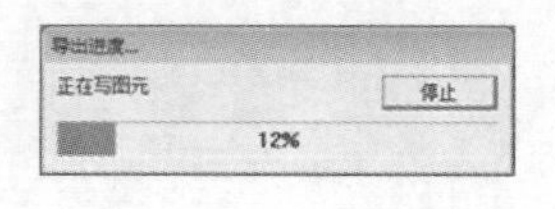


SketchUp 文件互转

第 3 章：精选了 6 个园林小品模型，以熟悉 SketchUp 的操作界面，了解其基本操作方法，快速掌握园林模型的一般创建流程。

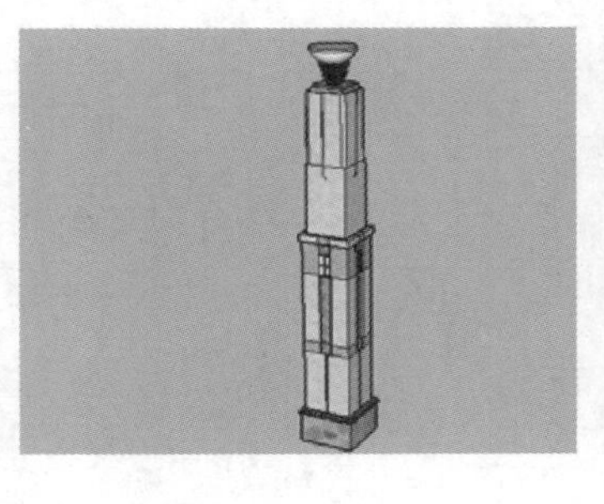

艺术装饰灯柱

树池坐凳

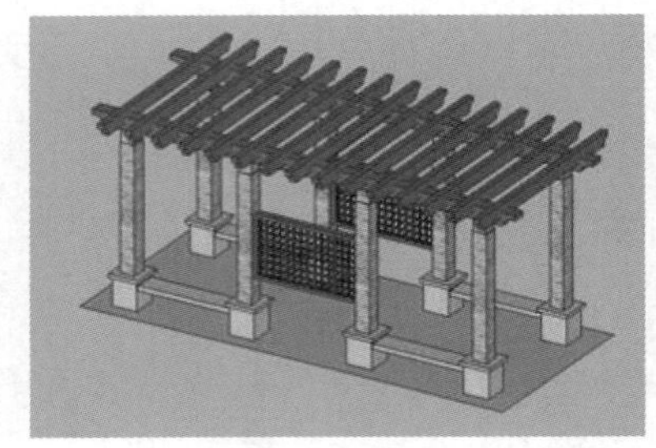

砖木廊架

中式公交站台

竹池跌水

水池花架

第 4 章：本章为别墅庭院景观表现案例，首先讲述了 AutoCAD 图纸精简与分析建模思路的方法，然后着重讲述了别墅庭院建筑、花架、水体景观、园路、园林建筑等模型的创建过程与细化。

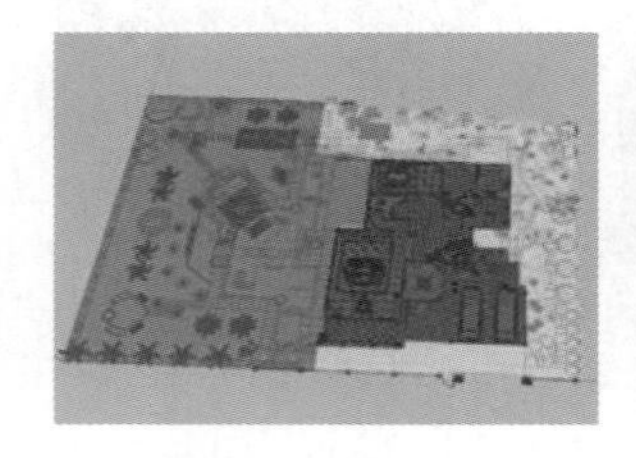

导入图纸分割区域

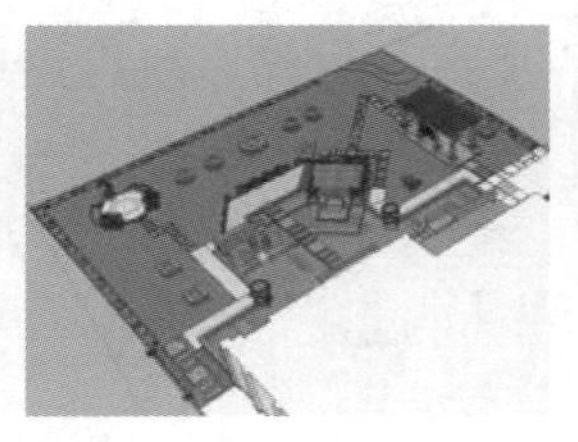

建立前方景观细节

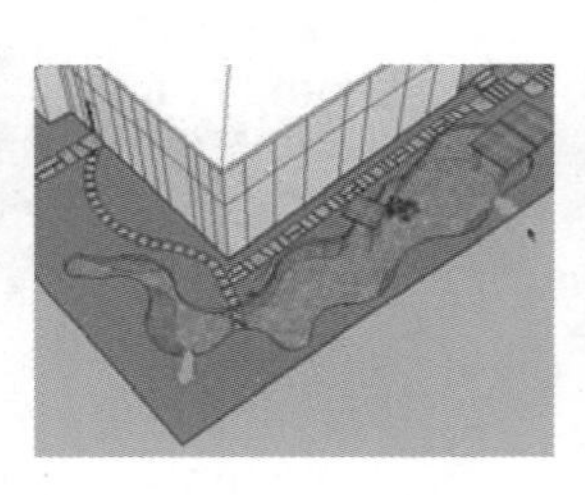

建立后方景观细节

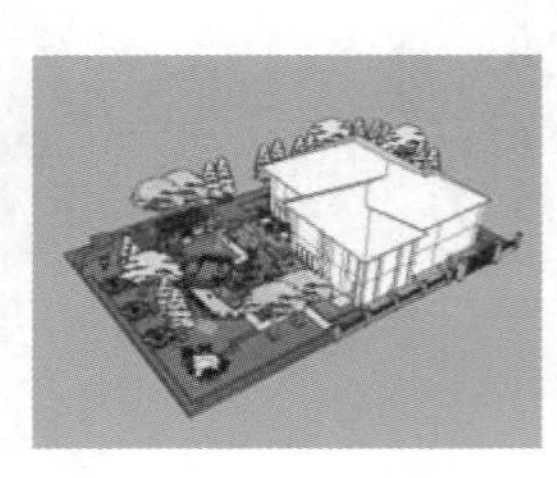

完成最终细节

第 5 章：为别墅屋顶花园实例，首先讲述了屋顶花园模型的创建过程，然后讲解了导入模型至 3ds max,使用 VRay 渲染器进行渲染的方法，最后讲解了使用 Photoshop 快速添加植被绿化，并进行后期处理的方法与技巧。

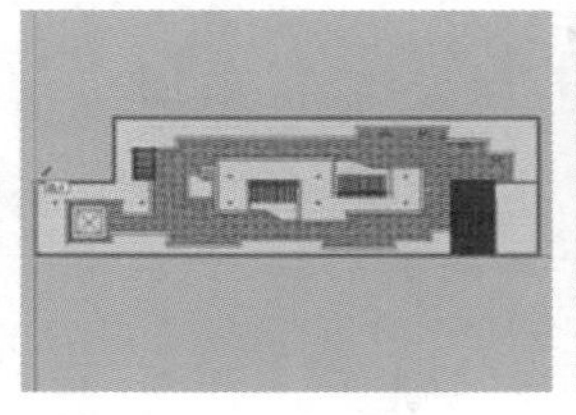

导入图纸

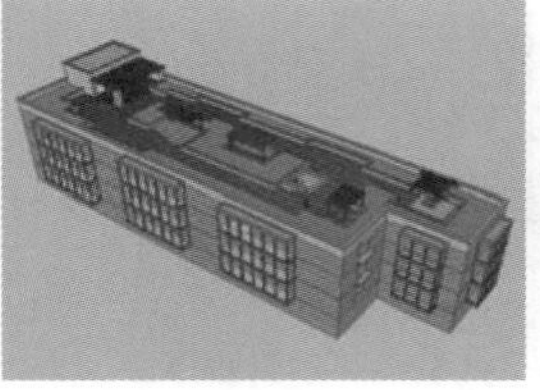

建立 SketchUp 模型

3ds max 渲染

Photoshop 后期处理

第 6 章：为道路及站台绿化全模表现实例，首先讲述了 SketchUp 创建道路和站台模型的方法，然后讲述了导入模型至 3ds max，进行路灯、车辆、人物以及绿化植物全模效果制作的方法与技巧，最后讲述了通过 Photoshop 进行细节美化的方法。

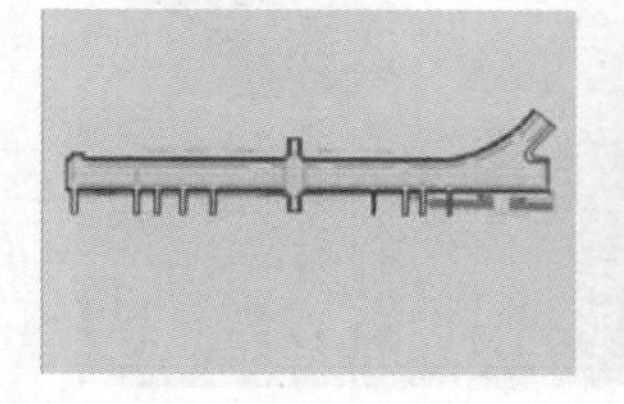

导入图纸

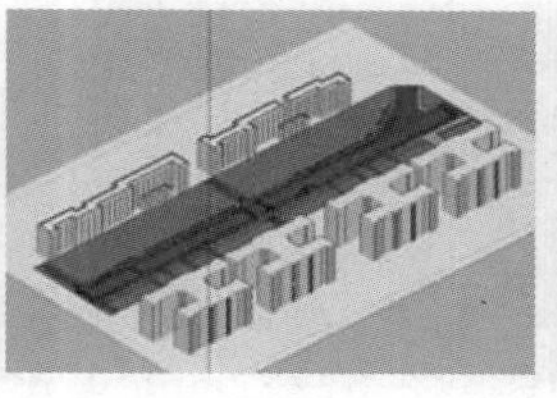

建立 SketchUp 模型

3dsmax 渲染

Photoshop 后期处理

第 7 章：为滨水广场漫游动画实例，首先介绍了通过 SketchUp 创建基本场景的方法，然后重点讲解了动画场景的处理方法与漫游动画制作和输出技巧。

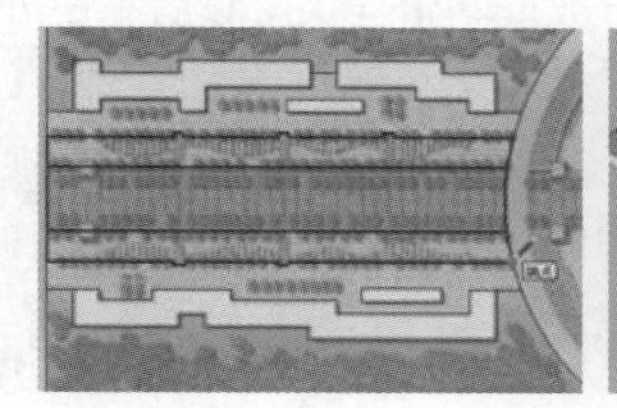

导入图纸

建立基本模型

加工页面动画模型

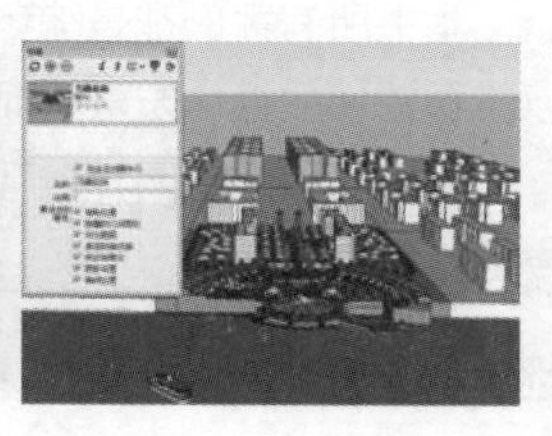

制作页面漫游动画

页面动画截图 1

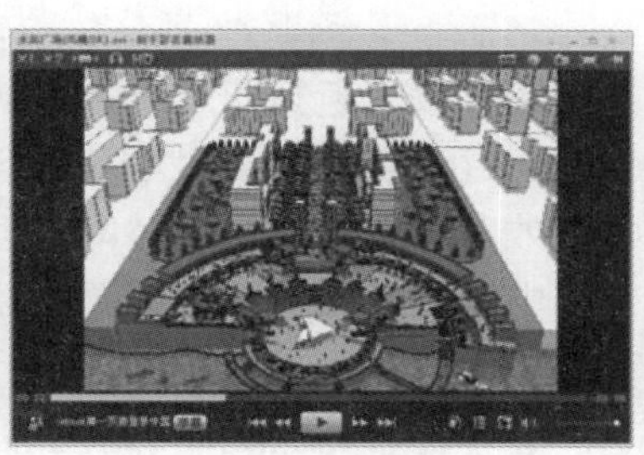

页面动画截图 2

页面动画截图 3

第 8 章：为公共绿地景观广场实例，主要讲述了大型园林景观项目的创建流程，学习该章内容，可以掌握大型场景制作的方法与技巧。

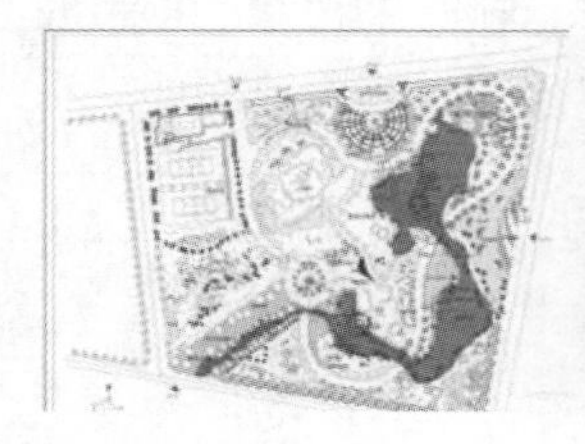

导入图纸

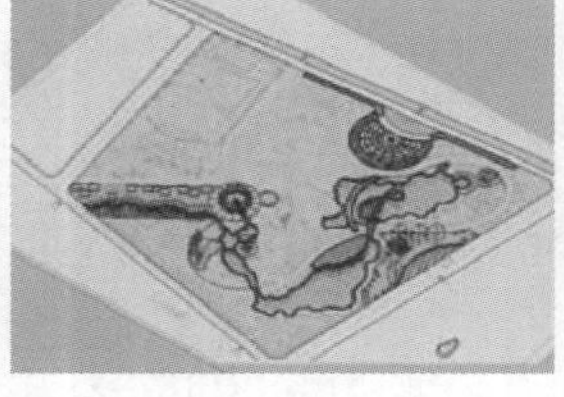

建立景观模型

建立配套设施

完成最终效果

第 9 章：为彩绘大师后期处理实例，首先逐步介绍了彩绘大师（Piranesi）的基本使用方法，然后讲述了水面、天空的处理方法与技巧。

第 10 章：为 Photoshop 小区彩平图制作实例，讲述了 Photoshop 制作彩色总平面图的方法、流程和相关技巧。

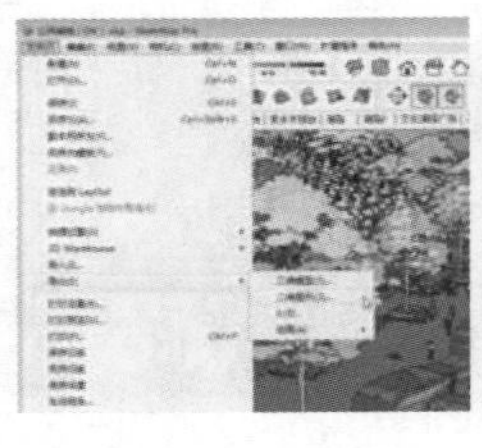
导出文件

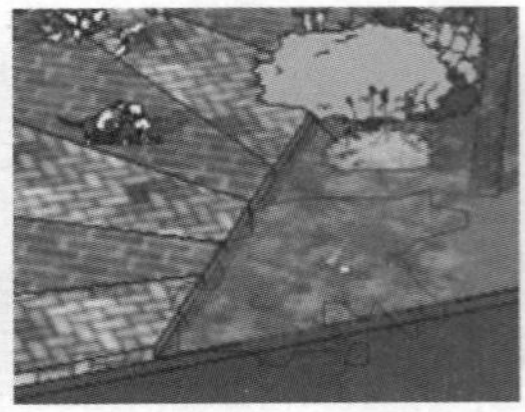
处理细节

彩绘效果 1

彩绘效果 2

## 读者群体

本书所有案例都是编者根据工程实际设计方案提炼而成，具有极强的实用性，通过本书的学习，读者不但可以掌握软件的操作方法，而且能够全面提高园林景观方案的设计与表现能力。

本书特别适合园林景观方面的设计人员与爱好者阅读，同时也适合大、中专院校相关专业师生作为园林景观专业教材。

## 本书配套资源

本书物超所值，除了书本之外，还附赠以下资源（扫描“资源下载”二维码即可获得下载方式）：

配套教学视频：配套 100 集高清语音教学视频，总时长达 960 分钟。读者可以先像看电影一样轻松愉悦地通过教学视频学习本书内容，然后对照本书加以实践和练习，以提高学习效率。

本书实例的文件和完成素材：书中所有实例均提供了源文件和素材，读者可以使用 SketchUp 2016 打开或访问。

附赠素材：免费赠送常用的家具、艺术品、人物、树木、贴图等 SketchUp 模型，读者在实际工作过程中灵活运用，可以大幅提升工作效率。

资源下载

## 本书作者

本书由麓山文化编著，参加编写的有：陈志民、江凡、张洁、马梅桂、戴京京、骆天、胡丹、陈运炳、申玉秀、李红萍、李红艺、李红术、陈云香、陈文香、陈军云、彭斌全、林小群、刘清平、钟睦、刘里锋、朱海涛、廖博、喻文明、易盛、陈晶、张绍华、黄柯、何凯、黄华、陈文轶、杨少波、杨芳、刘有良、刘珊、赵祖欣、毛琼健、宋瑾等。

由于编者水平有限，书中错误、疏漏之处在所难免。在感谢您选择本书的同时，也希望您能够把对本书的意见和建议告诉我们。

读者服务邮箱：lushanbook@qq.com
读 者 QQ 群：155633192

麓山文化

# 目 录

## 中篇 项目实战篇

# 下篇 平面后期篇

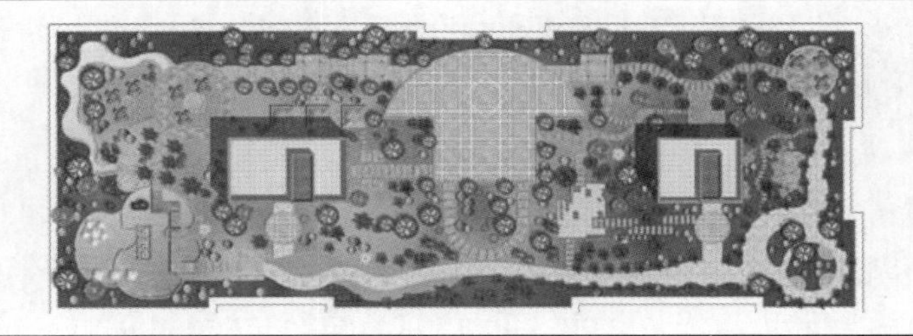

上篇　软件基础篇

# 第 1 章

# 园林景观设计概述

随着社会的发展，经济的繁荣和文化水平的提高，人们对自己所居住、生存的环境表现出越来越普遍的关注，并提出越来越高的要求。作为一门环境艺术，园林设计的目的就是为了创造出景色如画、环境舒适、健康文明的优美环境。

作为全书的开篇，本章将介绍园林设计的一些基础知识，使读者对园林设计和各式园林的特点和组成有一个大概的了解。

# 1.1 园林设计概念与分类

园林设计是一门研究如何应用艺术和技术手段处理自然、建筑和人类活动之间的复杂关系，使其达到和谐完美、生态良好、景色如画之境界的一门学科。园林设计这门学科所涉及的知识面非常广，包含文学、艺术、生物、生态、工程、建筑等诸多领域。

## 1.1.1 园林设计概念

园林就是在一定的地域运用工程技术和艺术手段，通过改造地形（或进一步筑山、叠石、理水）、种植树木花草、营造建筑和布置园路等途径创作而成的美的自然环境和游憩境域。包括庭园、宅园、小游园、花园、公园、植物园、动物园等传统园林，随着园林学科的发展，还包括森林公园、风景名胜区、自然保护区和国家公园的游览区以及休养胜地等新形式园林。

按照现代人的理解，园林不只是作为游憩之用，而且具有保护和改善环境的功能。植物可以吸收二氧化碳，放出氧气，净化空气；能够在一定程度上吸收有害气体、吸附尘埃、减轻污染；可以调节空气的温度、湿度，改善小气候；还有减弱噪声和防风、防火等防护作用。尤为重要的是园林在人们心理上和精神上的有益作用，游憩在景色优美和安静的园林中，有助于消除长时间工作带来的紧张和疲乏，使脑力和体力均得到恢复。此外，园林中的文化、游乐、体育、科普教育等活动，更可以丰富知识、充实精神生活。

## 1.1.2 园林的分类

古今中外的园林，尽管内容极其丰富多样，风格也各自不同；如果按照山、水、植物、建筑四者本身的经营和它们之间的组合关系来加以考查，则不外乎以下四种形式：

### 1. 规整式园林

此种园林的规划讲究对称均齐的严整性，讲究几何形式的构图。建筑物的布局固然是对称均齐的，即使植物配置和筑山理水也按照中轴线左右均衡的几何对位关系来安排，着重于强调园林总体和局部的图案美，如图1-1所示。

图 1-1　传统园林

图 1-2　风景式园林

### 2. 风景式园林

此种园林的规划与前者恰好相反，讲究自由灵活、不拘一格。一种情况是利用天然的山水地貌并加以适当的改造和剪裁，在此基础上进行植物配置和建筑布局，着重于精炼而概括地表现天然之美。另一种情况是将天然山水缩移并模拟在一个小范围之内，通过“写意”式的再现手法而得到小中见大的园林景观效果。风景式园林如图 1-2 所示。

### 3. 混合式园林

混合式园林即为规整式与风景式相结合的园林。如图 1-3 ~ 图 1-6 所示。

图 1-3　规整式园林 1

图 1-4　规整式园林 2

图 1-5　风景式园林 1

图 1-6　风景式园林 2

### 4. 庭园（院）

以建筑物从四面或三面围合成一个庭院空间，在这个比较小而封闭的空间里面点缀山池，配置植物。庭院与建筑物特别是主要厅堂的关系很密切，可视为室内空间向室外的延伸。如图 1-7 和图 1-8 所示。

图 1-7　中式庭院(园)

图 1-8　日式庭院(园)

# 1.2 园林设计的原则与发展趋势

## 1.2.1 园林设计的原则

“适用、经济、美观”是园林设计必须遵循的原则。

在园林设计过程中，“适用、经济、美观”三者之间不是孤立的，而是紧密联系不可分割的整体。单纯地追求适用、经济，不考虑园林艺术的美感，就要降低园林艺术水准，失去吸引力，不受广大群众的喜欢；如果单纯地追求美观，不全面考虑到适用和经济问题，就可能产生某种偏差或缺乏经济基础而导致设计方案成为一纸空文。所以，园林设计工作必须在适用和经济的前提下，尽可能地做到美观，美观必须与适用、经济协调起来，统一考虑，最终创造出理想的园林艺术作品。

## 1.2.2 园林设计的发展趋势

随着社会的发展，新技术的崛起和进步，园林设计也必须要适应新时代的需要。在城市环境日益恶化的今天，以生态学的原理和实践为依据，将是园林设计的发展趋势。

### 1. 生态化

近年来，“生态化设计”一直是人们关心的热点，也是疑惑之点。生态设计在建筑设计和园林景观设计领域尚处于起步阶段，对其概念的阐释也是各有不同。概括起来，一般包含两个方面：

- 用生态学原理来指导设计；
- 使设计的结果在对环境友好的同时又满足人类需求。

生态化设计就是继承和发展传统园林景观设计的经验，遵循生态学的原理，建设多层次、多结构、多功能的科学植物群落，建立人类、动物、植物相关联的新秩序，使其在对环境的破坏影响最小的前提下，达到生态美、科学美、文化美和艺术美的统一，为人类创造清洁、优美、文明的景观环境。

### 2. 人性化

人性化设计是以人为中心，注意提升人的价值，尊重人的自然需要和社会需要的动态设计哲学。在以人为中心的问题上，人性化的考虑也是有层次的，以人为中心不是片面地考虑个体的人，而是综合地考虑群体的人、社会的人，考虑群体的局部与社会的整体结合，社会效益与经济效益相结合，使社会的发展与更为长远的人类生存环境的和谐统一。因此，人性化设计应该是站在人性的高度上把握设计方向，以综合协调园林设计所涉及的深层次问题。

人性化设计更大程度地体现在设计细节上，如各种配套服务设施是否完善，尺度问题，材质的选择等。近年来，人们可喜的看到，为方便残疾人的轮椅车上下行走及盲人行走，很多城市广场、街心花园都进行了无障碍设计。但目前我国景观设计在这方面仍不够成熟，如有一些过街天桥台阶宽度的设计缺乏合理性，迈一步太小，迈两步不够，不论多大年龄的人走起来都非常费力。另外，一些有一定危险的地方所设的防护拦过低，遇到有大型活动人多相互拥挤时，容易发生危险和不测。

总而言之，在整个园林设计过程中，应始终围绕着“以人为本”的理念进行每一个细部的规划设计。“以人为本”的理念不只局限在当前的规划，服务于当代的人类，而且应是长远的、尊重自然的、维护生态的，以切实为人类创造可持续发展的生存空间。

# 1-3 园林设计构成要素

任何一种艺术和设计学科都具有特殊的固有的表现方法。园林设计也一样，正是利用这些手法将作者的构思、情感、意图变成舒适优美的环境，供人观赏、游览。

一般来说，园林的构成要素包括五大部分：地形、水体、园林建筑、道路和植物。这五大要素通过有机组合，构成一定特殊的园林形式，成为表达某一性质、某一主题思想的园林作品。

## 1.3.1 地形

地形是园林的基底和骨架，主要包括平地、土丘、丘陵、山峦、山峰、凹地、谷地、坞、坪等类型，如图1-9与图1-10所示。地形因素的利用和改造，将影响到园林的形式、建筑的布局、植物配植、景观效果等因素。

图 1-9　以平地为基础的园林

图 1-10　以山峦为基础的园林

总的来说，地形在园林设计中可以起到如下的作用：

### 1. 骨架作用

地形是构成园林景观的骨架，是园林中所有景观元素与设施的载体，它为园林中其他景观要素提供了赖以存在的基面。地形对建筑、水体、道路等的选线、布置等都有重要的影响。地形坡度的大小、坡面的朝向也往往决定建筑的选址及朝向。因此，在园林设计中，要根据地形合理地布置建筑、配置树木等。

### 2. 空间作用

地形具有构成不同形状、不同特点园林空间的作用。地形因素直接制约着园林空间的形成。地块的平面形状、竖向变化等都影响园林空间的状况，甚至起到决定性的作用。如在平坦宽阔的地形上形成的空间一般是开敞空间，而在山谷地形中的空间则必定是闭合空间。

### 3. 景观作用

作为造园诸要素载体的底界面，地形具有扮演背景角色的作用。如一块平地上的园林建筑、小品、道路、树木、草坪等形成一个个的景点，而整个地形则构成此园林空间诸景点要素的共同背景。除此之外，地形还具有许多潜在的视觉特性，通过对地形的改造和组合，形成不同的形状，可以产生不同的视觉效果。

## 1.3.2 水体

我国园林以山水为特色，水因山转，山因水活。水体能使园林产生很多生动活泼的景观，形成开朗明镜的空间和透景线，如图 1-11 与图 1-12 所示。所以也可以说水体是园林的灵魂。

水体可以分为静水和动水两种类型。静水包括湖、池、塘、潭、沼等形态；动水常见的形态有河、湾、溪、渠、涧、瀑布、喷泉、涌泉、壁泉等。另外，水声、倒影等也是园林水景的重要组成部分。水体中还可形成堤、岛、洲、渚等地貌。

园林水体在住宅绿化中的表现形式为：喷水、跌水、流水、池水等。其中喷水包括水池喷水、旱池喷水、浅池喷水、盆景喷水、自然喷水、水幕喷水等；跌水包括假山瀑布、水幕墙等。

图 1-11　自然水体

图 1-12　人工水系

## 1.3.3 园林建筑

园林建筑主要指在园林中成景的，同时又为人们赏景、休息或起交通作用的建筑和建筑小品的设计，如园亭、园廊、廊架、雕塑以及张拉膜等，如图 1-13 与图 1-14 所示。园林建筑不论单体或组群，通常是结合地形、植物、山石、水池等组成景点、景区或园中园，它们的形式、体量、尺度、色彩以及所用的材料等，同所处位置和环境的关系特别密切。

从园林中所占面积来看，建筑是无法和山、水、植物相提并论的。它之所以成为“点睛之笔”，能够吸引大量的浏览者，就在于它具有其他要素无法替代的、最适合于人活动的内部空间，是自然景色的必要补充。

图 1-13　古典园亭

图 1-14　现代张拉膜

## 1.3.4 植物

植物是园林设计中有生命的题材，是园林构成必不可少的组成部分。植物要素包括各种乔木、灌木、草本花卉和地被植物、藤本攀缘植物、竹类、水生植物等，如图 1-15 ~ 图 1-17 所示。

植物的四季景观，本身的形态、色彩、芳香、习性等都是园林的造景题材。

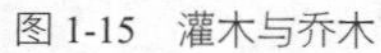
图 1-15　灌木与乔木

图 1-16　花卉

图 1-17　藤蔓植物

### 1.3.5 广场和道路

广场与道路、建筑的有机组织，对于园林的形成起着决定性的作用。广场与道路的形式可以是规则的，也可以是自然的，或自由曲线流线形的，如图 1-18 与图 1-19 所示。广场和道路系统将构成园林的脉络，并且起到园林中交通组织、联系的作用，如图 1-20 所示。广场和道路有时也归纳到园林建筑元素内。

图 1-18　广场

图 1-19　道路

图 1-20　广场与道路组成的交通网

## 1.4 中西园林的主要类别与特点

### 1.4.1 中式园林主要类别与特点

中式园林有两种比较公认分类方法：按占有者身份划分以及按所处地域划分，其划分类别与特点如下

**1. 按占有者身份划分**

- 皇家园林

皇家园林是专供帝王休息享乐的园林。皇家园林的创建以清代康熙、乾隆时期最为活跃。其特点是规模宏大，真山真水较多，园中建筑色彩富丽堂皇，建筑体型高大。现存为著名皇家园林有：北京的颐和园、北京的北海公园、河北承德的避暑山庄，如图 1-21 和图 1-22 所示。

图 1-21　颐和园

图 1-22　承德避暑山庄

❑　私家园林

私家园林是供皇家的宗室外戚、王公官吏、富商大贾等休闲的园林。其特点是规模较小，所以常用假山假水，建筑小巧玲珑，表现其淡雅素净的色彩。私家园林是以明代建造的江南园林为主要成就，现存的私家园林，如苏州的拙政园、留园、沧浪亭、网狮园，上海的豫园等，如图 1-23 和图 1-24 所示。

图 1-23　拙政园

图 1-24　沧浪亭

2．按所处地域划分

按园林所处地理位置划分可以分为北方园林、江南园林和岭南园林。

❑　北方园林

北方园林：因地域宽广，所以范围较大；又因大多为百郡所在，所以建筑富丽堂皇。因自然气象条件所局限，河川湖泊、园石和常绿树木都较少。由于风格粗犷，所以秀丽媚美则显得不足。北方园林的代表大多集中于北京、西安、洛阳、开封，如图 1-25 与图 1-26 所示，其中尤以北京为代表，

图 1-25　北京某园林一角

图 1-26　西安某园林主建筑

- 江南园林

江南园林：南方人口较密集，所以园林地域范围小；又因河湖、园石、常绿树较多，所以园林景致较细腻精美。其特点为明媚秀丽、淡雅朴素、曲折幽深，但究竟面积小，略感局促。南方园林的代表大多集中于南京、上海、无锡、苏州、杭州、扬州等地，其中尤以苏州为代表，如图 1-27 所示。

- 岭南园林

岭南园林：因为其地处亚热带，终年常绿，又多河川，所以造园条件比北方、南方都好。其明显的特点是具有热带风光，建筑物都较高而宽敞。现存岭南类型园林，有著名的广东顺德的清晖园、东莞的可园、番禺的余荫山房等，如图 1-28 所示。

图 1-27　苏州园林

图 1-28　岭南园林

## 1.4.2 西方园林主要类别与特点

### 1. 意大利文艺复兴园林

别墅园为意大利文艺复兴园林中最具有代表性的一种类型。别墅园多半建置在山坡地段上，就坡势而做成若干层的台地，即所谓“台地园”（Terrace Garden）主要建筑物通常位于山坡地段的最高处，在它前面沿山坡而引出的一条中轴线上开辟一层层台地，分别配置平台、花坛、水池、喷泉和雕塑。各层台地之间以蹬道相联系。中轴线两旁栽植黄杨、石松等树丛作为园林本身与周围自然环境的过渡，如图 1-29 所示。站在台地上顺着中轴线的纵深方向眺望，可以收摄到无限深远的园外借景，这是规整式与风景式相结合而以前者为主的一种园林形式。

意大利文艺复兴园林中还出现一种新的造园手法——绣毯式的植坛（Perterre），即在一块大面积的土地上，利用灌木花草的栽植镶嵌组合成各种纹样图案，好像铺在地上的地毯，如图 1-30 所示。。

图 1-29　典型的意大利台地园

图 1-30　绣毯式的植坛

### 2. 法国古典主义园林

法国多平原，有大片天然植被和大量的河流湖泊，法国人并没有完全接受“台地园”的形式，而是把中轴线对称均匀齐的规整式园林布局手法运用于平地造园。以凡尔赛宫为代表的造园风格被称作“勒诺特”式或“路易十四” 式，如图 1-31 与图 1-32 所示，其在 18 世纪时风靡全欧洲及世界各地，德国、奥地利、荷兰、俄国、英国的皇家和私家园林大部分都是“勒诺特”式的，我国圆明园内西洋楼的欧式庭园亦属于此种风格。

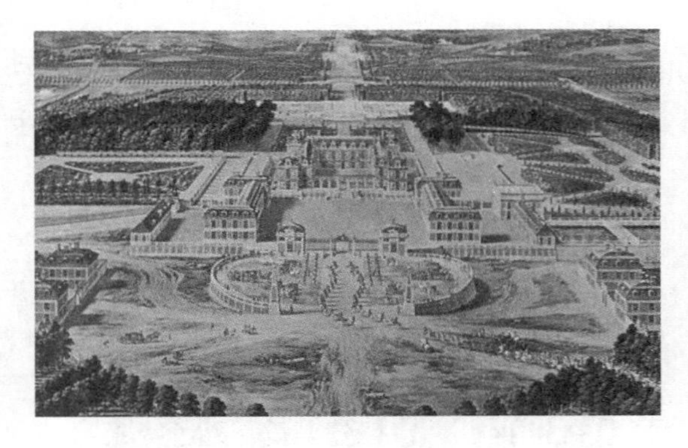

图 1-31 凡尔赛宫鸟瞰图

图 1-32 凡尔赛宫广场细节

### 3. 英国自然式风景园林

如茵的草地、森林、树从与丘陵地貌相结合，构成了英国天然风致的特殊景观，这种优美的自然景观促进了风景画和田园诗的兴盛，而风景画和浪漫派诗人对大自然的纵情讴歌又使得英国人对天然风致之美产生了深厚的感情。

英国的风景式园林兴起于 18 世纪初期。与“勒诺特”风格完全相反，否定纹样植坛、笔直的林阴道、方壁的水池、整形的树木，扬弃了一切几何形状和对称均齐的布局，代之以弯曲的道路，自然式的树丛和草地、蜿蜒的河流，讲究借景和与园外的自然环境相融合，如图 1-33 与图 1-34 所示。

图 1-33 英式园林自然式树丛与草地

图 1-34 英式园林水系的处理

### 4. 日式园林

日本园林受中国园林的影响很大，在运用风景园的造园手法方面与中国园林是一致的，但结合日本的地理条件和文化传统，也发展了它的独特风格而自成体系，如图 1-35 与图 1-36 所示。其园林的类型与特征如下：

池泉筑山庭：平安时期，日本逐渐摆脱对中国文化的直接模仿，着重发展自己的文化，日本是一个岛国，接近海洋而风景秀丽，真正反映日本人民对祖国风致的喜爱和海洋岛屿的感情，具有日本特色的园林也正是这个时期发展起来的，即所谓“池泉筑山庭”。

枯山水平庭：13世纪时，从中国传入禅宗，佛教和南宗山水画，禅宗的哲理和南宗山水画的写意技法给予园林以又一次重大影响，使得日本园林呈现极端的写意和富于哲理的趋向，这也是日本园林不同于中国园林最大的最主要特点，“枯山水平庭”即此种写意风格的典型。“枯山水”很讲究置石，主要是利用单块石头本身的造型和它们之间的配列关系。石形务求稳重，底广顶削，不做飞梁、悬挑等奇构，也很少堆叠成山，这与我国的叠石很不一样，如图1-37所示。

图1-35　典型的日式庭园细节1

图1-36　典型的日式庭园细节2

茶庭：茶庭的面积比“池泉筑山庭”小，要求环境安静，便于沉思冥想，故造园设计比较偏重于写意。人们要在庭园内活动，因此用草地代替白沙，草地上铺设石径，散置几块山石并配以石灯和几枝姿态弯曲的小树，茶室门前设石水钵，供客人净水之用，如图1-38所示。

“回游式”风景园：“桂斋宫”是日本“回游式”风景园的代表作品，其整体是对自然风致的写实模拟，但就局部而言则又以写意的手法为主。这座园林以大水池为中心，池中布列着一个大岛和两个小岛，宛然受中国园林的“一池三山”的影响。

图1-37　典型的日式枯山水景观

图1-38　典型的日式茶庭

## 1.4.3 中西园林主要区别

### 1. 人工美与自然美

中、西园林从形式上看其差异非常明显。西方园林所体现的是人工美，不仅布局对称、规则、严谨，就连花草都修整得方方正正，从而呈现出一种几何图案美。从现象上看，西方造园主要是立足于用人工方法改变其自然状态。中国园林则完全不同，既不求轴线对称，也没有任何规则可循，相反却是山环水抱，曲折蜿蜒，不仅花草树木任自然之原貌，即使人工建筑也尽量顺应自然而参差错落，力求与自然融合，以体现自然美。

2. 形式美与意境美

由于对自然美的态度不同，反映在造园艺术上的追求便有所侧重了。西方造园虽不乏诗意，但刻意追求的却是形式美；中国造园虽也重视形式，但倾心追求的却是意境美。

西方人认为自然美有缺陷，为了克服这种缺陷而达到完美的境地，必须凭借某种理念去提升自然美，从而达到艺术美的高度。也就是一种形式美。

中国造园则注重“景”和“情”，“景”自然也属于物质形态的范畴。但其衡量的标准则要看能否借它来触发人的情思，从而具有诗情画意般的环境氛围即“意境”。一个好的园林，无论是中国或西方的，都必然会令人赏心悦目，但由于侧重不同，西方园林给人们的感觉是悦目，而中国园林则意在赏心。

# 第 2 章

# SketchUp 2016 快速上手

SketchUp 最初由@Last Software 公司开发，是一款直接面向设计方案创作过程的设计工具。其使用简便并直接面向设计过程，能随着构思的深入不断增加设计细节，因此被形象地比喻为计算机设计中的“铅笔”，目前已经广泛用于室内、建筑、园林景观以及城市规划等设计领域。

本书讲解的是 SketchUp 在园林景观设计的应用，并结合常用的 3ds max、Vray、Prinesia 以及 Photoshop 软件，完成别墅内庭、屋顶花园、公路绿化、滨水广场、公共绿地以及小区园林效果表现。本章首先介绍 SketchUp 软件的界面和基本操作，为后面深入学习打下坚实的基础。

# 2.1 SketchUp 软件特点

## 2.1.1 直观的显示效果

在使用 SketchUp 进行设计创作时可以实现“所见即所得”，设计过程中的任何阶段都可以作为直观的三维成品，并能快速切换不同的显示风格，如图 2-1 与图 2-2 所示。

因此在使用 SketchUp 进行项目创作时，不但可以摆脱传统绘图方法的繁琐与枯燥，而且能与客户进行更为直接、灵活和有效的交流。

图 2-1　SketchUp 单色阴影显示效果

图 2-2　SketchUp 纹理阴影显示效果

## 2.1.2 便捷的操作性

SketchUp 的界面十分简洁，所有的功能都可以通过界面菜单与工具按钮在透视图内直接完成，如图 2-3 与图 2-4 所示。对于初学者来说，很快即可上手运用。而经过一段时间的练习，成熟的设计师使用鼠标能像拿着铅笔一样灵活，不再受到软件繁杂操作的束缚，而专心于设计的构思与实现。

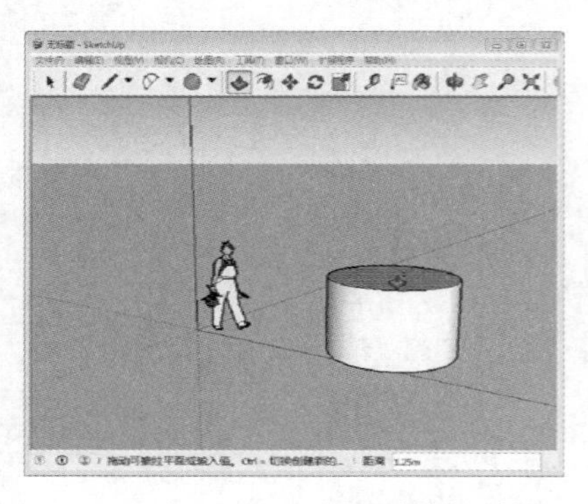

图 2-3　在 SketchUp 透视图直接创建模型

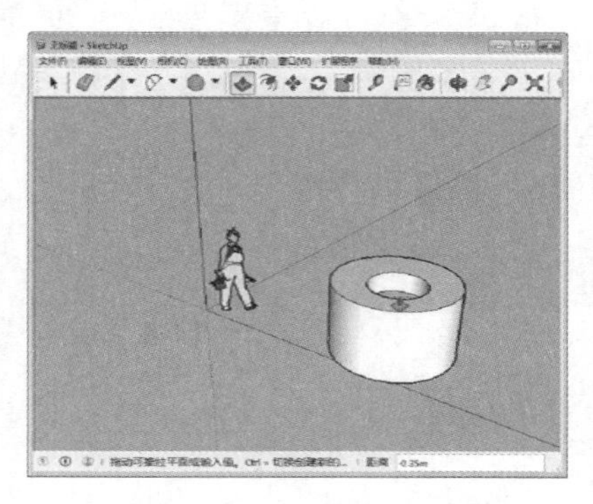

图 2-4　在 SketchUp 透视图直接细化模型

## 2.1.3 优秀的方案深化能力

SketchUp 三维模型的建立基于最简单的推拉等操作，同时由于其有着十分直观的显示效果，因此使用 SketchUp 可以方便地进行方案的修改与深化，直至完成最终的方案效果，如图 2-5~图 2-8 所示。

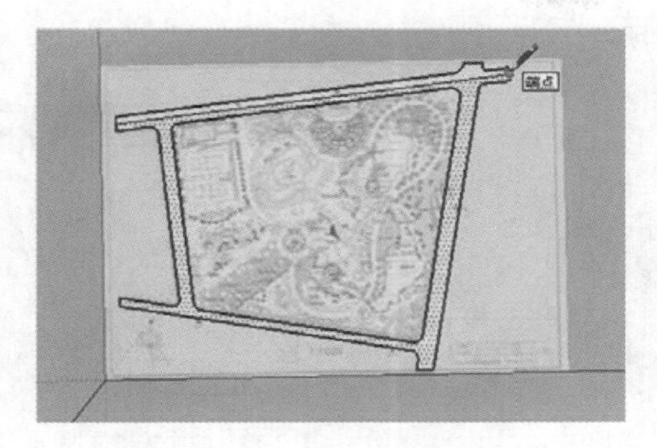


图 2-5　创建方案轮廓

图 2-6　细化方案内部细节

图 2-7　深化方案植被细节

图 2-8　最终方案效果

## 2.1.4 全面的软件支持与互转

SketchUp 虽然俗称“草图大师”，但其功能远远不局限于方案设计的草图阶段。SketchUp 不但能在模型的建立上满足建筑制图高精确度的要求，还能完美地结合 V-Ray、Piranesi 等软件，实现如图 2-9 与图 2-10 所示的多种风格的表现效果。

图 2-9　V-Ray 渲染效果

图 2-10　Prianesi 渲染效果

此外 SketchUp 与 AutoCAD、3ds max、Revit 等常用设计软件能进行十分快捷的文件转换互用，能满足多个设计领域的需求。

## 2.1.5 自主的二次开发功能

SketchUp 的使用者可以通过 Ruby 语言进行创建性应用功能的自主开发，通过开发的插件可以全面提升

SketchUp 的使用效率或突出延伸其功能，如图 2-11~图 2-13 所示。

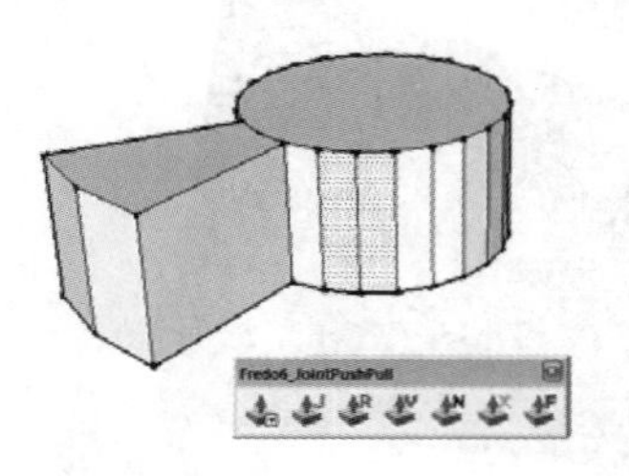


图 2-11　超级推拉插件

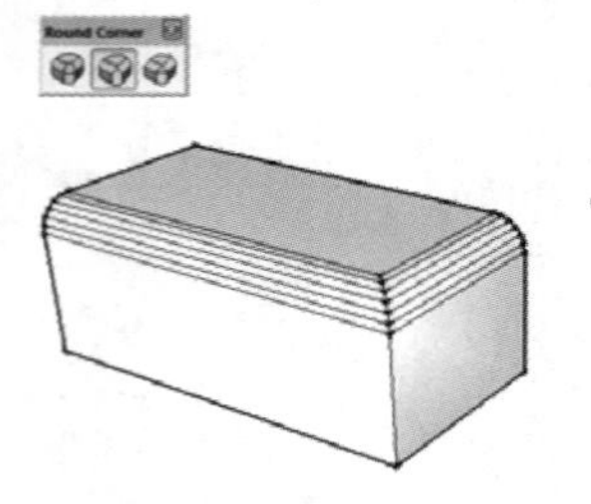


图 2-12　圆（倒）角插件

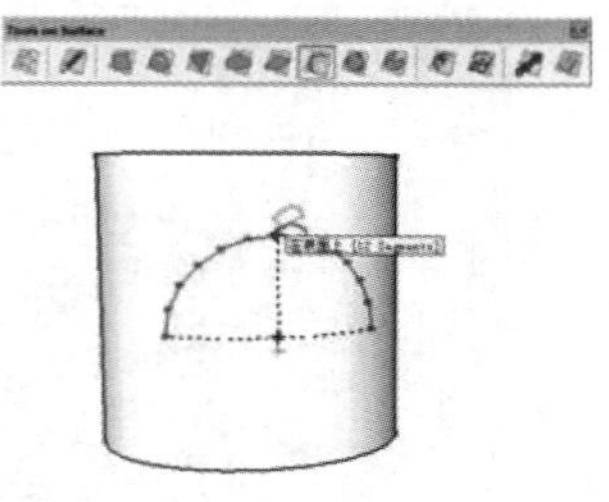


图 2-13　曲面编辑插件

## 2.2 了解 SketchUp 界面组成

SketchUp 2016 默认工作界面十分简洁，如图 2-14 所示。主要由【标题栏】、【菜单栏】、【工具栏】、【状态栏】、【数值输入框】、【窗口调整柄】及【绘图区】构成。

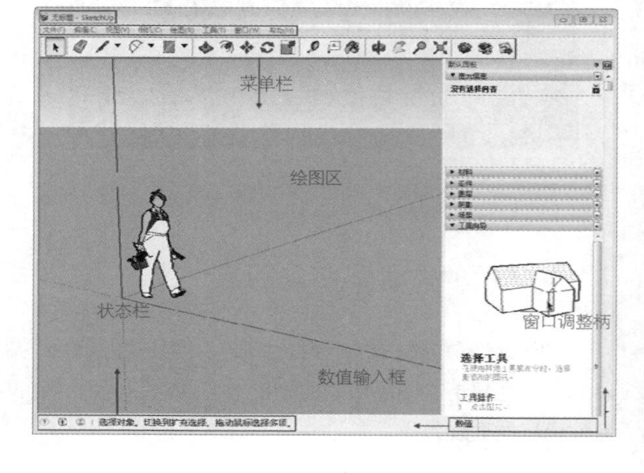


图 2-14　SketchUp 默认工作界面

双击桌面上的图标首次启动 SketchUp 2016 时，等待数秒就可以看到 SketchUpPro 2016 的用户欢迎界面，如图 2-15 所示。

SketchUp Pro 2016 用户欢迎界面主要有【学习】、【许可证】和【模板】三个展开按钮，其功能主要如下：

- 学习：单击展开【学习】按钮，可从展开的面板中学习到 SketchUp 基本工具的操作方法，如直线的绘制、【推/拉】工具的使用以及【旋转】操作。
- 许可证：单击展开【许可证】按钮，可从展开的面板中读取到用户名、授权序列号等正版软件使用信息。
- 模板：单击展开【模板】按钮，可以根据绘图任务的需要选择 SketchUp 模板，如图 2-16 所示。模板间最主要的区别是单位的设置，此外显示的风格与颜色上也会有区别。

图 2-15　SketchUp 用户欢迎界面

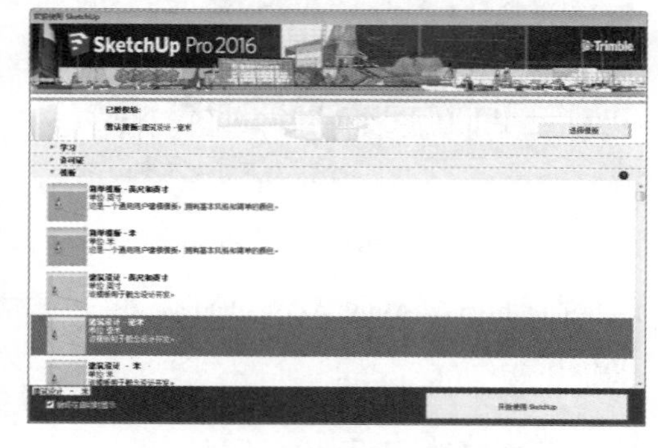


图 2-16　SketchUp 模板选择展开选项

## 2.2.1 菜单栏

SketchUp 2016 菜单栏由【文件】、【编辑】、【视图】、【相机】、【绘图】、【工具】、【窗口】、【扩展程序】(需要安装插件以后才能显示)以及【帮助】9 个主菜单构成，单击这些主菜单可以打开相应的“子菜单”以及“次级主菜单”，如图 2-17 所示。

## 2.2.2 工具栏

默认状态下的 SketchUp 2016 仅有横向的【使用入门】工具栏，主要有【绘图】、【建筑施工】、【编辑】、【相机】等工具组按钮。通过执行【视图】/【工具栏】菜单命令，在弹出的工具栏选项卡中可以调出或关闭某个工具栏，如图 2-18 所示。

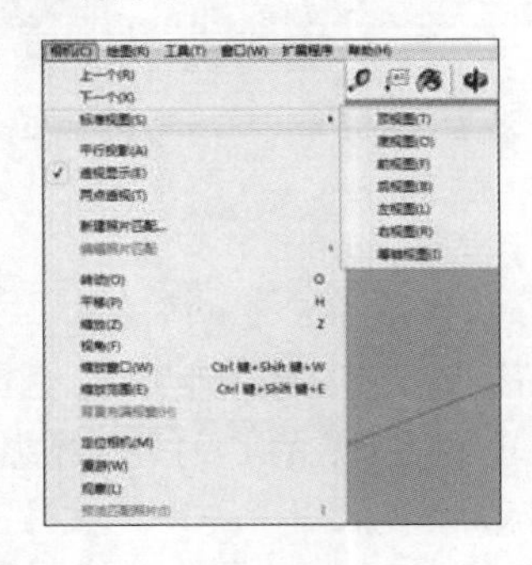

图 2-17　子菜单与次级子菜单

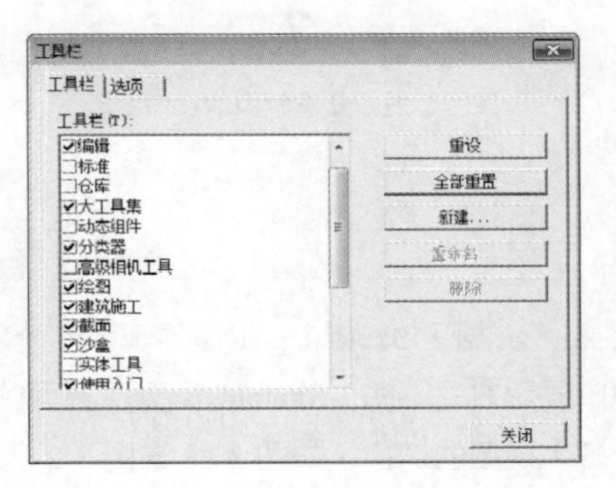


图 2-18　调出其他工具栏

**技 巧**

执行【窗口】/【默认面板】/【工具向导】菜单命令，如图 2-19 所示，即可打开【工具向导】动画面板，观看操作演示，以方便初学者了解工具的功能和用法，如图 2-20 所示。

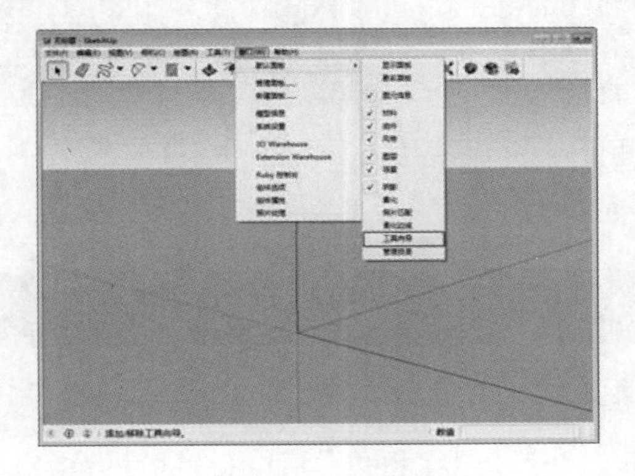

图 2-19　执行工具向导命令

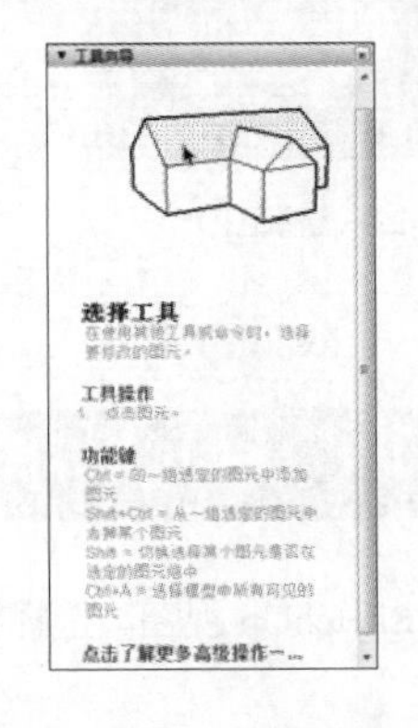


图 2-20　工具向导演示

## 2.2.3 状态栏

当操作者在绘图区进行任意操作时，状态栏会出现相应的文字提示，根据这些提示，操作者可以更准确地完成操作，如图 2-21 所示。

### 2.2.4 数值输入框

在进行精确模型创建时，可以通过键盘直接在输入框内输入“长度”“半径”“角度”“个数”等数值，以准确指定所绘图形的大小，如图 2-22 所示。

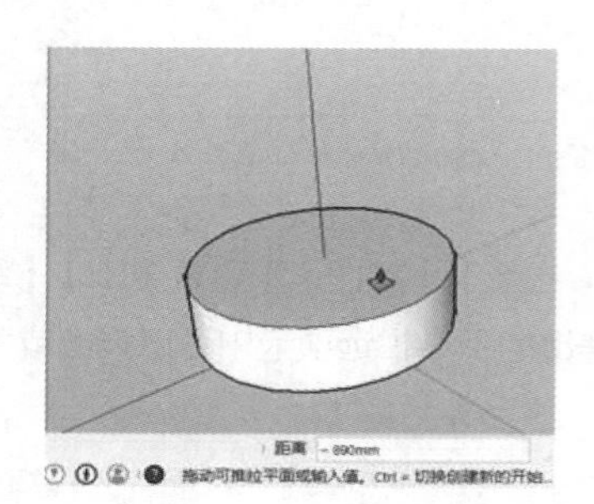


图 2-21　状态栏内的操作提示

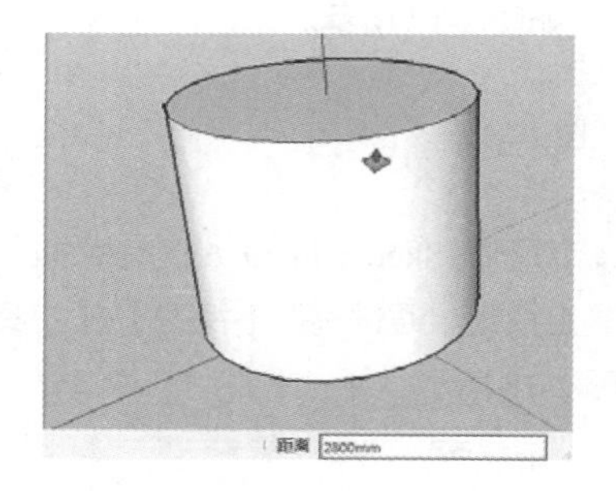


图 2-22　直接输入推拉出的距离数值

### 2.2.5 绘图区

绘图区占据了 SketchUp 工作界面大部分的空间，与 Maya、3ds max 等大型三维软件平面、立面、剖面及透视多视口显示方式不同，SketchUp 为了界面的简洁，仅设置了单视口，通过对应的工具按钮或快捷键可以快速地进行各个视图的切换，如图 2-23 与图 2-24 所示，有效节省系统显示的负载。

而通过 SketchUp 独有的【剖切面】工具，还能快速得到如图 2-25 所示的截面剖切效果。

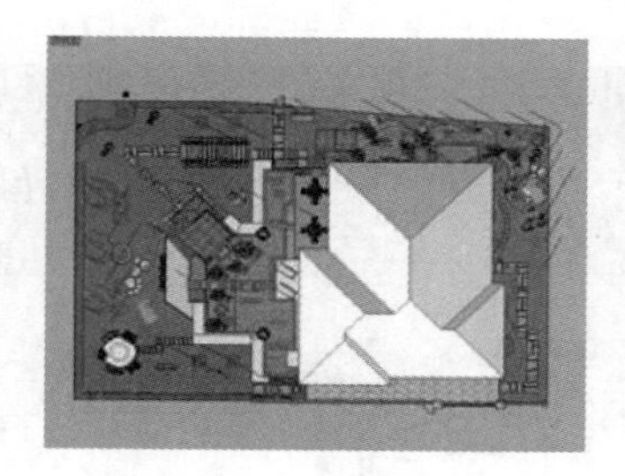

图 2-23　俯视图

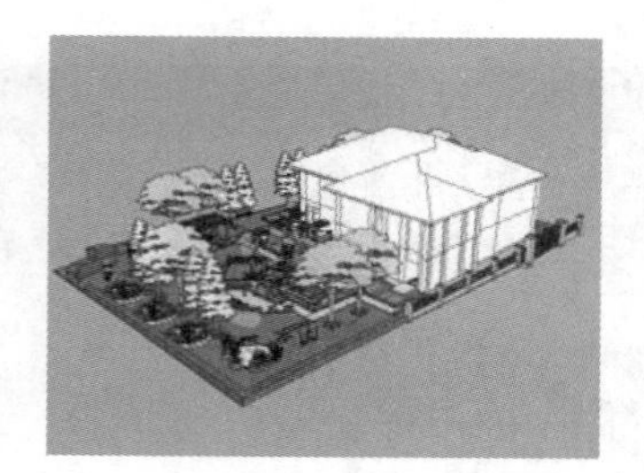

图 2-24　等轴视图

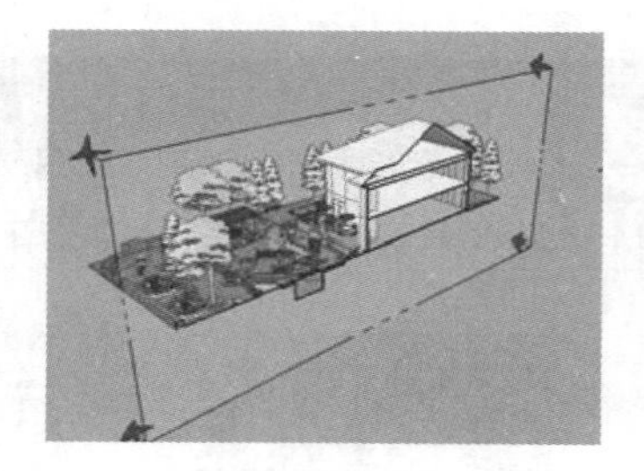

图 2-25　剖切效果

## 2.3 掌握 SketchUp 视图与选择操作

本节介绍 SketchUp 视图与选择操作的方法与技巧，熟练掌握这些操作，可以大大提高绘图的效率。

### 2.3.1 SketchUp 视图操作

在使用 SketchUp 进行方案推敲的过程中，会经常需要通过视图的切换、缩放、旋转、平移等操作，以确定模型的创建位置或观察当前模型的细节效果。

#### 1. 切换视图

SketchUp 主要通过【视图】工具栏 6 个视图按钮进行快速切换，单击某按钮即可切换至相应的视图，如图 2-26~图 2-31 所示。

注 意

SketchUp 默认设置为“透视显示”，因此所得到的平面与立面视图都非绝对的投影效果，执行【相机】/【平行投影】菜单命令即可得到绝对的投影视图，如图 2-32~图 2-34 所示

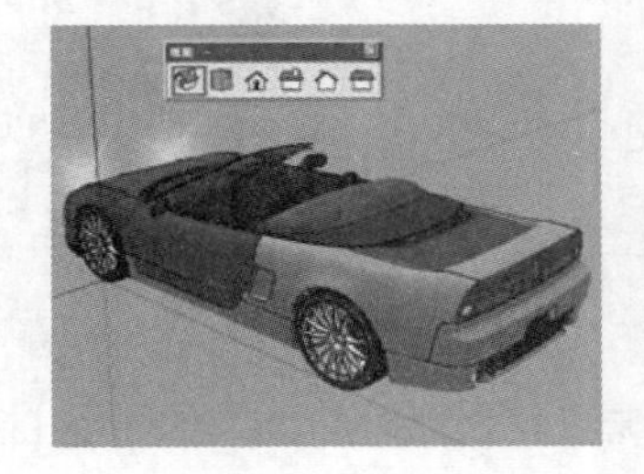
图 2-26　等轴视图

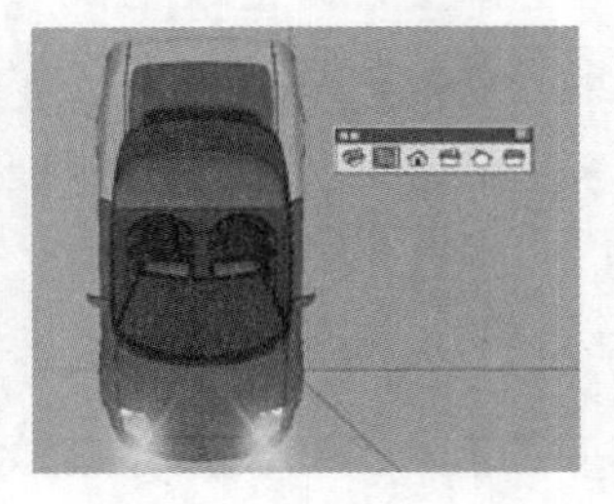
图 2-27　俯视图

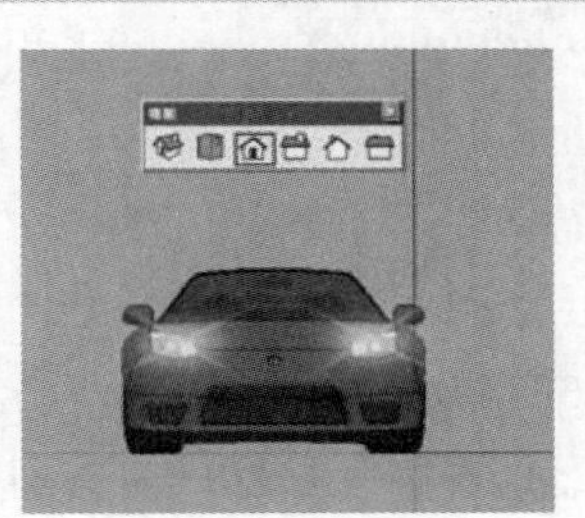
图 2-28　主视图

图 2-29　右视图

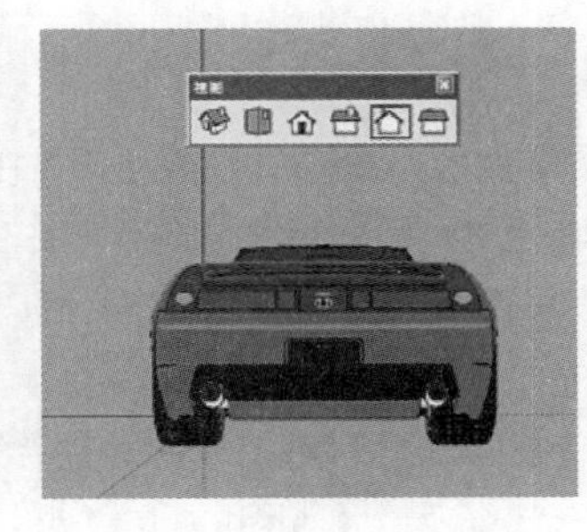
图 2-30　后视图

图 2-31　左视图

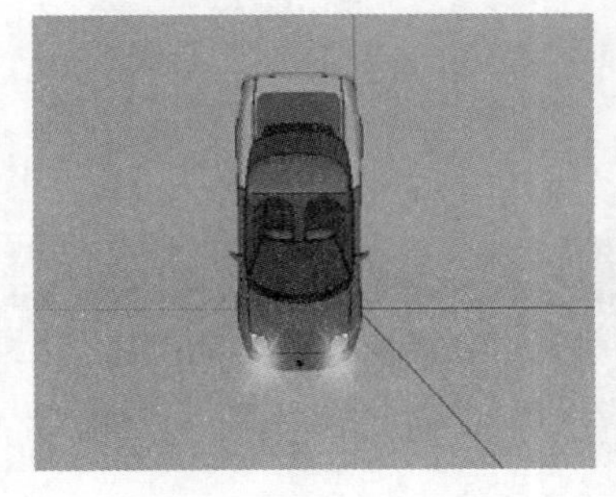
图 2-32　透视显示下的俯视图

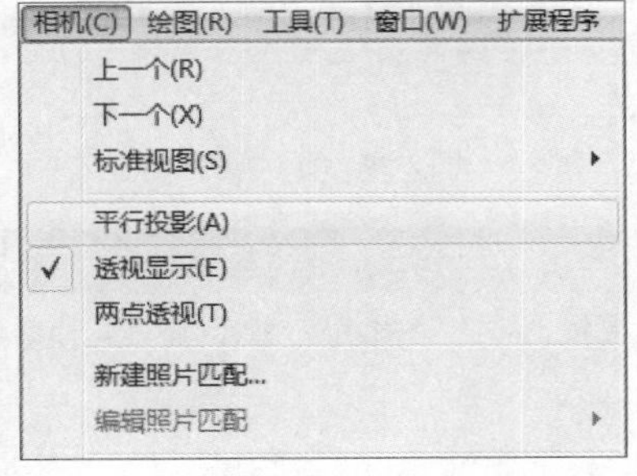

图 2-33　调整为平行投影

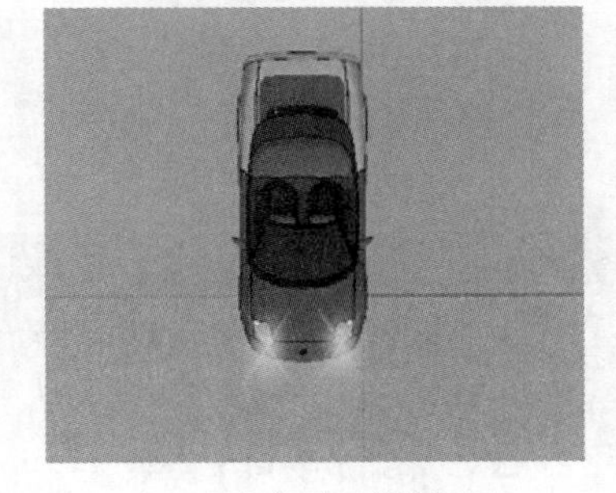
图 2-34　平行投影下的俯视图

在建立三维模型时，平面视图（俯视图）通常用于模型的定位与轮廓的制作，而各个立面图则用于创建对应立面的细节，等轴视图则用于整体模型的特征与比例的观察与调整。为了能快捷、准确地绘制三维模型，应该多加练习，以熟练掌握各个视图的作用。

### 2. 环绕观察视图

在任意视图中旋转，可以快速观察模型各个角度的效果，单击【相机】工具栏【环绕观察】按钮，按住鼠标左键进行拖动，即可对视图进行旋转，如图 2-35~图 2-37 所示。

提 示

默认设置下【环绕观察】工具的快捷键为“o”。此外，按住鼠标滚轮不放拖动鼠标，同样可以进行旋转操作。

图 2-35　原始角度

图 2-36　旋转角度 1

图 2-37　旋转角度 2

### 3. 缩放视图

通过缩放工具可以调整模型在视图中的显示大小，从而进行整体效果或局部细节的观察，SketchUp 在【相机】工具栏内提供了多种视图缩放工具。

#### ❑ 【缩放】工具

【缩放】工具用于调整整个模型在视图中大小。单击【相机】工具栏【缩放】按钮，按住鼠标左键不放，从屏幕下方往上方移动是扩大视图，从屏幕上方向下方移动是缩小视图，如图 2-38~图 2-40 所示。

图 2-38　原模型显示效果

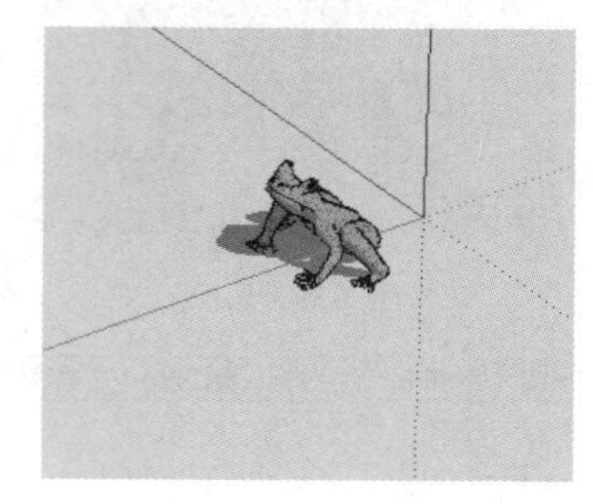

图 2-39　缩小视图

图 2-40　放大视图

**技 巧**

默认设置下【缩放】工具的快捷键为"Z"。此外，前后滚动鼠标的滚轮，同样可以进行缩放操作。

#### ❑ 【缩放窗口】工具

通过【缩放窗口】工具可以划定一个显示区域，位于划定区域内的模型将在视图内最大化显示。单击【相机】工具栏【缩放窗口】按钮，然后在视图中划定一个区域即可进行缩放，如图 2-41~图 2-43 所示。

图 2-41　原模型显示效果

图 2-42　划定缩放窗口

图 2-43　窗口缩放效果

技 巧

【缩放窗口】工具默认快捷键为“Ctrl+Shift+W”。

❑ 【充满视窗】工具

【充满视窗】工具可以快速地将场景中所有可见模型以屏幕的中心为中心进行最大化显示。其操作步骤非常简单，单击【相机】工具栏【充满视窗】按钮即可，如图 2-44 与图 2-45 所示。

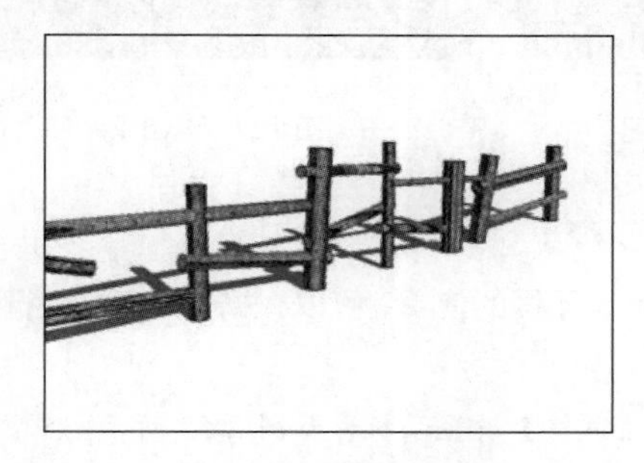

图 2-44 原视图

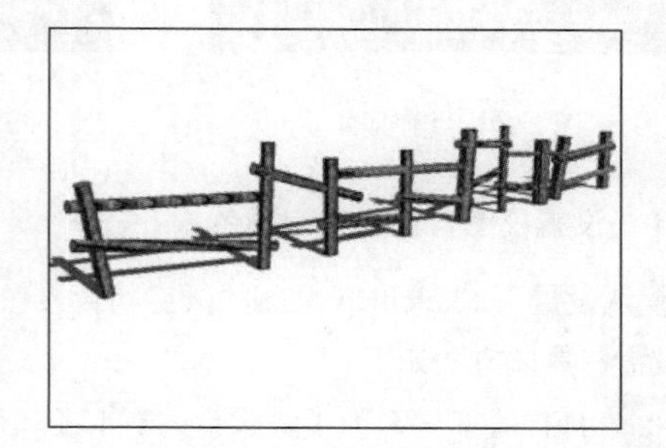

图 2-45 充满视窗显示

技 巧

【充满视窗】工具默认快捷键为“Shift+Z”或“Ctrl+Shift+E”。

4. 平移视图

【平移】工具可以保持当主视图内模型显示大小比例不变，整体拖动视图进行任意方向的调整，以观察到当前未显示在视窗内的模型。单击【相机】工具栏【平移】按钮，当视图中出现抓手图标时，拖动鼠标即可进行视图的平移操作，如图 2-46~图 2-48 所示。

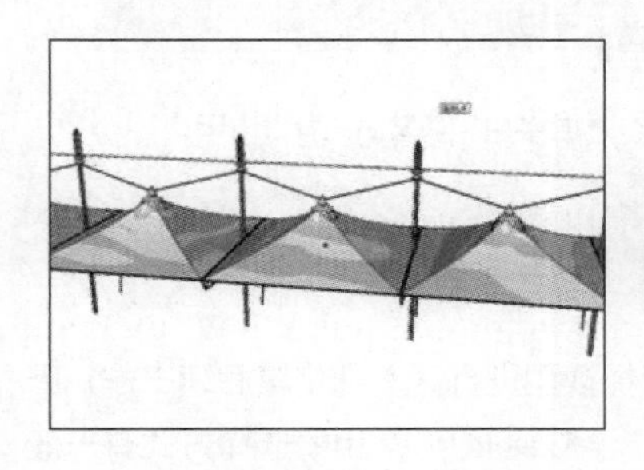

图 2-46 原视图

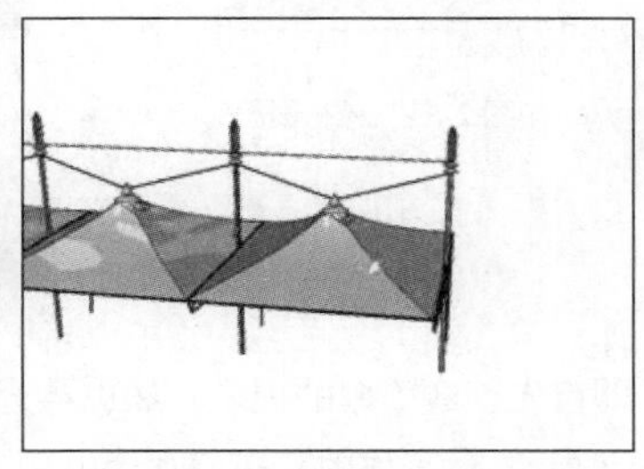

图 2-47 向右平移视图

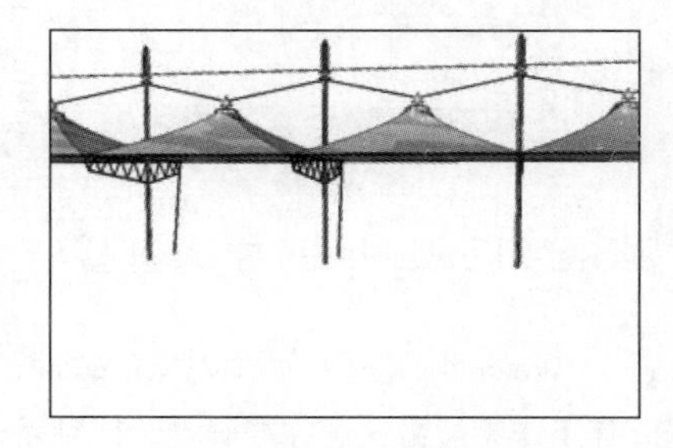

图 2-48 向上平移视图

技 巧

默认设置下【平移】工具的快捷键为“H”。此外，按住“Shift”键同时按住滚动鼠标进行拖动，同样可以进行平移操作。

5. 撤销、返回视图工具

在进行视图操作时，难免出现误操作，使用【相机】工具栏【上一个】按钮，可以进行视图的撤销与返回，如图 2-49~图 2-51 所示。

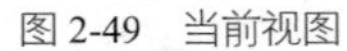

图 2-49　当前视图

图 2-50　返回上一视图

图 2-51　返回原视图

#### 6. 设置视图背景与天空颜色

默认设置下 SketchUp 视图的天空与背景颜色如图 2-52 所示，不同的使用者可以根据个人喜好进行两者颜色的设置，具体方法如下：

**01** 执行【窗口】|【默认面板】|【风格】命令，弹出【风格】设置面板，如图 2-53 所示。

**02** 在【样式】面板选择【编辑】选项卡，单击【背景设置】图标，即可单击各色块进行颜色的调整，此时背景效果如图 2-54 所示。

图 2-52　默认天空与背景

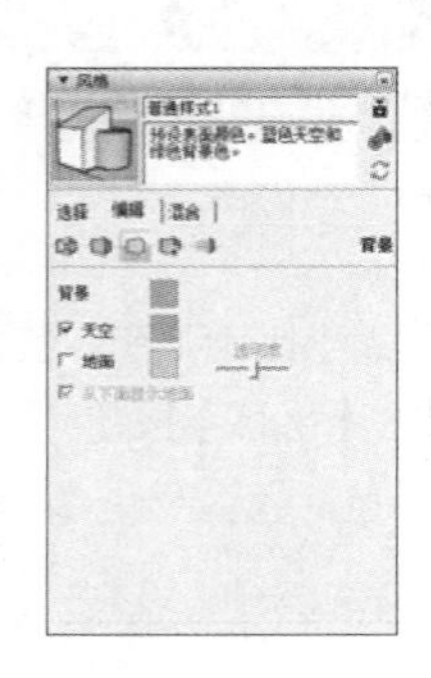

图 2-53　风格面板

图 2-54　调整后的背景与天空

### 2.3.2 SketchUp 对象的选择

SketchUp 是一个面向对象的软件，即首先创建简单的模型，然后再选择模型进行深入细化等后续工作，因此在工作中能否快速、准确地选择到目标对象，对工作效率有着很大的影响。SketchUp 常用的选择方式有一般选择、框选与叉选、扩展选择三种。

#### 1. 一般选择

SketchUp 中【选择】命令可以通过单击工具栏选择按钮，或直接按键盘上的空格键激活，下面以实例操作进行说明。

**01** 启动 SketchUp 后并执行【文件】|【打开】命令，如图 2-55 所示。打开配套资源“第 02 章|2.3.2 对象选择.skp”模型，本实例为一个欧式大门模型，如图 2-56 所示。

**02** 单击选择按钮，或直接按键盘上的空格键，激活【选择】工具，此时在视图内将出现一个“箭头”图标，如图 2-56 所示。

**03** 此时在任意对象上单击均可将其选择，这里选择中部的门页，观察视图可以看到被选择的对象以高亮显示，以区别于其他对象，如图 2-57 所示。

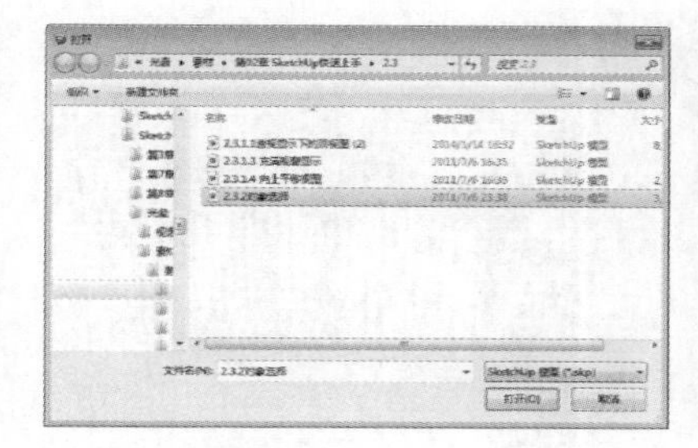

图 2-55 打开组件

图 2-56 启用选择工具

图 2-57 单击选择门页组件

注 意

SketchUp 中最小的可选择单位为“线”，其次分别是“面”与“组件”，配套资源中“对象选择”文件中模型均为“组件”，因此无法直接选择到“面”或“线”。但如果选择“组件”并执行鼠标右键快捷菜单中的“炸开模型”命令，如图 2-58 所示，然后再选择，即可以选择到“面”或“线”，如图 2-59 与图 2-60 所示。

图 2-58 炸开模型

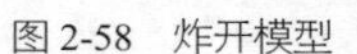

图 2-59 选择模型面

图 2-60 选择模型直线

04 在选择了一个目标对象后，如果要继续选择其他对象，则首先要按住“Ctrl”键不放，待视图中的光标变成 + 时，再单击下一个目标对象，即可将其加入选择，如图 2-61 与图 2-62 所示。

05 如果误选了某个对象而需要将其从选择范围中去除时，可以按住“Ctrl+Shift”键不放，待视图中的光标变成 − 时，单击误选对象即可将其进行减选，如图 2-63 所示。

图 2-61 选择左侧铁门

图 2-62 加选右侧铁门

图 2-63 减选左侧铁门

06 如果单独按住“Shift”键不放，待视图中的光标变成 +/- 时，单击当前已选择的对象，则将自动进行减选，如图 2-64 与图 2-65 所示。单击当前未选择的对象则自动进行加选，如图 2-66 所示。

注 意

进行减选时，不可直接单击组件黄色高亮的范围框，而需单击模型表面方能成功进行减选。

图 2-64　选择左右两侧铁门

图 2-65　减选左侧铁门

图 2-66　加选右侧门柱

### 2. 框选与叉选

以上介绍的选择方法均为单击鼠标完成，因此每次只能选择单个对象，而使用【框选】与【叉选】，可以一次性选择多个对象。

【框选】是指在激活【选择】工具后，使用鼠标从左至右划出实线选择框，如图 2-67 与图 2-68 所示，被该选择框完全包围的对象则将被选择，如图 2-69 所示。

图 2-67　未选择状态

图 2-68　划定框选范围

图 2-69　框选后选择效果

【叉选】是指在激活【选择】工具后，使用鼠标从右至左划出虚线选择框，如图 2-70 与图 2-71 所示。与该选择框有交叉的对象都将被选择，如图 2-72 所示。

图 2-70　未选择状态

图 2-71　划定叉选范围

图 2-72　叉选后选择效果

**技 巧**

1：选择完成后，单击视图任意空白处，将取消当前所有选择。

2：按“Ctrl+A”键将全选所有对象，无论是否显示在当前的视图范围内。

3：上一节所讲述的加选与减选的方法对于【框选】与【叉选】同样适用。

### 3. 扩展选择

在 SketchUp 中，“线”是最小的可选择单位，“面”则是由“线”组成的基本建模单位，通过扩展选择，可以快速选择关联的面或线。

鼠标直接单击某个“面”，这个面就会被单独选择，如图 2-73 所示。

鼠标双击某个“面”，则与这个面相关的“线”同时也将被选择，如图 2-74 所示。

鼠标三击某个“面”，则与这个面相关的其他“面”与“线”都将被选择，如图 2-75 所示。

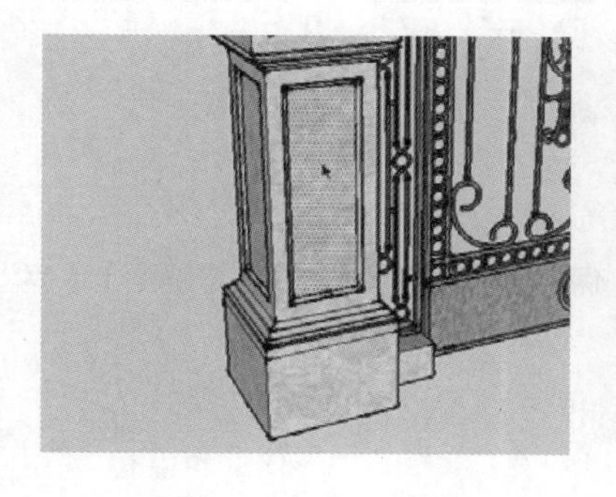

图 2-73　单击选择面

图 2-74　双击选择面与关联边线

图 2-75　三击选择所有关联面

此外在选择对象上单击右键，可以通过弹出快捷菜单进行关联的“边线”“面”或其他对象的选择，如图 2-76 ~ 图 2-78 所示。

图 2-76　选择其中一个模型面

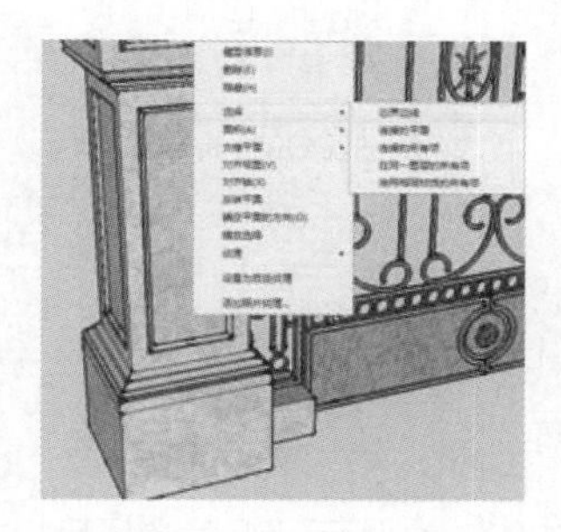

图 2-77　选择关联边线菜单命令

图 2-78　对应选择关联边线

## 2.4 掌握 SketchUp 工具栏

### 2.4.1 显示工具栏

SketchUp 默认的工具栏如图 2-79 所示，可以看到其显示的工具栏十分有限。此时执行【视图】/【工具栏】菜单命令，然后选择对应的工具栏名称，即可显示与隐藏相关的工具栏，如图 2-80 所示。

重复以上操作，逐步显示【标准】、【视图】、【风格】工具栏以及【常用】、【绘图】、【编辑】、【相机】、【漫游】横向工具栏，调整工作界面工具栏显示如图 2-81 所示。

接下来将逐一介绍工具栏的使用方法与技巧，读者在学习完本节内容后，即可掌握 SketchUp 的工具使用。

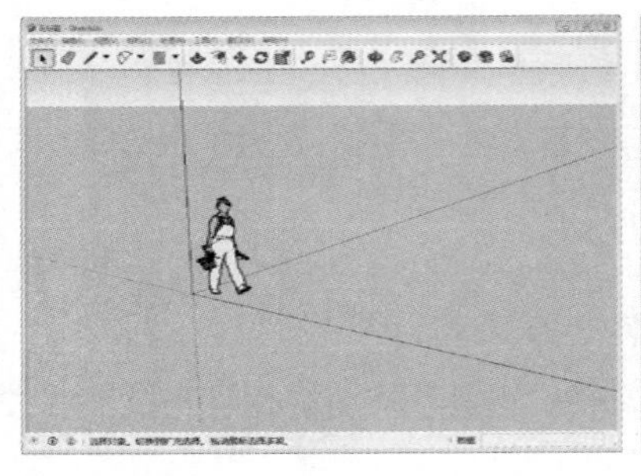

图 2-79　SketchUp 默认的工具栏

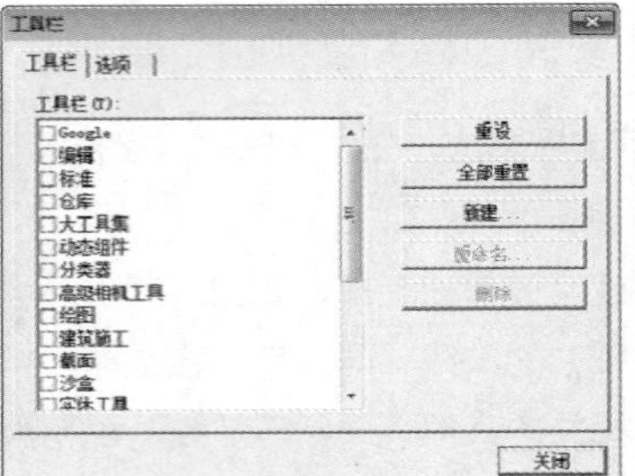


图 2-80　显示/隐藏工具栏

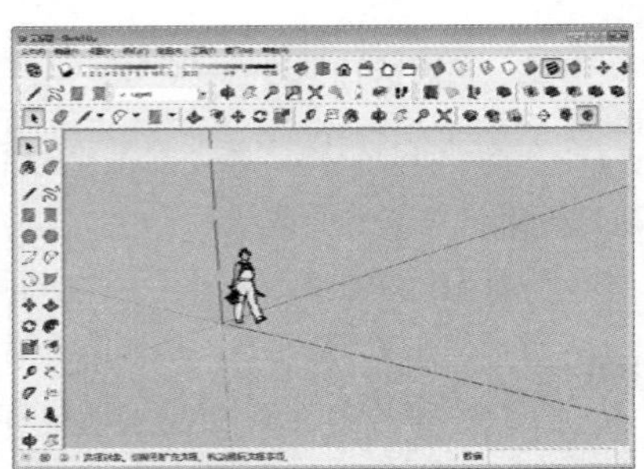

图 2-81　调整后的工具面板

## 2.4.2 标准工具栏

SketchUp【标准】工具栏如图 2-82 所示，包含了【新建】、【打开】、【保存】、【剪切】、【复制】、【粘贴】、【擦除】、【撤消】、【重做】、【打印】以及【模型信息】11 个功能按钮。

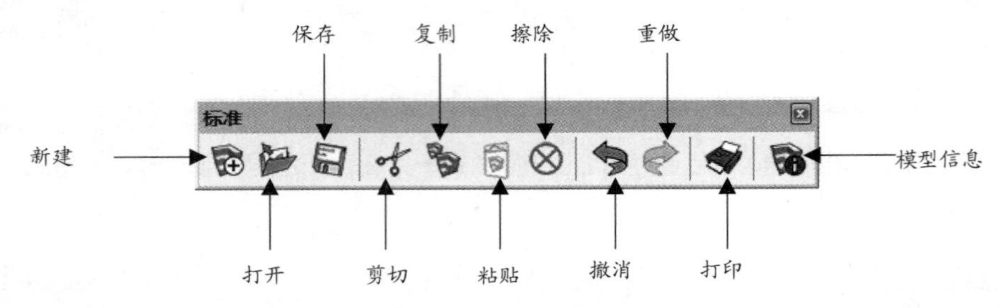


图 2-82　SketchUp 标准工具栏

### 1. 新建

单击该按钮可新建 SketchUp 空白文档。

### 2. 打开

单击该按钮将弹出【打开】面板，如图 2-83 所示，此时选择目标文件进行双击即可打开。

### 3. 保存

单击该按钮将弹出【另存为】面板，如图 2-84 所示，此时设置好文件保存路径与文件名，然后单击右下角的【保存】按钮，即可将当前文件进行保存。

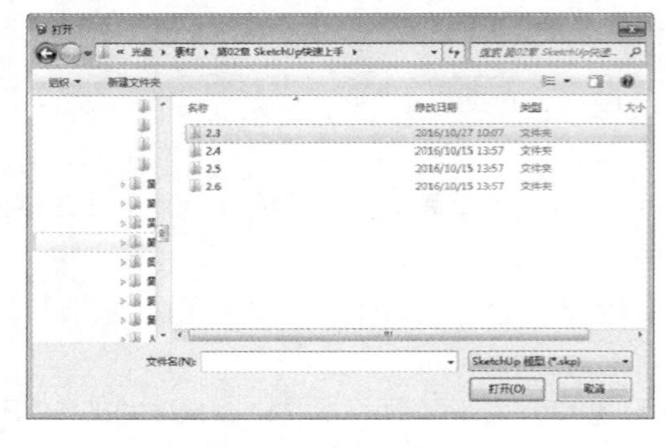


图 2-83　打开面板

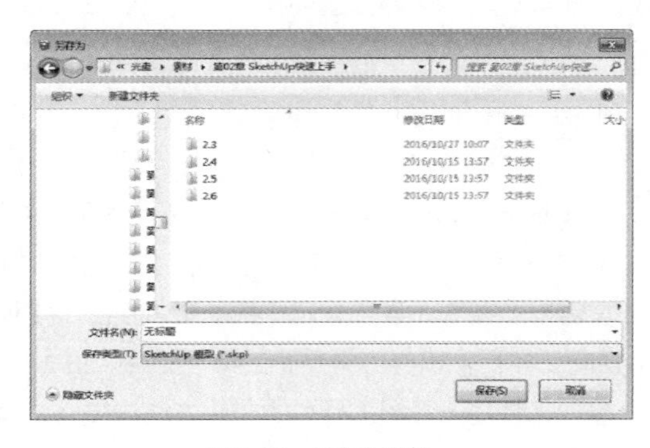


图 2-84　另存为面板

#### 4. 剪切与粘贴

选择目标对象单击【剪切】按钮，可以将目标对象暂时剪切出场景，如图 2-85 与图 2-86 所示，然后单击【粘贴】按钮即可将目标对象粘贴至其他位置，如图 2-87 所示。

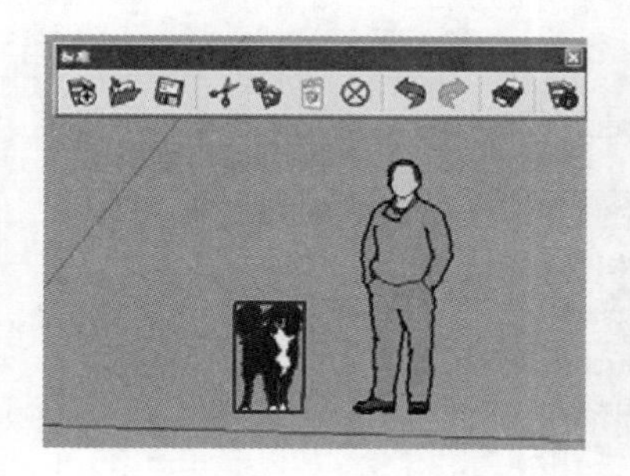

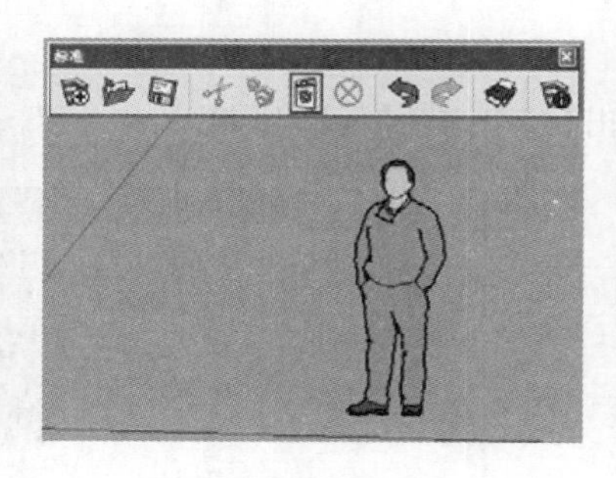

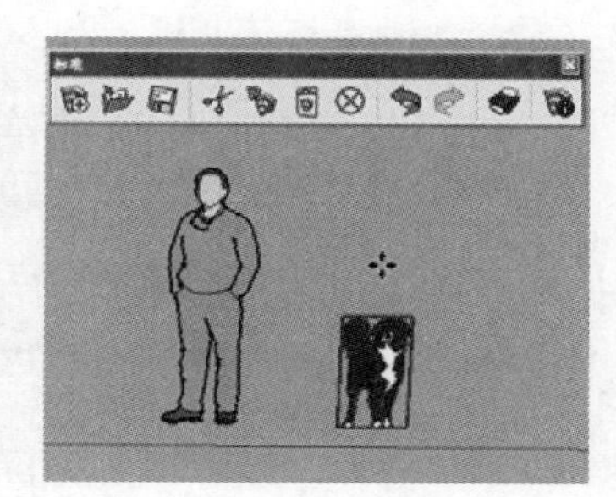

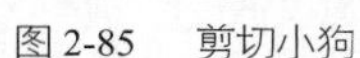

图 2-85　剪切小狗　　图 2-86　单击粘贴按钮　　图 2-87　粘贴小狗至场景

#### 5. 复制

选择目标对象单击【复制】按钮，如图 2-88 所示，然后单击【粘贴】按钮，即可将复制的目标对象粘贴至其他位置，如图 2-89 所示。

#### 6. 擦除

选择目标对象单击【擦除】按钮，即可将目标对象从场景中擦除，如图 2-90 与图 2-91 所示。

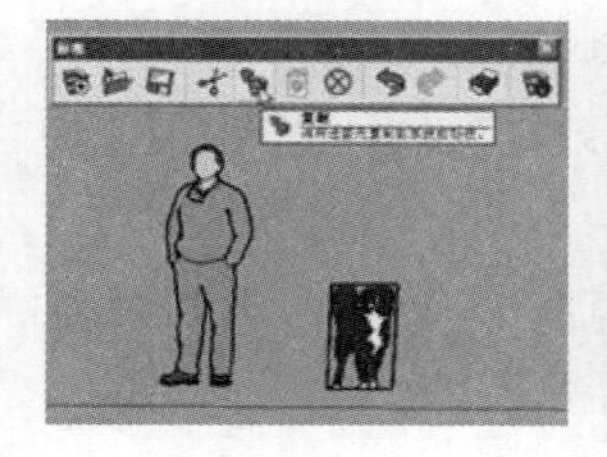

图 2-88　选择小狗进行复制　　图 2-89　粘贴至场景　　图 2-90　擦除目标小狗　　图 2-91　擦除完成

#### 7. 撤消与重做

当对场景中的对象进行复制（移动、旋转等）操作后，如图 2-92 与图 2-93 所示，单击【撤消】按钮可以将场景返回操作前的状态，如图 2-94 所示，返回后单击【重做】按钮，则可以将场景返回至操作后的状态，如图 2-95 所示。

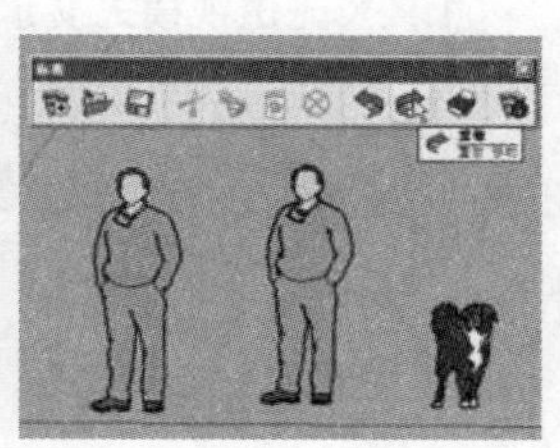

图 2-92　场景默认效果　　图 2-93　复制男性人物　　图 2-94　撤销复制操作　　图 2-95　重做复制操作

8. 打印

单击【打印】按钮将弹出【打印】面板，如图 2-96 所示，通过该面板可以设置打印机、打印尺寸、打印方式等内容。

9. 模型信息

单击【模型信息】按钮，将弹出【模型信息】面板，如图 2-97 所示，通过该面板可以设置场景单位等参数。

图 2-96 SketchUp 打印面板

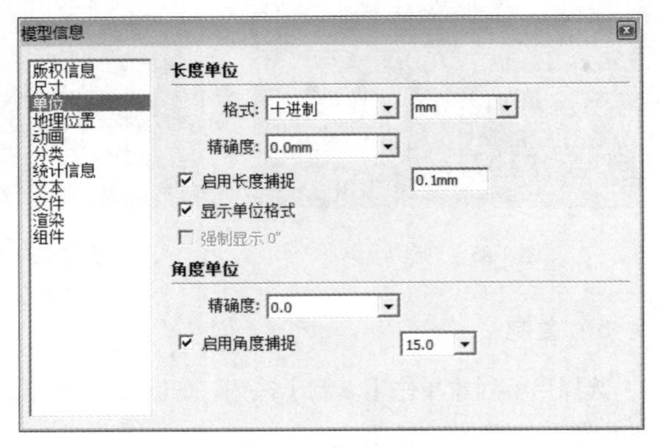

图 2-97 模型信息面板

## 2.4.3 风格工具栏

单击【风格】工具栏各个按钮，可以快速切换不同的显示模式，以满足不同的观察要求。该工具栏从左至右分别为【X 光透视模式】、【后边线】、【线框显示】、【消隐】、【阴影】、【材质贴图】以及【单色显示】7 种显示模式，如图 2-98 所示。

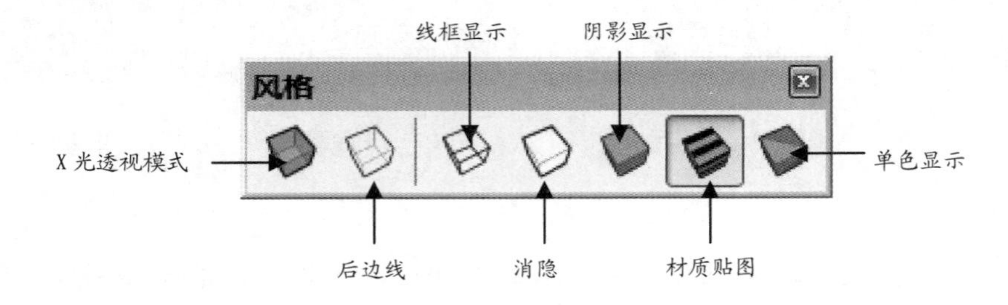

图 2-98 SketchUp 风格工具栏

1. X 光透视模式显示模式

在进行室内或建筑等设计时，有时需要直接观察室内构件以及配饰等效果，此时单击【X 光透视模式】按钮，即可马上实现如图 2-99 与图 2-100 所示的显示效果，不用隐藏任何模型，即可快速观察到内部结构与设施。

2. 后边线显示模式

【后边线】是一种附加的显示模式，单击该按钮，可以在当前显示效果的基础上以虚线的形式显示模型背面无法观察的直线，如图 2-101 所示。但在当前为【X 光透视模式】与【线框显示】显示效果时，该附加显示无效。

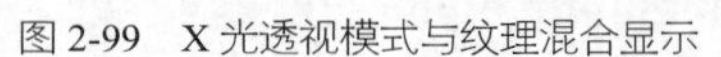

图 2-99　X 光透视模式与纹理混合显示　　图 2-100　X 光透视模式与单色混合显示　　图 2-101　后边线显示

### 3. 线框显示模式

【线框显示】是 SketchUp 最节省系统资源的显示模式，其效果如图 2-102 所示。在该种显示模式下，场景中所有对象均以实直线显示，材质、纹理等效果也将暂时失效。在进行视图的缩放、平移等操作时，大型场景最好能切换到该模式，可以有效避免卡屏、迟滞等现象。

### 4. 消隐显示模式

【消隐】模式将仅显示场景中可见的模型面，此时大部分的材质与纹理会暂时失效，仅在视图中体现实体与透明的材质区别，因此是一种比较节省资源的显示方式，如图 2-103 所示。

### 5. 阴影显示模式

【阴影】是一种介于【消隐】与【材质纹理】之间的显示模式，该模式在可见模型面的基础上，根据场景已经赋予的材质，自动在模型面上生成相近的色彩，如图 2-104 所示。在该模式下，实体与透明的材质区别也有所体现，因此显示的模型空间感比较强烈。

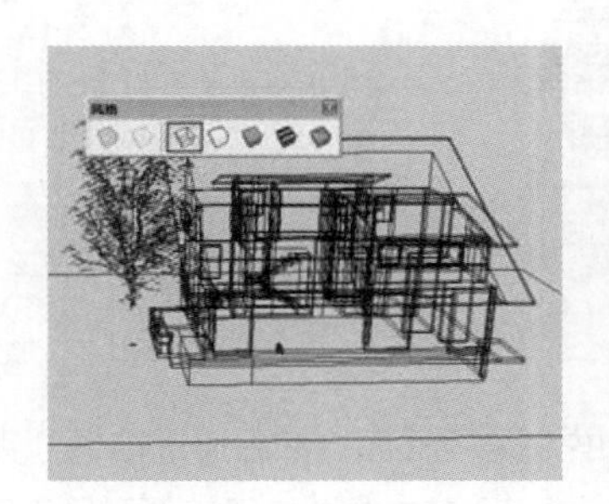

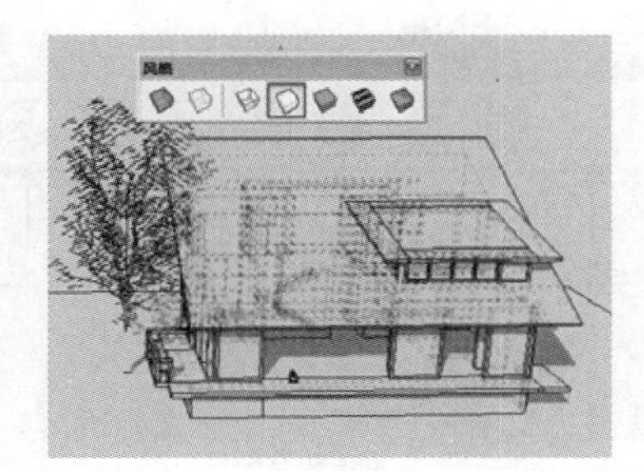

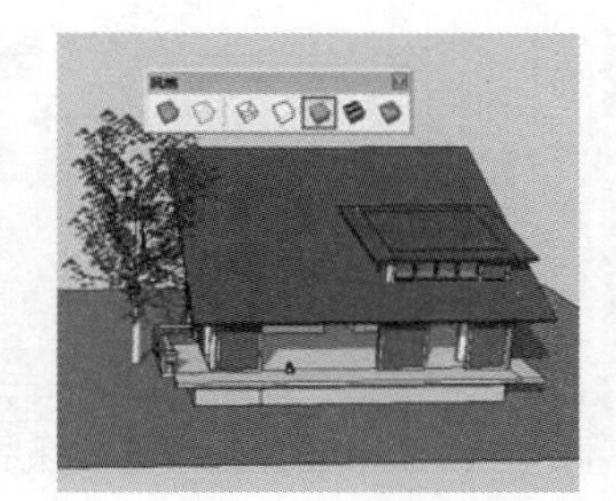

图 2-102　线框显示　　图 2-103　消隐显示　　图 2-104　阴影显示

**技 巧**

如果场景模型没有指定任何材质，则在【阴影】模式下模型仅以黄、蓝两色表明模型的正反面。

### 6. 材质贴图显示模式

【材质贴图】是 SketchUp 中最全面的显示模式，该模式下材质的颜色、纹理及透明效果都将得到完整的体现，如图 2-105 所示。

### 7. 单色显示模式

【单色显示】是一种在建模过程中经常使用到的显示模式，该种模式用纯色显示场景中的可见模型面，以黑色实线显示模型的轮廓线，在较少占用系统资源的前提下，有十分强的空间立体感，如图 2-106 所示。

图 2-105　材质贴图显示

图 2-106　单色显示

技巧

【材质贴图】显示模式十分占用系统资源，因此该模式通常用于观察材质以及模型整体效果，在建立模式、旋转、平衡视图等操作时，则应尽量使用其他模式，以避免卡屏、迟滞等现象。此外，如果场景中模型没有赋予任何材质，该模式将无法应用。

## 2.4.4 绘图工具栏

SketchUp 2016【绘图】工具栏如图 2-107 所示，包含了【矩形】工具、【直线】工具、【圆】工具、【圆弧】工具、【多边形】工具和【手绘线】工具等共 10 种二维图形绘制工具。

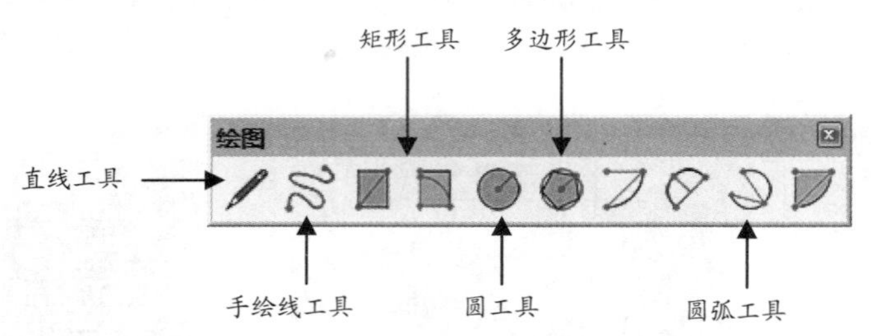


图 2-107　SketchUp 绘图工具栏

在 SketchUp 中三维模型都是通过“二维转三维”的步骤建立而成，即先创建平面图，然后通过推/拉、路径跟随等操作制作三维实体。因此，绘制出精确的二维平面图形是最终建好三维模型的前提。接下来便开始学习【绘图】工具栏中各个二维绘图工具的使用方法与技巧。

## 2.4.5 矩形创建工具

矩形】创建工具通过两个对角点的定位生成规则的矩形，绘制完成将自动生成封闭的矩形平面。【旋转矩形】工具主要通过指定矩形的任意两条边和角度，即可绘制任意方向的矩形。单击【绘图】工具栏/或执行【绘图】|【形状】|【矩形】、【旋转长方形】，均可启用该命令。

接下来，将通过【矩形】、【旋转矩形】工具详细地讲述在 SketchUp 中创建图形的各种方法与技巧。对于其他绘图工具的使用方法则不再详细讲述。

技巧

【矩形】创建工具的默认快捷键为“R”。

### 1. 通过鼠标新建矩形

**01** 启用【矩形】绘图命令，待光标变成 时在绘图区单击，确定矩形的第一个角点，然后向任意方向拖动鼠标以确定第二个角点，如图 2-108 所示。

**02** 确定好第二个角点位置后再单击，即绘制完矩形。要注意的是，绘制完成后 SketchUp 会自动将其生成一个等大的平面，如图 2-109 所示。

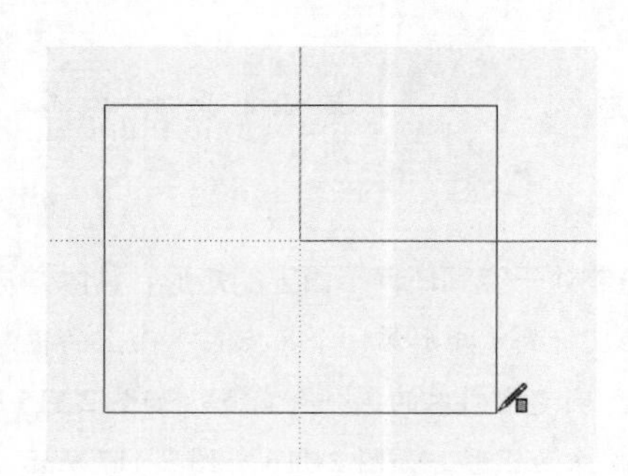

图 2-108 绘制矩形

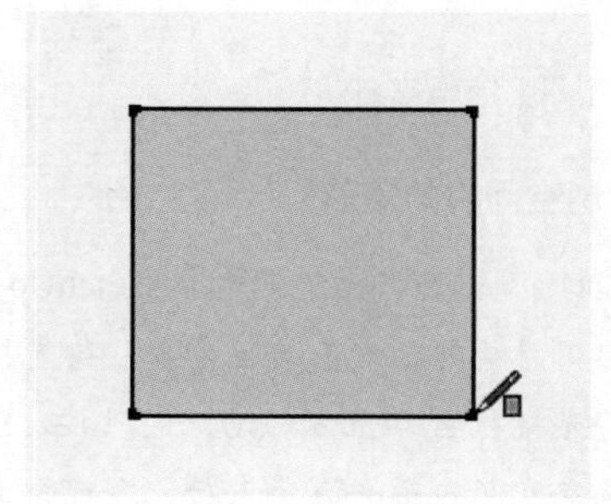

图 2-109 自动生成矩形平面

### 2. 通过输入新建矩形

在没有参考图纸可供捕捉时，直接使用鼠标将难以完成准确尺寸的矩形的绘制。此时便需要结合输入的方法进行精确图形的绘制，其操作步骤如下：

**01** 启用【矩形】绘图命令，待光标变成 时在绘图区单击，确定矩形的第一个角点，然后在尺寸标注内输入长宽的数值，注意中间要使用逗号进行分隔，如图 2-110 所示。

**02** 输入完长宽数值后，按"Enter"键进行确认，即可生成大小准确的矩形，如图 2-111 所示。

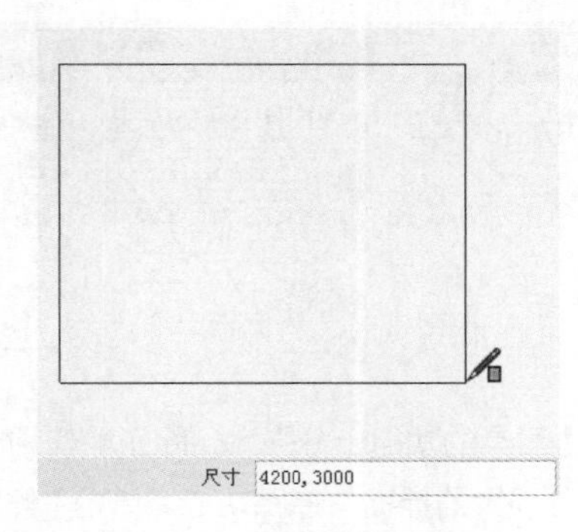


图 2-110 输入长宽数值

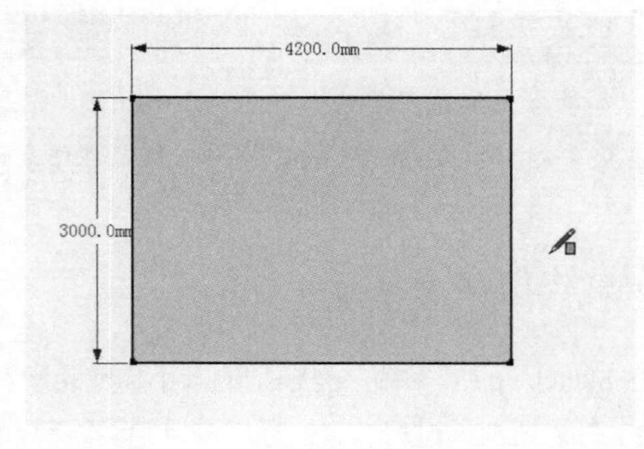


图 2-111 矩形绘制完成

### 3. 绘制任意方向上的矩形

SketchUp2016 的旋转矩形工具 能在任意角度绘制离轴矩形（并不一定要在地面上），这样方便了绘制图形，可以节省大量的绘图时间。

**01** 调用【旋转长方形】绘图命令，待光标变成 时，在绘图区单击确定矩形的第一个角点，然后拖曳光标至第二个角点，确定矩形的长度，然后将鼠标往任意方向移动，如图 2-112 所示。

**02** 找到目标点后单击，完成矩形的绘制，如图 2-113 所示，重复命令操作绘制任意方向矩形，如图 2-114 所示。

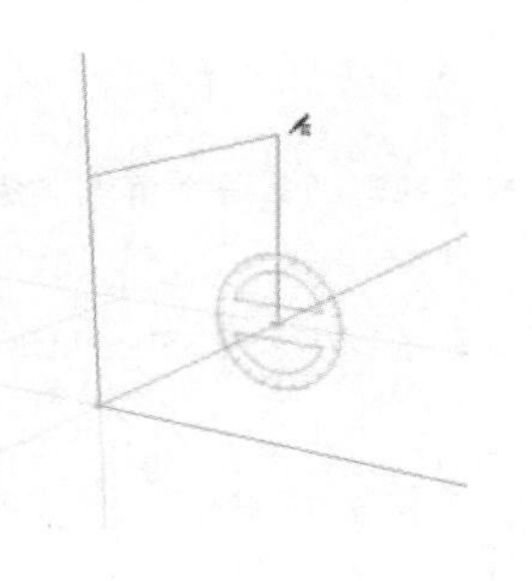

图 2-112　绘制矩形长度

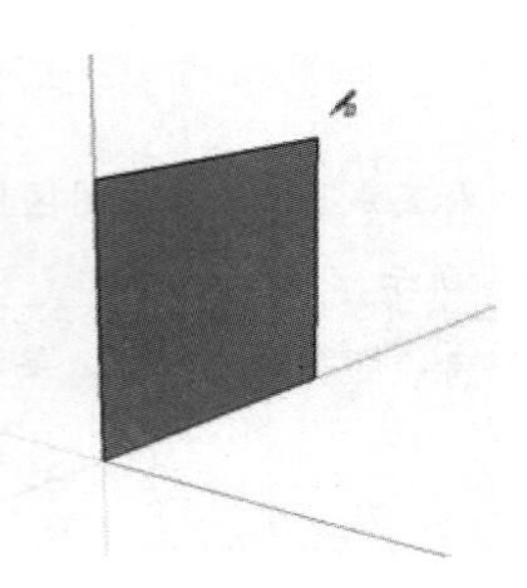

图 2-113　绘制立面矩形

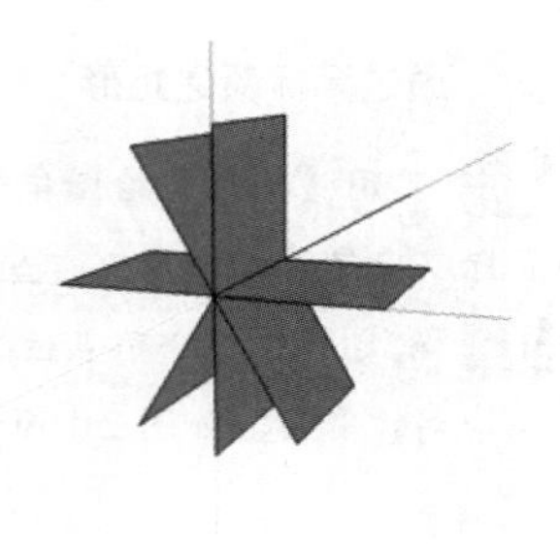

图 2-114　绘制任意矩形

### 4. 绘制空间内的矩形

除了可以绘制轴方向上的矩形，SketchUp 还允许用户直接绘制处于空间任何平面上的矩形，具体方法如下：

01 启用【旋转矩形】绘图命令，待光标变成时，移动鼠标确定矩形第一个角点在平面上的投影点。

02 将光标往 Z 轴上方移动，同时按"Shift"键锁定轴向，确定空间内的第一个角点，如图 2-115 所示。

03 确定空间内第一个角点后，即可自由绘制空间内平面或立面矩形，如图 2-116 与图 2-117 所示。

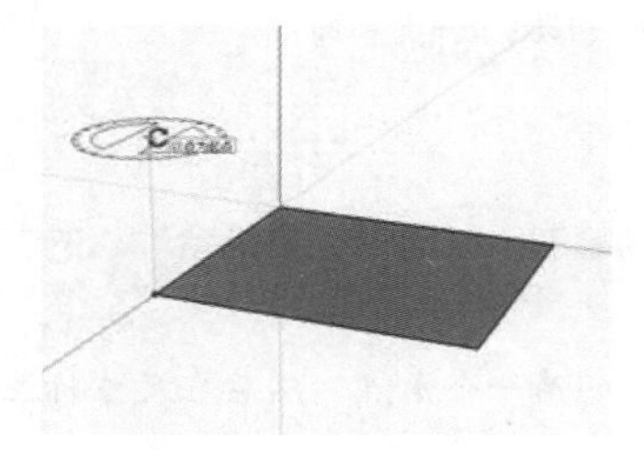

图 2-115　找到空间内的矩形角点

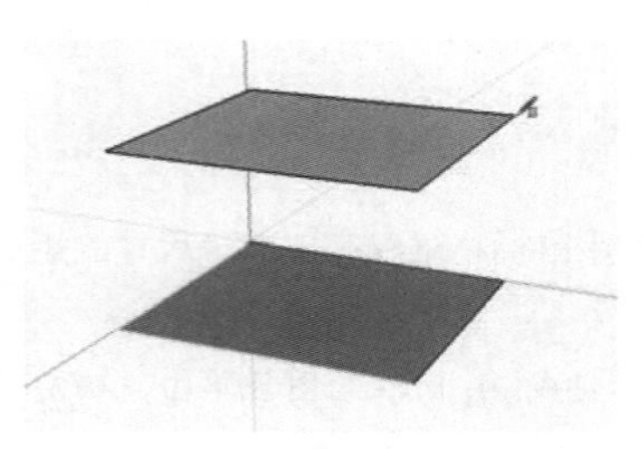

图 2-116　绘制空间内平面矩形

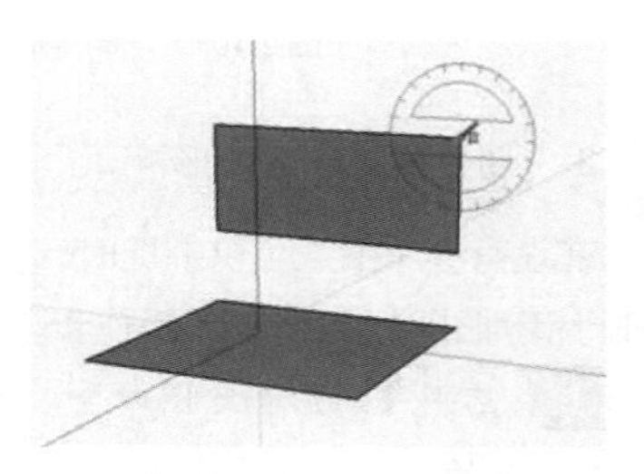

图 2-117　绘制空间内立面矩形

**技 巧**

如果当光标放置于某个"面"上并出现"在表面上"的提示后，按住"Shift"键不但可以进行轴向的锁定，还可以将所要画的点或其他图形锁定在该表面内进行创建。

## 2.4.6 直线创建工具

在 SketchUp 中，"线"是模型的最小构成元素。因此，【直线】工具的功能十分强大，除了能使用鼠标直接进行绘制外，还能通过尺寸、坐标点进行精确绘制，此外还具有十分强大的捕捉与追踪功能。单击【绘图】工具栏中的按钮或执行【绘图】|【直线】|【直线】菜单命令均可启用该工具。

**技 巧**

【直线】创建工具默认的快捷键为"L"。

### 1. 直线的捕捉与追踪功能

默认状况下的 SketchUp 捕捉与追踪都已经设置好，在绘图的过程中可以直接运用以提高绘图的准确度与工作效果。

捕捉即利用鼠标自动定位到图形的端点、中点、交点等特殊几何点。在 SketchUp 中可以自动捕捉到直线的端点与中点，如图 2-118 与图 2-119 所示。

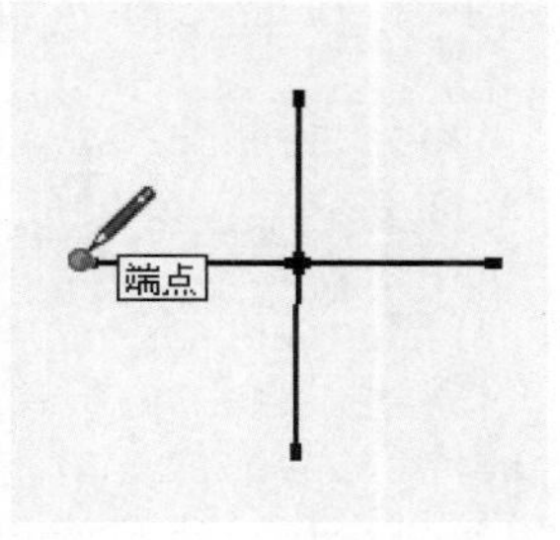


图 2-118　捕捉线段端点

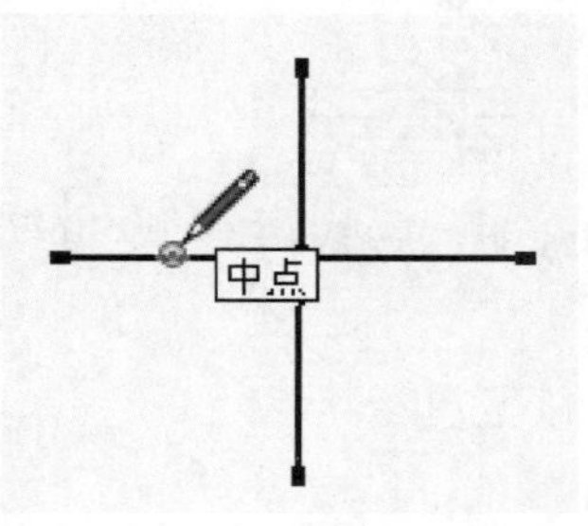


图 2-119　捕捉线段中点

**注 意**

相交线段在交点处将一分为二，因此线段中点的位置与数量会如图 2-120 所示发生改变，同时也可以如图 2-120 与图 2-121 所示进行分段删除。此外，如果其中一条相交线段删除完成，则另外一条线段将恢复原状，如图 2-122 所示。

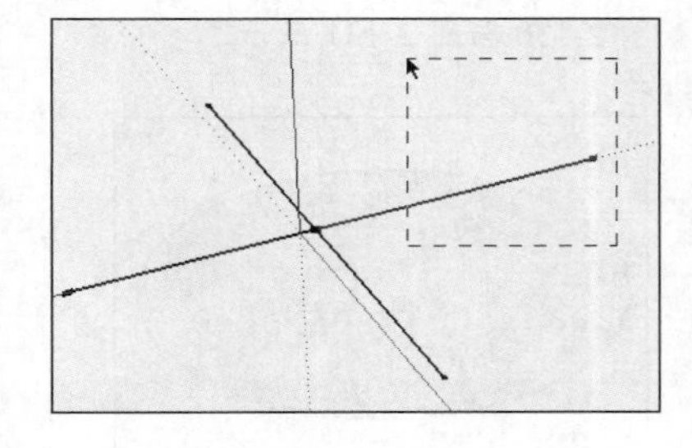

图 2-120　删除左侧线段

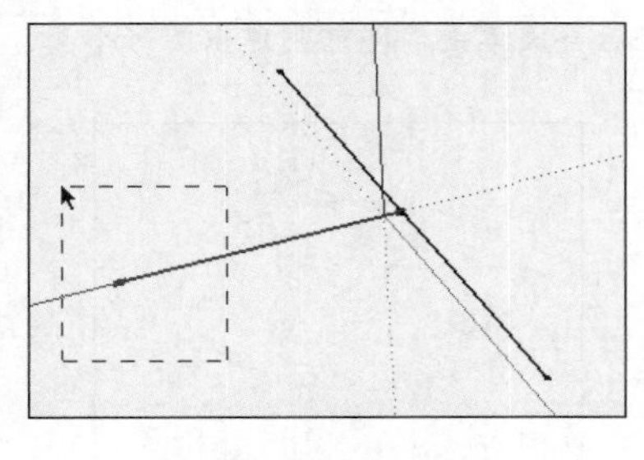

图 2-121　删除右侧线段

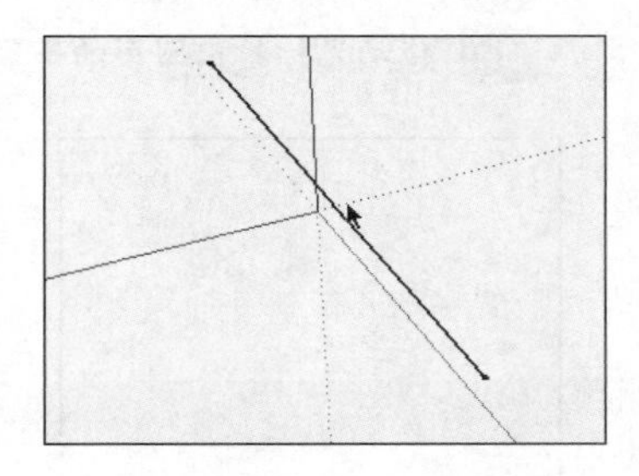

图 2-122　恢复单条线段

此外，将光标放置到直线的中点或端点，然后在垂直或水平方向上移动光标即可进行追踪。通过对直线端点与中点的跟踪，可以轻松的绘制出长度为其一半且与之平行的另一条线段，如图 2-123~图 2-125 所示。

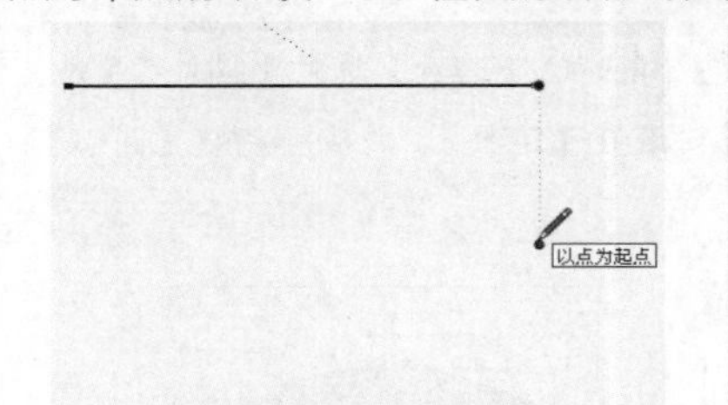


图 2-123　跟踪起点

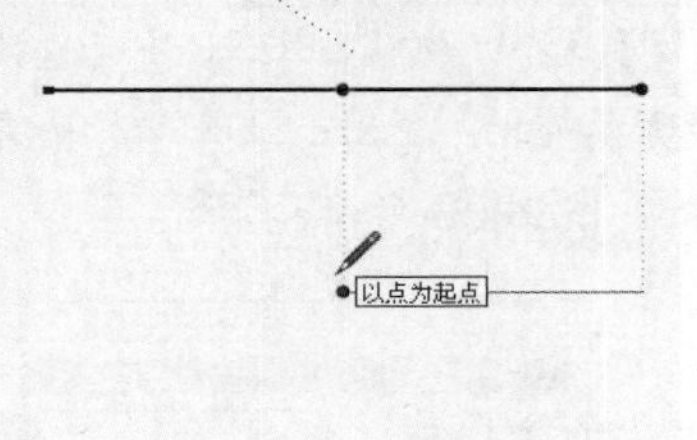


图 2-124　跟踪中点

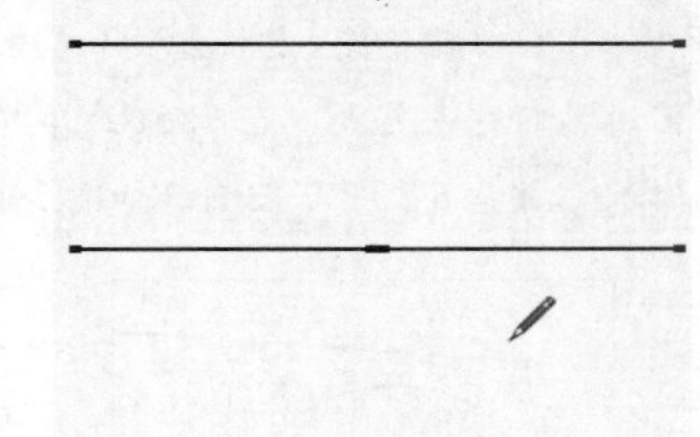

图 2-125　绘制完成

**2. 线段的拆分功能**

在 SketchUp 中可以对线段进行快捷的拆分操作，具体的步骤如下：

01 选择创建好的线段，单击鼠标右键选择【拆分】命令，如图 2-126 所示。

02 默认将线段拆分为两段，如图 2-127 所示；向上轻轻推动鼠标即可逐步增加拆分段数，如图 2-128 所示。

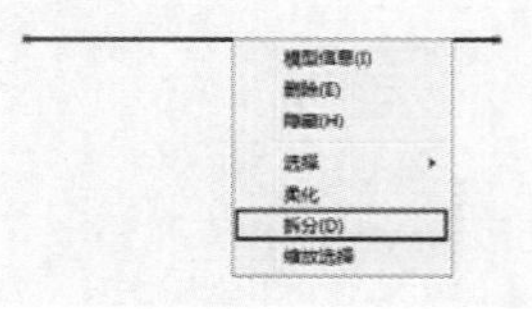
图 2-126　执行拆分命令

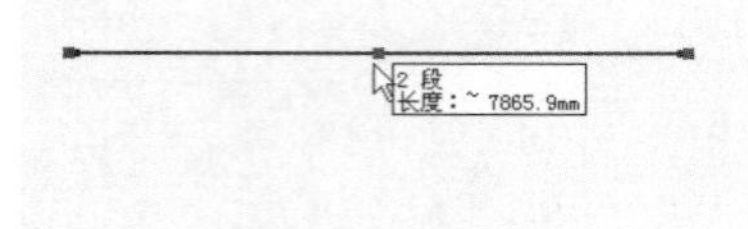

图 2-127　拆分为两段

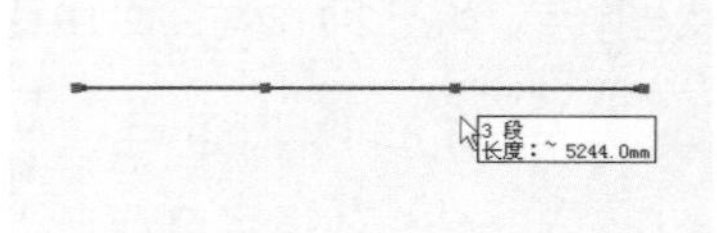

图 2-128　拆分为 3 段

## 2.4.7 圆形工具

### 1. 圆形工具

圆形广泛应用于各种设计中，单击 SketchUp【绘图】工具栏中的按钮，或执行【绘图】|【形状】|【圆】菜单命令均可启用该工具，绘制方法如下。

**技 巧**

【圆】创建工具的默认快捷键为“C”。

01 启用【圆】绘图命令，待光标变成时在绘图区单击，确定圆心位置，如图 2-129 所示。

02 拖动光标拉出圆形的半径后再次单击，即可创建出圆形平面，如图 2-130 与图 2-131 所示。

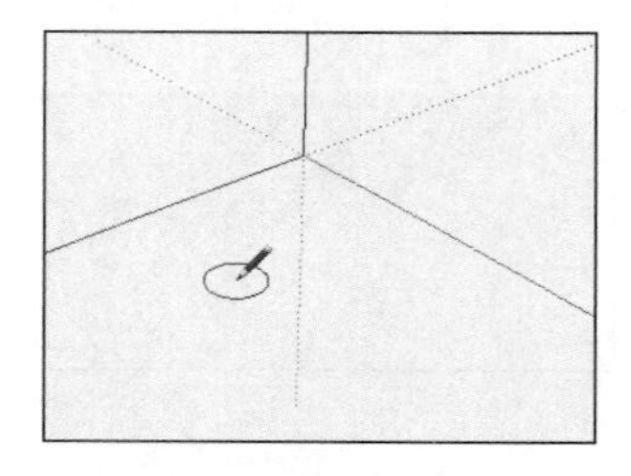
图 2-129　确定圆心

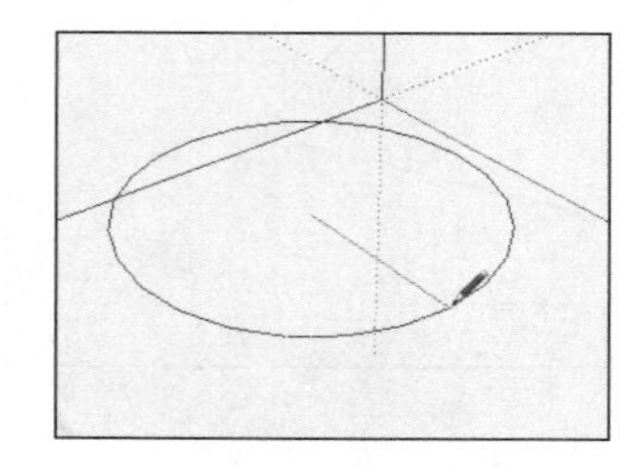
图 2-130　拖出半径大小

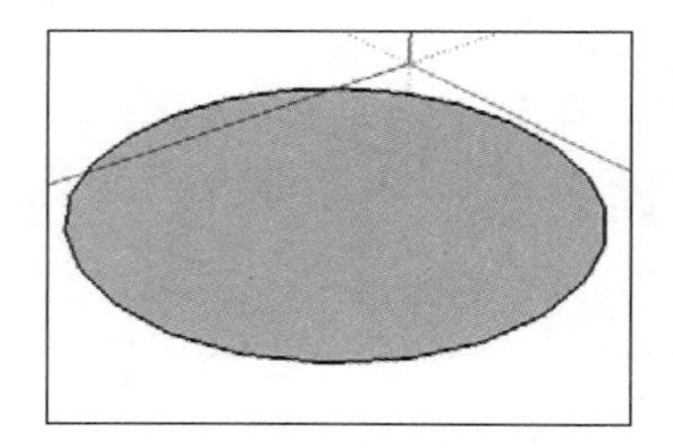
图 2-131　圆形平面绘制完成

**技 巧**

在三维软件中，【圆】除了【半径】这个几何特征外，还有【边数】的特征。【边数】越大【圆】越平滑，所占用的内存也越大，在 SketchUp 中亦是如此。在 SketchUp 中，如果要设置【边数】，则在确定好【圆心】后输入“数量 S”即可控制，如图 2-132~图 2-134 所示。

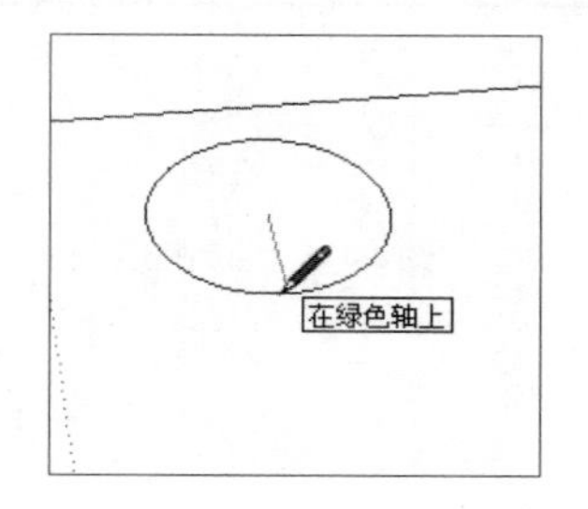

图 2-132　确定圆心

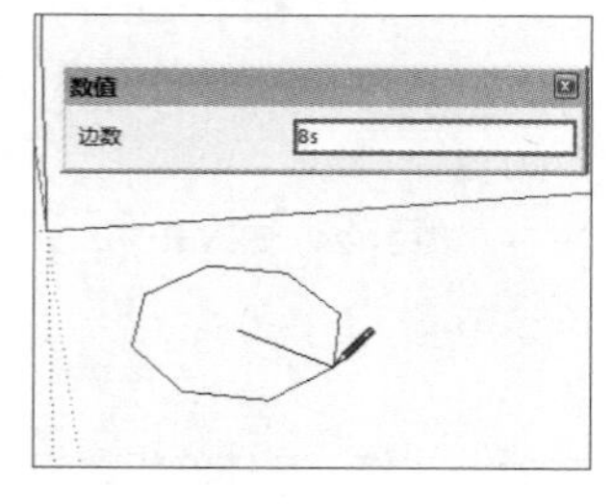

图 2-133　输入圆形边数

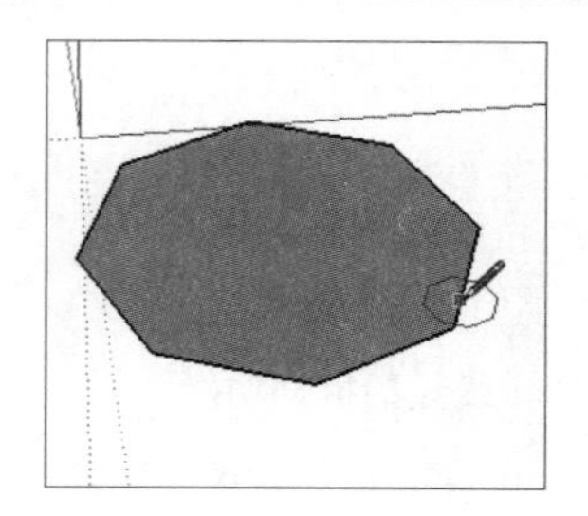
图 2-134　圆形平面绘制完成

**注 意**

三维视图内的立面以及空间圆形的绘制，读者可参考【矩形】一节中的内容，本节就不再赘述。

### 2. 圆弧工具

【圆弧】虽然只是【圆】的一部分，但其可以绘制更为复杂的曲线，因此在使用和控制上更有技巧性。单击【绘图】工具栏中的按钮或执行【绘图】/【圆弧】菜单命令均可启用该工具。

01 启用【圆弧】绘图命令，待光标变成时在绘图区单击，确定圆弧起点，如图 2-135 所示。

注意

【圆弧】创建工具的默认快捷键为“A”。

02 拖动光标拉出圆弧的弦长后再次单击，往左或右拉出凸距即可创建相应的圆弧，如图 2-136 与图 2-137 所示。

图 2-135 确定圆弧起点

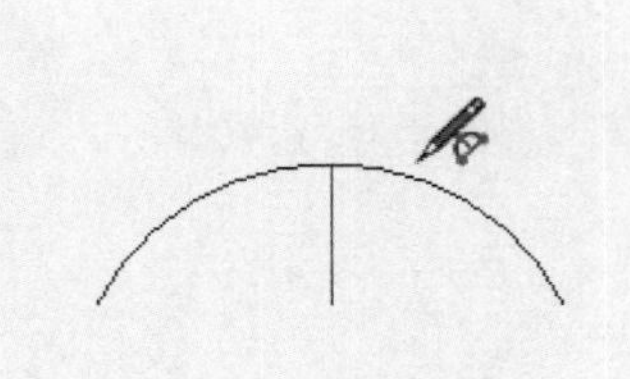

图 2-136 拉出圆弧弦长

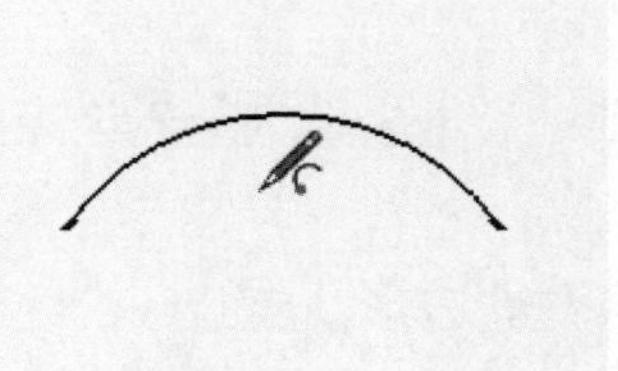

图 2-137 圆弧绘制完成

技巧

如果要绘制半圆弧段，则需要在拉出弧长后往左或右移动光标，待出现“半圆”提示时再单击确定，如图 2-138~图 2-140 所示。

图 2-138 确定圆弧起点

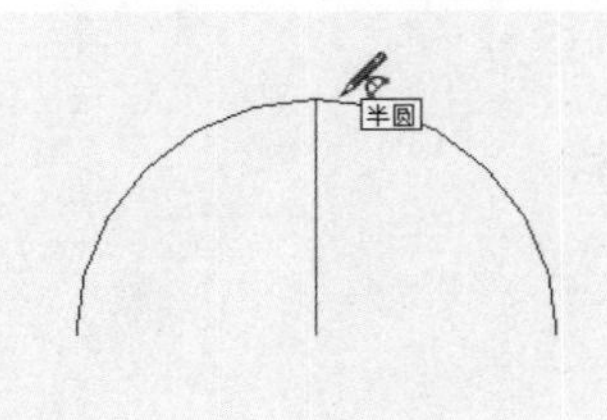


图 2-139 确定绘制半圆

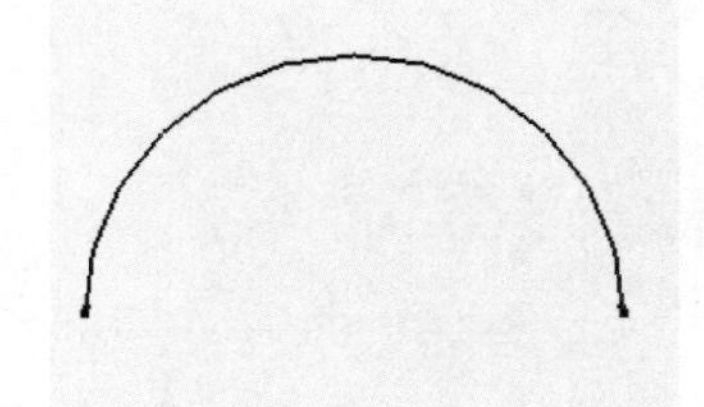

图 2-140 半圆绘制完成

技巧

如果要绘制与已知图形相切的圆弧，则首先需要保证圆弧的起点位于某个图形的端点外，然后移动光标拉出凸距，当出现“正切到顶点”的提示时单击确定，即可创建相切圆弧，如图 2-141~图 2-143 所示。

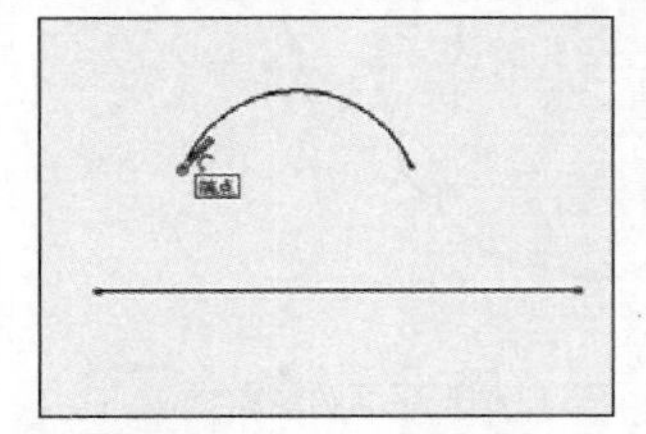

图 2-141 确定圆弧起点

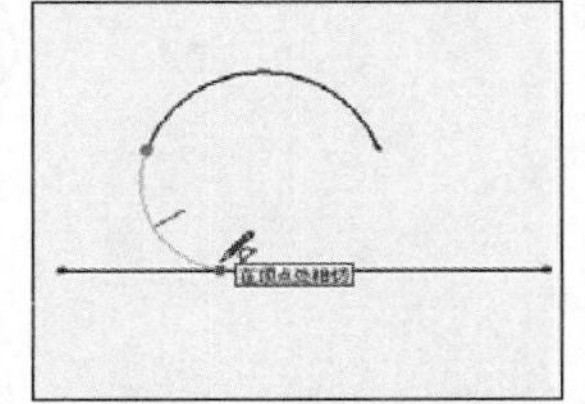

图 2-142 确定在顶点正切

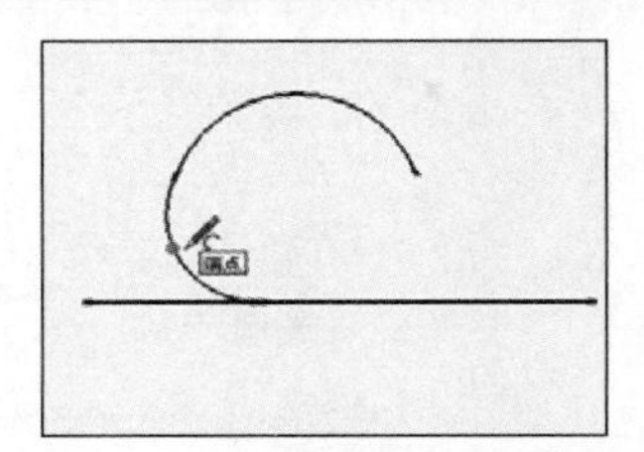

图 2-143 相切圆弧绘制完成

### 3. 其余三种圆弧工具

默认的【2 点弧形】工具允许用户选取两个终点，然后选取第三个来定义“凸出部分”。【圆弧】工具则通过先选取弧形的中心点，然后在边缘选取两个点，根据其角度定义用户的弧形，如图 2-144 所示。【扇形】工具以同样的方式运行，但生成的是一个楔形面，如图 2-145 所示。【3 点画弧】工具则通过先选取弧形的中心点，然后在边缘选取两个点，根据其角度定义用户的弧形，如图 2-146 所示。

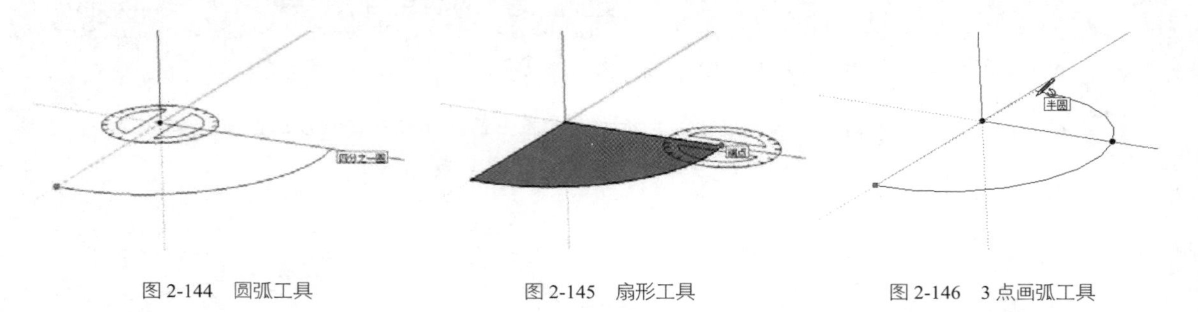

图 2-144 圆弧工具 图 2-145 扇形工具 图 2-146 3 点画弧工具

## 2.4.8 多边形工具

在 SketchUp 中使用【多边形】工具可以绘制边数在 3~100 间的任意正多边形，单击【绘图】工具栏中的按钮或执行【绘图】/【多边形】菜单命令均可启用该工具。接下来以绘制正 12 边形为例，讲解该工具的使用方法。

01 启用【多边形】绘图命令，待光标变成时，在绘图区单击确定中心位置，如图 2-147 所示。

02 移动鼠标确定【多边形】的切向，输入“12S”并按“Enter”键，确定多边形的边数，如图 2-148 所示。

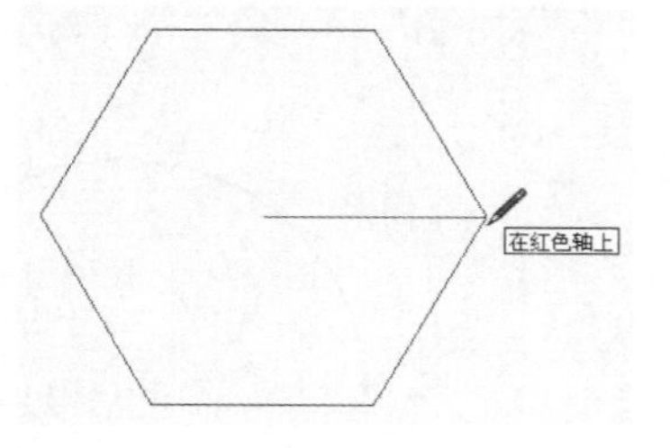


图 2-147 确定多边形中心点

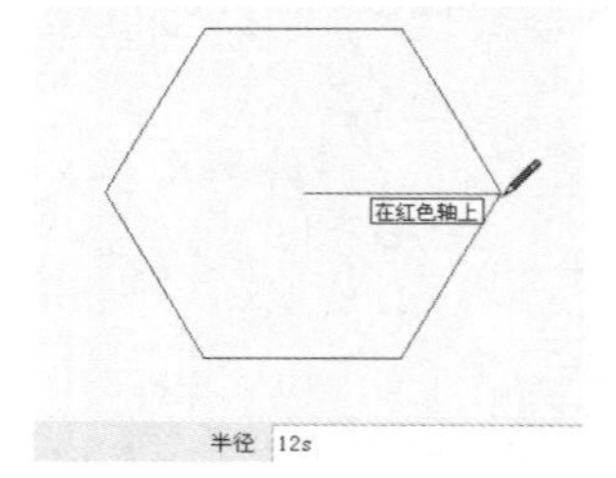


图 2-148 输入多边形边数

03 输入【多边形】外接圆的半径大小并按“Enter”键确定，创建精确大小的正 12 边形平面，如图 2-149 与图 2-150 所示。

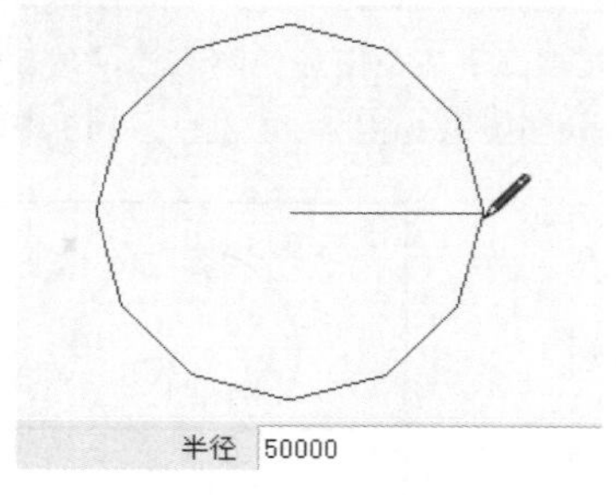


图 2-149 输入外接圆半径值

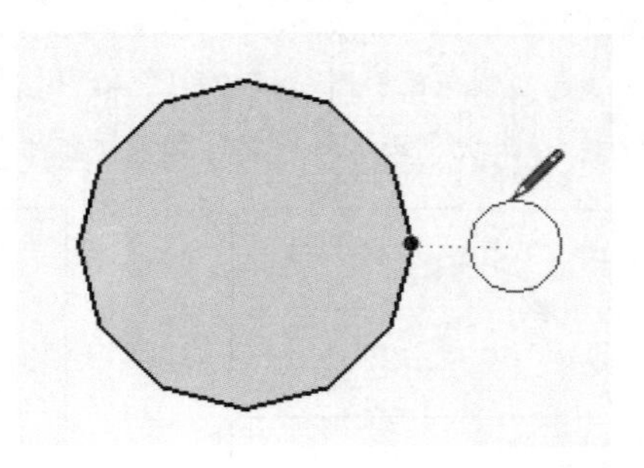

图 2-150 正 12 边形平面绘制完成

**技巧**

【多边形】与【圆】之间可以进行相互转换，如图 2-151~图 2-153 所示，当【多边形】的边数较大时，整个图形十分圆滑，此时就接近于圆形的效果。同样，当【圆】的边数设置得较小时，其形状也会变成对应边数的【多边形】。

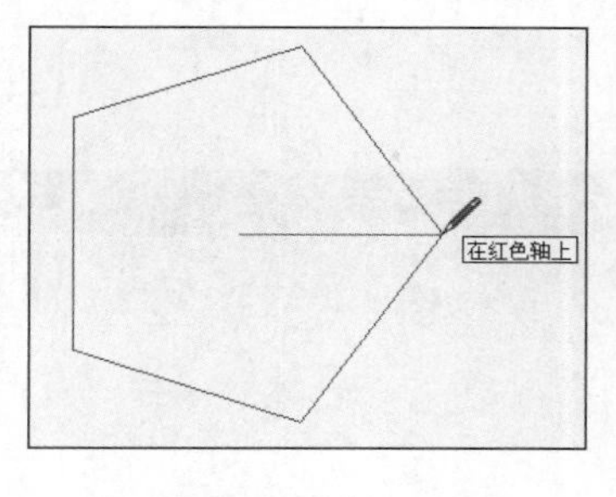


图 2-151　正 5 边形

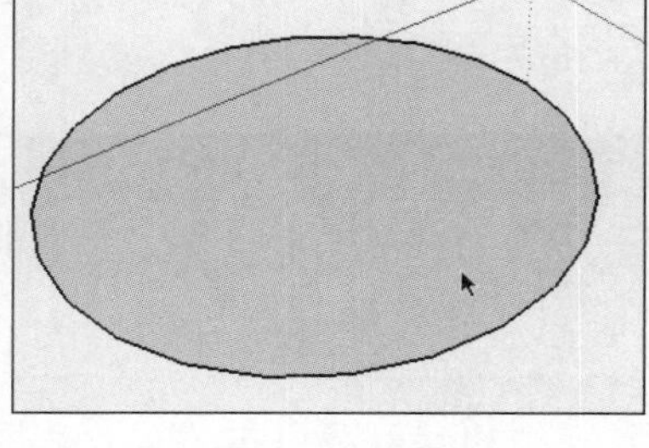

图 2-152　正 24 边形

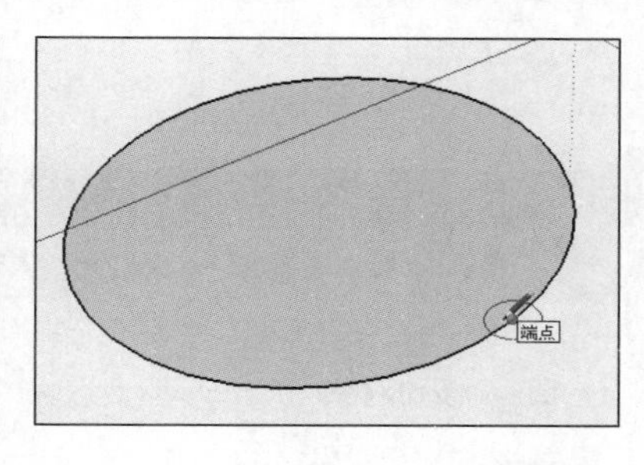


图 2-153　圆形

## 2.4.9 手绘线工具

SketchUp 中的【手绘线】工具用于绘制凌乱的、不规则的曲线平面。单击【绘图】工具栏中的按钮或执行【绘图】|【直线】|【手绘线】菜单命令均可启用该工具，其常用方法如下：

**01** 启用【多边形】绘图命令，待光标变成时，在绘图区单击，确定绘制起点（此时应保持左键为按下状态），如图 2-154 所示。

**02** 任意移动鼠标创建所需要的曲线，通常最终会如图 2-155 所示，移动至起点处进行闭合以生成不规则的面，如图 2-156 所示。

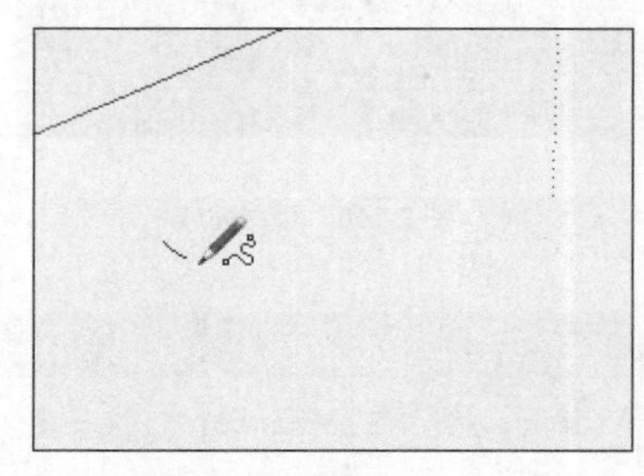

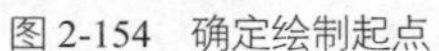

图 2-154　确定绘制起点

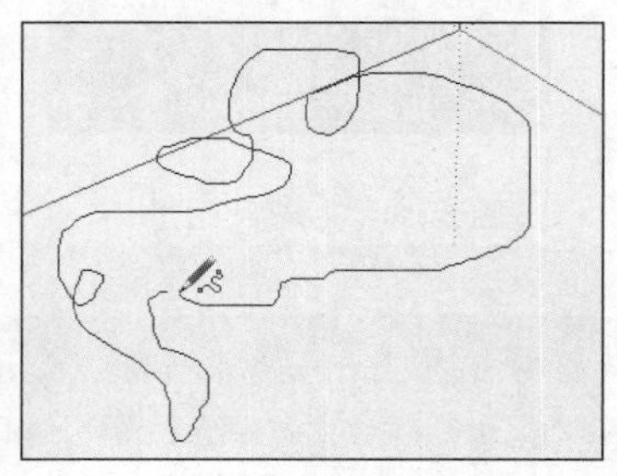

图 2-155　绘制曲线

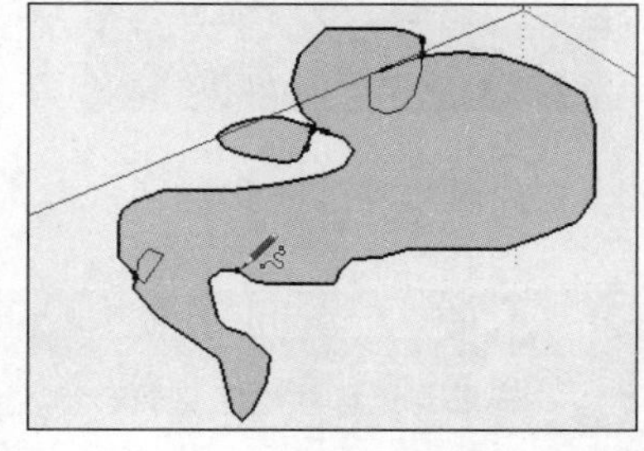

图 2-156　闭合曲线

## 2.4.10 编辑工具栏

SketchUp【编辑】工具栏如图 2-157 所示，包含了【移动】、【推/拉】、【旋转】、【路径跟随】、【缩放】以及【偏移】6 种工具。其中【移动】、【旋转】、【缩放】和【偏移】4 个工具用于对象位置、形态的变换与复制，而【推/拉】、【路径跟随】两个工具则用于将二维图形转变成三维实体。

### 1. 移动工具

【移动】工具不但可以进行对象的移动，同时还兼具复制功能。单击【编辑】工具栏按钮或执行【工具】

/【移动】菜单命令均可启用编辑命令。

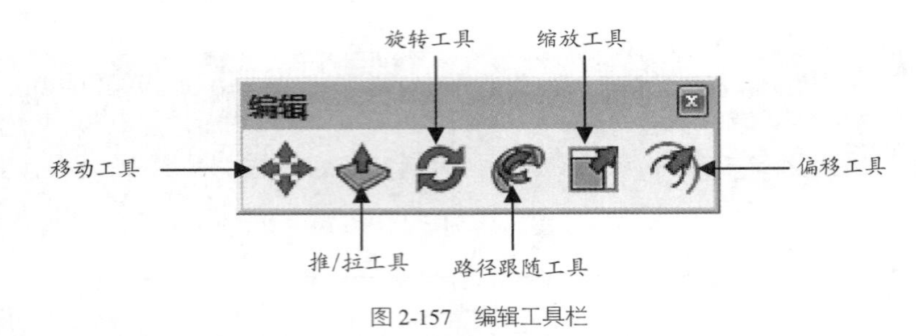


图 2-157　编辑工具栏

技巧

【移动】工具默认快捷键为"M"。

- 移动对象

01 打开本书配套资源"第 02 章\2.4.10.1 移动原始.skp"模型，如图 2-158 所示，其为一个树木组件。

02 先选择模型，再启用【移动】工具，待光标变成✥时，在模型上单击确定移动起始点，再拖动光标即可在任意方向移动选择对象，如图 2-159 所示。

03 将光标置于移动目标点，再次单击鼠标，即完成对象的移动，如图 2-160 所示。

图 2-158　树木组件

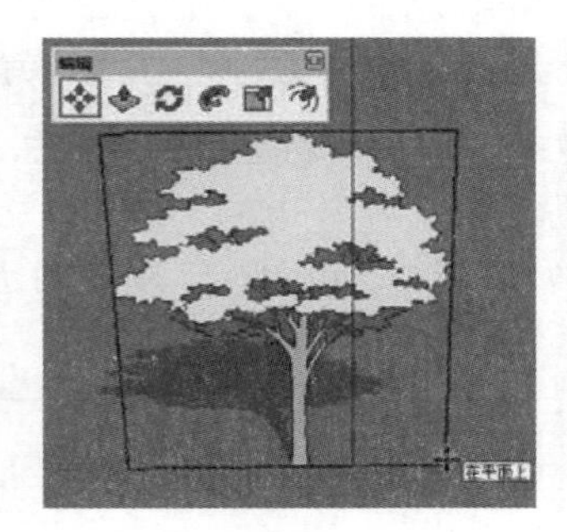

图 2-159　在 X 平面上移动

图 2-160　移动完成

技巧

如果要进行精确距离的移动，可以在确定移动方向后直接输入精确的数值，然后再按"Enter"键确定即可。

- 移动复制对象

使用【移动】工具也可以进行对象复制，具体的操作如下：

01 选择目标对象，启用【移动】工具，如图 2-161 所示。

02 按住"Ctrl"键，待光标变成✥⁺形状时再确定移动起始点，此时拖动光标可以进行移动复制，如图 2-162 与图 2-163 所示。

03 如果要进行精确距离的移动复制，可以在确定移动方向后输入准确的数值，如图 2-164 所示，然后按"Enter"键确定即可，如图 2-165 所示。

04 在进行移动复制后，还可以以“个数 X”的形式输入复制数目，然后再次按下“Enter”键确定，进行快速多重复制，如图 2-166 所示。

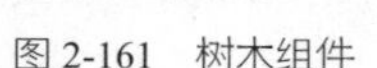

图 2-161　树木组件

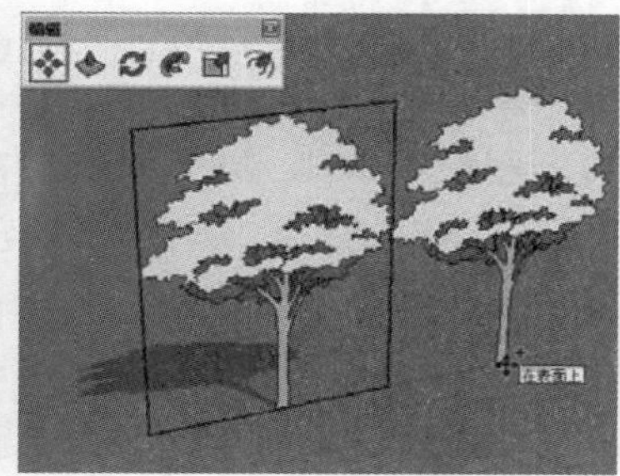

图 2-162　移动复制

图 2-163　移动复制完成

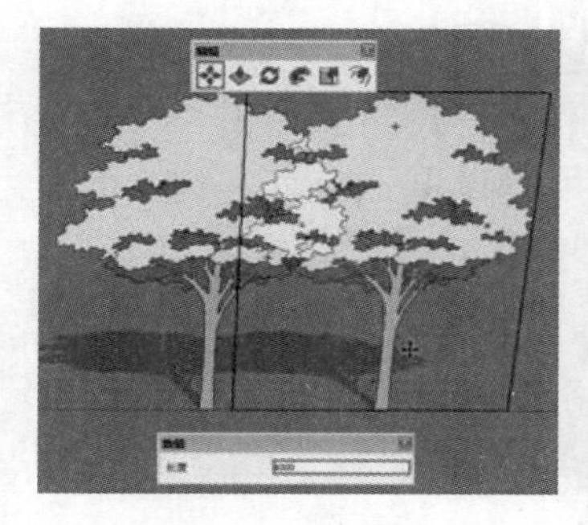

图 2-164　输入移动距离数值

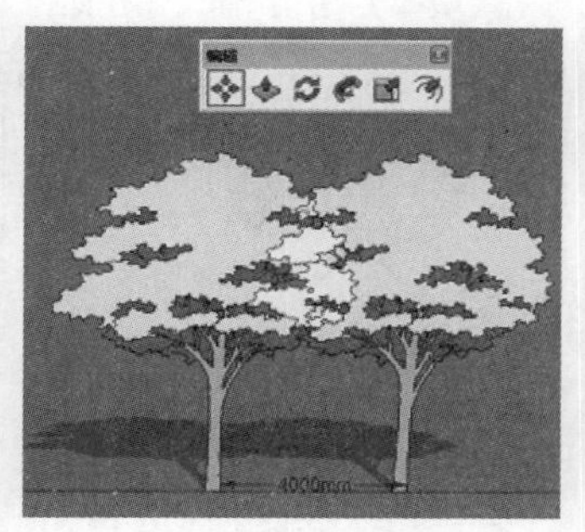

图 2-165　精确移动完成

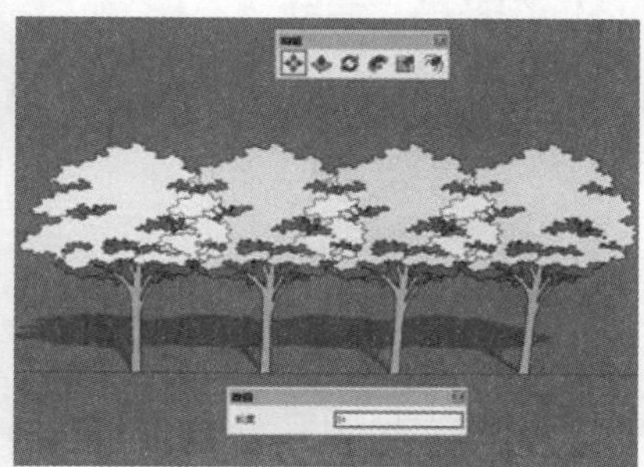

图 2-166　进行多重移动复制

05 此外，也可以首先确定移动复制首尾对象的距离，然后以“个数/”的形式输入复制数目，并再次按下“Enter”键确定，进行快速多重复制，如图 2-167 与图 2-168 所示。

注 意

对于三维模型中的“面”，使用【移动】工具进行移动复制同样有效，如图 2-169 所示。

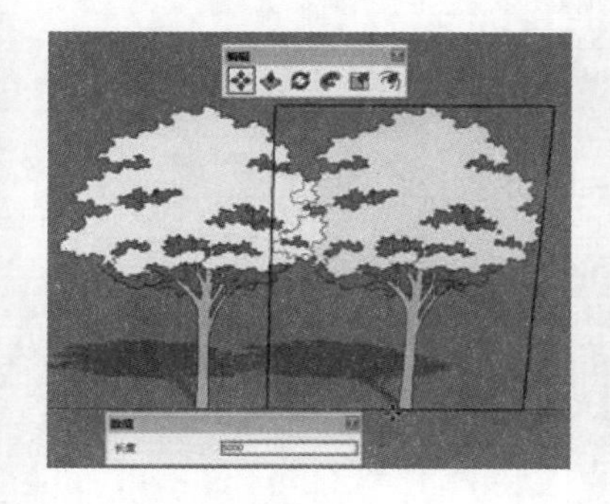

图 2-167　输入移动距离

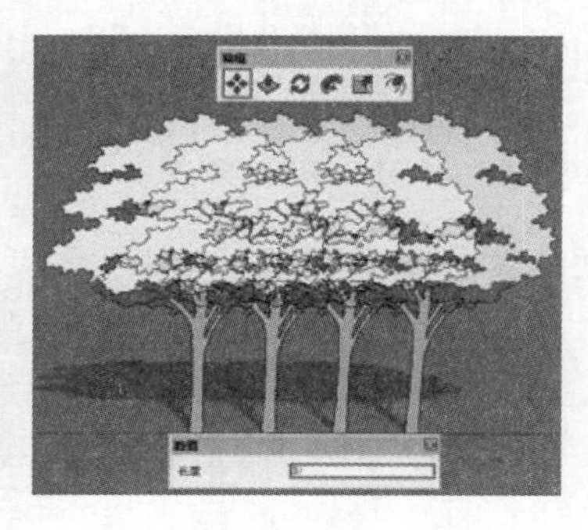

图 2-168　输入复制数量

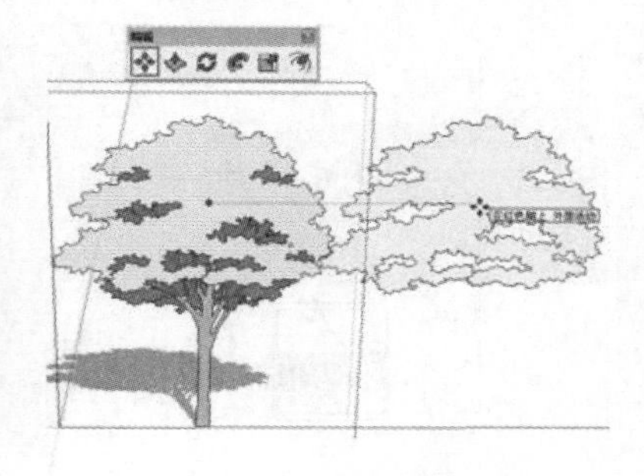

图 2-169　复制三维模型中的面

### 2. 旋转工具

【旋转】工具用于对象的旋转，同时也可以完成复制。单击【编辑】工具栏按钮或执行【工具】/【旋转】菜单命令均可启用该命令。

**技 巧**

【旋转】工具默认快捷键为“Q”。

### ❑ 旋转对象

**01** 打开配套资源“第 02 章\2.4.10.2 旋转原始.skp”模型，如图 2-170 所示。

**02** 选择模型，再启用【旋转】工具，待光标变成形状时，拖动光标确定旋转平面，然后再在模型表面确定旋转轴心点与轴心线，如图 2-171 所示。

**03** 拖动光标即可进行任意角度的旋转，如果要进行精确旋转，可以观察数值框数值或可以直接输入旋转度数，确定角度后再次单击鼠标左键，即可完成旋转，如图 2-172 所示。

图 2-170 打开模型

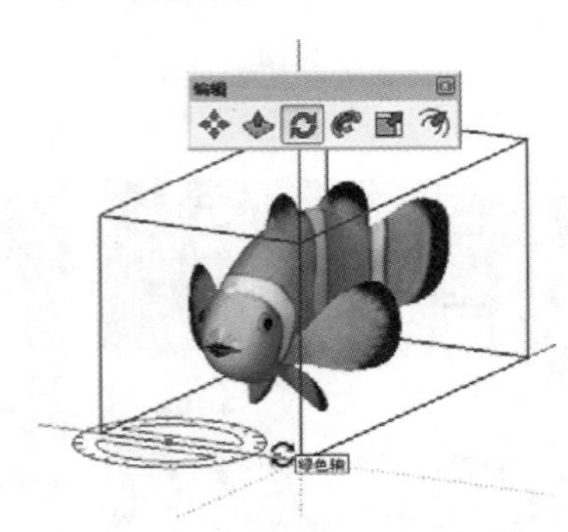


图 2-171 确定旋转面、轴心点

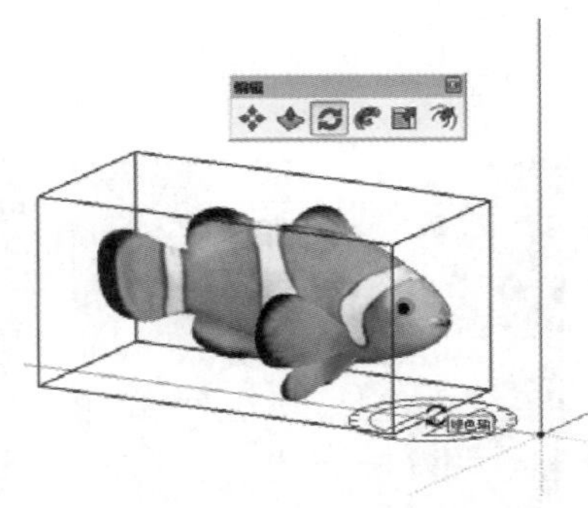


图 2-172 自由进行旋转

**技 巧**

启用【旋转】工具后，按住鼠标左键不放，往不同方向拖动将产生不同的旋转平面，从而使目标对象产生不同的旋转效果。

其中，当旋转平面显示为蓝色时，对象将以 Z 轴为轴心进行旋转，如图 2-171 所示；显示为红色或绿色时，将分别以 Y 轴或 x 轴为轴心进行旋转，如图 2-173 与图 2-174。

如果以其他位置做为轴心，则以灰色显示，如图 2-175 所示。

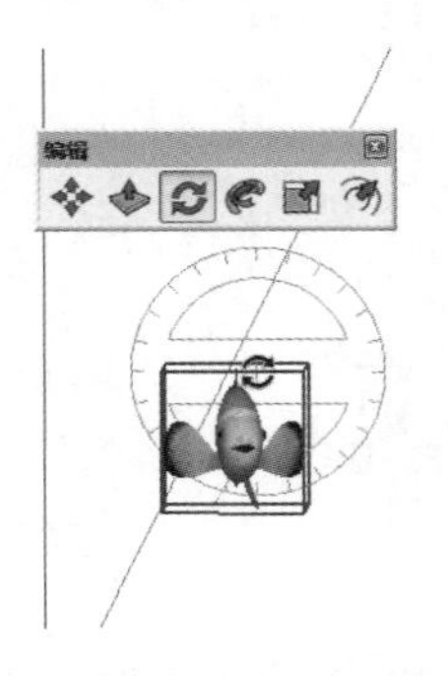


图 2-173 以 Y 轴为轴心进行旋转

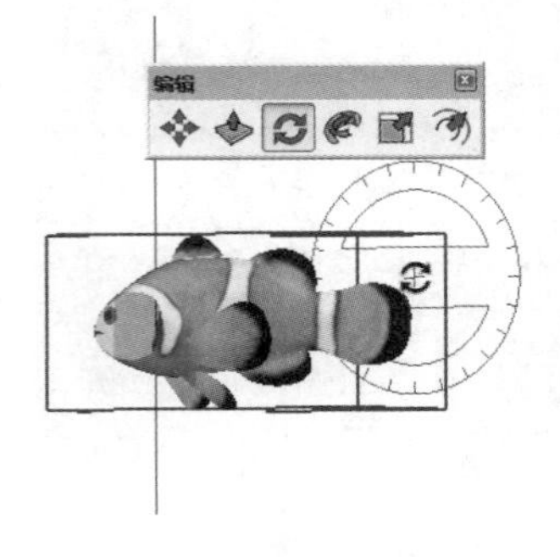


图 2-174 以 X 轴为轴心进行旋转

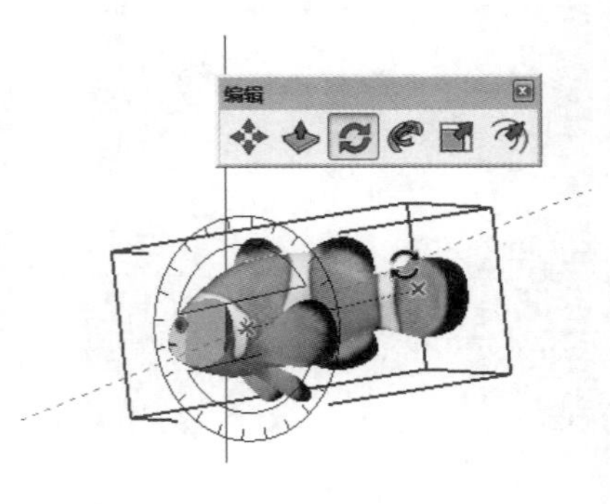


图 2-175 以其他位置为轴心

### ❑ 旋转部分模型

除了对整个模型对象进行旋转外，还可以对表面已经分割好的模型进行部分旋转，具体操作如下：

01 选择模型对象需要旋转的部分表面，确定好旋转平面，并将轴心点与轴心线确定在分割线端点，如图 2-176 所示。

02 拖动光标确定旋转方向，然后直接输入旋转角度，按下“Enter”键确定完成一次旋转，如图 2-177 所示。

03 选择最上方的“面”，重新确定轴心点与轴心线，再次输入旋转角度并按下“Enter”键完成旋转，如图 2-178 所示。

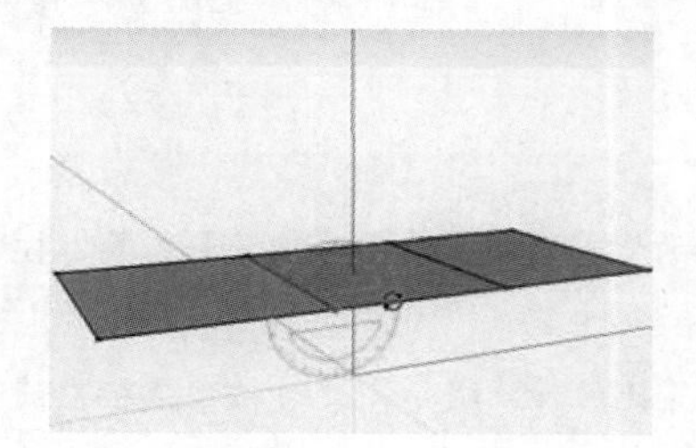

图 2-176　选择旋转面

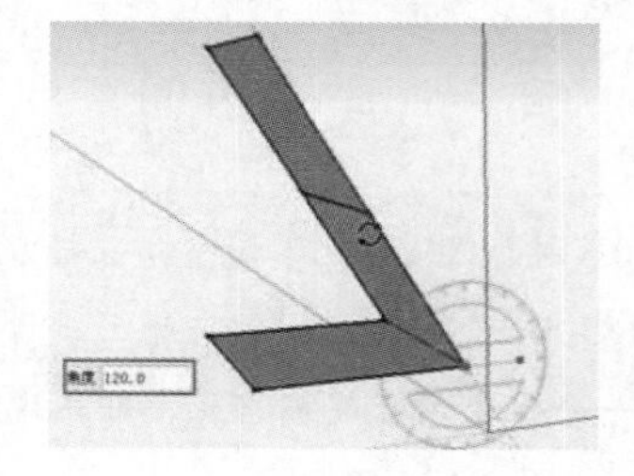


图 2-177　输入旋转角度

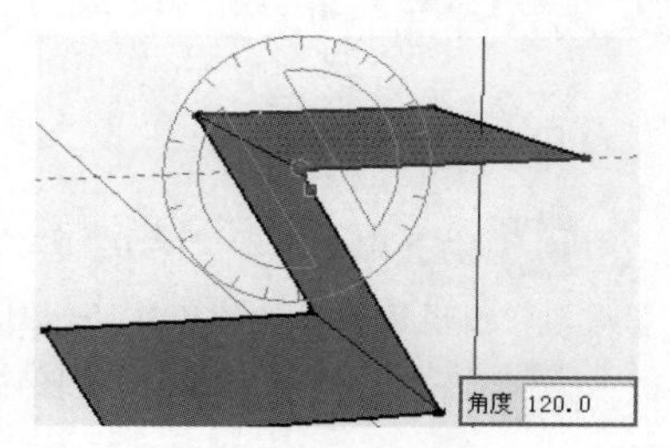


图 2-178　旋转完成

## ❑ 旋转复制对象

通过【旋转】工具可以复制对象，并能指定精确的旋转角度与复制数量。

01 选择目标对象，启用【旋转】工具，确定旋转平面、轴心点与轴心线，如图 2-179 所示。

02 按住“Ctrl”键，待光标变成　后，输入旋转角度数值，如图 2-180 所示。

03 重复上面的步骤将旋转角度设置为 90，按下“Enter”键确定旋转数值，再以“数量 X”的格式输入要复制的对象数目，再次按下“Enter”键即可完成复制，如图 2-181 所示。

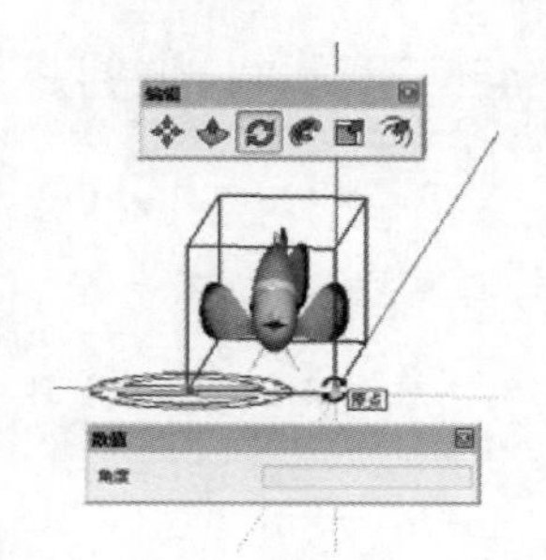


图 2-179　输入旋转角度

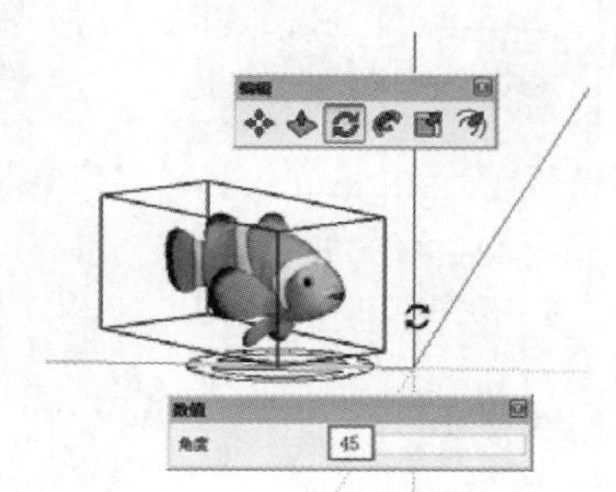


图 2-180　输入旋转角度

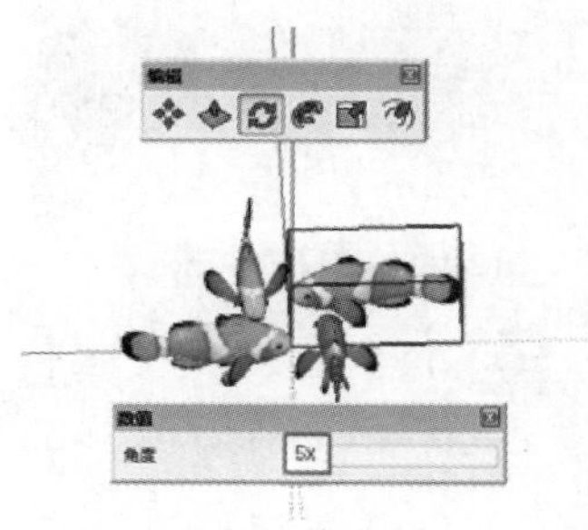


图 2-181　旋转复制完成

04 同样上述复制方法外，还可以首先复制出首尾模型，然后以“/数量”的形式输入要复制的对象数目并按下“Enter”键，此时就会以平均角度进行旋转复制，如图 2-182~图 2-184 所示。

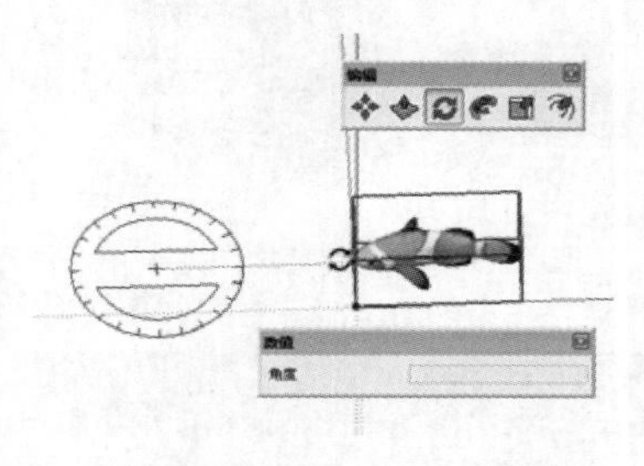


图 2-182　输入旋转角度

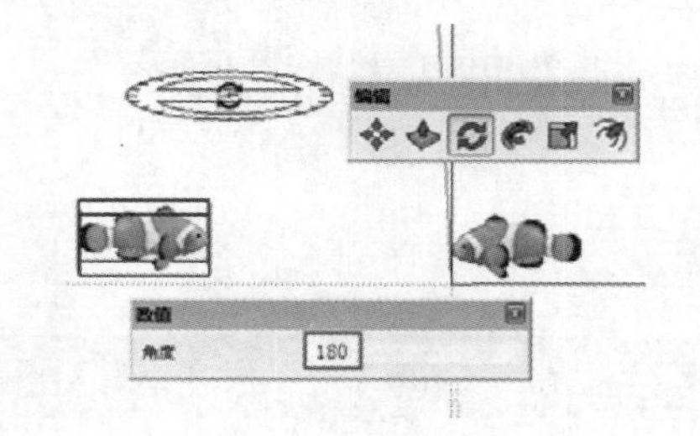


图 2-183　输入旋转数量

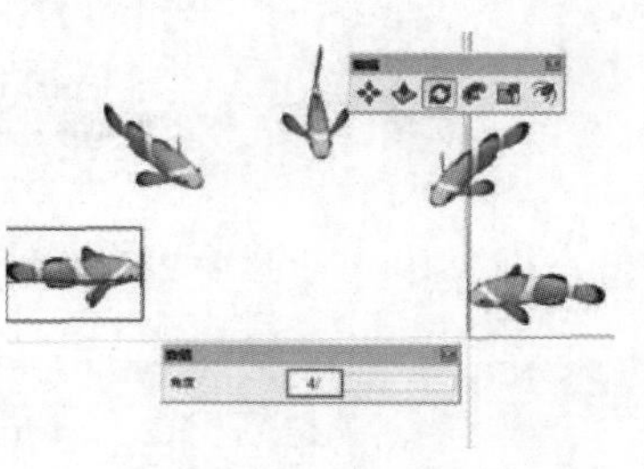


图 2-184　旋转复制完成

### 3. 缩放工具

【缩放】工具用于对象的缩小或放大，既可以进行 X、Y、Z 三个轴向等比的缩放，也可以进行任意两个轴向的非等比缩放。单击【编辑】工具栏 按钮或执行【工具】/【缩放】菜单命令，均可启用该命令。

技 巧

【缩放】工具默认快捷键为“S”。

❑ 等比缩放

01 打开配套资源“第 02 章\2.4.10.3 缩放原始.skp”模型，选择左侧的瓷器模型，启用【缩放】工具，模型周围即出现用于拉伸的栅格，如图 2-185 所示。

02 待光标变成 时，选择任意一个位于顶点的栅格点，即出现“等比拉伸”提示，此时按住鼠标左键并进行拖动，即可进行模型的等比拉伸，如图 2-186 所示。

注 意

选择拉伸栅格后，按住鼠标向上推动为放大模型，向下推动则为缩小模型。此外在进行二维平面模型的等比拉伸时，同样需要选择四周的栅格点方可进行等比拉伸，如图 2-187 所示。

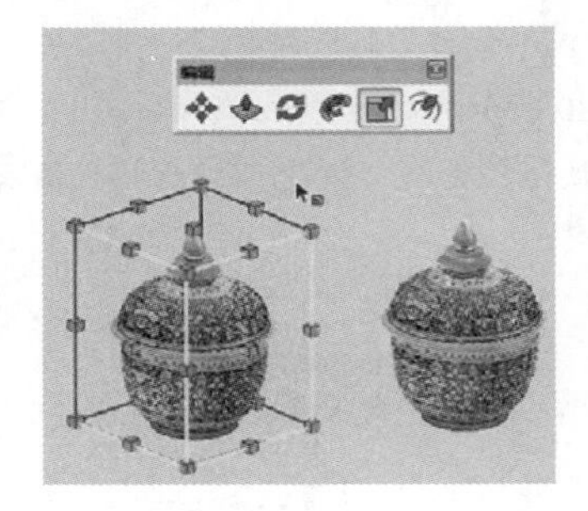


图 2-185 选择拉伸栅格顶点

图 2-186 等比拉伸

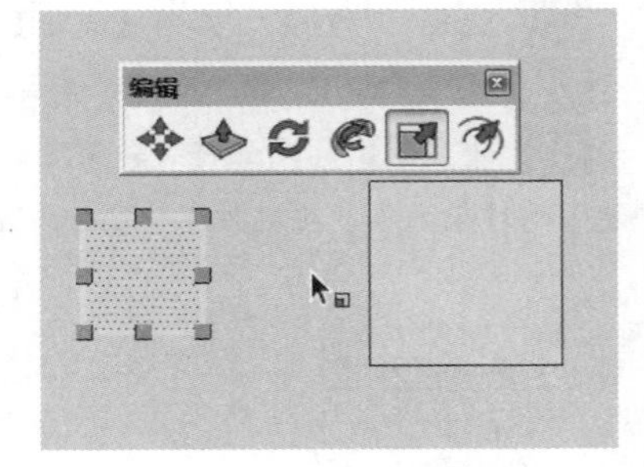


图 2-187 二维平面等比拉伸

03 除了直接通过鼠标进行拉伸外，在确定好拉伸栅格点后，直接输入拉伸比例，然后按下“Enter”键即可完成精确比例的拉伸，如图 2-188~图 2-190 所示。

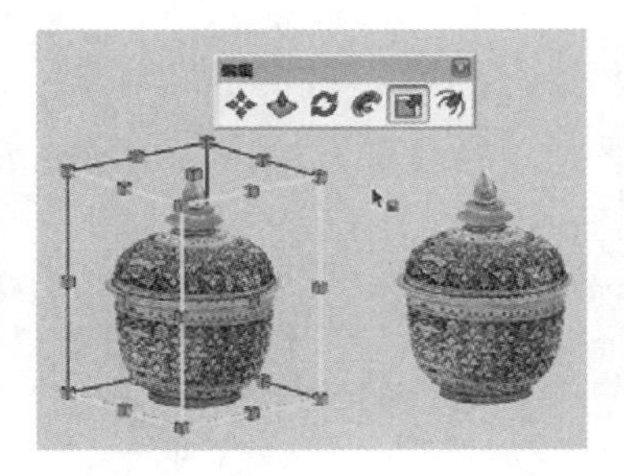


图 2-188 选择拉伸栅格顶点

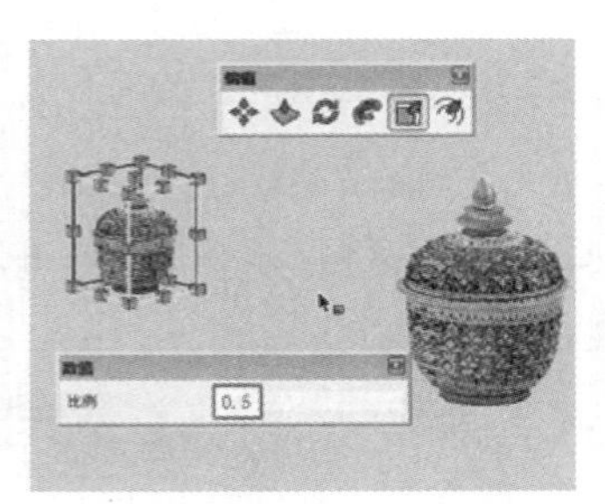


图 2-189 输入拉伸比例

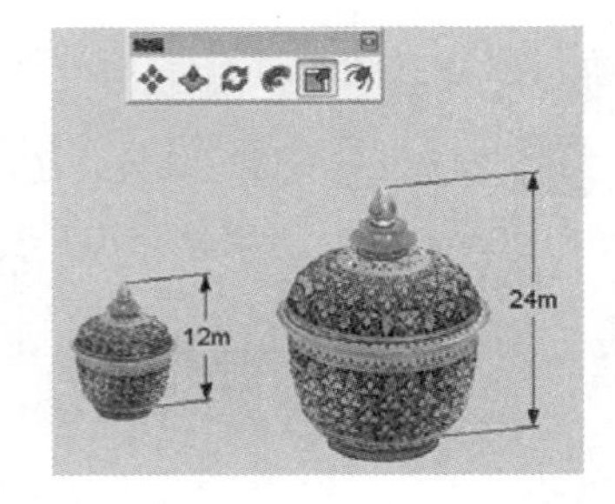


图 2-190 精确等比拉伸完成

注 意

在进行精确比例的等比拉伸时，数量小于 1 则为缩小，大于 1 则为放大，如果输入负值则对象不但会进行比例的调整，其位置也会发生镜像改变。例如输入-1，会得到【镜像】的效果，如图 2-191~图 2-193 所示。

### ❑ 非等比缩放

【等比缩放】各方向同比例改变对象的尺寸大小，其形状不会发生改变，而【非等比缩放】在改变对象尺寸的同时，会改变对象的造型。

图 2-191　选择缩放栅格顶点

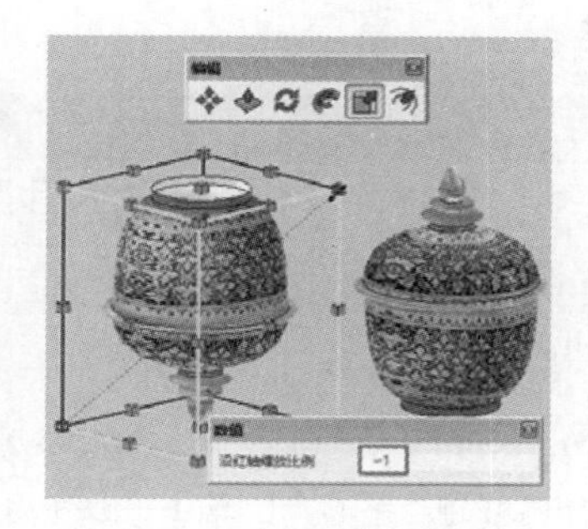

图 2-192　输入负值缩放比例

图 2-193　完成效果

01 选择用于拉伸的瓷器模型，启用【缩放】工具，选择位于栅格线中间的栅格点，即可出现“绿/蓝色轴”或类似提示，如图 2-194 所示。

02 确定栅格点后，单击鼠标左键确定，然后拖动鼠标即可进行拉伸，确定拉伸大小后单击鼠标，即可完成拉伸，如图 2-195 与图 2-196 所示。

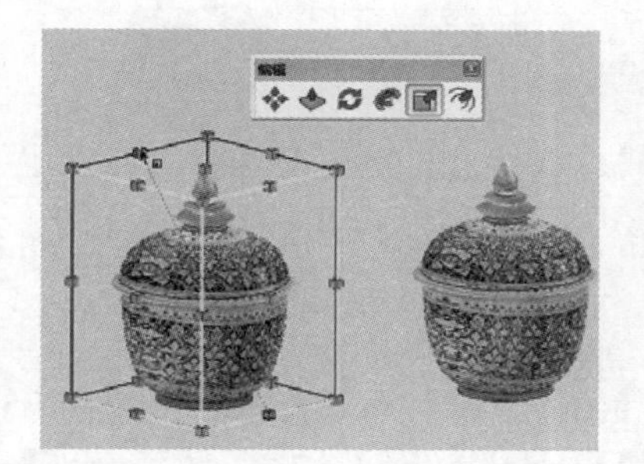

图 2-194　选择拉伸栅格线中点

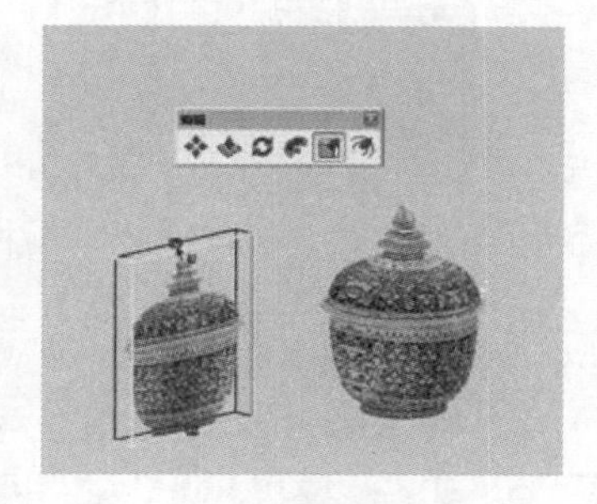

图 2-195　进行非等比缩放

图 2-196　非等比拉缩放完成

**技 巧**

除了“绿/蓝色轴”的提示外，选择其他栅格点还可出现“红/蓝色轴”或“红/绿色轴”的提示，出现这些提示时都可以进行【非等比缩放】。此外选择某个位于面中心的栅格点还可进行 X、Y、Z 任意单个轴向上的【非等比缩放】，如图 2-197 与图 2-199 所示。

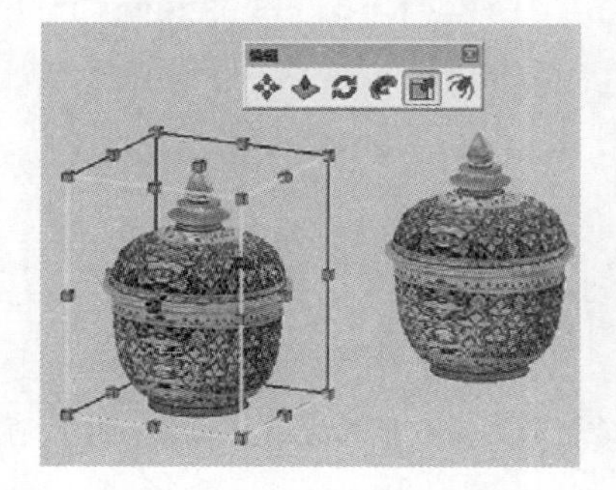

图 2-197　选择拉伸栅格线中点

图 2-198　进行非等比缩放

图 2-199　非等比缩放完成

#### 4. 偏移工具

在 SketchUp 中，【偏移】工具可以同时将对象进行移动与复制，单击【编辑】工具栏中的按钮或执行【工具】/【偏移】菜单命令均可启用该工具。在实际的工作中，【偏移】工具可以对任意形状的“面”进行偏移，但对于“线”的偏移则有一定的前提，接下来进行具体的介绍。

技 巧

【偏移】工具的默认快捷键为“F”。

- 面的偏移

01 在视图中创建一个长、宽都为 1500mm 的矩形平面，然后启用【偏移】工具，如图 2-200 所示。

02 待光标变成时，在要进行偏移的“平面”上单击，以确定偏移的参考点，然后向内拖动光标即可进行偏移，如图 2-201 所示。

03 确定好偏移大小后再次单击，即可同时完成偏移与复制，如图 2-202 所示。

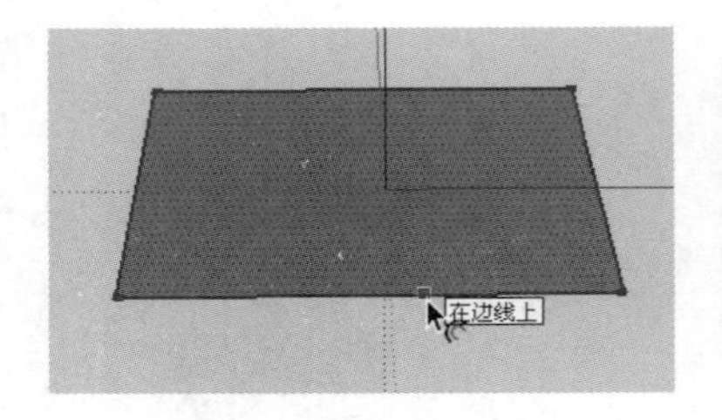


图 2-200 创建矩形平面

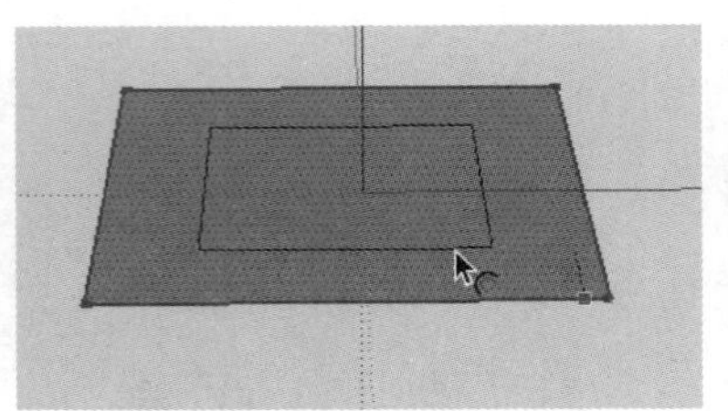

图 2-201 向内偏移

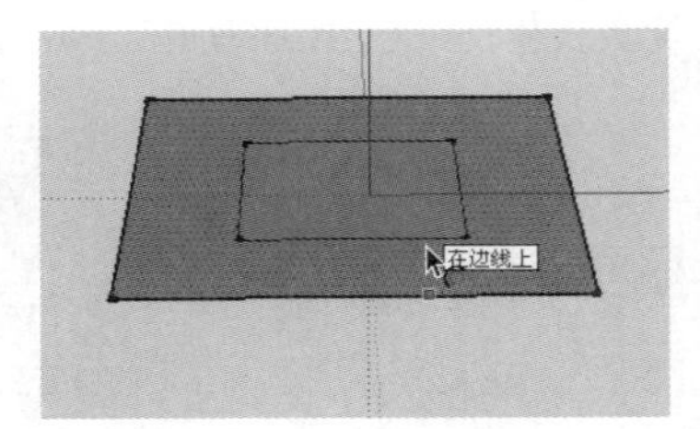


图 2-202 偏移完成效果

注 意

【偏移】工具不仅可以向内进行收缩复制，还可以向外进行放大复制。在“平面”上单击左键确定好偏移的参考点，后向外推动光标即可，如图 2-203~图 2-205 所示。

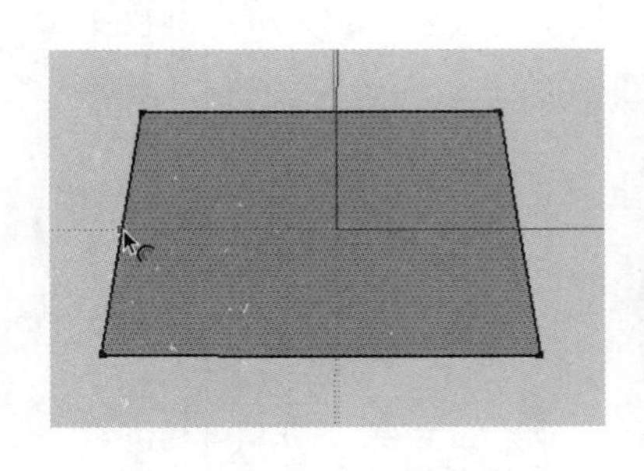

图 2-203 确定偏移参考点

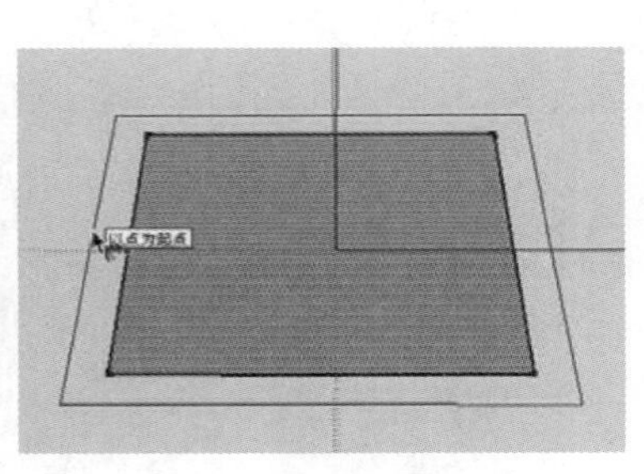

图 2-204 向外偏移

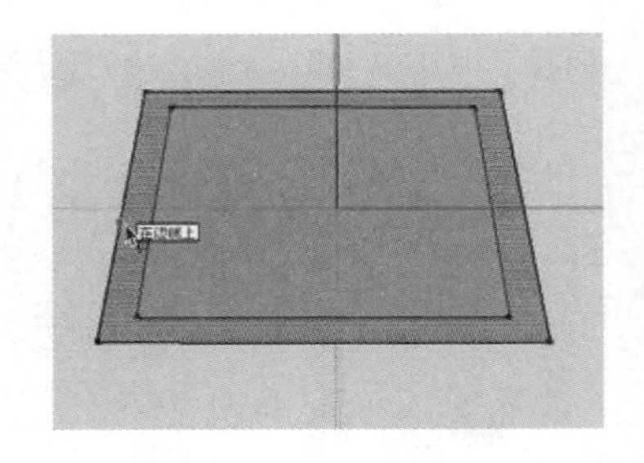

图 2-205 完成效果

04 如果要进行精确距离的偏移，可以在“平面”上单击确定偏移参考点，然后直接输入偏移数值，再按下“Enter”键确认，如图 2-206~图 2-208 所示。

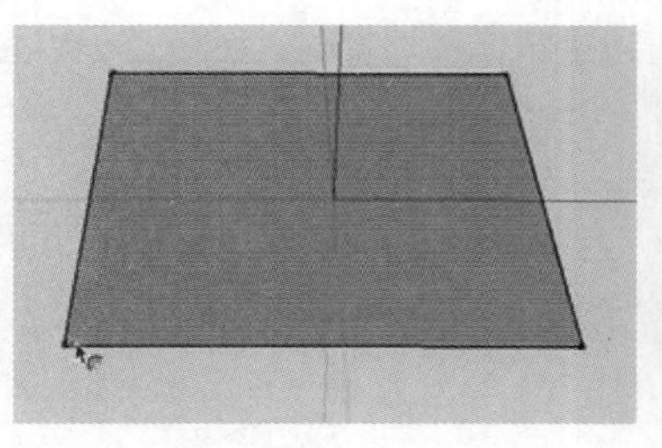

图 2-206　确定偏移参考点

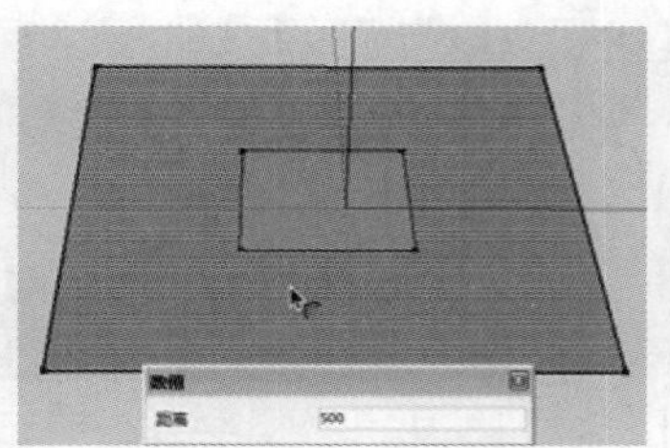


图 2-207　输入偏移距离

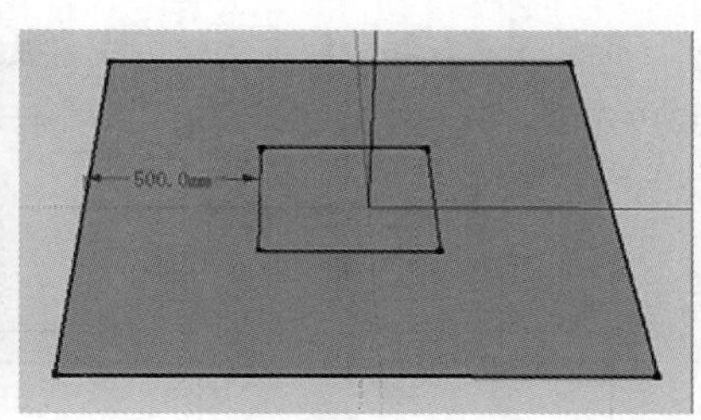


图 2-208　精确偏移完成效果

05 如果偏移的“面”不是正方形、圆或其他正多边形，则当光标向内拖动距离大于其一半的边长时，所复制出的“面”的长宽比例将对调，如图 2-209~图 2-211 所示。

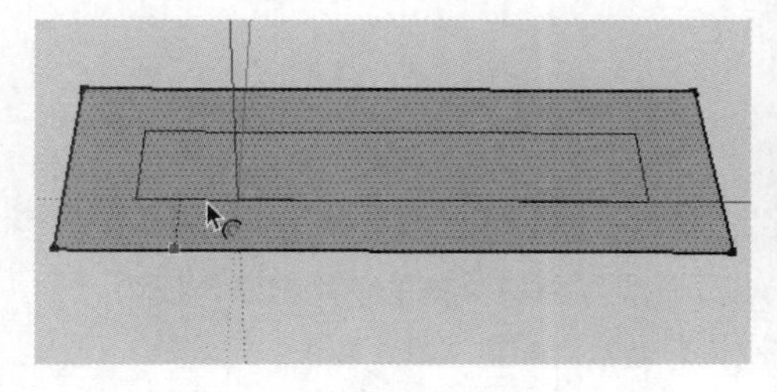

图 2-209　确定偏移参考点

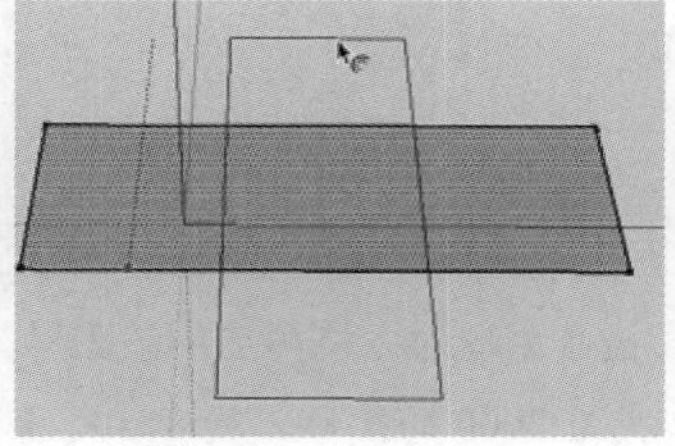

图 2-210　对调长宽比例

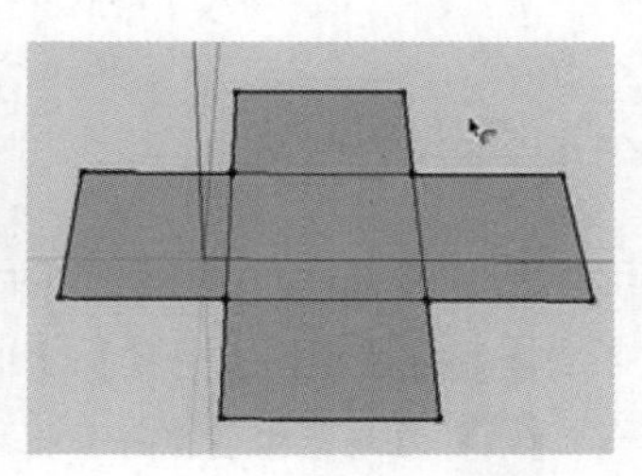

图 2-211　偏移完成

【偏移】工具对任意造型的“面”均可进行偏移与复制，如图 2-212~图 2-214 所示。但对于“线”的复制则有所要求。

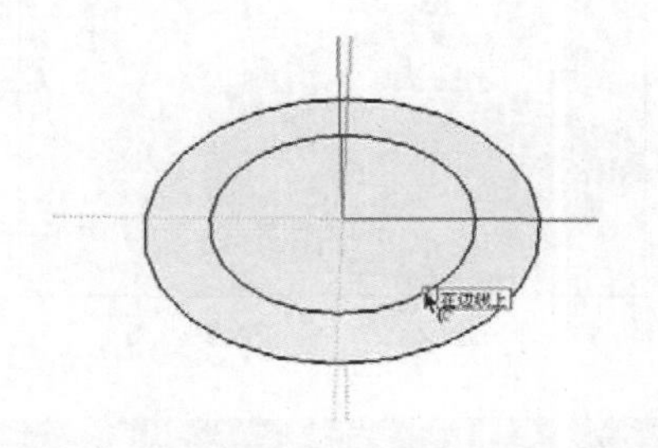


图 2-212　圆形的偏移

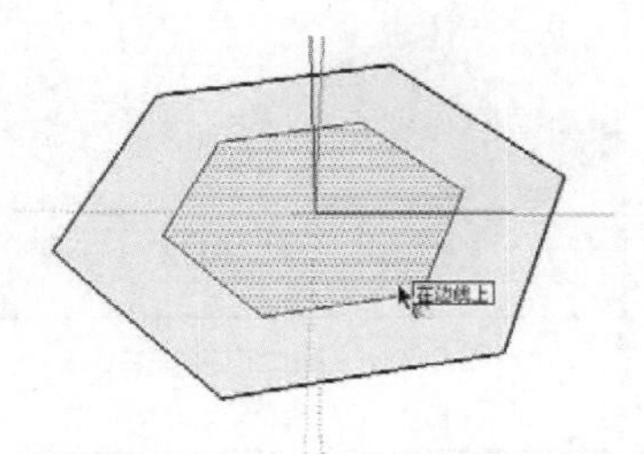


图 2-213　正多边形的编移复制

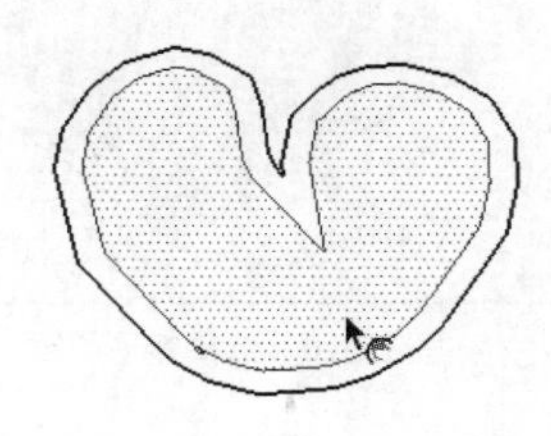

图 2-214　曲线平面的偏移

❑　线的偏移

在 SketchUp 中，【偏移】工具是无法对单独的线段以及交叉的线段进行偏移与复制的，如图 2-215 与图 2-216 所示。

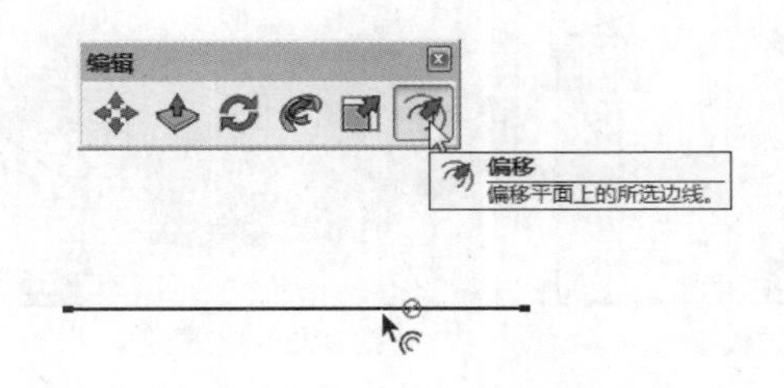


图 2-215　无法偏移单独线段

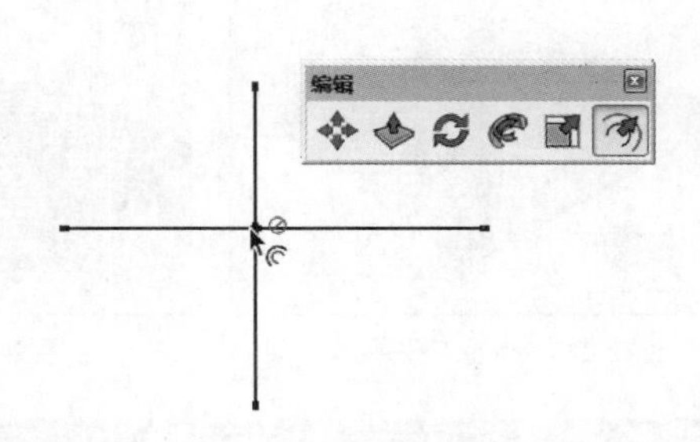


图 2-216　无法偏移交叉线段

而对于多条线段组成的转折线、弧线以及线段与弧形组成的线形均可以进行偏移与复制，如图 2-217~图 2-219 所示。其具体的操作方法及功能与“面”类似，在这里就不再赘述。

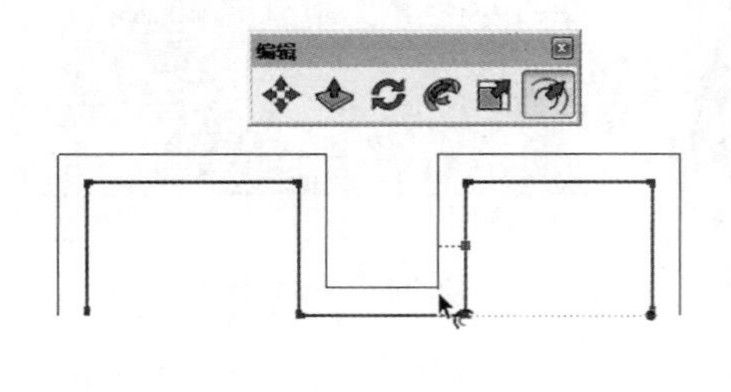


图 2-217　偏移转折线

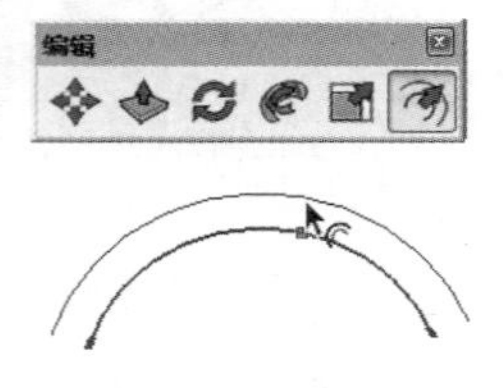


图 2-218　偏移弧线

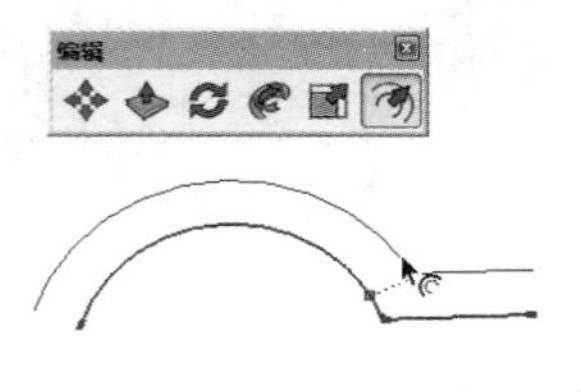


图 2-219　偏移混合线形

## 2.4.11 推/拉工具

在 SketchUp 中，将二维平面生成三维实体模型的最为常用的工具即【推/拉】工具。单击【编辑】工具栏中的按钮或执行【工具】/【推/拉】菜单命令均可启用该工具。接下来便了解其具体的使用方法与技巧。

01 在场景中创建一个长、宽为 2000 的矩形，然后启用【推/拉】工具，如图 2-220 所示。

02 待光标变成时，将其置于拉伸对象的表面并单击确定，然后拖动光标拉伸出三维实体，拉伸出合适的高度后再次单击，即可完成拉伸，如图 2-221 与图 2-222 所示。

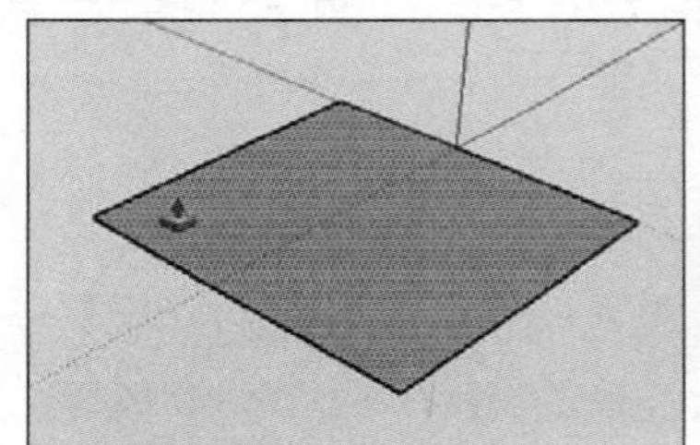

图 2-220　选择矩形平面

图 2-221　向上拉伸平面

图 2-222　完成效果

技 巧

【推/拉】工具的默认快捷键为“P”。

03 如果要进行精确的拉伸，则可以在单击确定开始拉伸前输入长度数值，再按下“Enter”键确认，如图 2-223~图 2-225 所示。

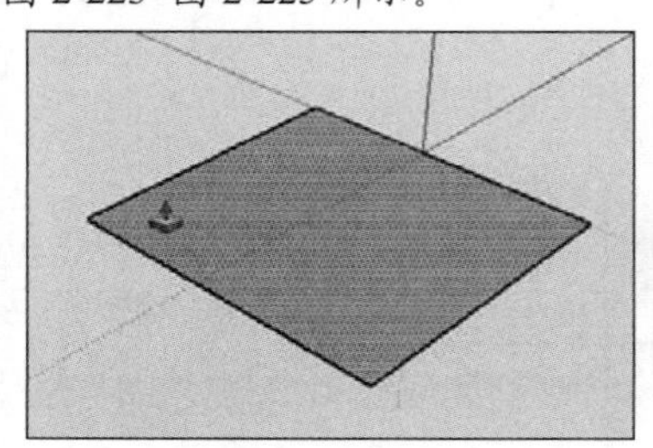

图 2-223　选择矩形平面

图 2-224　输入推/拉数值

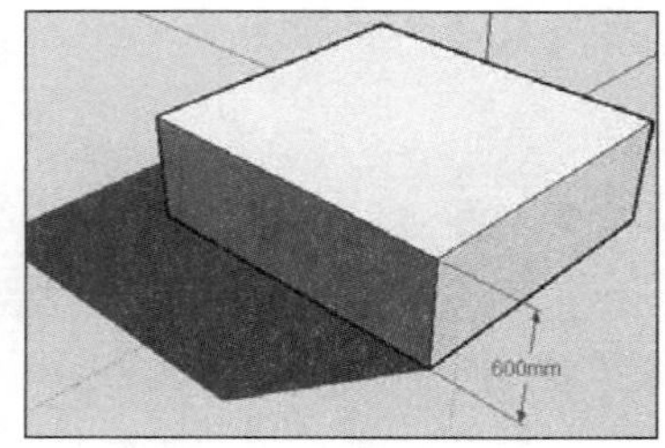


图 2-225　完成效果

技 巧

在完成拉伸后再次启用【推/拉】工具可以直接进行拉伸，如图 2-226 与图 2-227 所示。如果此时按住“Ctrl”键，则会以复制的形式进行拉伸，如图 2-228 所示。

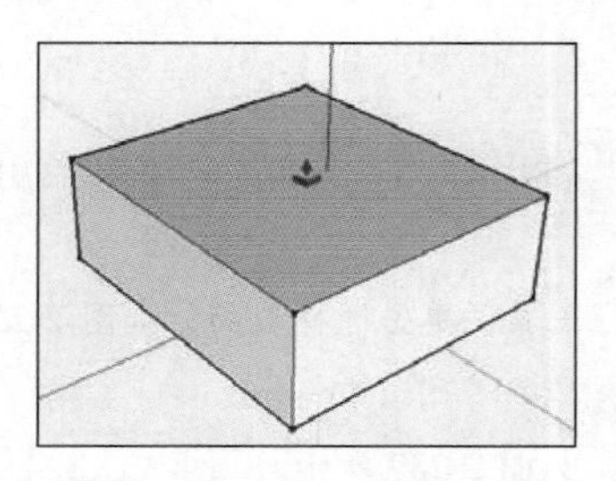
图 2-226　选择已拉伸出的平面

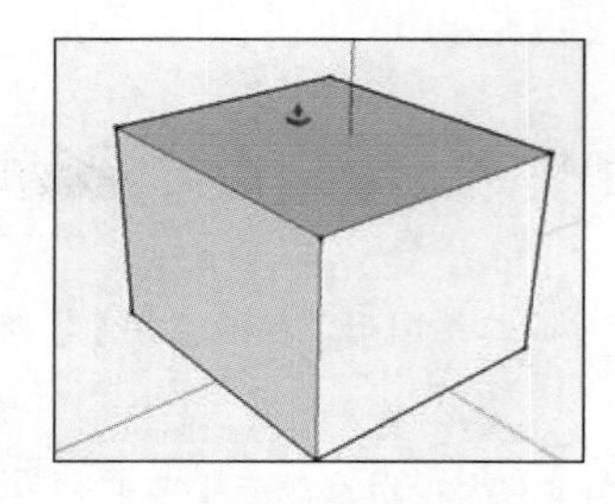
图 2-227　继续拉伸效果

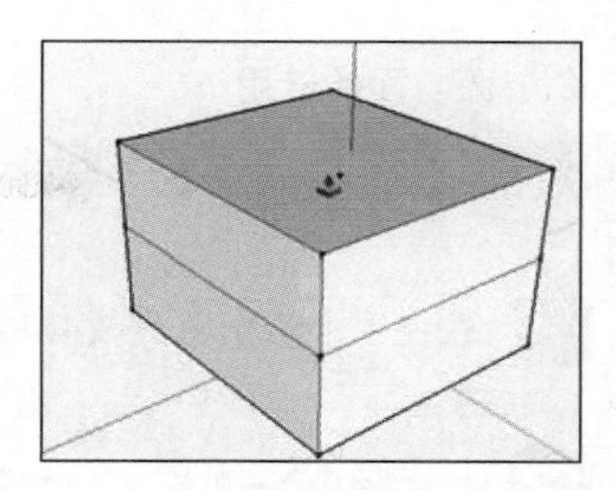
图 2-228　拉伸复制效果

**技 巧**

如果有多个面的推/拉深度相同，则在完成了其中某一个面的推/拉之后，在其他面上使用【推/拉】工具直接双击，即可快速实现相同的推/拉效果，如图 2-229~图 2-231 所示。

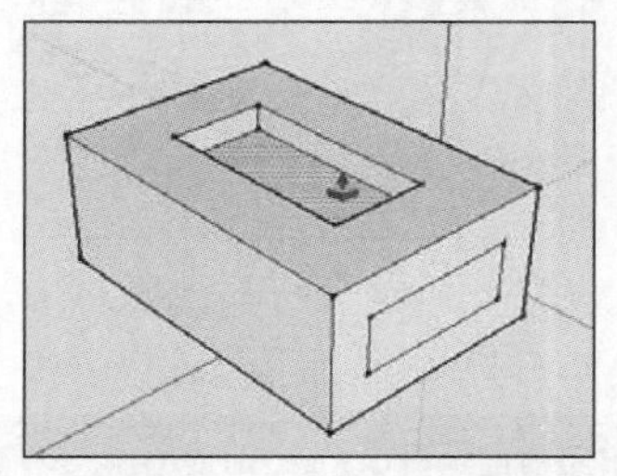
图 2-229　向下挤压面

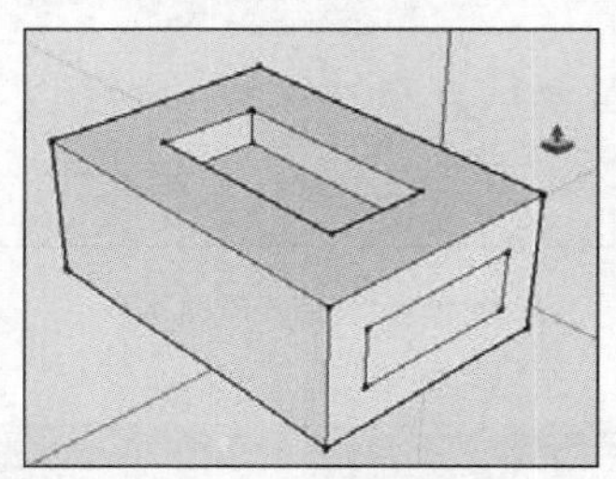
图 2-230　挤压完成

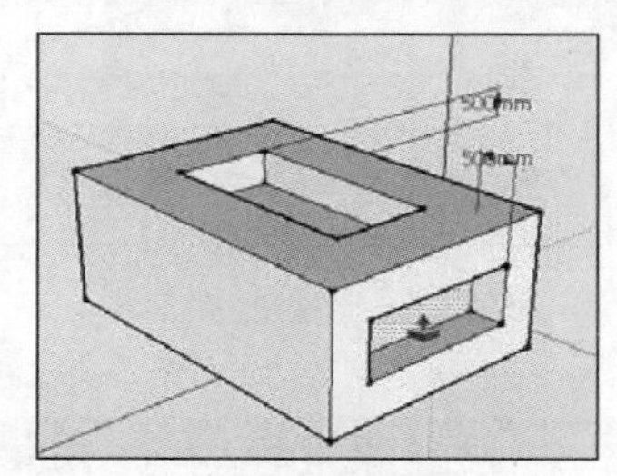
图 2-231　双击快速完成相同挤压

## 2.4.12 路径跟随工具

SketchUp 中的【路径跟随】可以利用两个二维线形或平面生成三维实体。单击【编辑】工具栏中的按钮或执行【工具】/【路径跟随】菜单命令均可启用该工具，其具体的使用方法与技巧如下：

### 1. 面与线的应用

01 打开配套资源“第 02 章/2.4.12.1 路径跟随”文件，如图 2-232 所示场景中有一个平面图形与二维线型。

02 启用【路径跟随】工具，待光标变成时单击选择其中的二维平面，如图 2-233 所示。

03 将光标移动至线形附近，此时在线形上会出一个红色的捕捉点，二维平面也会根据该点至线形下方端点的走势形成三维实体，如图 2-234 所示。

04 向上推动光标直至线形的端点，在确定实体效果后单击，即可完成三维实体的制作，如图 2-235 所示。

图 2-232　打开跟随路

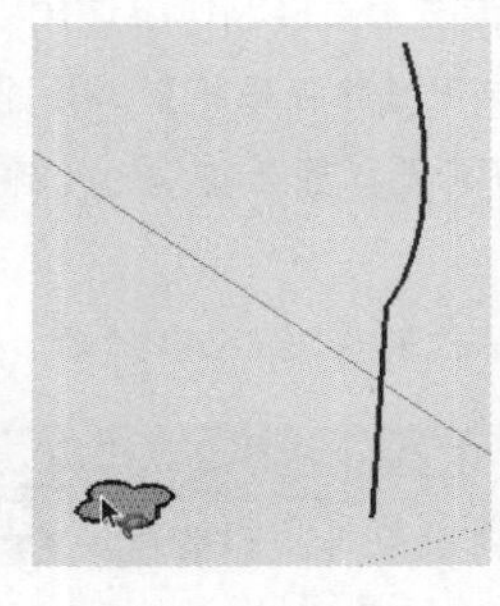
图 2-233　选择截面图形

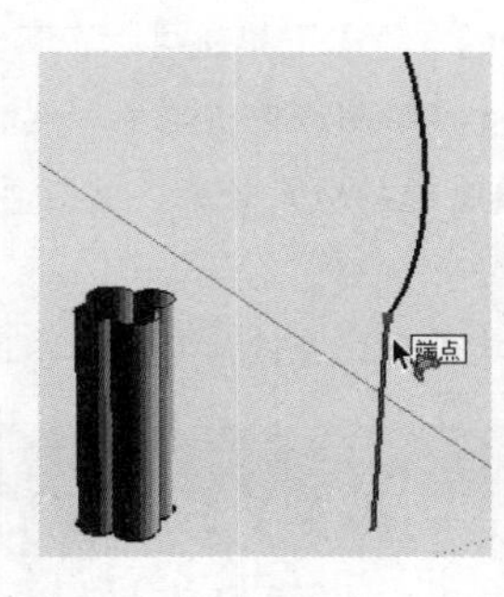

图 2-234　捕捉路径

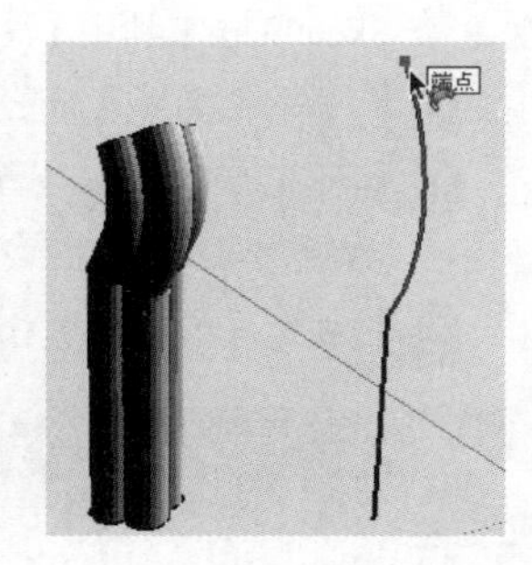

图 2-235　跟随完成效果

### 2. 面与面的应用

在 SketchUp 中选择【路径跟随】工具，通过“面”与“面”的应用可以绘制出室内具有角线的顶棚等常用构件。

01 在视图中绘制角线截面与顶棚平面二维图形，然后启用【路径跟随】工具并单击选择截面，如图 2-236 所示。

02 待光标变成时将其移动至顶棚平面图形内，然后跟随其捕捉一周，如图 2-237 所示。

03 单击，确定完成捕捉，得到最终效果如图 2-238 所示。

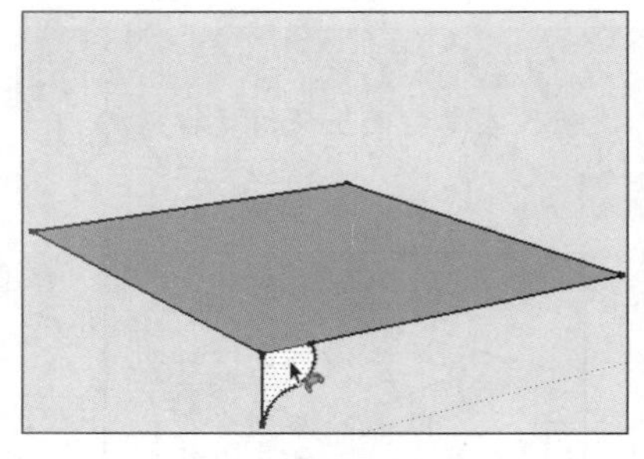

图 2-236 选择角线截面

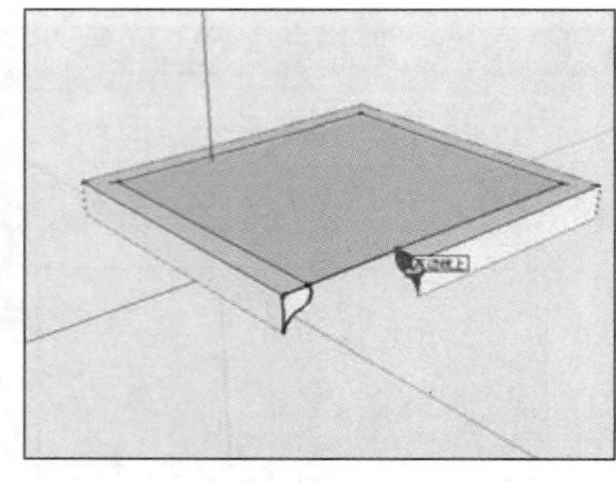

图 2-237 捕捉顶棚平面

图 2-238 完成效果

> **技 巧**
>
> 在 SketchUp 中并不能直接创建球体、棱锥、圆锥等几何形体，通常是通过在“面”与“面”上应用【路径跟随】工具来完成的，其中球体的创建步骤如图 2-239~图 2-241 所示。

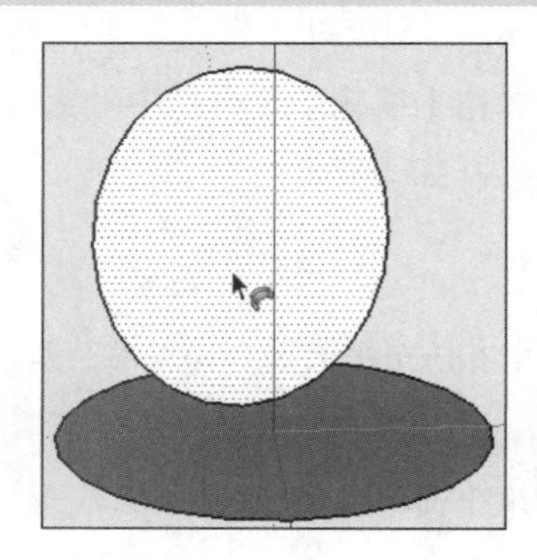

图 2-239 选择圆形平面

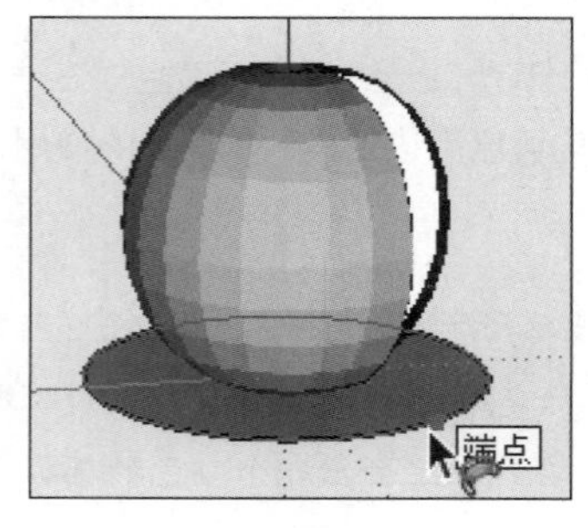


图 2-240 捕捉底部圆形

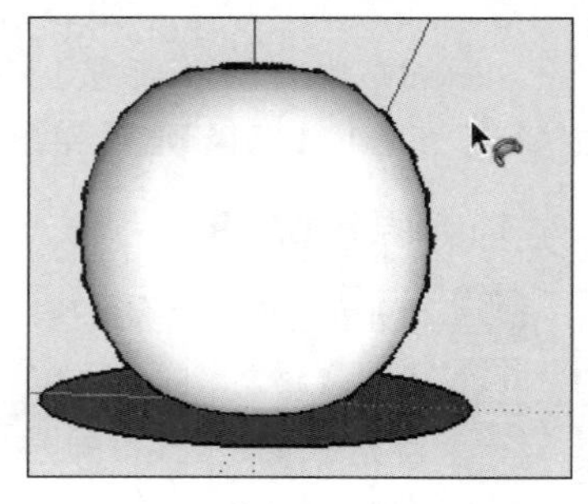

图 2-241 完成效果

### 3. 实体上的应用

在 SketchUp 中利用【路径跟随】工具还可以在实体模型上直接制作出边角细节，具体的操作方法如下：

01 首先在实体表面上直接绘制好边角轮廓，然后启用【路径跟随】工具并单击选择，如图 2-242 所示。

02 待光标变成时单击选择边角轮廓，然后再将其光标置于实体的轮廓线上，此时就可以参考出现的虚线确定跟随效果，如图 2-243 所示。

03 确定好跟随效果后单击鼠标左键，完成实体边角效果如图 2-244 所示。

> **技 巧**
>
> 利用【路径跟随】工具直接在实体模型上创建边角效果时，如果捕捉完整的一周将制作出如图 2-245 所示的效果。此外，还可以任意捕捉实体轮廓线进行效果的制作，如图 2-246 与图 2-247 所示。

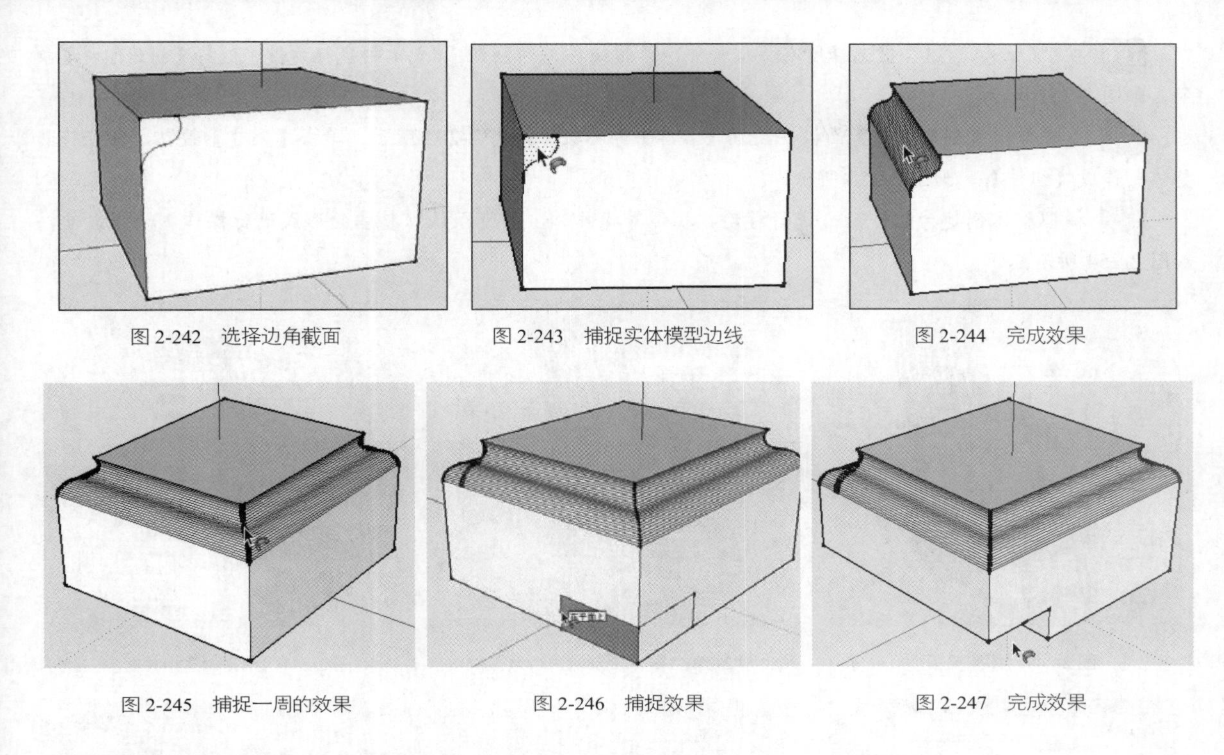

图 2-242　选择边角截面　　图 2-243　捕捉实体模型边线　　图 2-244　完成效果

图 2-245　捕捉一周的效果　　图 2-246　捕捉效果　　图 2-247　完成效果

## 2.4.13 主要工具栏

SketchUp 主要工具栏如图 2-248 所示，包括了【选择】、【制作组件】、【材质】以及【擦除】4 种工具。其中【选择】工具的使用前面小节进行过详细介绍，因此接下来将了解另外 3 个工具的使用方法与技巧。

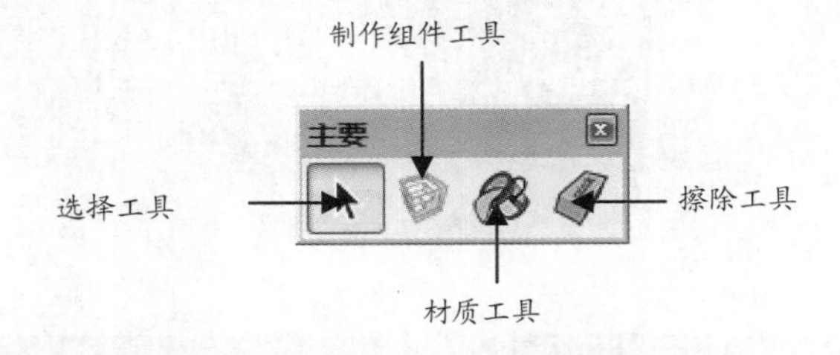


图 2-248　SketchUp 常用工具栏

### 1. 制作组件工具

【制作组件】工具用于管理场景中的模型，当在场景中制作好了某个模型套件（如由拉手、门页、门框、组成的门模型），通过将其制作成【组件】，不但可以精简模型个数，有利于模型的选择，而且还可以直接将其复制，当模型需要调整时，只要修改其中的一个，其他模型也会发生相同的改变，从而大大提高了工作效率。

此外，将模型制作成【组件】后，可以将其单独进行导出，这样不但可以将制作好模型分享给他人，自己也可以随时再导入调用。接下来首先了解【组件】的制作方法。

❑　创建与分解组件

01 打开配套资源“第 02 章\2.4.13.1 组件原始”模型，该模型为一个由多个部件组成的休闲椅模型，如图 2-249 所示。

02 此时的休闲椅并未整体创建为【组件】，因此很容易产生单个部件的误操作，如图 2-250 所示。

03 按“Ctrl+A”组合键选择所有模型构件，单击组件工具按钮或单击鼠标右键，选择【创建组件】命令，如图 2-251 所示。

04 系统弹出【创建组件】面板，设置【名称】等参数，如图 2-252 所示，单击【创建】按钮，即可将其整体制作成【组件】，如图 2-253 所示。

05 模型整体创建为组件后，进行移动、拉伸等操作时，即可默认以整体的形式进行操作，十分方便，如图 2-254 所示。

图 2-249 休闲椅模型

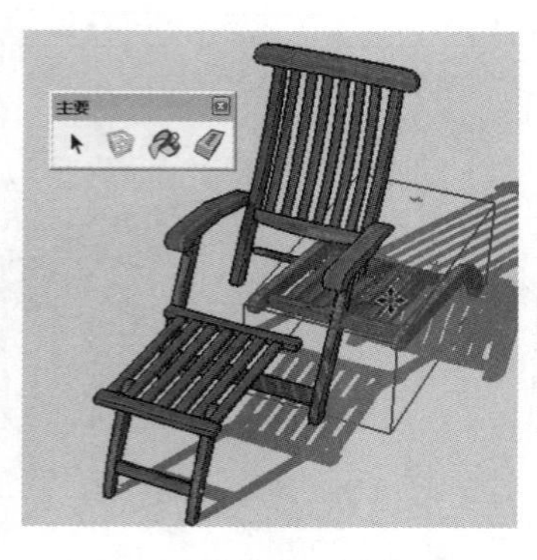


图 2-250 对单个部件进行误操作

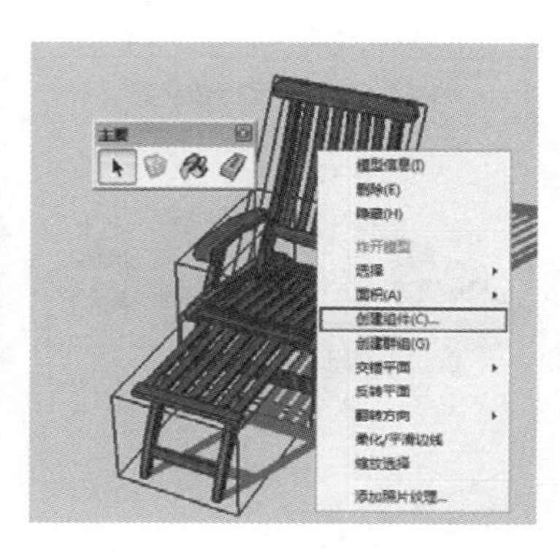


图 2-251 单击创建组件命令

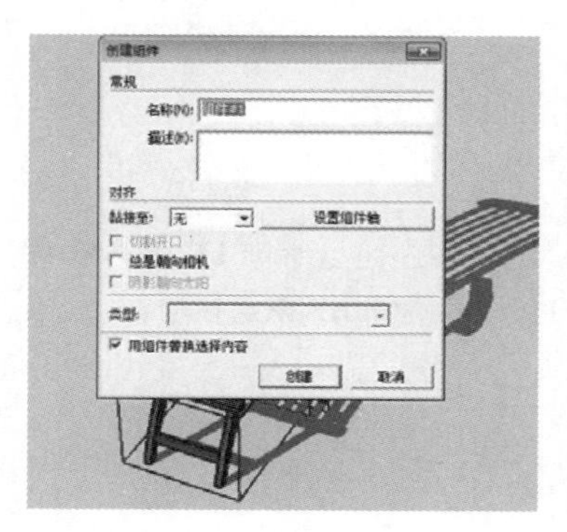

图 2-252 创建组件面板

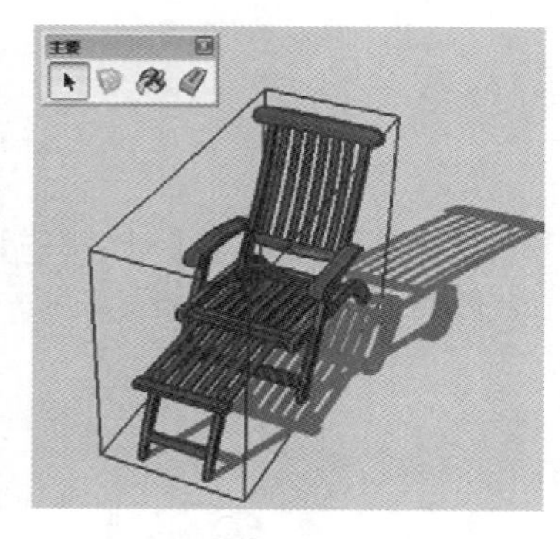


图 2-253 创建休闲椅组件

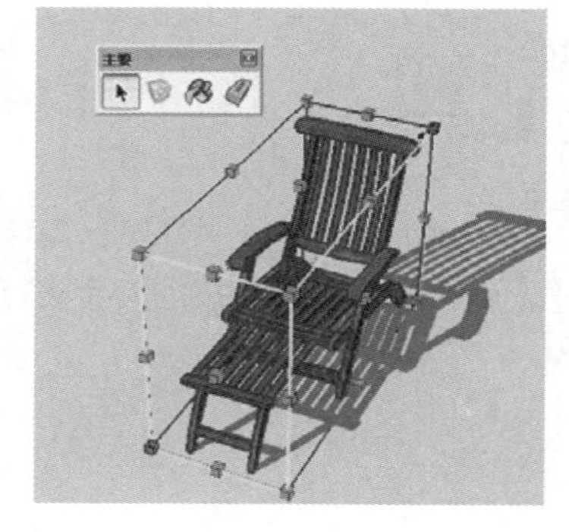


图 2-254 整体进行椅子的拉伸

**技 巧**

在 Sketcup 中进行单面植物效果的渲染时，【创建组件】面板中【总是朝向相机】参数将变得十分重要，勾选该复选框后，随着相机的移动，制作好的植物组件也会保持转动，使其始终以正面面向相机，如图 2-255~图 2-257 所示。

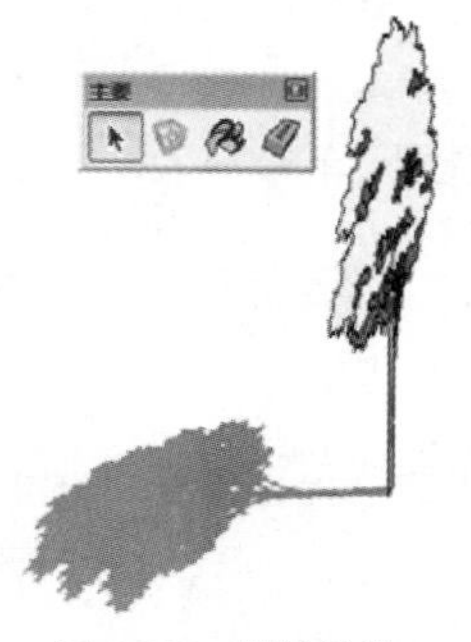


图 2-255 原始效果

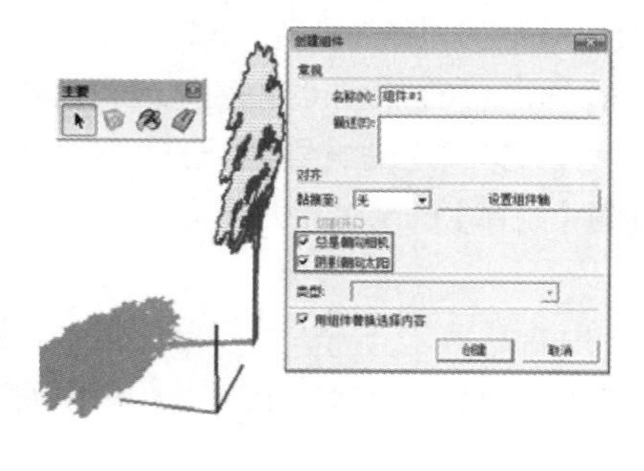


图 2-256 勾选复选框

图 2-257 调整效果

06 制作好组件后，可以整体复制，得到其他位置的相同组件，如图 2-258 所示。

07 在方案推敲的过程中，如果要进行统一修改，可以首先单击鼠标右键，选择【编辑组件】命令，如图 2-259 所示。

08 改变组件整体或任意一个构件大小，其他复制的模型均可发生同样的改变，如图 2-260 所示。

图 2-258　复制组件

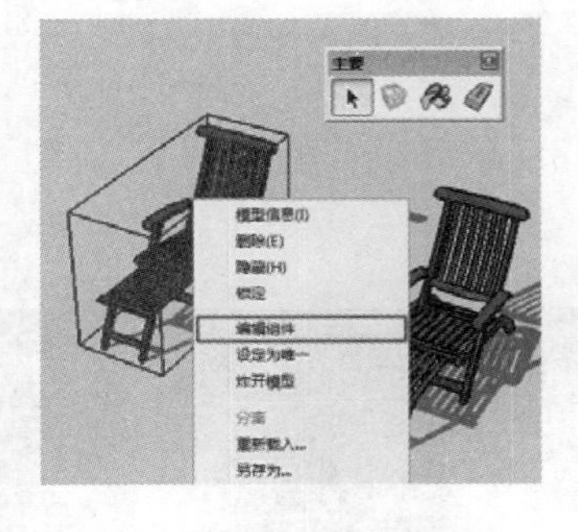

图 2-259　选择编辑组件命令

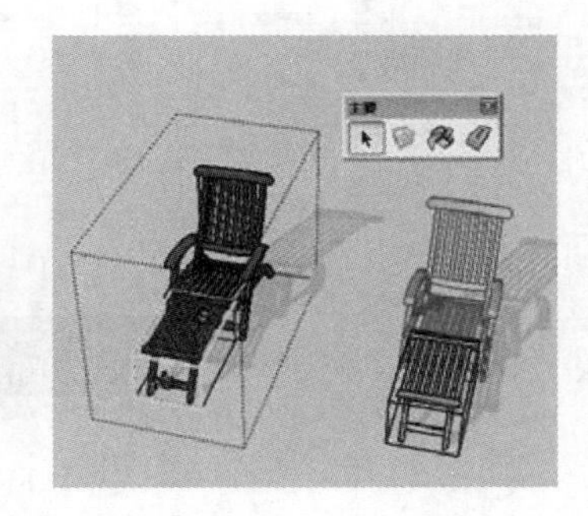

图 2-260　组件修改时的效果

09 如果要单独对某个组件进行调整，可以选择该组件并单击鼠标右键，为其添加【设定为唯一】命令，如图 2-261 所示，此时再进行模型的变换，将不会对由其复制的组件产生关联影响，如图 2-262~图 2-263 所示。

10 选择【组件】，在其表面单击鼠标右键，在弹出的快捷菜单中选择【分解】命令，可将组件打散。

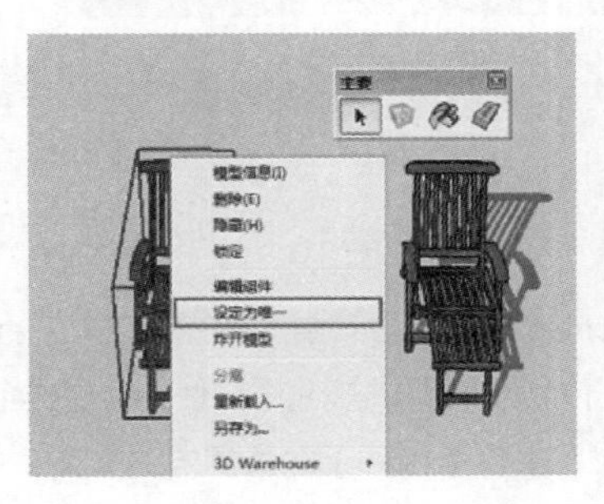

图 2-261　单独处理组件

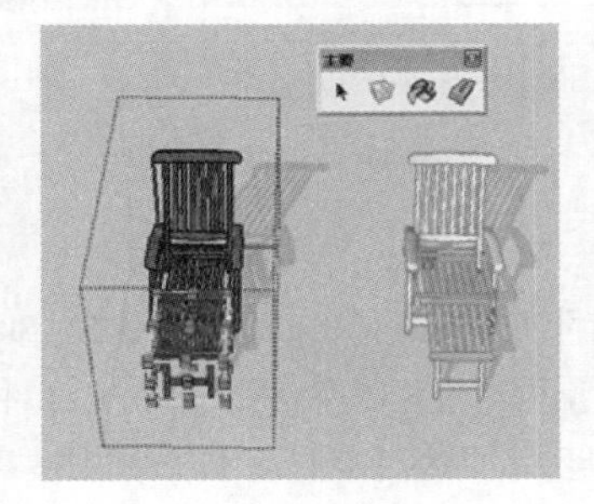

图 2-262　缩小模型

图 2-263　调整完成效果

### ❑ 导出与导入组件

【组件】制作完成后，首先应该将其导出为单独的模型，这样在其他的场景中可以快速调用，具体的操作如下：

01 选择制作好的【组件】，在其表面单击鼠标右键，在弹出的快捷菜单中选择【另存为】命令，如图 2-264 所示。

02 在弹出的【另存为】面板中设置文件名和保存路径，单击【保存】命令即可保存，如图 2-265 所示。

03 【组件】保存完成后，在其他需要调用该组件的场景中执行【窗口】/【组件】菜单命令，即可通过弹出的【组件】面板选择并直接插入场景，如图 2-266 与图 2-267 所示。

04 模型调用至场景后，通过造型的微调与位置的摆放，即可快速得到所需的效果，如图 2-268 与图 2-269 所示。

**注 意**

只有将【组件】保存在 SketcheUp 安装路径中名为“Components”的文件夹内，才可以通过【组件】面板进行直接调用。

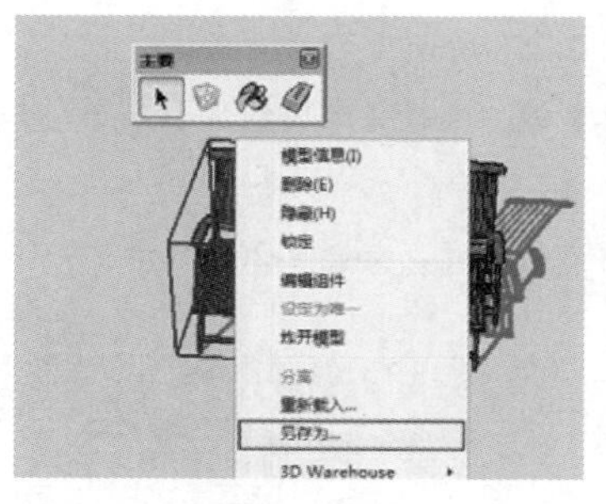

图 2-264　选择【另存为】命令

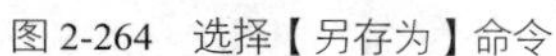

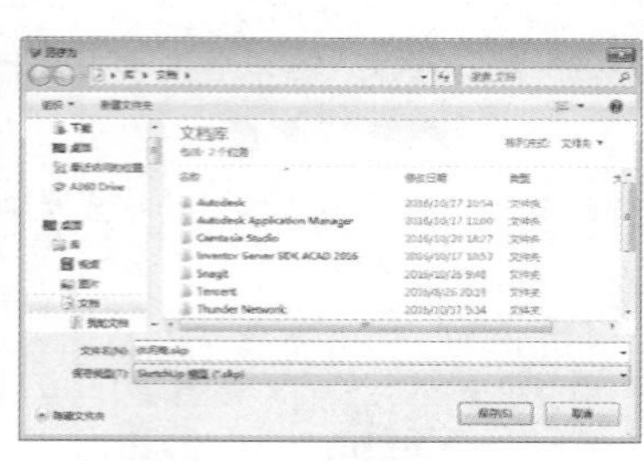

图 2-265　保存组件

图 2-266　需要调用休闲椅的场景

图 2-267　显示组件

图 2-268　直接选择保存的组件

图 2-269　插入组件

### ❑ 组件库

个人或者团队制作的【组件】通常都比较有限，Google 公司在收购 SketchUp 后，结合其强大的搜索功能，允许 SketchUp 用户直接在网上搜索【组件】，同时也可以将自已制作好的组件上传到互联网供其他用户使用，这样全世界的 SketchUp 用户就构成了一个十分庞大的网络【组件库】。在网上搜索以及上传【组件】的具体方法如下：

01 首先了解下载组件的方法。在【组件】面板输入下载模型的关键词，如图 2-270 所示，然后单击后方的【搜索】按钮进行模型搜索，如图 2-271 所示。

02 搜索完成后，在面板中显示对应的结果，如图 2-272 所示。

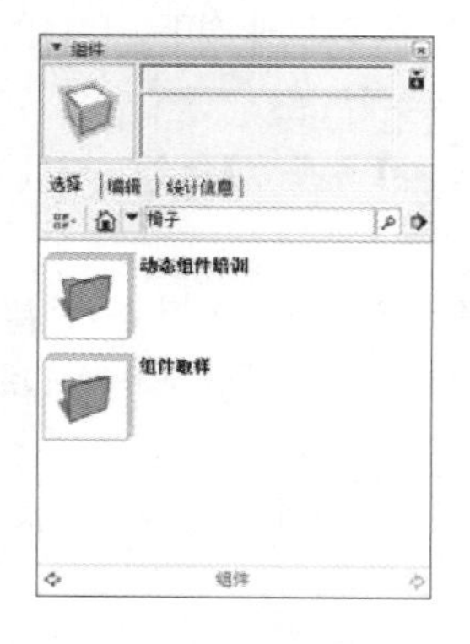

图 2-270　输入搜索模型关键词

图 2-271　进行搜索

图 2-272　搜索完成

03 通过下拉按钮选择搜索到的模型，如图 2-273 所示，双击目标模型即可进行该模型的下载，如图 2-274 所示。

04 下载完成后即可将其直接插入场景，如图 2-275 所示。

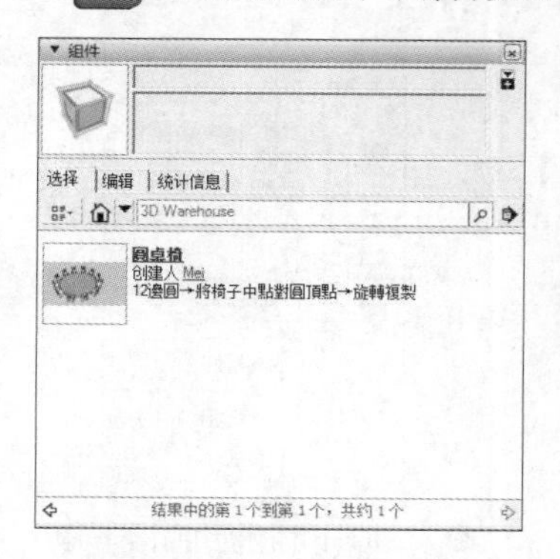

图 2-273 选择目标模型

图 2-274 确定进行下载

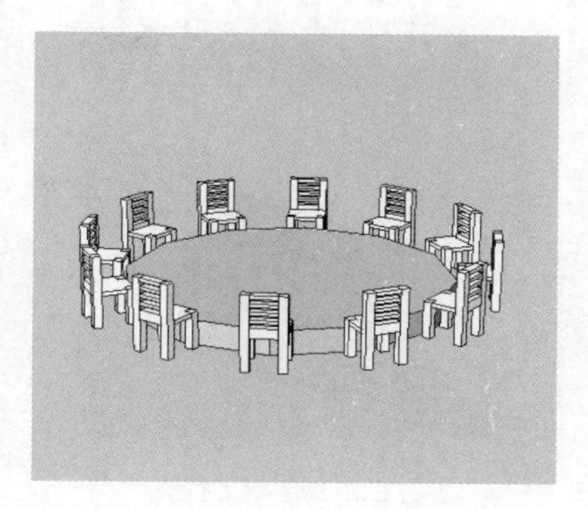
图 2-275 插入下载组件

05 如果要上传制作好的【组件】，则首先选择目标模型，然后选择【共享组件】命令，如图 2-276 所示。

06 进入【3D 模型库】上传面板，单击【上传】按钮即可进行上传，如图 2-277 所示。

07 上传成功后，其他用户即可通过互联网进行搜索与下载，如图 2-278 所示。

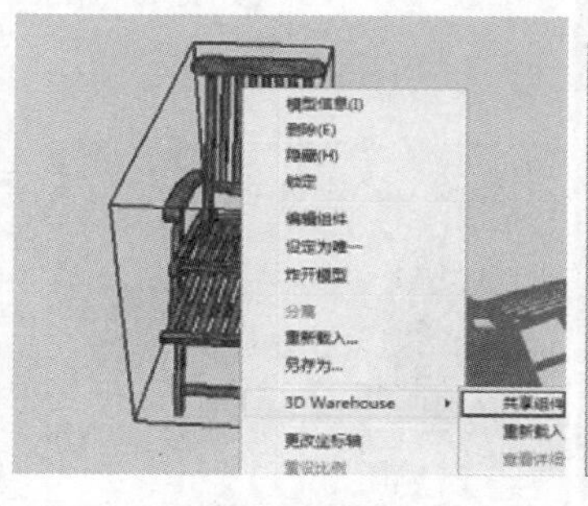

图 2-276 选择共享组件命令

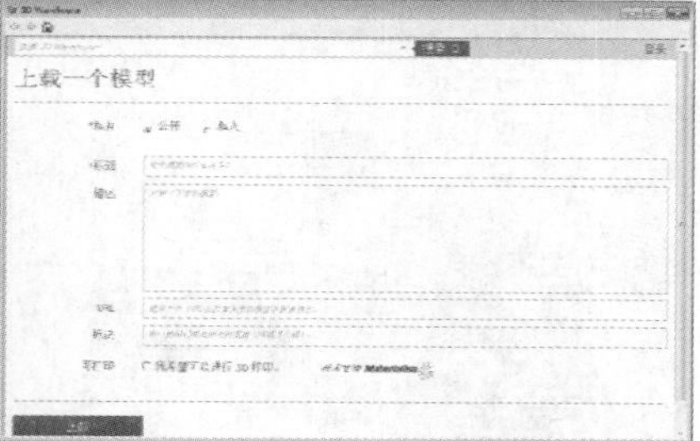

图 2-277 上传组件

图 2-278 上传完成

注 意

使用 Google 3D 模型库进行【组件】上传前，需注册 Google 用户并同意上传协议。

### 2. 材质工具

模型创建完成后，还需要为其赋予材质，使模型效果更为真实、逼真。本小节讲解 SketchUp 的赋予材质的方法、【材质编辑器】的功能以及【材质纹理】的编辑技巧。

#### ❑ 赋予材质的方法

01 打开配套资源“第 02 章\2.4.13.2 材质原始模型.skp”，该场景为一个没有任何材质效果的茶几模型，如图 2-279 所示。

02 单击【材质】工具按钮，或执行【工具】/【材质】菜单命令打开【材料】面板。

03 SketchUp 分门别类地提供了一些预设材质，单击对应文件夹名称或通过下拉按钮，均可进入目标类材质列表，如图 2-280 与图 2-281 所示。

技 巧

【材质】工具默认快捷键为“B”。

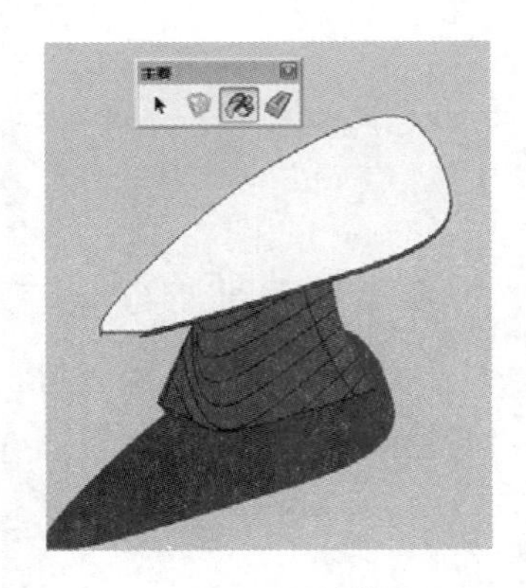

图 2-279　原始模型

图 2-280　材料面板中的材料分类

图 2-281　下拉按钮中的材料分类

04 赋予茶几支撑木纹材质。进入名称为“木质纹”的材质文件夹，选择“原色樱桃木”材质，如图 2-282 所示。

05 当光标变成形状时，在茶几支撑组上单击，赋予其对应材质，如图 2-283 所示。

06 进入名称为“半透明材质”的文件夹，选择“半透明安全玻璃”材质，使用同样方法，将其赋予茶几玻璃模型，如图 2-284 所示。

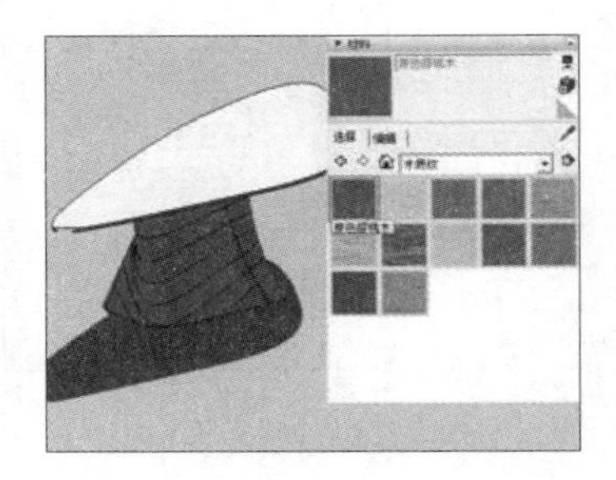

图 2-282　选择原色樱桃木材质

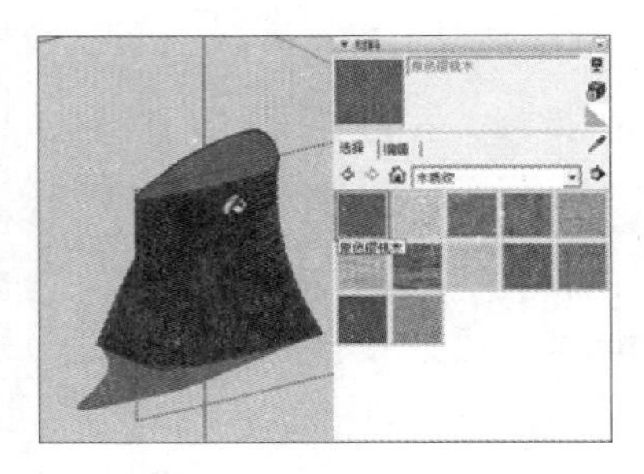

图 2-283　赋予茶几支撑木质纹材质

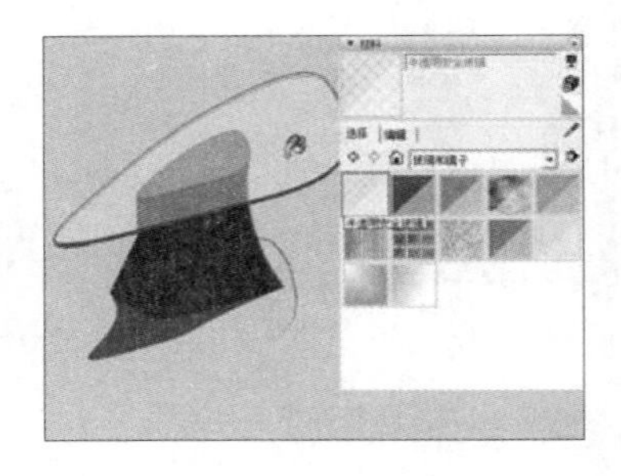

图 2-284　赋予玻璃材质

07 场景材质制作完成后，可以单击【模型中】按钮进行查看，如图 2-285 所示。

08 此外，还可以单击【样本颜料】按钮，直接在模型表面吸取其所具有的材质，如图 2-286 与图 2-287 所示。

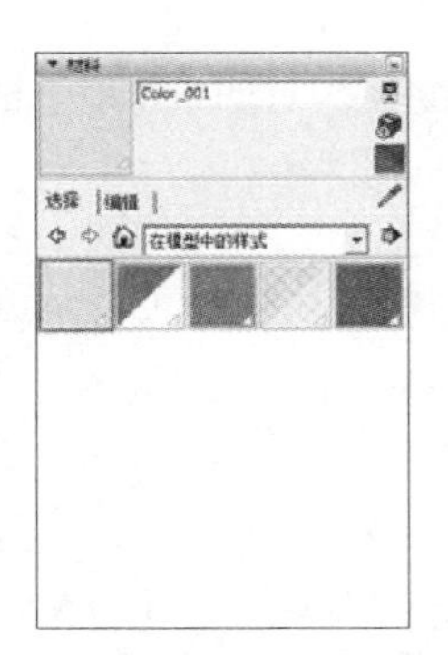

图 2-285　查看模型中现有材质

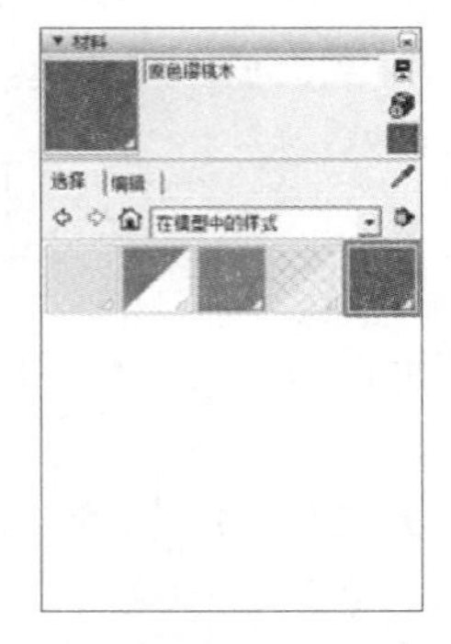

图 2-286　单击样本颜料按钮

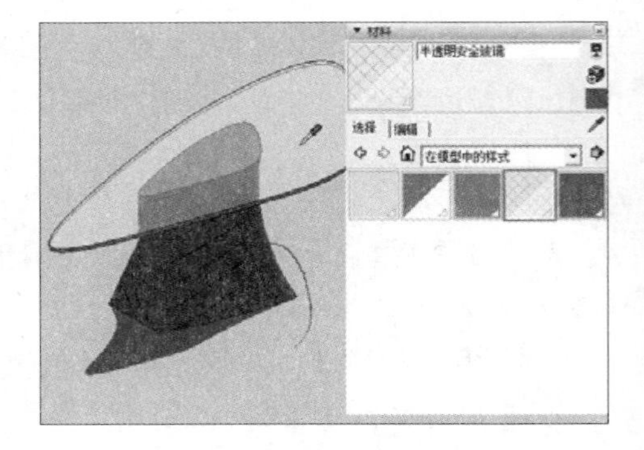

图 2-287　提取模型所有材质

SketchUp 虽然提供了许多材质，但其并不一定能完全满足实际工作中的需求，此时可以通过选择已有材质再进入【编辑】选项卡进行修改，或直接单击【创建材质】按钮，按照要求制作新的材质。由于材质【编辑】选项卡与【创建材质】选项卡的参数一致，因此接下来直接讲解【创建材质】选项卡的功能与使用方法。

### ❑ 【材质编辑器】的功能

单击【创建材质】按钮，即可弹出【创建材质】面板，其具体的功能如图 2-288 所示。

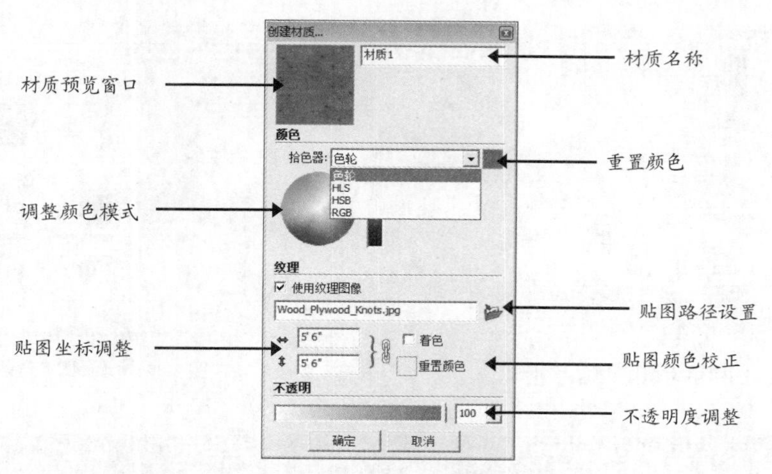


图 2-288　材质编辑器功能图解

材质名称：新建材质时，可以根据材质特点进行命名以便于以后查找与调整。材质的命名应该简洁、明确，如“木纹”“玻璃”等，也可以以拼音首字母进行命名，如“MW”“BL”等。如果场景中有多个类似的材质，则应该在其后加以简短的区分，如“玻璃_半透明”“玻璃_磨砂”等，此外也可以根据材质模型的对象进行区分，如“木纹_地板”“木纹_书桌”等。

材质预览：通过【材质预览】可以快速查看当前新建的材质效果，如图 2-289~图 2-291 所示在预览窗口内可以对颜色、纹理以及透明度进行实时的预览。

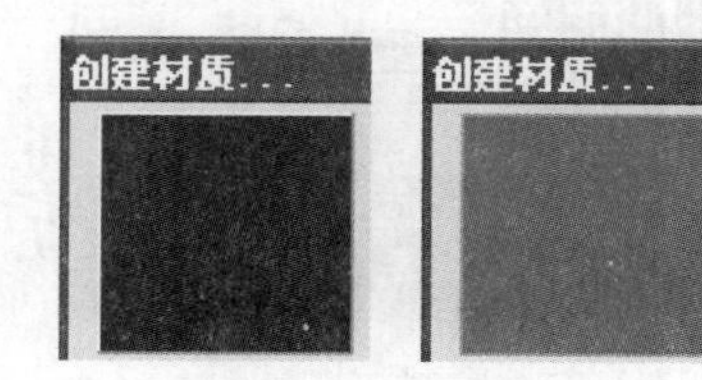


图 2-289　颜色预览

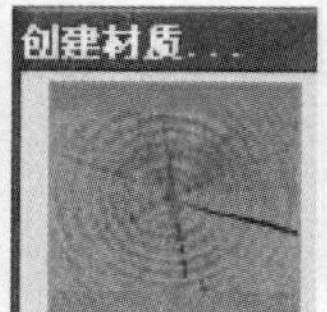

图 2-290　纹理预览

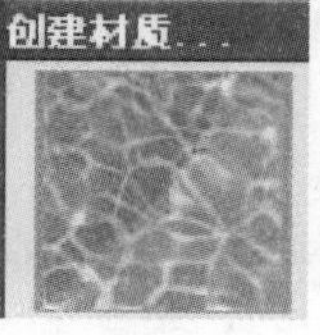


图 2-291　透明度预览

颜色模式：按下【颜色模式】后的下拉按钮，可以选择除默认颜色选择之外的“HLS”“HSB”以及“RGB”三种模式，如图 2-292~图 2-294 所示。

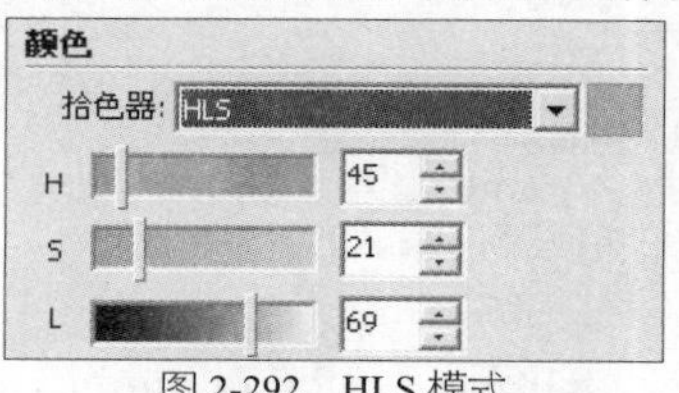


图 2-292　HLS 模式

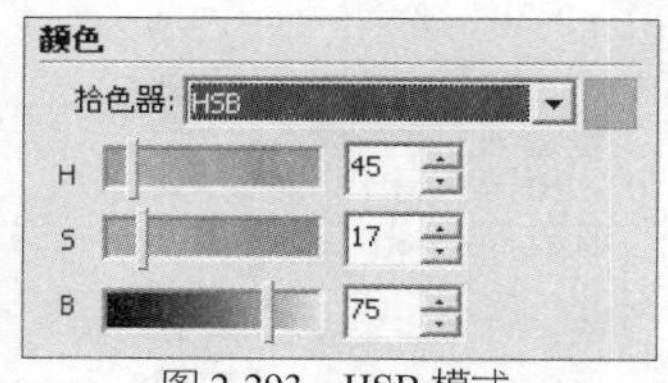


图 2-293　HSB 模式

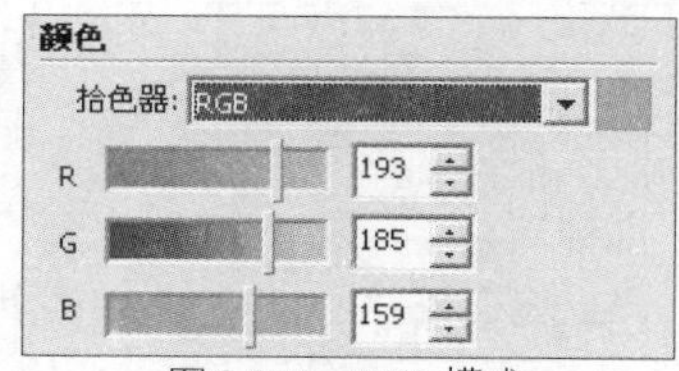


图 2-294　RGB 模式

**技 巧**

这 3 种颜色模式在色彩的表现能力上并没有任何区别，读者可以根据自己的习惯进行选择。但由于“RGB 模式”使用红色（R）、绿色（G）以及蓝色（B）这三种光原色数值进行颜色的调整，比较直观，所以在本书中将采用该种模式。

重置颜色：按下“重置颜色”色块，系统将恢复颜色的 RGB 值为 137、122、41。

纹理图像路径：按下“纹理图像路径”后的【浏览材质图像文件】按钮，将打开【选择图像】面板进行纹理图像的加载，如图 2-295 与图 2-296 所示。

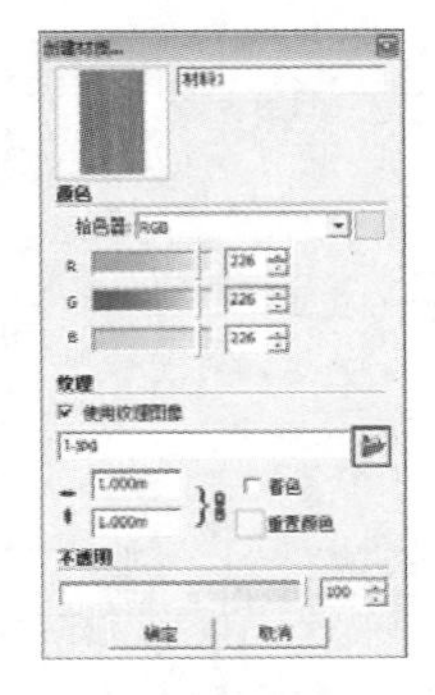

图 2-295　单击浏览材质图像文件按钮

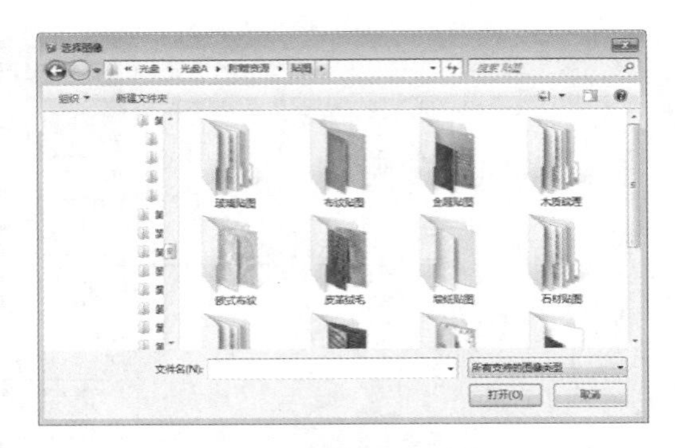

图 2-296　选择图像对话框

**注 意**

通过上述的过程添加纹理图像之后，【使用纹理图像】参数将自动勾选。此外，通过勾选【使用纹理图像】参数也可直接进入【选择图像】面板。如果要取消对纹理图像的使用，则将该参数取消勾选即可。

纹理图像坐标：外部加载的纹理图像，其原始尺寸如图 2-297 所示，并不一定适合于当前场景的使用。此时，通过【纹理图像坐标】数值的调整可以得到比较理想的显示效果，如图 2-298 所示。

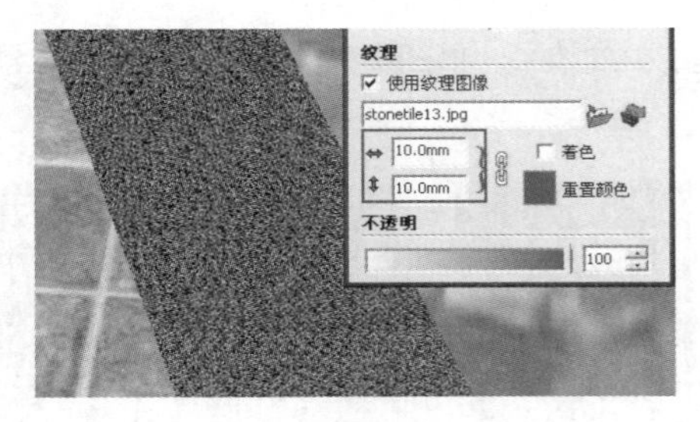


图 2-297　纹理图像原始尺寸效果

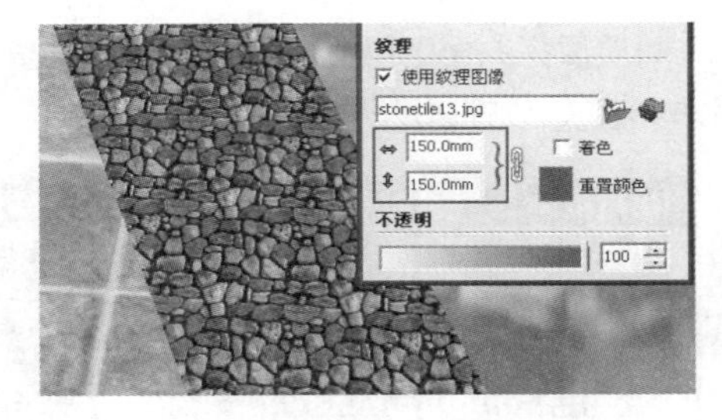


图 2-298　调整尺寸后的效果

在默认的设置下，纹理图像的长与宽的比例并不能修改，如果想将图 2-298 中的宽度调整为 20000 以获得正方形的纹理图像效果时，其长度会如图 2-299 所示自动调整为 2000 以保持原始比例。此时可以单击其后的【解锁】按钮，然后再调整，如图 2-300 与图 2-301 所示。

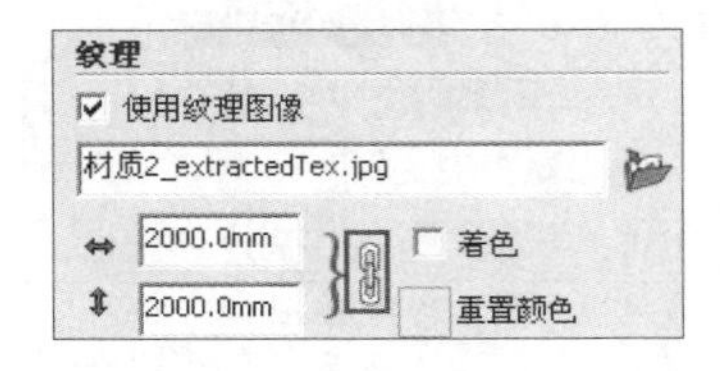


图 2-299　保持原始比例

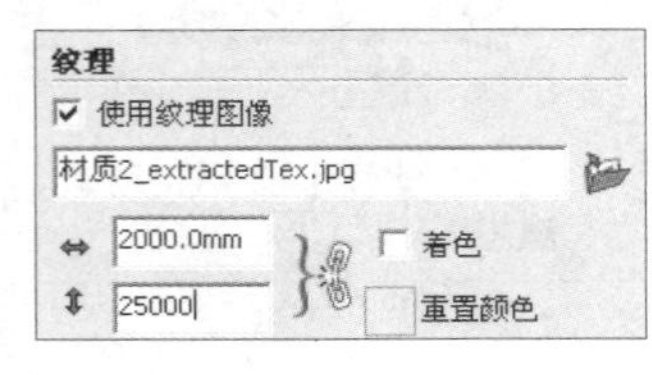


图 2-300　解锁

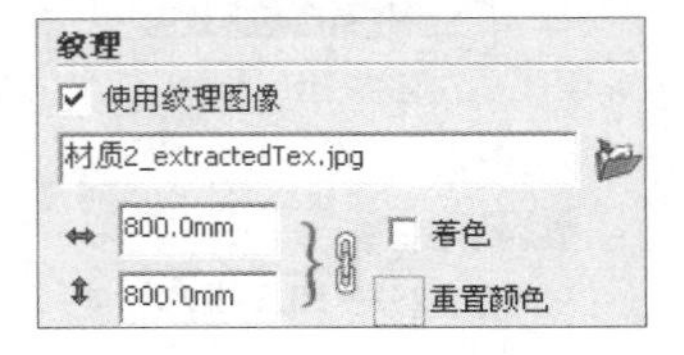


图 2-301　输入新的宽度

**注 意**

在 SketchUp 中，【材质编辑器】只能用于对纹理图像尺寸与比例的改变。如果要对纹理图像位置、角度等进行修改则需要通过【纹理图像菜单】命令来完成，可参阅本节中“材质贴图编辑”小节中的详细内容。

纹理图像色彩校正：除了可以调整纹理图像的原始尺寸与比例外，勾选【调色】参数还可以在 SketchUp 内直接进行纹理图像色彩的校正，如图 2-302 与图 2-303 所示。单击其下的【重置颜色】色块，颜色即可还原，如图 2-304 所示。

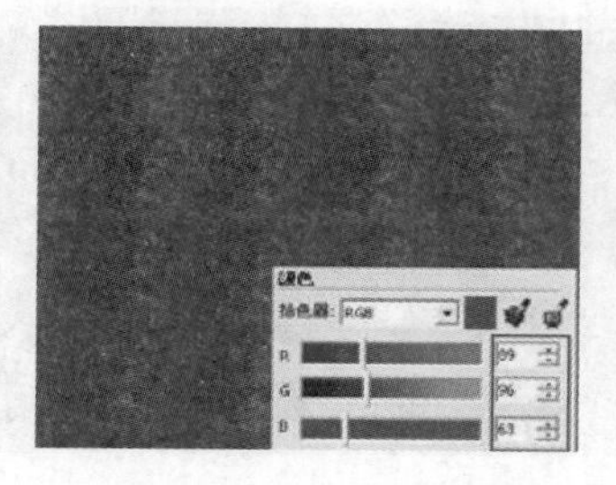
图 2-302　勾选【着色】复选框

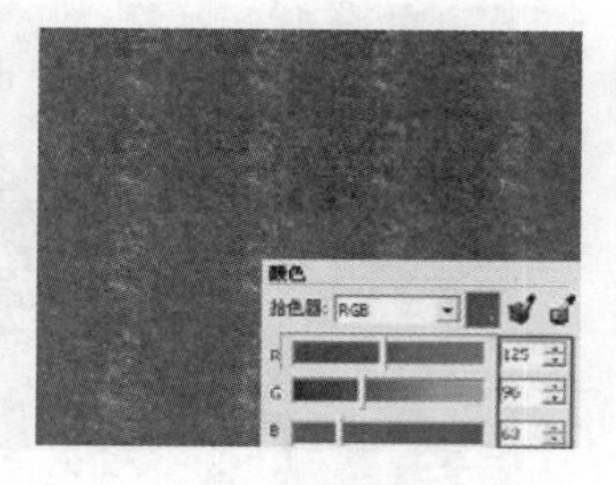
图 2-303　调整颜色

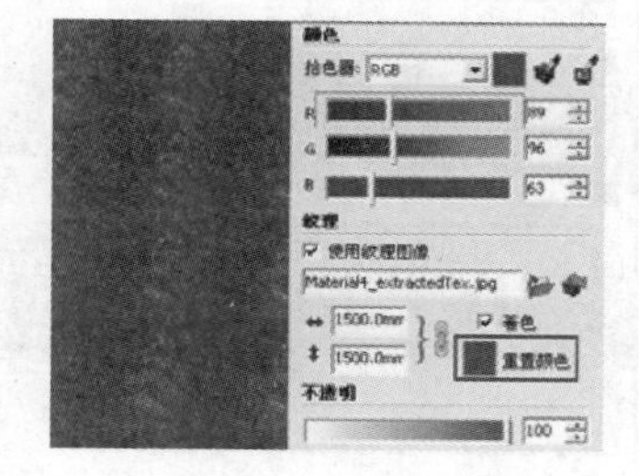
图 2-304　还原颜色

不透明度：不透明度数值越高，则材质的透明效果越差，如图 2-305 与图 2-306 所示。其调整通常使用滑块进行，有利于对透明效果的实时观察。

**纹理图像的调整**

在 SketchUp【材质编辑器】面板中只能对纹理图像尺寸与比例进行改变，如果要对其进行诸如【旋转】、【镜像】等调整，则需要首先在赋予纹理图像的模型表面单击鼠标右键，然后通过【纹理】子菜单中的相应命令进行调整，如图 2-307 所示。

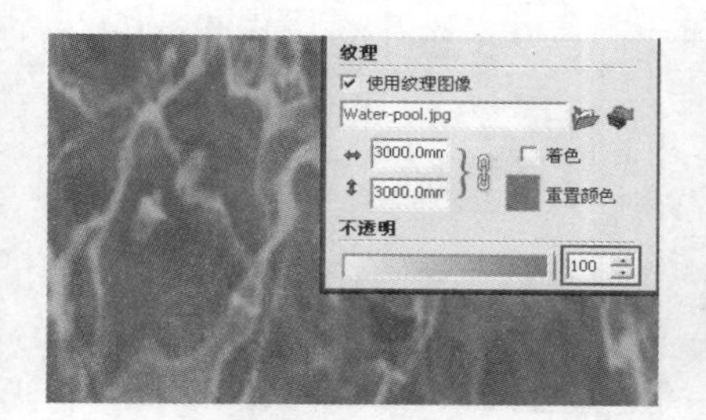

图 2-305　不透明度为 100 时的材质效果

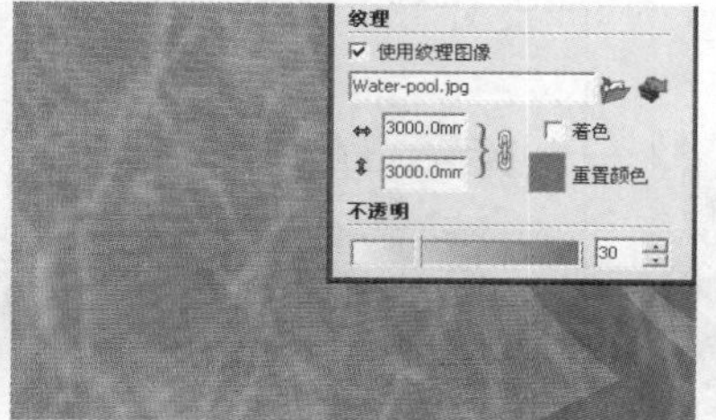

图 2-306　不透明度为 30 时的材质效果

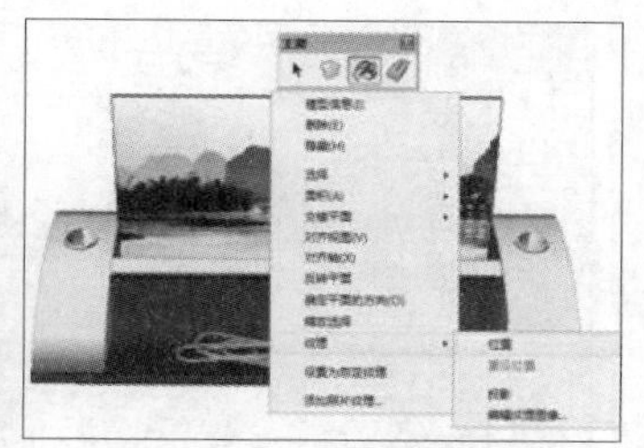
图 2-307　纹理图像菜单命令

通过【纹理】子菜单中的【位置】命令，可以对已经赋予的纹理图像进行【移动】、【旋转、【扭曲】、【拉伸】等调整，具体的操作方法与技巧如下：

01 打开本书配套资源中的“第 02 章|2.4.13.3.1 贴图”模型，选择已经赋予纹理图像的卡片的表面并单击鼠标右键，然后选择【位置】命令，如图 2-308 所示。

02 此时将弹出用于调整纹理图像效果的半透明平面与四色图钉，如图 2-309 所示。

03 将光标置于某个图钉上时，系统将显示该图钉的功能，如图 2-310 所示。接下来详细了解各色图钉的功能。

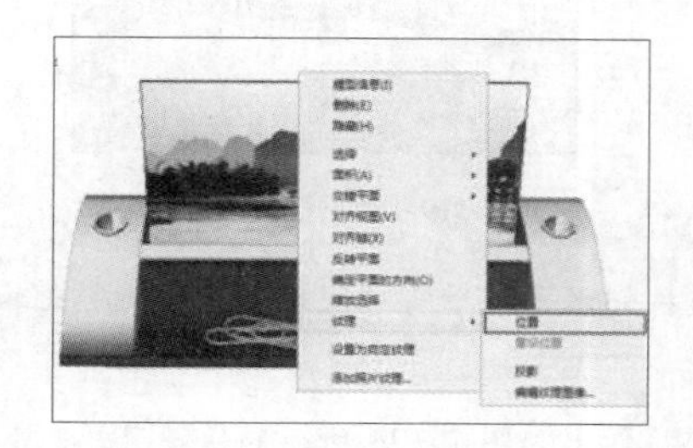
图 2-308　选择位置菜单命令

图 2-309　半透明平面与四色图钉

图 2-310　显透明平面与四色图钉

04 红色图钉为【纹理图像移动】图钉。选择【位置】菜单后保持默认即启用该功能，此时拖动鼠标可以对纹理图像进行任意方向的移动，如图 2-311~图 2-313 所示。

图 2-311　原始纹理图像位置

图 2-312　向左平移纹理图像

图 2-313　向上平移纹理图像

技 巧

半透明平面内显示了纹理图像整体的分布效果，因此使用【纹理图像移动】工具可以十分方便地将目标纹理图像区域移动至模型表面并进行对齐。

05 绿色图钉为【纹理图像比例/旋转】图钉。单击鼠标左键，按住该按钮上下拖动可以对纹理图像进行上下旋转，左右拖动则改变纹理图像的比例，如图 2-314~图 2-316 所示。

图 2-314　选择比例旋转图钉

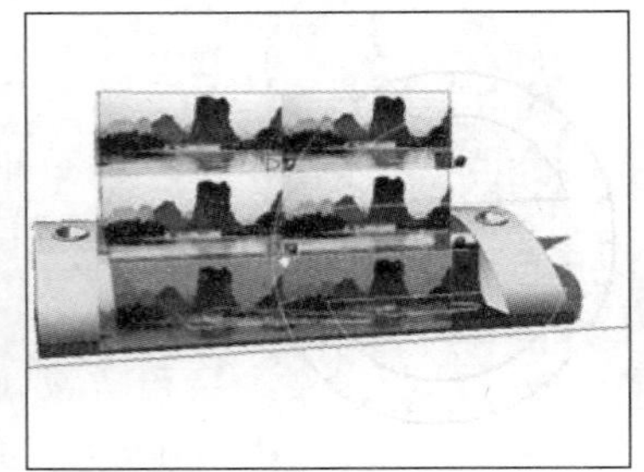
图 2-315　调整纹理图像比例

图 2-316　旋转纹理图像

06 黄色图钉为【纹理图像扭曲】图钉。单击鼠标左键，按住该按钮向任意方向拖动，将对纹理图像进行对应方向上的扭曲，如图 2-317~图 2-319 所示。

图 2-317　选择扭曲图钉

图 2-318　左右扭曲纹理图像

图 2-319　上下扭曲纹理图像

07 蓝色图钉为【纹理图像拉伸/旋转】图钉。单击鼠标左键按住该按钮水平移动将对纹理图像进行等比拉伸，上下移动则将对纹理图像进行旋转，如图 2-320~图 2-322 所示。

08 通过以上任意方式调整好纹理图像效果后再次单击鼠标右键，将弹出如图 2-323 所示的快捷菜单。如果确定已经调整完成，可以选择【完成】菜单命令结束调整；如果要返回初始效果，则可以选择【重设】菜单命令。

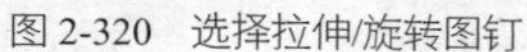
图 2-320　选择拉伸/旋转图钉

图 2-321　水平拉伸纹理图像

图 2-322　上下旋转纹理图像

09 而通过【镜像】子菜单可以快速地对当前调整的效果进行【左/右】与【上/下】的镜像，如图 2-324 与图 2-325 所示。

图 2-323　右击鼠标弹出快捷菜单

图 2-324　左右镜像纹理图像效果

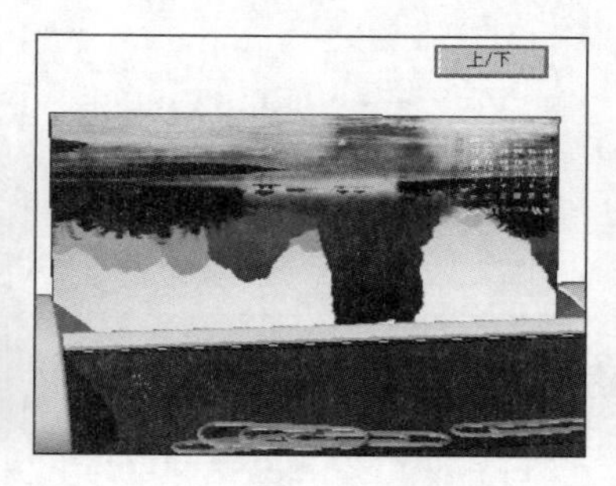

图 2-325　上下镜像纹理图像效果

10 此外，通过【旋转】子菜单还可以快速地对当前调整的效果进行 90、180、270 三种角度的旋转。

**技 巧**

如果已经通过【完成】菜单结束调整，此时如果要进行效果的返回，可以选择【纹理图像】菜单下的【重设位置】命令。

### ❑ 投影

【纹理】菜单下的【投影】命令用于在曲面上制作贴合的纹理效果，具体的使用方法如下：

01 打开本书配套资源“第 02 章\2.4.13.3.2 纹理投影.skp”模型，可以看到其为一个没有赋予商标材质的电池模型，如图 2-326 所示。

02 此时如果直接在其表面赋予纹理将出现凌乱的拼贴效果，如图 2-327 所示。

03 为了能在电池表面上产生贴合的纹理效果，首先在其正前方创建一个矩形平面，如图 2-328 所示，然后使用【缩放】工具调整矩形大小，如图 2-329 所示。

04 为矩形平面赋予纹理，如图 2-330 所示，然后调整纹理拼贴效果，如图 2-331 所示。

05 在矩形表面单击鼠标右键，选择【投影】菜单，如图 2-332 所示。

06 单击【材料】编辑器中的【样本颜料】按钮，按住“Alt”键的同时吸取赋予在平面模型上的材质，如图 2-333 所示。

07 松开“Alt”键，等光标变成时，将材质赋予到曲面上，此时即可在曲面上出现贴合的纹理效果，如图 2-334 所示。

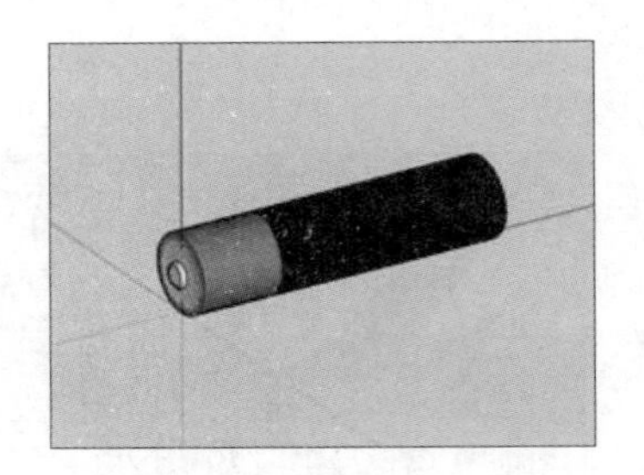

图 2-326　打开模型

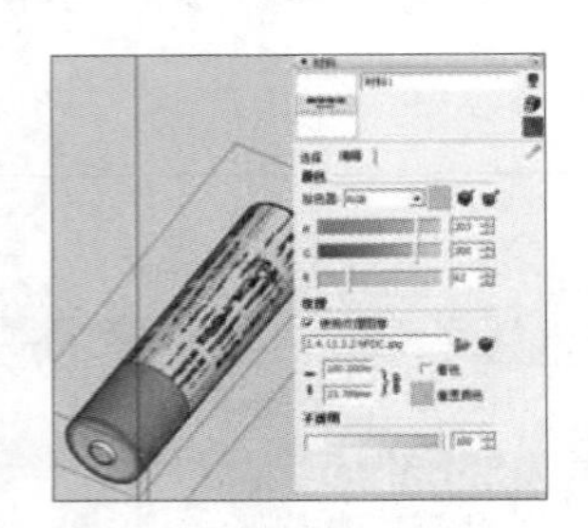

图 2-327　直接赋予纹理效果

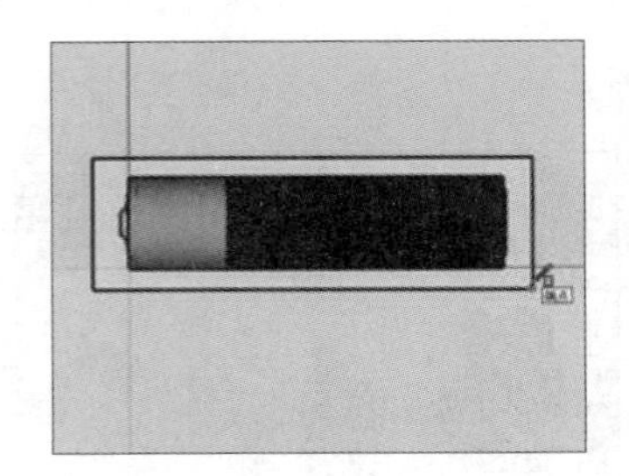

图 2-328　创建矩形平面

图 2-329　缩放矩形

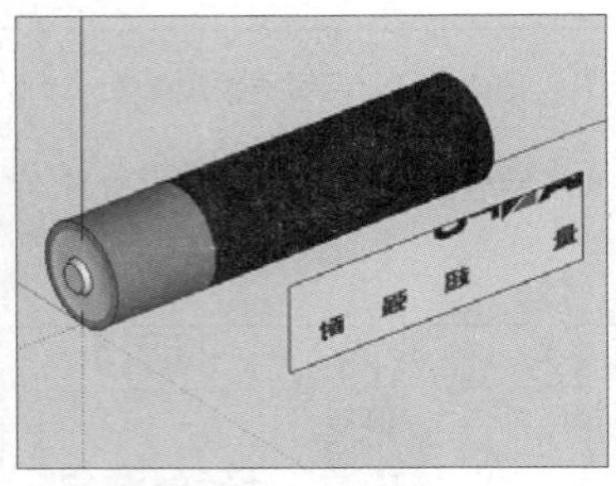

图 2-330　赋予矩形纹理

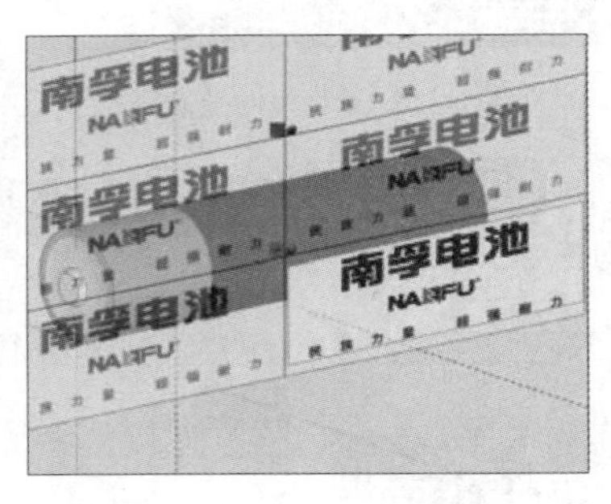


图 2-331　调整矩形纹理

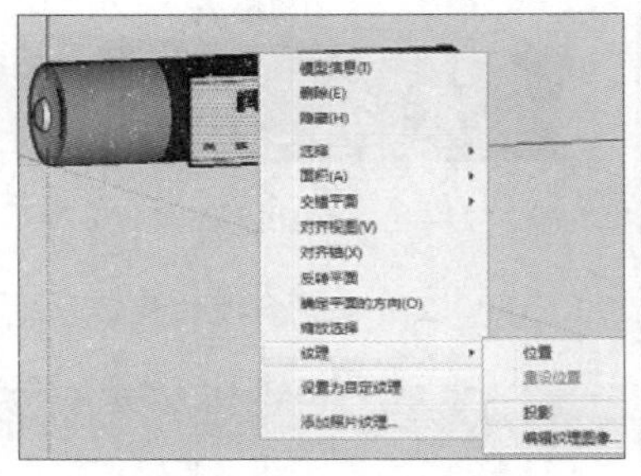

图 2-332　选择投影命令

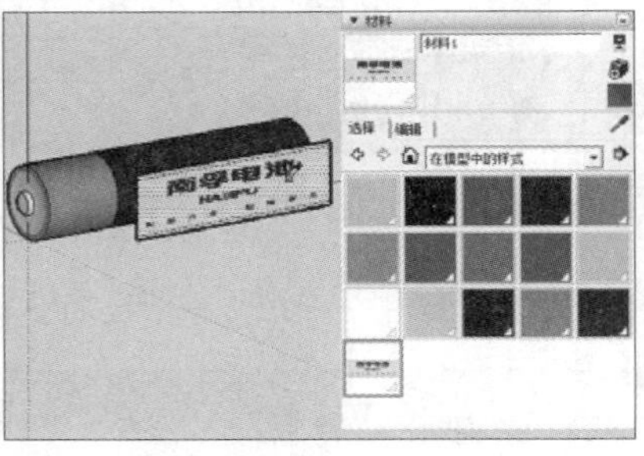

图 2-333　吸取矩形材质

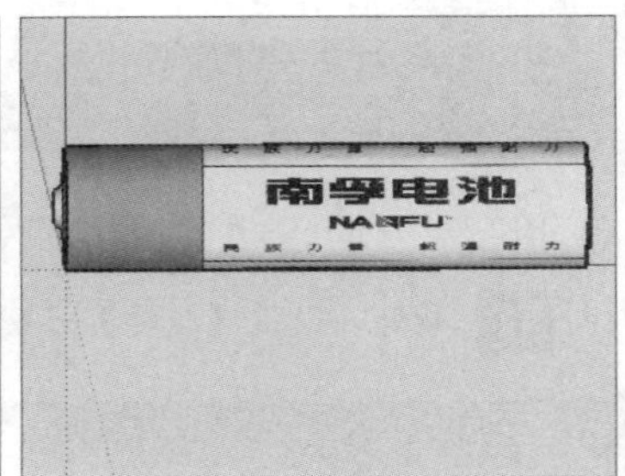


图 2-334　赋予电池表面

3. 擦除工具

单击 SketchUp 主要工具栏【擦除】工具按钮，待光标变成时，将其置于目标线段上方，单击鼠标即可直接将其擦除，如图 2-335 与图 2-336 所示。但该工具不能直接擦除面，如图 2-337 所示。

技 巧

【擦除】工具默认快捷键为“E”。

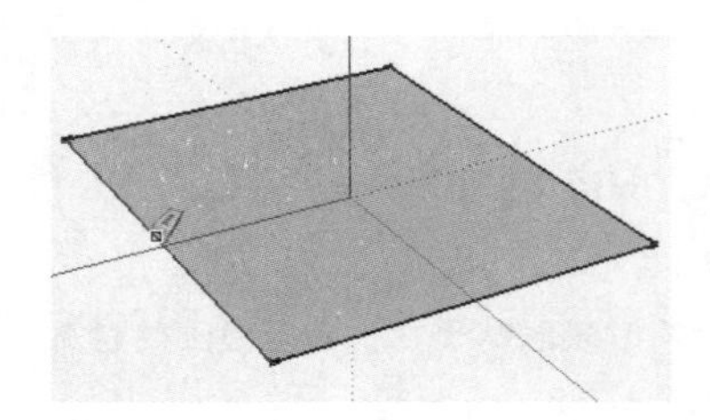

图 2-335　单击擦除线段

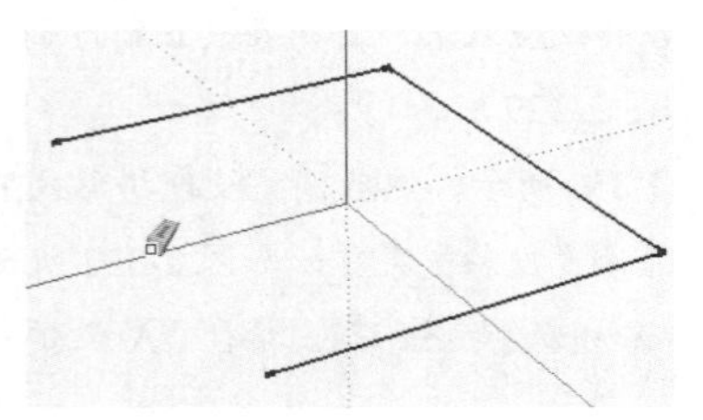

图 2-336　擦除完成

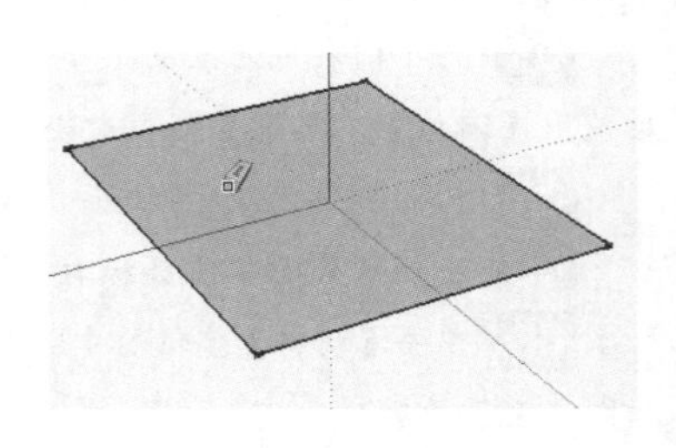

图 2-337　不能直接擦除面

## 2.4.14 建筑施工工具栏

SketchUp 建模可以达到十分高的精确度，这主要得益于功能强大的辅助定位【建筑施工】工具。【建筑施工】工具栏包含【卷尺】、【尺寸】、【量角器】、【文字】、【轴】及【三维文字】工具，如图 2-338 所示。其中【卷尺】与【量角器】工具用于尺寸与角度的精确测量与辅助定位，其他工具则用于进行各种标识与文字创建。

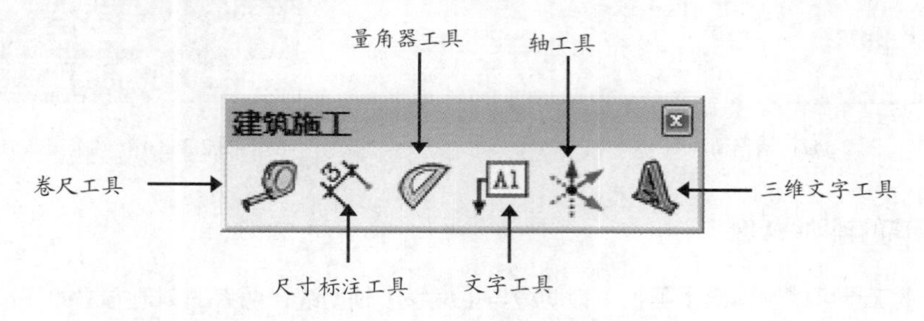


图 2-338 SketchUp 构造工具栏

### 1. 卷尺工具

【卷尺】工具不仅用于距离的精确测量，也可以用于制作精准的辅助线。单击【建筑施工】工具栏按钮，或执行【工具】/【卷尺】菜单命令，均可启用该命令，接下来学习其使用方法。

技 巧

【卷尺】工具默认快捷键为“T”。

❑ 卷尺工具使用方法

01 打开配套资源“第 2 章\2.4.14.1 测量.skp”模型，该场景为一个“树池座凳”模型，如图 2-339 所示。

02 启用【卷尺】工具，待光标变成时单击，确定测量起点，如图 2-340 所示。

03 拖动光标至测量端点并再次单击确定，即可查看到长度数值，如图 2-341 所示。

图 2-339 打开测量模型

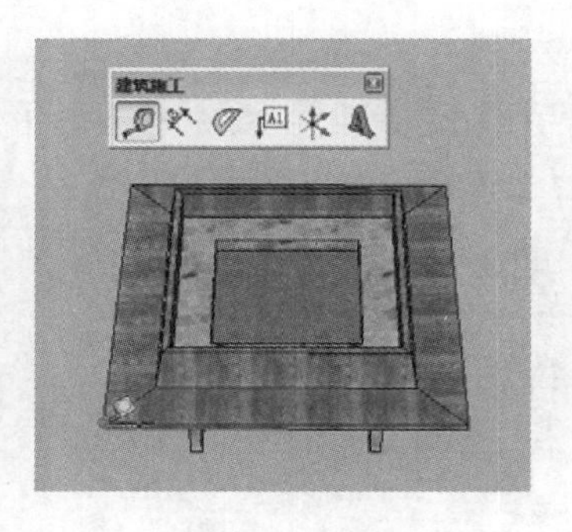


图 2-340 确定测量起点

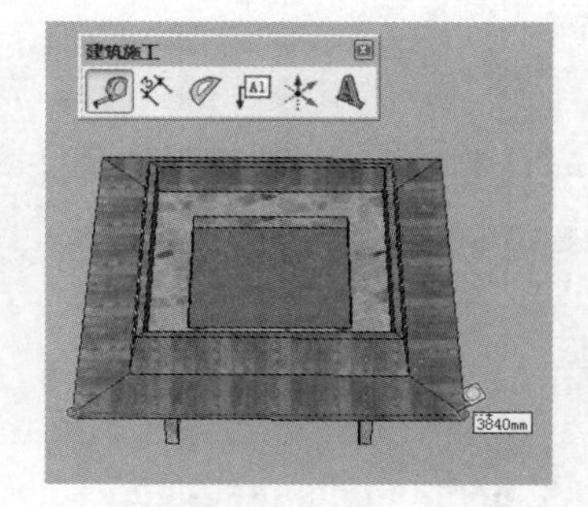


图 2-341 测量完成效果

技 巧

进入【模型信息】面板，选择【单位】选项卡，调整【精确度】参数，测量时可得到更为精确的长度数值，如图 2-342 与图 2-343 所示。

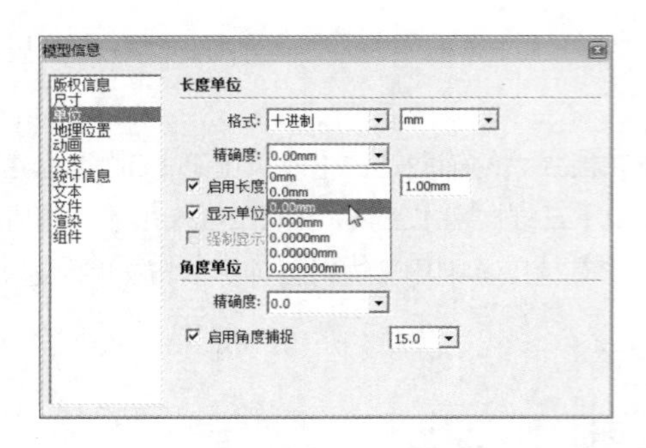


图 2-342 调整精确度

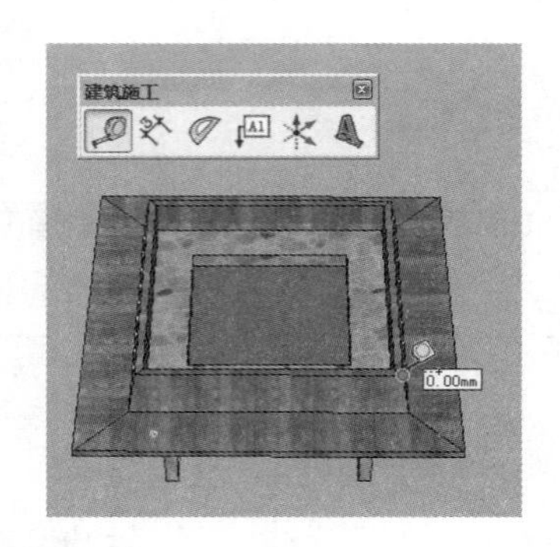


图 2-343 精确测量数值

## ❑ 测量距离的辅助线功能

使用【卷尺】工具可以制作出【延长】辅助线与【偏移】辅助线，两者的创建方法如下：

01 启用【卷尺】工具，单击鼠标确定【延长】辅助线起点，如图 2-344 所示。

02 拖动光标确定【延长】辅助线方向，然后再输入延长数值并按“Enter”键确定，生成对应长度的【延长】辅助线，如图 2-345 与图 2-346 所示。

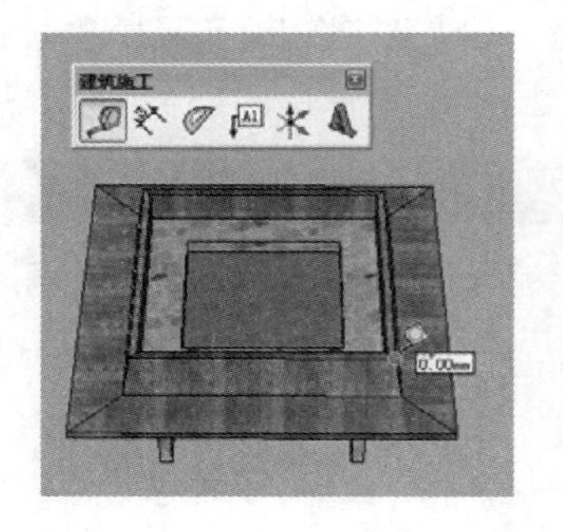


图 2-344 确定延长端点

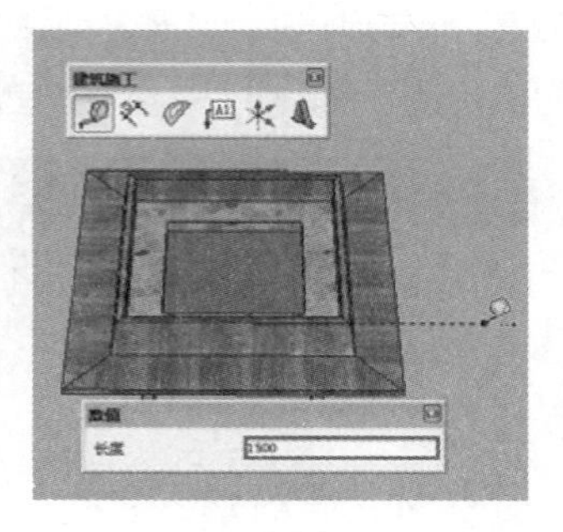


图 2-345 输入延长数值

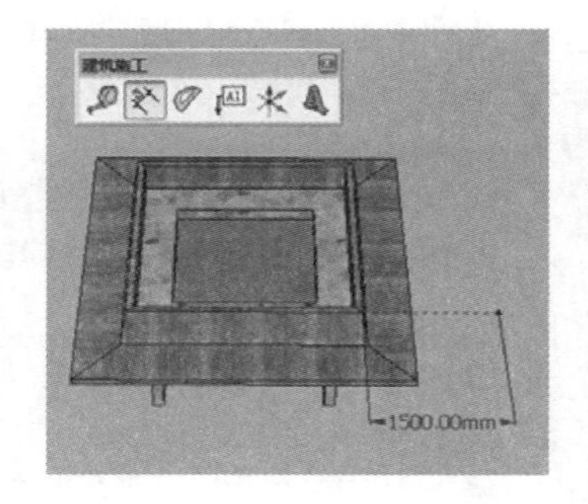


图 2-346 创建延长辅助线

03 启用【卷尺】工具，在偏移参考线上两侧端点外的任意位置单击，确定【偏移】辅助线起点，如图 2-347 所示。

04 拖动光标确定【偏移】辅助线方向，然后再输入偏移数值并按“Enter”键确定，即可生成对应距离的【偏移】辅助线，如图 2-348 和图 2-349 所示。

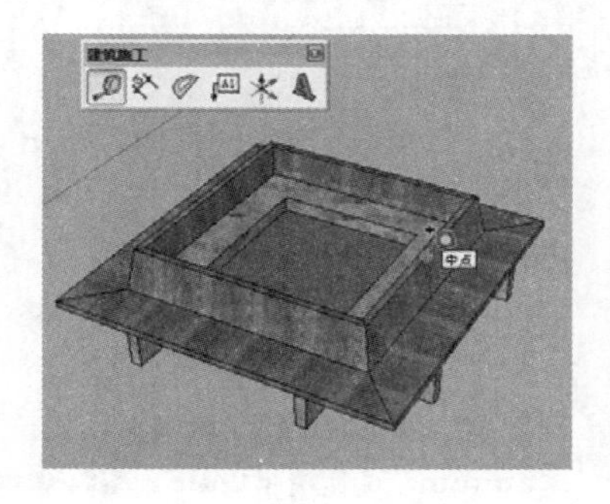


图 2-347 选择偏移起点

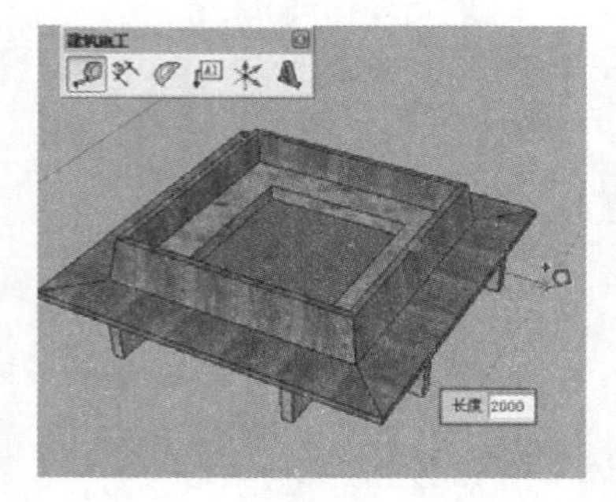


图 2-348 输入偏移数值

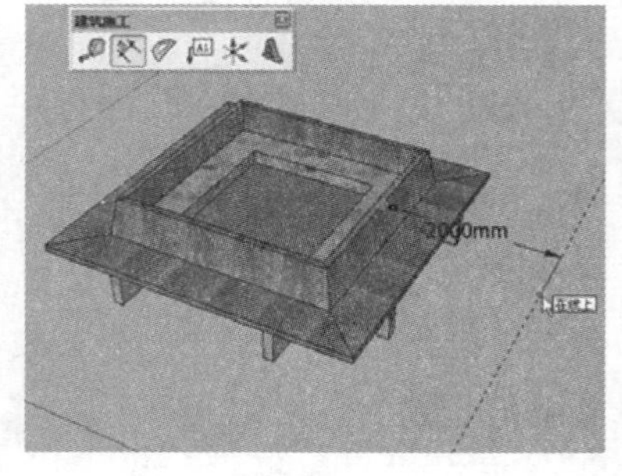


图 2-349 创建偏移辅助线

05 辅助线可以使用【隐藏】与【取消隐藏】菜单命令进行隐藏与显示，如图 2-350 与图 2-351 所示。也可以使用【删除参考线】菜单命令进行快速擦除，如图 2-352 所示。

图 2-350　隐藏菜单命令

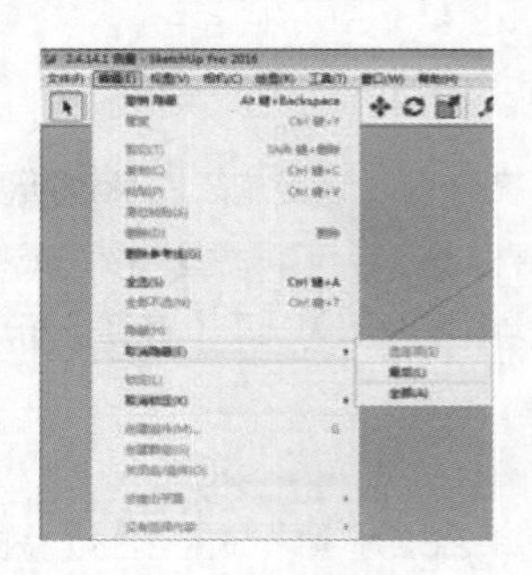

图 2-351　取消隐藏命令

图 2-352　擦除辅助线命令

### 2. 量角器工具

【量角器】工具兼具角度测量与制作角度辅助线的功能。单击【建筑施工】工具栏按钮或执行【工具】/【量角器】菜单命令，均可启用该命令。

#### ❑ 量角器工具使用方法

01 启用【量角器】工具，待光标变成时后单击，确定目标测量角的顶点，如图 2-353 所示。

02 拖动光标捕捉目标测量角任意一条边线并单击，如图 2-354 所示。

03 捕捉到另一条边线单击确定，即可在【数值】内观察到测量角度，如图 2-355 所示。

图 2-353　确定测量顶点

图 2-354　确定一条边线

图 2-355　测量角度完成

#### ❑ 量角器的角度辅助线功能

使用【量角器】工具可以创建任意角度的角度辅助线，具体的操作方法如下：

01 启用【量角器】工具，在目标位置单击，确定顶点位置，如图 2-356 所示。

02 拖动光标创建角度起始线，如图 2-357 所示。在实际工作中可以创建任意角度的斜线以进行相对测量。

03 在【数值】中输入角度数值并按“Enter”键确定，以之前创建的起始线为参考，创建相对角度的辅助线，如图 2-358 所示。

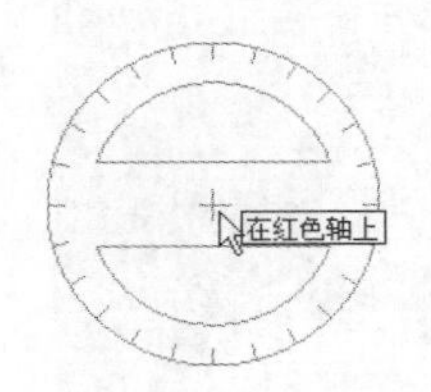


图 2-356　确定测量位置

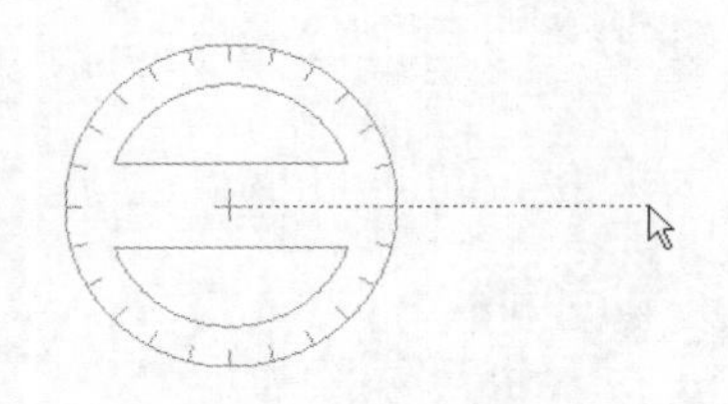

图 2-357　确定起始线

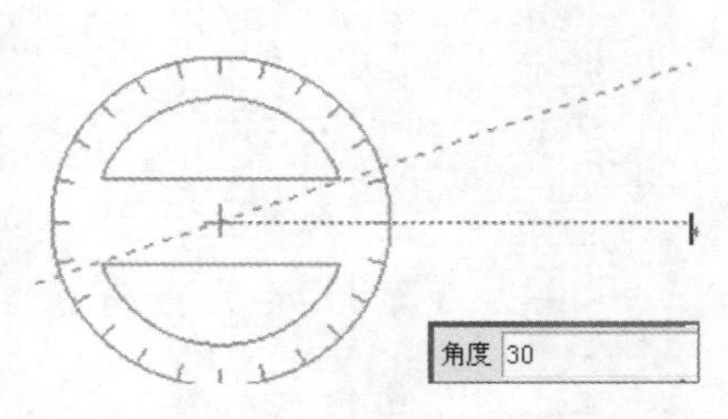


图 2-358　绘制角度辅助线

3. 尺寸标注工具

SketchUp 具有十分强大的标注功能，完全可以满足施工图标注所要求的精度，这也是 SketchUp 相对于其他三维软件所具有的一个明显优势。单击【建筑施工】工具栏按钮或执行【工具】/【尺寸】菜单命令均可启用该命令，接下来逐步学习【长度】标注、【半径】标注以及【直径】标注的操作方法与技巧。

❑ 长度标注

01 启用【尺寸】工具，在模型上选定标注起点，如图 2-359 与图 2-360 所示。

02 拖动光标至标注端点，再次单击鼠标确定，然后向上推动光标放置标注，即可完成标注，如图 2-361 所示。

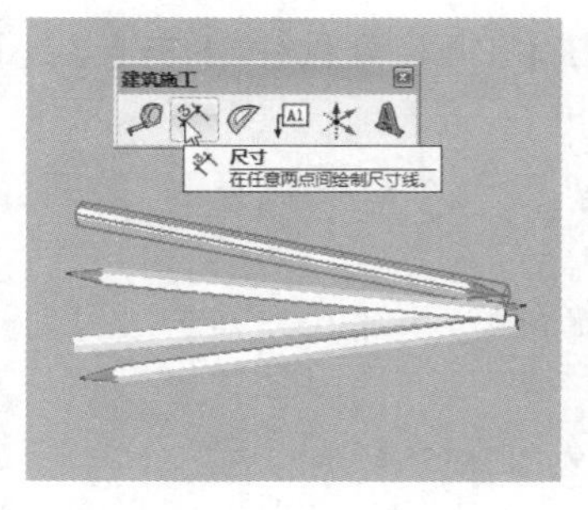


图 2-359 启用尺寸标注工具

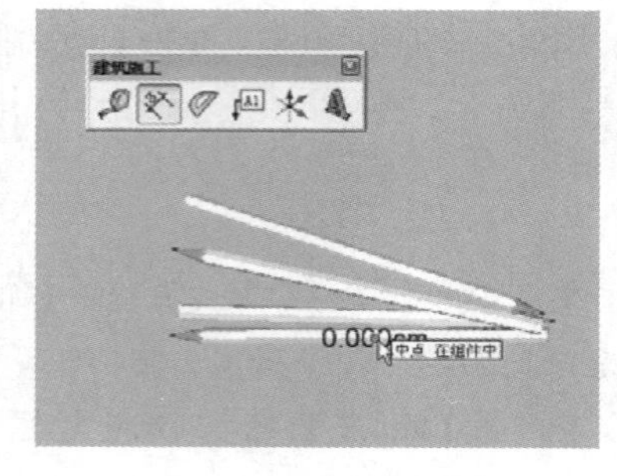


图 2-360 确定标注端点

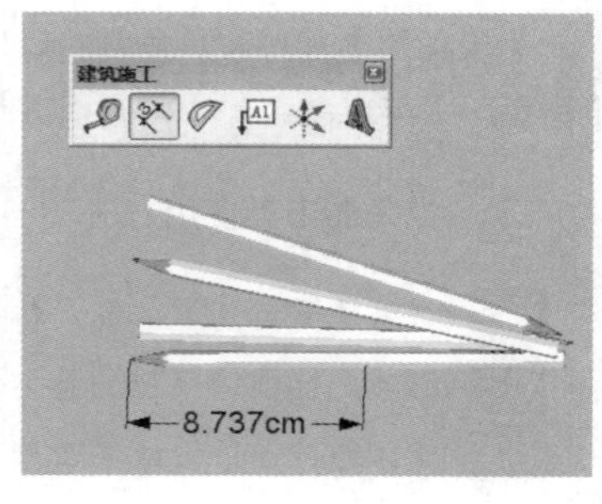


图 2-361 标注完成

03 调整【模型信息】面板中的精确度，可以标注出十分精确的长度数值，如图 2-362 与图 2-363 所示。

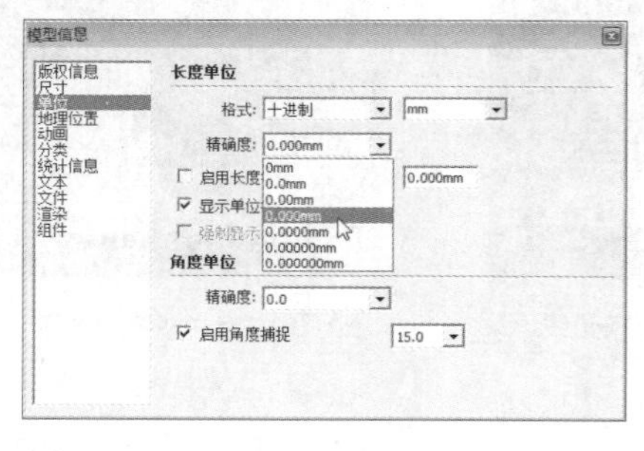


图 2-362 设置精确度

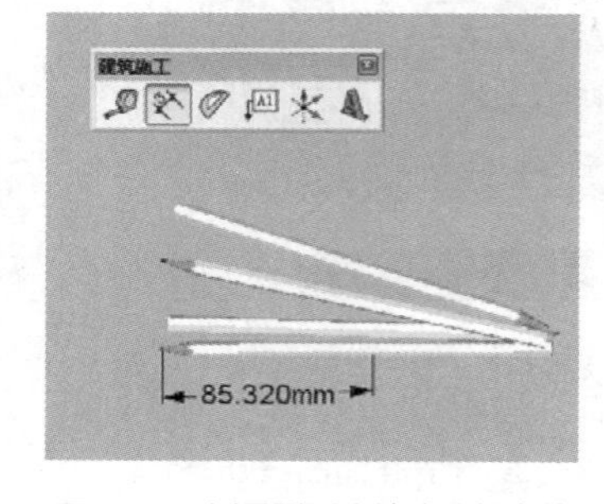


图 2-363 测量到更为精确的长度数值

❑ 半径标注

01 启用【尺寸】工具，在目标弧线上单击，确定标注对象，如图 2-364 与图 2-365 所示。

02 往任意方向拖动光标放置标注，即可完成半径标注，如图 2-366 所示。

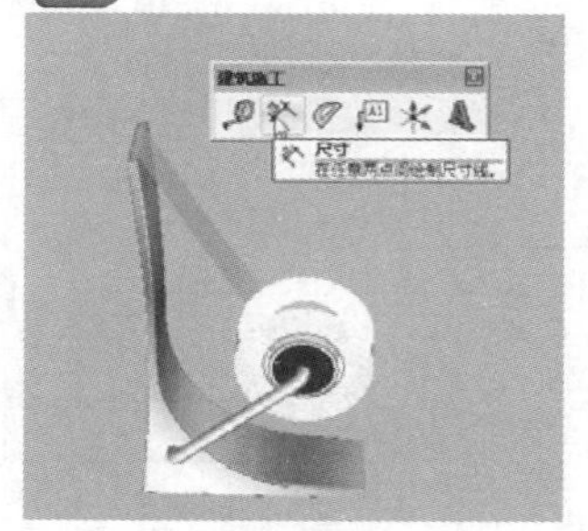


图 2-364 启用尺寸标注工具

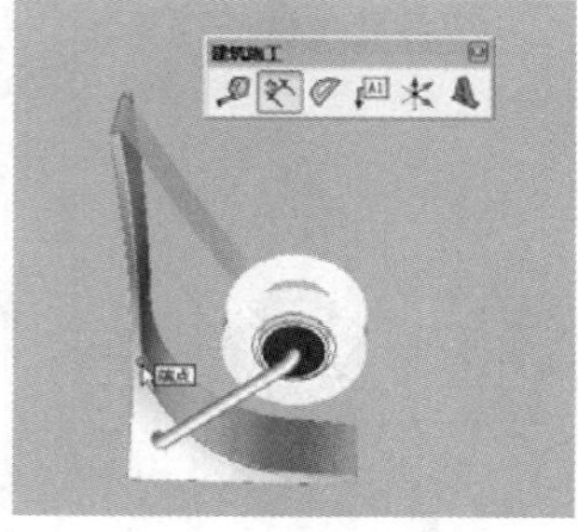


图 2-365 选择目标圆弧

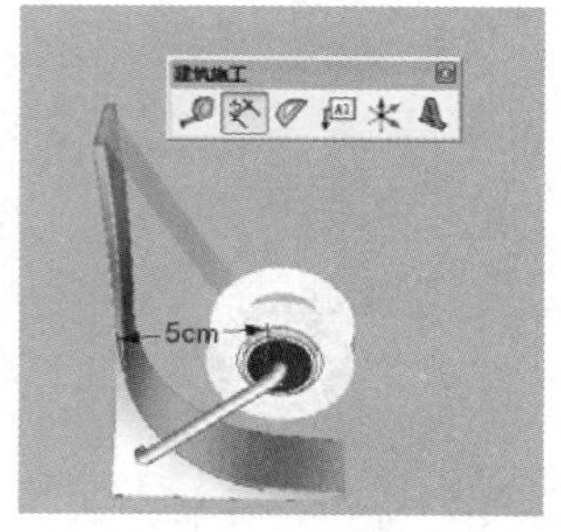


图 2-366 半径标注完成

### ❑ 直径标注

01 启用【尺寸】工具，在目标圆形边线上单击，确定标注对象，如图 2-367 与图 2-368 所示。

02 往任意方向拖动光标放置标注，即可完成直径标注，如图 2-369 所示。

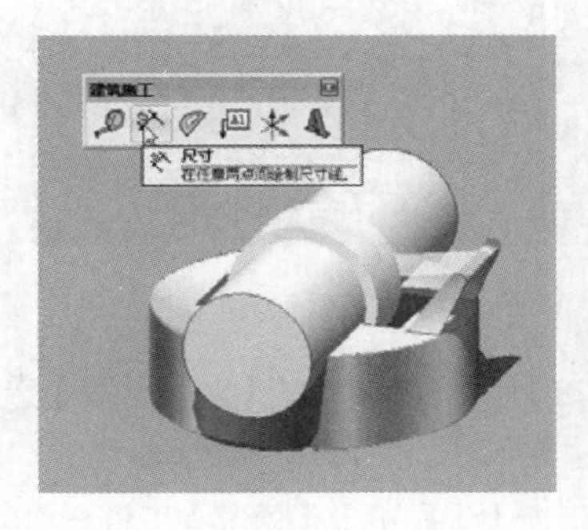


图 2-367 启用标注工具

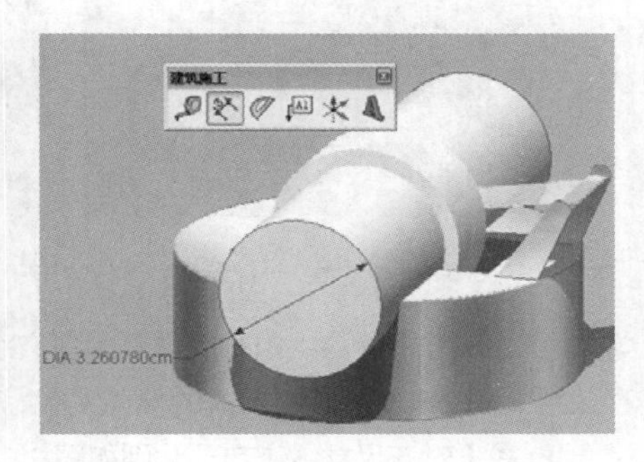


图 2-368 选择边线

图 2-369 标注完成效果

### ❑ 设置尺寸标注样式

标注均由箭头、标注线以及标注文字构成，进入【模型信息】面板后选择【尺寸】选项卡，可以进行【标注】样式的调整，如图 2-370 与图 2-371 所示。

图 2-370 选择模型信息命令

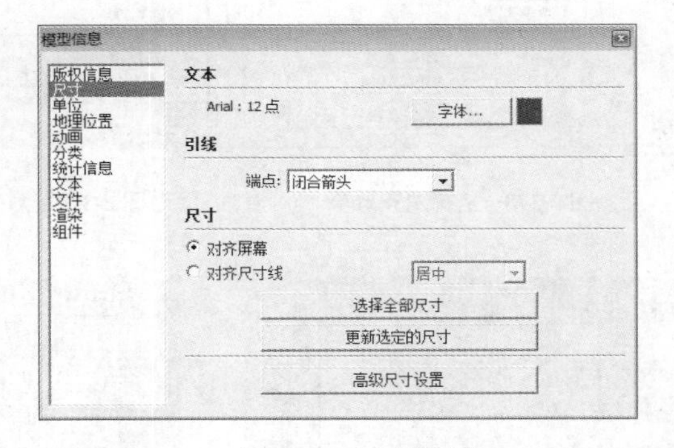


图 2-371 尺寸选项卡

单击【文字】参数组内的【字体】按钮，可以弹出如图 2-372 所示的【字体】设置面板，通过该面板可以设置标注文字的【字体样式】、【尺寸】、【高度】，调整出不同的标注文字效果，如图 2-373 所示。

单击【引线】参数组【端点】下拉按钮，可以选择【无】、【斜线】、【点】、【闭合箭头】、【开放箭头】5 种标注端点效果，如图 2-374 所示。

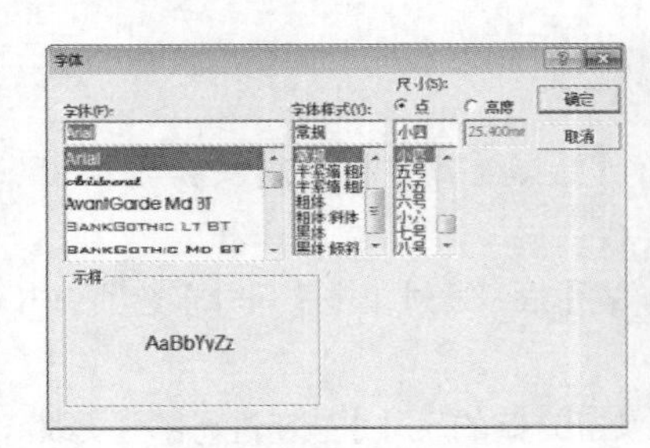


图 2-372 字体面板

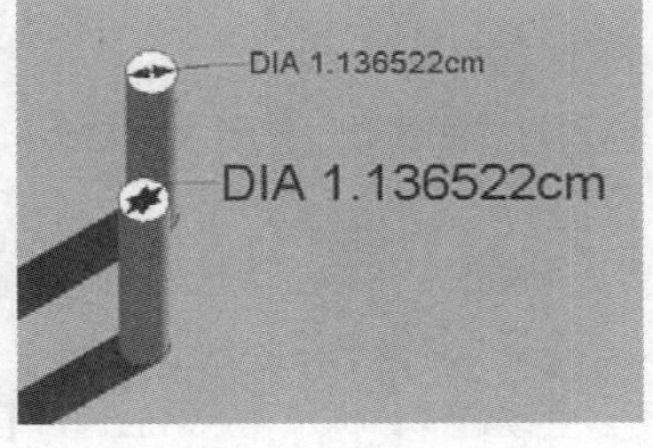


图 2-373 不同字体的标注效果

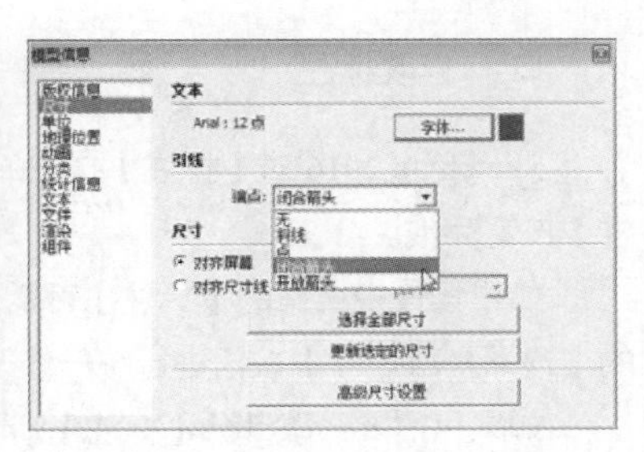


图 2-374 不同的标注效果

默认设置下为【闭合箭头】，其中三种端点效果如图 2-375~图 2-377 所示。

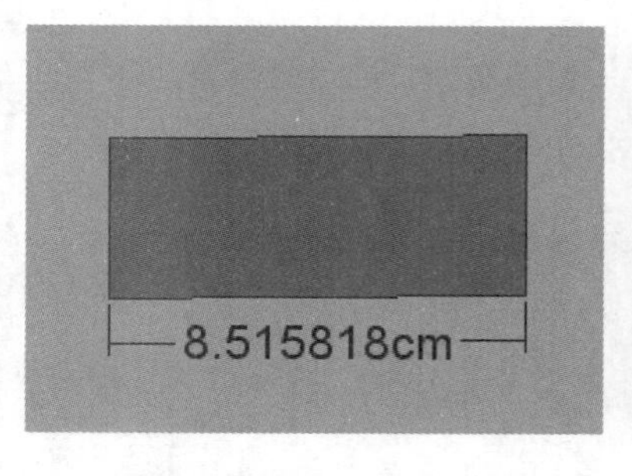


图 2-375　“无”标注效果

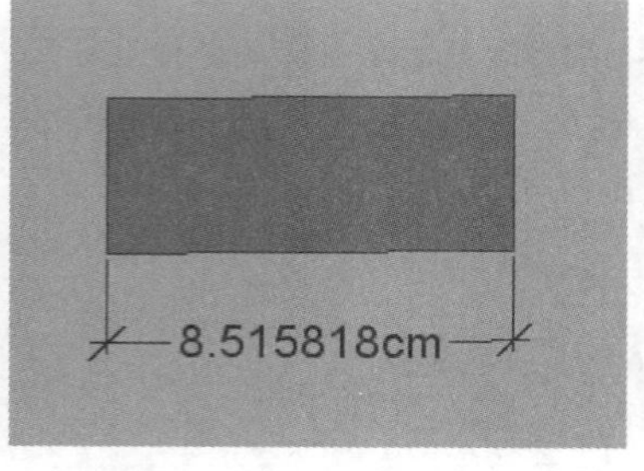


图 2-376　“斜线”标注效果

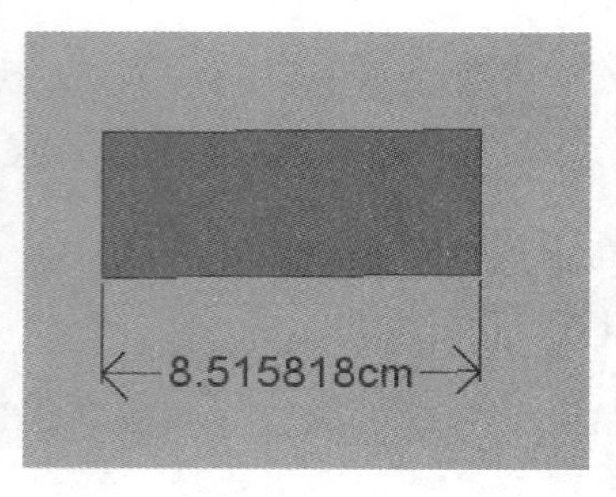


图 2-377　“开放箭头”标注效果

在【尺寸】参数组内可以调整标注文字与尺寸线的位置关系，如图 2-378 所示。其中默认【对齐屏幕】选项效果如图 2-379 所示，此时的标注文字始终平行于屏幕。

选择【对齐尺寸线】选项，则如图 2-380 所示可以通过下拉按钮切换【上方】、【居中】、【外部】三种方式，效果分别如图 2-381~图 2-383 所示。

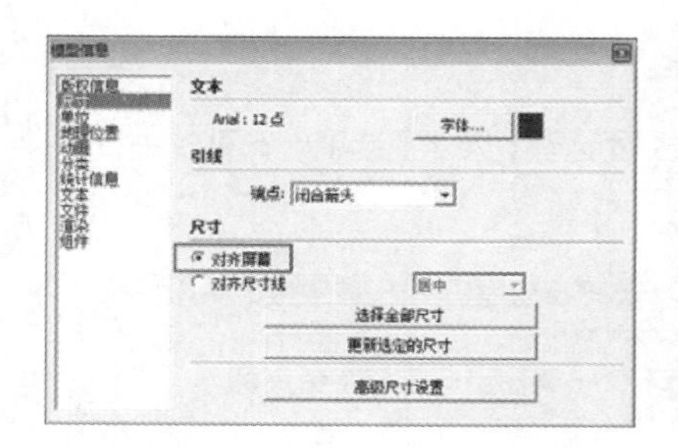


图 2-378　选择对齐屏幕

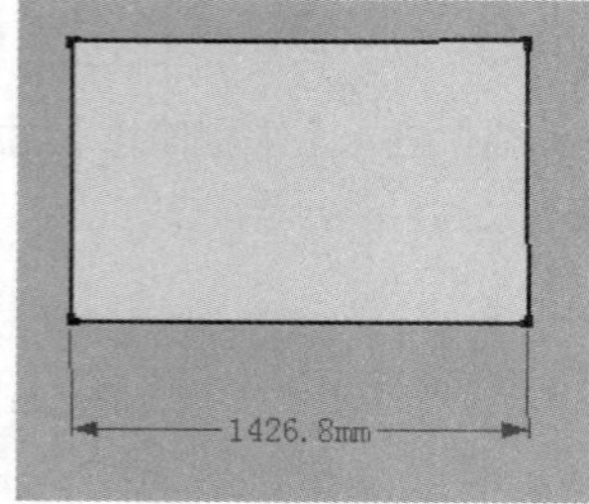


图 2-379　对齐屏幕标注效果

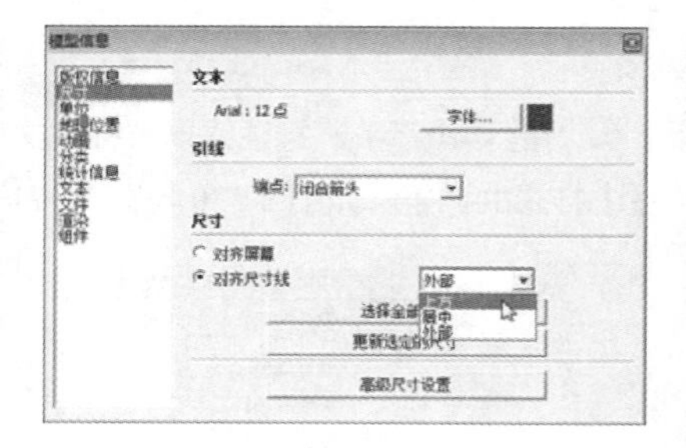


图 2-380　对齐尺寸线标注方式

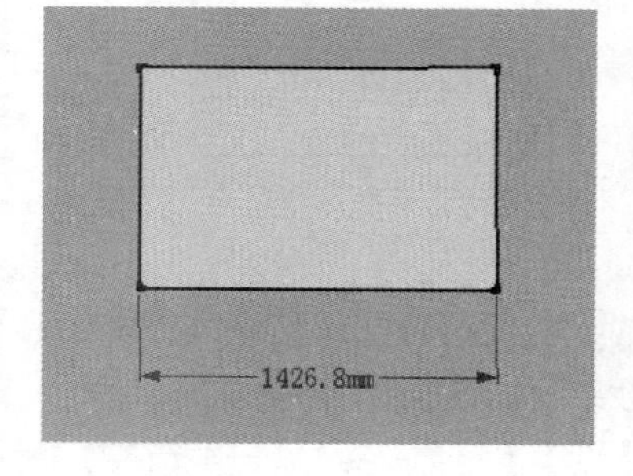


图 2-381　居中对齐效果

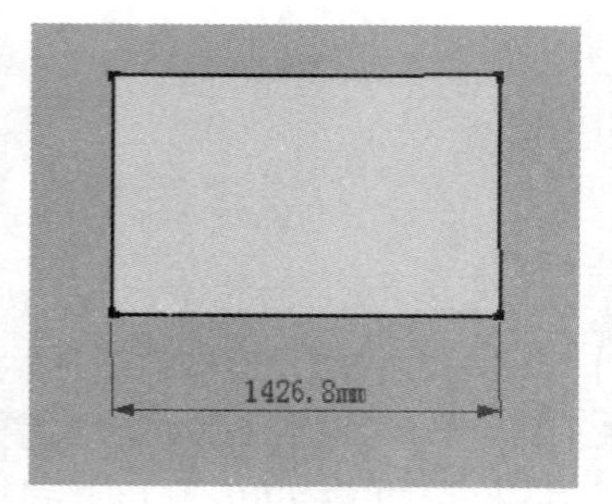


图 2-382　上方对齐效果

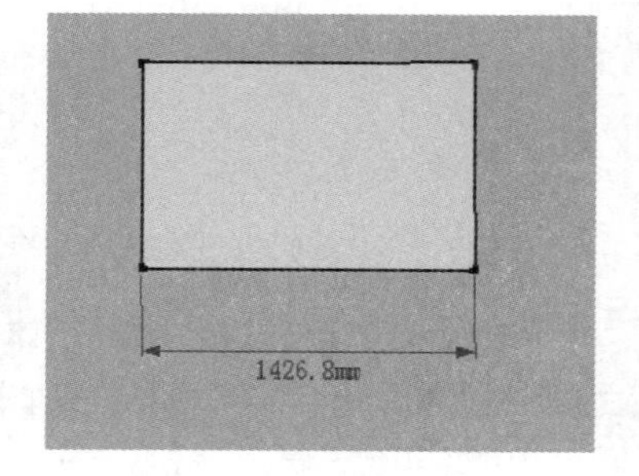


图 2-383　外部对齐效果

### ❑ 修改标注

SketchUp 2016 对【标注】样式的修改方式主要通过如图 2-384 所示的【选择全部尺寸】与【更新选定的尺寸】按钮完成。

如果场景中所有的【标注】都需要进行修改，可以在设置好【标注样式】后，通过单击【尺寸】选项卡内的【选择全部尺寸】按钮进行统一修改。

如果只需要修改部分【标注】则可以手动选择目标尺寸，然后通过【更新选定的尺寸】按钮进行部分更改。

技 巧

对于单个或少数标注修改，可以通过鼠标右键快捷菜单完成。双击标注文字，可以直接进行文字内容的修改，如图 2-385 所示。

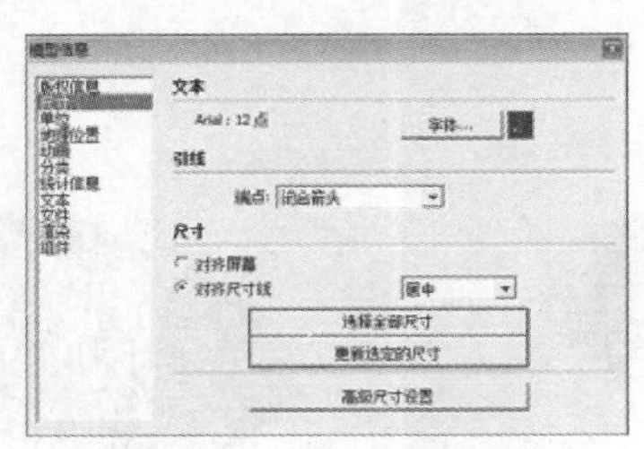

图 2-384　选择与更新按钮

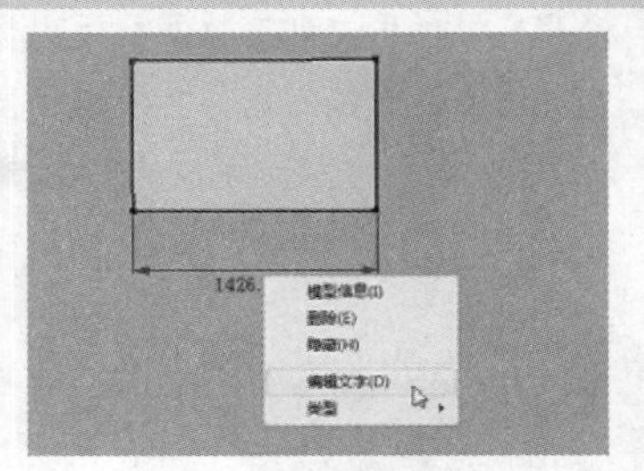

图 2-385　编辑文字

4．文字标注工具

在进行园林设计时，除了可以使用【尺寸】标注工具对【长度】、【半径】、【直径】进行精确的标注外，还可以对图形面积、线段长度、定点坐标、材料类型、特殊做法以及细部构造进行文字标注。单击【建筑施工】工具栏按钮，或执行【工具】/【文字标注】菜单命令，均可启用【文字】标注命令。

❑　系统标注

【文字】可以直接对【面积】、【长度】、【定点坐标】进行文字标注，具体的操作方法如下：

01 启用【文字】标注命令，待光标变成时，将光标移动到目标平面对象表面，如图 2-386 与图 2-387 所示。

02 单击鼠标在当前位置显示【文字标注】内容，然后再拖动鼠标到任意位置放置【文字标注】，确定放置后再次单击鼠标确定，如图 2-388 所示。

图 2-386　启用文字标注功能

图 2-387　移动至目标对象表面

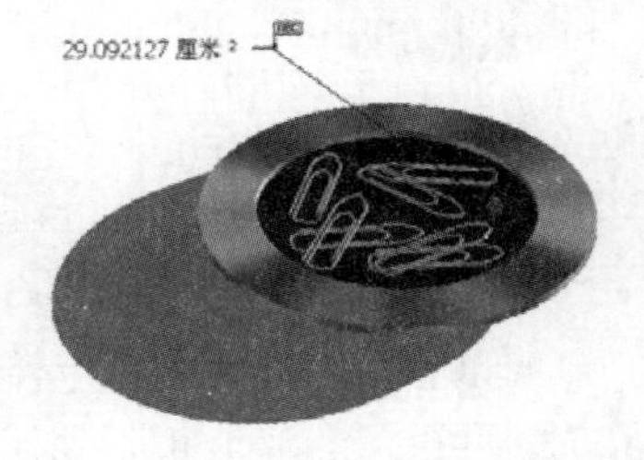

图 2-388　单击拉出标注效果

03 对线段长度与点坐标进行【文字标注】的操作步骤与标注效果如图 2-389~图 2-392 所示。

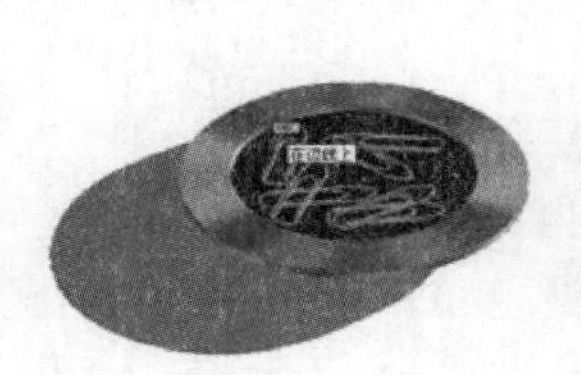
图 2-389　选择直线进行标注

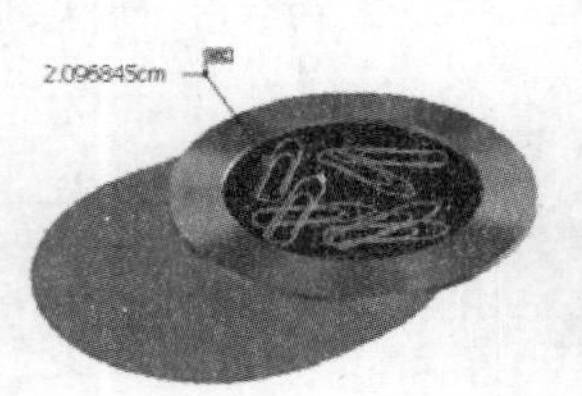

图 2-390　长度标注完成

图 2-391　选择点进行标注

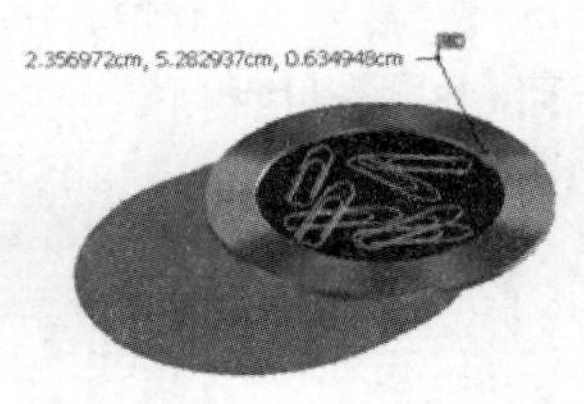

图 2-392　点标注完成

❑　用户标注

用户在使用【文字标注】时，可以自由地标注个性文字内容。

01 启用【文字标注】功能，待光标变成 时，将光标移动至目标平面对象表面，如图 2-393 所示。

02 单击确定【文字标注】端点位置，然后拖动光标在任意位置放置【文字标注】，如图 2-394 所示。

03 松开鼠标，用户即可改写标注内容，如图 2-395 所示。

04 完成标注内容编写后，再次单击鼠标即可完成自定义标注。

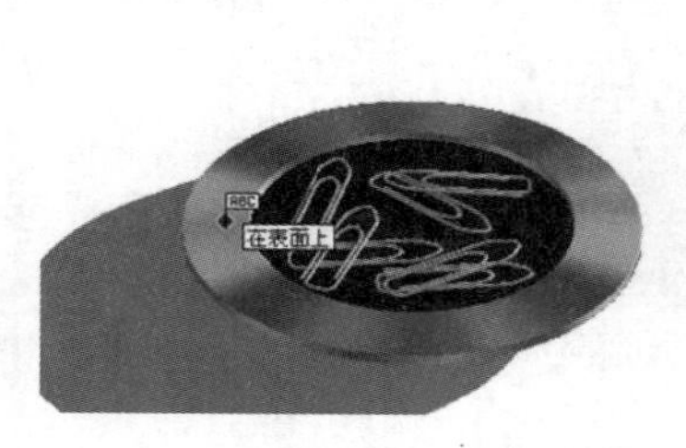


图 2-393　启用文字标注并选择平面

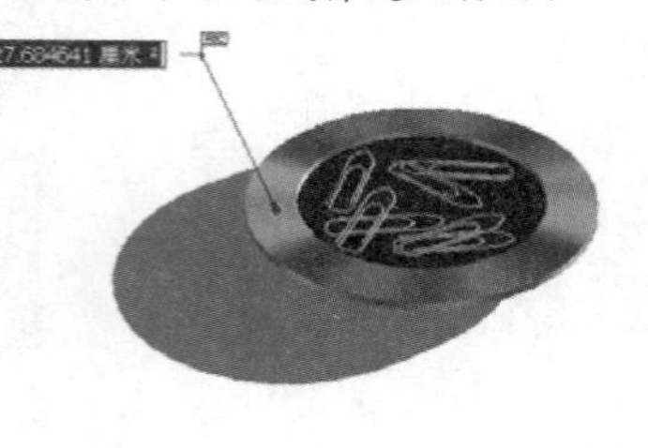

图 2-394　引出标注线

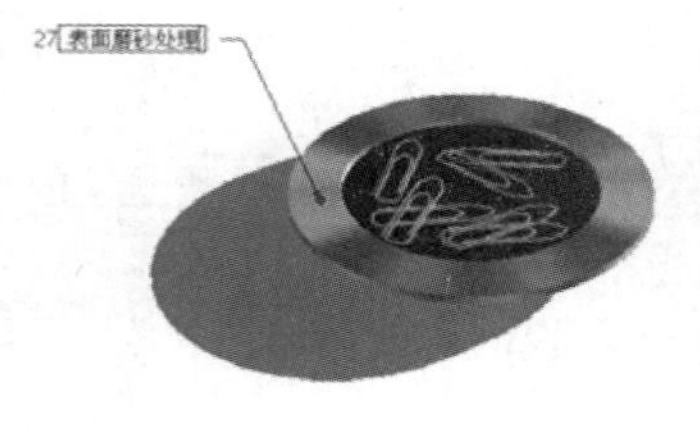


图 2-395　进行工艺文字标注

## 修改文字标注

修改【文字标注】十分简单，双击【文字标注】后即可进行文字内容的修改，如图 2-396 与图 2-397 所示。此外也可以单击鼠标右键，通过快捷菜单进行修改，如图 2-398 所示。

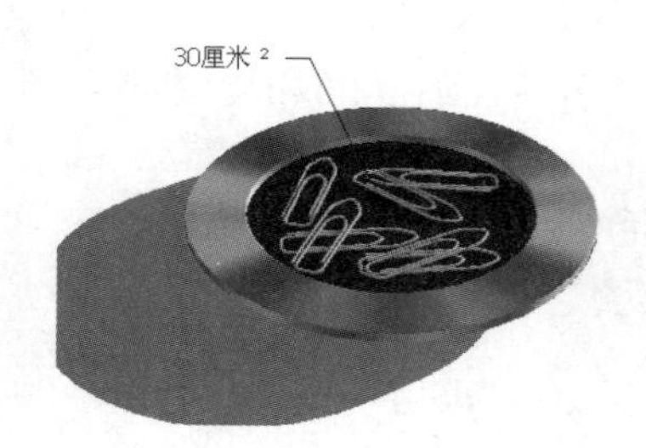


图 2-396　当前标注

图 2-397　双击修改标注内容

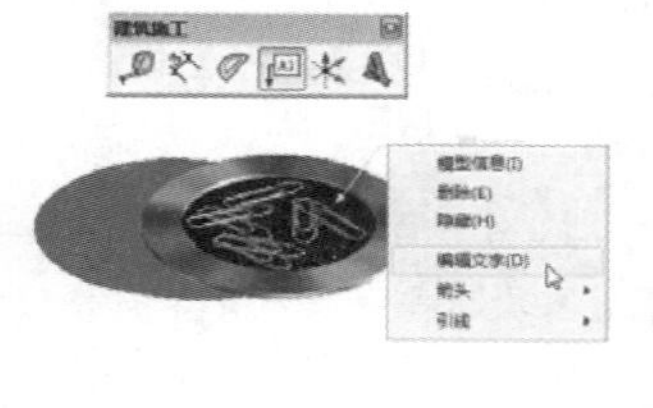


图 2-398　文字标注快捷菜单

### 5. 轴工具

SketchUp 和其他三维软件一样，也是通过坐标轴进行位置定位，以便进行准确的绘图，如图 2-399 所示。为了方便模型创建，SketchUp 可以自定义坐标轴。单击【建筑施工】工具栏 按钮，或执行【工具】/【坐标轴】菜单命令，即可启用【轴】自定义功能，其具体的操作步骤如下：

01 启用【轴】工具，待光标变成 时移动光标，将其放置于目标位置后单击鼠标确定，如图 2-400 所示。

02 确定目标位置后，可以左右拖动鼠标自定义坐标 X、Y 的轴向，调整到目标方向后单击鼠标确定即可，如图 2-401 所示。

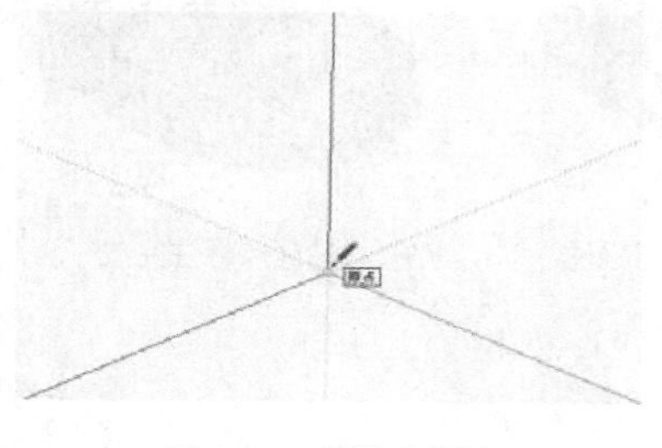


图 2-399　默认坐标轴

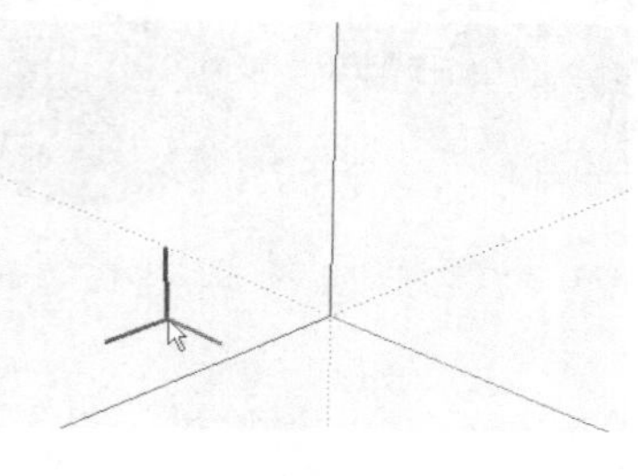

图 2-400　启用轴工具

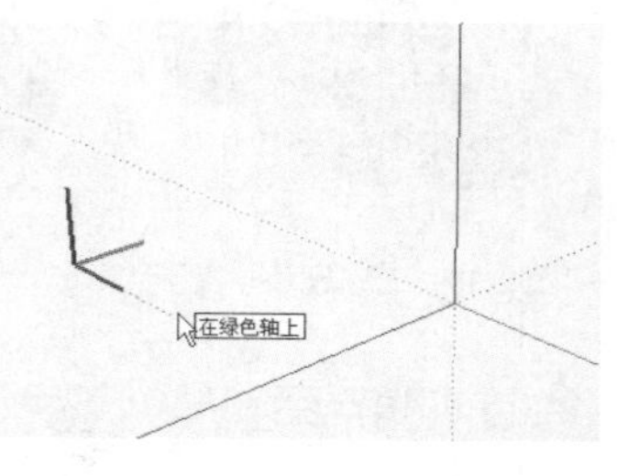


图 2-401　确定 XY 轴轴向

技 巧

在实际的工作中，通常将⊥放置于模型的某个顶点，以有利于坐标轴向的调整。

**03** 确定 X、Y 的轴向后，可以上下拖动鼠标自定义【坐标轴】Z 轴方向，如图 2-402 所示。调整完成后再次单击鼠标，即可完成【轴】的自定义，如图 2-403 所示。

注 意

无论之前将⊥放置于何处，在确定坐标 Z 轴方向后坐标原点仍将还原，如图 2-404 所示。

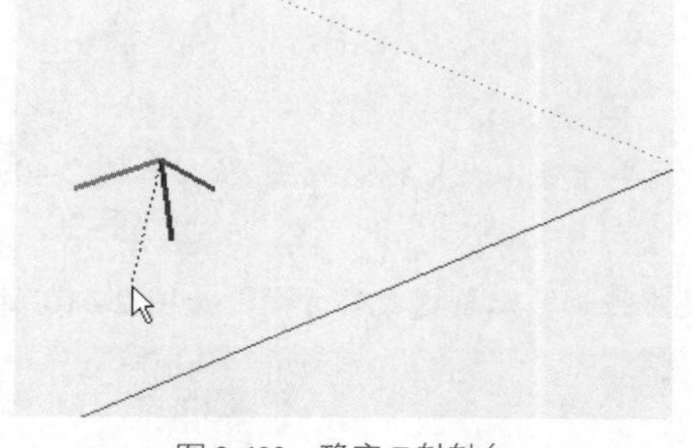

图 2-402 确定 Z 轴轴向

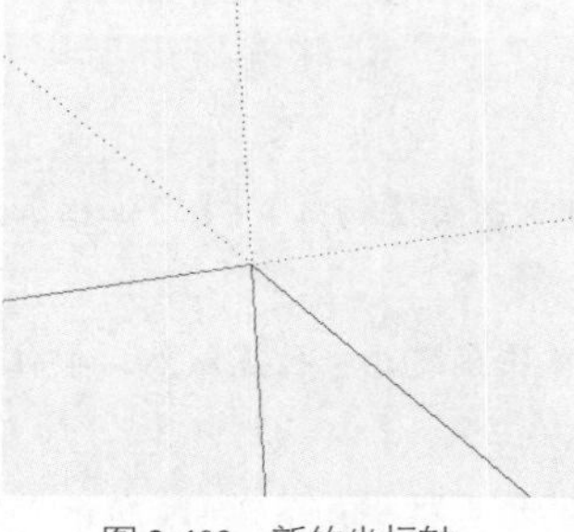

图 2-403 新的坐标轴

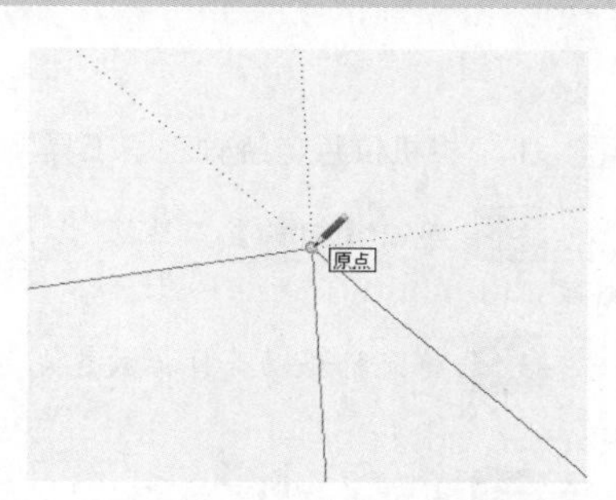


图 2-404 原点不可改动

6. 三维文字工具

【三维文字】工具可以快速创建三维或平面的文字效果，单击【建筑施工】工具栏按钮或执行【工具】/【三维文字】菜单命令即可启用该工具。

**01** 启用【三维文字】工具，系统弹出【放置三维文本】设置面板，在其中输入文字并调整参数，如图 2-405 所示。

**02** 输入文字后，继续自定义【字体】、【对齐】、【高度】以及【已延伸】等参数，如图 2-406 所示。

**03** 设置好参数后单击【放置】按钮，再移动光标到目标点单击，即可创建具有厚度的文字效果，如图 2-407 所示。

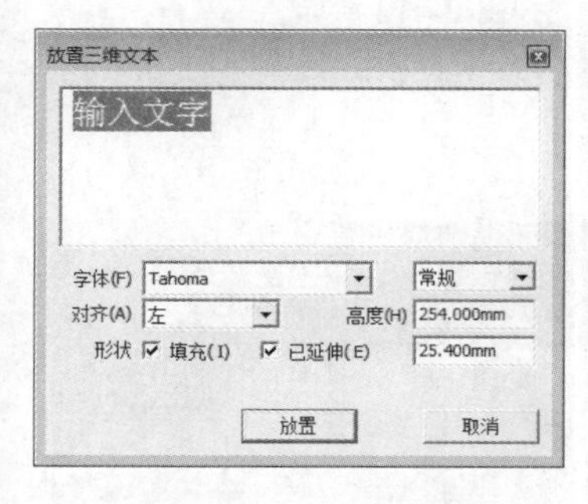


图 2-405 三维文本创建面板

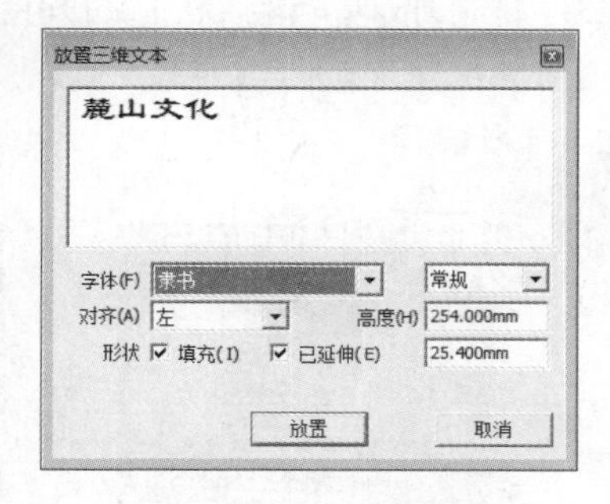


图 2-406 调整参数

图 2-407 三维文字效果

提 示

如果不勾选【填充】选项，将无法挤压出文字厚度，所创建的文字将为线形。

## 2.4.15 SketchUp 相机工具栏

SketchUp【相机】工具栏如图 2-408 所示，除了【定位相机】、【绕轴观察】以及【漫游】三个工具按钮，还包含前面章节所讲的视图工具，其中【定位相机】与【绕轴观察】用于相机位置与观察方向的确定，【漫游】则用于制作漫游动画。

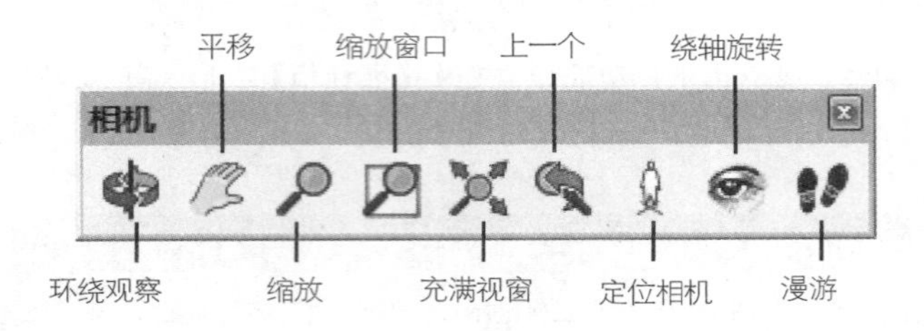


图 2-408　SketchUp 相机工具栏

1．相机位置与绕轴观察工具

01 单击【相机】工具栏按钮或执行【相机】/【定位相机】菜单命令，光标将变成状，如图 2-409 所示。

02 将光标移动至目标放置点并单击确定相机位置，然后按住鼠标拖动，以创建观察方向，如图 2-410 所示。

03 松开鼠标即可创建对应视角的摄影机，如图 2-411 所示。

图 2-409　启用相机位置工具

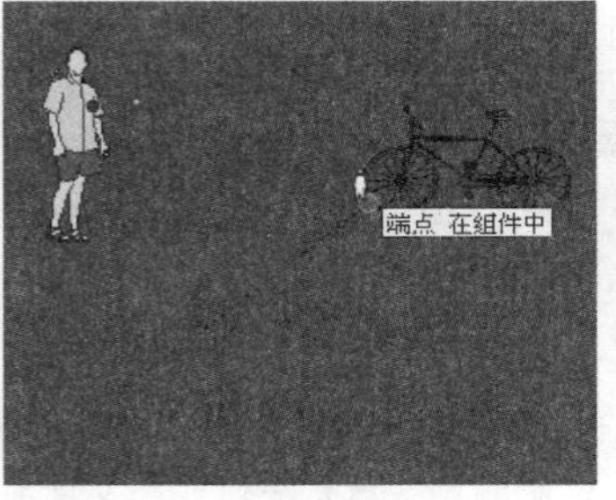


图 2-410　确定相机位置与视角

图 2-411　视角创建完成

04 默认的视点高度通常都不太理想，此时可以手动输入数值进行调整，如图 2-412 所示。

05 设置好视高后，按下“Enter”键，系统将自动开启【绕轴观察】工具，待光标变成状后拖动光标，即可进行视角的转换，如图 2-413 与图 2-414 所示。

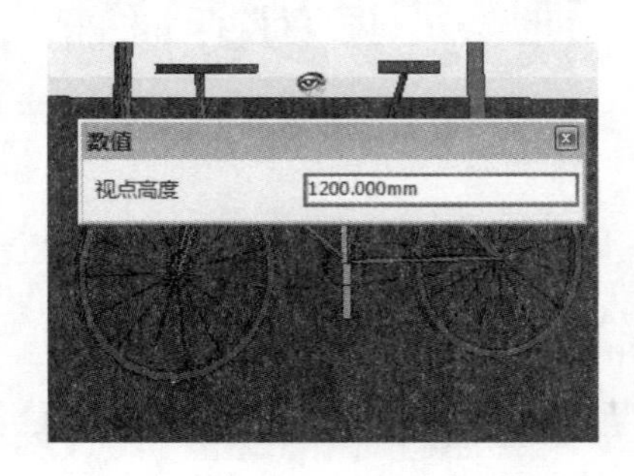


图 2-412　手动输入视点高度

图 2-413　左右旋转视角

图 2-414　上下旋转视角

2．漫游工具

通过【漫游】工具可以快速模拟出跟随观察者移动，在视图内同时产生连续变化的漫游动画效果。单击【相机】工具栏按钮，或执行【相机】/【漫游】菜单命令，即可启用该命令。

01 打开配套资源“第 02 章\2.4.15.2 漫游工具”实例文件，启用【漫游】工具。

02 待光标变成状时，按住鼠标左键向前推动，即可以默认速度产生前进的效果，如图 2-415 所示。

03 如果按住“Ctrl”键推动鼠标，则会产生加速前进的效果，如图 2-416 所示。

04 按住“Shift”键并上下移动光标，则可以升高或降低相机视点，如图 2-417 与图 2-418 所示。

图 2-415　向前漫游工具

图 2-416　加速向前漫游

图 2-417　向上调整漫游高度

05 按住鼠标左键左右移动光标，则可以产生转向的效果，如图 2-419 和图 2-420 所示。

图 2-418　向下调整漫游高度

图 2-419　向左转身向

图 2-420　向右转向

# 2.5 SketchUp 特色功能

## 2.5.1 边线显示设置

通过设置边线显示参数，SketchUp 可以显示出类似于手绘草图风格的效果，如图 2-421 与图 2-422 所示。

图 2-421　建筑手绘草图

图 2-422　SketchUp 草图显示效果

### 1. 设置边线显示类型

在 SketchUp 中打开【视图】/【边线样式】子菜单，如图 2-423 所示，选择其下的命令可以快速设置【边线】、【后边线】、【轮廓线】、【深粗线】以及【出头】的效果。

轮廓线：取消【轮廓线】勾选后，场景中模型边线将淡化或消失，如图 2-424 与图 2-425 所示。

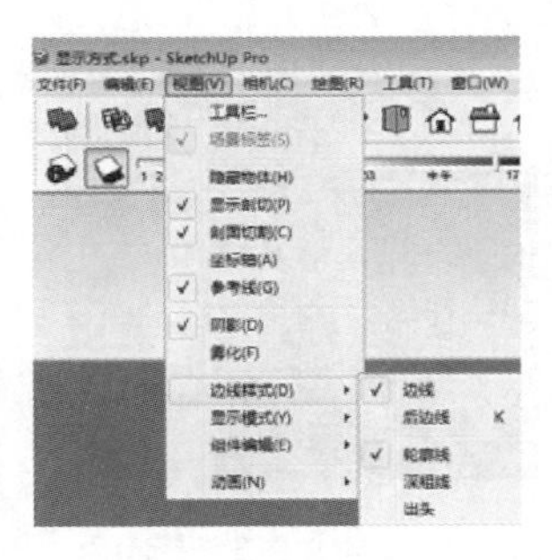


图 2-423　边线类型子菜单

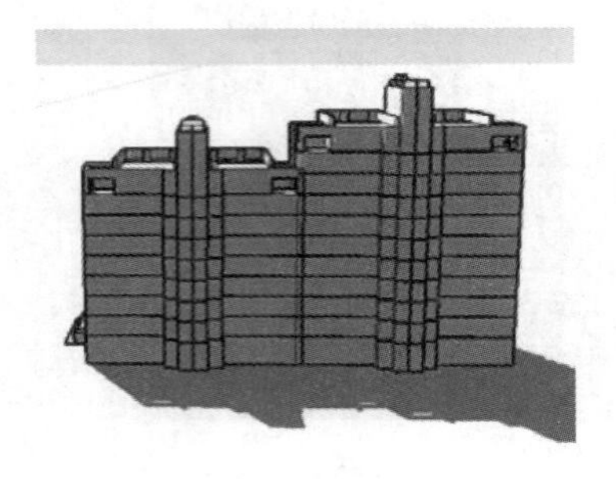

图 2-424　轮廓线勾选

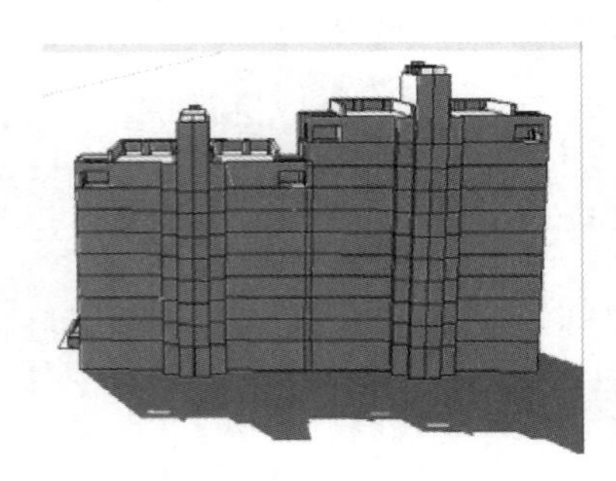

图 2-425　轮廓线不勾选

深粗线：勾选【深粗线】后，边线将以比较粗的深色直线进行显示。由于该种效果影响模型细节的观察，因此通常不予勾选，如图 2-426 所示。

出头：在实际手绘草图的绘制过程中，两条相交的直线通常会稍微延伸出头，在 SketchUp 中勾选【出头】参数，即可实现该种效果，如图 2-427 所示。

从上述操作可以发现，在【边线样式】菜单中，仅能简单地设置各种边线效果。接下来了解控制边线的宽度、长度、颜色等特征的方法。

执行【窗口】/【默认面板】/【风格】命令，打开【风格】面板，如图 2-428 所示。在【编辑】选项卡中单击【边线设置】按钮，即可进行更加丰富的边界线类型与效果的设置。

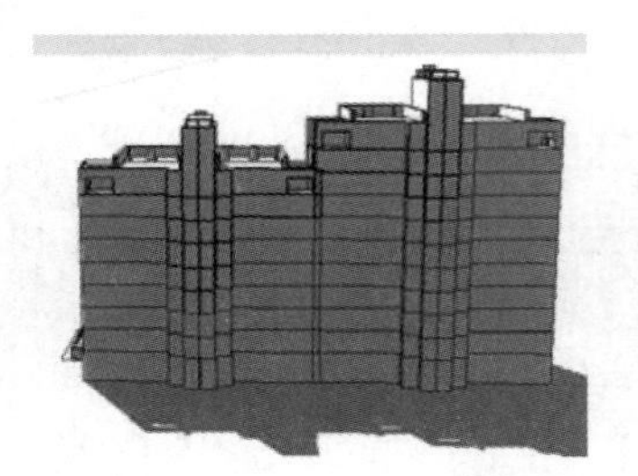

图 2-426　深度暗示效果

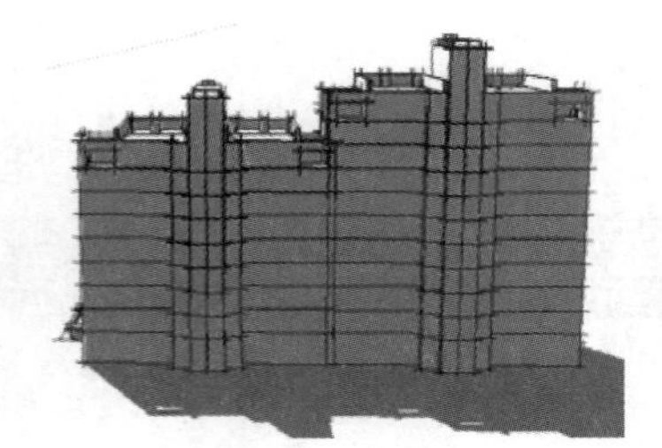

图 2-427　延长线效果

图 2-428　样式设置面板

端点：勾选【端点】复选框后，边线与边线的交接处将以较粗的直线显示，如图 2-429 所示，通过其后的参数可以设置直线的宽度。

抖动：勾选【抖动】复选框后，笔直的边界线将以稍微弯曲的直线进行显示，如图 2-430 所示。该种效果用于模拟手绘中真实的线段细节。

**注 意**

在【风格】对话框中，各种边线类型后面都有数值输入框，除了【出头】参数框用于控制延伸长度外，其他参数框均用于控制直线自身宽度。

### 2. 设置边线显示颜色

默认设置下边线以深灰色显示，单击【风格】对话框【颜色】下拉按钮，可以选择三种不同的边线颜色设置类型，如图 2-431 所示。

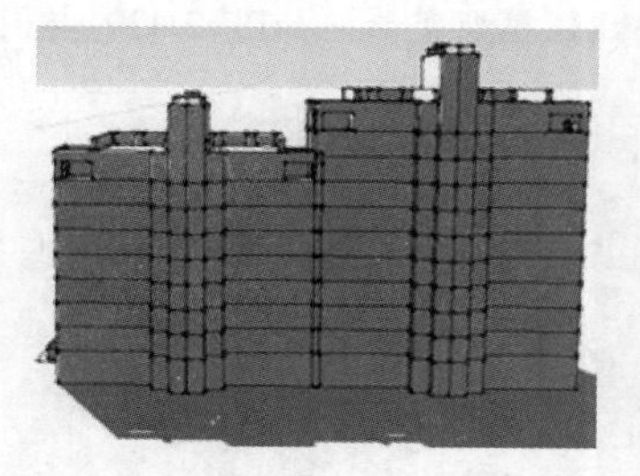

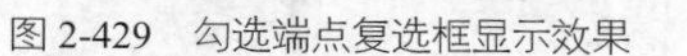

图 2-429　勾选端点复选框显示效果

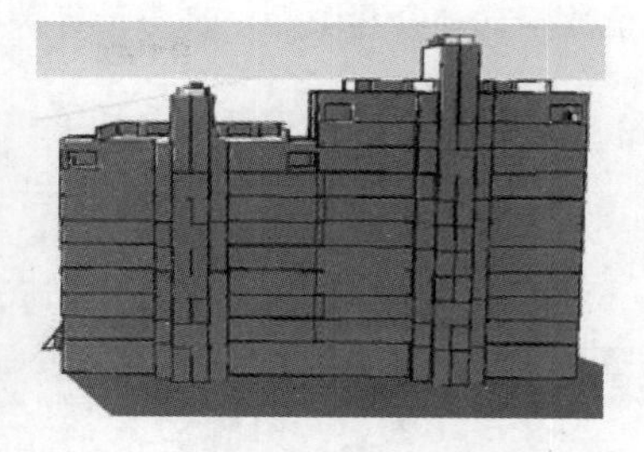

图 2-430　勾选抖动复选框显示效果

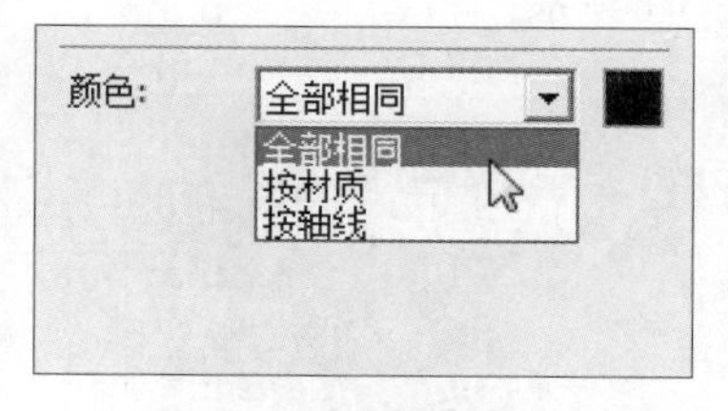


图 2-431　颜色类型

全部相同：默认边线颜色选项为【全部相同】，单击其后的色块可以自由调整色彩，如图 2-432 所示。

按材质：选择【按材质】选项后，系统将自动调整模型边线为与自身材质颜色一致的颜色，如图 2-433 所示。

按轴线：选择【按轴线】选项后，系统将分别将 X、Y、Z 三个轴向上的边线以红、绿、蓝三种颜色显示，如图 2-434 所示。

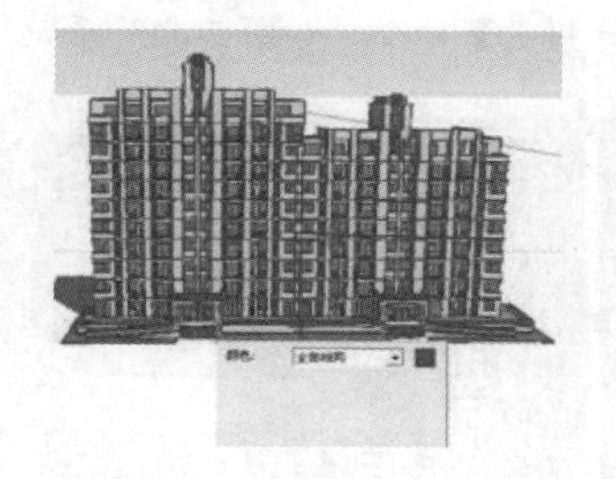

图 2-432　调整出红色边线

图 2-433　按材质显示边线效果

图 2-434　按轴线显示边线效果

除了调整以上类似铅笔黑白素描的效果外，通过【风格】对话框中的下拉按钮，还可以选择诸如【手绘边线】、【颜色集】等其他效果，如图 2-435~图 2-437 所示。

图 2-435　风格列表

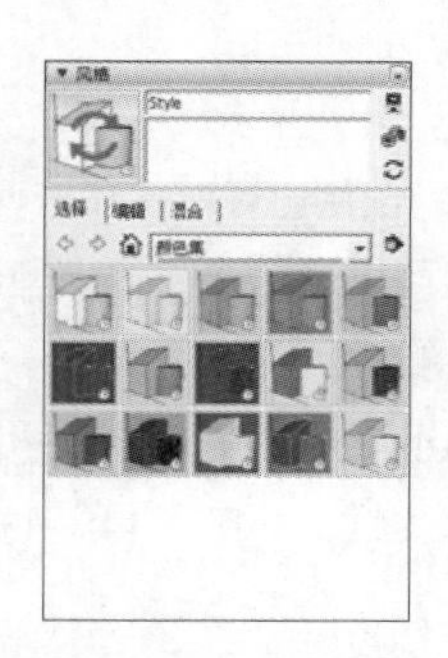

图 2-436　颜色集样式列表

图 2-437　颜色集样式效果

## 2.5.2 组工具

【组】工具与【组件】工具在操作上有类似的地方，但【组】工具倾向于管理当前场景内的模型，可以将相关的模型进行组合，这样既可减少场景中模型的数量，又便于相关模型的选择与调整。

### 1. 创建与分解组

01 打开配套资源“第 02 章|2.5.2 群组.skp”文件，该场景包含推车、花束以及小屋顶等主要构件，如图

2-438 所示。

02 此时选择屋顶并单击，将只能选择到部分模型面，容易进行误操作使模型变形，如图 2-439 与图 2-440 所示。

图 2-438　打开场景模型

图 2-439　选择屋顶模型面

图 2-440　产生易位

03 双击选择屋顶所有相关模型面，单击鼠标右键，选择快捷菜单【创建群组】菜单命令，如图 2-441 所示。

04 将屋顶创建为【组】后，再次单击即可选择到整体模型，便于位置与造型的调整，如图 2-442 所示。

05 如果要取消组还原到之前的状态，选择鼠标右键快捷菜单中的【炸开模型】命令，如图 2-443 所示。

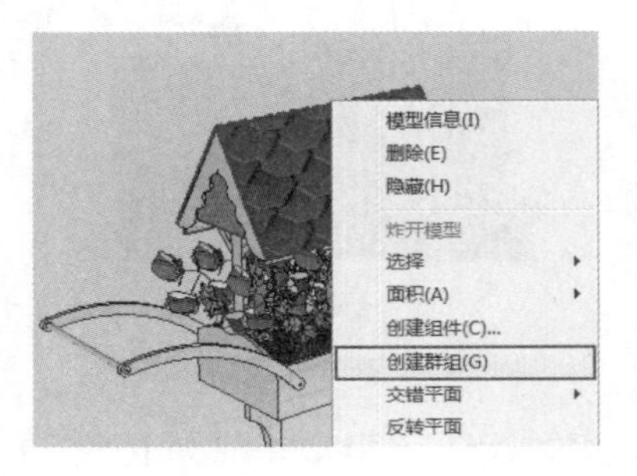


图 2-441　全选并创建组

图 2-442　整体移动屋顶

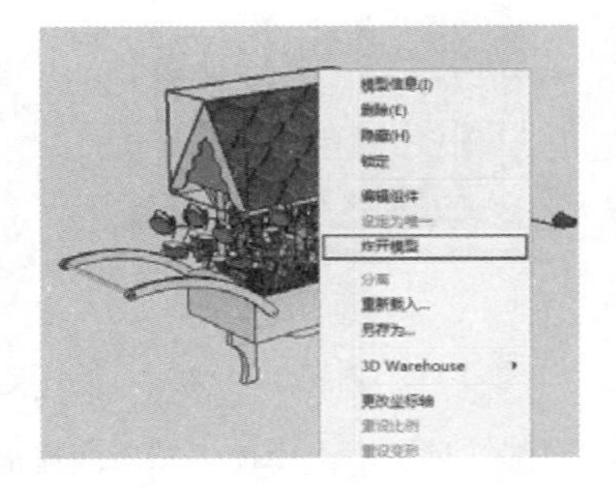


图 2-443　选择炸开模型命令

### 2. 嵌套组

如果场景模型由多个构件组成，为了方便各个构件的使用，可以使用嵌套【组】，即首先将各个构件单独创建为小的【组】，然后整体组合成一个整体的【组】，不但可以进一步简化模型数量，还能方便地调整各个构件的位置与造型，具体操作方法如下：

01 利用前面介绍的方法，首先将推车以及屋顶各个小构件创建为第一层【组】，如图 2-444 所示。

02 选择对应构件创建推车、花束以及屋顶为第二层组，如图 2-445 所示。

03 将推车、花束与屋顶组创建为一个整体的【组】，如图 2-446 所示。这样就完成了嵌套组的创建。

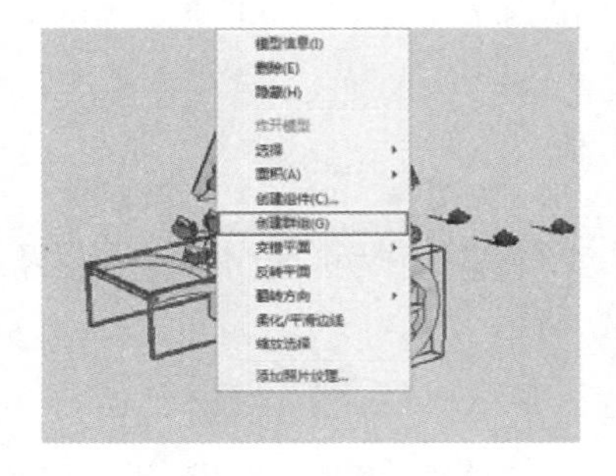

图 2-444　创建车轮等组

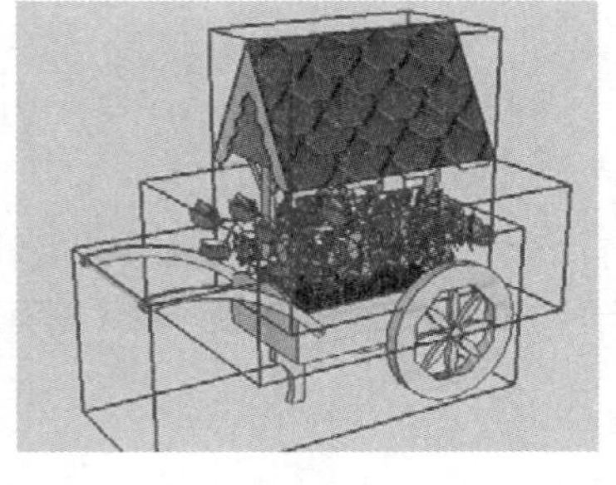

图 2-445　创建推车等组

图 2-446　创建整体组

04 创建好【嵌套组】后，可以将最外层的【组】进行位置造型的调整，如图 2-447 所示，也可以双击进入组内部，调整各个层次的构件【组】，如图 2-448 与图 2-449 所示。

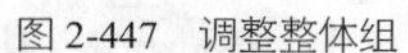
图 2-447　调整整体组

图 2-448　调整第二层组

图 2-449　调整最里层组

3．编辑组

通过【编辑组】命令，可以暂时打开【组】，从而对【组】内的模型进行单独调整，调整完成后又可以恢复到【组】状态。

01 选择上一节创建的【组】，单击鼠标右键，选择其中的【编辑组件】菜单命令，如图 2-450 所示。

02 暂时打开的【组】以虚线框进行标示，如图 2-451 所示，此时可以单独选择组内的模型进行调整。

技 巧

在【组】上快速双击鼠标左键，可以快速执行【编辑组件】命令。

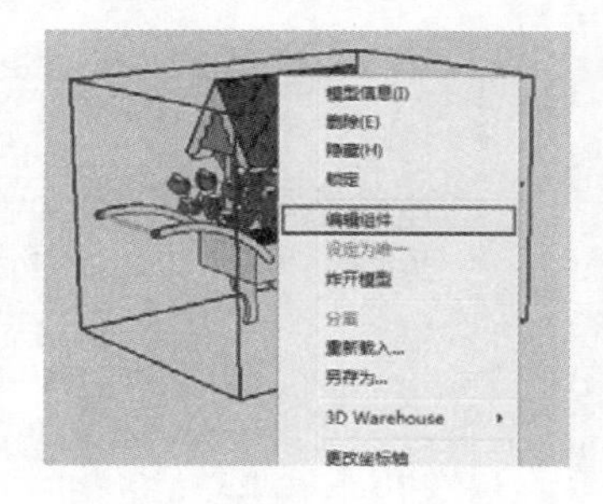

图 2-450　选择编辑组命令

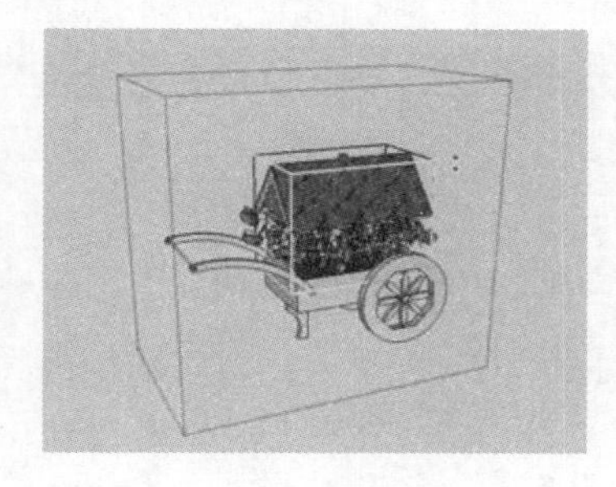
图 2-451　虚线显示打开组

图 2-452　恢复组

03 调整完成后，在视图空白处单击，即可恢复【组】，如图 2-452 所示。

04 打开【组】后选择其中的模型（或组），如图 2-453 所示，按下“Ctrl+X”组合键可以暂时将其剪切出组，如图 2-454 所示。

05 在空白处单击鼠标关闭【组】，按下“Ctrl+V”组合键，将剪切的模型（或组）粘贴进场景，即可将其移出【组】，如图 2-455 所示。

06 如果要将模型（或组）加入到某个已有【组】内，可以按下“Ctrl+X”组合键将其剪切，然后双击，打开目标【组】，再按下 Ctrl+V 组合键将其粘贴即可，如图 2-456~图 2-458 所示。

4．锁定与解锁组

在复杂的模型场景中，暂时不需要编辑或已经确定好效果的【组】可以将其锁定，以避免误操作。

01 选择需要锁定的【组】，单击鼠标右键，选择快捷菜单的【锁定】命令，即可锁定当前组，如图 2-459 所示。

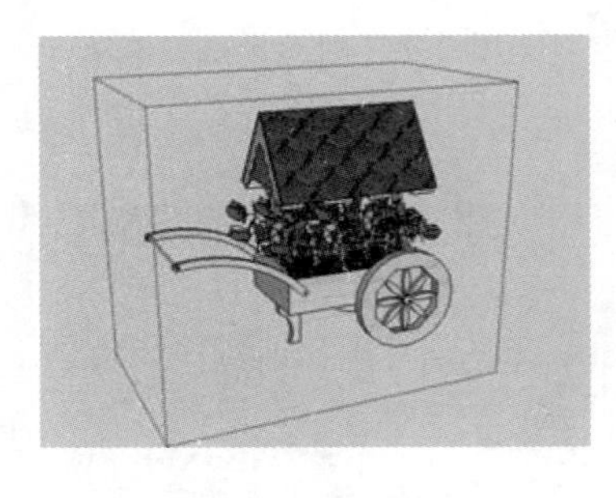

图 2-453　打开模型

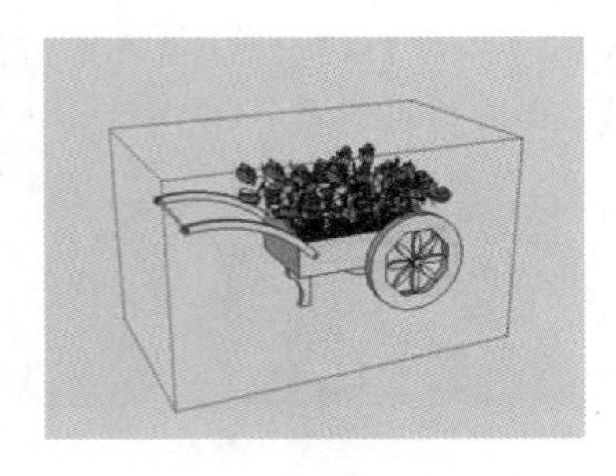

图 2-454　剪切屋顶组

图 2-455　粘贴屋顶至原组外

图 2-456　选择并剪切蝴蝶模型

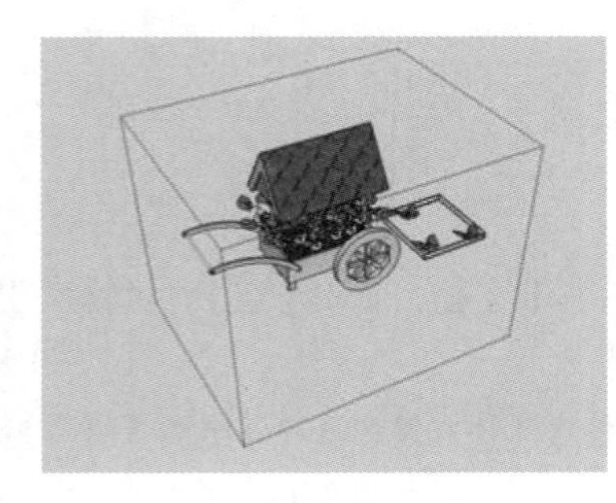

图 2-457　进入组并粘贴蝴蝶

图 2-458　粘贴蝴蝶组完成

02 锁定后的【组】以红色线框显示，此时不可对其进行选择以及其他操作，如图 2-460 所示

03 如果要解锁【组】，在【组】上方单击鼠标右键，选择【解锁】命令即可，如图 2-461 所示。

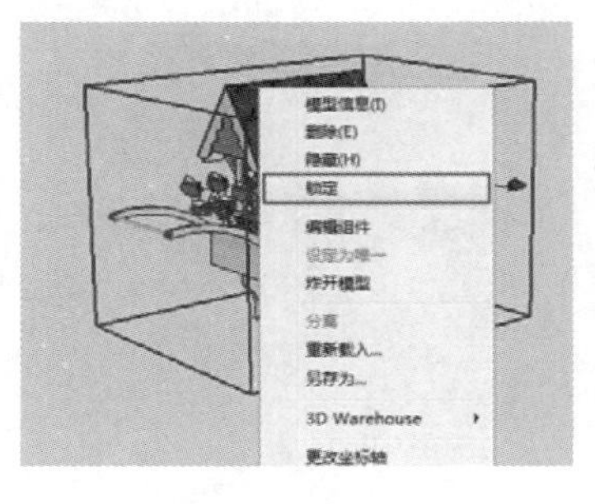


图 2-459　选择锁定命令

图 2-460　锁定的组

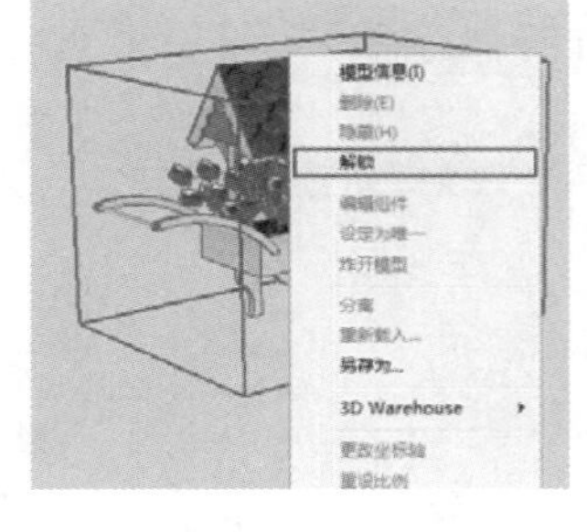


图 2-461　解锁组

**技巧**

除了可以使用鼠标右键快捷菜单进行【锁定】与【解锁】处，也可以直接执行【编辑】/【取消锁定】/【全部】或【选定项】命令。

## 2.5.3 图层工具

【图层】工具是一个强有力的场景管理工具，可以对场景模型进行有效的归类，以便进行【隐藏】、【显示】等操作。执行【视图】/【工具栏】菜单命令，在工具栏面板中选择【图层】工具，如图 2-462 所示，打开【图层】工具栏如图 2-463 所示。

执行【窗口】/【默认面板】/【图层】命令，可以打开如图 2-464 所示【图层】面板，图层的管理主要通过【图层】面板完成。

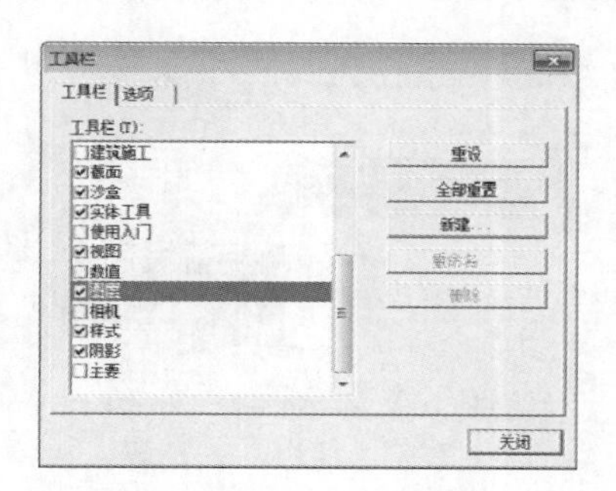


图 2-462　显示图层工具栏

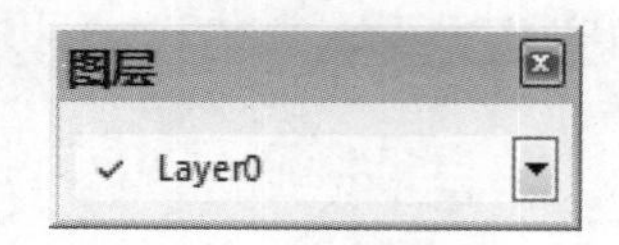


图 2-463　图层工具栏

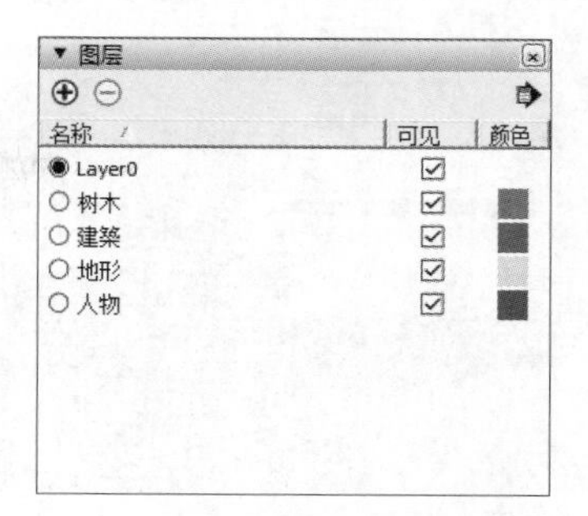


图 2-464　图层面板

1. 图层的显示与隐藏

01 打开配套资源“第 02 章|2.5.3 图层.skp”模型，该场景是一个由建筑、地形、树木、近景灌木以及人物组成的场景，如图 2-465 所示。

02 打开【图层】工具栏【图层】面板，可以发现当前场景已经创建了【建筑】、【地形】、【树木】以及【人物】图层，如图 2-466 所示。

**技 巧**

单击【图层】面板右侧【详细信息】按钮，选择【图层颜色】菜单命令，如图 2-467 所示，可以使同一图层所有对象均以【图层】颜色显示，从而快速区分各个图层模型对象，如图 2-468 所示。单击【图层】面板【颜色】色块，可以修改目标【图层】的颜色，如图 2-469 与图 2-470 所示。

图 2-465　打开场景模型

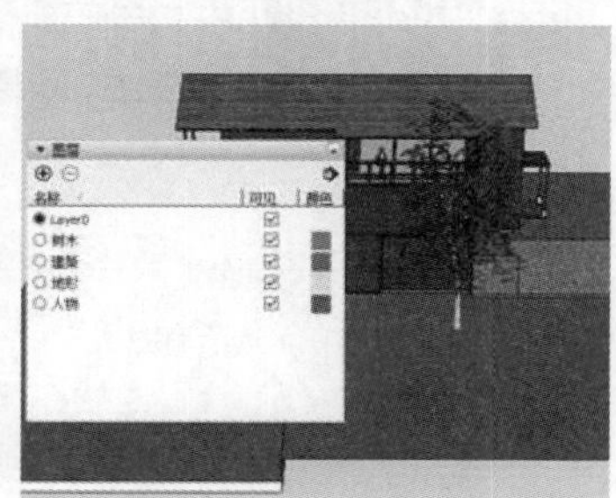

图 2-466　打开图层面板

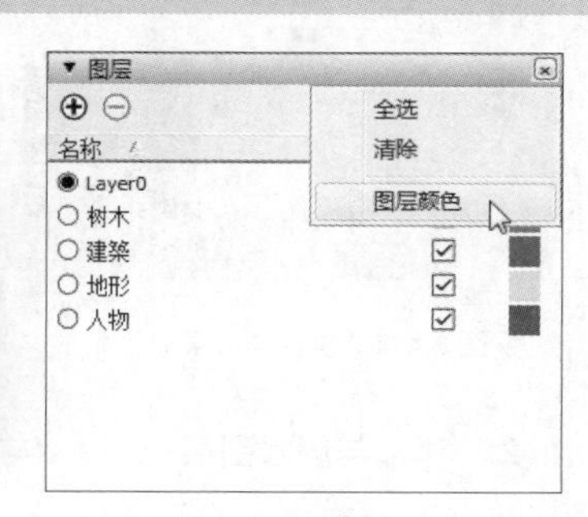


图 2-467　图层颜色

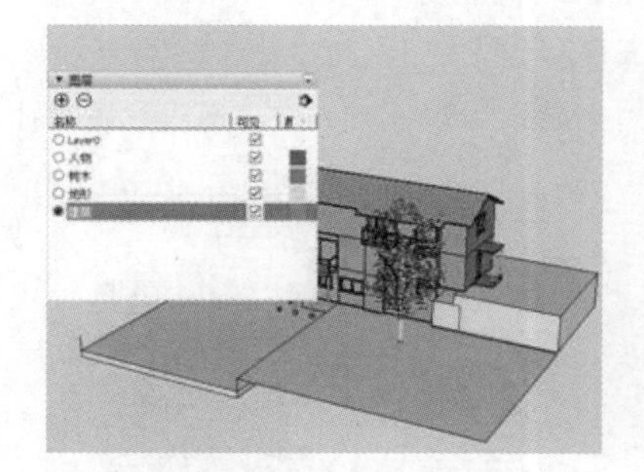

图 2-468　图层颜色显示效果

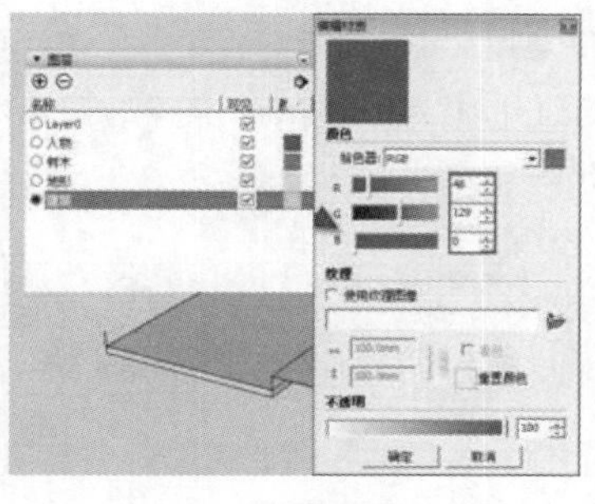

图 2-469　改变建筑图层颜色

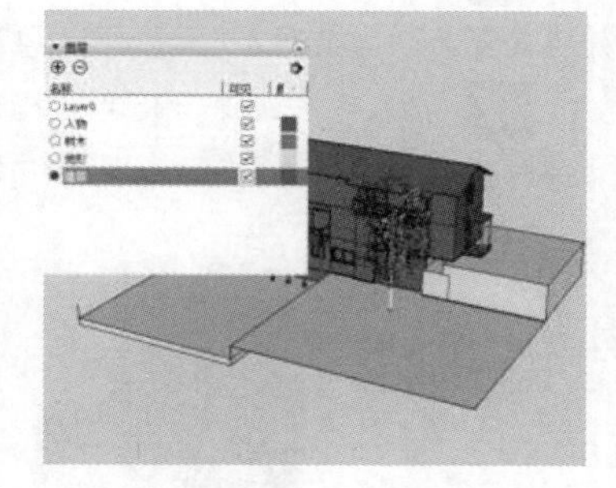

图 2-470　建筑图层颜色调整效果

03 如果要关闭某个图层，对其进行隐藏，只需单击取消该图层【可见】复选框勾选即可，如图 2-471 所示。再次勾先复选框，则该图层内模型又会重新显示。

04 如果要同时隐藏或显示多个图层，可以按住 Ctrl 键进行多选，如图 2-472 所示，然后单击【显示】复选框即可，如图 2-473 所示。

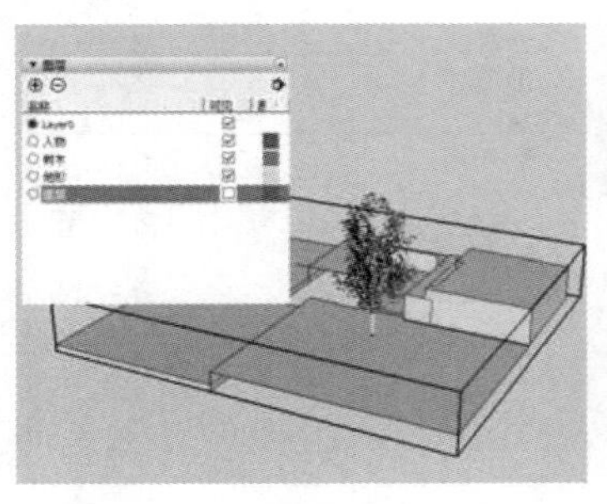

图 2-471　隐藏建筑图层

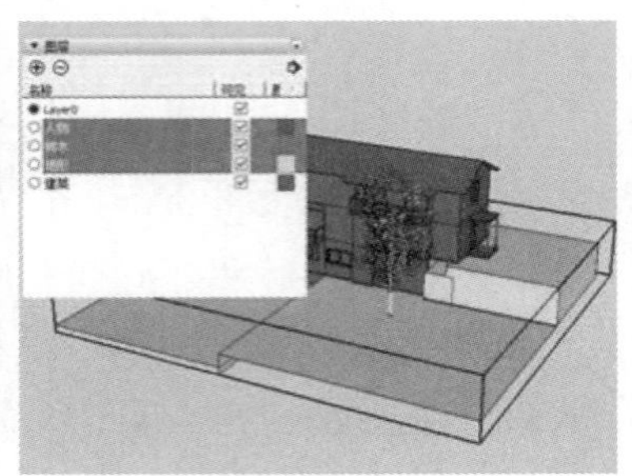

图 2-472　多选场景中图层

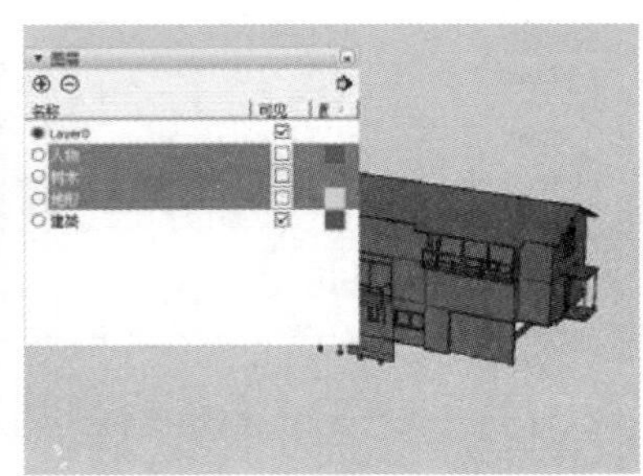

图 2-473　同时隐藏多个图层

**注 意**

默认的当前图层为 0 图层（Layer0），而“当前图层”不可进行隐藏。在图层名称前单击，即可将其置为当前图层。如果将隐藏图层置为“当前图层”，则隐藏图层将自动显示。

**05** 按住 Shift 键可以进行连续多选，单击【图层】面板右侧【详细信息】按钮，选择【全选】菜单命令可以全选所有图层，如图 2-474 与图 2-475 所示，此时即可快速对场景所有图层进行隐藏或显示，如图 2-476 所示。

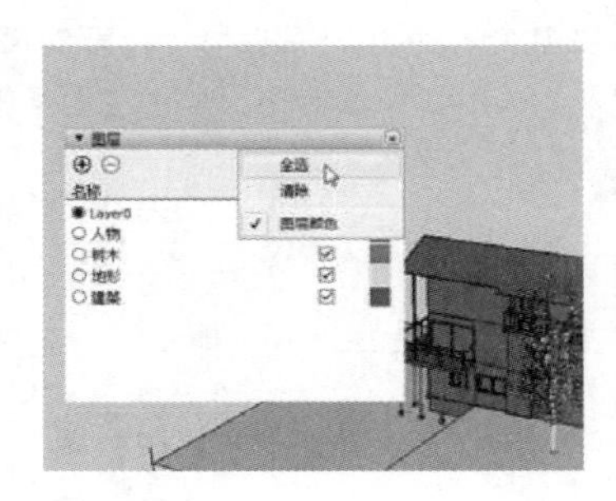

图 2-474　执行全选菜单命令

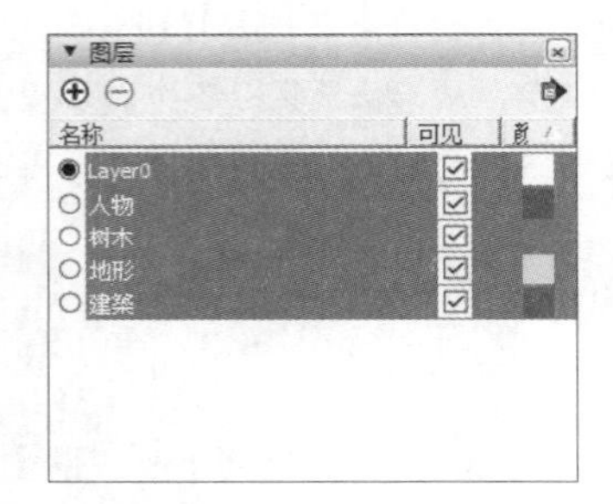


图 2-475　全选所有图层

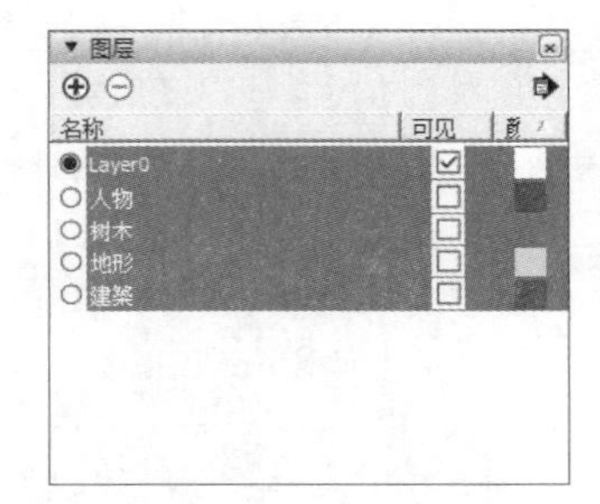


图 2-476　隐藏所有图层

### 2. 添加与删除图层

在本节中将学习【添加】与【删除】图层的方法与技巧。

**01** 打开【图层】面板，单击左上角【添加图层】按钮，即可新建【图层】，将新建图层命名为“汽车”并将其置为“当前图层”，如图 2-477 与图 2-478 所示。

**02** 插入汽车组件，此时插入的组件即位于新建的“汽车”图层内，如图 2-479 所示。可以通过该图层对其进行隐藏或显示。

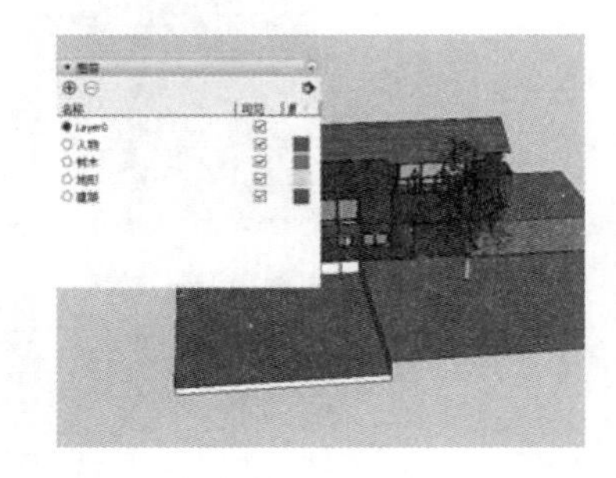

图 2-477　打开场景

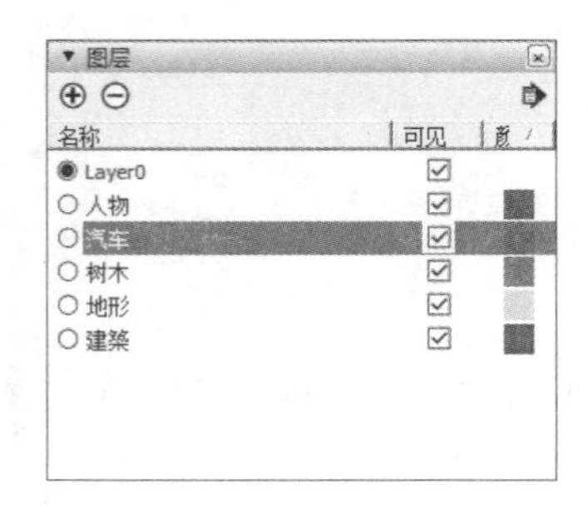


图 2-478　增加汽车图层

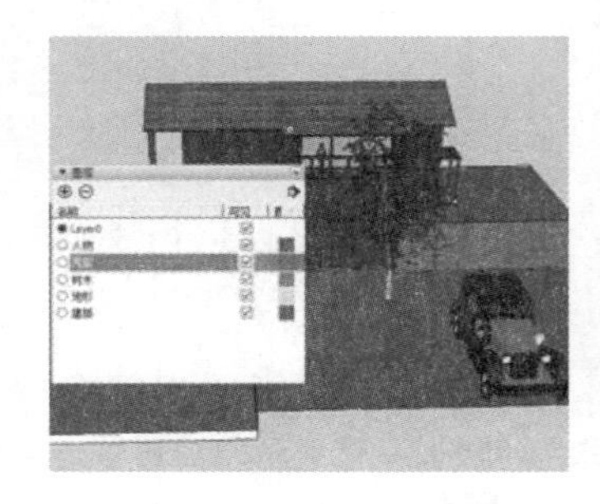

图 2-479　添加汽车

03 当某个图层不再需要时可以将其删除，此时需要选择要删除的图层（本例为“汽车图层”），然后单击【图层】面板左上角【删除图层】按钮⊖，如图 2-480 所示。

04 如果删除图层没有包含物体，系统将直接将其删除。如果图层内包含物体，则将弹出【删除包含图元的图层】提示面板，如图 2-481 所示。

05 保持面板中默认【将内容移至默认图层】选项，然后单击【确定】按钮，可将树木图层内模型移动至 Layer0，如图 2-482 所示。

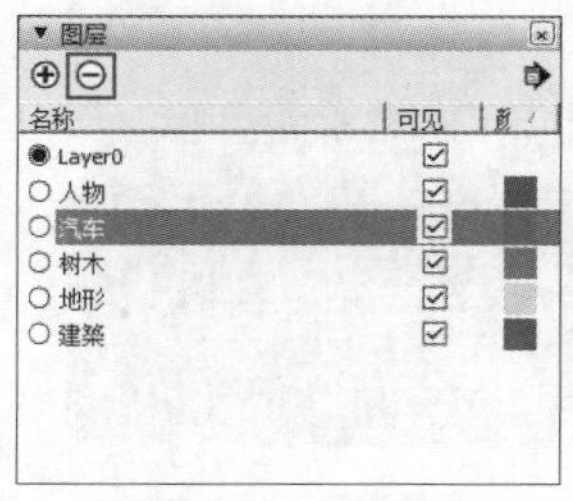


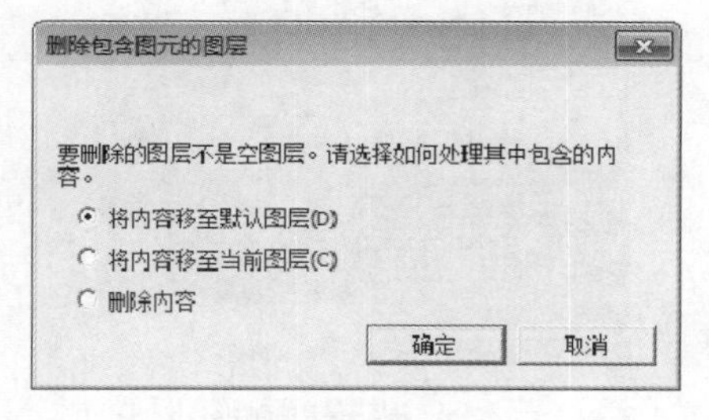


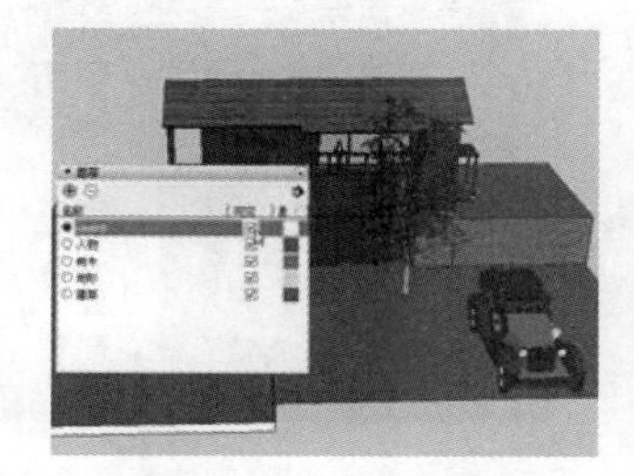

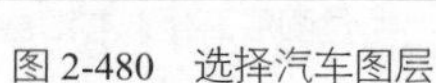

图 2-480 选择汽车图层　　图 2-481 删除汽车图层　　图 2-482 通过 Layer0 控制汽车是否可见

06 如果要将删除层内的物体转移至非 Layer0 层，可以先将另一图层设为“当前图层”（本例为“地形”层），如图 2-483 所示。

07 在【删除包含图元的图层】面板内选择【将内容移至当前图层】选项，再单击【确定】即可，如图 2-484 与图 2-485 所示。

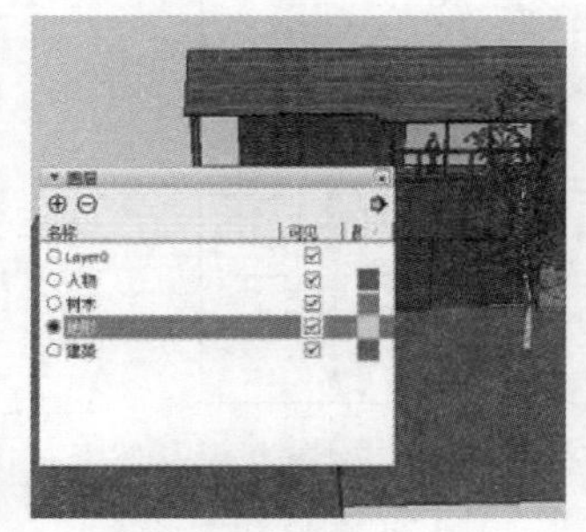

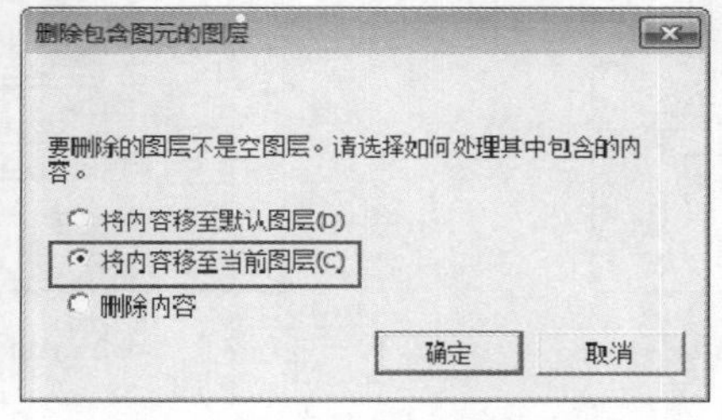


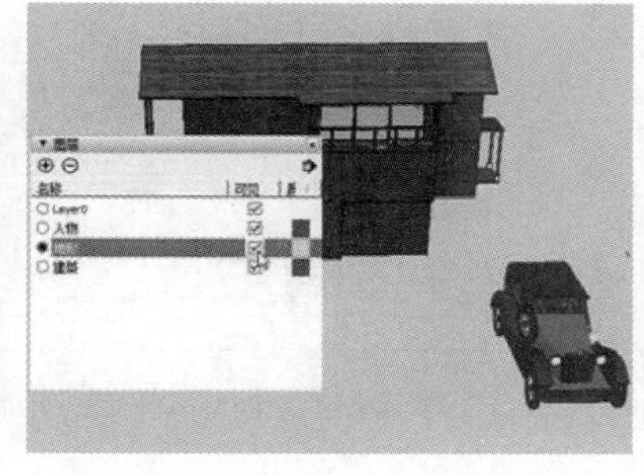

图 2-483 选择地形层为当前图层　　图 2-484 移动树木图层模型　　图 2-485 通过地形层控制树木

**技 巧**

如果场景内包含空白图层，可以单击【图层】面板右侧【详细信息】按钮，选择【清除】选项，如图 2-486 所示，即可自动删除所有空白图层，如图 2-487 所示。

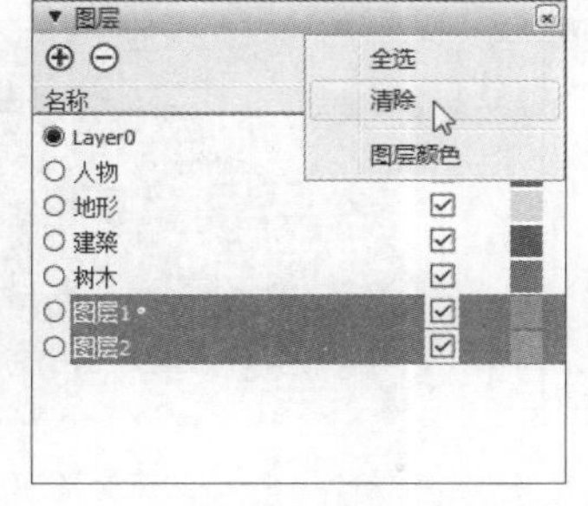


图 2-486 选择清除图层

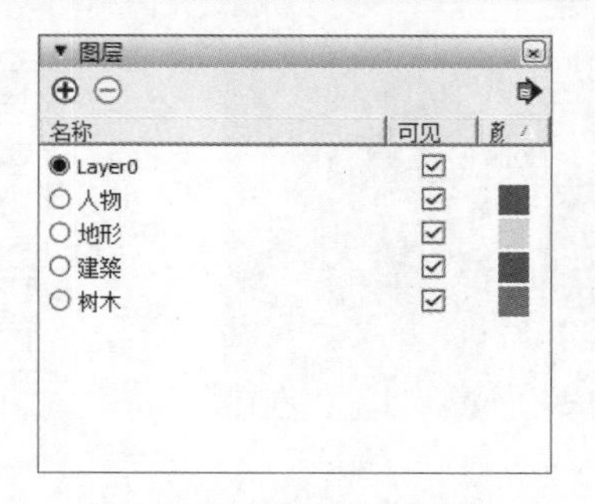


图 2-487 清理空白图层效果

### 3. 改变对象所处图层

01 选择要改变图层的对象，单击鼠标右键，选择快捷菜单中的【模型信息】命令，如图 2-488 所示。

02 在弹出的【图元信息】面板中单击【图层】下拉按钮，即可更换其所在图层，如图 2-489 所示。

03 此外选择目标对象，然后通过【图层】面板中的下拉按钮，也可改变其所在图层，如图 2-490 所示。

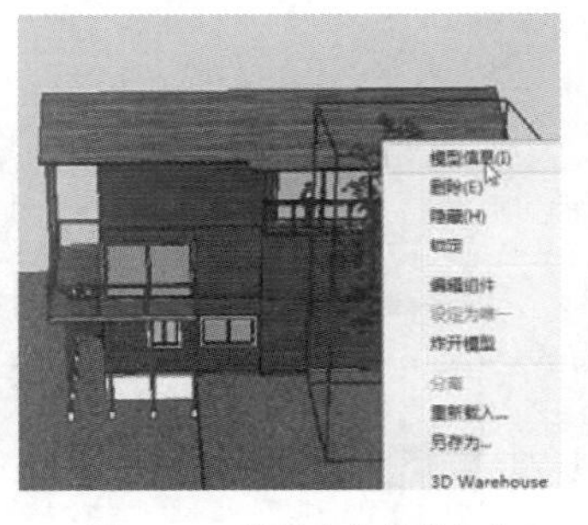

图 2-488 选择实体信息命令

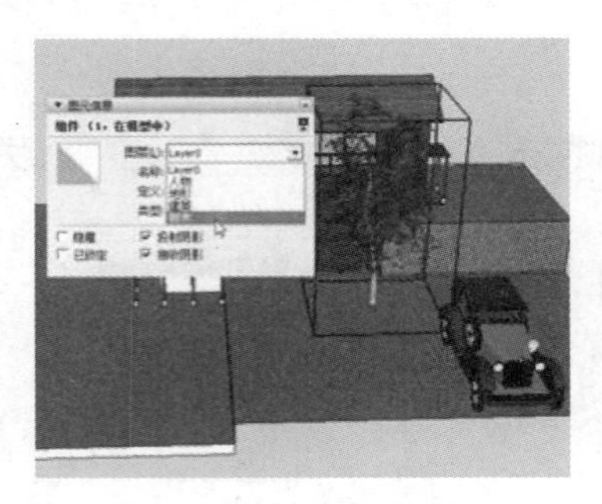

图 2-489 调整其至地形图层

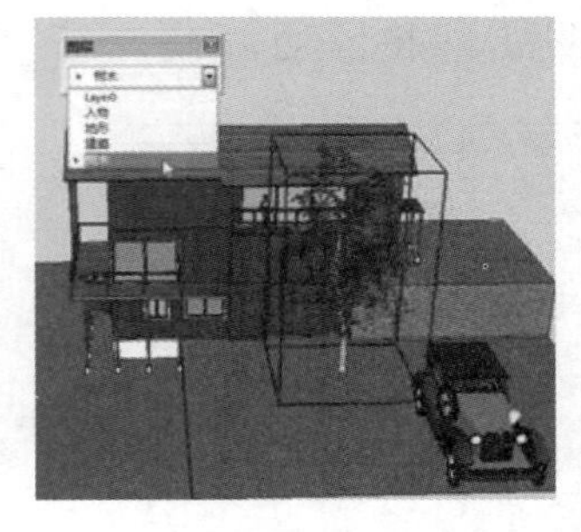

图 2-490 通过图层面板调整图层

## 2.5.4 截面工具

为了准确表达建筑物内部结构关系与交通组织关系，通常需要绘制平面布局及立面剖切图，如图 2-491 与图 2-492 所示。在 SketchUp 中，利用【剖切面】工具，可以快速获得当前场景模型的平面布局与立面剖切效果。

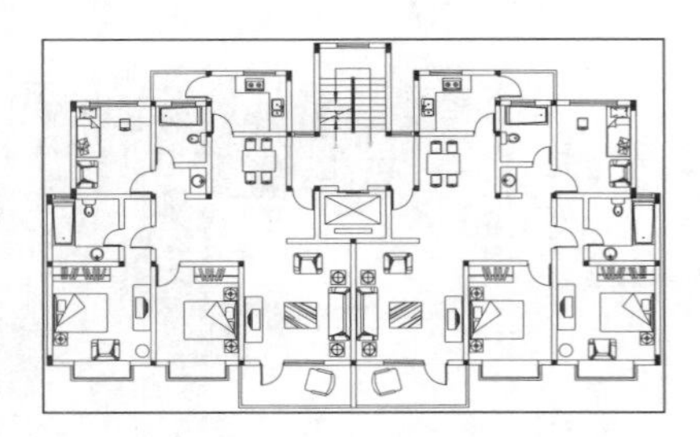

图 2-491 AutoCAD 中的平面布局图

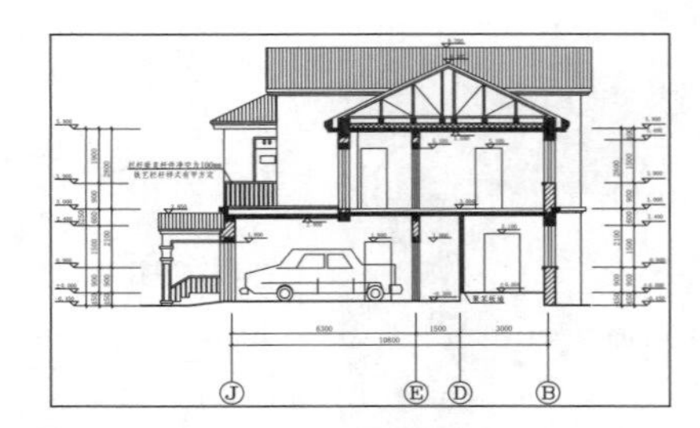

图 2-492 AutoCAD 中的立面截面图

### 1. 创建剖切面

01 打开配套资源“第 02 章|2.5.4 剖切.skp”场景文件，该场景为一个封闭的建筑模型，如图 2-493 所示，接下来通过【剖切面】工具查看其内部布局。

02 执行【视图】/【工具栏】菜单命令，调出【截面】工具栏，如图 2-494 所示。

03 在【截面】工具栏中单击【剖切面】按钮，在场景中拖动光标即可创建【剖切面】，如图 2-495 所示，

图 2-493 打开场景模型

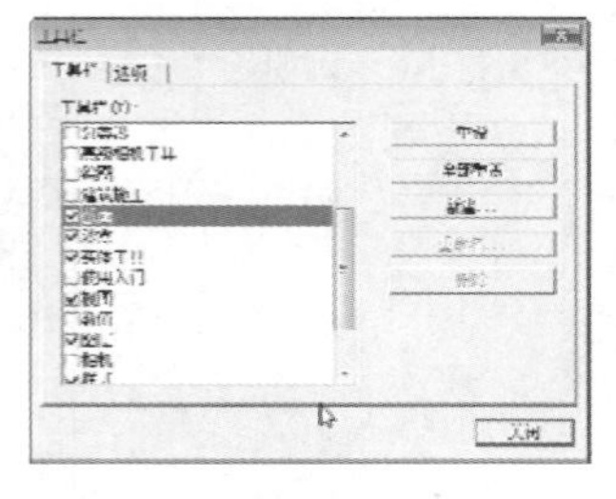

图 2-494 调出截面工具栏

图 2-495 在建筑顶部创建剖切面

**04** 激活【移动】工具，选择创建好的截平面，使其与建筑产生接触即可产生对应的剖切效果，如图 2-496 与图 2-497 所示。

**05** 除了可以移动【剖切面】外，使用【旋转】工具还可以旋转【剖切面】，以得到不同方向的剖切效果，如图 2-498 所示。

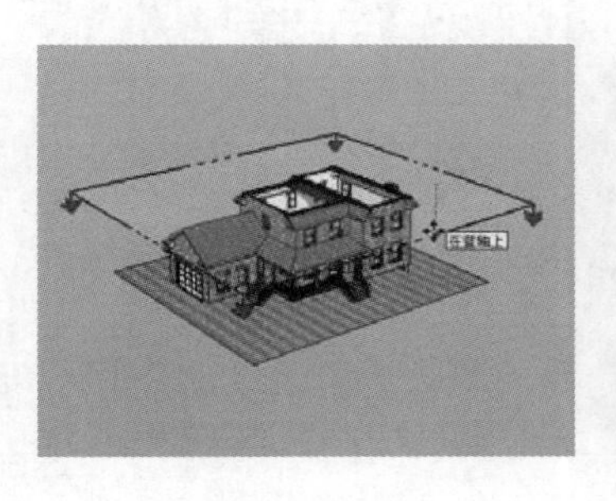

图 2-496　移动剖切面效果 1

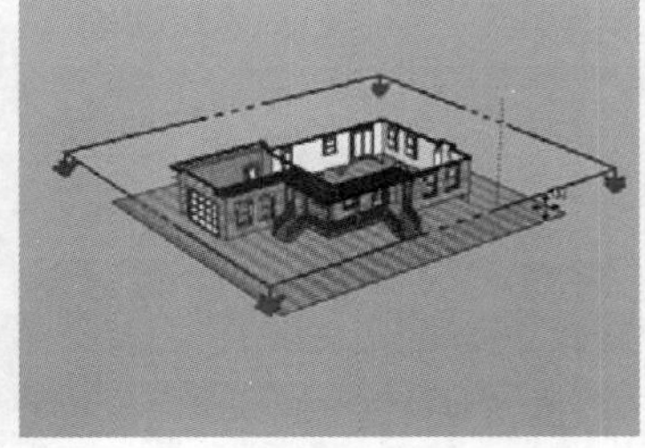

图 2-497　移动剖切面效果 2

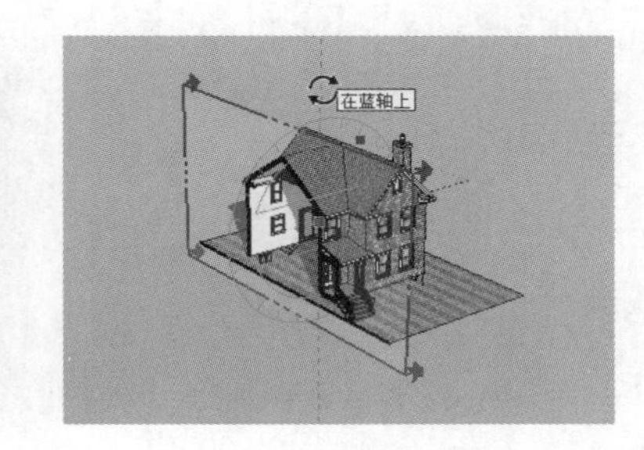


图 2-498　旋转剖切面效果

2．剖切面的隐藏与显示

**01** 在场景中创建【剖切面】并调整好剖切位置，如图 2-499 所示。

**02** 单击【截面】工具栏【显示剖切面】按钮，即可将【剖切面】隐藏而保留剖切效果，如图 2-500 所示。

**03** 再次单击按钮，又可重新显示之前隐藏的【剖切面】，如图 2-501 所示。

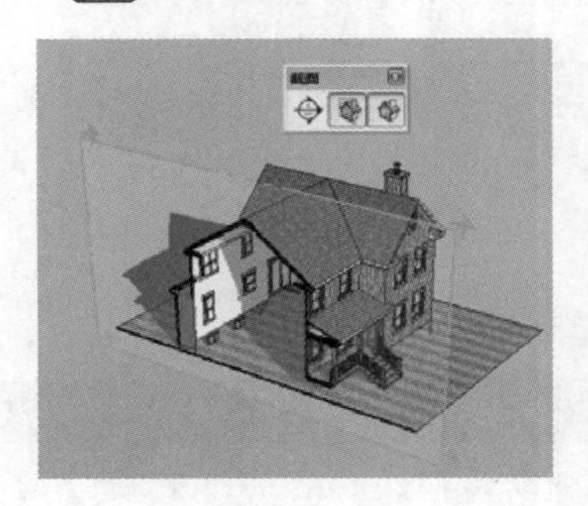


图 2-499　当前剖切效果

图 2-500　隐藏剖切面

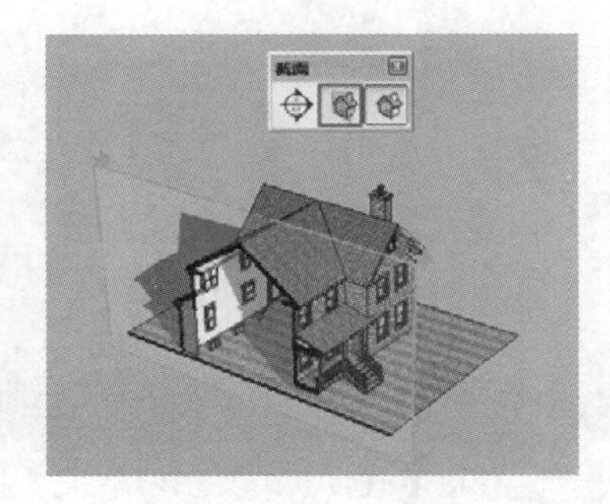


图 2-501　显示剖切面

此外，在【剖切面】上单击鼠标右键，并选择快捷菜单中的【隐藏】命令，同样可以进行【剖切面】的隐藏，如图 2-502 与图 2-503 所示。

执行【编辑】/【取消隐藏】/【全部】菜单命令，则可以重新显示隐藏的【剖切面】，如图 2-504 所示。

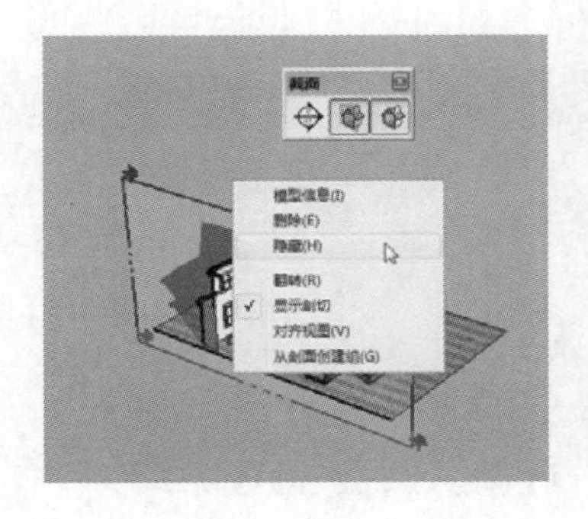


图 2-502　选择隐藏快捷命令

图 2-503　隐藏剖切面

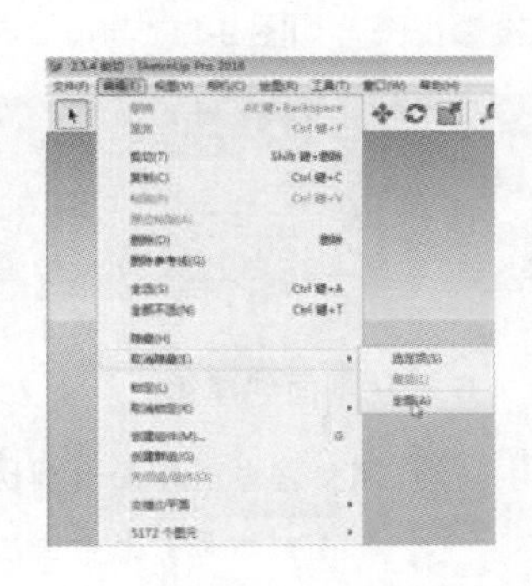

图 2-504　通过菜单显示

### 3. 翻转剖切面

在【剖切面】上单击鼠标右键，选择快捷菜单中的【翻转】命令，可以快速产生反向剖切效果，如图 2-505~图 2-507 所示。

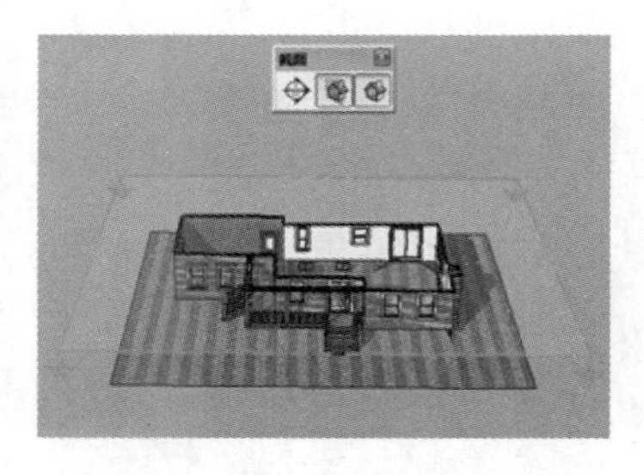
图 2-505 当前剖切效果

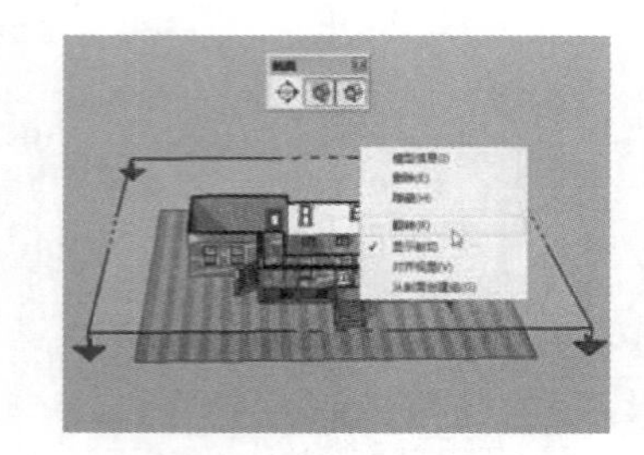
图 2-506 选择反转命令

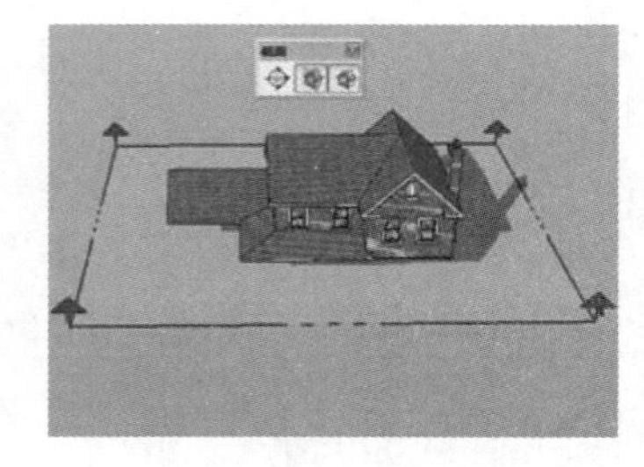
图 2-507 反转剖切效果

### 4. 剖切面的激活与冻结

在【剖切面】上单击鼠标右键，取消快捷菜单【显示剖切】勾选，可以使剖切效果暂时失效，如图 2-508 与图 2-509 所示。再次勾选即可恢复剖切效果,如图 2-510 所示。

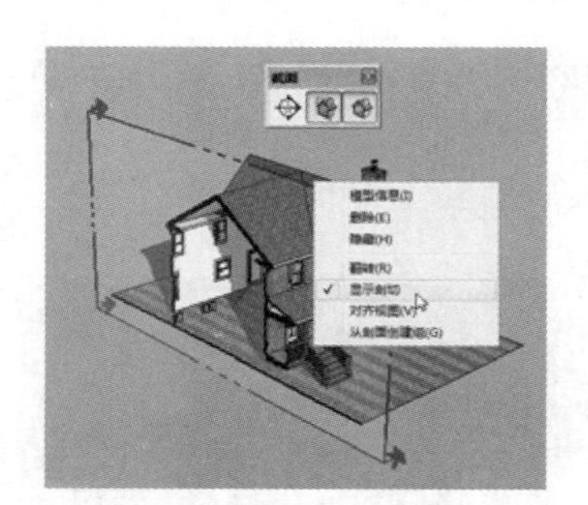
图 2-508 当前剖切效果

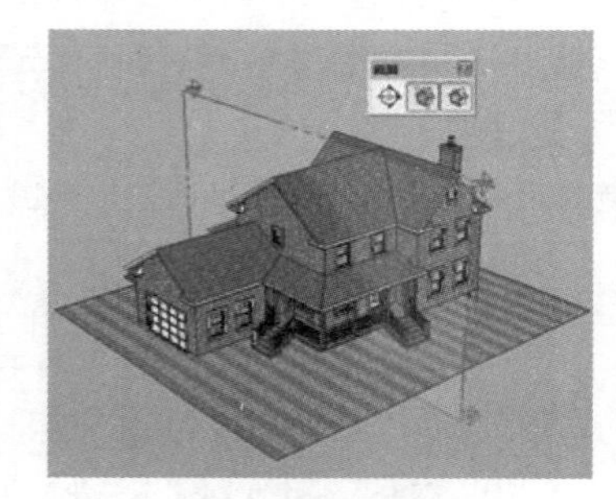
图 2-509 取消激活剖切

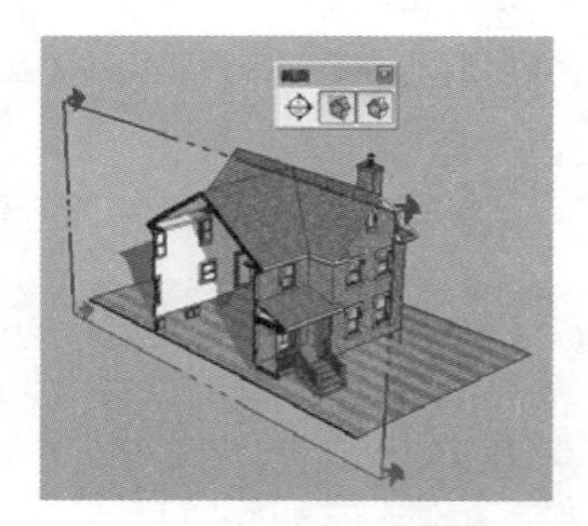
图 2-510 重新激活效果

**技 巧**

在【截面】工具栏内单击【显示剖面切割】按钮，或在失效的【剖切面】上直接双击，可以快速进行激活与冻结。

### 5. 对齐到视口

在【剖切面】上单击鼠标右键，选择快捷菜单中的【对齐视图】命令，可以将视图自动对齐到【剖切面】的投影视图，如图 2-511 与图 2-512 所示。

**注 意**

默认设置下 SketchUp 为【透视图】显示，因此只有在执行【相机】/【平行投影】菜单命令后，才能产生绝对的正投影视图效果，如图 2-513 所示。

### 6. 从剖面创建组

01 调整好当前场景的剖切效果，如图 2-514 所示。

02 在【剖切面】上单击鼠标右键，选择快捷菜单中的【从剖面创建组】命令，如图 2-515 所示。

03 可以在剖切位置产生单独剖切线效果，并能进行移动、缩放等操作，如图 2-516 所示。

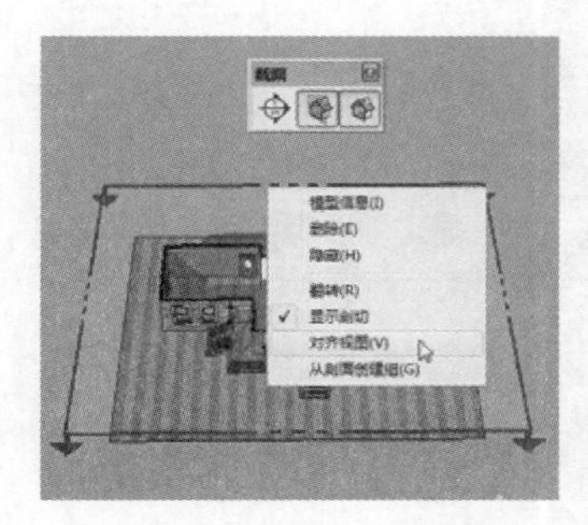

图 2-511　选择对齐到视口快捷菜单

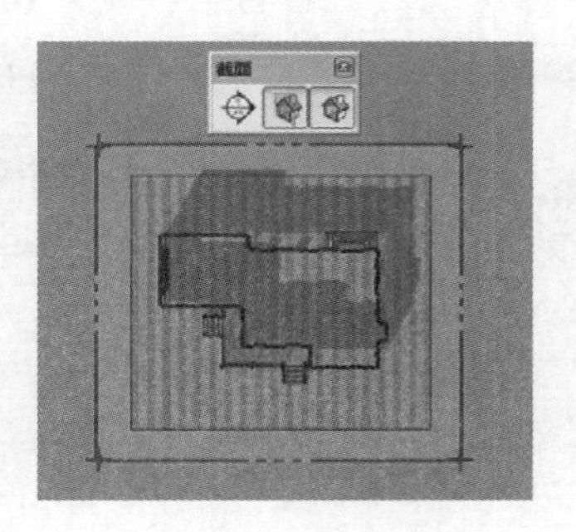

图 2-512 俯视视图显示效果

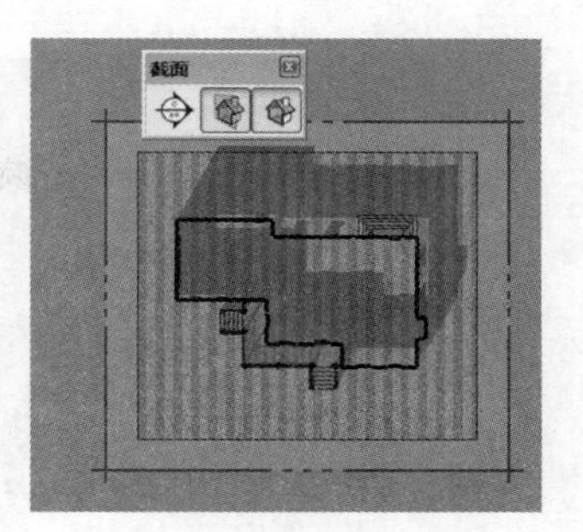

图 2-513　平行投影显示效果

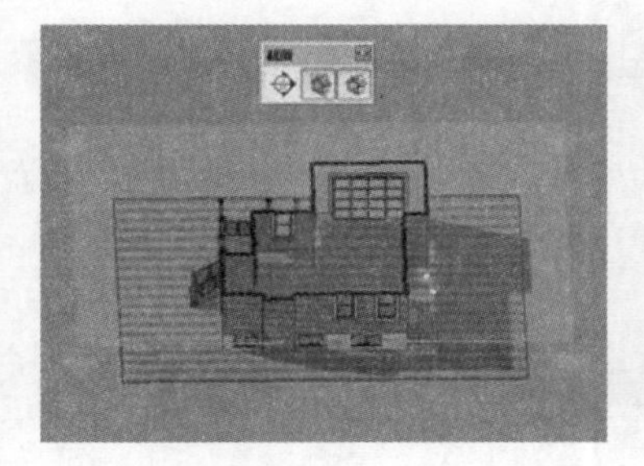

图 2-514　场景当前剖切效果

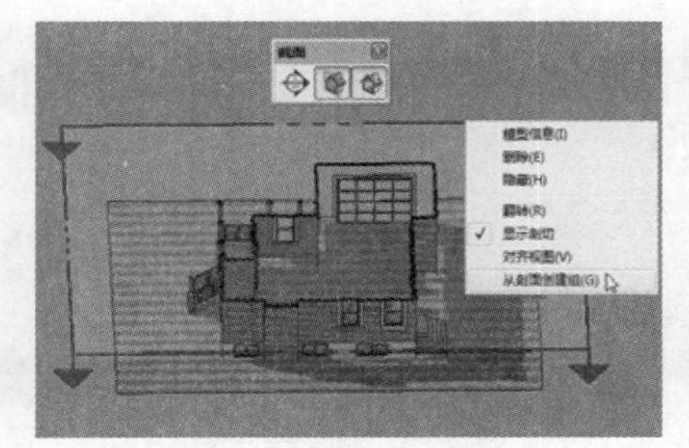

图 2-515　选择选择从剖面创建组

图 2-516　移动剖切线实体

#### 7. 创建多个截平面

01 在 SketchUp 中允许创建多个【剖切面】，在本例中可在侧面创建出【剖切面】，如图 2-517 所示。

02 可以看到新建截平面产生了效果，而之前的截平面则失效，如图 2-518 所示。

03 此时通过选择激活不同的【剖切面】，即可切换不同剖切效果以满足观察需求，如图 2-519 所示。

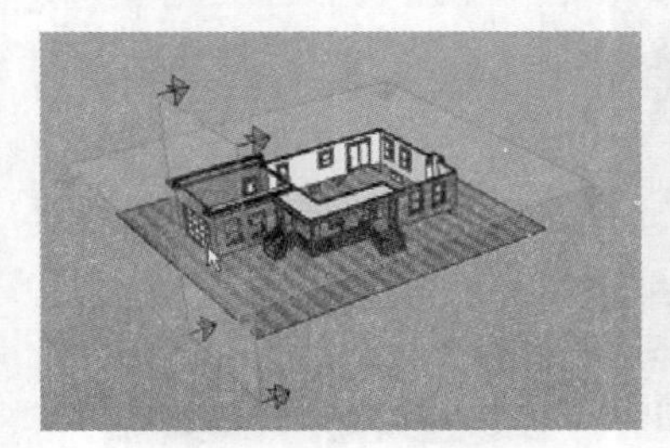

图 2-517　创建侧面剖切面

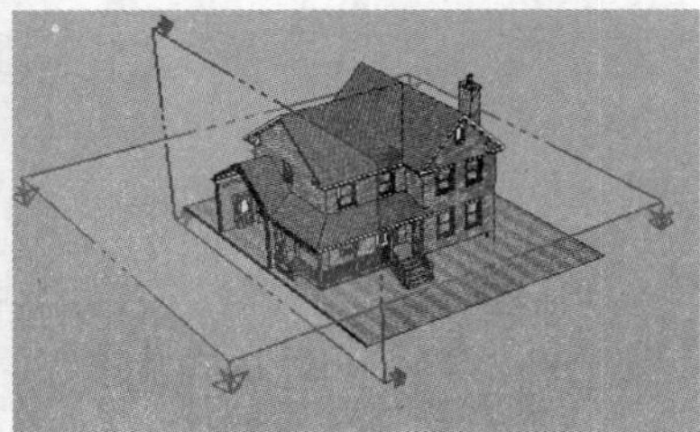

图 2-518　激活侧面剖切面

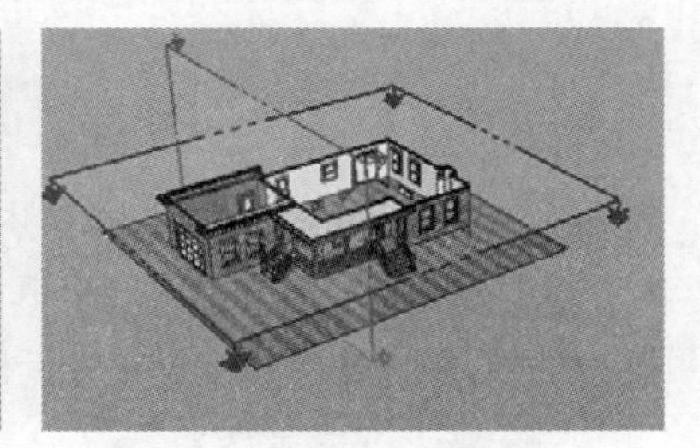

图 2-519　激活顶面剖切面

### 2.5.5 实体工具

SketchUp 2016 中执行【视图】/【工具栏】菜单命令，即可打开【实体工具】工具栏，如图 2-520 所示。

【实体工具】工具栏中常用工具为【相交】、【联合】以及【减去】工具，如图 2-521 所示。此外还有【实体外壳】、【剪辑】以及【拆分】三个工具，接下来了解每个工具的使用方法与技巧。

#### 1. 实体外壳工具

【实体外壳】工具可以快速将多个单独的“实体”模型合并成一个“实体”，具体的操作方法与技巧如下：

01 打开 SketchUp 后创建两个几何体，如图 2-522 所示。此时如果直接启用实体工具对几何体进行修改，将出现“不是实体”的提示，如图 2-523 所示。

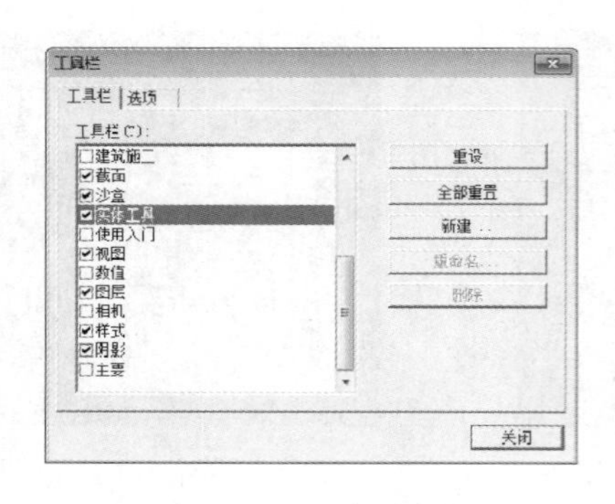


图 2-520　显示实体工具栏

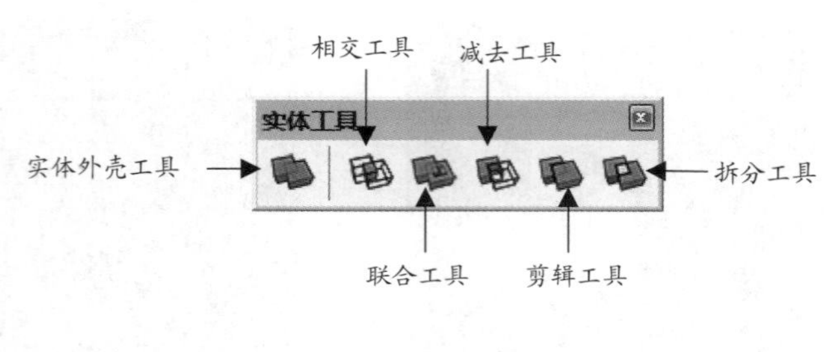


图 2-521　实体工具栏

02 为左侧圆柱体添加【创建群组】菜单命令，然后再次启用【实体工具】进行编辑则可出现“实体组”的提示，如图 2-524 与图 2-525 所示。

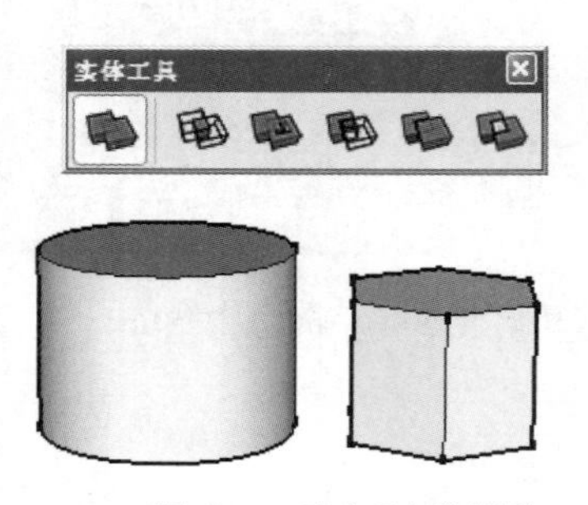


图 2-522　建立几何体模型

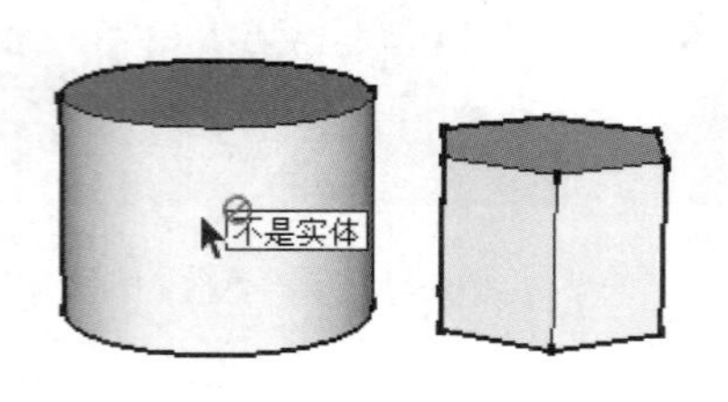


图 2-523　无法直接对几何进行实体编辑

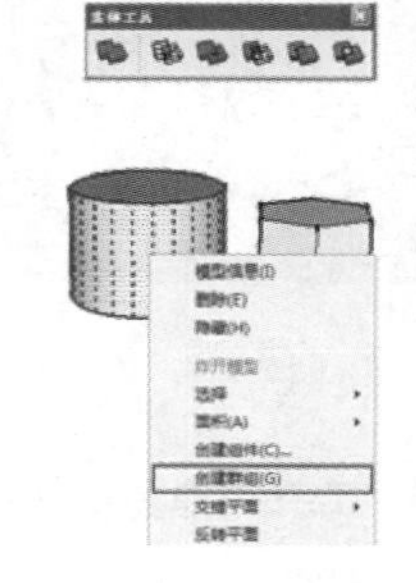

图 2-524　将几何体创建组

注 意

区别于其他常用的图形软件，在 SketchUp 中几何体并非“实体”，在该软件中模型只有在添加【创建群组】命令后才被认可为“实体”。

03 使用同样方法将右侧几何体转换为实体，然后单击【实体外壳】工具按钮。此时将光标移动至“实体”模型，表面将出现①的提示，表明当前进行合并的“实体”数量，如图 2-526 与图 2-527 所示。

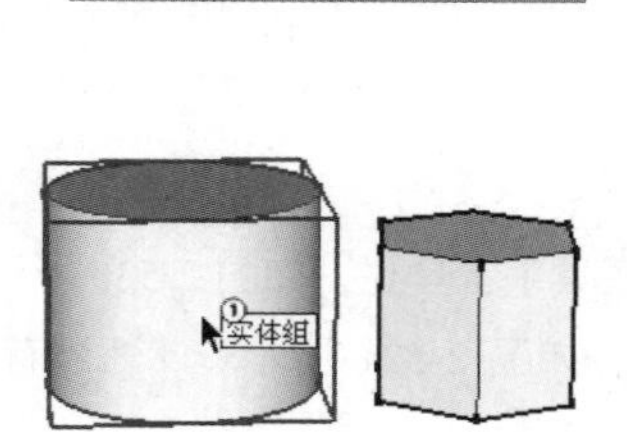


图 2-525　二维截面选项面板

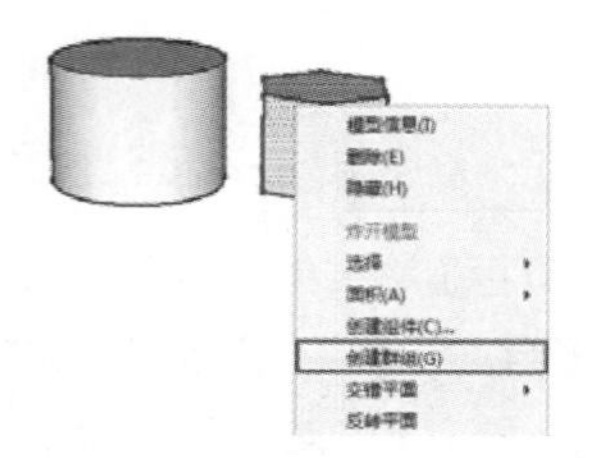

图 2-526　创建组

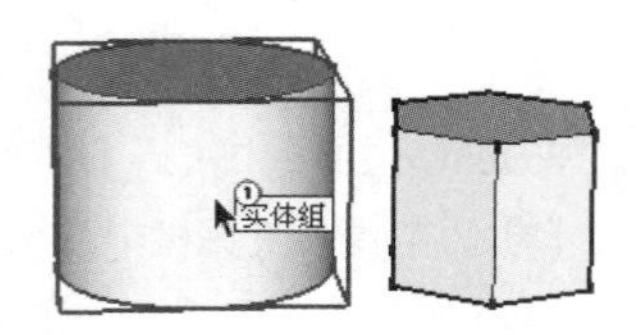


图 2-527　实体组提示

04 在第一个“实体”表面单击，确定后，再在第二个“实体”表面单击，确定即可将两者组成一个大的“实体”，如图 2-528 与图 2-529 所示。

05 如果场景中有比较多的“实体”需要进行合并，可以在将所有“实体”全选后再单击【实体外壳】工具按钮，这样可以快速进行合并，如图 2-530 ~图 2-532 所示。

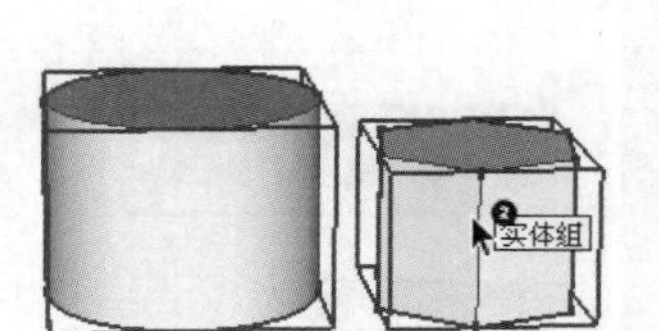


图 2-528　选择第二个实体

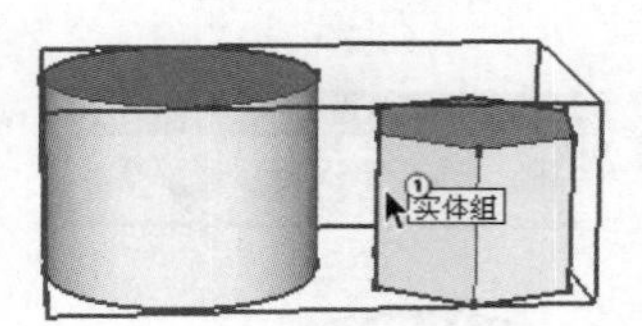


图 2-529　外壳操作完成效果

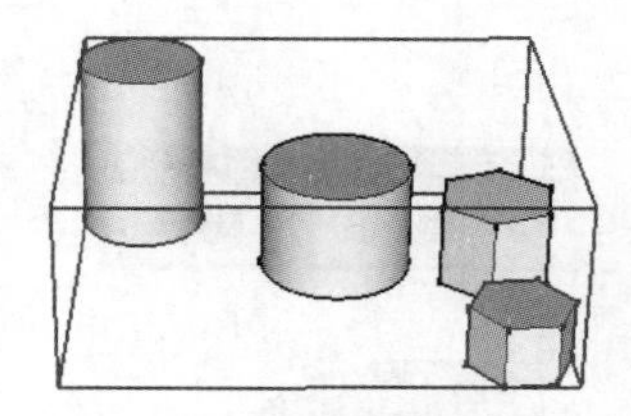

图 2-530　全选场景所有实体

**注 意**

在 SketchUp 中【实体外壳】工具的功能与之前介绍过的【组】嵌套有类似的地方，都可以将多个“实体（或组）”组建成一个大的对象。但要注意的是使用【组】嵌套的“实体（或组）”在打开后仍可以进行单独的编辑，如图 2-533 ~ 图 2-535 所示。

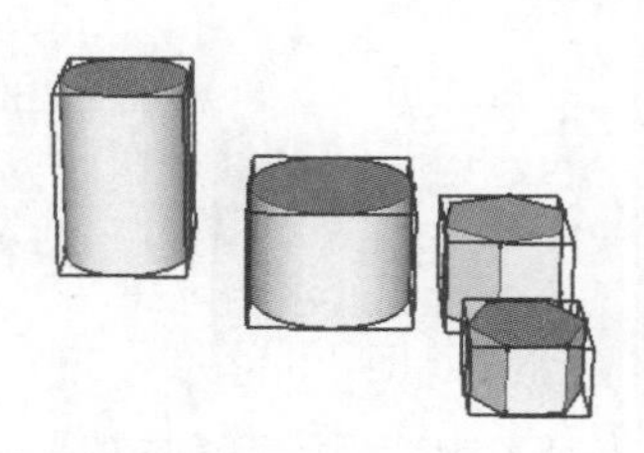

图 2-531　单击外壳实体工具

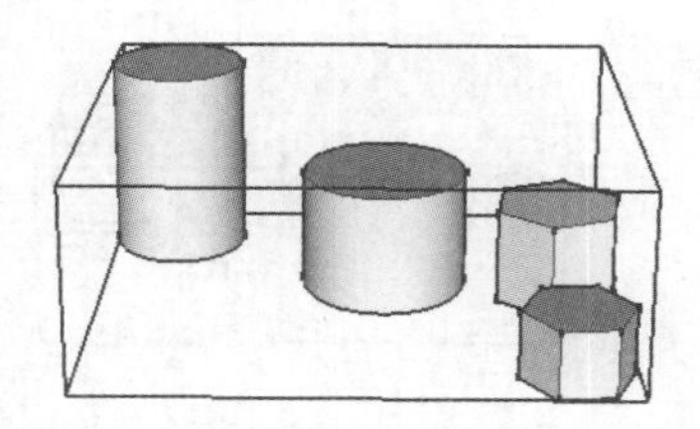

图 2-532　组成单个实体

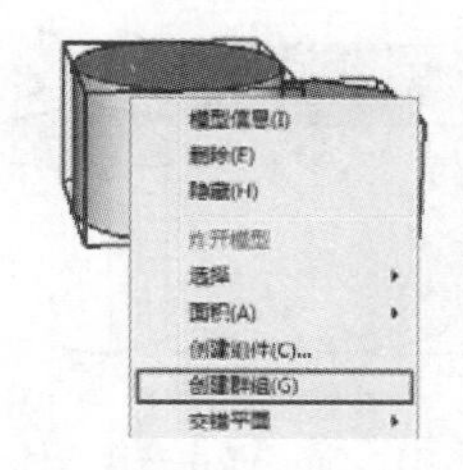


图 2-533　嵌套组

06 使用【实体外壳】工具进行组合的“实体（或组）”将变成一个单独的“实体”，打开后之前所有的“实体（或组）”将被分解，模型将无法进行单独的编辑，如图 2-536-图 2-538 所示。

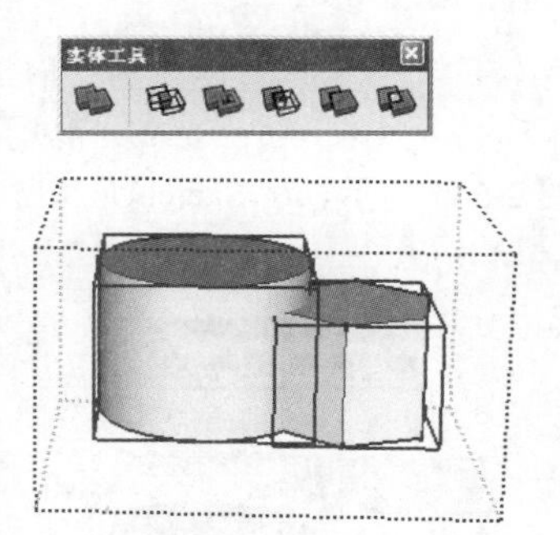


图 2-534　编辑组

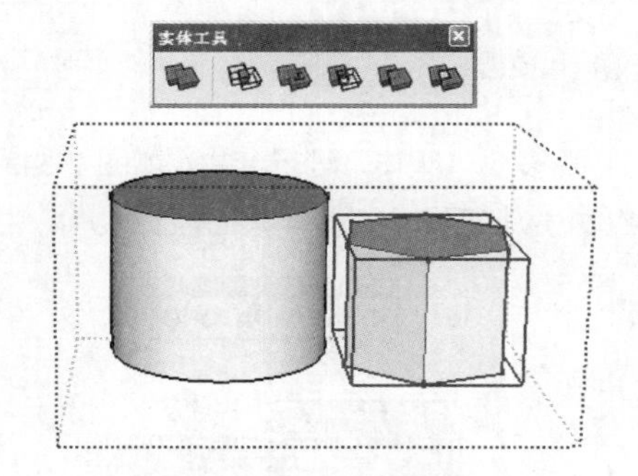


图 2-535　单独编辑组

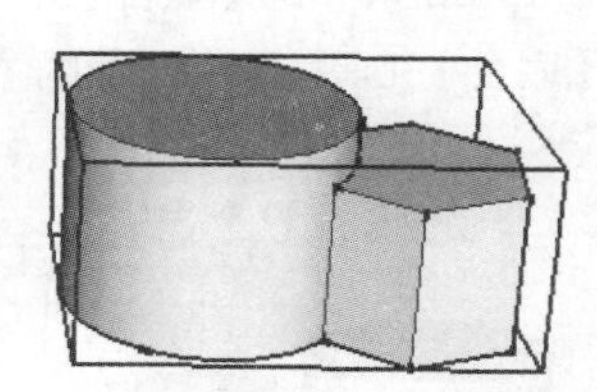

图 2-536　使用外套工具合并

### 2. 相交工具

布尔运算是大多数三维图形软件都具有的功能，其中【相交】运算可以快速获取“实体”间相交的部分模型，具体的操作方法与技巧如下：

01 使“实体”之间产生相交区域，然后启用【相交】运算工具并单击选择其中一个“实体”，如图 2-539 与图 2-540 所示。

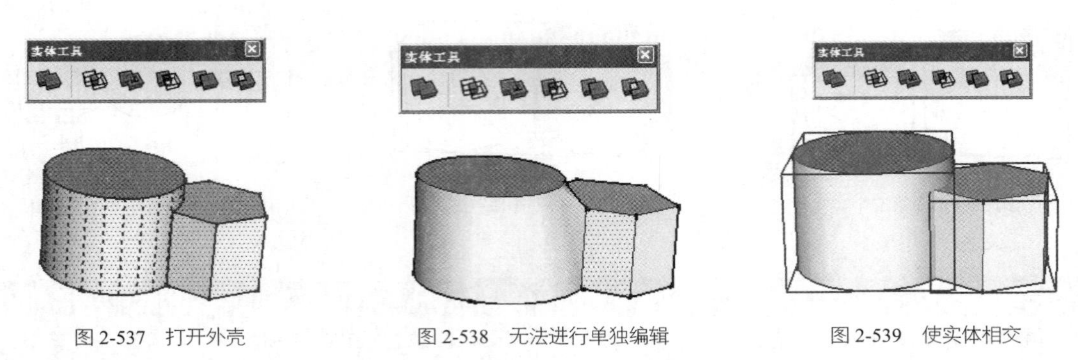


图 2-537　打开外壳　　图 2-538　无法进行单独编辑　　图 2-539　使实体相交

02 在另一个“实体”上单击，即可获得两个“实体”相交部分的模型，同时之前的“实体”模型将被删除，如图 2-541 与图 2-542 所示。

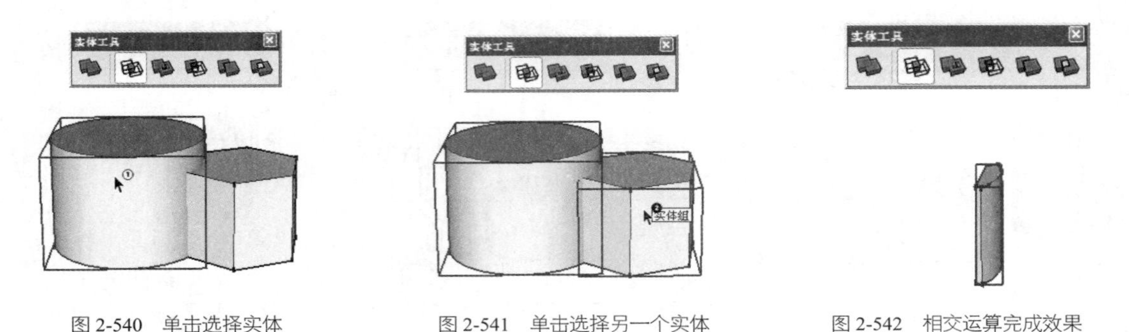


图 2-540　单击选择实体　　图 2-541　单击选择另一个实体　　图 2-542　相交运算完成效果

**注 意**

多个相交“实体”间的【相交】运算可以先全选相关“实体”，然后再单击【相交】工具按钮进行快速的运算。

### 3. 联合工具

布尔运算中的【联合】运算可以将多个“实体”进行合并，如图 2-543~ 图 2-545 所示。在 SketchUp2015 中【联合】工具与这前介绍的【实体外壳】工具功能没有明显的区别。

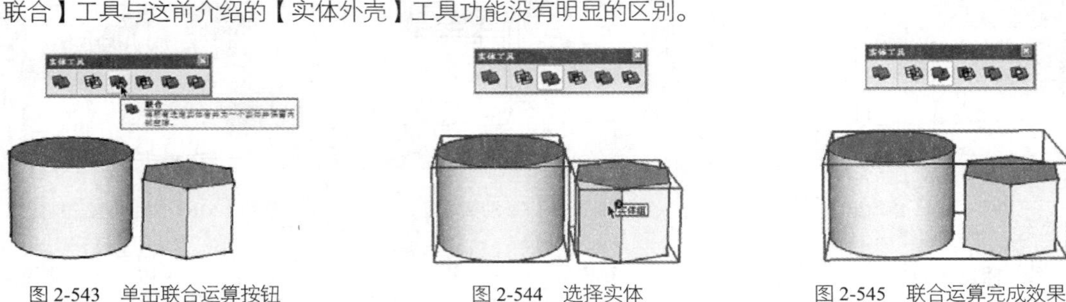

图 2-543　单击联合运算按钮　　图 2-544　选择实体　　图 2-545　联合运算完成效果

### 4. 减去工具

布尔运算【减去】工具可以快速将某个“实体”与其他“实体”相交的部分进行切除，具体的操作方法与技巧如下：

**01** 首先使“实体”之间产生相交区域，然后启用【减去】工具并逐次单击进行运算的“实体”，如图2-546与图2-547所示。

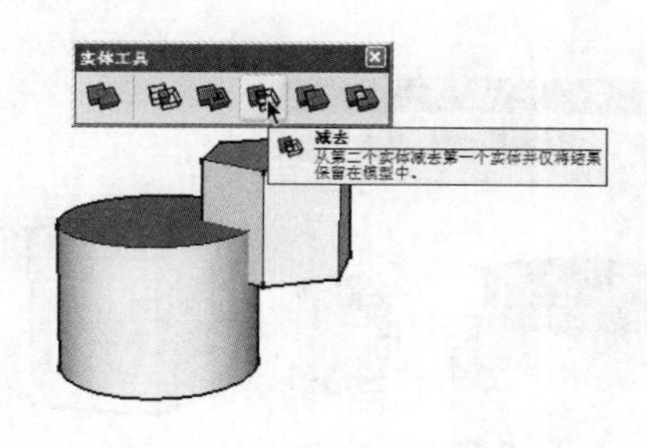


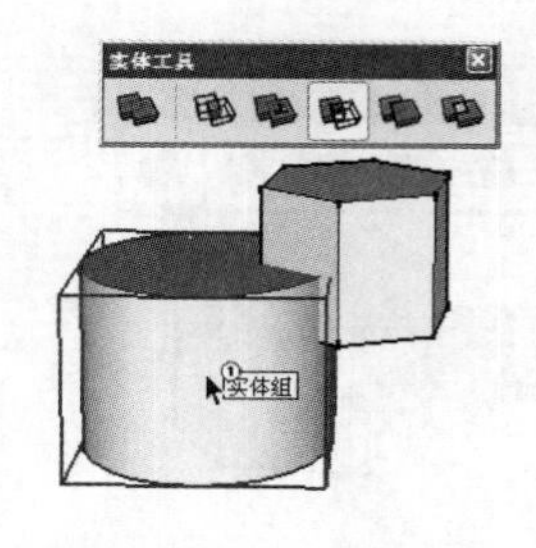


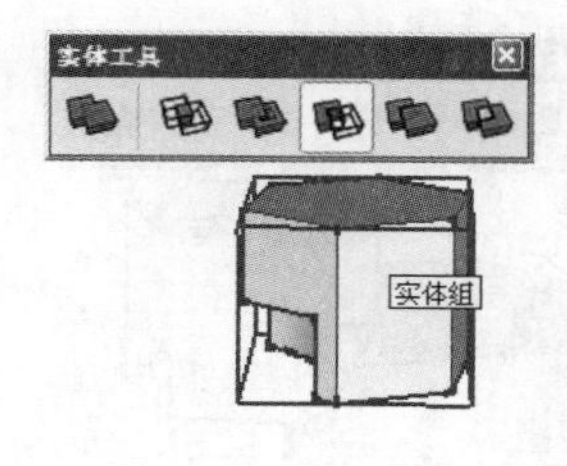


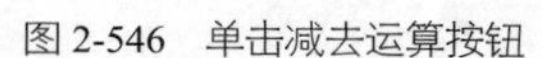

图2-546 单击减去运算按钮　图2-547 选择第一个实体　图2-548 减去运算完成效果

**02** 【减去】运算完成之后将保留后选择的“实体”，而删除先选择的实体以及相关的部分，如图2-548所示。因此同一场景在进行【减去】运算时，“实体”的选择顺序可以改变最后的运算结果，如图2-549~图2-551所示。

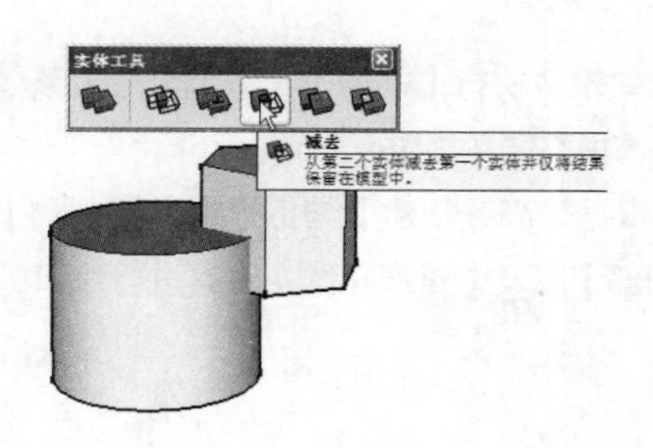


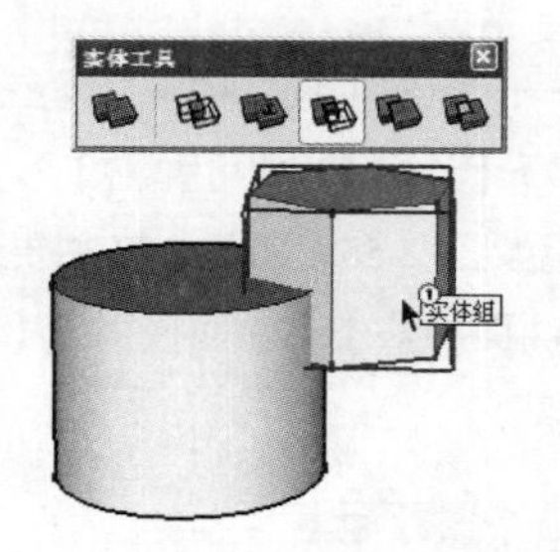


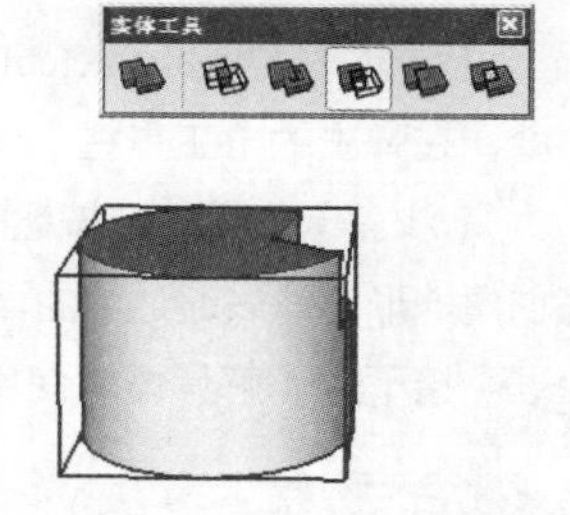


图2-549 单击减去运算按钮　图2-550 选择第一个实体　图2-551 减去运算完成效果

### 5. 剪辑工具

在SketchUp中【剪辑】工具的功能类似于布尔运算中的【减去】工具，但其在进行“实体”接触部分切除时，不会删除掉用于切除的实体，如图2-552~图2-554所示。

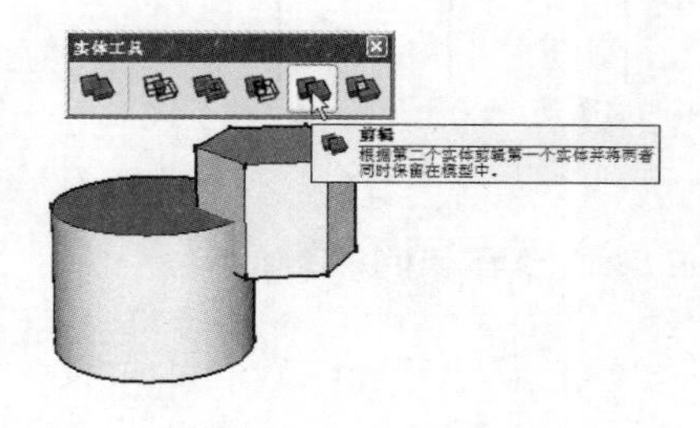


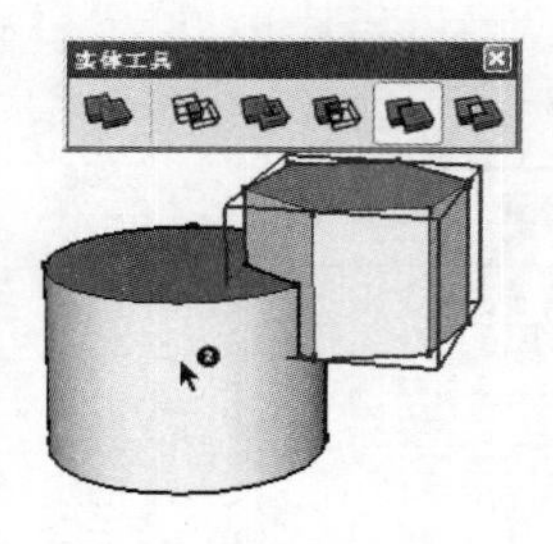


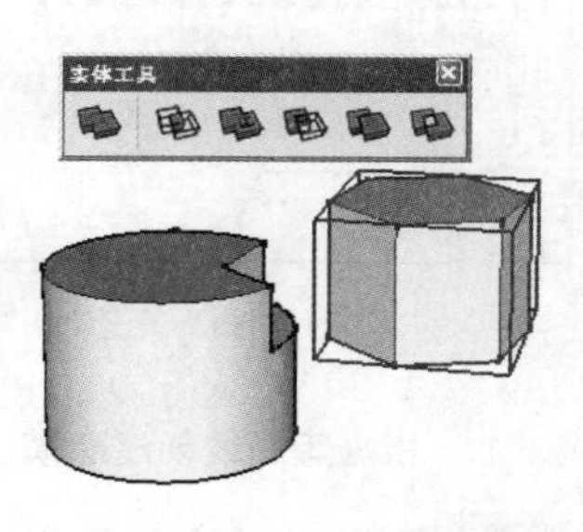


图2-552 使用剪辑工具　图2-553 实体修剪完成　图2-554 实体修剪效果

注 意

与【减去】工具的运用类似，在使用【剪辑】工具时“实体”单击次序的不同将产生不同的【剪辑】效果。

6. 拆分工具

在 SketchUp 中【拆分】工具的功能类似于布尔运算中的【相交】工具，但其在获得“实体”间相接触的部分的同时仅删除之前“实体”间相接触的部分，如图 2-555~ 图 2-557 所示。

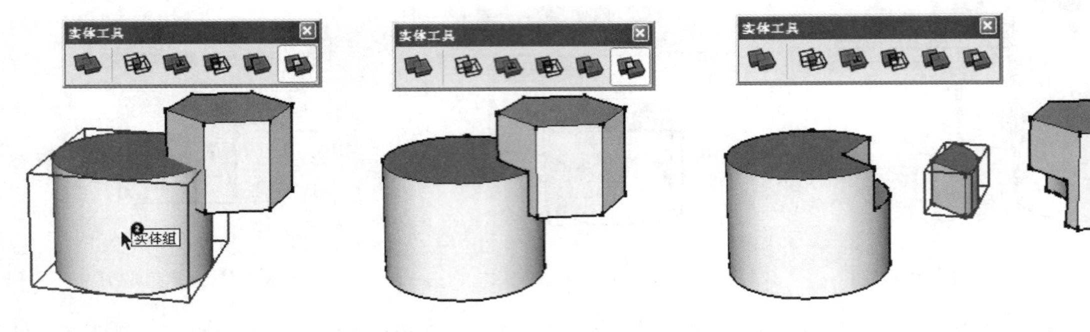


图 2-555　使用拆分工具　　图 2-556　实体拆分完成　　图 2-557　实体拆分效果

## 2.5.6 地形工具

【沙盒】工具是 SketchUp 内置的一个地形工具，用于制作三维地形效果。执行【视图】|【工具栏】菜单命令，在弹出的【工具栏】对话框中选择【沙盒】，即可弹出【沙盒】工具栏，如图 2-558 所示。

【沙盒】工具栏内按钮的各个功能如图 2-559 所示，其主要通过【根据等高线创建】与【根据网格创建】来创建地形，然后通过【曲面起伏】、【曲面平整】、【曲面投射】、【添加细部】以及【对调角线】工具进行细节的处理。接下来了解具体的使用方法与技巧。

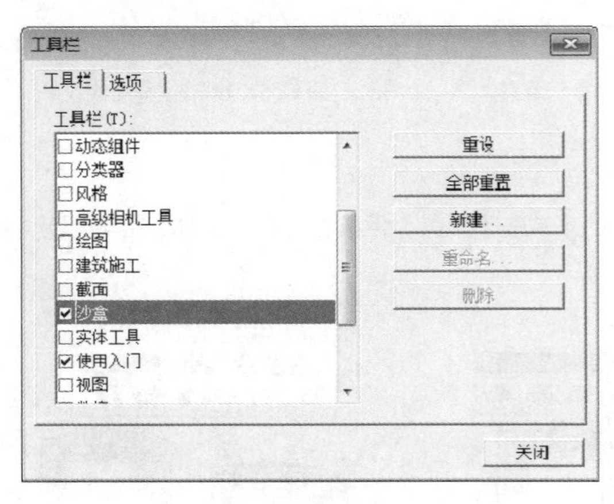


图 2-558　调出沙盒工具栏操作

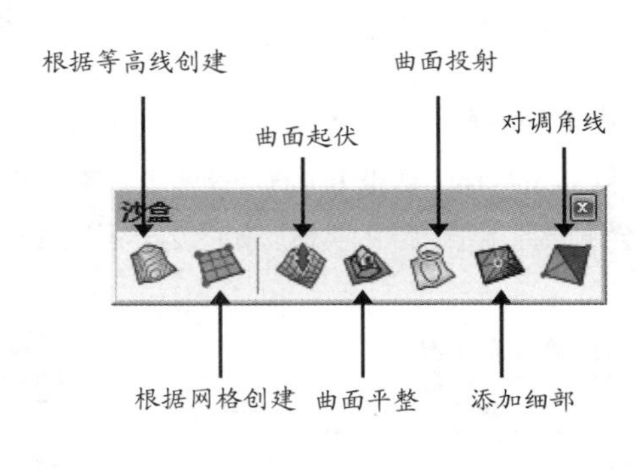


图 2-559　沙盒工具栏按钮功能

1. 根据等高线创建建模

01 调出【沙盒】工具栏，然后在场景中使用【手绘线】工具绘制出一个曲线平面，如图 2-560 所示。

02 选择平面，启用【推/拉】工具按住“Ctrl”键向上推拉复制，完成效果如图 2-561 所示。

03 选择推拉出的平面进行删除，仅保留边线效果作为等高线，如图 2-562 所示。

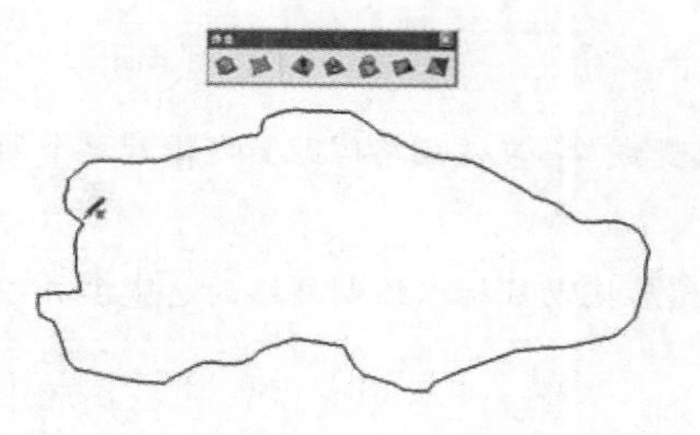

图 2-560 绘制曲线平面

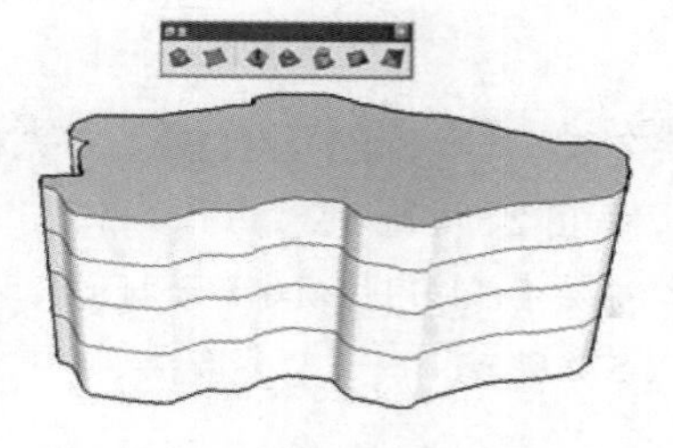

图 2-561 移动复制平面

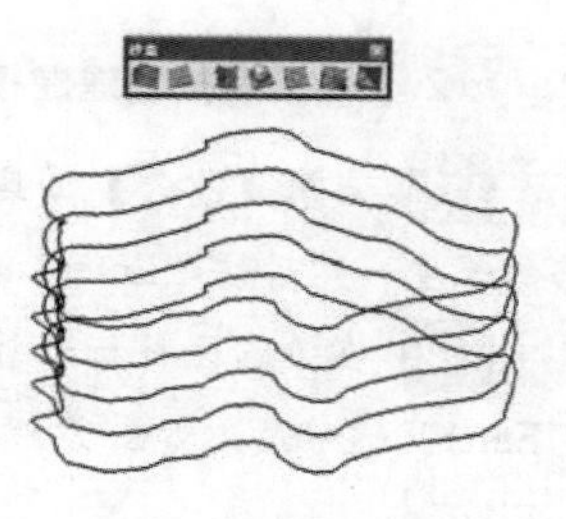

图 2-562 删除所有的面

**04** 启用【缩放】工具，从下至上选择边线逐次进行缩小，如图 2-563 所示。在缩小时可以按住“Ctrl”键以进行中心拉伸，最终得到如图 2-564 所示的效果。

**05** 逐步拉伸完成后全选所有边线，如图 2-565 所示。

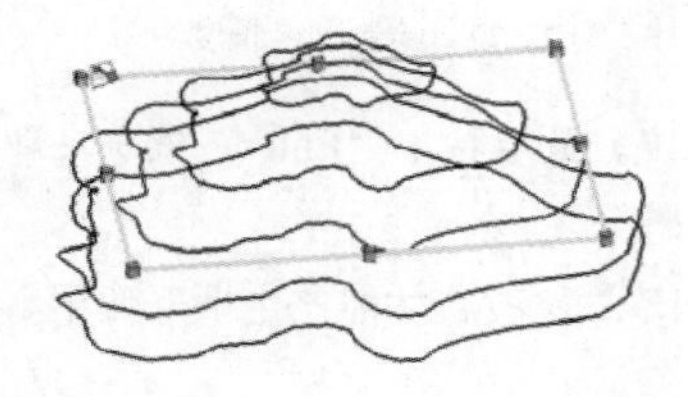

图 2-563 中心拉伸边线

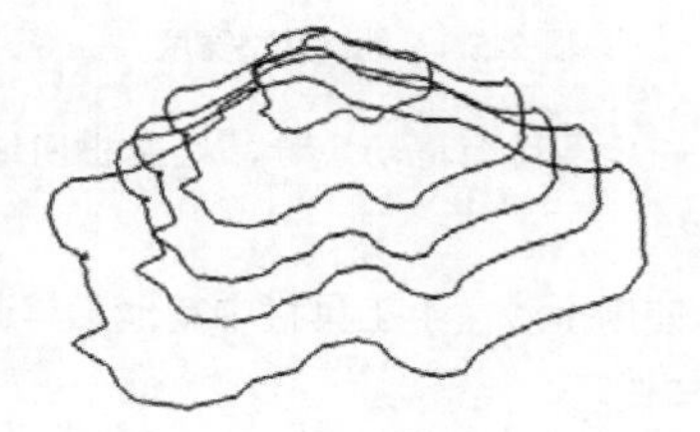

图 2-564 边线拉伸完成效果

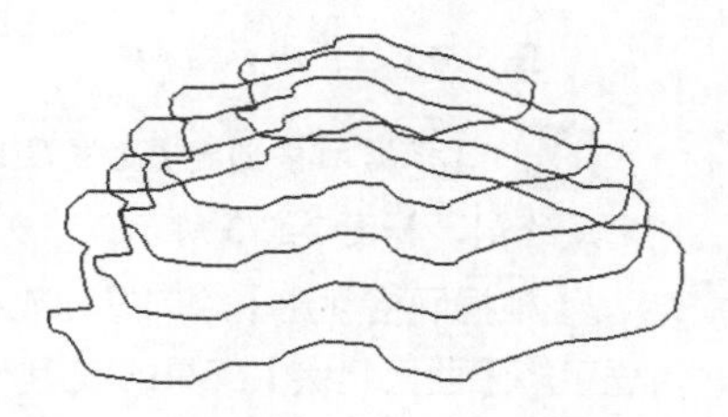

图 2-565 全选边线

**06** 单击【根据等高线创建】按钮，根据制作好的等高线，SketchUp 将生成对应的地形效果，如图 2-566 所示。

**07** 选择地形模型单击鼠标右键，选择其中的【编辑组】菜单命令，如图 2-567 所示。

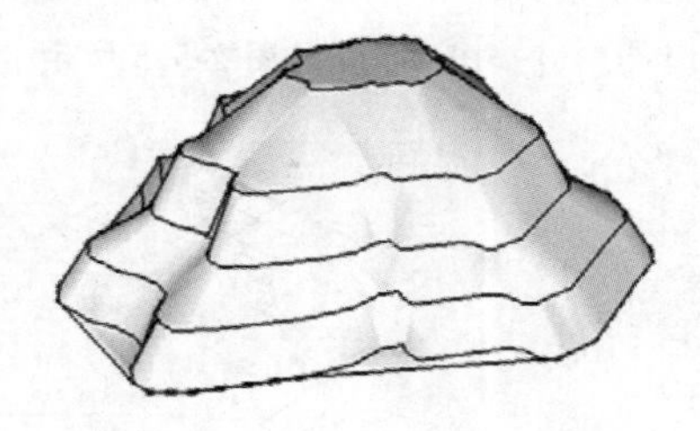

图 2-566 生成地形

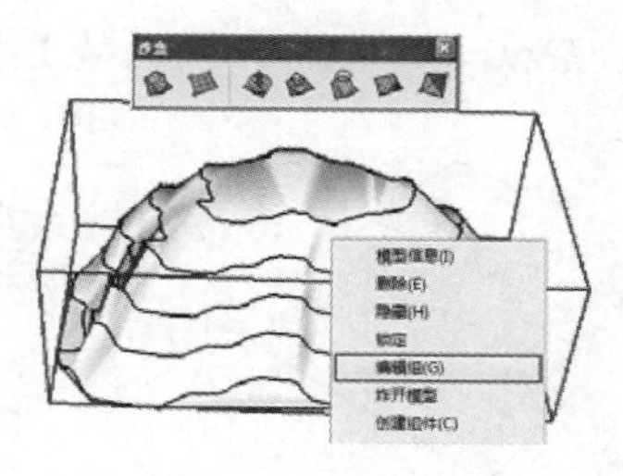


图 2-567 选择编辑组命令

**08** 逐步选择地形上方保留的边线进行删除，删除完成后即获得单独的地形模型，如图 2-568 与图 2-569 所示。

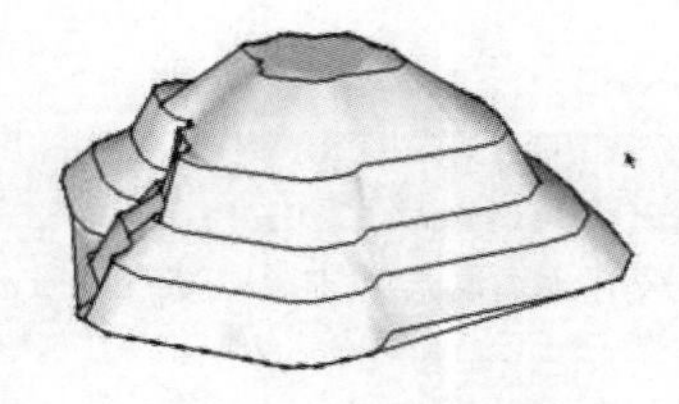

图 2-568 删除边线

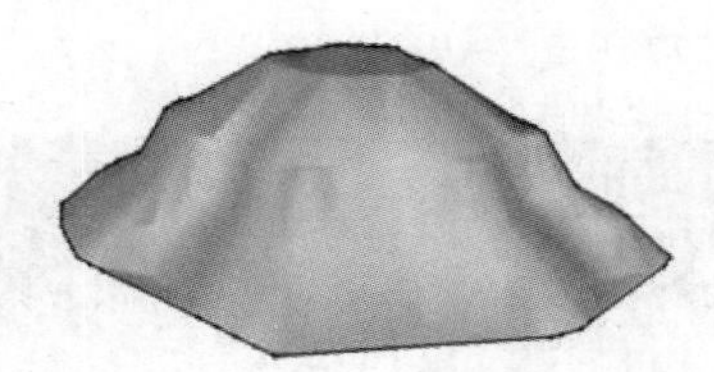

图 2-569 地形模型

利用【根据等高线创建】制作出的地形细节效果完全取决于等高线的精细程度，等高线越紧密，制作的地形也越细致。在 SketchUp 中更为常用的地形为【根据网格创建】地形，接下来就了解其创建的方法与技巧。

### 2. 根据网格创建建模

01 启用【沙盒】工具后单击【根据网格创建】按钮，等光标变成在【栅格间距】内输入单个网格的长度，然后按“Enter”键确定，如图 2-570 所示。

02 在绘图区目标位置单击，确定【根据网格创建】绘制起点，然后拖动鼠标以绘制网络的总宽度并按“Enter”键确定，如图 2-571 与图 2-572 所示。

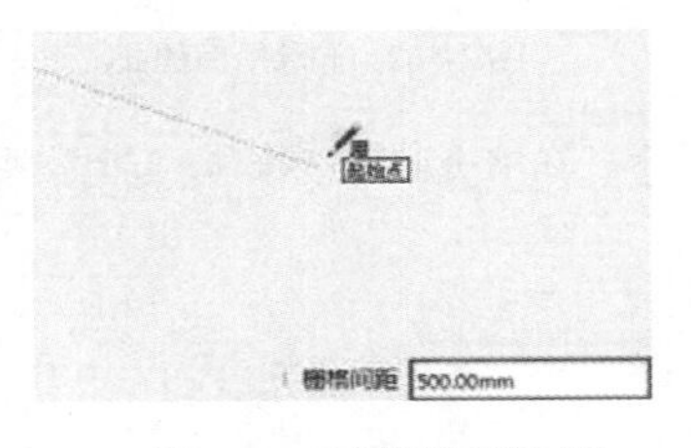


图 2-570 启用从网格工具

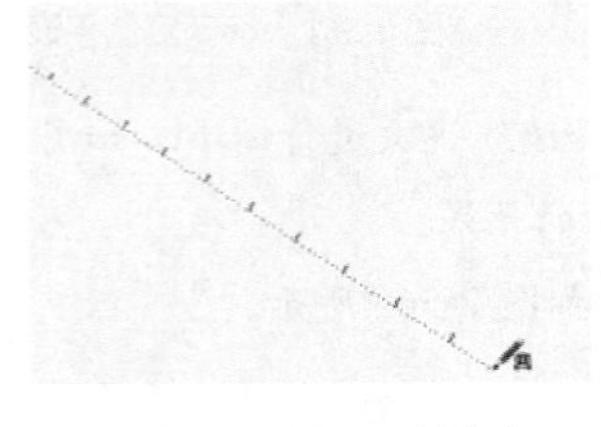

图 2-571 绘制网格宽度

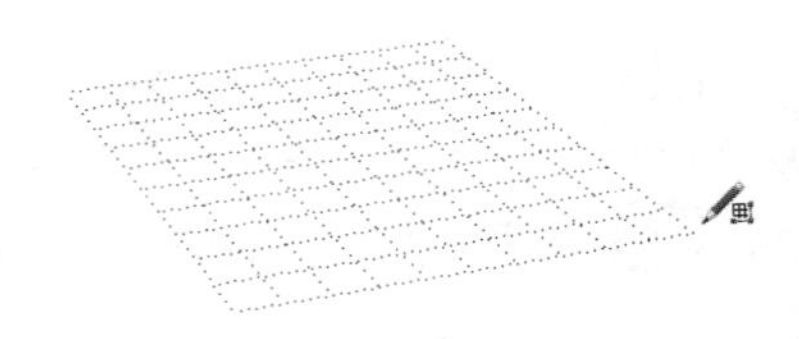

图 2-572 绘制网络长度

03 【根据网格创建】总宽度确定好后再横向拖动鼠标，绘制出网络的长度，最后按下“Enter”键确定即可完成绘制，如图 2-573 所示。

【根据网格创建】绘制好完成后，使用【沙盒】工具栏中其他工具进行调整与修改，才能产生地形效果。首先了解【曲面起伏】工具的使用方法与技巧。

**技 巧**

在输入【栅格间距】并确定后，绘制网络时每个刻度之间的距离即为设定间距宽度。

### 3. 曲面起伏

01 绘制好的【根据网格创建】默认为【组】，无法使用【沙盒】工具栏中的工具进行调整。选择【根据网格创建】模型后单击鼠标右键并选择【炸开模型】命令使其变成“面”，如图 2-574 与图 2-575 所示。

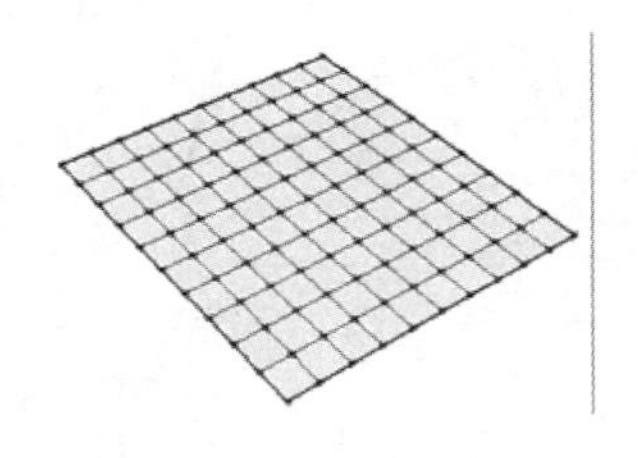

图 2-573 网格绘制完成

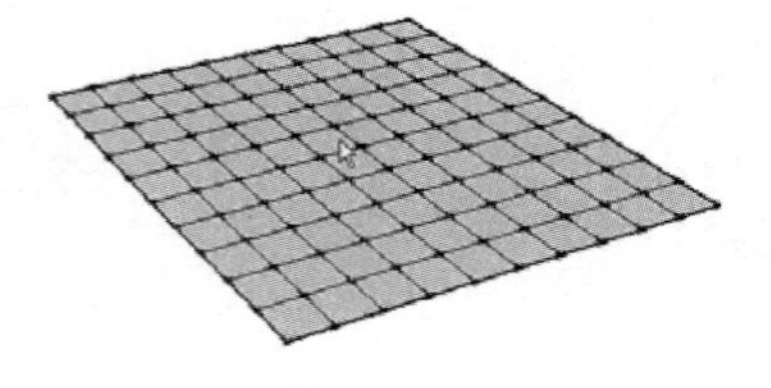

图 2-574 无法修改默认网格

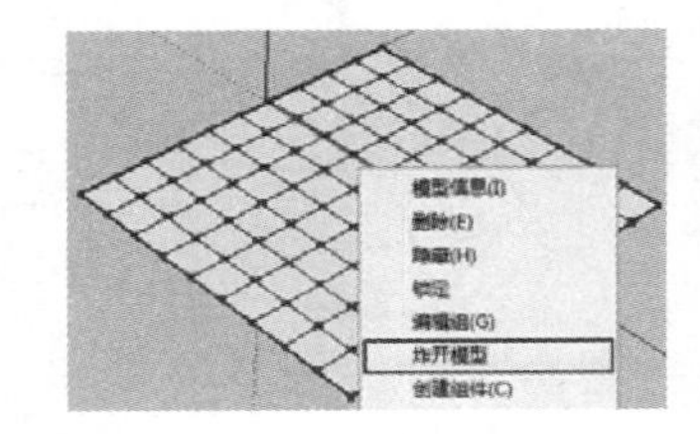


图 2-575 炸开网格

02 再次单击选择【根据网格创建】即可发现其已经成为了一个由细分面组成的大型平面，如图 2-576 所示。

03 此时启用【曲面起伏】命令即可发现其光标已经变成了状并能自动捕捉【根据网格创建】上的交点，如图 2-577 所示。

**技 巧**

【曲面起伏】图标下方的红色圆圈为其影响的范围大小，在启用该工具后即可输入数值自定义其【半径】大小。

04 单击选择网格上任意一个交点，然后推拉鼠标即可产生地形的起伏效果，如图 2-578 与图 2-579 所示。

05 确定好地形起伏效果后在再次单击鼠标即可完成该处地形效果的制作，如图 2-580 所示。

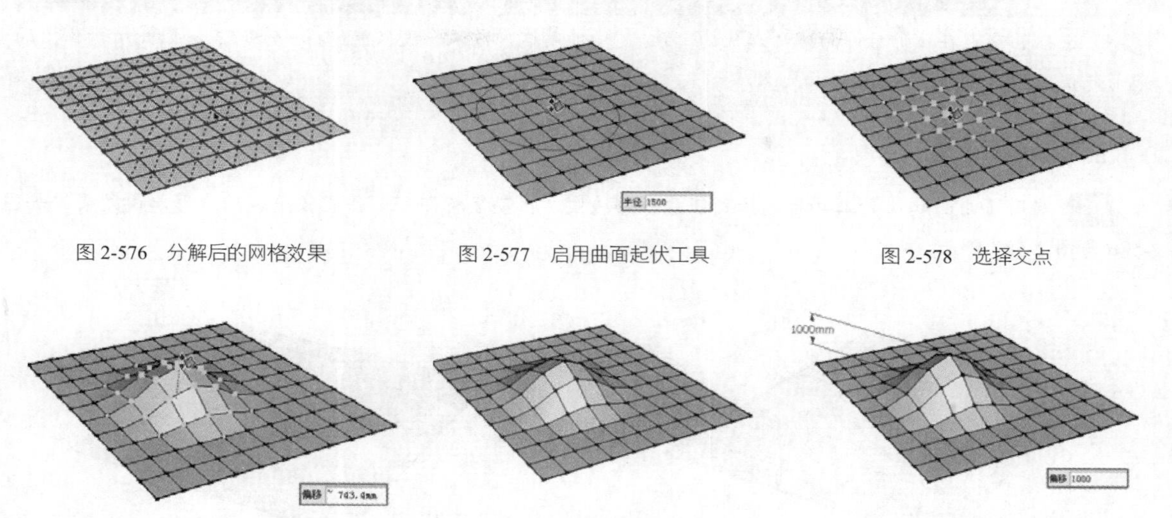


图 2-576　分解后的网格效果　　图 2-577　启用曲面起伏工具　　图 2-578　选择交点

图 2-579　制作地形起伏效果　　图 2-580　起伏效果制作完成　　图 2-581　制作精确起伏高度

【曲面起伏】工具是制作【根据网格创建】地形起伏效果的主要工具，因此通过对【根据网格创建】的点、线、面进行不同的选择，可以制作出丰富的地形效果，接下来进行具体的了解。

**技 巧**

在单击确定地形起伏效果前直接输入数值可以得到精确的高度，如图 2-581 所示，如果输入负值则将产生凹陷效果。 此外对于通过【根据等高线创建】工具创建的地形，同样需要先将其【炸开模型】方可以进行编辑，如图 2-582 与图 2-583 所示。

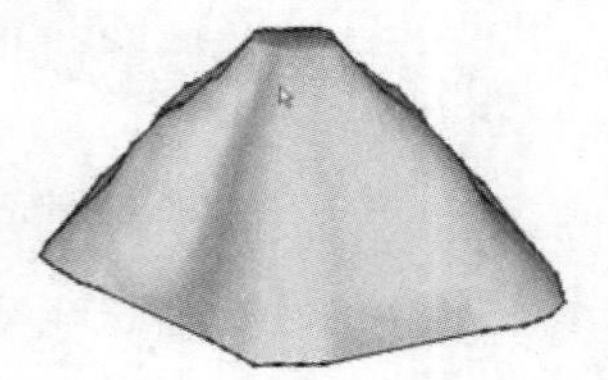

图 2-582　等高线地形

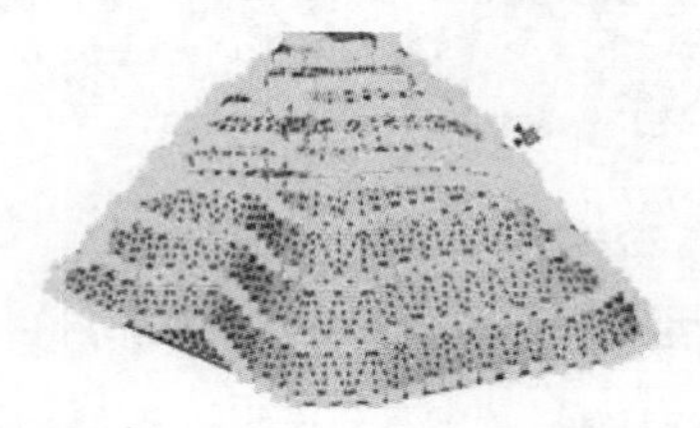

图 2-583　执行炸开菜单命令

### 4. 点拉伸

默认设置下启用【曲面起伏】工具后，其将自动捕捉【根据网格创建】的交点与边线。此时如果选择任意一个交点进行拉伸即可制作出具有明显“顶点”的地形起伏效果，如图 2-584 与图 2-585 所示。

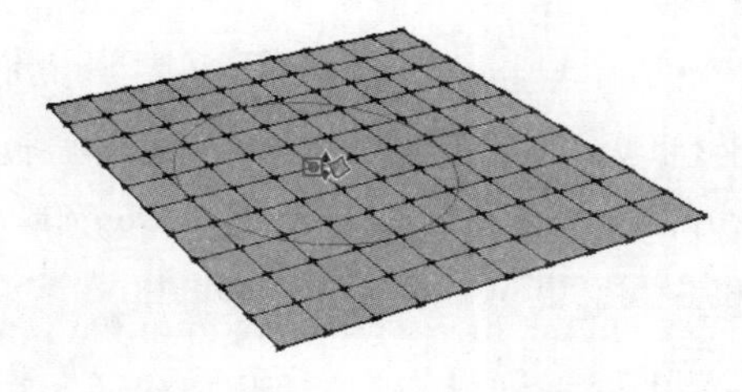

图 2-584　选择单个交点

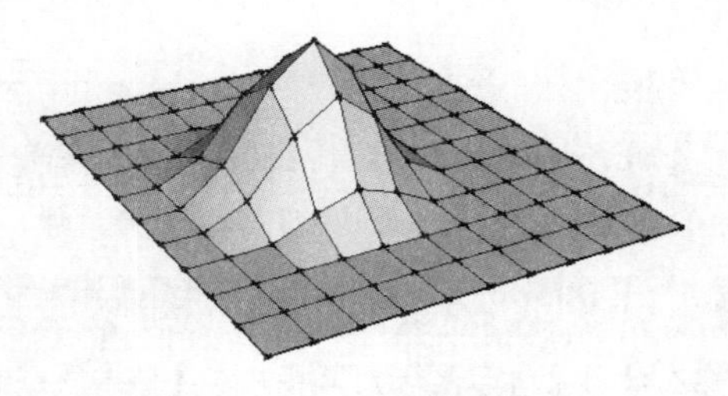

图 2-585　拉伸地形效果

**技巧**

选择的交点在拉伸后即为地形起伏的“顶点”。使用这种方法一次只能选择一个顶点，因此所制作出的地形起伏比较单调。

5. 线拉伸

01 启用【曲面起伏】工具后选择到任意一条边线，推动鼠标即可制作比较平缓的地形起伏效果，如图2-586与图2-587所示。

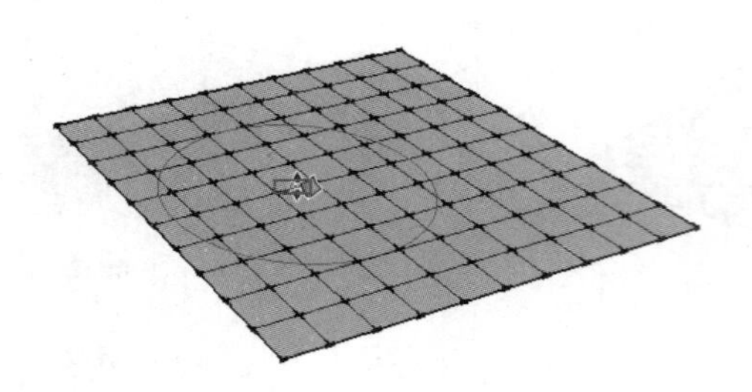
图2-586 选择单个边线

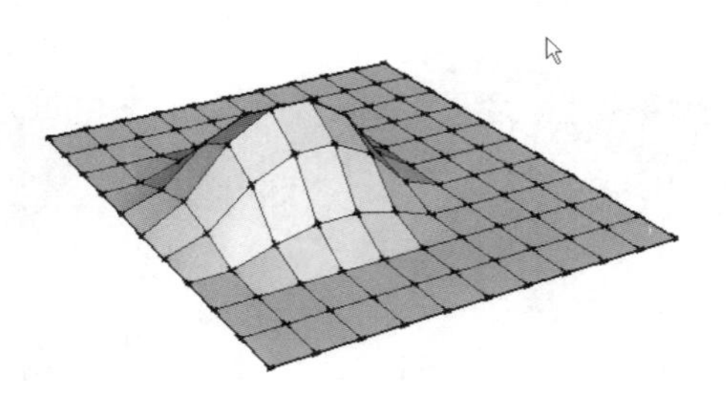
图2-587 地形起伏效果

02 如果在启用【曲面起伏】工具前选择到【根据网格创建】面上的连续边线，然后再启用【曲面起伏】工具进行拉伸，则可得到具有“山脊”特征的地形起伏效果，如图2-588~图2-590所示。

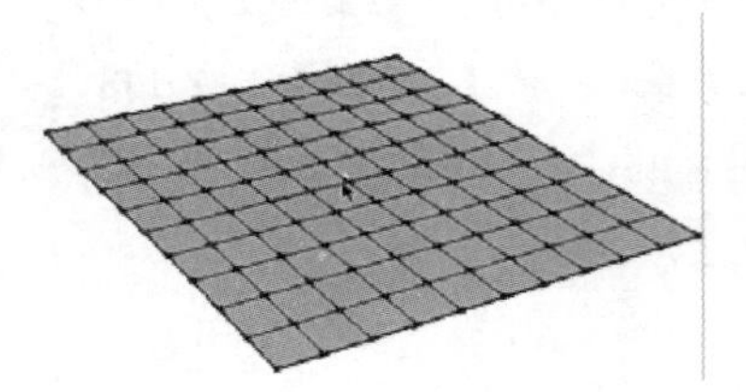
图2-588 选择连续边线

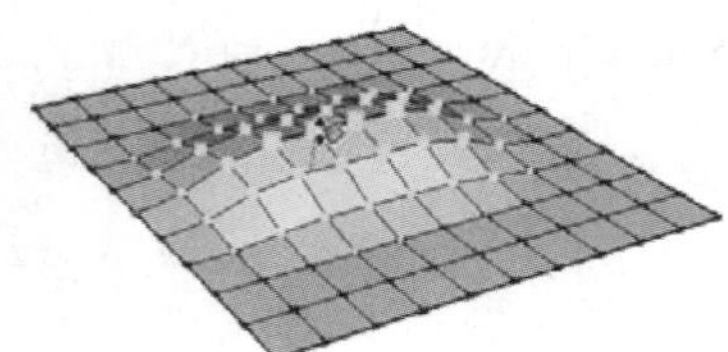
图2-589 拉伸连续边线

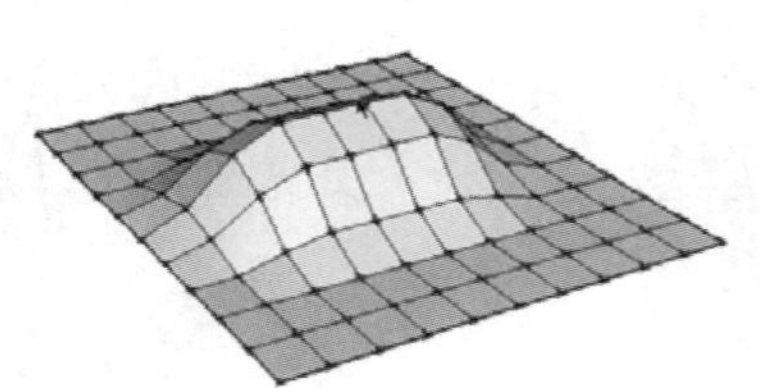
图2-590 拉伸完成效果

03 如果在启用【曲面起伏】工具前在【根据网格创建】面上选择间隔的多条边线，然后再启用【曲面起伏】工具进行拉伸，则可得到连绵起伏的地形效果，如图2-591~ 图2-593所示。

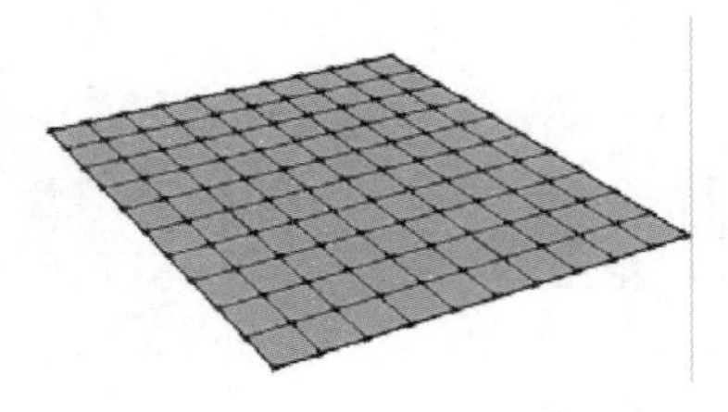
图2-591 选择间隔边线

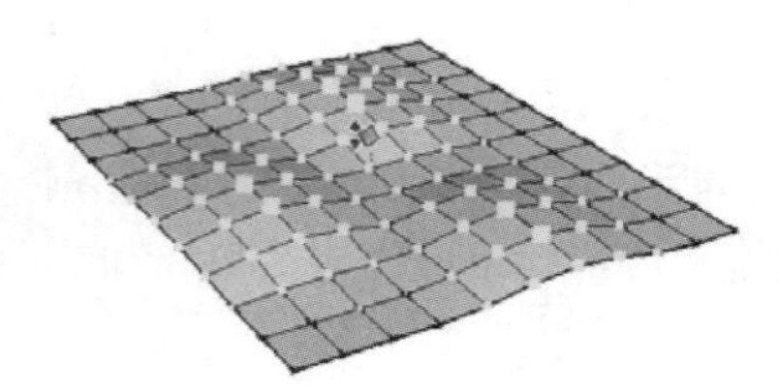
图2-592 拉伸间隔边线

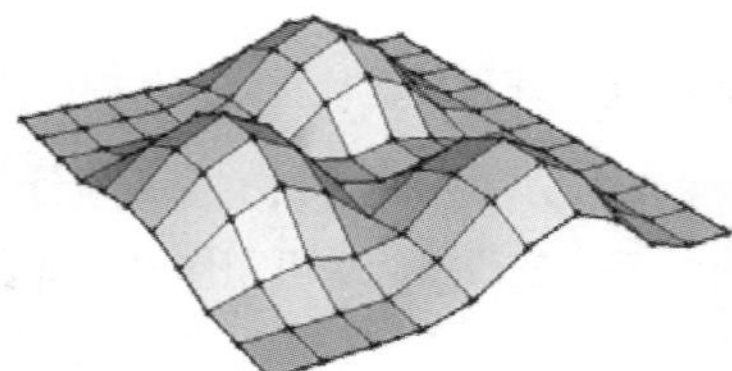
图2-593 拉伸完成效果

04 此外执行【视图】|【隐藏物体】菜单命令，可以将【根据网格创建】中隐藏的对角边线进行虚显，选择对角边线后启用【曲面起伏】工具进行拉伸，可以得到斜向的起伏效果，如图2-594~图2-596所示。

**技巧**

在使用【曲面起伏】工具制作【根据网格创建】地形起伏效果时，【线】拉伸是主要手段。在制作过程中应该根据连续边线、间隔边线以及对角线的位伸特点，灵活的进行结合运用。

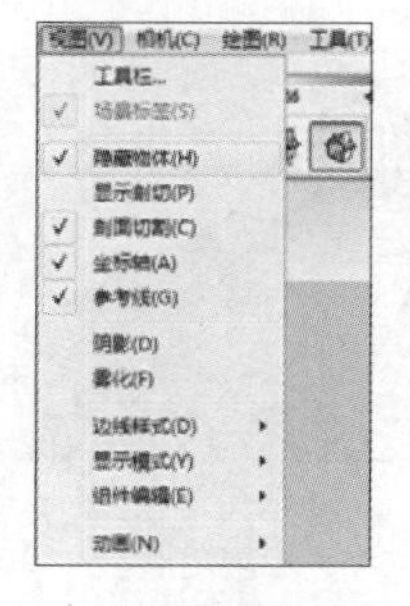


图 2-594 虚显隐藏物体

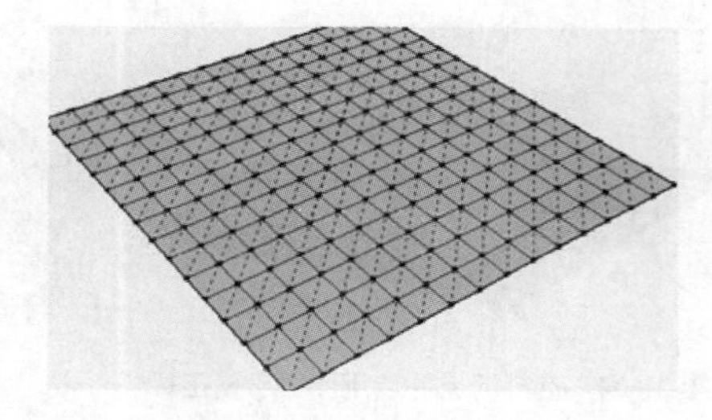

图 2-595 选择对角边线

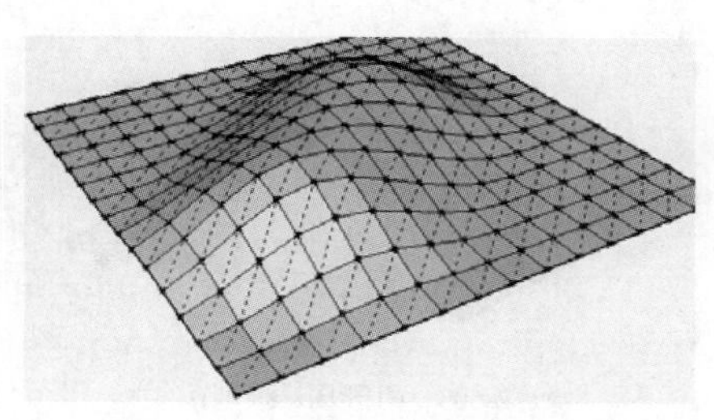

图 2-596 拉伸完成效果

6. 面拉伸

01 在启用【曲面起伏】工具前在【根据网格创建】面上选择任意一个面即可制作具有“顶部平面”的地形起伏效果，如图 2-597~图 2-599 所示。

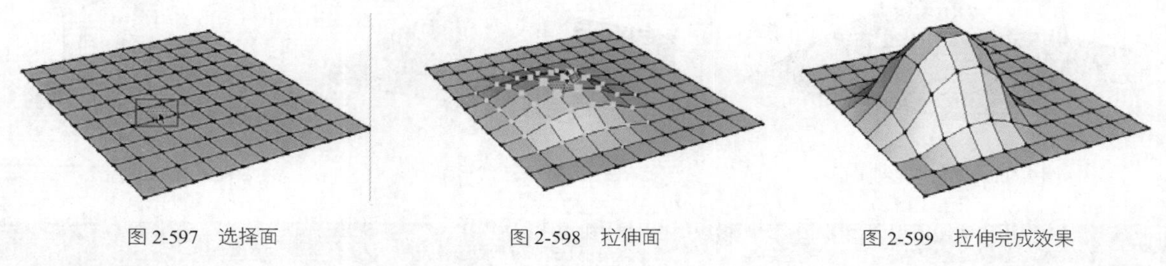

图 2-597 选择面　　图 2-598 拉伸面　　图 2-599 拉伸完成效果

02 同样进行【面】拉伸时可以选择多个顶面同时拉伸，以制作出连绵起伏的地形效果，如图 2-600~图 2-602 所示。

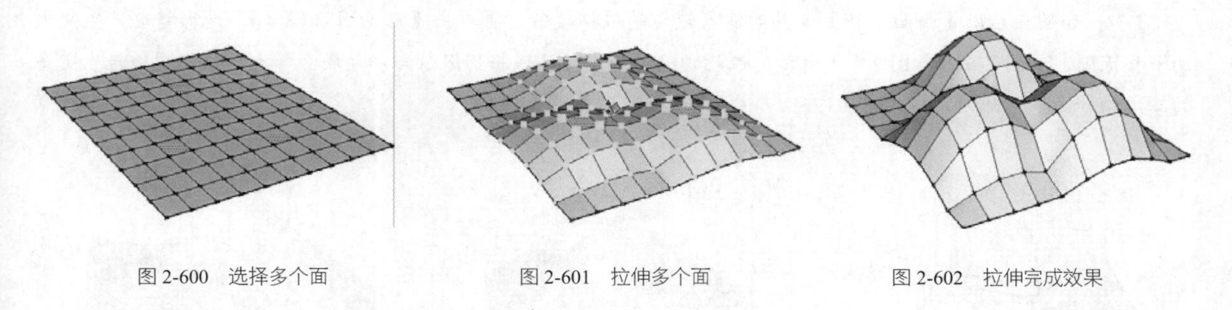

图 2-600 选择多个面　　图 2-601 拉伸多个面　　图 2-602 拉伸完成效果

7. 曲面平整

在实际的项目的制作中经常会遇到需要在起伏的地形上放置规则的建筑物的情况，此时使用【曲面平整】工具可以快速制作出放置建筑物的平面，具体操作方法与技巧如下：

01 打开本书配套资源中的“第 02 章|2.5.6.7 曲面平整”文件，如图 2-603 所示。接下来使用【曲面平整】工具使场景中的记到模型贴合的放置在山顶上。

02 选择房屋模型，然后启用【曲面平整】工具，如图 2-604 所示。

03 启用【曲面平整】工具后选择的“房屋”模型下方即会出现一个矩形，如图 2-605 所示。该矩形范围即其对下方地形产生影响的范围。

04 此时光标移动至【根据网格创建】地形上方时将变成状，而【根据网格创建】地形也将显示细分面效果，如图 2-606 所示。

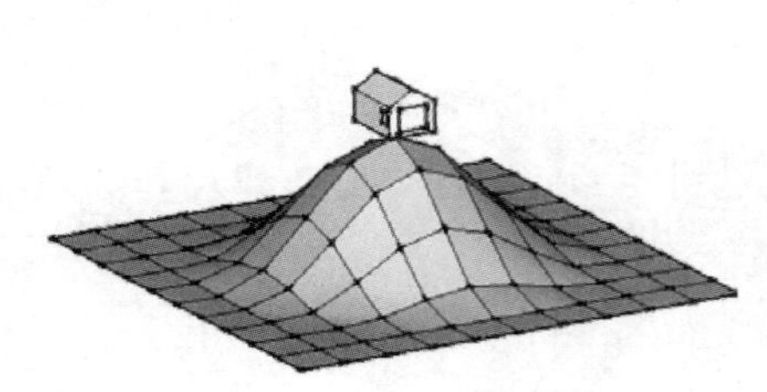
图 2-603　打开场景模型

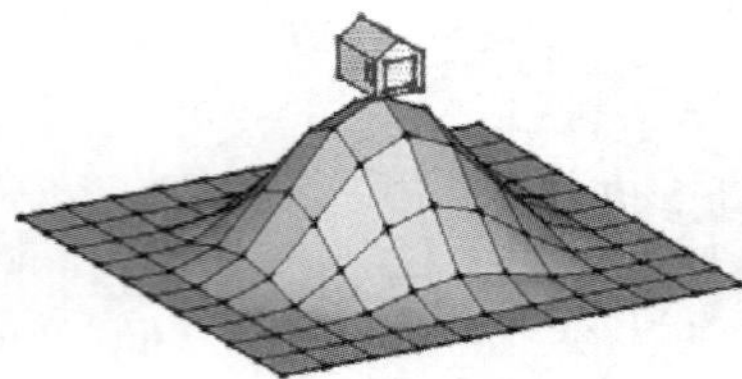
图 2-604　选择房屋并启用曲面平整工具

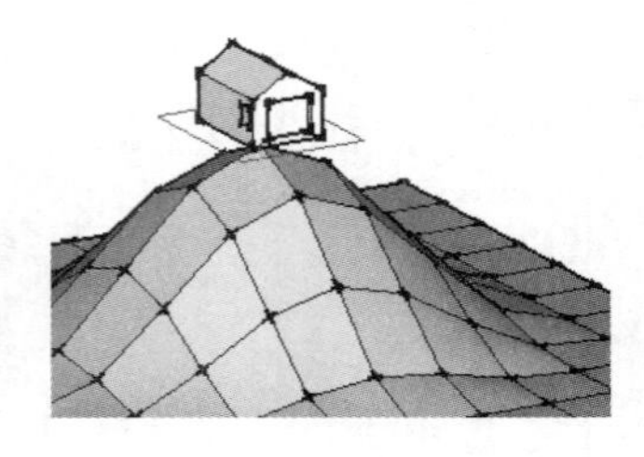
图 2-605　出现矩形

05 在【根据网格创建】地形上单击，进行确定，【根据网格创建】地形即会出现如图 2-607 所示的平面。

06 选择其上方的“房屋”将其移动其产生的平面上即可，如图 2-608 所示。

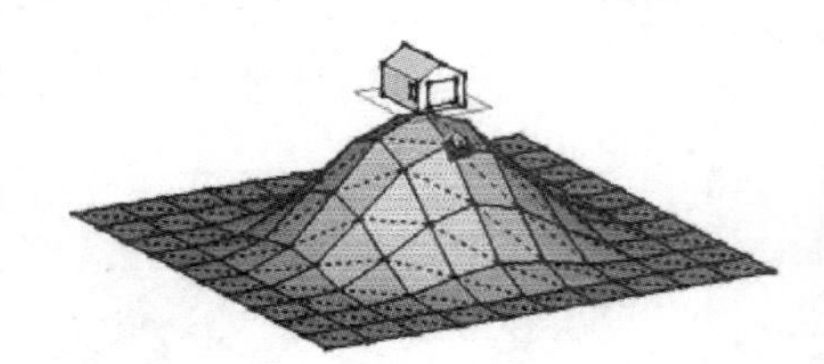
图 2-606　网格地形细分面

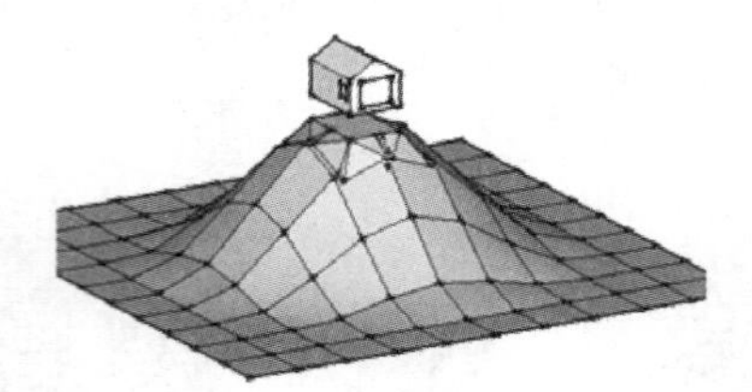
图 2-607　生成平面

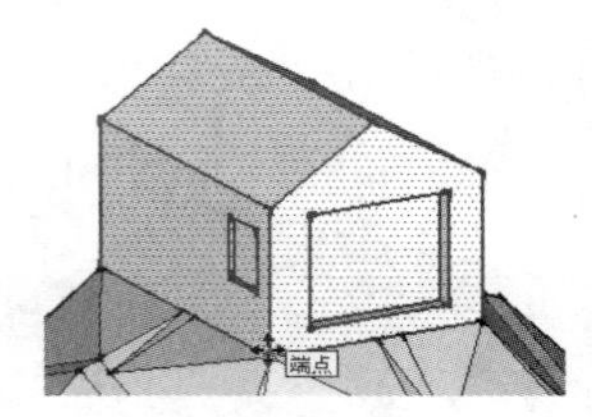

图 2-608　移动房屋至平面

注 意

在【根据网格创建】地形上单击鼠标形成平面后，应该在空白处单击确定平面效果。如果此时将平面向上拉伸至与房屋底面贴合，将地形将产生生硬的边缘现象，如图 2-609 所示。

07 如果在启用【曲面平整】工具后输入较大的偏移数值，再单击【根据网格创建】，地形将会产生更大的平整范围，如图 2-610 与图 2-611 所示。但此时绝对的平整区域将仍保持与房屋底面等大，仅在周边产生更多的三角细分面，因此通常保持默认即可。

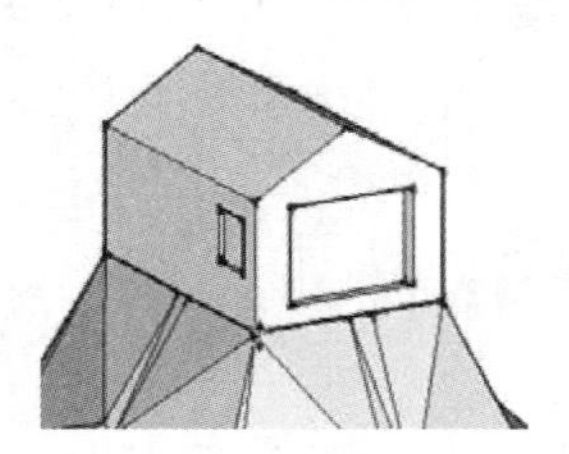
图 2-609　拉伸平面至房屋

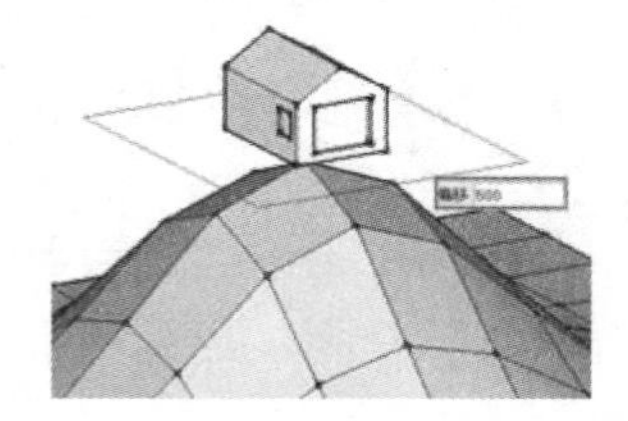
图 2-610　增大影响范围

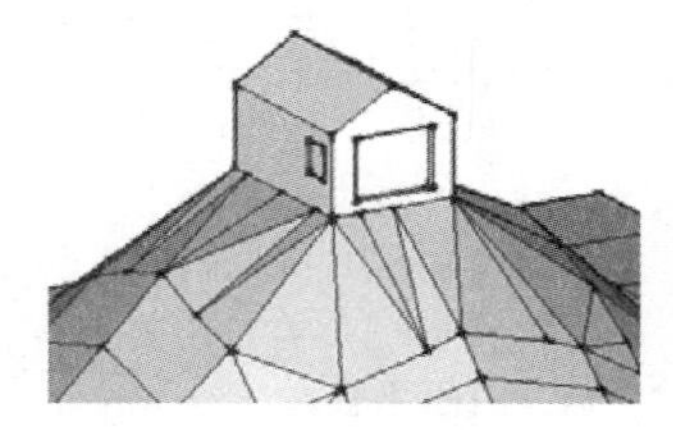
图 2-611　更大的平整影响区域

8. 创建道路

在使用 SketchUp 进行城市规划等场景的制作时，通常会遇到需要在连绵起伏的地形上制作道路的情况，此时使用【曲面投射】工具可以快速制作出山间道路等效果，具体操作方法与技巧如下：

01 打开本书配套资源“第 02 章|2.5.6.8 创建道路”模型，如图 2-612 所示。接下来利用【曲面投射】工具在地形表面制作出一条道路的效果。

02 首先使用【手绘线】工具在其上方绘制出公路的平面模型，然后将其移动至【曲面】地形正上方，如图 2-613 与图 2-614 所示。

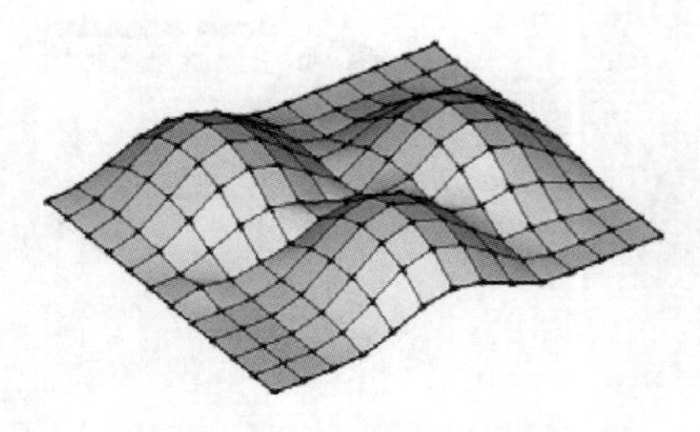
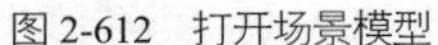
图 2-612　打开场景模型

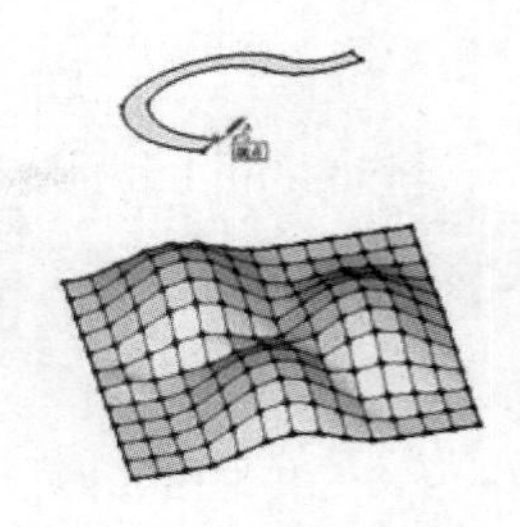
图 2-613　绘制道路平面

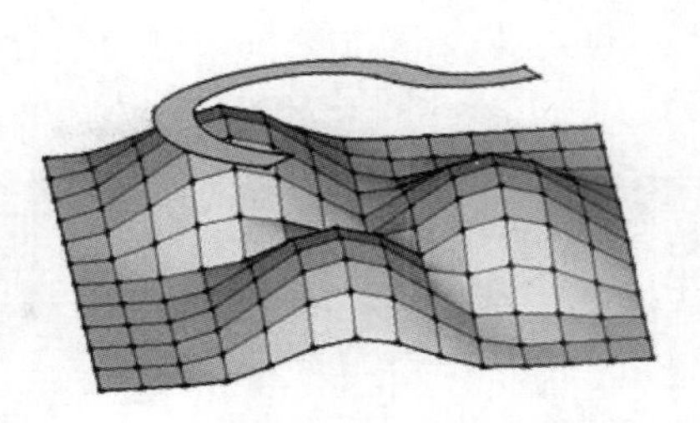
图 2-614　移动道路平面至地形正上方

03 选择道路模型平面后启用【曲面投射】工具，此时将光标置于【根据网格创建】地形上时将变成状，而【根据网格创建】地形也将显示细分面效果，如图 2-615 与图 2-616 所示。

04 在【根据网格创建】地形上单击鼠标进行【曲面投射】，投影完成即生成如图 2-617 所示的效果，可以看到在【根据网格创建】地形出现了道路的轮廓边线效果。

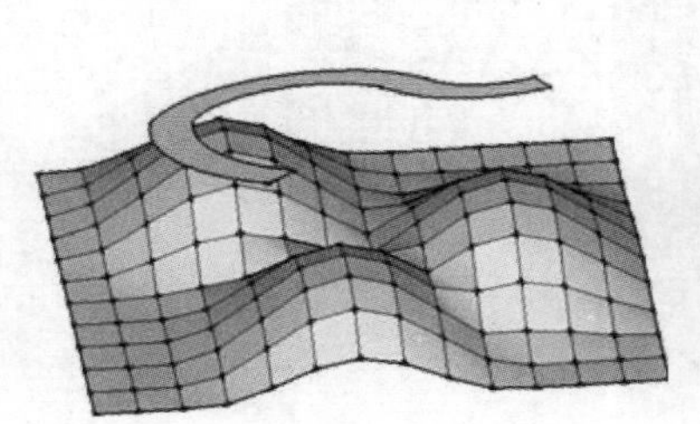
图 2-615　选择道路平面并启用投影工具

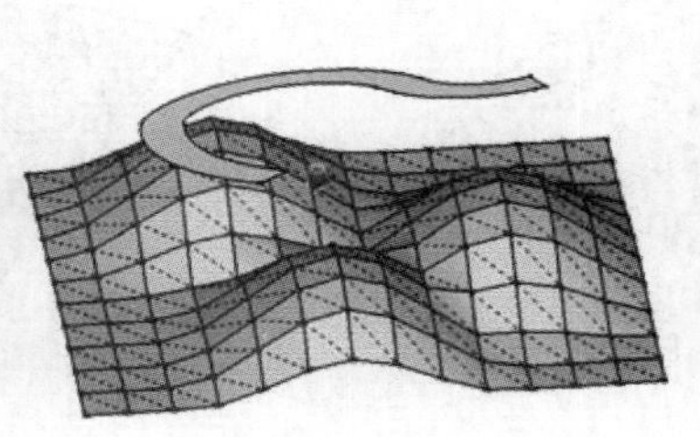
图 2-616　将光标置于网格地形上方

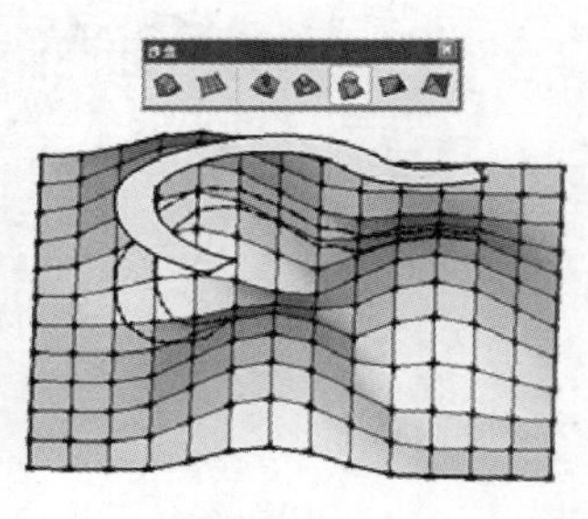
图 2-617　在网格地形表面投影出公路轮廓

### 9. 细分地形

在使用【根据网格创建】进行地形效果的制作时，过少的细分面将使地形效果显得生硬，过多的细分面则会增大系统显示与计算负担。使用【添加细部】工具可以在需要表现细节的地方增大细分面，而其他区域将保持较少的细分面，具体的操作方法如下：

01 在 SketchUp 中以 500mm 的风格宽度创建一个【根据网格创建】地形平面，如图 2-618 所示。

02 直接使用【曲面起伏】工具选择交点进行拉伸，可以发现起伏边缘比较生硬，如图 2-619 所示。

03 为了使边缘显得平滑可以在使用【曲面起伏】工具前选择将要进行拉伸的网格面，然后再单击【添加细部】工具对选择面进行细分，如图 2-620 与图 2-621 所示。

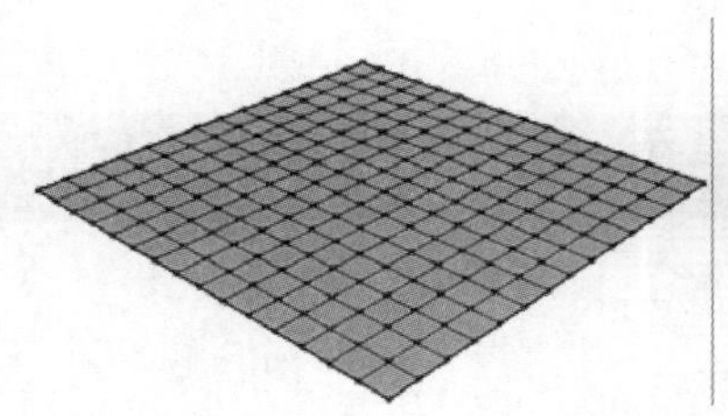
图 2-618　绘制网格地形平面

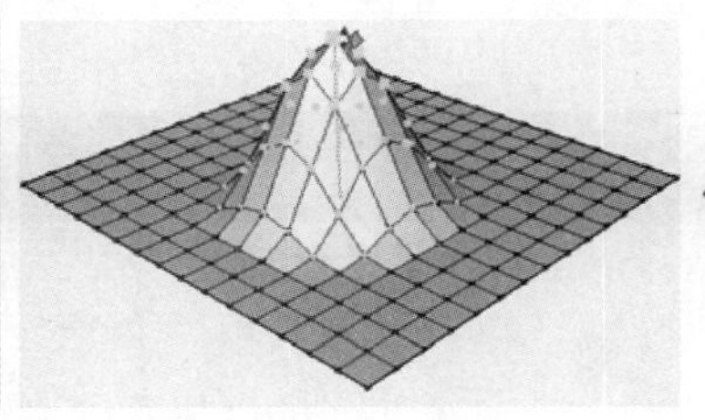
图 2-619　直接拉伸地形效果

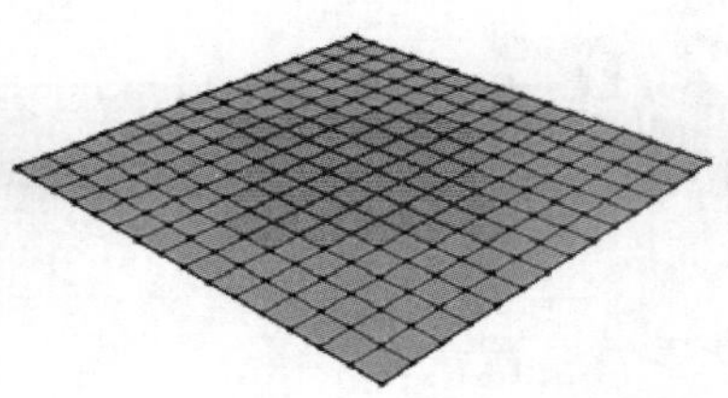
图 2-620　选择将要拉伸的细分面

04 细分完成后再使用【曲面起伏】工具进行拉伸，即可得到平滑的拉伸边缘，如图 2-622 与图 2-623 所示。

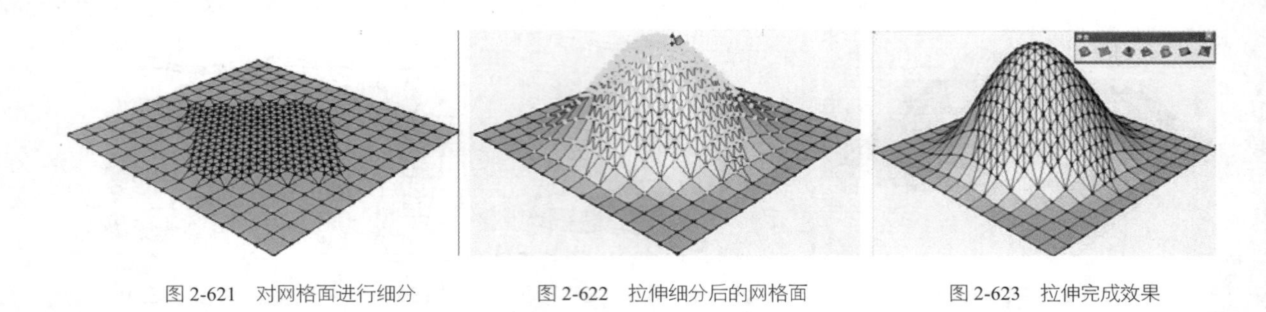

图 2-621　对网格面进行细分　　图 2-622　拉伸细分后的网格面　　图 2-623　拉伸完成效果

#### 10. 对调角线

在虚显【根据网格创建】地形的对角边线后，启用【对调角线】工具可以根据地势走向对应改变对角边线方向，从而使地形变得平缓一些，如图 2-624~图 2-627 所示。

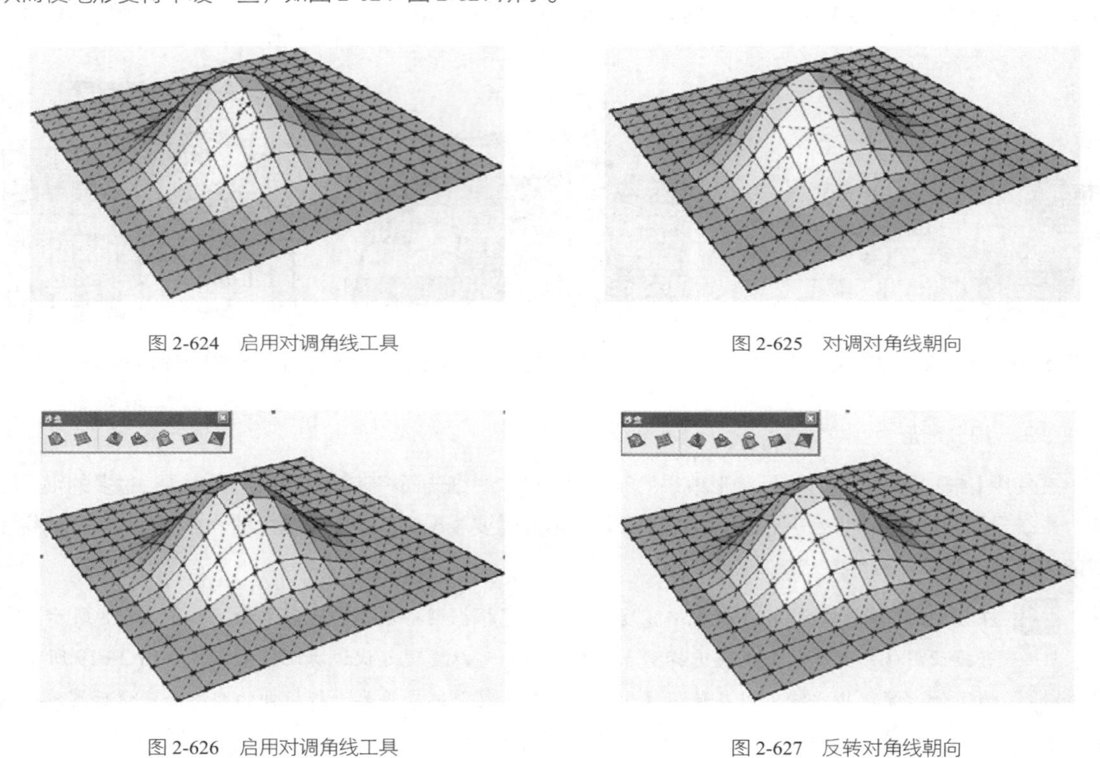

图 2-624　启用对调角线工具　　图 2-625　对调对角线朝向

图 2-626　启用对调角线工具　　图 2-627　反转对角线朝向

## 2.6 SketchUp 光影设定

### 2.6.1 设置地理参照

设置准确的场景模型地理位置，是 SketchUp 产生准确光影效果的前提，通过【模型信息】面板可以进行模型精确的定位，具体操作方法如下：

01 打开配套资源“第 02 章|2.6.1SketchUp 光影.skp”模型，如图 2-628 所示。

02 执行【窗口】/【模型信息】菜单命令，打开【模型信息】面板。

03 在【模型信息】面板中选择【地理位置】选项卡，此时在【地理参照】选项下可以看到当前场景的地理位置信息，如图 2-629 所示。

图 2-628 打开场景模型

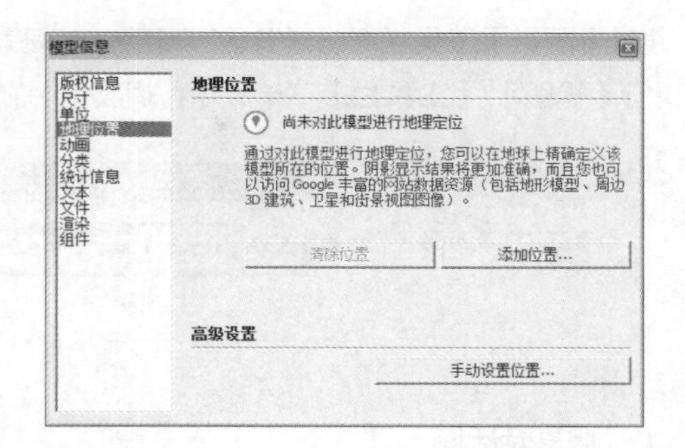


图 2-629 显示需要添加位置

注 意

通过 Google 3D 模型库下载的标志性建筑，通常已经进行了准确【地理参照】定位，如图 2-630 所示。

04 单击【高级设置】参数栏的【手动设置位置】按钮，打开【手动设置地理位置】面板，如图 2-631 所示。

05 在【纬度】、【经度】框内可以输入准确的经度、纬度坐标，如图 2-632 所示。

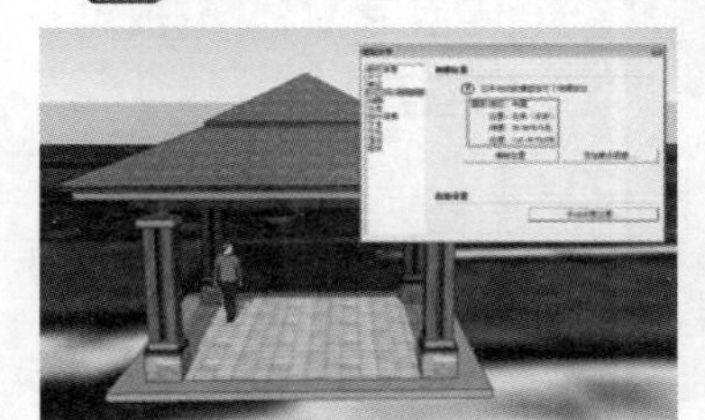

图 2-630 已进行地理参照的显示

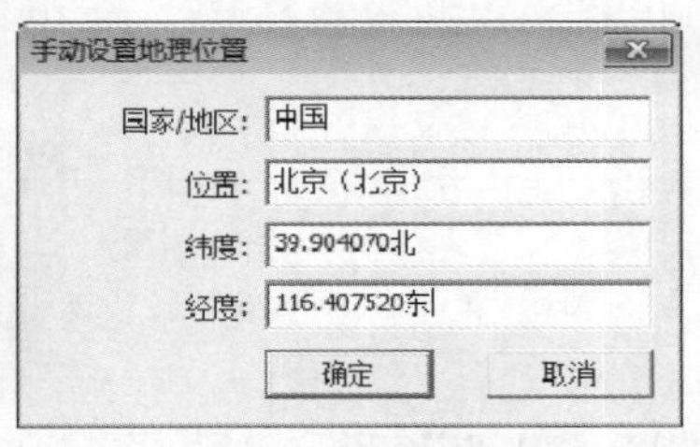


图 2-631 打开手动设置地理位置面板

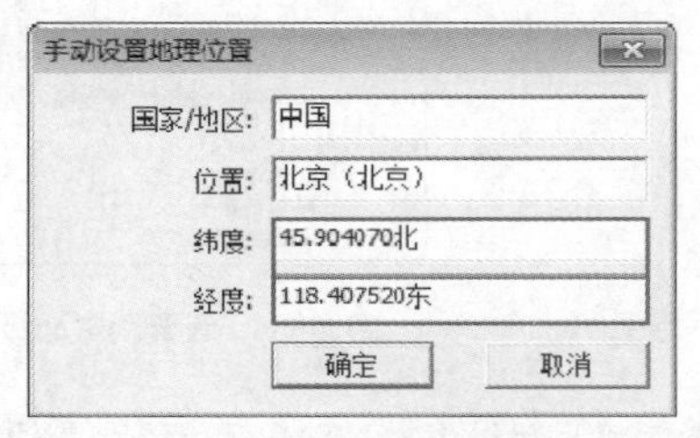


图 2-632 手动输入经纬度

注 意

在【手动设置地理位置】面板中，还可以设置【国家/地区】与【位置】，在有准确的经度、纬度数据的前提下这两项参数可以留白。

06 设置好场景地理位置后，即可发现场景中模型阴影已经发生了变化，如图 2-633 所示。而【地理位置】选项卡内【地理参照】一栏中也出现了设置的经纬值，如图 2-634 所示。

图 2-633 调整地理位置后的阴影变化

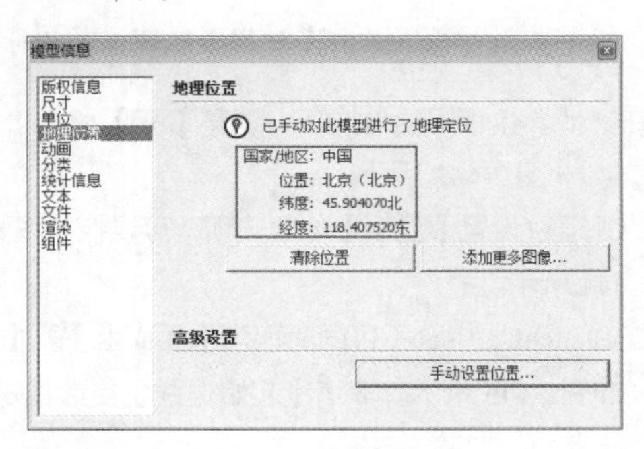


图 2-634 地理参照设置完成

## 2.6.2 设置阴影工具栏

通过【阴影】工具栏可以对时区、日期、时间等参数进行十分细致的调整，从而模拟出十分准确的光影效果，执行【视图】/【工具栏】菜单命令，调出【阴影】工具栏，如图 2-635 所示

图 2-635　阴影工具栏功能

### ❑ 阴影对话框

单击【窗口】|【默认面板】|【阴影】按钮，即可打开【阴影】面板，如图 2-636 所示。

【阴影】面板第一个参数为 UTC 调整，以 UTC 为参照标准，北京时间先于 UTC8 个小时，在 SketchUp 中则对应的调整其为 UTC+8:00，如图 2-637 所示。

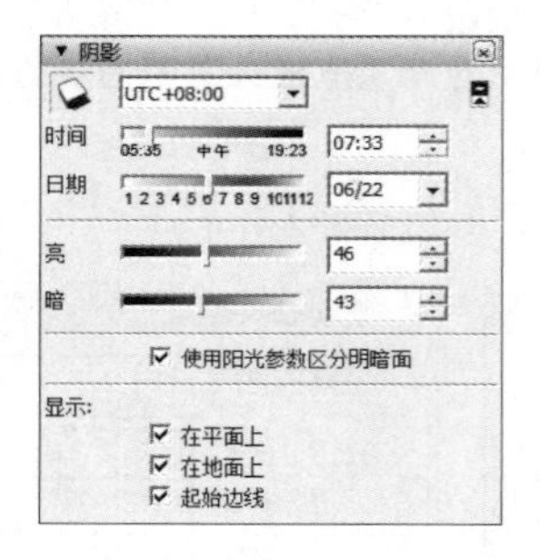


图 2-636　设置阴影面板

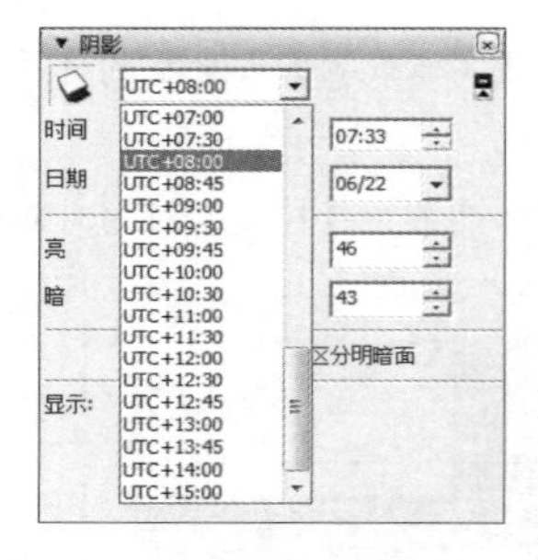


图 2-637　调整 UTC 时间

**注 意**

UTC 是协调世界时(Universal Time Coordinated)英文缩写。UTC 以本初子午线(即经度 0 度)上的平均太阳时为统一参考标准，各个地区根据所处的经度差异进行调整以设置本地时间。在中国统一使用北京时间(东八区）为本地时间。

设置好 UTC 时间后，拖动【阴影】面板【时间】或【日期】滑块，即可产生对应的阴影效果，如图 2-638 与图 2-639 所示。

只有在场景设置的 UTC 时间与地理位置相符合的前提下调整【时间】滑块才可能产生正确的阴影效果。

在其他参数相同的前提下，调整【亮】和【暗】的滑块可以调整场景整体亮度，数值越小场景整体越暗，如图 2-640 ~ 图 2-642 所示。

此外通过设置【显示】参数选项，可以控制场景模型【平面上】以及【地面上】是否接收阴影，如图 2-643 与图 2-644 所示。

在 SketchUp 中，不可同时取消【平面上】及【地面上】对阴影的接收。而默认设置下单独的线段也能产生影响，如图 2-645 所示。取消【起始边线】复选框勾选，即可关闭边线阴影，如图 2-646 所示。

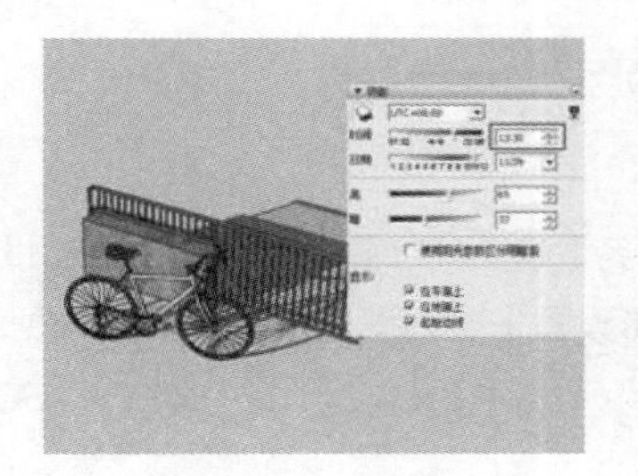

图 2-638　13:30 的阴影效果

图 2-639　16:00 的阴影效果

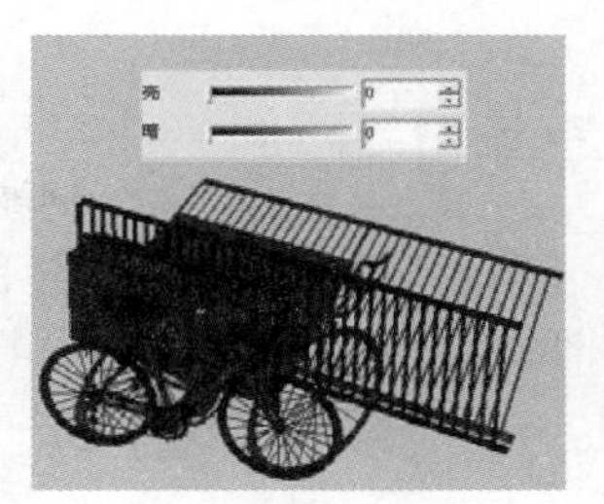


图 2-640　【亮】和【暗】为 0

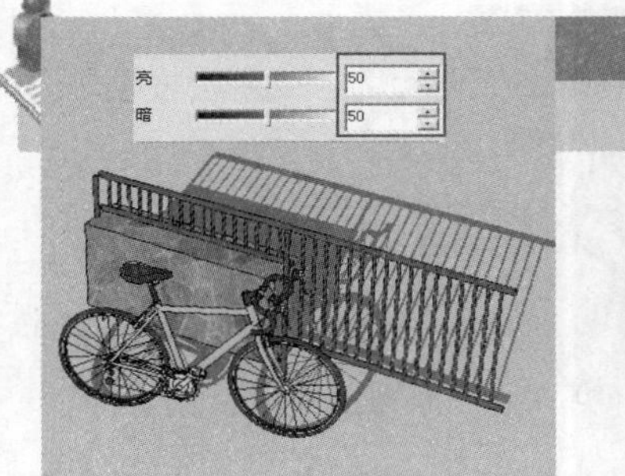


图 2-641　【亮】和【暗】为 50

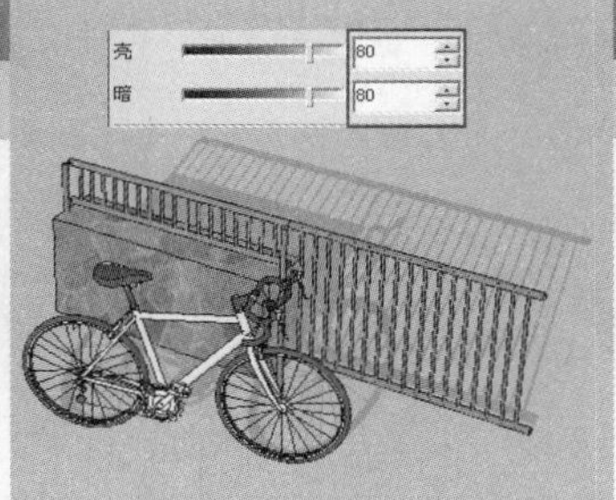


图 2-642　【亮】和【暗】为 80

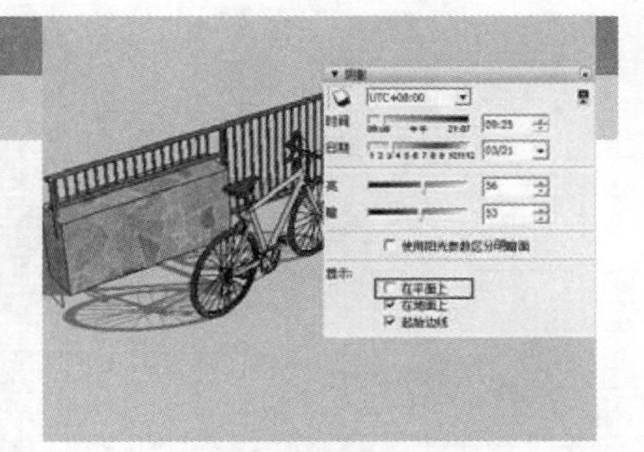

图 2-643　取消平面上阴影

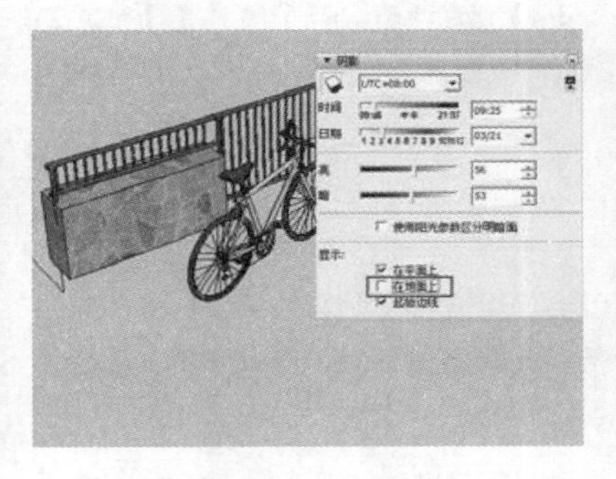

图 2-644　取消地面阴影

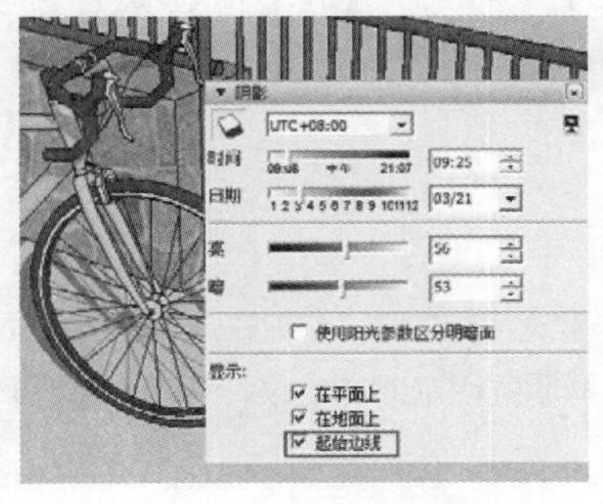


图 2-645　线段产生阴影

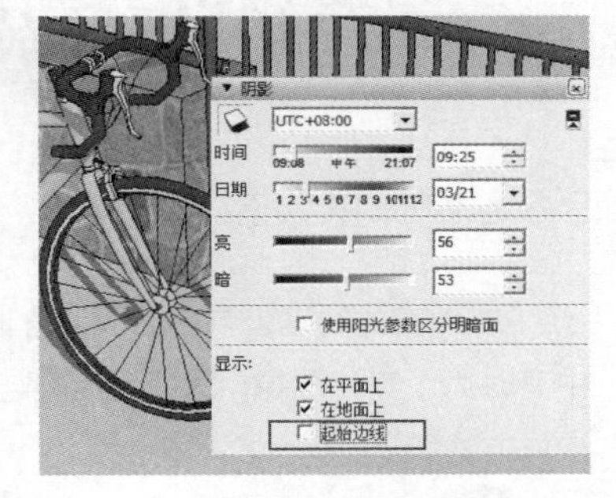


图 2-646　线段不产生阴影

## 2.6.3 阴影显示切换

在 SketchUp 中可以通过单击【阴影】工具栏【阴影显示切换】按钮，可以快速对整个场景的阴影进行显示与隐藏，如图 2-647 与图 2-648 所示。

图 2-647　按下产生阴影

图 2-648　弹起取消阴影

## 2.6.4 日期与时间

【阴影】工具栏【日期】与【时间】滑块与【阴影设置】对话框的同名滑块功能一致，且两者为联动设置，调整滑块即可实时调整阴影效果，如图 2-649 与图 2-650 所示，相对【阴影设置】对话框进行调整更为方便、快捷。

图 2-649 调整日期改变阴影

图 2-650 调整时间改变阴影

注 意

手动调整【阴影】工具栏【日期】滑块时，【时间】滑块将自动进行小幅度的调整。而手动调整【时间】滑块时，则不会影响【日期】滑块。

## 2.6.5 物体的投影与受影

在现实的物理世界中，除非是非常透明的物体，否则在灯光的照射下都会产生或接受阴影效果。在 SketchUp 中有时为了美化图像，保持整洁感与鲜明的明暗对比效果，可以人为地取消一些附属模型的投影与受影，具体的操作方法如下：

01 将前一节中的“阴影设置”模型的阴影效果调整为如图 2-651 所示，使其中的“单车”在其后方的模型表面与地面均产生阴影，而后方的模型仅在地面产生阴影。

02 选择“单车”单击鼠标右键，在弹出的快捷菜单中选择【模型信息】命令，如图 2-652 所示。

03 在弹出的【图元信息】面板中首先取消【阴影投射】参数的勾选，即可隐藏单车产生的阴影，如图 2-653 所示。

04 再选择“单车”后方的“墙体”，勾选其【接收阴影】选项，“栅格”表面即会接受“单车”模型的投影，如图 2-654 所示。

图 2-651 调整阴影效果

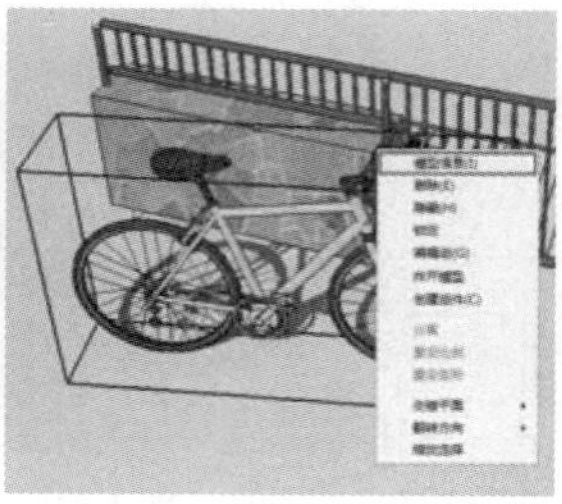

图 2-652 选择模型信息

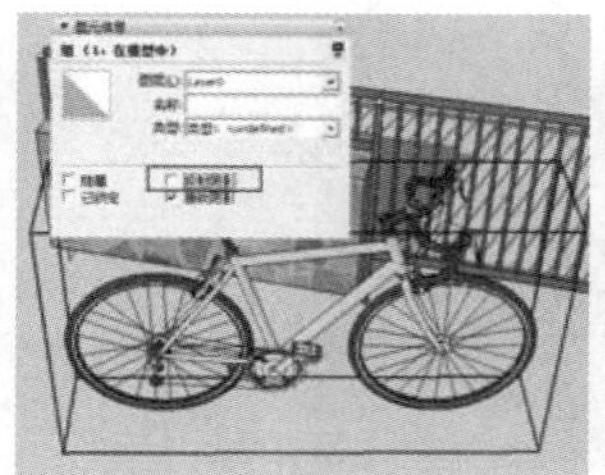

图 2-653 取消单车投影

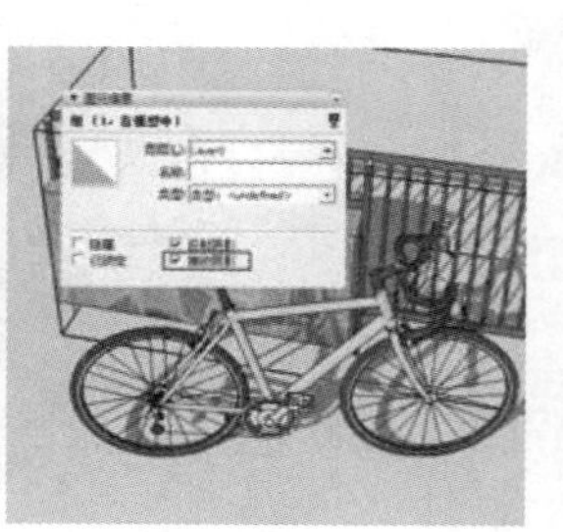

图 2-654 勾选墙面受影

# 2.7 SketchUp 常用插件

作为一款新兴的三维软件，SketchUp 在某些方面还是有很多的不足。为此，很多第三方开发了相应的建模、渲染等插件，以增强 SketchUp 的功能，提高工作的效率。本节介绍其中一些常用的建模插件。

## 2.7.1 SUAPP 插件

### 1. 通过插件创建模型

通过 Suapp 中的一些命令可以直接创建建筑墙体、门窗、支柱、屋顶等常用结构，接下来以创建墙体为例介绍其操作方法：

01 执行【扩展程序】/【轴网墙体】/【绘制墙体】菜单命令，即弹出【参数设置】面板，如图 2-656 与图 2-657 所示。

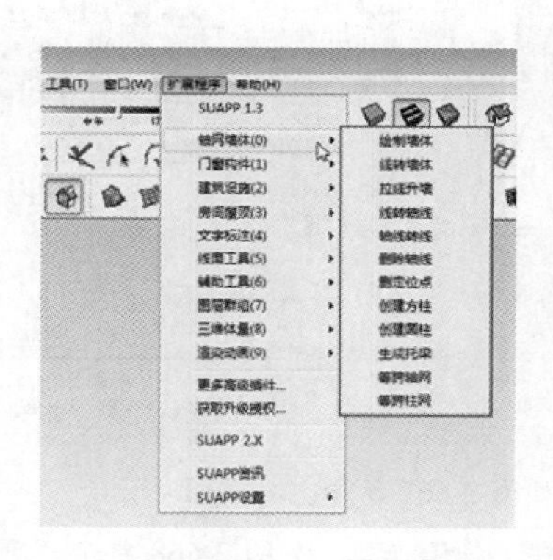

图 2-655 Suaap 子菜单中的功能命令

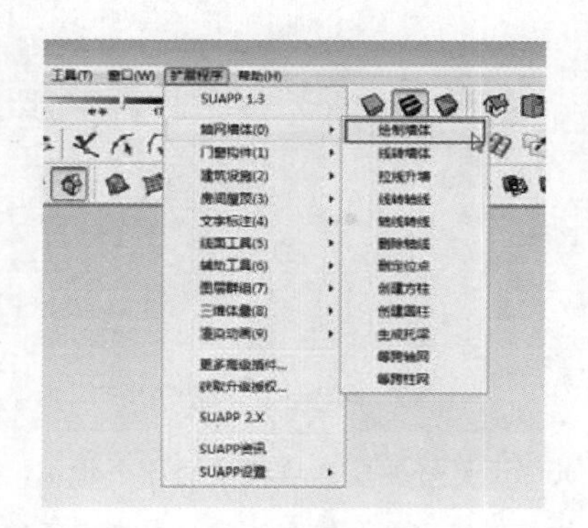

图 2-656 执行绘制墙体菜单命令

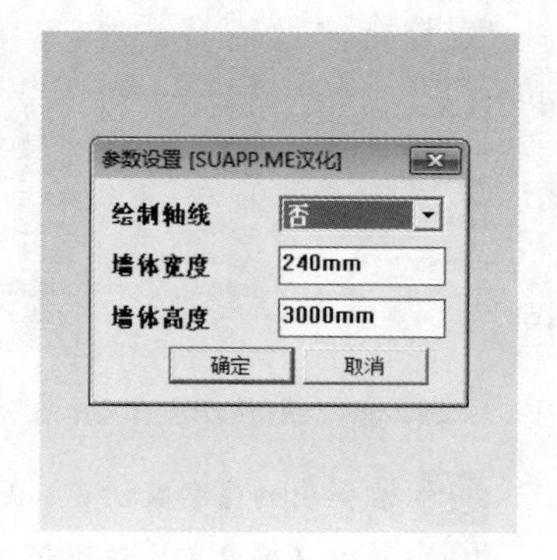


图 2-657 参数设置面板

02 在【参数设置】面板中设置好【墙体宽度】与【墙体高度】数值后单击【确定】按钮，然后在视图中按住鼠标左键进行拖动，确定墙体方向与长度，如图 2-658 所示。

03 松开鼠标左键即可自动生成墙体，如图 2-659 所示。通过这种方式选择菜单中对应的命令即可创建常用的建筑构件等模型，如图 2-260~图 2-663 所示。

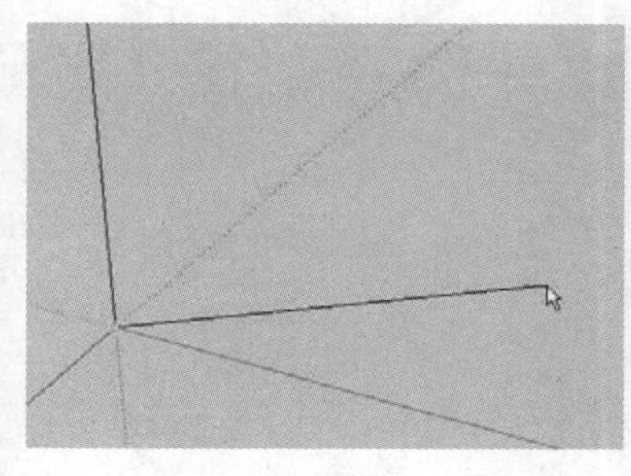

图 2-658 拖动鼠标创建墙体

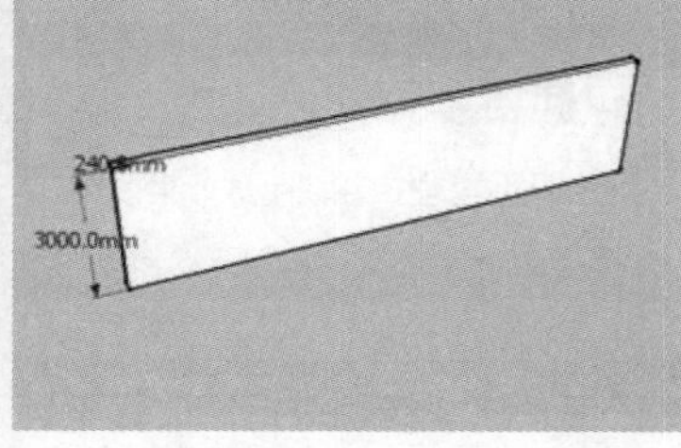

图 2-659 墙体创建完成效果

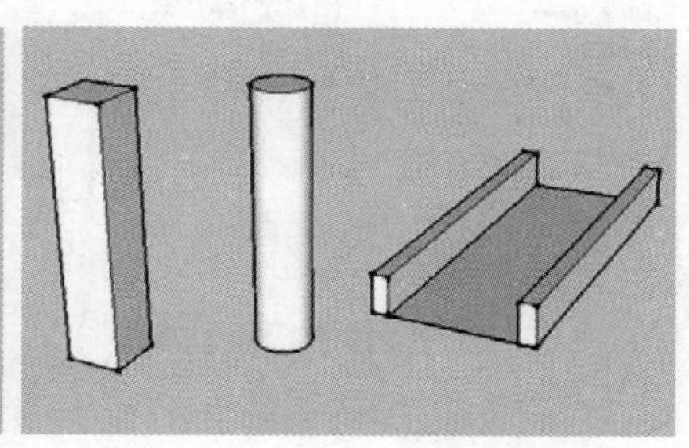

图 2-660 建筑结构创建效果

04 此外通过【三维体量】中的菜单命令还可以快速绘制出一些常用的几何体模型，如图 2-664 与图 2-665 所示。

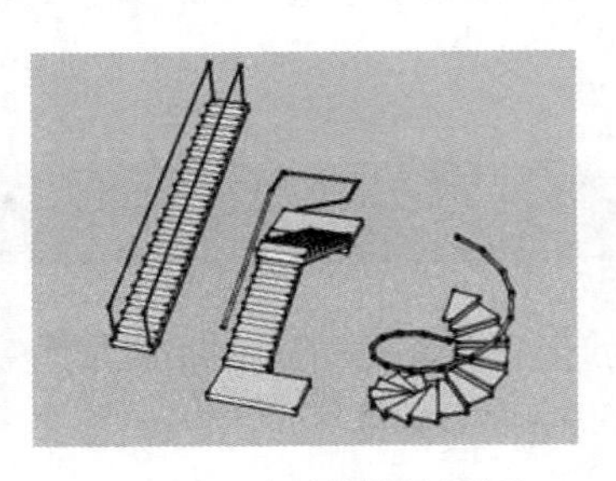

图 2-661　各式楼梯创建效果

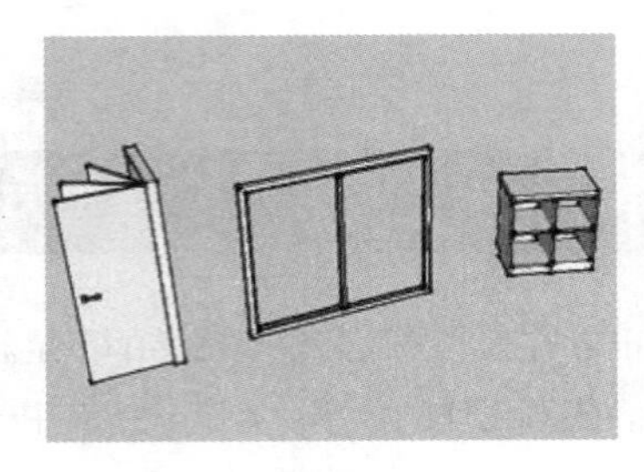

图 2-662　门窗及常用家具创建效果

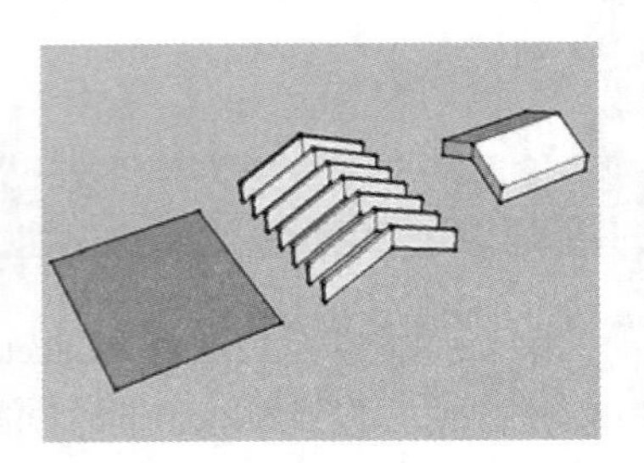

图 2-663　房屋屋顶结构创建效果

### 2. 通过插件修改生成模型

Suapp 除了通过参数生成一些常用的模型与几何体外，还可以通过当前创建的简单模型生成如玻璃幕墙、斜坡屋顶等三维模型，下面以生成玻璃幕墙为例为大家介绍这种使用方法。

**01** 首先在视图中创建一个平面，然后执行【扩展程序】/【门窗构件】/【玻璃幕墙】菜单命令，如图 2-666 所示。

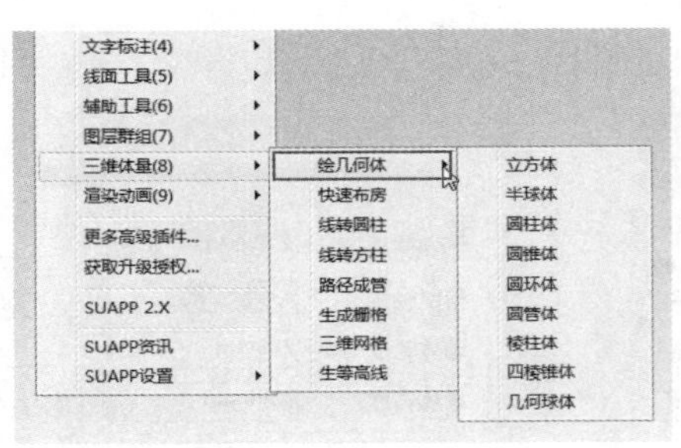


图 2-664　执行绘几何体菜单命令

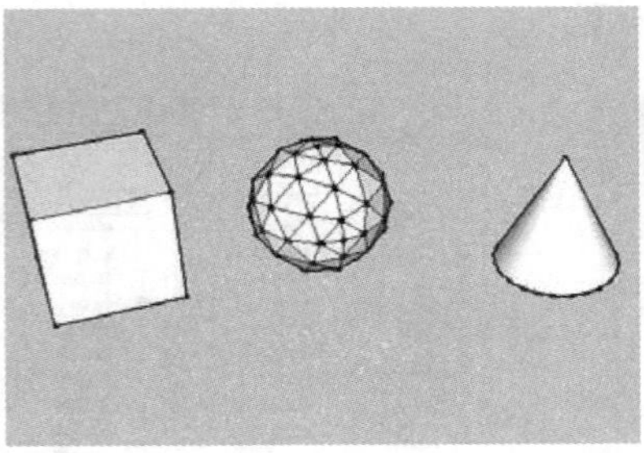

图 2-665　绘制常用的几何体

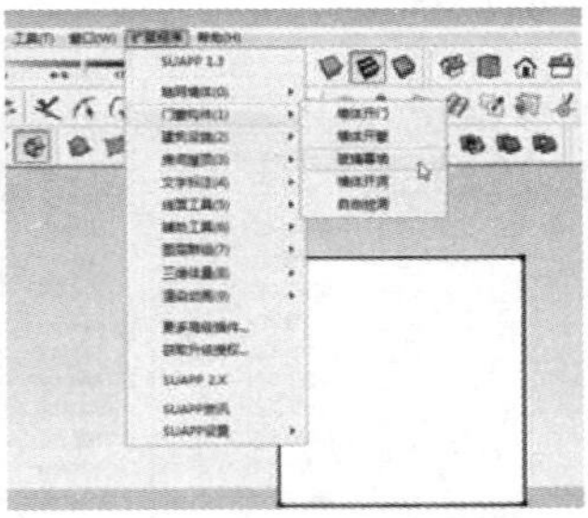

图 2-666　执行玻璃幕墙菜单命令

**02** 在弹出的【参数设置】面板中设置好玻璃幕墙模型的各个特征，如图 2-667 所示。

**03** 单击【确定】按钮即可将之前创建的平面转变为对应参数设定的玻璃幕墙模型，如图 2-668 所示。通过类似的方法还可以生成多种屋顶模型，如图 2-669 所示。

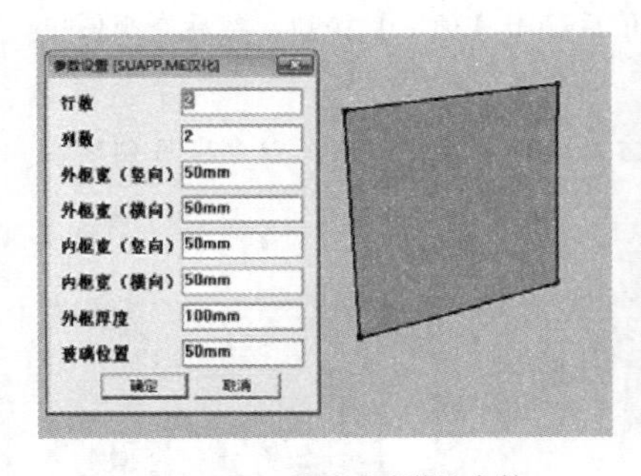


图 2-667　设置玻璃幕墙参数

图 2-668　玻璃幕墙生成效果

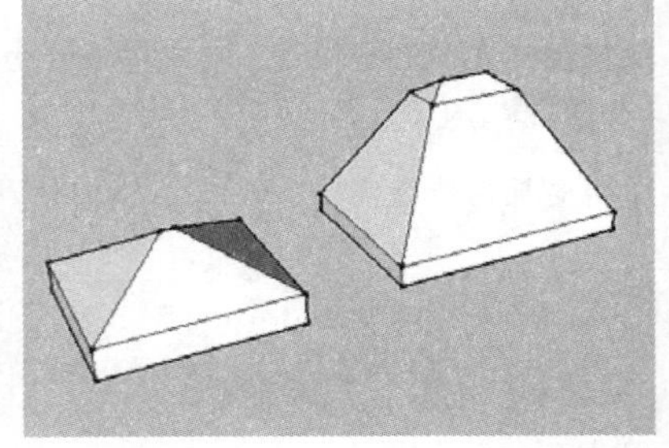

图 2-669　各种屋顶生成效果

### 3. 通过插件进行模型修改

通过 Suapp 中的一些命令可以快速对已经创建的模型进行修改，不但可以轻松创建出门洞、窗洞等结构，还能快速进行圆角、倒角等细节修改，操作步骤如下：

**01** 执行【扩展程序】/【门窗构件】/【自由挖洞】菜单命令，然后选择一面墙体创建出开洞的形状与大小，如图 2-670 与图 2-671 所示。

**02** 确定开洞形状与大小后松开鼠标，然后选择创建的分割面进行删除即可创建出门洞或窗洞，如图2-672 所示。

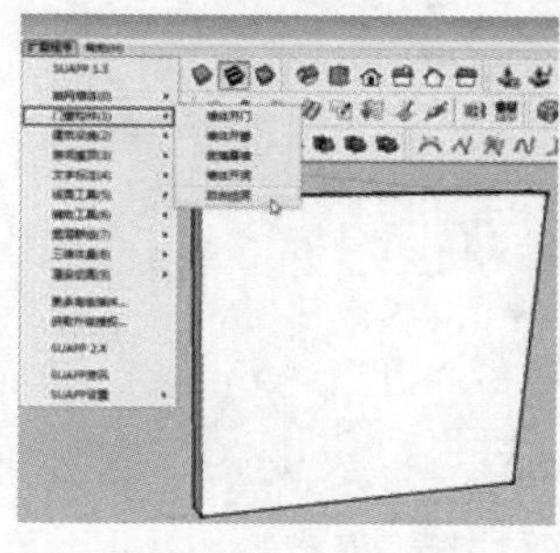

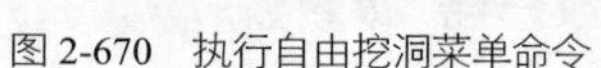

图 2-670　执行自由挖洞菜单命令

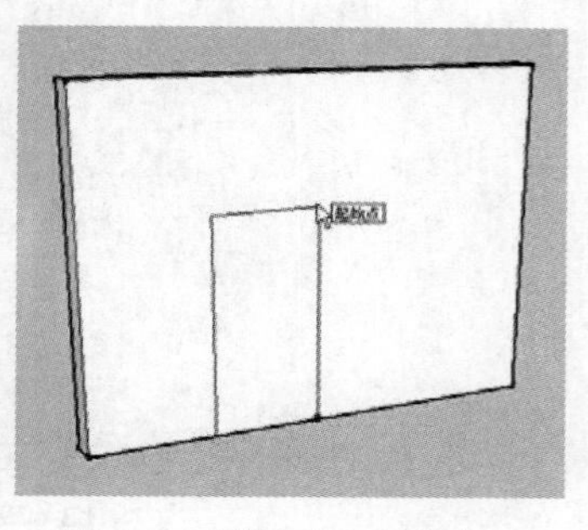

图 2-671　划定开洞开关与大小

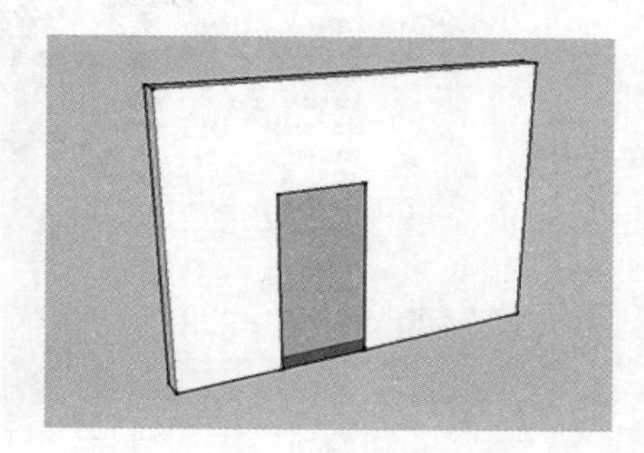

图 2-672　开洞完成

如果要进行线形或面细节的修改则可以通过【线面工具】子菜单实现，下面以进行圆角效果的处理为例介绍操作方法：

**03** 选择要进行圆角处理的线段，然后执行【扩展程序】/【线面工具】/【线倒圆角】菜单命令，如图 2-673 所示。

**04** 直线输入圆角半径，然后按“Enter”键确定生成圆角线段，删除多余的线段即可生成圆角，如图2-674 与图 2-675 所示。

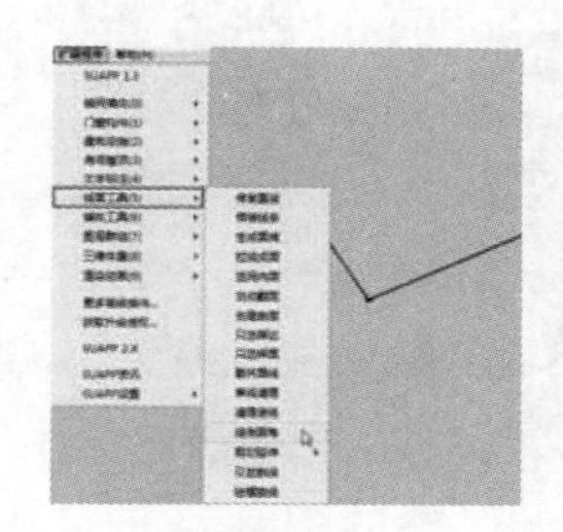

图 2-673　执行线倒圆角菜单命令

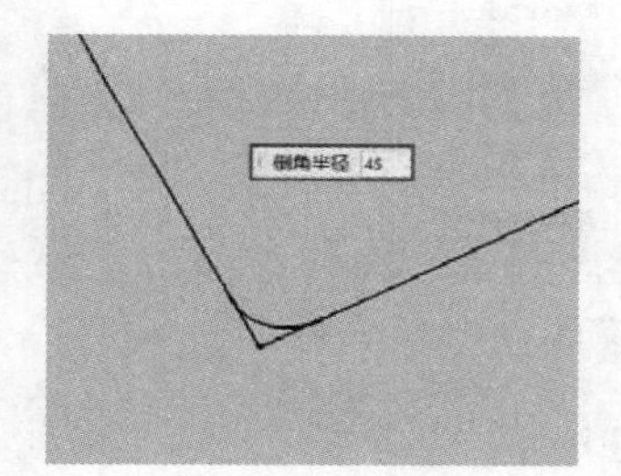


图 2-674　输入圆角半径

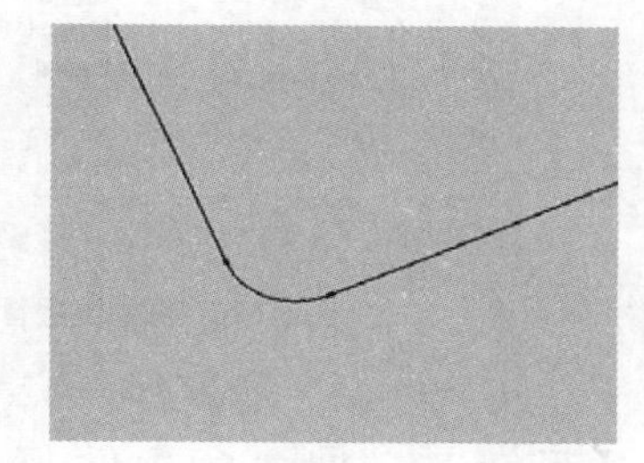

图 2-675　圆角完成

**4．插件的其他功能**

通过 Suapp 还可以进行模型调整、标注、图层群组管理以及渲染动画等辅助操作，如图 2-676 ~ 图 2-681 所示。

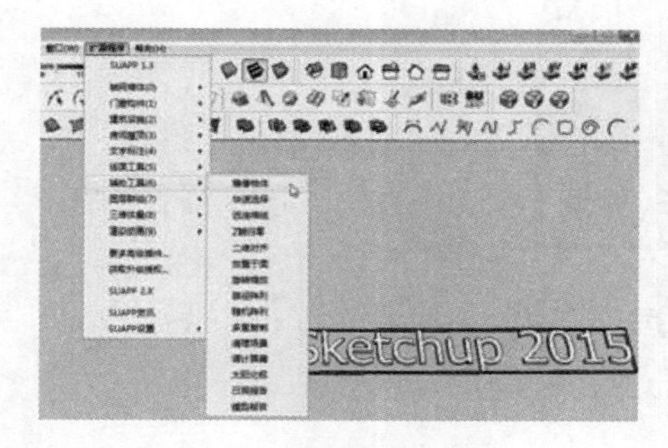


图 2-676　对模型进行镜像

图 2-677　镜像完成效果

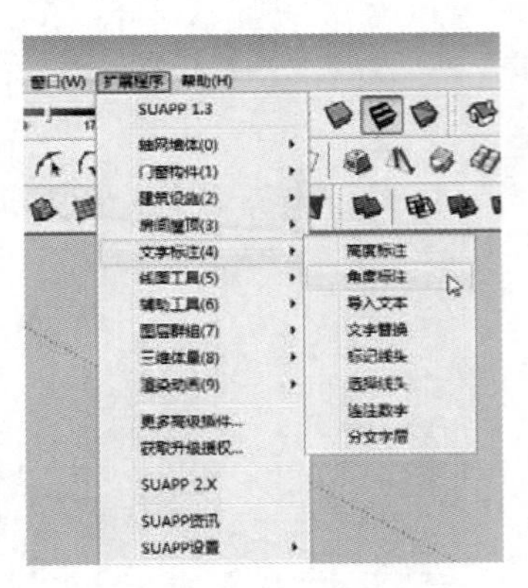


图 2-678　进行角度标注

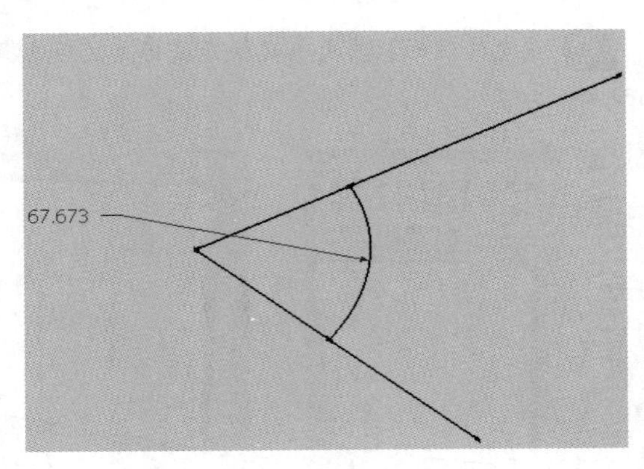


图 2-679　角度标注完成效果

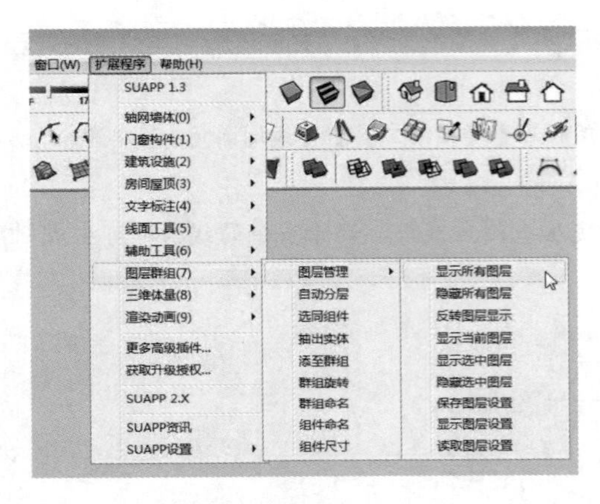


图 2-680　图层群组管理子菜单

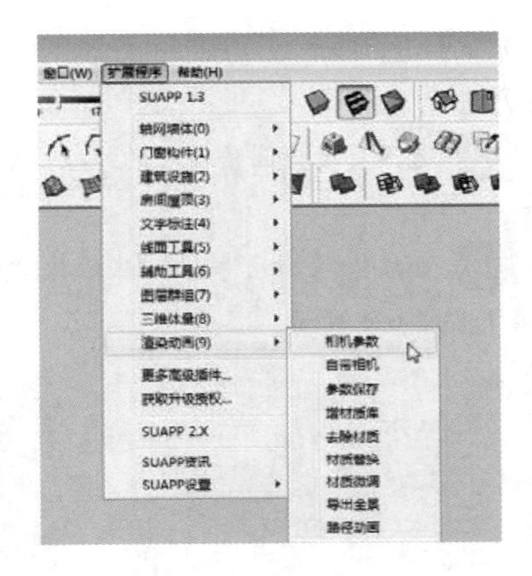


图 2-681　渲染动画子菜单

## 2.7.2 超级圆（倒）角插件

使用【超级圆（倒）角】插件，可以快速制作十分精细的圆（倒）角效果，从而加强模型细节的表现。

成功安装超级圆（倒）角插件后，执行【视图】/【工具栏】菜单命令，调出【Round Corner】工具栏如图 2-682 所示。

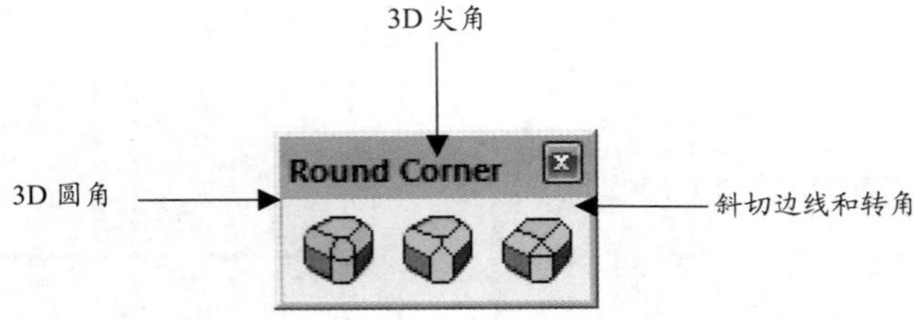


图 2-682　超级圆（倒）角工具栏

### 1. 3D 圆角

01 结合使用【矩形】与【推/拉】工具，在场景中创建一个长方体，如图 2-683 所示。

02 单击【3D 圆角】按钮，如图 2-684 所示，选择长方体顶面，周边出现红色的圆角范围提示框，如图 2-685 所示。

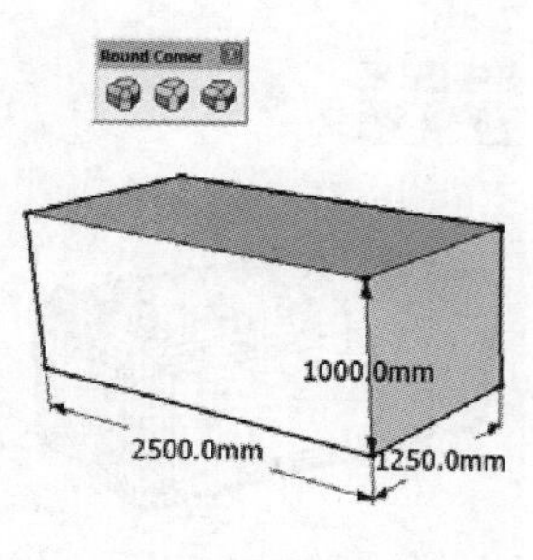


图 2-683　创建长方体

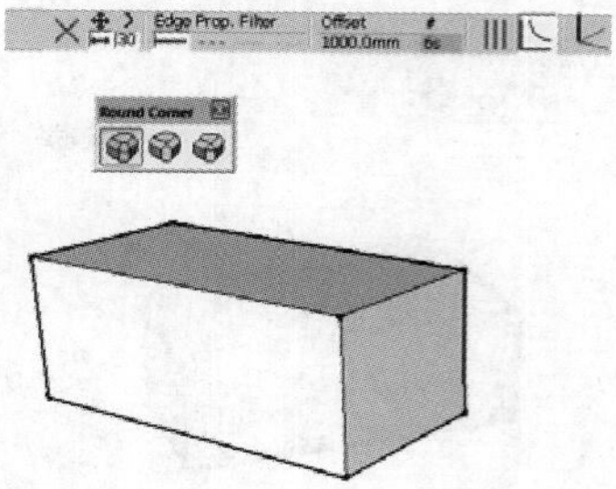

图 2-684　单击 3D 圆角工具按钮

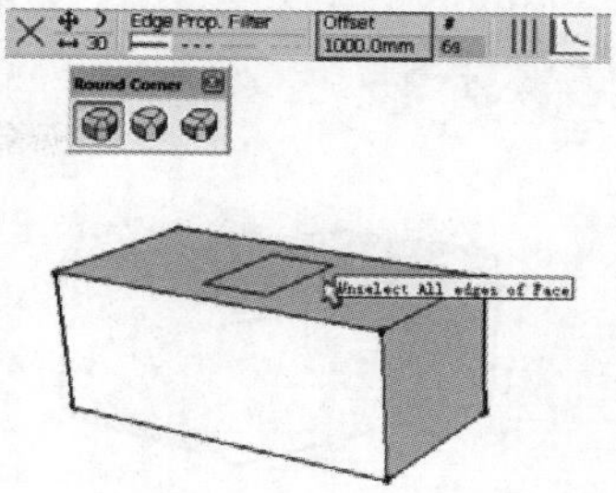

图 2-685　圆角范围提示

03 参考范围框，在【偏移】数值框中输入圆角半径数值、然后连续两次按下“Enter”键，即可完成顶面的倒角，如图 2-686~图 2-688 所示。

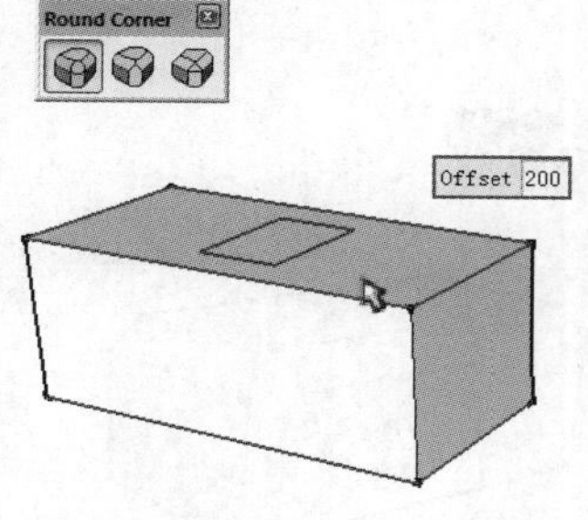


图 2-686　调整圆角半径

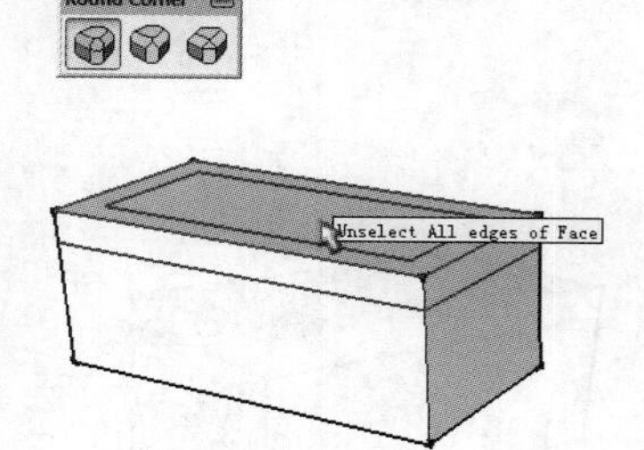


图 2-687　调整半径后的圆角范围提示

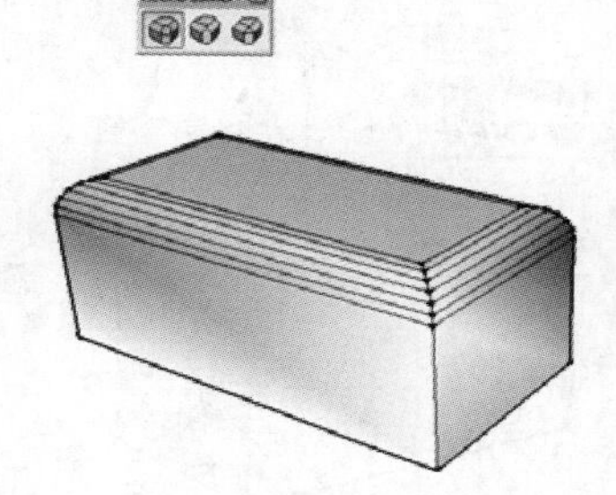

图 2-688　顶 3D 圆角完成效果

**提 示**

【3D 圆角】将一次性完成选择面相关的所有线段圆角，如果要单独对某些线段进行圆角，则需要使用到【3D 尖角】工具。

### 2. 3D 尖角

01 单击【3D 尖角】按钮，选择单击选择目标线段，参考提示范围，在【偏移】输入框中输入圆角半径，连续两次按下“Enter”键，即可完成圆角效果，如图 2-689~图 2-691 所示。

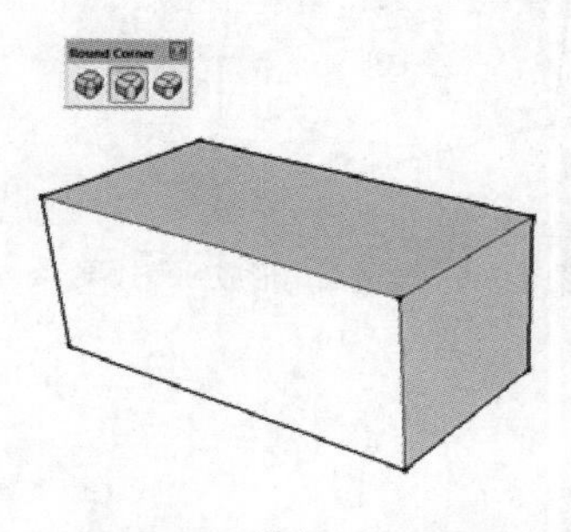

图 2-689　单击 3D 尖角按钮

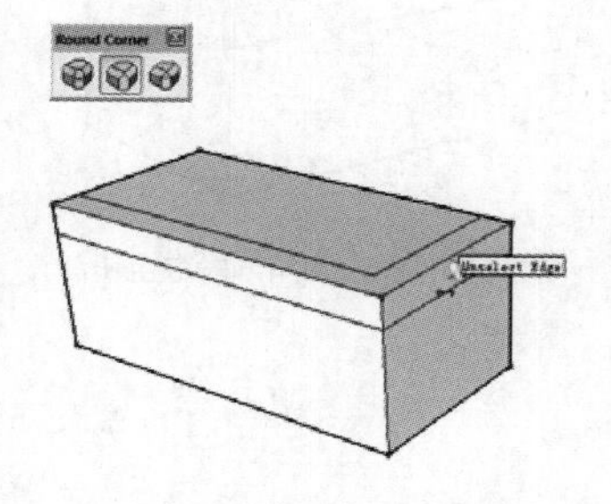

图 2-690　选择目标尖角线段

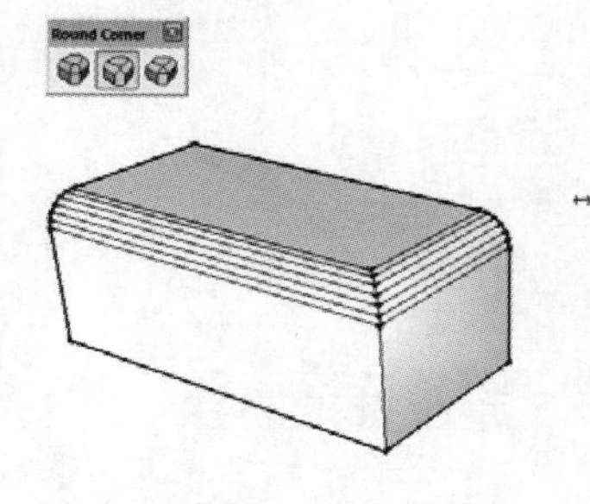

图 2-691　确认进行尖角

02 除了连续线段外，该工具还可以对间隔、连续转折等线段进行自由的倒角，如图 2-692~图 2-694 所示。

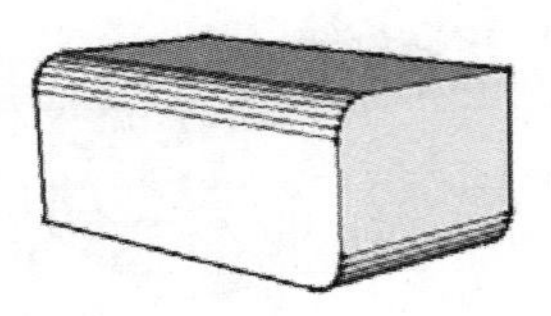

图 2-692　间隔线段尖角效果

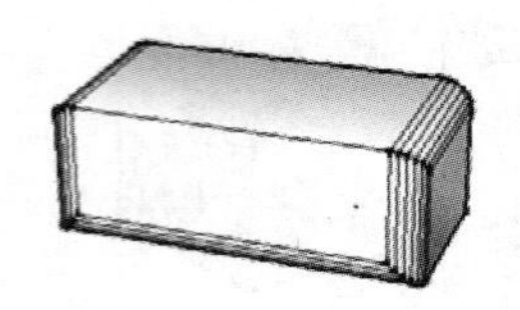

图 2-693　连续转折线尖角效果

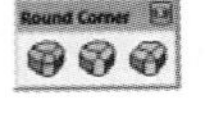
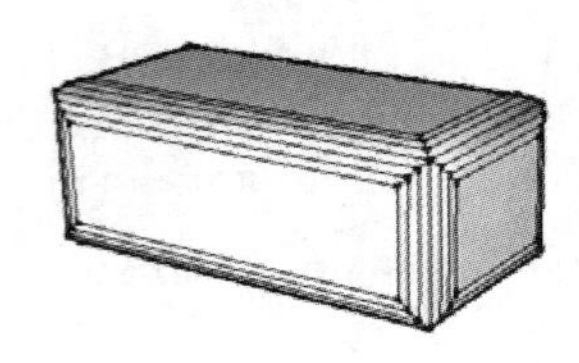

图 2-694　所有线段尖角效果

### 3. 斜切边线和转角

单击【斜切边线和转角】按钮，选择单击选择目标线段，参考提示范围，在【数值】内输入倒角距离，连续两次按下“Enter”键，即可完成倒角效果，如图 2-695~图 2-697 所示。

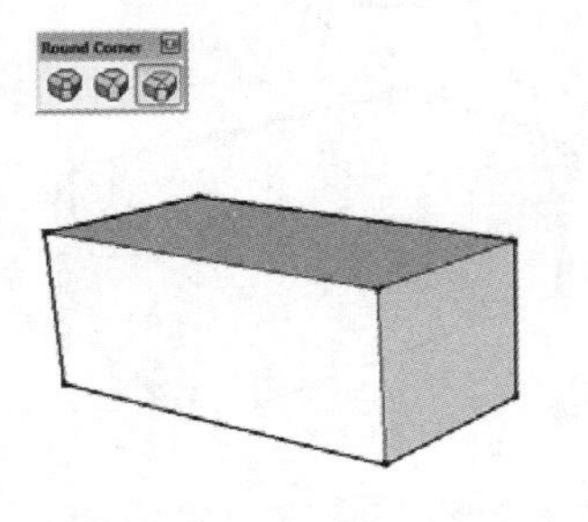

图 2-695　单击斜切边线和转角按钮

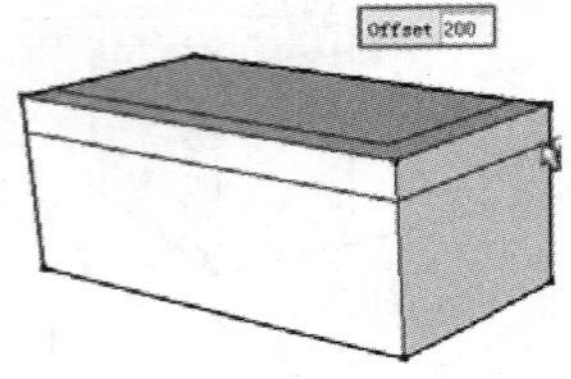


图 2-696　选择倒角目标线段

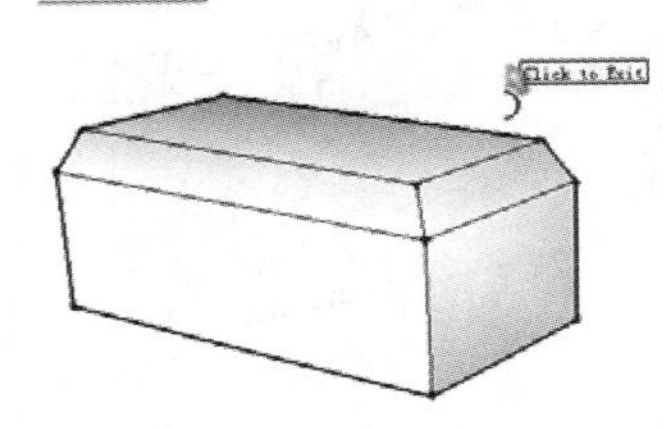


图 2-697　目标线段倒角完成效果

**技 巧**

在使用【3D 圆角】以及【3D 尖角】工具时，如果降低分段数至 1，同样可以得到倒角效果，如图 2-698~图 2-700 所示。

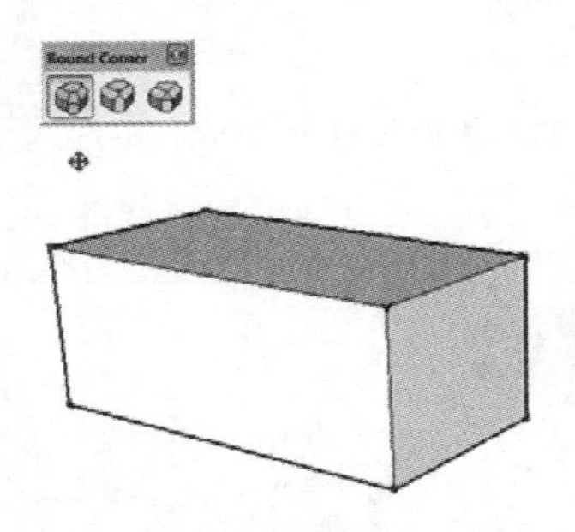

图 2-698　单击 3D 圆角按钮

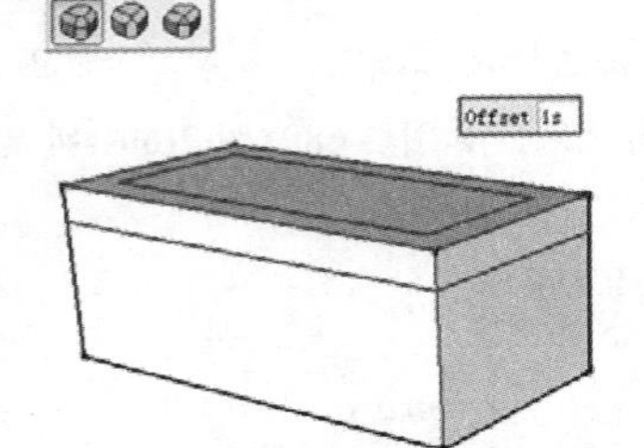

图 2-699　调整圆角分段数至 1

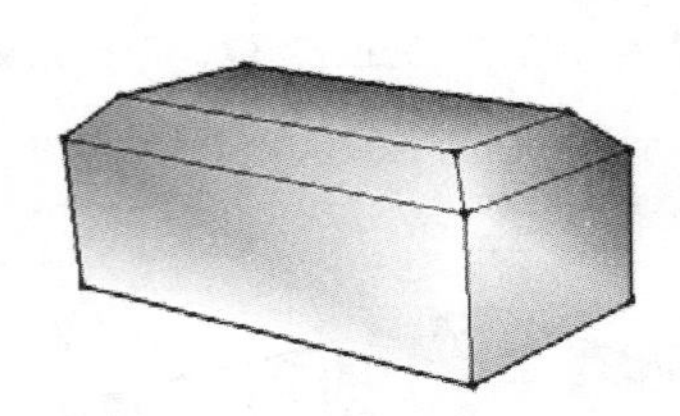

图 2-700　通过圆角形成倒角效果

## 2.7.3 超级推拉插件

通过【超级推拉】插件，可以弥补 SketchUp 默认【推/拉】工具的诸多限制，轻松实现多面同时推拉、任意方向推拉等操作，在此介绍常用的几种超级推拉工具。

成功安装超级推拉插件后，执行【视图】/【工具栏】命令，调出【超级推拉】工具栏，如图 2-701 所示，单击相应工具按钮，即可完成各种推拉操作。

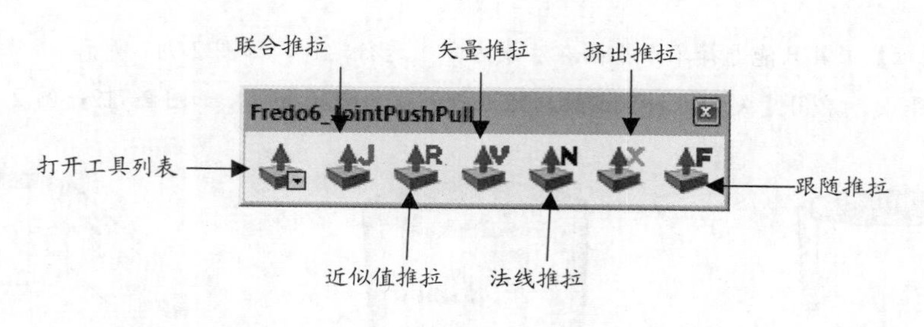


图 2-701　超级推拉工具栏

## 1. 联合推拉

01 SketchUp 默认的【推/拉】工具每次只能进行单面推拉，如图 2-702 所示，在曲面上分多次推拉相邻的面，则会由于保持法线方向而形成分叉的效果，如图 2-703 所示。

02 使用【联合推拉】工具，可以同时选择相邻以及间隔面进行推拉，且相邻面将产生合并的推拉效果，如图 2-704~图 2-707 所示。

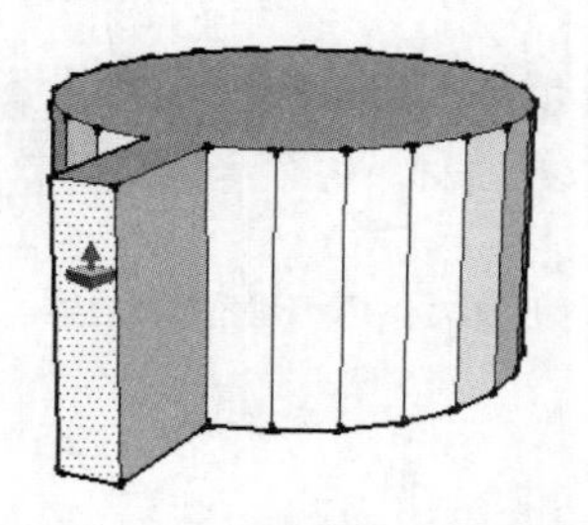

图 2-702　默认推拉只可进行单面推拉

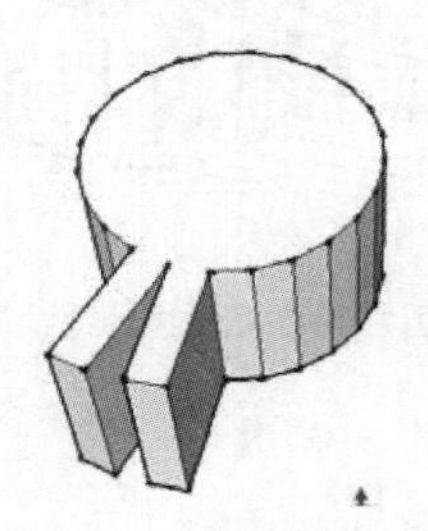

图 2-703　相邻面默认推拉效果

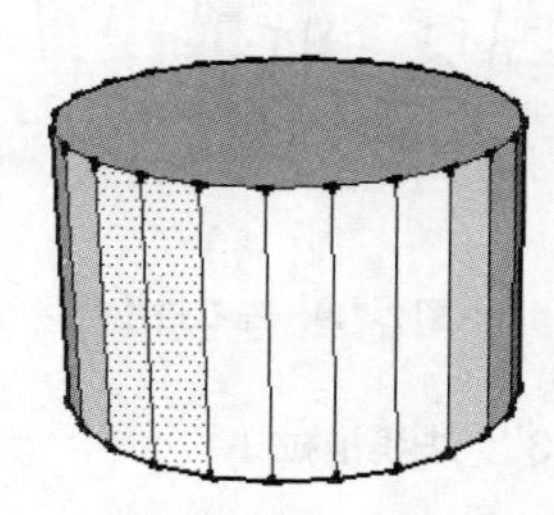

图 2-704　同时选择相邻面

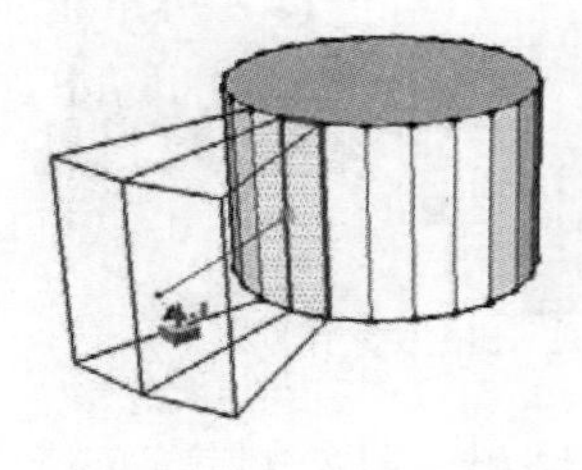

图 2-705　相邻面联合推拉

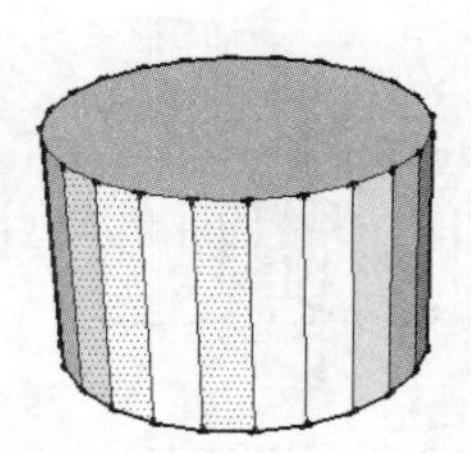

图 2-706　同时选择相邻及间隔面

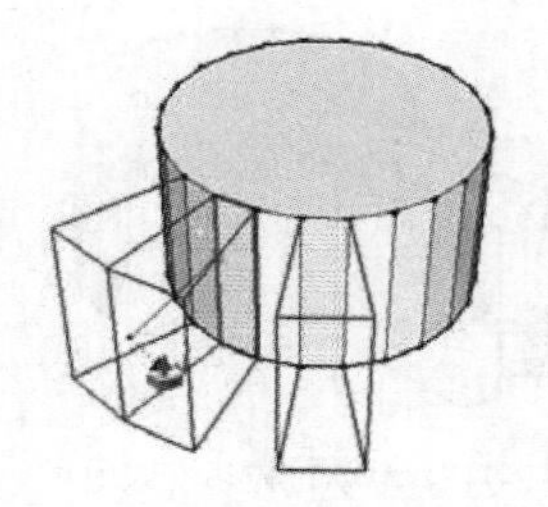

图 2-707　联合推拉

03 进行【联合推拉】时想重新推拉可以单击鼠标右键，取消操作并退出，如图 2-708 所示，可在绘图区上方设置相应的参数，如图 2-709 所示。确定后的推拉效果如图 2-710 所示。

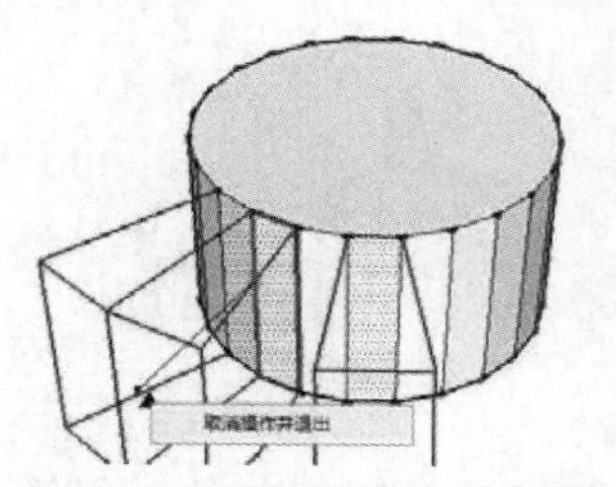


图 2-708　单击右键弹出快捷菜单

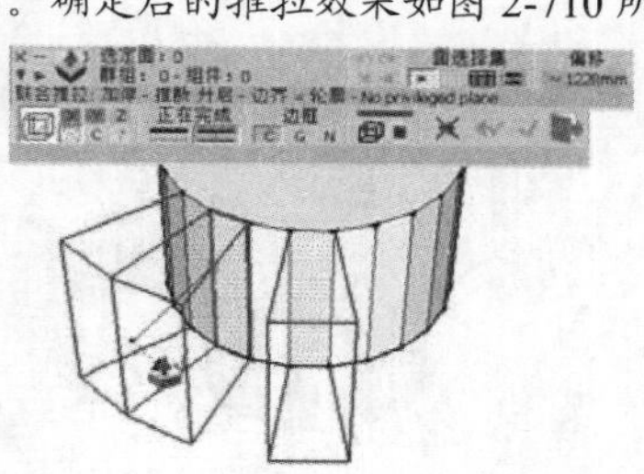

图 2-709　联合推拉参数设置

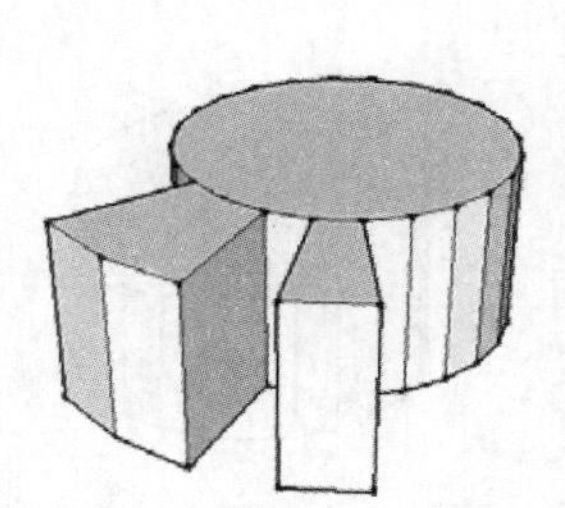

图 2-710　联合推拉完成效果

### 2. 矢量推拉

01 默认【推/拉】工具只能选择单个平面在法线方向上进行延伸，如图 2-711 所示。

02 选择多个平面，启用【矢量推拉】工具则可进行任意方向的推拉，如图 2-712 ~ 图 2-714 所示。

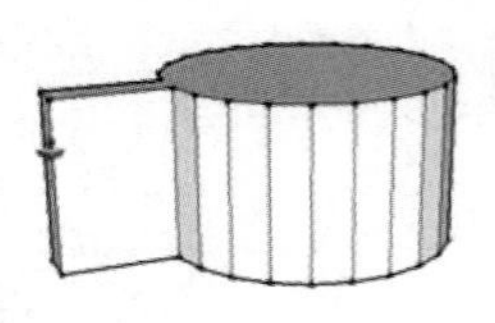

图 2-711 默认推拉效果

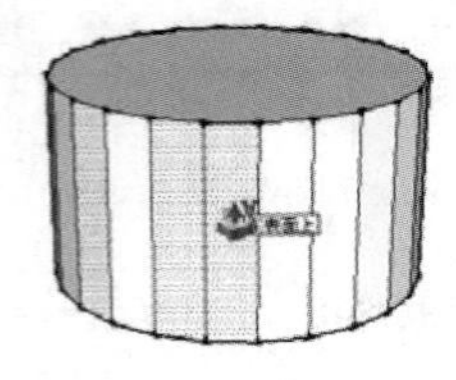

图 2-712 选择多面进行矢量推拉

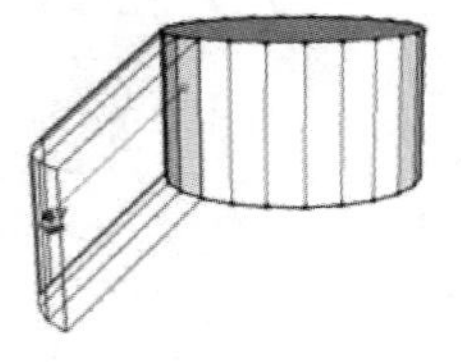

图 2-713 上下推拉效果

03 可在绘图区上方设置相应的参数，完成效果如图 2-715 与图 2-716 所示。

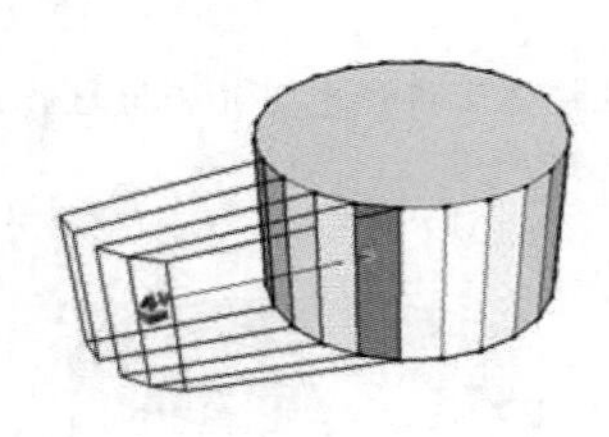

图 2-714 左右推拉效果

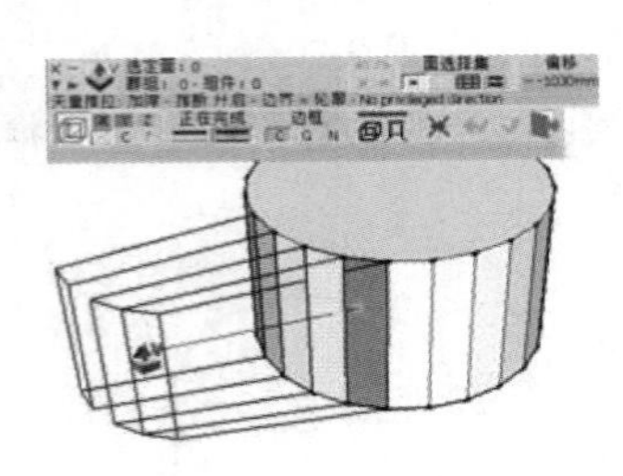

图 2-715 矢量推拉参数设置面板

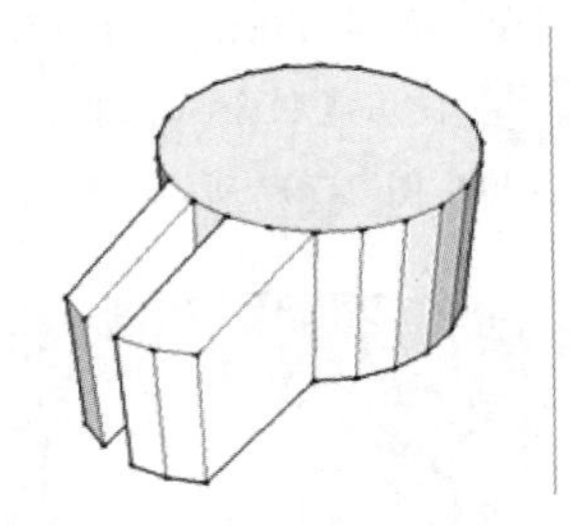

图 2-716 矢量推拉完成效果

### 3. 法线推拉

01 默认的【推/拉】工具向前推拉时，是沿法线方向进行单面延伸，如图 2-717 所示。

02 启用【法线推拉】工具，可以同时对多个面进行法线方向的延伸，如图 2-718 与图 2-719 示。

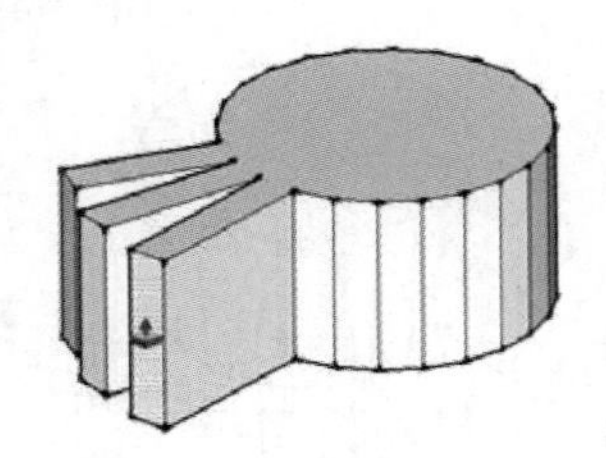

图 2-717 默认推拉多次效果

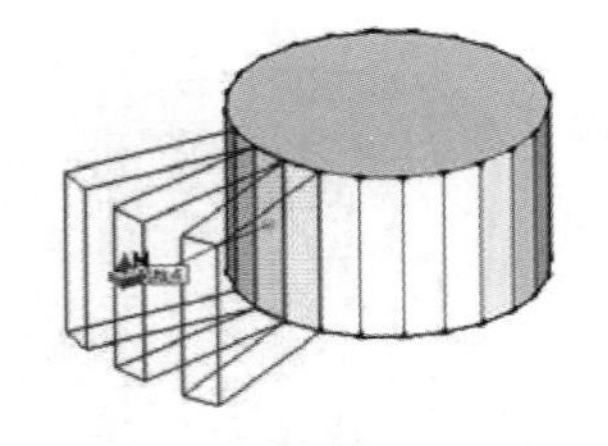

图 2-718 选择多面执行法线推拉

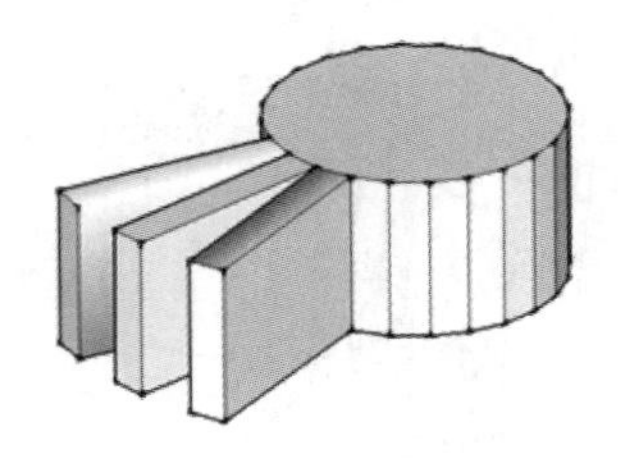

图 2-719 多面法线推拉完成效果

03 SketchUp 默认【推/拉】工具向内推拉时，为沿法线方向进行的推空效果，如图 2-720 所示。

04 启用【法线推拉】工具向后推拉，将不产生推空效果，而产生反向的延长效果，如图 2-721 与图 2-722 所示。

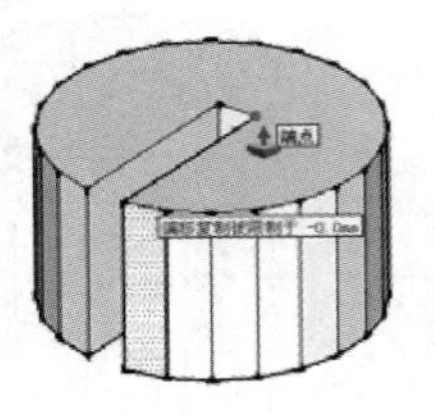

图 2-720 默认向内推拉效果

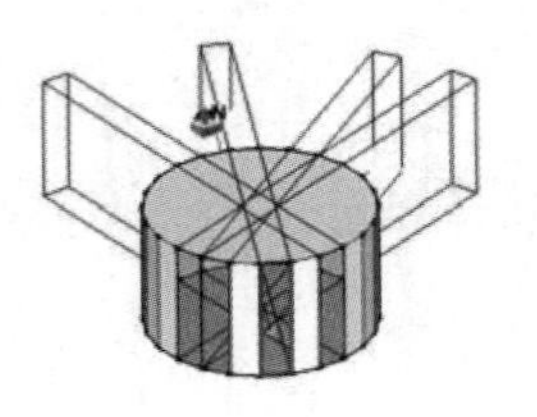

图 2-721 法线向内推拉

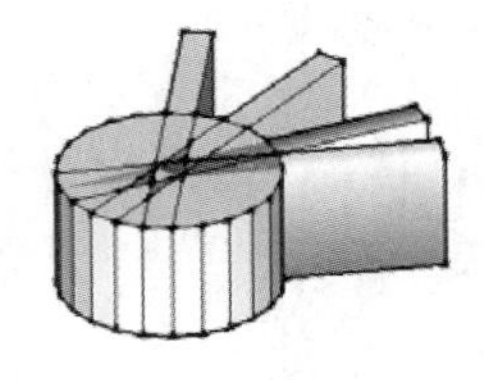

图 2-722 法线向内推拉完成效果

## 2.7.4 曲面编辑工具

使用【曲面自由分割】插件，可以自由地在曲面上进行任意形状的细分割，并能进行偏移复制、轮廓调整等编辑，极大地加强了 SketchUp 在曲面上的细化与编辑能力。

成功安装曲面自由分割插件后，还需要勾选【系统设置】中【扩展】选项卡“Tools on surface”复选框，才可激活对应工具栏，具体操作如图 2-723 与图 2-724 所示。

图 2-723 执行【系统设置】命令

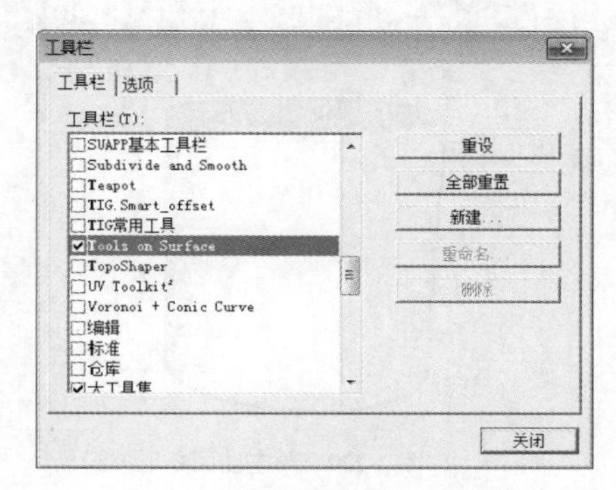


图 2-724 激活曲面自由分割工具

激活完成后，通过【视图】/【工具栏】菜单命令，调出工具栏如图 2-725 所示。

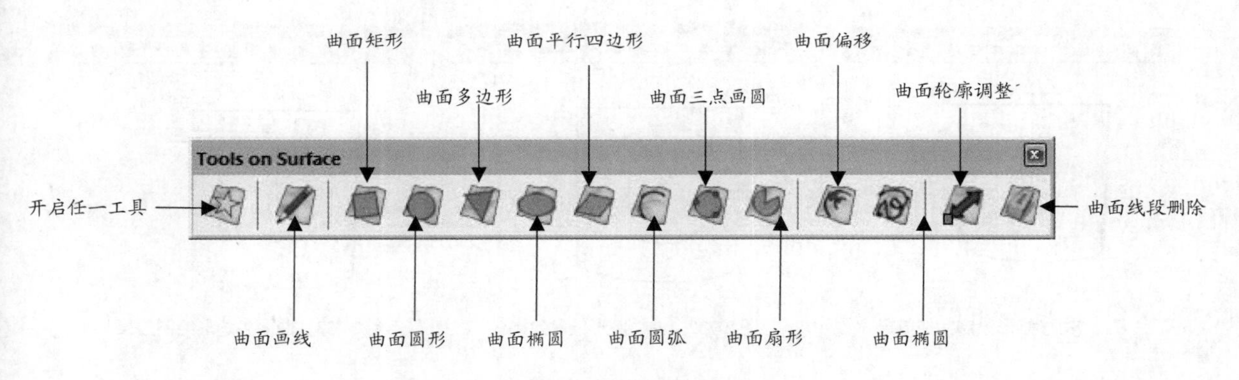


图 2-725 曲面自由分割工具栏

01 结合使用【圆柱】与【推/拉】工具，在场景中绘制一个圆柱体，如图 2-726 所示。

02 单击曲面画线按钮，在圆柱曲面上通过确定表面上的两点，任意绘制线段，如图 2-727 与图 2-728 所示。

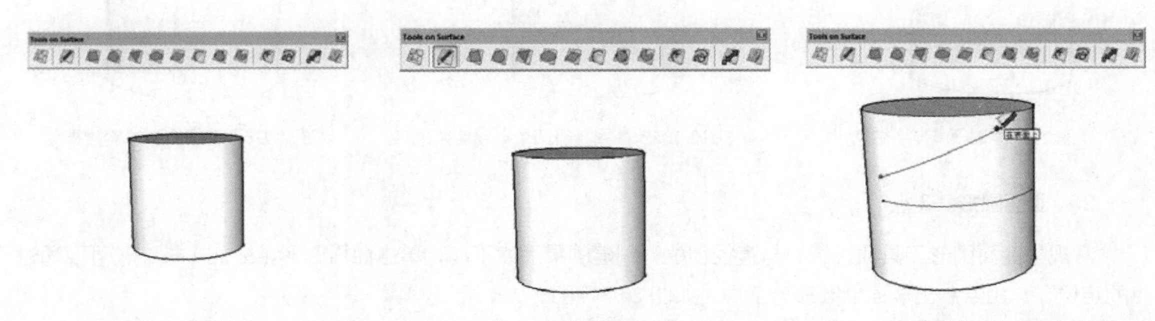

图 2-726 创建圆柱体　图 2-727 单击曲面画线按钮　图 2-728 绘制曲面上任意线段

### 1. 曲面常用二维图形

曲面分割工具中包括矩形、圆形、多边形、椭圆、平行四边形以及圆弧 6 种常用的工具，这里以矩形分割为例进行操作说明。

01 单击曲面矩形分割按钮，在曲面目标位置单击鼠标确定分割，如图 2-729 所示。

02 在曲面上拖动创建另一个角点，单击确定即可完成对应分割，如图 2-730 与图 2-731 所示。

图 2-729　单击曲面矩形按钮

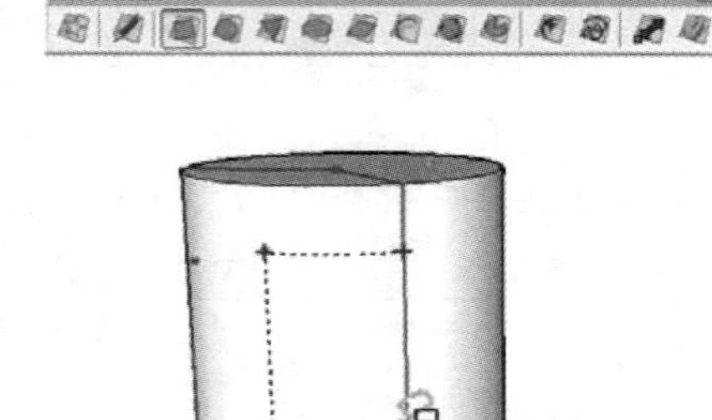

图 2-730　在曲面上绘制矩形

03 单击其他曲面二维图形工具，通过相同的操作过程，可以十分方便在曲面上绘制对应的分割面，如图 2-732~ 图 2-736 所示。

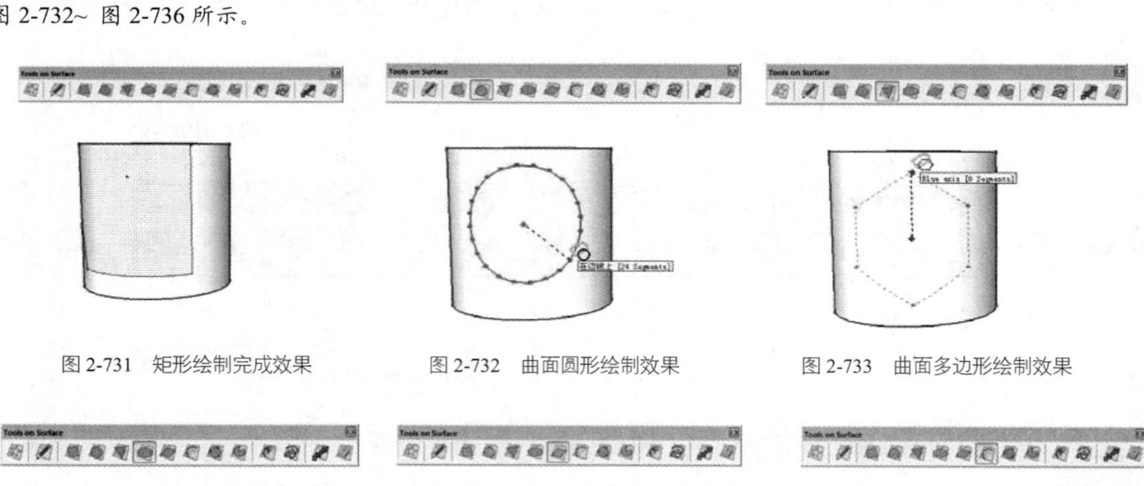

图 2-731　矩形绘制完成效果　图 2-732　曲面圆形绘制效果　图 2-733　曲面多边形绘制效果

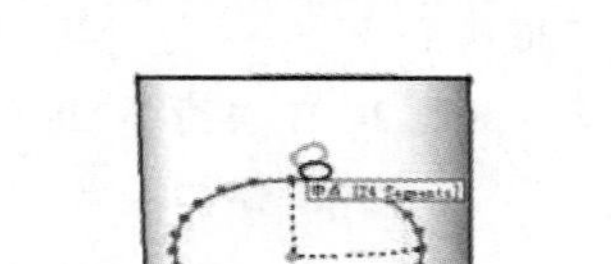

图 2-734　曲面椭圆绘制效果

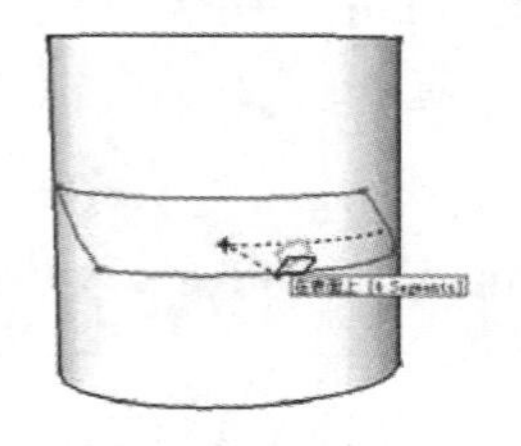

图 2-735　曲面平行四边形绘制效果

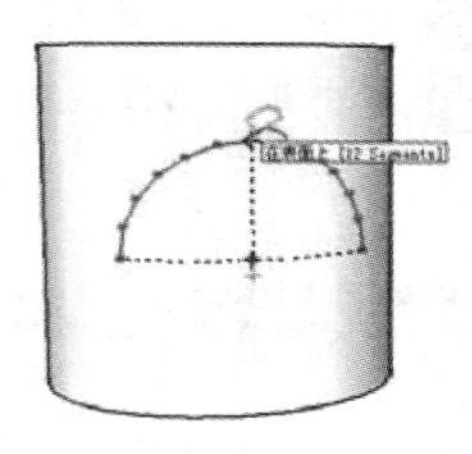

图 2-736　曲面圆弧绘制效果

### 2. 曲面圆形（3 点）

常规的曲面圆形工具通过圆心与直径创建，创建的灵活度不高，单击曲面圆形（3 点）按钮，可以通过三点的定位，自由绘制出表面的圆形分割面，如图 2-737~图 2-739 所示。

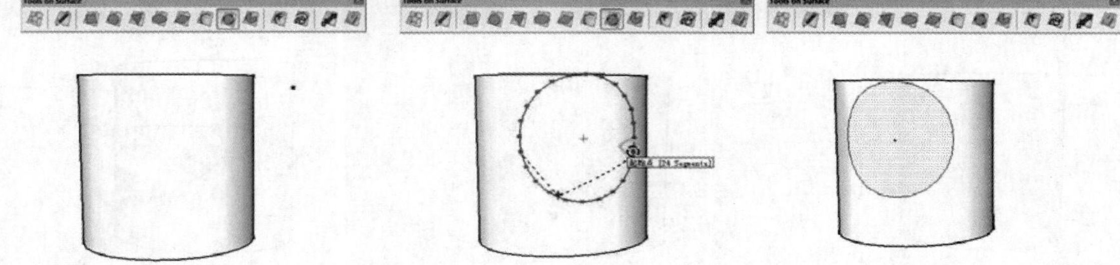
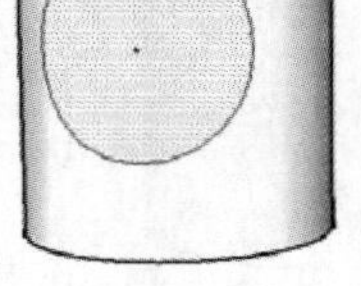

图 2-737　单击圆形（3 点）按钮　　图 2-738　通过鼠标单击绘制圆形　　图 2-739　曲面圆形（3 点）绘制完成

### 3. 曲面扇形

单击曲面扇形按钮，在曲面上单击确定圆心后拖动鼠标，即可创建任意弧度的扇形区域分割面，如图 2-740~图 2-742 所示。

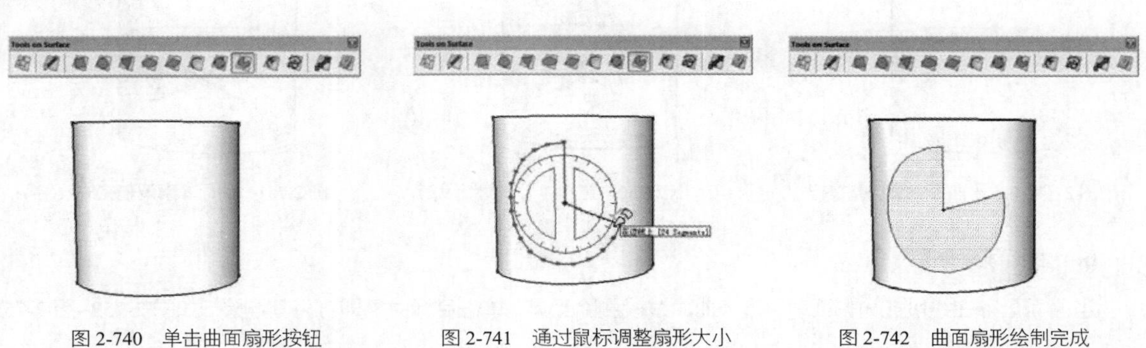

图 2-740　单击曲面扇形按钮　　图 2-741　通过鼠标调整扇形大小　　图 2-742　曲面扇形绘制完成

### 4. 曲面偏移

01 当曲面上存在线段或分割面时，单击曲面偏移按钮，选择对应的线段或分割面，即可自由进行偏移操作，如图 2-743~图 2-745 所示。

图 2-743　单击曲面偏移按钮　　图 2-744　选择曲面分割面进行偏移　　图 2-745　曲面偏移完成效果

02 曲面徒手线。单击曲面徒手线按钮，按住鼠标左键在曲面上任意拖动，即可创建徒手线并最终形成异形分割效果，如图 2-746~图 2-748 所示。

### 5. 曲面轮廓调整

当曲面上存在线段或分割面时，单击曲面轮廓调整工具，选择对象即可通过控制点调整其造型，如图 2-749~图 2-751 所示。

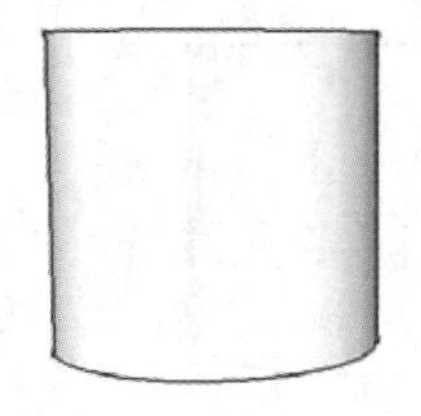

图 2-746　单击曲面徒手线按钮

图 2-747　拖动鼠标绘制徒手线

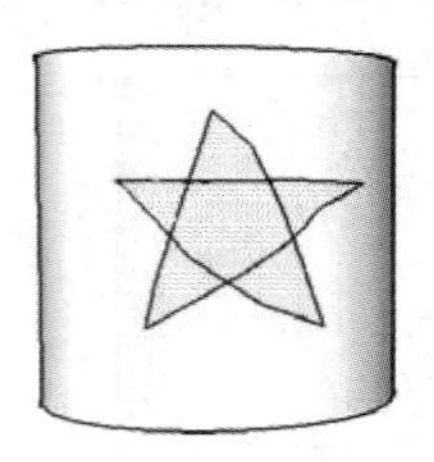

图 2-748　曲面徒手线完成效果

图 2-749　单击曲面轮廓调整按钮

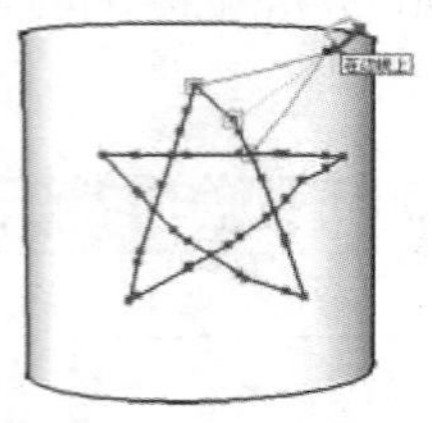

图 2-750　选择曲面分割线段

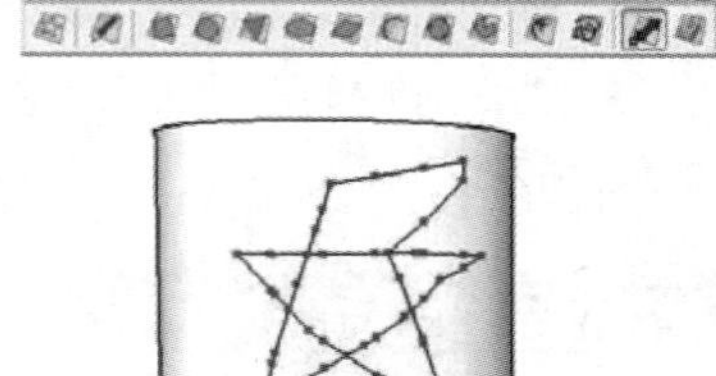

图 2-751　曲面轮廓调整完成效果

6. 曲面线段删除

当曲面上存在线段或分割面时，选择曲面线段删除工具，单击目标对象即可将其删除，如图 2-752~图 2-754 所示。

图 2-752　单击曲面线段删除按钮

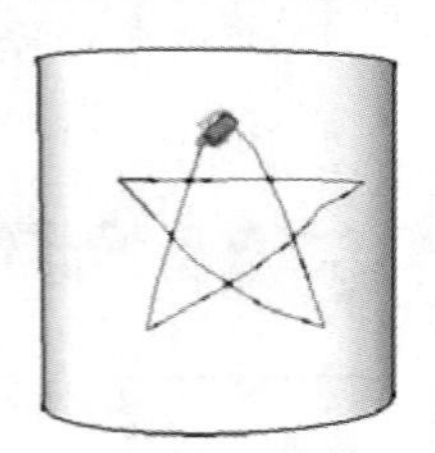

图 2-753　单击线段进行删除

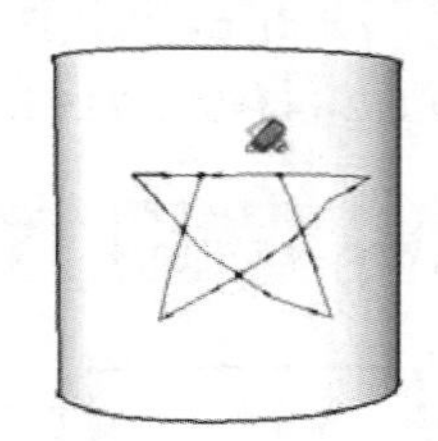

图 2-754　曲面线段删除效果

# 第3章

# 制作园林景观小品模型

本章将通过一些常见的园林景观小品模型的创建，使读者能够快速熟悉 SketchUp 的工作界面，理解和掌握 SketchUp 模型的基本创建方法与应用技巧。

# 3.1 制作艺术装饰灯柱

园灯是一种引人注目的园林小品，白天可点缀景色，夜间可以照明，具有指示和引导游人的作用。此外，园灯还可以突出重点景色，有层次地展开组景序列和勾画庭园轮廓的作用。

## 3.1.1 制作底座

01 启动 SketchUp，设置单位与精确度，如图 3-1 所示。

02 按 R 快捷键启用【矩形】工具，在【俯视图】中建立一个边长为 800 的矩形作为底座平面，如图 3-2 所示。

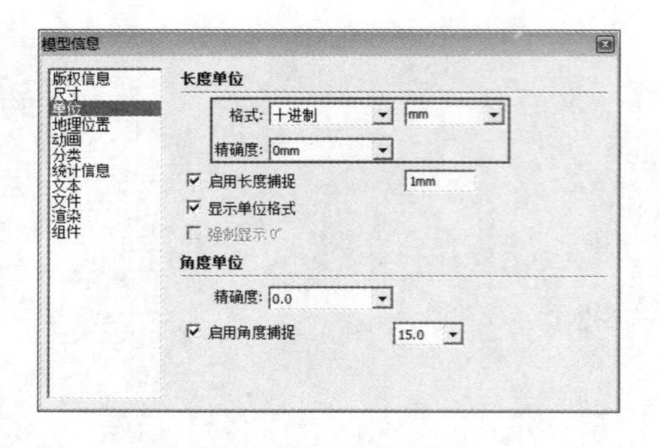


图 3-1 设置单位以及精确度

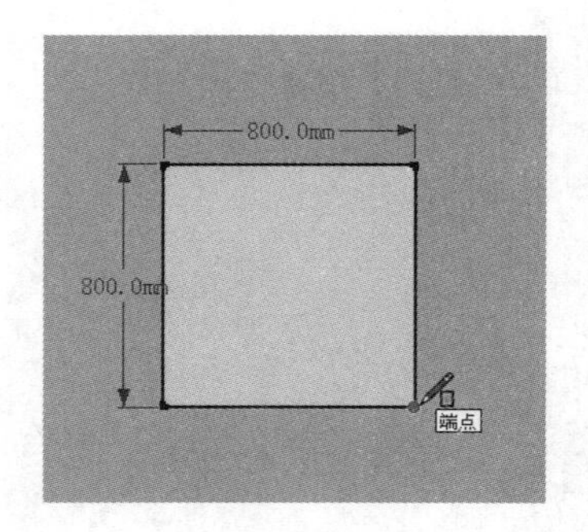


图 3-2 创建底座矩形平面

03 按 P 键启用【推/拉】工具，将底座平面拉伸 450 的高度，然后打开【材料】面板赋予石材，如图 3-3 所示。

04 结合使用【偏移】与【推/拉】工具制作底座细节，如图 3-4~图 3-6 所示。

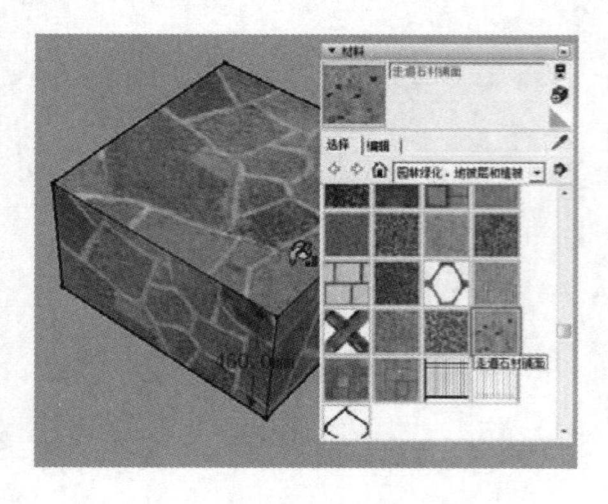


图 3-3 推拉底座高度并赋予石材

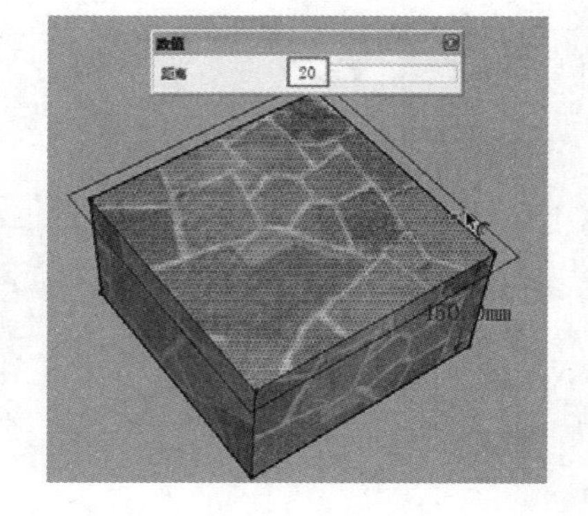


图 3-4 向外偏移复制 20

05 将制作好的底座模型创建为【组】，如图 3-7 所示。

## 3.1.2 制作柱身

01 结合使用【矩形】与【推/拉】工具制作底部柱身，如图 3-8 与图 3-9 所示。

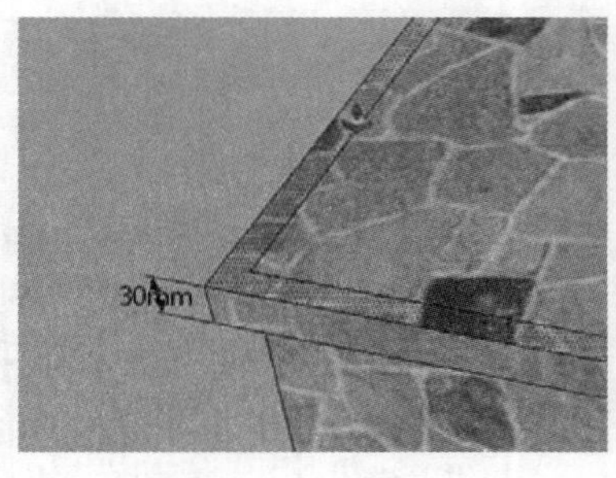

图 3-5 制作 30 厚度

图 3-6 底座细节完成效果

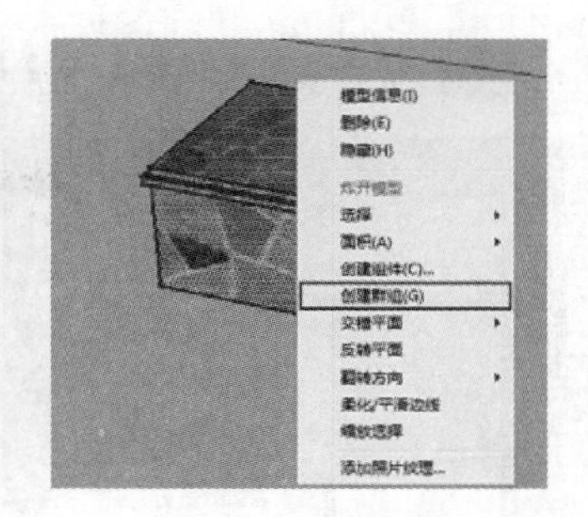

图 3-7 将底座创建为组

02 启用【推/拉】工具，按住 Ctrl 键进行多次推拉复制，制作底部柱身分段，如图 3-10 与图 3-11 所示。

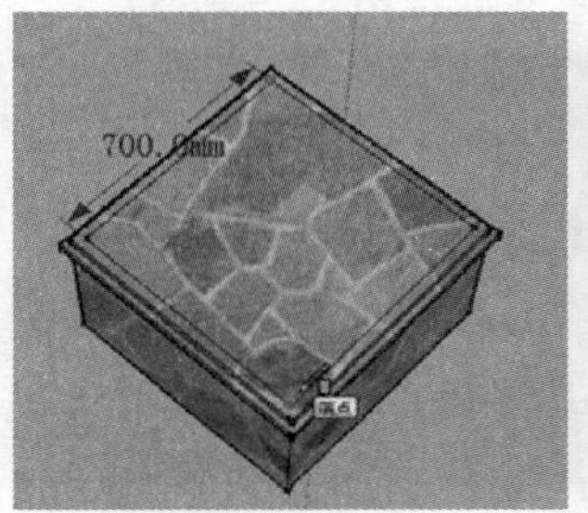

图 3-8 创建底部柱身平面

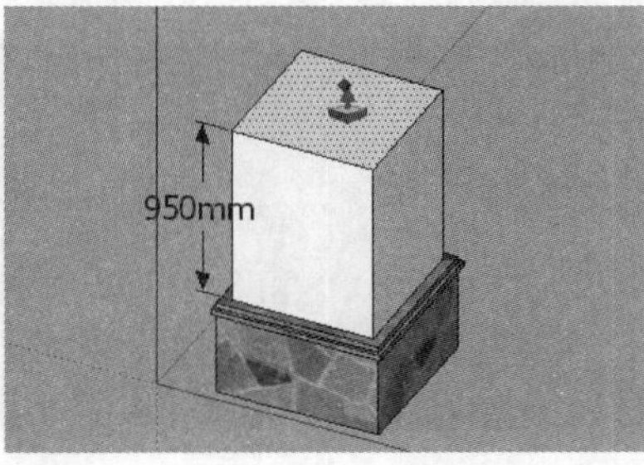


图 3-9 推拉第一段高度

图 3-10 进行推拉复制

03 结合使用【直线】与【推/拉】工具，制作底部柱身拼缝细节，如图 3-12 与图 3-13 所示。

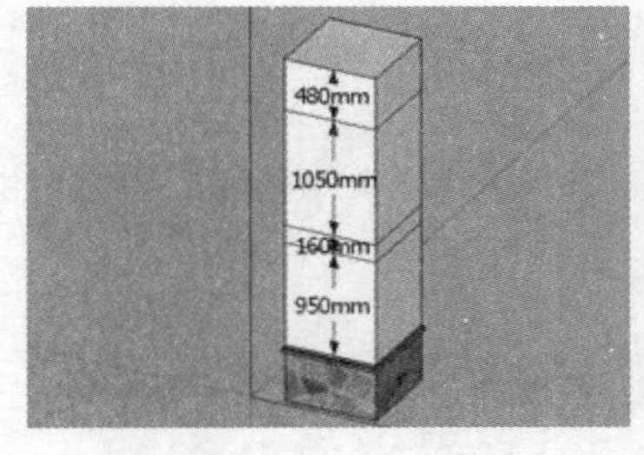


图 3-11 底部柱身分段尺寸

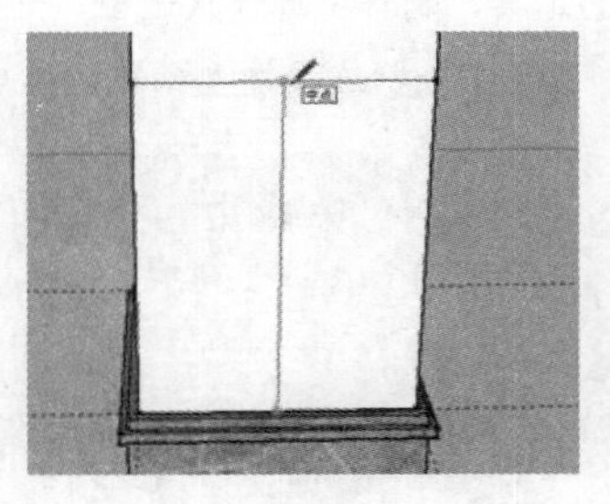

图 3-12 划定中线

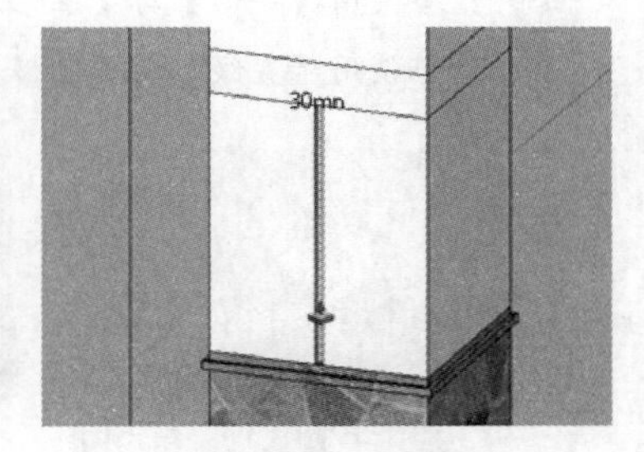


图 3-13 制作拼缝细节

04 结合使用【卷尺】、【直线】以及【推/拉】工具，制作底部柱身中部凹凸细节，如图 3-14 与图 3-15 所示。

05 选择边线单击鼠标右键，选择【拆分】命令，将其拆分为 3 段，使用【直线】工具分割发光片，如图 3-16~图 3-18 所示。

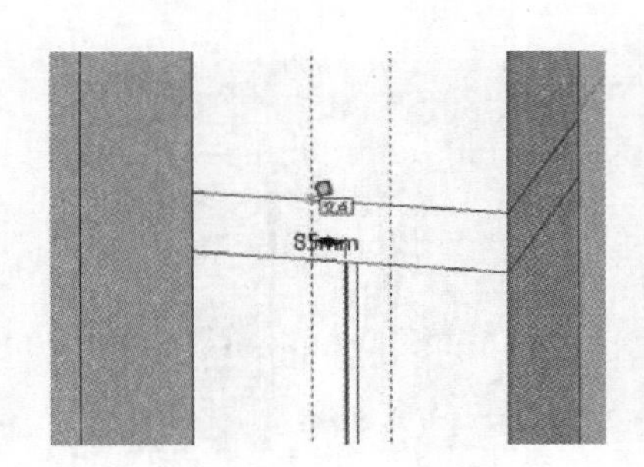


图 3-14 创建分割线

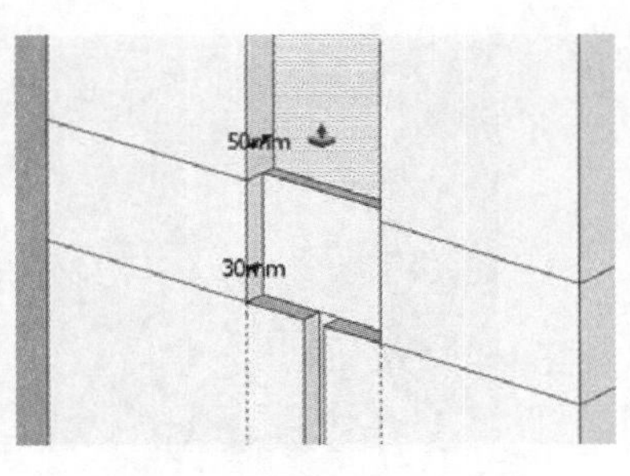


图 3-15 制作中部凹凸细节

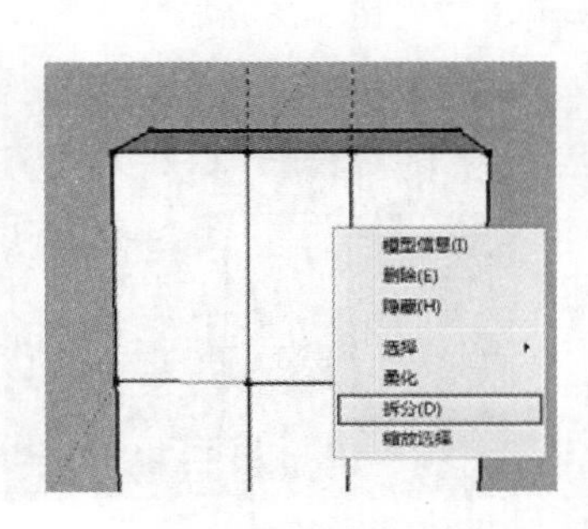

图 3-16 选择拆分命令

**06** 结合使用【偏移】与【推/拉】工具制作发光片细节，如图 3-19 与图 3-20 所示。

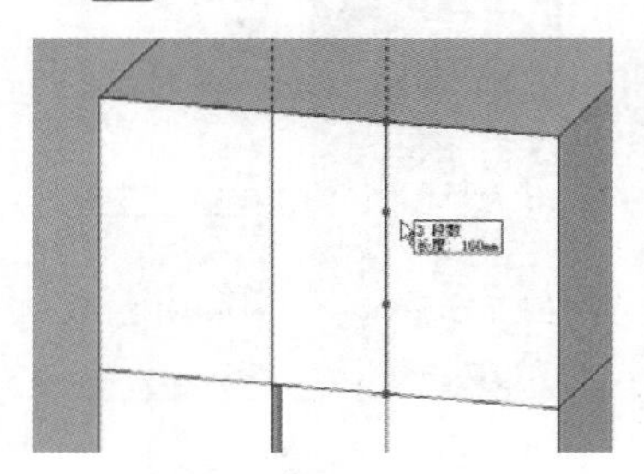

图 3-17 将边线三拆分

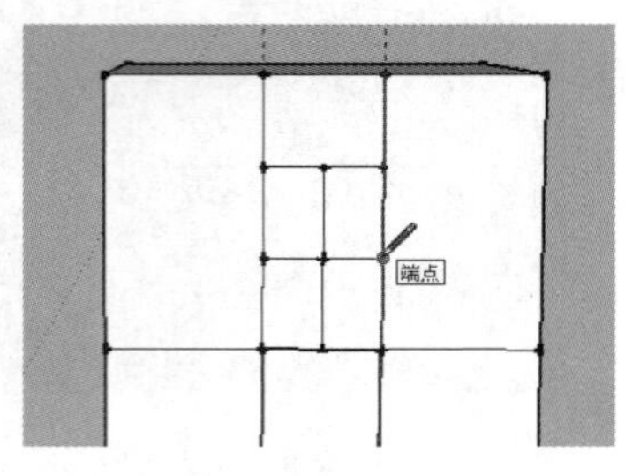


图 3-18 推拉并划分细节

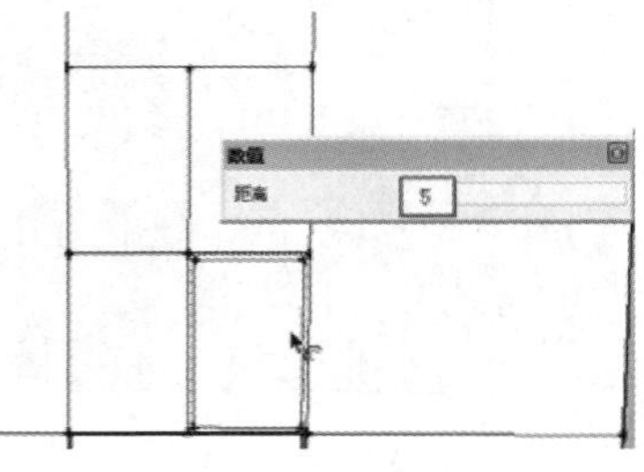


图 3-19 偏移复制

**07** 打开【材料】面板赋予柱身与灯片对应材质，如图 3-21 与图 3-22 所示。

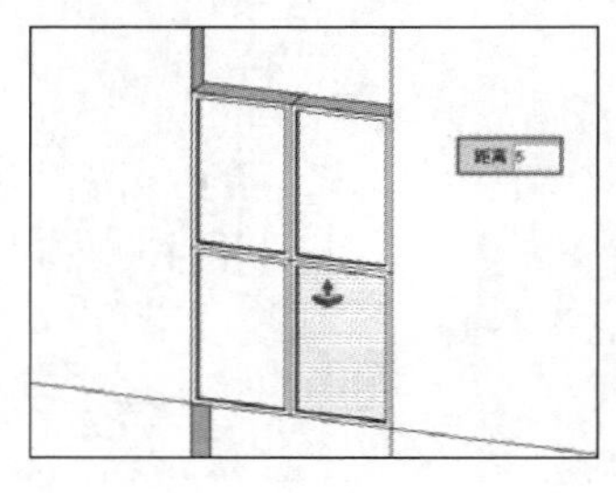


图 3-20 向内推拉

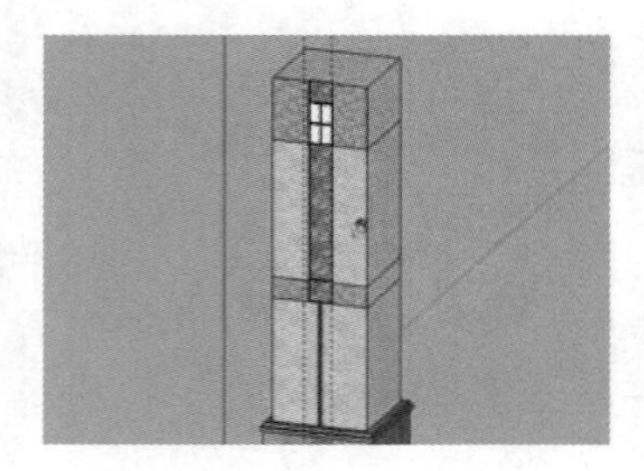

图 3-21 赋予底部柱身石材

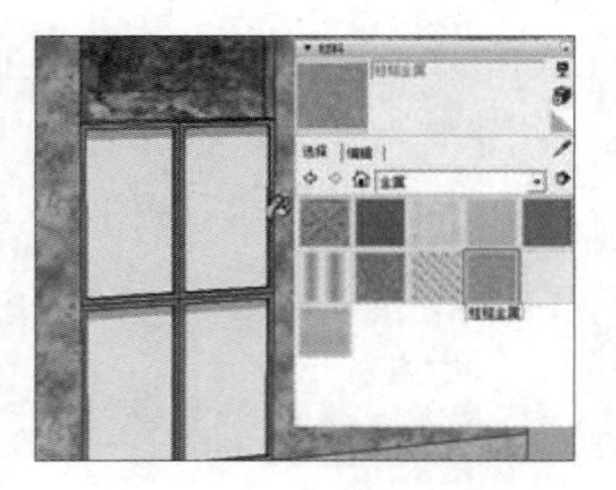

图 3-22 赋予发光片金属材质

**08** 选择细分好的柱身模型面，通过多重旋转复制，制作其他三个面的柱身细节，如图 3-23 所示。

**09** 结合使用【矩形】与【推/拉】工具，制作中部连接造型，如图 3-24 所示。

**10** 结合使用【直线】与【偏移】工具，分割连接造型细节，然后赋予材质，如图 3-25 所示。

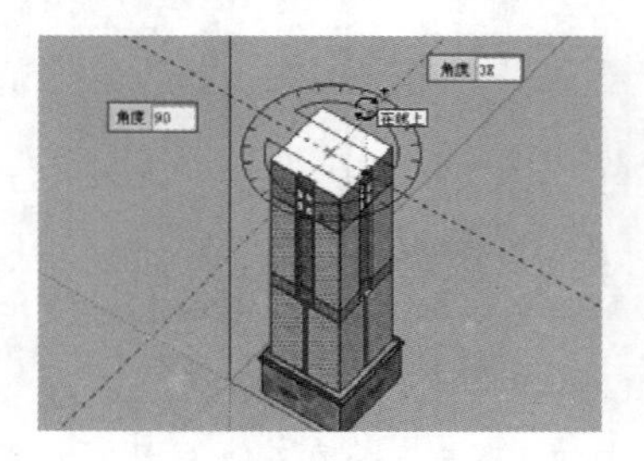


图 3-23 多重旋转复制细分面

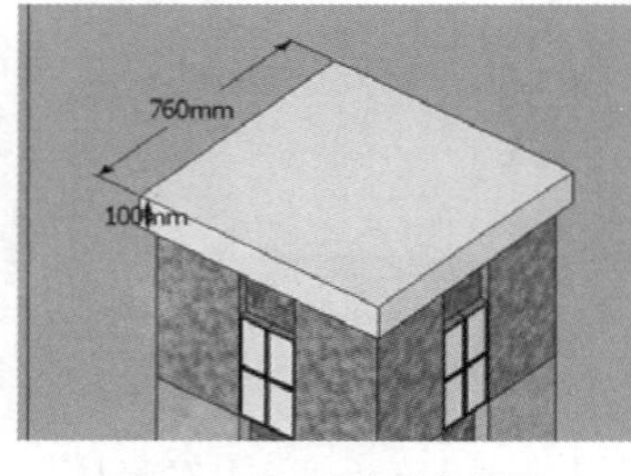


图 3-24 制作中部连接造型

图 3-25 细分割矩形并赋予材质

**11** 结合使用【推/拉】与【缩放】工具，制作上部柱身第一段造型，如图 3-26 所示。

**12** 结合使用【直线】与【圆弧】工具，分割出顶部圆角细节，然后重复之前的操作，制作上部柱身造型，如图 3-27 与图 3-28 所示。

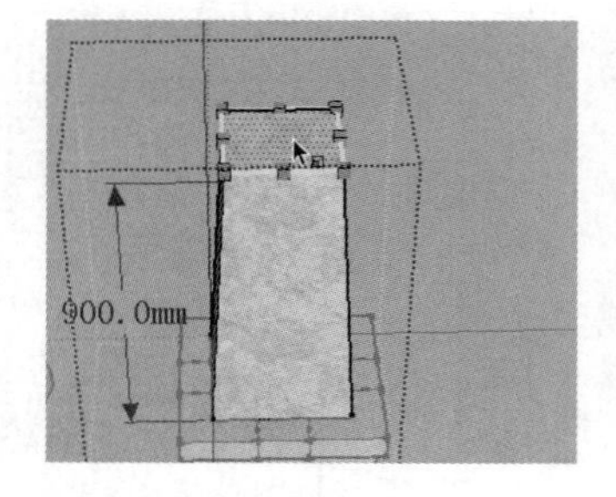


图 3-26 推拉高度并缩放顶部模型面

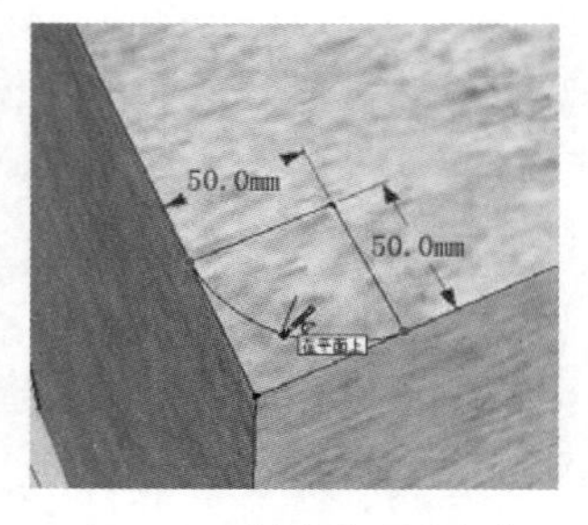


图 3-27 分割顶部圆角细节

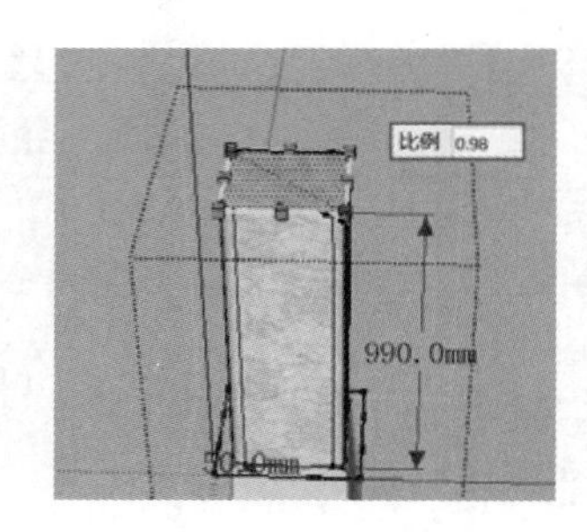


图 3-28 推拉高度并再次拉伸

13 启用【圆】工具，捕捉边线中点创建一个圆形，然后向下推拉，制作圆柱装饰抽缝，如图 3-29 与图 3-30 所示。

14 多重旋转复制装饰圆柱，效果如图 3-31 所示。

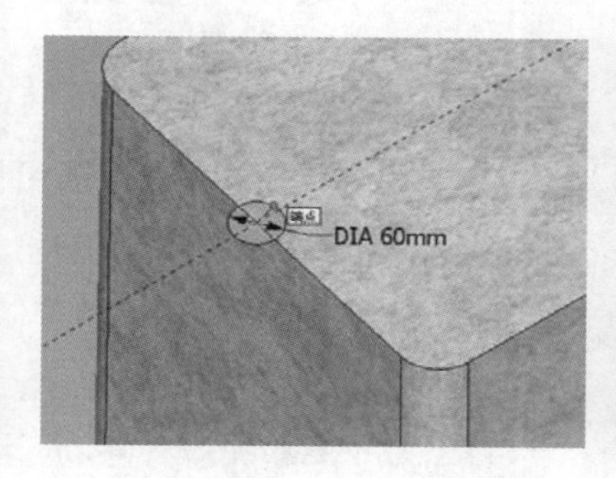

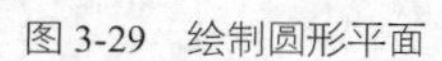
图 3-29 绘制圆形平面

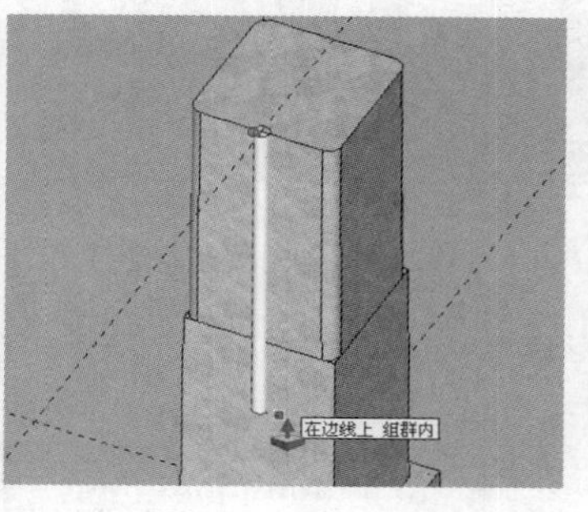

图 3-30 推拉出圆柱抽缝

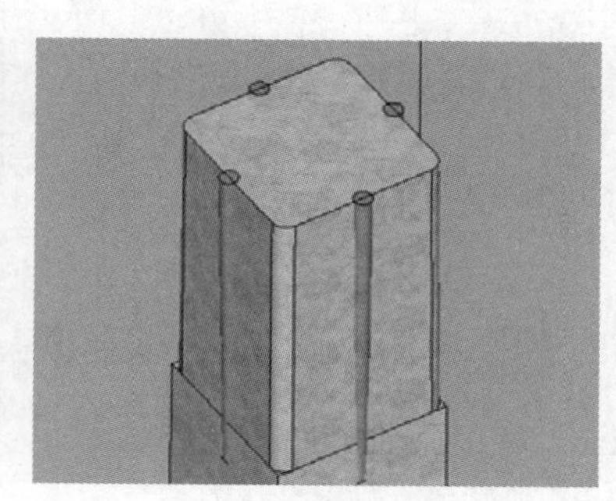
图 3-31 多重旋转复制圆柱

## 3.1.3 制作灯头

01 结合使用【偏移】与【推/拉】工具，制作顶部连接造型，如图 3-32 所示。

02 结合使用【圆】、【偏移】以及【推/拉】工具绘制灯架圆环，如图 3-33 所示。

03 结合使用【移动】、【缩放】以及【旋转】工具制作灯架，如图 3-34~图 3-37 所示。

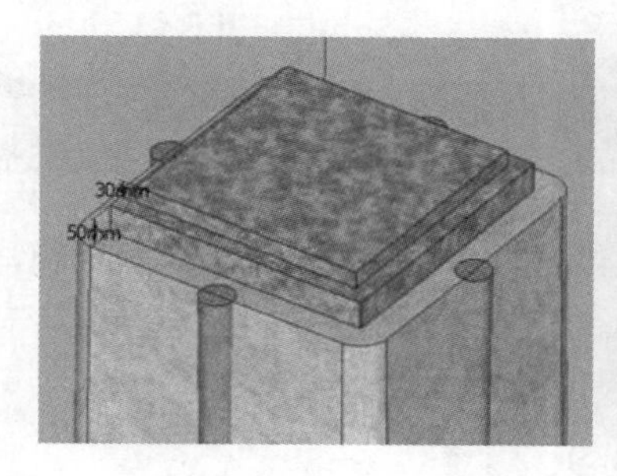

图 3-32 制作顶部连接造型

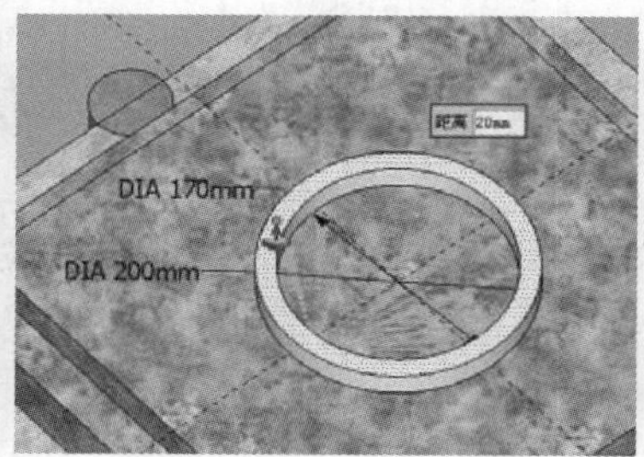

图 3-33 绘制灯架圆环

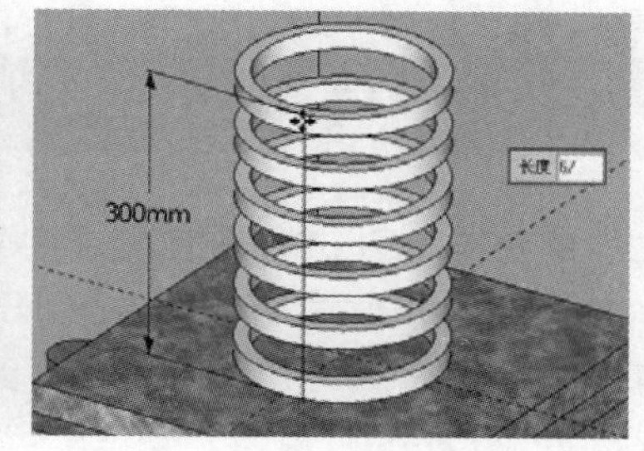

图 3-34 多重移动复制圆环

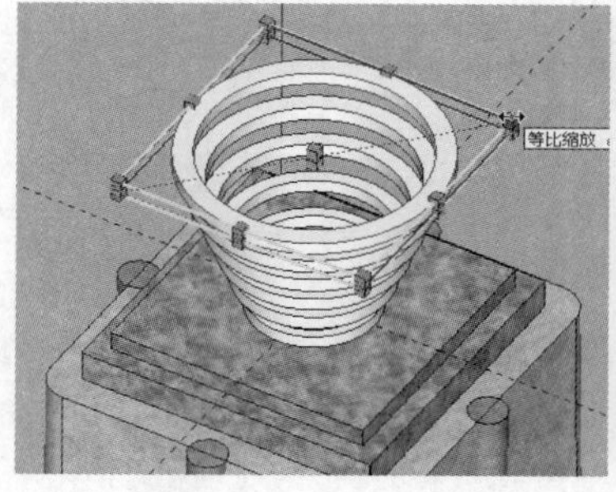

图 3-35 逐个缩放圆环

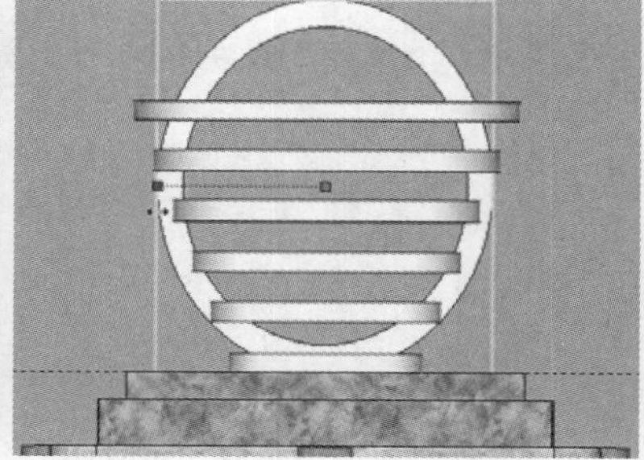
图 3-36 通过复制与缩放制作竖立圆环

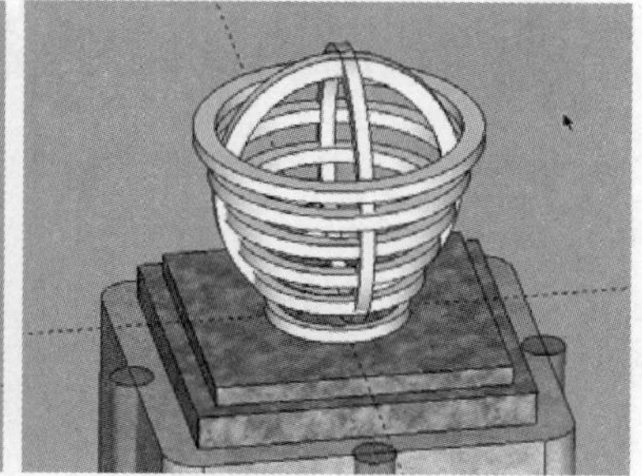
图 3-37 灯架完成效果

04 结合使用【圆弧】、【圆】以及【路径跟随】工具制作灯罩模型，如图 3-38 与~图 3-40 所示。

05 使用【推/拉】工具制作灯罩顶部细节，然后对齐之前制作好的灯架，如图 3-41 与图 3-42 所示。

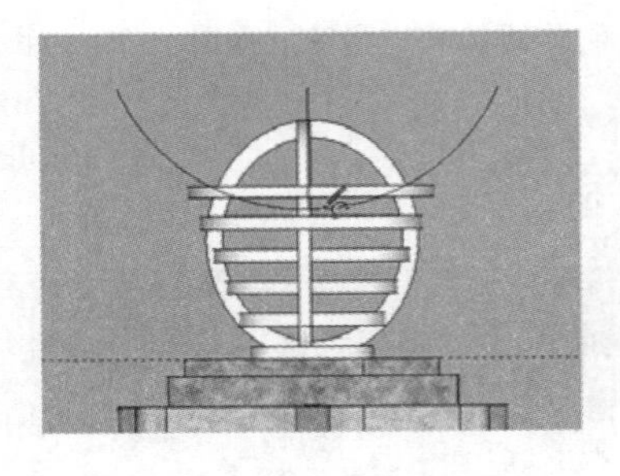

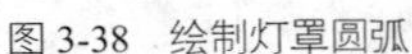

图 3-38 绘制灯罩圆弧

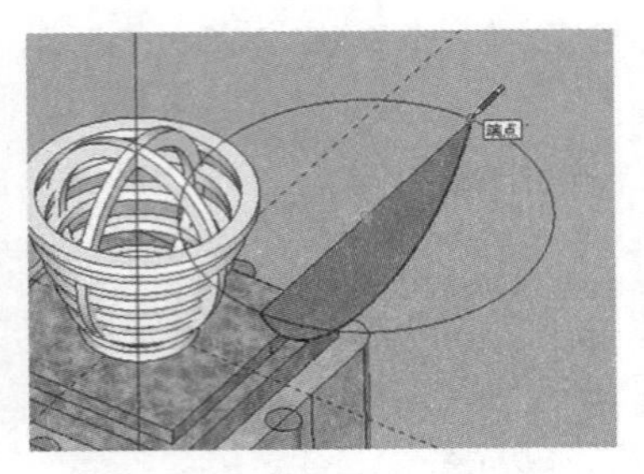

图 3-39 绘制跟随路径

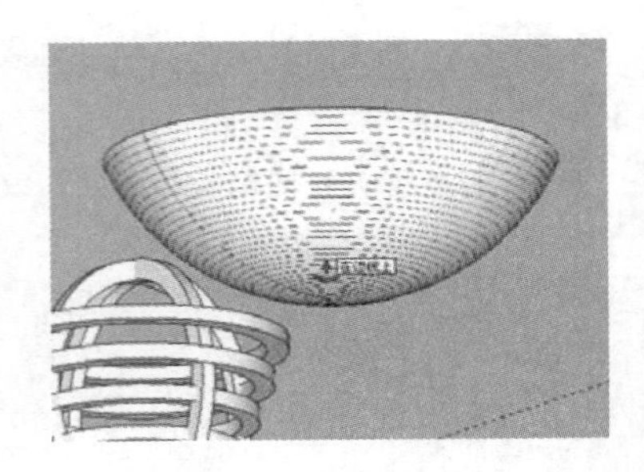

图 3-40 通过路径跟随制作灯罩

06 最终制作完成的艺术装饰灯柱模型效果如图 3-43 所示。

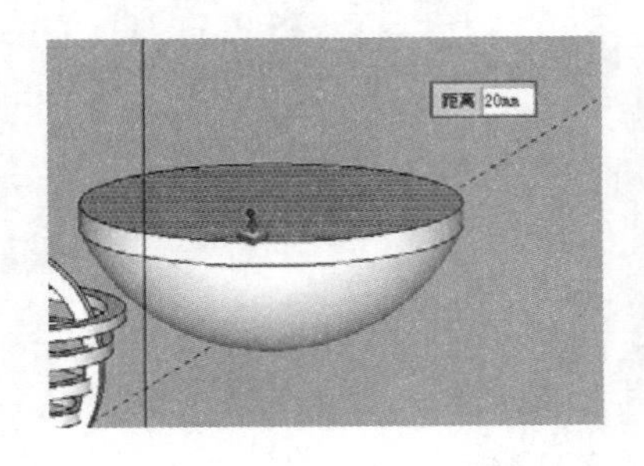


图 3-41 推拉灯罩上部细节

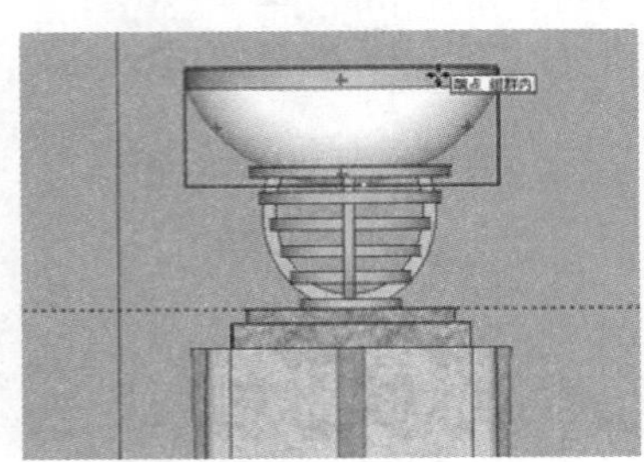

图 3-42 赋予材质并对齐位置

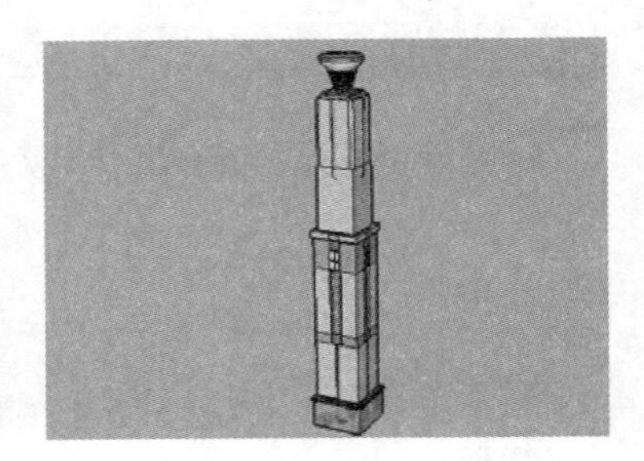

图 3-43 艺术装饰灯柱模型完成效果

## 3.2 制作树池坐凳

树池是种植树木的种植槽。树池处理得当，不仅有助于树木生长，美化环境，还具备很多功能。本例制作的树池坐凳以防腐木为材料。这样既开拓了行人穿越绿地的空间，满足行人的行为需求；同时树池坐凳将成为行人以及两侧建筑内居民的休憩场所，夏天在树荫下纳凉，冬天木质的座椅表面也不会让人感觉寒冷。

### 3.2.1 制作树池坐凳造型

01 启动 SketchUp，设置场景单位与精确度如图 3-44 所示。

02 执行【矩形】命令，在【俯视图】中绘制一个边长为 4800 的正方形平面，如图 3-45 所示。

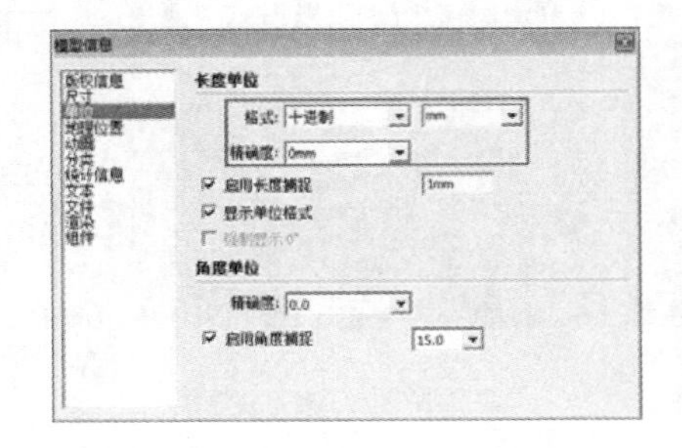


图 3-44 设置场景单位

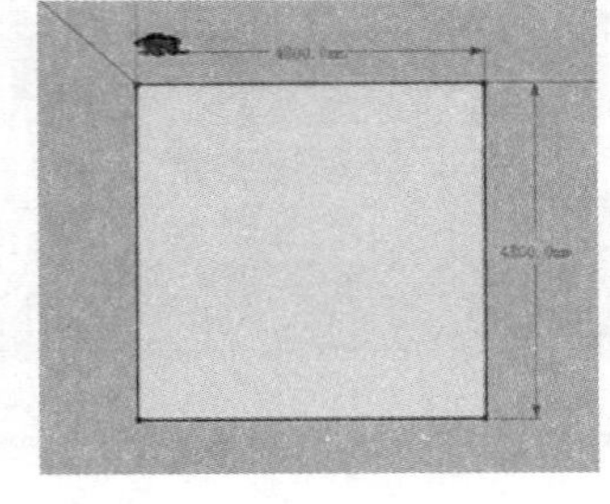

图 3-45 创建边线为 4800 的正方形

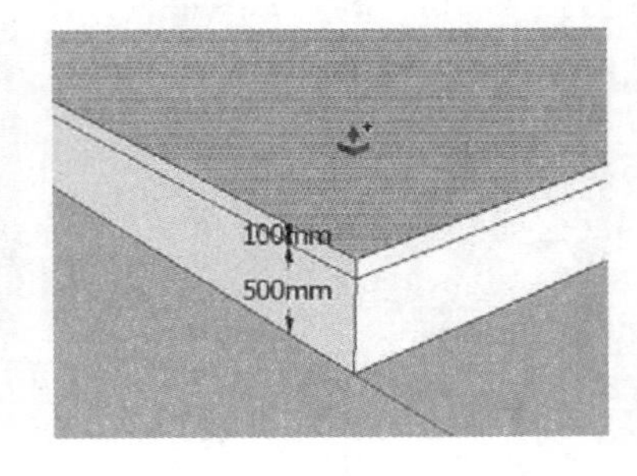


图 3-46 向上进行两次推拉复制

03 启用【推/拉】工具，按住 Ctrl 键连续进行两次推拉复制，如图 3-46 所示。选择中间的分隔线，将其拆分为 4 段，如图 3-47 所示。

04 启用【直线】工具，创建坐凳底部分割面，如图 3-48 所示。使用【旋转】工具进行多重旋转复制，如图 3-49 所示。

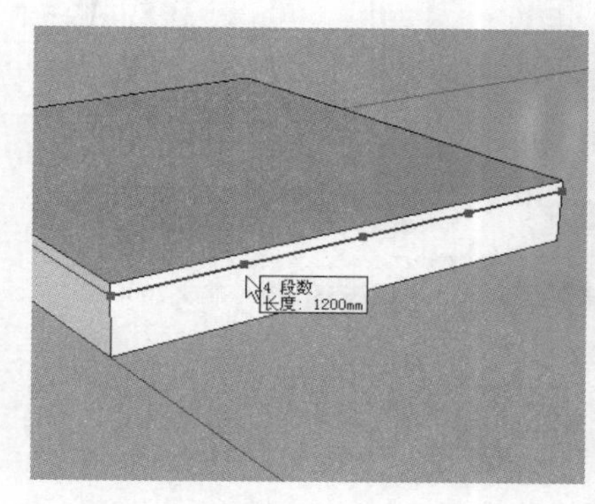

图 3-47 拆分线段

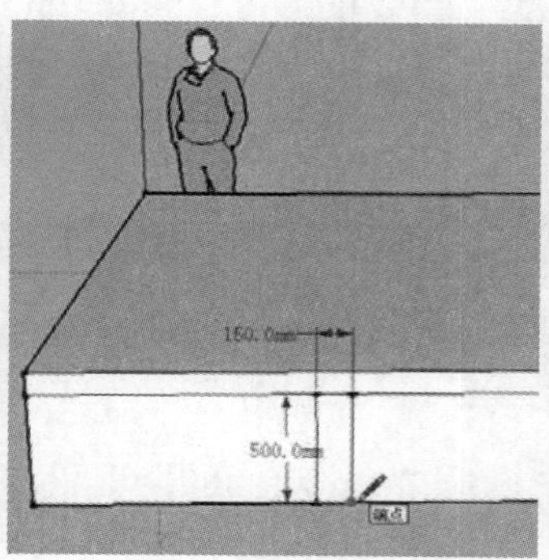

图 3-48 创建分割面

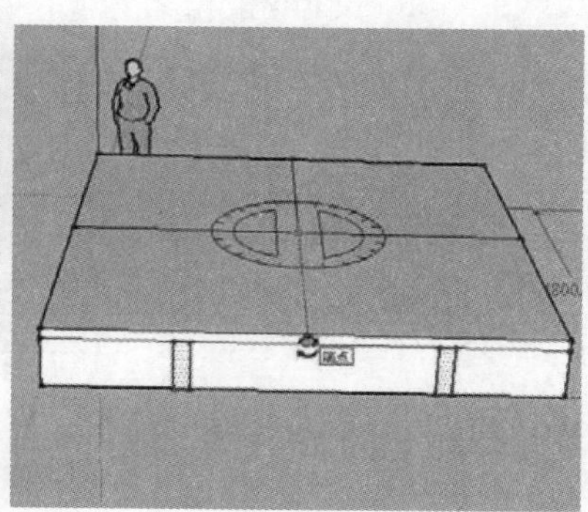
图 3-49 多重旋转复制分割面

05 启用【推/拉】工具，制作底部支撑石板，如图 3-50 与图 3-51 所示。

06 结合使用【偏移】与【推/拉】工具制作坐凳轮廓，如图 3-52 与图 3-53 所示。

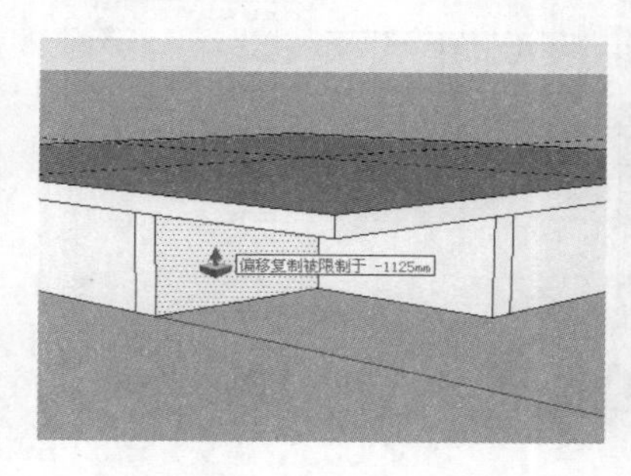

图 3-50 向内推空

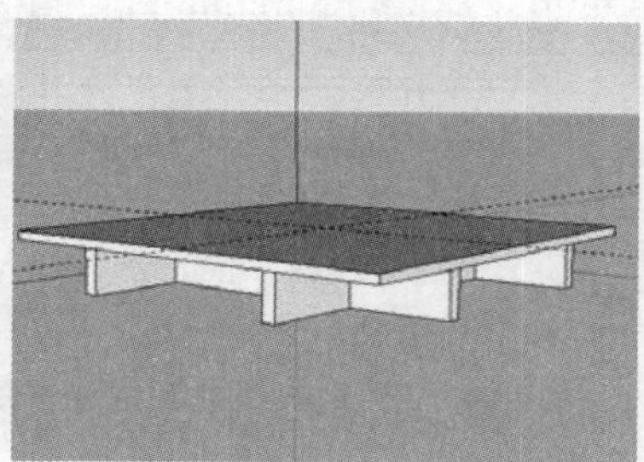
图 3-51 底部支撑完成效果

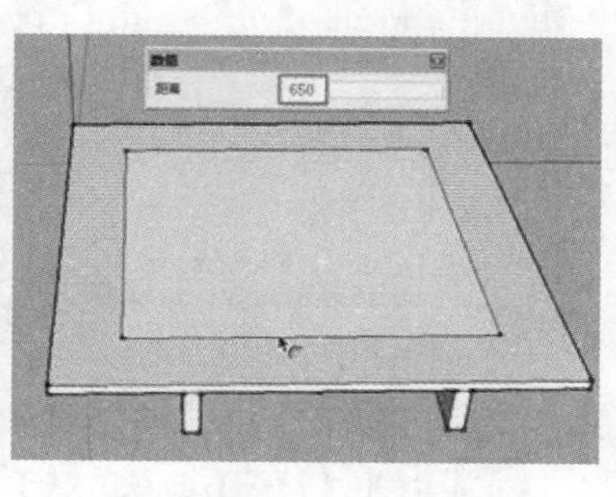

图 3-52 向内偏移复制

07 选择顶部平面，启用【缩放】工具，按住 Ctrl 键以 0.95 的比例进行中心缩放，形成靠背斜面，如图 3-54 所示。

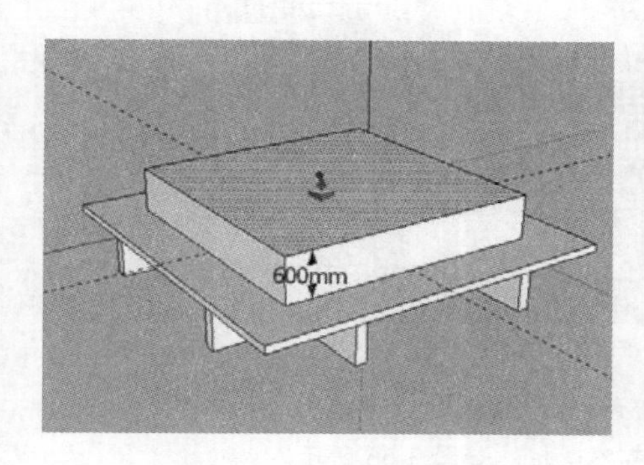

图 3-53 推拉出靠背轮廓

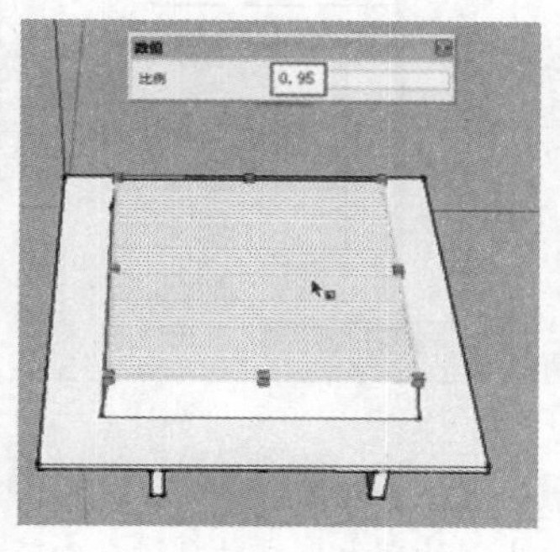

图 3-54 中心缩放

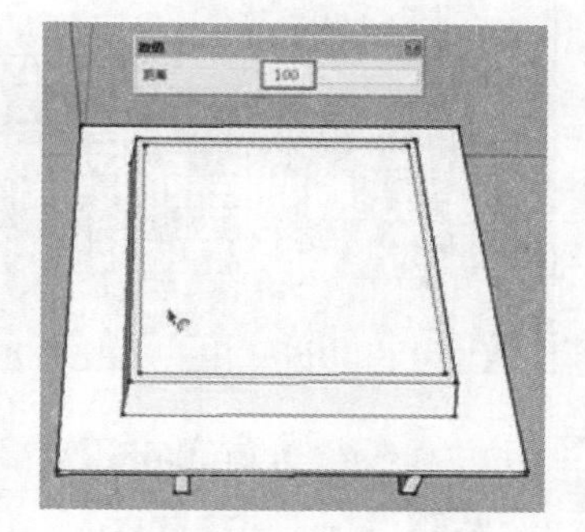

图 3-55 偏移复制

08 选择顶部平面结合【偏移】与【推/拉】工具制作靠背轮廓，如图 3-55 与图 3-56 所示。

09 结合使用【偏移】与【推/拉】工具，制作树池造型，如图 3-57~图 3-59 所示。

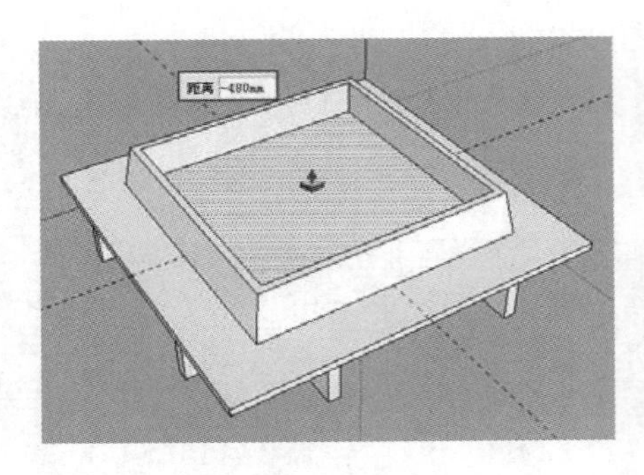

图 3-56　向下推拉 480

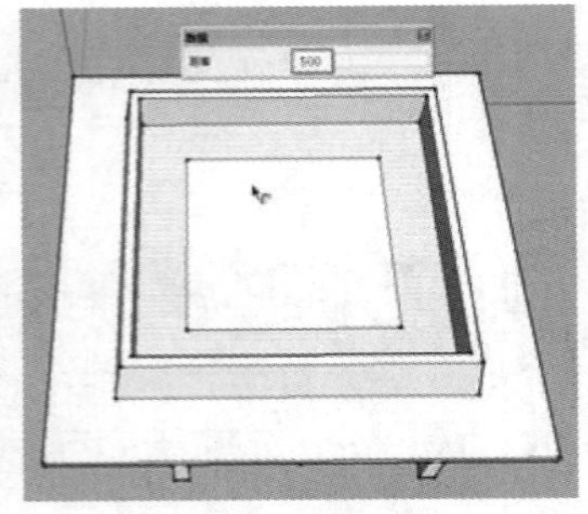

图 3-57　向内以 500 进行偏移复制

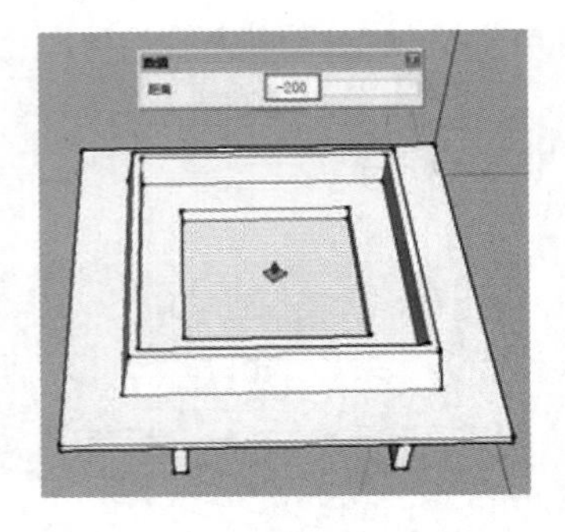

图 3-58　向内推拉 200

## 3.2.2 赋予树池材质

01 切换至【前视图】，调整为【平行投影】显示，如图 3-60 所示。选择底部支撑部分模型面，将其创建为【组】，如图 3-61 所示。

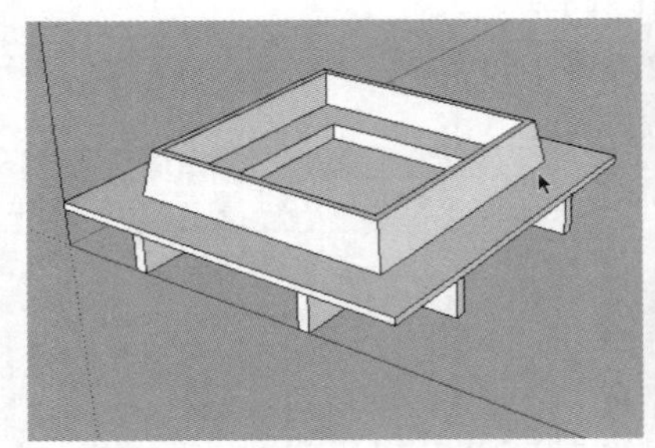
图 3-59　树池坐凳模型完成效果

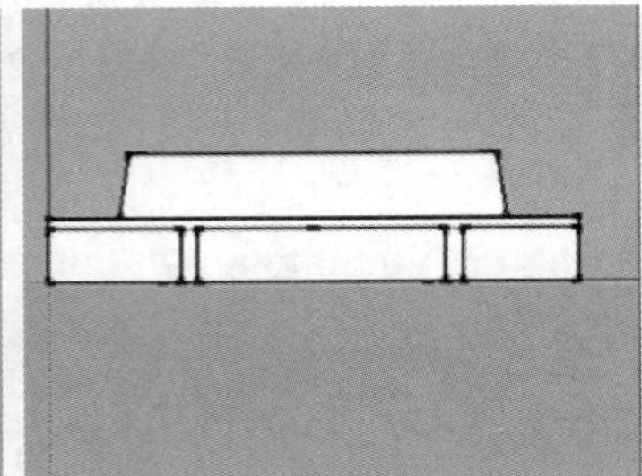
图 3-60　切换至前视图并选择平行投影

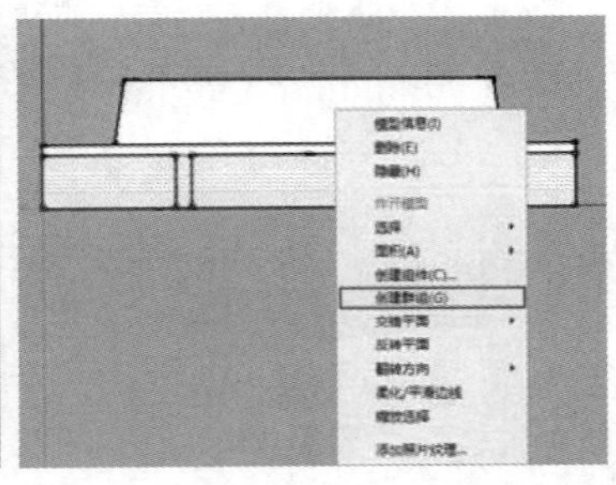
图 3-61　将底部支撑创建为组

02 打开【材料】面板，赋予其石头材质，如图 3-62 所示。

03 选择树池平面，单独创建为【组】，然后对应赋予石头、草皮和木纹材质，如图 3-63 ~图 3-65 所示。

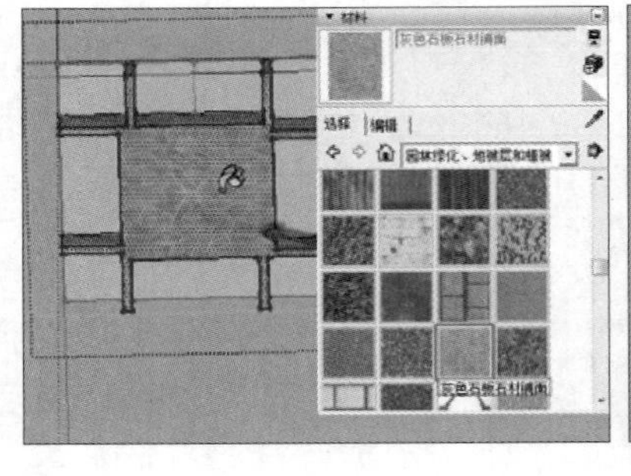
图 3-62　赋予底部支撑石材

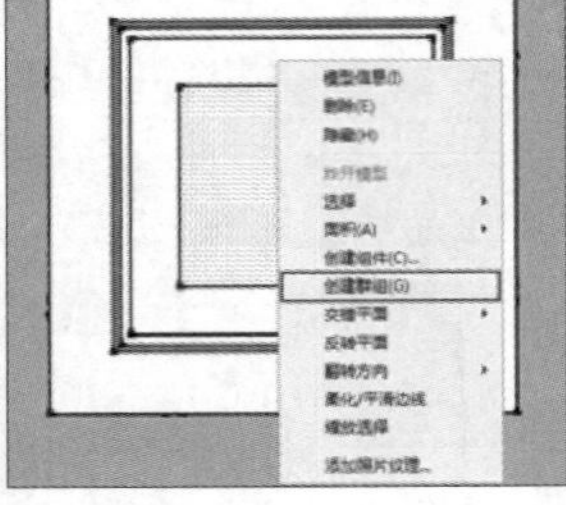
图 3-63　将树池模型面创建为组

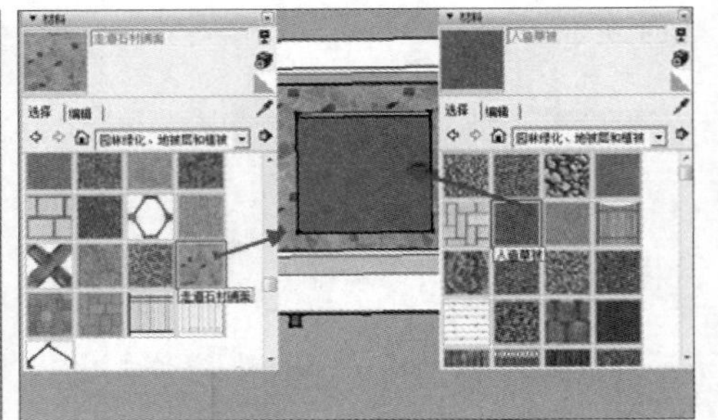
图 3-64　赋予草地材质

04 观察坐凳木纹材质，可以发现纹理大小与转角拼合细节都不理想，如图 3-66 所示。

05 首先启用【直线】工具分割转角线，如图 3-67 所示。单击鼠标右键选择【位置】菜单命令，如图 3-68 所示，调整纹理细节如图 3-69 所示。

06 单面的纹理拼贴效果调整好后，此时如果直接再赋予其他模型面同样材质，将出现不理想的拼贴效果，如图 3-70 所示。

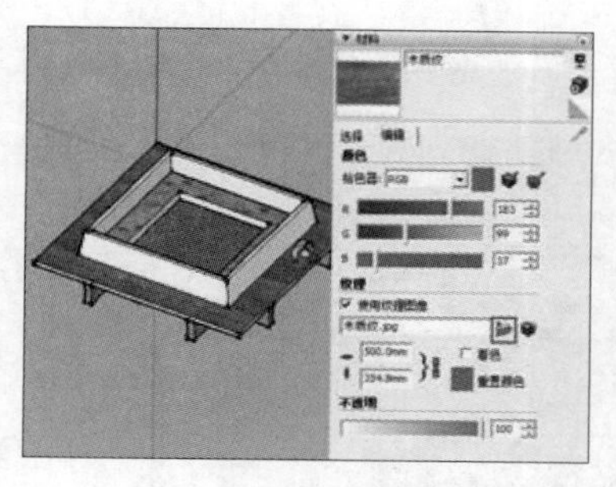

图 3-65　制作并赋予木纹材质

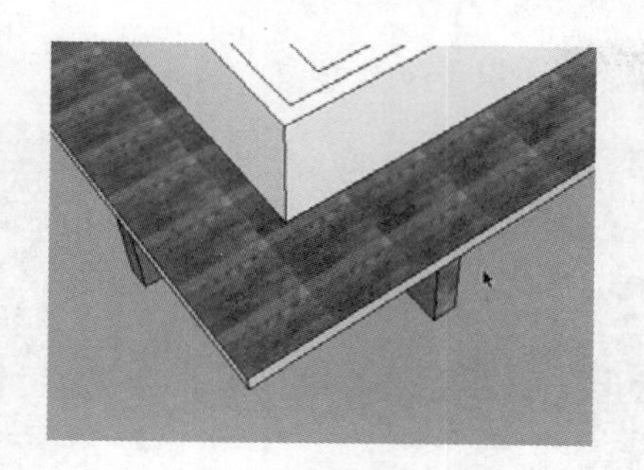

图 3-66　直接赋予材质效果

图 3-67　划分转角线

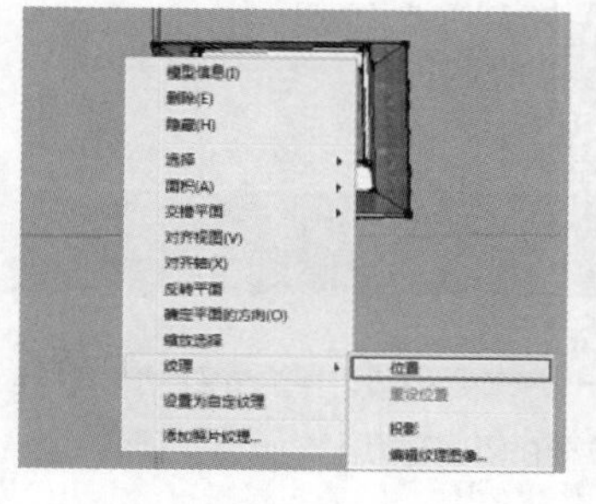

图 3-68　选择位置菜单命令

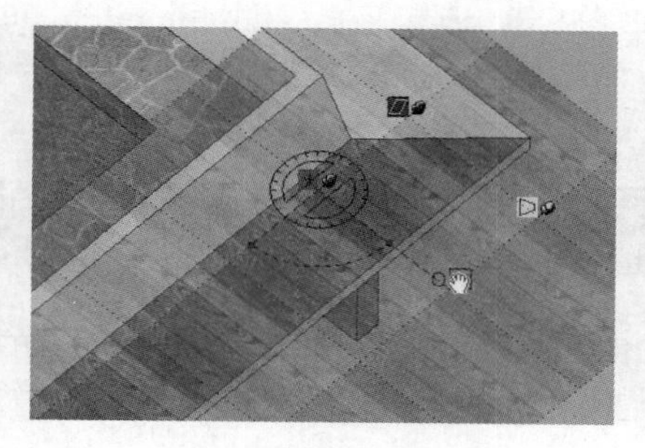

图 3-69　调整纹理方向与大小

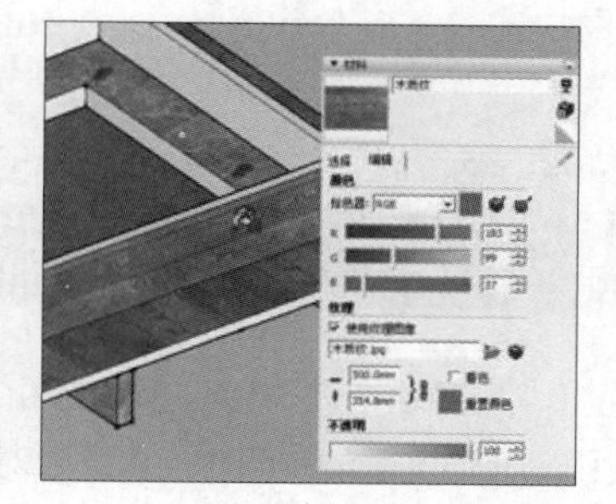

图 3-70　直接赋予材质效果

07 按住 Alt 键吸取已经调整的木纹材质，再赋予连接模型面，即可产生理想的纹理效果，如图 3-71~图 3-73 所示。

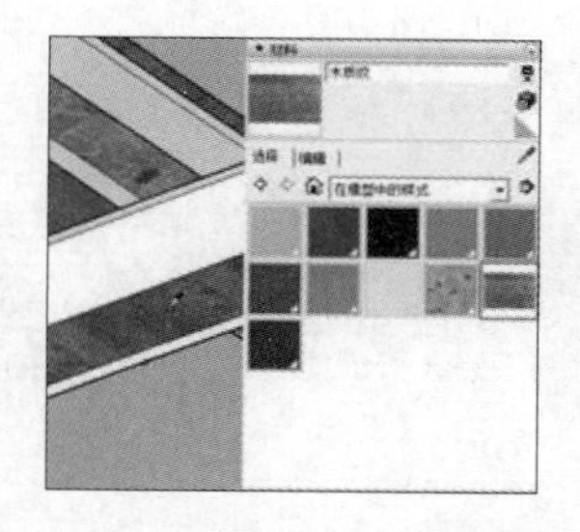

图 3-71　按住 Alt 键吸取材质

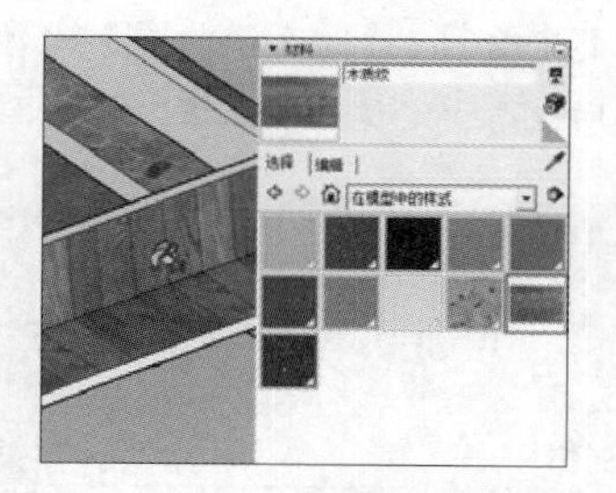

图 3-72　赋予吸取材质

图 3-73　赋予上部模型面材质

08 通过类似方法，赋予其他模型面相关材质并调整拼贴细节，完成树池坐凳材质效果，如图 3-74 与图 3-75 所示。

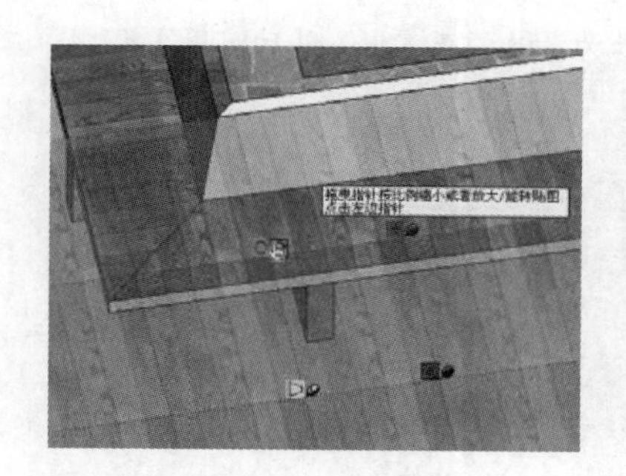

图 3-74　调整纹理转角拼贴细节

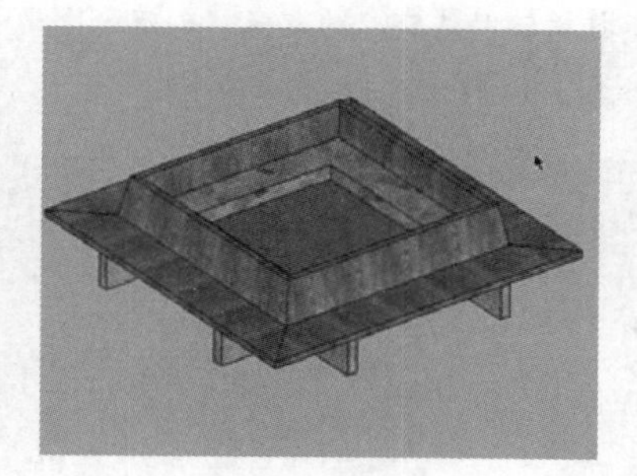

图 3-75　树池坐凳完成效果

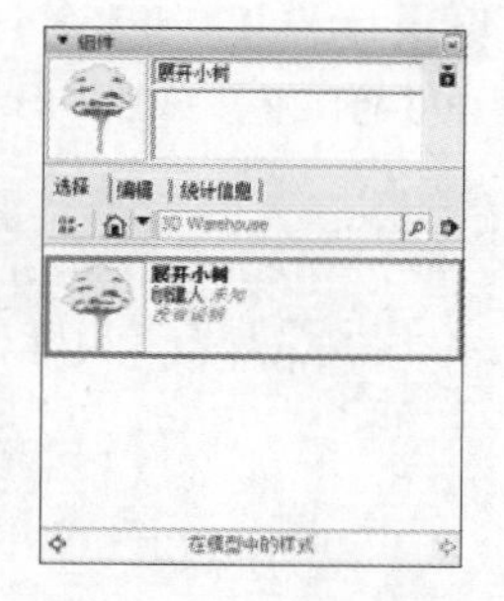

图 3-76　选择合并树木组件

09 打开【组件】面板，添加树木组件，摆放好位置之后启用【缩放】工具调整造型大小，如图 3-76 与图 3-77 所示。

10 本例树池坐凳最终完成效果如图 3-78 所示。

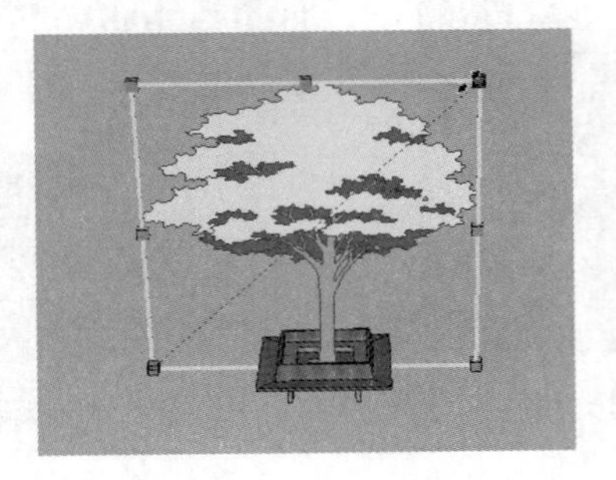
图 3-77 缩放调整树木造型

图 3-78 树池坐凳完成效果

## 3.3 制作廊架组件

廊架通常在两个建筑物或两个观赏点之间，成为空间联系和空间分化的一种重要手段。它不仅具有遮风避雨、交通联系的实际功能，而且对园林中风景的展开和观赏程序的层次起着重要的组织作用。

### 3.3.1 制作石柱造型

01 启动 SketchUp，设置场景单位与精确度，如图 3-79 所示。

02 执行【矩形】命令，在【俯视图】中绘制一个平面，如图 3-80 所示。

03 启用【卷尺】工具，创建两条辅助线用于定位廊架立柱，如图 3-81 与图 3-82 所示。

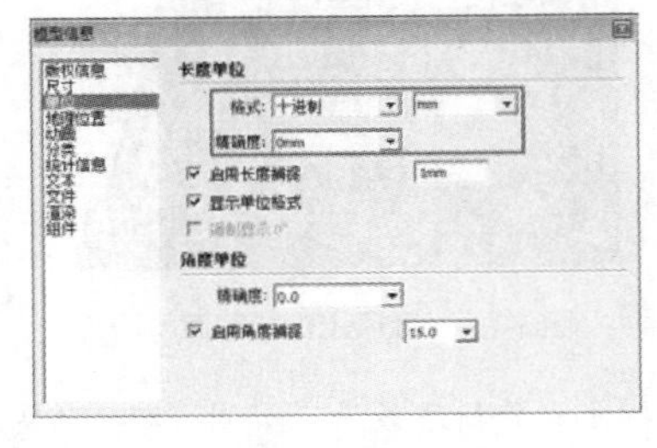
图 3-79 设置场景单位

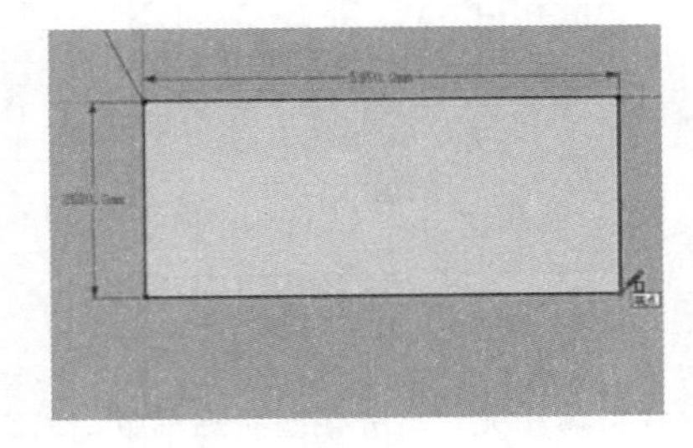
图 3-80 创建底部矩形

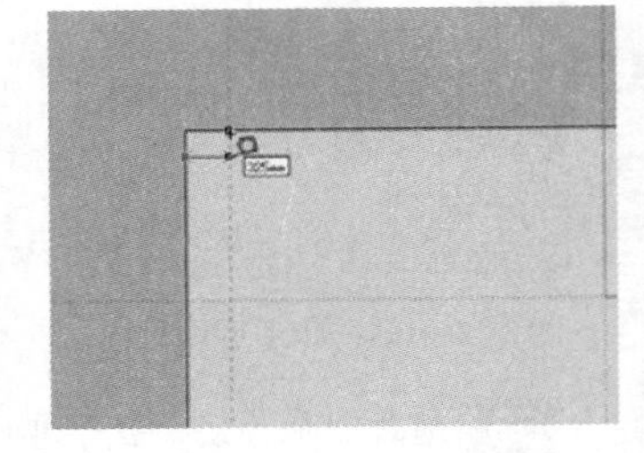
图 3-81 创建辅助线

04 执行【矩形】命令，捕捉辅助线交点为起点，创建一个边长为 350 的正方形，然后启用【推/拉】工具制作 400 的高度，如图 3-83 与图 3-84 所示。

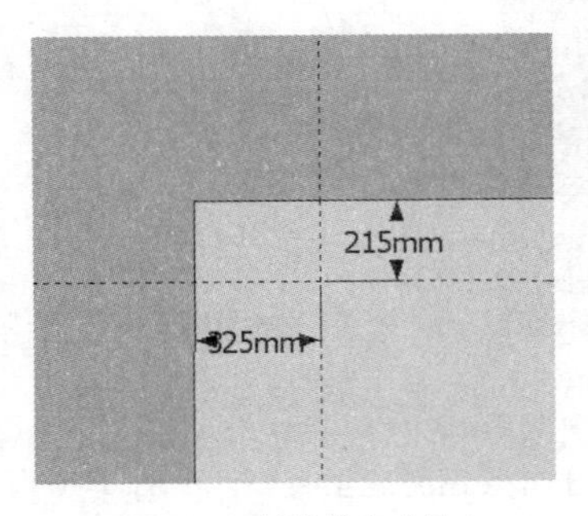

图 3-82 辅助线完成尺寸

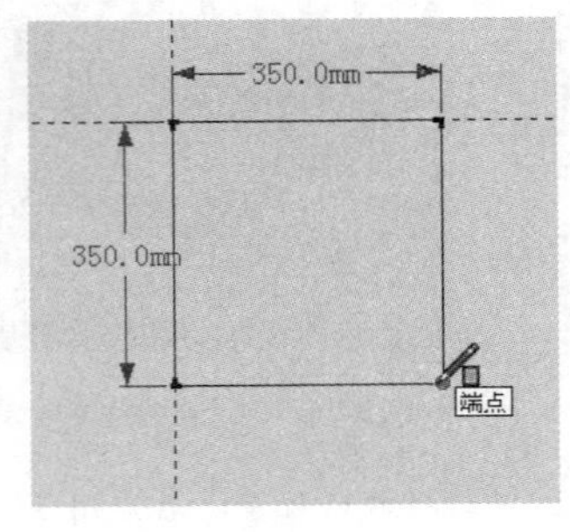

图 3-83 创建正方形分割面

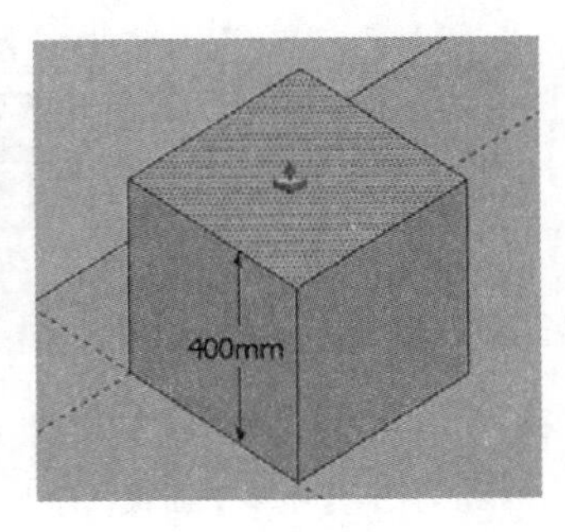

图 3-84 推拉高度

05 结合使用【偏移】与【推/拉】工具，制作石墩上部细节，如图 3-85 与图 3-86 所示。

06 赋予制作好的底部石墩麻石材质，然后将其单独创建为【组】，如图 3-87 与图 3-88 所示。

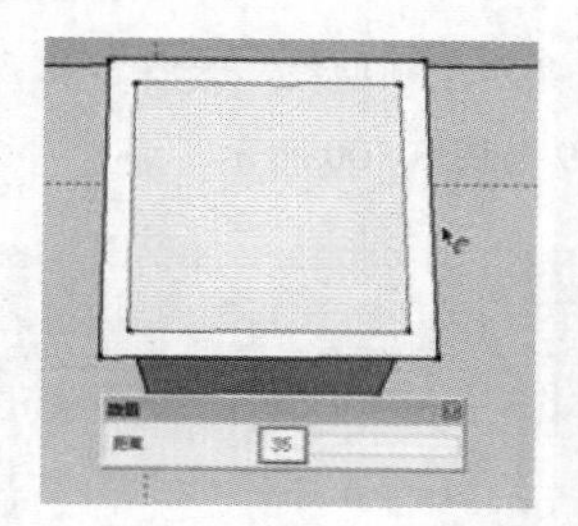

图 3-85　启用偏移复制工具

图 3-86　制作顶部细节

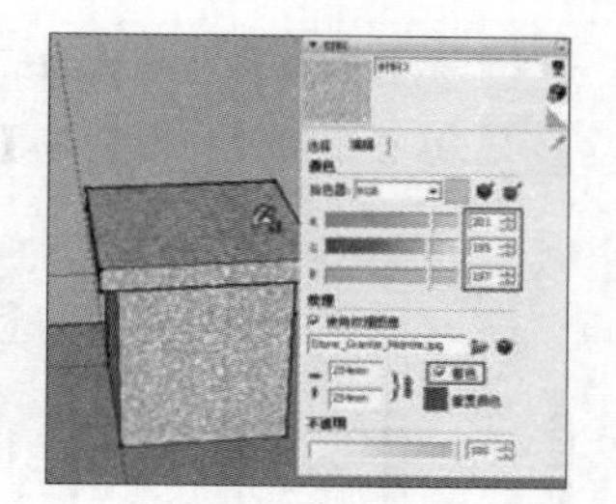
图 3-87　赋予石材

07 结合使用【偏移】与【推/拉】工具，制作石墩上方的方柱模型，如图 3-89 ~图 3-90 所示。

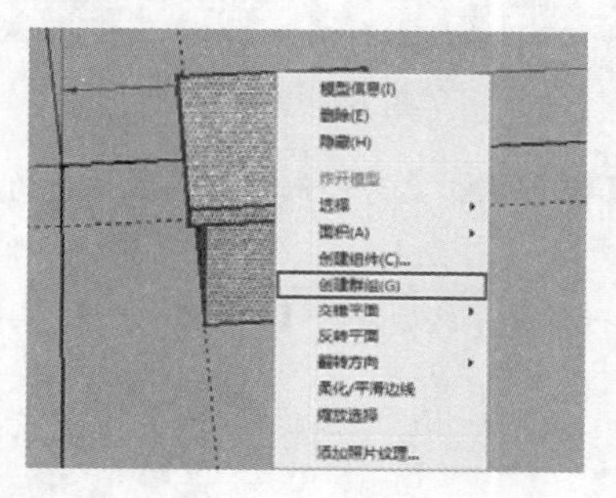

图 3-88　创建组

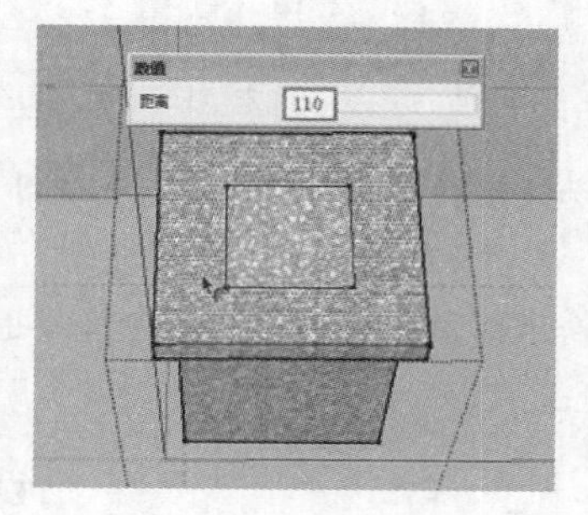

图 3-89　向内偏移复制

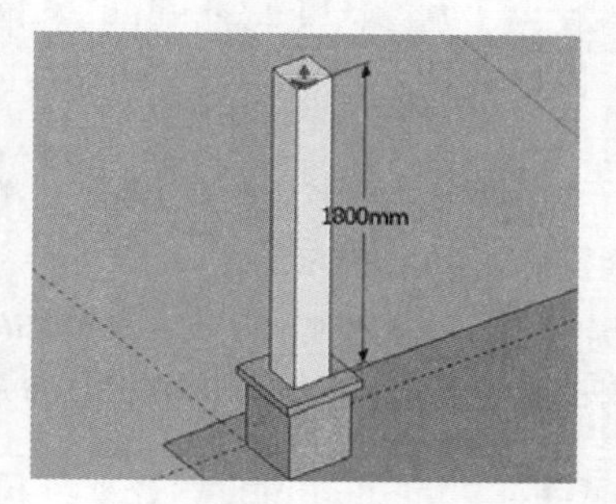

图 3-90　推拉出高度

08 重复类似操作，制作方柱柱头细节，如图 3-91 与图 3-92 所示。

09 整体赋予方柱石材，如图 3-93 所示。然后启用【卷尺】工具复制参考线，如图 3-94 所示。

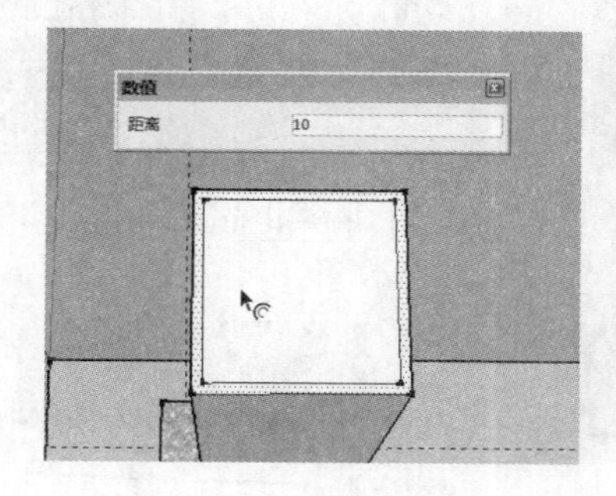

图 3-91　向内偏移复制

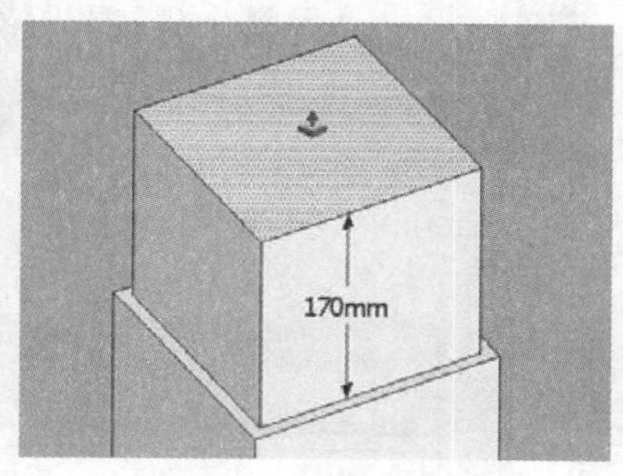

图 3-92　推拉出柱头高度

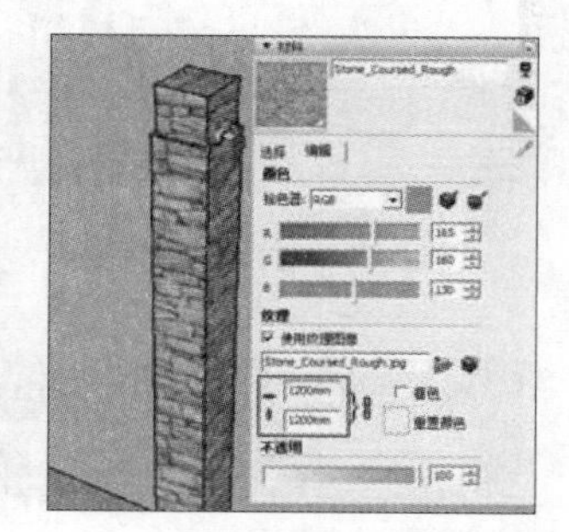
图 3-93　赋予方柱石材

10 捕捉参考点，移动复制得到右侧的立柱模型，如图 3-95 与图 3-96 所示。

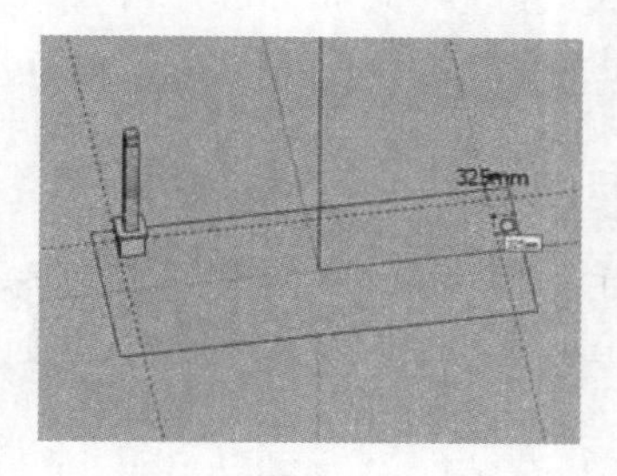

图 3-94　创建定位辅助线

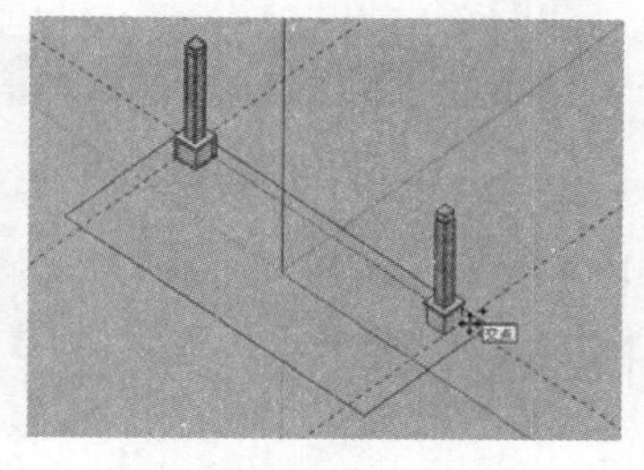
图 3-95　进行移动复制

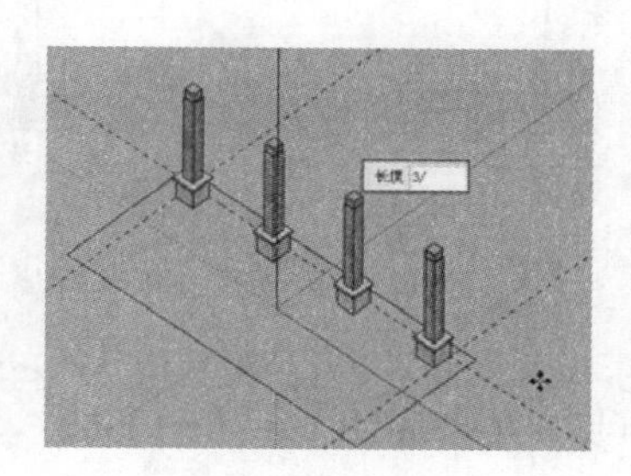

图 3-96　进行多重移动复制

## 3.3.2 制作木栅格造型

01 制作木栅格与坐凳细节。切换至【前视图】，如图 3-97 所示，创建一条水平辅助线，如图 3-98 所示。

02 结合使用【矩形】与【偏移】工具，制作木栅格平面轮廓，如图 3-99 与图 3-100 所示。

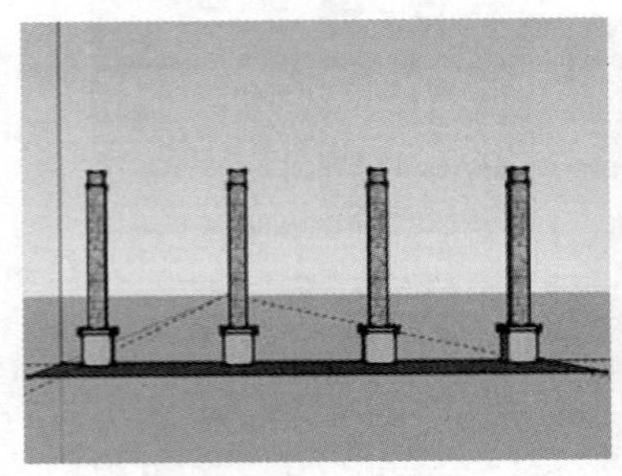

图 3-97　切换至前视图

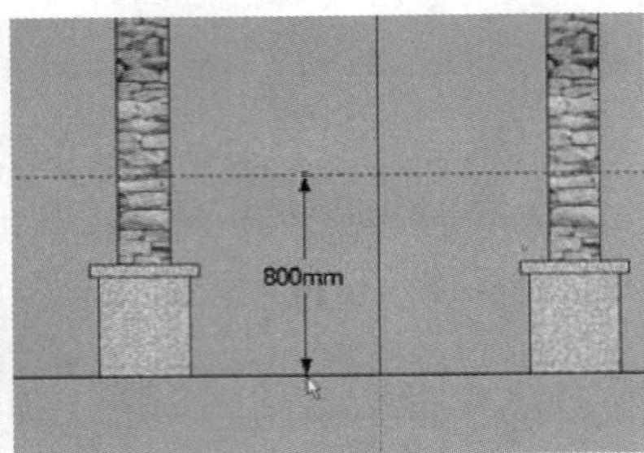


图 3-98　创建定位辅助线

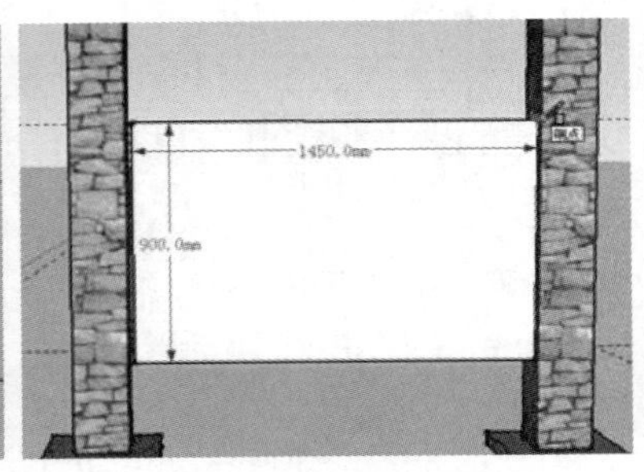


图 3-99　创建矩形

03 选择内部的平面，单独创建为【组】，如图 3-101 所示。使用【推/拉】工具为外侧轮廓制作 100 的厚度，如图 3-102 所示。

04 选择内部平面的边线单击鼠标右键，选择【拆分】菜单命令进行拆分，然后使用【矩形】创建工具分割出单个平面，如图 3-103~图 3-105 所示。

图 3-100　向内偏移复制

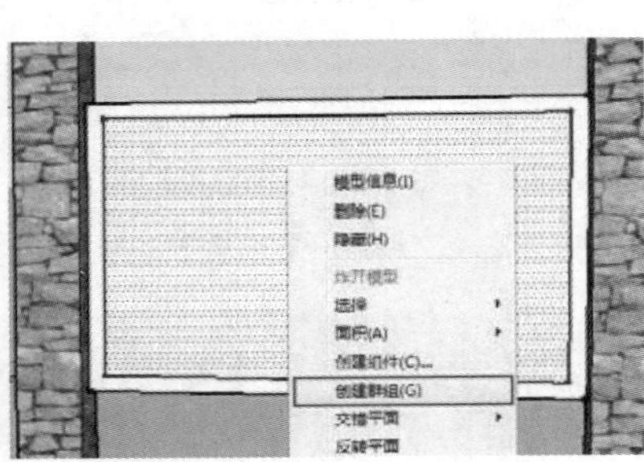

图 3-101　将内部平面创建为组

图 3-102　推拉出外部平面厚度

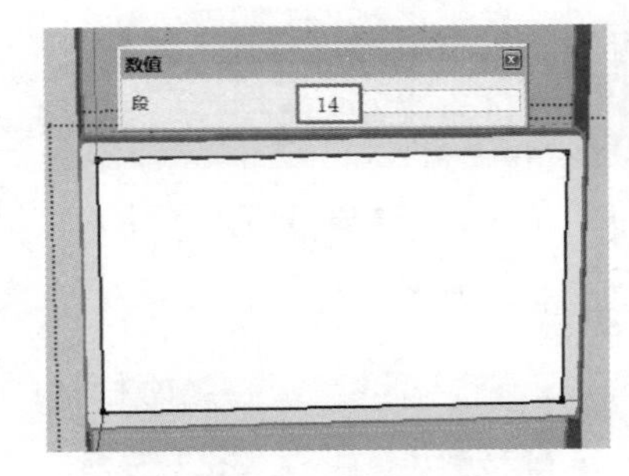


图 3-103　拆分上侧边线

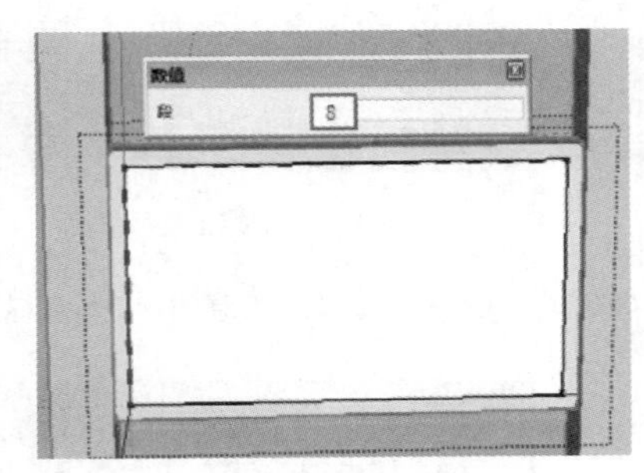


图 3-104　拆分左侧边线

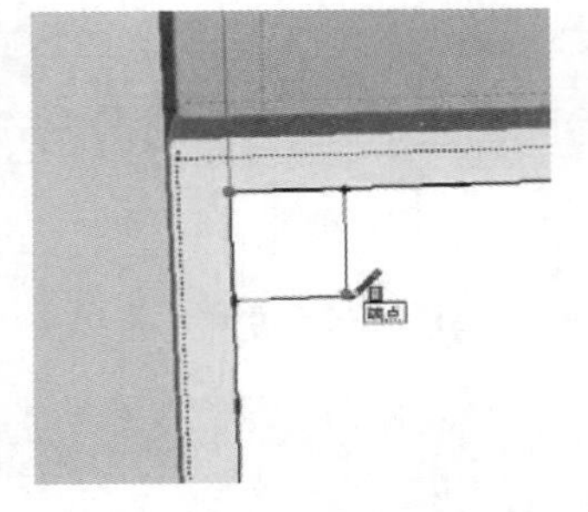

图 3-105　划定矩形分割平面

05 使用【偏移】工具向内偏移 10，如图 3-106 所示。捕捉拆分点进行多重移动复制，如图 3-107 所示。

06 在竖直方向上捕捉拆分点，多重复制出栅格平面，然后启用【推/拉】工具制作 30 的内部栅格厚度，如图 3-108 与图 3-109 所示。

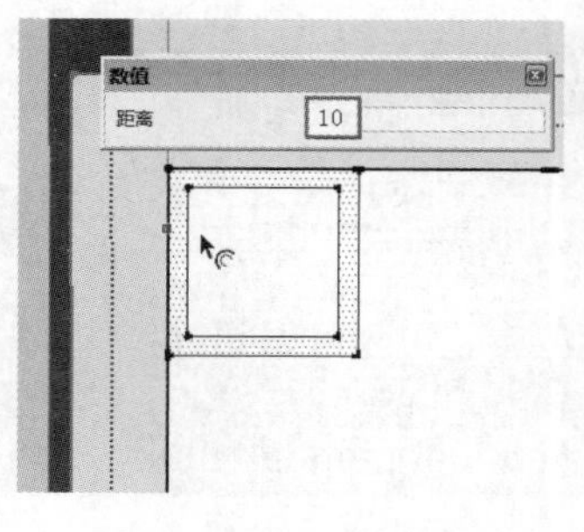

图 3-106　向内偏移复制

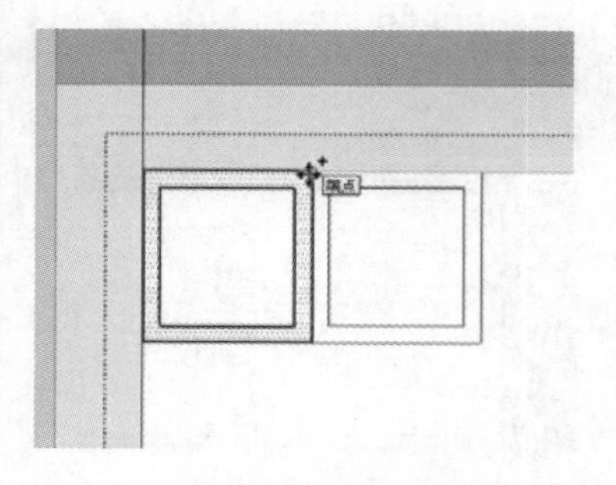
图 3-107　向右进行多重移动复制

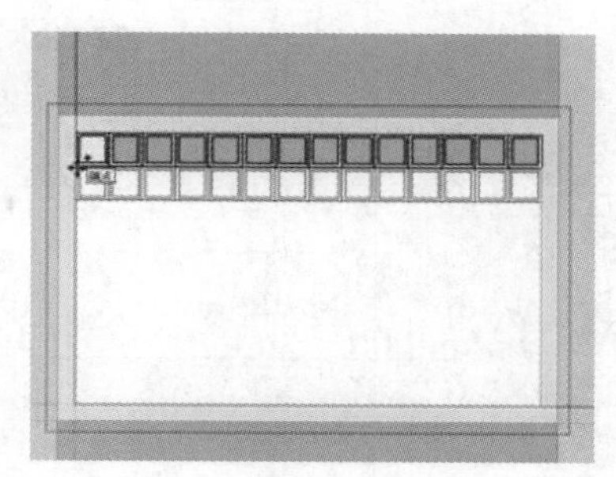
图 3-108　向下进行多重移动复制

07 创建辅助线后，捕捉中点对齐栅格与立柱，如图 3-110 所示。

## 3.3.3 制作石凳造型

启用【矩形】工具，捕捉石墩边线绘制一个矩形平面，然后推拉出 300 的厚度，如图 3-111 与图 3-112 所示，石凳创建完成。

图 3-109　推拉出内部栅格厚度

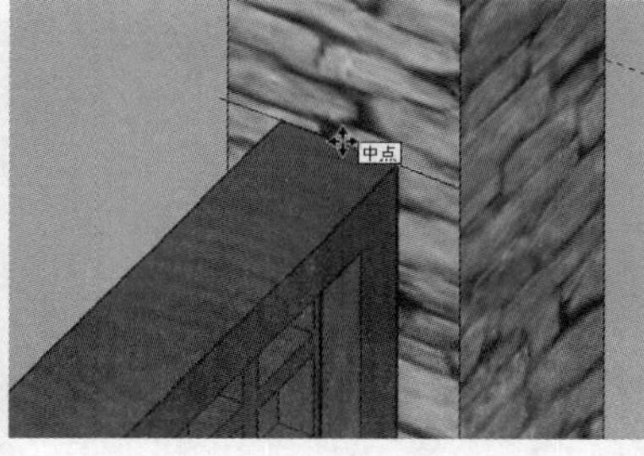

图 3-110　对齐栅栏格与立柱

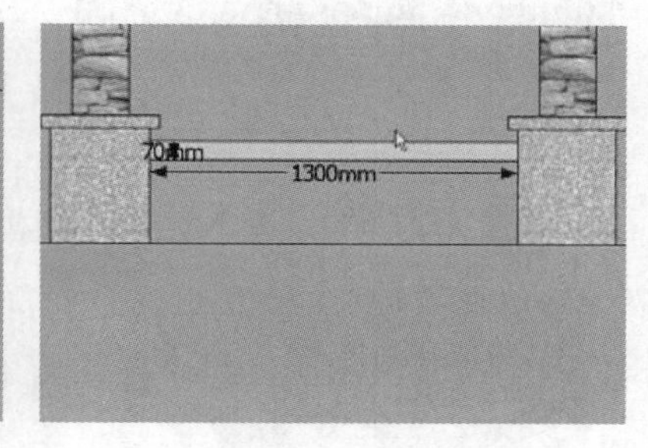

图 3-111　创建坐凳平面

## 3.3.4 创建顶部木架

01 启动【矩形】工具，创建一个矩形平面，在两侧创建细分辅助线，如图 3-114 与图 3-115 所示。

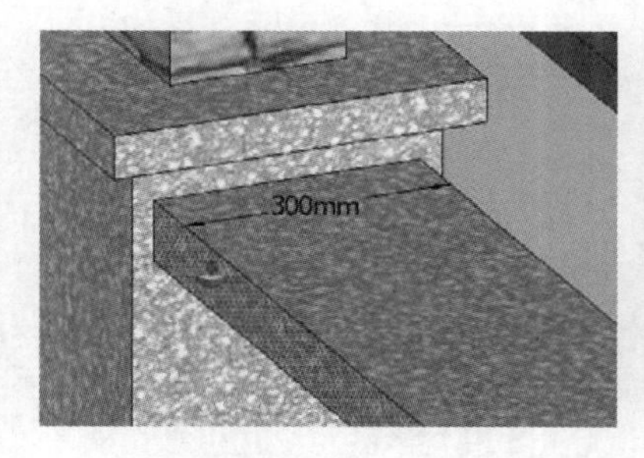

图 3-112　推拉出坐凳厚度

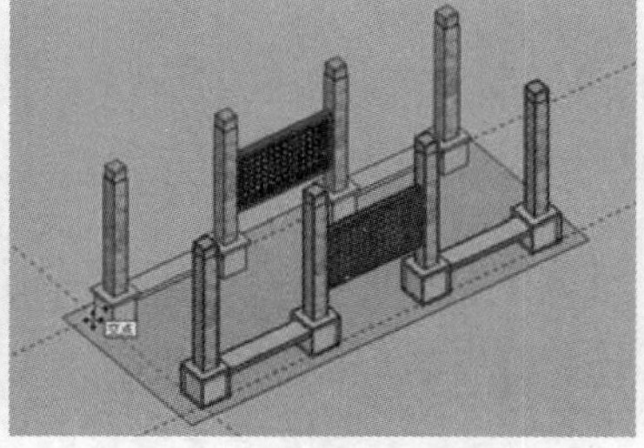
图 3-113　整体复制立柱等细节

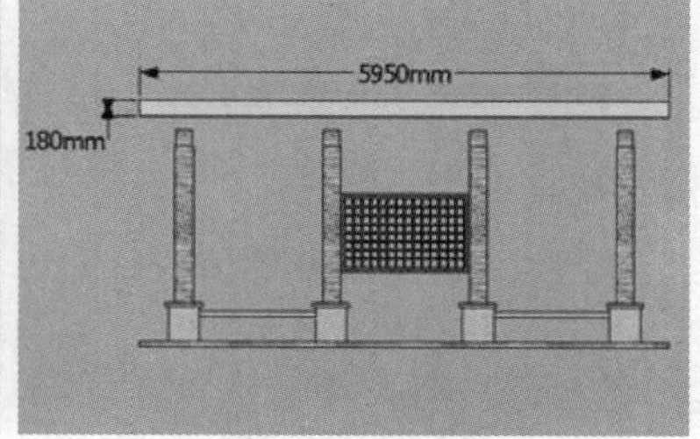

图 3-114　创建木方轮廓平面

02 启用【圆弧】工具，捕捉辅助线端点创建一段半径为 160 的圆弧，在右侧执行同样操作后推出\180 的厚度，如图 3-116 与图 3-117 所示。

03 对齐木方与石柱的位置，向后进行移动复制，如图 3-118 与图 3-119 所示。

04 选择木方启用【旋转】工具，捕捉中点为旋转中心点，按住 Ctrl 键进行旋转复制，如图 3-120 所示。

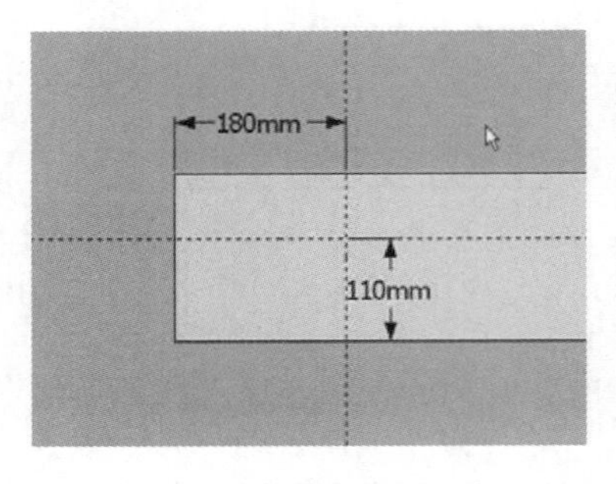


图 3-115　创建定位辅助线

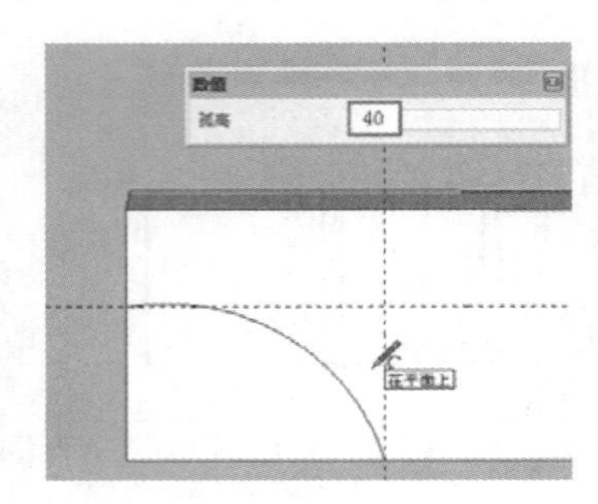


图 3-116　创建圆弧分割线段

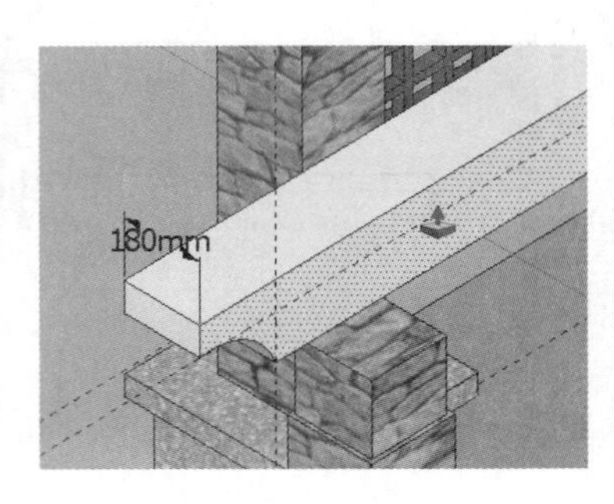


图 3-117　推拉出木方厚度

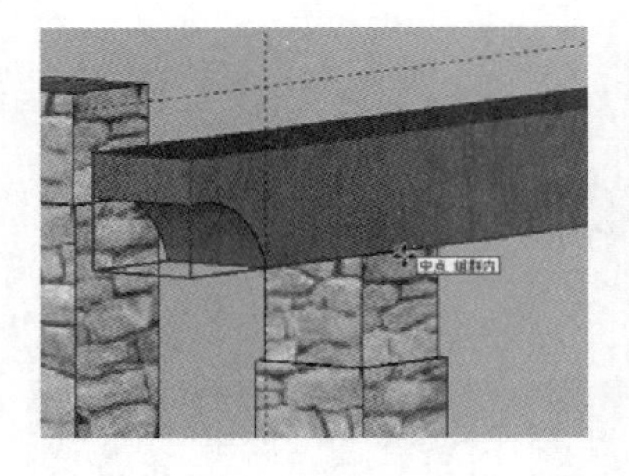

图 3-118　对齐木方与立柱

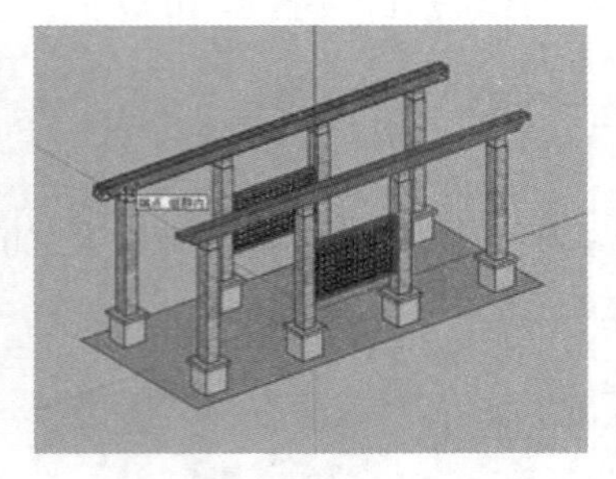

图 3-119　复制木方

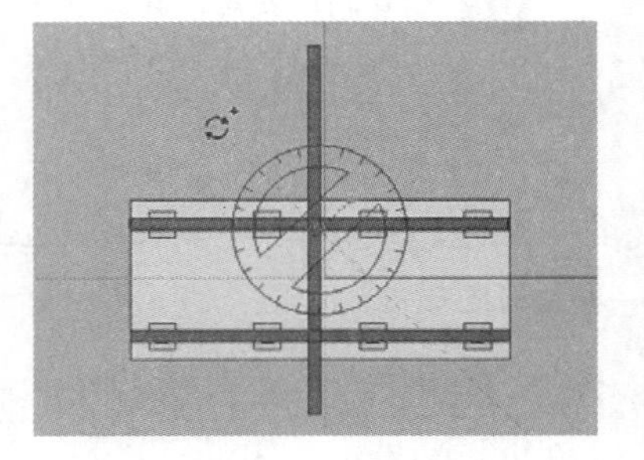

图 3-120　旋转复制木方

05 通过缩放调整木方的长度与厚度，如图 3-121 与图 3-122 所示。

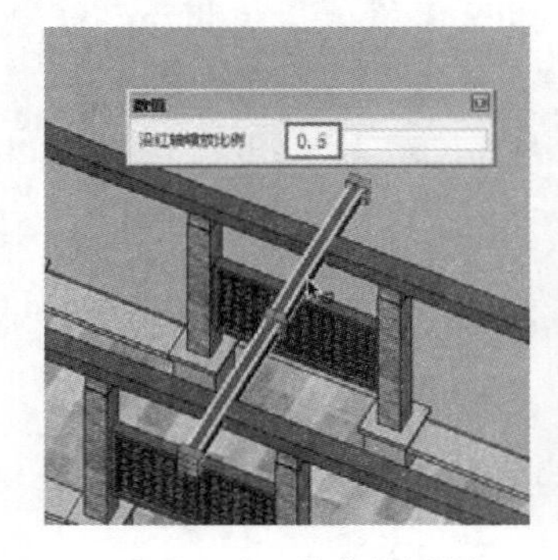


图 3-121　缩小木方长度

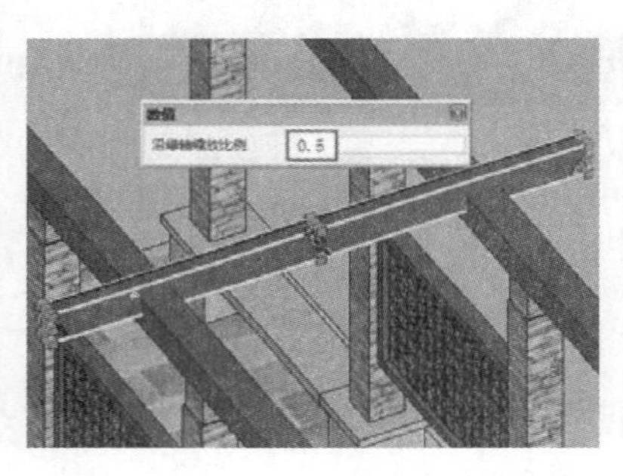


图 3-122　缩小木方厚度

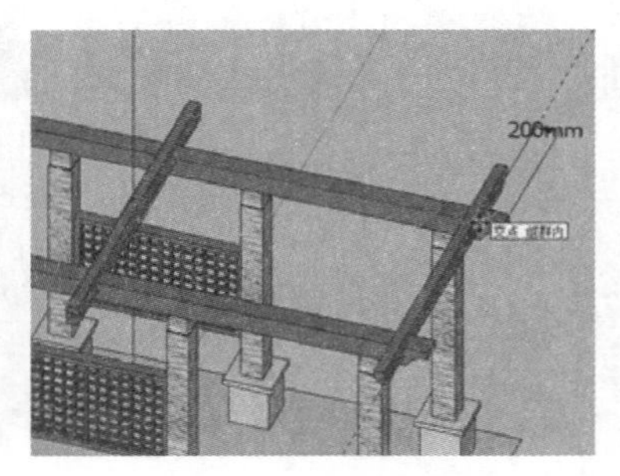


图 3-123　移动复制木方

06 使用多重移动复制，得到顶部其他木方，如图 3-123~图 3-125 所示。

07 进行一些细节调整，得到廊架模型最终效果如图 3-126 所示。

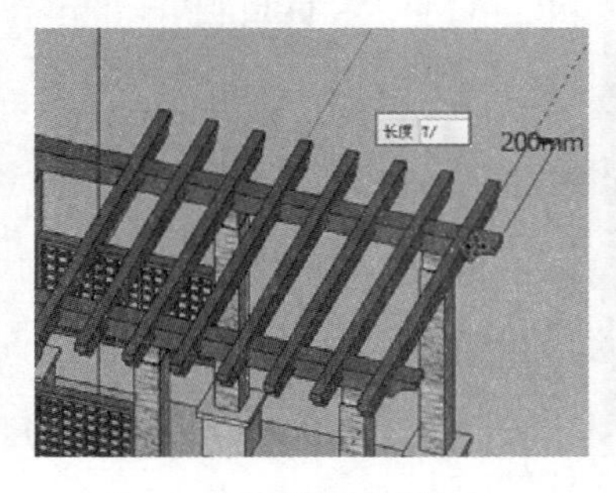


图 3-124　多重移动复制木方

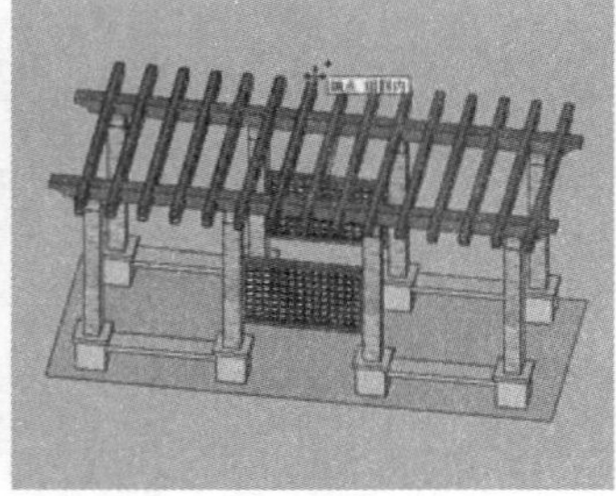

图 3-125　复制出左侧木方

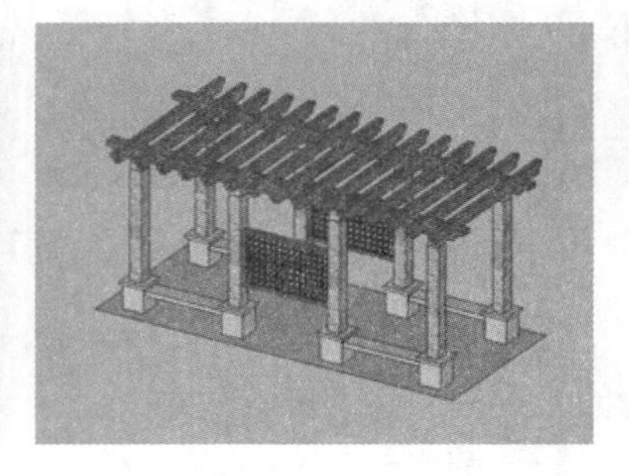

图 3-126　廊架模型完成效果

# 3.4 制作中式公交站台

候车亭，也叫公交站台，公交站亭等，具有候车、交通指示、广告宣传等多种功能。本例制作的是中式公交站点，具有中式建筑的典型特征，反映出城市的历史底蕴和定位特色。

## 3.4.1 创建底板和圆柱

01 启动 SketchUp，设置场景单位与精确度，如图 3-127 所示。

02 执行【矩形】命令，在【俯视图】中绘制一个平面，如图 3-128 所示。

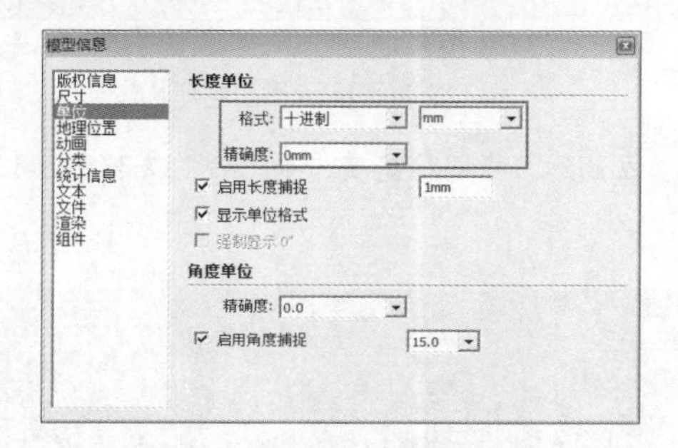


图 3-127　设置单位及精确度

图 3-128　创建平台矩形平面

03 启用【推/拉】工具，为平台制作 240 的高度，然后打开【材料】面板赋予石材面，如图 3-129 与图 3-130 所示。

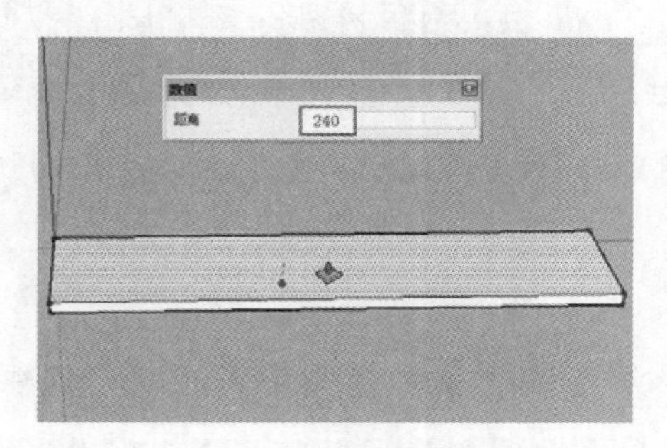


图 3-129　推拉平台厚度

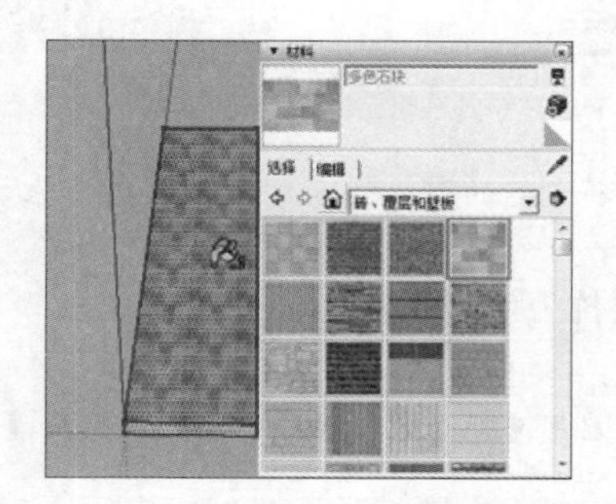


图 3-130　赋予平台石材

04 启用【卷尺】工具绘制圆柱定位辅助线，如图 3-131 与图 3-132 所示。

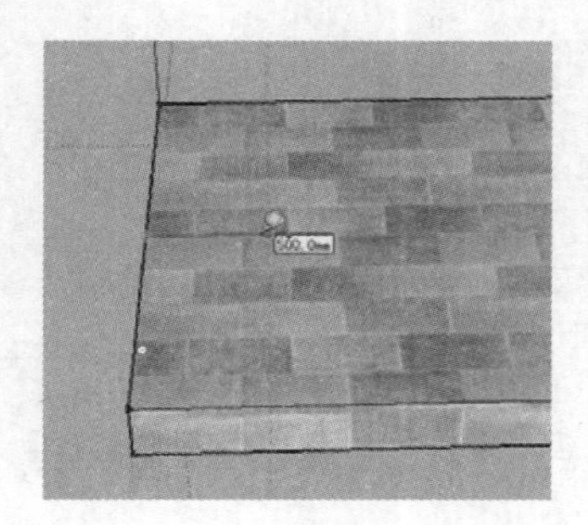

图 3-131　创建圆柱定位辅助线

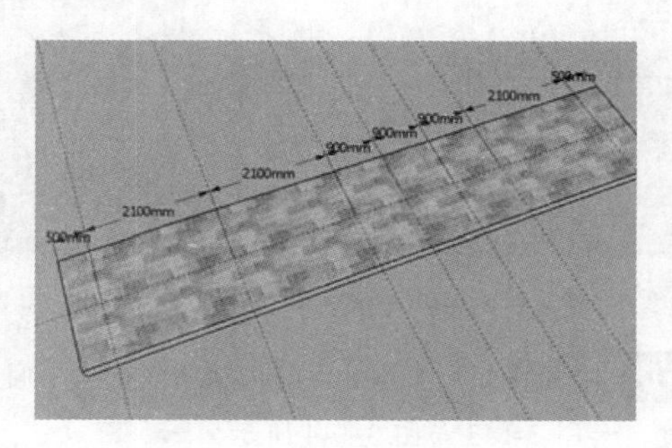


图 3-132　圆柱定位辅助线尺寸

05 在绘制圆柱前，将底部平台创建为【组】，然后捕捉辅助线交点创建【圆】，如图 3-133 与图 3-134 所示。

06 启用【推/拉】工具，推拉出圆柱高度，打开【材料】面板赋予木纹材质，如图 3-135 与图 3-136 所示。

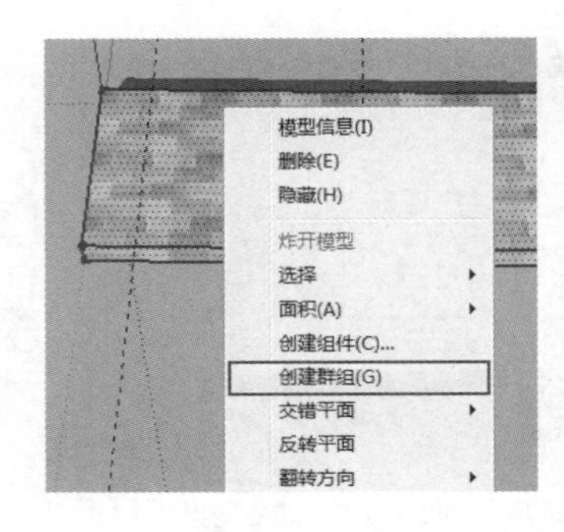

图 3-133　将平台创建为组

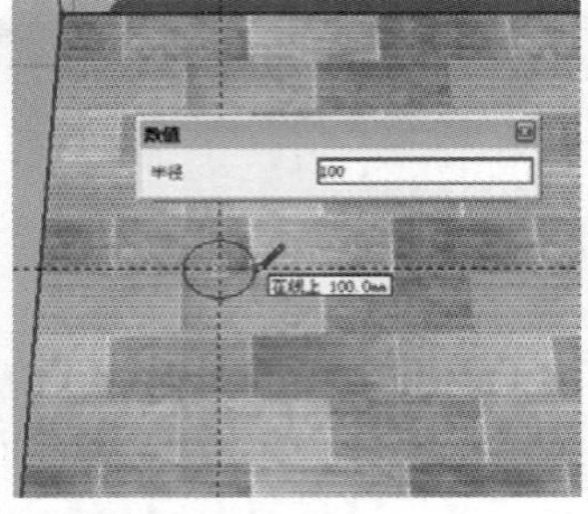

图 3-134　创建圆形平面

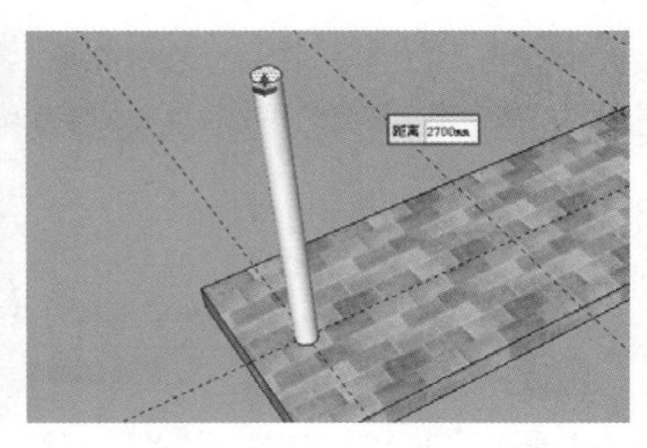

图 3-135　推拉圆柱高度

07 选择圆柱，捕捉辅助线交点进行移动复制，然后调整左侧第三根圆柱高度，如图 3-137 与图 3-138 所示。

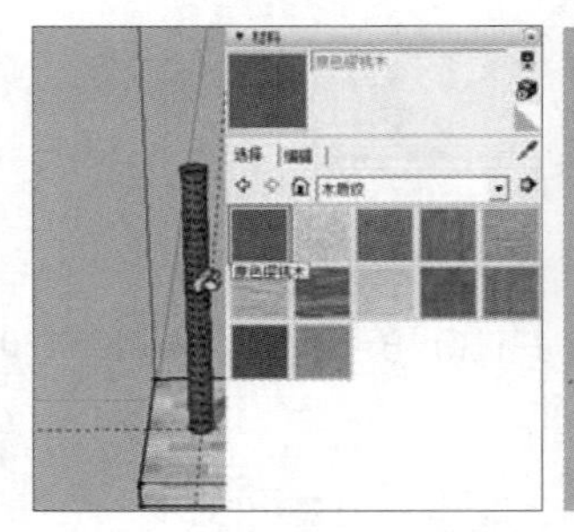
图 3-136　赋予圆柱材质

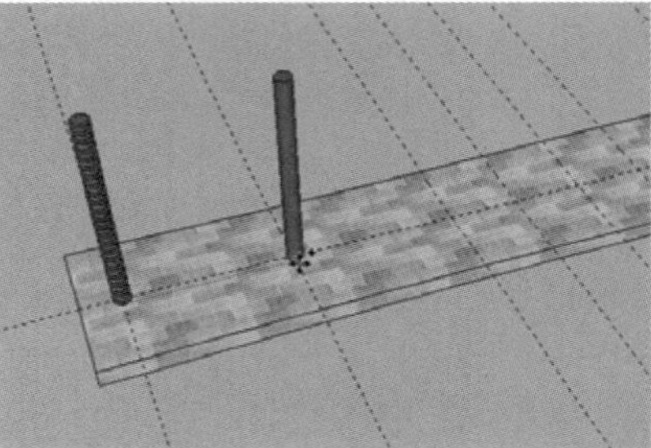
图 3-137　参考辅助线复制圆柱

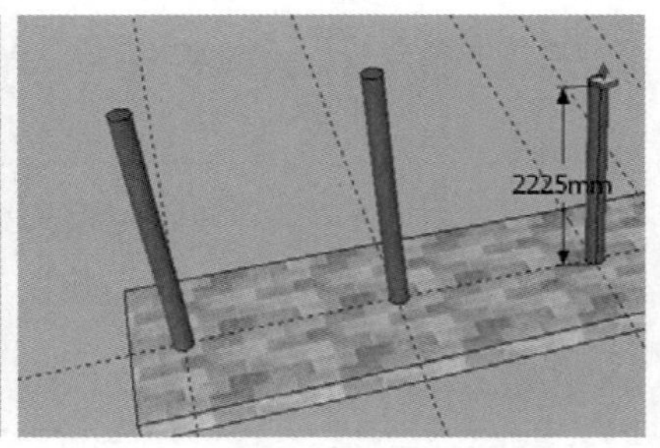

图 3-138　调整左侧第三根圆柱高度

08 将创建的圆柱创建为【组】，接下来切换至【俯视图】以制作顶部框架，如图 3-139 与图 3-140 所示。

## 3.4.2 制作顶部框架

01 启用【矩形】工具绘制平面，启用【偏移】工具向外制作 100 的边框，如图 3-141 与图 3-142 所示。

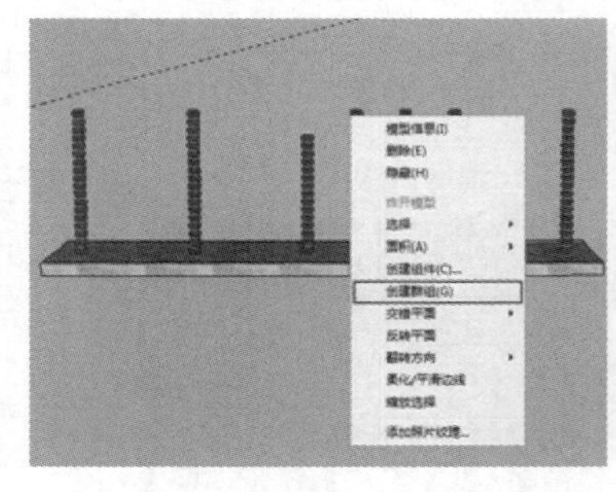
图 3-139　半圆柱整体创建为组

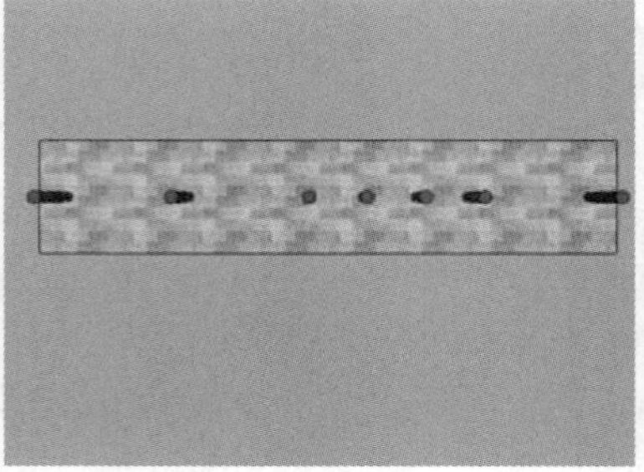
图 3-140　调整至顶视图

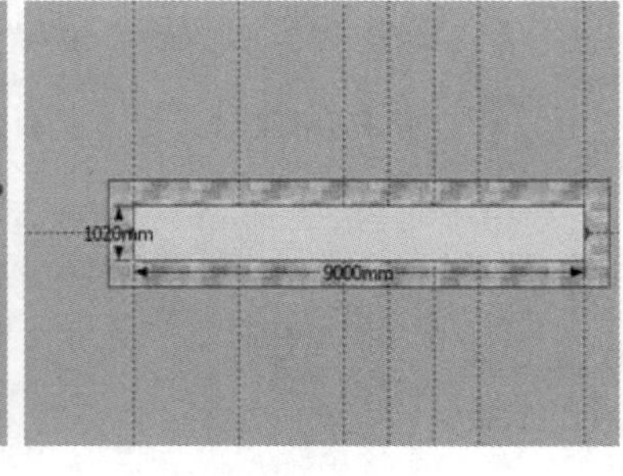

图 3-141　创建框架平面

02 启用【矩形】工具，捕捉辅助线创建中间的木方平面，然后删除多余平面并使用【推/拉】工具制作框架厚度，如图 3-143 与图 3-144 所示。

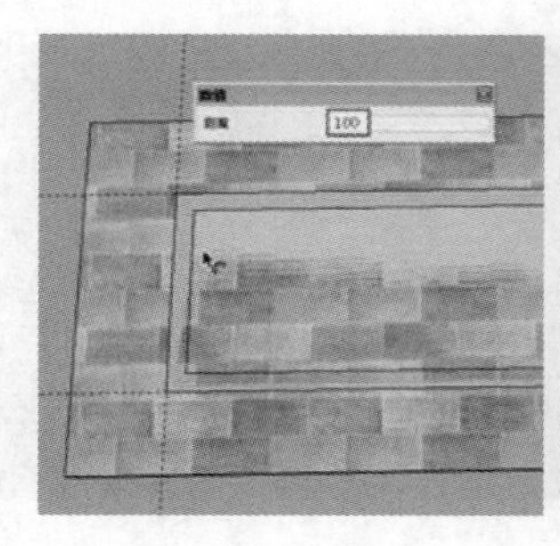

图 3-142 向外偏移复制 100

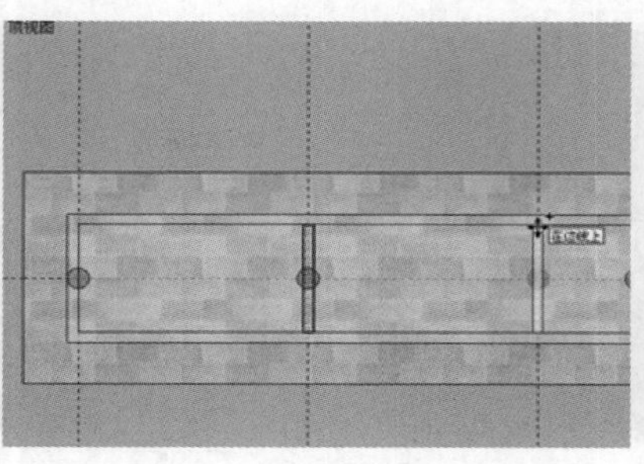

图 3-143 创建并复制中间矩形

图 3-144 推拉框架厚度

03 赋予框架“原色樱桃木”材质，并在【左视图】中调整好位置，如图 3-145 所示。

04 选择制作好的框架，使用移动复制向上以 100 的距离进行复制，如图 3-146 所示。

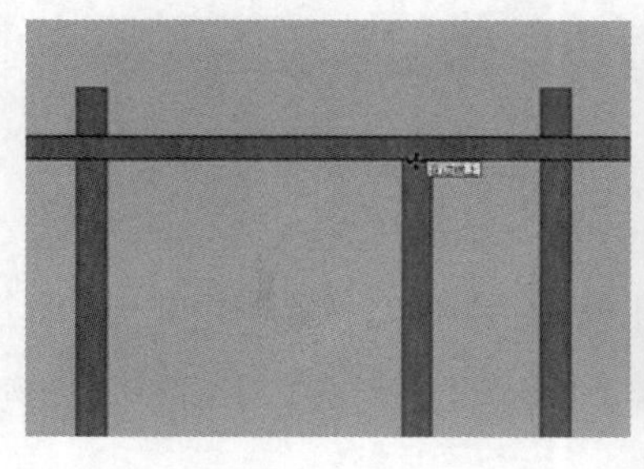

图 3-145 调整框架位置

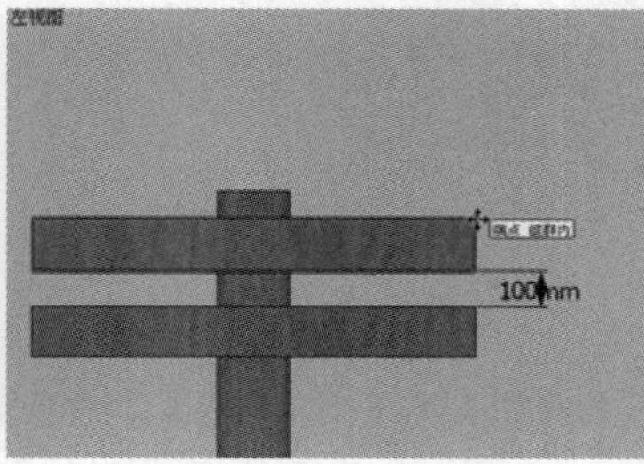


图 3-146 向上复制框架

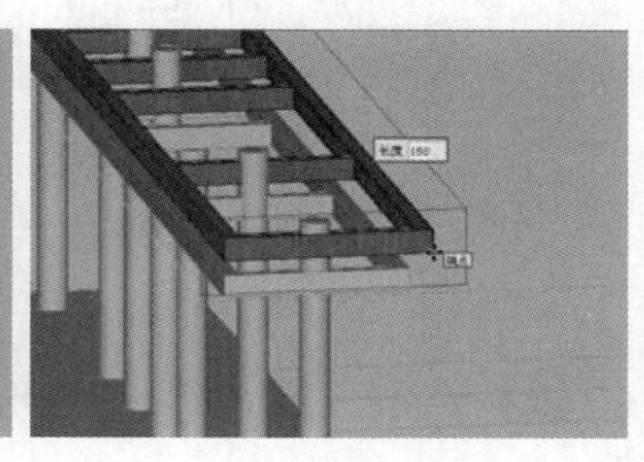

图 3-147 调整上层框架宽度

05 结合【移动】以及【推/拉】工具，调整上部框架造型，如图 3-147 与图 3-148 所示。

06 启用【矩形】工具，捕捉木方表面角点创建支撑细节分割面，然后【推/拉】100 的高度，如图 3-149 与图 3-150 所示。

图 3-148 调整两侧框架细节

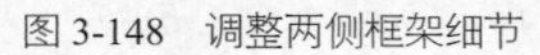

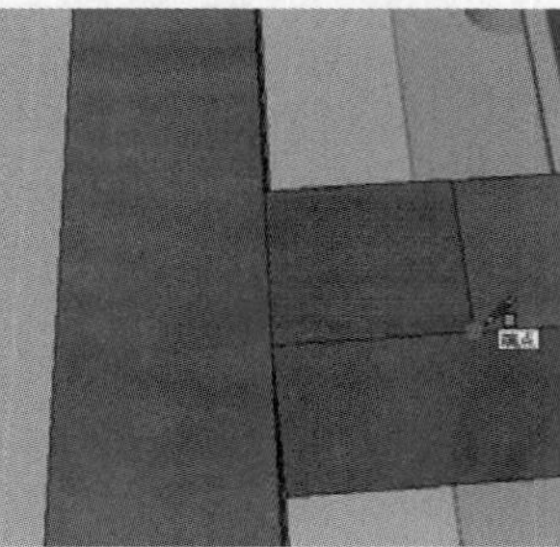

图 3-149 创建框架细分面

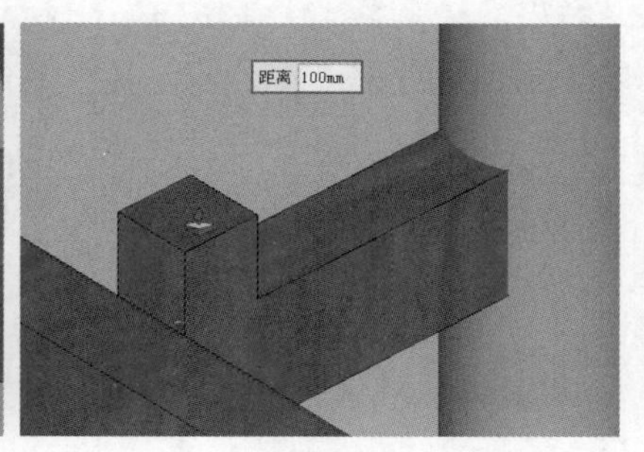


图 3-150 推拉制作框架支撑细节

07 使用相同操作，制作其他框架支撑细节，完成效果如图 3-151 所示。

### 3.4.3 制作顶棚

01 启用【矩形】工具，绘制屋顶参考平面并调整好位置，如图 3-152 所示

02 启用【直线】工具，绘制屋顶轮廓细节，使用【推/拉】工具制作左侧屋顶长度，如图 3-153 与图 3-154 所示。

03 向右移动复制出右侧屋顶，对齐位置后调整好其长度，如图 3-155 与图 3-156 所示。

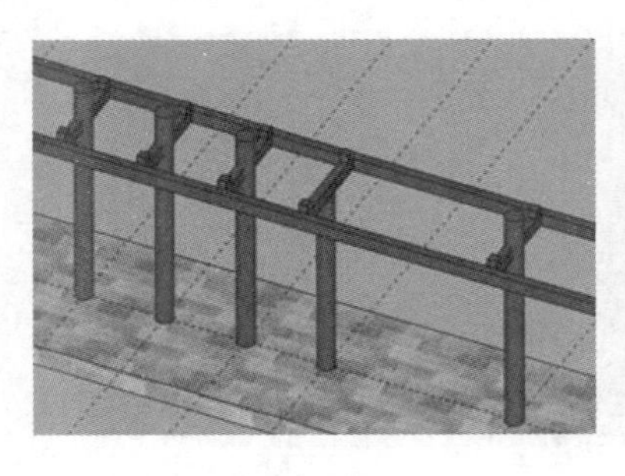

图 3-151　框架细节完成效果

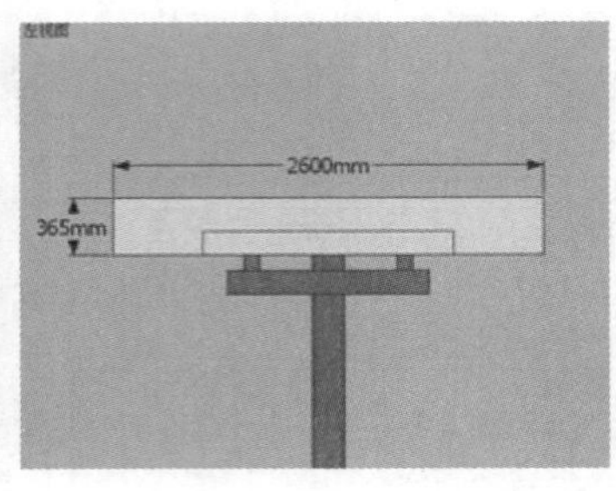


图 3-152　绘制屋顶结构参考矩形

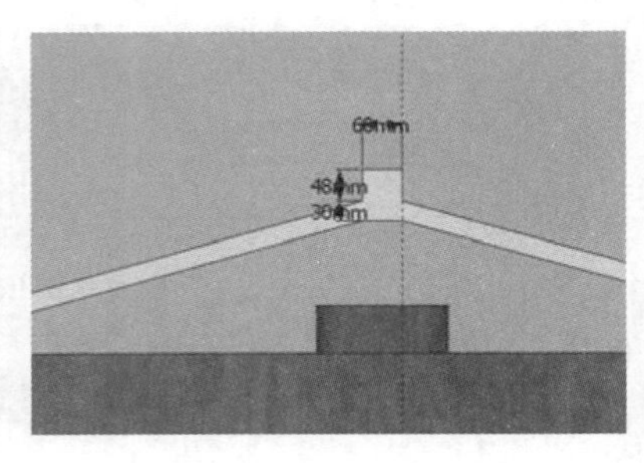

图 3-153　屋顶轮廓细节尺寸

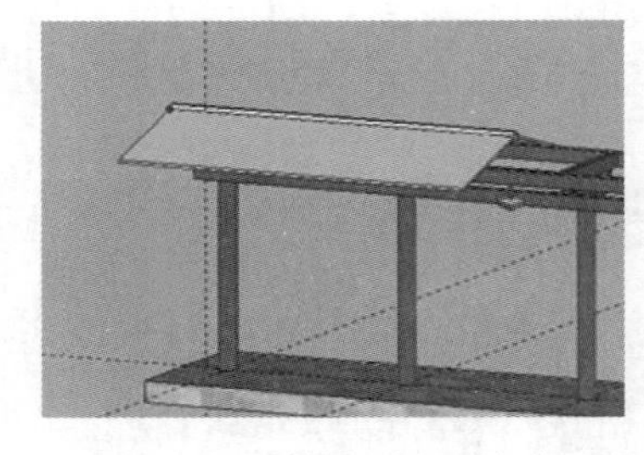

图 3-154　推拉左侧屋顶长度

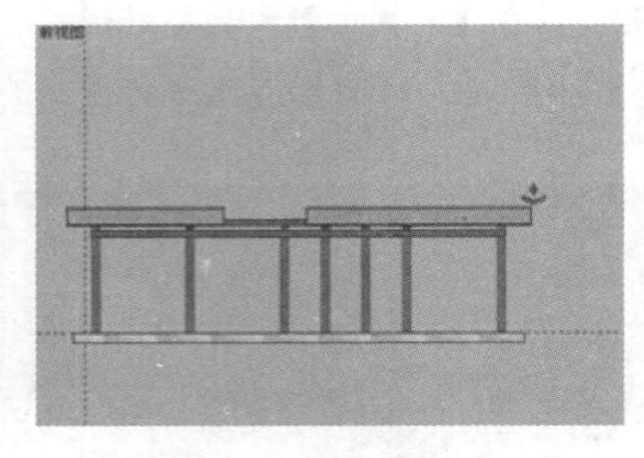

图 3-155　复制并调整右侧屋顶

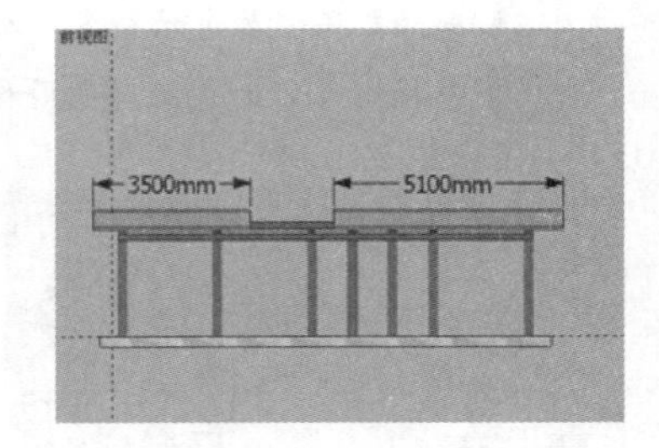


图 3-156　屋顶参考尺寸

04 向上移动复制屋顶，然后在【左视图】中通过【缩放】工具调整屋顶造型，如图 3-157 与图 3-158 所示。

05 启用【推/拉】工具调整顶部屋顶宽度，然后整体对齐屋顶位置，如图 3-159 所示。

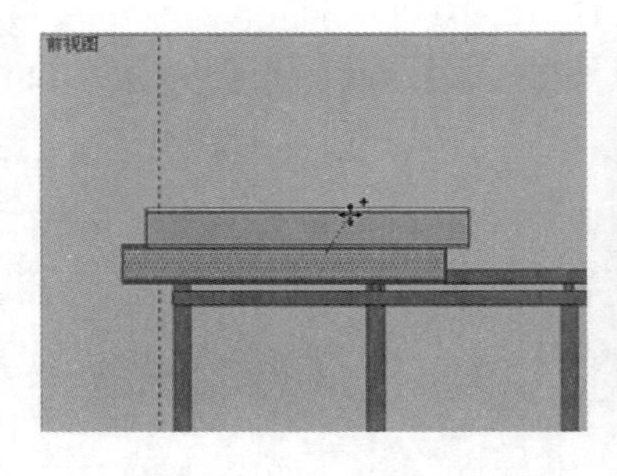

图 3-157　向上复制屋顶

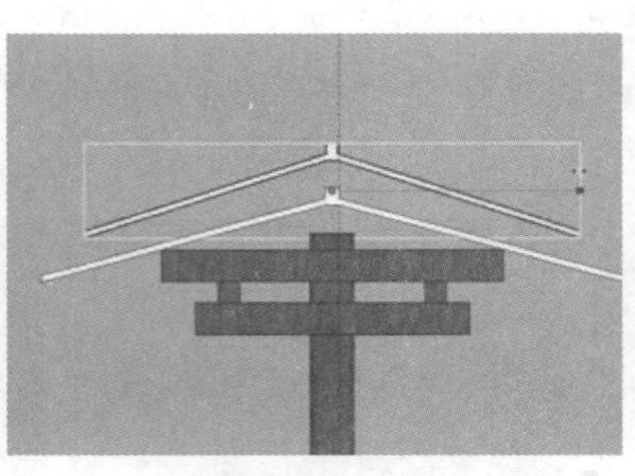

图 3-158　通过缩放调整屋顶结构

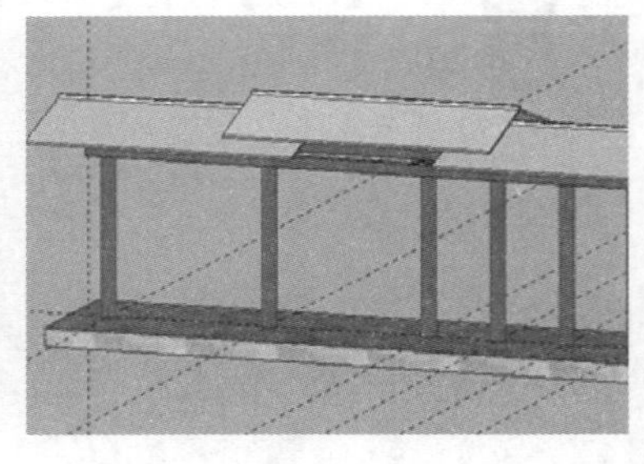

图 3-159　屋顶模型完成效果

06 打开【材料】面板，为屋顶各区域赋予对应材质，完成屋顶效果,如图 3-160~图 3-162 所示。

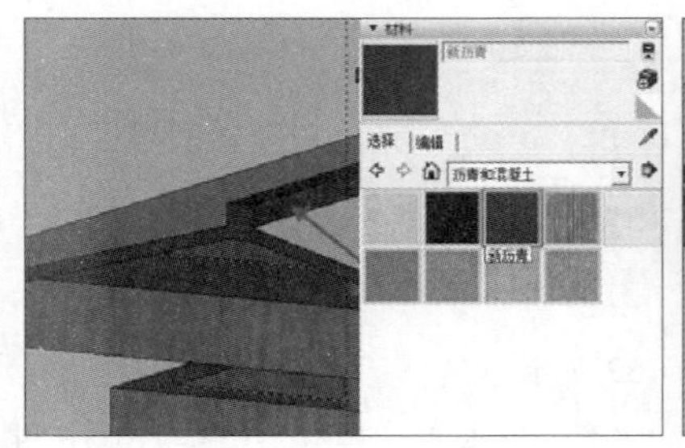

图 3-160　赋予深色沥青材质

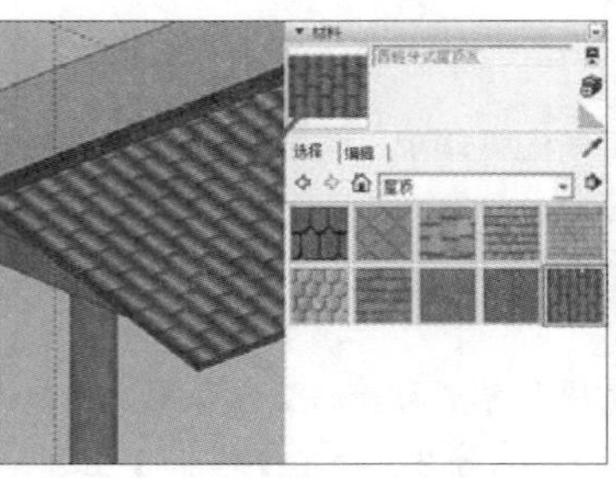

图 3-161　赋予瓦片材质

图 3-162　公交站台屋面完成效果

## 3.4.4 制作坐凳

01 结合使用【矩形】与【推/拉】工具制作坐凳平台与支撑柱，如图 3-163 与图 3-164 所示。

02 分别赋予坐凳平台与支撑柱木纹与石材，如图 3-165 与图 3-166 所示。

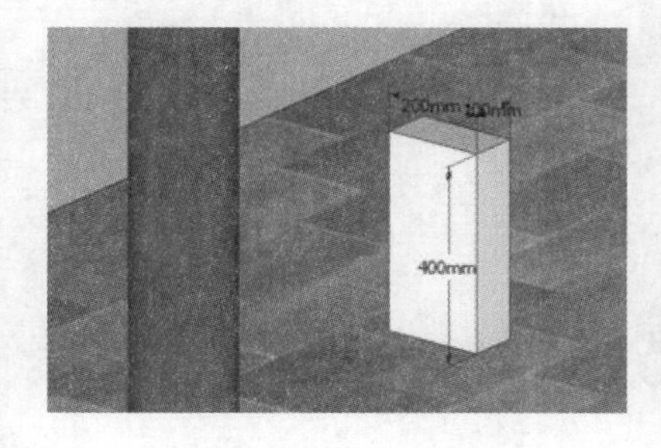

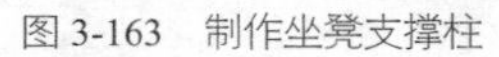

图 3-163 制作坐凳支撑柱

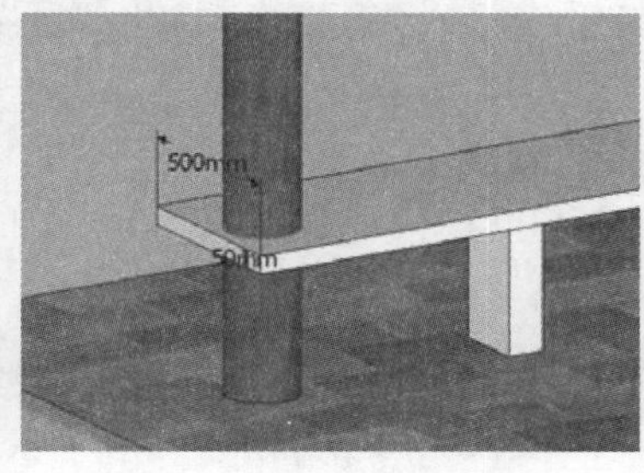


图 3-164 制作坐凳平台

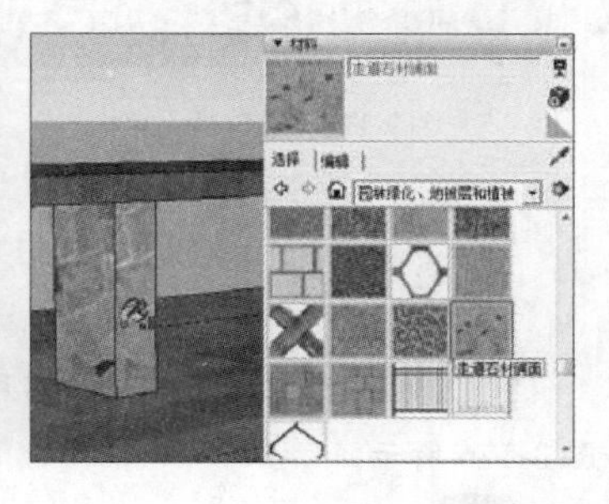

图 3-165 赋予支撑柱石材

## 3.4.5 制作装饰结构

01 参考圆柱与框架交点，使用【矩形】工具创建一个平面，然后将边线 3 拆分，如图 3-167 与图 3-168 所示。

图 3-166 座椅平台完成效果

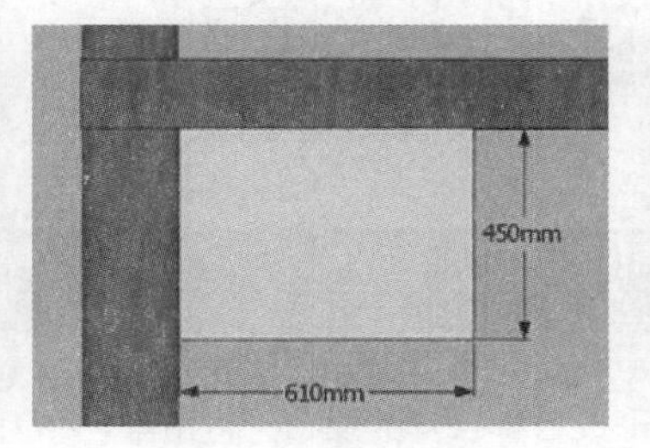


图 3-167 创建矩形

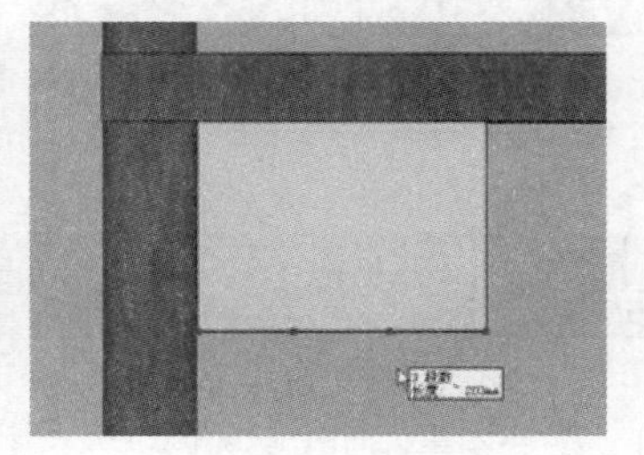

图 3-168 拆分边线

02 捕捉拆分点，使用【直线】工具创建分割面，然后结合使用【偏移】与【推/拉】工具制作细节与厚度，如图 3-169 与图 3-170 所示。

03 移动复制装饰结构，并通过右键菜单栏中【翻转方向】|【组的红轴】命令调整朝向，如图 3-171 所示。

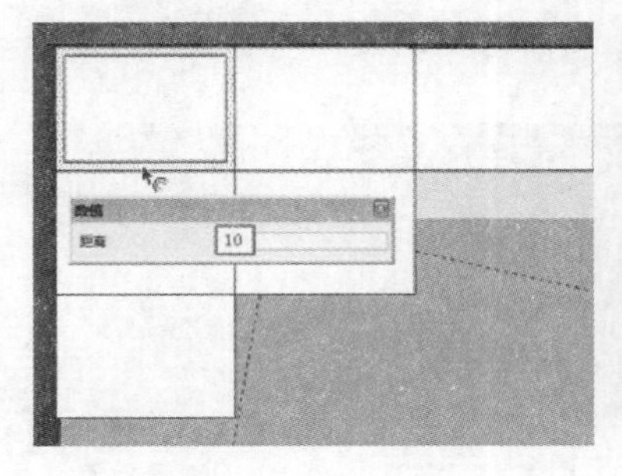


图 3-169 向内偏移复制 10

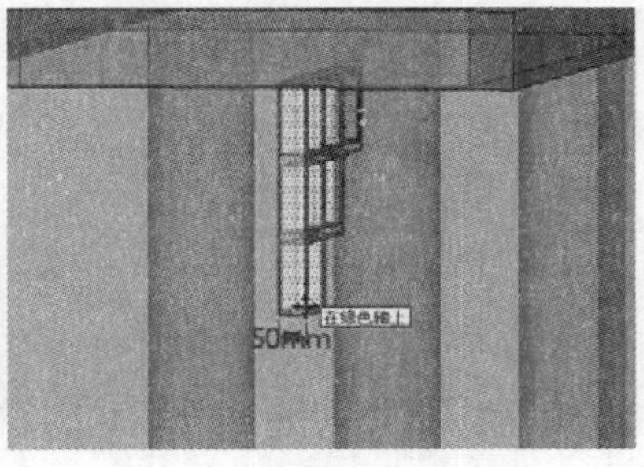


图 3-170 制作装饰结构厚度并调整位置

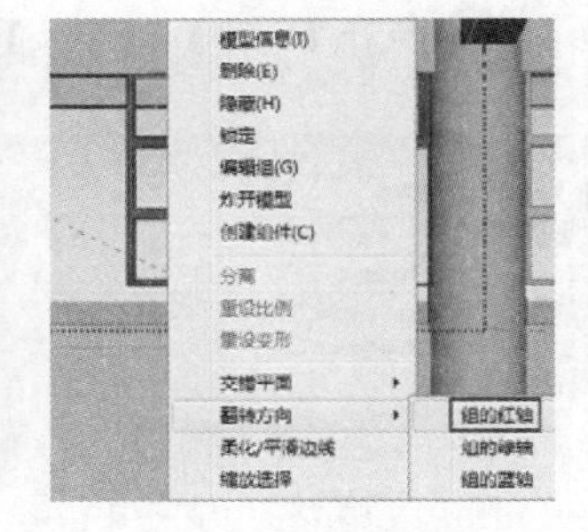


图 3-171 复制并翻转装饰结构

04 结合使用【直线】及【推/拉】工具制作装饰结构上方的横梁，如图 3-172 与图 3-173 所示。

05 复制装饰结构，完成公交站台效果如图 3-174 所示。

图 3-172　推拉横梁结构

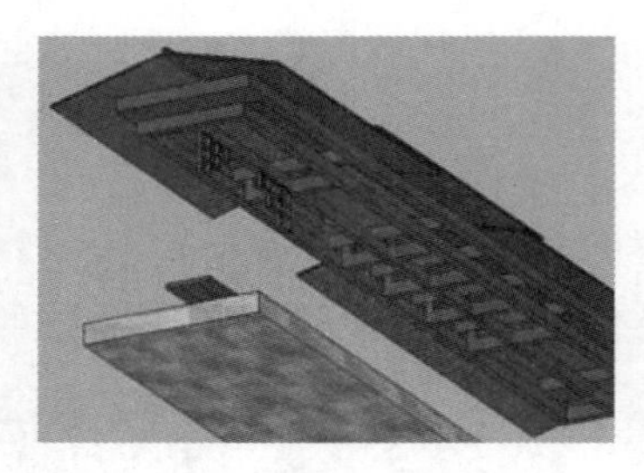

图 3-173　横梁完成效果

图 3-174　公交站台装饰结构完成效果

### 3.4.6 制作广告牌

01 参考圆柱间的距离，启用【矩形】工具创建广告牌平面，细化好造型后进行移动复制，如图 3-175 与图 3-176 所示。

02 经过以上步骤的制作，中式公交站台模型最终完成,效果如图 3-177 所示。

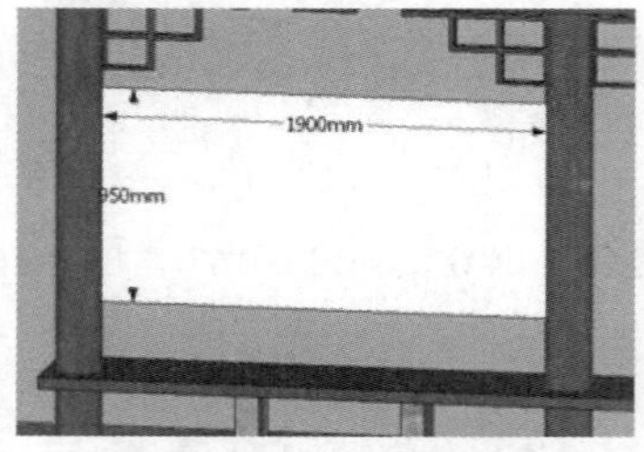


图 3-175　创建广告牌矩形

图 3-176　制作并复制广告牌

图 3-177　中式公交站台模型完成效果

## 3.5 制作竹石跌水

水体因重力而下跌，高程突变，形成各种各样的瀑布、水帘等，称为“跌水”。跌水主要有瀑布、叠水、壁泉等类型。跌水活跃了园林空间，丰富了园林内涵，美化了园林的景致。

### 3.5.1 导入 AutoCAD 底图

01 启动 SketchUp，通过【模型信息】面板设置场景单位与精确度，如图 3-178 所示。

02 执行【文件】/【导入】菜单命令，如图 3-179 所示。

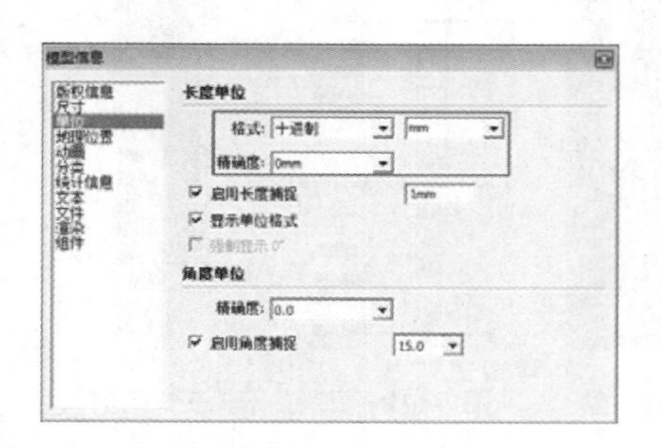


图 3-178　设置好场景单位与精确度

图 3-179　执行文件/导入菜单命令

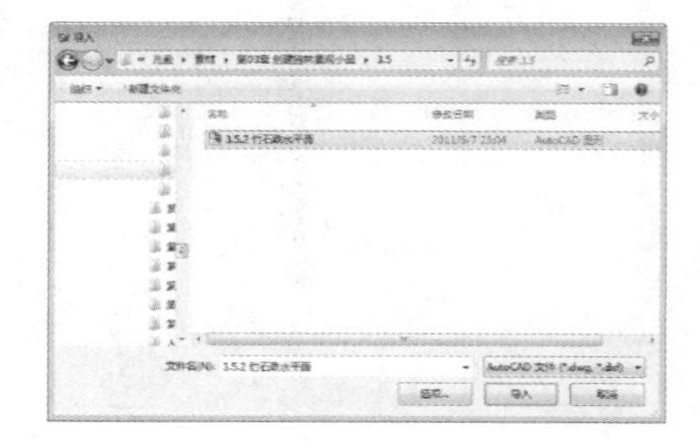

图 3-180　导入 AutoCAD 底图

03 选择导入文件类型为“AutoCAD 文件”，如图 3-180 所示，单击【选项】按钮设置相关参数，如图 3-181

所示。

## 3.5.2 制作水池造型

01 成功导入竹石跌水平面图后，启用【直线】工具捕捉外侧边线进行封面，然后启用【偏移】工具制作内部轮廓线，如图 3-182 与图 3-183 所示。

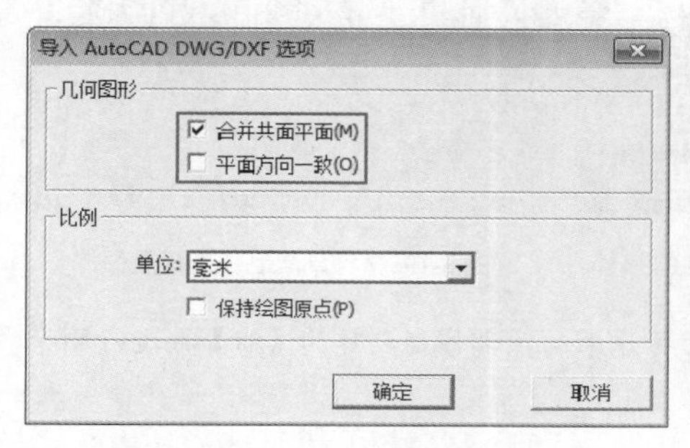


图 3-181 调整导入选项参数

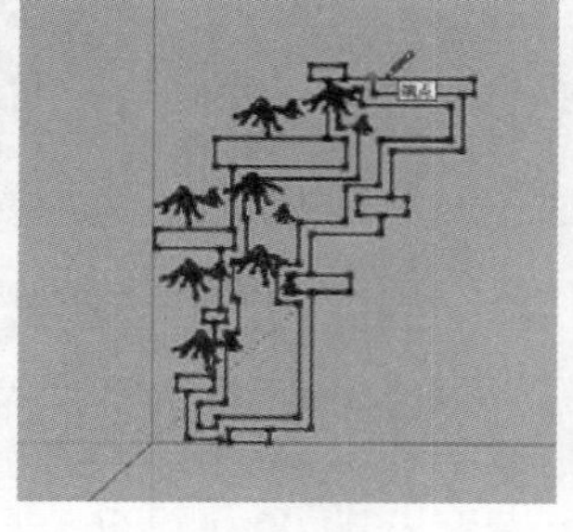

图 3-182 捕捉外侧边线进行封面

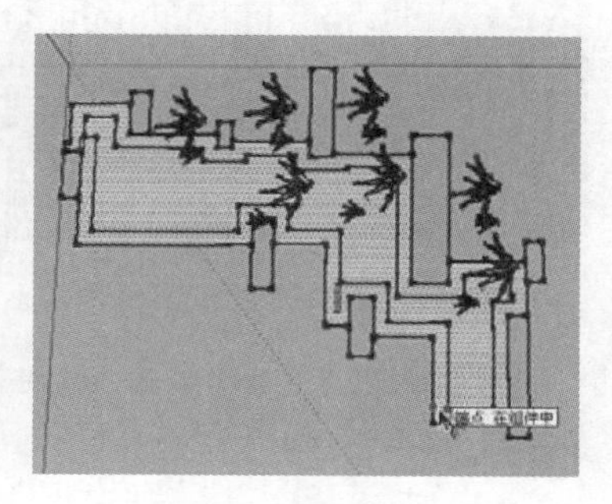

图 3-183 启用偏移工具

02 删除偏移生成的多余线段，然后为外部轮廓平面赋予石材，如图 3-184 与图 3-185 所示。

03 启用【推/拉】工具制作水池高度，如图 3-186 所示。

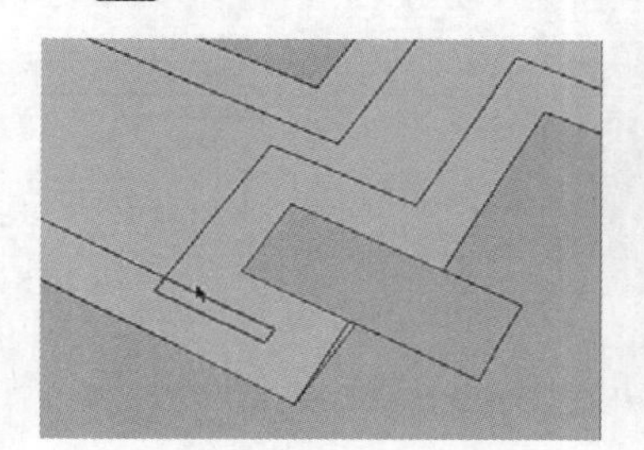

图 3-184 删除内部多余线段

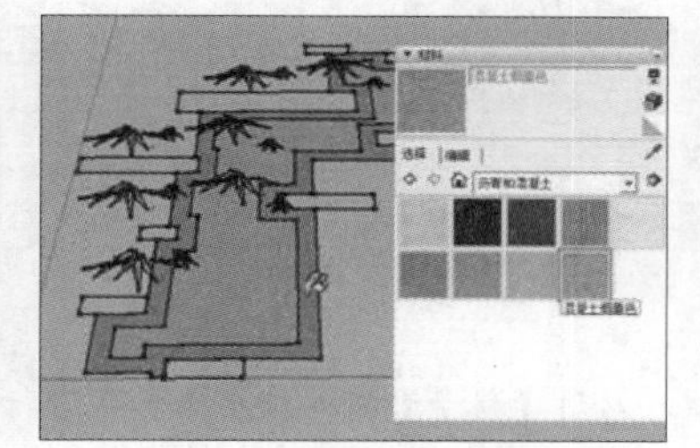

图 3-185 赋予模型面材质

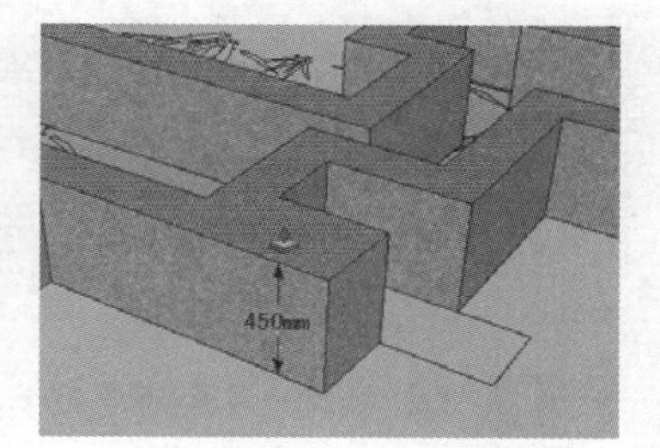


图 3-186 制作水池高度

**技 巧**

需要注意的是，如果先拉伸出高度再赋予材质，因为增加了面，会使材质指定操作变得更为复杂，如图 3-187 所示。

04 启用【偏移】工具制作外侧轮廓线，然后赋予石材材质，如图 3-188 与图 3-189 所示。

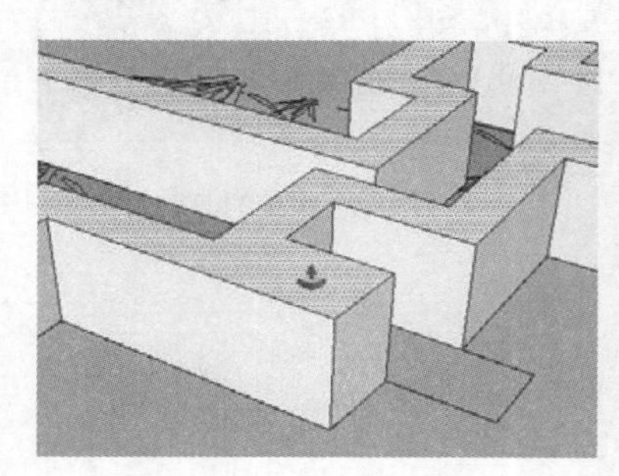

图 3-187 直接拉伸将使材质赋予变得复杂

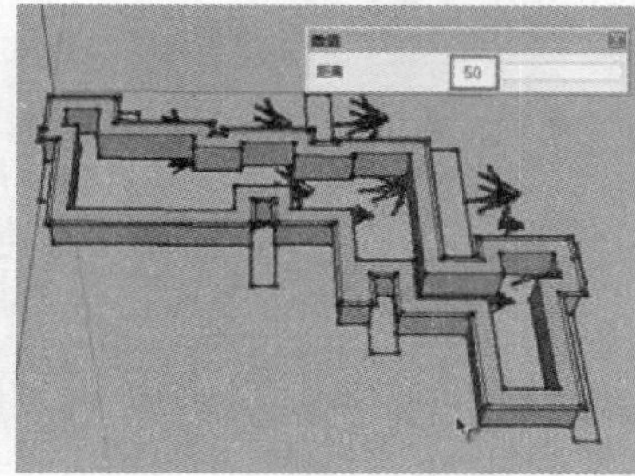

图 3-188 启用偏移工具

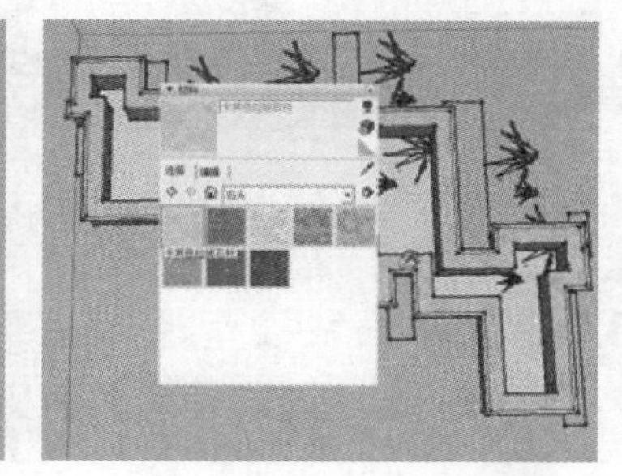

图 3-189 赋予顶面材质

05 材质赋予完成后，如果直接拉伸将形成多余边线，如图 3-190 所示，必须逐一进行删除，为了避免该种情况首先删除任意一条线段，如图 3-191 所示。

06 双击选择上部平面，将其移动复制出模型后，单独制作厚度，如图 3-192 与图 3-193 所示。

图 3-190　直接拉伸形成多余边线

图 3-191　删除任意一条边线

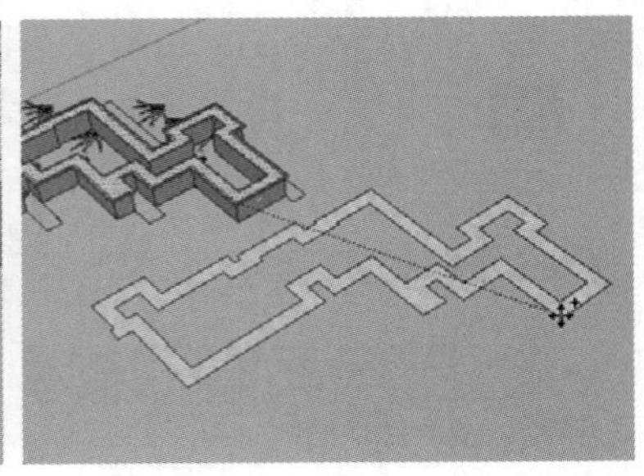
图 3-192　移动复制顶部模型面

07 启用【直线】工具，捕捉角点创建一条位置参考线，然后将原来的顶部模型创建为【组】再进行删除，如图 3-194 与图 3-195 所示。

图 3-193　制作 50 厚度

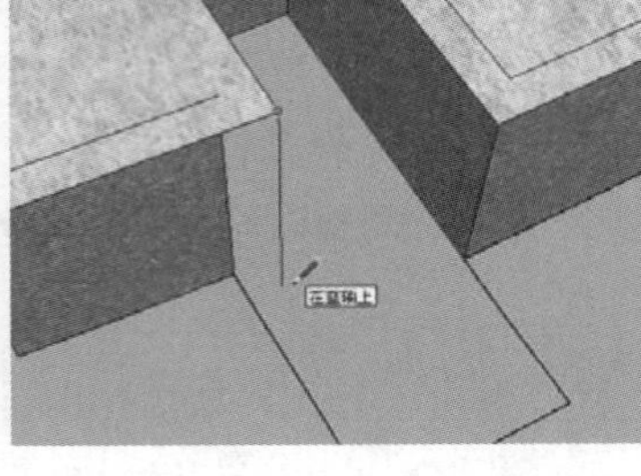
图 3-194　创建对位参考线

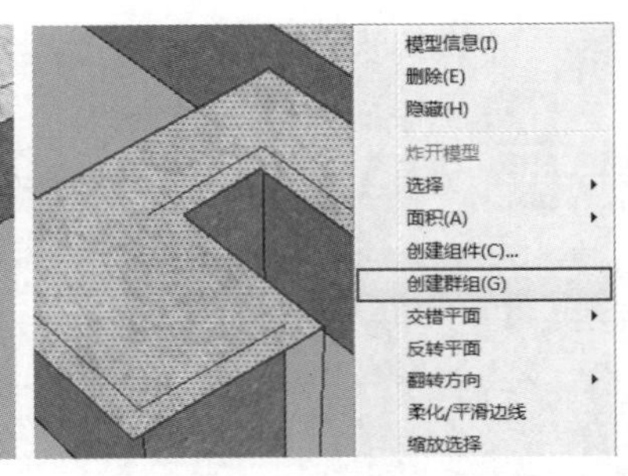

图 3-195　创建组后进行删除

08 选择制作好厚度的顶面模型，启用【移动】工具捕捉参考线进行对位，如图 3-196 所示。

09 打开【材料】面板，为池底制作并赋予鹅卵石材质，如图 3-197 所示。

10 选择池底，使用移动复制向上制作出池水水面，然后赋予池水材质，如图 3-198 与图 3-199 所示。

图 3-196　对位模型

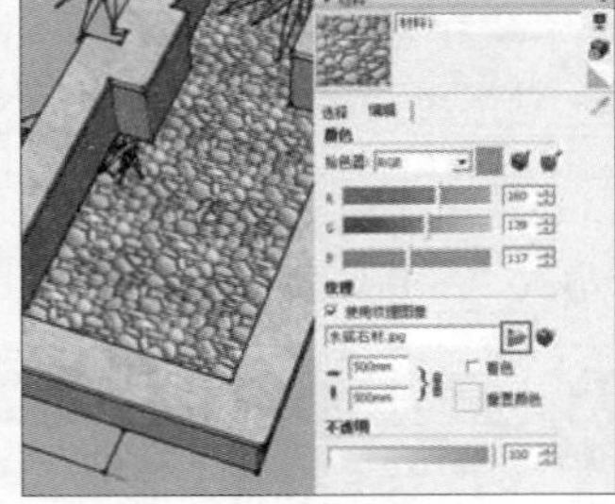
图 3-197　赋予池底鹅卵石材质

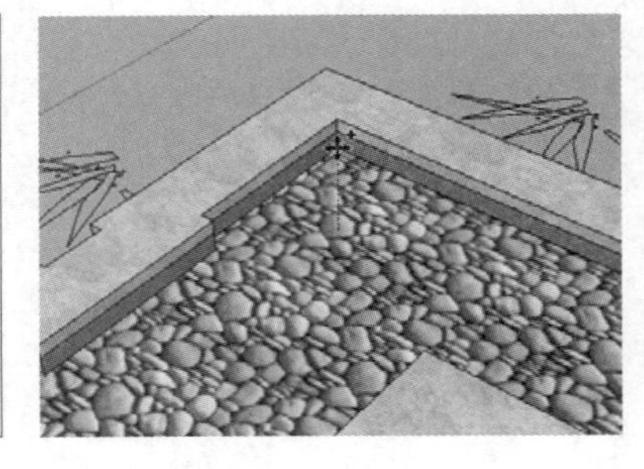
图 3-198　移动复制出池水水面

## 3.5.3 制作石块模型

01 捕捉图纸结合使用【矩形】与【推/拉】工具制作石头轮廓，如图 3-200 所示。

02 启用【直线】工具创建细分分割线，然后选择分割线进行移动，制作出石块细节，如图 3-201 与图 3-202 所示。

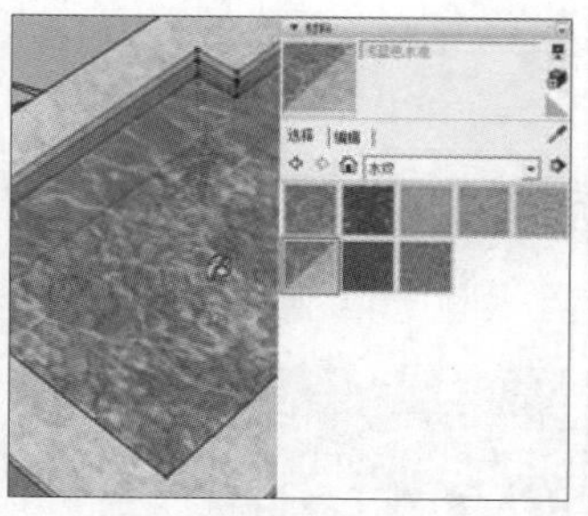
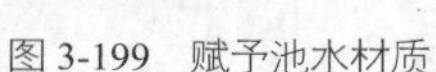

图 3-199　赋予池水材质

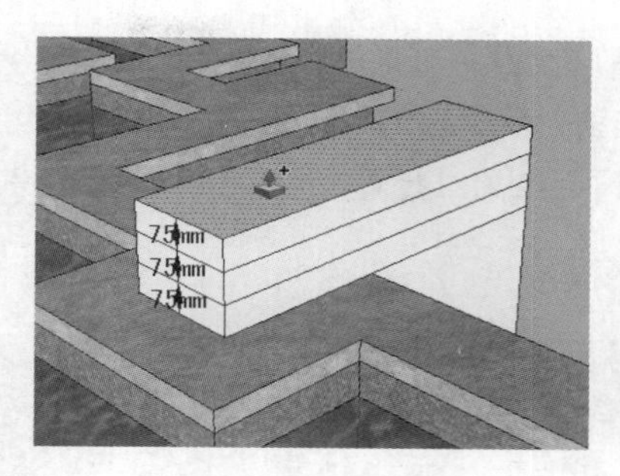


图 3-200　制作石头轮廓

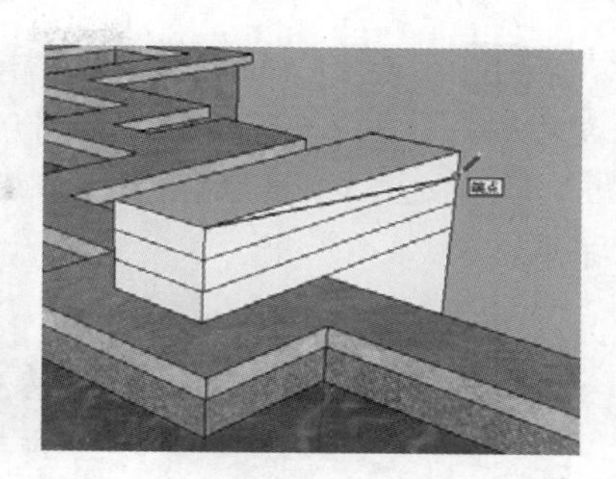


图 3-201　创建分割线

03 重复类似操作完成石头细节的制作，然后为其制作并赋予纹理，如图 3-203~图 3-205 所示。

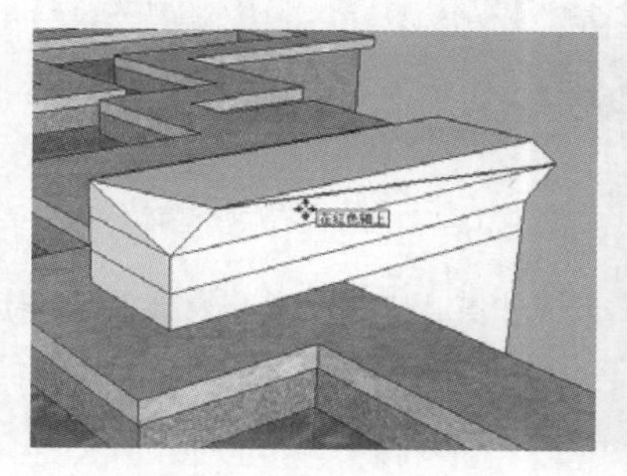


图 3-202　通过线条调整细节

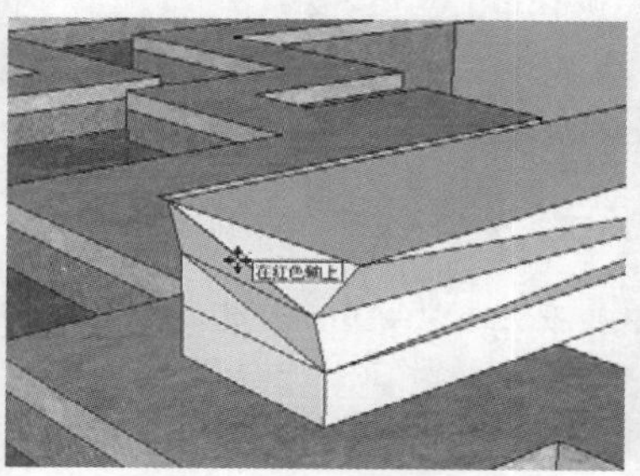


图 3-203　调整其他细节

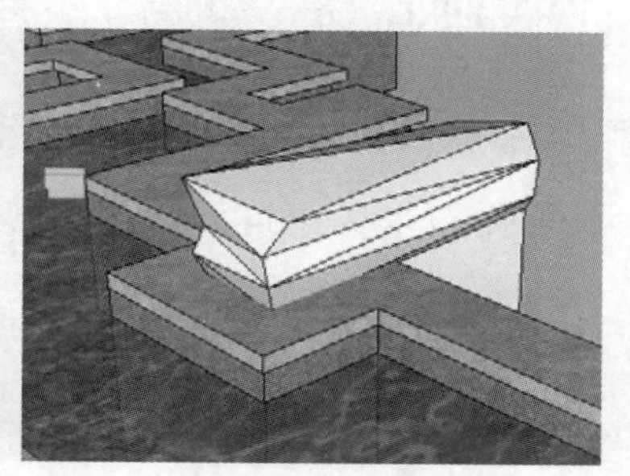

图 3-204　石块细节调整完成效果

04 参考图纸复制其他位置的石头模型，然后通过右键菜单栏中【翻转方向】|【组的红轴】命令调整朝向，如图 3-206 与图 3-207 所示。

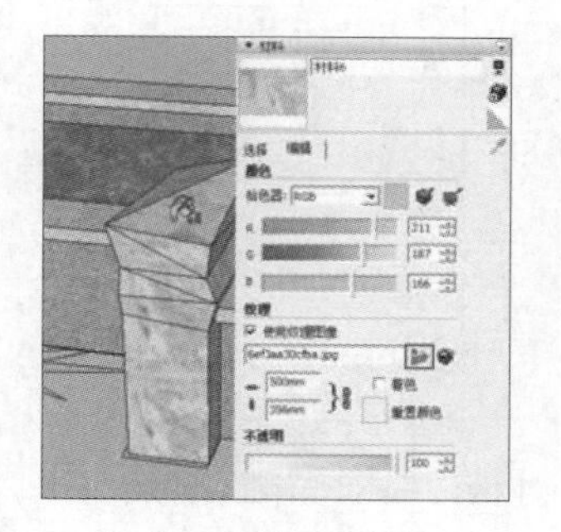

图 3-205　赋予石头纹理

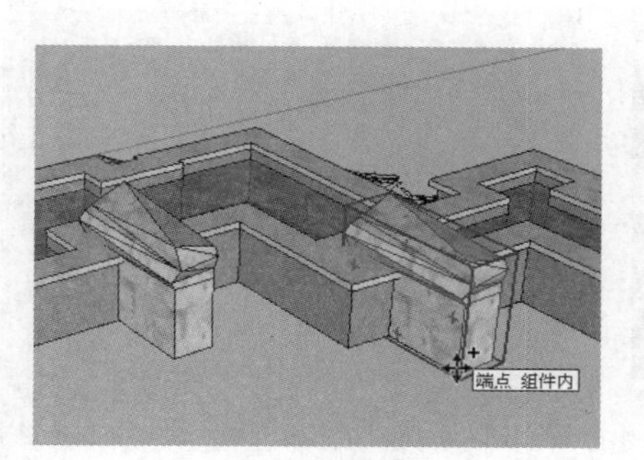


图 3-206　参考图纸进行复制

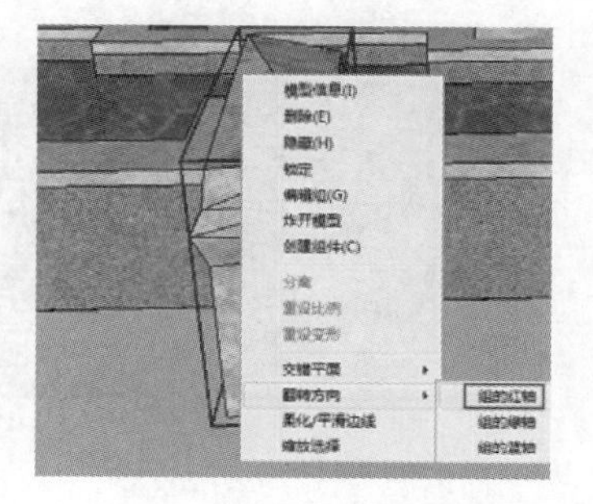


图 3-207　通过翻转方向调整朝向

05 选择复制的石头模型，执行【设定为唯一】菜单命令，通过线条的调整改变造型细节，如图 3-208 与图 3-209 所示。

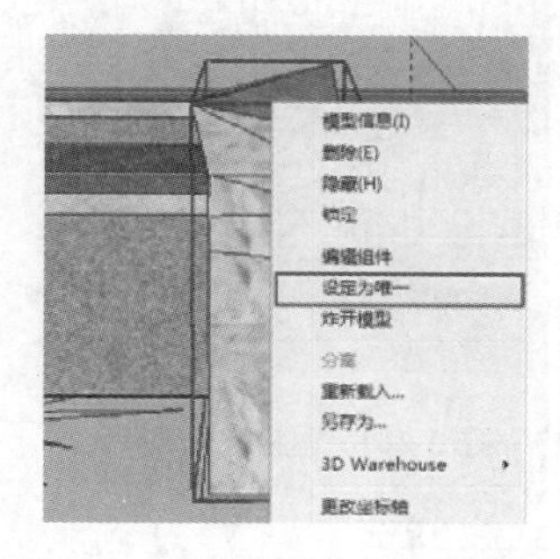


图 3-208　选择单独处理菜单命令

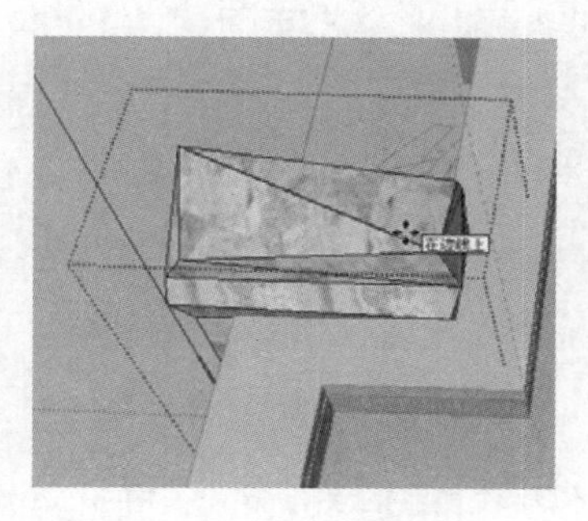

图 3-209　通过移动线条调整细节

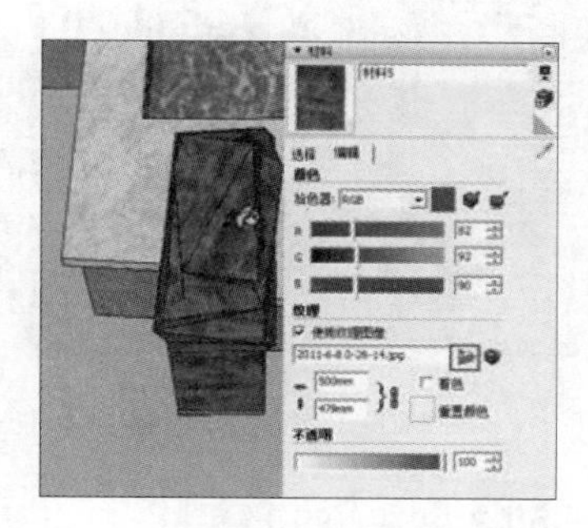

图 3-210　赋予黑色石头纹理

06 打开【材料】面板，为复制的石头模型制作并赋予黑色石头纹理，如图 3-210 所示。然后参考图纸，复制出另一处的石块模型并对应进行调整，如图 3-211 所示。

07 进入石头模型【组】，选择顶部模型面进行复制，然后移动至其他石块上方，如图 3-212 与图 3-213 所示。

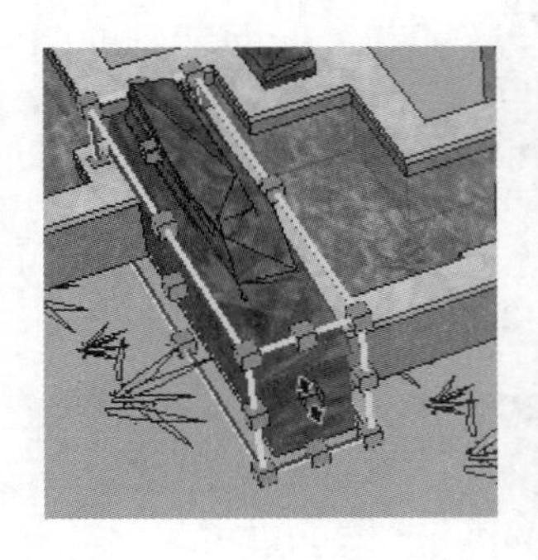

图 3-211　调整石块大小

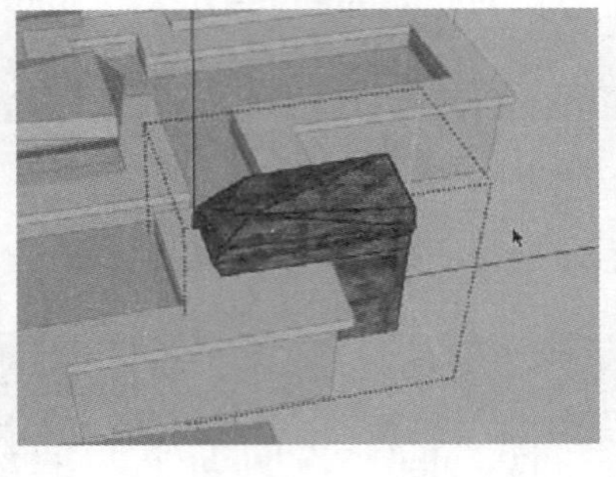

图 3-212　选择顶部石块模型面

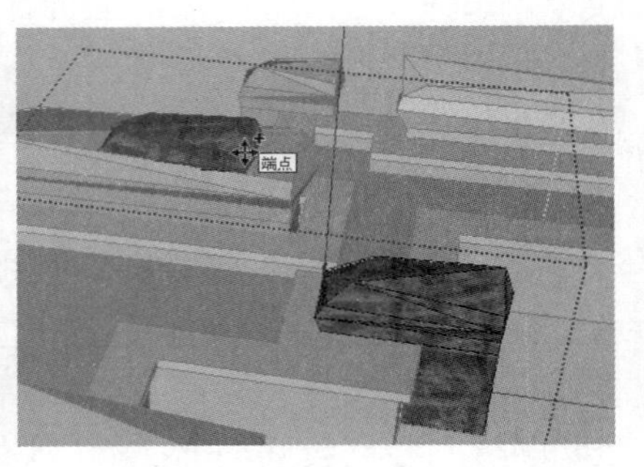


图 3-213　复制顶部石块模型面

08 调整复制的模型面大小，添加石块造型细节，通过该种方法制作场景中其他石头模型，如图 3-214 与图 3-215 所示。

### 3.5.4 合并其他组件

01 打开【组件】面板，合并竹子模型，然后参考图纸放置好位置，如图 3-216 与图 3-217 所示。

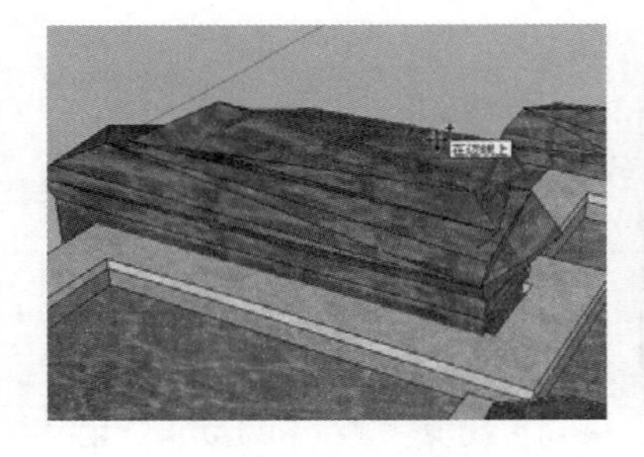

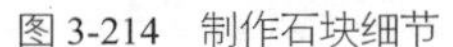

图 3-214　制作石块细节

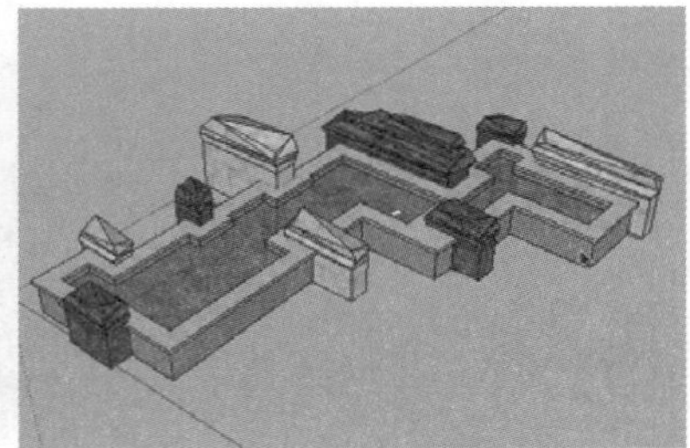

图 3-215　石头模型完成效果

图 3-216　通过组件面板合并竹子

02 通过【移动】与【缩放】等操作制作场景中其他位置的竹子模型，如图 3-218 与图 3-219 所示。

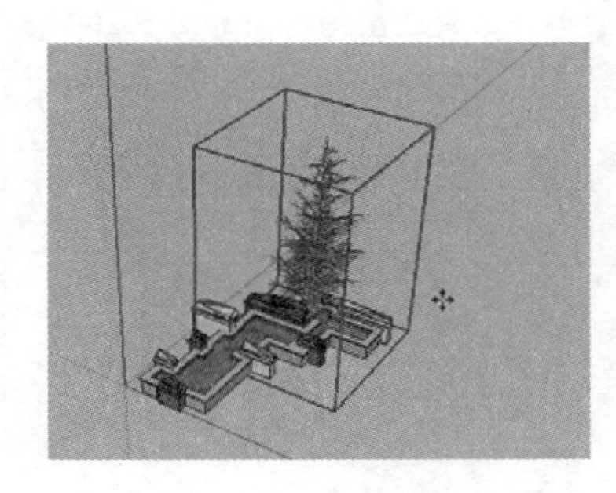

图 3-217　调整竹子位置

图 3-218　复制竹子

图 3-219　调整竹子细节

03 合并荷花等模型组件，通过类似操作调整相关细节，如图 3-220 与图 3-221 所示。

04 竹石跌水模型最终完成效果如图 3-222 所示。

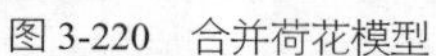

图 3-220　合并荷花模型

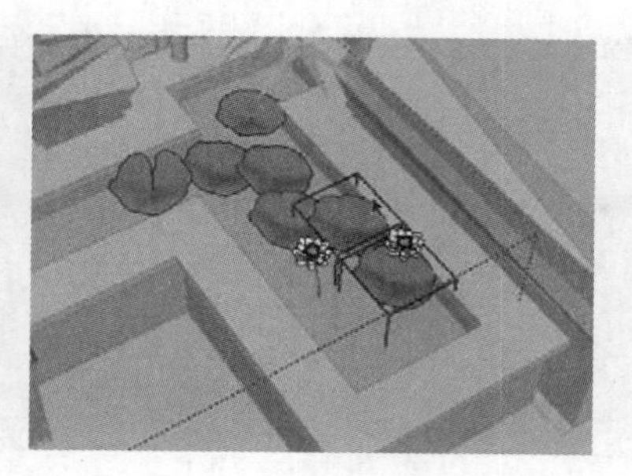

图 3-221　调整荷花细节

图 3-222　最终完成效果

## 3.6 水池花架照片建模

花架可作遮荫休息之用，并可点缀园景。花架可应用于各种类型的园林绿地中，常设置在风景优美的地方供休息和点景，也可以和亭、廊、水榭等结合，组成外形美观的园林建筑群。在居住区绿地、儿童游戏场中，花架可供休息、遮荫、纳凉。

本实例学习使用 SketchUp 照片匹配工具进行建模，通过参考手绘图中的花架造型建立对应的模型，如图 3-223 与图 3-224 所示。

图 3-223　手绘图纸中的花架

图 3-224　通过照片匹配建立的花架模型

### 3.6.1 导入参考底图

01 启动 SketchUp，通过【模型信息】面板修改单位与精确度，如图 3-225 与图 3-226 所示。

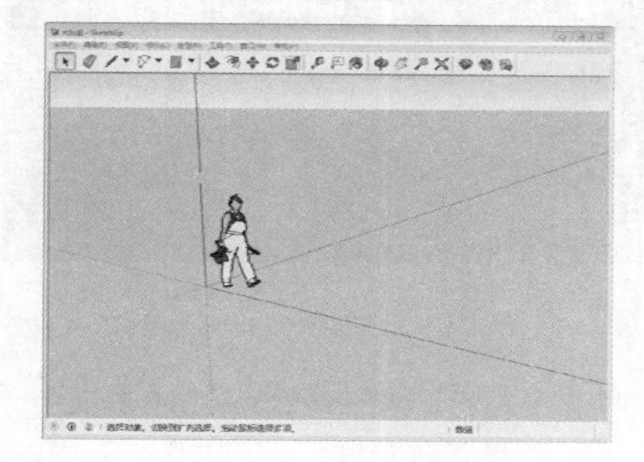

图 3-225　打开 SketchUp

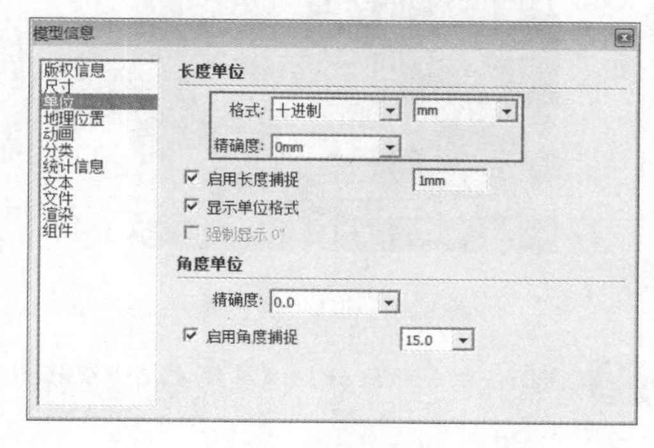


图 3-226　设置单位和精确度

**02** 执行【文件】/【导入】菜单命令，弹出【导入】面板，选择文件类型为“所有支持的图像类型”，如图 3-227 与图 3-228 所示。

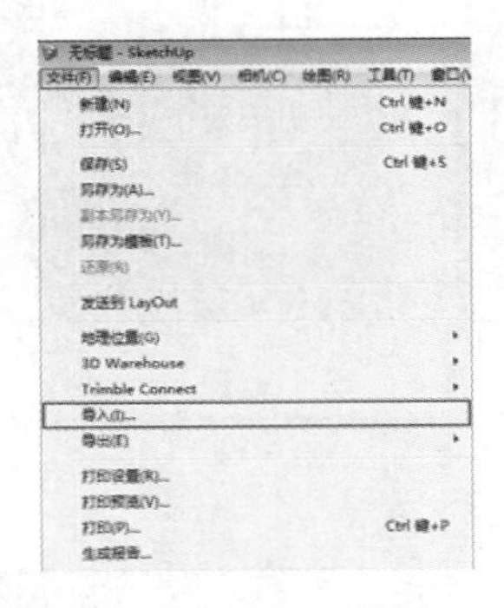

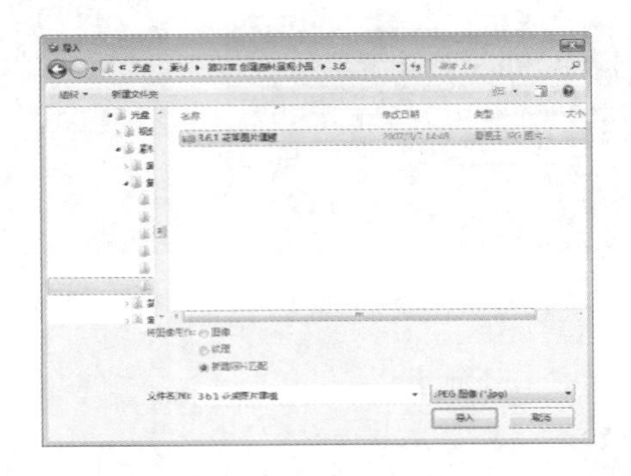

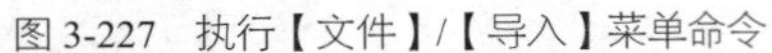

图 3-227　执行【文件】/【导入】菜单命令

图 3-228　选择图像类型

**03** 在左侧选择【新建照片匹配】单选按钮，然后双击“花架图片建模”图片文件进入匹配界面，如图 3-229 与图 3-230 所示。

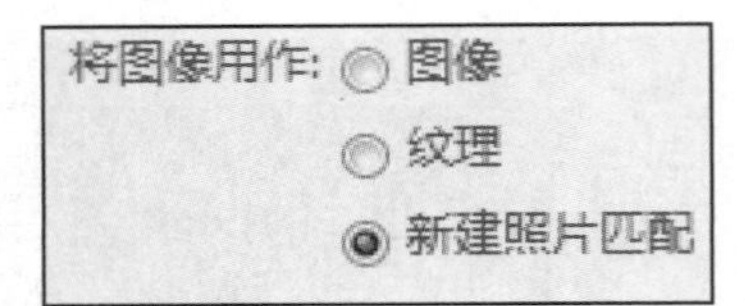


图 3-229　选择新建照片匹配

图 3-230　进入原始照片匹配界面

**04** 选择界面中的【坐标原点】，将其移动至左侧景观小品底部角点，然后参考图片调整好任意一根绿轴，如图 3-231 与图 3-232 所示。

图 3-231　调整原点位置

图 3-232　调整其中一根绿轴轴向

**05** 选择任意一根红轴，以花架左侧透视线为参考进行对齐，然后以水池为参考调整好其他轴向，如图 3-233 与图 3-234 所示。

**06** 将光标置于蓝轴上方，待出现“放大或缩小”提示时，推动鼠标调整好人物高度以确定场景比例，如

图 3-235 与图 3-236 所示

图 3-233 调整其中一根红轴轴向

图 3-234 调整其他轴向

图 3-235 选择蓝轴

图 3-236 拖动鼠标进行缩放

07 调整完成后，单击鼠标右键，选择【完成】菜单命令结束匹配，如图 3-237 所示。

## 3.6.2 制作花架造型

01 启用【直线】工具，参考图片捕捉轴向创建立柱平面，然后使用【推/拉】工具制作厚度，如图 3-238 与图 3-239 所示。

图 3-237 完成照片匹配

图 3-238 创建立柱平面

图 3-239 推拉立柱厚度

图 3-240 向内偏移复制

02 结合使用【偏移】、【直线】以及【推/拉】工具制作立柱细节，如图 3-240~图 3-242 所示。

图 3-241 修改两端细节

图 3-242 参考图片推出深度

03 通过以上操作完成单个立柱模型，然后将其创建为【组】，如图 3-243 与图 3-244 所示。

04 选择立柱，以 90° 进行“旋转复制”，然后通过捕捉对齐位置，如图 3-245 与图 3-246 所示。

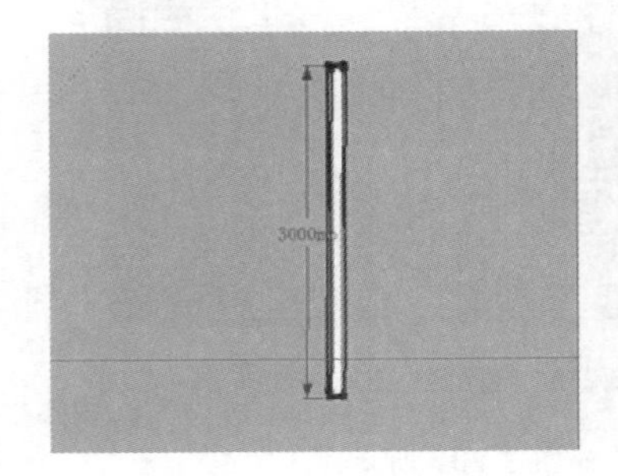

图 3-243 单个立柱完成效果

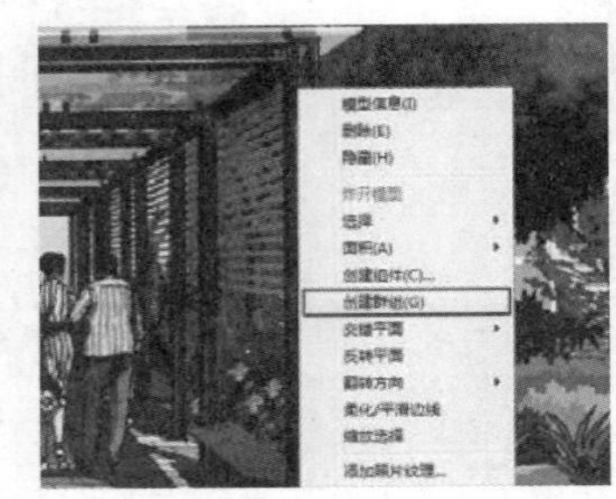

图 3-244 创建立柱为组

图 3-245 旋转复制立柱

05 参考图片调整复制的方柱长度，调整完成后整体向后复制立柱，如图 3-247 与图 3-248 所示。

图 3-246 对齐立柱

图 3-247 调整方柱长度

图 3-248 参考图片向后复制立柱

06 复制方柱并通过旋转制作后方较长的方柱，如图 3-249 与图 3-250 所示。

07 参考图片调整上部方柱并对齐位置，然后调整好长度，如图 3-251 与图 3-252 所示。

图 3-249 复制立柱

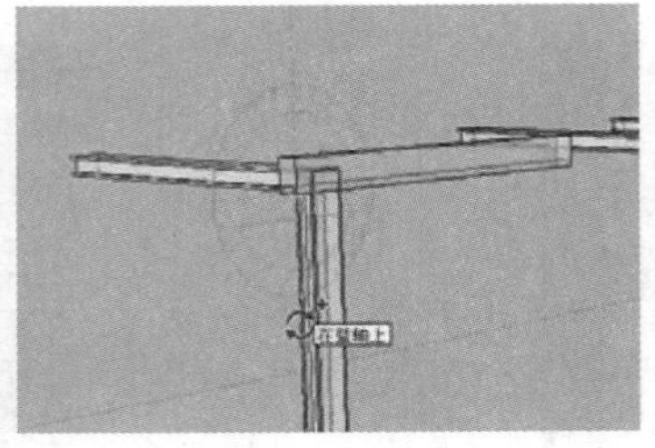

图 3-250 旋转立柱

图 3-251 对齐上部立柱

08 选择后方调整好的方柱向左侧进行复制，如图 3-253 所示。

图 3-252 参考图纸延长立柱

图 3-253 复制左侧立柱

09 启用【直线】工具，捕捉方柱端点创建一条辅助线便于中点对齐，然后复制中间的方柱并对齐中点，如图 3-254 与图 3-255 所示。

10 参考图纸调整复制的方柱长度，然后复制方柱至其下方并对齐，如图 3-256 与图 3-257 所示。

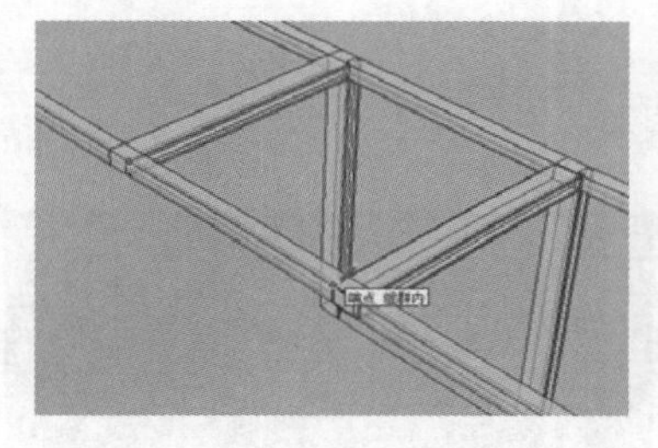

图 3-254 创建对中辅助组

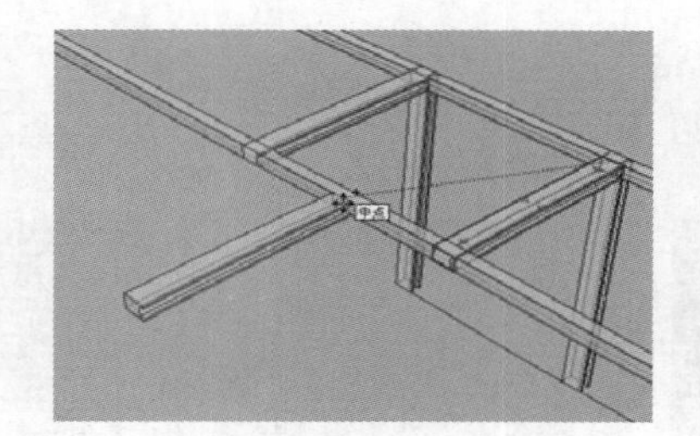

图 3-255 捕捉中点复制方柱

图 3-256 参考图纸调整长度

11 整体复制制作好柱子模型，并调整末端的位置，完成整个花架框架制作，如图 3-258~图 3-260 所示。

图 3-257 复制左侧立柱

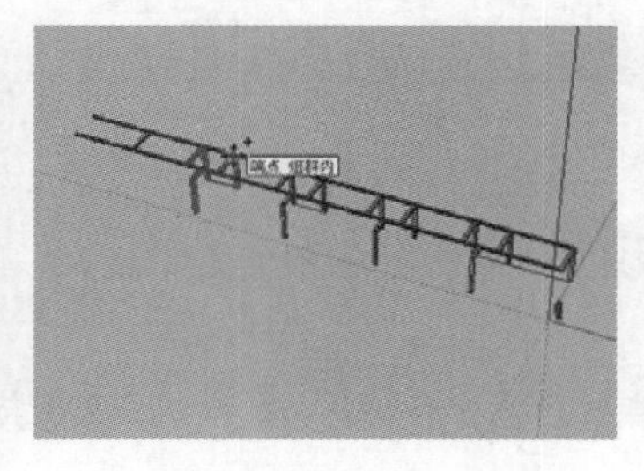

图 3-258 在透视图中进行整体复制

图 3-259 调整方柱末端长度

12 参考图纸并捕捉立柱边线，使用【矩形】工具绘制装饰木条平面，如图 3-261 与图 3-262 所示。

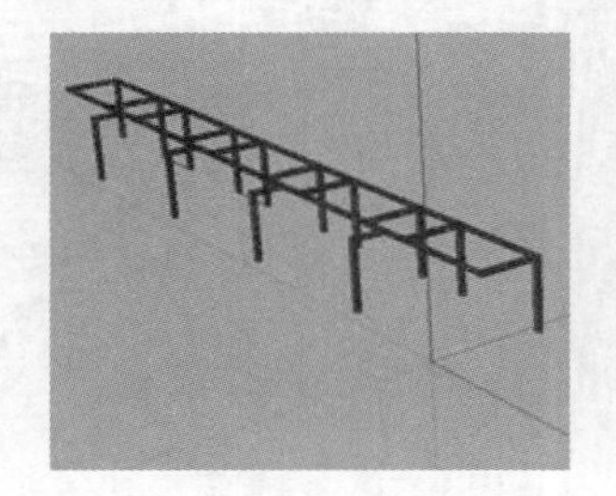

图 3-260 花架框架完成效果

图 3-261 参考图纸创建装饰木条平面

图 3-262 装饰木条平面尺寸

13 启用【推/拉】工具制作装饰木条长度，然后进行多重移动复制，如图 3-263 与图 3-264 所示。

**14** 参考图片，使用【直线】工具绘制座椅弧形面辅助线，启用【圆弧】工具捕捉辅助线端点绘制弧线，如图 3-265 与图 3-266 所示。

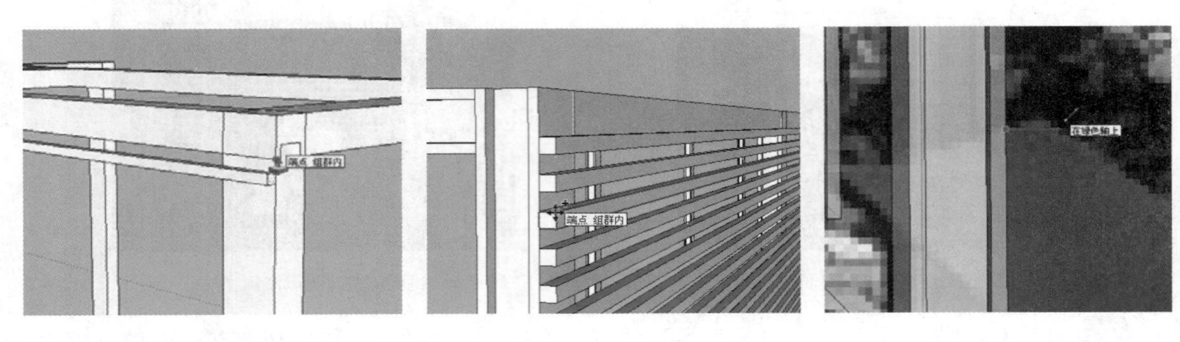


图 3-263　制作装饰木条长度　　图 3-264　复制装饰木条　　图 3-265　创建座椅辅助线

**15** 在透视图中使用【直线】工具封面，然后参考图片使用【推/拉】工具制作座椅长度，如图 3-267 与图 3-268 所示。

图 3-266　创建座椅弧线

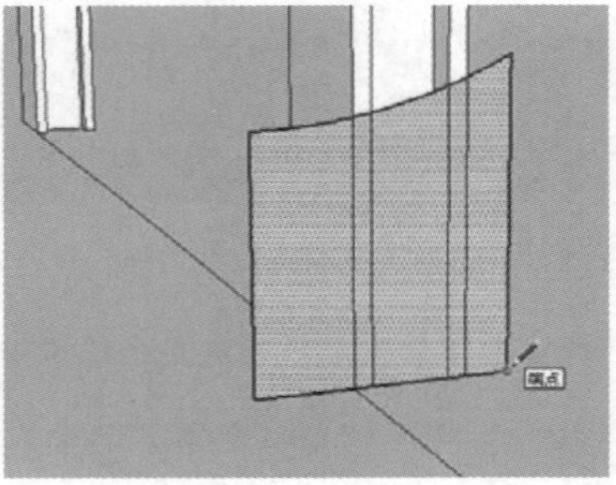


图 3-267　在透视图中封闭平面

图 3-268　推拉座椅长度

**16** 参考图片使用【直线】工具分割座椅细节平面，使用【推/拉】工具制作座椅细节，如图 3-269 与图 3-270 所示。

**17** 选择座椅，捕捉方柱下部端点进行多重移动复制，如图 3-271 与图 3-272 所示

图 3-269　分割座椅细节平面

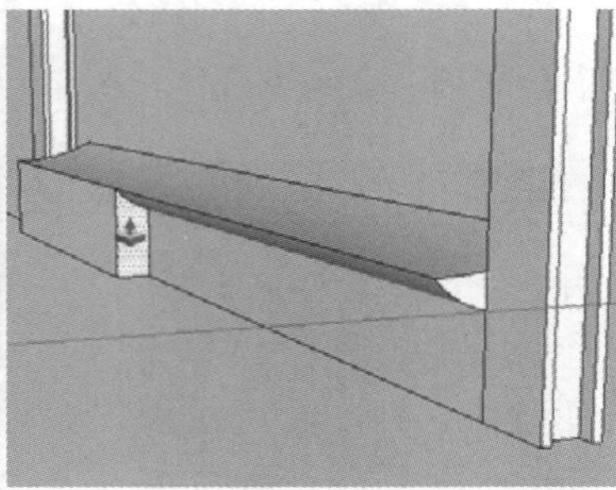

图 3-270　制作座椅细节

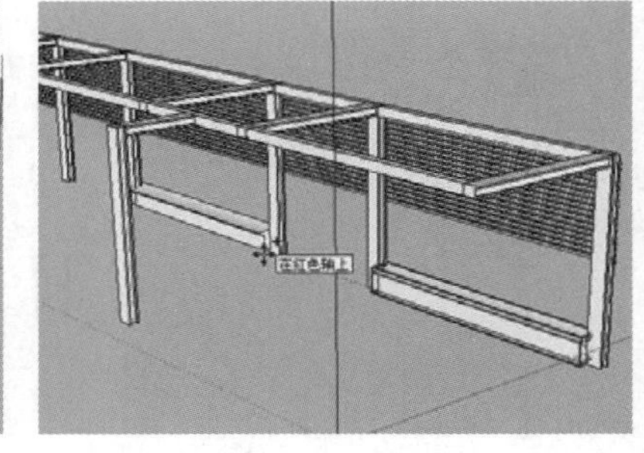

图 3-271　复制座椅模型

**18** 通过类似的方法制作屋顶以及装饰木条，完成花架模型的创建，如图 3-273 与图 3-274 所示。

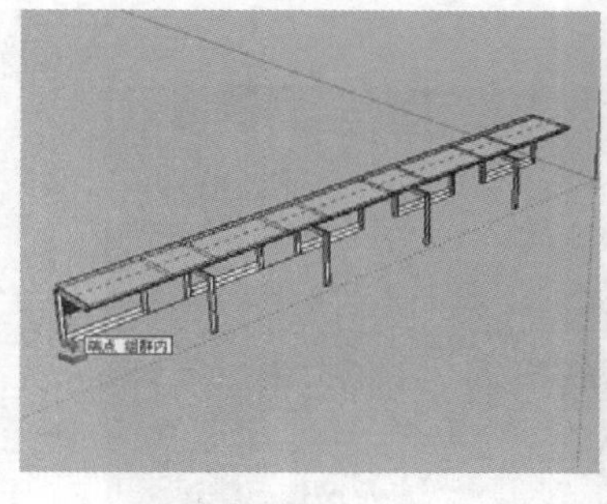

图 3-272 座椅模型复制完成效果

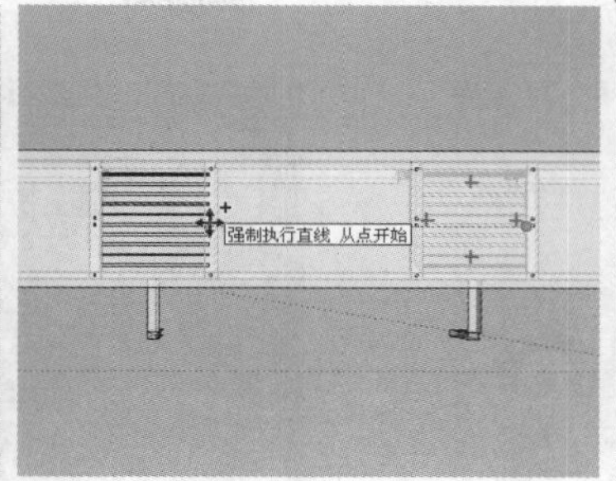


图 3-273 复制顶部装饰木条

图 3-274 花架完成效果

## 3.6.3 制作喷泉水池

01 参考图片绘制花架底部矩形平面，结合使用【直线】与【偏移】工具制作水池平面，如图 3-275 与图 3-276 所示。

02 参考图纸使用【推/拉】工具制作水面高度，如图 3-277 所示。

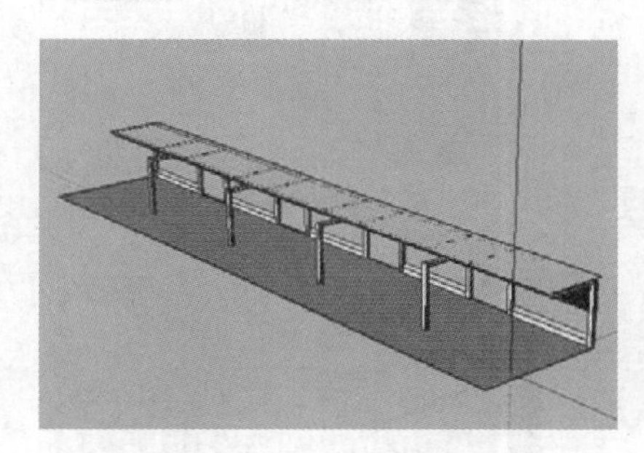

图 3-275 创建花架底部矩形平面

图 3-276 制作水池平面

图 3-277 推拉水面高度

03 使用类似方法制作好右侧的水槽模型细节，如图 3-278~图 3-280 所示。

图 3-278 绘制水槽平面

图 3-279 分割水槽细节平面

图 3-280 制作水槽细节

04 选择制作的水槽模型，创建为【组件】，如图 3-281 所示。参考图纸快速复制，得到其他位置的水槽模型，如图 3-282 所示。

## 3.6.4 制作材质并调入其他组件

01 花架水池模型创建完成，如图 3-283 所示。接下来分别为各部件制作相应材质，如图 3-284~图 3-290

所示。

图 3-281 创建水槽组件

图 3-282 参考图纸复制水槽

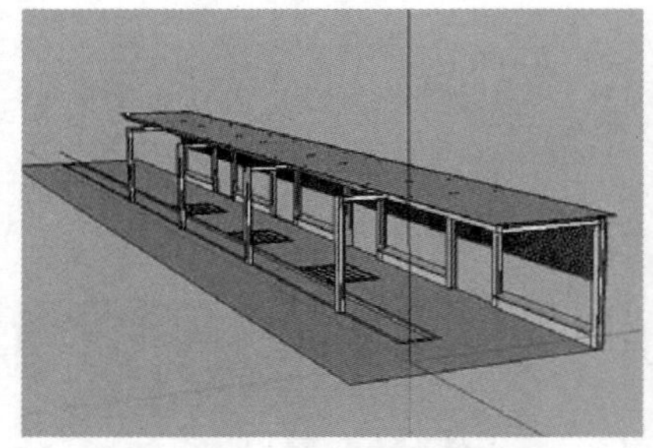

图 3-283 花架与水槽模型完成效果

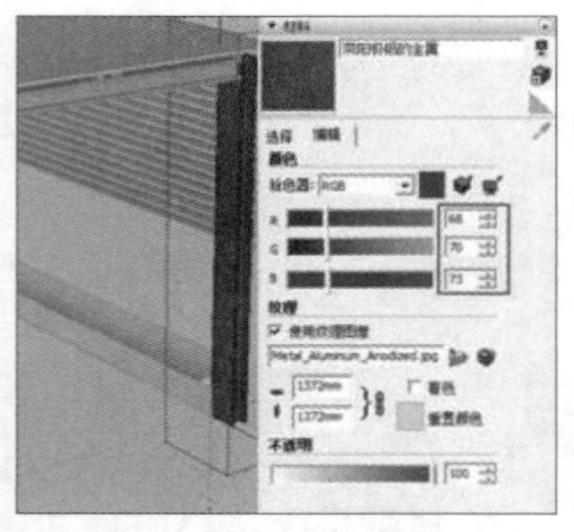

图 3-284 赋予立柱黑色金属材质

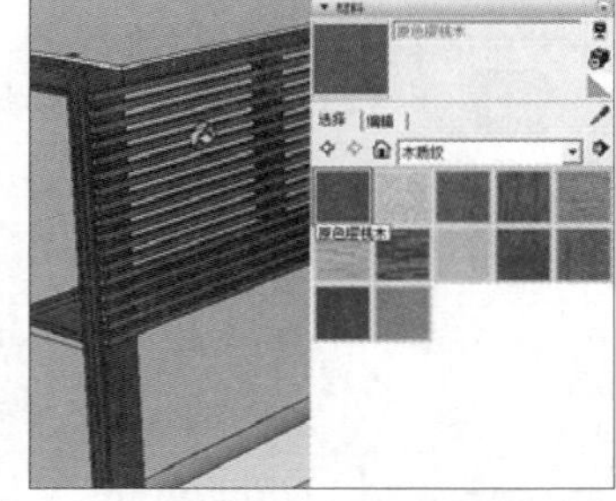

图 3-285 赋予装饰木条原色樱桃木材质

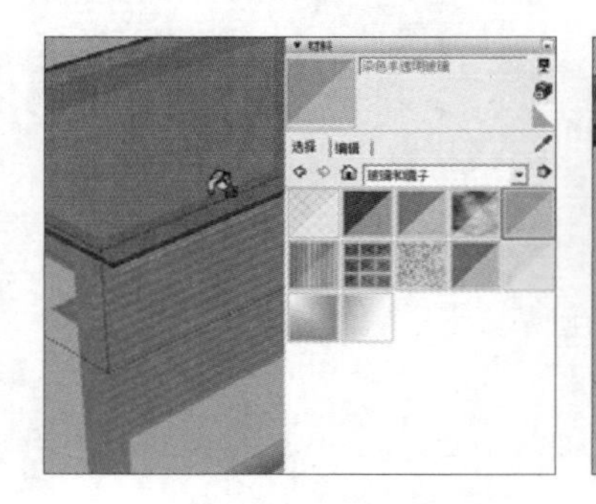

图 3-286 赋予顶面玻璃材质

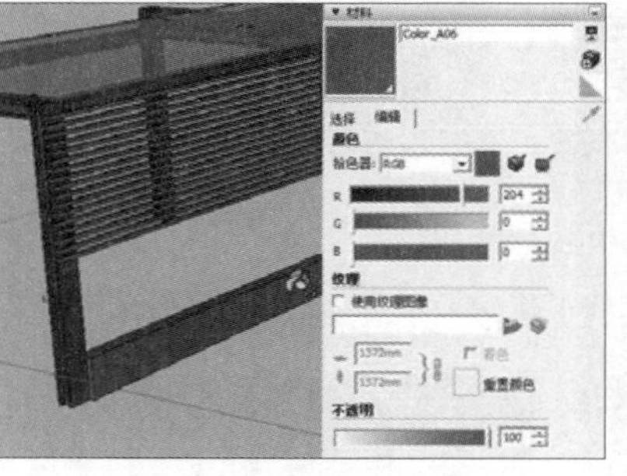

图 3-287 赋予座椅红色材质

图 3-288 赋予地面石材

02 执行【窗口】/【组件】菜单命令，导入"喷水模型组件"，然后参考图片调整喷水造型，并进行对应复制，如图 3-291 与图 3-292 所示。

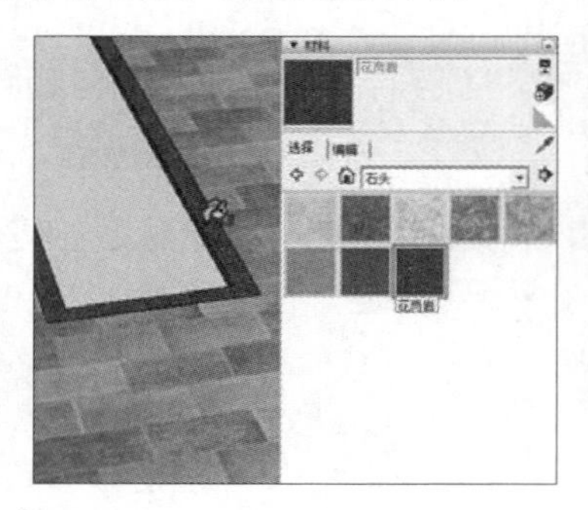

图 3-289 赋予水池收边石材

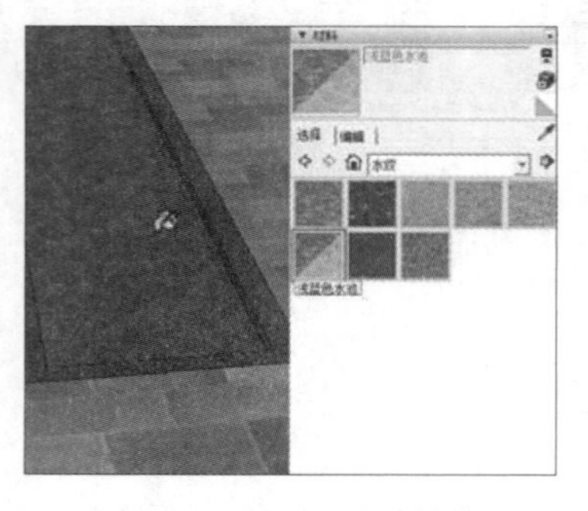

图 3-290 赋予水面水池材质

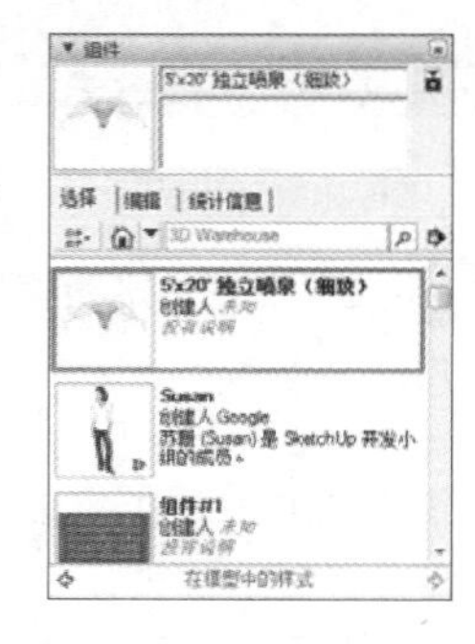

图 3-291 调入喷水组件

03 最终完成的花架水池效果如图 3-293 所示。

图 3-292　调整并复制喷水

图 3-293　花架水池最终效果

# 第4章

# 别墅庭院景观

在别墅设计时，除了要选定别墅设计风格、注意别墅设计风水，对于别墅庭院设计也是相当重要的。别墅庭院设计是借助园林景观规划设计的各种手法，使得庭院居住环境得到进一步的优化，满足人们的各方面需求。

别墅庭院应与周边环境协调一致，能利用的部分尽量借景，不协调的部分想方设法视觉遮蔽。庭院应与自家建筑浑然一体，与室内装饰风格互为延伸。院内各组成部分有机相连，过渡自然。

本章制作完成的别墅庭院效果如图 4-1~图 4-4 所示。

图 4-1　别墅内庭景观前方鸟瞰效果

图 4-2　别墅内庭景观后方鸟瞰效果

图 4-3　别墅内庭景观节点效果 1

图 4-4　别墅内庭景观节点效果 2

## 4.1 整理图纸并分析建模思路

本别墅庭院景观实例将以 AutoCAD 平面图纸为参考，完成整个模型的创建，首先整理 AutoCAD 图纸并通过图纸分析出建模思路。

### 4.1.1 整理 AutoCAD 图纸

01 启动 AutoCAD 软件，按“Ctrl+O”快捷键，打开配套资源“第 04 章|CAD 图纸|别墅庭院施工图.dwg”，单击图层工具栏下拉按钮显示图层列表，单击开/关图层图标，隐藏文字、标注等与建模无关的图层，如图 4-5 与图 4-6 所示。

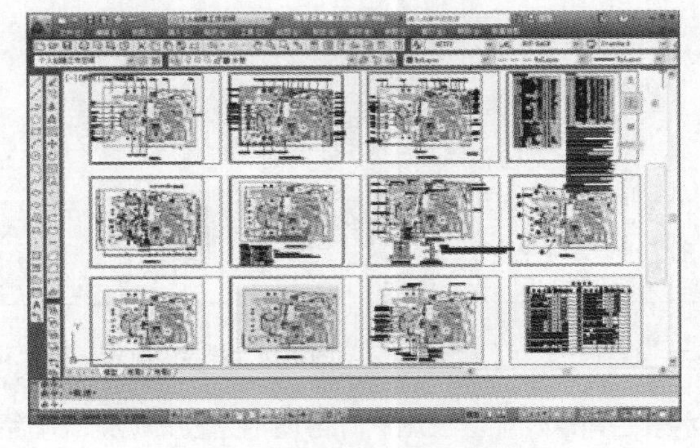

图 4-5　打开 AutoCAD 图纸

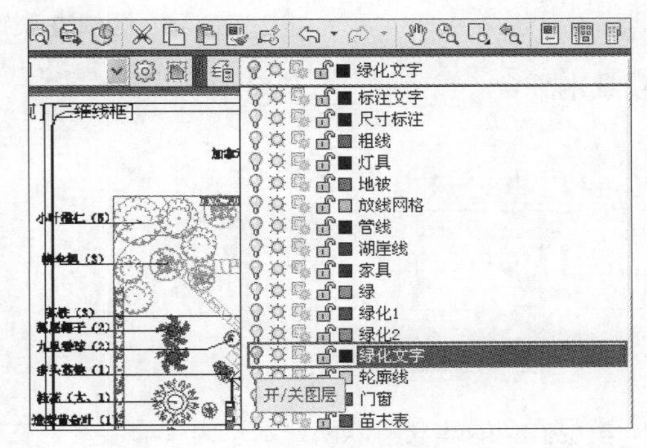


图 4-6　隐藏绿化文字等图层

**02** 选择其中的“乔、灌木配置总平面图”，然后新建 AutoCAD 文档进行粘贴，如图 4-7 所示。调整整体图形颜色为黑色，如图 4-8 所示。

**03** 按下“Ctrl+S”组合键，将总平面图保存为“平面布置.dwg”文件，如图 4-9 所示。

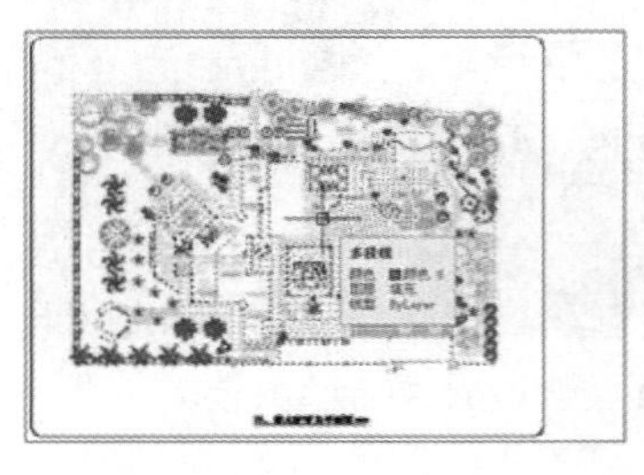

图 4-7 新建图形并复制

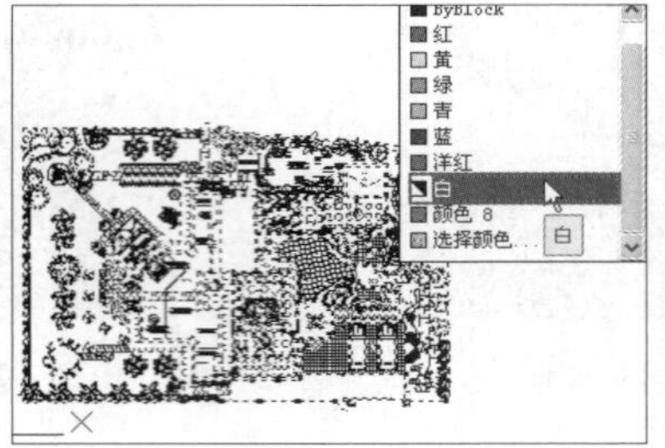


图 4-8 调整图形颜色

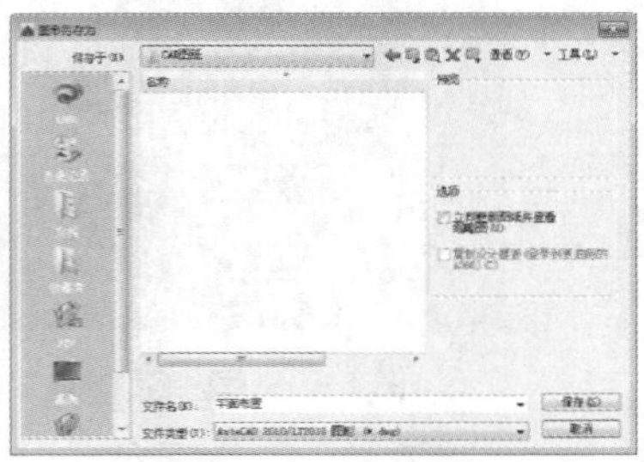

图 4-9 将图纸单独保存

## 4.1.2 分析建模思路

观察图纸可以发现，本庭院设计以人工水系为主，主要有正面的景观水池与右上角的生态鱼池，如图 4-10 与图 4-11 所示。

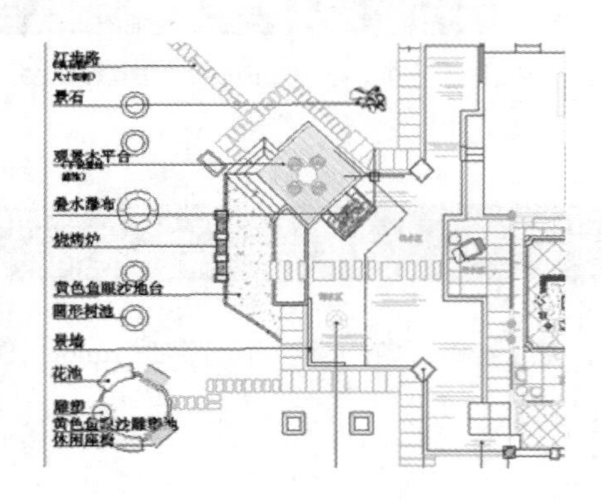


图 4-10 正面景观水池及周边设施

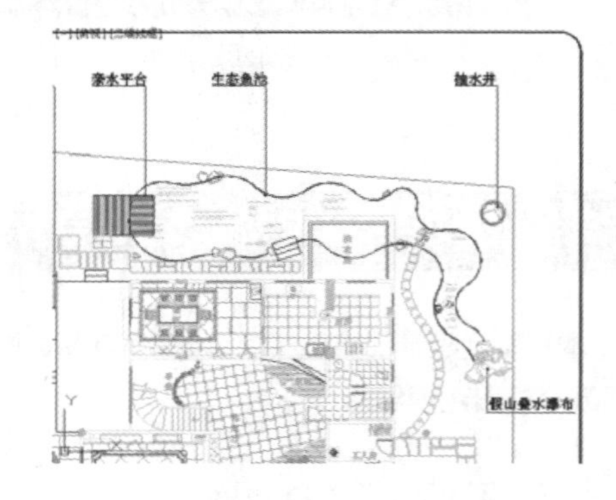


图 4-11 右上角生态鱼池

除去人工水系以及其配套的亲水平台之外，主要有廊架以及花池等常用园林设计元素，如图 4-12~图 4-14 所示。

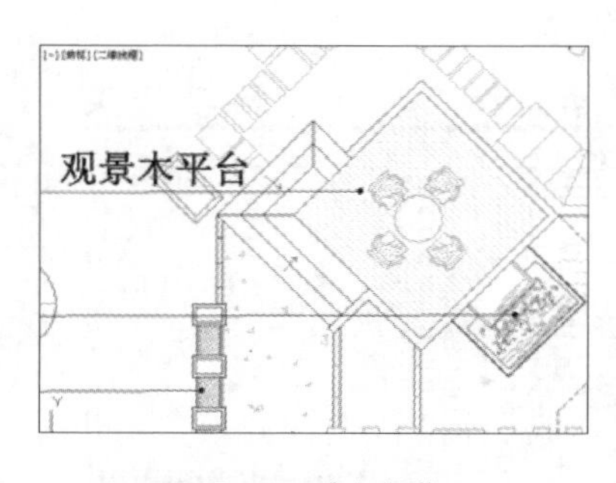


图 4-12 廊架细节

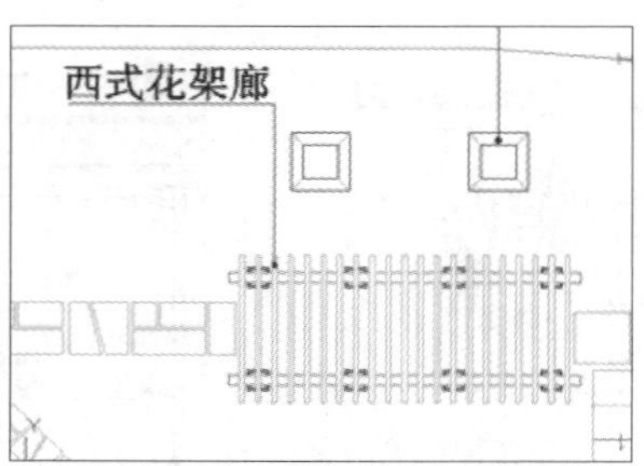


图 4-13 观景木平台细节

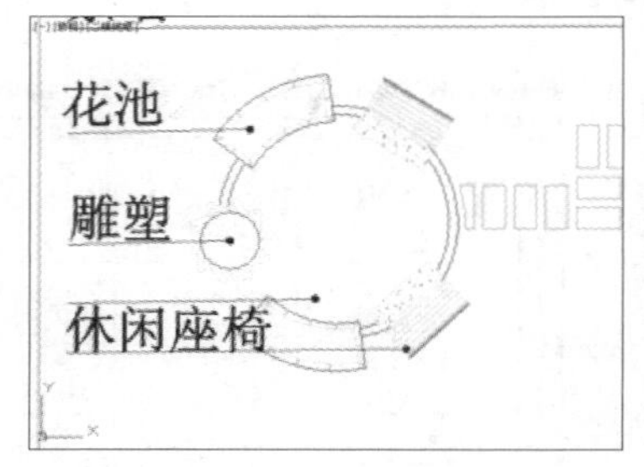


图 4-14 花池等细节

景观模型的建立将以两处水系为中心展开，在完成水景主体以及配套设施后，再逐个完成其他景观小品，最后加入植物，完成最终效果，大致过程如图 4-15~图 4-17 所示。

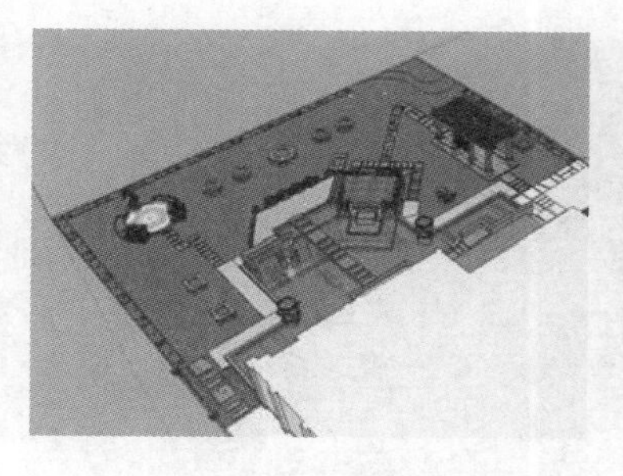

图 4-15　制作正面景观模型

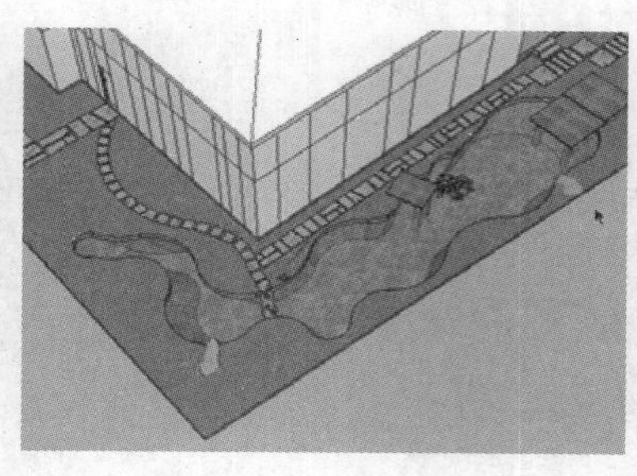

图 4-16　制作侧面及背面景观模型

图 4-17　最终完成效果

## 4.2 导入图形并分割区域

### 4.2.1 导入整理图形

01 启动 SketchUp，设置场景单位及精确度，如图 4-18 所示。执行【文件】/【导入】菜单命令，如图 4-19 所示。

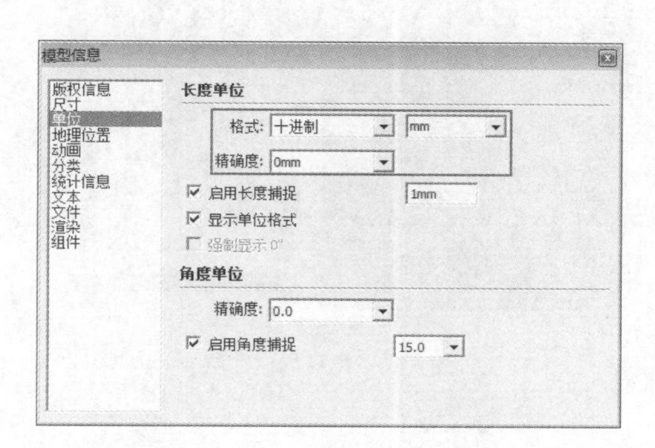


图 4-18　设定场景单位与精确度

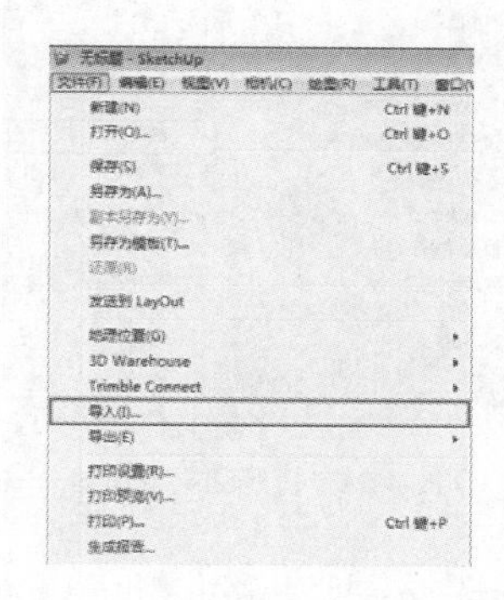


图 4-19　执行文件/导入菜单命令

02 在弹出的【导入】面板中设置文件类型为 AutoCAD 文件，单击【选项】按钮设置导入选项，如图 4-20 与图 4-21 所示。

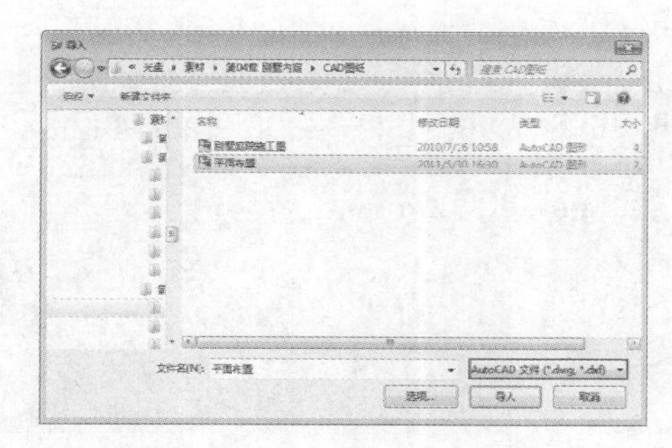

图 4-20 调整文件类型为 AutoCAD 文件

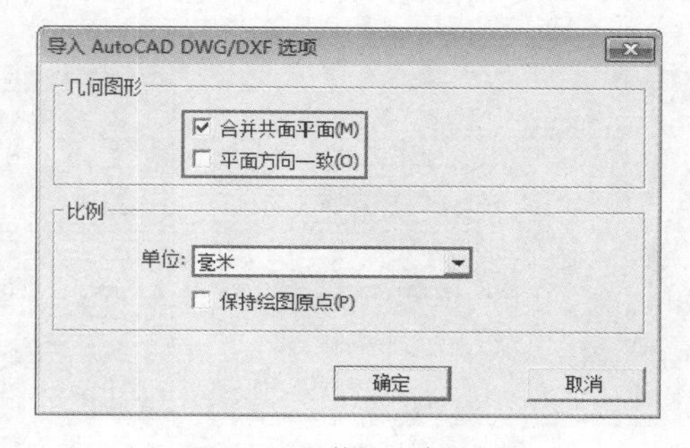


图 4-21　调整导入选项参数

03 选择整理好的“平面布置.dwg”图纸导入，导入完成后，启用【移动】工具将其左下角点与坐标原点对齐，如图 4-22 与图 4-23 所示。

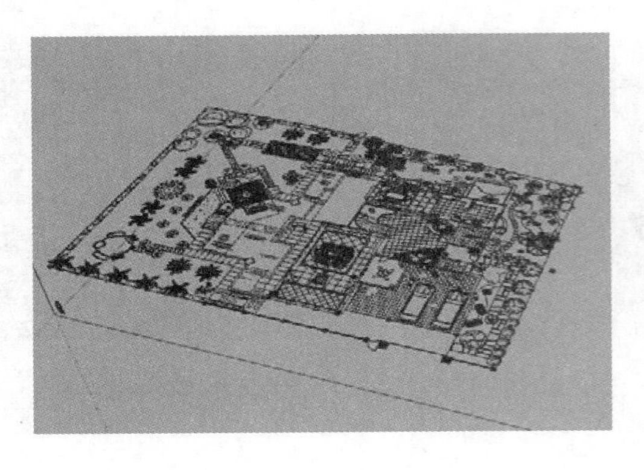

图 4-22　导入图纸

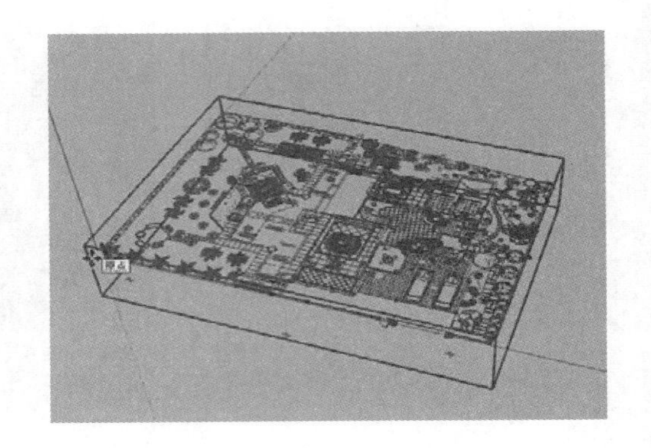


图 4-23　对位至原点

**技 巧**

在导入 DWG 图形至 SketchUp 后，如果出现视图操作迟滞等现象，可以通过【图层】面板隐藏对应图层内的图形，简化图纸显示，如图 4-24 与图 4-25 所示。等需要利用到相关图层时再进行显示即可。

图 4-24　打开图层管理器

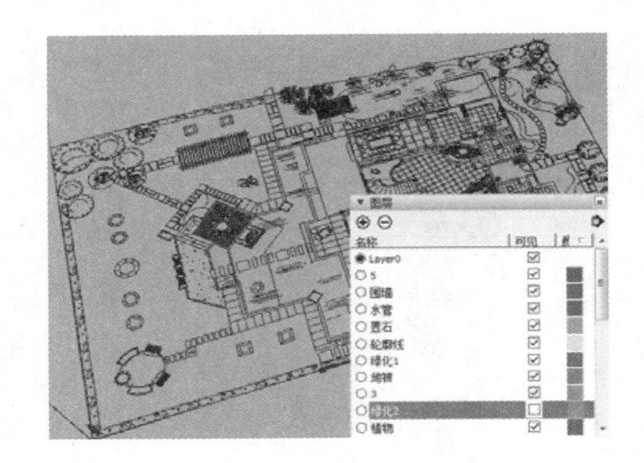

图 4-25　隐藏绿化图层

## 4.2.2 分割区域

**01** 本例场景分为建筑、前方景观以及后侧景观三个区域，如图 4-26 所示。启用【直线】工具捕捉图纸，首先分割中间的建筑区域，如图 4-27 与图 4-28 所示。

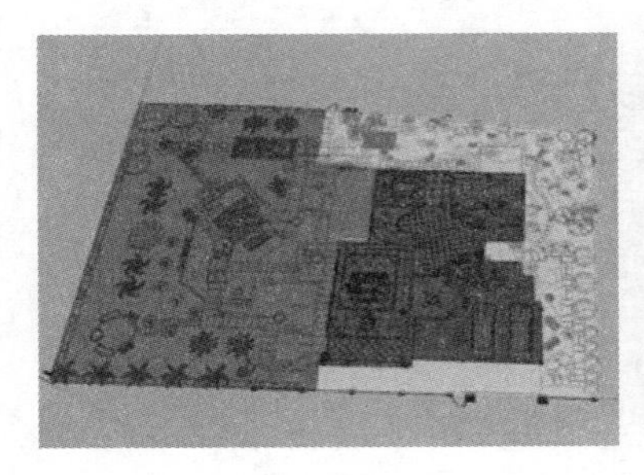

图 4-26　场景大致分区

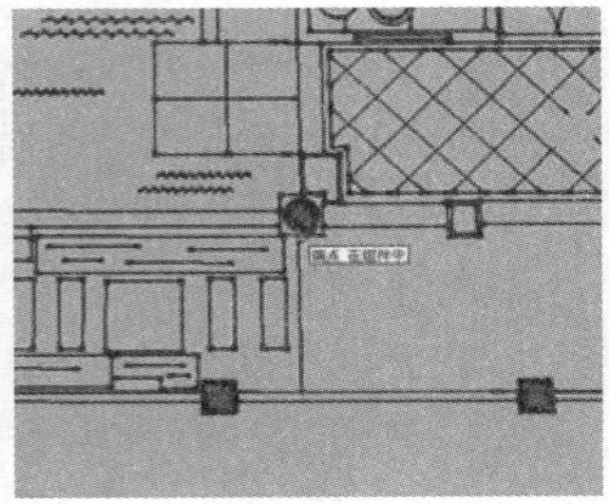

图 4-27　通过捕捉创建建筑平面

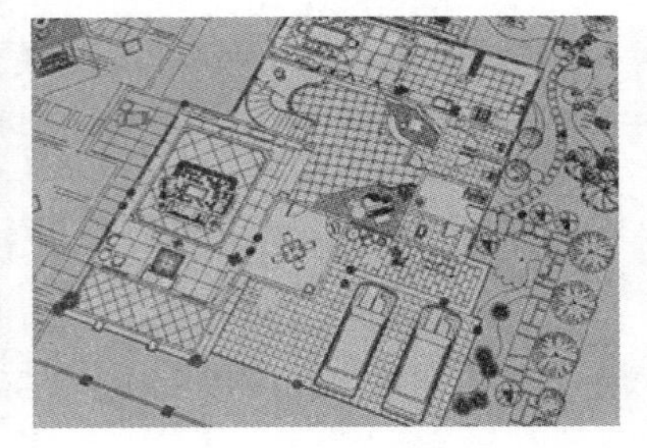

图 4-28　建筑平面创建完成

**02** 建筑区域分割完成后，通过类似的方法分割好其他两个区域，如图 4-29 与图 4-30 所示。

**03** 图纸分割完成后，逐个选择区域创建单独【组】，如图 4-31 所示。

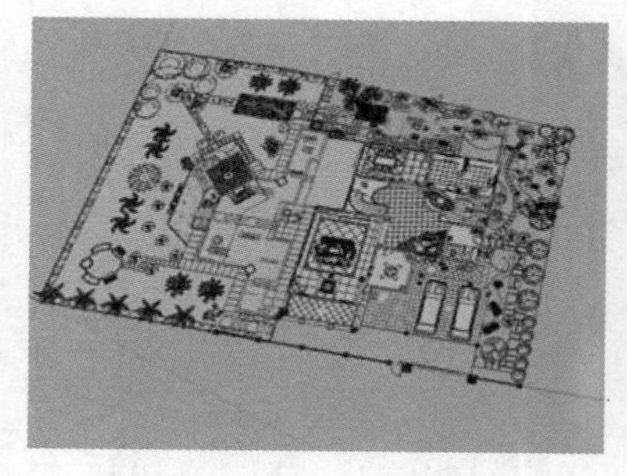
图 4-29　创建前方景观平面

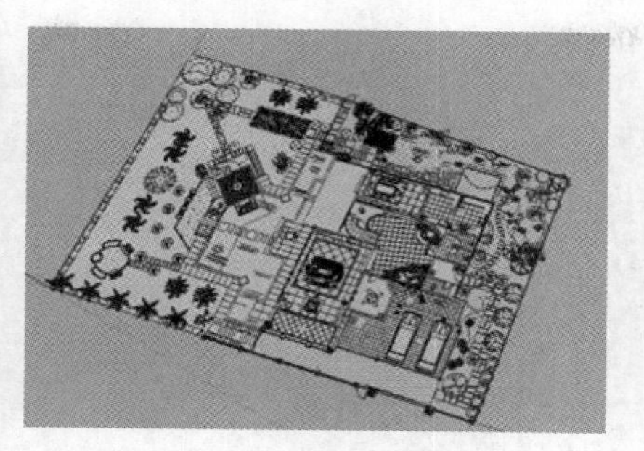
图 4-30　创建右侧及后方景观平面

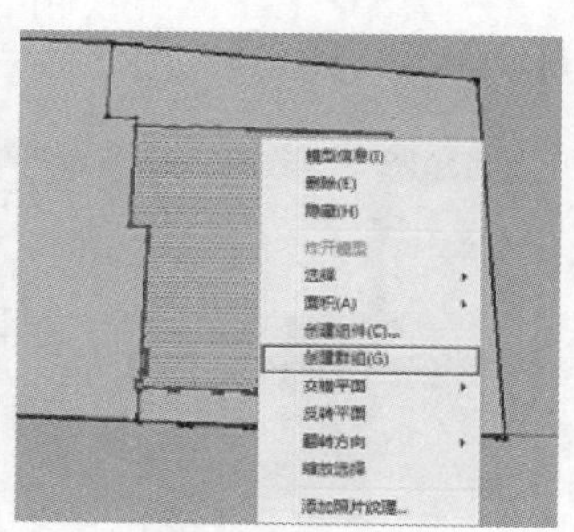
图 4-31　将各区域平面单独创建为组

## 4.3 细化前方景观效果

本节首先制作建筑底层轮廓及门窗细节，然后建立前方景观水池细节，最后完成其他园林景观小品效果，大致流程如图 4-32~图 4-34 所示。

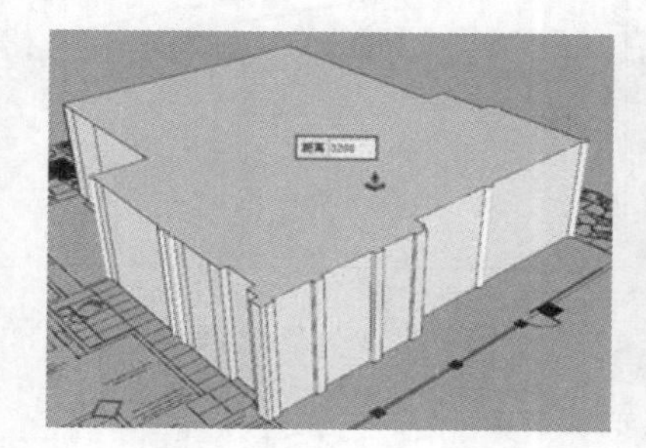
图 4-32　建立建筑轮廓

图 4-33　建立景观水池细节

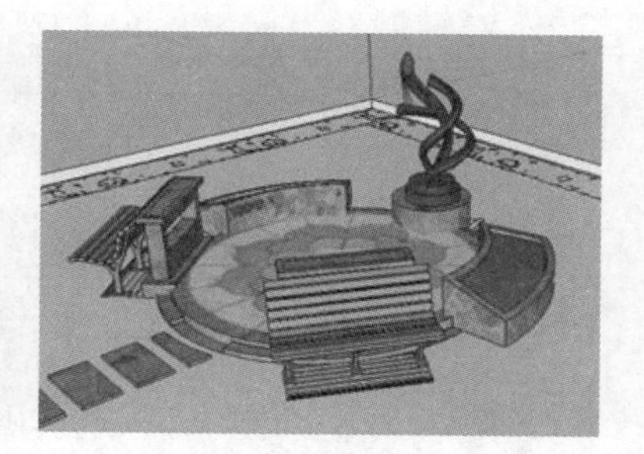
图 4-34　完成其他景观小品

### 4.3.1 创建建筑轮廓

01 启用【圆】工具，绘制圆柱等建筑细节平面，启用【推/拉】工具制作建筑底层轮廓，如图 4-35 与图 4-36 所示。

02 为了清晰表达建筑与景观的连通效果，首先结合辅助线及【推/拉】等工具，制作右侧的过道，如图 4-37 与图 4-38 所示。

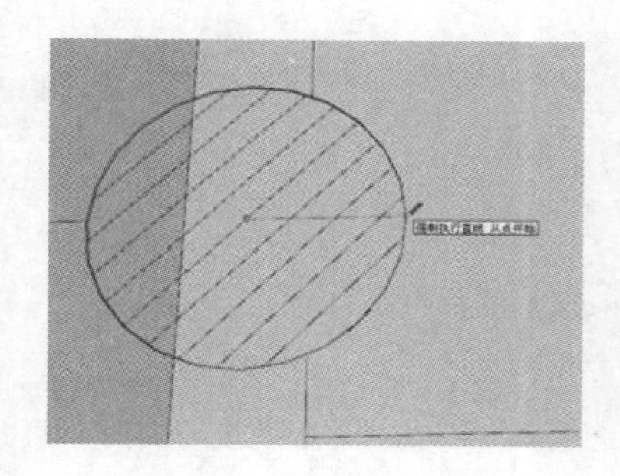
图 4-35　补充建筑细节

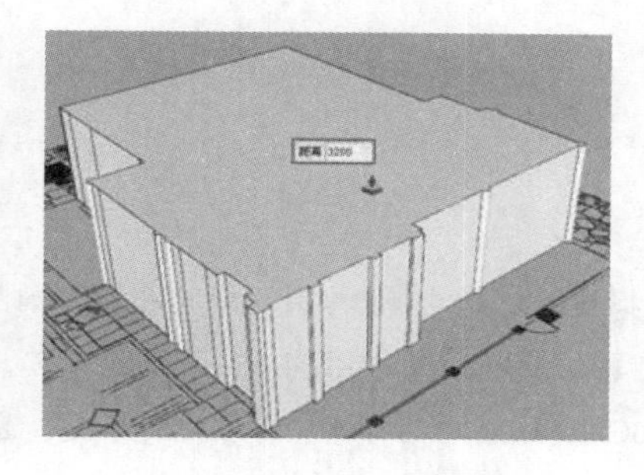
图 4-36　推拉出建筑底层

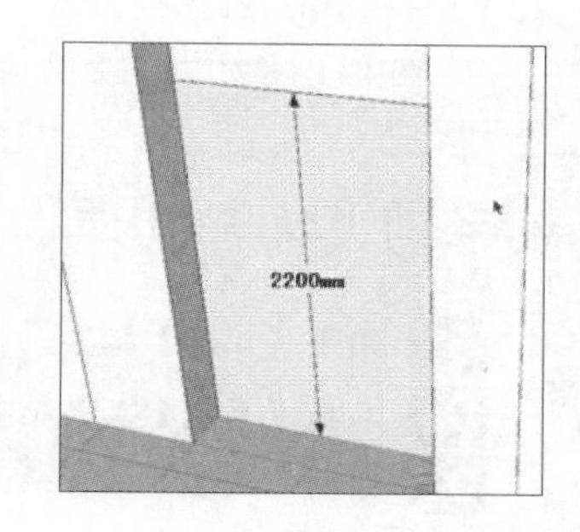

图 4-37　分割过道平面

03 结合使用辅助线、拆分以及【直线】工具，制作推拉门轮廓，然后单独创建为【组】，如图 4-39~图 4-41

所示。

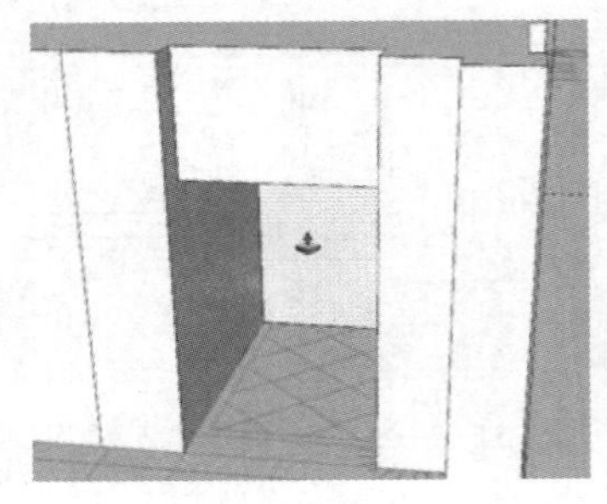
图 4-38　推拉出过道深度

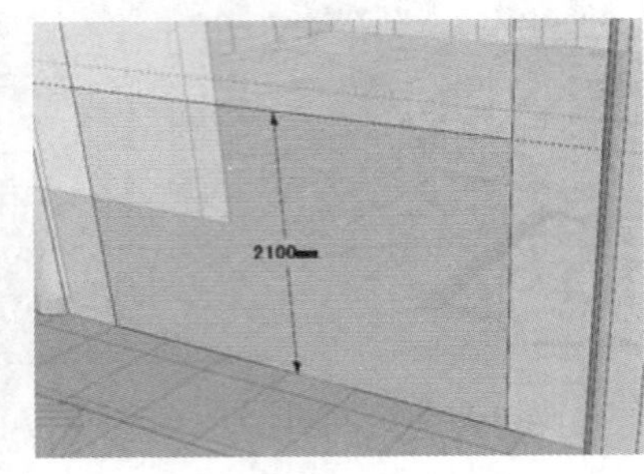

图 4-39　分割推拉门平面

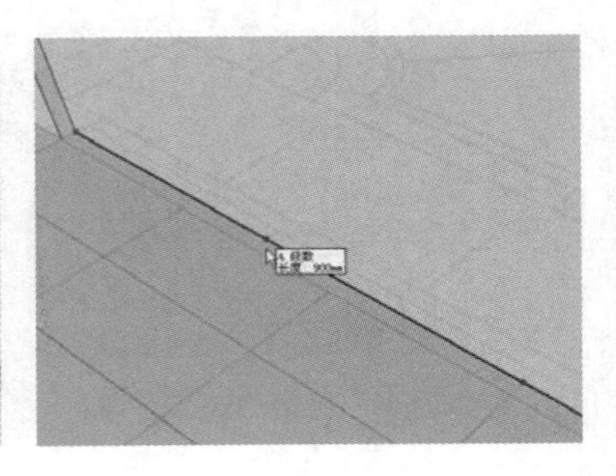
图 4-40　4 拆分边线

04 结合使用【偏移】以及【推/拉】工具，制作门框与玻璃模型细节，如图 4-42~图 4-44 所示。

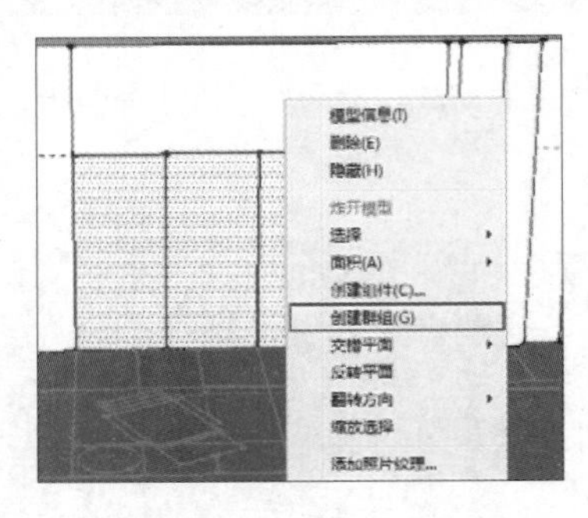

图 4-41　分割并单独创建为组

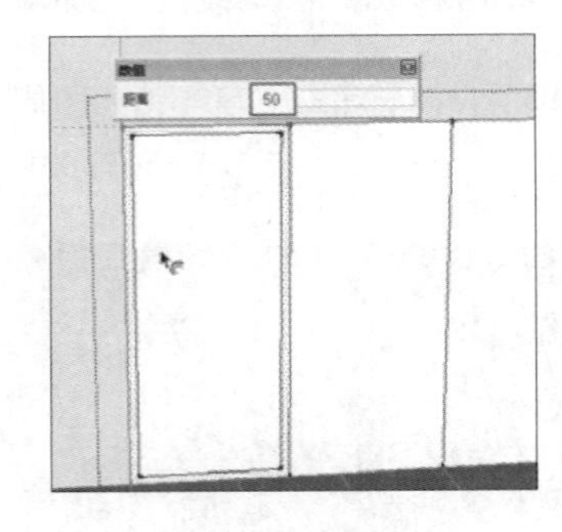

图 4-42　制作门框平面

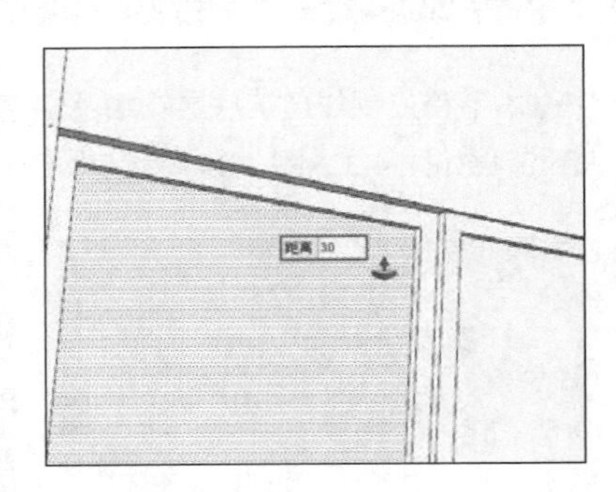

图 4-43　制作门框厚度

05 使用类似的方法，制作其他位置的门模型细节，如图 4-45 与图 4-46 所示。

图 4-44　推拉门完成效果

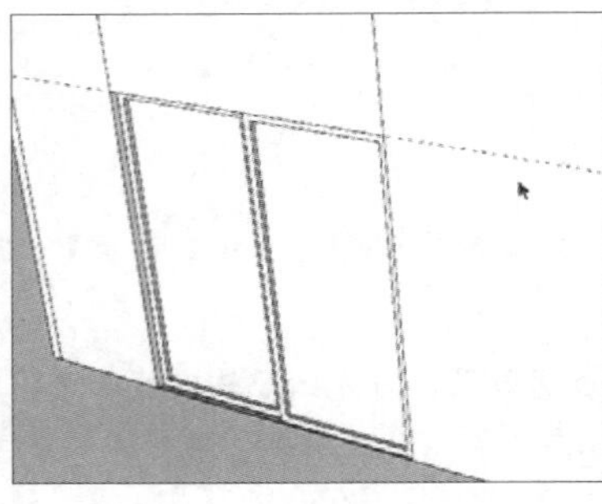
图 4-45　右侧推拉门效果

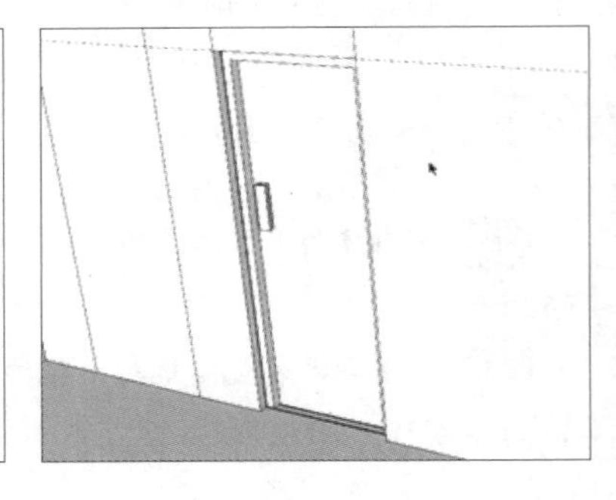
图 4-46　后方平开门效果

## 4.3.2 细化过道及平台

01 启用【矩形】工具，捕捉图纸划分过道出口处的平台平面，如图 4-47 所示。

02 启用【直线】工具捕捉图纸划分池面，如图 4-48~图 4-50 所示。

03 分割完成后，参考 AutoCAD 图纸中的标高制作各处的厚度，首先制作 120 高的平台高度，如图 4-51 与图 4-52 所示。

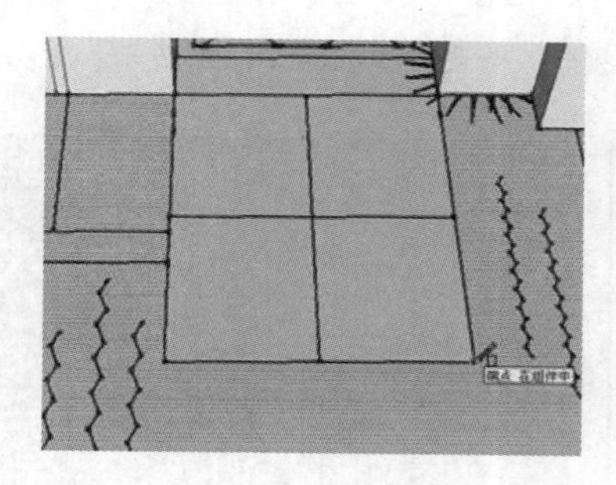

图 4-47　分割平台平面

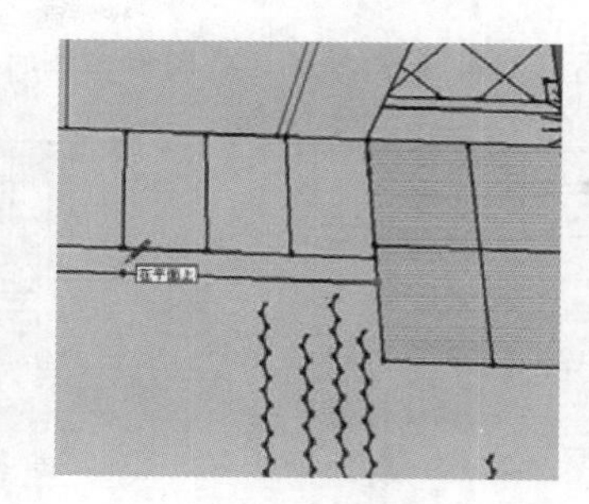

图 4-48　分割池面与路沿平面

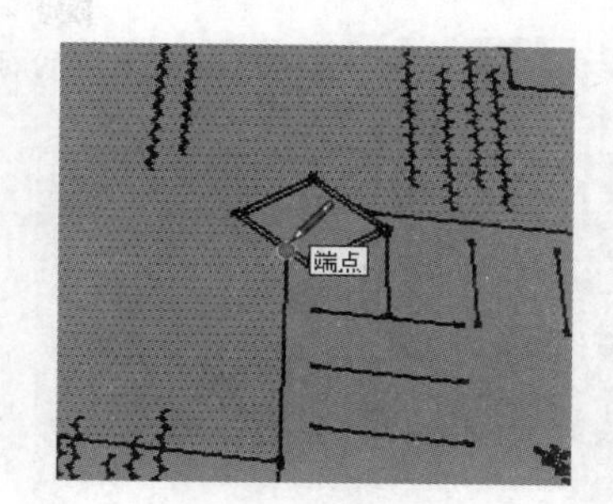


图 4-49　预留花钵平面

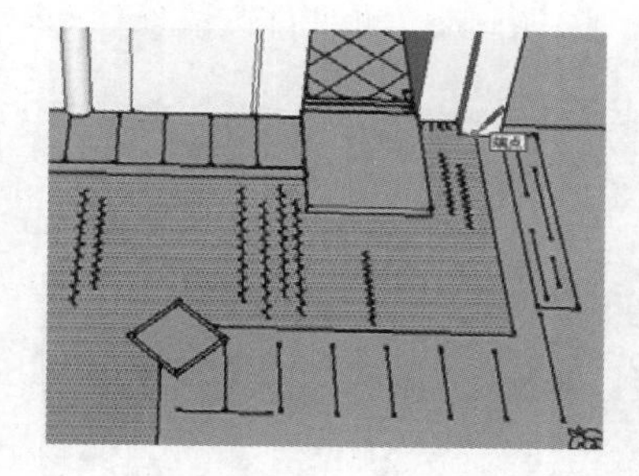

图 4-50　分割池面完成

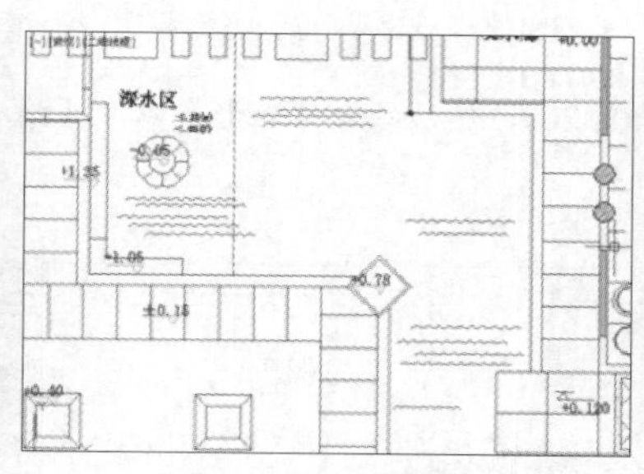


图 4-51　观察标高标注

图 4-52　对应制作平台高度

04 进入【材料】面板，为平台制作并赋予石板材质，调整贴图拼贴效果，如图 4-53 与图 4-54 所示。

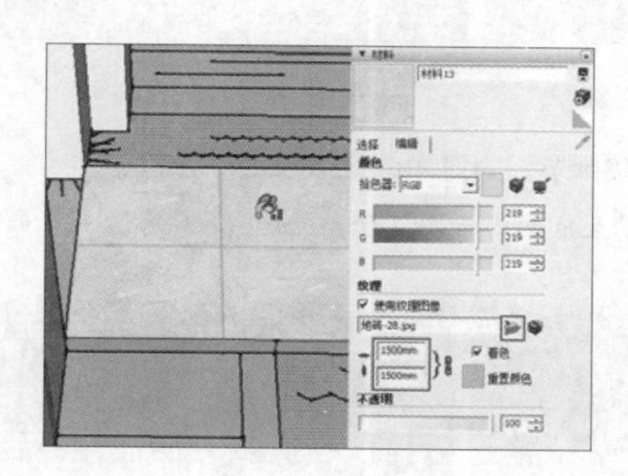

图 4-53　赋予石材

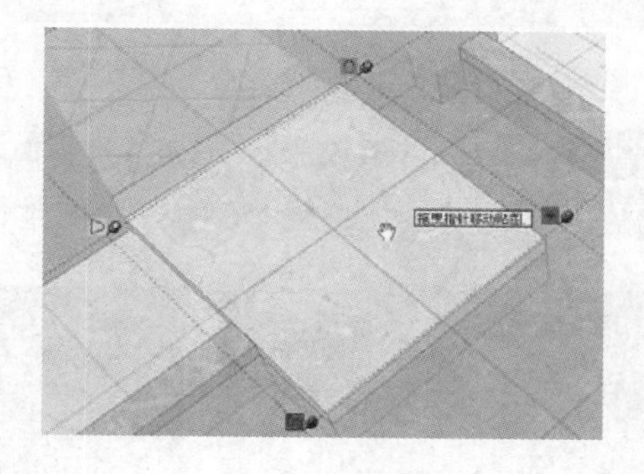

图 4-54　调整贴图

05 结合使用【偏移】以及【推/拉】工具制作路沿细节，如图 4-55 与图 4-56 所示。

06 路沿制作完成后，将其创建为【组】，然后通过类似方法制作过道平台，如图 4-57 与图 4-58 所示。

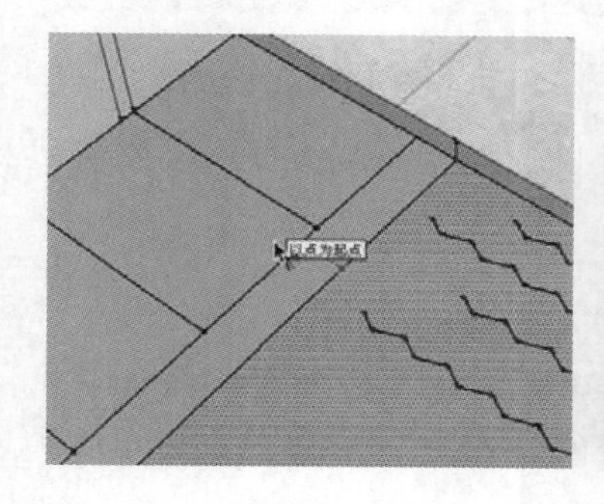

图 4-55　制作路沿平面

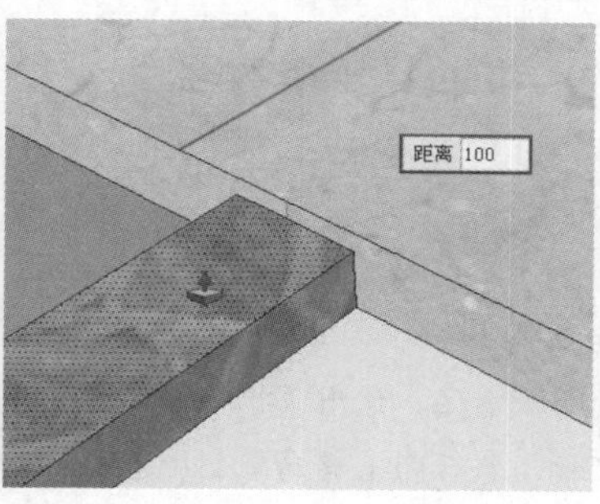


图 4-56　制作路沿高度

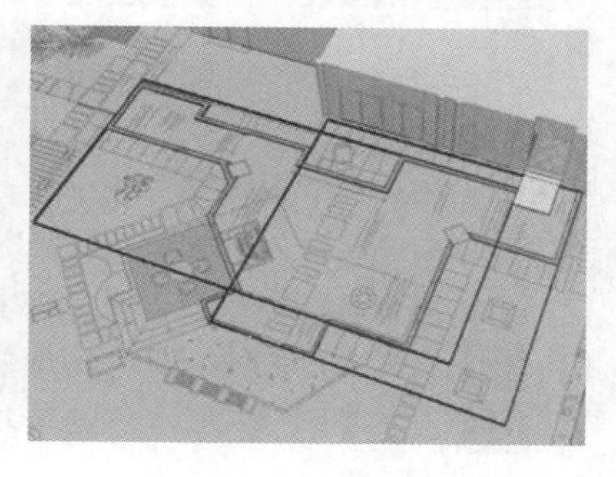

图 4-57　将路沿创建为组

07 参考 AutoCAD 图纸中的标高，启用【推/拉】工具制作左侧的平台，如图 4-59 与图 4-60 所示。

图 4-58　平台及过道完成效果

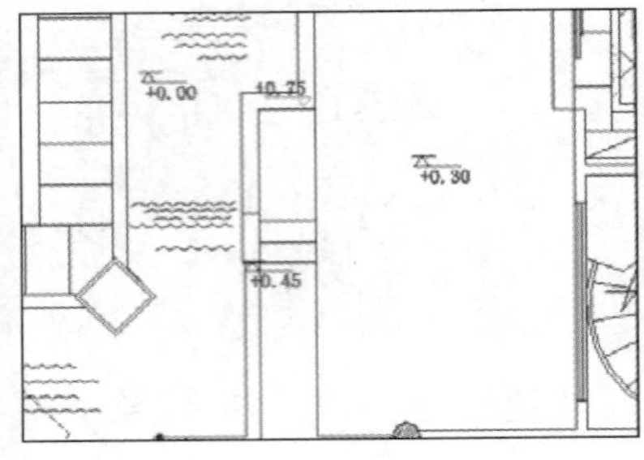


图 4-59　观察平台及台阶等标高

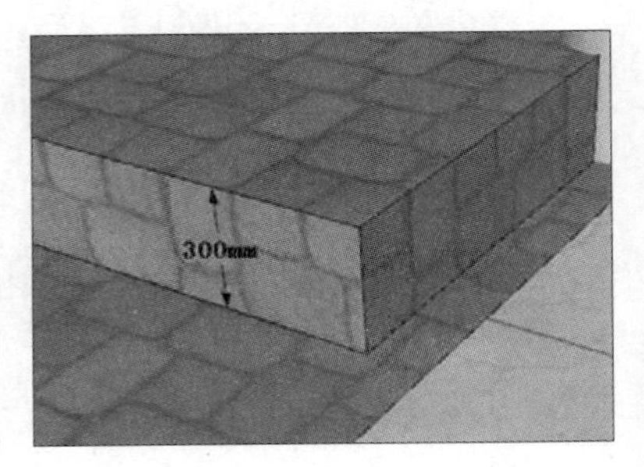


图 4-60　制作出口平台高度

08 整体将制作的推拉门向上抬高 200，然后结合【矩形】以及【推/拉】工具，制作门口台阶，如图 4-61 与图 4-62 所示。

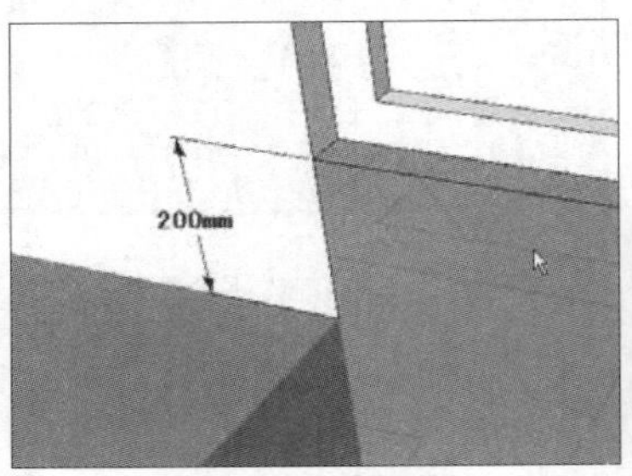


图 4-61　向上抬高门框高度

图 4-62　制作门口台阶

图 4-63　分割台阶平面

09 参考图纸分割台阶平面，使用【推/拉】工具制作三维细节，如图 4-63 与图 4-64 所示。

10 通过类似方法制作墙体，制作完成后将参考图纸移动至底面，如图 4-65 与图 4-66 所示。

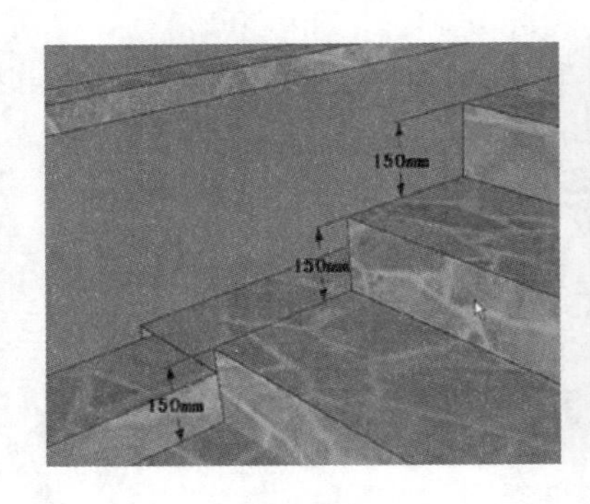


图 4-64　完成台阶效果

图 4-65　完成墙体效果

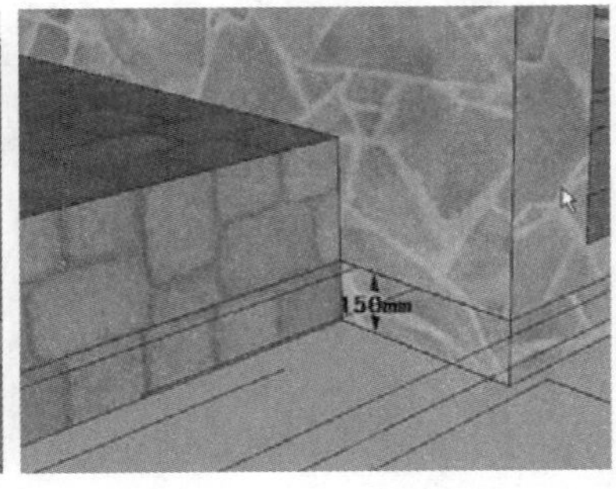


图 4-66　向下移动图纸至底面

### 4.3.3 细化景观水池及设施

01 结合使用【矩形】以及【推/拉】工具制作水中的汀步，如图 4-67 与图 4-68 所示。

02 启用【直线】工具参考图纸分割深水区，使用【推/拉】工具制作深度，如图 4-69 与图 4-70 所示。

03 打开【材料】面板赋予池底石材，然后向上移动复制出水面并赋予池水材质，如图 4-71 与图 4-72 所示。

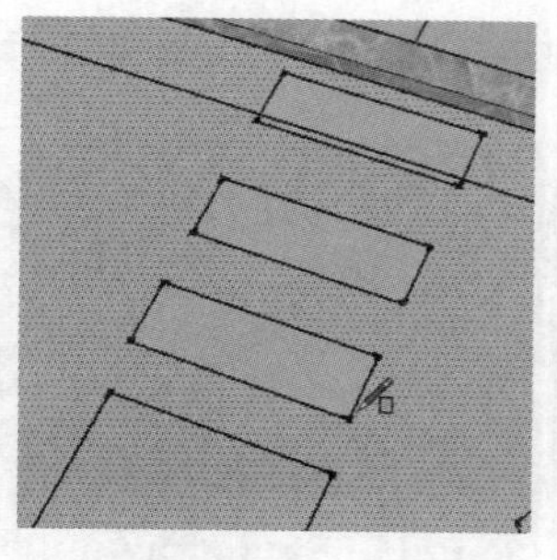

图 4-67　分割汀步平面

图 4-68　推拉汀步厚度

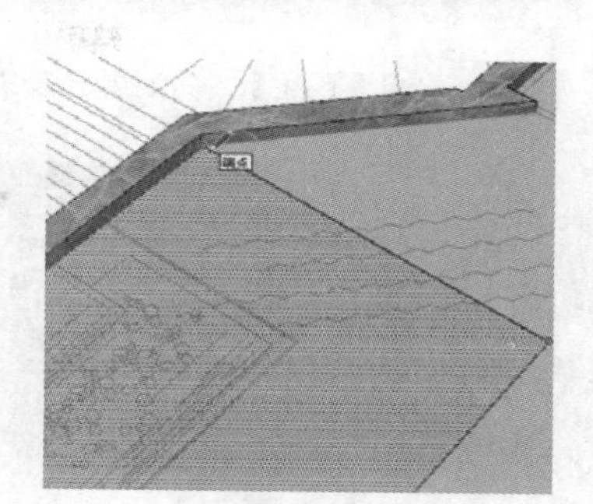

图 4-69　分割深水区

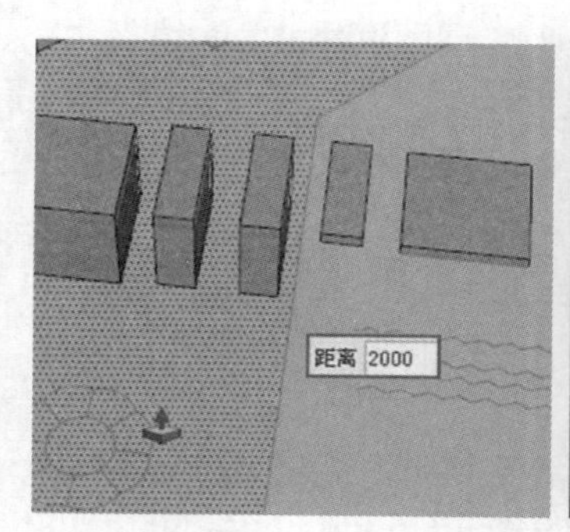


图 4-70　制作深水区深度

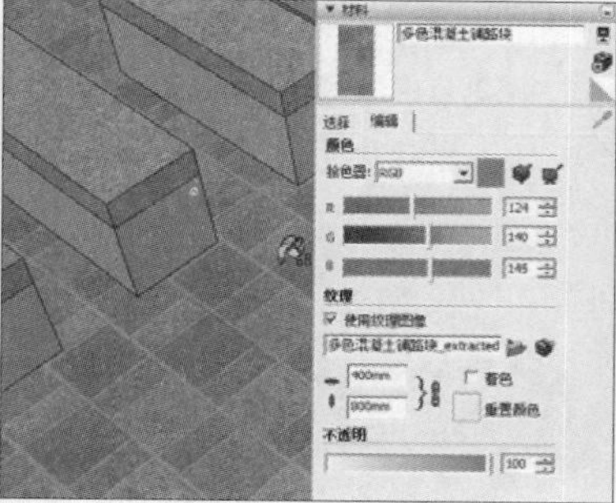

图 4-71　赋予池底池壁石材

图 4-72　移动复制水面并赋予材质

04 景观水池内部汀步与水面制作完成后，调整好参考底图高度，然后分割观景平台台阶平面，如图 4-73~图 4-75 所示。

图 4-73　水面初步完成效果

图 4-74　调整底图高度

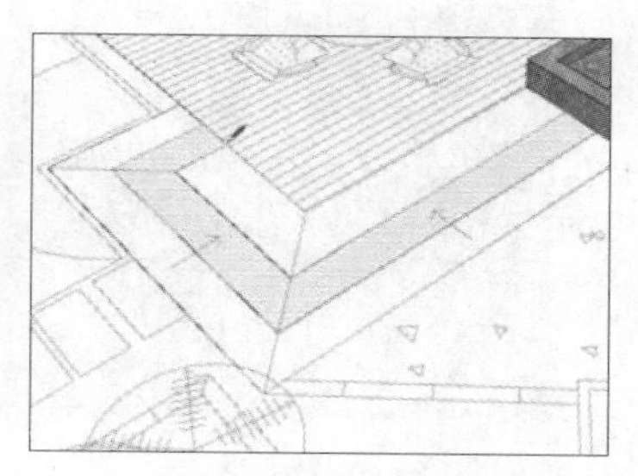

图 4-75　分割观景平台台阶平面

05 使用【推/拉】工具制作台阶高度，然后赋予材质，如图 4-76 所示。

06 选择台阶上部边线向下移动 30，形成细节分割面，然后启用【推/拉】工具制作出边沿细节，如图 4-77 与图 4-78 所示。

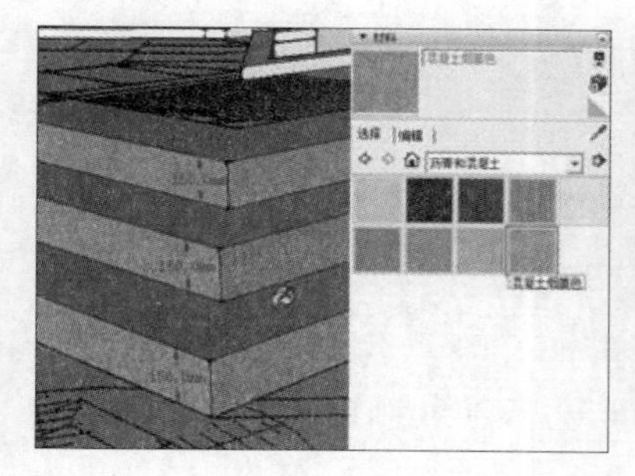

图 4-76　制作台阶高度并赋予材质

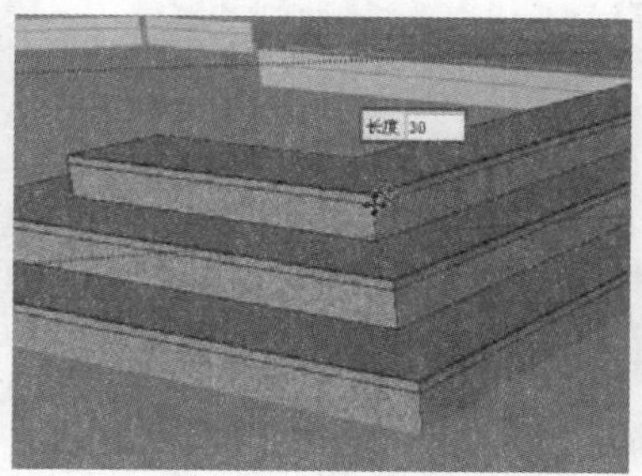


图 4-77　制作台阶板平面细节

图 4-78　推拉出边沿细节

07 启用【直线】工具划定台阶表面角线，赋予木纹材质后逐个调整好贴图细节，如图 4-79 ~ 图 4-81 所示。

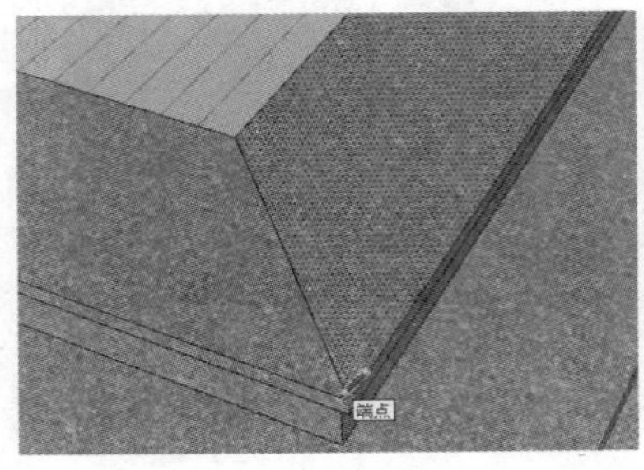


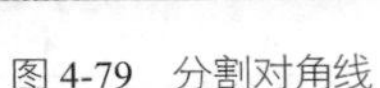
图 4-79　分割对角线

图 4-80　调整贴图铺贴效果

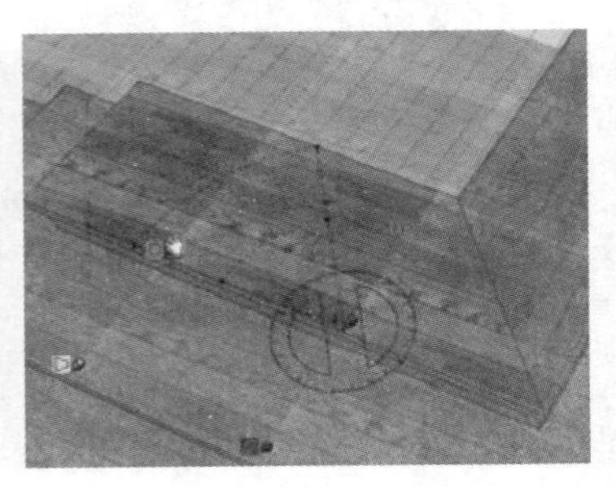
图 4-81　调整贴图转角效果

08 完成贴图细节与台阶整体效果如图 4-82 与图 4-83 所示，接下来制作观景平台。

09 启用【推/拉】工具制作观景平台轮廓，然后赋予材质，如图 4-84 与图 4-85 所示。

图 4-82　台阶贴图完成细节

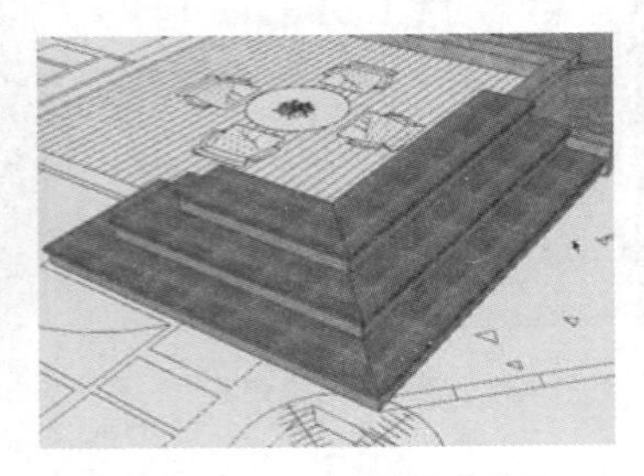
图 4-83　台阶整体完成效果

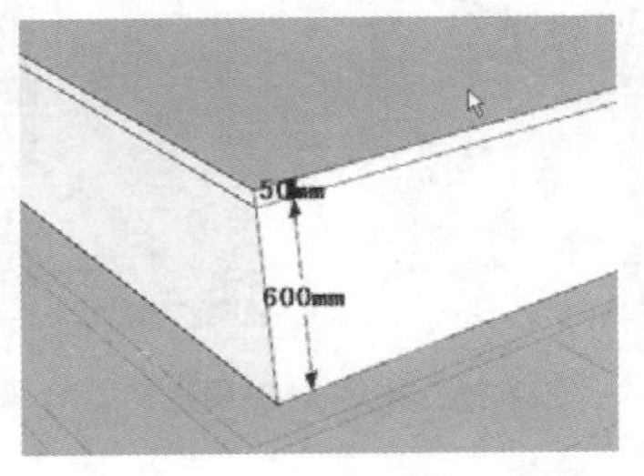

图 4-84　推拉观景平台轮廓

图 4-85　观景平台完成效果

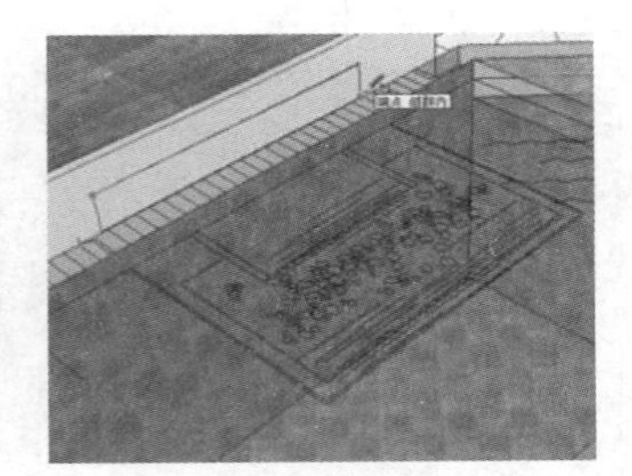
图 4-86　划分叠水瀑布平面

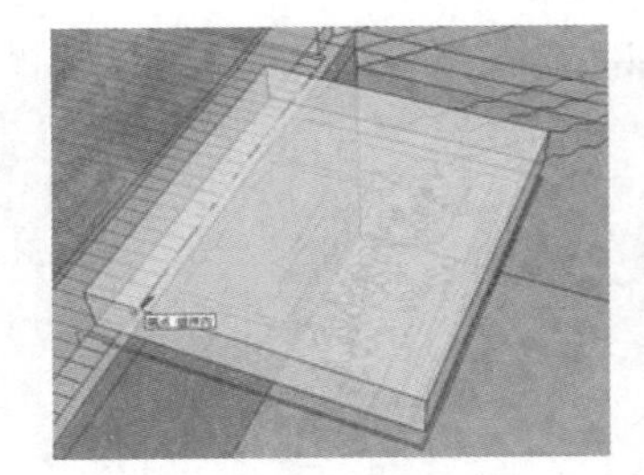
图 4-87　参考图纸推拉厚度

10 参考图纸划分叠水瀑布平面，使用【推/拉】工具制作轮廓造型，如图 4-86~图 4-88 所示。

11 结合使用【矩形】与【推/拉】工具，制作首层叠水平台细节，如图 4-89~图 4-91 所示。

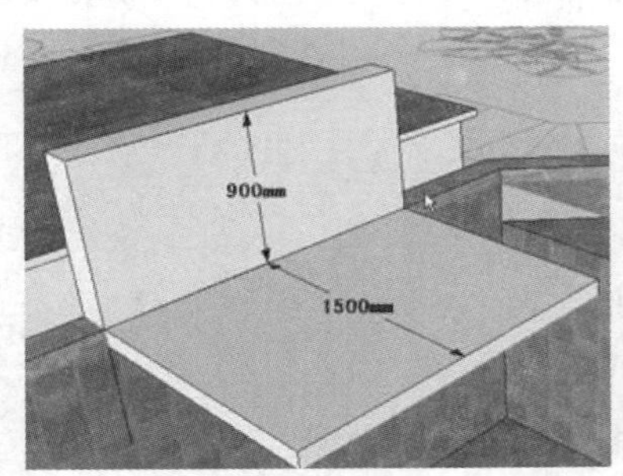

图 4-88　轮廓完成效果

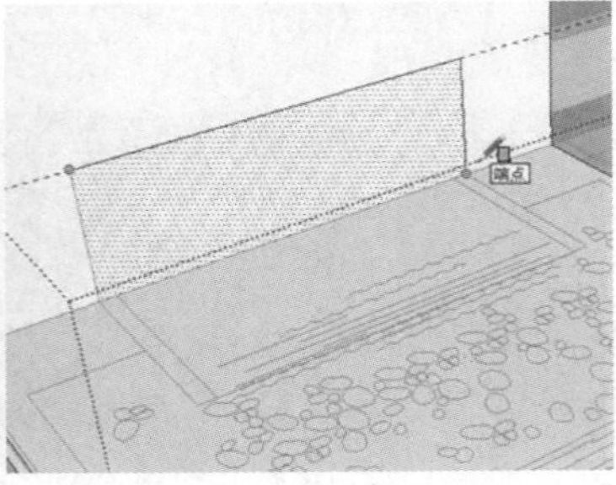

图 4-89　分割细节平面

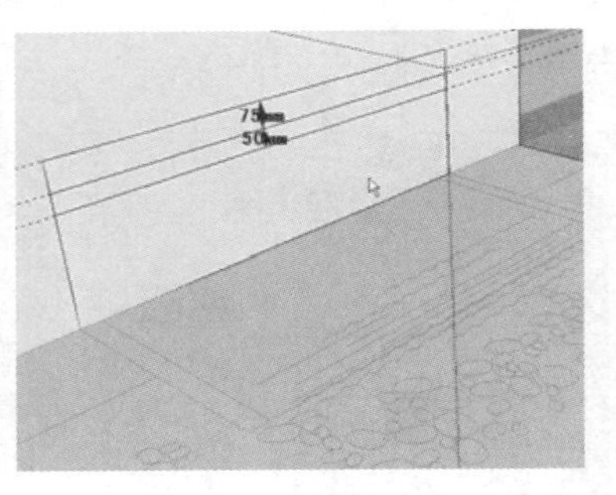
图 4-90　细节平面分割完成

12 结合使用【直线】与【推/拉】制作底层叠水平台细节，如图 4-92 与图 4-93 所示。

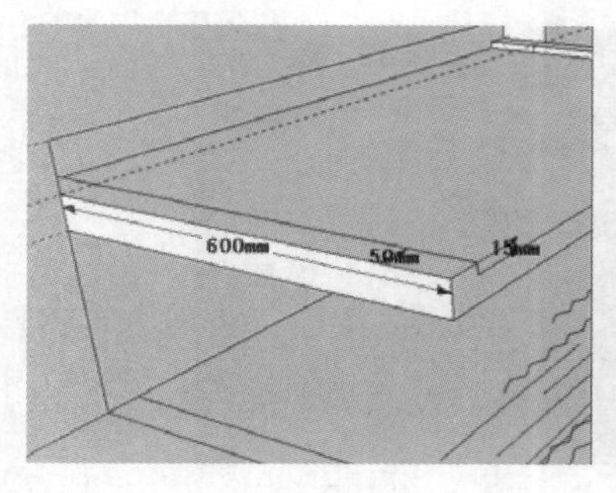


图 4-91　制作首层叠水平台细节

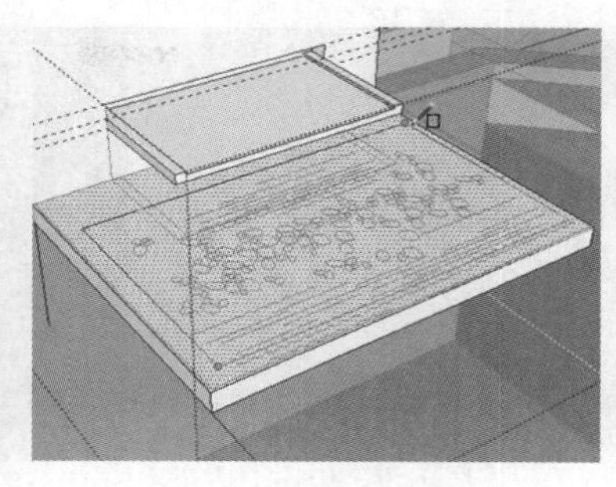

图 4-92　分割底层平台

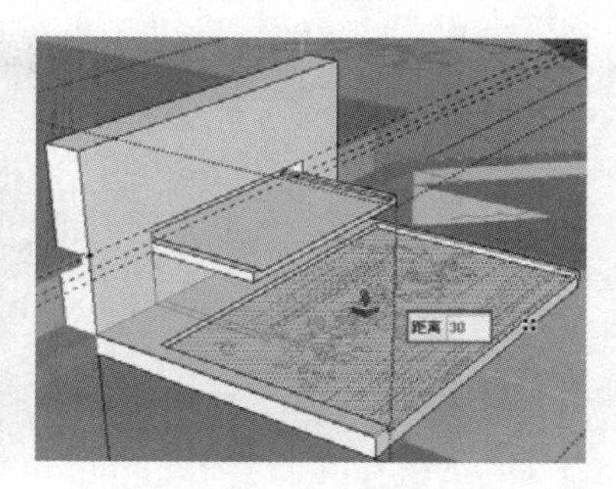


图 4-93　制作底层平台细节

13 启用【矩形】分割墙面，启用【推/拉】工具打空，最后整体赋予石头材质，如图 4-94~图 4-96 所示。

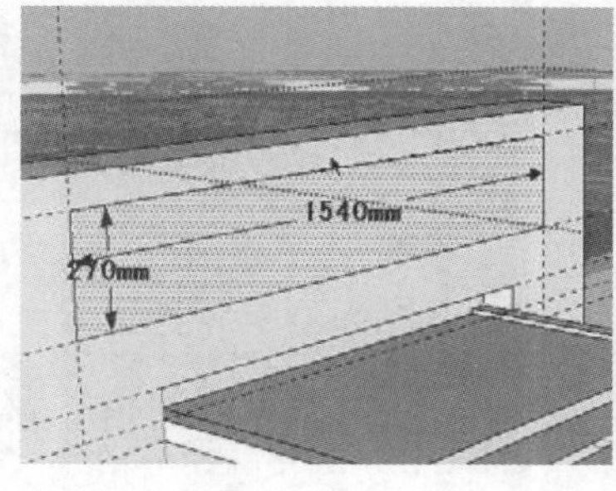


图 4-94　划分墙体平面

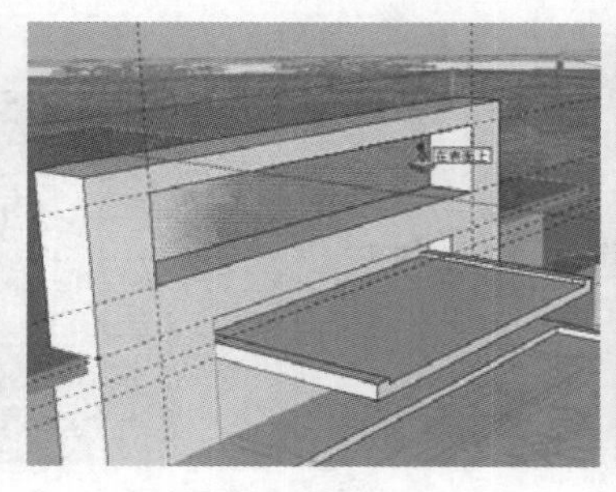

图 4-95　推空墙面

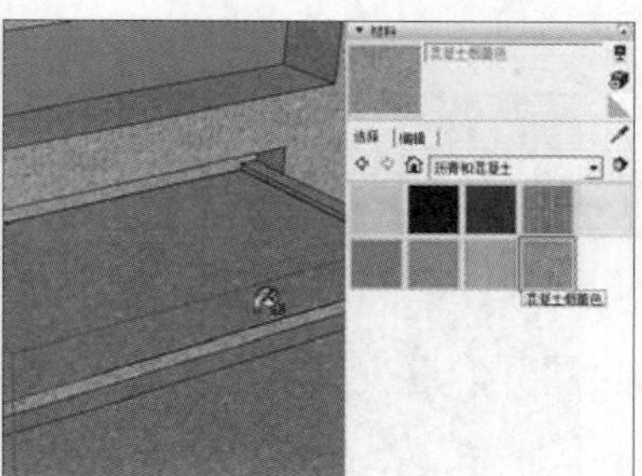

图 4-96　赋予石材

14 结合使用【直线】与【圆弧】工具制作弧形水幕，如图 4-97 与图 4-98 所示。

15 结合使用【偏移】与【直线】工具，制作水幕弧形平面，如图 4-99 与图 4-100 所示。

图 4-97　绘制水幕辅助线

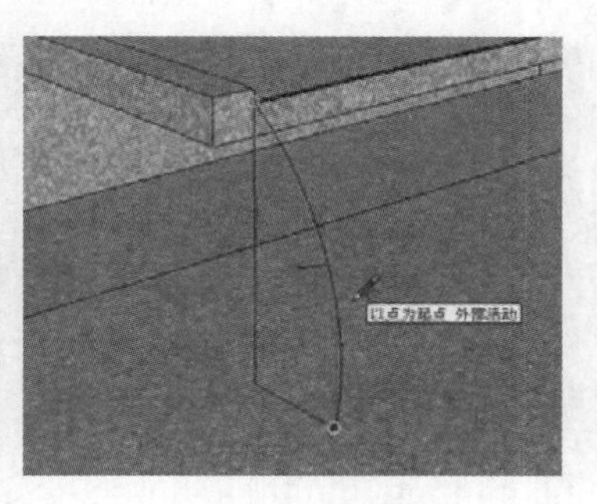

图 4-98　绘制水幕轮廓线

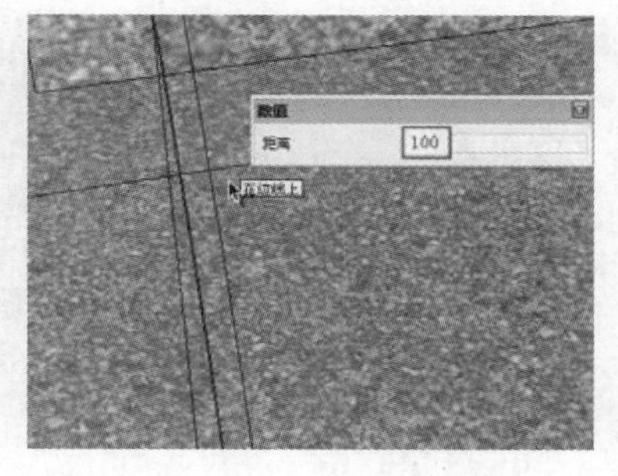


图 4-99　向外以 100 距离偏移复制

16 启用【推/拉】工具制作水幕宽度，移动复制平台平面至水幕交叉，如图 4-101 与图 4-102 所示。

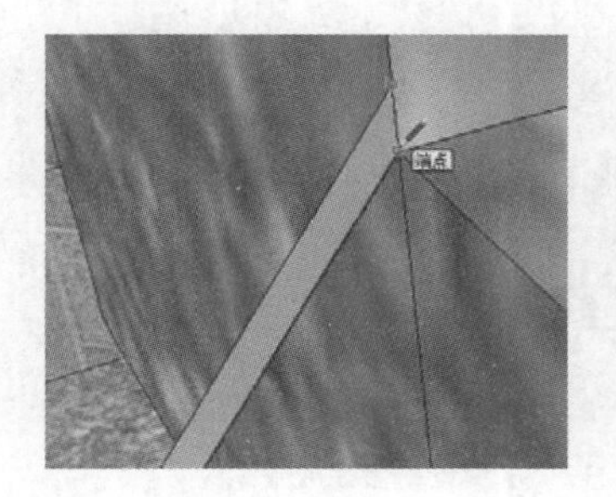

图 4-100　使用直线进行封面

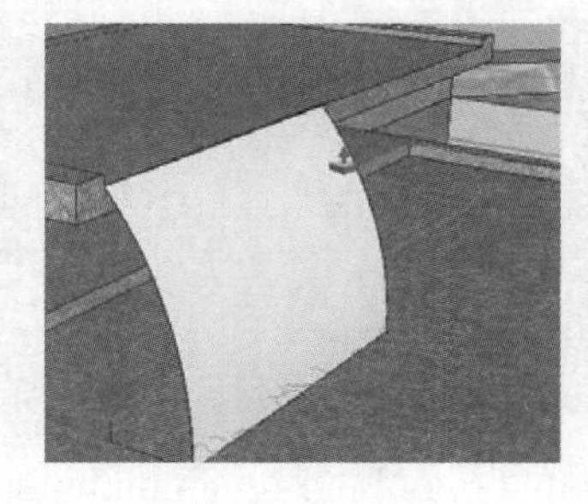

图 4-101　推拉出水幕宽度

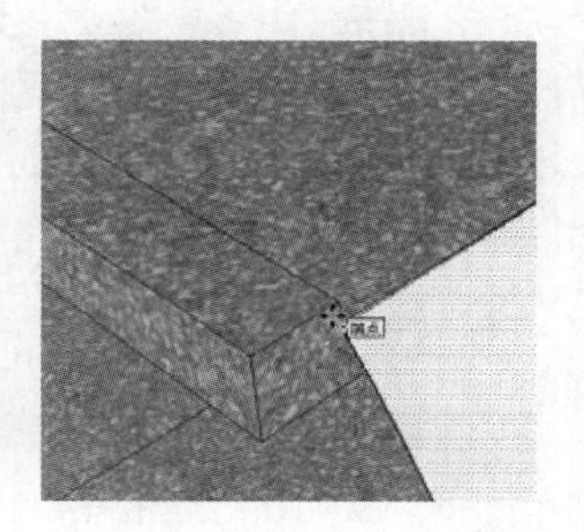

图 4-102　向上复制平台平面

17 赋予水幕池水材质，然后通过相似方法制作好第二层水幕，如图 4-103 与图 4-104 所示。

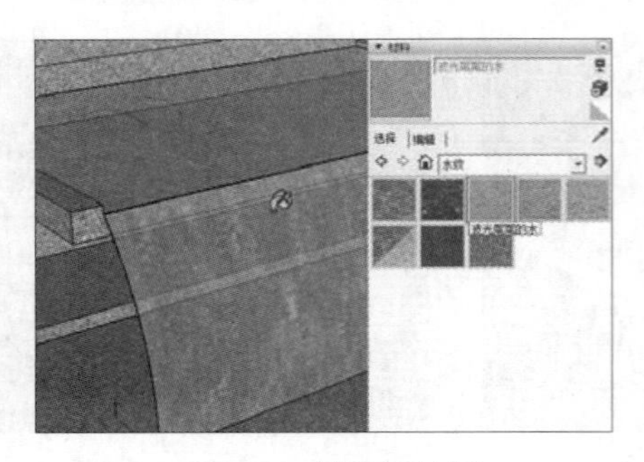
图 4-103　赋予水纹材质

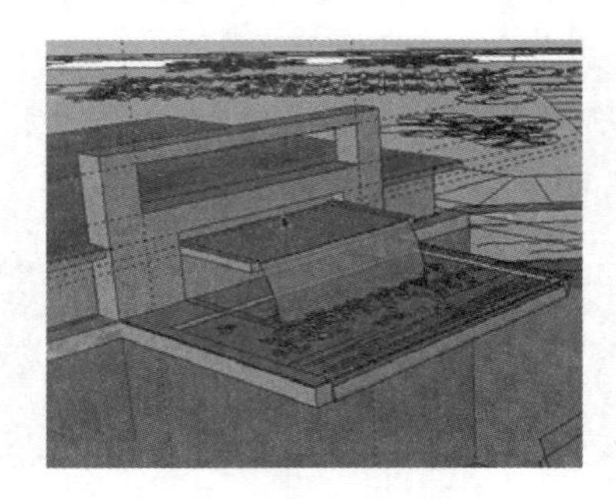
图 4-104　水幕整体完成效果

18 通过【组件】面板调入栏杆组件，将其对齐至墙体后调整细节位置与整体长度，如图 4-105~图 4-107 所示。

图 4-105　合并木栏杆组件

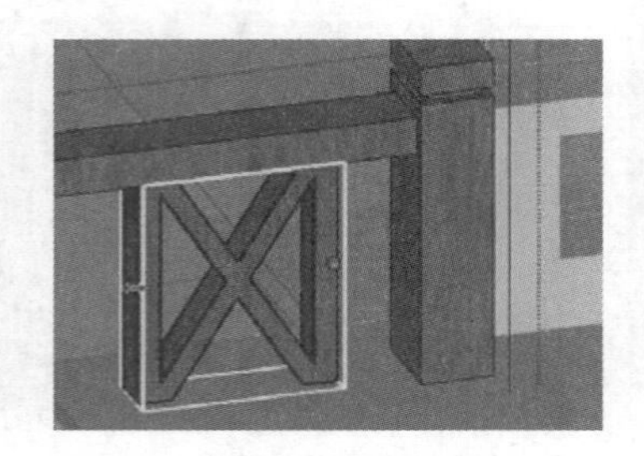
图 4-106　根据场景调整细节位置

图 4-107　根据场景调整宽度

19 复制栏杆至前方边沿处，使用【直线】工具制作一条定位辅助线后调整好造型，如图 4-108~图 4-110 所示。

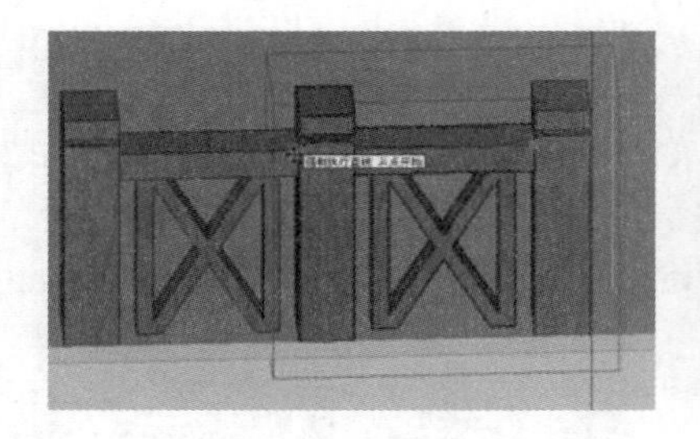
图 4-108　复制栏杆细节

图 4-109　划定位置参考线

图 4-110　调整栏杆宽度

20 参考栏杆高度,启用【推/拉】工具制作墙体高度，完成观景平台制作，如图 4-111 与图 4-112 所示。

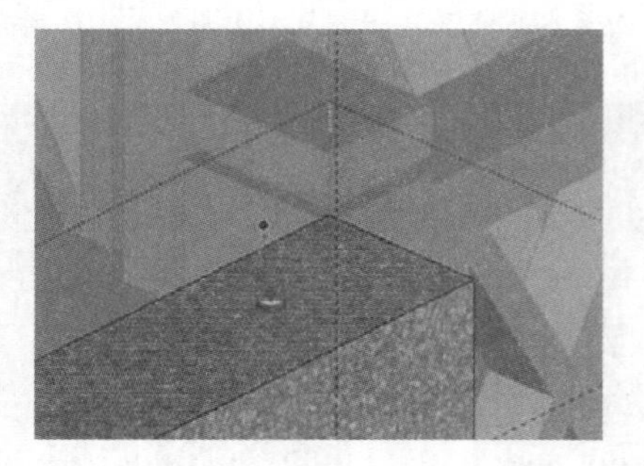
图 4-111　参考栏杆高度调整墙面高度

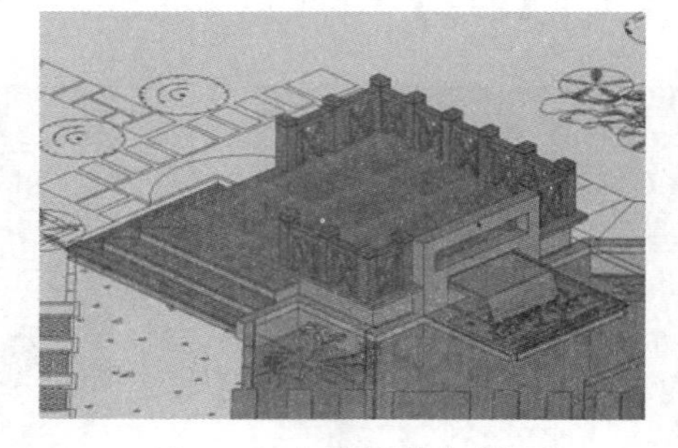
图 4-112　水观景平台完成效果

21 参考图纸，结合使用【推/拉】与【直线】工具制作右侧景观墙轮廓，如图 4-113~图 4-115 所示。

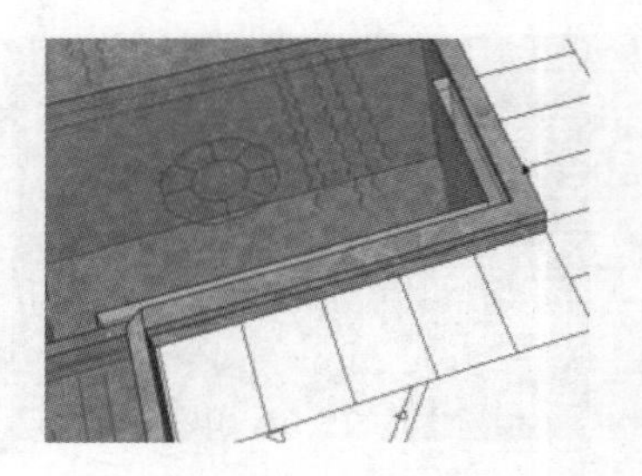

图 4-113　右侧景观墙平面

图 4-114　推拉景观墙高度

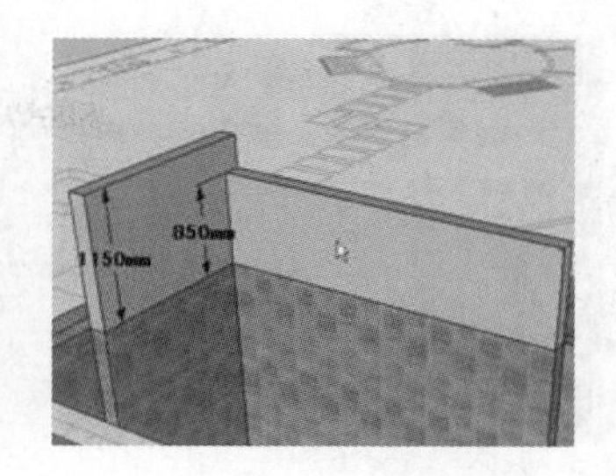


图 4-115　景观墙轮廓完成效果

22 结合使用【矩形】与【推/拉】工具制作景观墙细节，然后整体赋予材质，如图 4-116~图 4-118 所示。

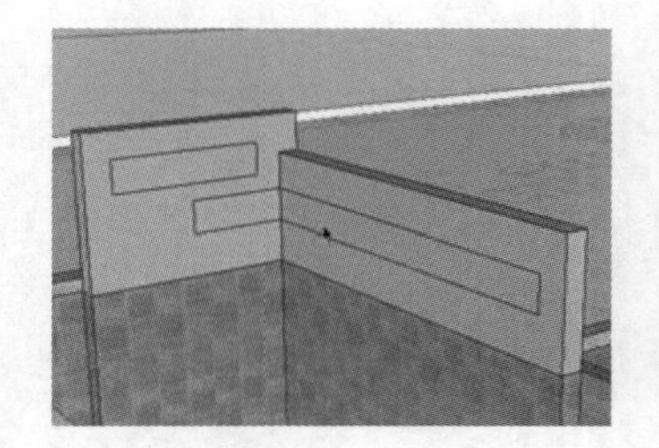

图 4-116　分割景观墙

图 4-117　推空分割平面

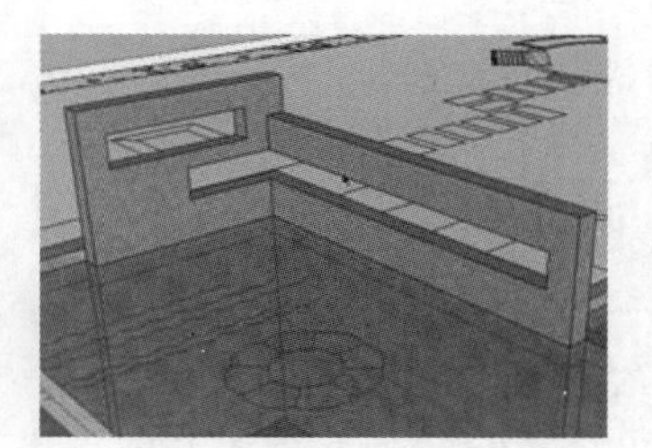

图 4-118　赋予景观墙材质

23 结合使用【缩放】与【推/拉】工具，制作花钵底部倒角细节，如图 4-119 与图 4-120 所示。

24 结合使用【偏移】与【推/拉】工具，制作花钵底部整体轮廓并赋予材质，如图 4-121 所示。

图 4-119　推拉花钵底部平面

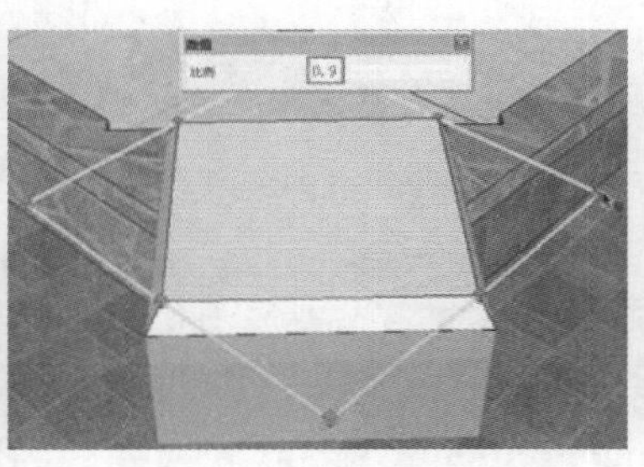


图 4-120　通过缩放制作倒角细节

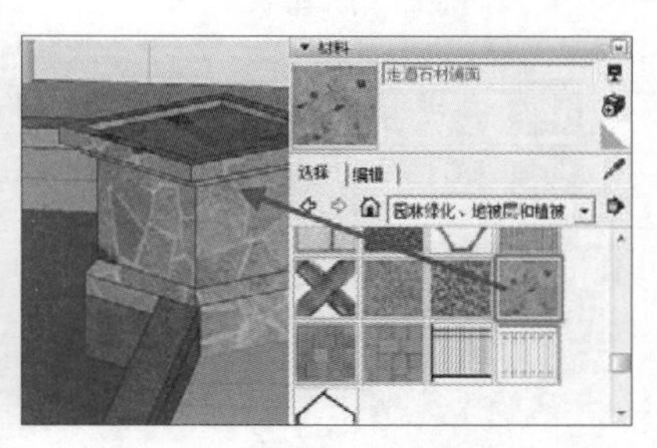


图 4-121　花钵底部轮廓完成效果

25 结合使用【偏移】与【推/拉】工具，制作花钵底部侧面细节，如图 4-122 与图 4-123 所示。

26 参考第 2 章 2.4.5 节，使用【路径跟随】工具创建上部球体，如图 4-124 所示。

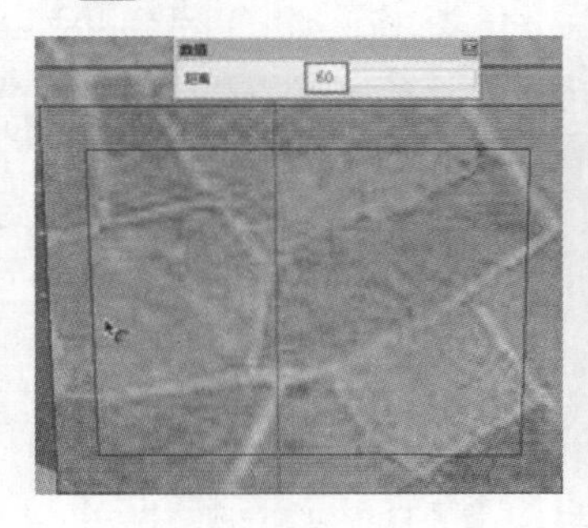


图 4-122　分割侧面平面

图 4-123　制作侧面细节

图 4-124　创建上部球体

27 结合使用【圆弧】、【圆】以及【路径跟随】工具制作花钵造型，然后赋予石板材质，如图 4-125~图 4-127 所示。

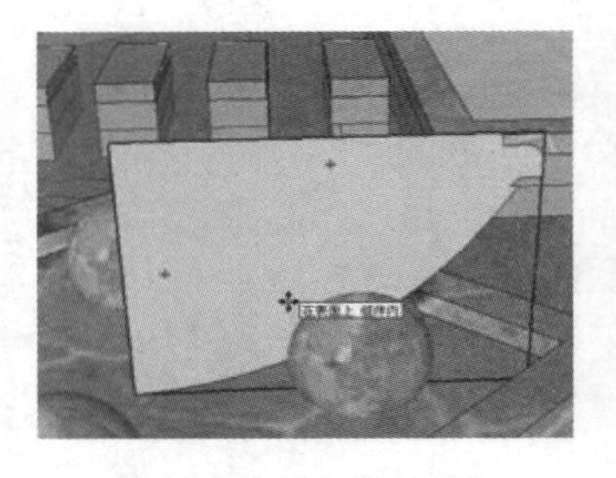

图 4-125 制作花钵截面　图 4-126 路径跟随制作三维效果　图 4-127 赋予对应材质

28 整体将花钵移动复制到另一侧，然后合并喷水模型组件，完成景观水池制作，如图 4-128~图 4-130 所示。

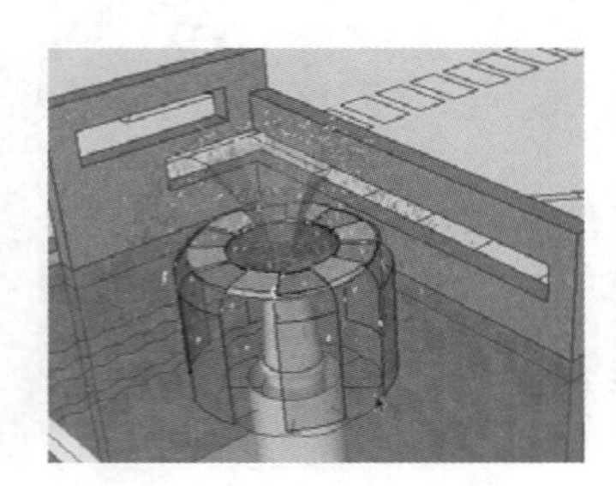

图 4-128 整体复制花钵　图 4-129 导入喷水模型　图 4-130 景观池及周边设施完成效果

## 4.3.4 完成正面细化

01 参考图纸，结合使用【直线】与【推/拉】工具制作过道模型，如图 4-131~图 4-133 所示。

02 赋予石板材质并逐个调整贴图细节，完成路面效果如图 4-134 ~图 4-136 所示。

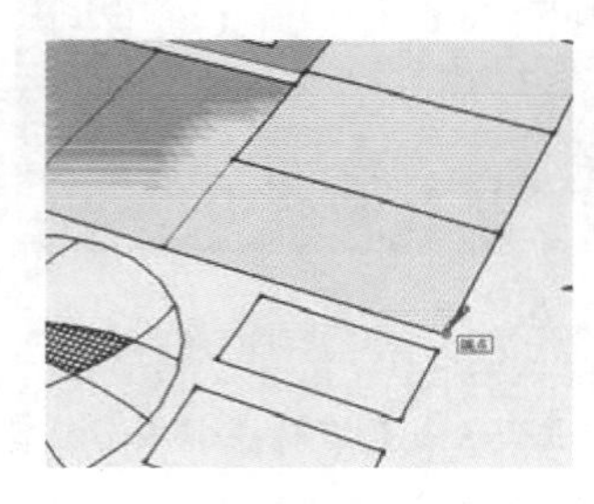

图 4-131 分割路面整体　图 4-132 分割路面细节　图 4-133 推拉路面厚度

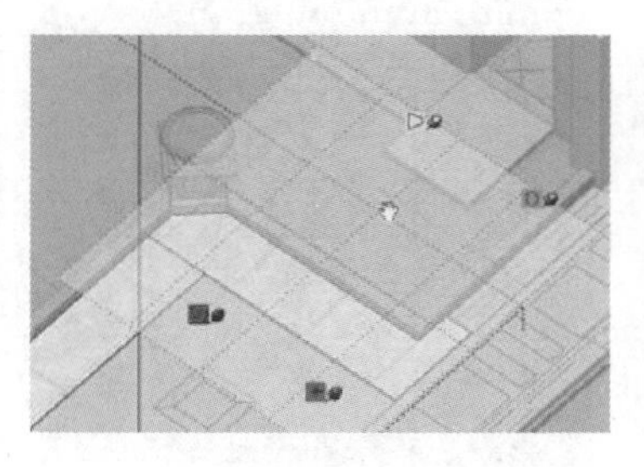

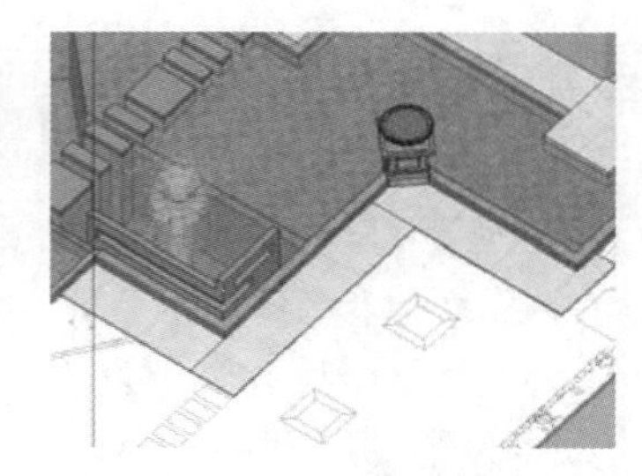

图 4-134 调整路面贴图　图 4-135 路面贴图细节　图 4-136 路面完成效果

03 结合使用【矩形】及【推/拉】工具制作汀步细节，如图 4-137~图 4-139 所示。接下来制作烧烤平台以及相关设施。

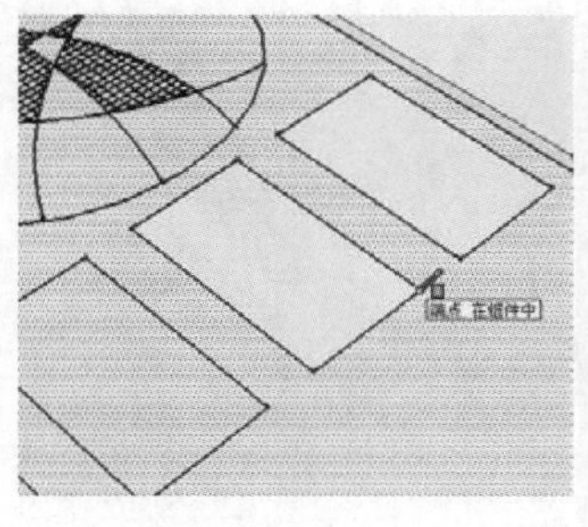


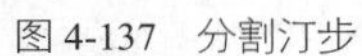
图 4-137 分割汀步

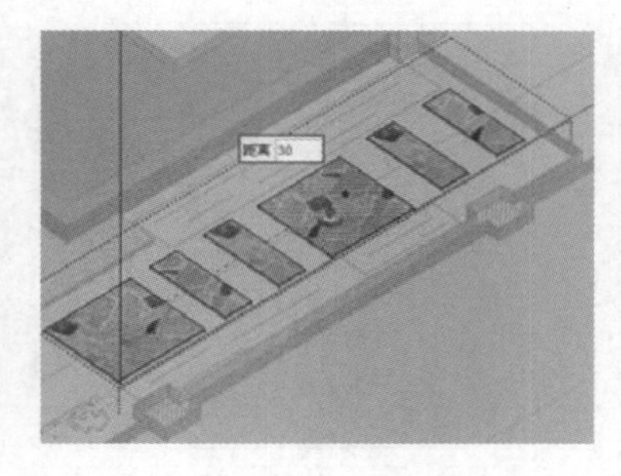


图 4-138 推拉汀步厚度

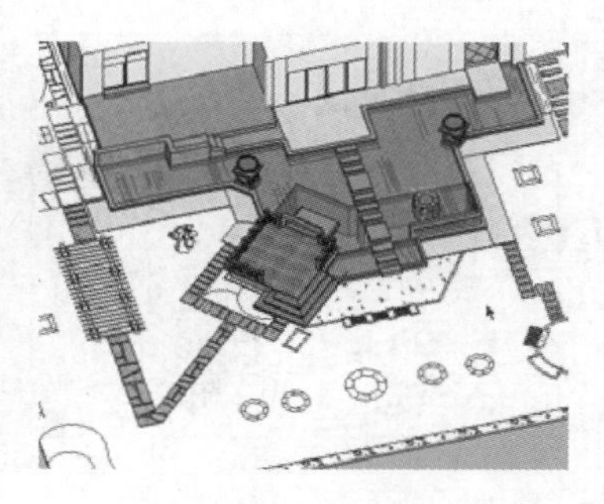

图 4-139 汀步完成效果

04 参考图纸，结合使用【直线】及【推/拉】工具制作烧烤平台，并赋予卡其色石材，如图 4-140~图 4-142 所示。

图 4-140 分割烧烤平台

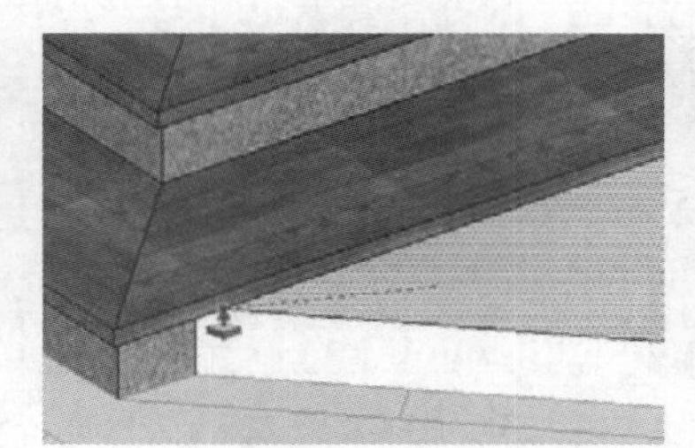

图 4-141 推拉平台高度

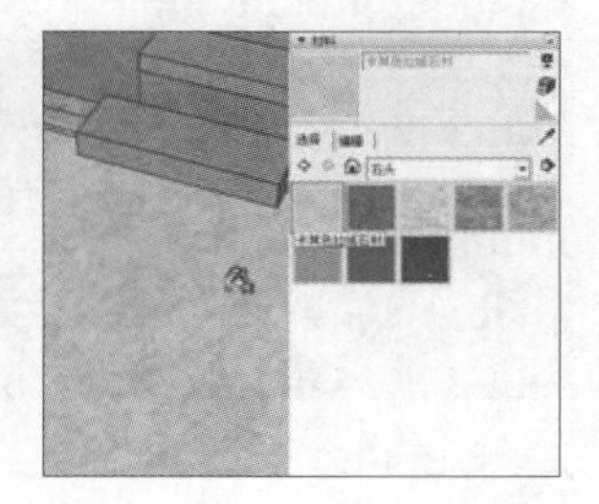

图 4-142 赋予平台石材

05 结合使用【矩形】以及【推/拉】工具制作砖墙，如图 4-143 所示。

06 参考图纸，结合使用【矩形】及【推/拉】工具创建烧烤炉，如图 4-144 与图 4-145 所示。

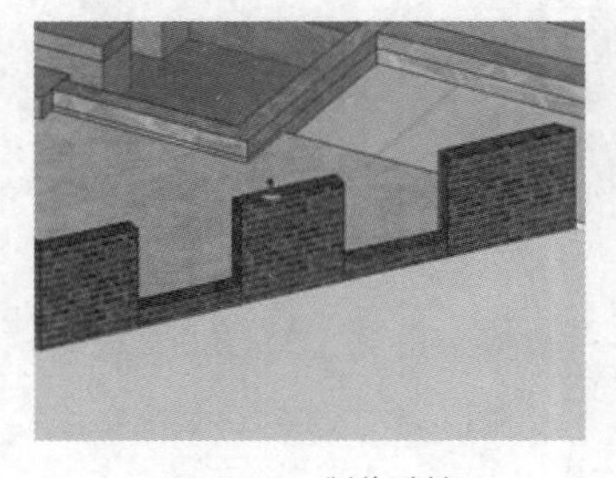

图 4-143 制作砖墙

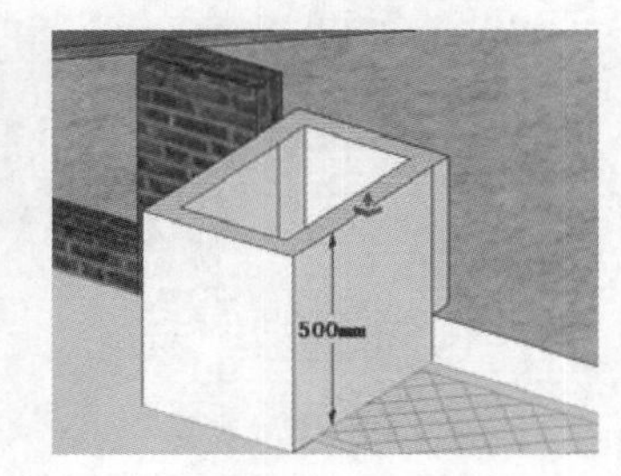


图 4-144 创建烧烤炉

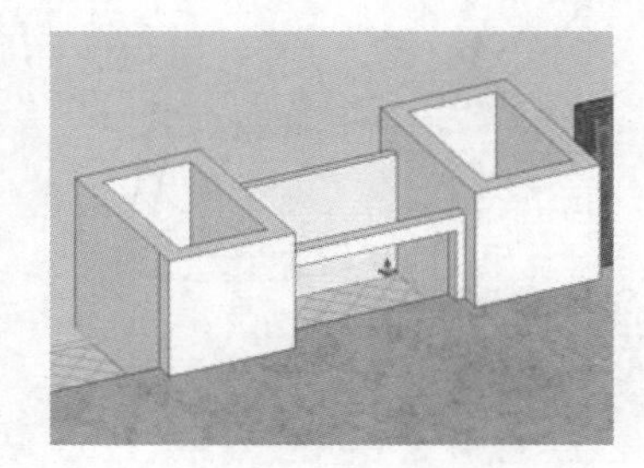

图 4-145 制作烧烤炉细节

07 结合使用拆分命令、【直线】与【推/拉】工具制作烧烤架等细节，最后对应赋予相关材质，如图 4-146~图 4-148 所示。

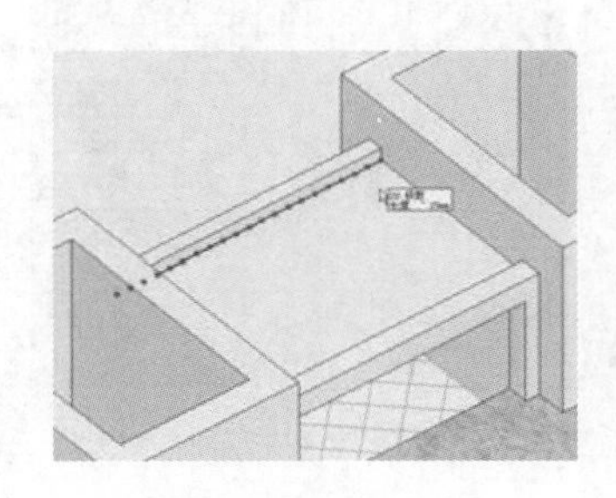

图 4-146 拆分边线

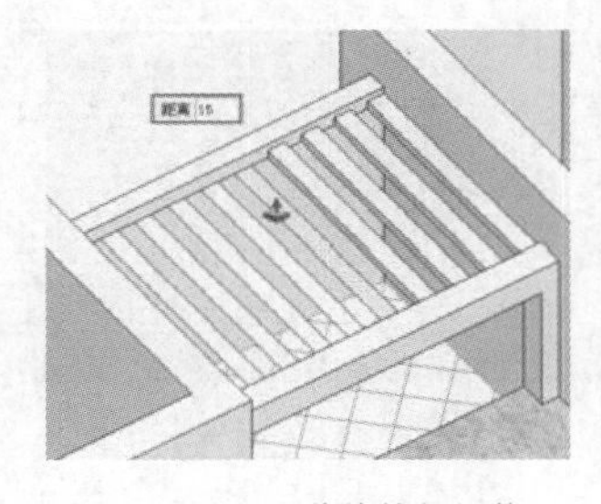


图 4-147 制作烧烤架细节

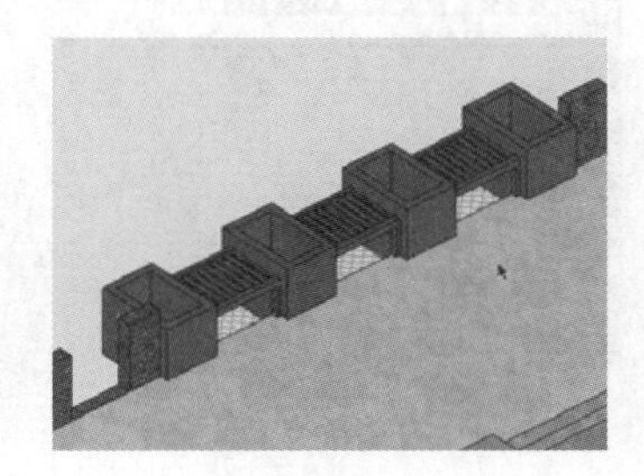

图 4-148 烧烤炉完成效果

08 参考图纸，结合使用【圆】、【偏移】以及【推/拉】工具制作圆形平台及边沿细节，如图 4-149~图 4-151 所示。

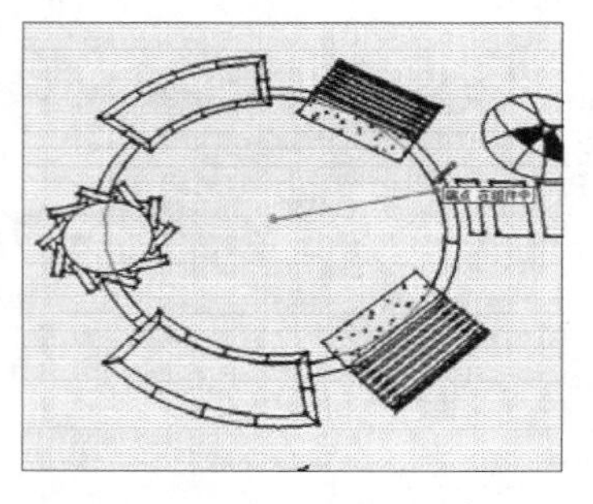

图 4-149　分割圆形平台

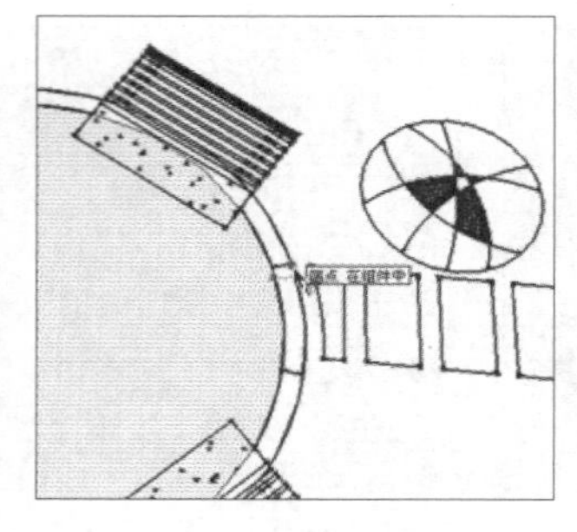

图 4-150　启用偏移复制工具

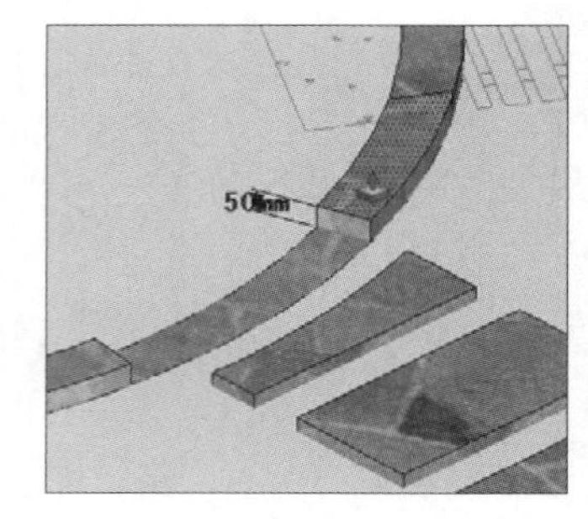


图 4-151　制作边沿细节

09 使用【推/拉】工具制作平台高度，然后赋予地花材质并调整贴图效果，如图 4-152~图 4-154 所示。

图 4-152　推拉平台高度

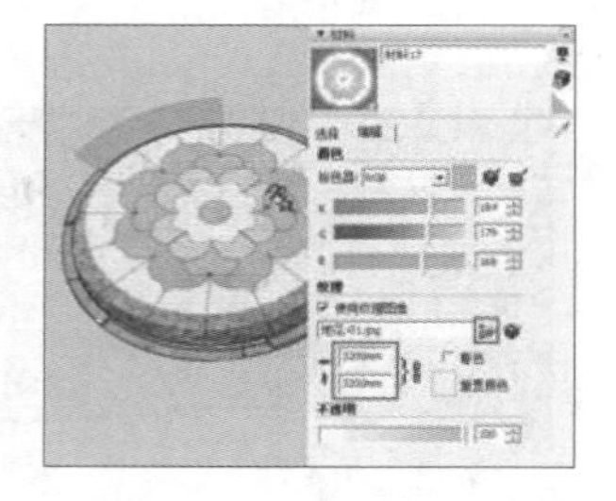

图 4-153　赋予地花材质

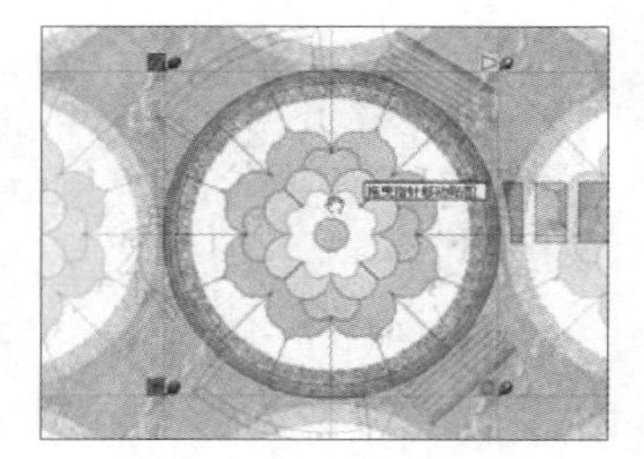

图 4-154　调整平台贴图效果

10 参考图纸，结合使用【圆弧】、【直线】、【偏移】以及【推/拉】工具制作花坛轮廓，如图 4-155~图 4-157 所示。

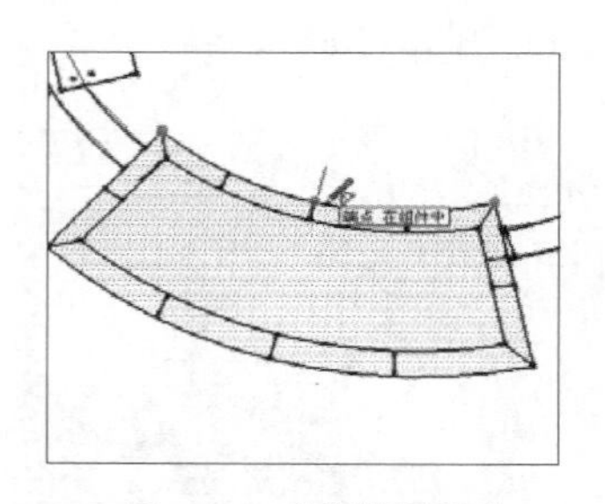

图 4-155　分割花坛平面

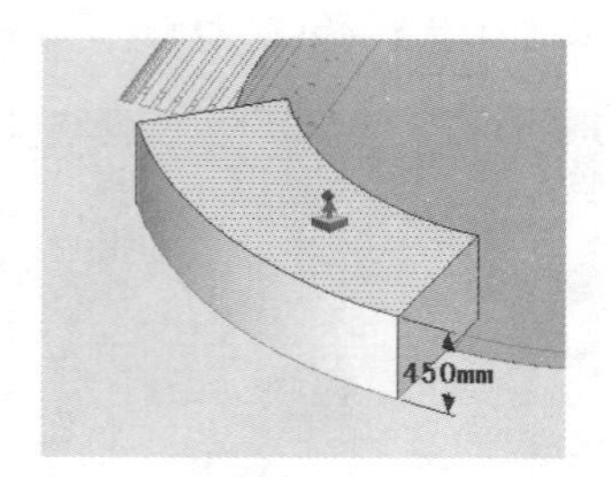


图 4-156　推拉高度

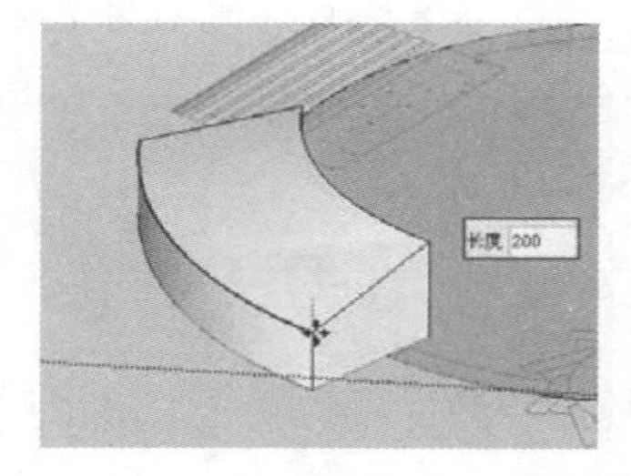


图 4-157　调整出斜面效果

11 结合使用【曲面偏移复制】以及【超级推拉】插件制作花坛细节造型、然后对应赋予材质，如图 4-158~图 4-160 所示。

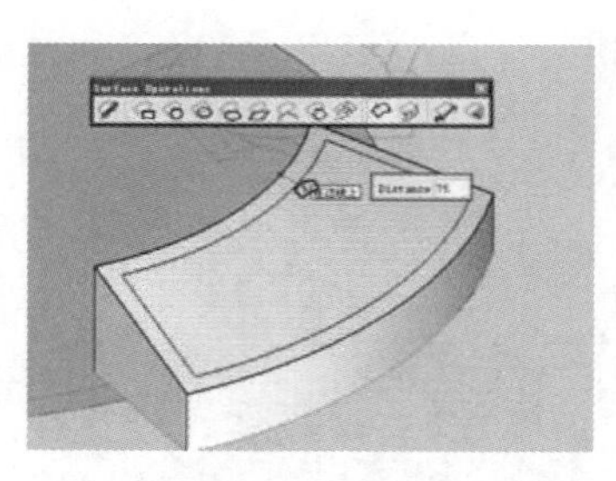

图 4-158　使用曲面偏移复制

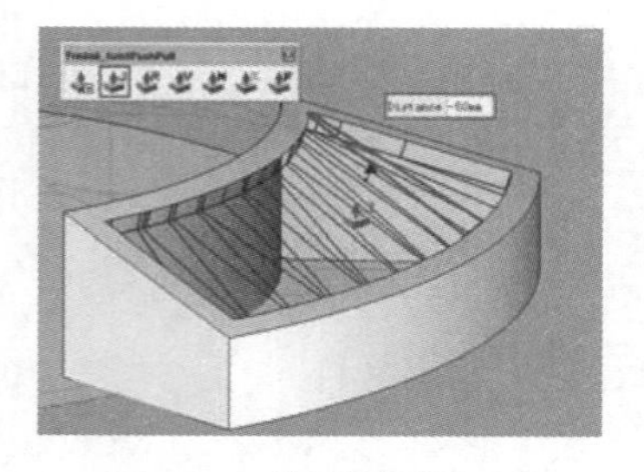

图 4-159　使用超级推拉工具

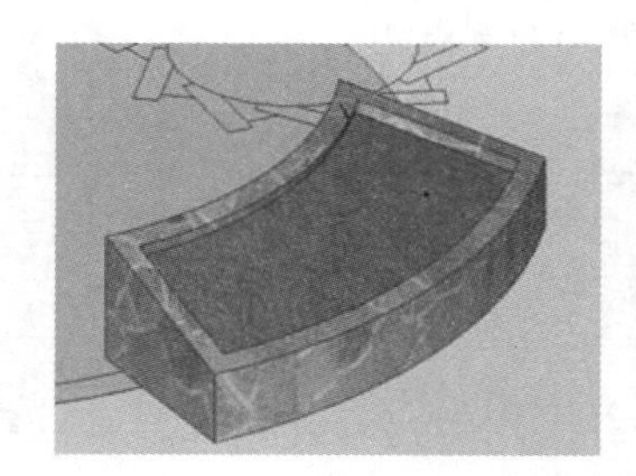

图 4-160　赋予花坛对应材质

12 参考图纸结合【矩形】、【推/拉】以及【偏移】工具制作背景墙轮廓，如图 4-161 与图 4-163 所示。

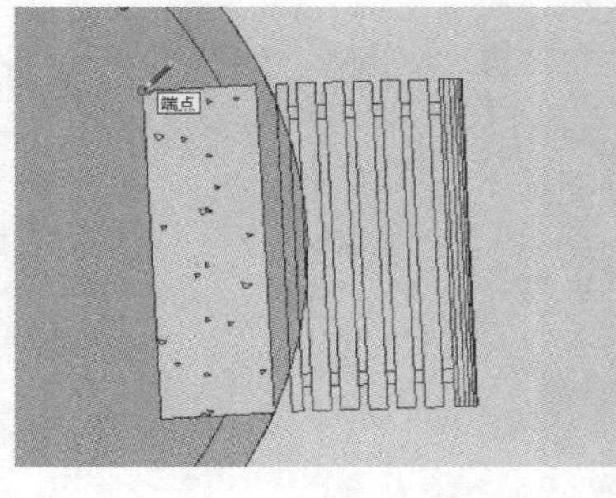

图 4-161　分割背景墙平面

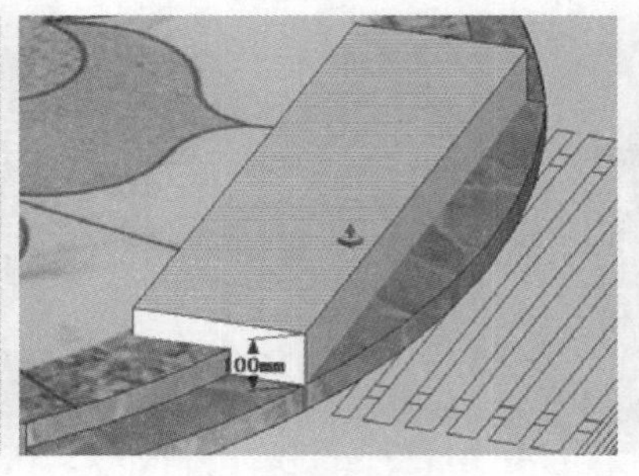

图 4-162　使用推拉工具

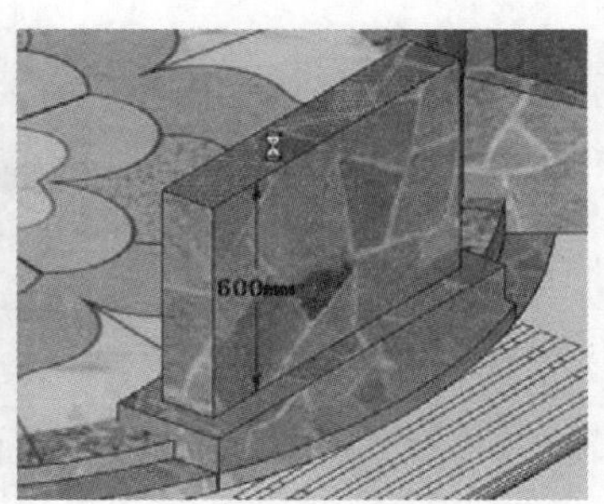

图 4-163　制作背景墙轮廓

13 结合【矩形】以及【推/拉】工具制作背景墙中部细节，如图 4-164 与图 4-165 所示。

14 合并座椅模型并调整好大小，通过旋转复制得到另一侧背景墙与座椅，如图 4-166 与图 4-167 所示，此时整体效果如图 4-168 所示。

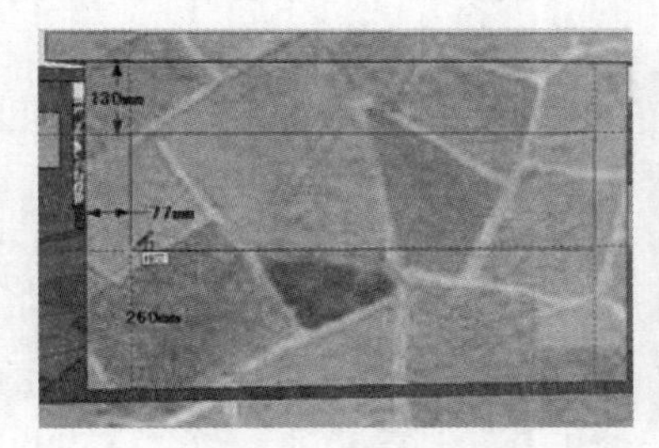

图 4-164　分割背景墙平面

图 4-165　推空背景墙平面

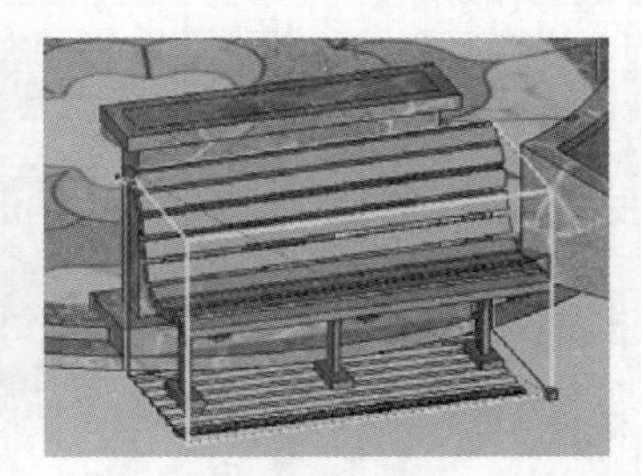
图 4-166　合并座椅模型组件

15 参考图纸，结合使用【矩形】、【偏移】以及【推/拉】工具制作方形树池，如图 4-169 ~ 图 4-171 所示。

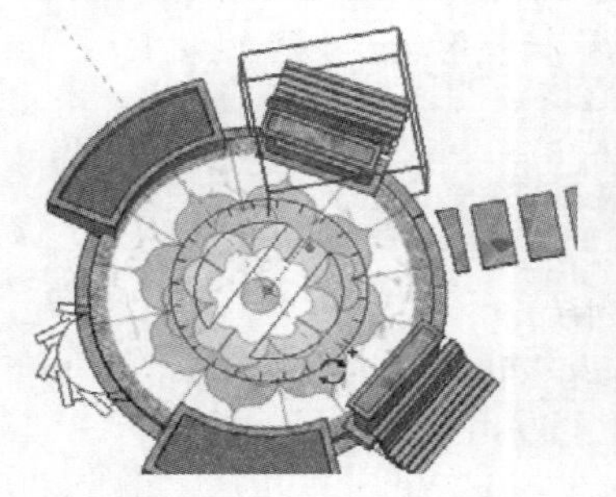
图 4-167　旋转复制座椅

图 4-168　整体完成效果

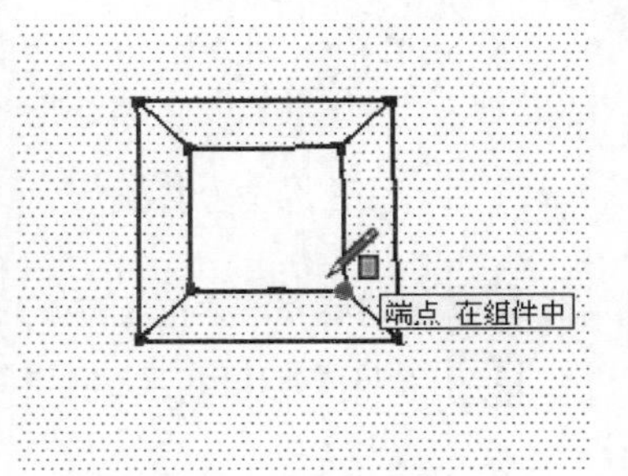

图 4-169　分割方形树池平面

16 通过类似方法制作场景中的圆形树池，如图 4-172 所示。

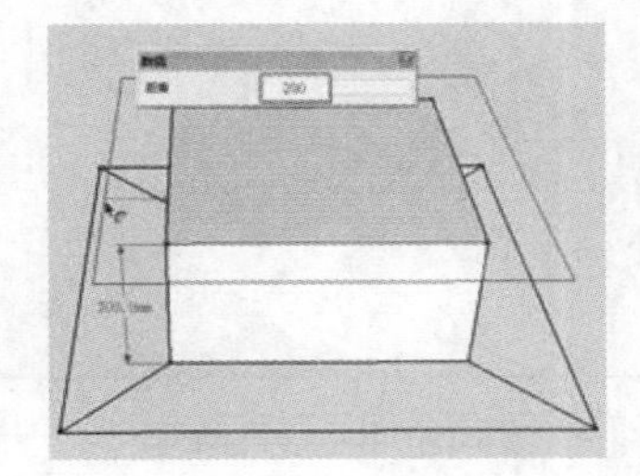
图 4-170　制作树池细节

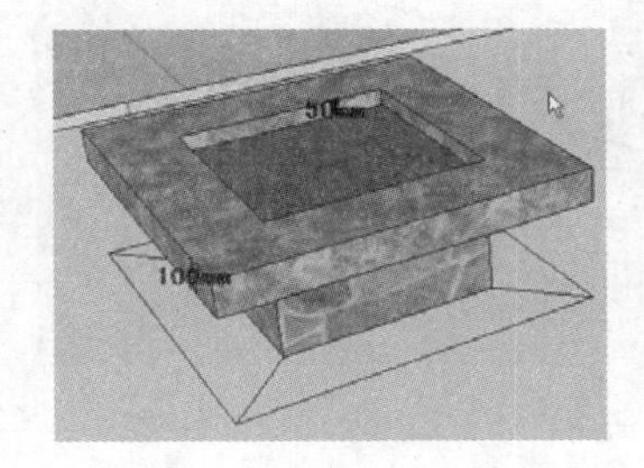

图 4-171　方形树池完成效果

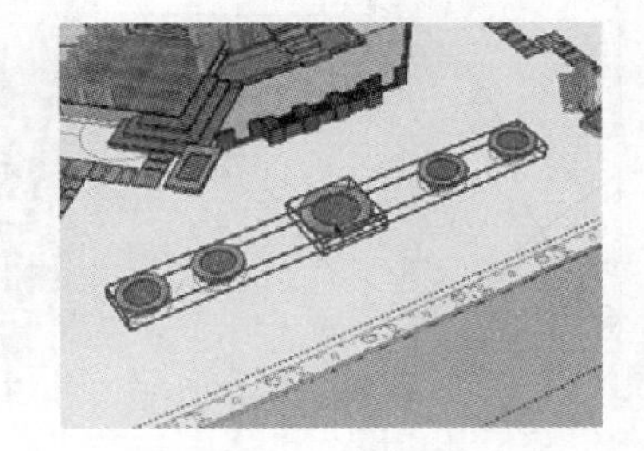
图 4-172　制作圆形树池

17 合并廊架模型组件，完成前方景观模型制作，如图 4-173 与图 4-174 所示。

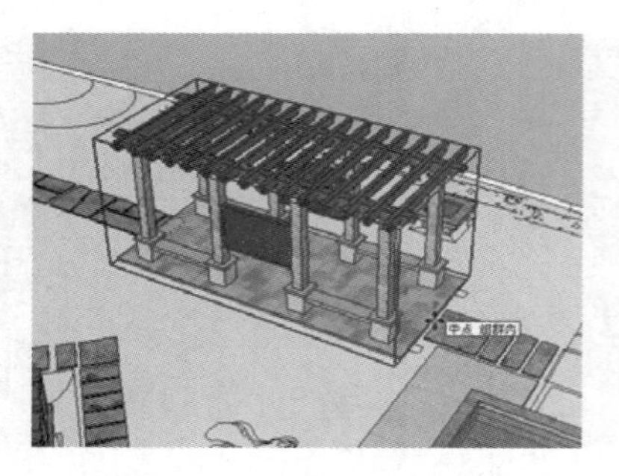

图 4-173　合并入廊架模型

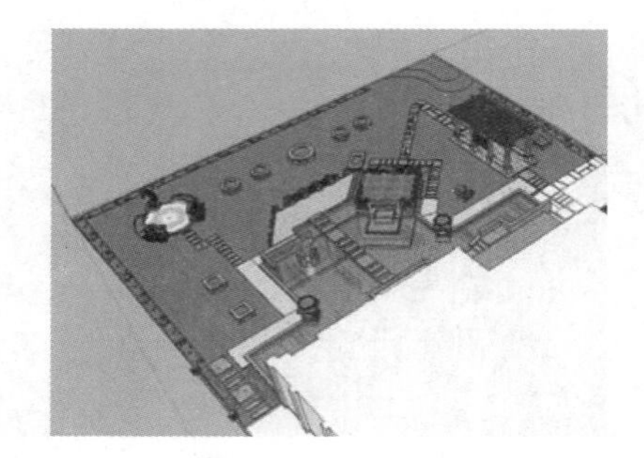

图 4-174　前方景观完成效果

## 4.4 细化后方景观效果

后方的景观主要包括生态鱼池、汀步以及大门等效果，如图 4-175~图 4-177 所示。

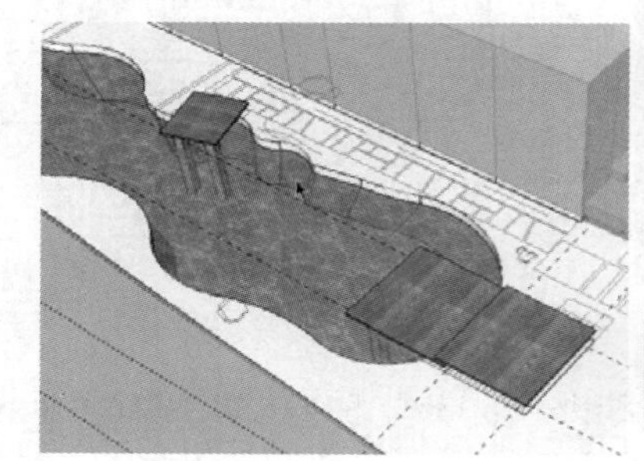

图 4-175　生态鱼池

图 4-176　汀步

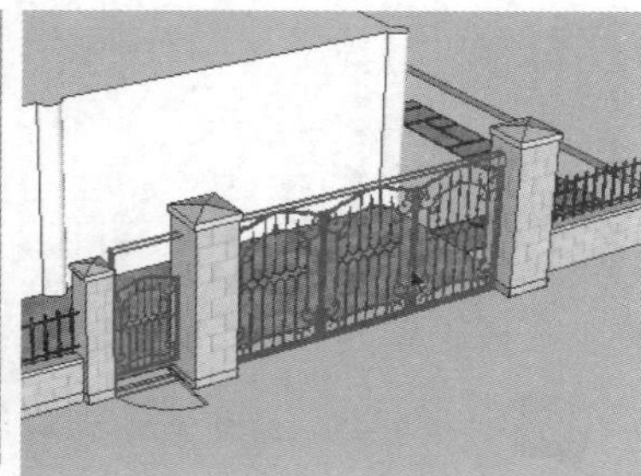

图 4-177　大门及栏杆

### 4.4.1 细化生态鱼池及设施

01 参考图纸，启用【圆弧】工具分割鱼池，如图 4-178 与图 4-179 所示。

02 启用【推/拉】工具制作鱼池深度，然后向上移动复制出水面，如图 4-180 与图 4-181 所示。

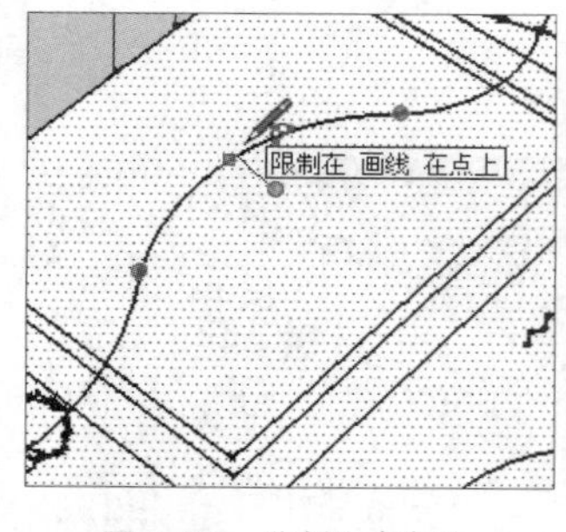


图 4-178　分割生态鱼池

图 4-179　生态鱼池分割完成效果

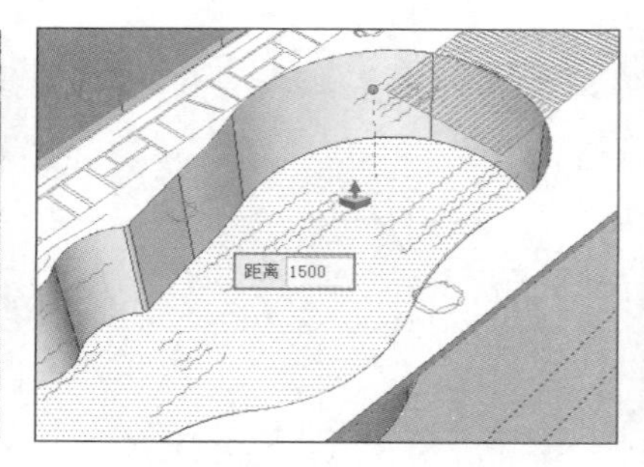


图 4-180　推拉鱼池深度

03 隐藏池水水面，选择池底平面进行中心缩放以制作出斜坡细节，然后赋予池底与池壁混凝土材质，如图 4-182 与图 4-183 所示。

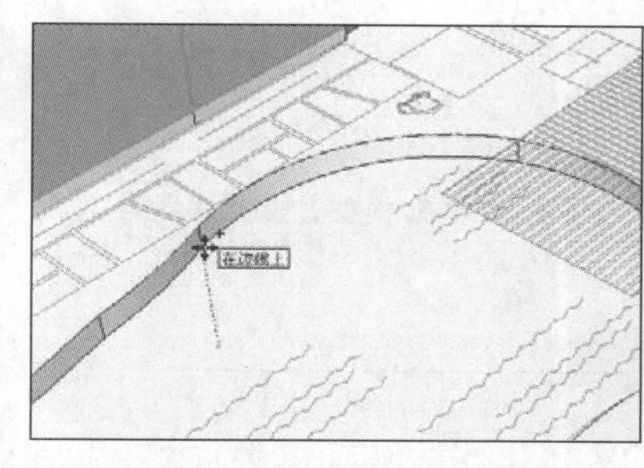


图 4-181　向上移动复制出水面

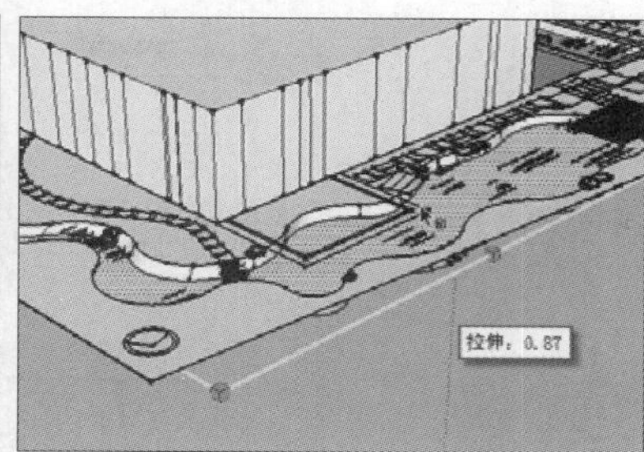


图 4-182　中心缩小池底

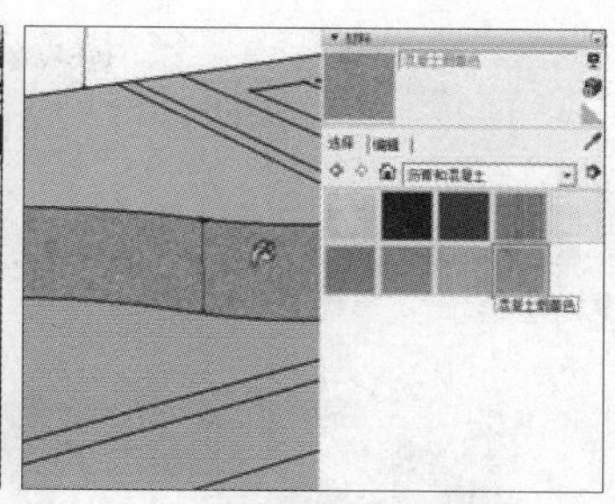

图 4-183　赋予池壁材质

04 鱼池制作完成后，参考图纸启用【矩形】工具分割亲水平台，如图 4-184 所示。

05 结合使用【卷尺】以及【矩形】、【推/拉】工具制作平台底部石柱，然后对应进行复制，如图 4-185~图 4-187 所示。

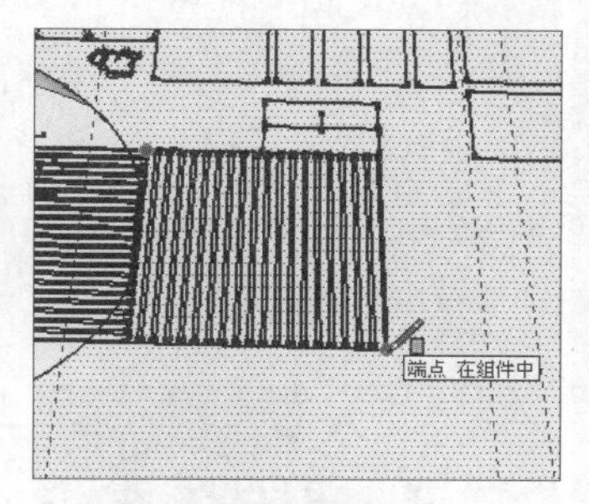


图 4-184　分割亲水平台平面

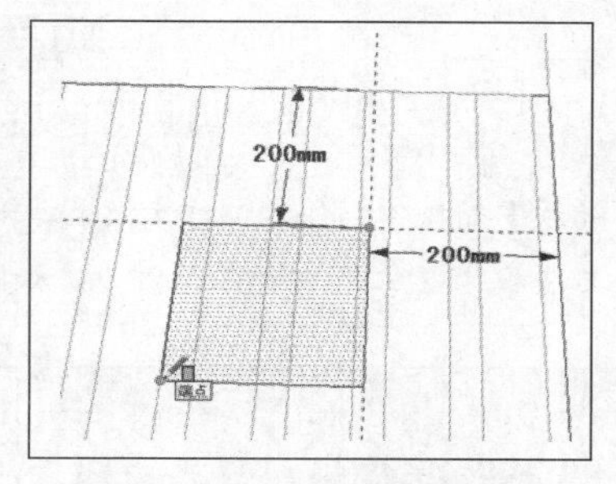


图 4-185　分割亲水平台底柱平面

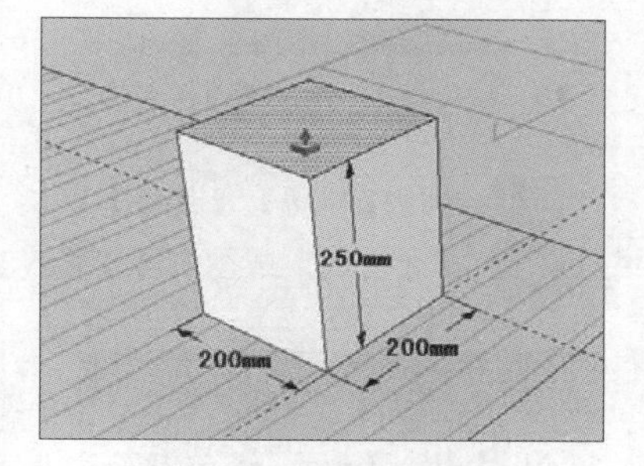


图 4-186　制作底柱细节

06 结合【矩形】以及【推/拉】工具制作亲水平台，然后赋予木纹材质，如图 4-188 与图 4-189 所示。

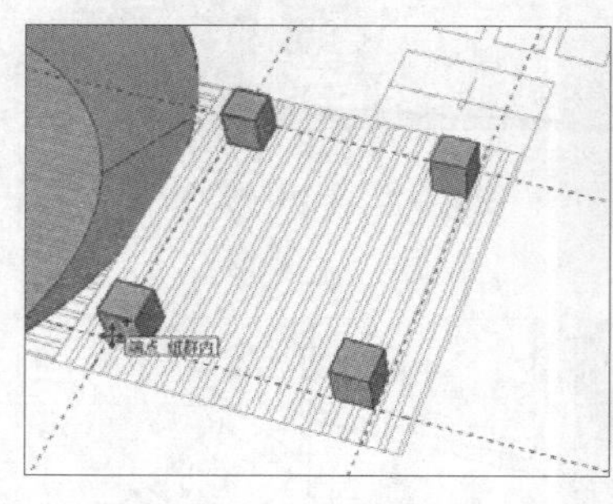

图 4-187　赋予材质并复制底柱

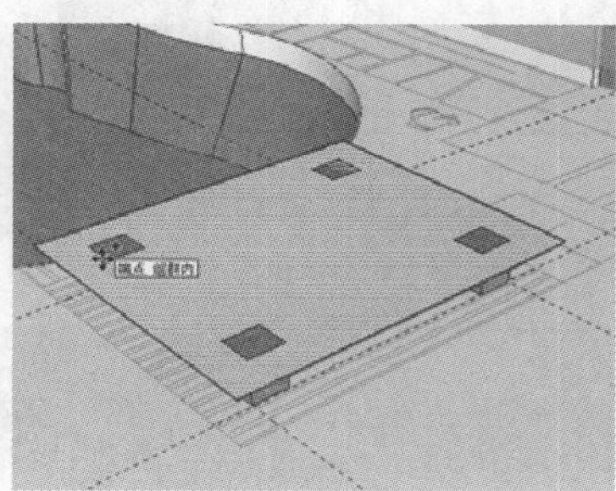

图 4-188　向上移动复制亲水平台

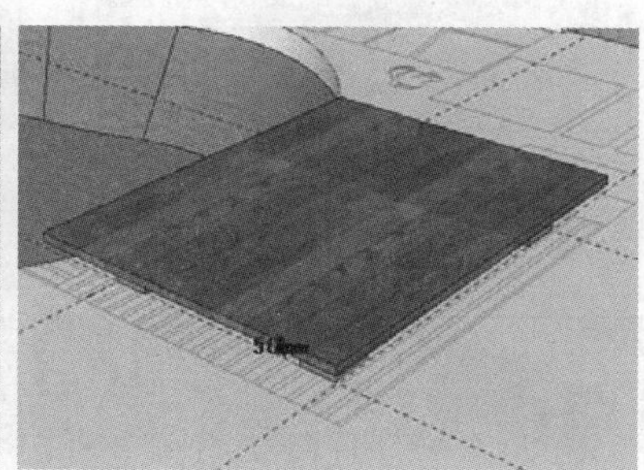

图 4-189　亲水平台完成效果

07 整体复制亲水平台并调整支柱高度，如图 4-190 与图 4-191 所示。

08 整体复制亲水平台至另一侧，调整朝向与大小，完成生态鱼池的细化，如图 4-192 与图 4-193 所示。

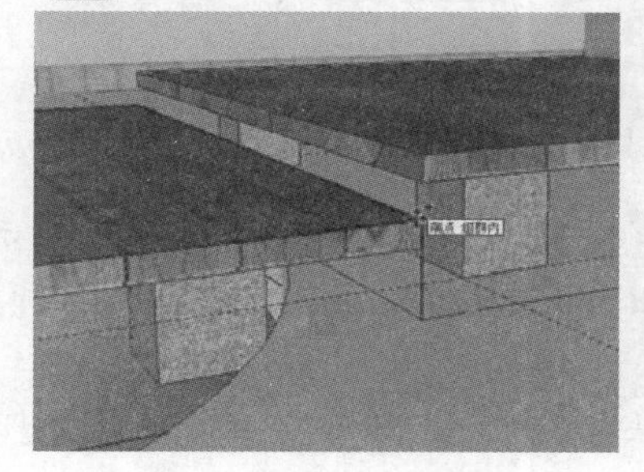

图 4-190　整体复制亲水平台

图 4-191　调整平台细节

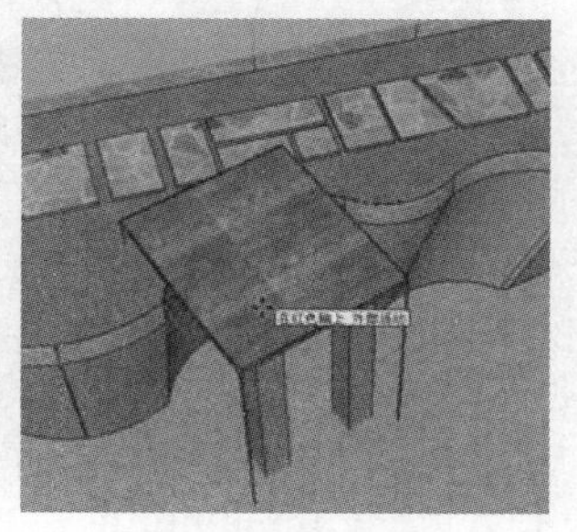

图 4-192　复制亲水平台

## 4.4.2 制作区域连接细节

01 生态鱼池制作完成后，接下来使用【矩形】与【推/拉】工具制作交界处的台阶模型，如图 4-194 与图 4-195 所示。

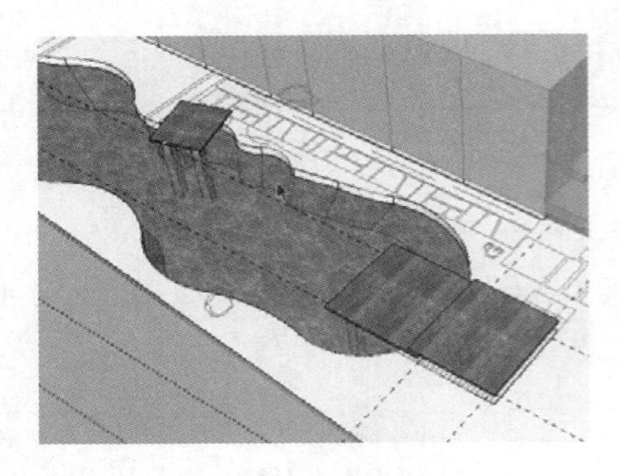

图 4-193 生态鱼池完成效果

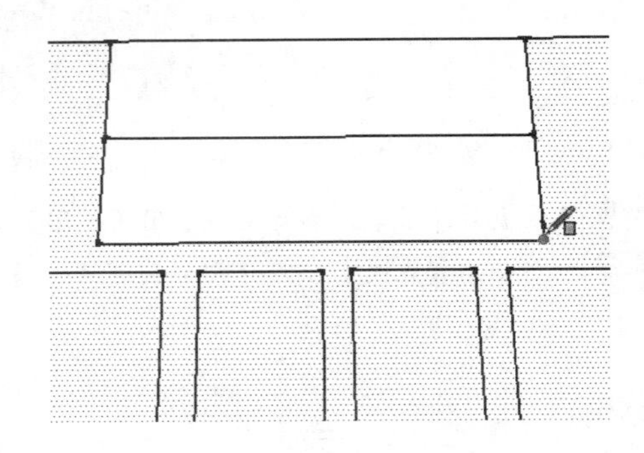

图 4-194 分割台阶平面

02 通过【移动】、【旋转】以及【缩放】等操作制作右侧汀步效果，如图 4-196 与图 4-199 所示。

03 参考图纸，结合使用【直线】与【推/拉】工具制作弧形汀步，如图 4-200 与图 4-201 所示。

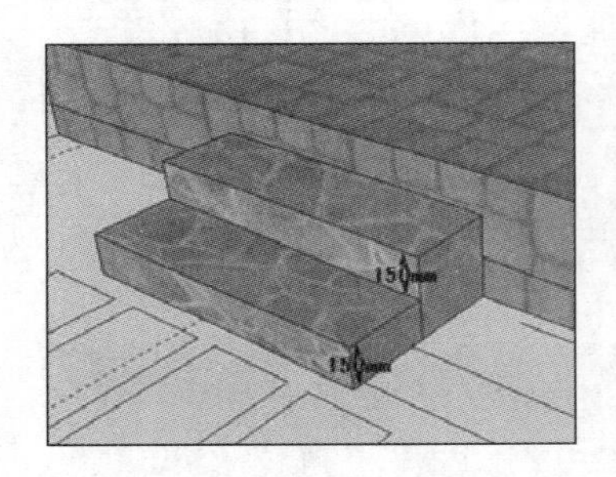

图 4-195 制作台阶细节

图 4-196 移动复制汀步

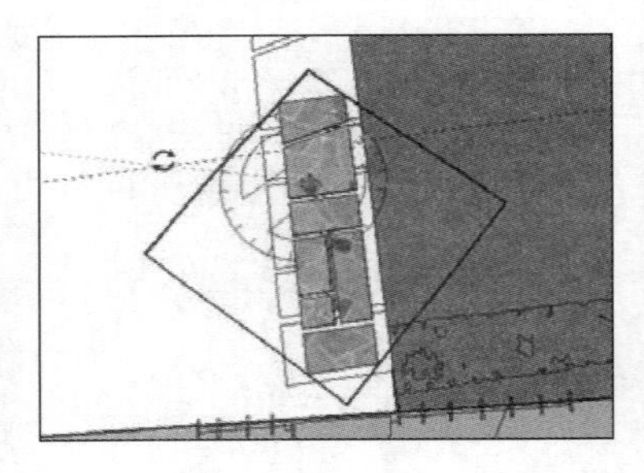

图 4-197 旋转复制汀步

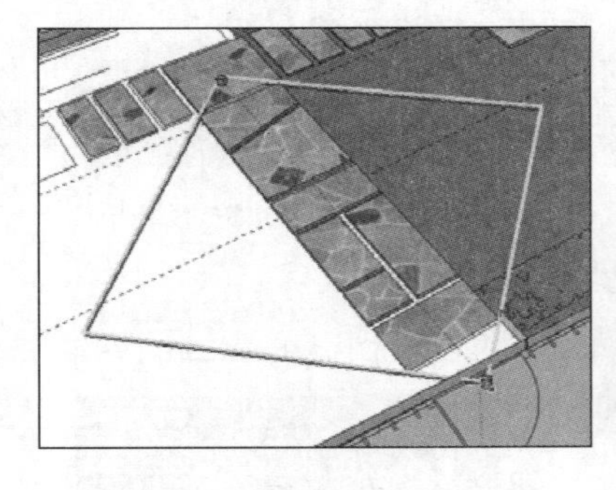

图 4-198 通过缩放工具调整汀步

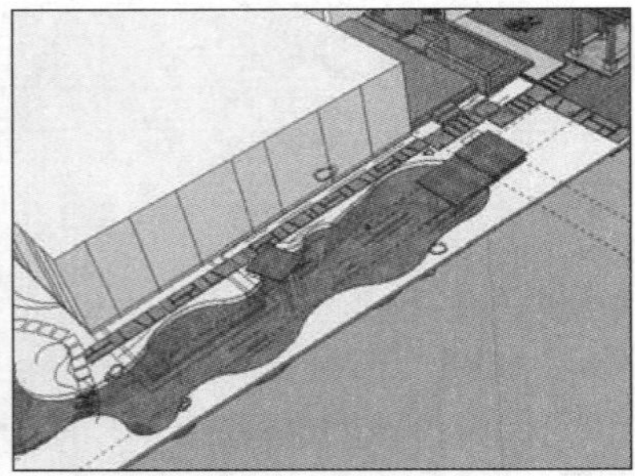

图 4-199 右侧汀步完成效果

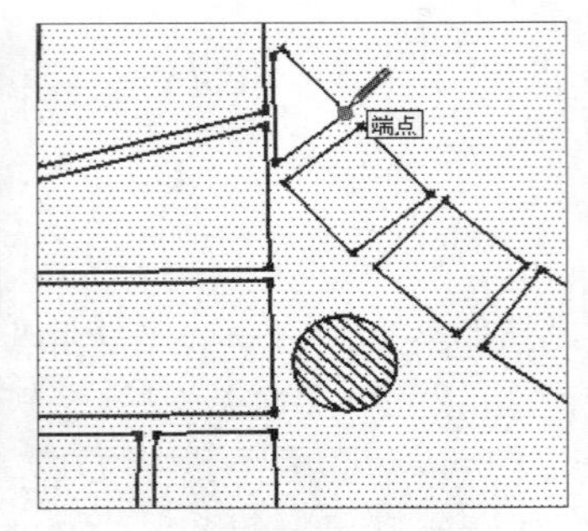


图 4-200 分割弧形汀步

04 参考弧形汀步的走向，结合使用【矩形】与【推/拉】工具制作水中平台，如图 4-202 与图 4-203 所示。

05 参考图纸，启用【直线】工具划分入口平台平面，然后推拉出 150 的厚度，如图 4-204 与图 4-205 所示。

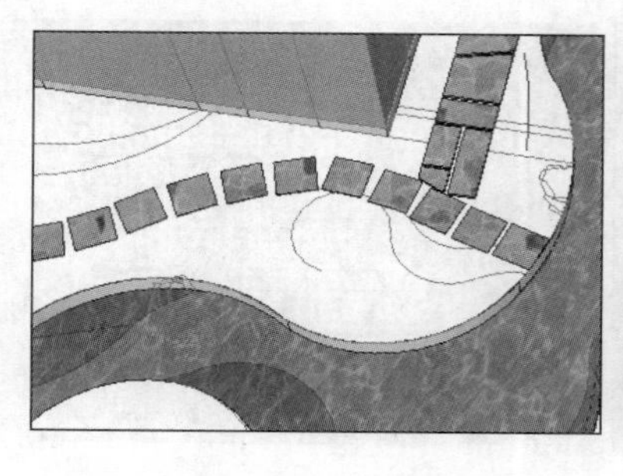

图 4-201　弧形汀步完成效果

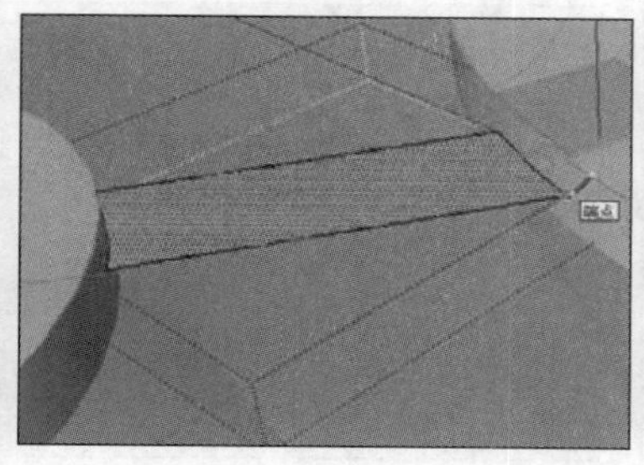


图 4-202　制作水中平台平面

图 4-203　推拉平台厚度

06 入口平台制作完成后，逐步合并栏杆以及大门模型组件，如图 4-206 与图 4-207 所示。

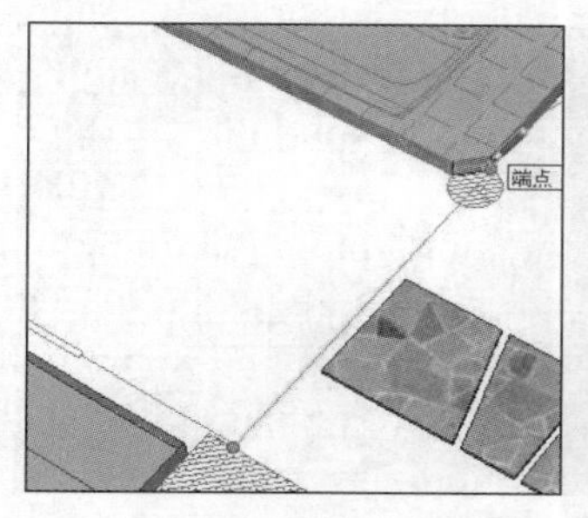


图 4-204　分割入口平台地面

图 4-205　推拉入口平台高度

图 4-206　调入栏杆模型组件

07 别墅庭院景观模型创建完成，当前整体效果如图 4-208 所示。

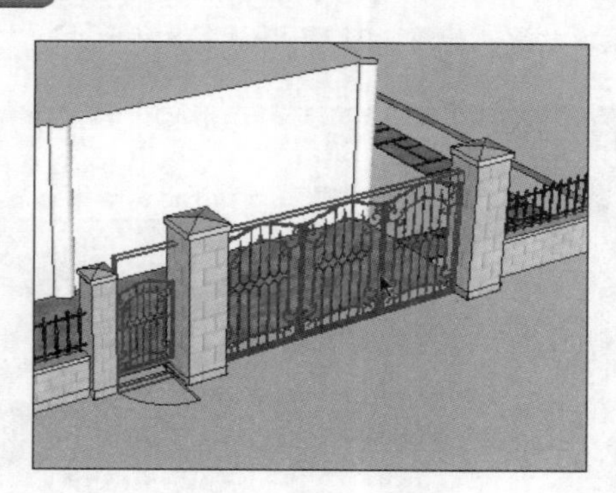

图 4-207　制作入口大门

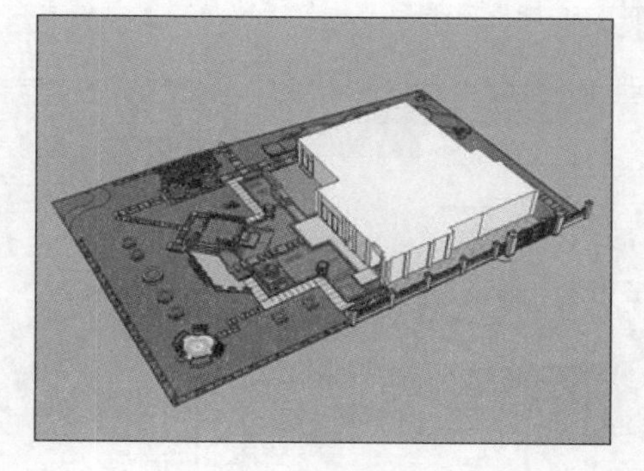

图 4-208　景观模型完成效果

## 4.5 处理最终细节

景观模型初步创建完成后，还需要逐步处理建筑等局部细节，然后添加植物绿化、休闲椅等配景以及人物，丰满场景细节与层次，使效果更为真实、逼真，如图 4-209~图 4-211 所示。

### 4.5.1 制作房屋细节

01 选择别墅屋顶平面，按 Ctrl 键推拉复制出别墅二层，然后单独复制顶部平面，如图 4-212 与图 4-213 所示。

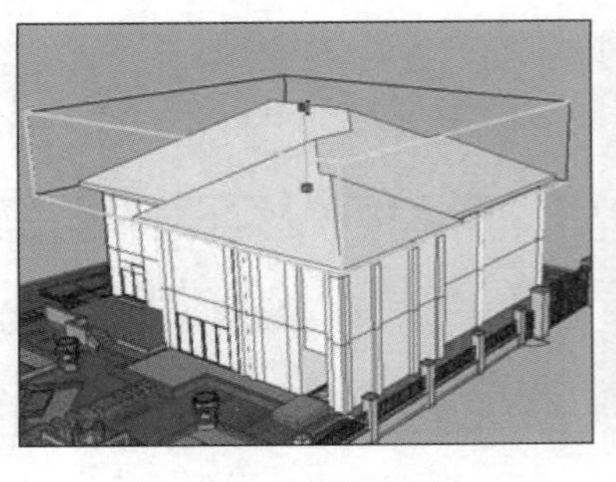

图 4-209　处理建筑细节

图 4-210　添加树木绿化

图 4-211　添加配景与人物

02 将屋顶平面创建为【组件】，并进行另存，如图 4-214 与图 4-215 所示。

图 4-212　推拉复制建筑第二层

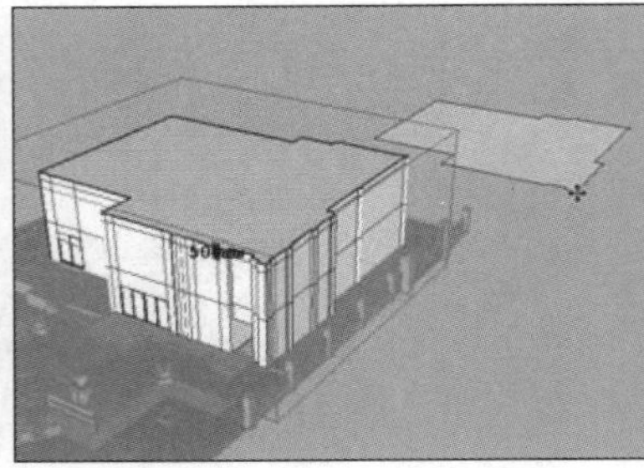

图 4-213　制作屋顶层并单独复制顶部平面

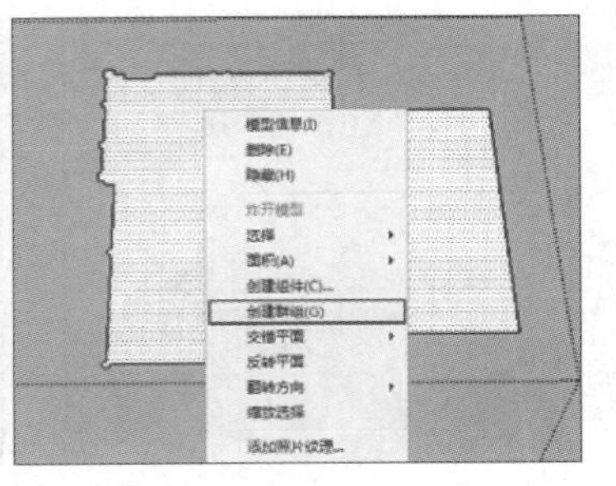

图 4-214　创建平面为组件

03 在新的 SketchUp 文档中打开屋顶平面，使用【直线】工具简化屋顶边沿，如图 4-216 所示。

04 选择屋顶平面，执行【坡屋顶】插件命令，制作坡屋顶效果，如图 4-217 与图 4-218 所示。

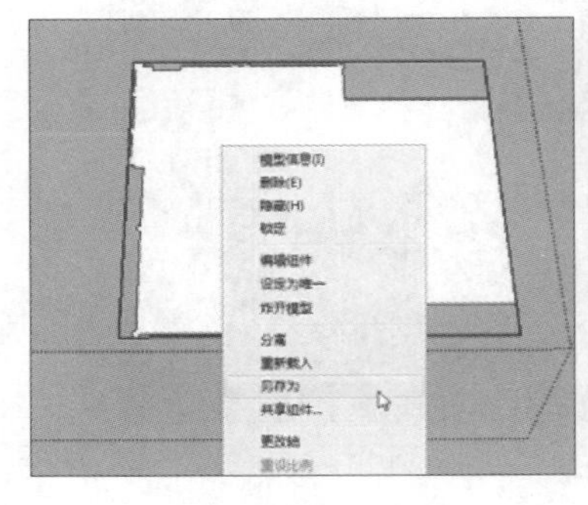

图 4-215　另存该组件

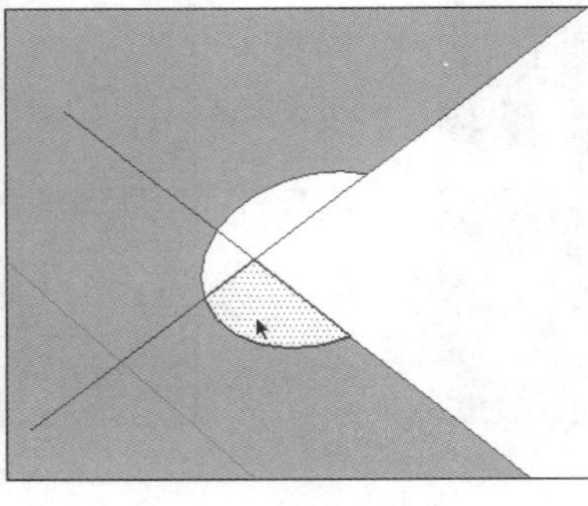

图 4-216　打开组件修改边沿细节

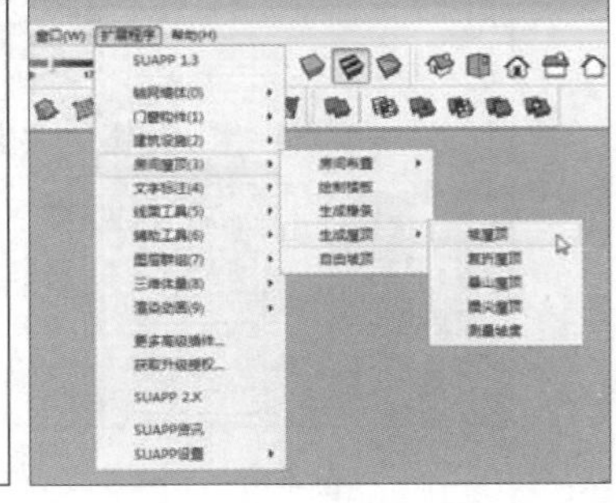

图 4-217　添加坡屋顶插件命令

05 复制坡屋顶至别墅庭院场景，对齐位置后通过【缩放】工具调整造型，如图 4-219 所示。

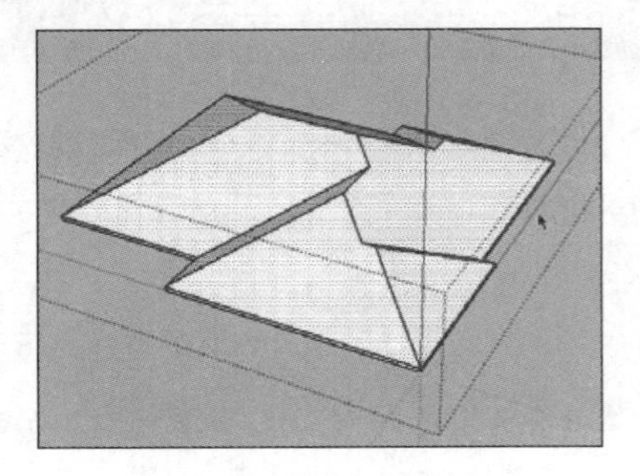

图 4-218　坡屋顶完成效果

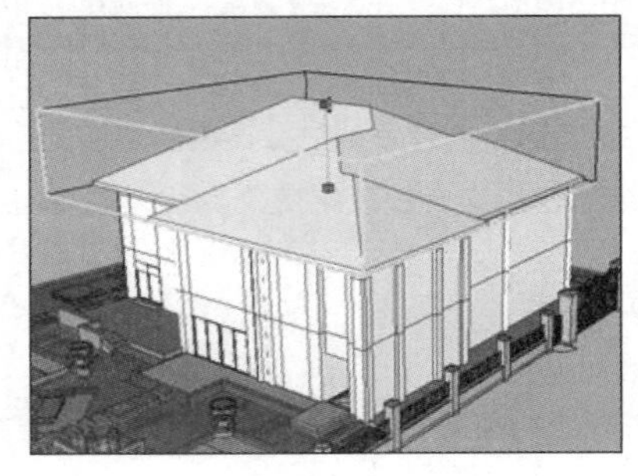

图 4-219　复制屋顶并调整细节

## 4.5.2 制作植被绿化细节

01 别墅建筑制作完成的效果如图 4-220 所示，接下来通过【组件】面板添加乔木和灌木等植物，如图 4-221 与图 4-222 所示。

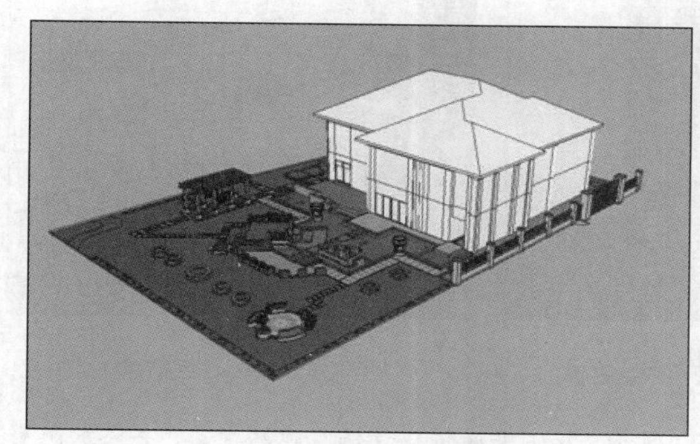

图 4-220 当前植被绿化效果

图 4-221 调入树木组件

02 参考图纸，分割出边沿处灌木平面，使用【推/拉】工具制作灌木整体造型，如图 4-223 所示。

03 赋予灌木造型花丛贴图，然后通过类似方式制作其他位置的灌木丛效果，如图 4-224 与图 4-225 所示。

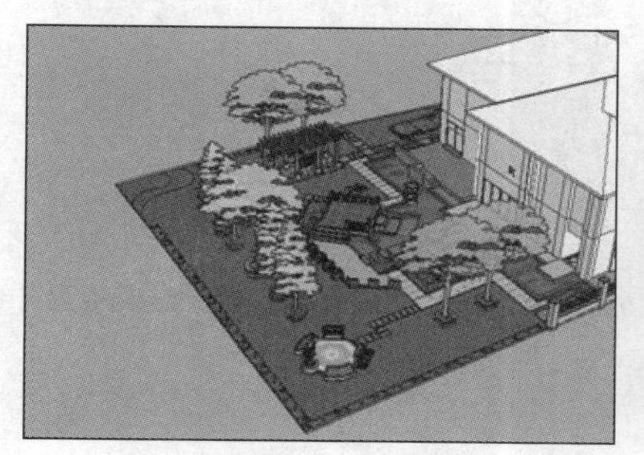
图 4-222 完成前方树木

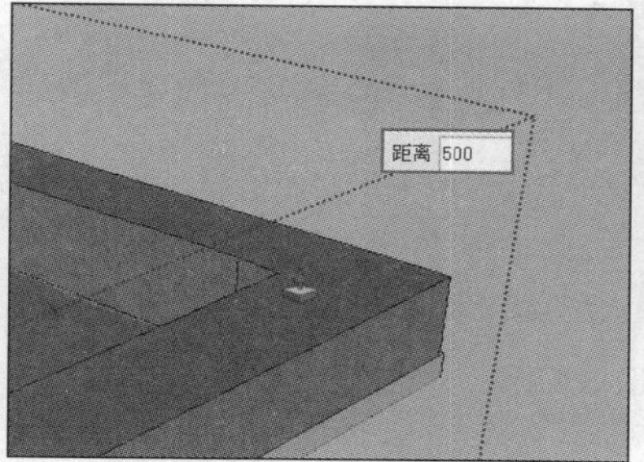

图 4-223 推拉出灌木高度

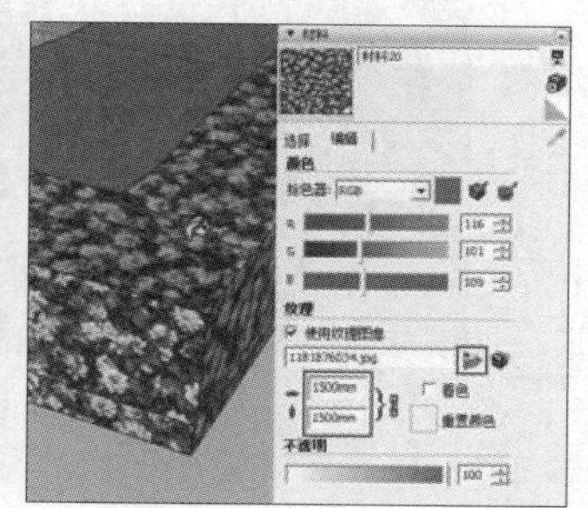
图 4-224 赋予花丛贴图

04 合并景石、荷花等配景模型，逐步复制至景观水池、生态鱼池，完成效果如图 4-226~图 4-229 所示。接下来添加配件与人物。

图 4-225 灌木制作完成效果

图 4-226 调入景石模型

图 4-227 调入荷花等模型至景观水池

## 4.5.3 添加组件及人物

01 首先通过【组件】面板合并休闲椅等模型组件，然后根据场景需要合并人物模型组件，如图 4-230 与图 4-231 所示。

图 4-228　调入荷花等模型至生态鱼池

图 4-229　制作渔池未端效果

图 4-230　调入休闲椅组件

02 逐步加入其他位置的组件与人物，效果如图 4-232 所示。接下来通过场景保存观察视角，并添加阴影。

图 4-231　调入并布置人物组件

图 4-232　布置完成效果

## 4.5.4 保存场景并添加阴影

01 通过视图旋转、平移以及缩放等操作确定观察视角，然后新建场景进行对应保存，如图 4-233~图 4-238 所示。

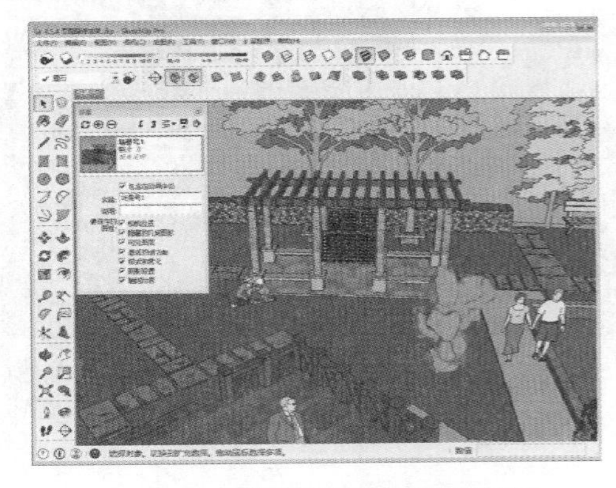
图 4-233　调整观察效果并新建场景保存

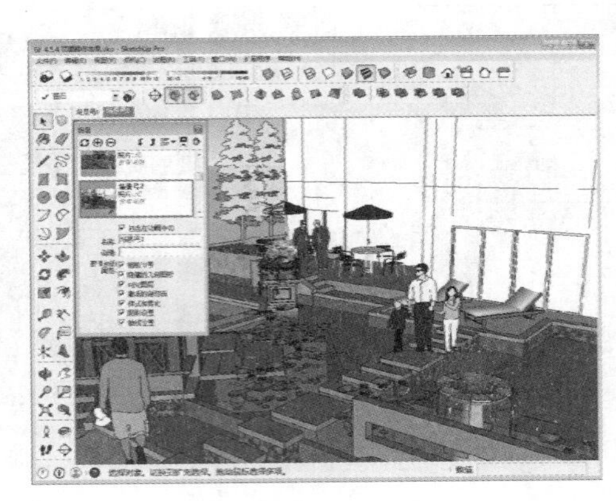
图 4-234　保存节点场景 2

图 4-235 保存节点场景 3

图 4-236 保存节点场景 4

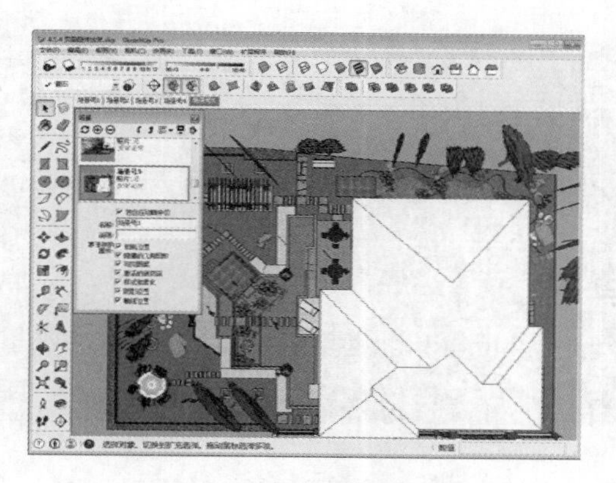

图 4-237 保存背面鸟瞰场景

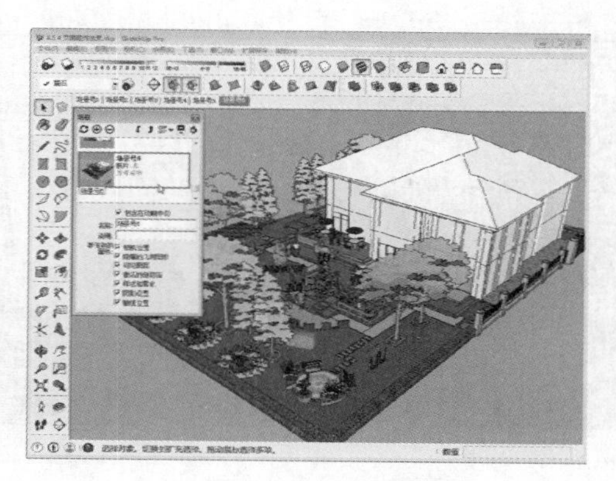

图 4-238 保存正面鸟瞰场景

02 场景保存完成后，制作阴影细节，进入目标场景并开启阴影，如图 4-239 所示。

03 为了快速显示调整的阴影效果，将场景切换至【单色显示】模式，如图 4-240 所示。

04 进入【阴影】设置面板，调整阴影朝向、明暗等细节，然后取消【在地面上】参数的勾选，如图 4-241 与图 4-242 所示。

图 4-239 显示场景阴影

图 4-240 调整为单色显示

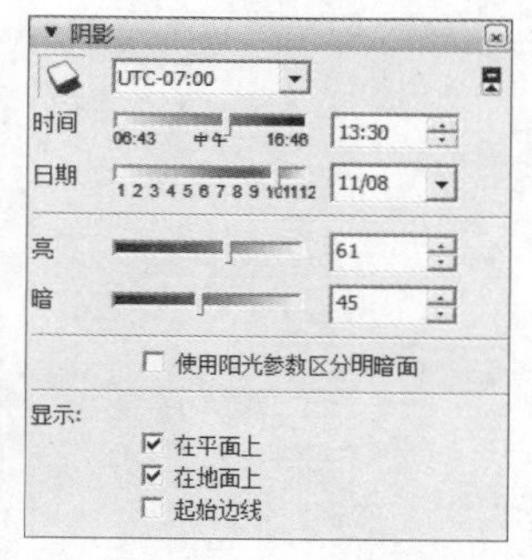


图 4-241 调整阴影设置参数

05 确定好阴影效果后，切换回【材质贴图】显示模式，得到如图 4-243 所示的显示效果。

06 通过类似方式完成其他场景阴影效果的制作，如图 4-244 与图 4-245 所示。

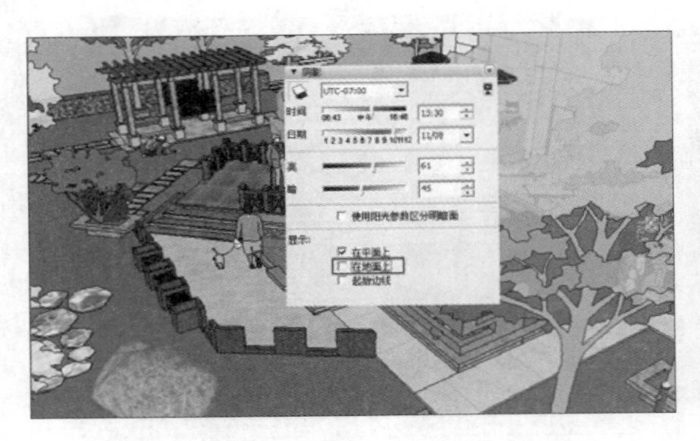


图 4-242　取消地面阴影

图 4-243　场景最终效果 1

图 4-244　场景最终效果 2

图 4-245　场景最终效果 3

# 第5章

# 别墅屋顶花园快速表现

屋顶花园是指在各类建筑物的顶部（包括屋顶、楼顶、露台或阳台）栽植花草树木，建造各种园林小品所形成的绿地。屋顶花园在改善生态环境、增加绿地面积方面发挥着重要的作用，营造屋顶花园已成为各国城市建设中的一项重要内容。同时当今建筑业科学技术水平的飞速发展，为营造屋顶花园创造了有利的条件。

本例将通过参考图纸，结合使用SketchUp、3ds max/V-Ray 以及 Photoshop，快速制作别墅屋顶花园，最终效果如图 5-1 所示。

本例将充分发挥各个软件的特长，以实现快速表现的目的。首先通过SketchUp 快速建立屋顶花园与建筑模型，如图 5-2 所示。然后在 3ds max 中通过 V-Ray 渲染器快速渲染出图，如图 5-3 所示。最后在 Photoshop 中添加配套植被，完成最终效果，如图 5-4 所示。

图 5-1　屋顶花园最终完成效果

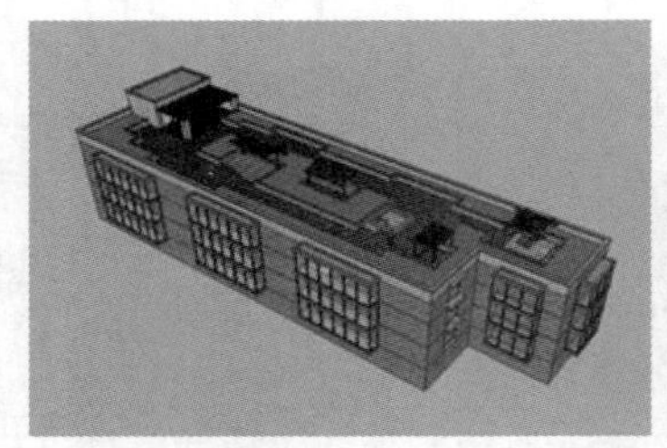

图 5-2　建立模型

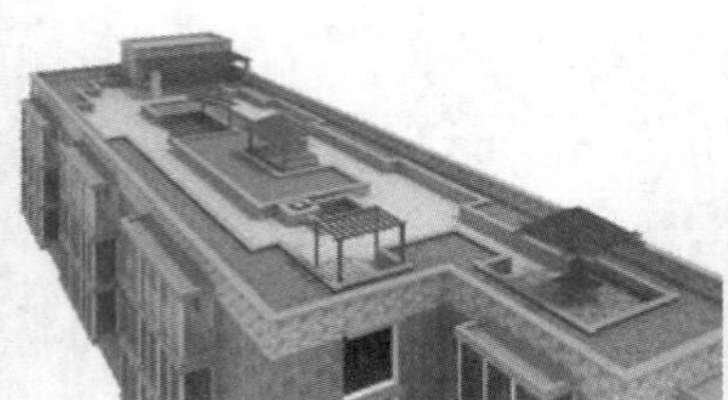

图 5-3　渲染出图

图 5-4　后期处理

## 5.1 整理 CAD 图纸并分析建模思路

### 5.1.1 整理 CAD 图纸

01 启动 AutoCAD，按“Ctrl+O”快捷键，打开配套资源“第 05 章|CAD 图纸|屋顶花园.dwg”图纸，如图 5-5 所示，删除外围图框，如图 5-6 所示。

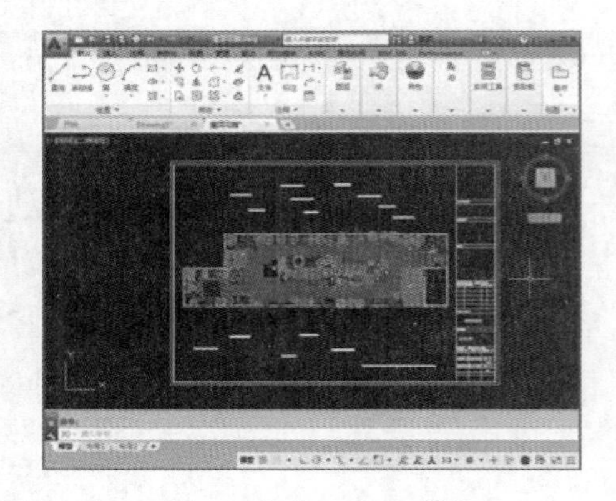

图 5-5　打开 AutoCAD 图纸

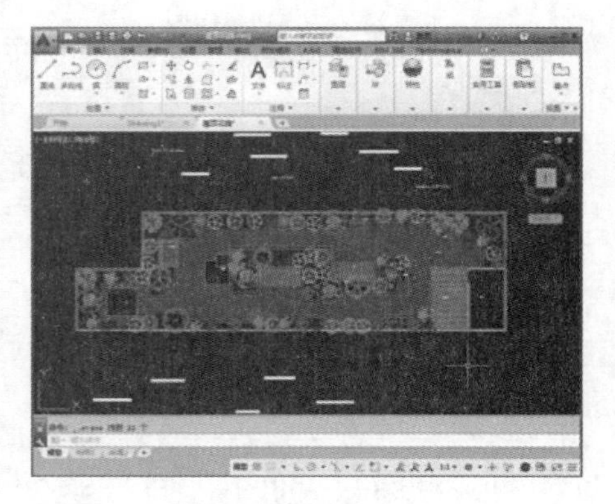

图 5-6　删除图框

02 选择图纸中的文字内容，通过【图层】下拉列表进行隐藏，如图 5-7 与图 5-8 所示。

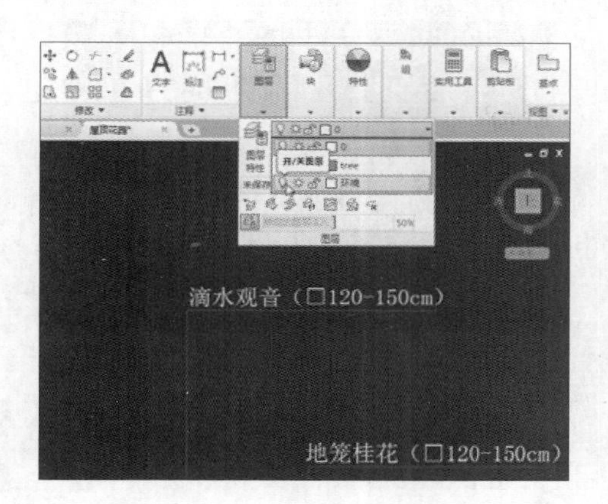


图 5-7 隐藏文字标注图层

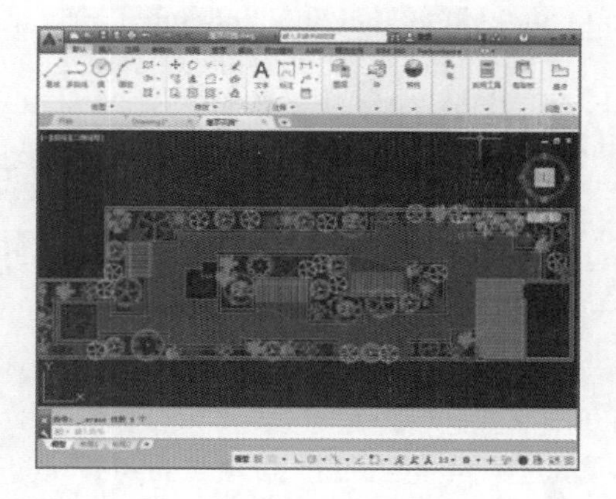

图 5-8 隐藏文字效果

03 选择图纸中的植物图案，同样通过【图层】下拉列表进行隐藏，如图 5-9 所示。

04 隐藏完成后，将文件另存为“整理图纸.dwg”，如图 5-10 所示。

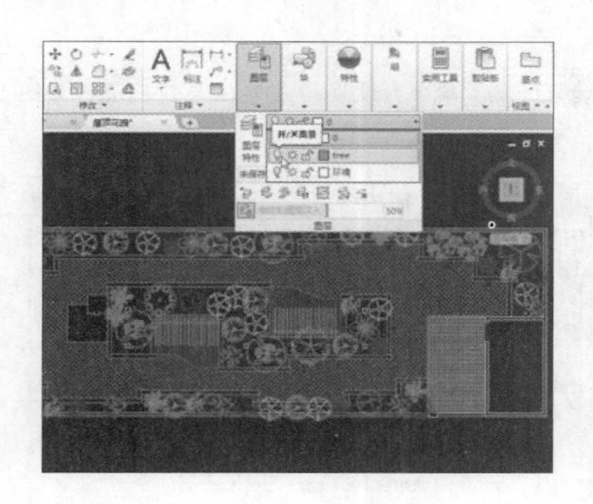

图 5-9 隐藏植物图层

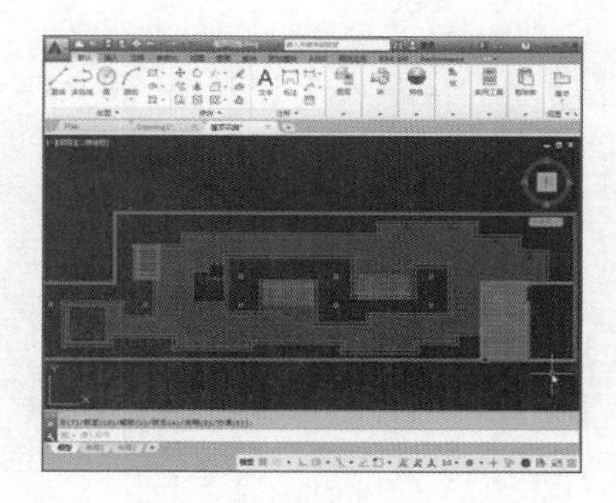

图 5-10 另存整理好的图纸

## 5.1.2 分析建模思路

本例主要表现屋顶花园的景观布局与设计，因此首先创建屋顶花园各区域的景观细节，如图 5-11~图 5-13 所示。

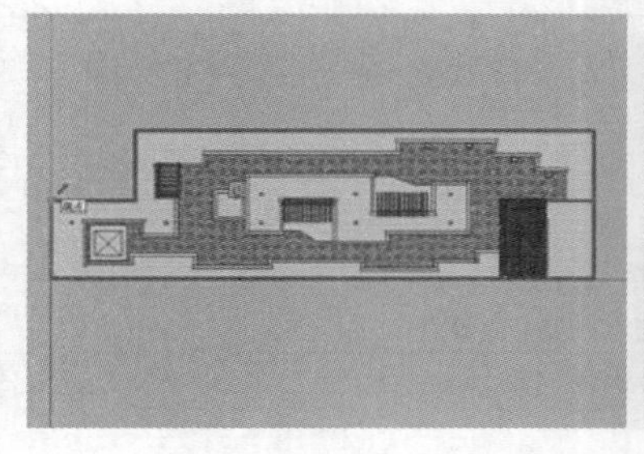

图 5-11 创建屋顶平面

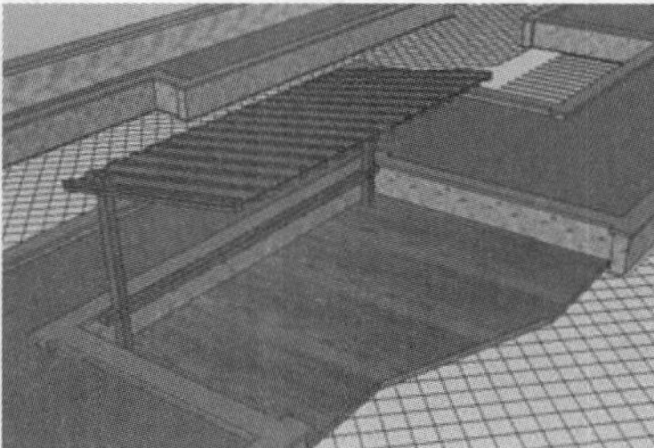

图 5-12 制作各处景观细节

图 5-13 屋顶景观细节完成效果

建立简单的建筑层次与窗户细节，完成整体效果，如图 5-14 与图 5-15 所示。

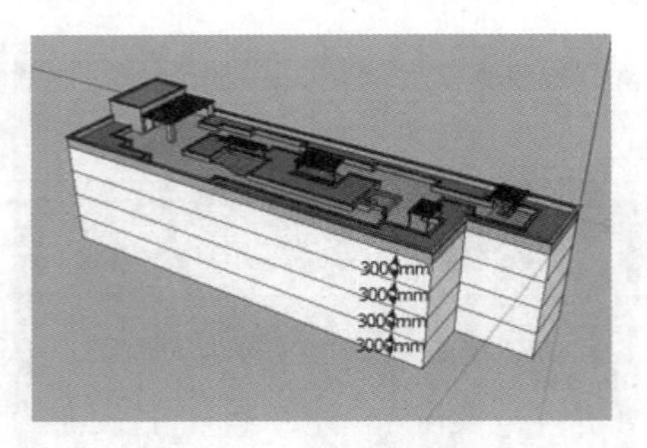

图 5-14　制作建筑层次

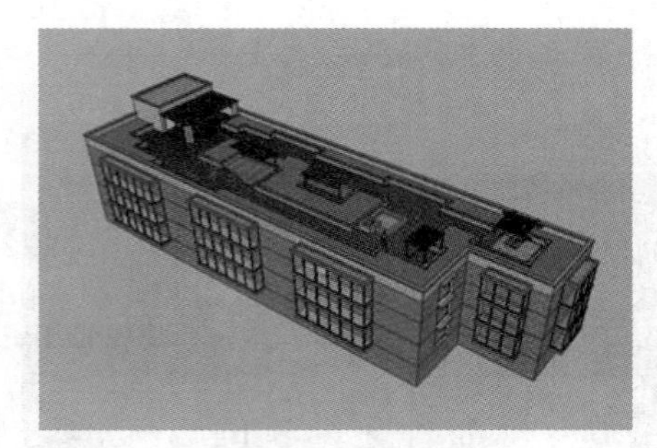

图 5-15　完成窗户细节

## 5.2 创建屋顶花园模型

### 5.2.1 导入 AutoCAD 图纸

**01** 启动 SketchUp，如图 5-16 所示，执行【窗口】\【模型信息】命令，设置场景单位与精确度，如图 5-17 所示。

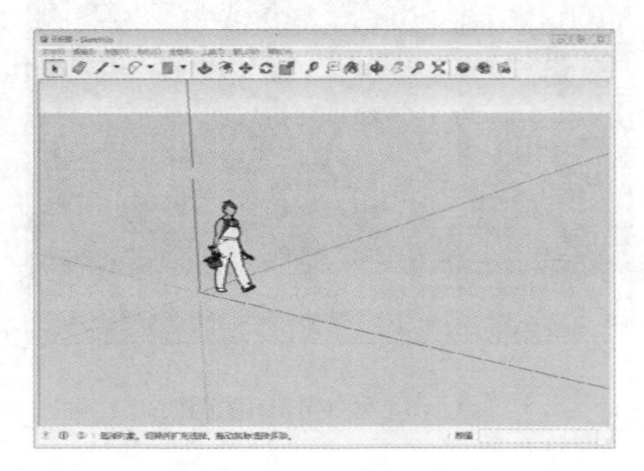

图 5-16　启动 SketchUp

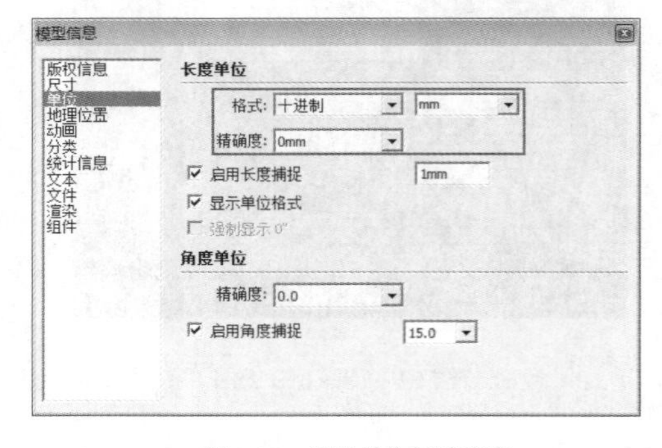


图 5-17　设置单位与精确度

**02** 执行【文件】/【导入】菜单命令，如图 5-18 所示，弹出【导入】面板。

**03** 单击【选项】按钮，设定导入参数，选择导入整理好的 CAD 图纸，如图 5-19 所示。

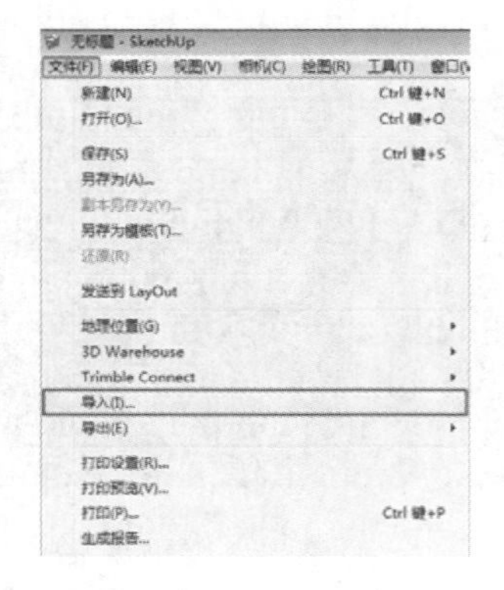


图 5-18　执行导入菜单命令

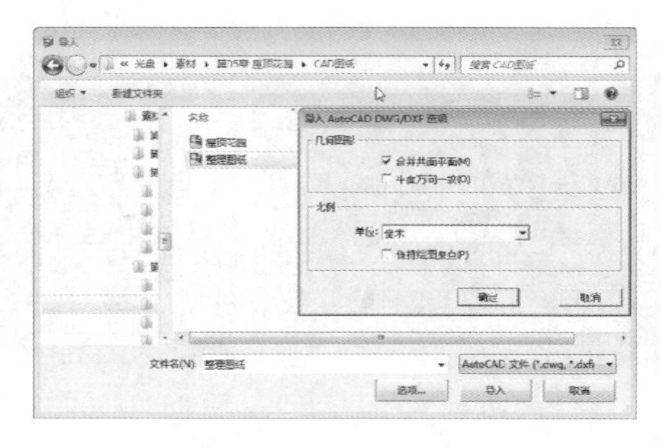


图 5-19　设置导入选项

04 导入完成后单击【关闭】按钮，如图 5-20 所示，然后在场景中放置导入的图纸，如图 5-21 所示。

05 测量 AutoCAD 图纸中方亭的尺寸，如图 5-22 所示，然后测量对比导入图纸中的方亭尺寸，确定图纸比例正确，如图 5-23 所示。

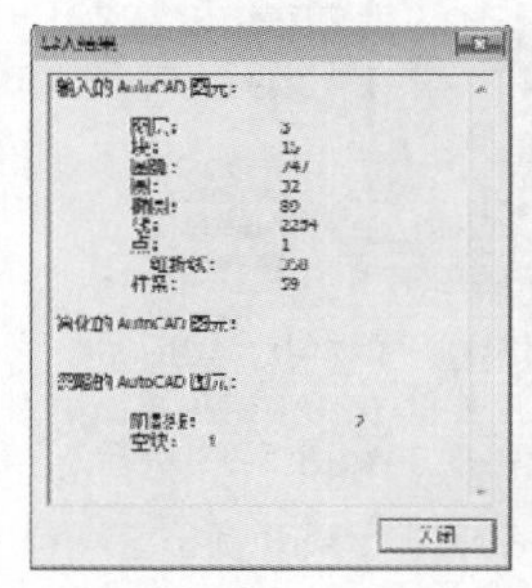

图 5-20 导入完成

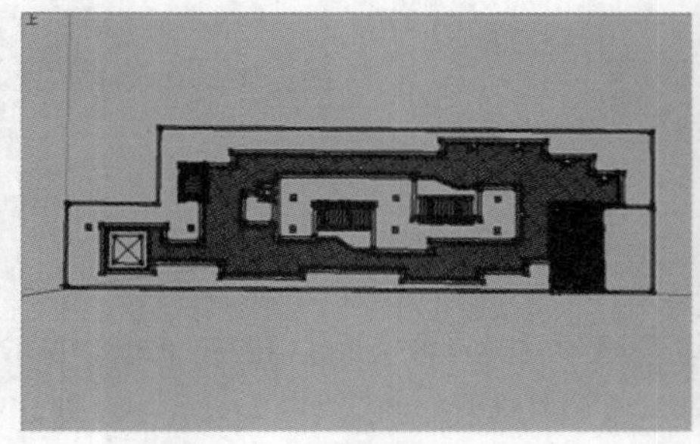

图 5-21 放置导入图纸

图 5-22 测量 CAD 图纸中方亭尺度

06 导入图纸并确定大小比例之后正式创建模型。

## 5.2.2 创建屋顶与楼梯间

01 启用【直线】工具，参考底图进行屋顶快速封面，如图 5-24 与图 5-25 所示。

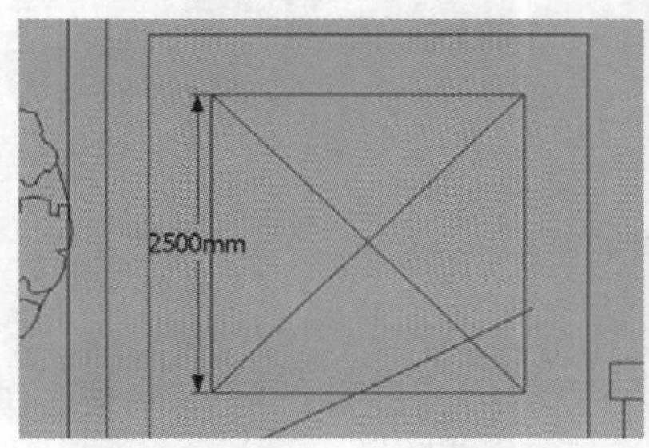


图 5-23 验证导入图纸中方亭长度

图 5-24 绘制屋顶外轮廓

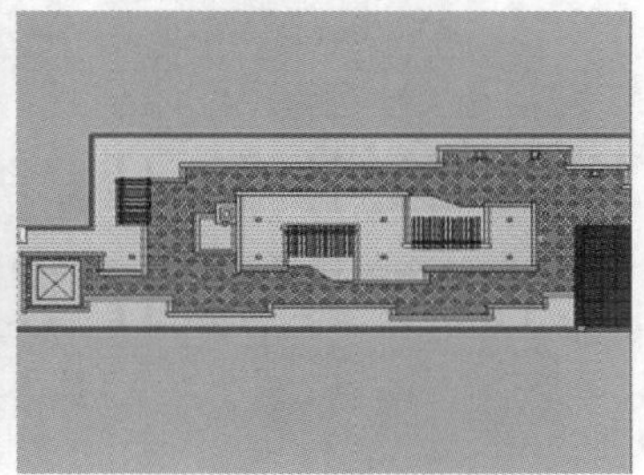

图 5-25 屋顶平面创建完成

02 启用【偏移】工具，向内偏移轮廓线 200，制作女儿墙轮廓，如图 5-26 所示。

03 启用【直线】工具，参考底图绘制楼梯间墙线，如图 5-27 所示。

04 启用【推/拉】工具拉伸出女儿墙高度，如图 5-28 所示。

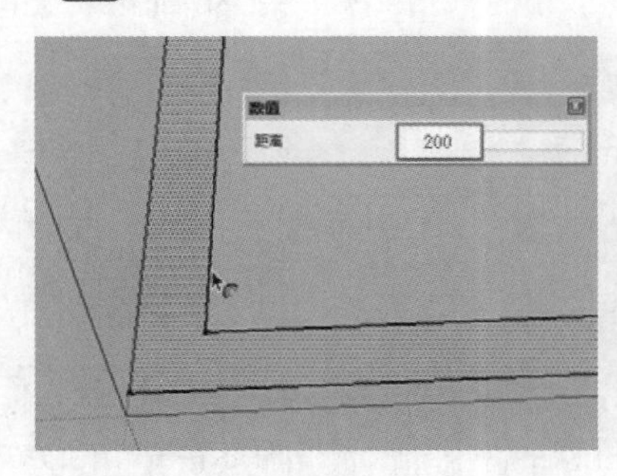


图 5-26 偏移复制

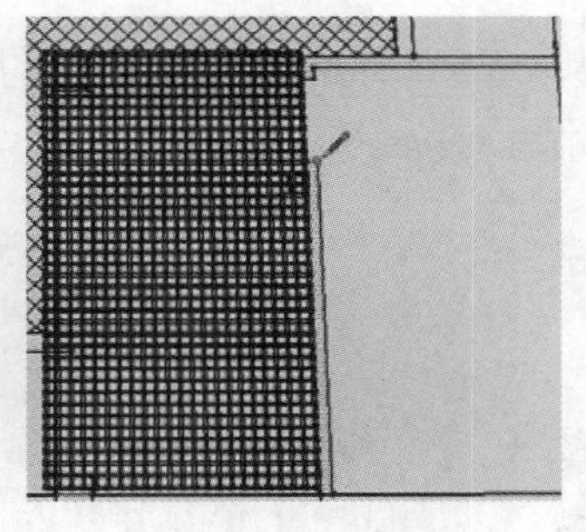

图 5-27 绘制楼梯间墙线

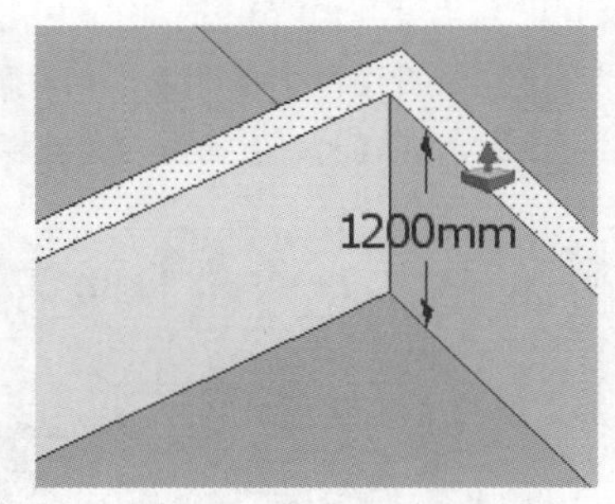


图 5-28 拉伸女儿墙高度

05 启用【直线】工具分割出楼梯间墙体，如图 5-29 所示。

06 选择女儿墙顶部模型面，启用【偏移】工具制作压顶宽度，如图 5-30 所示，然后将其单独创建为组，如图 5-31 所示。

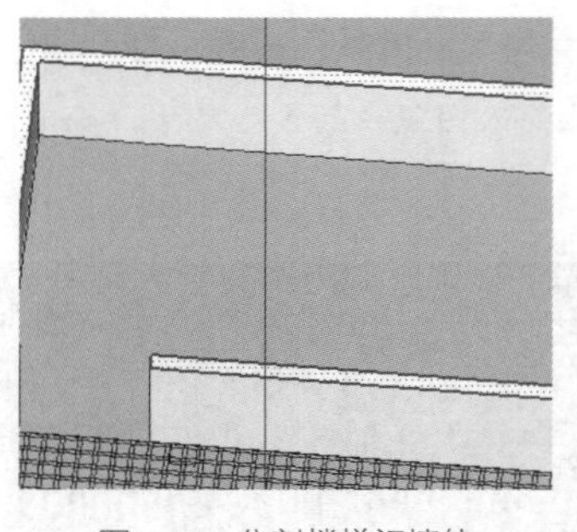
图 5-29　分割楼梯间墙体

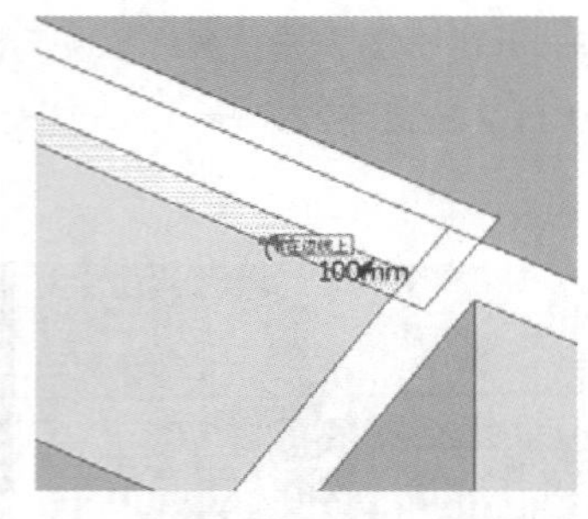

图 5-30　通过偏移复制制作压顶宽度

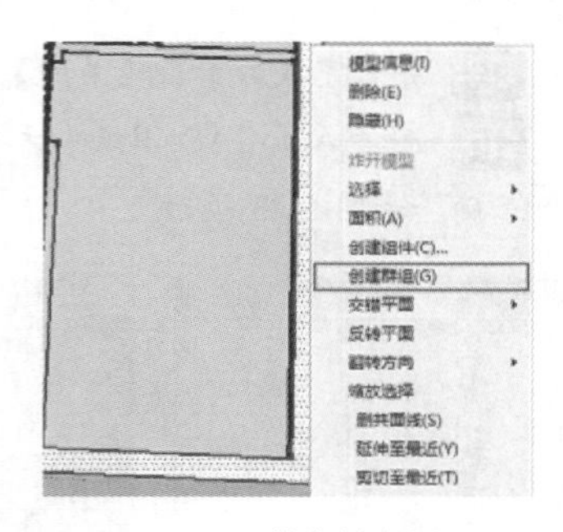
图 5-31　单独创建为组

07 删除压顶平面内多余线条，如图 5-32 所示，启用【推/拉】工具制作 100 的高度，如图 5-33 所示

08 打开【材料】面板，为墙面以及压面分别赋予石材与混凝土材质，如图 5-34 与图 5-35 所示。

图 5-32　删除内部多余线条

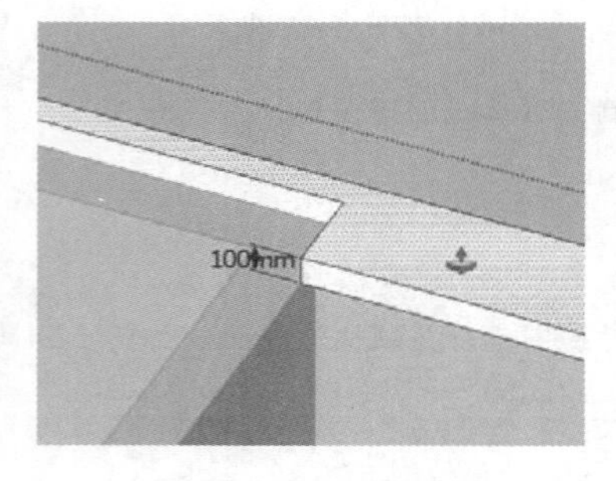

图 5-33　制作压顶高度

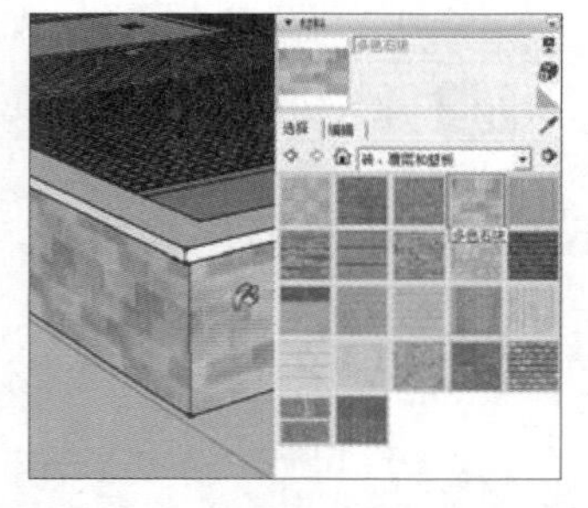
图 5-34　赋予墙体石材

09 选择分割的楼梯间平面，启用【推/拉】工具制作楼梯间高度，如图 5-36 所示。

10 结合使用【推/拉】以及【偏移】工具，制作楼梯间顶部细节，如图 5-37 所示。

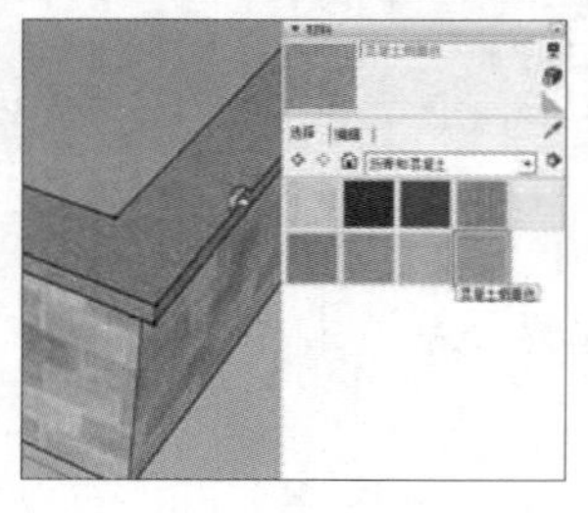
图 5-35　赋予压顶混凝土材质

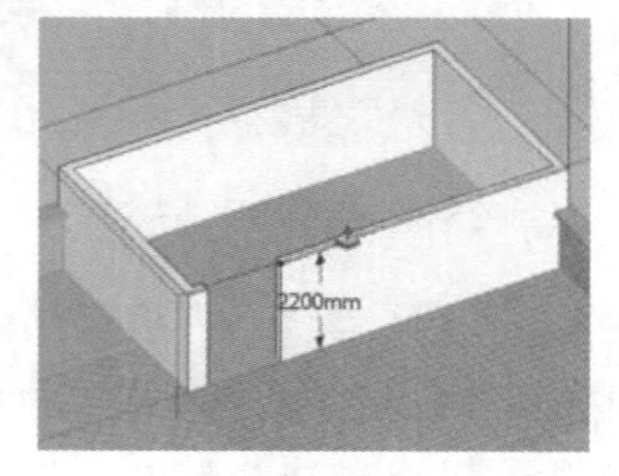

图 5-36　挤出楼梯间墙体高度

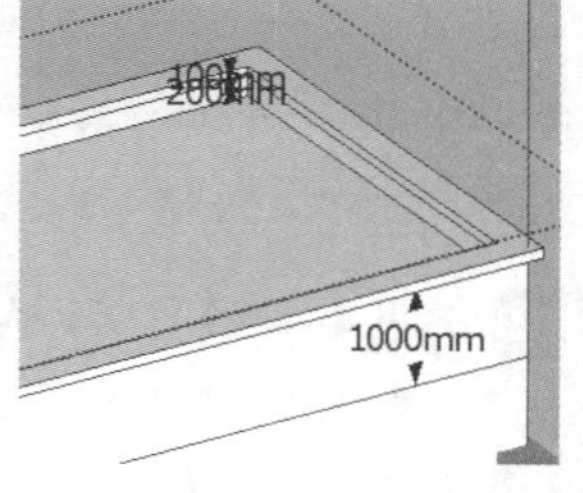

图 5-37　制作楼梯间顶部

11 使用【推/拉】工具，制作楼梯间屋顶侧面细节，如图 5-38 所示。

12 打开【材料】面板，为楼梯间各部分赋予对应材质，如图 5-39 示。

图 5-38　制作楼梯间屋顶侧面细节

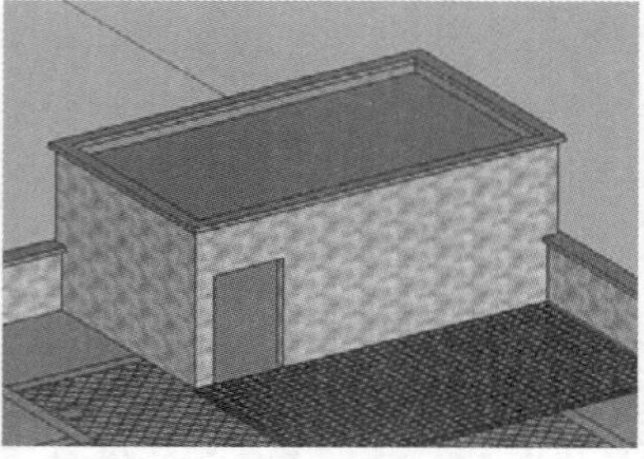
图 5-39　楼梯间材质完成效果

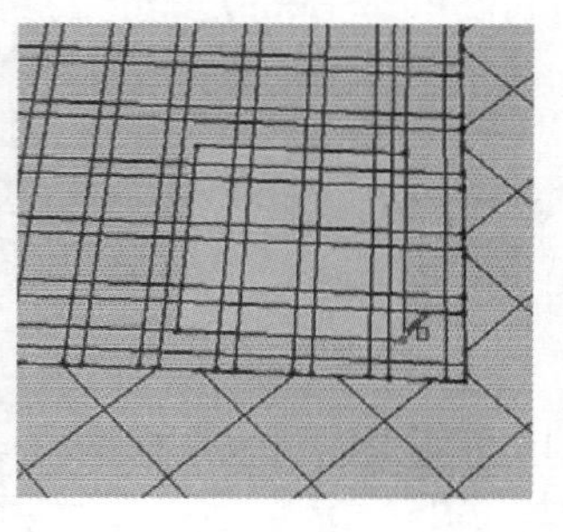
图 5-40　创建立柱平面

13 启用【矩形】工具，参考图纸绘制立柱平面，如图 5-40 所示，启用【推/拉】工具制作 2300 的高度，如图 5-41 所示。

14 结合使用【矩形】与【推/拉】工具制作花架栅格，如图 5-42 所示。

15 通过移动复制与旋转复制，制作栅格造型，如图 5-43 与图 5-44 所示。

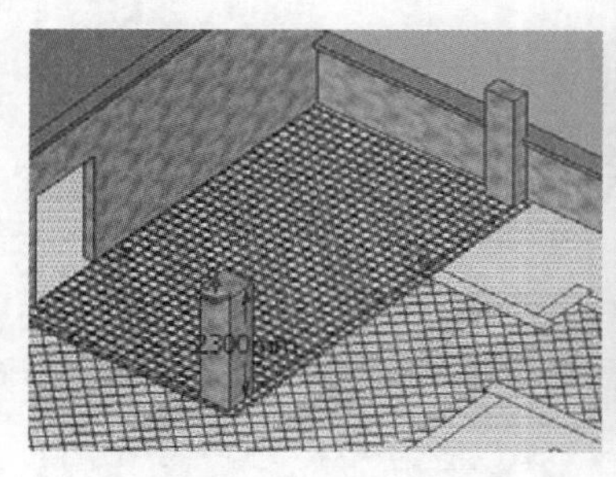

图 5-41　推拉立柱高度

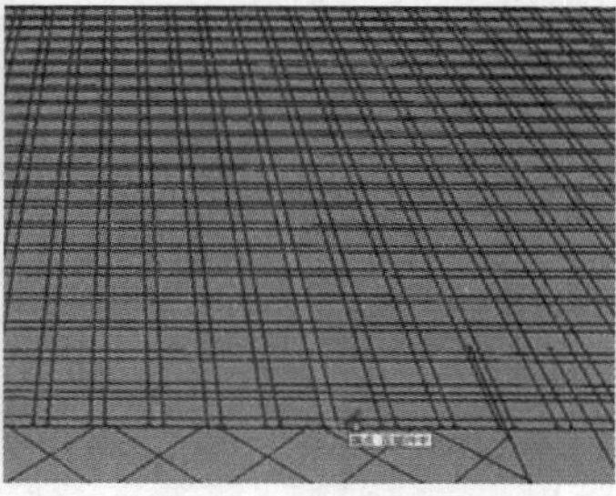

图 5-42　绘制栅格平面

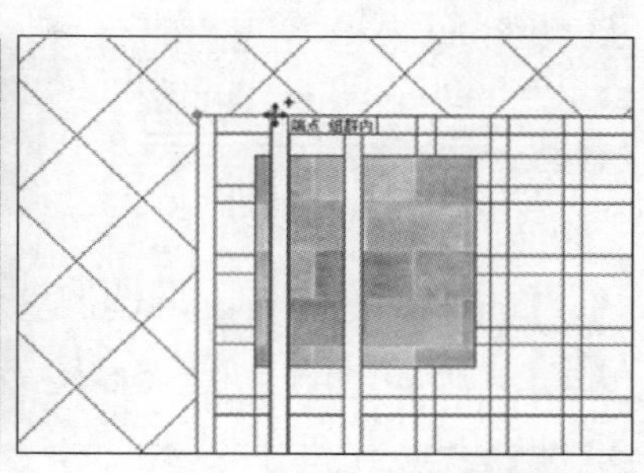

图 5-43　参考图纸多重复制栅格

16 打开【材料】面板，赋予木栅格材质，如图 5-45 所示。

17 通过【组件】面板合并楼梯间门模型，如图 5-46 所示，完成楼梯间与花架模型创建，如图 5-47 所示。

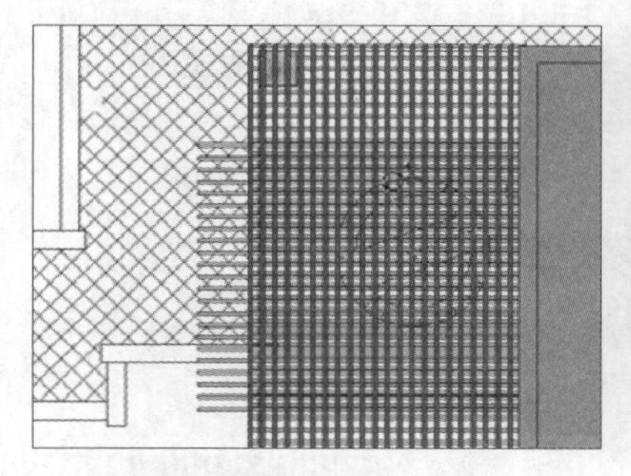

图 5-44　旋转复制栅格

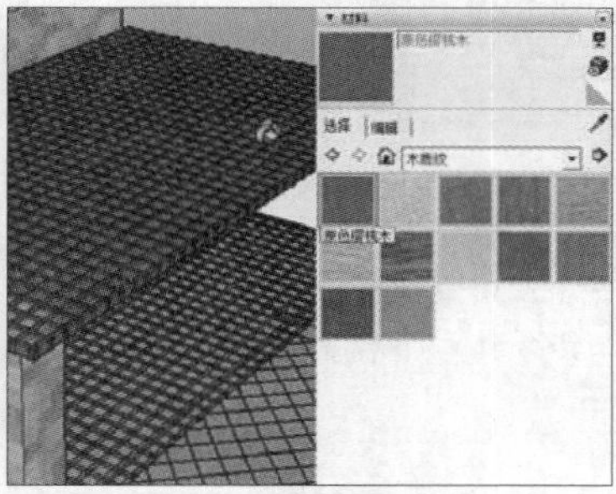

图 5-45　赋予木纹材质

图 5-46　合并门模型组件

## 5.2.3 创建花池与木廊架等模型

01 参考图纸，结合使用【矩形】与【直线】创建外侧花池边沿平面，如图 5-48 与图 5-49 所示。

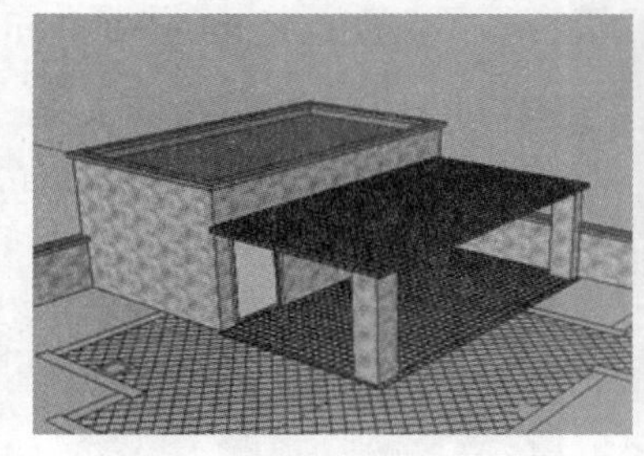

图 5-47　楼梯间及花架完成效果

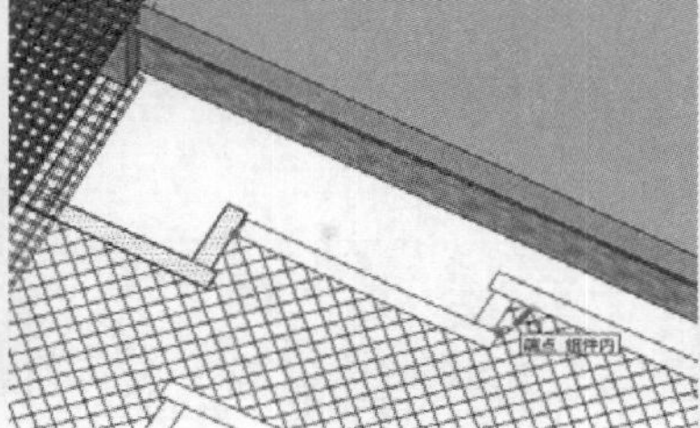

图 5-48　绘制外侧花池边沿

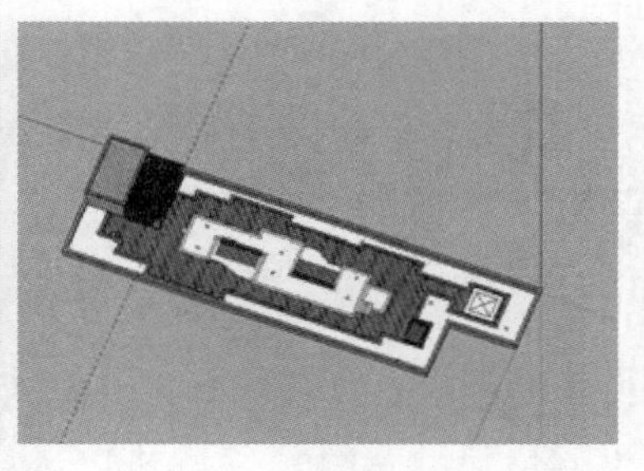

图 5-49　创建完成的边沿平面

02 将绘制的花池边沿平面创建为【组】，如图 5-50 所示，使用【偏移】工具向内偏移 50，如图 5-51 所示。

03 结合使用【推/拉】和【偏移】工具，制作花池边沿池壁细节，如图 5-52 所示。

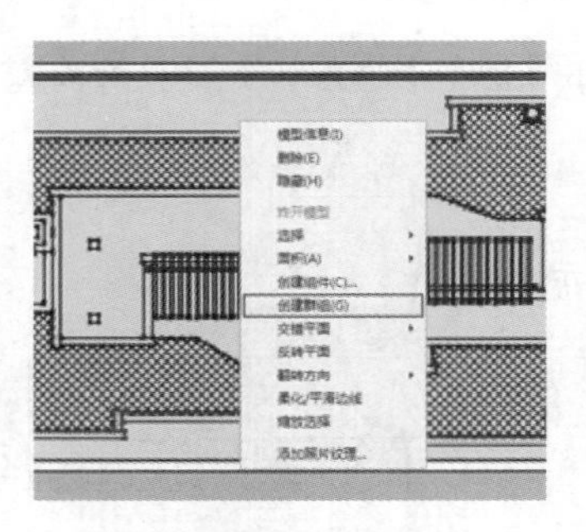
图 5-50　单独创建为组

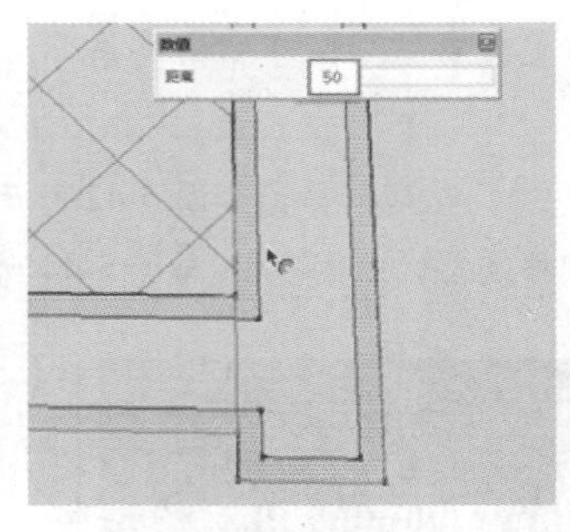
图 5-51　向内偏移复制

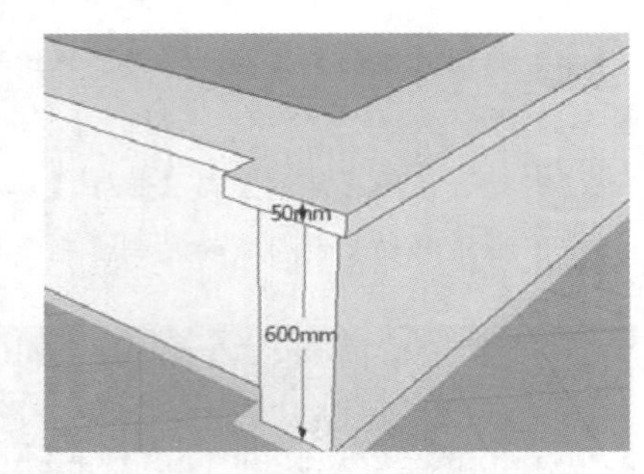

图 5-52　制作花池池壁细节

04 打开【材料】面板，赋予池壁石材，如图 5-53 所示，然后赋予压顶混凝土材质。

05 赋予花池内部平面草皮材质，如图 5-54 所示，制作完成的外侧花池效果如图 5-55 所示。

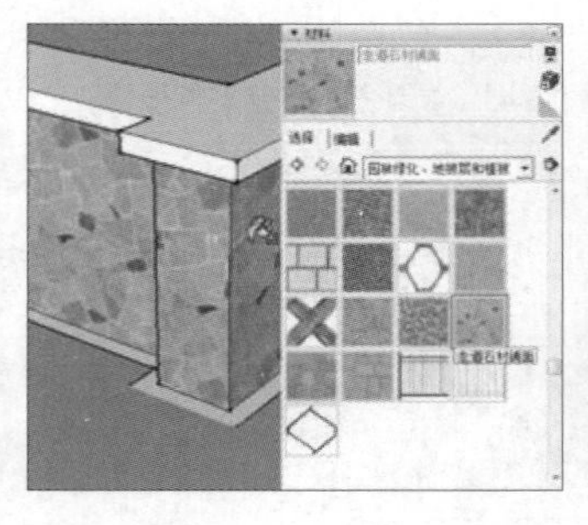
图 5-53　赋予表面石材

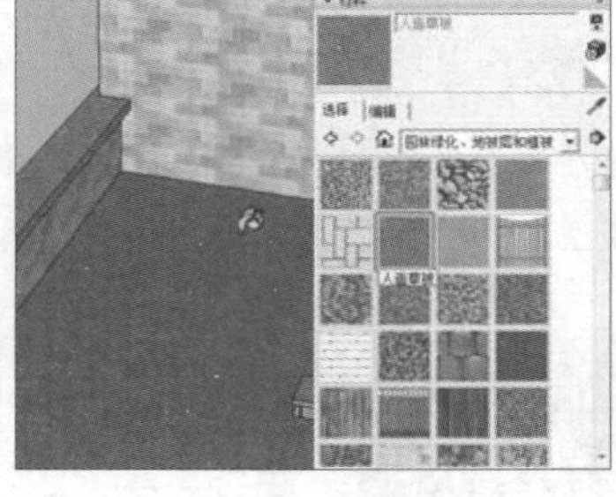
图 5-54　赋予内部平面草皮材质

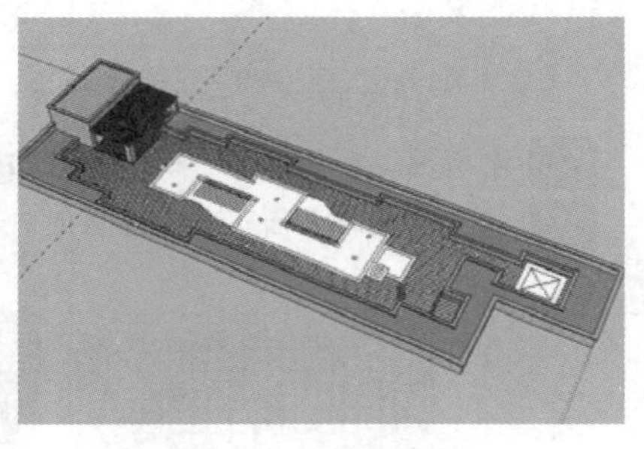
图 5-55　外侧花池完成效果

06 参考图纸，使用类似方法继续制作内部花池，如图 5-56 与图 5-57 所示。接下来绘制木平台与廊架。

07 参考图纸，使用【直线】工具分割木平台平面，如图 5-58 所示，然后使用【推/拉】工具推拉出木平台高度，如图 5-59 所示。

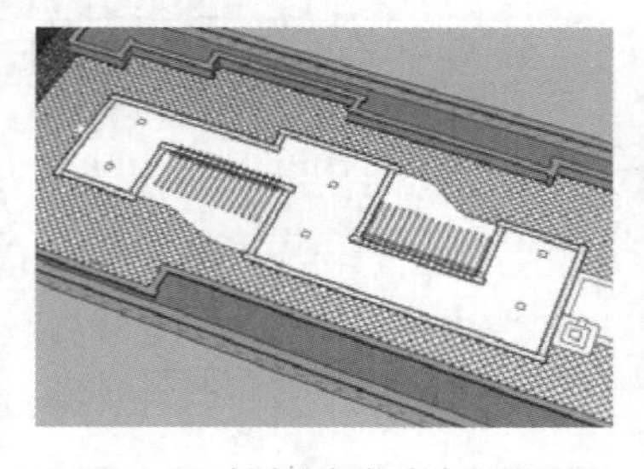
图 5-56　创建内部花池边沿平面

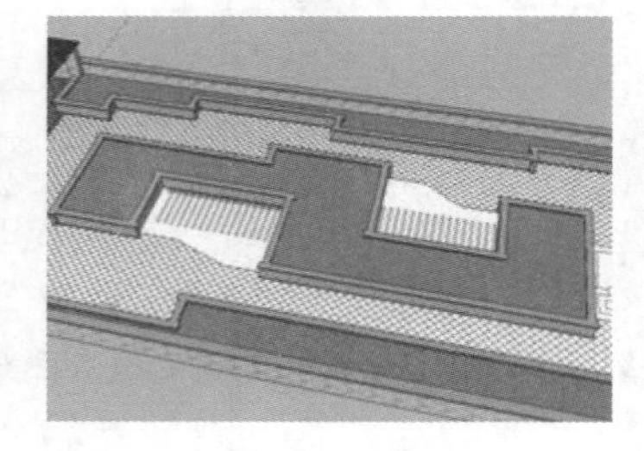
图 5-57　内部花池模型完成效果

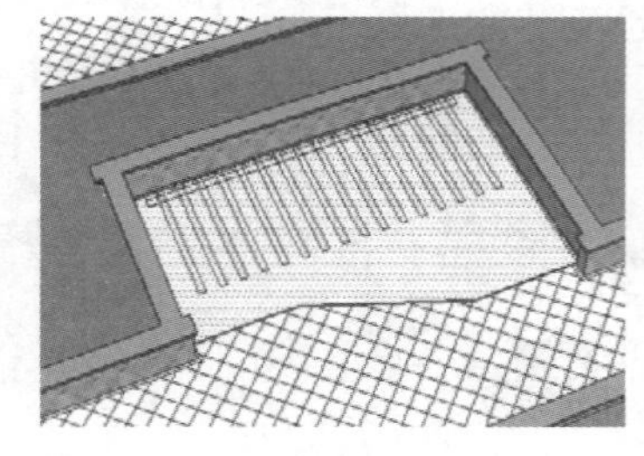
图 5-58　参考图纸创建木平台平面

08 打开【材料】面板，制作并赋予木平台原木材质，如图 5-60 所示，然后使用前面章节介绍的方法，调整材质拼贴效果，如图 5-61 所示。

图 5-59　拉伸平台高度

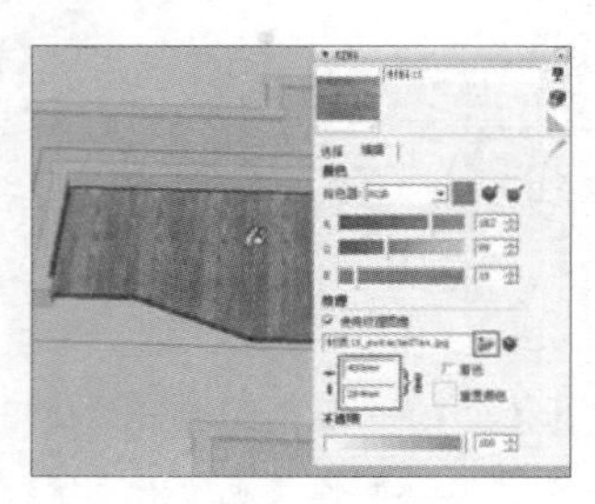
图 5-60　制作并赋予木平台原木材质

图 5-61　调整木纹材质拼贴效果

09 继续调整木平台侧面材质细节，效果如图 5-62 所示。

10 参考图纸，结合使用【矩形】、【推/拉】以及【旋转】等工具逐步制作单排花架，如图 5-63 与图 5-64 所示。

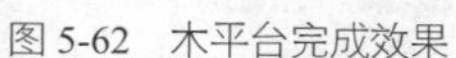

图 5-62 木平台完成效果

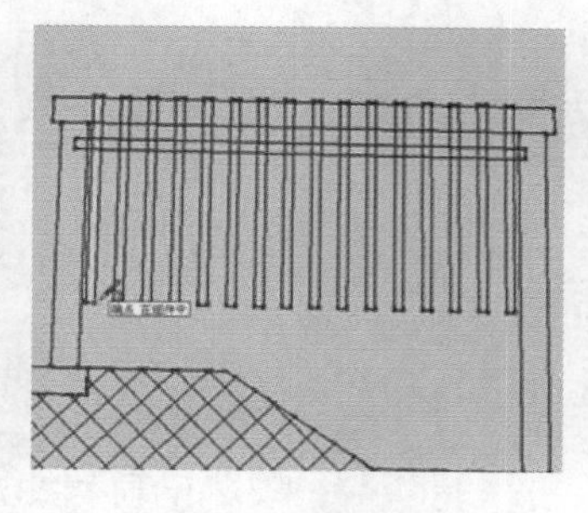

图 5-63 绘制廊架木栅格

图 5-64 创建单排花架模型

11 参考图纸，整体复制木平台与单排花架至对侧，如图 5-65 所示。

12 使用【翻转方向】右键菜单命令调整木平台与花架朝向，如图 5-66 所示。

13 参考图纸，结合使用【矩形】与【推/拉】工具逐步制作跌水水池模型，如图 5-67~图 5-69 所示。

图 5-65 整体复制

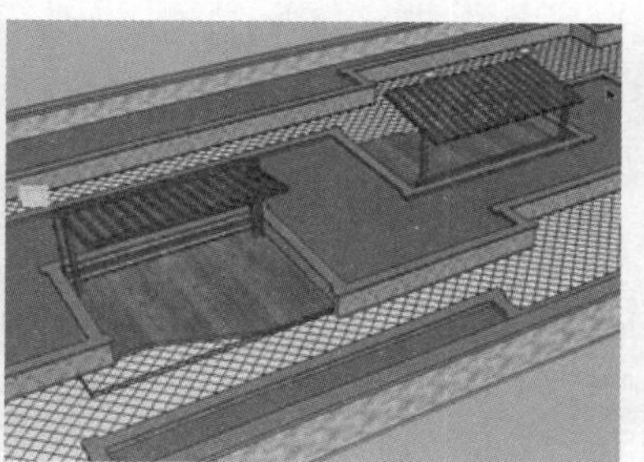

图 5-66 调整木平台与花架朝向

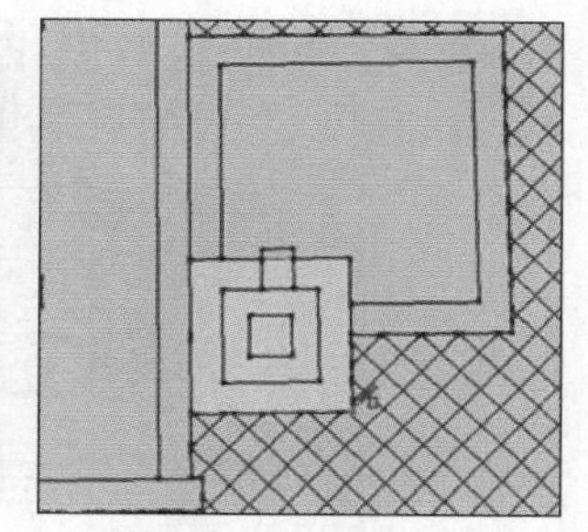

图 5-67 参考图纸绘制跌水水池平面

14 选择池底模型面，通过移动复制创建出水面，如图 5-70 所示，赋予水面池水材质，完成跌水制作，如图 5-71 所示。

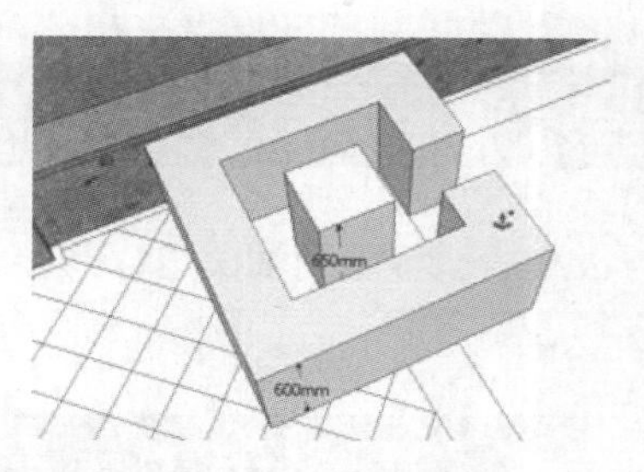


图 5-68 制作小水池模型

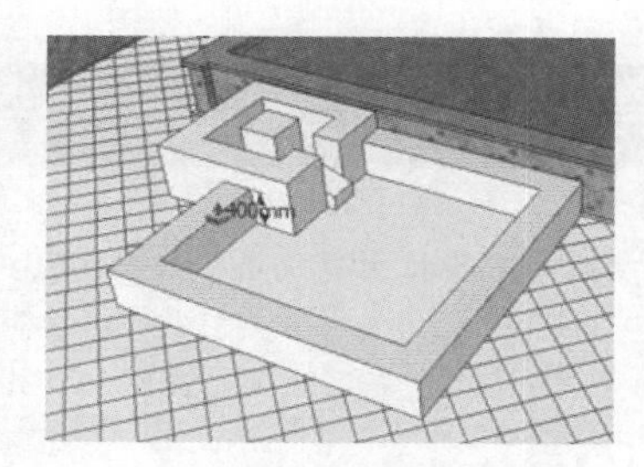

图 5-69 水池整体效果

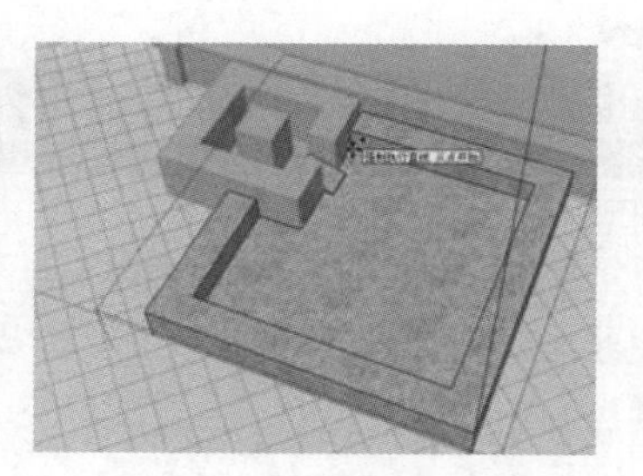

图 5-70 向上移动复制水面

## 5.2.4 完成屋顶花园景观模型

01 参考图纸，结合使用【矩形】与【推/拉】等工具制作艺术花架模型，如图 5-72 所示。

02 参考图纸，使用【矩形】与【推/拉】工具创建方亭底部平台，如图 5-73 所示。

03 通过【组件】面板合并“方亭”模型组件，如图 5-74 所示，对齐其位置至平台中心，如图 5-75 所示。

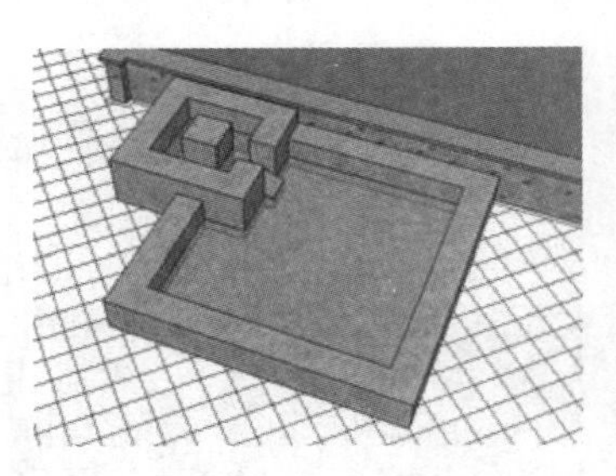
图 5-71 跌水完成效果

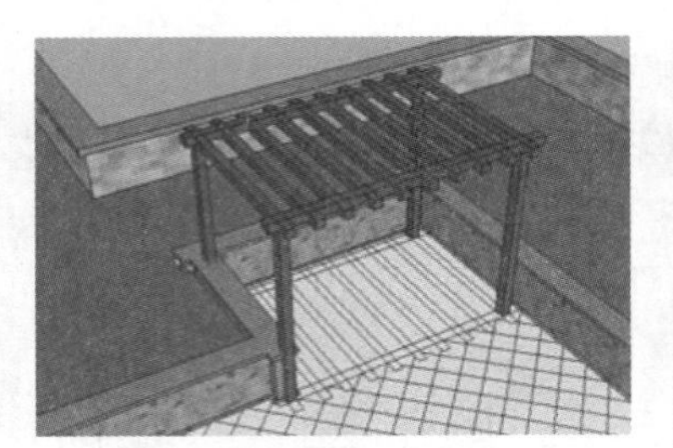
图 5-72 制作艺术花架

图 5-73 创建方亭底部平台

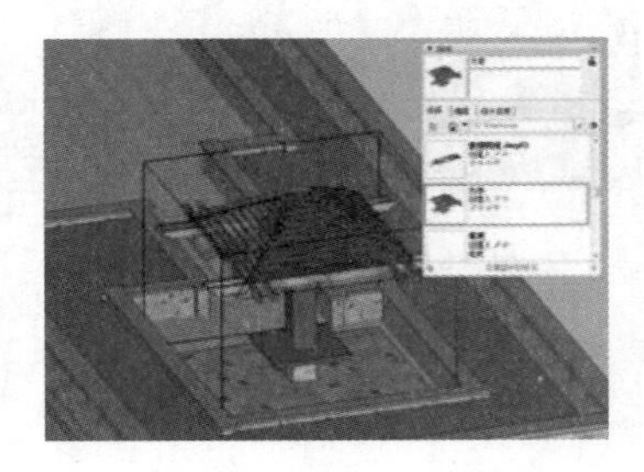
图 5-74 合并方亭模型

图 5-75 调整方亭位置

图 5-76 隐藏参考图纸

04 选择隐藏参考底图，如图 5-76 所示，打开【材料】面板赋予屋面石材材质，如图 5-77 所示。

05 至此，屋顶花园景观模型制作完成，如图 5-78 所示。接下来制作建筑简模。

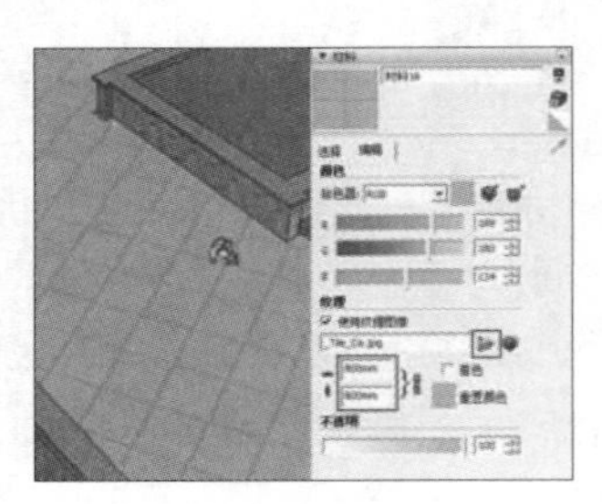
图 5-77 赋予屋面石材

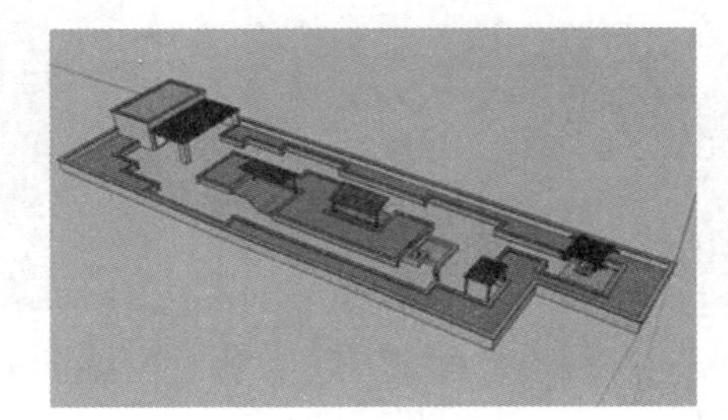
图 5-78 屋顶花园完成效果

## 5.3 创建建筑层简模

01 参考图纸，绘制底部平面，然后向下推拉出建筑层，如图 5-79 所示，通过多次复制推拉，得到多层建筑效果，如图 5-80 所示。

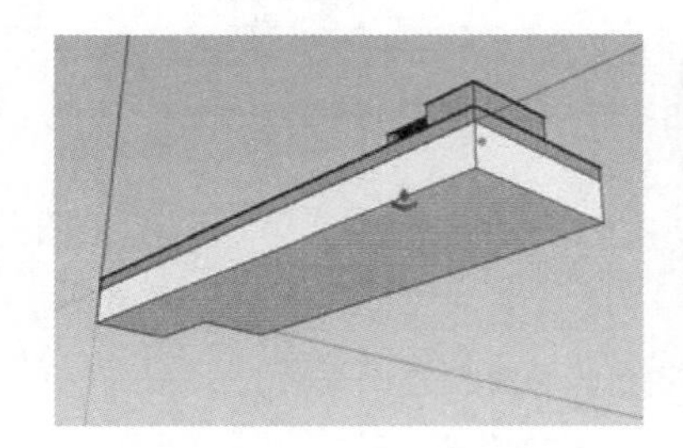
图 5-79 向下推拉建筑层

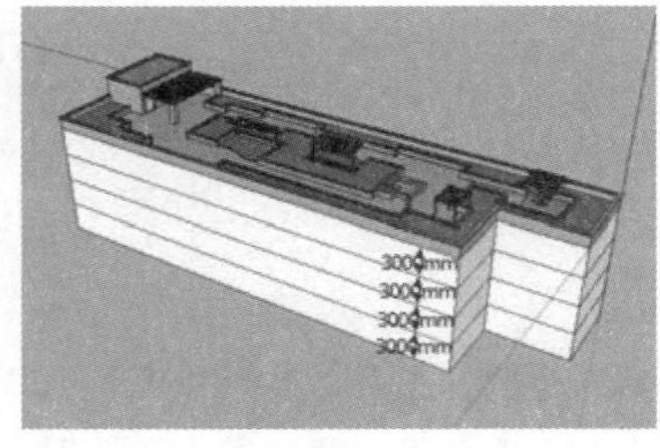

图 5-80 建筑层完成效果

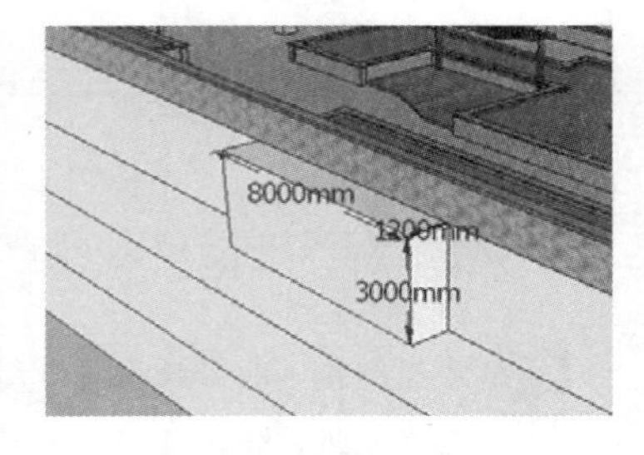

图 5-81 创建飘窗轮廓

02 结合使用【矩形】与【推/拉】工具，创建飘窗轮廓，如图 5-81 所示，将顶部边线等分为 6 份，如图

5-82 所示。

03 使用【直线】工具捕捉等分点进行分割，结合使用【偏移】与【推/拉】工具制作窗框细节，如图 5-83 与图 5-84 所示。

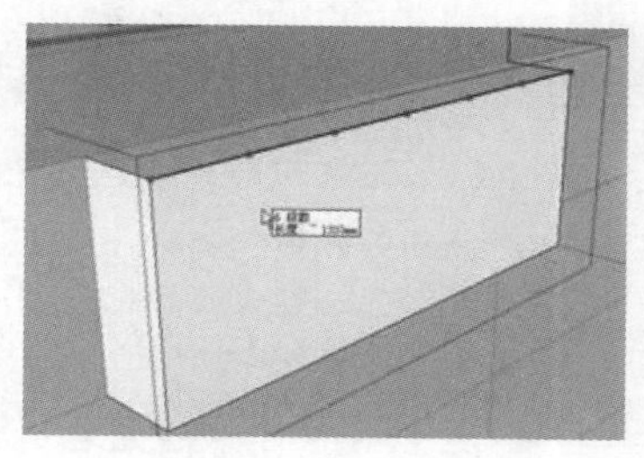

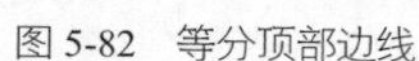
图 5-82　等分顶部边线

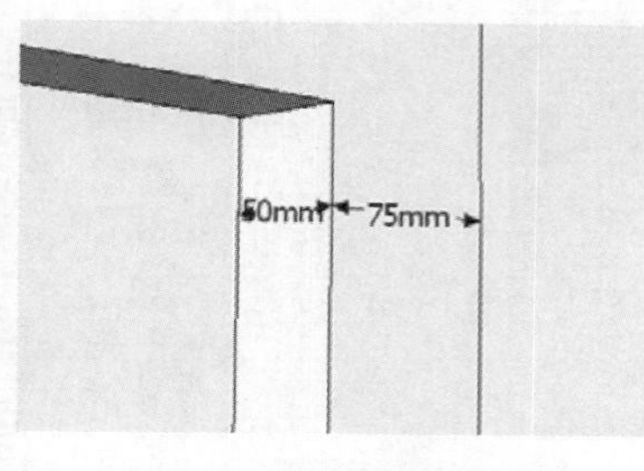

图 5-83　创建窗框细节

图 5-84　制作窗框

04 使用【推/拉】工具制作飘窗顶部窗板，如图 5-85 所示，然后结合使用【偏移】与【推/拉】工具制作顶部细节，如图 5-86 所示。

05 赋予飘窗各部件对应材质，然后将其复制到本墙面的其他窗户位置，如图 5-87 所示。

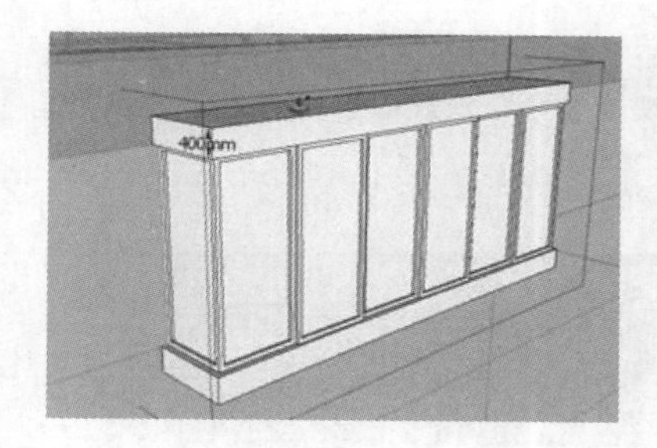

图 5-85　制作飘窗顶部窗板

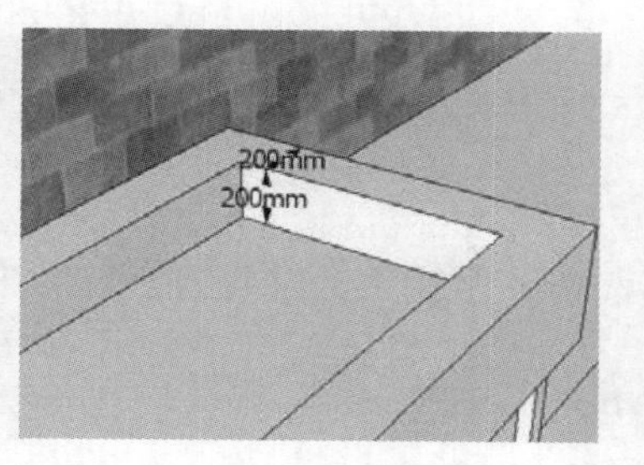

图 5-86　制作飘窗顶部细节

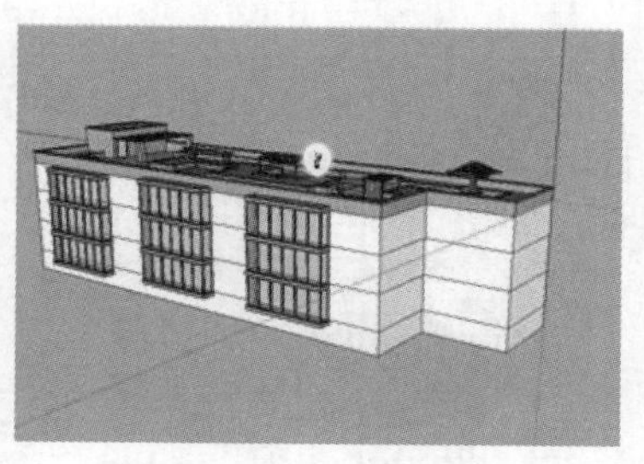
图 5-87　单面墙体飘窗完成效果

06 使用类似方式，制作其他墙面上的窗户模型，如图 5-88 所示，最终完成模型效果图 5-89 所示。

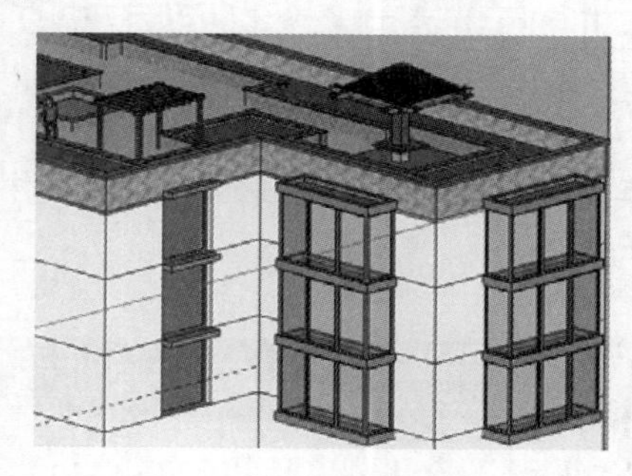
图 5-88　其他墙面窗户完成效果

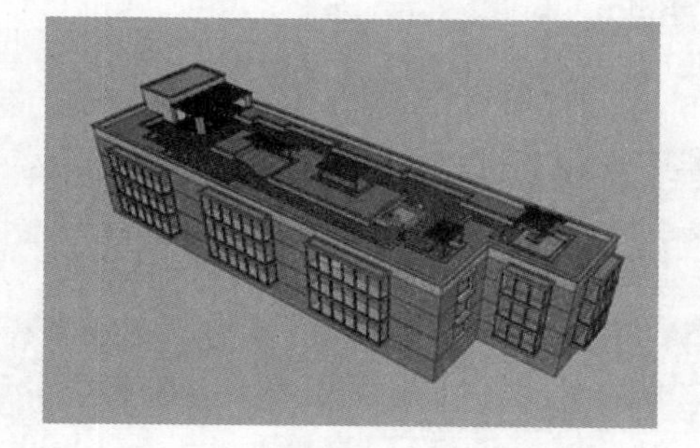
图 5-89　屋顶花园与建筑整体模型效果

# 5.4 导入 3ds max

## 5.4.1 导出 3DS 文件

01 执行【文件】/【导出】/【三维模型】菜单命令，如图 5-90 所示，在弹出面板中设置导出文件路径、文件名以及【选项】参数，如图 5-91 所示。

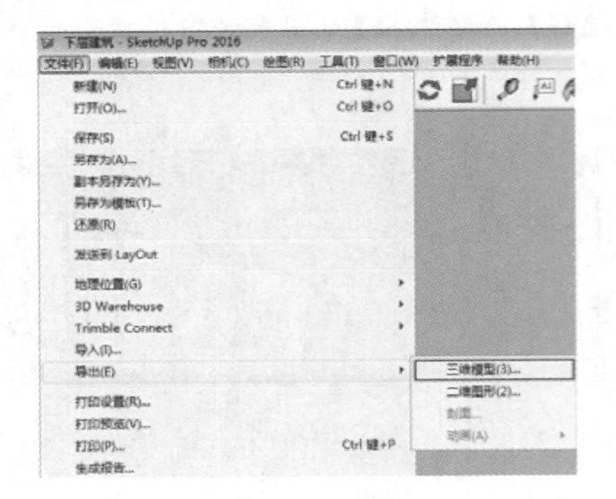

图 5-90 执行导出命令

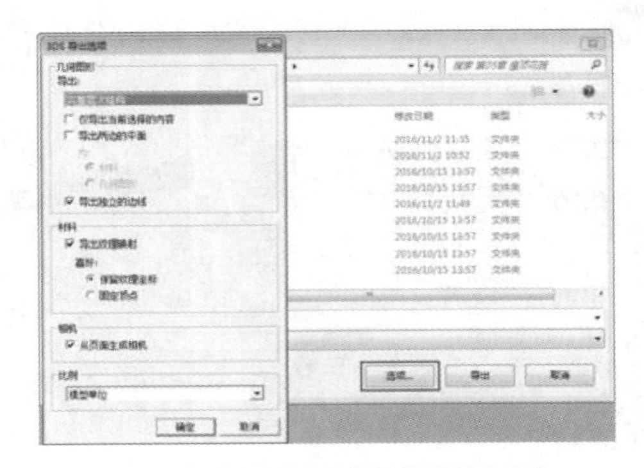

图 5-91 设置导出路径并调整导出参数

02 单击【导出】按钮进行导出，如图 5-92 所示，导出成功后即弹出【3DS 导出结果】面板，如图 5-93 所示。

## 5.4.2 导入至 3ds max

01 启动 3ds max 软件，如图 5-94 所示，选择【自定义】\【单位设置】命令，设置系统与显示单位为毫米，如图 5-95 所示。

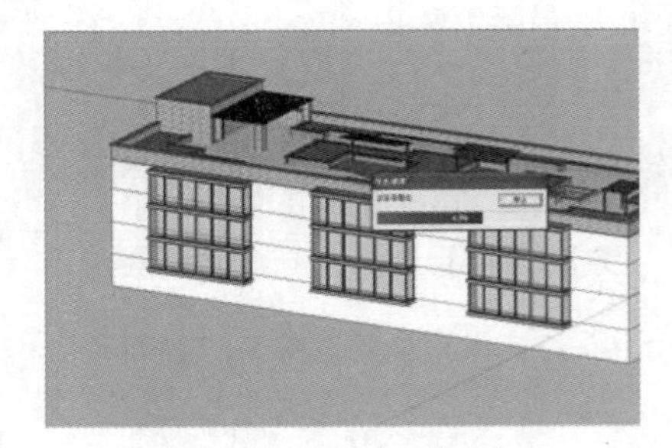

图 5-92 导出进度

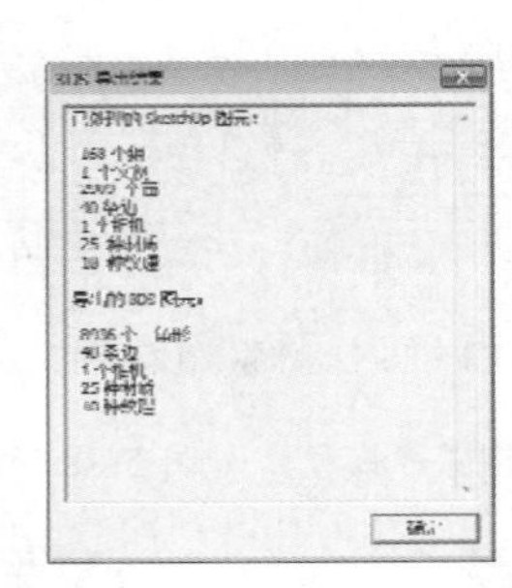

图 5-93 模型导出完成

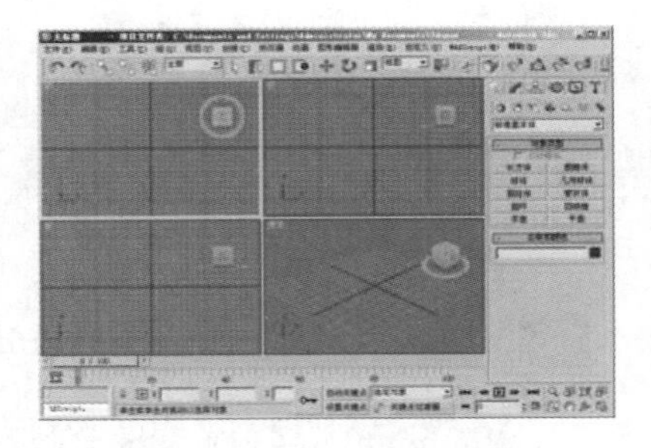

图 5-94 打开 3ds max

02 执行【文件】/【导入】菜单命令，如图 5-96 所示，在弹出的面板中找到之前导出的 3ds 文件，如图 5-97 所示，单击【打开】按钮。

图 5-95 设置系统与显示单位均为毫米

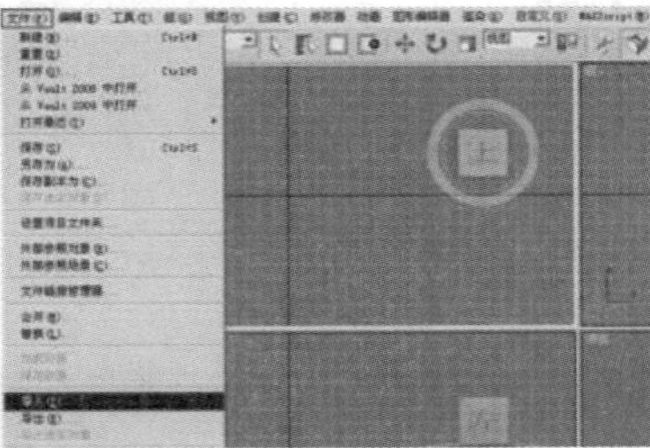

图 5-96 执行文件/导入菜单命令

图 5-97 选择导入文件

03 3ds 文件成功导入后，单击 3ds max 命令面板图标，进入实用程序面板，单击【位图/光度学路径】按钮打开路径编辑器，如图 5-98 所示，指定 SketchUp 导出贴图所在的路径，最后单击【设置】指定贴图路径，如图 5-99 所示。

技 巧

如果实用程序面板未显示【位图/光度学路径】工具按钮，可单击该面板中的【更多】按钮，在打开的对话框中选择【位图/光度学路径】工具。

04 设置贴图位置后，模型的显示效果如图 5-100 所示，此时按下“Shift+Q”组合键进行默认渲染，将得到如图 5-101 所示的模型渲染效果。

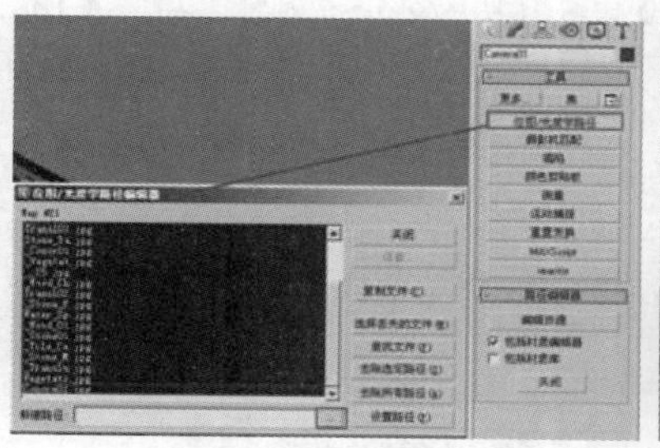

图 5-98　指定导入文件贴图路径

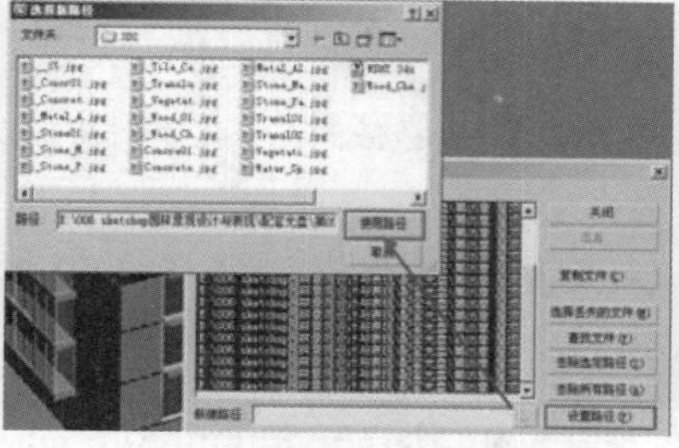

图 5-99　设置文件贴图路径

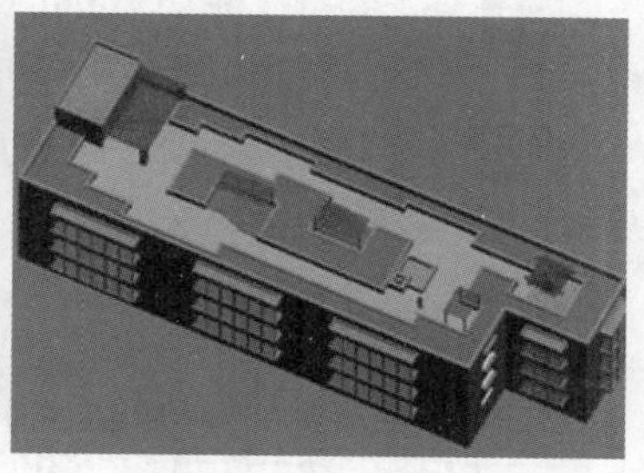

图 5-100　确认贴图后的模型导入效果

## 5.4.3 确定摄影机角度

01 按“P”键进入【透视图】，通过 3ds max 界面右下角视图控制区按钮，旋转与平移当前视图，确定观察角度，如图 5-102 所示。

02 按下“Ctrl+C”组合键，创建对应角度的摄影机，然后设置渲染输出比例，如图 5-103 所示。

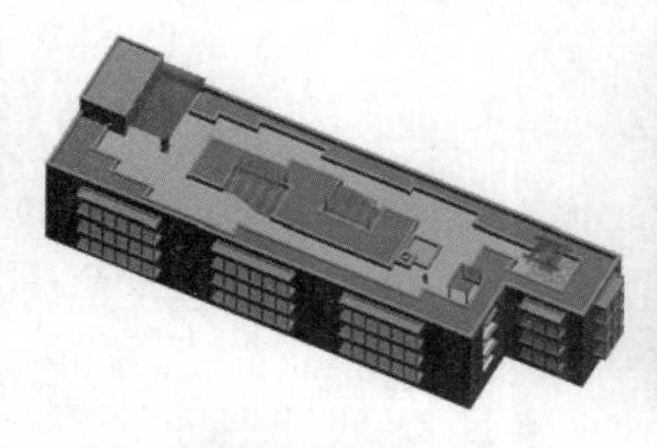

图 5-101　确认贴图后的模型渲染效果

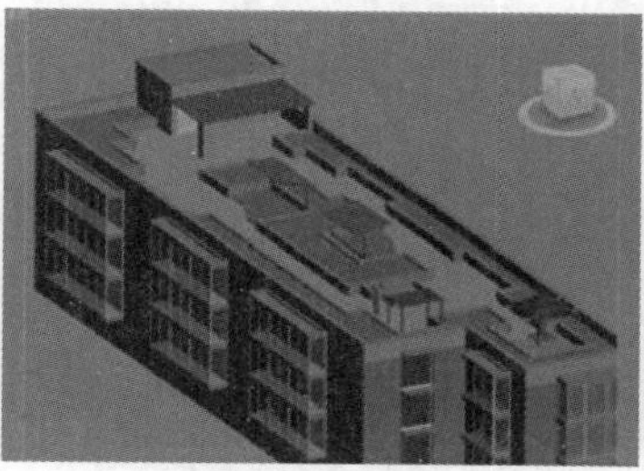

图 5-102　调整透视图

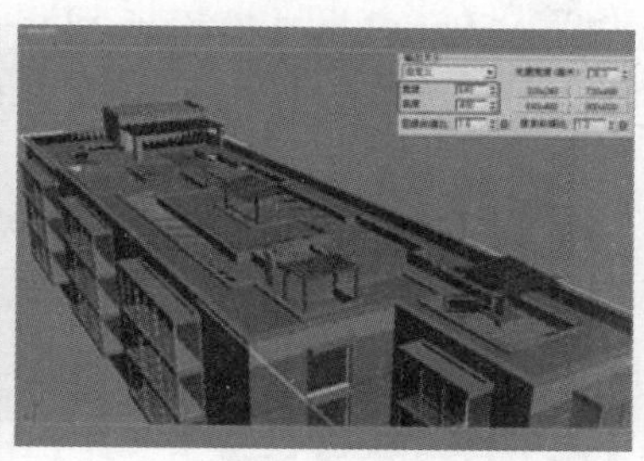

图 5-103　创建相机并调整渲染输出比例

03 单击鼠标右键添加【应用摄影机校正修改器】菜单命令，如图 5-104 所示，纠正建筑倾斜，得到最终摄影机效果，如图 5-105 所示。

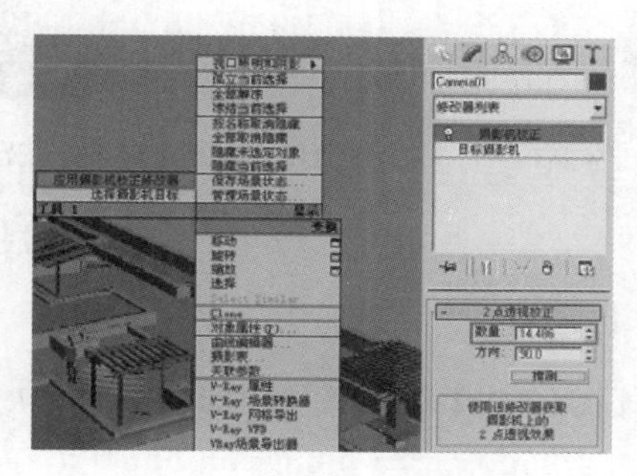

图 5-104　添加相机校正修改器

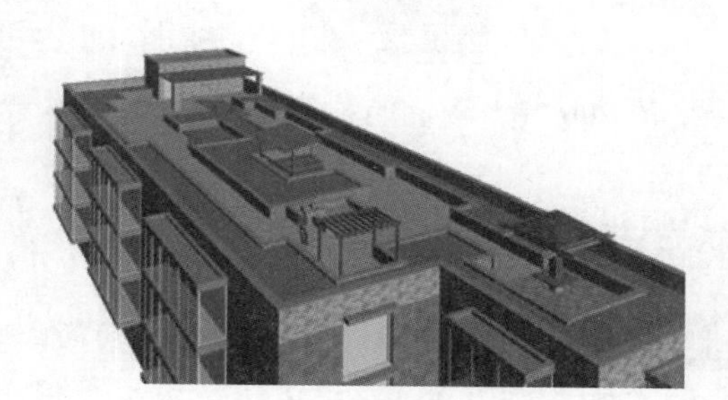

图 5-105　摄影机视图完成效果

# 5.5 调整材质

## 5.5.1 地面石材

01 为了能够使用 VRayMtl 材质模拟反射与折射细节，需要先将渲染器切换为 VRay 渲染器，如图 5-106 所示。

02 按下“M”键，打开【材质编辑器】，选择任意一个空白材质球，单击从对象吸取材质按钮，吸取屋顶地面石材，如图 5-107 所示。

03 进入【贴图】卷展栏，将【漫反射】贴图拖动复制至【凹凸】贴图通道，调整数值为 80，制作出凹凸细节，如图 5-108 所示。

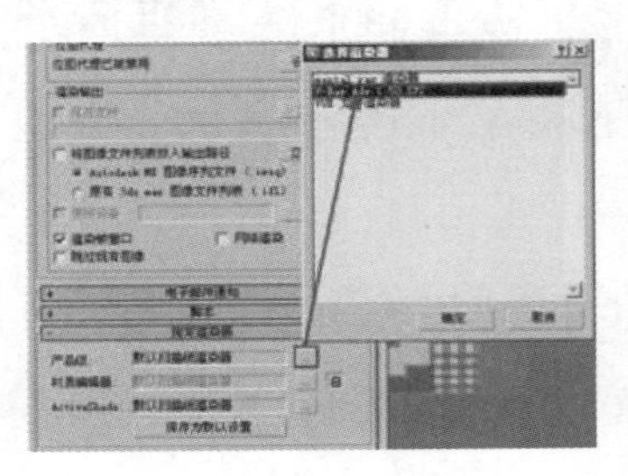

图 5-106 切换至 VRay 渲染器

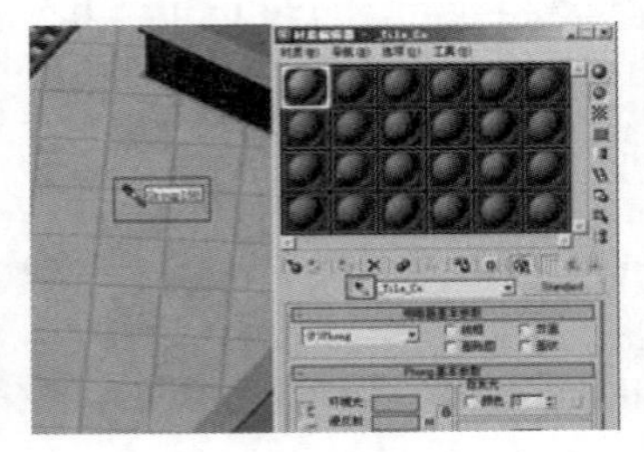

图 5-107 吸取当前地面石材

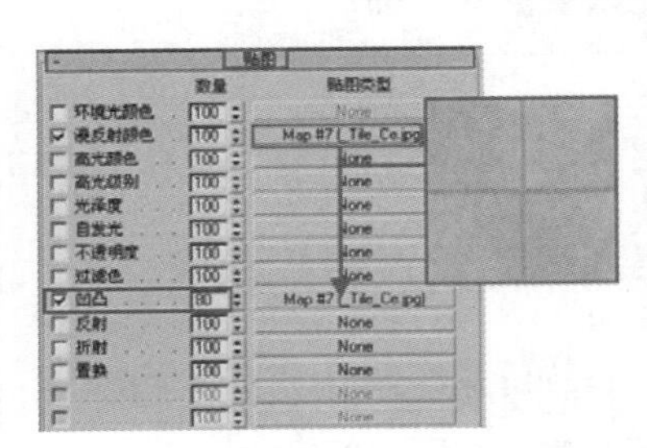

图 5-108 制作凹凸细节

04 调整【高光级别】与【光泽度】数值，模拟出地面石材表面高光细节，如图 5-109 所示。

## 5.5.2 墙壁石材

01 选择另一个空白材质球，吸取墙壁石材，进入【贴图】卷展栏，制作出墙壁石材凹凸细节，如图 5-110 所示。

02 调整【高光级别】与【光泽度】数值，模拟出墙壁石材表面高光细节，如图 5-111 所示

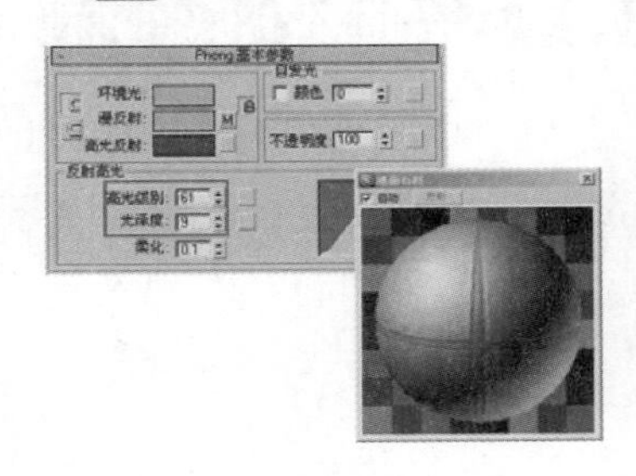

图 5-109 制作高光细节

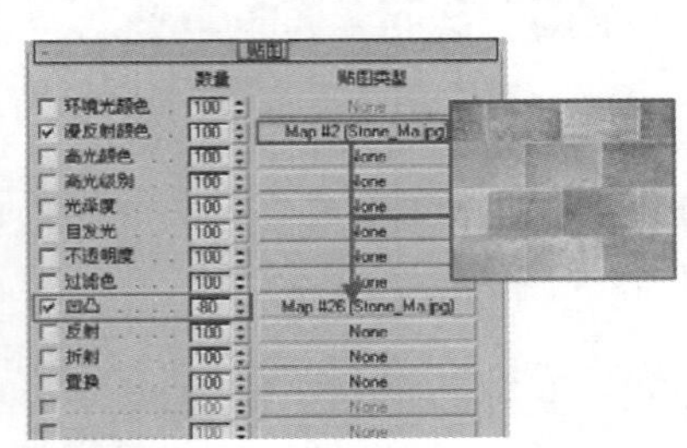

图 5-110 制作墙壁石材凹凸细节

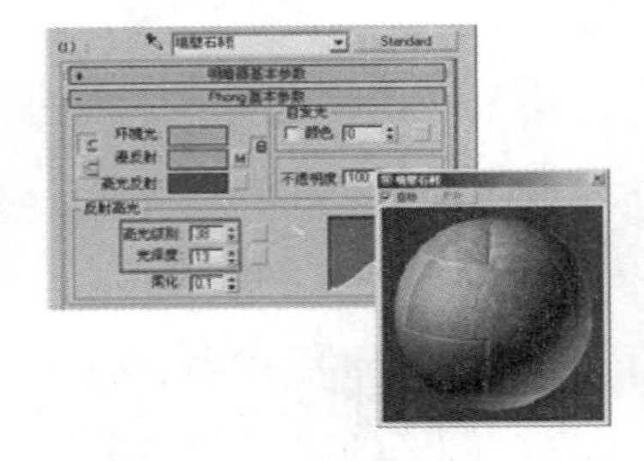

图 5-111 模拟出墙壁石材高光细节

## 5.5.3 花池石壁

01 选择另一个空白材质球，吸取当前的花池池壁石材，进入【贴图】卷展栏，制作出墙壁石材凹凸细节，如图 5-112 所示。

02 调整【高光级别】与【光泽度】数值，模拟出花池石壁材质表面高光细节，如图 5-113 所示。

## 5.5.4 原木材质

**01** 选择一个空白材质球，吸取当前的原木材质，进入【贴图】卷展栏，制作出原木表面凹凸细节，如图5-114所示。

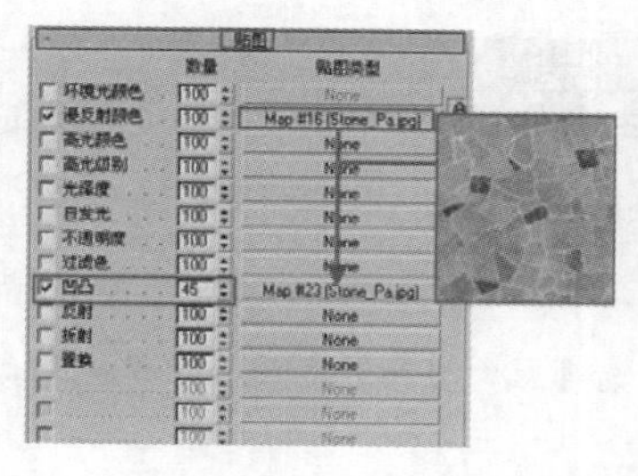

图 5-112　制作花池石壁凹凸细节

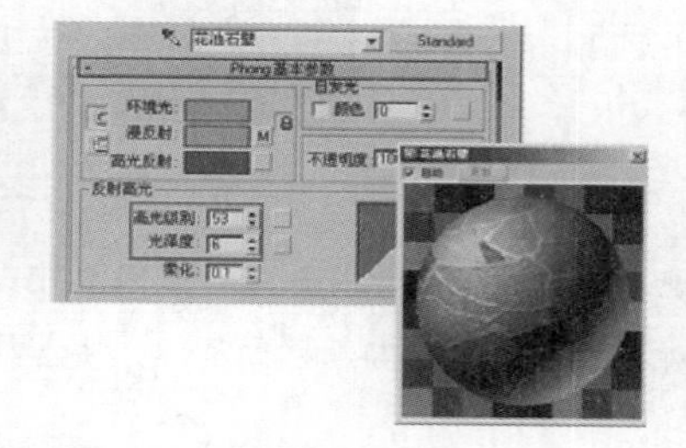

图 5-113　模拟出花池石壁表面高光细节

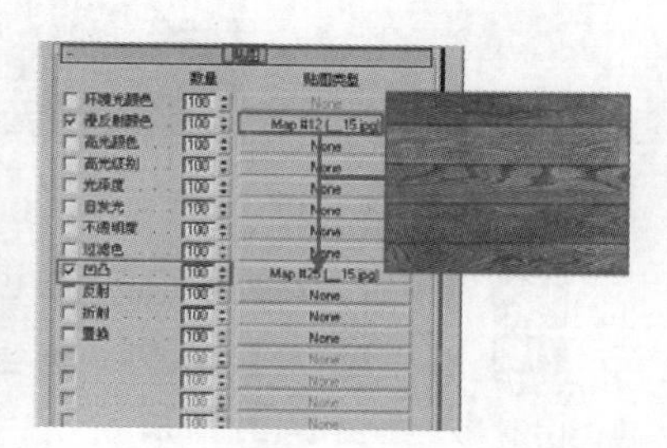

图 5-114　制作原木材质凹凸细节

**02** 调整【高光级别】与【光泽度】数值，模拟出原木表面轻微高光变化，如图5-115所示。

## 5.5.5 清漆木纹材质

**01** 选择一个空白材质球，吸取当前的木纹材质，复制其【漫反射】贴图，如图5-116所示。

**02** 单击Standard按钮，在弹出的【材质/贴图浏览器】中选择VRayMtl材质类型，将材质转换为VRayMtl材质，在漫反射贴图通道粘贴之前复制的【漫反射】贴图，如图5-117所示。

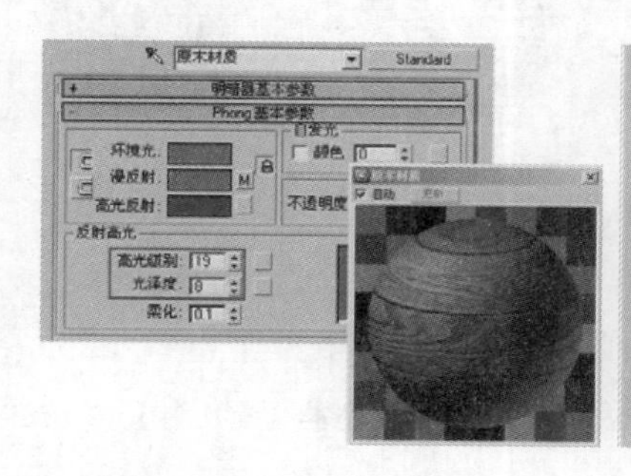

图 5-115　模拟出原木材质高光细节

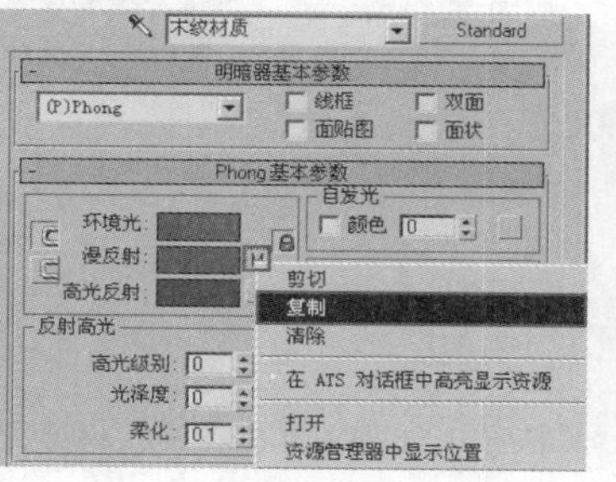


图 5-116　复制漫反射贴图

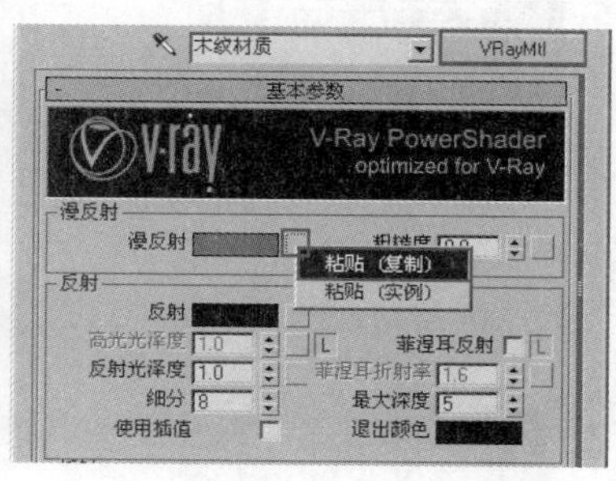


图 5-117　转换材质并粘贴贴图

**03** 进入【反射】参数组，调整反射强度参数，并勾选【菲涅尔反射】参数，如图5-118所示。

**04** 调整【高光光泽度】与【反射光泽度】数值，模拟木纹材质表面反射模糊与高光细节，如图5-119所示。

> **提 示**
>
> 单击反射颜色样本可以选择一种颜色（色相）作为反射颜色，同时颜色的Value［亮度或灰度］值也决定了材质反射的强度。亮度值越大，反射效果越强。黑色没有反射，灰色中度反射，白色完全镜面反射。

## 5.5.6 池水材质

**01** 选择任意一个空白材质球，并吸取当前的池水材质，将其转换为VRayMtl材质，调整其【漫反射】颜色，如图5-120所示。

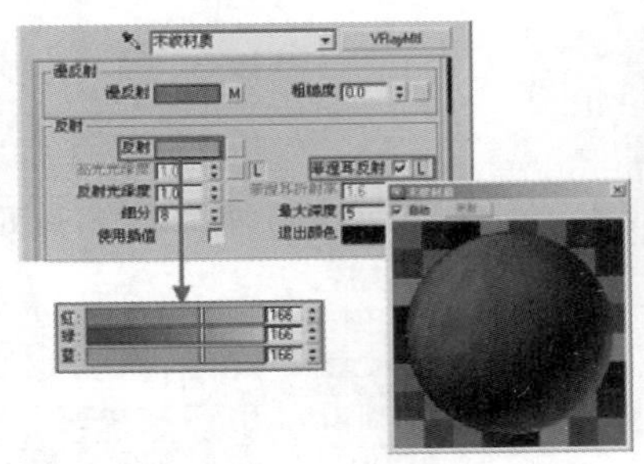

图 5-118 调整反射细节

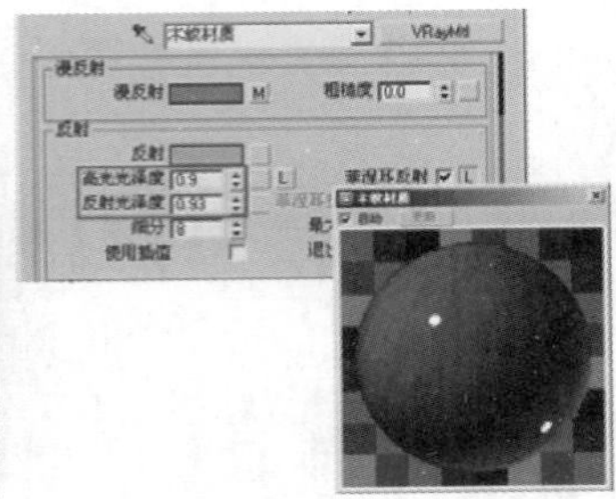

图 5-119 调整表面模糊与高光细节

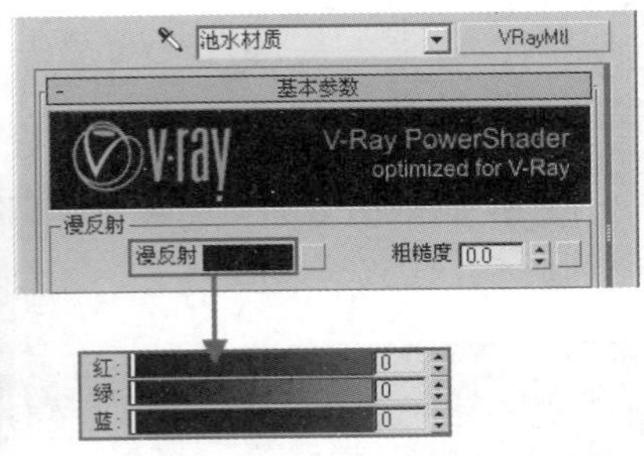

图 5-120 调整 VRay 基本材质漫反射颜色

02 进入【反射】参数组，调整池水材质反射与高光细节，如图 5-121 所示。

03 进入【折射】参数组，调整池水材质透明度与颜色细节，并注意勾选【影响阴影】参数，以形成正确的透明阴影，如图 5-122 所示。

04 进入【贴图】卷展栏，在【凹凸】贴图通道内添加【噪波】程序贴图，然后调整参数制作池水表面的波纹细节，如图 5-123 所示

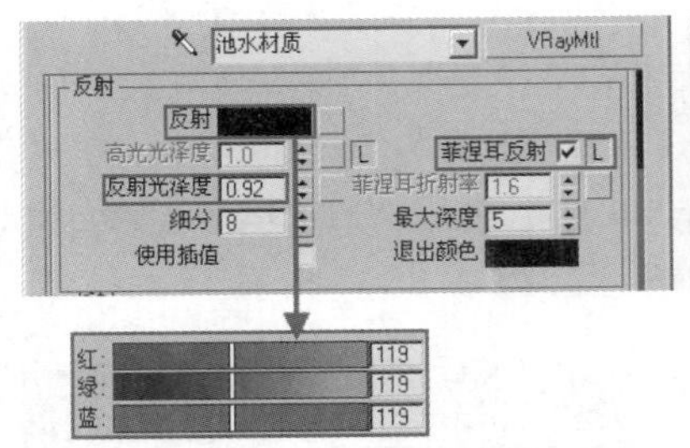

图 5-121 调整池水反射细节

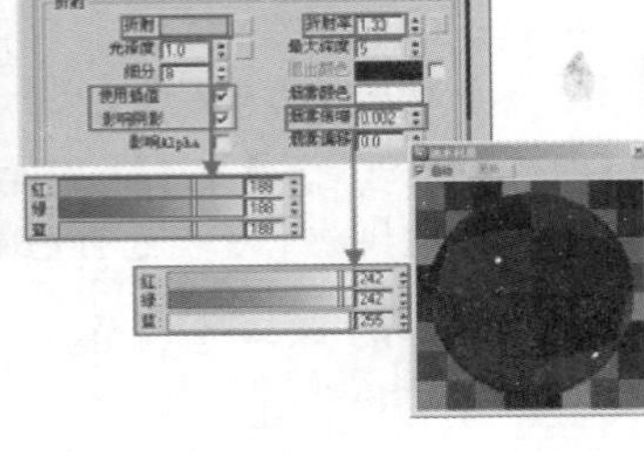

图 5-122 调整池水折射透明细节

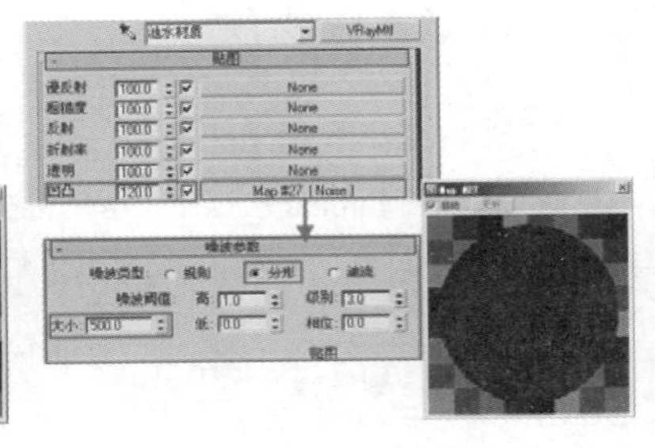

图 5-123 调整池水波纹细节

### 5.5.7 玻璃材质

01 选择任意一个空白材质球，吸取窗户玻璃材质，将其转换为 VRayMtl 材质。调整其【漫反射】与【反射】细节，如图 5-124 所示。

02 进入【折射】参数组，调整池水材质透明度与颜色细节，并注意勾选【影响阴影】参数，以形成正确的透明阴影，如图 5-125 所示。

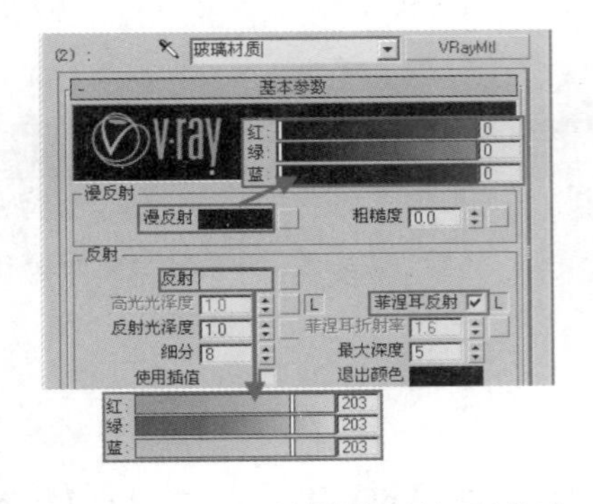

图 5-124 调整玻璃材质漫反射与反射细节

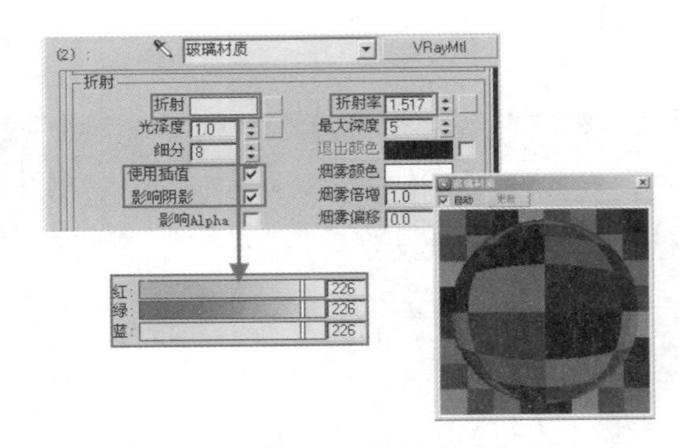

图 5-125 调整玻璃材质折射透明细节

03 本例场景主要材质调整完成，接下来进行灯光的布置并渲染出图。

# 5.6 布置灯光并渲染出图

## 5.6.1 设置测试渲染参数

为了加快测试渲染的速度，需要设置较低的渲染参数。

01 按“F10”键，打开渲染设置面板，进入【VRay】选项卡中的【全局开关】卷展栏，设置参数如图 5-126 所示。

02 进入【图像采样器（抗锯齿）】卷展栏，设置图像采样器参数如图 5-127 所示，并关闭抗锯齿过滤，以加快测试渲染的速度。

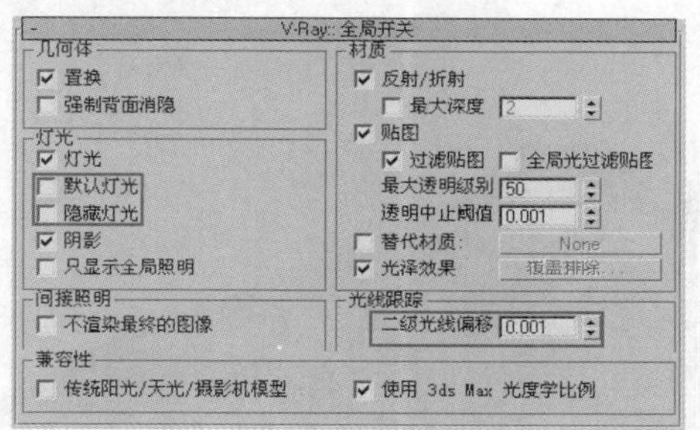


图 5-126　设定全局开关卷展栏参数

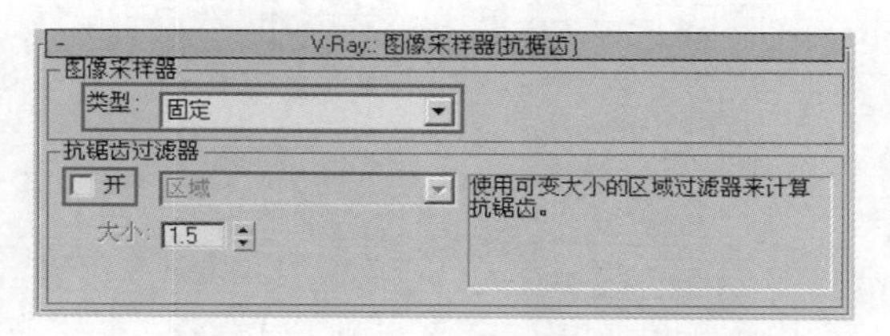


图 5-127　设定图像采栏器卷展栏参数

03 进入【间接光照】选项卡中的【间接照明】卷展栏，设置全局照明引擎如图 5-128 所示。

04 分别进入【发光贴图】与【灯光缓冲】卷展栏，设置相关参数如图 5-129 所示。

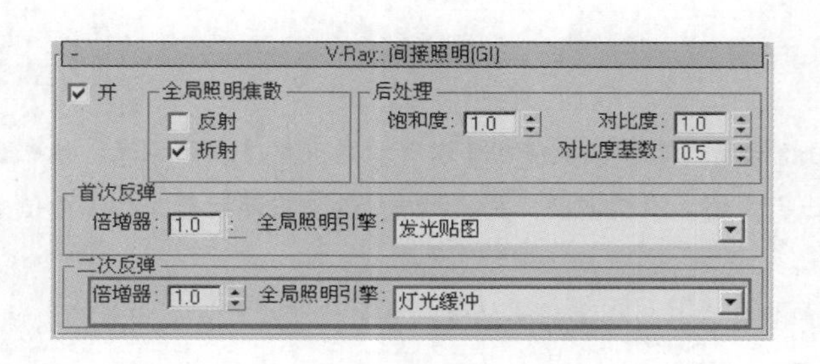


图 5-128　设定间接照明卷展栏参数

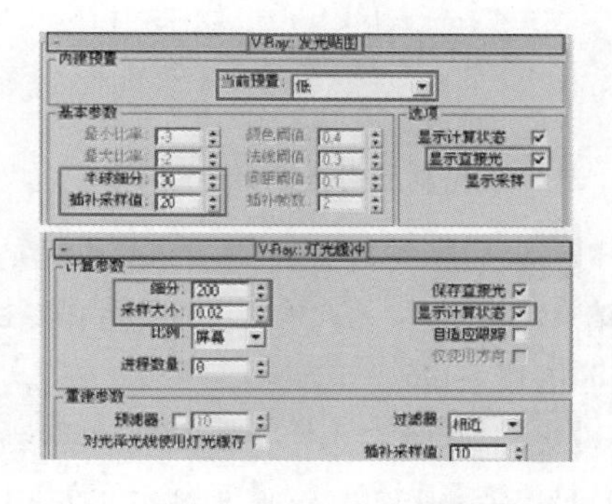


图 5-129　设定发光贴图与灯光缓冲参数

## 5.6.2 布置灯光

01 进入【灯光创建】面板，选择【标准】灯光类型中的【目标平行光】，在【顶视图】中创建一盏灯光，如图 5-130 所示。

02 选择创建的灯光，在【前视图】中调整灯光角度与高度，如图 5-131 所示。

03 进入【灯光】修改面板，设置灯光强度、颜色、平行光参数以及阴影细节，如图 5-132 所示。

04 返回摄影机视图，按下 Shift+Q 键进行测试渲染，得到如图 5-133 所示的渲染结果。至此，本例场景灯光布置完成。

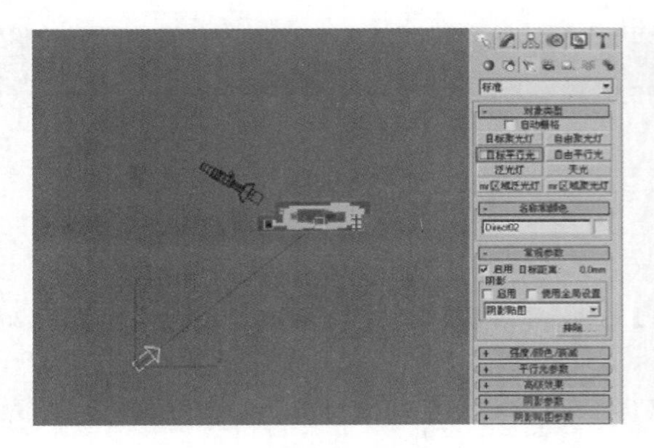

图 5-130　创建目标平行光

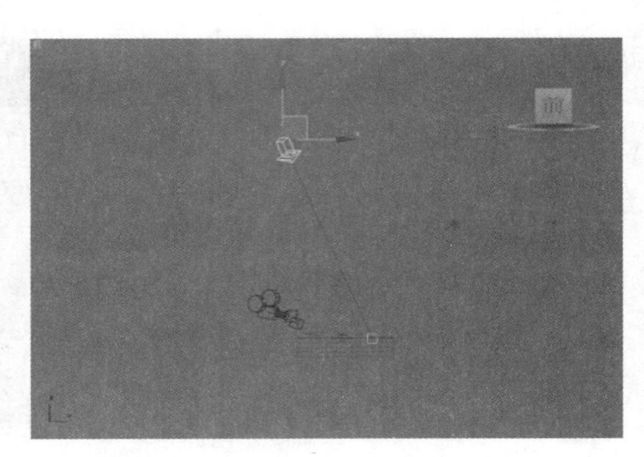

图 5-131　调整灯光角度与高度

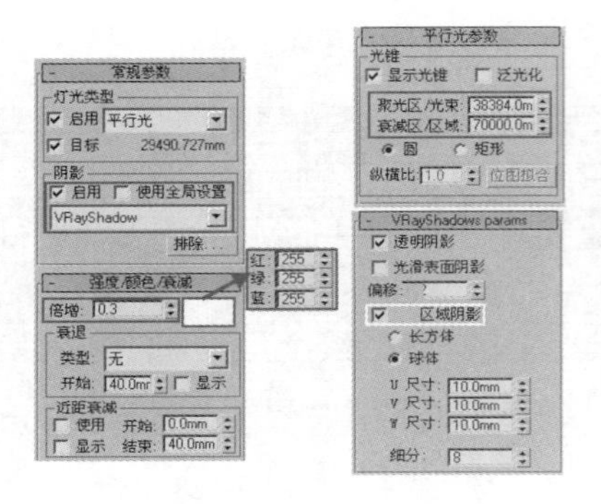


图 5-132　调整灯光参数

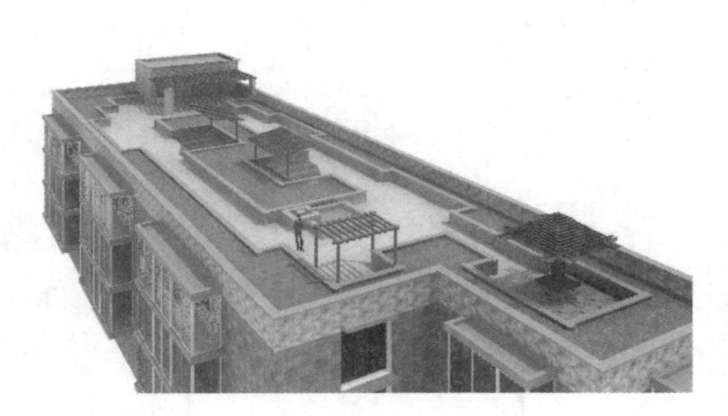

图 5-133　灯光测试渲染效果

## 5.6.3 渲染出图

### 1. 调整材质灯光细分

01 VRayMtl 材质的细分值影响材质效果的精细度，增加该数值，可以有效减少材质表面噪点，但也会延长渲染计算时间，因此需要在品质和渲染速度间进行平衡，本例调整“木纹材质”与“玻璃材质”的细分值如图 5-134 与图 5-135 所示。

02 当场景灯光使用了 VRayShadows（VRay 阴影）后，提高阴影的【细分】值可以减少光斑等品质问题，本例中调整【目标平行光】的细分值为 24，如图 5-136 所示。

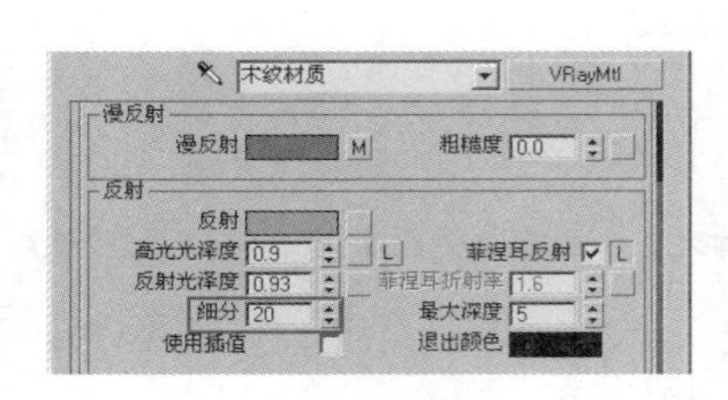


图 5-134　调整木纹材质细分

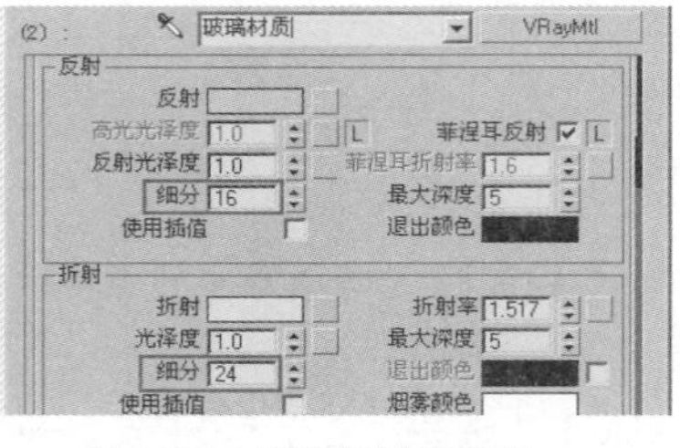


图 5-135　调整玻璃材质细分

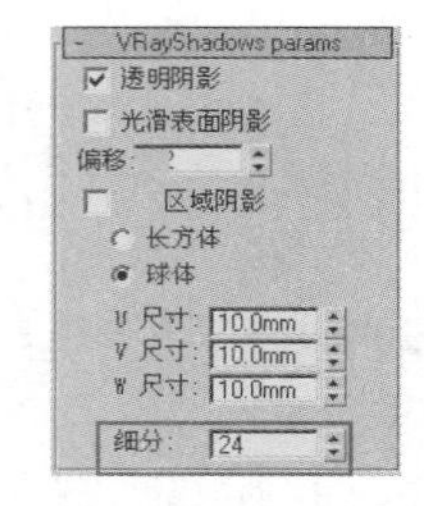


图 5-136　调整目标平行光细分

**注 意**

池水、玻璃等透明材质设置了【折射】参数，还需要对应调整【折射】参数组中的【细分】参数值。

### 2. 设置光子图参数

灯光测试完毕后，需要把灯光和渲染的参数值提高来完成最后的渲染工作。当成图尺寸比较大时，直接进行渲染速度会比较慢，所以通常先渲染小图的光子图，然后调用小图光子图测试材质并渲染输出大图，以提高渲染速度。

> **注 意**
>
> 一般要求不小于成图尺寸的五分之一，例如成图准备渲染成 3000 × 2250，光子图尺寸设置为 600 × 450 比较合适。

**01** 进入【图像采样器（抗锯齿）】卷展栏，调整其参数如图 5-137 所示。

**02** 进入【发光贴图】卷展栏，提高其参数并设置光子图保存路径与文件名，如图 5-138 所示。

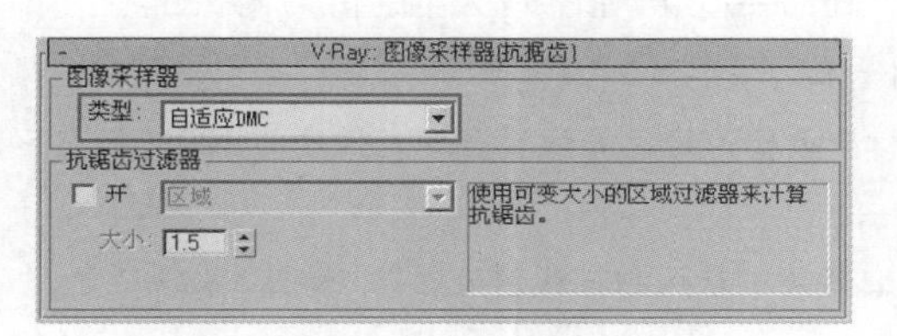


图 5-137 调整图像采样器

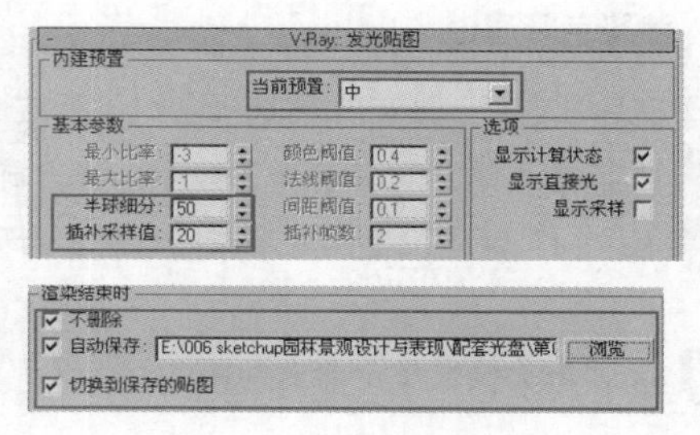


图 5-138 提高发光贴图参数

**03** 进入【灯光缓冲】卷展栏，提高其参数并设置文件保存路径与文件名，如图 5-139 所示。

**04** 进入【DMC 采样器】卷展栏，提高其参数以增加采样精度，如图 5-140 所示

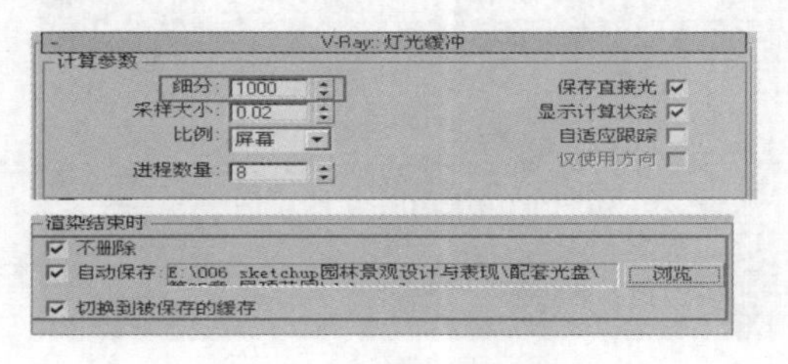


图 5-139 提高灯光缓冲参数

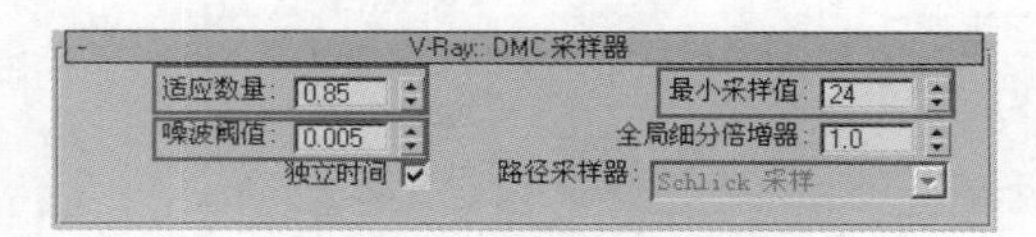


图 5-140 提高 DMC 采样器参数

**05** 以上参数调整完成后进入摄影机视图，按下"Shift+Q"组合键进行测试渲染，渲染完成效果如图 5-141 所示。

### 3. 设置最终出图参数

**01** 进入【公用】选项卡，设置最终渲染输出尺寸如图 5-142 所示。

图 5-141 光子图渲染结果

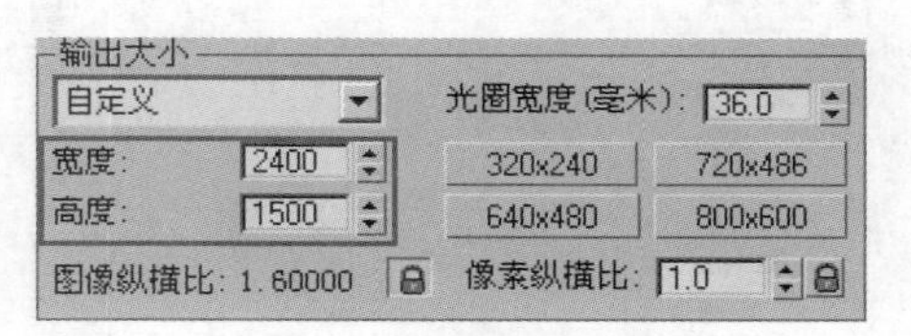


图 5-142 设置最终渲染图像尺寸

02 进入【图像采样器（抗锯齿）】卷展栏，调整抗锯齿过滤器为“Catmull-Rom”，如图 5-143 所示。

03 完成参数设置后，进入摄影机视图，按下“Shift+Q”组合键进行最终渲染，渲染完成效果如图 5-144 所示。

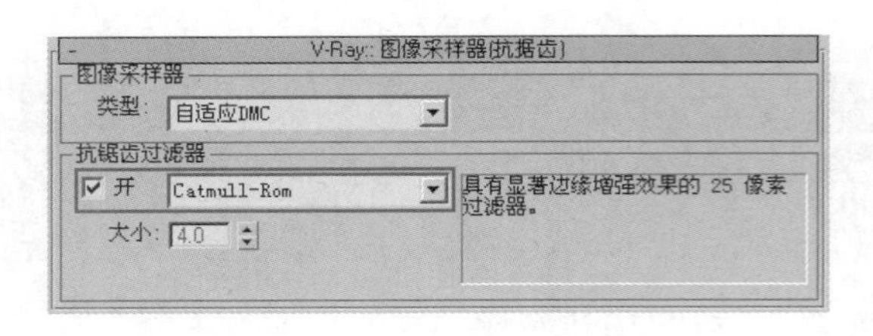


图 5-143 调整抗锯齿过滤器

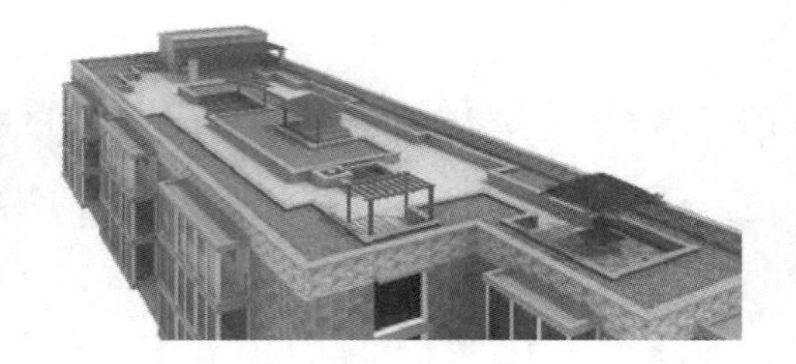

图 5-144 最终渲染结果

4. 渲染色彩通道

为了在后期处理时能够精确选择各材质区域进行处理，还需要渲染一张相同大小的材质通道图。

01 选择【文件】\【另存为】命令，将当前场景另存一份。

02 按“M”键进入【使用层颜色材料】面板，将各材质调整为纯色并设置自发光强度为 100，如图 5-145 所示。

03 此时场景模型显示效果如图 5-146 所示，切换渲染器为“默认扫描线渲染器”，如图 5-147 所示。

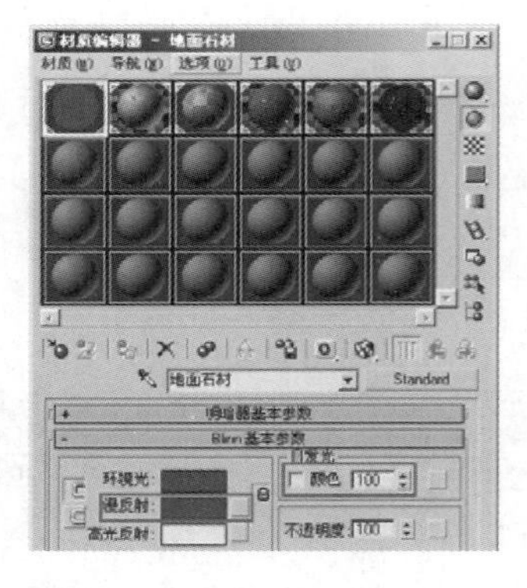


图 5-145 调整纯色并设置自发光

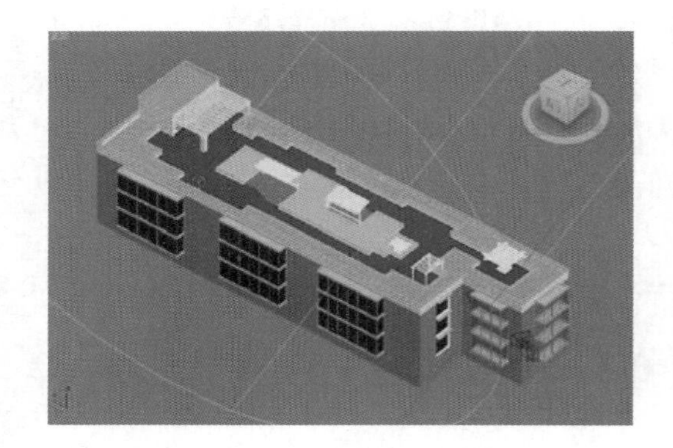

图 5-146 场景材质调整完成效果

04 进入摄影机视图，按下“Shift+Q”组合键，渲染完成得到如图 5-148 所示的材质通道图。接下来进行后期处理。

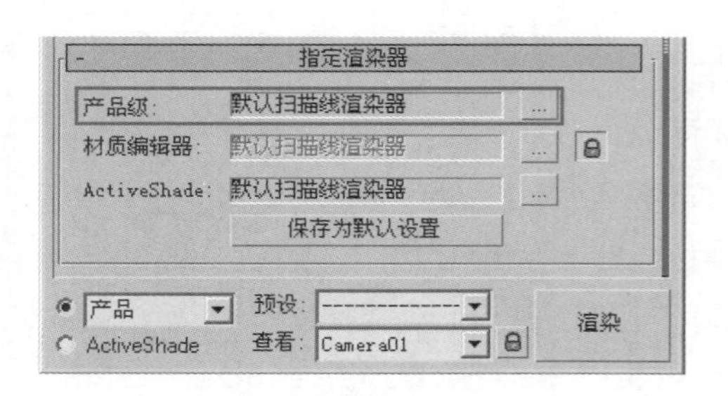


图 5-147 切换回默认扫描线渲染器

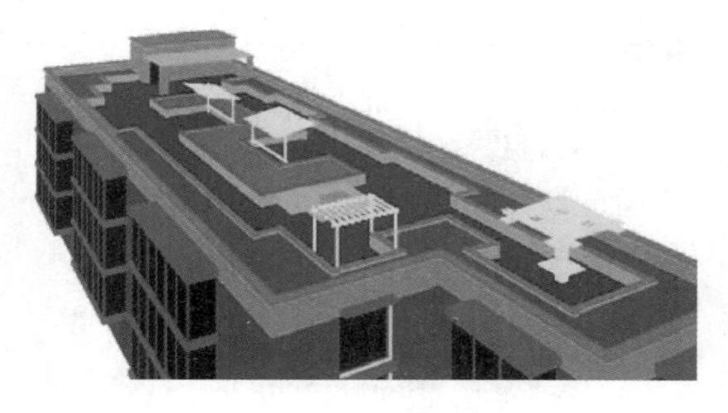

图 5-148 色彩通道渲染效果

# 5.7 Photoshop 后期处理

## 5.7.1 制作背景

01 启动 Photoshop CS5，按下“Ctrl + O”快捷键，打开最终渲染图像，如图 5-149 所示。

02 选择工具箱魔术橡皮擦工具，移动光标至白色背景位置单击，清除白色背景，“背景”图层也同时转换为“图层 0”普通图层，如图 5-150 所示。

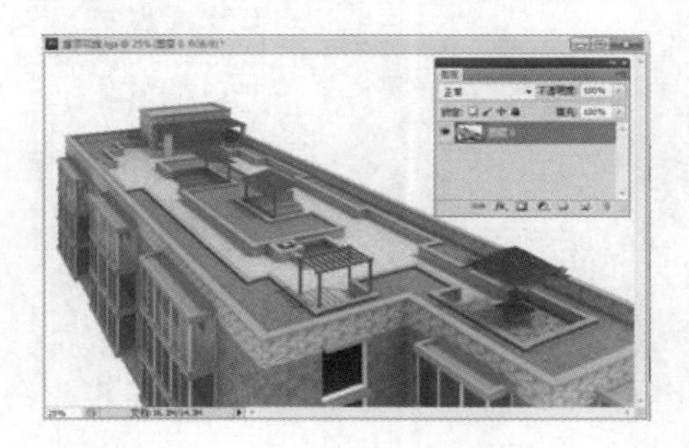

图 5-149　打开最终渲染图

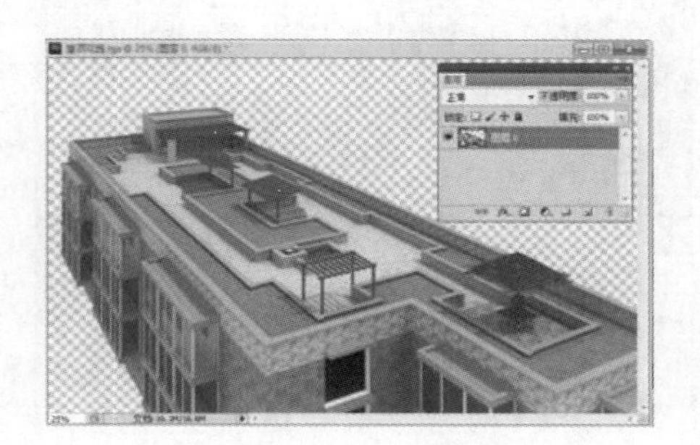

图 5-150　清除白色背景

03 按下“V”键启用移动工具，按住 Shift 键，拖动复制材质通道图至成图图像窗口，调整图层叠放顺序并命名，如图 5-151 所示。单击材质通道图所在图层左侧的眼睛图标，暂时隐藏图层。

04 打开配套资源背景素材，如图 5-152 所示，将其拖动复制到当前图像窗口，按下“Ctrl + T”键开启自由变换，调整位置与图层顺序，制作出群山远景效果，如图 5-153 所示。

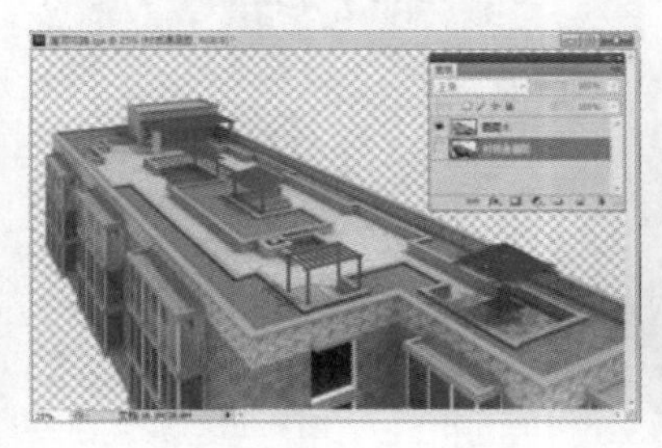

图 5-151　合并图像

图 5-152　打开背景素材

图 5-153　制作远景

05 打开配套资源另一张群山背景素材，如图 5-154 所示，通过类似方法制作中景，如图 5-155 所示，降低图层的不透明度。

## 5.7.2 添加草地和植物配景

01 打开配套资源草地图片，如图 5-156 所示，按“Ctrl+ A”快捷键全选图像，按下“Ctrl + C”快捷键复制图像。

02 重新显示“材质通道图”图层，选择工具箱魔棒工具，在工具选项栏中取消“连续”复选框的勾选，在屋顶花园草地材质区域单击鼠标，选择所有草地材质区域，如图 5-157 所示。

03 执行【编辑】\【选择性粘贴】\【贴入】命令，得到一个以当前选区为蒙版的草地图层，如图 5-158

所示，草地图像只显示在草地材质区域。

图 5-154　打开背景素材

图 5-155　制作中景

图 5-156　打开草地素材

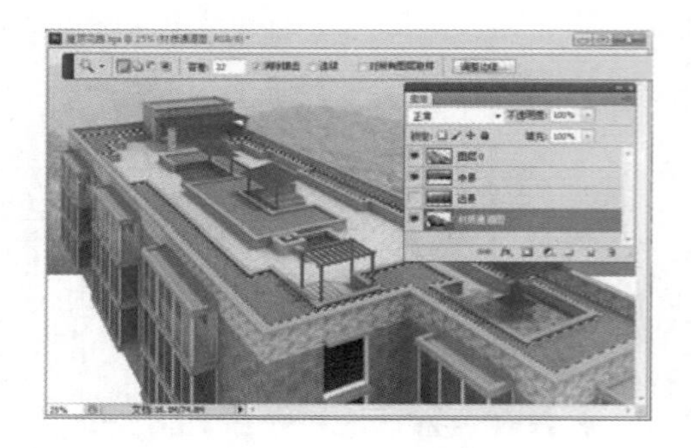

图 5-157　创建草地材质选区

图 5-158　粘贴草地图像

04 此时草地纹理过粗，按“Ctrl + T”键调整大小，然后选择复制到其他未覆盖的草地材质区域。

05 打开配套资源“灌木”素材如图 5-159 所示，将其调入，然后调整位置与造型大小，如图 5-160 所示。

06 使用同样方法添加其他灌木，完成效果如图 5-161 所示。

图 5-159　打开灌木素材

图 5-160　调整灌木造型与位置

图 5-161　添加其他灌木

07 打开配套资源“花丛”素材，如图 5-162 所示，将其合并，调整位置与造型大小，如图 5-163 所示。

08 添加其他花丛，如图 5-164 所示。

图 5-162　打开花丛素材

图 5-163　调整花丛造型与位置

图 5-164　添加其他花丛

09 打开“墙藤”素材，如图 5-165 所示，将其调入后调整效果如图 5-166 所示。

10 打开配套资源“第 05 章|小树”素材，如图 5-167 所示，将其调入并调整位置与造型，如图 5-168 所示。

图 5-165 打开墙藤素材

图 5-166 调入并调整墙藤

图 5-167 打开小树素材

11 复制得到其他位置树木，然后对造型进行微调，满足透视关系，如图 5-169 所示。

12 通过类似方式添加屋顶花园近端的其他树木，如图 5-170~图 5-172 所示。

图 5-168 调整小树造型与位置

图 5-169 复制小树

图 5-170 添加枯树

13 屋顶花园外围最终效果如图 5-173 所示。

图 5-171 添加桃树

图 5-172 屋顶花园近端完成效果

图 5-173 屋顶花园外围完成效果

14 制作屋顶花园内侧的细节，当前效果如图 5-174 所示。

15 打开配套资源“第 05 章|花丛”素材，如图 5-175 所示，将其合并至内部草皮上方并调整范围大小，如图 5-176 与图 5-177 所示。

图 5-174 屋顶花园内部当前效果

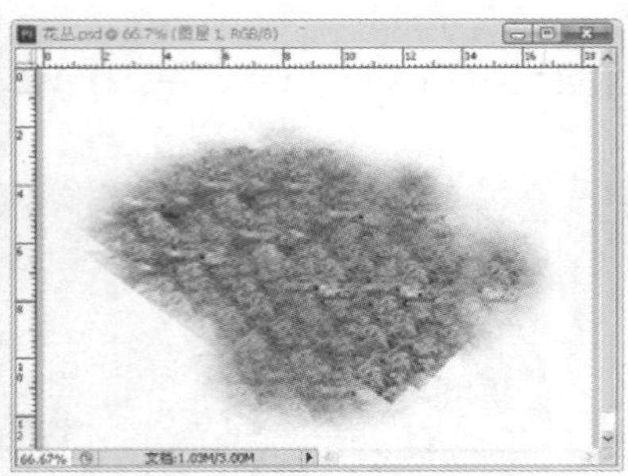

图 5-175 打开花丛素材

图 5-176 制作内部花丛

16 底层花丛制作好后，再逐步制作灌木丛、树木以及石块细节，如图 5-178~图 5-180 所示。

图 5-177 内部花丛完成效果

图 5-178 合并灌木

图 5-179 合并桃树

17 打开配套资源“荷花”素材，制作水池中的细节，效果如图 5-181 所示。

18 经过以上处理，屋顶花园植物配景添加完成，当前效果如图 5-182 所示。

图 5-180 合并石块

图 5-181 合并荷花

图 5-182 屋顶花园细节完成效果

## 5.7.3 整体最终调整

01 在屋顶花园的左下角添加一些树冠素材，既可以填补构图的空白，又可以解决建筑与地面脱节的问题，如图 5-183 所示。

02 执行【图层】\【新建调整图层】\【照片滤镜】命令，设置参数如图 5-184 所示，统一整个画面的颜色。

图 5-183　添加近端的树木

图 5-184　统一色调

03 在画面的右上角添加和制作光线、云雾效果，渲染出画面的气氛，如图 5-185 所示。

04 设置前景色为黑色，选择工具箱画笔工具，在工具选项栏中设置不透明度为 20%，调整合适的笔刷大小，在画面下端涂抹，制作出暗角效果，将视角焦点引向画面中央，如图 5-186 所示。

05 可以根据自己的需要和自己的想法，对图像作更多的处理。

图 5-185　添加光线和云雾效果

图 5-186　制作底端暗角

# 第6章

# 道路及站台绿化全模表现

为公路及站台景观全模表现实例，首先讲述了 SketchUp 创建公路和站台模型的方法，然后讲述了导入模型至 3dsmax，进行路灯、车辆、人物以及绿化植物全模效果制作的方法与技巧，最后讲述了通过 Photoshop 进行细节美化的方法。

本例将学习全模场景的创建和渲染方法，区别于通过后期处理添加树木、人物、车辆等配景，全模场景所有元素全部通过模型的方式创建，从而大大减轻了后期处理的工作量，同时又可渲染得到真实细腻的渲染效果，如图 6-1 与图 6-2 所示。全模渲染目前已经成为比较流行的一种建筑表现方法。

图 6-1　全模渲染效果 1

图 6-2　全模渲染效果 2

最后通过简单的后期处理，得到如图 6-3 与图 6-4 所示的最终效果。

图 6-3　最终效果 1

图 6-4　最终效果 2

# 6.1 处理图纸并分析建模思路

## 6.1.1 整理 AutoCAD 文件并导出为 JPG

01 启动 AutoCAD，按 Ctrl+O 快捷键，打开本书配套资源“第 06 章|公路绿化.dwg 文件”，如图 6-5 所示。使用【矩形】工具划定本例表现的道路范围，如图 6-6 所示。

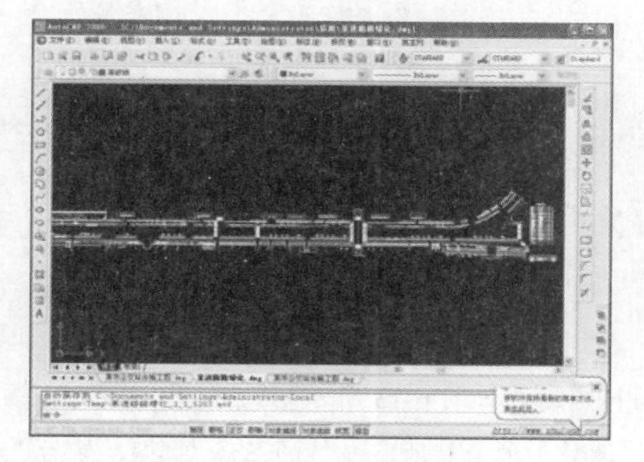

图 6-5　打开 AutoCAD 图纸

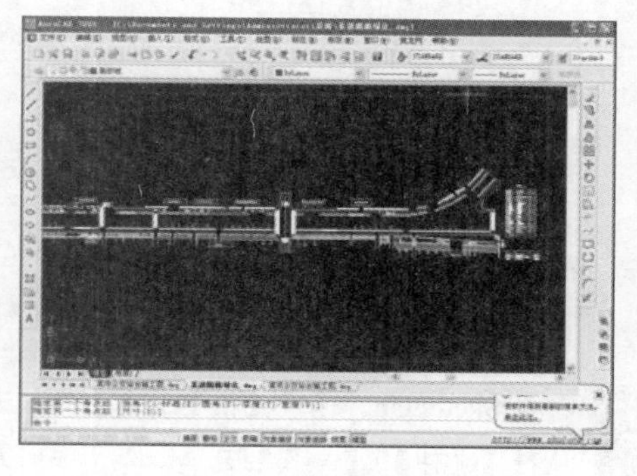

图 6-6　划定表现范围

02 在命令行输入 TR 并回车，启用【修剪】工具修剪表现范围外线段，如图 6-7 所示，然后选择删除范围外的图形，如图 6-8 所示。

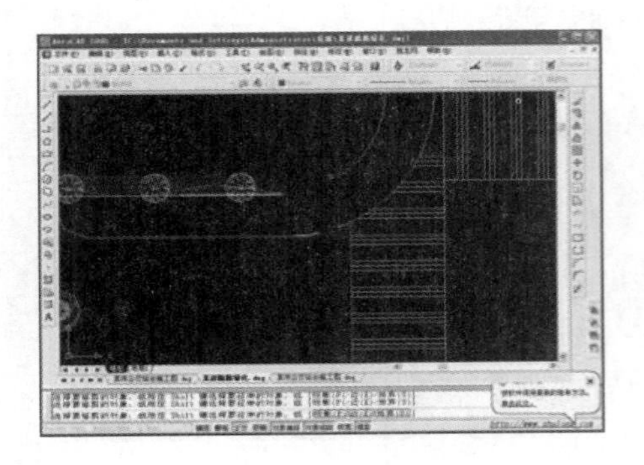

图 6-7 修剪线段

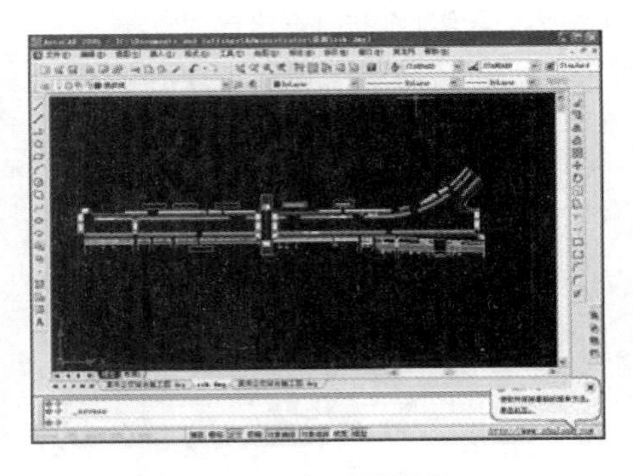

图 6-8 清理图形效果

03 为了便于观察，按下“Ctrl+A”组合键全选当前图形，统一调整为白（黑）色显示，如图 6-9 所示。

04 按下“Ctrl+P”组合键，弹出【打印】设置面板，设置参数如图 6-10 所示，单击【预览】按钮可以看到如图 6-11 所示的预览效果。

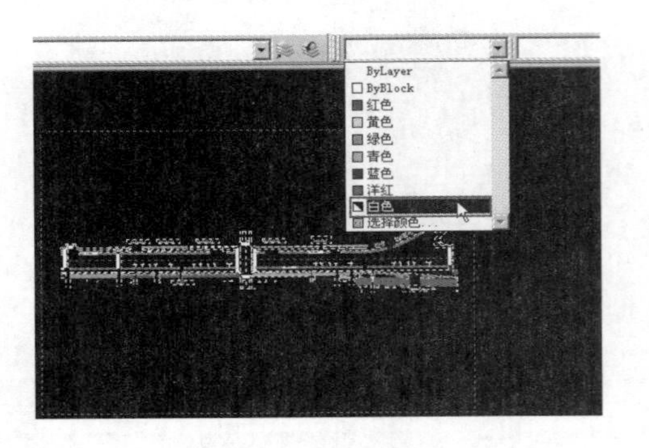


图 6-9 设置图形颜色

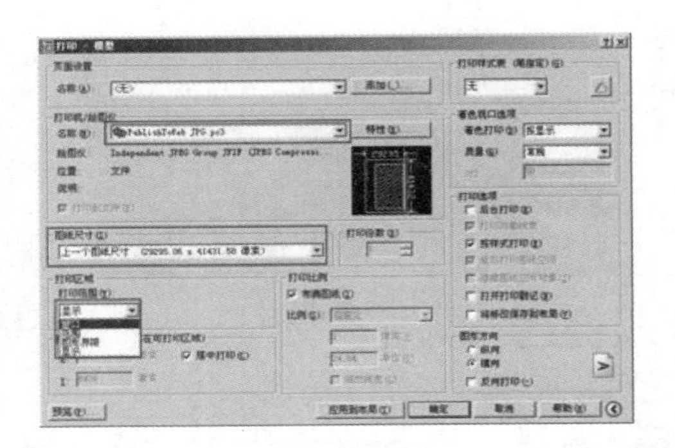

图 6-10 设置打印参数

05 单击【确定】按钮开始打印输出，得到如图 6-12 所示的 JPG 格式道路平面图。

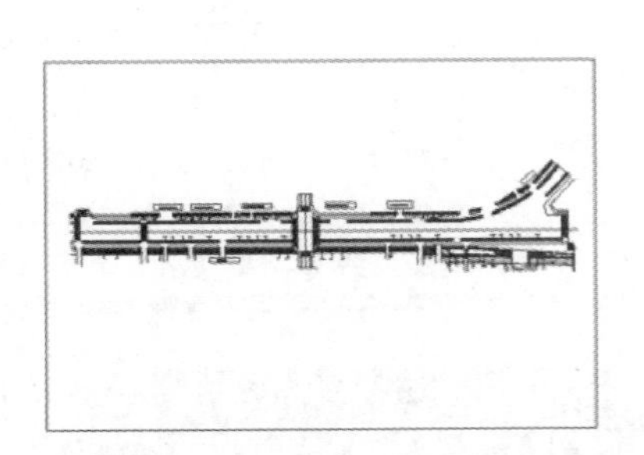

图 6-11 打印预览效果

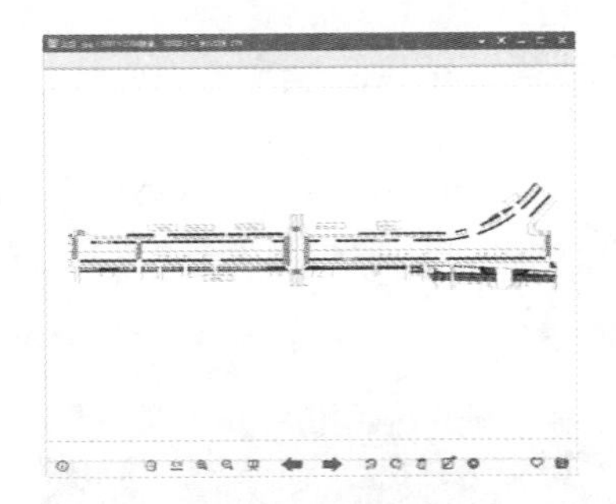

图 6-12 JPG 打印完成效果

## 6.1.2 导入图纸至 SketchUp

01 打开 SketchUp，通过【模型信息】面板设置单位与精确度，如图 6-13 所示。

02 执行【文件】/【导入】菜单命令，如图 6-14 所示，调整类型为“所有支持的图像类型”，然后选择之前导出的图片，以“用作图像”方式进行导入，如图 6-15 所示。

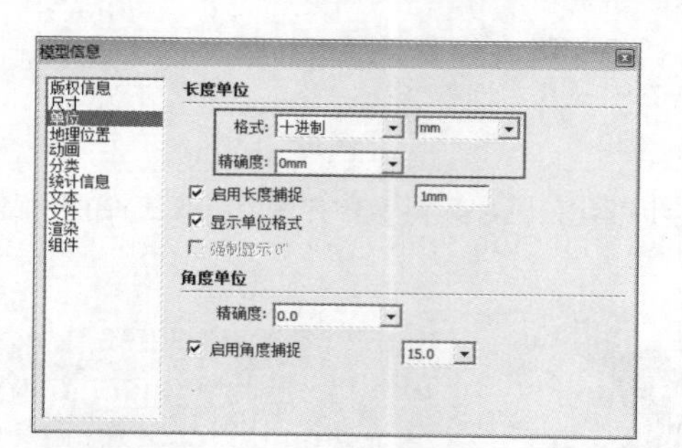


图 6-13　设定场景单位与精确度

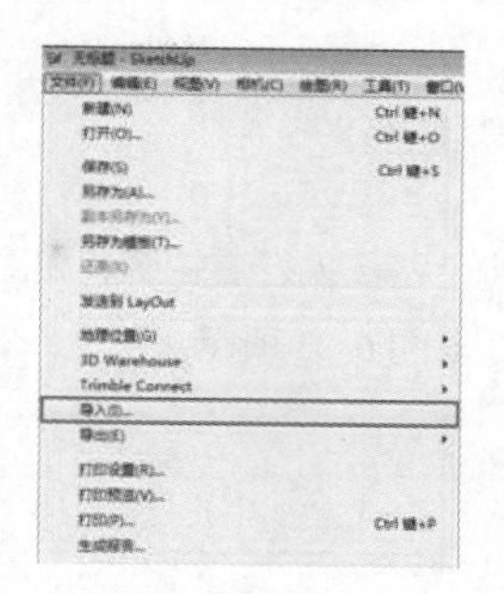

图 6-14　执行导入菜单命令

**03** 选择导入的图片，将其左下角与原点对齐，如图 6-16 所示。测量 CAD 图纸中公路宽度，如图 6-17 所示。

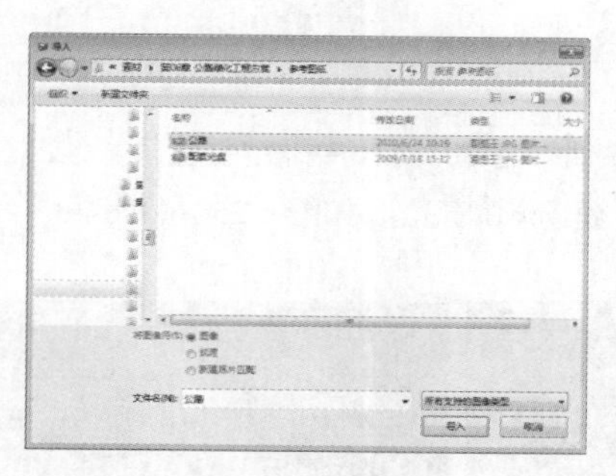

图 6-15　导入图片

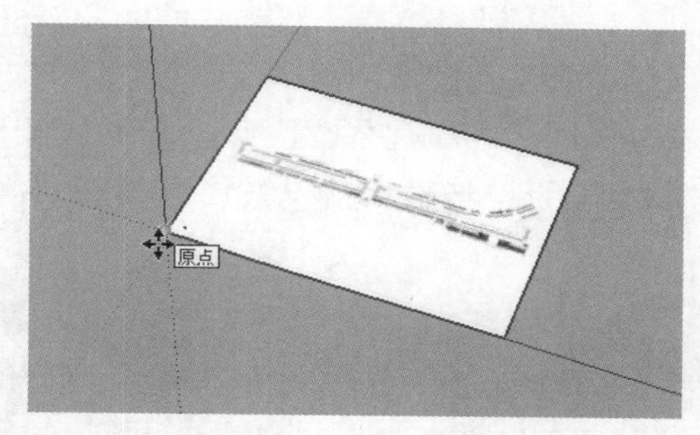


图 6-16　对齐图片左下角至原点

**04** 启用【卷尺】工具，测量导入图纸中当前公路的宽度，如图 6-18 所示，然后输入 20000 并确认重置图片大小，如图 6-19 示。

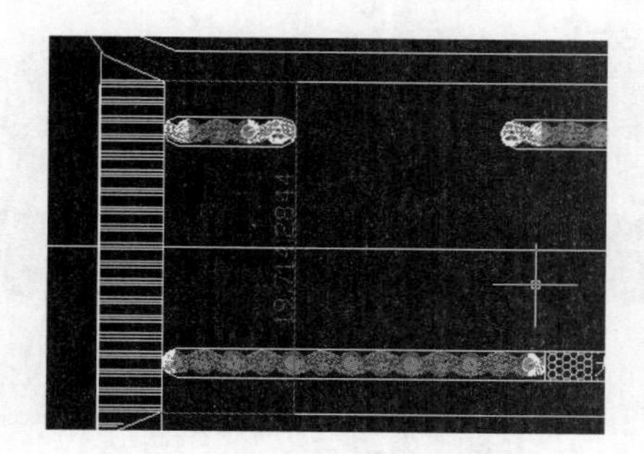

图 6-17　测量 CAD 图纸中公路宽度

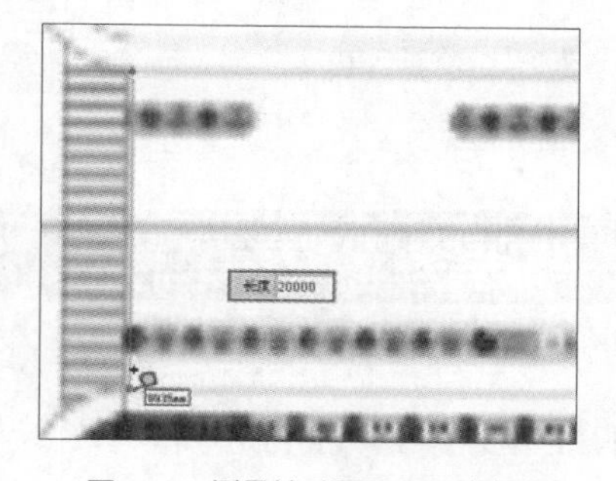


图 6-18　测量并重置导入图片宽度

**05** 移动场景人物模型至人行道处，确认图纸比例，如图 6-20 所示。

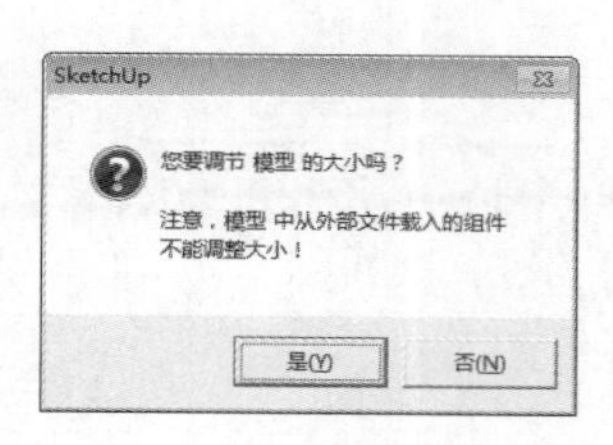


图 6-19　确认重置图片

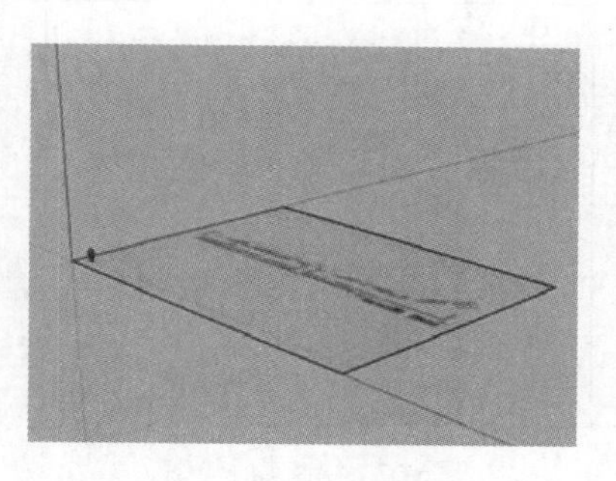

图 6-20　通过人物确认重置比例

### 6.1.3 分析建模思路

首先将创建公路及人行道轮廓，如图 6-21 所示，然后逐步细化公路、人行道，并最终并入道路两侧的建筑简模，如图 6-22 与图 6-23 所示。

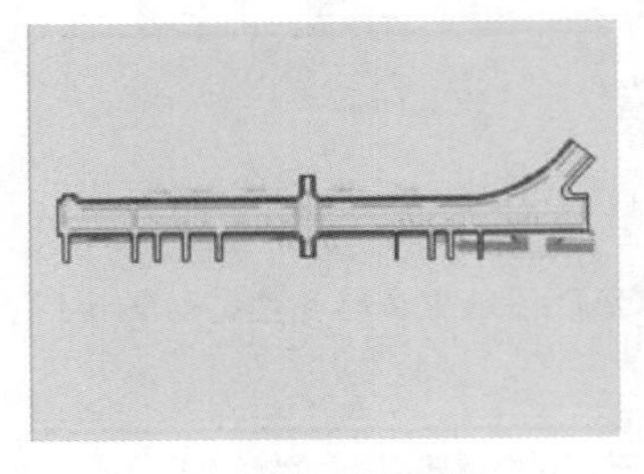

图 6-21　建立轮廓

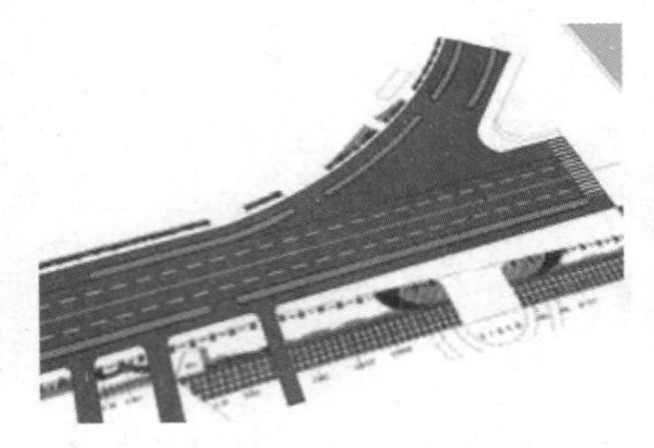

图 6-22　细化公路

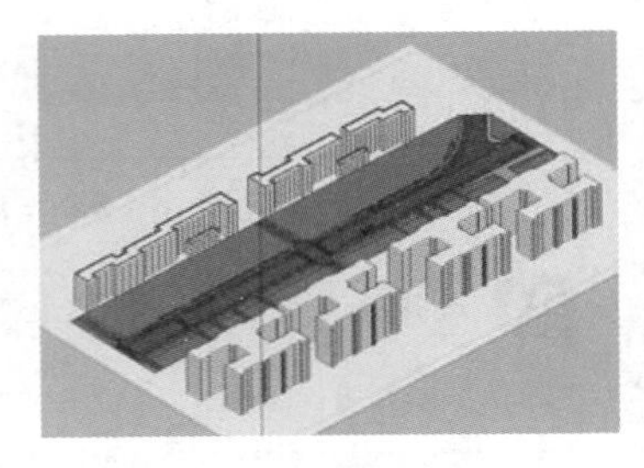

图 6-23　合并建筑模型

在 SketchUp 中完成基本模型创建后，通过导出为 3ds 格式文件，在 3ds max 中确定表现角度，如图 6-24 所示，然后添加灯具、车辆、人物、绿化等配景模型，最终完成全模场景的建立，如图 6-25 与图 6-26 所示。

图 6-24　确定视角

图 6-25　建立轮廓并细化公路

图 6-26　添加环境配景模型

## 6.2 创建基本模型

### 6.2.1 创建整体轮廓平面

01 参考图纸，启用【直线】工具快速创建道路轮廓平面，如图 6-27 与图 6-28 所示。

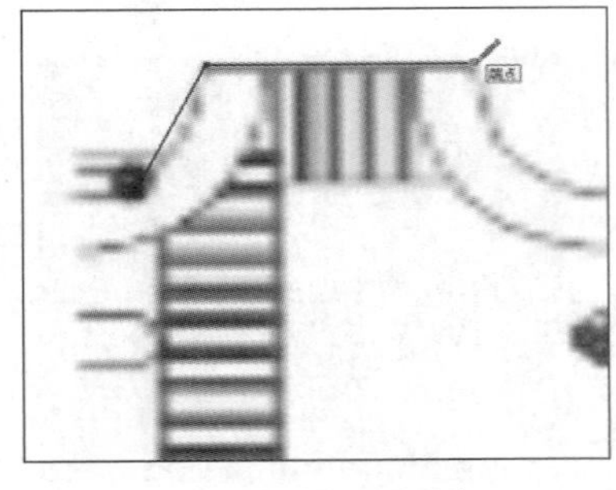


图 6-27　绘制道路轮廓

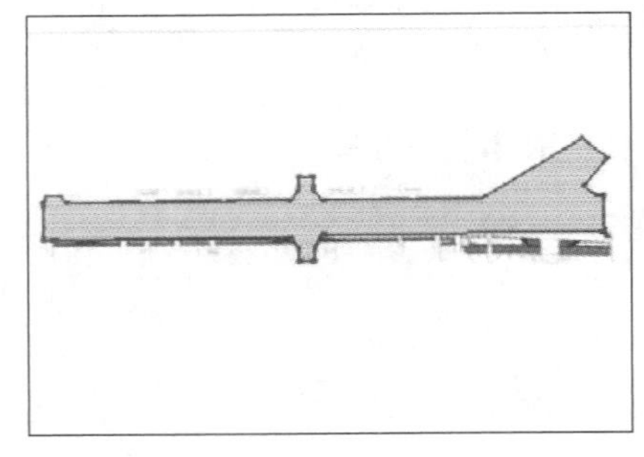

图 6-28　快速封面完成

02 使用【圆弧】工具处理道路边缘圆角细节，如图 6-29 所示。

03 选择创建的轮廓平面，启用【偏移】工具向内偏移 2000，分割出人行道平面，如图 6-30 所示。

04 同样参考图纸，处理内部圆角细节，如图 6-31 所示。

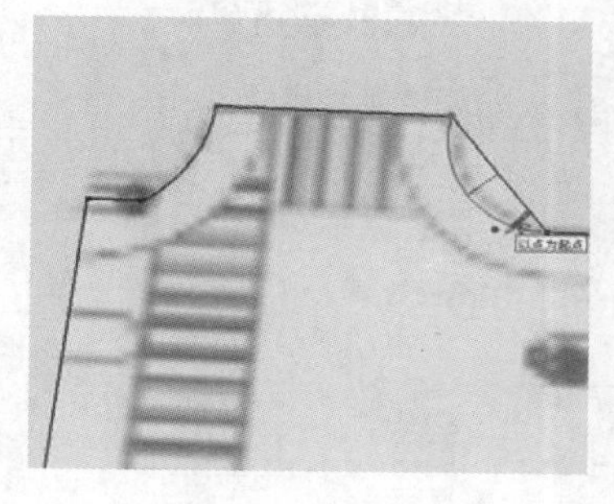

图 6-29　绘制圆弧细节

图 6-30　偏移复制

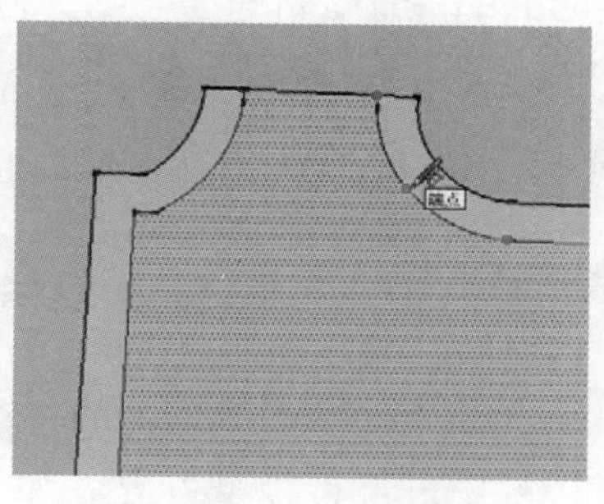

图 6-31　调整人行道圆角细节

05 通过类似方式分割下方岔道平面，如图 6-32 所示。至此，路面整体以及细节分割均创建完成，如图 6-33 所示。

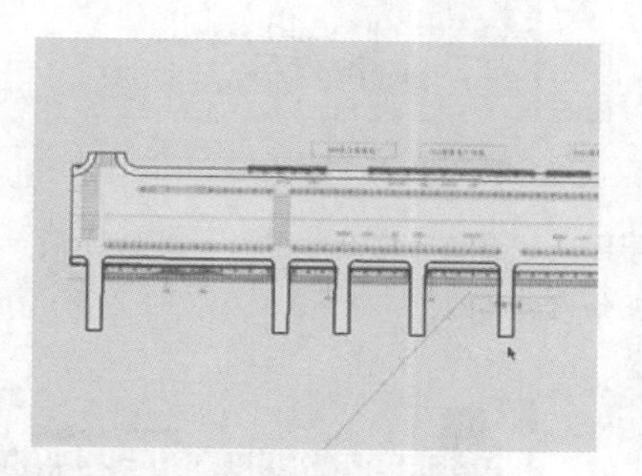

图 6-32　绘制下方岔道

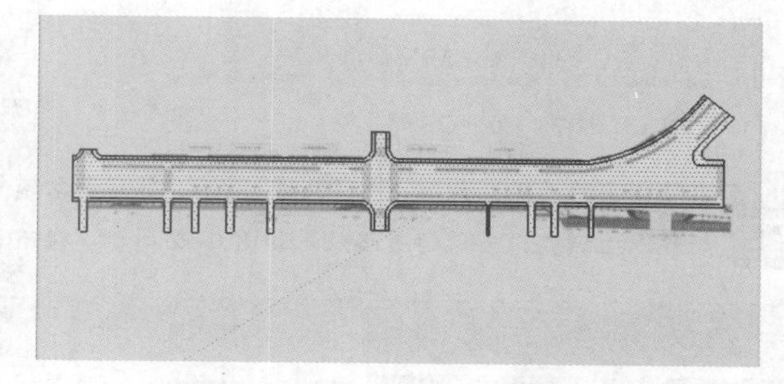

图 6-33　路面整体分割完成

## 6.2.2 细化公路

01 选择内部公路平面，单独创建为【组】，如图 6-34 所示。然后选择外部人行道平面，也创建为【组】，如图 6-35 所示。

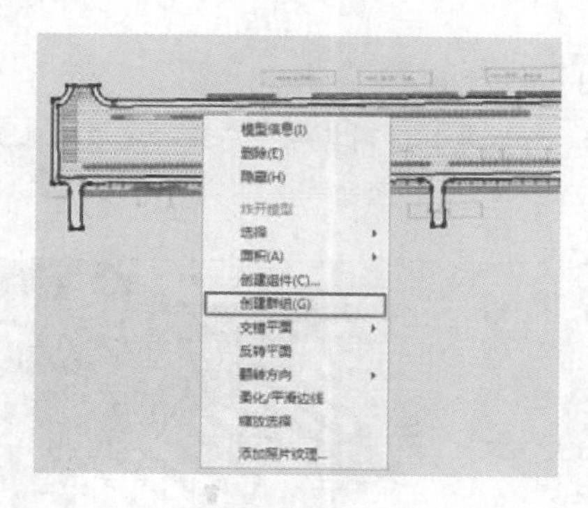


图 6-34　创建组

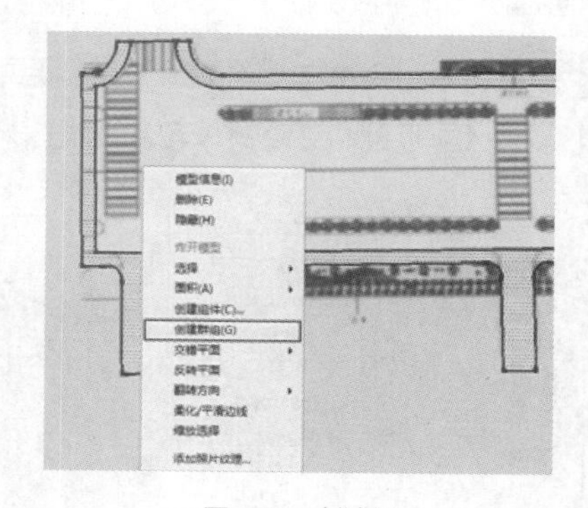

图 6-35　创建组

02 选择隐藏人行道平面【组】，如图 6-36 所示，接下来逐步细化如图 6-37 所示的公路主平面。

03 参考图纸，启用【直线】工具，分割出中央路面，如图 6-38 所示，然后为其制作并赋予路面贴图，如图 6-39 所示。

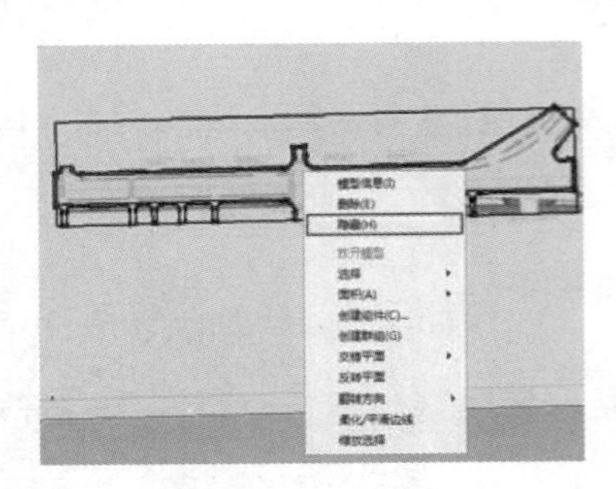

图 6-36　隐藏人行道

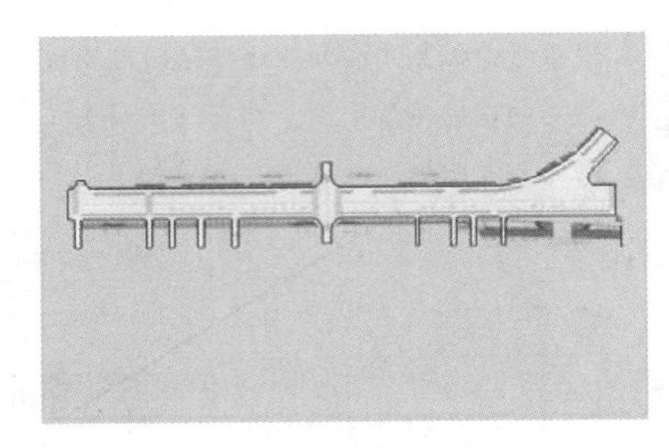

图 6-37　主路面效果

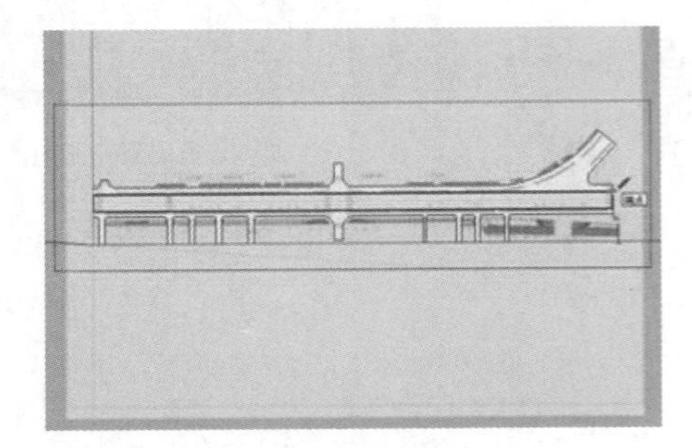

图 6-38　分割中央路面

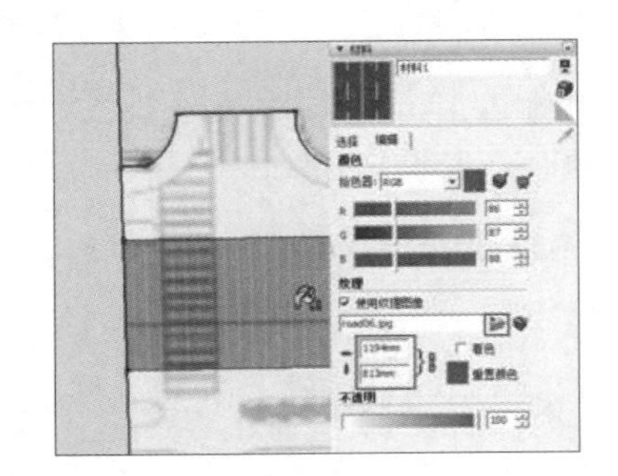

图 6-39　赋予路面贴图

04 调整中央路面贴图细节，如图 6-40 所示，然后为岔道等区域赋予柏油路面贴图，如图 6-41 所示。

05 经过以上调整，当前的道路效果如图 6-42 所示，接下来细化斑马线。

图 6-40　调整贴图效果

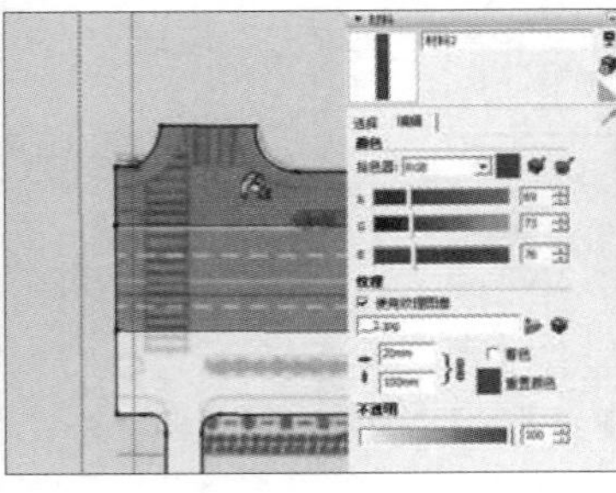

图 6-41　赋予其他区域贴图

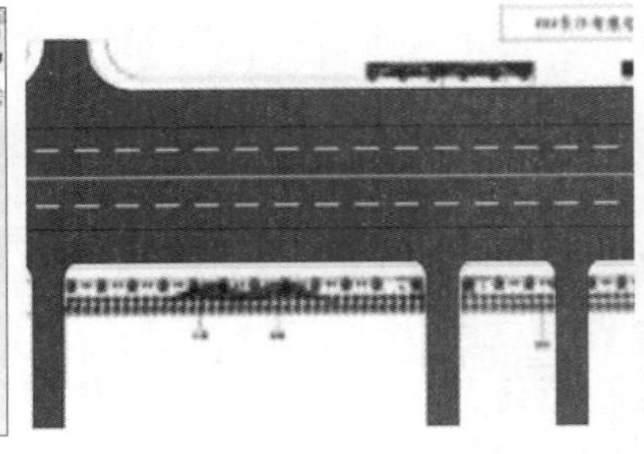

图 6-42　公路整体贴图效果

06 参考图纸，启用【直线】工具分割斑马线区域，如图 6-43 所示。

07 启用【矩形】工具绘制斑马线白线，如图 6-44 所示，然后复制得到其他斑马线，完成效果如图 6-45 所示。

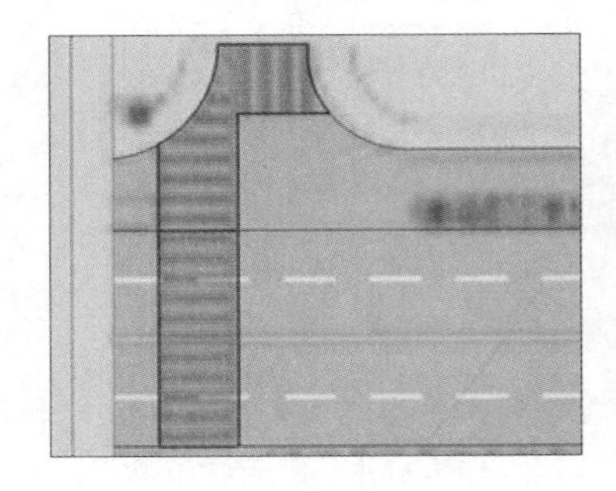

图 6-43　分割斑马线区域

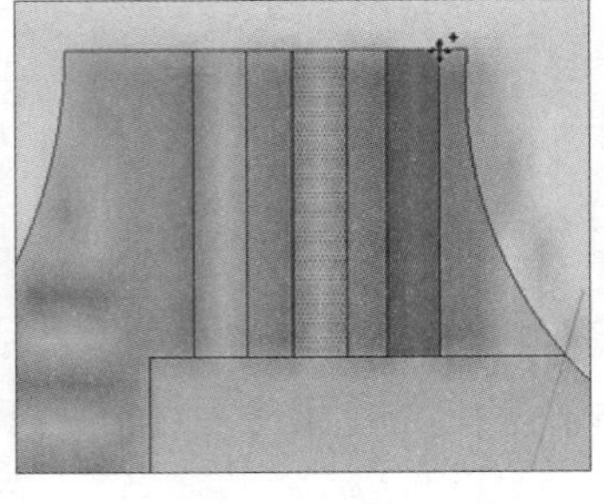

图 6-44　绘制斑马线

图 6-45　斑马线完成效果

08 启用【矩形】工具分割路面花坛平面，如图 6-46 所示。结合使用【圆弧】与【推/拉】等工具，创建花坛模型，如图 6-47 所示。

09 使用【推/拉】工具制作内部草地，然后赋予相应的石材和草地材质，如图 6-48 所示。

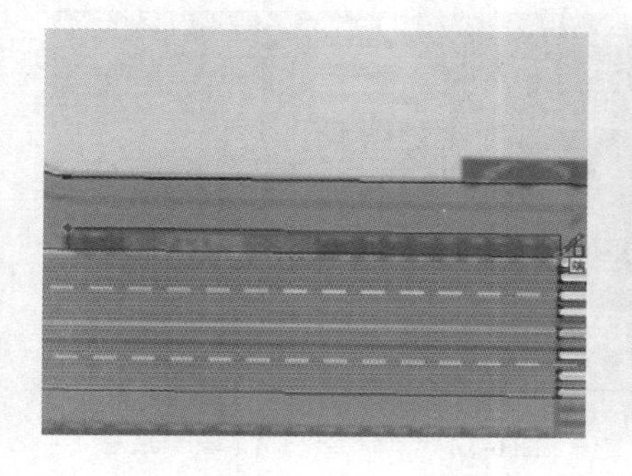

图 6-46 分割路面花坛

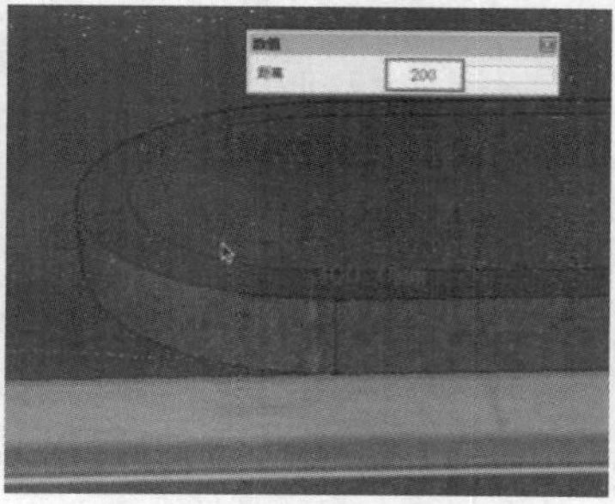


图 6-47 创建花坛模型

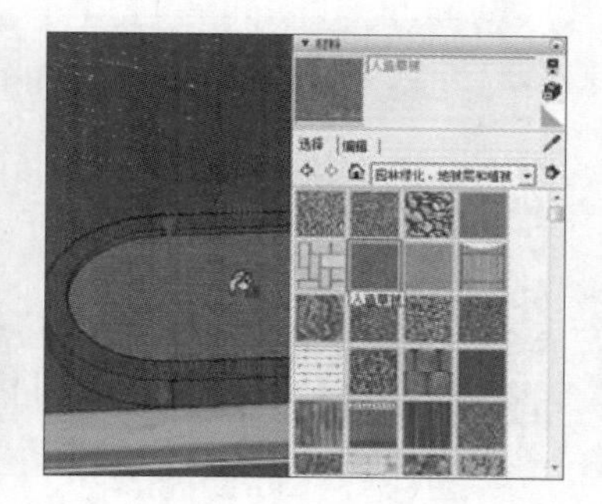

图 6-48 赋予花坛材质

10 制作完成的花坛效果如图 6-49 所示，然后通过【组件】面板合并“车站”模型，如图 6-50 与图 6-51 所示。

图 6-49 花坛完成效果

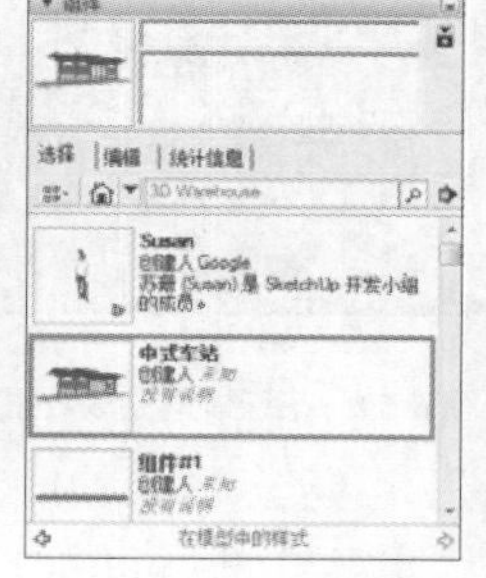


图 6-50 合并车站

图 6-51 合并完成效果

11 通过同样的方法，制作其他位置的斑马线与花坛，如图 6-52 所示，完成效果如图 6-53 所示。接下来细化人行道与周边绿化。

## 6.2.3 细化人行道与绿化

01 重新显示隐藏的人行道平面【组】，启用【偏移】工具制作路沿平面，如图 6-54 所示，然后拉伸出一定的高度并赋予材质，如图 6-55 所示。

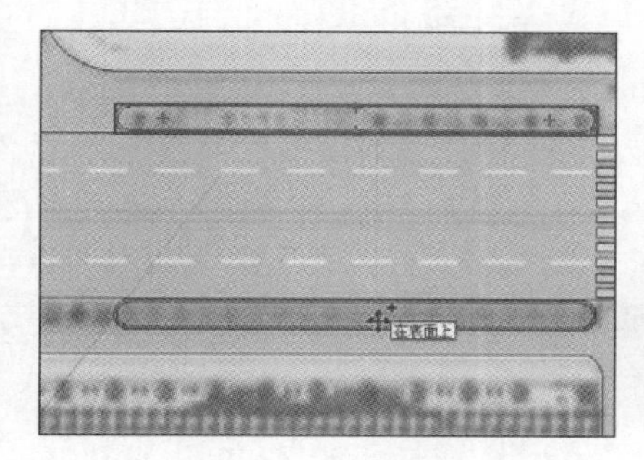

图 6-52 制作其他花坛

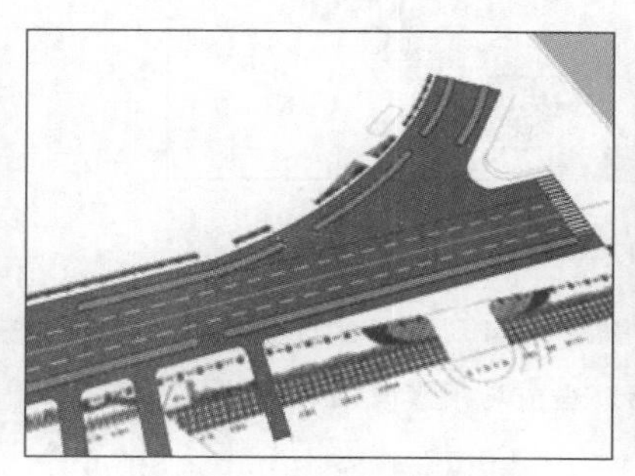

图 6-53 公路整体完成效果

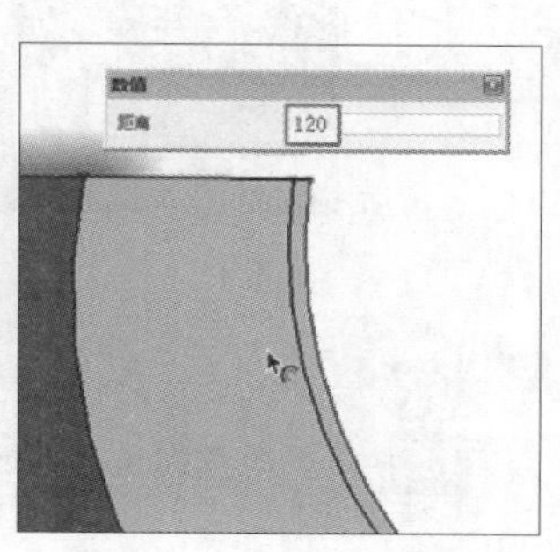


图 6-54 绘制人行道路沿

02 通过相同方法制作内侧路沿，然后赋予人行道中央路面石材铺地，如图 6-56 所示。

03 参考图纸，使用【矩形】工具创建花坛平面，如图 6-57 所示，然后结合使用【推/拉】、【偏移】等工具制作相关细节，如图 6-58 与图 6-59 所示。

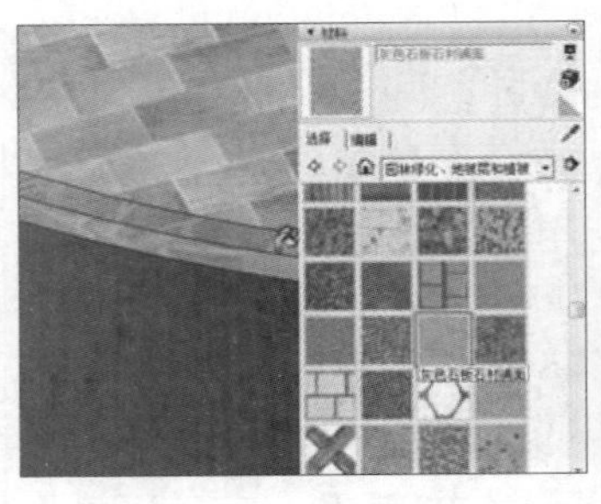
图 6-55　拉伸并赋予材质

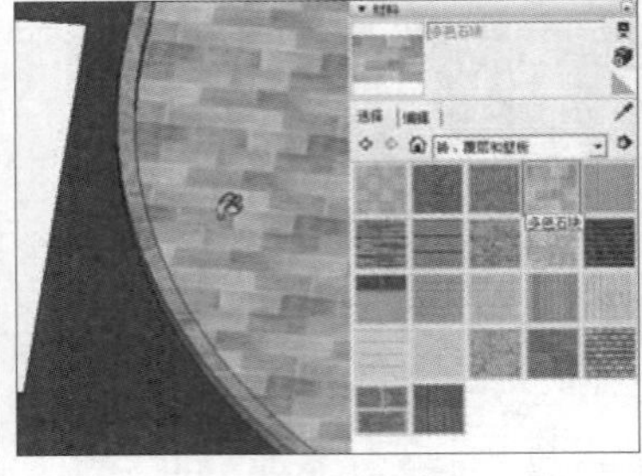
图 6-56　赋予路面石材

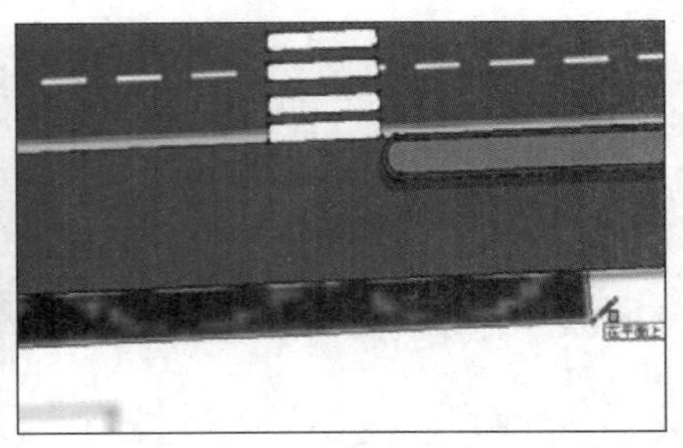
图 6-57　参考图纸创建花坛平面

04 参考图纸，结合使用【矩形】以及【圆弧】等工具制作两侧的草地，如图 6-60 与图 6-61 所示。

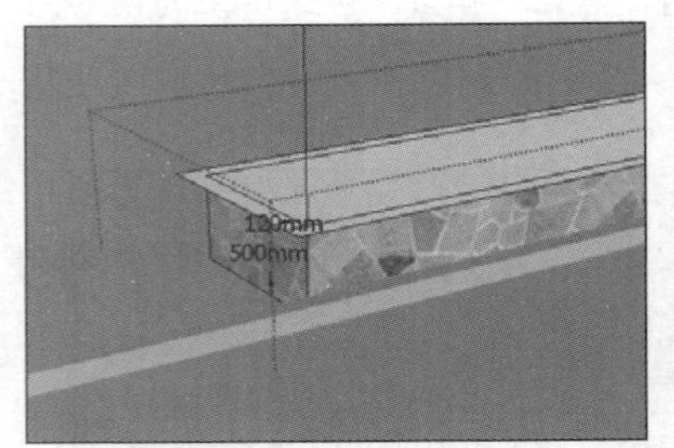

图 6-58　偏移复制

图 6-59　花坛模型完成效果

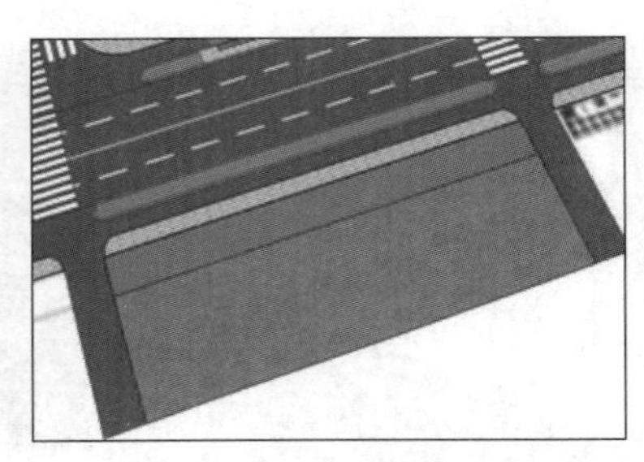
图 6-60　制作路边草地

## 6.2.4 合并建筑模型

01 打开【组件】面板，合并建筑简模 1，如图 6-62 所示，并将其放置到公路一侧，如图 6-63 所示。

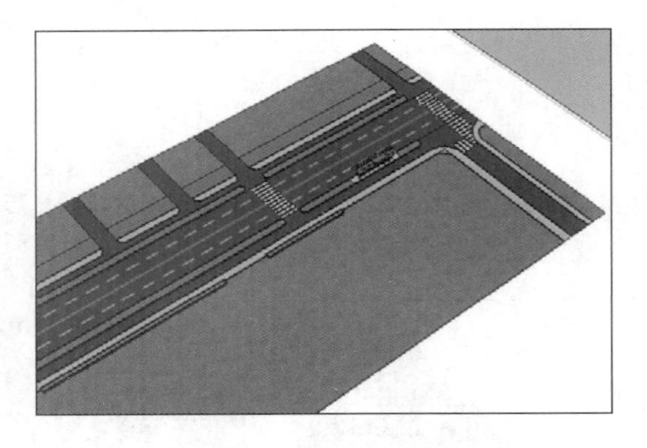
图 6-61　草地完成效果

图 6-62　合并建筑简模 1

02 合并入建筑简模 2，如图 6-64 所示，然后参考图纸移动到合适位置，如图 6-65 所示。

03 建筑简模布置完成后，当前场景模型效果如图 6-66 所示。

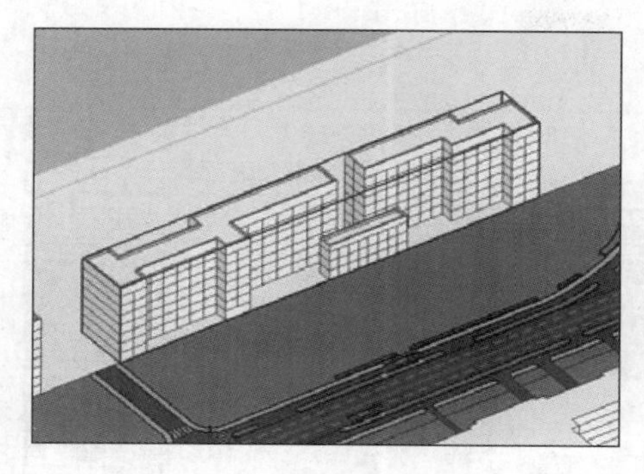

图 6-63 布置建筑简模

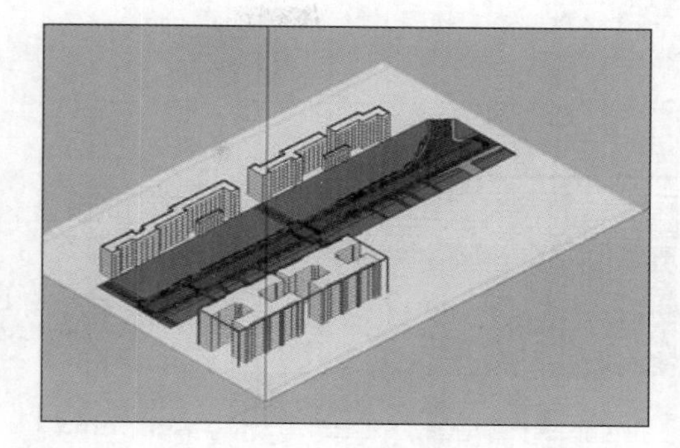

图 6-64 合并建筑简模 2

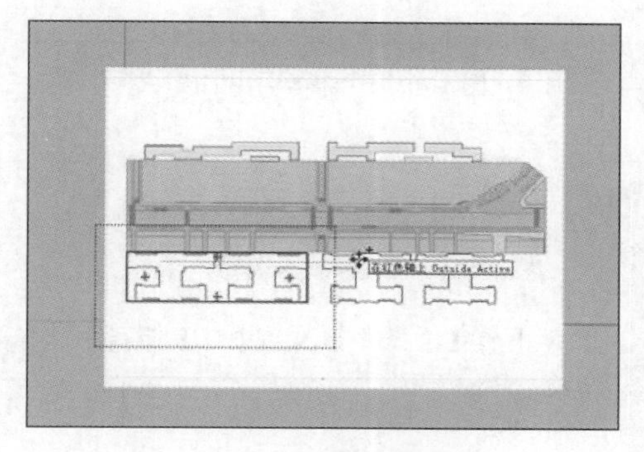

图 6-65 复制建筑简模

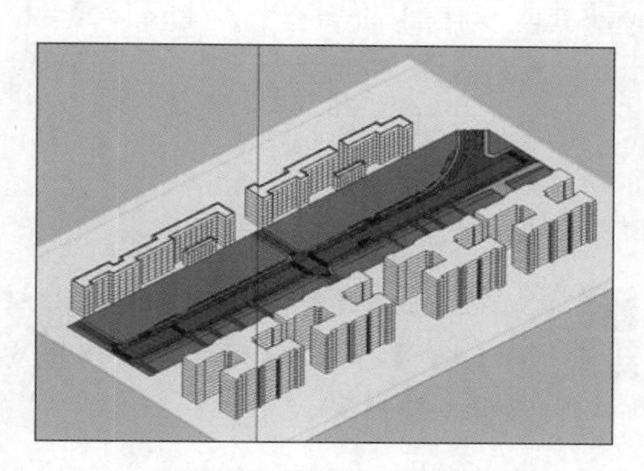

图 6-66 场景模型完成效果

# 6.3 导入 3ds max 并创建摄影机

## 6.3.1 导出 3DS 文件

01 执行【文件】/【导出】/【三维模型】菜单命令，如图 6-67 所示，在弹出的面板中单击【选项】按钮，设置导出参数如图 6-68 所示。

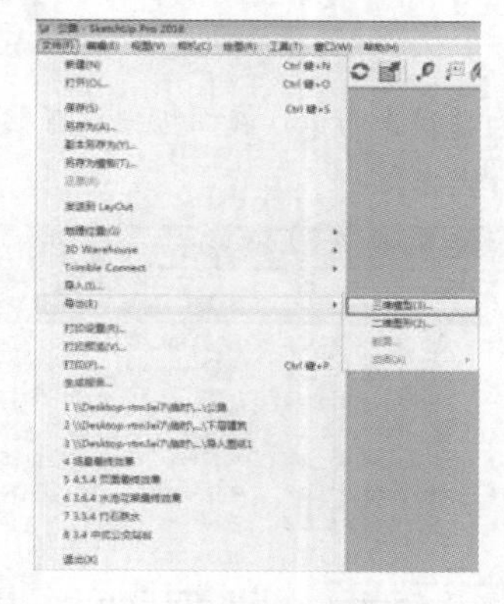

图 6-67 执行导出命令

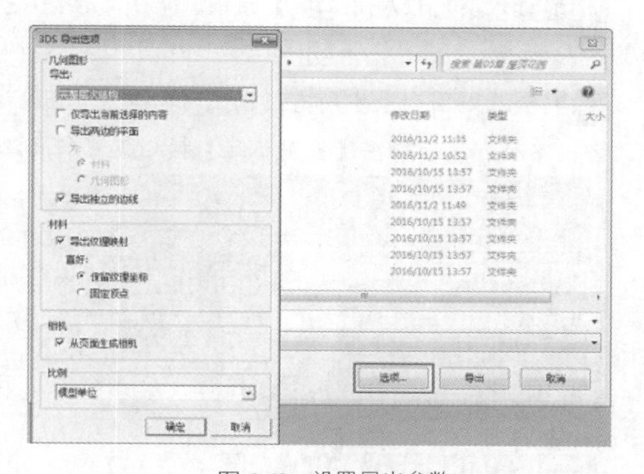

图 6-68 设置导出参数

02 单击【导出】按钮进行导出，如图 6-69 所示，导出成功后将弹出【3DS 导出结果】面板，如图 6-70

所示。

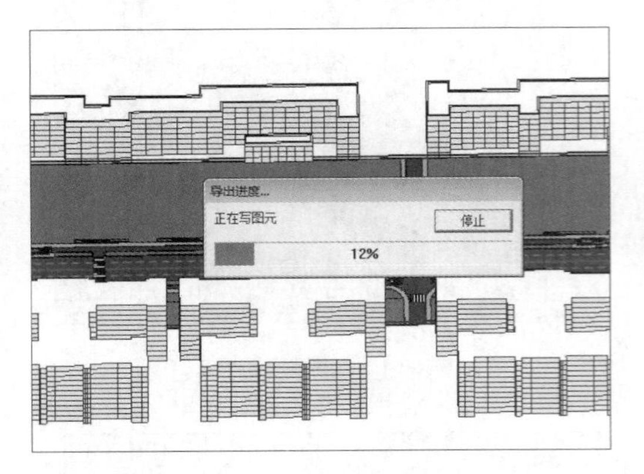


图 6-69　导出为三维模型

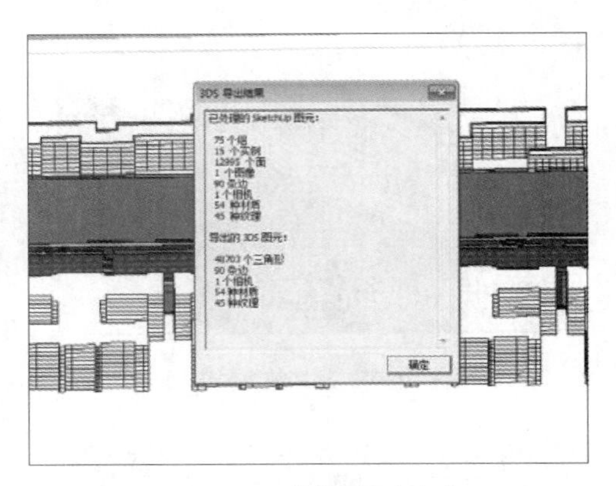

图 6-70　三维模型导出完成

## 6.3.2 导入 3ds max

01 启动 3ds max，设置系统与显示单位均为【毫米】。

02 执行【文件】/【导入】菜单命令，如图 6-71 所示，在弹出的【选择要导入的文件】面板中选择导出的 3ds 文件，如图 6-72 所示。

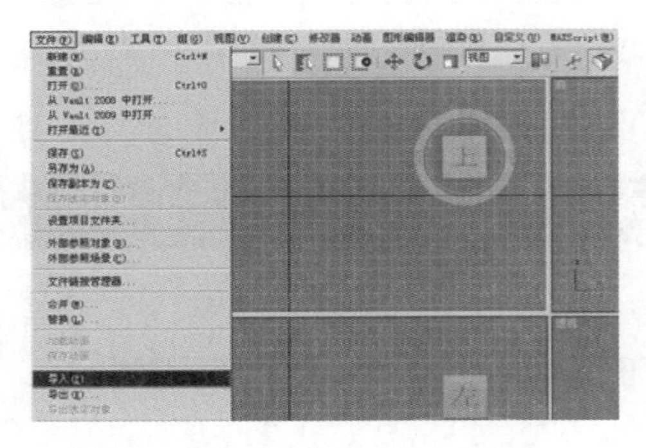

图 6-71　执行文件\导入菜单命令

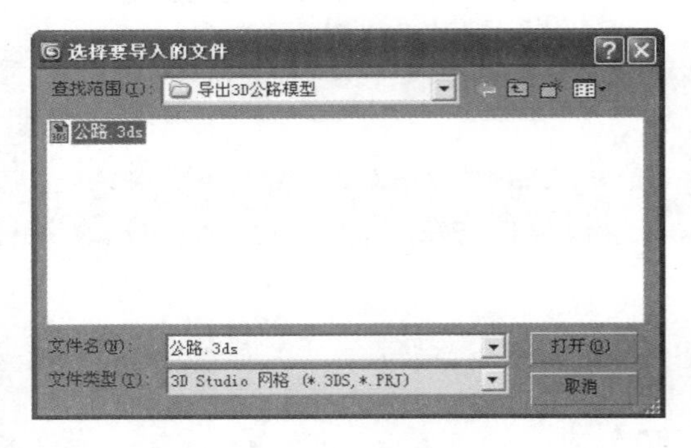


图 6-72　选择 3ds 文件导入

03 进入实用程序【工具】面板，单击【位图/光度学路径】按钮，打开【位图/光度学路径】编辑器面板，如图 6-73 所示。

04 全选贴图列表中所有贴图文件，单击 按钮打开【选择新路径】面板，在面板中设置贴图路径为之前的导出路径，然后单击【使用路径】按钮设置新的路径，如图 6-74 所示。

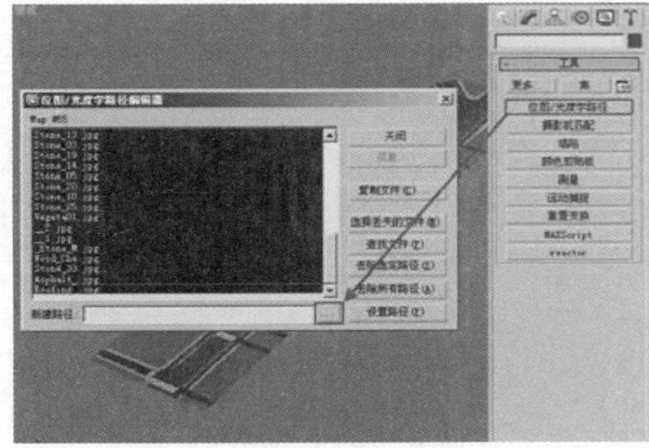

图 6-73　查找贴图路径

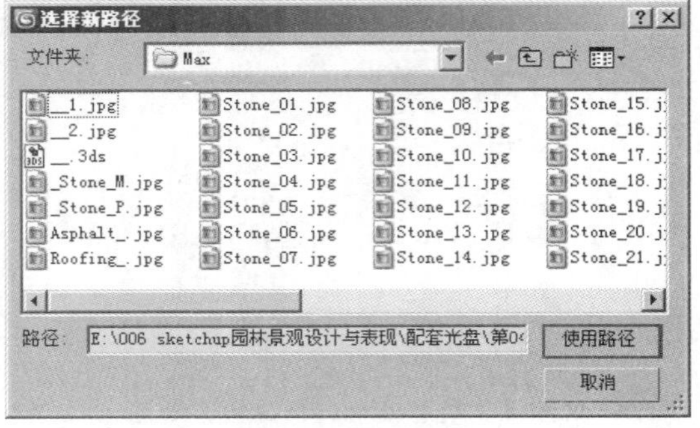


图 6-74　设置贴图路径

05 贴图路径设置正确后，透视图会显示出贴图效果，如图 6-75 所示，按下“Shift+Q”组合键快速渲染，得到默认渲染效果如图 6-76 所示。

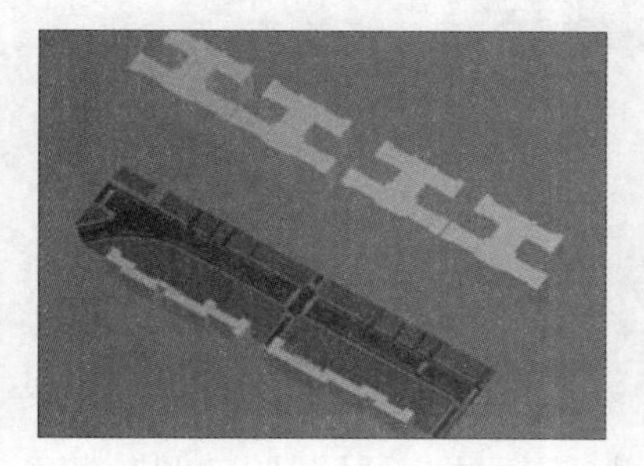

图 6-75 导入完成效果　　图 6-76 默认渲染效果　　图 6-77 旋转并平移视图

## 6.3.3 确定相机角度

01 按下“P”键切换至【透视图】，通过视图旋转、平移操作确定观察角度，如图 6-77 所示。

02 按下“Ctrl+C”组合键，创建当前角度下的摄影机，然后进入修改面板调整【镜头值】为 35，如图 6-78 所示。

03 按下“F10”键进入【渲染设置】面板，在【公用】选项卡中设置【输出大小】为 500×350，调整构图如图 6-79 所示。

04 按下“Shift+Q”组合键，渲染当前视角效果如图 6-80 所示。

图 6-78 创建摄影机并调整镜头值

图 6-79 调整输出大小

图 6-80 角度 1 默认渲染效果

05 通过类似方法创建好角度 2，如图 6-81 所示，然后渲染，得到如图 6-82 所示的效果。接下来调整材质并创建灯光。

图 6-81 确定角度 2

图 6-82 角度 2 默认渲染效果

# 6.4 调整材质灯光

## 6.4.1 调整场景材质

### 1. 调整建筑材质

01 在【公用】选项卡【指定渲染器】卷展栏中切换渲染器为 VRay 渲染器，如图 6-83 所示。

02 按下 M 键打开【材质】面板，单击【吸取材质】按钮，吸取建筑表面材质至材质球，如图 6-84 所示。

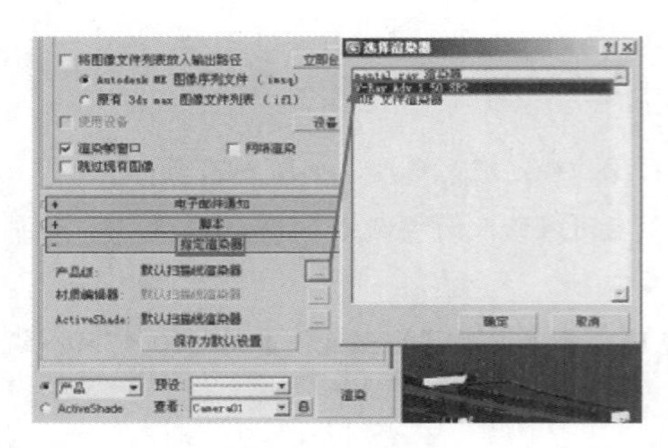

图 6-83 切换渲染器

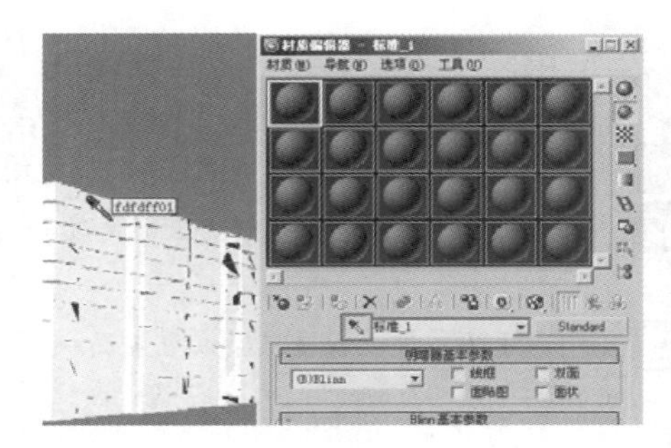

图 6-84 吸取材质

03 单击 Standard 按钮，选择 VRayMtl 材质类型，如图 6-85 所示。

04 单击【漫反射】贴图通道按钮，加载【VRay 边纹理材质】程序贴图，如图 6-86 所示。

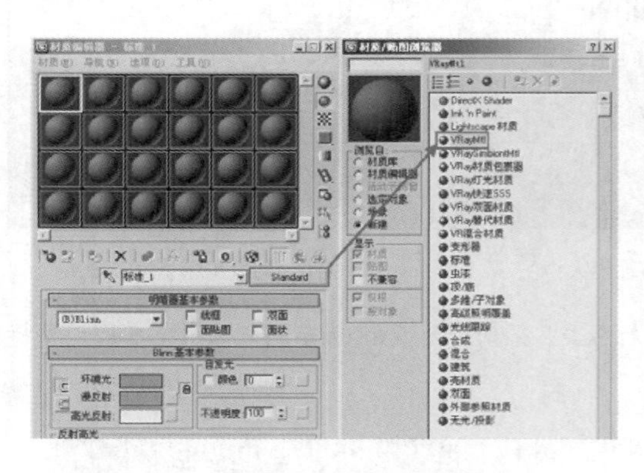

图 6-85 转换材质类型

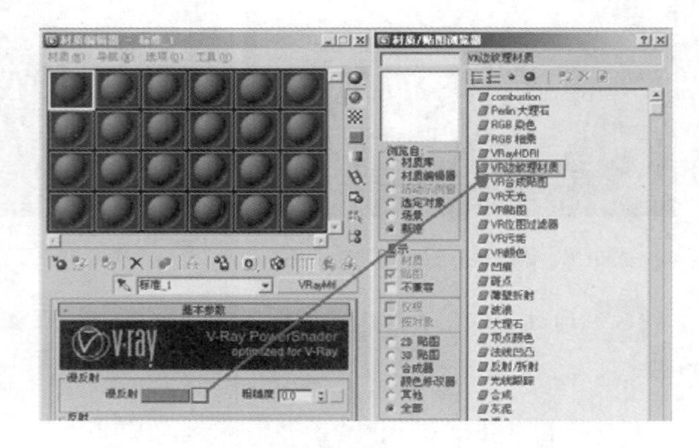

图 6-86 添加 VRay 边纹理贴图

05 设置【VR 边纹理材质】颜色为黑色，【VRay 基本材质】中的【漫反射】颜色为白色，如图 6-87 所示。

06 进入【折射】参数组，设定【折射】颜色为 134 的灰度，形成半透明效果，如图 6-88 所示。

### 2. 调整公路材质

01 选择任意一个空白材质球，并吸取当前的公路材质，然后复制其【漫反射】贴图，如图 6-89 所示。

02 进入【贴图】卷展栏，粘贴漫反射贴图至【凹凸】贴图通道，制作出公路表面的凹凸细节，如图 6-90 所示。

图 6-87　调整材质与边纹理颜色

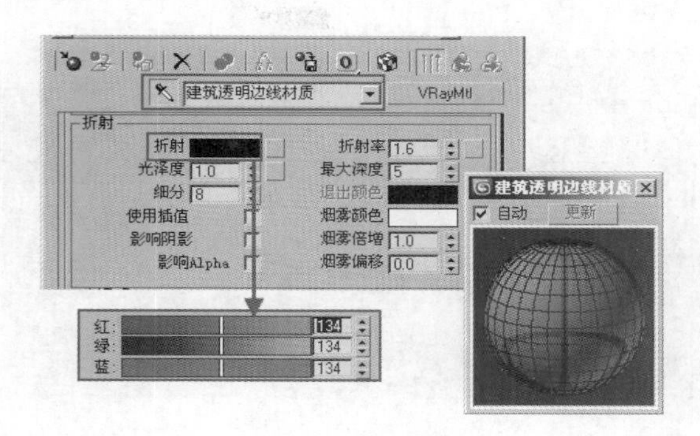

图 6-88　调整材质透明度

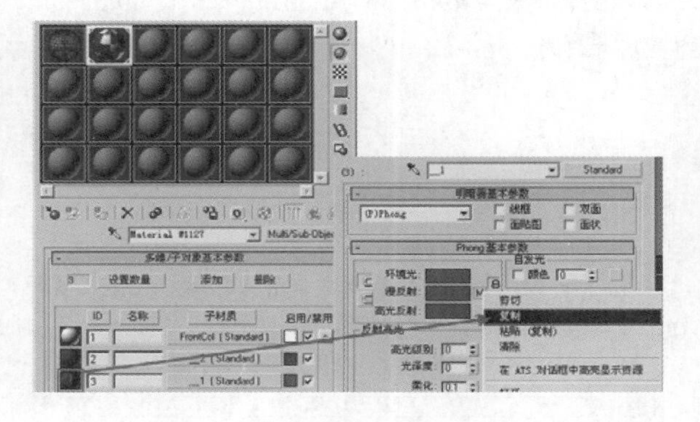

图 6-89　复制贴图

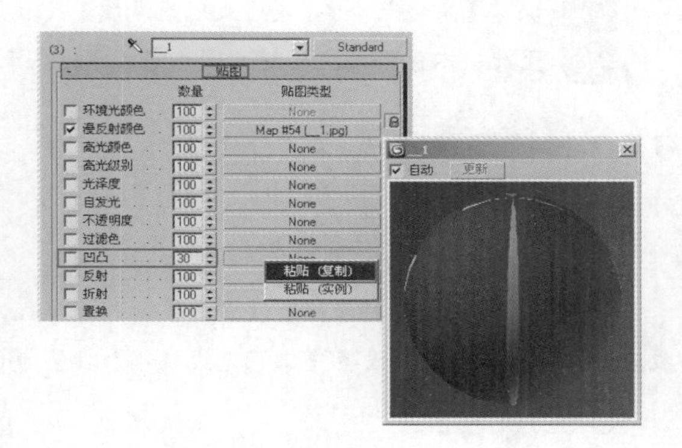

图 6-90　粘贴贴图

### 3. 调整地面铺地材质

01 选择任意一个空白材质球，吸取地面铺地材质，复制漫反射贴图至【凹凸】贴图通道，制作地面铺地材质凹凸细节，如图 6-91 所示。

02 调整【高光级别】与【光泽度】数值，模拟出铺地石材表面高光细节，如图 6-92 所示。

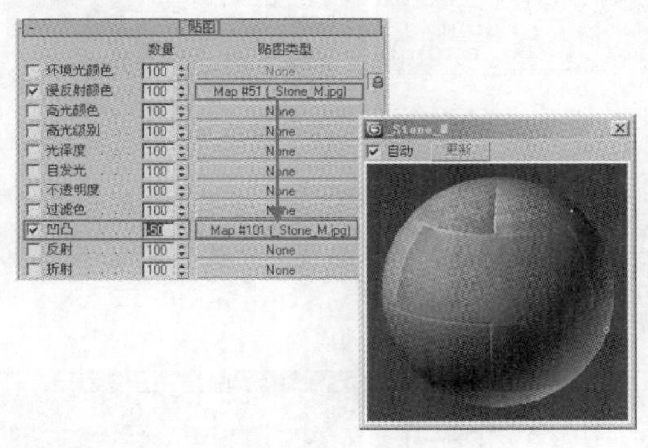

图 6-91　复制贴图

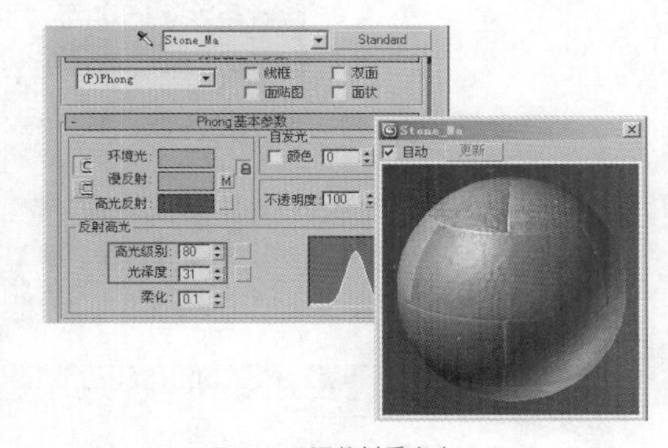

图 6-92　调整材质高光

### 4. 调整木纹材质

01 吸取木纹材质空白材质球，复制其【漫反射】贴图，如图 6-93 所示。

02 将材质转换为 VRayMtl 材质类型，粘贴之前复制的【漫反射】贴图，如图 6-94 所示。

03 进入【反射】参数组，调整反射强度并勾选【菲涅尔反射】复选框，如图 6-95 所示。

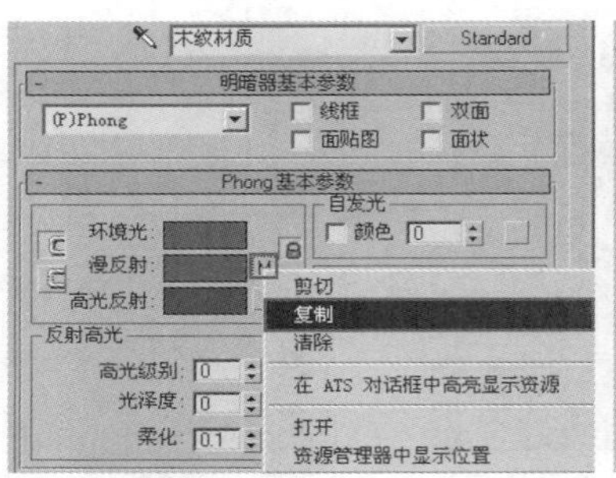


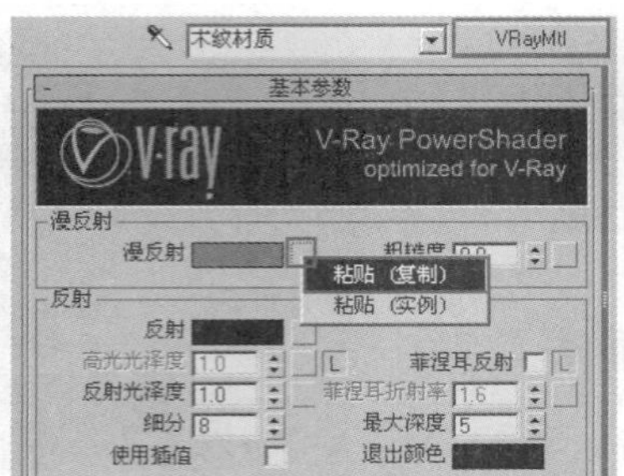


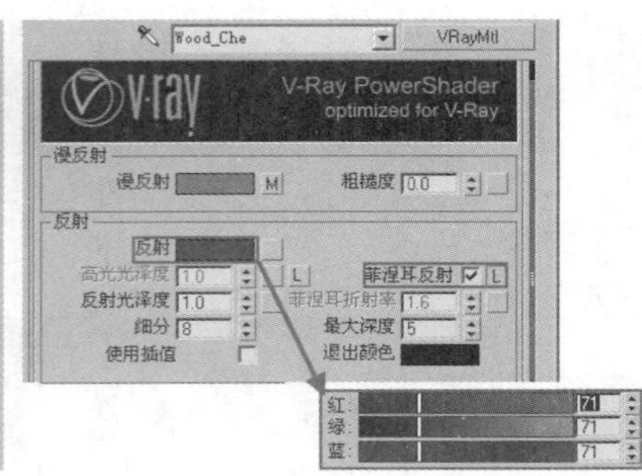


图 6-93　复制标准材质漫反射贴图　　图 6-94　转换材质并粘贴贴图　　图 6-95　调整材质反射颜色

04 调整【高光光泽度】与【反射光泽度】数值，模拟木纹材质表面反射模糊与高光细节，如图 6-96 所示。

05 至此，本例场景主要材质调整完成，接下来布置场景灯光。

## 6.4.2 布置场景灯光

### 1. 设置灯光测试渲染参数

01 按“F10”键打开渲染设置面板，进入 VRay 选项卡，在【全局开关】卷展栏取消【默认灯光】与【隐藏灯光】复选框勾选，设置【二级光线偏移】数值为 0.001，如图 6-97 所示。

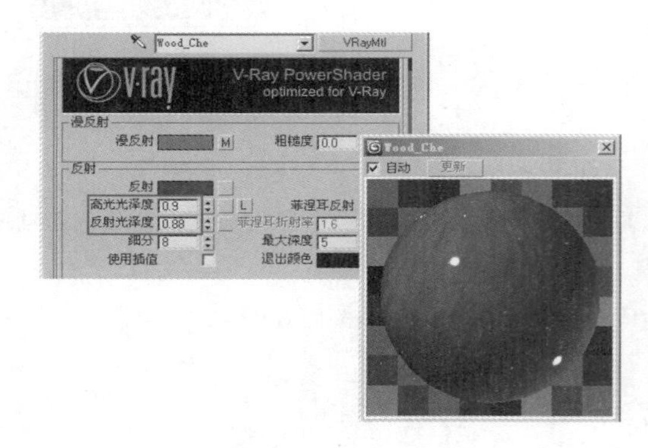


图 6-96　调整材质反射与高光参数　　图 6-97　设定全局开关卷展栏参数

02 进入【图像采样器（抗锯齿）】卷展栏，调整【类型】为【固定】，关闭抗锯齿过滤器，如图 6-98 所示。

03 进入【间接光照】选项卡中的【间接照明】卷展栏，调整二次反弹引擎为【灯光缓冲】，如图 6-99 所示。

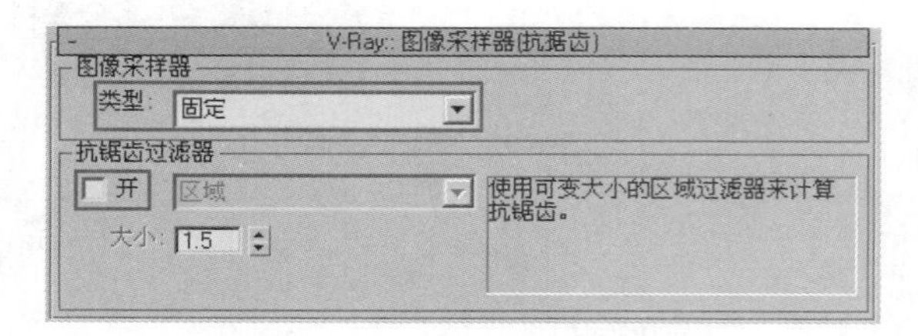


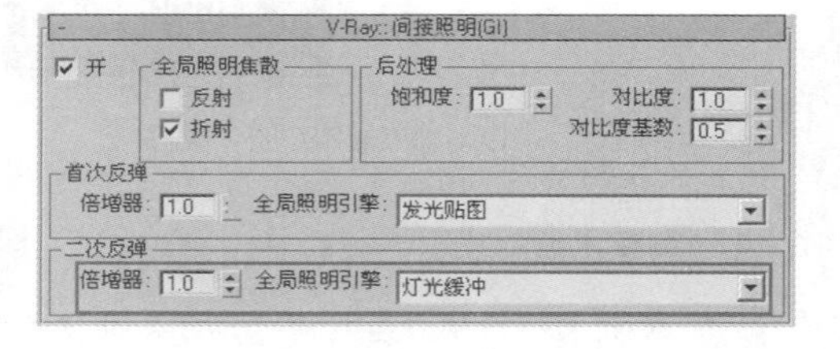


图 6-98　设定图像采栏器卷展栏参数　　图 6-99　设定间接照明卷展栏参数

04 设置【发光贴图】与【灯光缓冲】卷展栏参数如图 6-100 所示。至此，场景灯光测试渲染参数设置完成，接下来布置场景灯光。

## 2. 布置灯光

室外场景的主要光源是阳光与天光，这里使用【VRay 阳光】模拟太阳光，使用配套的【VRay 天光】贴图模拟室外环境光。

01 进入灯光创建面板，单击 VRay 灯光类型中的【VRay 阳光】按钮，在【顶视图】中拖动鼠标创建一盏阳光，并在弹出的提示框中单击【取消】按钮，取消自动添加【VRay 天光】，如图 6-101 所示。

02 选择创建的 VRay 阳光，在【前视图】中调整灯光角度与高度，然后进入修改面板设置相关参数，如图 6-102 所示。

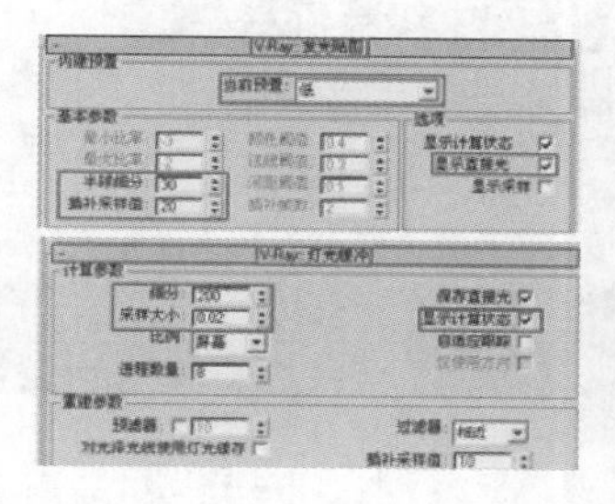
图 6-100 设定发光贴图与灯光缓冲参数

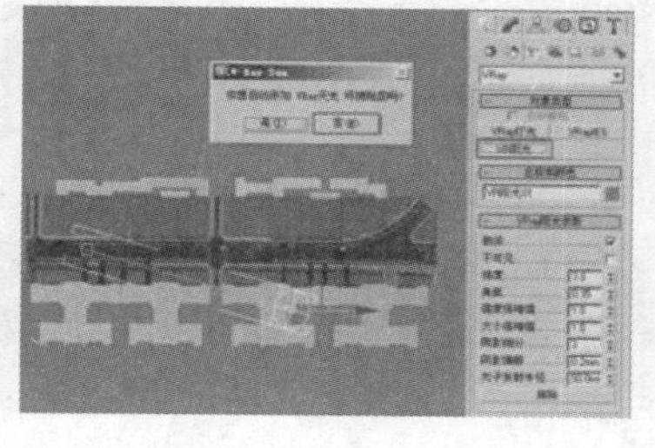
图 6-101 创建 VRay 阳光

图 6-102 调整 VRay 阳光角度与参数

03 返回摄影机视图，按下“Shift+Q”组合键进行渲染，得到如图 6-103 所示的效果，接下来通过【VRay 天光】模拟环境光，增加场景的亮度。

04 为了遮盖场景的空隙并形成远处地平面，在场景中创建一个【VRay 平面】，如图 6-104 所示。

图 6-103 VRay 阳光渲染效果

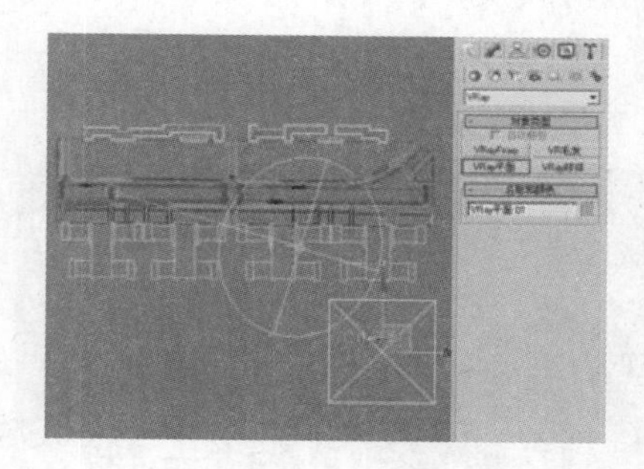
图 6-104 添加 VRay 平面

05 按 8 键打开【环境与特效】面板，添加【VRay 天光】贴图，并关联复制至一个空白材质球，如图 6-105 所示。

06 单击【VRay 天光】材质球中的【阳光节点】按钮，在场景中拾取【VR 阳光】，然后设置其他参数如图 6-106 所示。

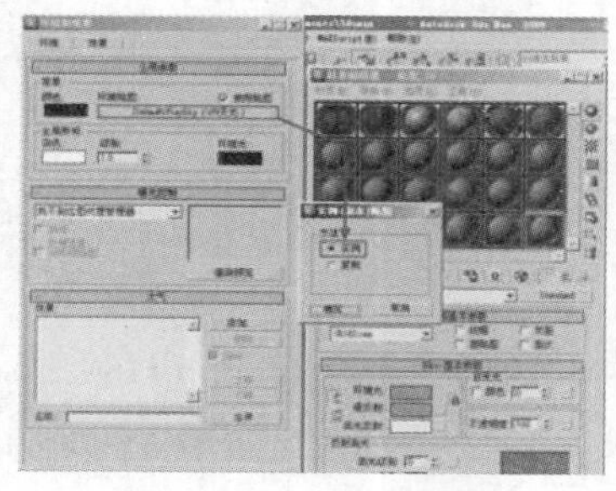
图 6-105 关联复制环境贴图

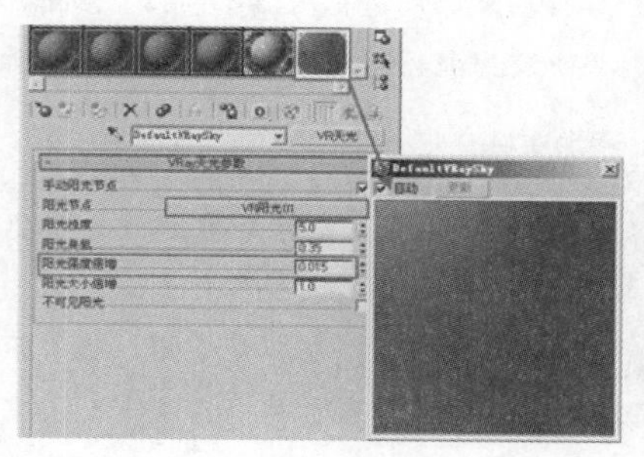
图 6-106 调整 VRay 天光环境贴图参数

07 分别切换至两个摄影机视图进行测试渲染，得到如图 6-107 与图 6-108 所示的渲染效果。此时的场景非常单调，显得不够真实，接下来分别添加汽车、树木、人物等配景模型，创建完整的全模场景。

图 6-107　角度 1 渲染效果

图 6-108　角度 2 渲染效果

# 6.5 完成全模场景细化

## 6.5.1 添加路面模型细节

### 1. 添加路灯、交通指示灯

01 执行【文件】/【合并】菜单命令，打开【合并文件】面板，选择合并配套资源“路灯.max”模型。

02 路灯模型调入后，移动至公交站台一侧位置，并调整其正确的朝向，如图 6-109 所示，然后沿花坛进行关联复制，如图 6-110 所示。

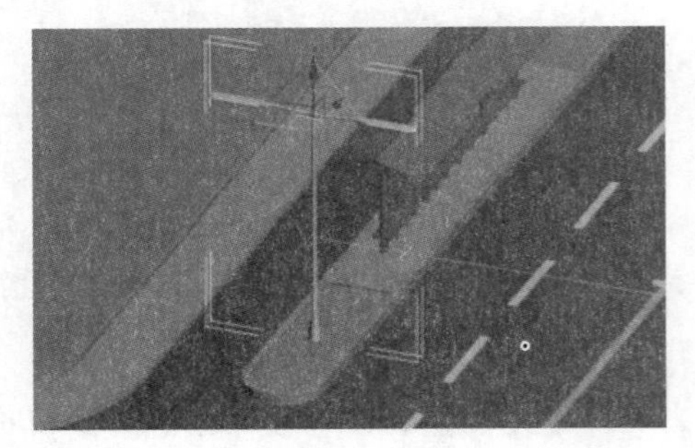
图 6-109　调整路灯位置和方向

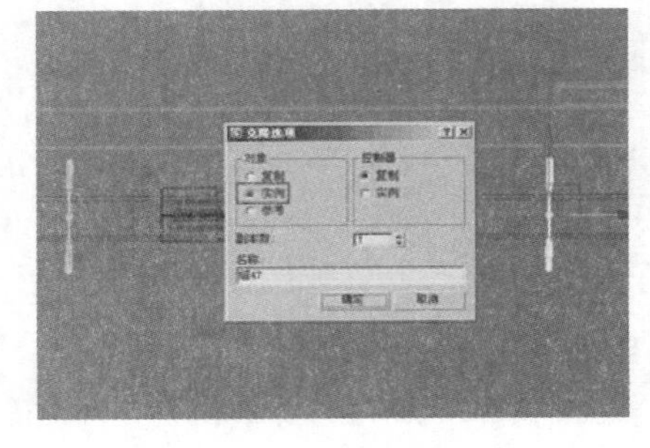
图 6-110　关联复制路灯模型

03 参考花坛分布，复制得到其他路灯模型，如图 6-111 所示。接下来合并交通指示灯。

04 根据场景设计，在道路不同位置合并不同形式的交通指示灯，如图 6-112 与图 6-113 所示。

05 添加交通指示灯后的效果如图 6-114 所示。

### 2. 添加车辆

01 执行【文件】/【合并】菜单命令，打开【合并文件】面板，选择配套资源“车流.max”文件，如图 6-115 所示。

02 车流模型合并后，根据场景以及摄影机角度特点调整车辆位置和车流方向，如图 6-116~图 6-118 所示。接下来合并人物并制作其他细节。

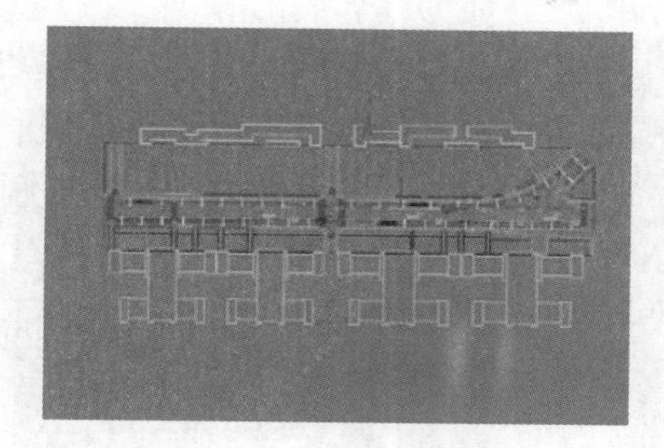
图 6-111　复制其他路灯

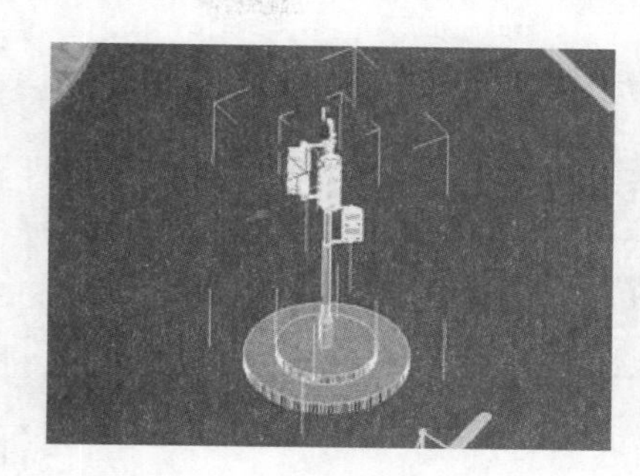
图 6-112　合并交通指示灯模型 1

图 6-113　合并交通指示灯模型 2

图 6-114　交通指示灯合并完成效果

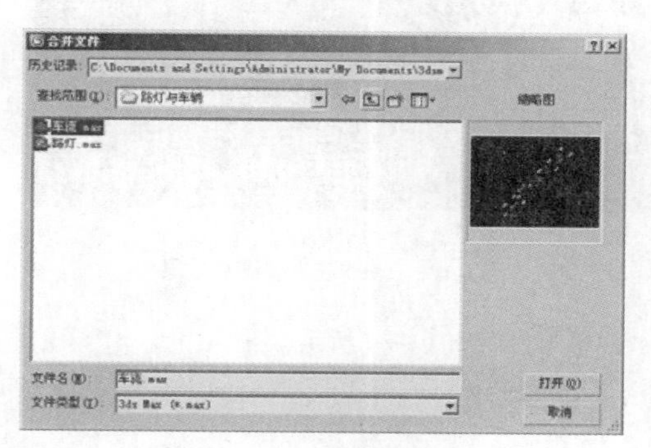

图 6-115　合并车流模型

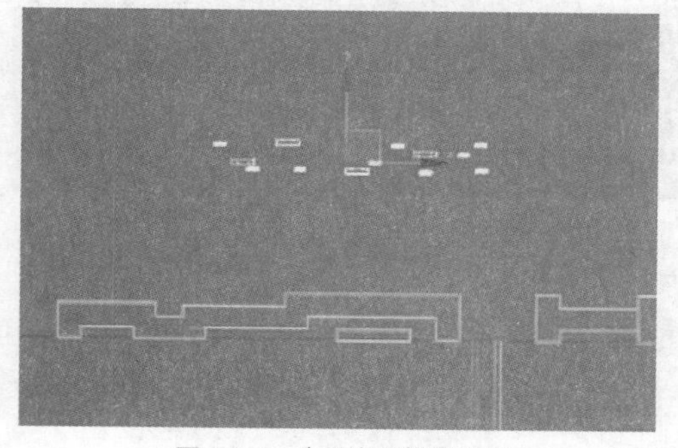
图 6-116　合并车流模型效果

图 6-117　根据公交站台特点布置车辆

图 6-118　根据交叉路口特点布置车辆

### 3. 添加人物并完成其他细节

01 执行【文件】/【合并】菜单命令，选择配套资源“人物.max”文件，如图 6-119 所示。

02 人物模型合并后，人物流向和位置毫无规律，如图 6-120 所示，首先根据摄影机视角 2 需要布置公交站台人物，如图 6-121 所示。

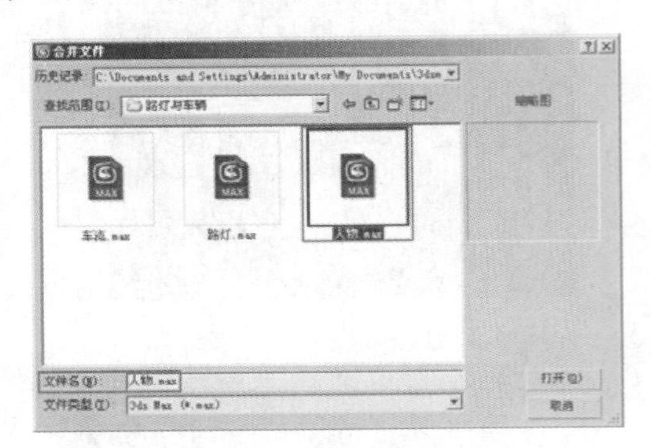


图 6-119　合并人物模型

图 6-120　人物模型合并入场景效果

03 人物模型布置完成后，还需要为公交站台广告牌制作对应的贴图，如图 6-122 所示，此时摄影机视角效果如图 6-123 所示。

图 6-121　布置公交站台人物

图 6-122　制作广告牌细节效果

04 通过类似的方法，处理摄影机镜头 1 内叉道口的人物效果，如图 6-124 所示。

图 6-123　站台细节完成效果

图 6-124　叉道口细节完成效果

05 分别切换至两个摄影机视图，按下 “Shift+Q” 组合键进行测试渲染，得到如图 6-125 与图 6-126 所示的渲染效果。

图 6-125　公交站台测试渲染效果

图 6-126　叉道口测试渲染效果

## 6.5.2 添加绿化

### 1. 添加乔木

01 执行【文件】/【合并】菜单命令，合并配套资源“行道树.max”文件，如图 6-127 所示。

02 移动行道树至人行道草地位置，按下“7”键，在视图左上角显示模型面数（树模型为选择状态），可以发现其模型面数高达 60 多万，如图 6-128 所示，因此接下来对其进行网格化处理。

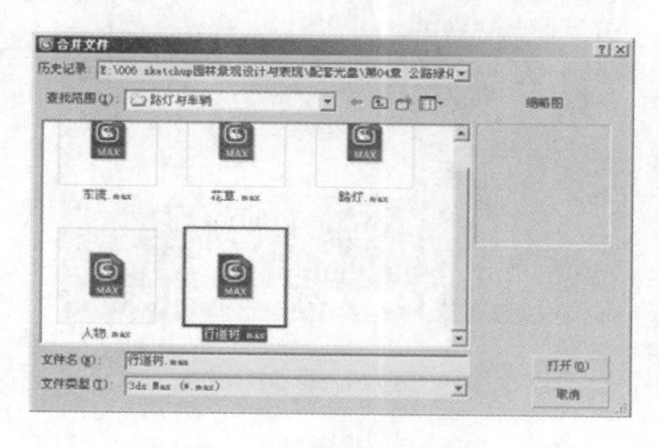


图 6-127　添加行道树模型

图 6-128　查看模型面数

03 选择“行道树”任意一部分模型，单击鼠标右键选择【附加】菜单命令，如图 6-129 所示。

04 单击“行道树”其他部分进行【附加】，并选择【匹配材质 ID 到材质】选项，如图 6-130 所示。

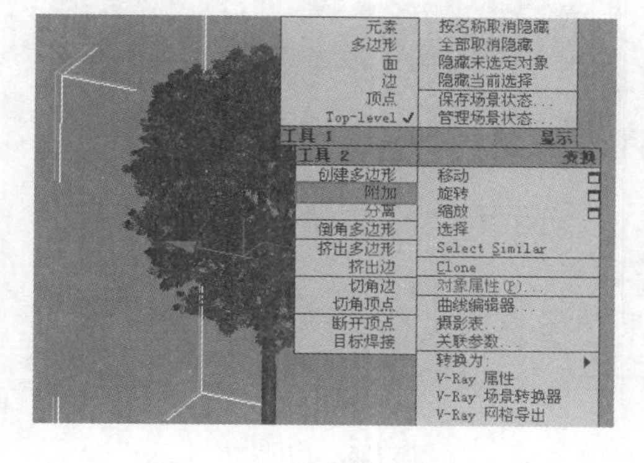


图 6-129　选择【附加】命令

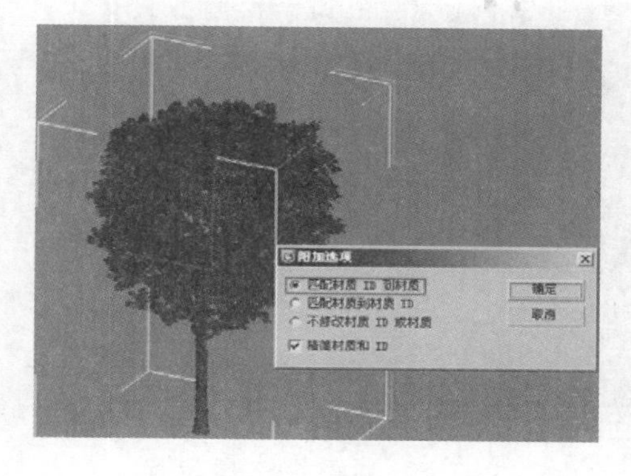


图 6-130　选择匹配材质 ID 至材质

05 通过【附加】，将“行道树”组成一个整体。单击鼠标右键，选择“VRay 网格导出”菜单命令，如图 6-131 所示。

06 在弹出的【VRay 网格导出】面板中设置导出文件保存位置，并勾选【自动创建代理】复选框，如图 6-132 所示。

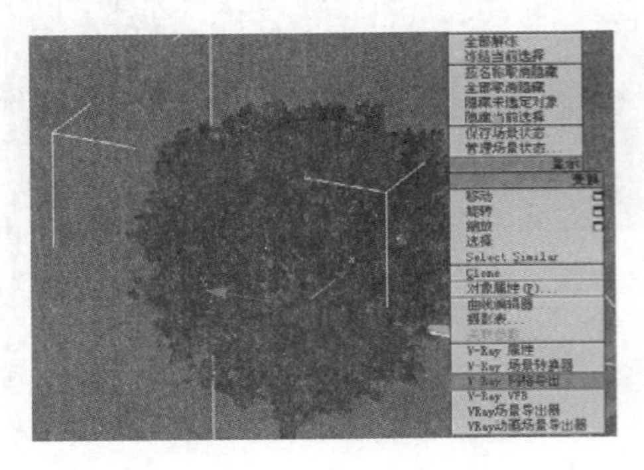


图 6-131 选择网格导出命令

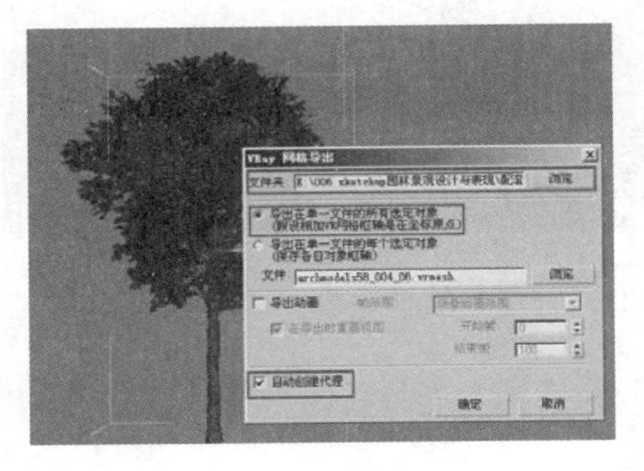


图 6-132 设置网格导出参数

07 单击【确定】按钮，将模型转换为网格，即可发现其模型面数大幅降低，如图 6-133 所示。

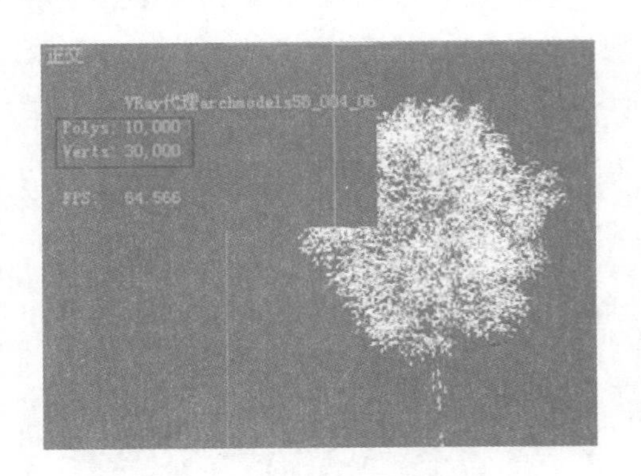


图 6-133 成功导出为网格

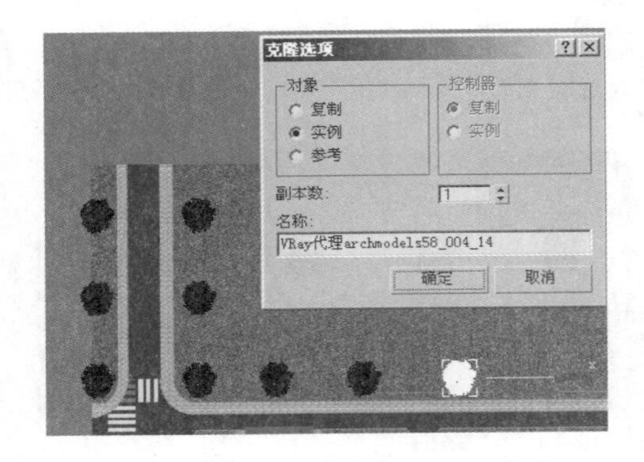


图 6-134 复制行道树网格

08 根据场景需要，复制转换后的“行道树”网格模型，如图 6-134 所示，得到场景效果如图 6-135 所示。

09 通过类似方法，合并其他树木模型并进行相同的网格处理，如图 6-136 所示，然后复制布置到其他区域，如图 6-137 与图 6-138 所示。

图 6-135 行道树整体复制效果

图 6-136 合并树木

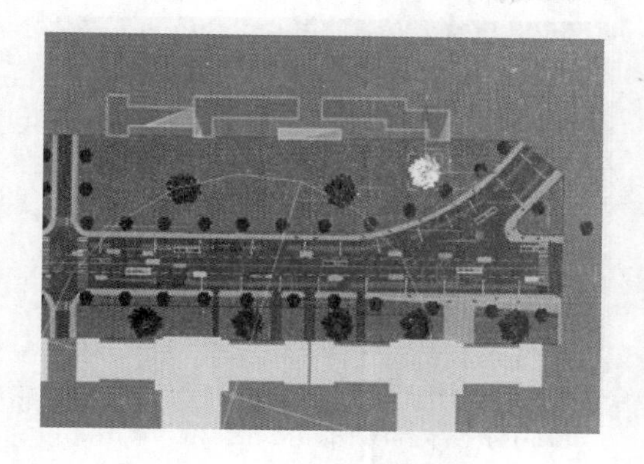

图 6-137　处理为网格后进行复制

图 6-138　树木复制完成效果

## 2. 添加灌木花草

01 执行【文件】/【合并)】菜单命令，合并配套资源“花草.max”模型，如图 6-139 所示。

02 根据花坛的位置与大小，布置“花草”模型并调整合适的大小，如图 6-140 所示。

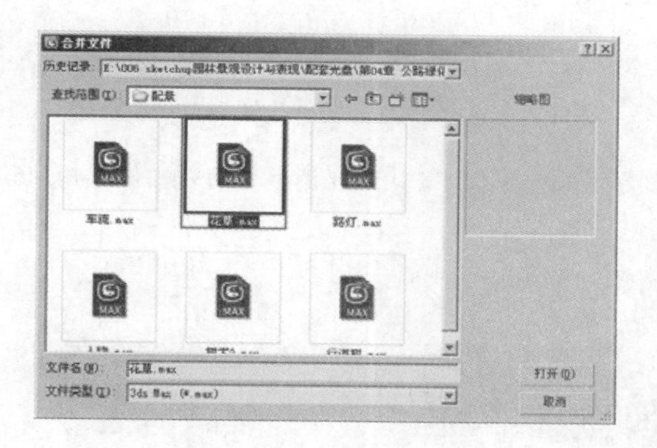


图 6-139　合并花草模型

图 6-140　参考花坛调整花草模型

03 同样将“花草”模型进行网格处理，然后复制到其他花池位置，如图 6-141 与图 6-142 所示。

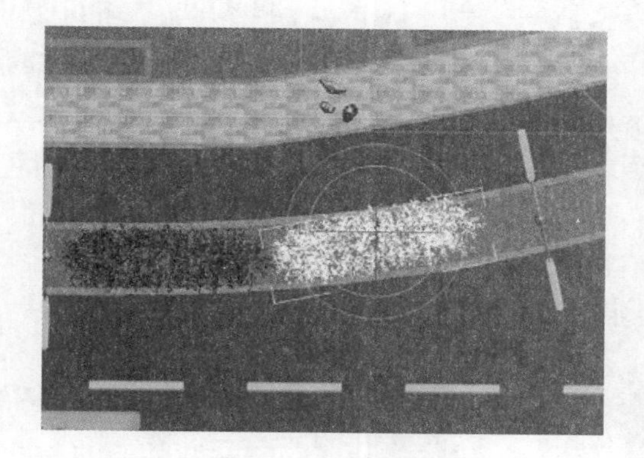

图 6-141　处理为网格后进行复制

图 6-142　花草细节布置效果

04 绿化布置完成后，进入摄影机视图进行测试渲染，得到如图 6-143 与图 6-144 所示的渲染效果。接下来进行最终渲染出图。

图 6-143　绿化完成后的叉道口测试渲染效果

图 6-144　绿化完成后的公交站台测试渲染效果

## 6.6 渲染出图

### 6.6.1 光子图渲染

#### 1. 调整材质灯光细分

01 本场景中“建筑透明边线材质”与“木纹材质”为 VRay 基本材质，因此调整其细分值如图 6-145 和图 6-146 所示。

02 调整【VRay 阳光参数】的阴影细分值为 24，如图 6-147 所示。

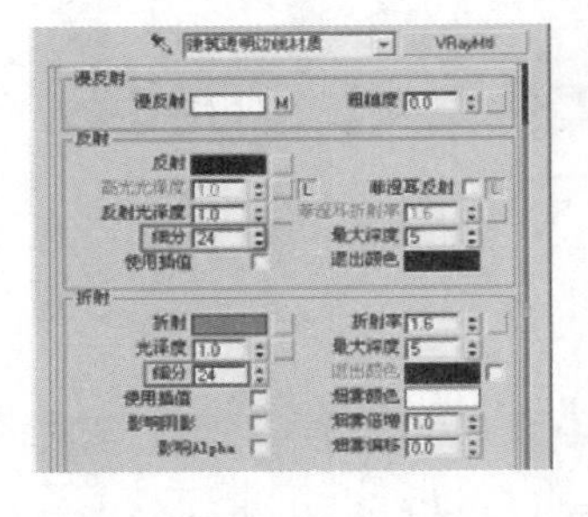

图 6-145　调整建筑透明边线材质细分

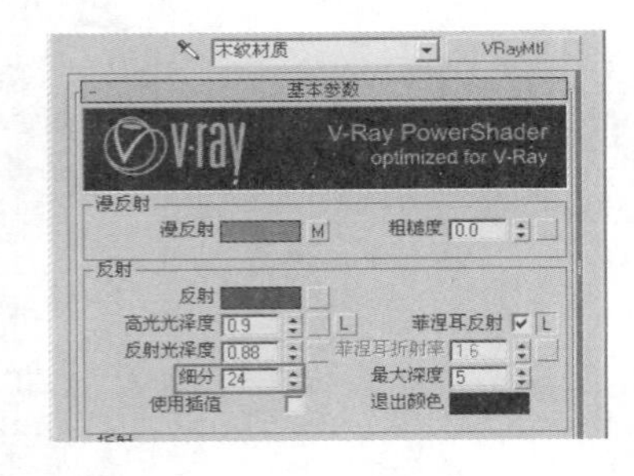


图 6-146　调整木纹材质细分

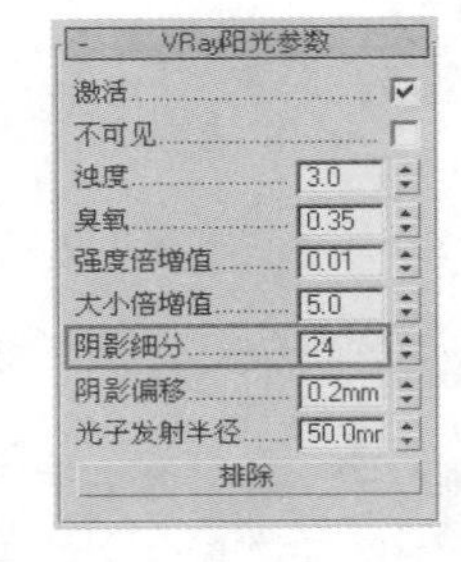


图 6-147　调整玻璃材质细分

#### 2. 光子图渲染

01 进入【图像采样器（抗锯齿）】卷展栏，调整其参数如图 6-148 所示。

02 进入【发光贴图】卷展栏，提高其参数并设置文件保存路径与文件名，如图 6-149 所示。

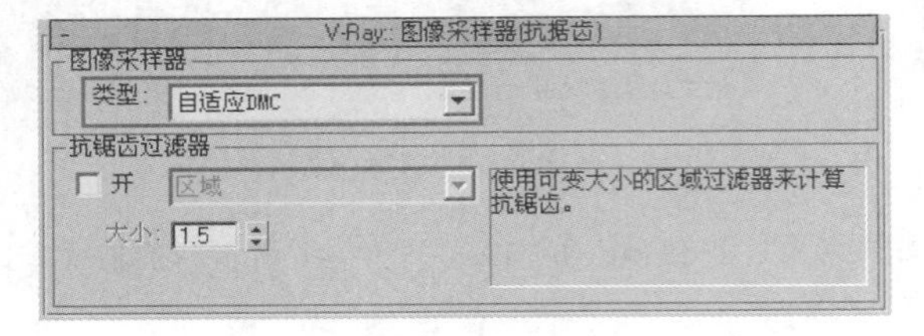


图 6-148　调整图像采样器

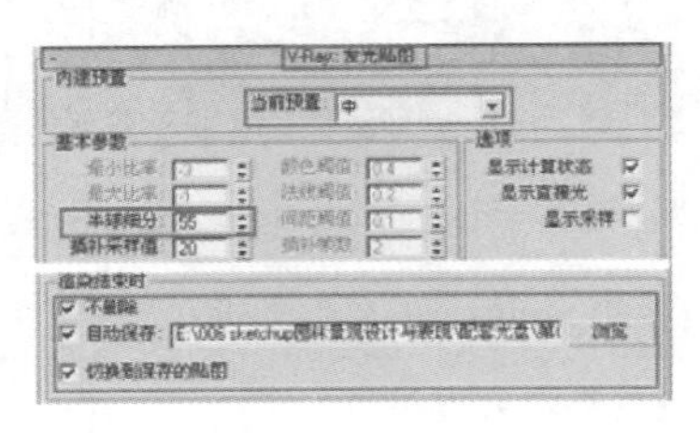

图 6-149　设置发光贴图参数

**03** 进入【灯光缓冲】卷展栏，提高其参数并设置文件保存路径与文件名，如图 6-150 所示。

**04** 进入【DMC】采样器卷展栏，提高其参数以增加采样精度，如图 6-151 所示。

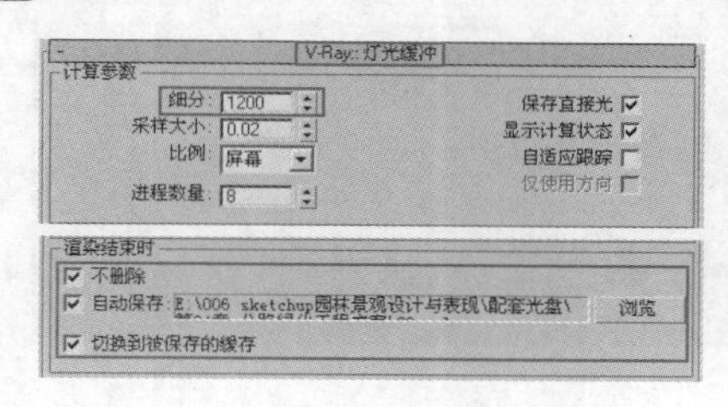


图 6-150　提高灯光缓冲参数

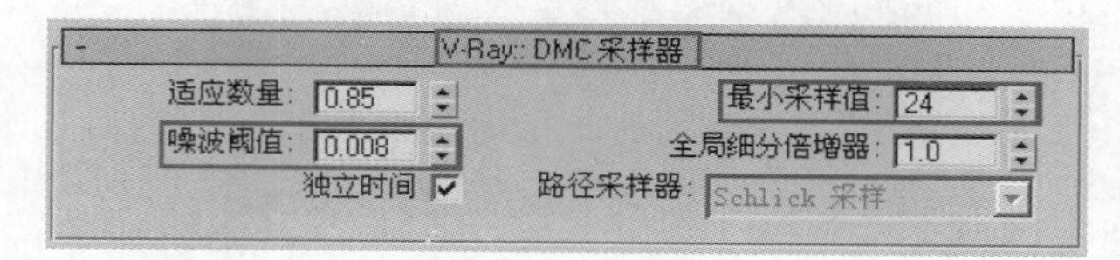


图 6-151　提高 DMC 采样器参数

**05** 以上参数调整完成后，按“C”键进入摄影机视图，按下“Shift+Q”键进行测试渲染，渲染完成效果如图 6-152 与图 6-153 所示。

图 6-152　摄影机角度 1 光子图渲染效果

图 6-153　摄影机角度 2 光子图渲染效果

### 6.6.2 最终渲染

**01** 进入【公用】选项卡，设置【输出大小】参数值如图 6-154 所示。

**02** 进入【图像采样器（抗锯齿）】卷展栏，调整抗锯齿过滤器为“Catmull-Rom”，如图 6-155 所示。

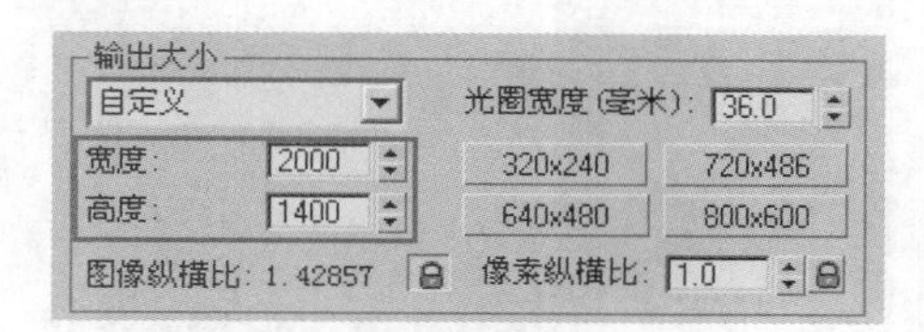


图 6-154　设置最终图像尺寸

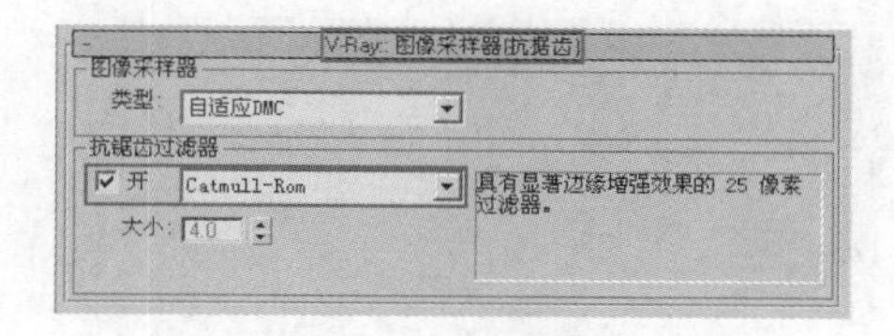


图 6-155　调整抗锯齿过滤器

**03** 完成上述参数设置后，进入摄影机视图，按下“Shift+Q”键进行最终渲染，渲染完成效果如图 6-156 与图 6-157 所示。

## 6.7 Photoshop 后期处理

因为是全模渲染，植物、汽车、人物都已经作为模型添加，因而大大减轻了后期处理的工作量，但图中的一些不足，还是必须在后期处理中解决、完善。仔细观察图 6-156 与图 6-157 所示的渲染结果，主要存在颜色偏蓝、偏绿，亮度不够，部分区域建模错误的问题，需要在后期处理中进行调整。

图 6-156 摄影机角度 1 最终渲染效果

图 6-157 摄影机角度 2 最终渲染效果

1. 添加天空背景

01 启动 Photoshop CS5，按下“Ctrl+ O”快捷键，打开“摄影机角度 1.tga”渲染图像，如图 6-158 所示。

02 显示通道图层，按“Ctrl”键单击 Alpha 1 通道，载入通道选区，如图 6-159 所示。

图 6-158 打开渲染图像

图 6-159 载入通道选区

03 按下“Ctrl + J”键，复制选区图像至新建图层，如图 6-160 所示，新图层命名为“道路”图层。

04 按下“Ctrl + O”键，打开配套资源提供的天空素材，将其添加至图像窗口，并移动至“道路”图层下方，如图 6-161 所示。

图 6-160 复制选区至新建图层

图 6-161 添加天空背景

2. 颜色和色调调整

01 选择“道路”图层为当前图层，执行【图层】\【新建调整图层】\【色阶】命令，设置色阶调整参数如图 6-162 所示，提高图像的亮度和对比度。

02 继续执行【图层】\【新建调整图层】\【曲线】命令，设置曲线调整参数如图 6-163 所示，继续提高图像的亮度。

图 6-162 色阶调整

图 6-163 曲线调整

03 执行【图层】\【新建调整图层】\【色彩平衡】命令，添加【色彩平衡】调整图层，分别单击选择“中间高”、“阴影”和“高光”单选按钮，设置参数如图 6-164 所示，纠正图像的色偏，增强冷暖颜色对比。

04 色彩平衡调整结果如图 6-165 所示。

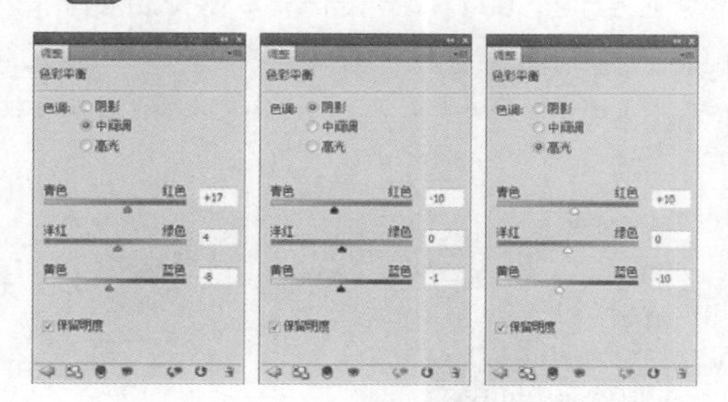

图 6-164 色彩平衡调整

图 6-165 色彩平衡调整效果

05 选择画笔工具，设置前景色为黄色，按“[”和“]”键调整合适的笔刷大小，在树木和灌木向阳的位置单击鼠标，制作树木的颜色变化，使效果更为真实，如图 6-166 所示。

### 3. 修复建模错误

01 由于建模时疏忽，斑马线与道路分隔线发生了交叉，如图 6-167 所示。如果重新建模渲染，将耗费比较长的时间，这里使用后期处理的方法进行修复。

图 6-166 涂抹黄色

图 6-167 路面建模错误

02 选择工具箱多边形套索工具，连续单击鼠标，选择相邻的路面区域，如图 6-168 所示。

03 按 V 键切换至移动工具，按下 Alt 键，拖动复制路面选区至有多余交叉线位置，修复模型问题。使用同样方法处理其他分隔线问题，最终效果如图 6-169 所示。

图 6-168　创建相邻路面选区

图 6-169　模型修复效果

### 4. 最终效果处理

01 新建一个图层，选择工具箱画笔工具，设置前景色为白色，在道路近端进行涂抹，降低图层的不透明度，营造出空间的立体感和层次感，如图 6-170 所示。

02 在画面的左侧制作光线和眩光效果，增强场景的艺术氛围，如图 6-171 所示。道路交叉路口后期处理完成。

图 6-170　添加云雾效果

图 6-171　添加光线效果

03 使用同样的方法，处理公交车站的效果，如图 6-172 所示。

图 6-172　公交车站后期处理

# 第7章

# 滨水广场漫游动画

滨水一般指同海、湖、江、河等水域濒临的陆地边缘地带。滨水广场充分利用自然资源，把人工建造的环境和当地的自然环境融为一体，增强人与自然的可达性和亲密性，是城市居民基本的活动空间，是表现城市形象的重要节点，也是往来旅游者开发开展观光活动的场所。

本章首先以图 7-1 所示的滨水广场彩平图为参考，创建滨水广场三维模型，如图 7-2~图 7-5 所示。

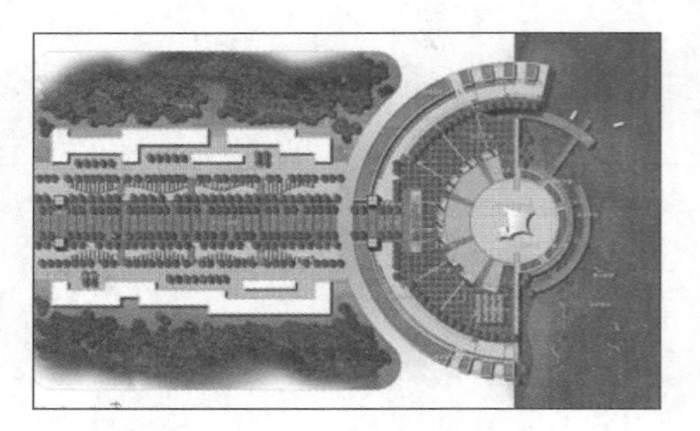

图 7-1　滨水广场彩平图

图 7-2　滨水广场模型鸟瞰效果

图 7-3　滨水广场主道入口节点效果

图 7-4　滨水广场节点效果

在滨水广场模型基础上，经过场景延伸、外围建筑以及船舶等模型添加，完善场景，如图 7-6~图 7-8 所示，为漫游动画制作提供必要的条件。

图 7-5　滨水广场整体构图效果

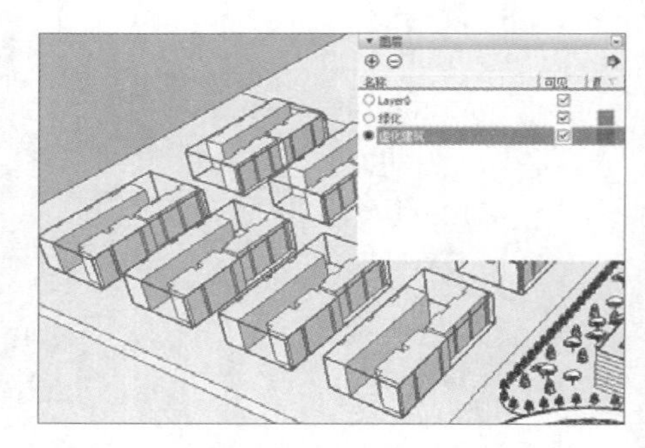

图 7-6　添加外围建筑简模

图 7-7　添加水面船舶

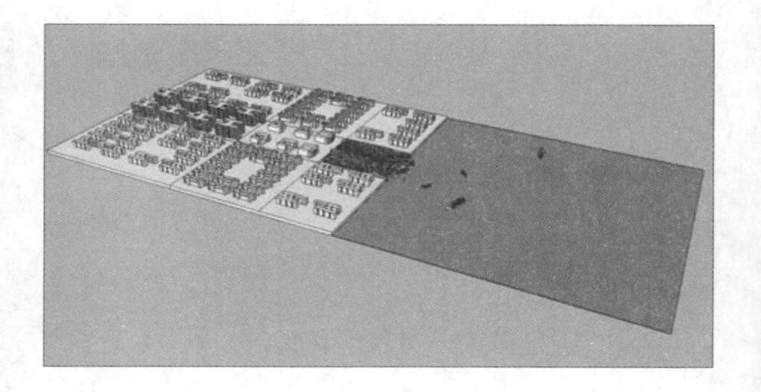

图 7-8　漫游场景鸟瞰效果

最后通过 SketchUp【场景】保存以及【漫游】工具，完成“鸟瞰”“入口—广场”“水面人视”以及“亲水木平台—广场”四段漫游动画的制作，如图 7-9~图 7-12 所示。

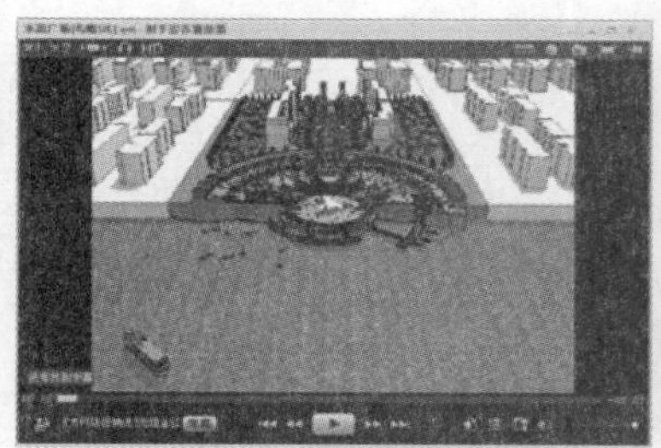

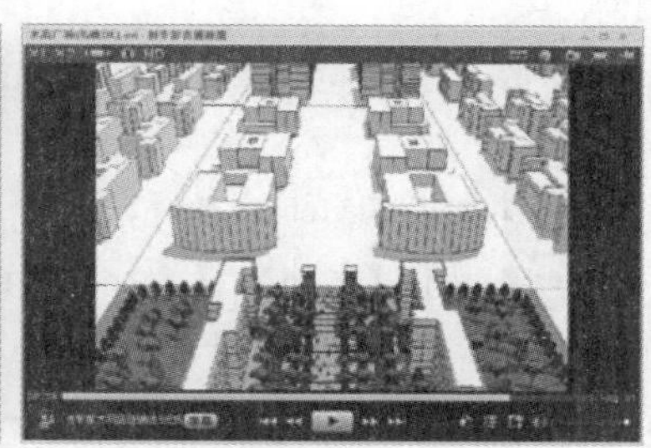

图 7-9 鸟瞰场景漫游截屏效果

图 7-10 入口—广场场景漫游截屏效果

图 7-11 水面场景漫游截屏效果

图 7-12 亲水木平台—广场场景漫游截屏效果

# 7.1 导入图片并分析建模思路

## 7.1.1 导入彩平图至 SketchUp

01 启动 SketchUp 软件，进入【模型信息】面板，设置场景单位为 mm。

02 执行【文件】/【导入】菜单命令，如图 7-13 所示。弹出【导入】面板，设置文件类型为“所有支持的图像类型”，以“用作图像”方式导入配套资源“第 07 章/参考手绘/滨水广场平面.jpg”文件，如图 7-14 所示。

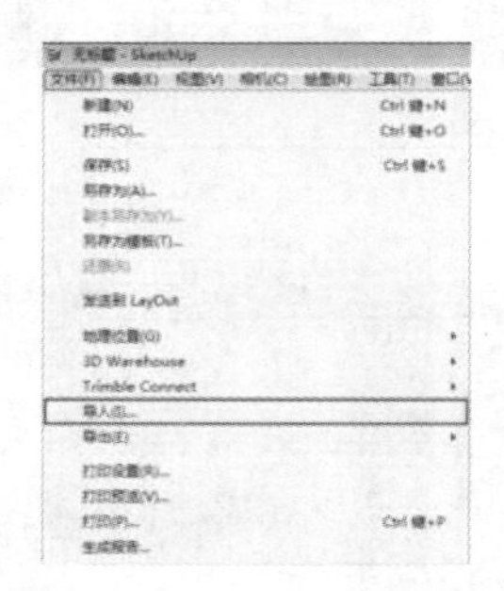

图 7-13　执行文件/导入命令

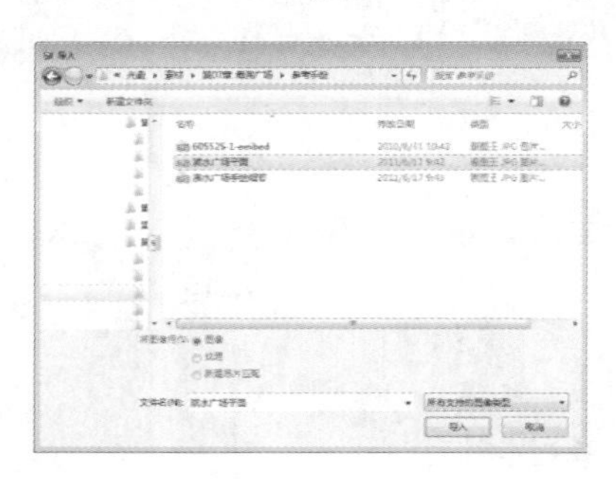

图 7-14　导入平面布局图

03 图片导入场景后，移动鼠标，将图片左下角点与原点对齐，如图 7-15 所示。

04 参考场景中人物比例，通过【缩放】工具调整图纸大小，然后通过测量道路宽度，确定图纸大小是否在一个比较合理的数值范围内，如图 7-16~图 7-18 所示。

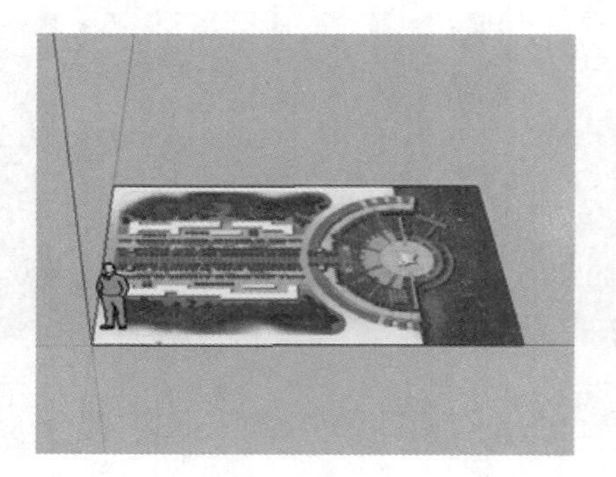

图 7-15　捕捉原点对齐图片

图 7-16　缩放图纸

图 7-17　以人物为参考调整比例

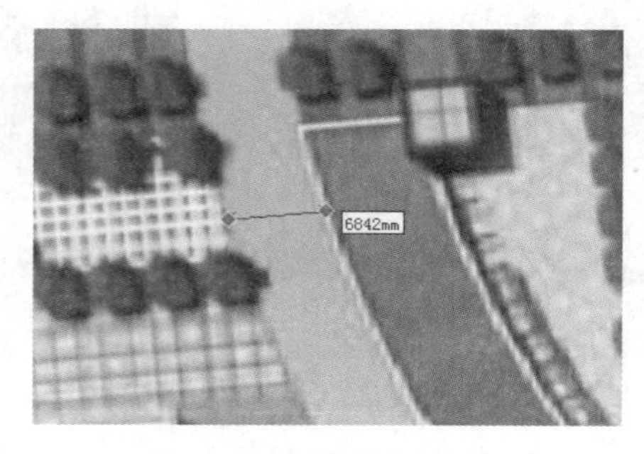


图 7-18　测量道路确定比例

## 7.1.2 分析建模思路

观察滨水广场彩平图可以发现，其景观主要分为左侧的步行主道及建筑区域，和右侧的半圆形广场区域，如图 7-19 与图 7-20 所示。

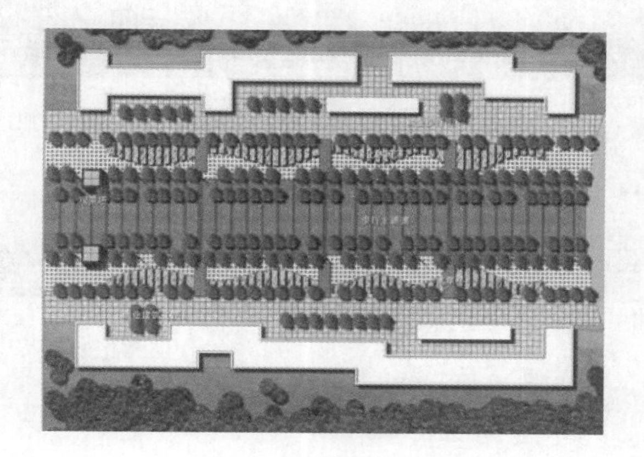

图 7-19 步行主道及建筑区域

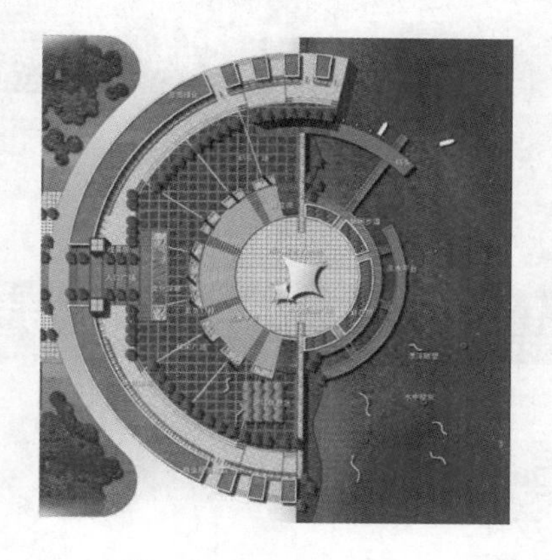

图 7-20 半圆形广场区域

因此在本例模型的创建过程中，首先参考图纸进行平面分割，完成步行主道及建筑简模的制作，如图 7-21~图 7-23 所示。

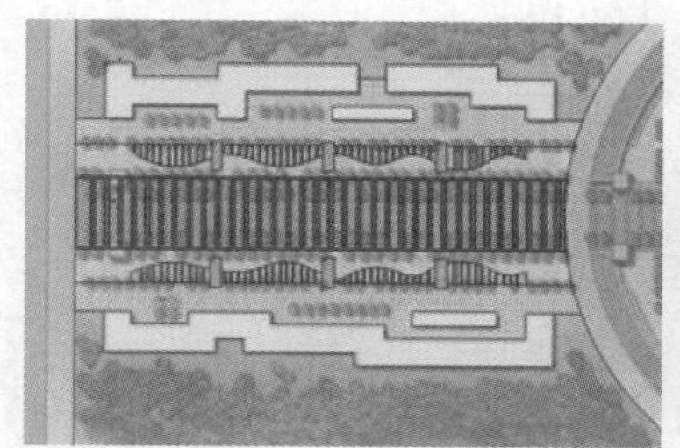

图 7-21 分割主道以及建筑

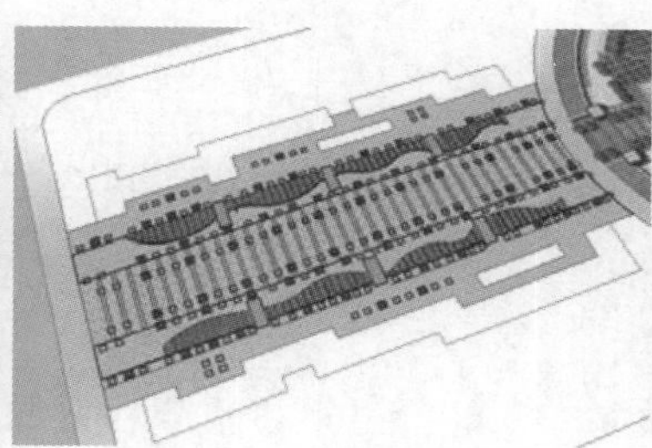

图 7-22 细分主道模型

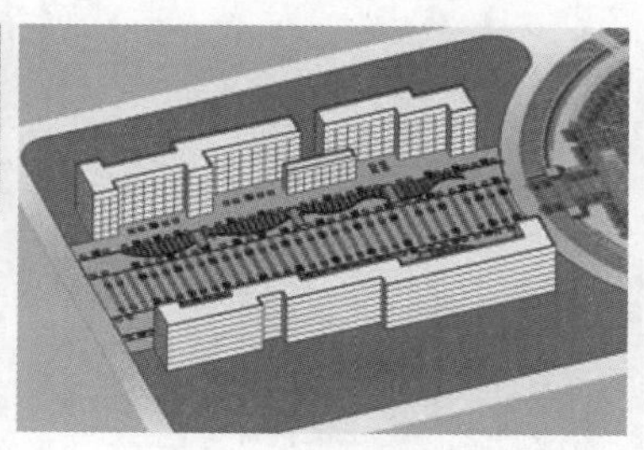

图 7-23 制作建筑简模

参考图纸逐步完成右侧半圆形区域内外围建筑、入口广场、休闲广场、下沉广场以及亲水木平台的制作，如图 7-24~图 7-26 所示。

图 7-24 制作半圆广场外围建筑

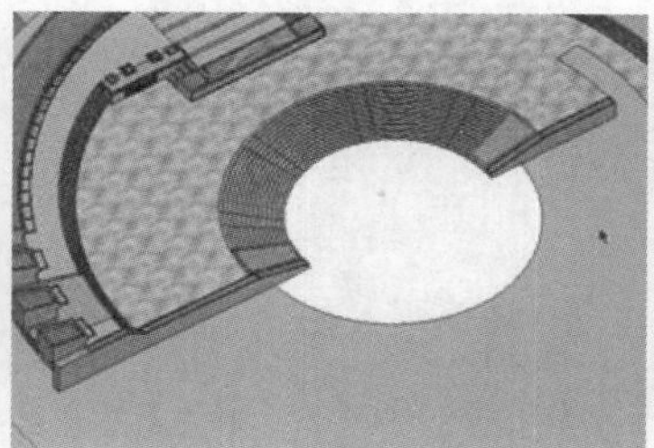

图 7-25 制作入口广场与休闲广场

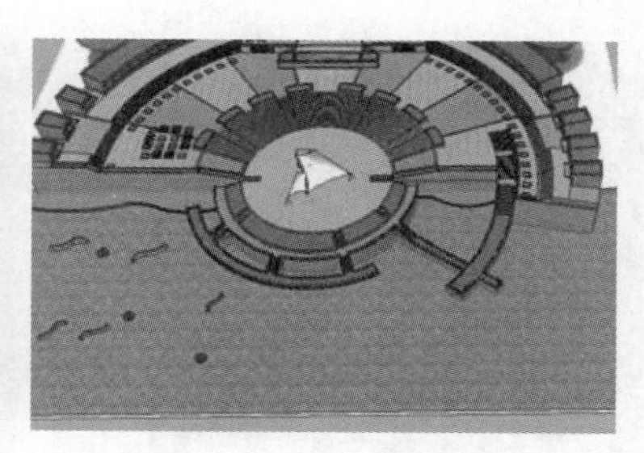

图 7-26 制作下沉广场与亲水木平台

最后制作外围公路并添加配景、植物以及人物等模型，如图 7-27~图 7-29 所示。

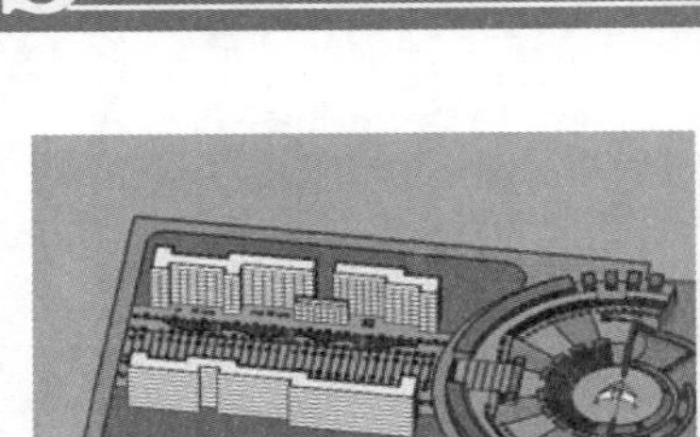

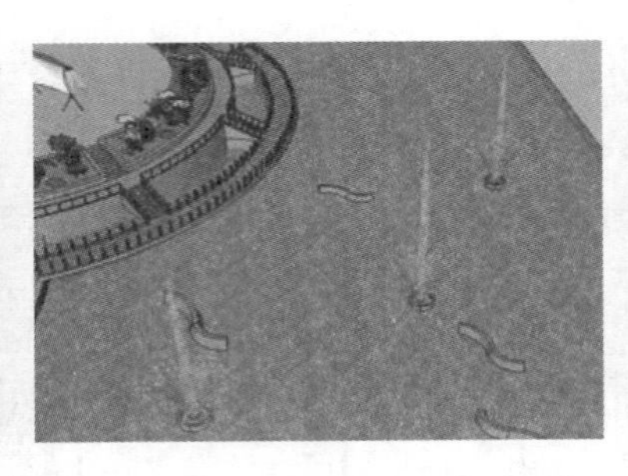

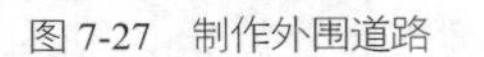

图 7-27　制作外围道路　　图 7-28　合并配景模型　　图 7-29　添加树木、人物等细节

## 7.2 创建步行主道、建筑及周边设施

### 7.2.1 分割各区域平面

01 参考图纸，使用【直线】工具对步行主道以及建筑区域进行封面，如图 7-30 与图 7-31 所示。

02 快速封面完成后，使用【圆弧】工具制作路面圆角细节，然后使用【矩形】工具制作整体平面，如图 7-32 与图 7-33 所示。

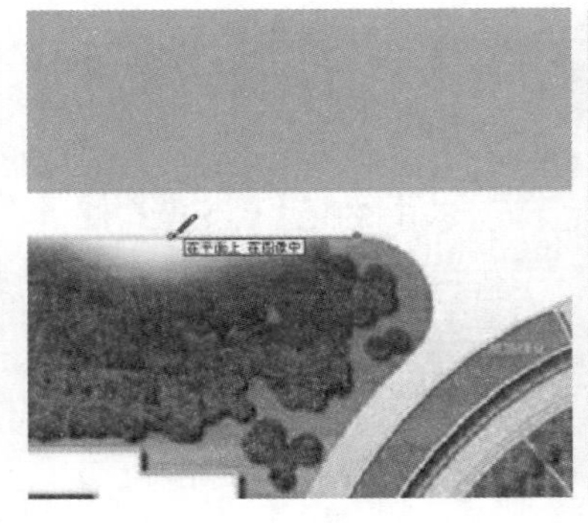

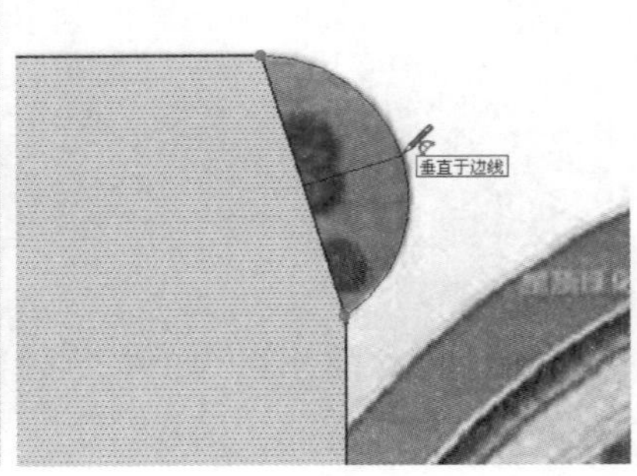



图 7-30　使用直线工具快速封面　　图 7-31　封面完成效果　　图 7-32　绘制圆角细节

03 参考图纸，使用【直线】工具快速分割步行主道平面，如图 7-34 与图 7-35 所示。

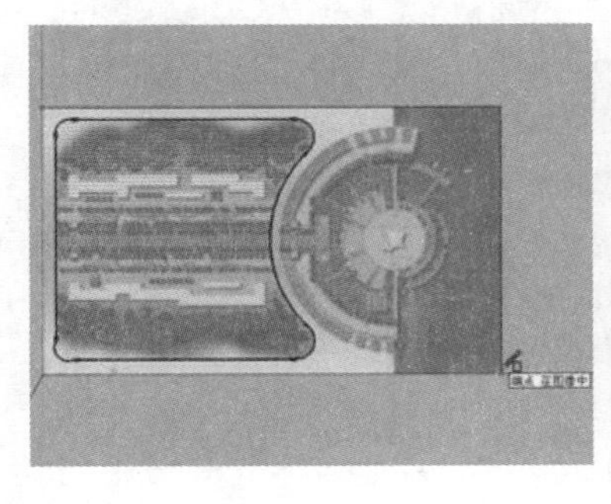

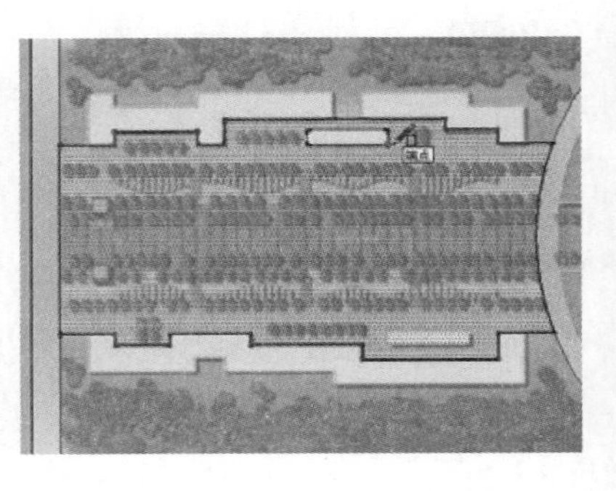



图 7-33　创建整体平面　　图 7-34　分割步行主道平面　　图 7-35　步行主道平面分割完成

04 结合使用【矩形】与【直线】工具快速分割建筑平面，然后将其创建为【组】，如图 7-36 与图 7-37 所示。

05 参考图纸，使用【直线】工具分割步行主道各个区域，如图 7-38 所示。

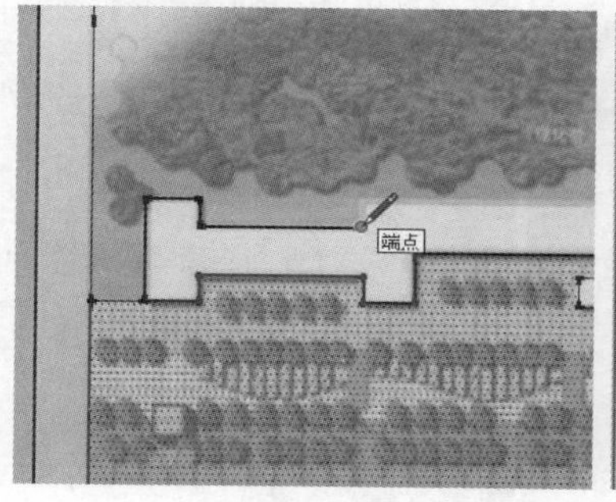


图 7-36　分割建筑平面

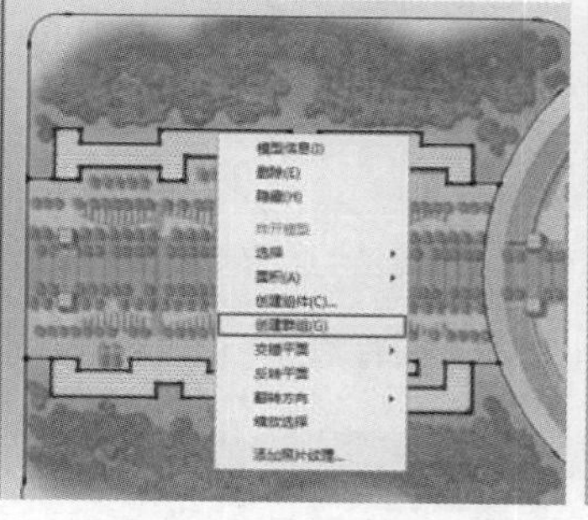

图 7-37　创建建筑平面组

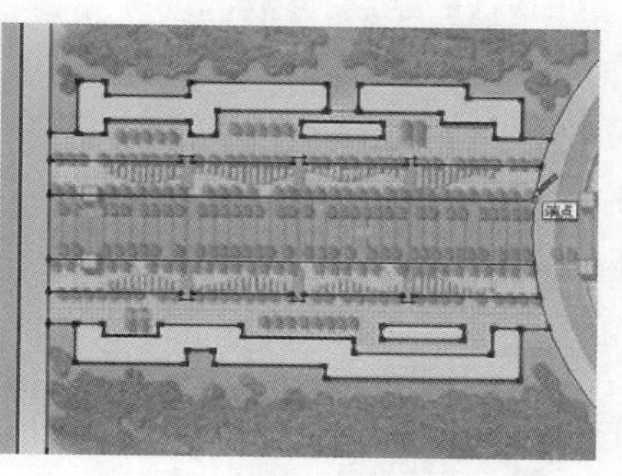


图 7-38　分割步行主道区域

### 7.2.2 细化步行主道

01 参考图纸，使用【圆弧】工具分割灌木平面，如图 7-39 与图 7-40 所示。

02 参考图纸，使用【直线】工具分割灌木与主道细节平面，如图 7-41~图 7-43 所示。

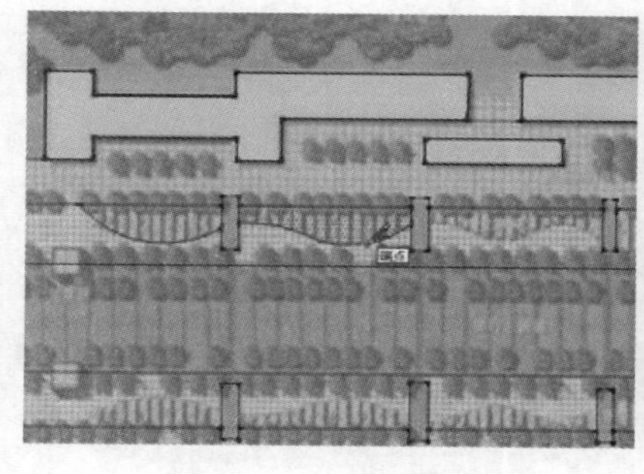

图 7-39　分割灌木平面

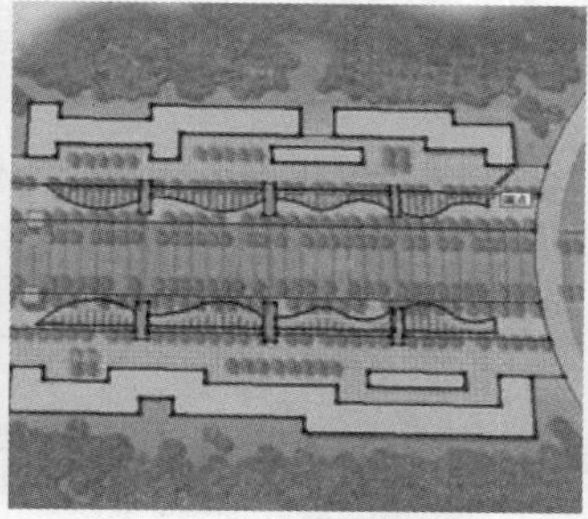

图 7-40　平面分割完成效果

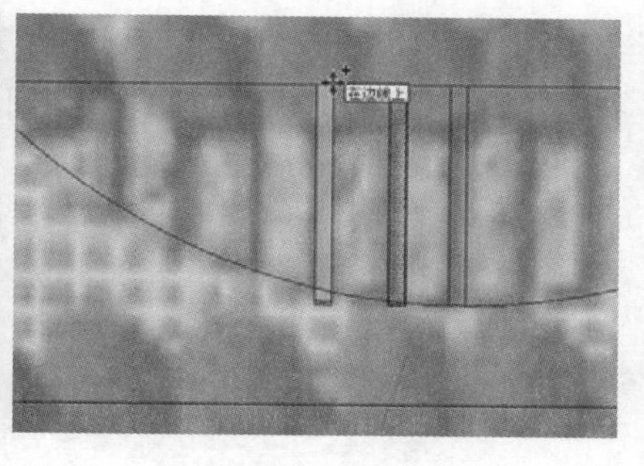

图 7-41　分割灌木细节平面

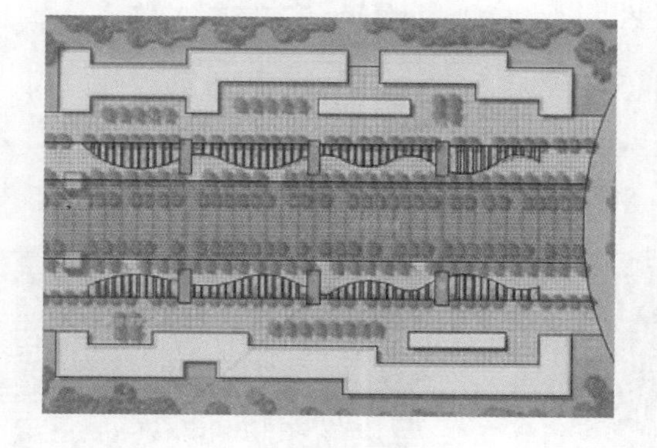

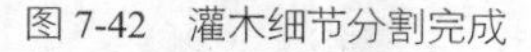

图 7-42　灌木细节分割完成

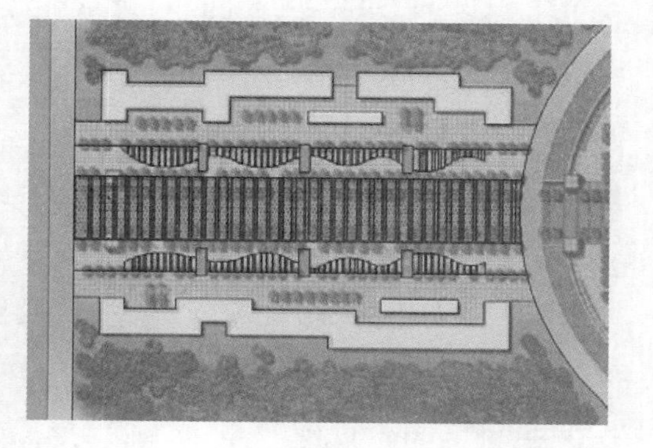

图 7-43　分割主道细节

03 平面分割完成后，打开【材料】面板，为主道外围路面赋予对应石材，如图 7-44 与图 7-45 所示。

04 为步行主道赋予石板材质，如图 7-46 与图 7-47 所示。接下来制作路沿细节。

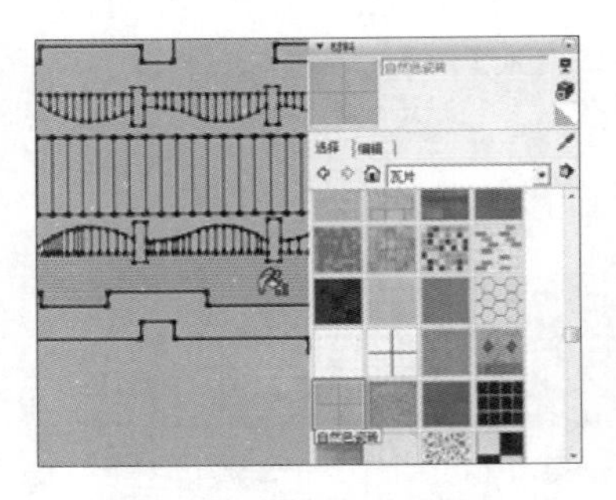
图 7-44　赋予主道外侧路面石材

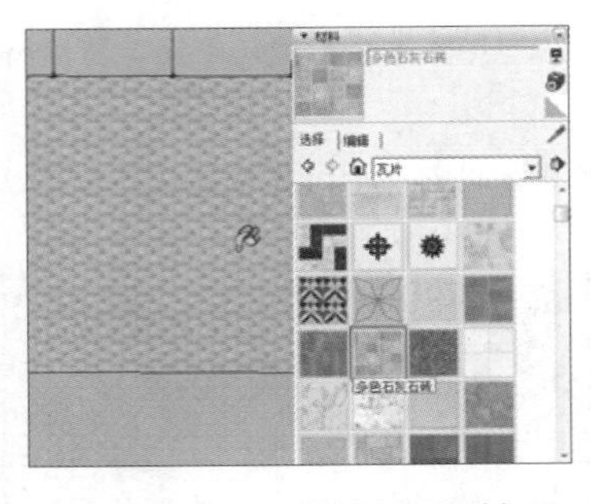
图 7-45　赋予主道外侧路面石材 2

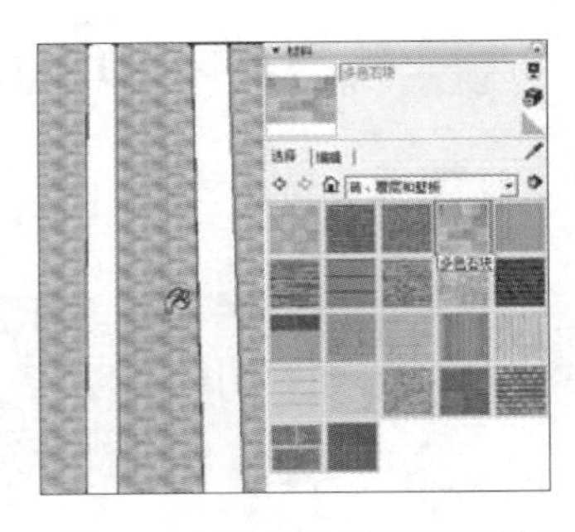
图 7-46　赋予步行主道路面石材

05 启用【偏移】工具，向内以 200 的距离制作路沿平面，然后赋予石材，如图 7-48 与图 7-49 所示。

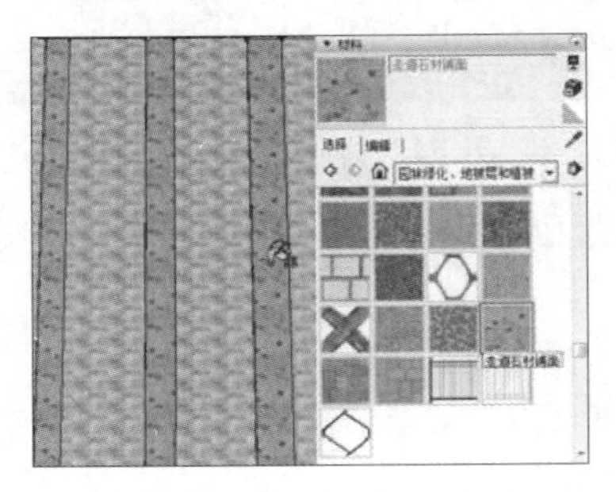
图 7-47　赋予步行主道间隔石材

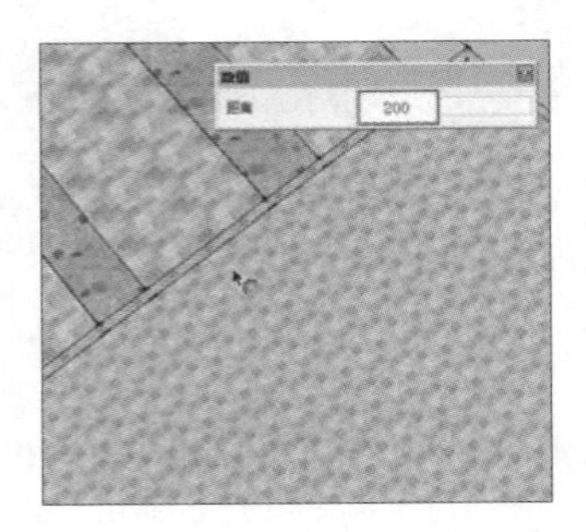
图 7-48　向内偏移复制

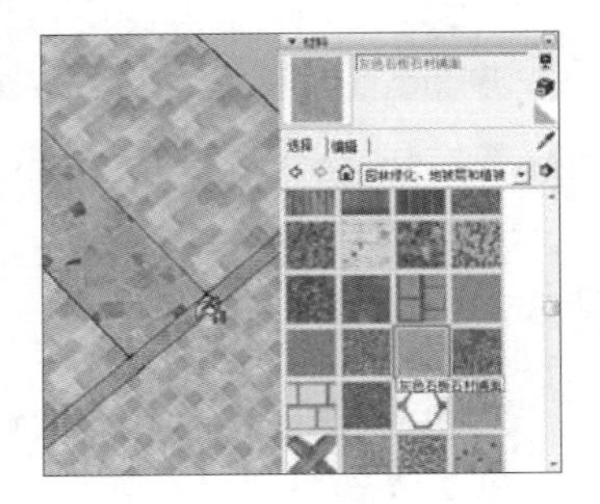
图 7-49　赋予路沿石材

06 启用【推/拉】工具，制作路沿高度，如图 7-50 所示。接下来制作草坪与花丛。

07 赋予草地平面对应材质，如图 7-51 所示。

08 赋予花丛平面花丛贴图材质，然后推拉出花丛高度，如图 7-52 与图 7-53 所示。

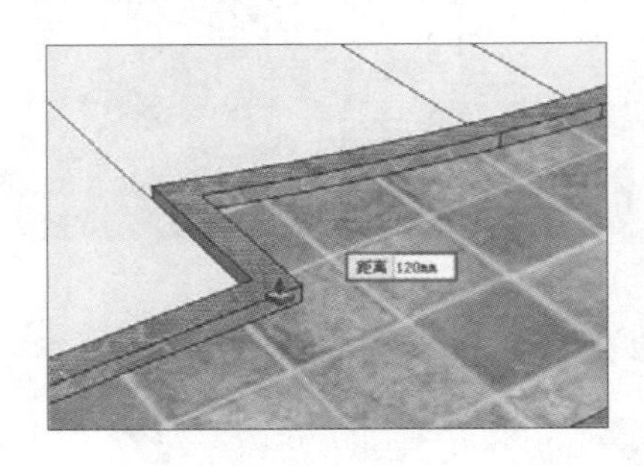
图 7-50　推拉出路沿高度

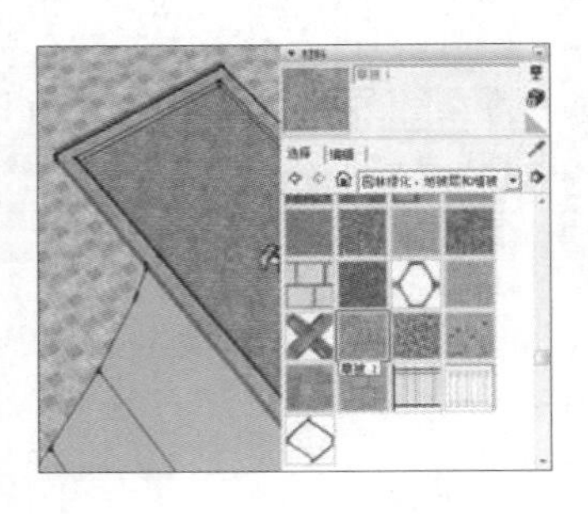
图 7-51　赋予草地材质

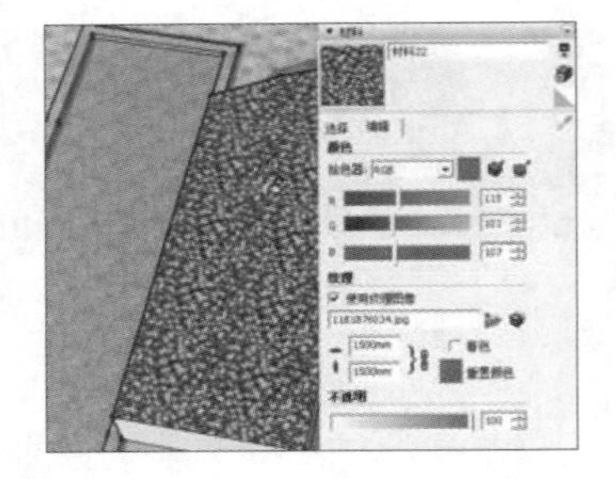
图 7-52　制作花丛

09 参考图纸，启用【矩形】工具，分割树池平面，如图 7-54 所示。

10 结合使用【推/拉】、【缩放】以及【偏移】工具，制作树池细节造型，如图 7-55~图 7-57 所示。

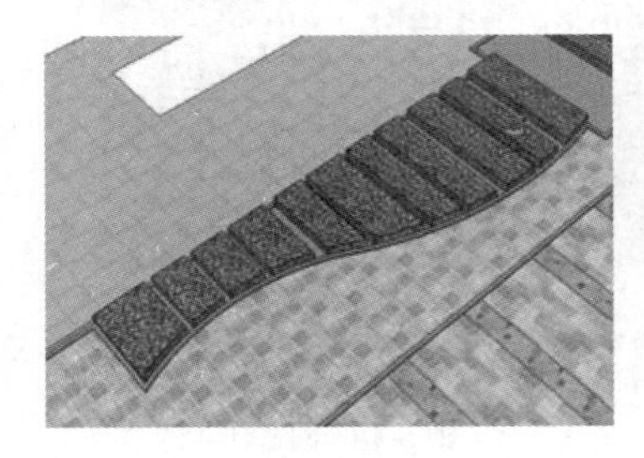
图 7-53　花丛模型完成效果

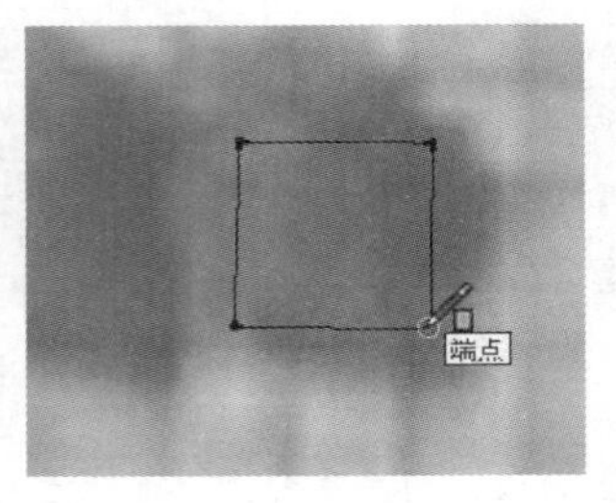

图 7-54　分割树池平面

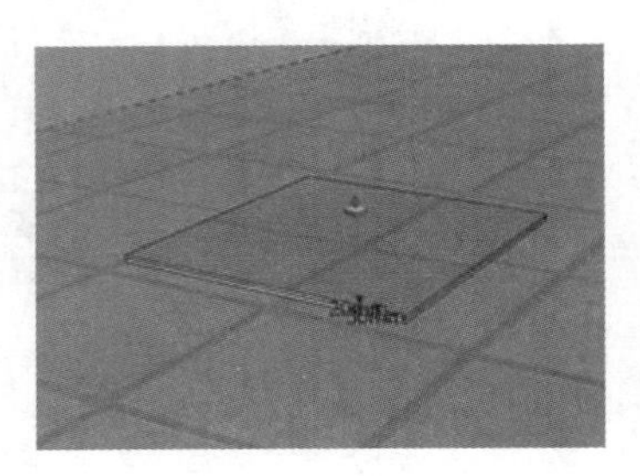
图 7-55　制作树池轮廓细节

11 将制作的树池模型整体创建为【组件】，然后参考图纸进行快速复制，如图 7-58 与图 7-59 所示。

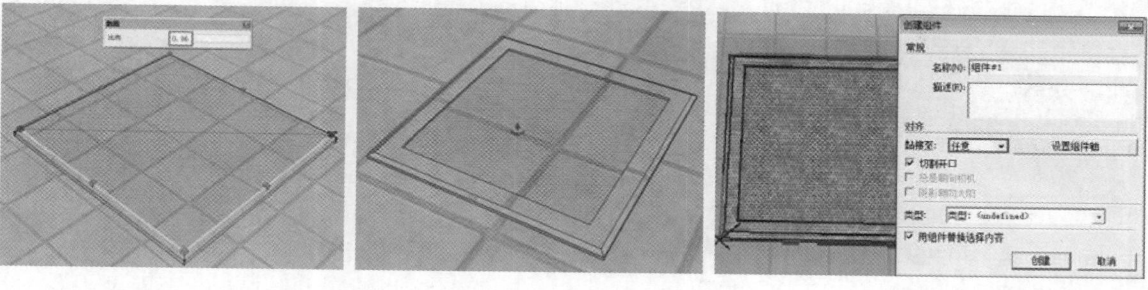


图 7-56 通过缩放制作边沿细节　图 7-57 偏移复制与推拉完成树池模型　图 7-58 创建树池整体组

12 打开【组件】面板，合并“树池座凳”模型组件，放置到合适的位置，如图 7-60 与图 7-61 所示。

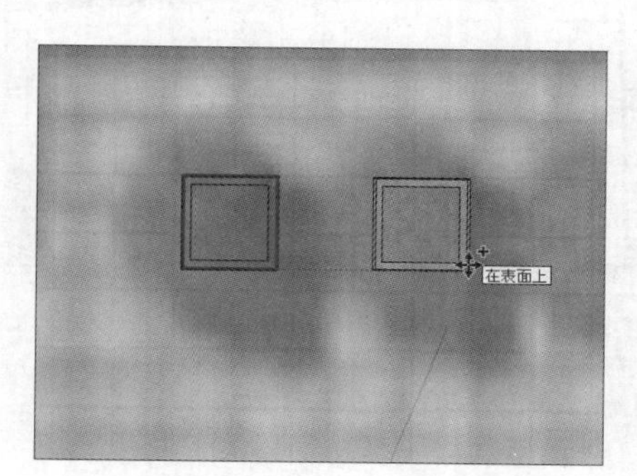


图 7-59 快速复制

图 7-60 合并树池座凳模型组件

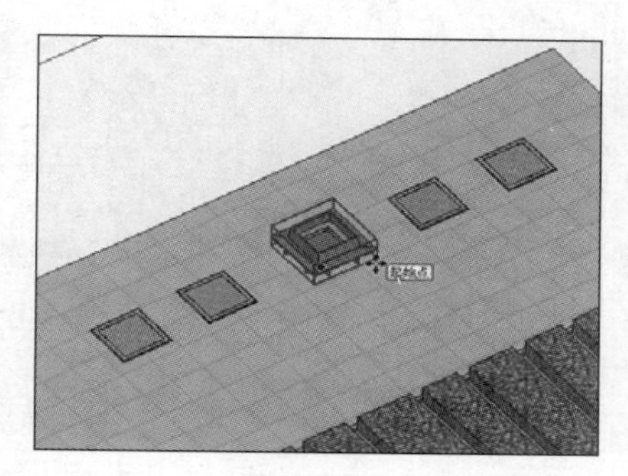

图 7-61 调整模型位置

13 参考图纸，通过移动复制，快速制作其他位置的树池等模型，如图 7-62~图 7-64 所示。

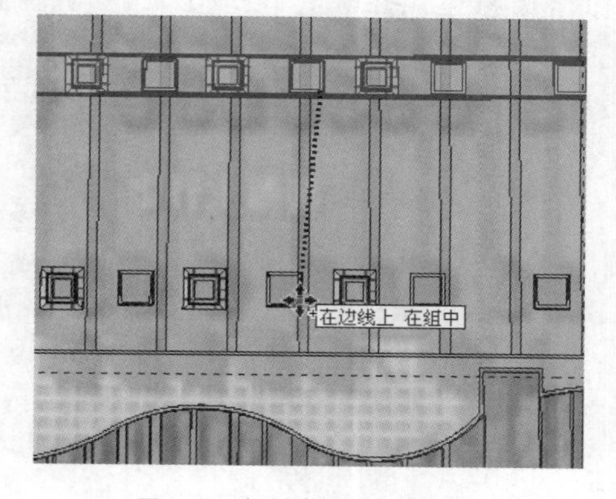


图 7-62 复制外侧树池与座凳

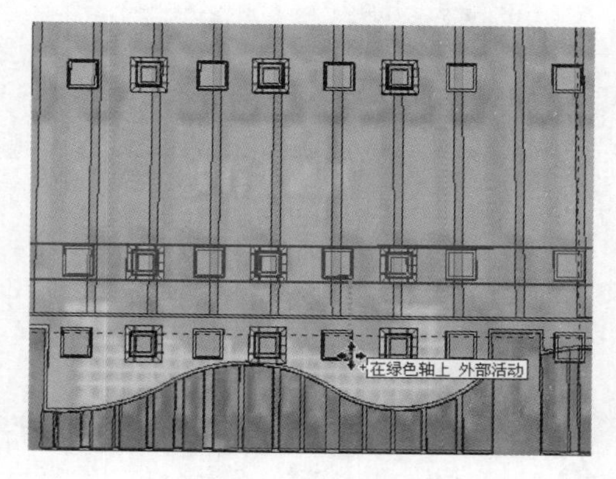


图 7-63 复制内部树池与座凳

## 7.2.3 制作建筑简模

01 启用【推/拉】工具，通过推拉复制快速制作建筑楼层，如图 7-65 与图 7-66 所示。

02 选择建筑顶面，结合使用【偏移】与【推/拉】工具制作出屋顶及女儿墙细节，如图 7-67 所示。

03 选择拆分建筑层线，启用【直线】工具分割出窗户轮廓，如图 7-68 与图 7-69 所示。

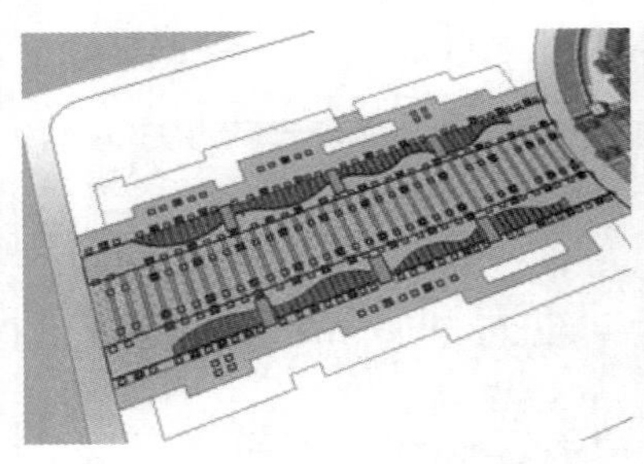
图 7-64　树池与座凳复制完成效果

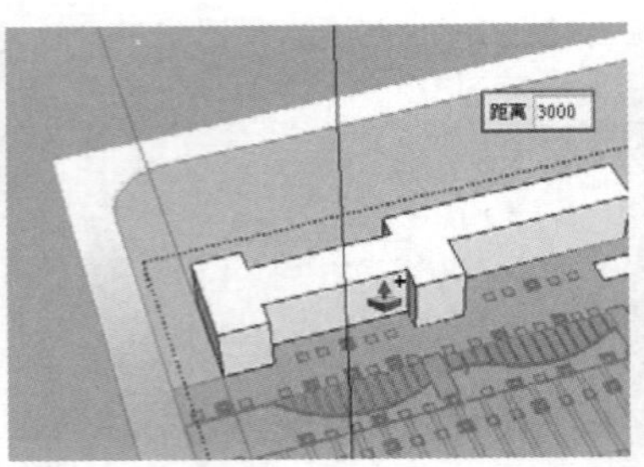

图 7-65　推拉制作建筑楼层

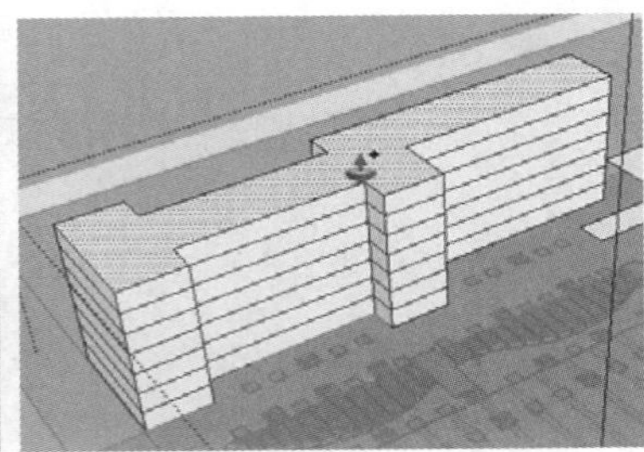
图 7-66　通过推拉复制快速完成建筑轮廓

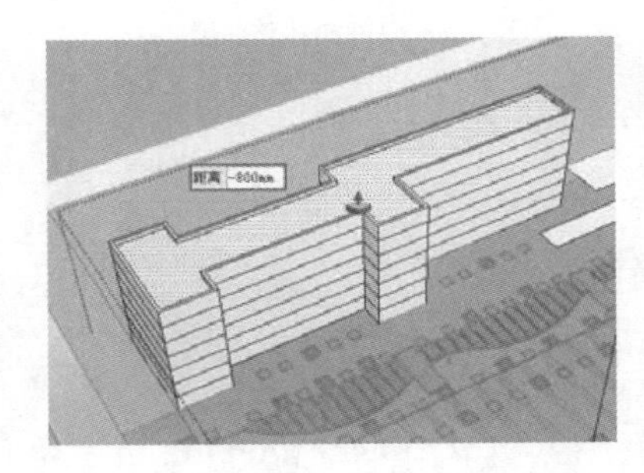
图 7-67　制作屋顶及女儿墙

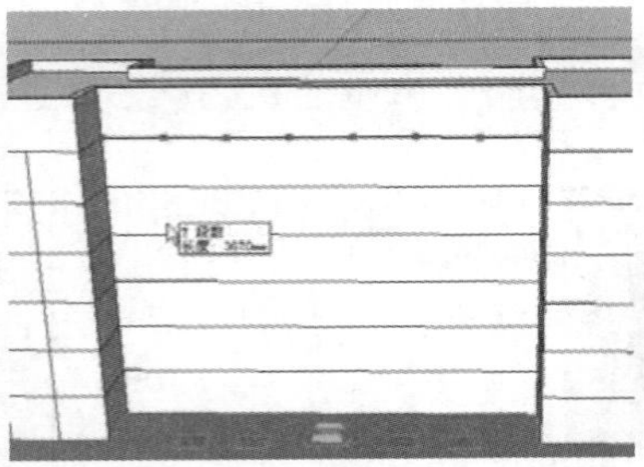
图 7-68　拆分建筑层线

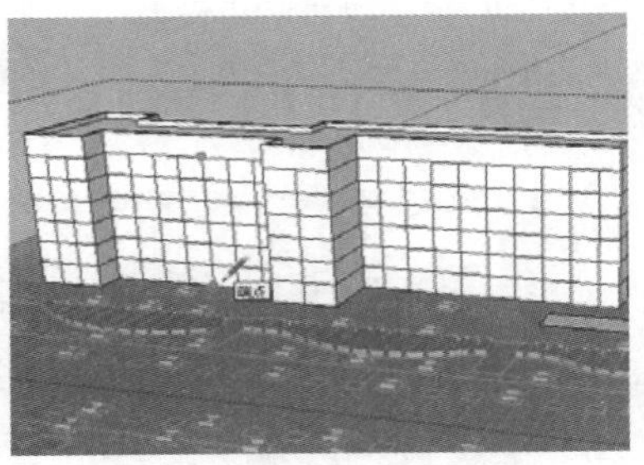
图 7-69　分割窗户轮廓

04 赋予外侧地面草地材质，完成步行主道、建筑等模型的创建，如图 7-70 与图 7-71 所示。

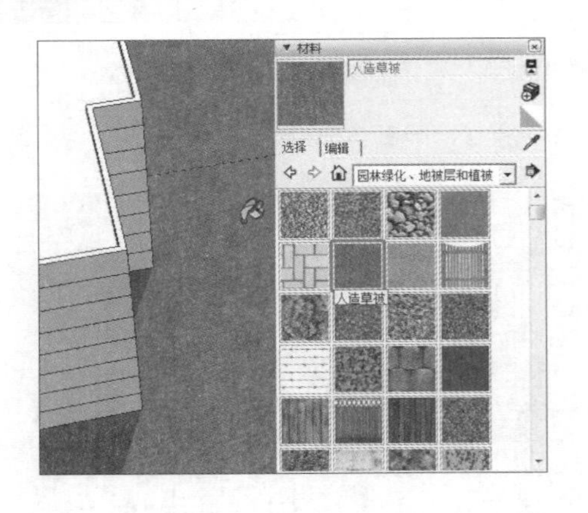

图 7-70　赋予外侧地面草地材质

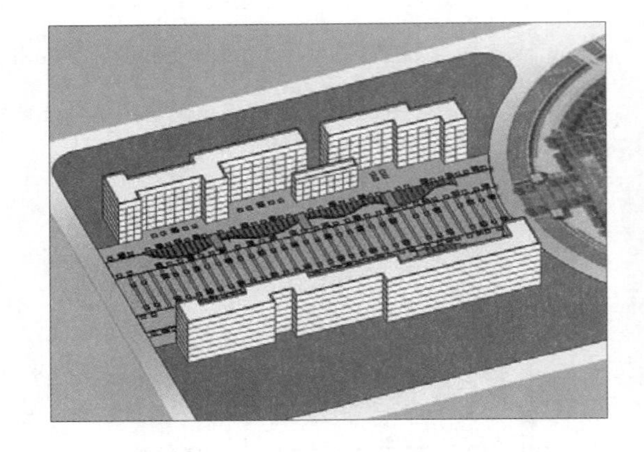
图 7-71　步行主道、建筑等模型完成效果

# 7.3 创建广场、码头和亲水木平台

## 7.3.1 制作广场外围建筑

01 参考图纸，结合使用【圆弧】与【直线】工具快速分割右侧弧形面，如图 7-72~图 7-74 所示。

02 使用【偏移】工具分割出广场外围建筑整体弧形平面，如图 7-75 所示。

03 参考图纸，使用【直线】工具分割建筑细节平面，如图 7-76 与图 7-77 所示。

图 7-72　参考图纸创建圆弧

图 7-73　完成右侧弧形面初步分割

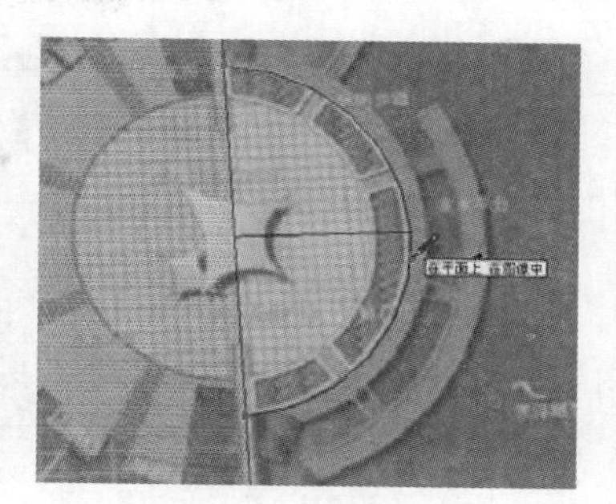
图 7-74　创建分割细节

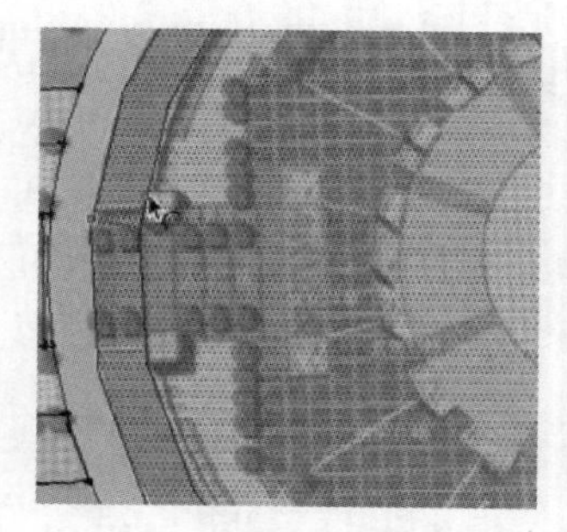
图 7-75　分割外围建筑平面

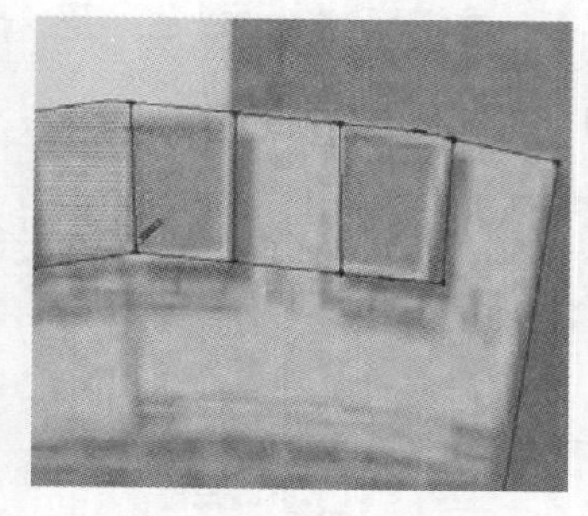
图 7-76　参考图纸分割建筑平面

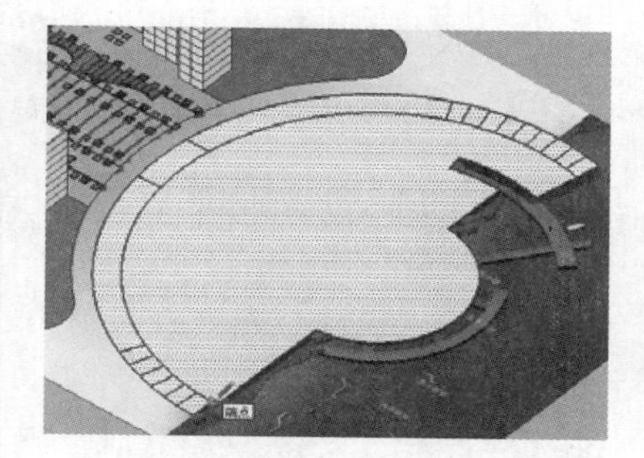

图 7-77　建筑平面分割完成

04 通过【推/拉】工具与线条的调整，制作建筑斜面轮廓，如图 7-78 与图 7-79 所示。

05 结合使用【曲面偏移复制】与【超级推拉】插件工具，制作弧形建筑屋顶细节，如图 7-80 与图 7-81 所示。

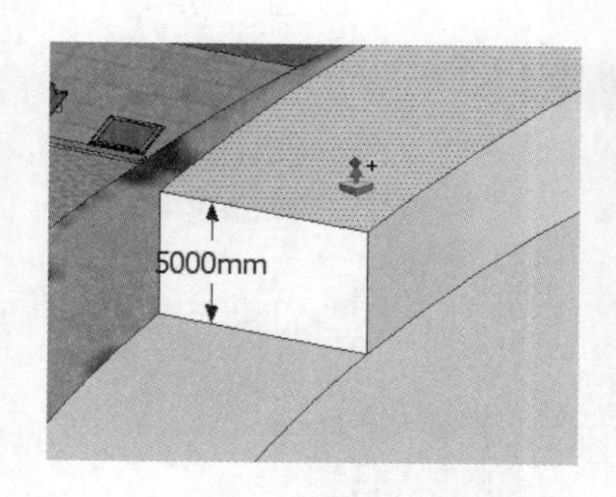

图 7-78　推拉建筑轮廓

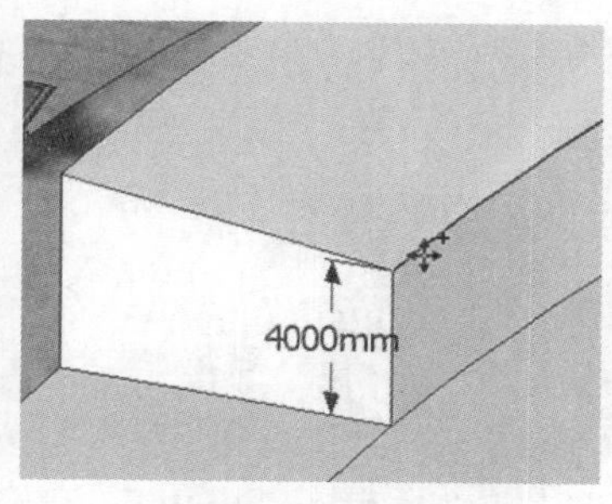

图 7-79　调整边线形成斜面

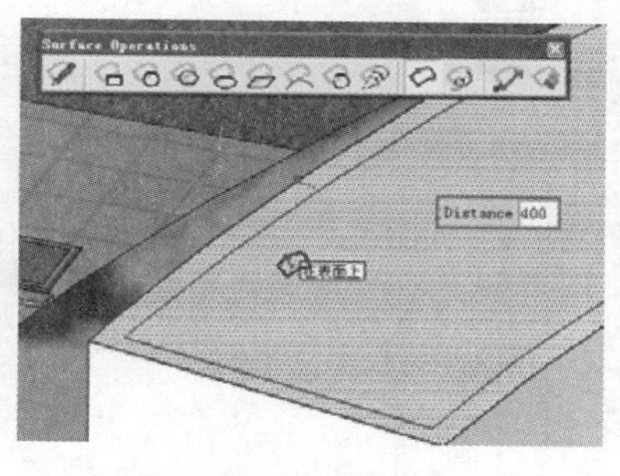

图 7-80　曲面偏移复制

06 通过直线的移动复制，分割建筑层次，如图 7-82 所示，接下来制作阳光棚与窗户。

07 选择分割弧形，使用【偏移】与【直线】工具制作阳光棚平面，然后创建为【组】，如图 7-83 与图 7-84 所示。

图 7-81　超级推拉制作女儿墙

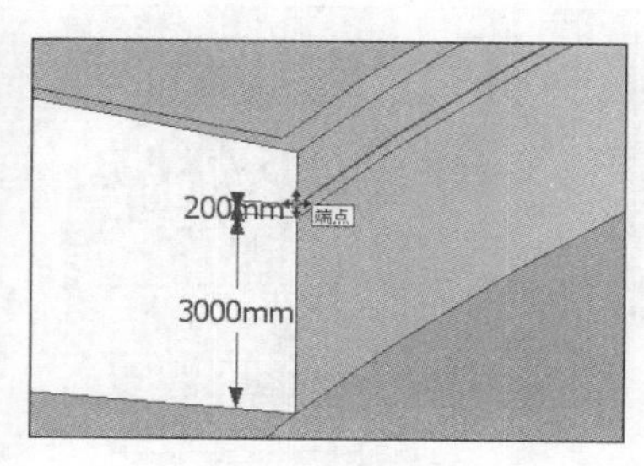

图 7-82　分割建筑层

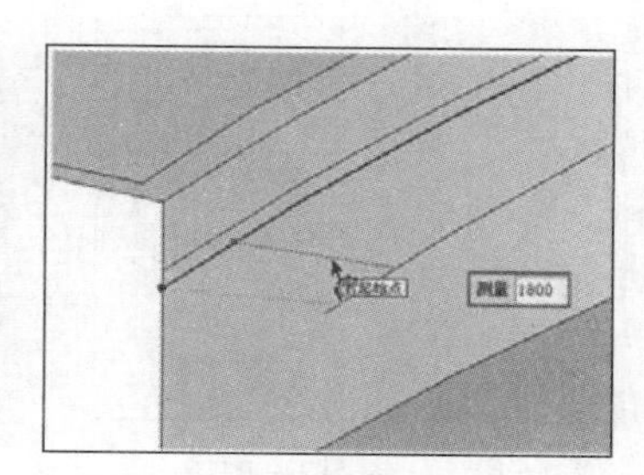

图 7-83　偏移复制制作阳光棚边线

08 炸开外侧弧形，捕捉端点使用【直线】工具进行分割，如图 7-85 所示。

09 选择分割平面，结合使用【偏移】与【推/拉】工具制作阳光棚框架细节，如图 7-86 与图 7-87 所示。

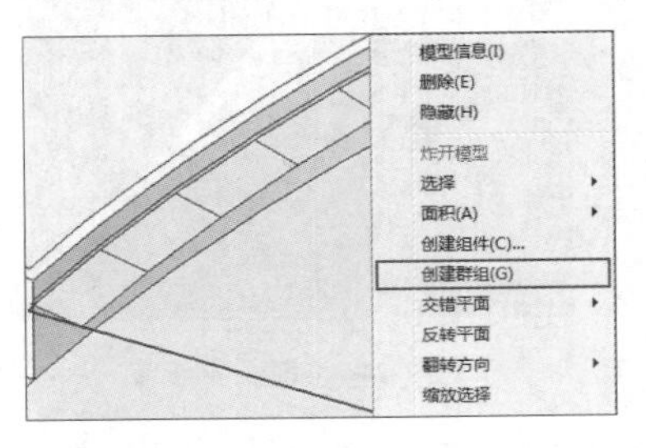

图 7-84　将阳光棚封面并创建为组

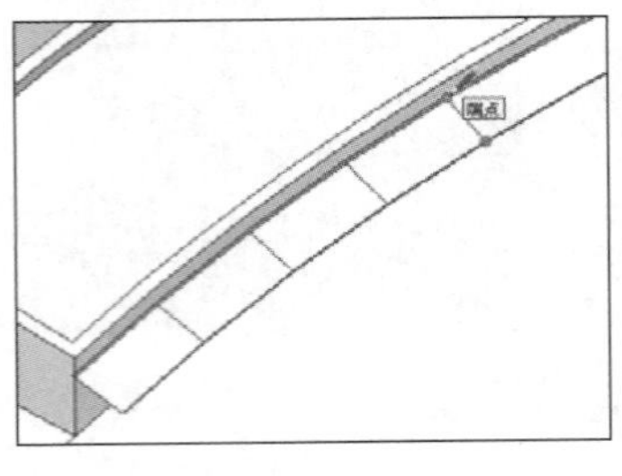

图 7-85　细分割阳光棚

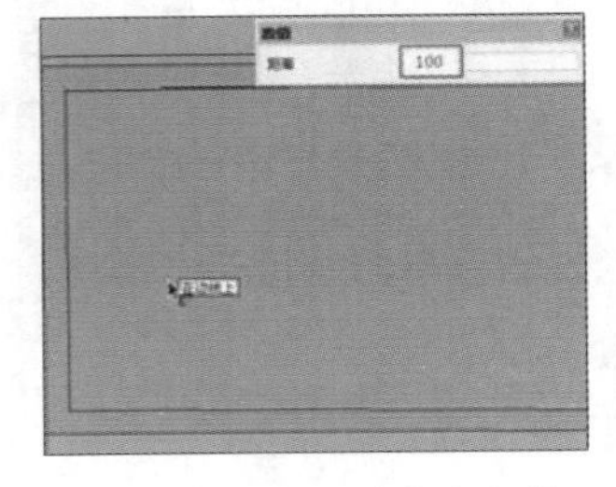

图 7-86　制作阳光棚框架细节

10 选择下部墙面，通过【超级推拉】与【直线】工具分割窗框平面，如图 7-88 与图 7-89 所示。

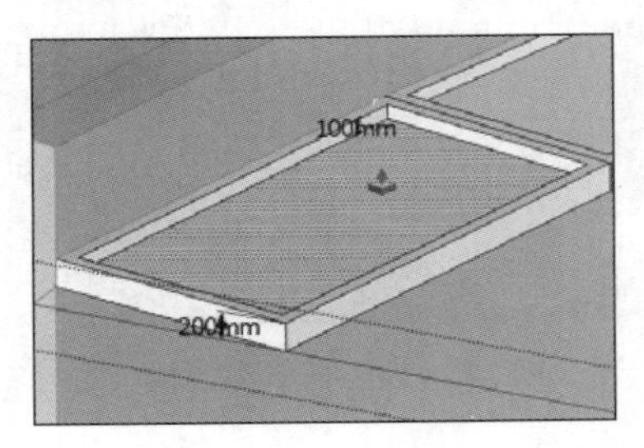

图 7-87　推拉框架厚度

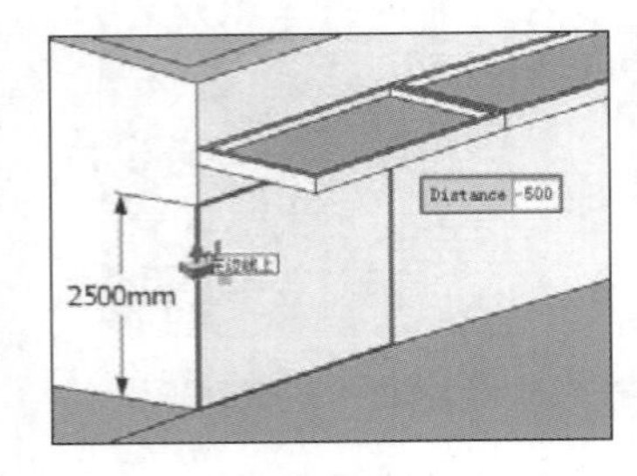

图 7-88　制作窗框轮廓

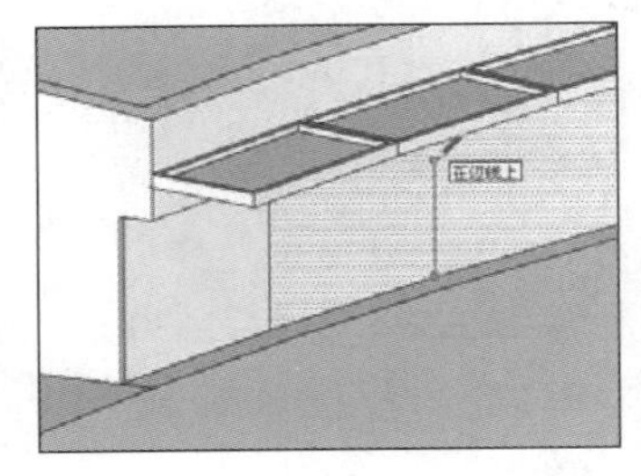

图 7-89　分割窗框平面

11 结合使用【曲面偏移复制】与【超级推拉】制作窗框细节，如图 7-90 所示。

12 打开【材料】面板，为建筑与屋面赋予对应材质，如图 7-91 所示。

13 为阳光棚与窗户框架指定金属铝材质，如图 7-92 所示，为窗户玻璃指定半透明玻璃材质，如图 7-93 所示。

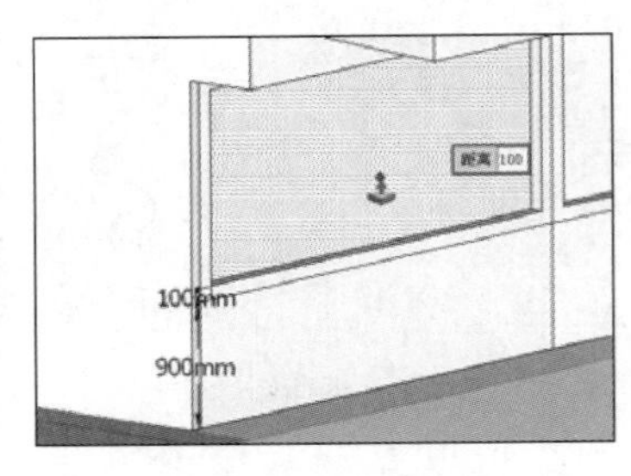

图 7-90　制作窗框细节

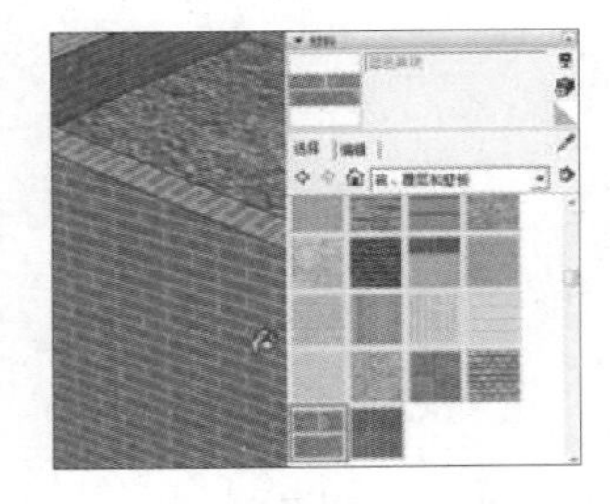
图 7-91　赋予建筑材质

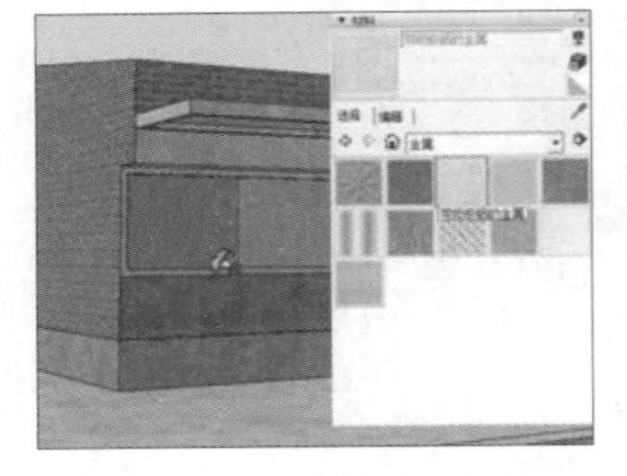
图 7-92　指定框架材质

14 左侧主体建筑创建完成，如图 7-94 所示。通过类似方法制作广场外围其他建筑，如图 7-95 所示。

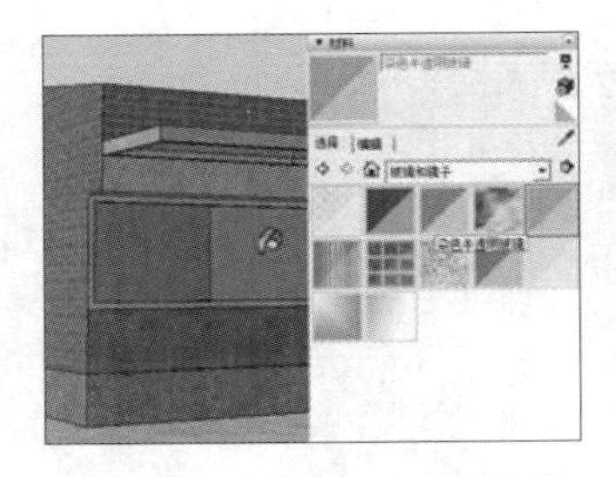
图 7-93　赋予玻璃半透明材质

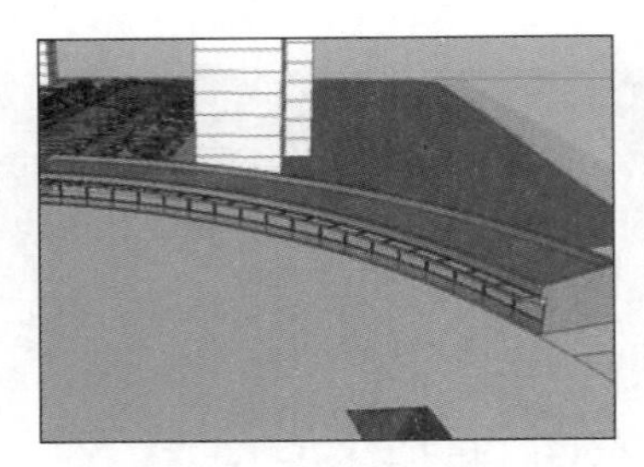
图 7-94　左侧主体建筑完成效果

图 7-95　制作其他外围建筑

## 7.3.2 制作入口广场与休闲广场

01 参考图纸，结合使用【直线】与【圆弧】工具分割入口广场及两侧弧形平面，如图 7-96 与图 7-97 所示。

图 7-96 分割入口广场及两侧弧形平面

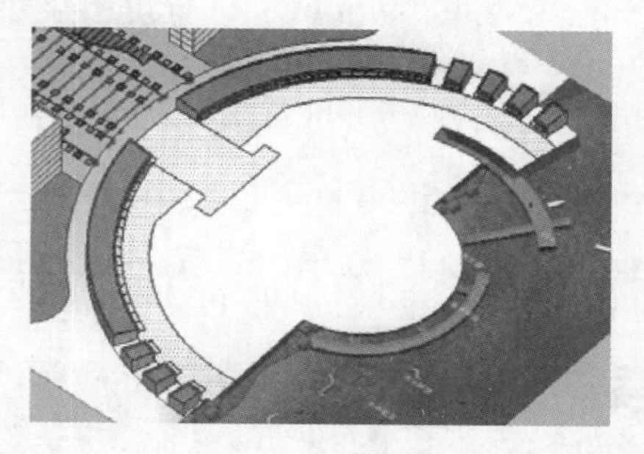

图 7-97 入口广场及两侧弧形平面分割完成

02 使用【推/拉】工具向上推拉分割平面 1500 的高度，如图 7-98 所示。

03 参考图纸，使用【直线】工具对入口广场平面进行细分割，如图 7-99 所示。

04 选择外侧台阶边线，通过拆分、【偏移】以及【推/拉】等方法，创建入口广场台阶，如图 7-100 与图 7-101 所示。

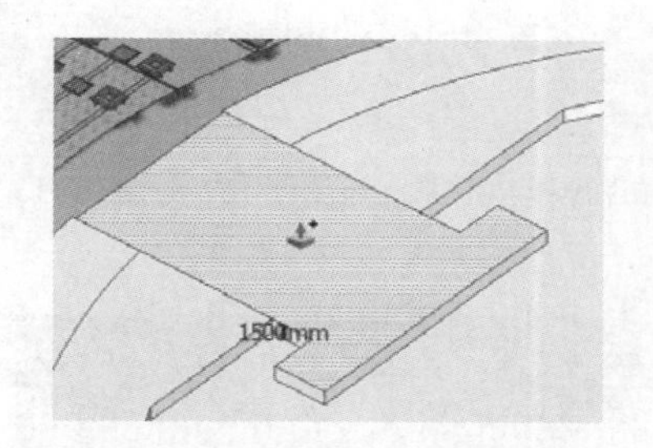


图 7-98 整体向上推拉

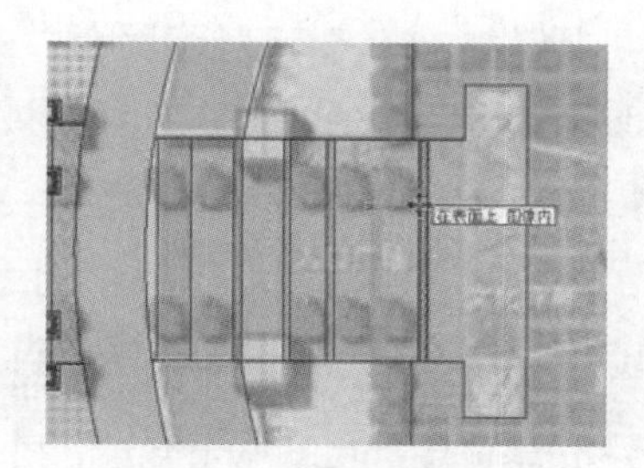

图 7-99 细分割广场入口

图 7-100 拆分创建台阶踏步平面

05 选择之前创建好的外围建筑，通过【移动】工具调整高度，如图 7-102 所示。

06 选择休闲广场所在的平面，使用【推/拉】工具向下推拉 2400 的深度，如图 7-103 所示。

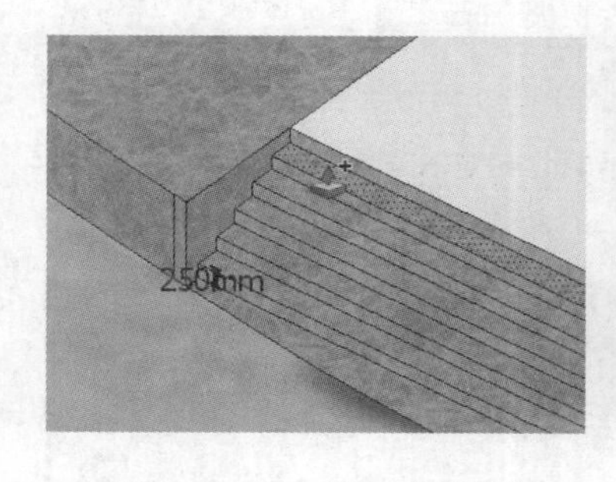


图 7-101 入口广场台阶完成效果

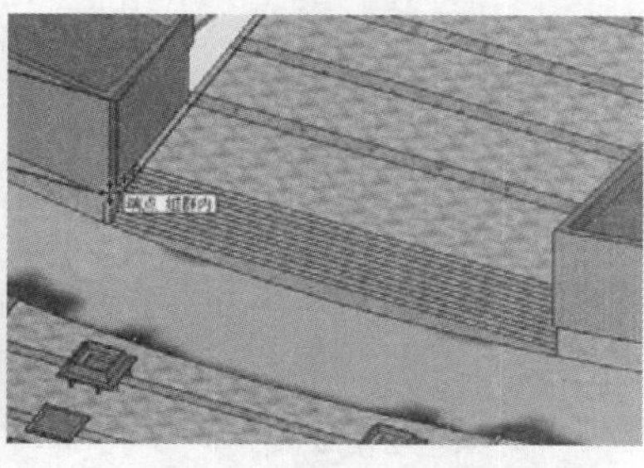

图 7-102 整体向上移动外围建筑

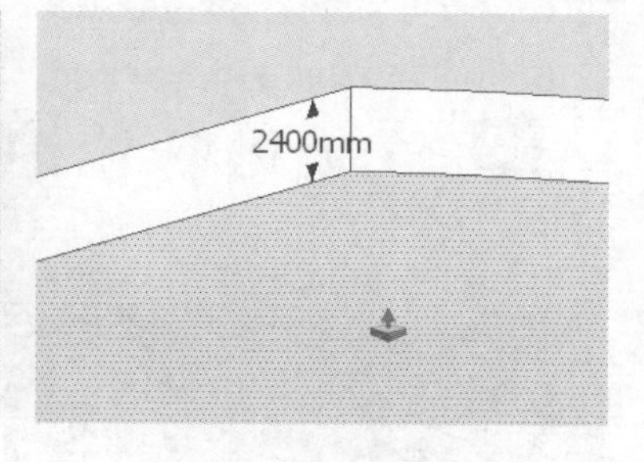


图 7-103 向下推拉休闲广场平面

07 参考图纸，使用同样的方法制作入口广场与休闲广场连接的台阶，如图 7-104 与图 7-105 所示。

08 参考图纸，分割休闲广场次入口平面，使用【推/拉】工具调整高度，如图 7-106 与图 7-107 所示。

09 参考两侧已经制作好的台阶，结合使用【偏移】与【推/拉】工具制作次入口内侧台阶，如图 7-108~

图 7-110 所示。

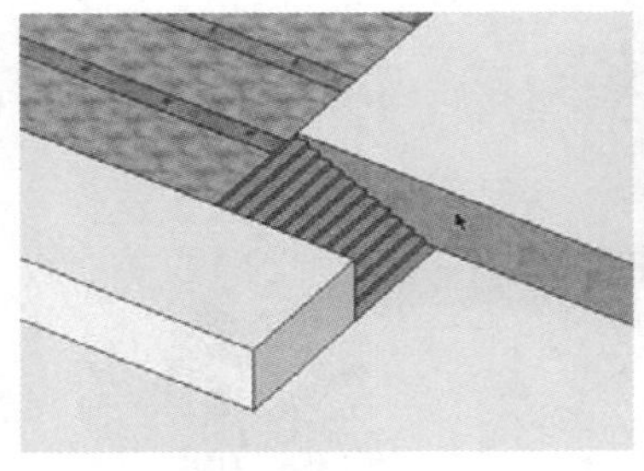
图 7-104　制作入口广场台阶

图 7-105　制作两侧弧形台阶

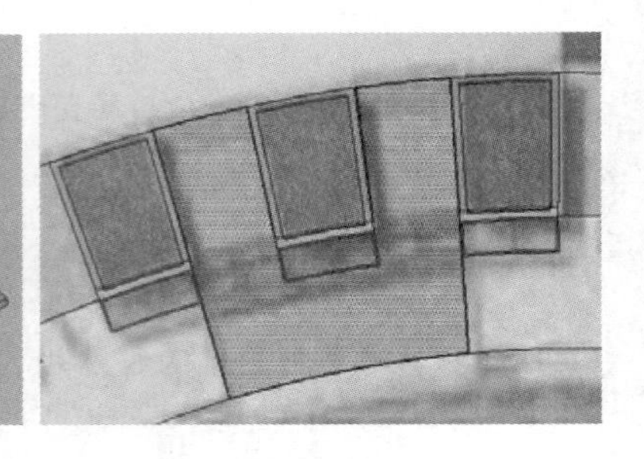
图 7-106　分割次入口平面

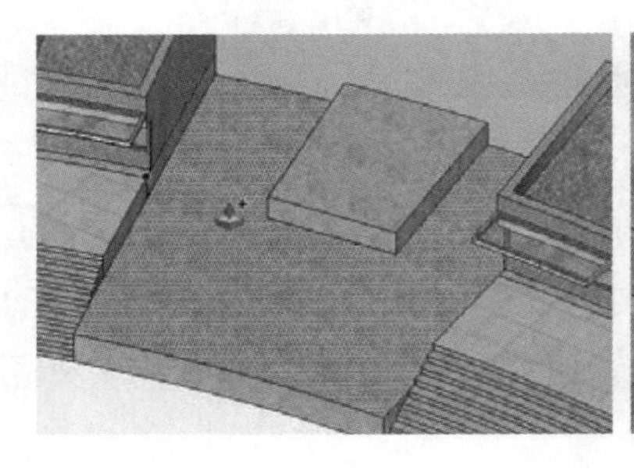
图 7-107　推拉次入口平面高度

图 7-108　通过偏移复制分割台阶面

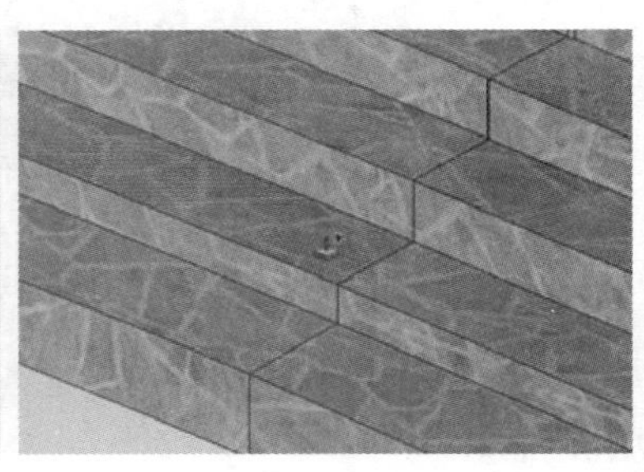
图 7-109　通过推拉形成台阶

**10** 通过类似方式制作次入口外侧台阶，如图 7-111 所示。

**11** 结合使用【偏移】与【推/拉】工具，制作入口浮雕模型并赋予浮雕贴图模拟效果，如图 7-112 与图 7-113 所示。

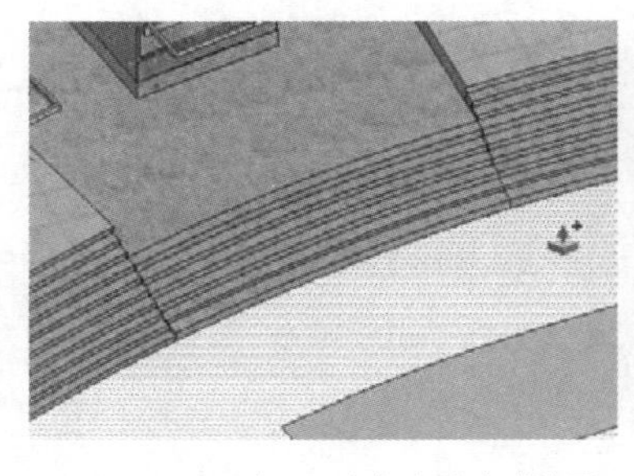
图 7-110　次入口内部台阶完成效果

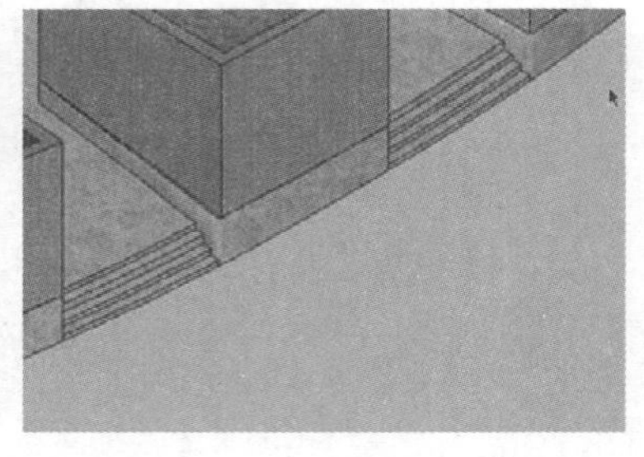
图 7-111　次入口外侧台阶完成效果

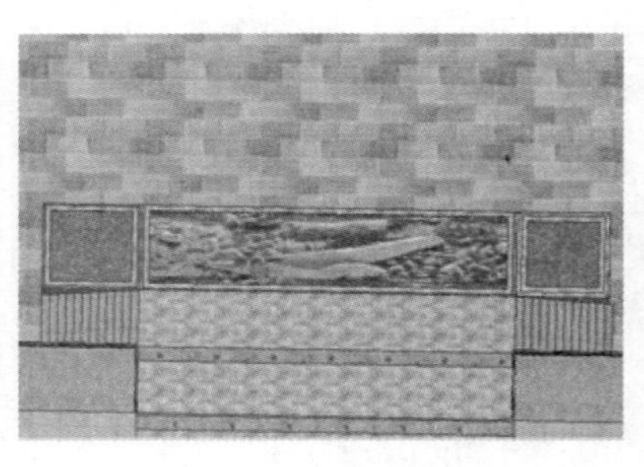
图 7-112　入口浮雕效果 1

**12** 结合使用【矩形】、【推/拉】、【直线】工具以及【拆分】菜单命令，制作超市入口大门细节，如图 7-114 与图 7-115 所示。

图 7-113　入口浮雕效果 2

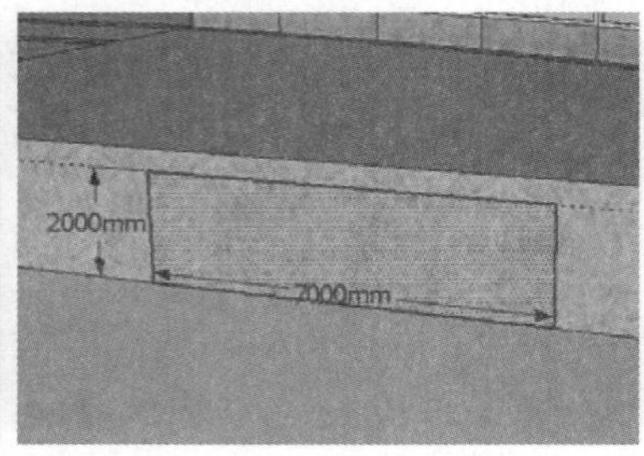

图 7-114　分割超市入口大门平面

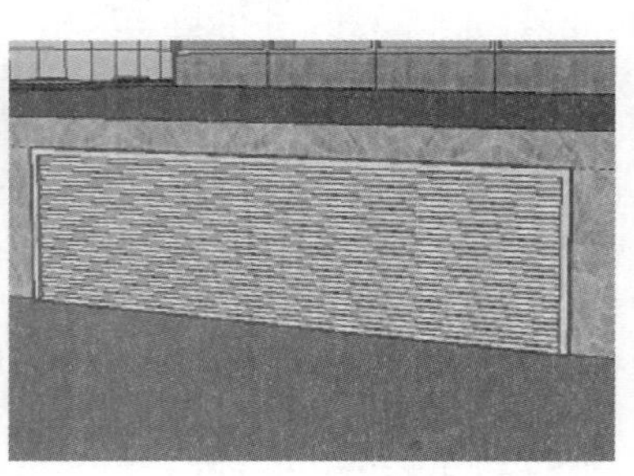
图 7-115　超市入口大门细节

13 结合使用【偏移】与【推/拉】等工具，制作休闲广场栏杆细节，如图 7-116 与图 7-117 所示。

14 参考图纸，复制入口广场处的树池与树池座凳，如图 7-118 与图 7-119 所示。

图 7-116 偏移复制形成栏杆平面

图 7-117 栏杆完成效果

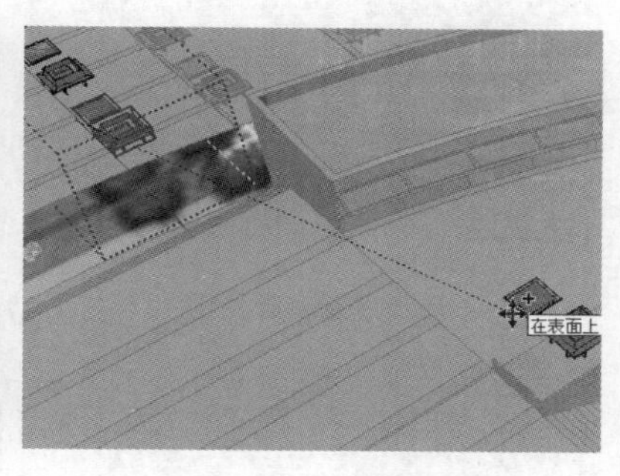

图 7-118 参考图纸复制树池与树池座凳

15 选择参考图纸，将其向上调整，以方便察看，使用【圆弧】工具分割下沉广场细节平面，如图 7-120 与图 7-121 所示。

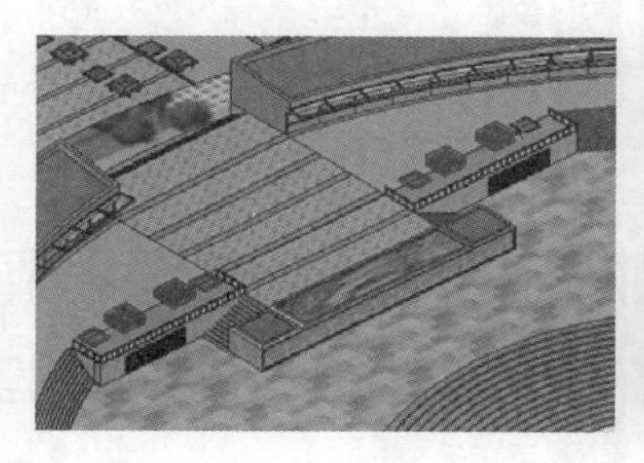
图 7-119 树池与树池座凳复制效果

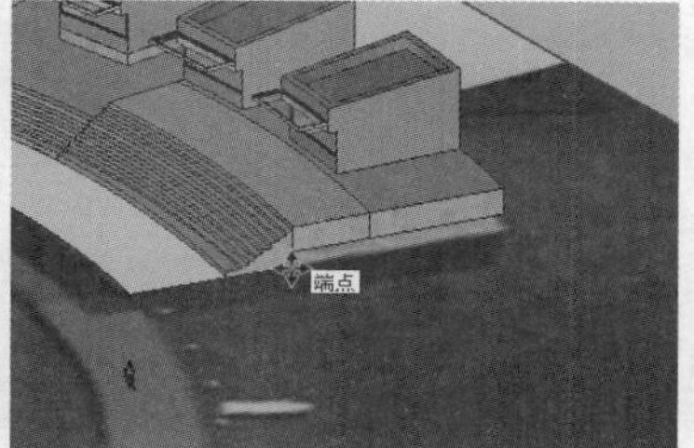

图 7-120 整体向上调整参考图纸

图 7-121 分割下沉广场细节平面

16 参考图纸，使用【圆弧】工具分割弧形台阶平面，然后整体向下推拉 3000，如图 7-122 与图 7-123 所示。

17 选择台阶边线进行拆分，参考图纸进行台阶面细分割，如图 7-124 与图 7-125 所示。

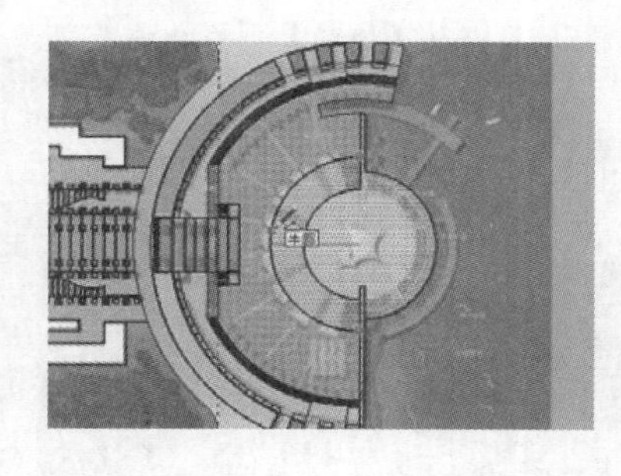
图 7-122 下沉广场细节平面分割完成

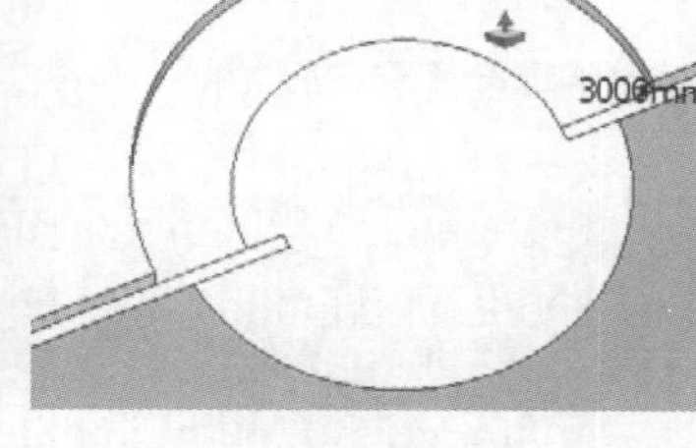

图 7-123 向下推拉下沉广场平面

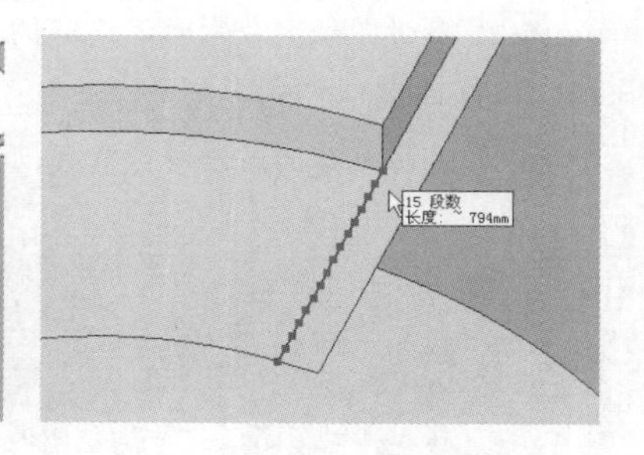

图 7-124 拆分台阶边线

18 台阶面分割完成后，赋予不同石材，然后使用【推/拉】工具制作台阶踏步，如图 7-126~图 7-128 所示。

19 结合使用【推/拉】以及【偏移】等工具，制作台阶区域花坛与外侧花坛模型，如图 7-129~图 7-132 所示。

20 参考图纸，通过相同方法制作左侧花坛，如图 7-133 所示。

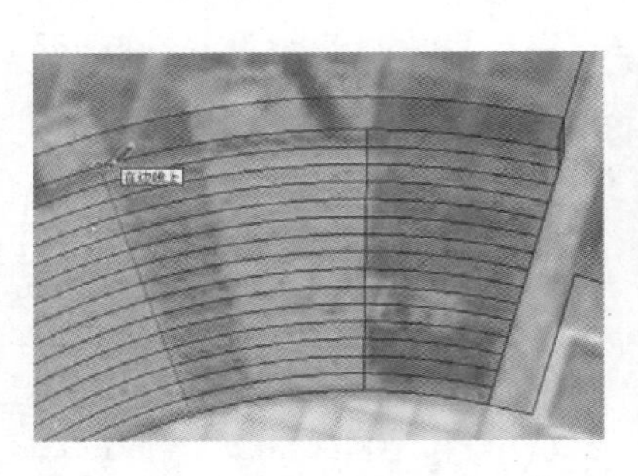

图 7-125　细分台阶

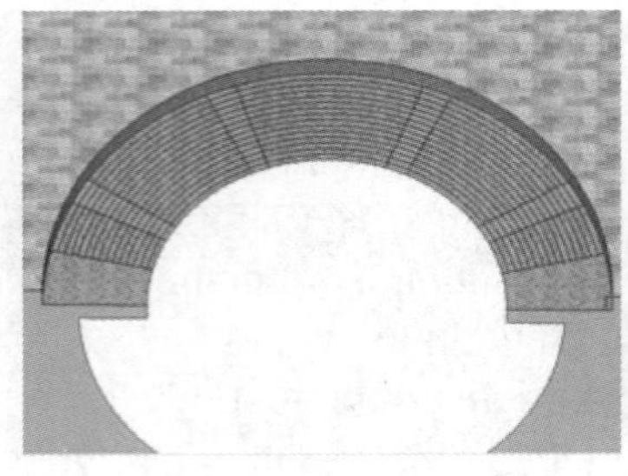

图 7-126　广场台阶细分完成效果

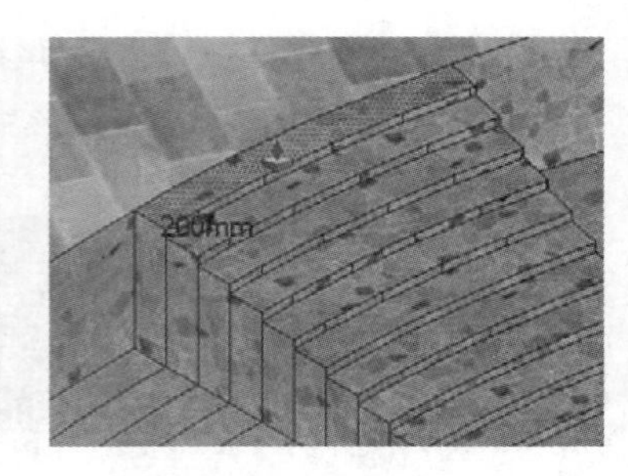


图 7-127　推拉生成台阶踏步

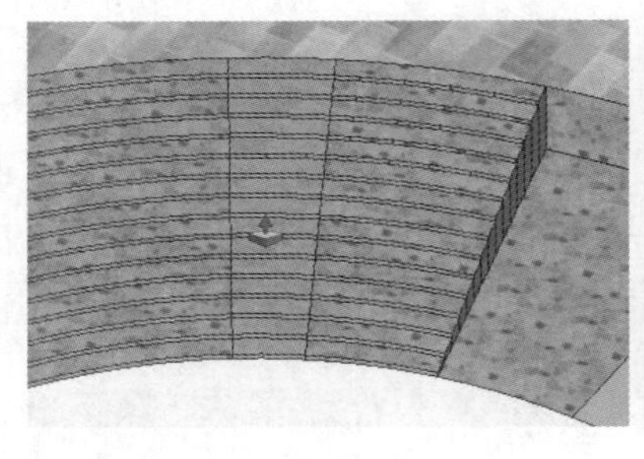

图 7-128　广场台阶完成效果

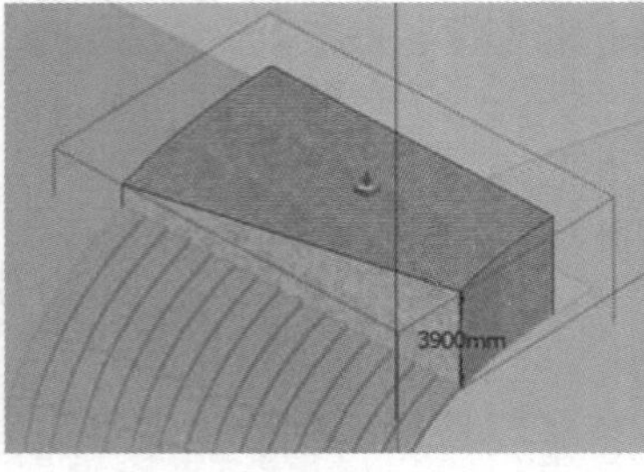


图 7-129　推拉制作花坛轮廓

图 7-130　花坛细节完成效果

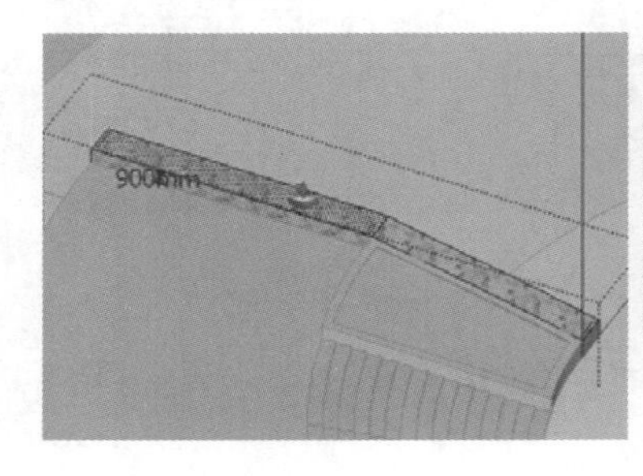


图 7-131　制作边侧花坛轮廓

图 7-132　边侧花坛完成效果

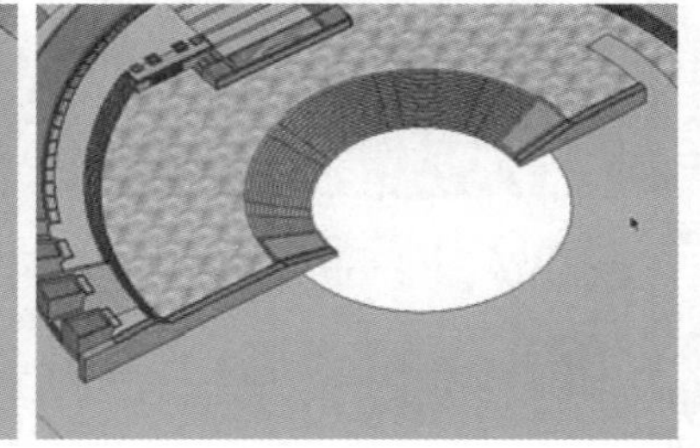

图 7-133　制作好左侧花坛

21 参考图纸，分割休闲广场铺地细节与花坛平面，然后结合使用【推/拉】以及【偏移】制作相关造型，如图 7-134 与图 7-135 所示。

22 选择创建的花坛与分割线，参考图纸进行多重旋转复制，如图 7-136 与图 7-137 所示。

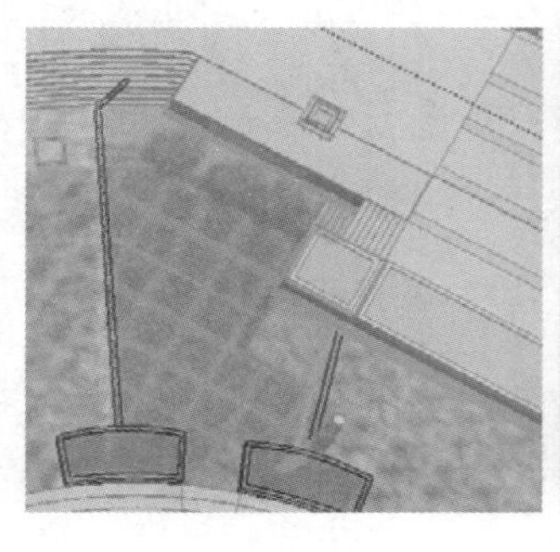

图 7-134　分割休闲广场铺地与花坛

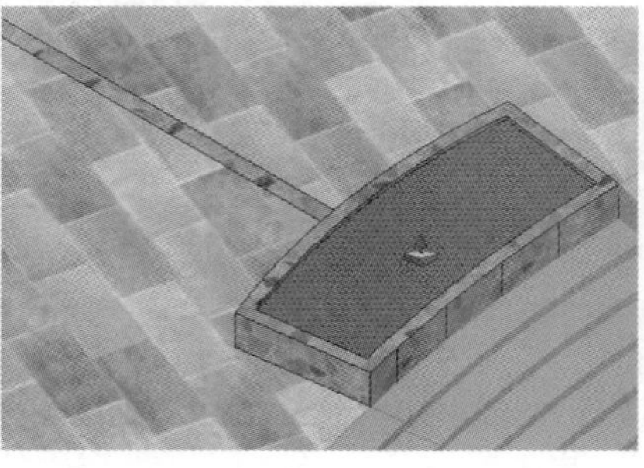

图 7-135　休闲广场单个铺地与花坛完成效果

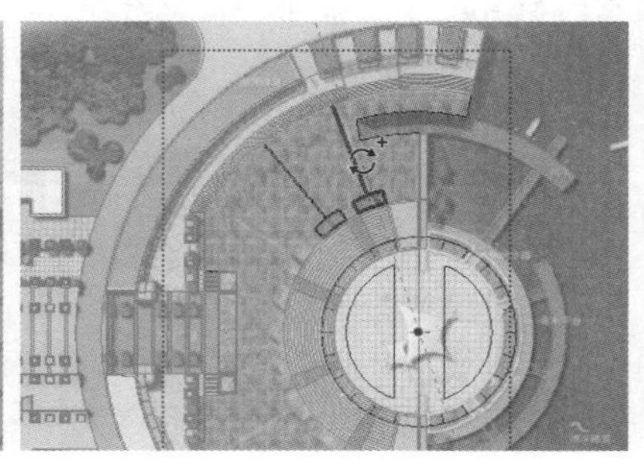

图 7-136　多重旋转复制花坛与分割线

**23** 打开【材料】面板，为休闲广场分割好的铺地对应赋予石材并调整拼贴细节，如图 7-138 与图 7-139 所示。

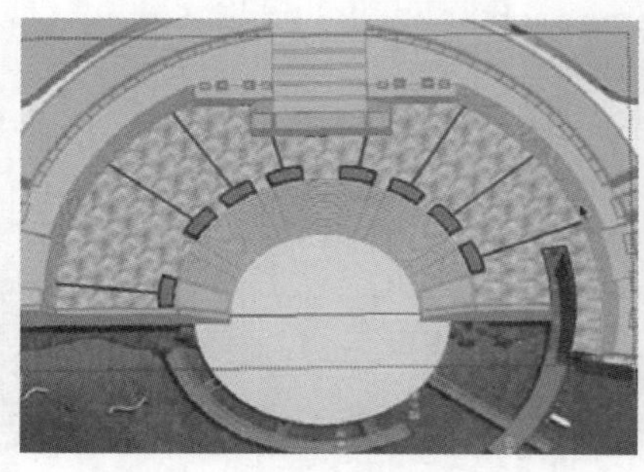

图 7-137　花坛与分割线复制完成效果

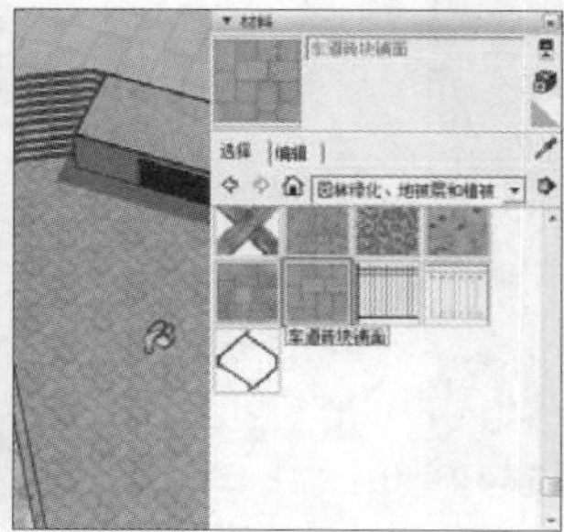

图 7-138　赋予分割地面石材 1

图 7-139　赋予分割地面石材 2 并调整效果

**24** 参考图纸，选择之前创建好的树池与树池座凳，复制得到休闲广场右侧的树池阵列，如图 7-140 与图 7-141 所示。

**25** 参考图纸，选择之前创建的树池，将其沿休闲广场边沿弧形排列，如图 7-142 与图 7-143 所示。

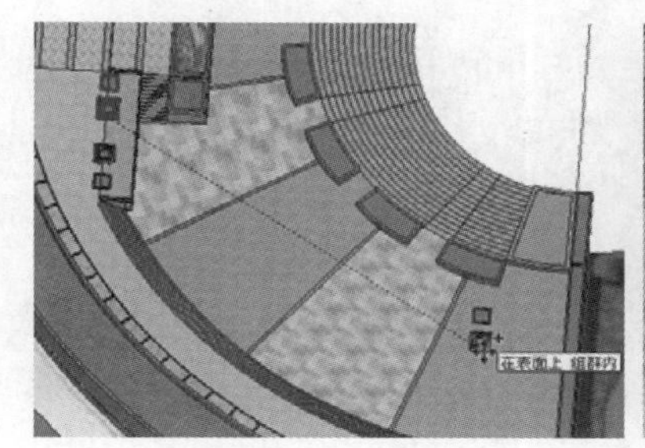

图 7-140　复制树池与树池座凳

图 7-141　树池阵列完成效果

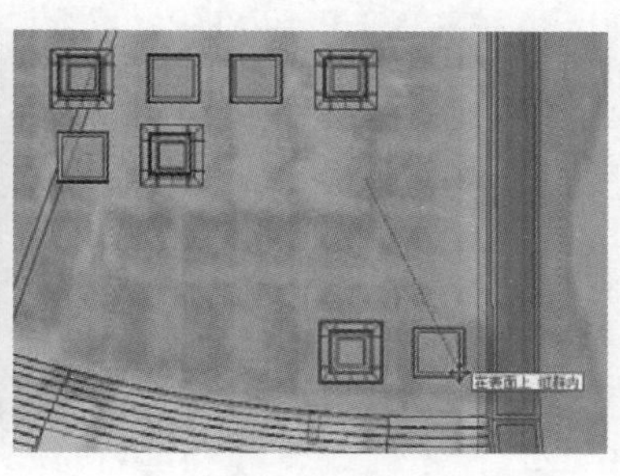

图 7-142　复制制作边沿树池

**26** 入口广场与休闲广场创建完成，当前模型效果如图 7-144 所示。

图 7-143　排列边沿树池

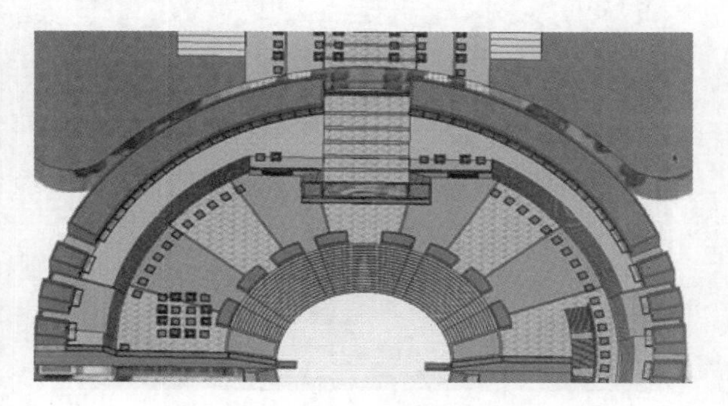

图 7-144　入口广场与休闲广场完成效果

## 7.3.3 制作下沉广场与亲水木平台

**01** 参考图纸，使用【圆弧】工具分割下沉广场，为其赋予相应石材。然后通过【组件】面板合并拉膜造型，如图 7-145 与图 7-146 所示。

图 7-145　分割下沉广场平面

图 7-146　合并拉膜模型

02 参考图纸，结合使用【推/拉】与【偏移】工具调整花坛细节，如图 7-147 与图 7-148 所示。

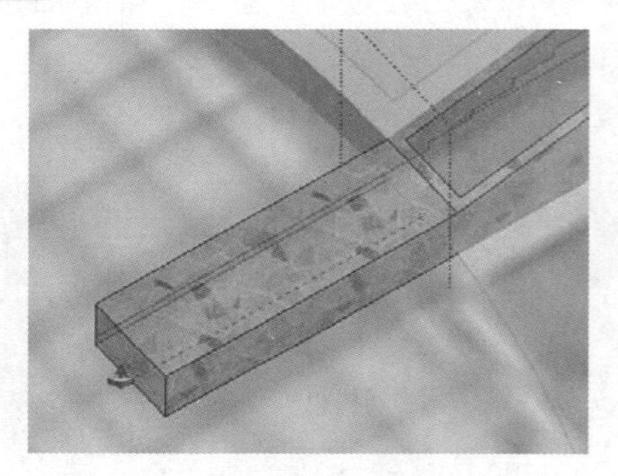

图 7-147　调整花坛轮廓

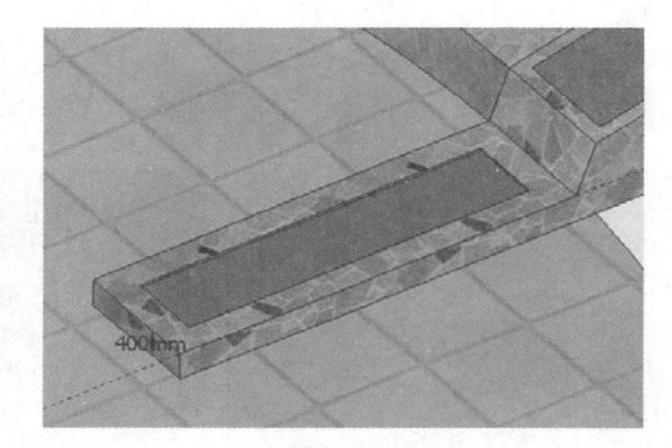


图 7-148　制作花坛细节

03 参考图纸，使用【偏移】与【推/拉】工具制作下沉广场外侧平面与高差，如图 7-149 与图 7-150 所示。

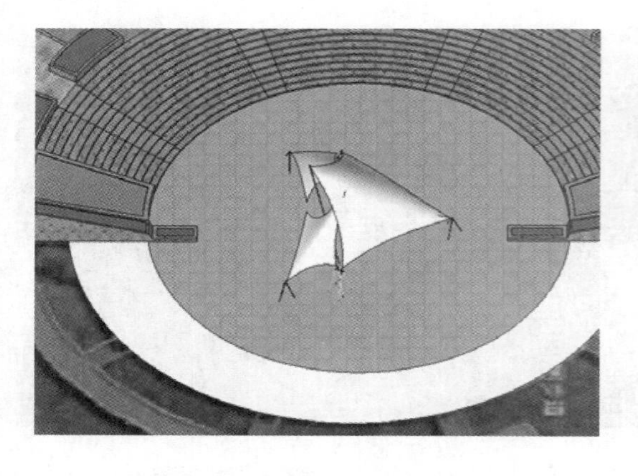

图 7-149　创建下沉广场外侧弧形平面

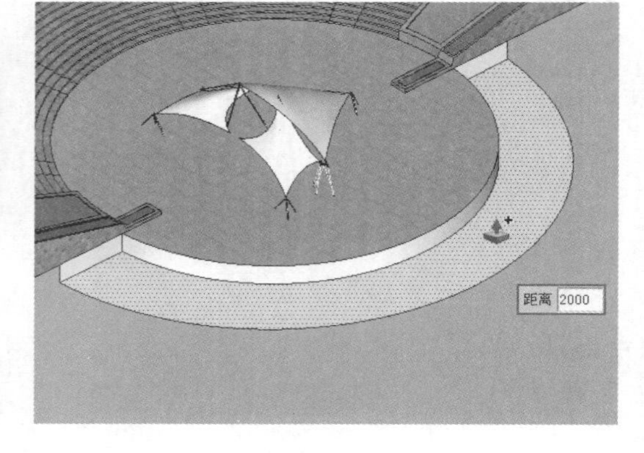


图 7-150　向下推拉 2000

04 参考图纸，使用【偏移】工具分割出外部过道，使用【直线】工具分割台阶与花坛平面，如图 7-151 与图 7-152 所示。

05 参考之前介绍的方法制作该处的台阶与花坛细节，如图 7-153 与图 7-154 所示。

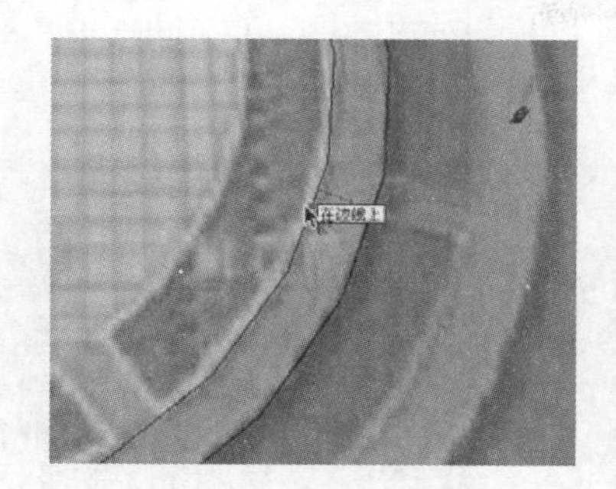
图 7-151 制作下沉广场与亲水木平台衔接过道

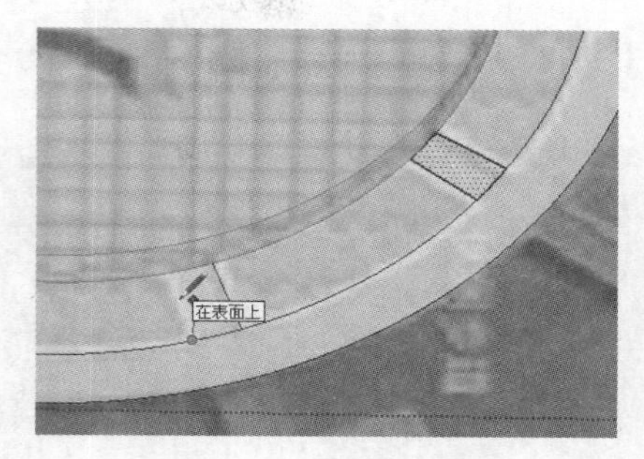

图 7-152 分割台阶与花坛平面

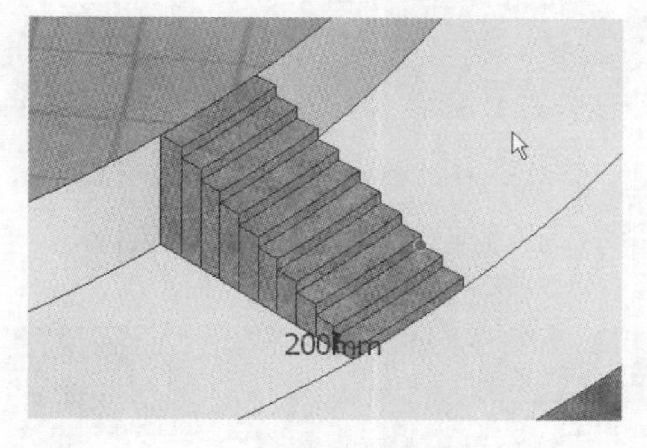

图 7-153 制作台阶细节

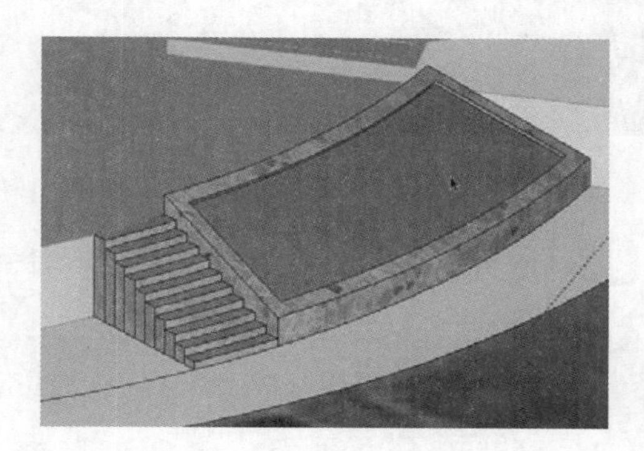
图 7-154 制作花坛细节

06 选择外侧过道平面，使用【推/拉】工具制作高度，完成下沉广场的制作，如图 7-155 与图 7-156 所示。接下来制作亲水木平台。

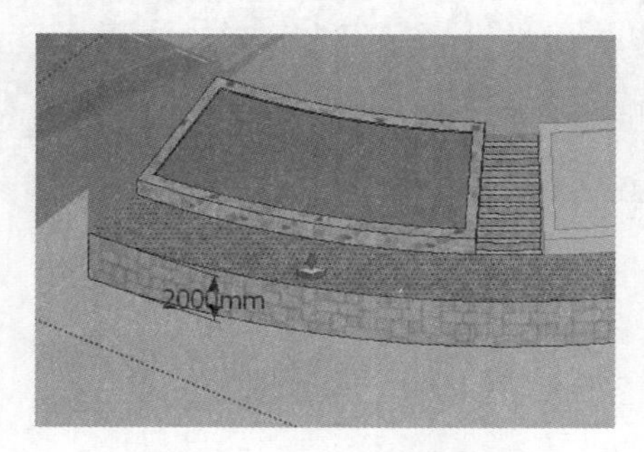

图 7-155 制作 2000 高度的过道

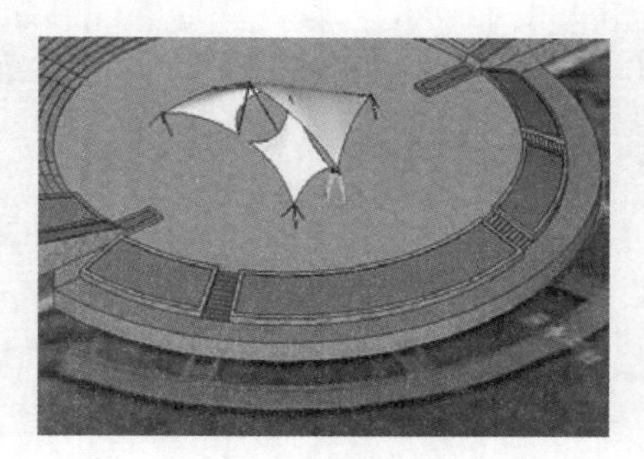
图 7-156 下沉广场完成效果

07 参考图纸，结合【圆弧】、【直线】等工具创建亲水木平台平面，如图 7-157 与图 7-158 所示。

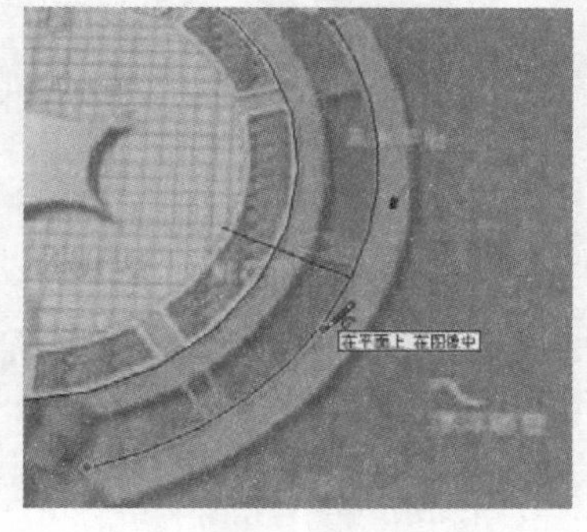
图 7-157 参考图纸创建亲水木平台平面

图 7-158 亲水木平台细节平面完成效果

08 使用之前类似的方法，制作亲水木平台台阶与平台细节，如图 7-159 与图 7-160 所示。

图 7-159　创建亲水木平台台阶造型

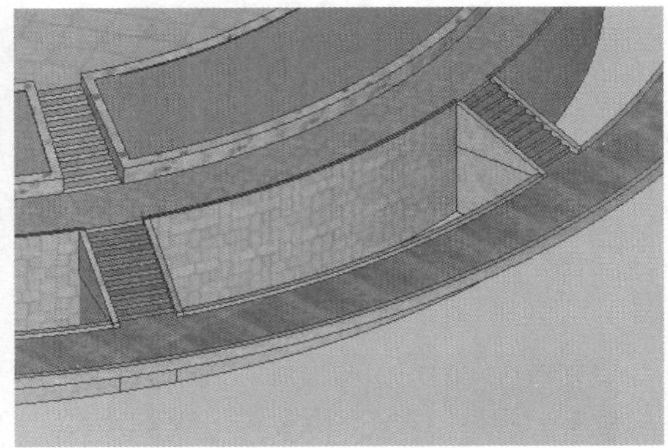

图 7-160　创建左侧弧形亲水平台初步效果

09 结合使用【直线】、【偏移】以及【推/拉】工具制作台阶扶手栏杆，如图 7-161 与图 7-162 所示。

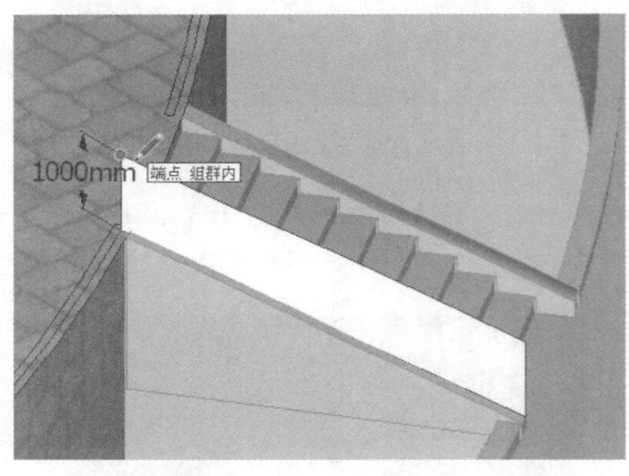


图 7-161　创建台阶扶手栏杆模型面

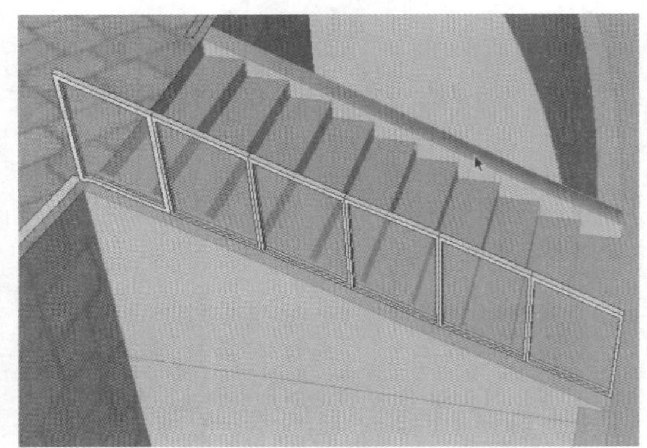

图 7-162　台阶扶手栏杆完成效果

10 上部扶手栏杆制作完成后，通过【组件】面板合并木平台上的栏杆并进行复制，如图 7-163 与图 7-164 所示。

图 7-163　区域扶手与栏杆完成效果

图 7-164　合并栏杆

11 参考图纸，结合使用【圆弧】、【直线】工具创建右侧弧形亲水木平台细分面，如图 7-165 与图 7-166

所示。

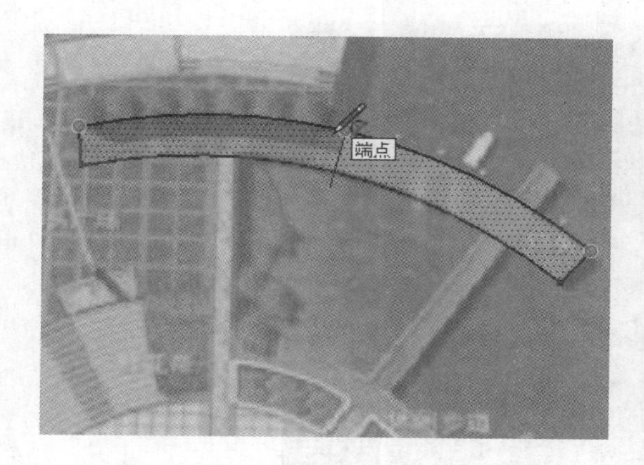


图 7-165　分割右侧弧形亲水平台模型面

图 7-166　分割弧形平面层次细节

12 通过之前类似的方法制作台阶与平台，如图 7-167 所示。

13 参考图纸，使用【直线】工具创建中部线形亲水木平台细分面，然后制作台阶与平台，如图 7-168~图 7-170 所示。

图 7-167　弧形亲水平台与码头完成效果

图 7-168　分割线形亲水平台模型面

图 7-169　制作楼梯与平台

图 7-170　制作扶手及栏杆

14 经过以上步骤的创建，本例模型当前效果如图 7-171 所示。

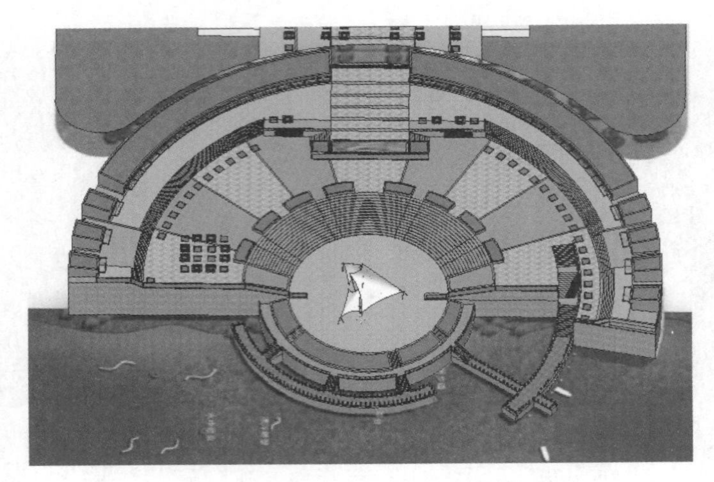

图 7-171　下沉广场与亲水木平台完成效果

## 7.3.4 制作水面细节

01 参考图纸，使用【直线】工具创建水面，使用【推/拉】工具制作水面高度，如图 7-172 和图 7-173 所示。

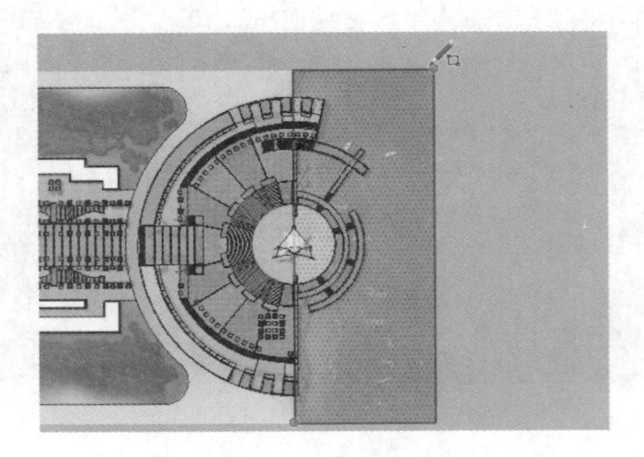

图 7-172　参考图纸创建海平面

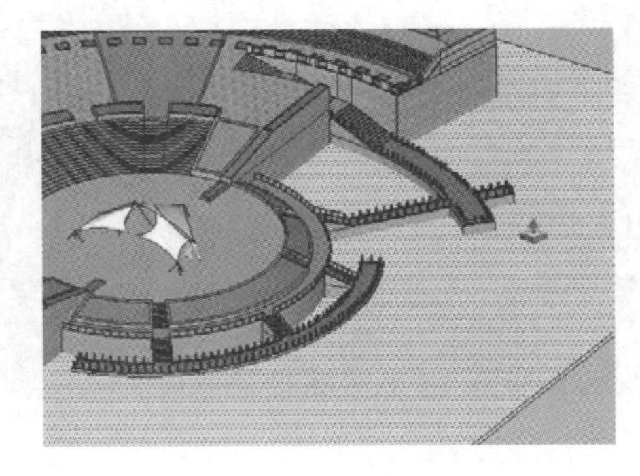

图 7-173　拉伸水面高度

02 参考图纸，结合使用【圆弧】与【直线】工具创建堤岸平面，使用【推/拉】工具制作高度，如图 7-174 与图 7-175 所示。

03 参考图纸,结合使用【圆弧】、【直线】以及【路径跟随】工具制作水中雕塑，如图 7-176 与图 7-177 所示。

04 选择创建的水中雕塑，参考图纸进行复制与调整，如图 7-178 与图 7-179 所示。

05 参考图纸，结合使用【圆】、【推/拉】以及【偏移】工具制作水中喷泉模型，如图 7-180 与图 7-181 所示。

06 选择创建的水中喷泉，参考图纸进行复制与调整，最后赋予水面池水材质，如图 7-182 与图 7-183 所示。

07 经过以上步骤，当前水面细节效果如图 7-184 所示。

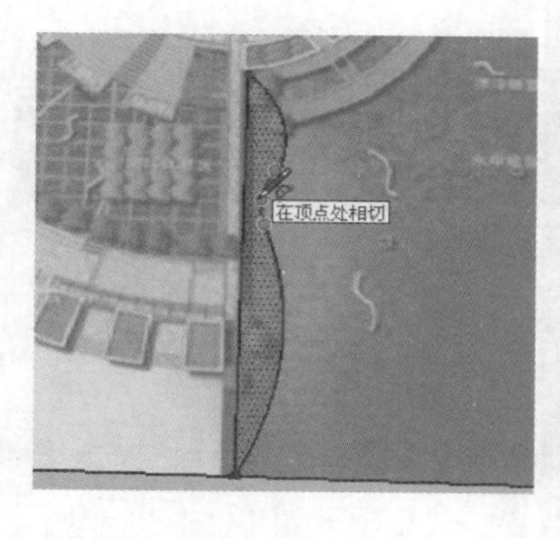


图 7-174　分割堤岸模型面

图 7-175　拉伸堤岸高度

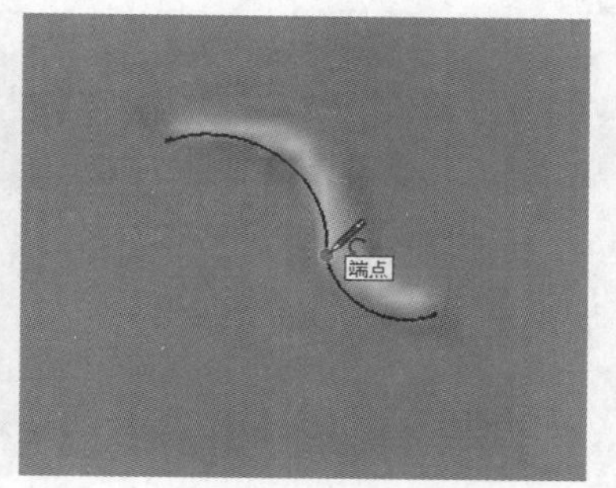


图 7-176　绘制水中雕塑路径

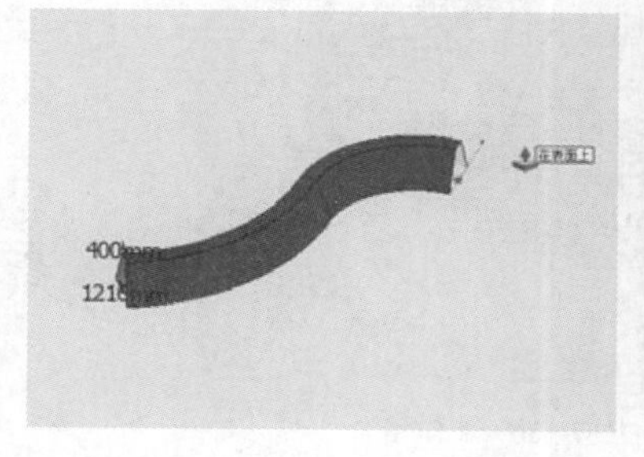


图 7-177　制作水中雕塑模型

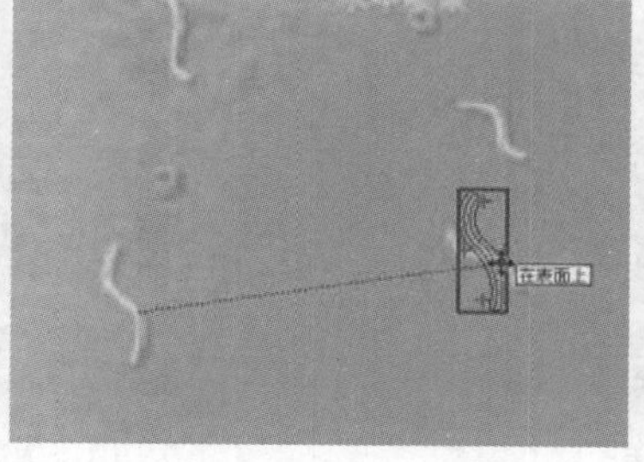


图 7-178　移动复制水中雕塑

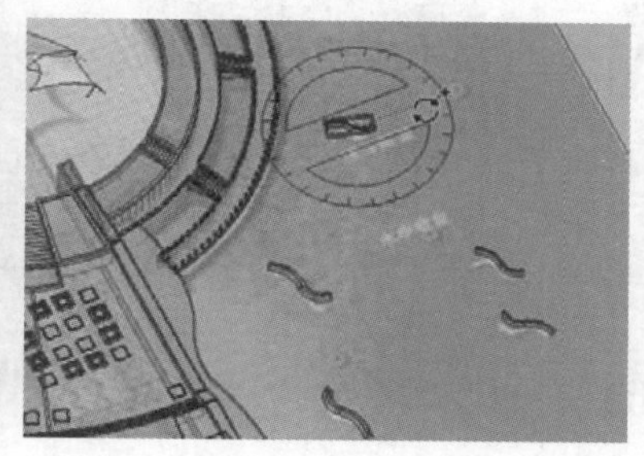

图 7-179　旋转调整雕塑模型方向

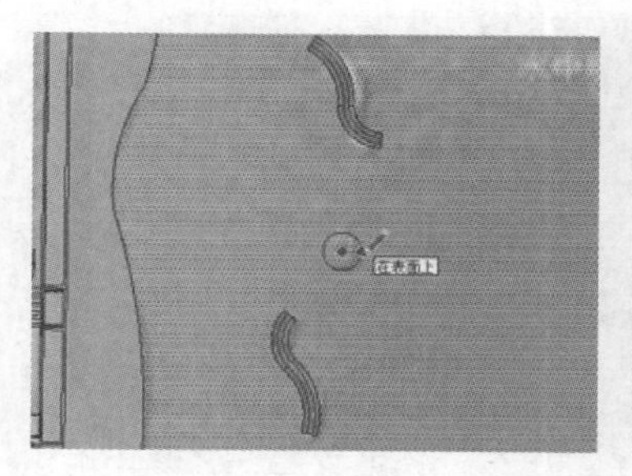


图 7-180　创建水中喷泉模型面

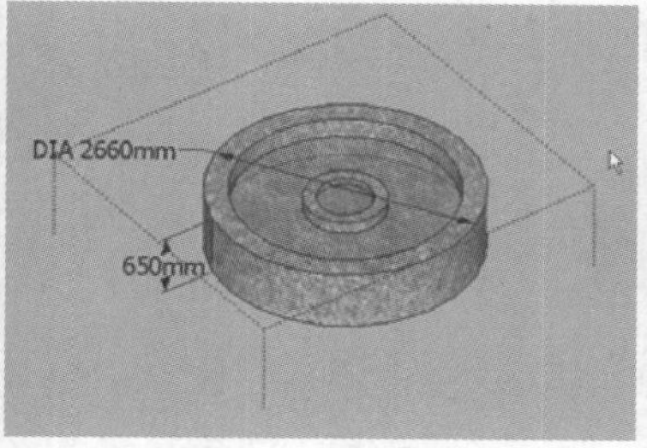


图 7-181　水中喷泉模型细节

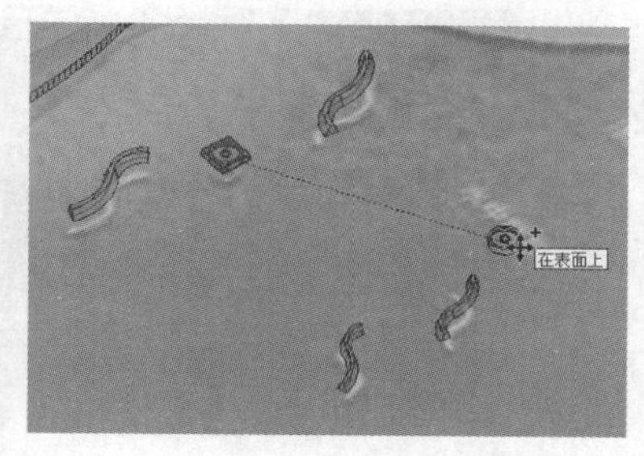


图 7-182　复制水中喷泉模型

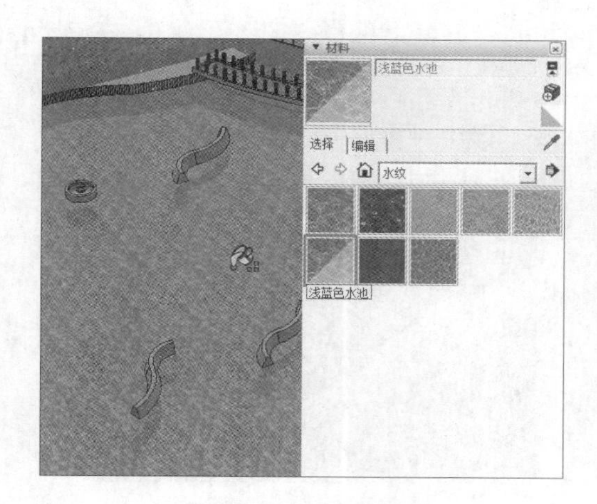


图 7-183　赋予海面水纹材质

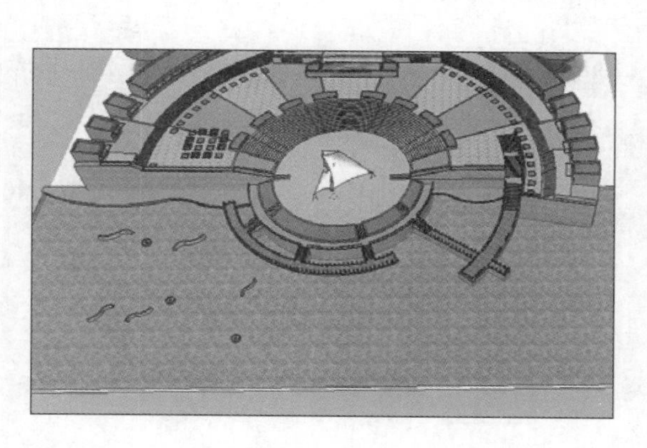

图 7-184　水面细节完成效果

# 7.4 完成最终模型细节

## 7.4.1 完成外围道路

01 参考图纸，结合使用【直线】、【圆弧】、【偏移】以及【推/拉】工具，制作外围路面与路沿模型，如图7-185与图7-186所示。

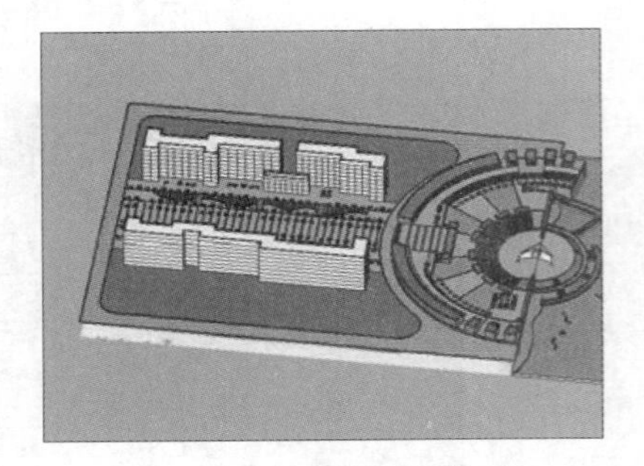

图 7-185　制作外围路面模型面

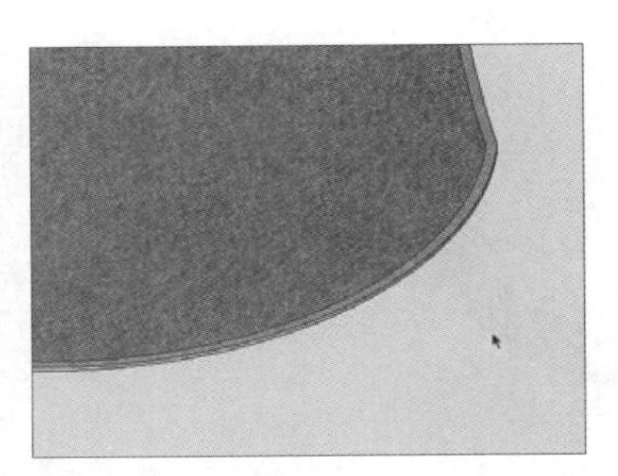

图 7-186　制作路沿

02 赋予路面混凝土材质，如图7-187所示。此时模型效果如图7-188所示，接下来添加配景。

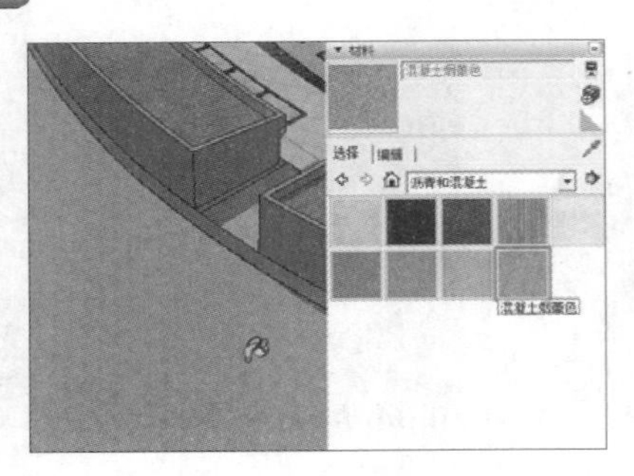

图 7-187　赋予路面混凝土材质

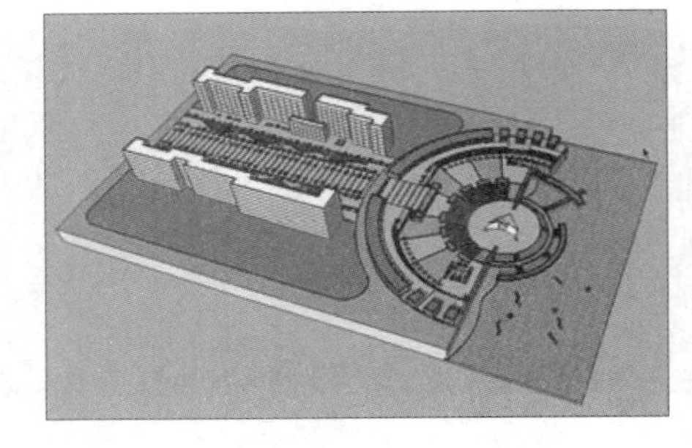

图 7-188　模型完成效果

## 7.4.2 添加配景

01 通过【组件】面板合并“景观塔”模型，参考图纸进行复制，如图7-189与图7-190所示。

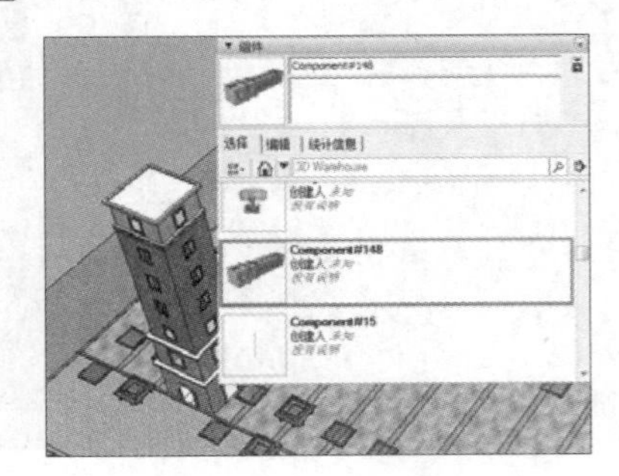

图 7-189　添加景观塔模型组件

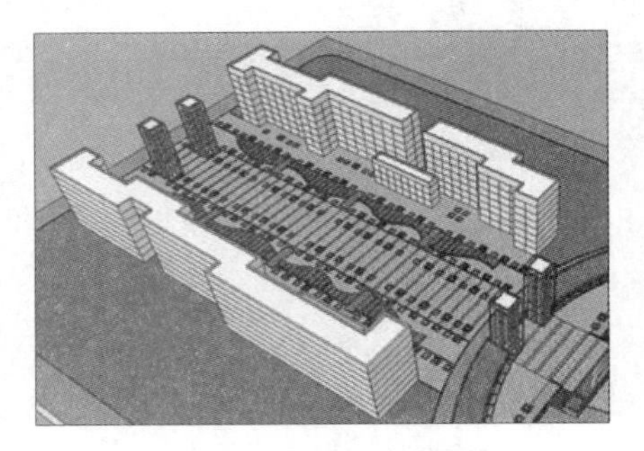

图 7-190　复制景观塔模型组件

02 通过【组件】面板合并“艺术灯柱”模型，参考图纸进行放置与复制，如图 7-191 与图 7-192 所示。

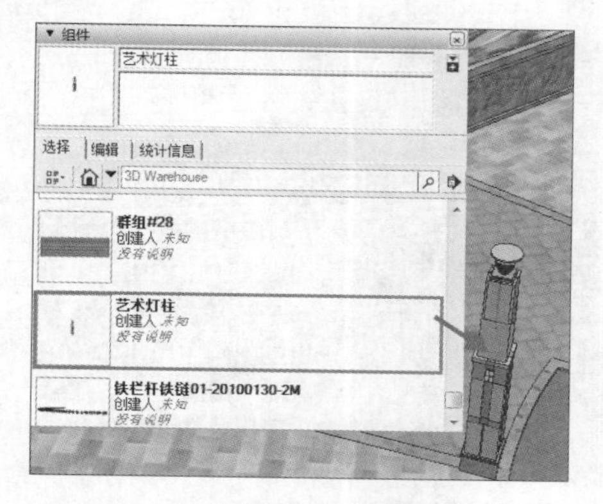


图 7-191 添加艺术灯柱模型组件

图 7-192 复制艺术灯柱模型组件

03 选择创建的水中雕塑模型，参考图纸复制至休闲广场内，然后进行复制与调整，如图 7-193 与图 7-194 所示。

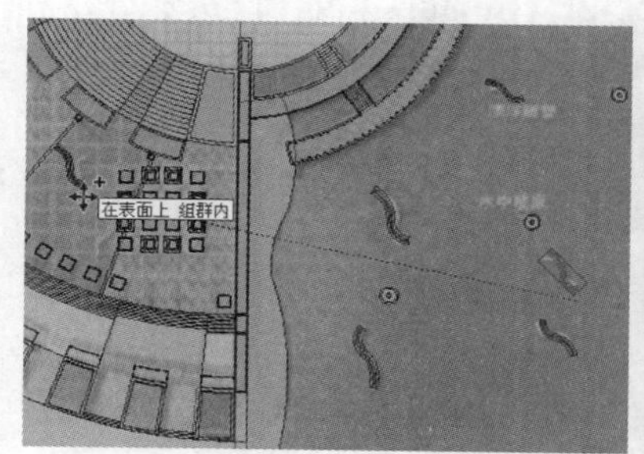


图 7-193 参考图纸复制水中雕塑

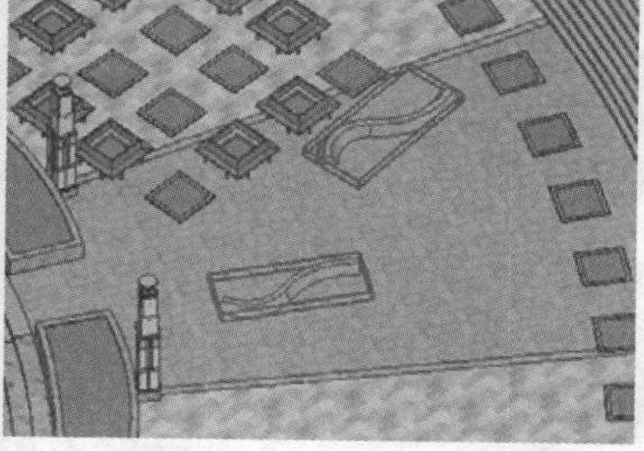

图 7-194 调整水中雕塑造型大小与材质

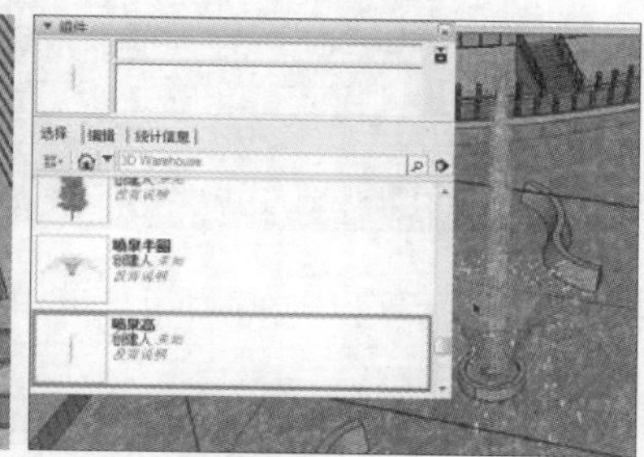


图 7-195 合并喷水模型组件

04 通过【组件】面板合并“喷水”模型并进行复制，如图 7-195 与图 7-196 所示。

## 7.4.3 添加绿化以及人物

01 为了便于制作阴影时隐藏树木以及人物，打开【图层】面板，新建“绿化”图层并置为当前，如图 7-197 所示。

02 打开【组件】面板，调入各类树木组件，如图 7-198 与图 7-199 所示。

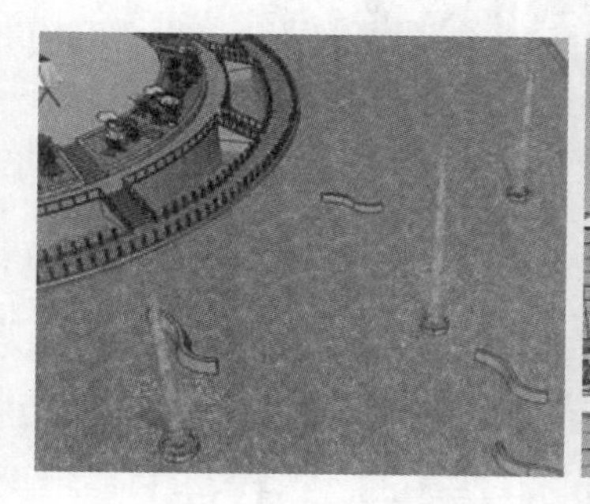

图 7-196 复制喷水模型组件

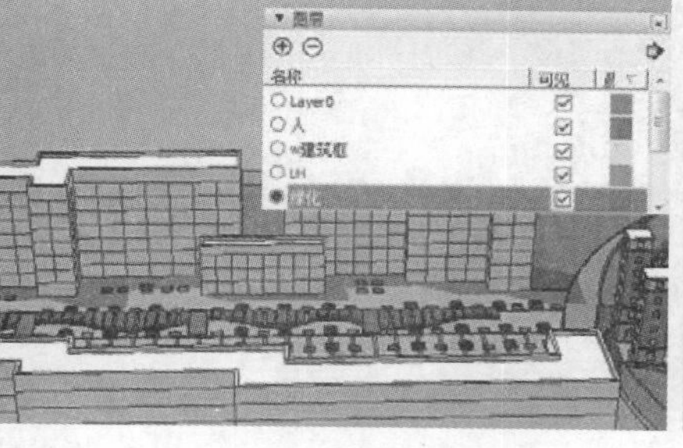


图 7-197 新建绿化图层并置为当前

图 7-198 合并树木组件 1

03 通过复制合并的树木组件，逐步制作场景中各主要景观节点的绿化效果，如图 7-200~图 7-206 所示。

图 7-199 合并树木组件 2

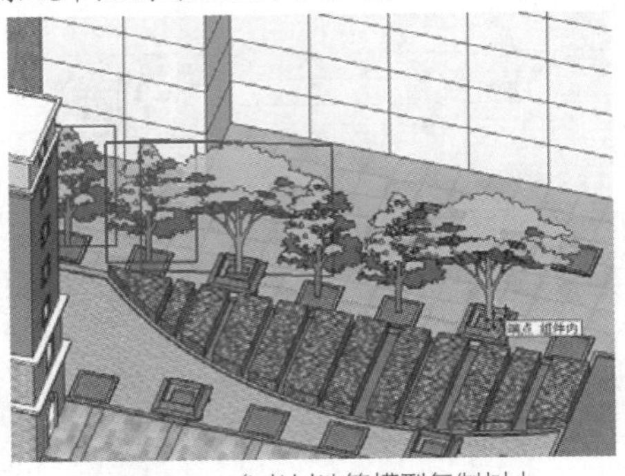

图 7-200 参考树池等模型复制树木

图 7-201 布置步行主道入口树木

图 7-202 布置广场入口树木

图 7-203 布置休闲广场树池阵列

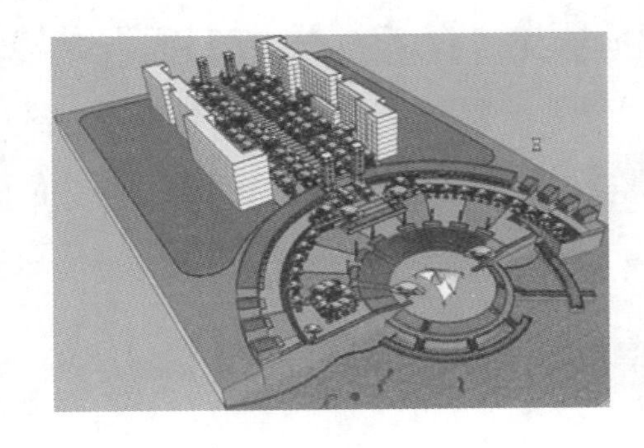
图 7-204 树木整体完成效果

图 7-205 复制行道树

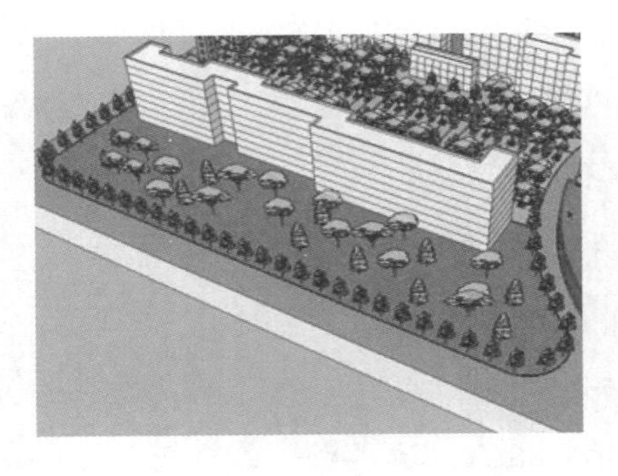
图 7-206 行道树布置完成效果

04 树木布置完成后，打开【组件】面板合并灌木组件，完成各主要节点的灌木效果，如图 7-207~图 7-210 所示。

图 7-207 布置步行主道两侧灌木

图 7-208 布置休闲广场灌木 1

图 7-209 布置休闲广场灌木 2

图 7-210 布置下沉广场灌木

05 合并“休闲椅”模型组件及人物，并根据其特点合并人物模型组件，如图 7-211 和图 7-212 所示。

图 7-211 合并休闲椅

图 7-212 合并对应人物

06 经过上述操作，场景各主要景观节点与整体鸟瞰效果如图 7-213~图 7-219 所示。

图 7-213 步行主道入口景观节点效果

图 7-214 步行主道景观节点效果

图 7-215　休闲广场景观节点效果

图 7-216　下沉广场景观节点效果

图 7-217　水木平台节点效果

图 7-218　水面效果

图 7-219　整体鸟瞰效果

# 7.5 制作场景漫游动画

## 7.5.1 处理场景并添加阴影

01 为了使漫游场景更为开阔，首先使用【推/拉】工具延伸地面与水面，如图 7-220~图 7-222 所示。

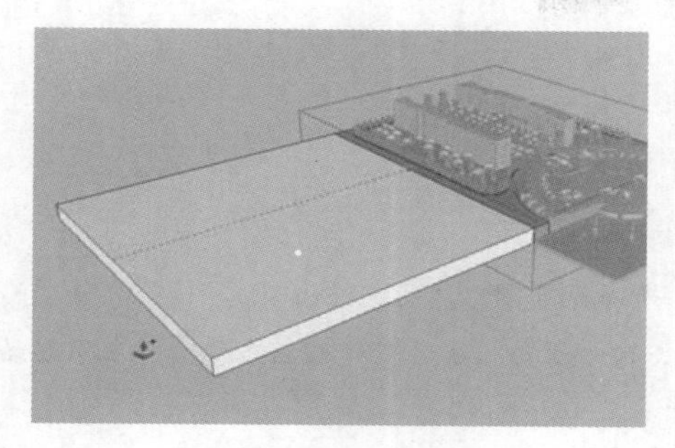

图 7-220　延伸地面

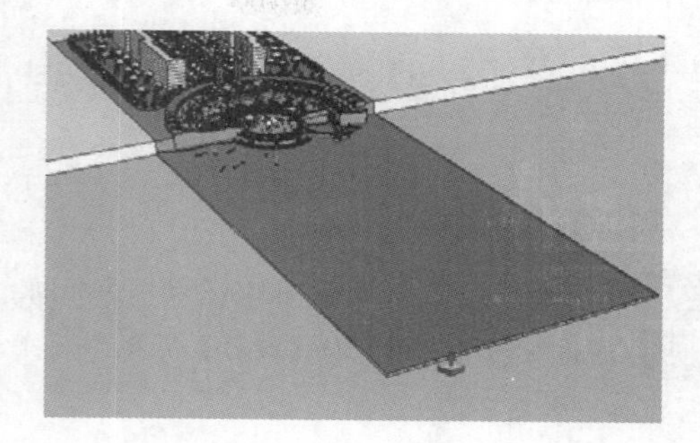

图 7-221　延伸水面

02 进入【图层】面板，关闭“绿化”图层的显示，然后快速调整出阴影效果，如图 7-223 与图 7-224 所示。

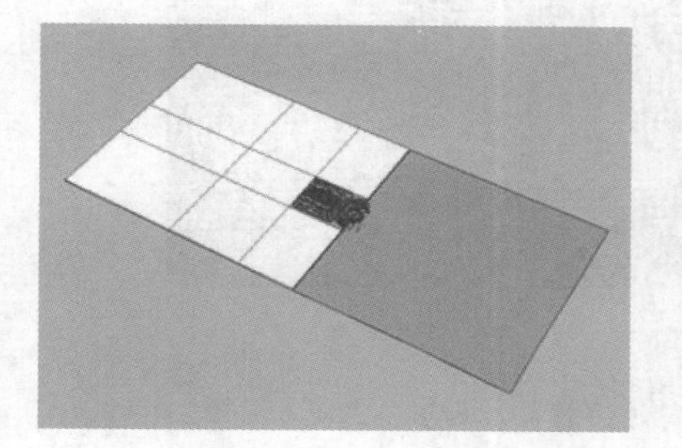

图 7-222　场景延伸完成效果

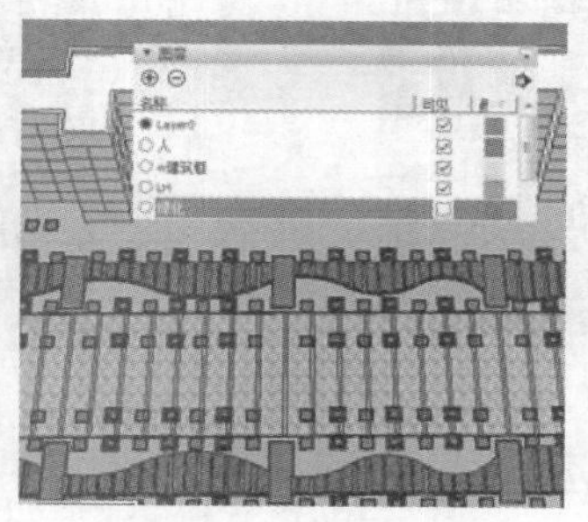

图 7-223　隐藏绿化

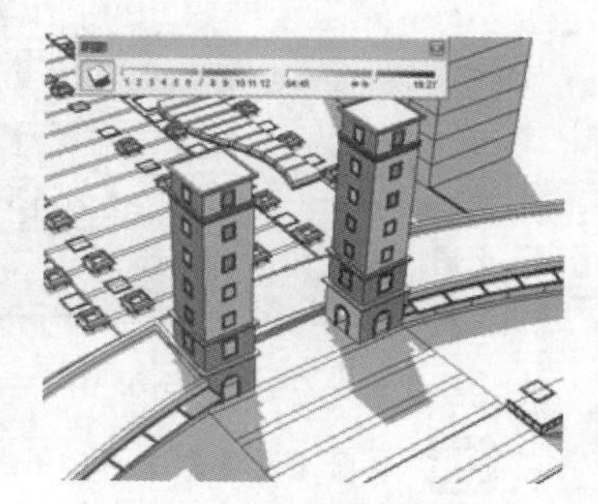

图 7-224　阴影调整效果

03 新建“虚化建筑”图层，并制作各延伸区域的建筑简模，如图 7-225 与图 7-226 所示。

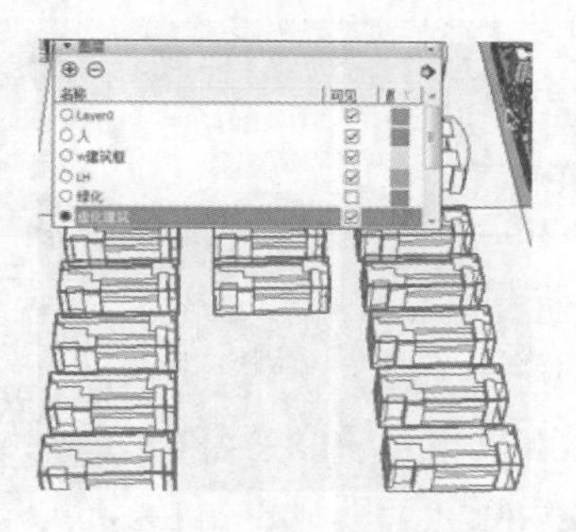

图 7-225　新建虚化建筑图层

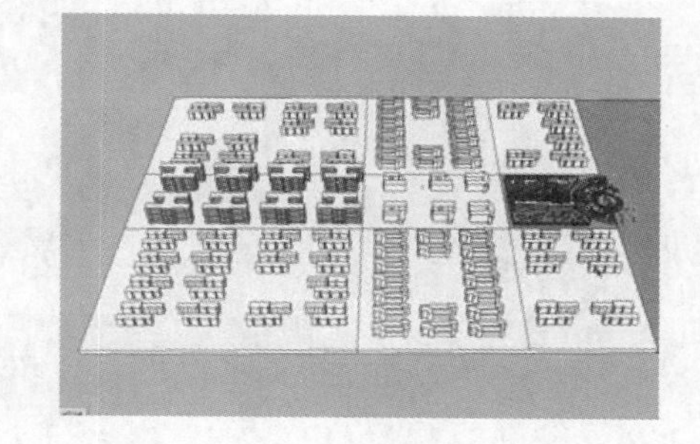

图 7-226　添加配景建筑完成效果

04 通过【组件】面板在水面合并一些船舶模型，完成场景动画场景的布置，如图 7-227 与图 7-228 所示。

05 将该场景保存为“场景动画原始.skp”文件，接下来正式制作场景动画。

图 7-227　添加船只

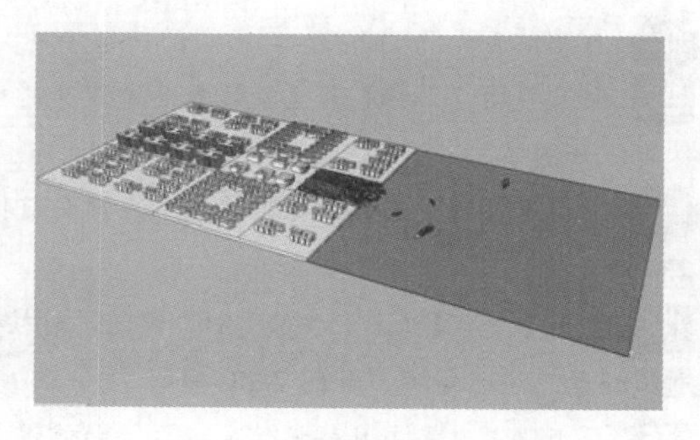

图 7-228　场景动画场景完成效果

## 7.5.2 制作场景动画

### 1. 鸟瞰镜头

01 打开配套资源“第 07 章|场景动画原始.skp”文件，并将其另存为“鸟瞰镜头.skp”模型文件。

02 通过视图【平移】与【旋转】等操作，确定鸟瞰镜头起始位置，然后新建对应名称的“鸟瞰起始”场景进行保存，如图 7-229 所示。

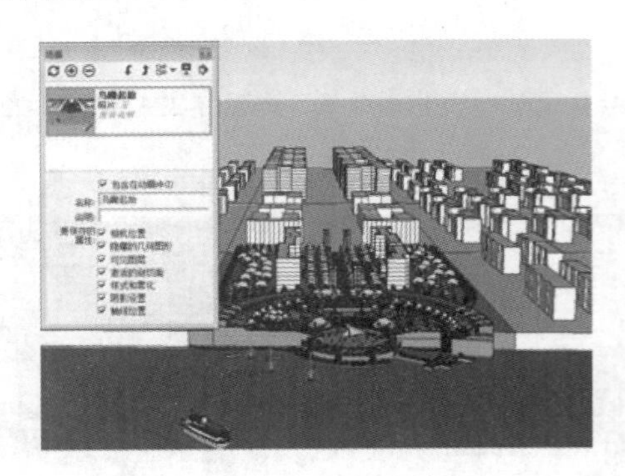

图 7-229 鸟瞰镜头起始位置

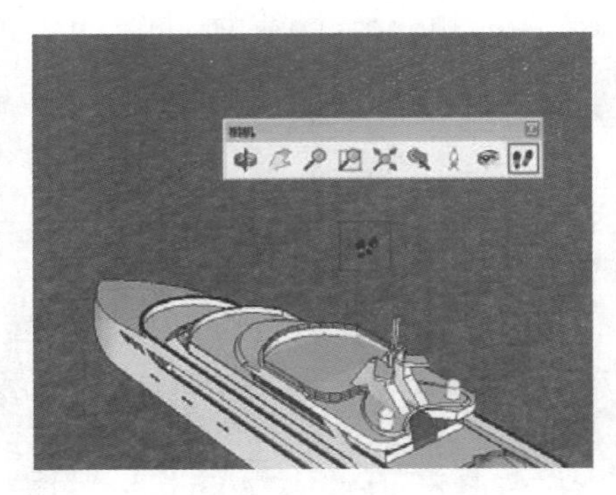

图 7-230 启动漫游

03 启用【漫游】工具，并按住鼠标左键向前推动，产生向前行进的效果，如图 7-230 与图 7-231 所示。

04 等画面行进至步行主道末端时松开鼠标，新建“鸟瞰结束”场景进行保存，如图 7-232 所示。至此，鸟瞰场景动画创建完成。

图 7-231 推动鼠标向前漫游

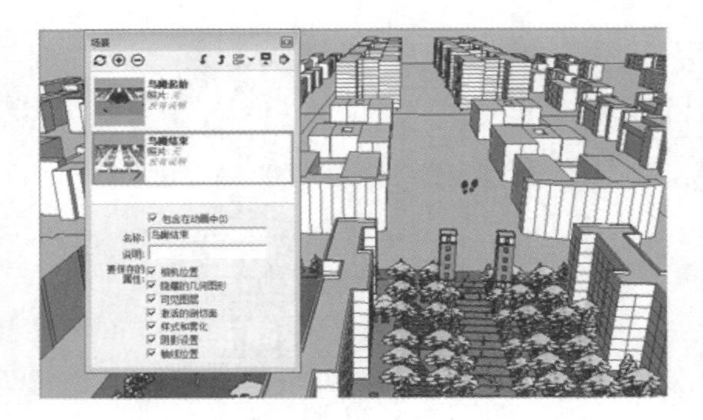

图 7-232 鸟瞰镜头结束位置

### 2. 入口镜头

01 打开配套资源“第 07 章|场景动画原始.skp”文件，并将其另存为“入口镜头”模型文件。

02 通过视图【平移】与【旋转】等操作确定入口镜头起始位置，然后新建对应名称的“入口起始”场景进行保存，如图 7-233 所示。

03 启用【漫游】工具，并按住鼠标左键向前推动，行进至入口处时创建“入口转弯”场景进行保存，如图 7-234 所示。

04 启用【漫游】工具，按住“Alt”键的同时按住鼠标左键向内推动进行左转，行进至步行主道时创建“步行主通道场景”进行保存，如图 7-235 所示。

05 启用【漫游】工具并按住鼠标左键向前推动，直到拉膜顶部时松开鼠标，创建“海面结束”场景进行保存，如图 7-236 所示。至此，入口镜头场景动画创建完成。

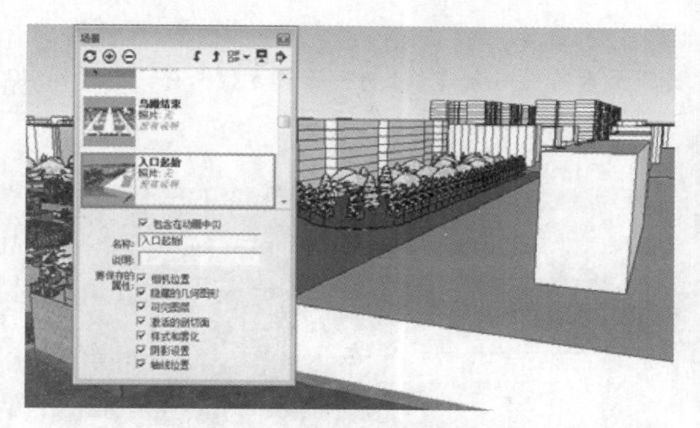

图 7-233　创建入口起始场景

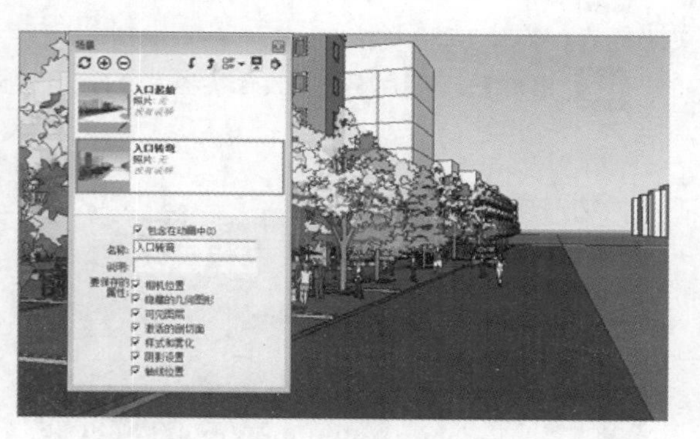

图 7-234　创建入口转弯场景

图 7-235　创建步行主通道场景

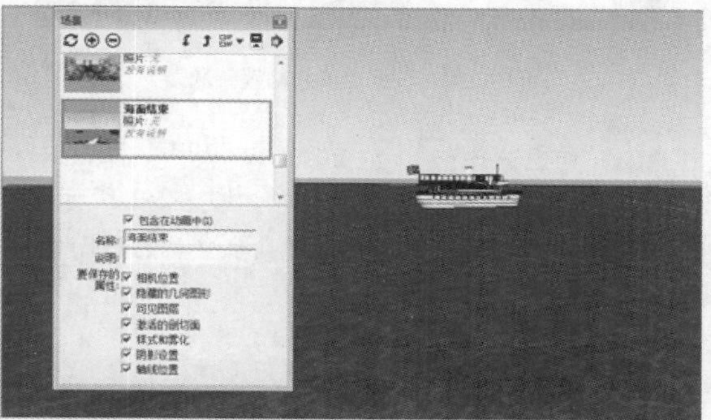

图 7-236　创建海面结束场景

3. 水面镜头

01 打开配套资源“第 07 章|场景动画原始”文件，并将其另存为“水面镜头.skp”模型文件。

02 通过视图【平移】与【旋转】等操作确定水面镜头起始位置，然后新建对应名称的“水面开始”场景进行保存，如图 7-237 所示。

03 启用【漫游】工具并按住鼠标左键向前推动，行进至码头处时创建“水面结束”场景进行保存，如图 7-238 所示。至此，水面镜头场景动画创建完成。

图 7-237　创建水面镜头起始场景

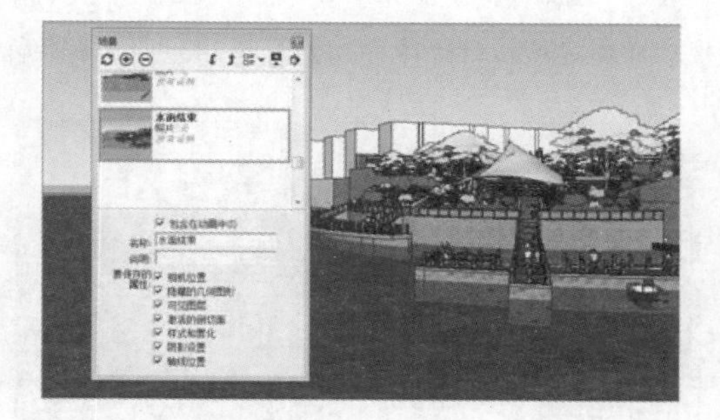

图 7-238　创建水面镜头结束场景

4. 上岸镜头

01 打开配套资源“第 07 章|场景动画原始”文件，并将其另存为“上岸镜头.skp”模型文件。

02 通过视图【平移】与【旋转】等操作确定上岸镜头起始位置，然后新建对应名称的“上岸开始”场景进行保存，如图 7-239 所示。

03 启用【漫游】工具，并按住鼠标左键向前推动，行进至台阶处时创建“上升”场景进行保存，如图 7-240 所示。

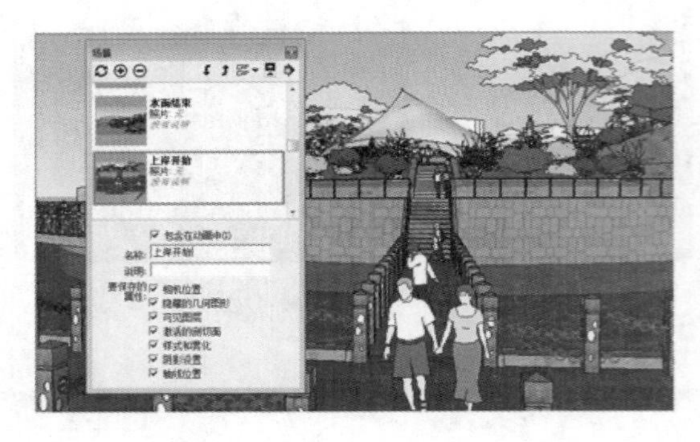

图 7-239　创建上岸起始镜头场景

图 7-240　创建上升场景

04 启用【漫游】工具，按住“Shift”键的同时按住鼠标左键向前推动进行画面的抬升，进入下沉广场时创建“广场位置”场景进行保存，如图 7-241 所示。

05 启用【漫游】工具，并按住鼠标左键向前推动，行进至台阶处时创建“旋转点”场景进行保存，如图 7-242 所示。

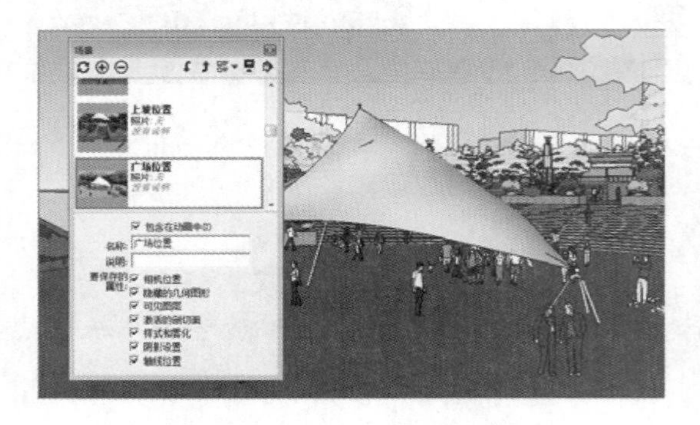

图 7-241　创建广场位置场景

图 7-242　创建旋转点场景

06 启用【漫游】工具，按住“Ctrl”键的同时按住鼠标左键向右推动进行画面的旋转，在旋转了一定的角度后即创建场景进行保存，如图 7-243~图 7-245 所示。

图 7-243　创建旋转角度 1 场景

图 7-244　创建旋转角度 2 场景

**07** 旋转回接近于起始位置时，创建“旋转结束”场景进行保存，如图 7-246 所示。至此，“上岸镜头”场景动画创建完成。

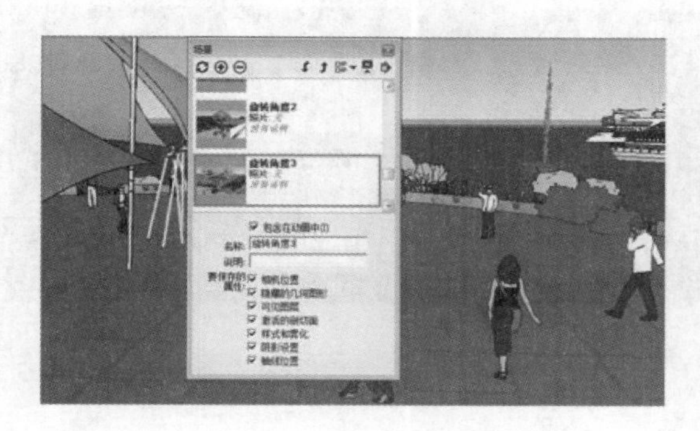

图 7-245　创建旋转角度 3 场景

图 7-246　创建旋转完成场景

## 7.5.3 输出场景动画

**01** 进入【模型信息】面板，选择【动画】选项卡，调整“场景转移”与“场景延时”，如图 7-247 所示。

**02** 执行【文件】/【导出】/【动画】/【视频】菜单命令，打开【输出动画】面板，如图 7-248 所示。

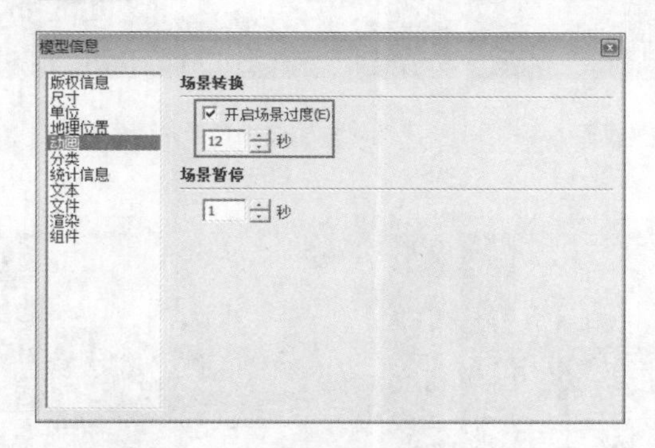


图 7-247　设置动画选项卡

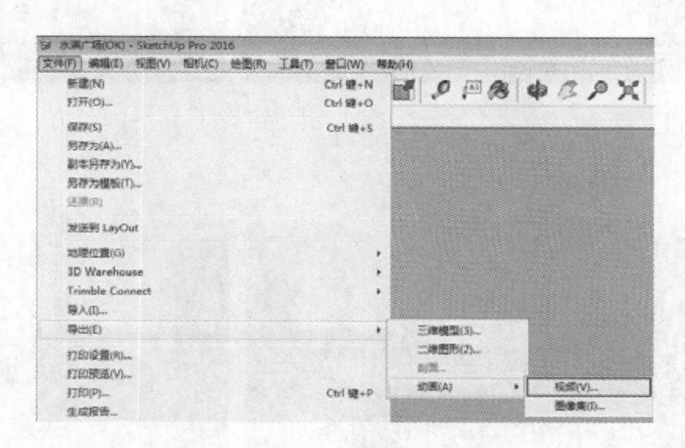


图 7-248　执行导出菜单命令

**03** 单击【输出动画】面板右下角的【选项】按钮，在弹出的【动画导出选项】面板中设置“分辨率”与“帧速率”，并取消“循环至开始场景”复选框的勾选，如图 7-249 所示。

**04** 在【输出动画】面板中设置导出保存路径与文件名，单击【导出】按钮即可进行动画的导出，如图 7-250 所示。

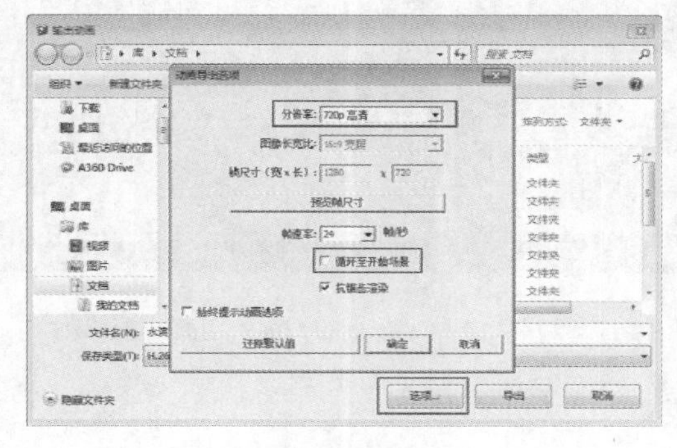

图 7-249　设置选项参数

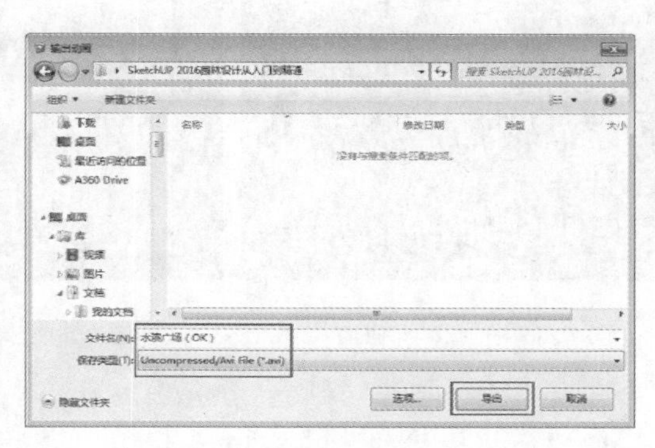

图 7-250　确认进行导出

**05** 动画导出完成后，通过外部播放器即可进行观看，如图 7-251 ~图 7-253 所示。

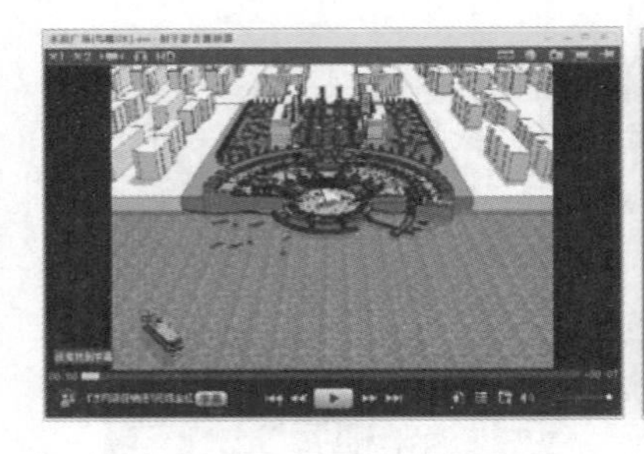

图 7-251　鸟瞰漫游画面 1

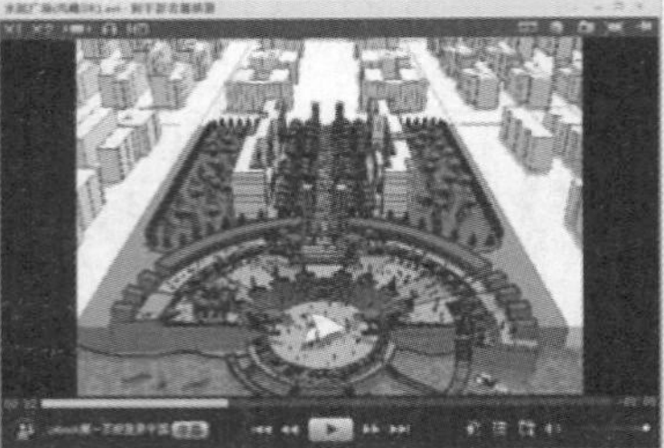

图 7-252　鸟瞰漫游画面 2

图 7-253　鸟瞰漫游画面 3

**06** 重复类似操作导出其他场景动画效果，如图 7-254~图 7-262 所示。

图 7-254　入口漫游画面 1

图 7-255　入口漫游画面 2

图 7-256 入口漫游画面 3

图 7-257　水面漫游画面 1

图 7-258　水面漫游画面 2

图 7-259　水面漫游画面 3

图 7-260　上岸漫游画面 1

图 7-261 上岸漫游画面 2

图 7-262　上岸漫游画面 3

# 第8章

# 公共绿地景观

公共绿地作为城市中的一种特殊的生态系统，一方面能调节与改善城市气候，净化空气，降低噪声，为城市居民提供良好的生活环境，另一方面能增强城市景观的自然性，促进城市居民与自然的和谐共生。

本例将学习使用SketchUp创建公共绿地景观的方法，该绿地景观由景观大道、涌泉广场、舞台、水系和亲水栈台、湖岛等部分组成，具有娱乐、休闲、运动、文化交流等多种功能，案例完成效果如图8-1~图8-8所示。

图8-1　公共绿地景观鸟瞰效果

图8-2　景观大道与涌泉广场

图8-3　涌泉广场与演绎舞台

图8-4　亲水木栈台

图8-5　湖岛角度1

图8-6　湖岛角度2

图8-7　文化演绎广场

图8-8　入口广场

# 8.1 导入 SketchUp 并分析建模思路

为了快速创建景观模型，本例将导入 JPG 位图作为参考底图，如图 8-9 所示。

## 8.1.1 导入参考图片至 SketchUp

01 打开 SketchUp 软件，执行【窗口】/【模型信息】命令，打开【模型信息】面板，设置单位为毫米。

02 执行【文件】/【导入】菜单命令，弹出【导入】面板，如图 8-10 所示。

图 8-9　绿地景观参考底图

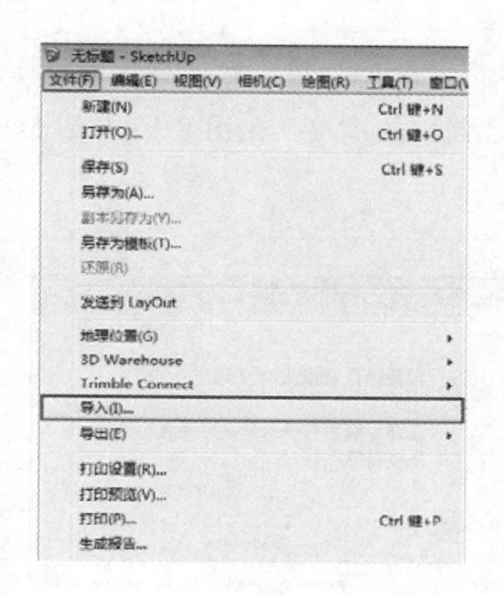


图 8-10　执行导入菜单命令

03 在【打开】面板中调整【文件类型】为“所有支持的图像类型”，选择配套资源“第 08 章|参考图纸|某公共绿地平面图”，以“用作图像”方式导入，如图 8-11 所示。

04 导入图片至 SketchUp 后，将其左下角点与原点对齐，如图 8-12 所示。

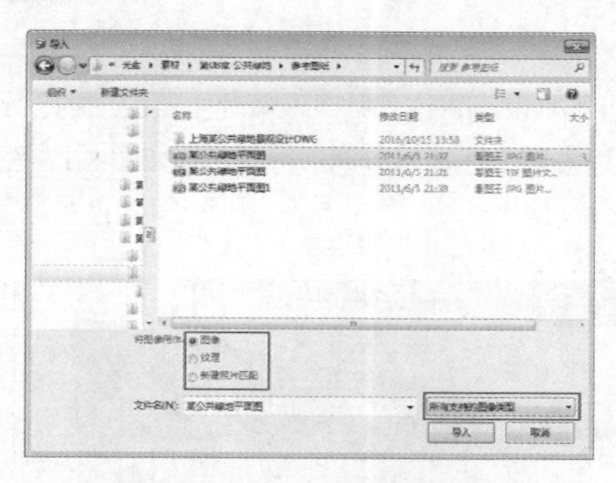


图 8-11　选择导入参考底图

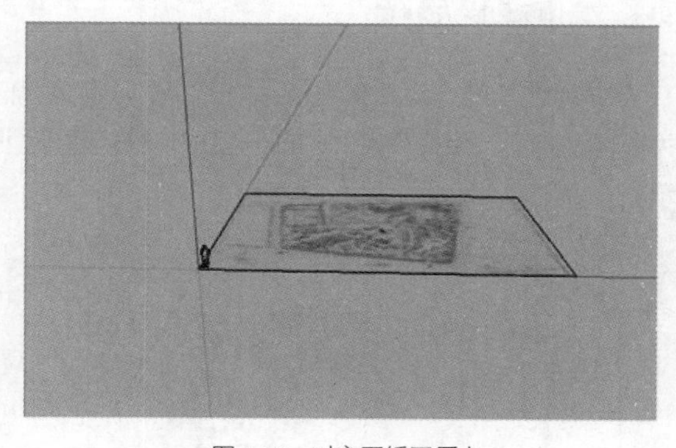

图 8-12　对齐图纸至原点

05 为了能够创建出尺寸准确的模型，在导入位图后，首先寻找位图中尺寸标准的对象，然后以该对象为基准，对位图进行缩放。本例选择网球场作为参考对象，如图 8-13 所示。

06 启用【卷尺】距离工具，测量网球场外场的宽度，输入标准长度 18300，如图 8-14 所示。

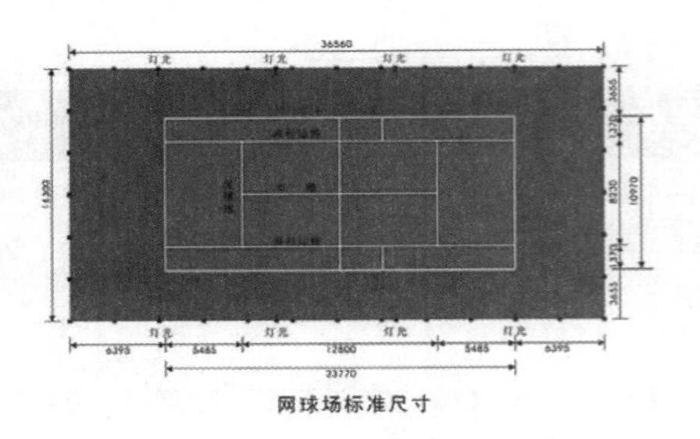


图 8-13　标准网球场尺寸

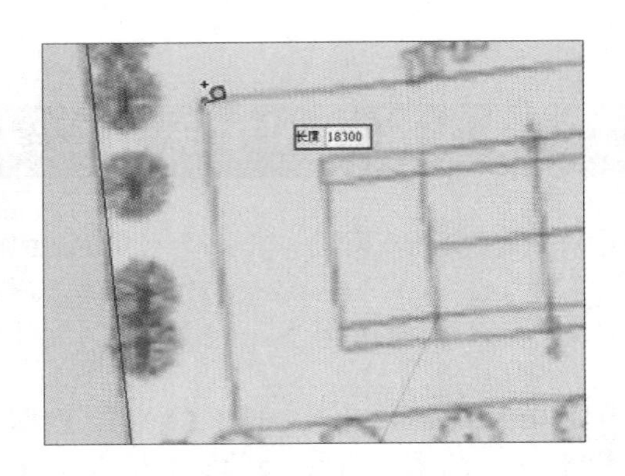


图 8-14　测量并输入宽度数值

07 按下“Enter”键确认，在弹出的对话框中单击【是】按钮，确认重置。通过对比人物模型，可以发现当前的尺寸已经比较准确，如图 8-15 与图 8-16 所示。

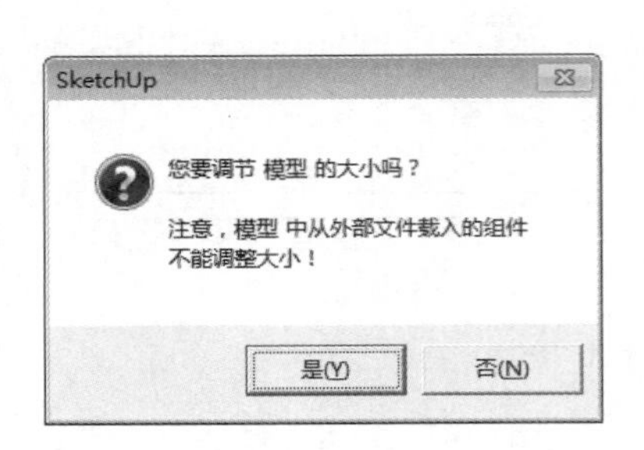


图 8-15　确认重置图纸尺寸

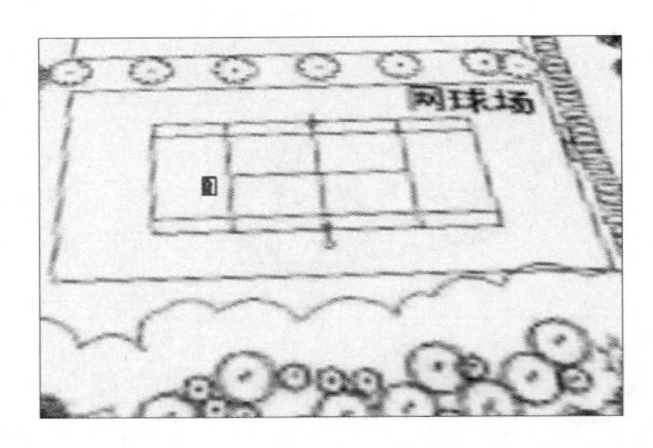


图 8-16　通过人物对比确认效果

## 8.1.2 分析建模思路

公共绿地景观方案元素众多，内容繁杂，但经过仔细分析不难发现，该公共绿地景观主要由广场、水系及相关项目、道路及相关项目几个部分组成，在创建模型时，可以按照上述顺序分别进行创建，如图 8-17~图 8-24 所示。

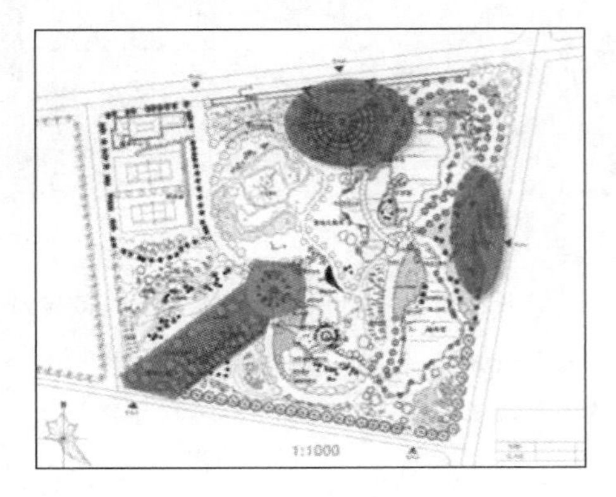


图 8-17　公共绿地主要景观

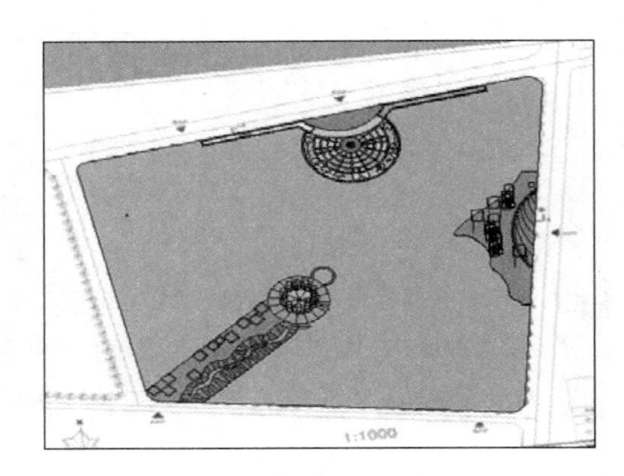


图 8-18　创建广场景观

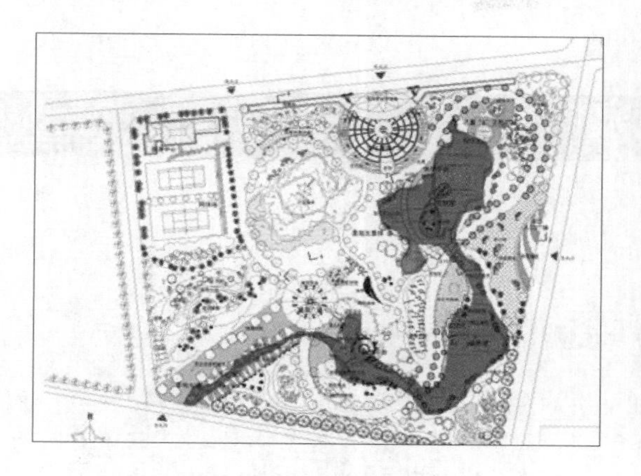

图 8-19　水系分布

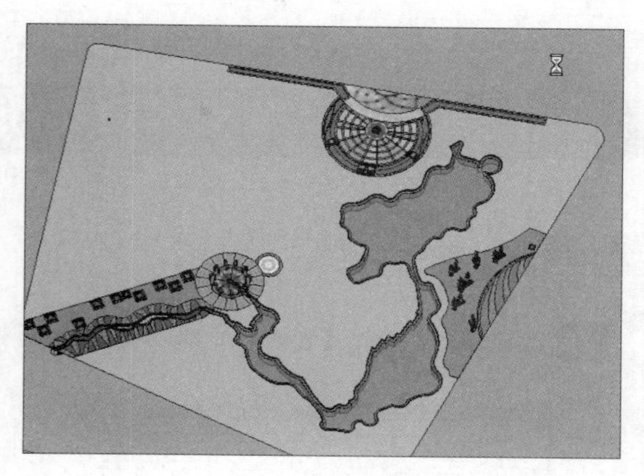

图 8-20　创建水系

图 8-21　水系及两岸相关项目

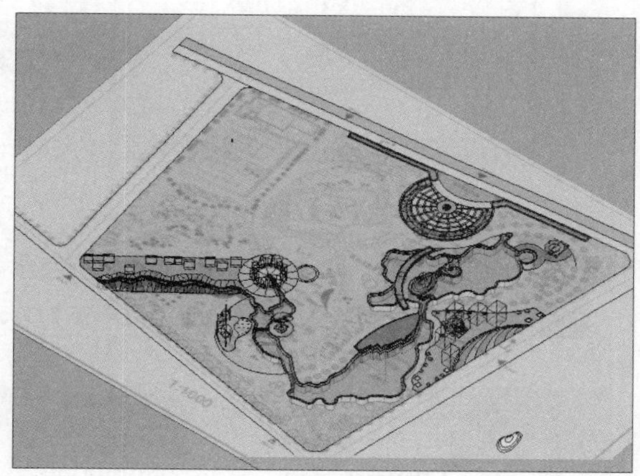

图 8-22　创建水系两岸相关项目

图 8-23　道路及周边建筑

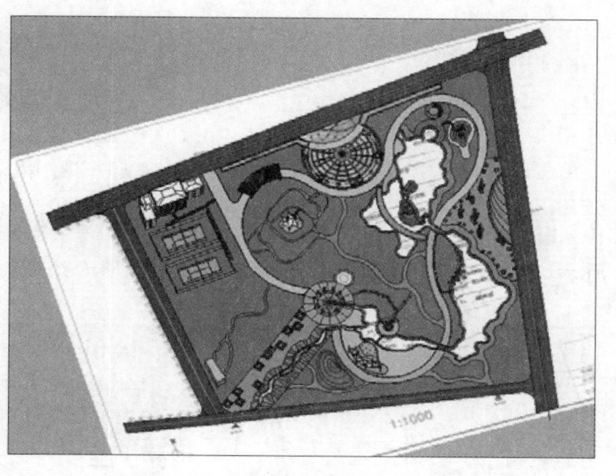

图 8-24　创建主道与周边建筑

完成以上景观主体创建后，再根据场景特点布置绿化与人物等配景，即可完成公共绿地景观方案的制作。接下来首先创建外部公路以及左下角的景观大道与涌泉广场。

# 8.2 创建公路、景观大道及涌泉广场

## 8.2.1 创建外部公路

01 参考图纸，启用【直线】工具，对整个公共绿地范围进行快速封面，如图 8-25 与图 8-26 所示。

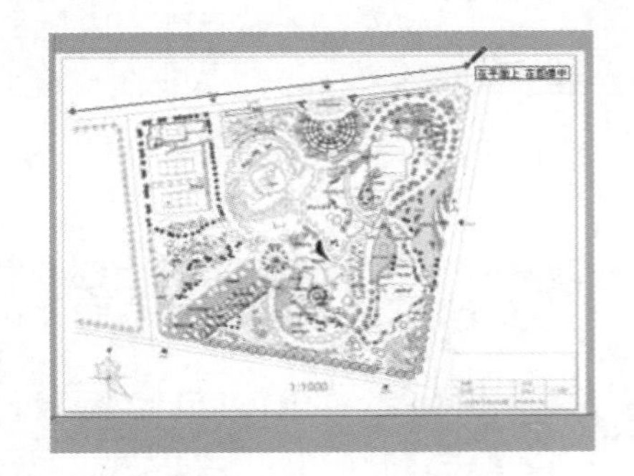

图 8-25　沿外轮廓绘制直线

图 8-26　平面创建完成效果

02 快速封面完成后，启用【圆弧】工具创建转角细节，如图 8-27 所示。

03 参考图纸，结合使用【直线】与【圆弧】工具分割出外部公路模型面，如图 8-28 与图 8-29 所示。

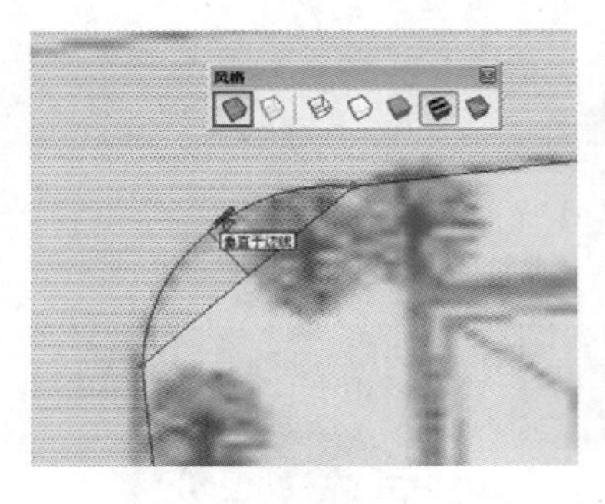

图 8-27　参考图纸创建弧线细节

图 8-28　快速分割公路平面

图 8-29　公路平面分割完成效果

04 选择分割的外部公路模型面，单独创建为【组】，如图 8-30 所示。使用直线划分道路中线，如图 8-31 所示。打开【材料】面板，为其制作并赋予路面纹理材质，如图 8-32 所示。

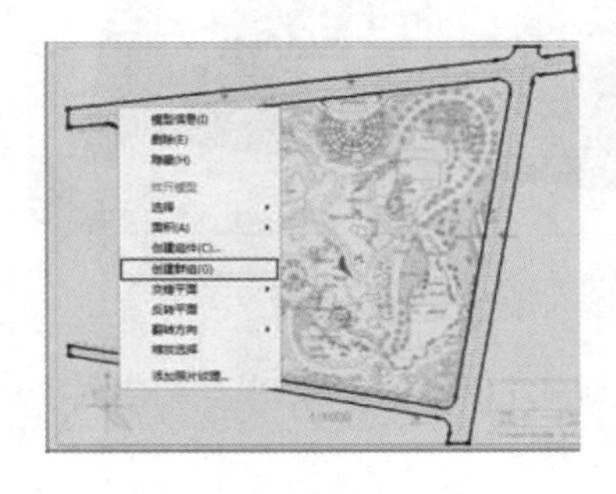

图 8-30　创建公路平面组

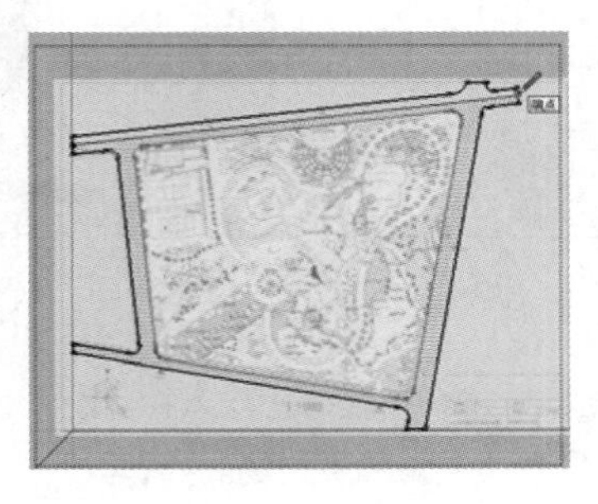

图 8-31　划分公路中线

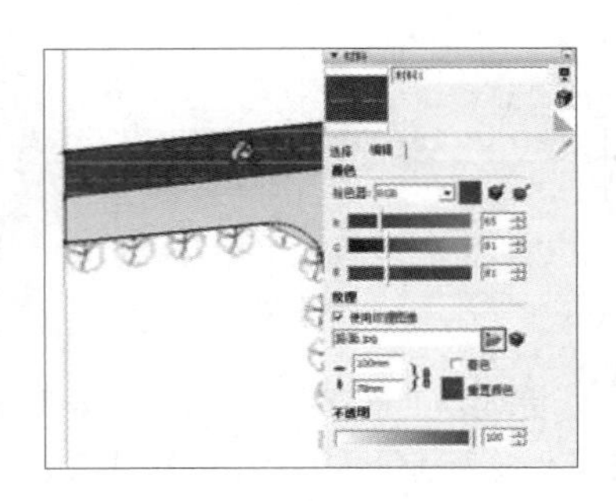

图 8-32　赋予路面纹理材质

05 根据道路走向，调整纹理的方向，如图 8-33 所示，使车道分隔线走向与道路方向保持一致。在道路交叉口位置分割路面，如图 8-34 所示，再单独调整交叉道路的纹理方向，如图 8-35 所示。

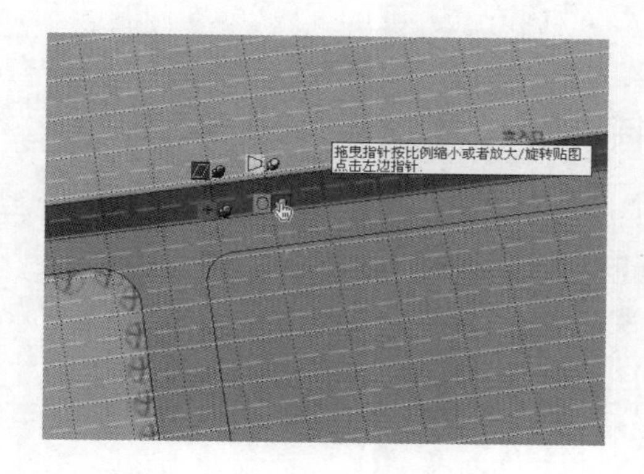

图 8-33 调整纹理方向和重复

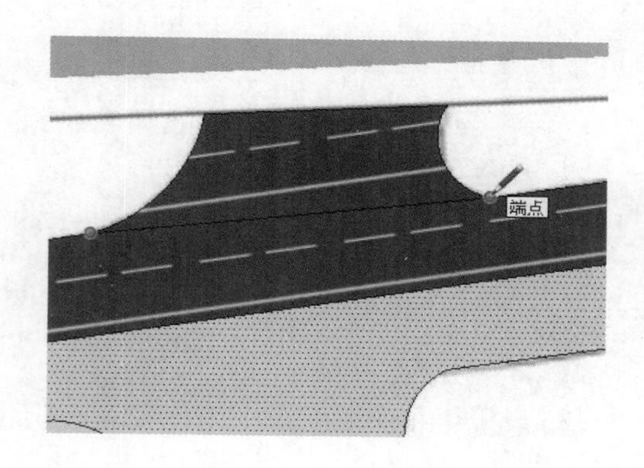


图 8-34 分割交叉口路面

06 公共绿地外部道路创建完成效果如图 8-36 所示。

07 外部公路创建完成后，暂时将其隐藏，以方便下面景观大道与涌泉广场的制作。

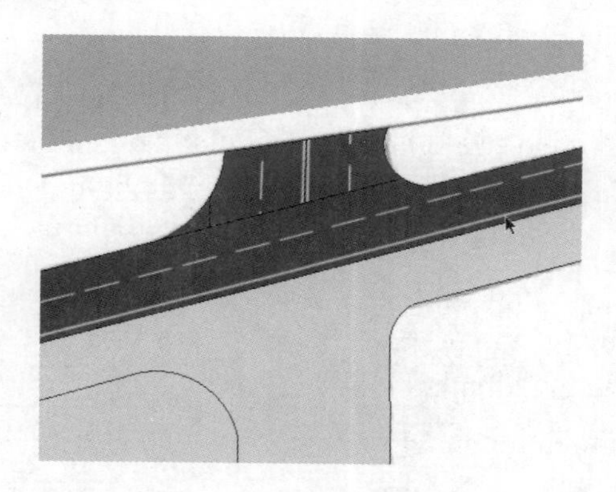

图 8-35 调整交叉道路纹理

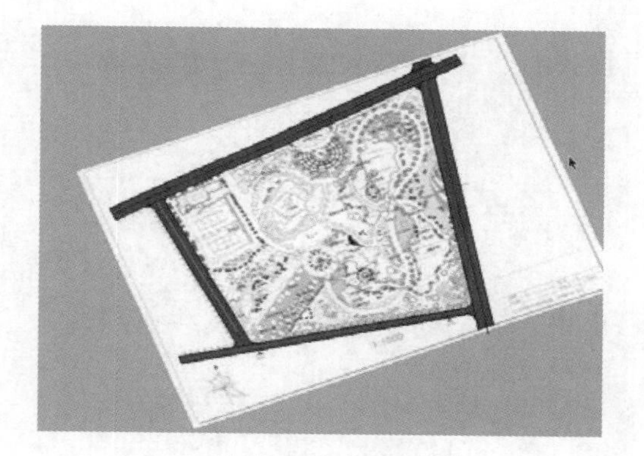

图 8-36 外部公路完成效果

## 8.2.2 创建景观大道及涌泉广场

01 参考图纸，使用【直线】工具快速分割出景观大道平面，如图 8-37 与图 8-38 所示。

02 参考图纸，使用【圆】工具快速分割出涌泉广场平面，如图 8-39 所示。

图 8-37 分割景观大道平面

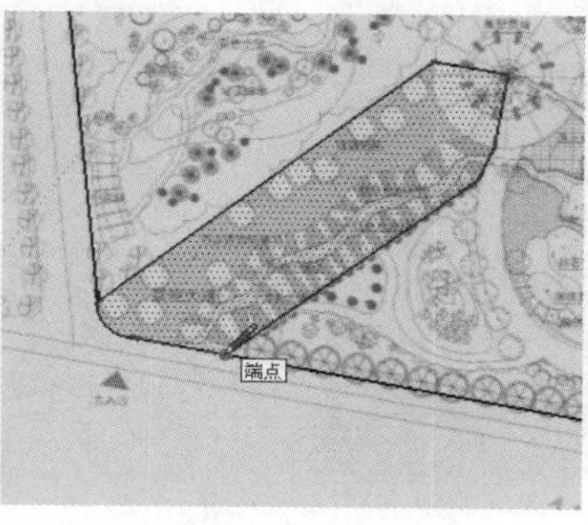


图 8-38 分割完成效果

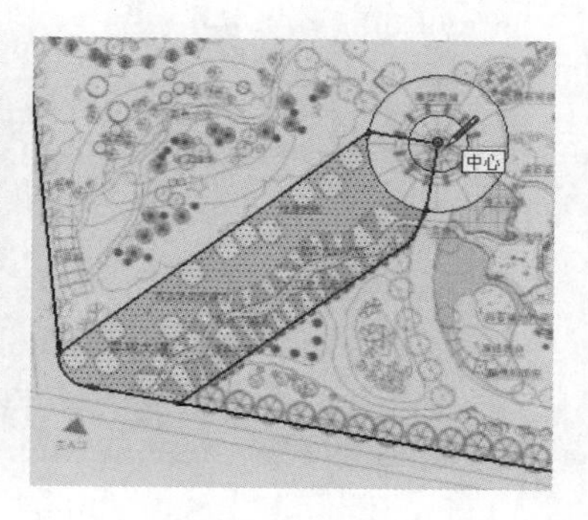


图 8-39 分割涌泉广场平面

03 参考图纸，结合使用【圆弧】及【直线】等工具，分割出铺地区域平面，如图8-40与图8-41所示。

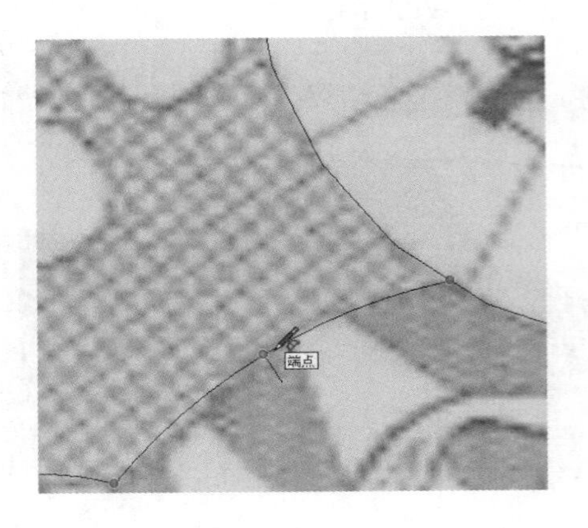


图8-40 分割景观大道铺地区域

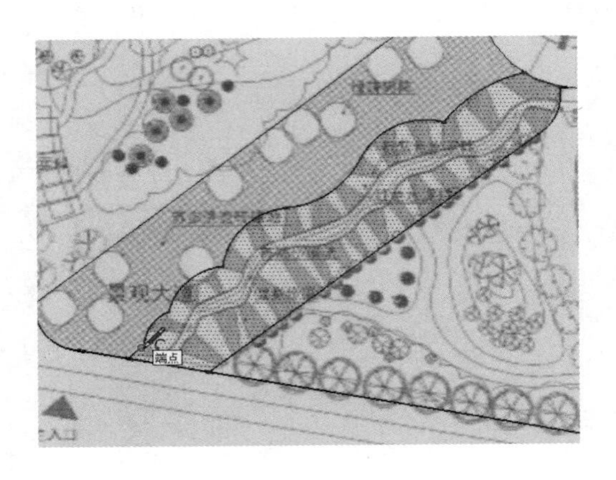


图8-41 铺地区域分割完成效果

04 参考图纸，结合使用【手绘线】及【圆弧】等工具，快速分割出景观大道右侧的水系平面，如图8-42与图8-43所示。

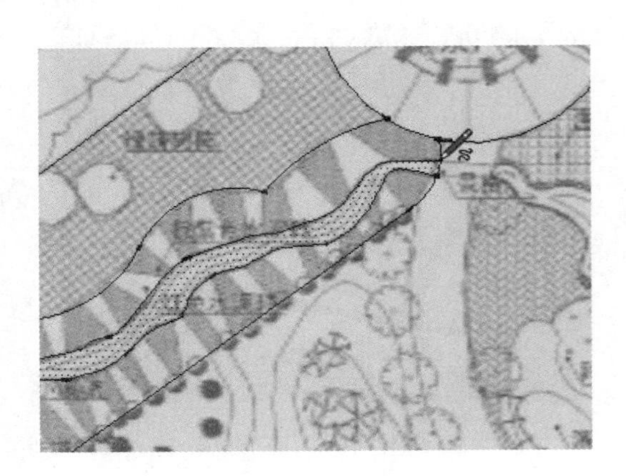

图8-42 分割景观大道水系平面

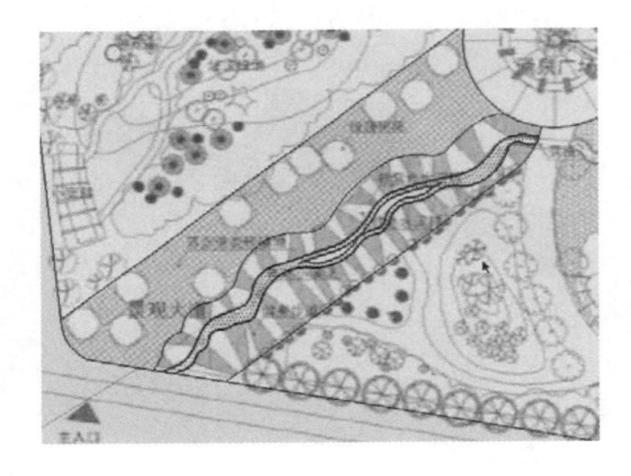


图8-43 水系平面分割完成效果

05 参考图纸，使用【直线】工具分割铺地细节，如图8-44与图8-45所示。

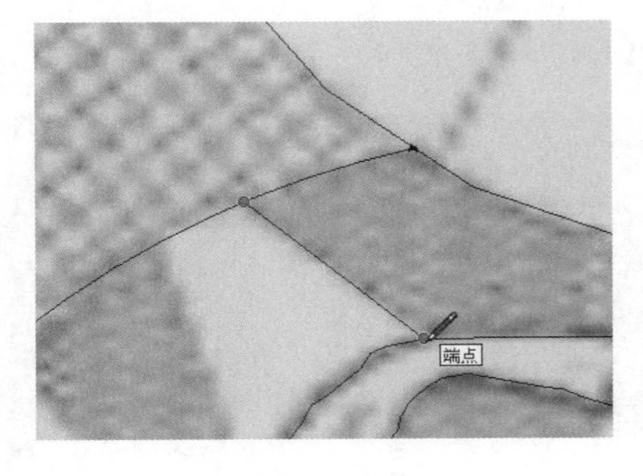


图8-44 分割铺地细节

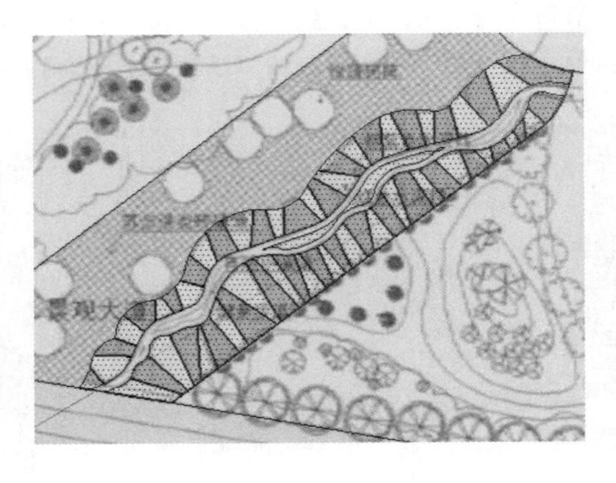

图8-45 铺地细节分割完成效果

06 选择上述步骤中分割的细节平面，启用【超级推拉】工具整体向上制作200的高度，如图8-46所示。

07 打开【材料】面板，分别为分割平面赋予对应石材，如图8-47~图8-49所示。

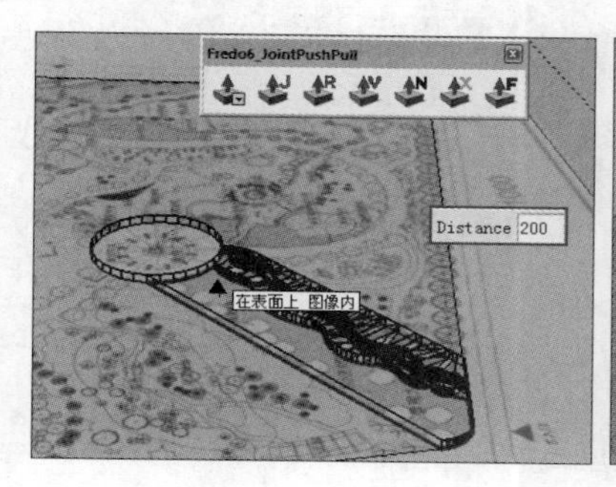


图8-46 整体拉伸

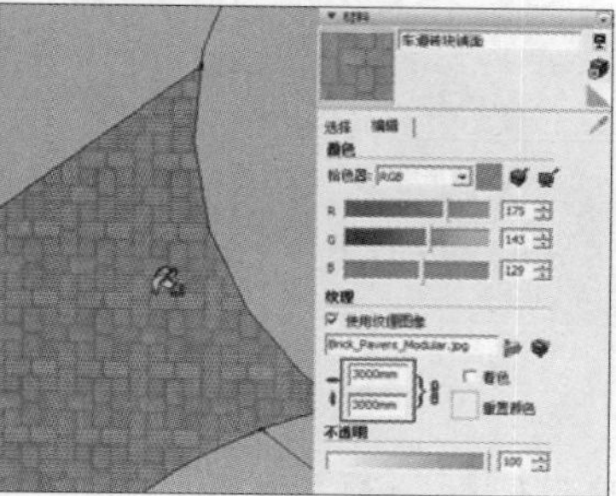

图8-47 赋予景观大道主道石材铺地

图8-48 赋予铺地细节对应材质

08 参考图纸，启用【矩形】工具划分出树池座凳区域平面，如图8-50所示

09 执行【窗口】/【组件】菜单命令，打开【组件】面板，选择合并“树池座凳.skp”模型组件，如图8-51与图8-52所示。

10 使用【移动】工具对齐“树池座凳”位置，通过【旋转】工具调整朝向，如图8-53与图8-54所示。

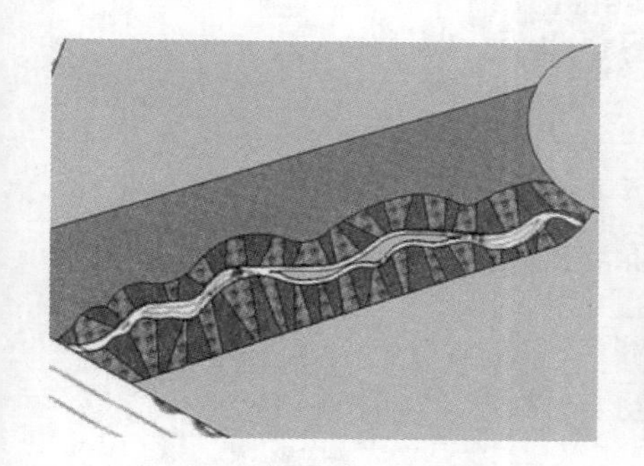

图8-49 景观大道铺地完成效果

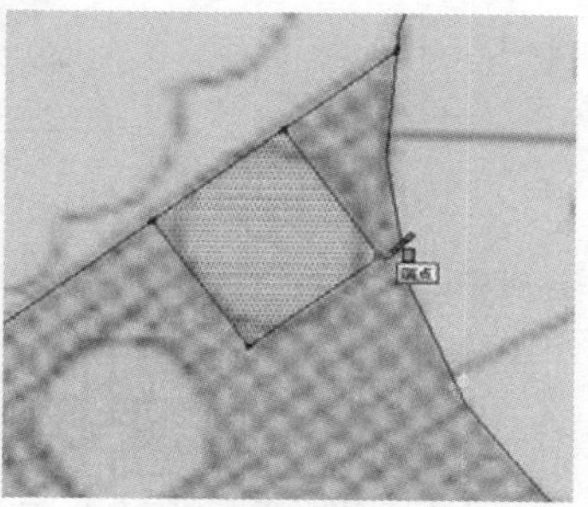


图8-50 划分树池座凳区域平面

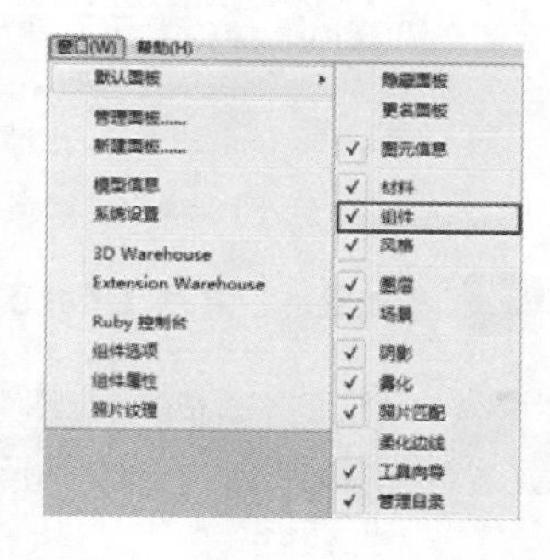


图8-51 执行窗口/组件菜单命令

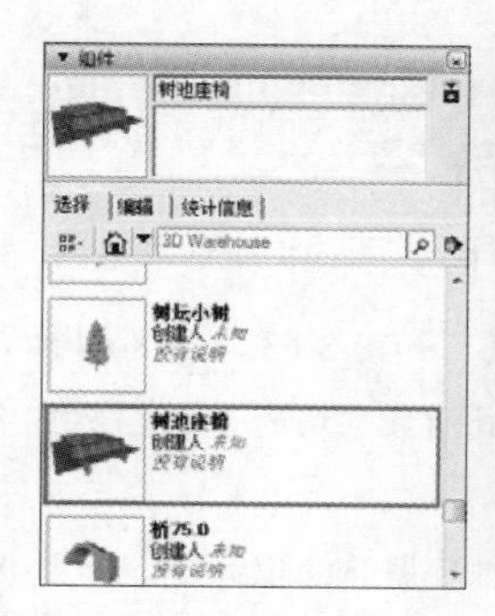


图8-52 选择合并树池座凳模型组件

图8-53 捕捉图纸对齐位置

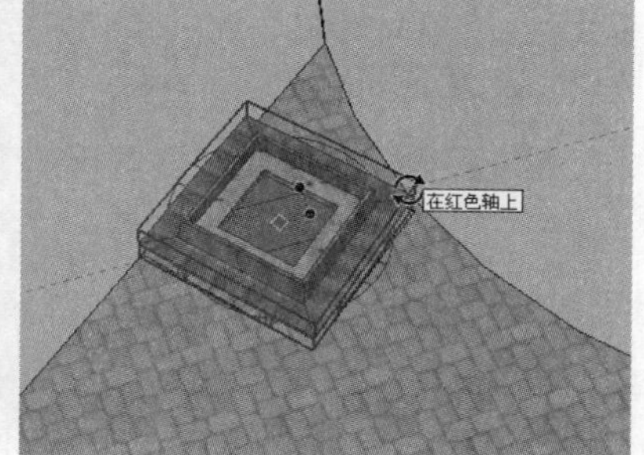


图8-54 通过旋转调整朝向

11 参考图纸，复制“树池座凳”组件并调整至合适的大小，如图8-55与图8-56所示。

12 景观大道所有“树池座凳”复制并调整完成后，将其整体创建为【组】，如图8-57与图8-58所示。接下来制作涌泉广场。

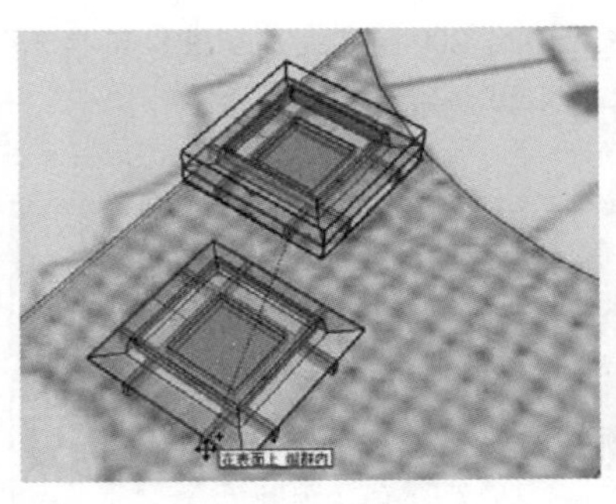

图 8-55　复制树池座凳

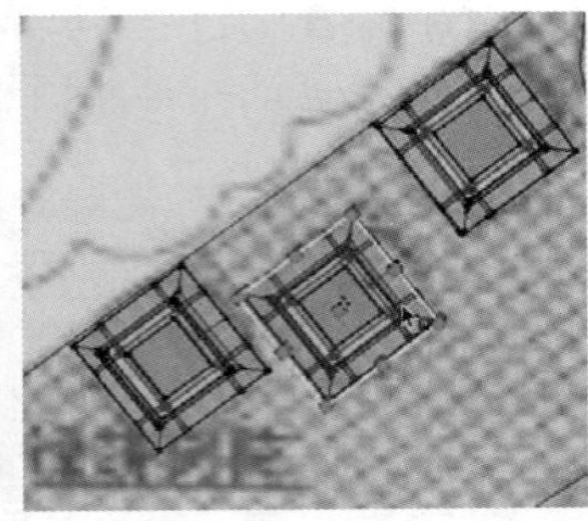

图 8-56　缩放大小

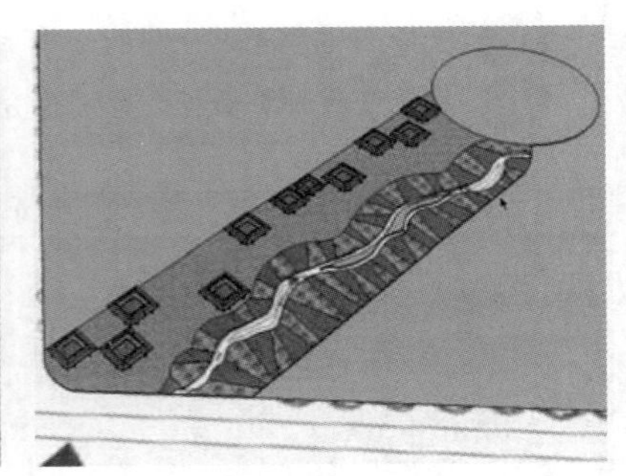

图 8-57　树池座凳布置完成效果

13 首先为内部圆形制作并赋予地花石材，如图 8-59 所示。调整纹理细节，如图 8-60 所示。

图 8-58　创建为组

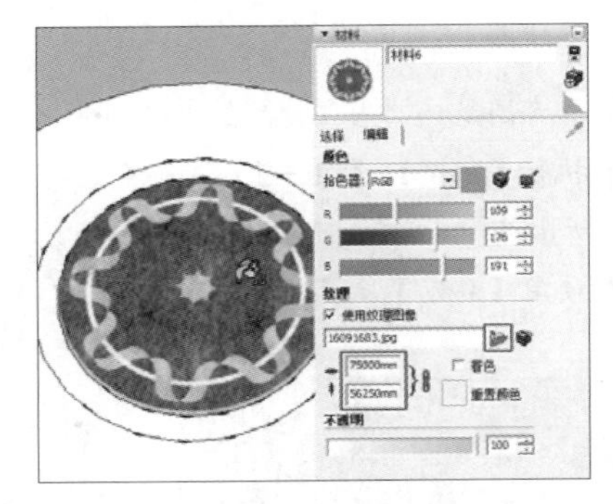


图 8-59　赋予地花石材

14 参考图纸，启用【直线】工具创建出一条直径分割线，如图 8-61 与图 8-62 所示。

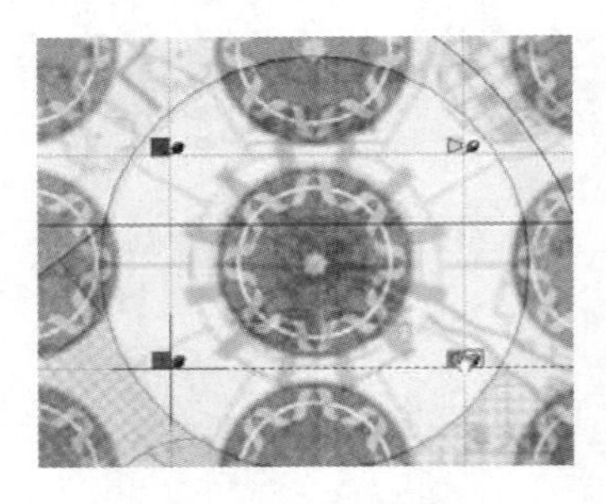

图 8-60　调整地花纹理细节

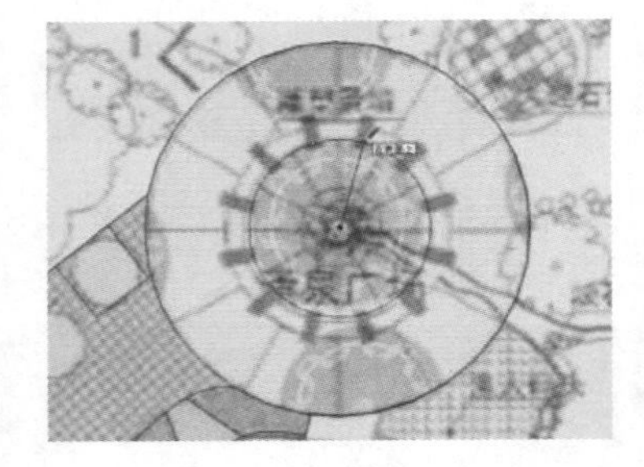

图 8-61　绘制分割线

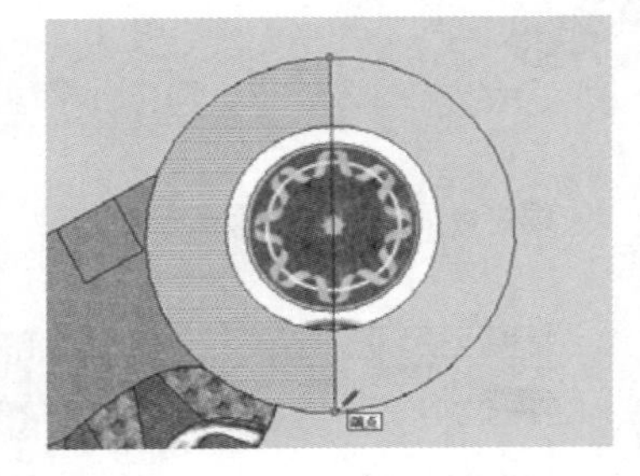

图 8-62　直径分割线创建完成

15 选择直径分割线，启用【旋转】工具，以 45° 为间隔进行多重旋转复制，如图 8-63 与图 8-64 所示。

16 单独选择外部圆环内的线段，以 22.5° 为间隔进行多重旋转复制，完成涌泉广场的分割，如图 8-65 与图 8-66 所示。

17 分割完成后，打开【材料】面板，制作并赋予外部分割面石材纹理，然后调整纹理细节，如图 8-67 与图 8-68 所示。

18 外部铺地完成效果如图 8-69 所示。参考图纸，使用【直线】工具分割水系平面，如图 8-70 所示。

19 选择中心环形分割面，使用【推/拉】工具制作出 1200 的深度，然后选择底面向上复制出水面并赋予对应材质，如图 8-71 与图 8-72 所示。

20 参考图纸，使用【直线】工具绘制景墙平面，如图 8-73 所示。结合【推/拉】、【卷尺】及【直线】工具，创建景墙平面初步分割，如图 8-74 所示。

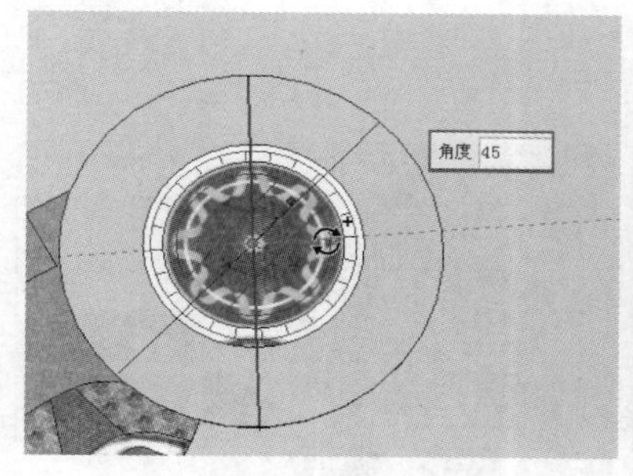

图 8-63　旋转复制分割线

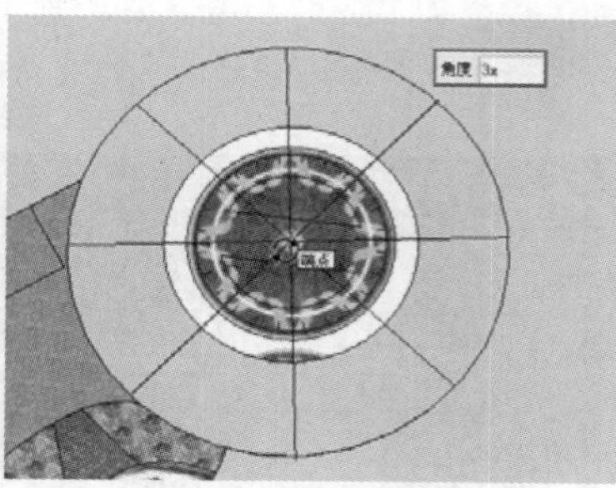

图 8-64　多重旋转复制分割线

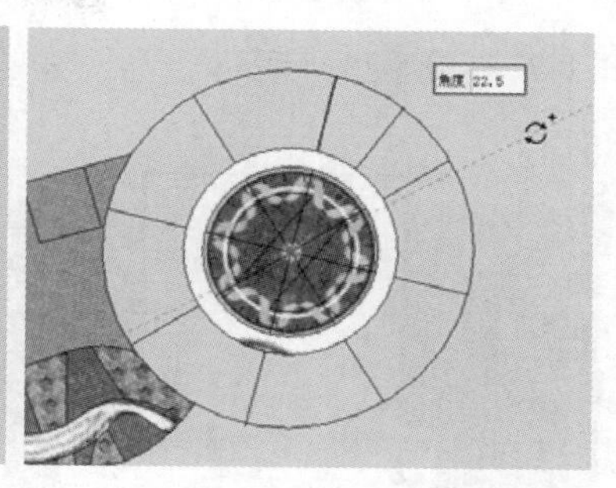

图 8-65　旋转复制外部分隔线

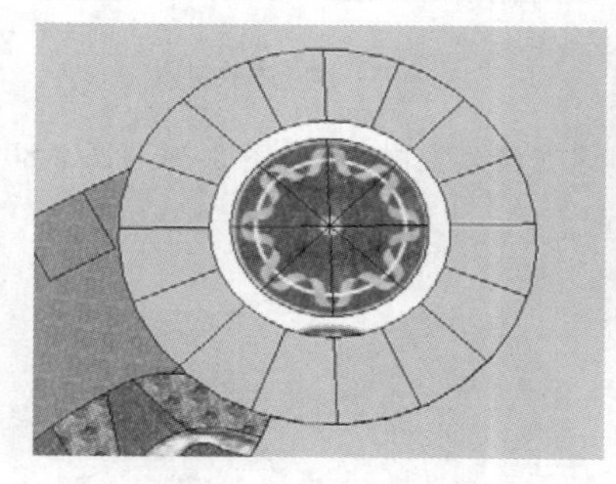
图 8-66　涌泉广场分割完成效果

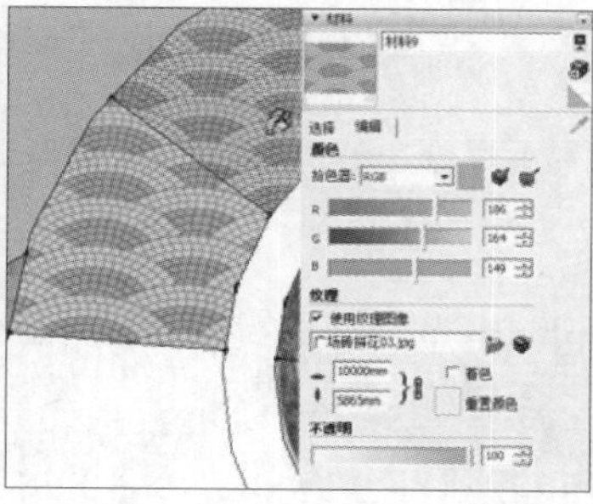
图 8-67　赋予外部分割面石材纹理

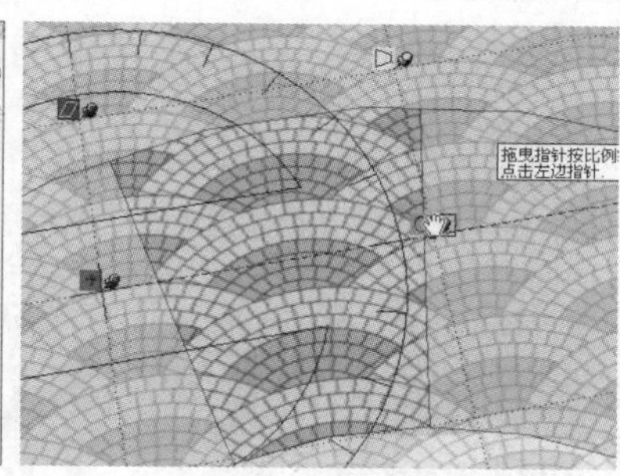
图 8-68　调整纹理细节

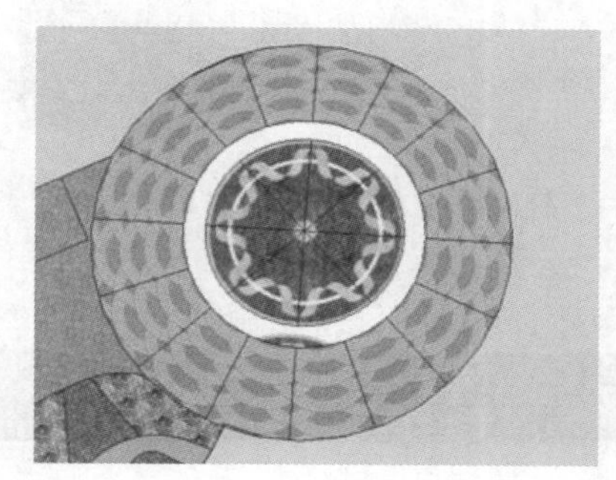
图 8-69　外部铺地完成效果

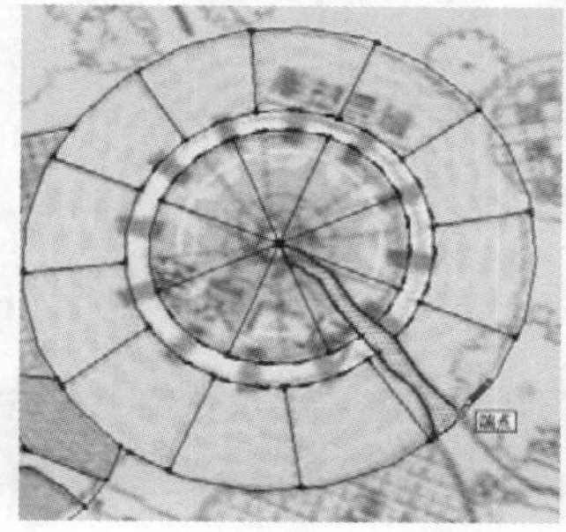

图 8-70　分割水系平面

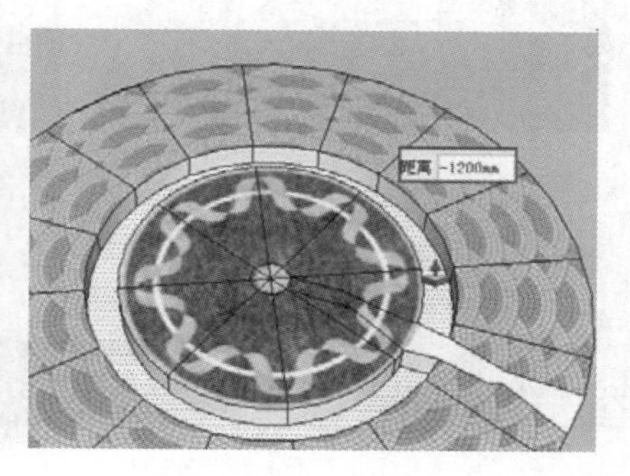

图 8-71　制作弧形水槽效果

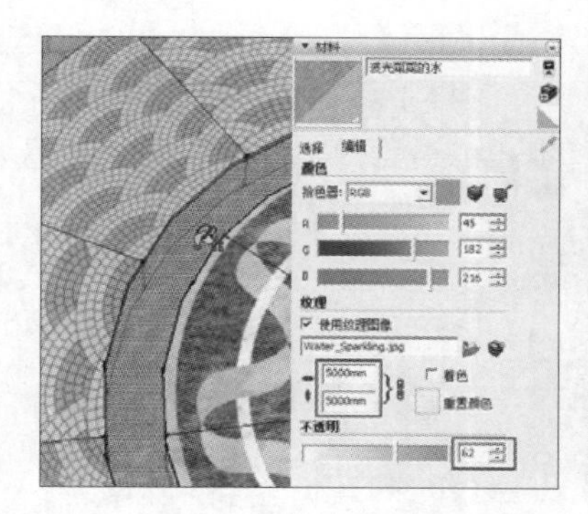
图 8-72　向上复制出水面并赋予材质

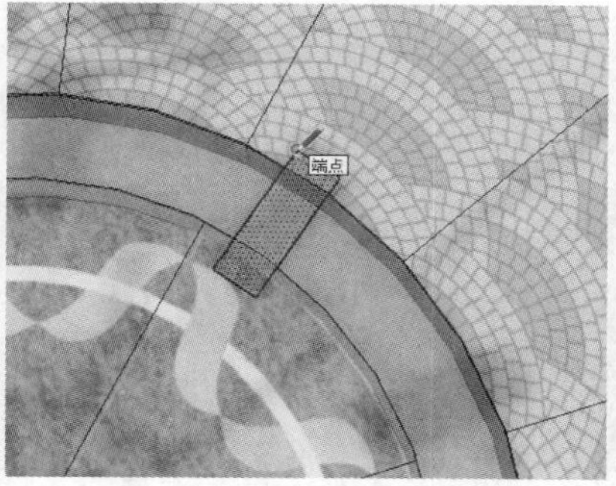

图 8-73　创建雕塑景墙平面

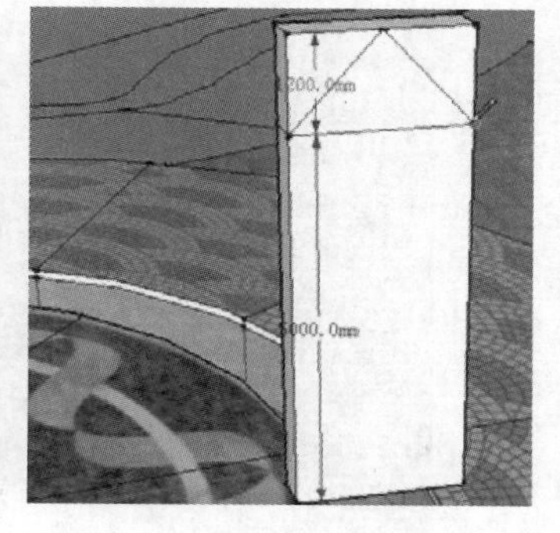
图 8-74　制作并分割景墙平面

21 结合使用【偏移】与【推/拉】工具，制作景墙造型，如图 8-75 与图 8-76 所示。

22 打开【材料】面板，为景墙模型赋予“原色樱桃木”材质，使用“多重旋转复制”制作整体造型，如

图 8-77 与图 8-78 所示。

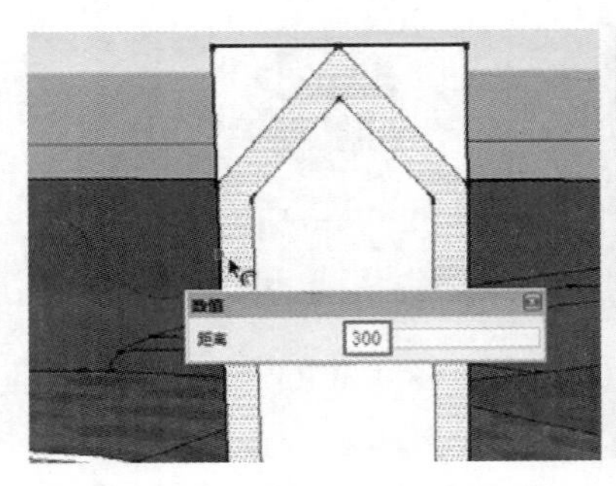
图 8-75 偏移复制制作轮廓

图 8-76 推拉完成造型

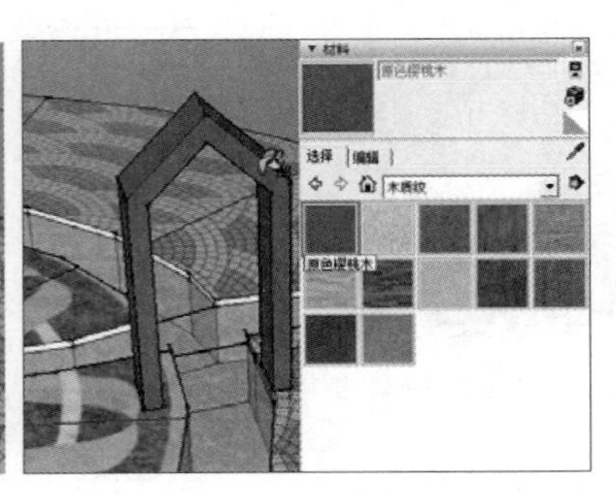
图 8-77 赋予木纹材质

23 重复之前的类似操作，制作尾部小广场，最终完成景观大道与涌泉广场模型制作，如图 8-79 与图 8-80 所示。接下来创建文化演绎广场。

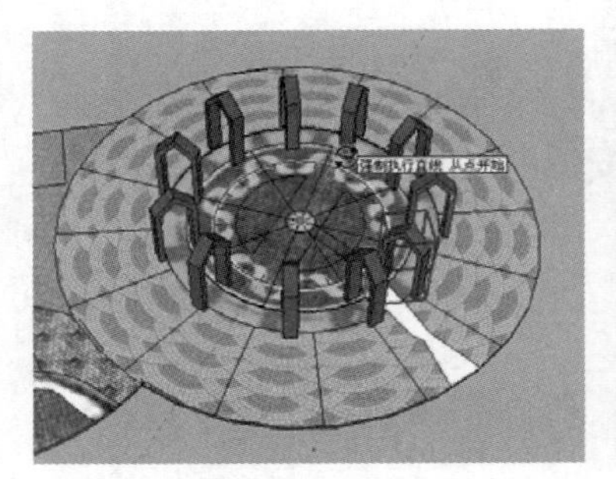
图 8-78 多重旋转复制景墙

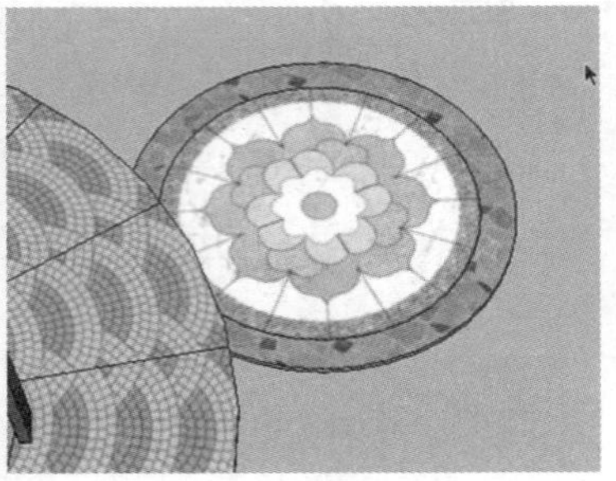
图 8-79 制作好尾部小广场

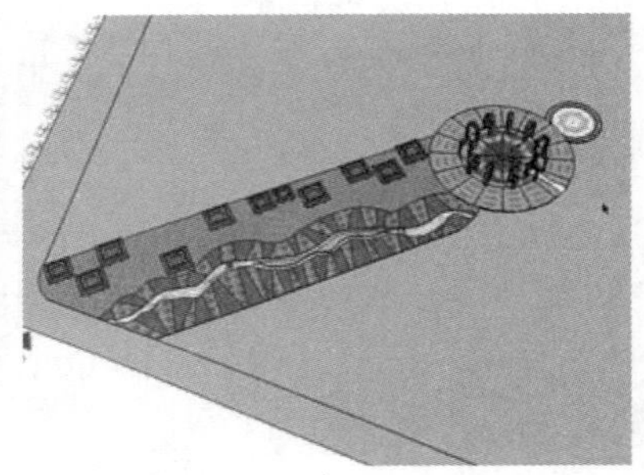
图 8-80 景观大道及涌泉广场完成效果

## 8.3 创建文化演绎广场

01 参考图纸，使用【圆】工具分割广场平面，使用【偏移】工具复制分割细节，如图 8-81 与图 8-82 所示。

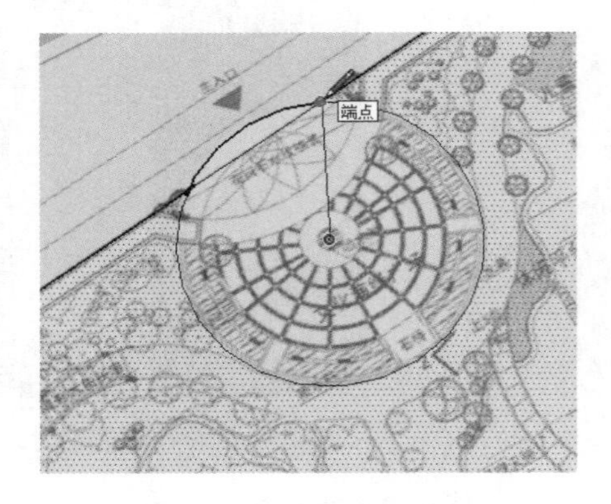

图 8-81 分割演绎广场平面

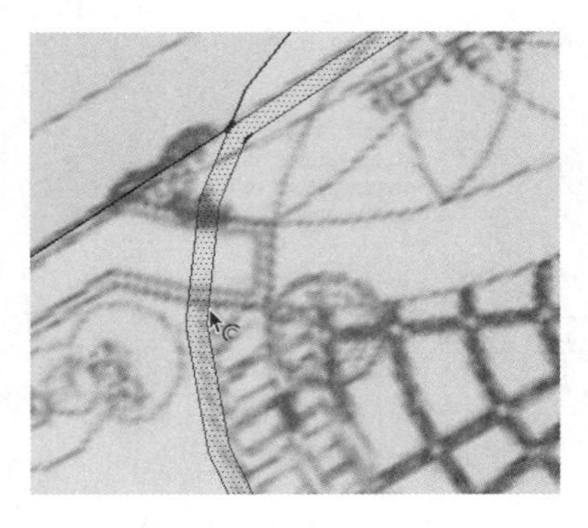
图 8-82 偏移复制分割细节

02 参考图纸，启用【圆弧】工具绘制弧形通道分割线，如图 8-83 所示。

03 参考图纸，使用【直线】工具分割广场铺地细节，如图 8-84 与图 8-85 所示。

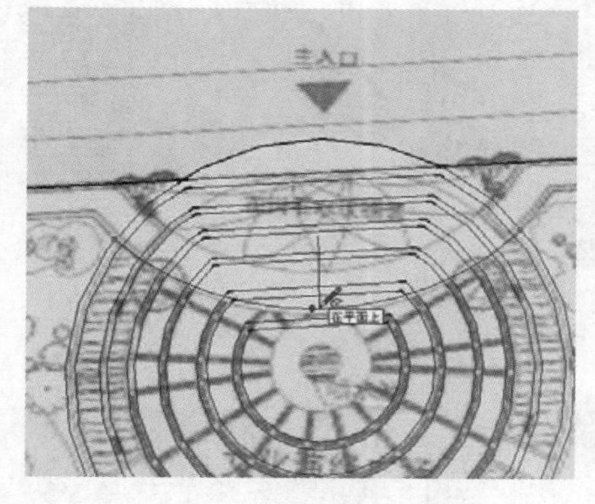

图 8-83 绘制弧形通道分割线

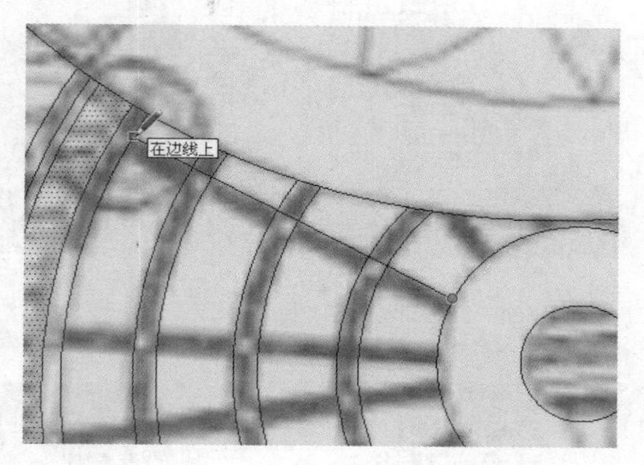


图 8-84 分割广场铺地细节

04 结合使用【圆弧】、【直线】及【偏移】工具，分割外侧锦鲤池平面，如图 8-86 与图 8-87 所示。

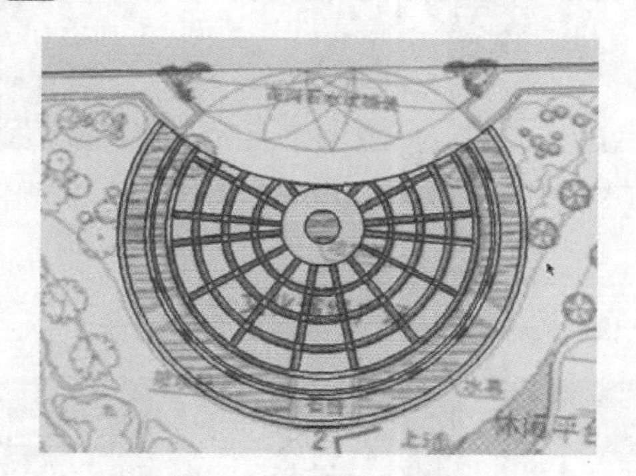

图 8-85 分割完成效果

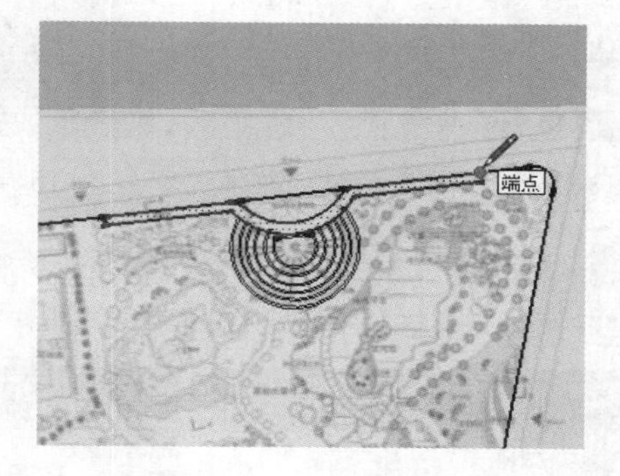


图 8-86 分割锦鲤池平面

05 打开【材料】面板，为广场入口处的弧形平面制作并赋予拼花纹理材质，然后调整纹理细节，如图 8-88~图 8-90 所示。

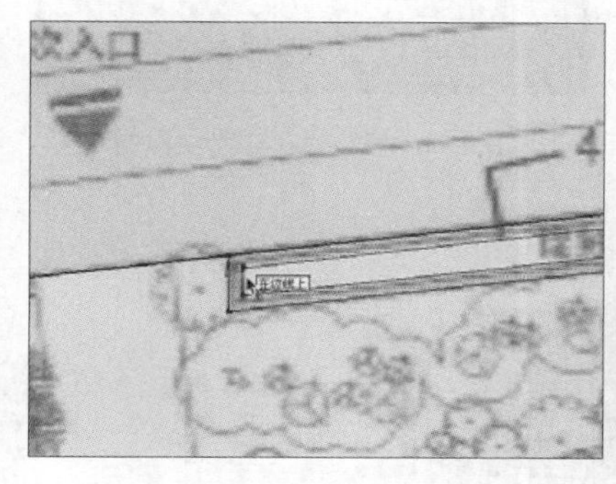

图 8-87 制作锦鲤池细节

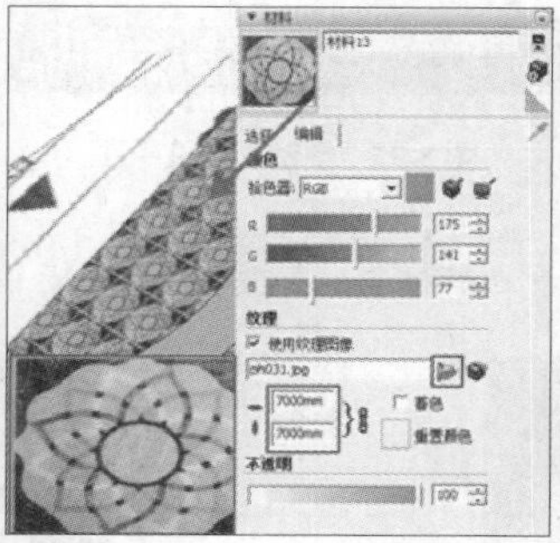

图 8-88 赋予入口平面铺地

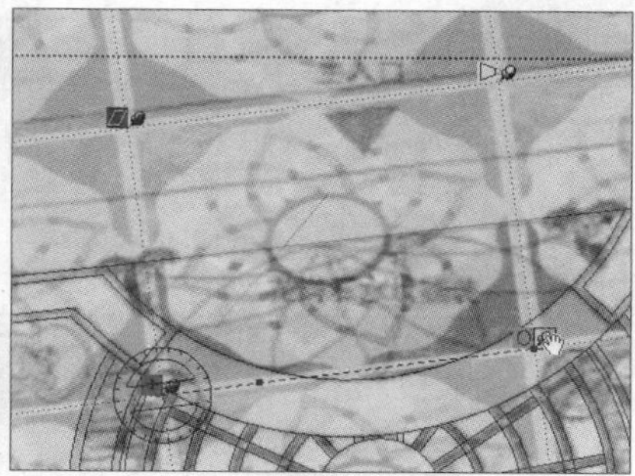

图 8-89 调整铺地纹理效果

06 使用同样的方法，制作其它区域的材质，完成文化演绎广场铺地细节，如图 8-91 与图 8-92 所示。接下来制作中心处圆形喷水池细节。

07 首先赋予外部圆形喷水池平面地花纹理，并调整纹理细节，如图 8-93 与图 8-94 所示。

08 结合使用【偏移】与【推/拉】工具制作喷水池外沿细节，如图 8-95 所示。

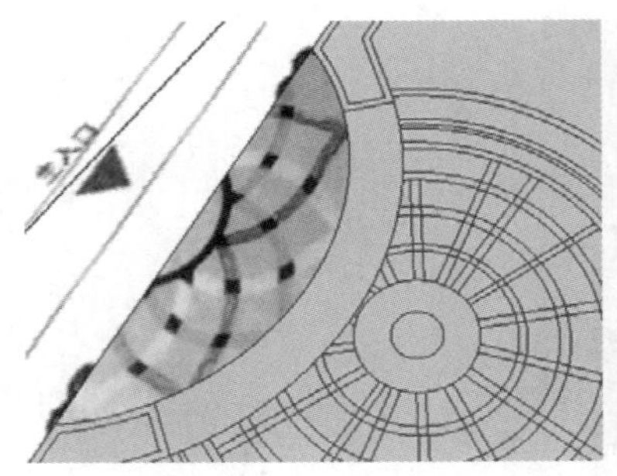


图 8-90 入口铺地完成效果

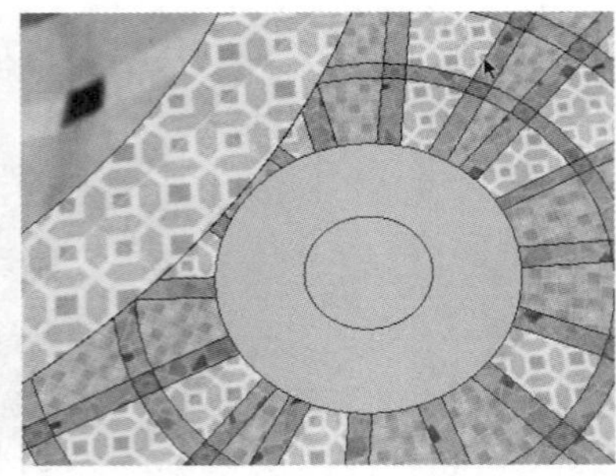

图 8-91 指定材质

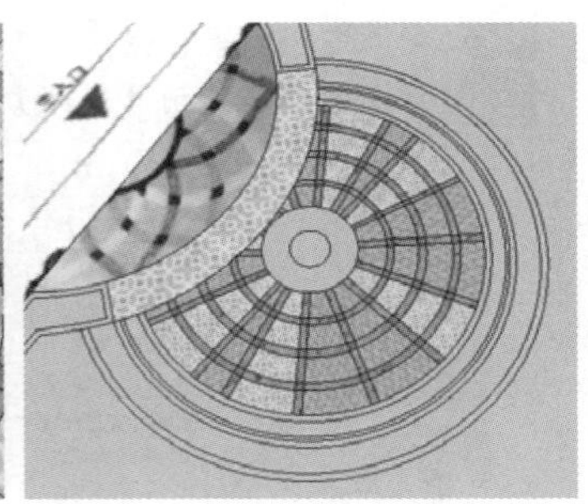

图 8-92 铺地完成效果

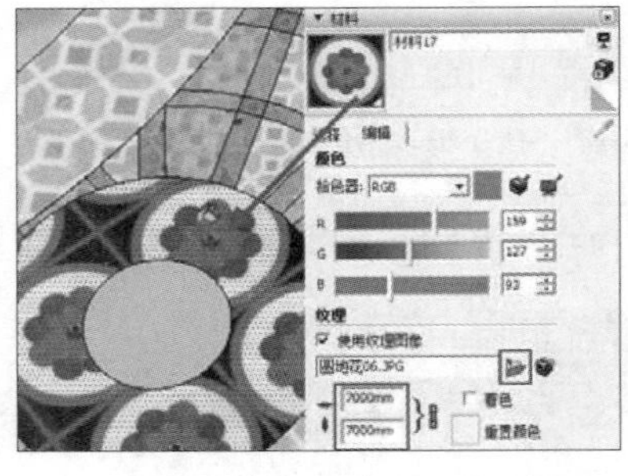

图 8-93 赋予圆形喷水池地花纹理

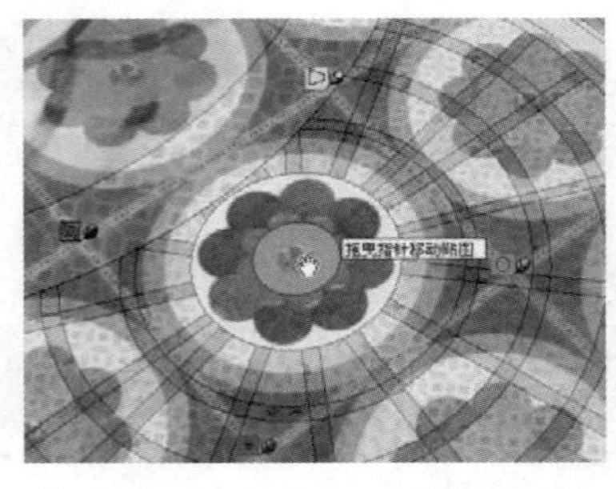

图 8-94 调整地花纹理细节

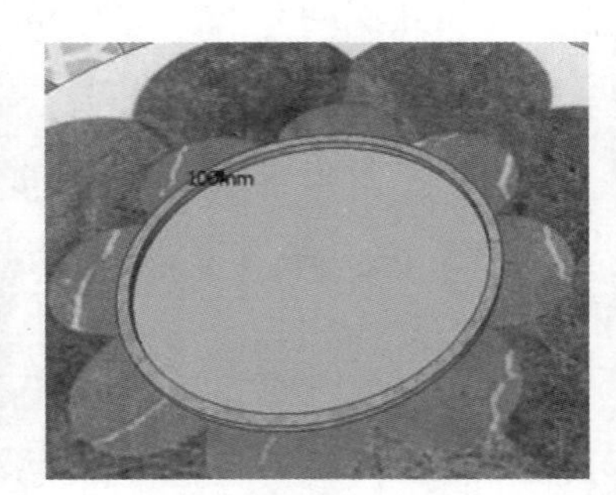

图 8-95 制作喷水池外沿细节

09 结合使用【矩形】及【移动】工具，绘制喷水柱平面，如图 8-96 与图 8-97 所示。

10 使用【推/拉】工具制作喷水柱与池底细节，并赋予相应的材质，如图 8-98 与图 8-99 所示。

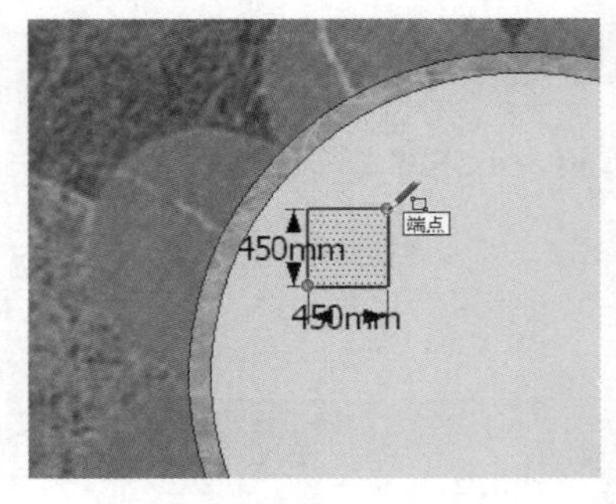


图 8-96 绘制喷水柱平面

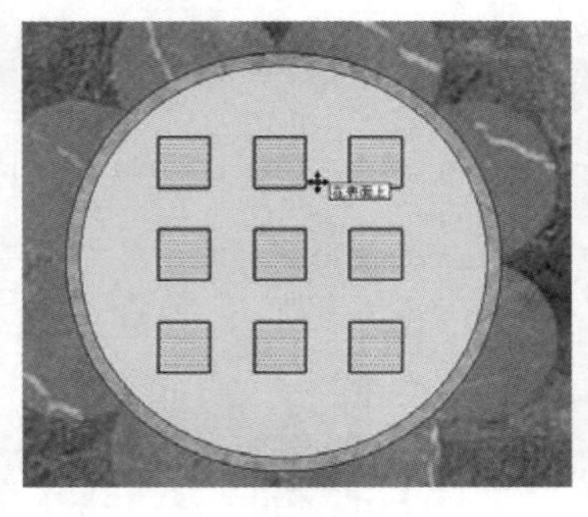

图 8-97 复制喷水柱平面

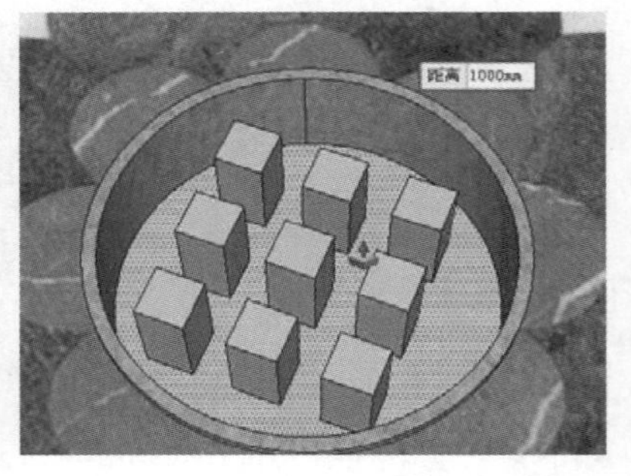


图 8-98 推拉池底与喷水柱细节

11 移动复制出喷水池水面，并赋予池水材质，如图 8-100 所示。

图 8-99 赋予喷水柱材质

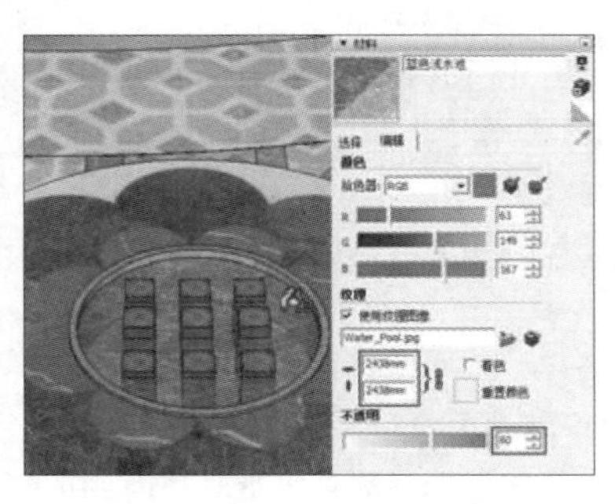

图 8-100 向上移动复制水面并赋予材质

**12** 通过类似方法，制作锦鲤池池底与水面细节，如图 8-101 与图 8-102 所示。接下来制作水幕效果。

**13** 首先结合【偏移】及【推/拉】工具制作水幕梯层，然后调整线段高度，制作出斜坡效果，如图 8-103 与图 8-104 所示。

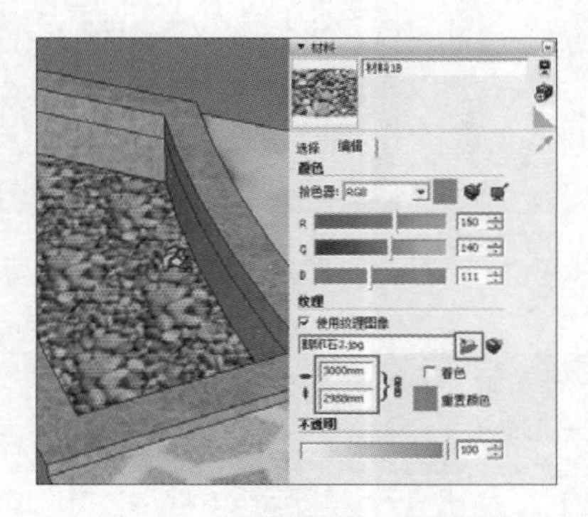

图 8-101 赋予锦鲤池底沙石材质

图 8-102 制作锦鲤池水面细节

**14** 选择斜坡平面，以 50 的距离向上进行“移动复制”，赋予池水材质，制作出上部的水幕效果，如图 8-105 与图 8-106 所示。

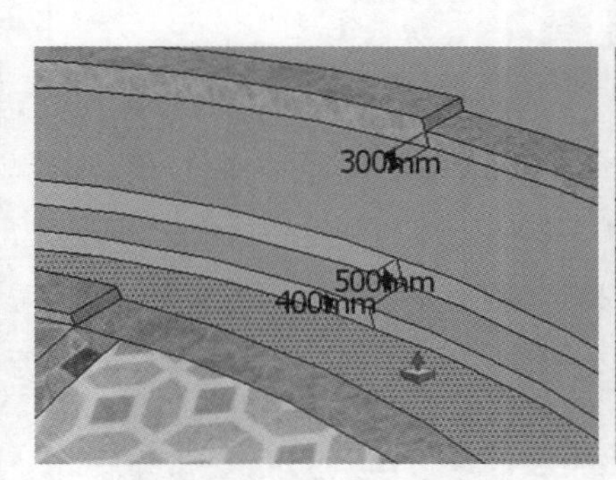


图 8-103 制作水幕梯形

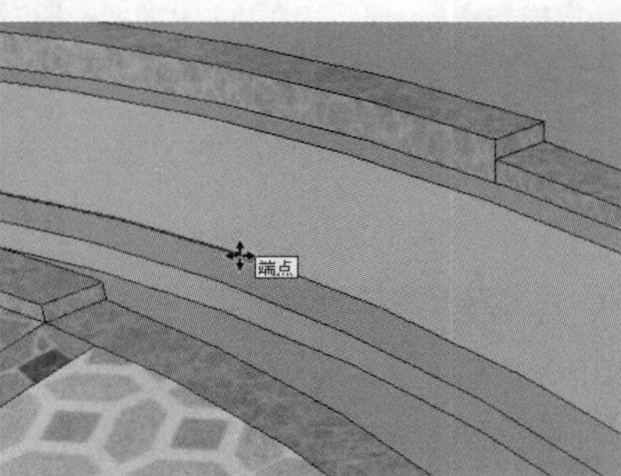


图 8-104 调整线段形成斜坡

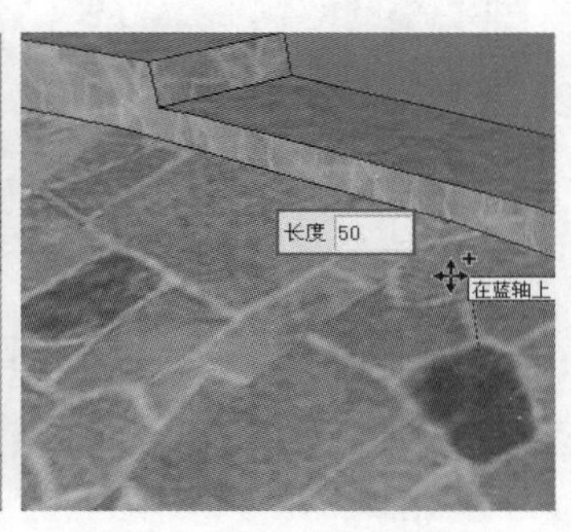


图 8-105 向上复制出水面

**15** 水幕制作完成后，通过【组件】面板调入“石桥”模型组件，调整位置与造型，如图 8-107 与图 8-108 所示。

**16** 参考图纸，复制石桥模型完成整体效果，如图 8-109 与图 8-110 所示。接下来制作水幕中间喷水柱模型。

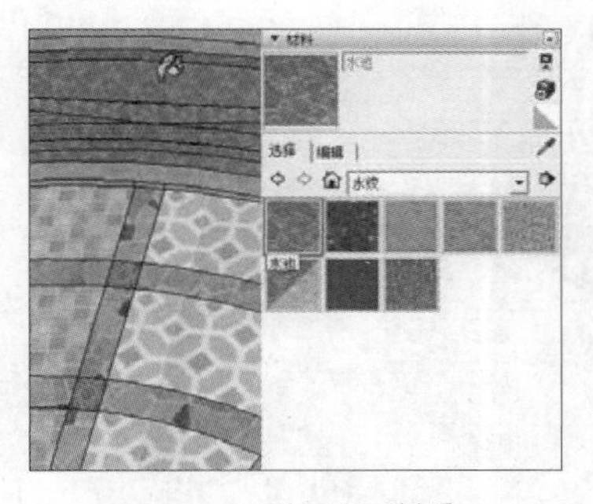

图 8-106 赋予水面材质

图 8-107 合并石桥模型组件

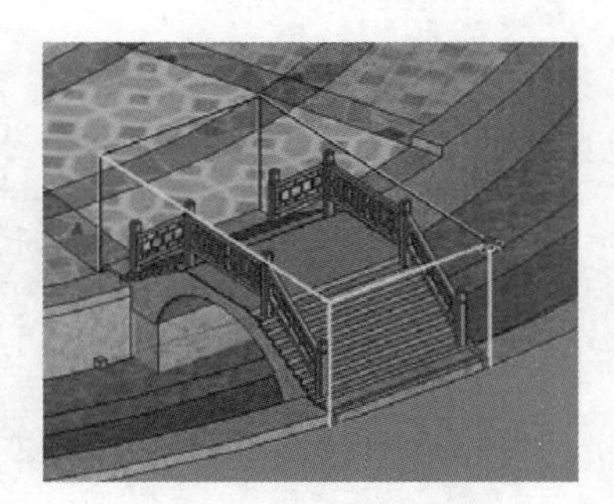

图 8-108 对齐石桥并调整造型

**17** 参考图纸，结合使用【矩形】与“推拉复制”工具制作喷水柱轮廓，如图 8-111 与图 8-112 所示。

**18** 启用【推/拉】工具，制作上部层次细节，赋予石材纹理材质，如图 8-113 与图 8-114 所示。

图 8-109　复制石桥模型

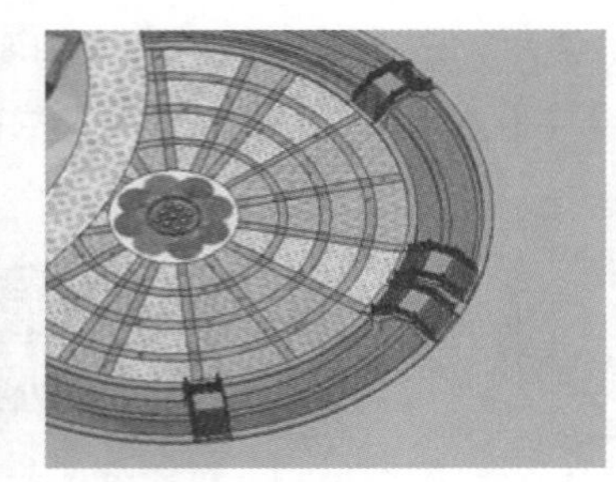

图 8-110　石桥模型完成效果

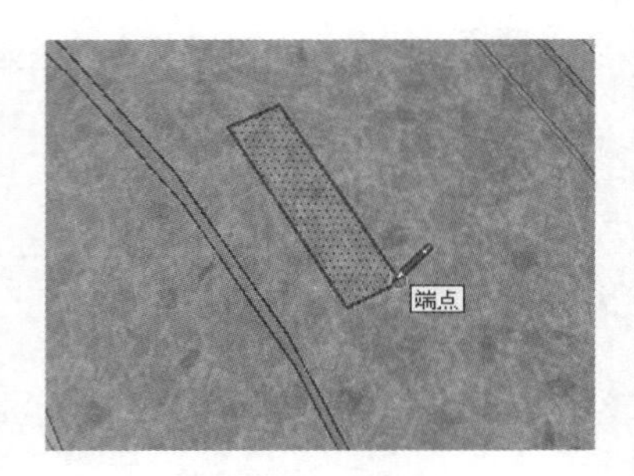


图 8-111　绘制喷水柱平面

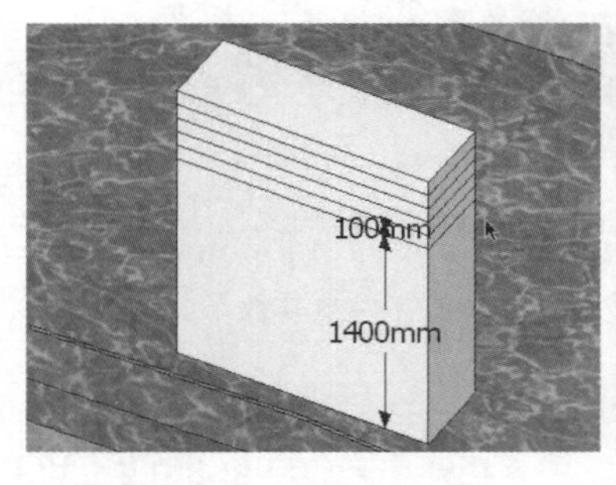


图 8-112　创建喷水柱轮廓

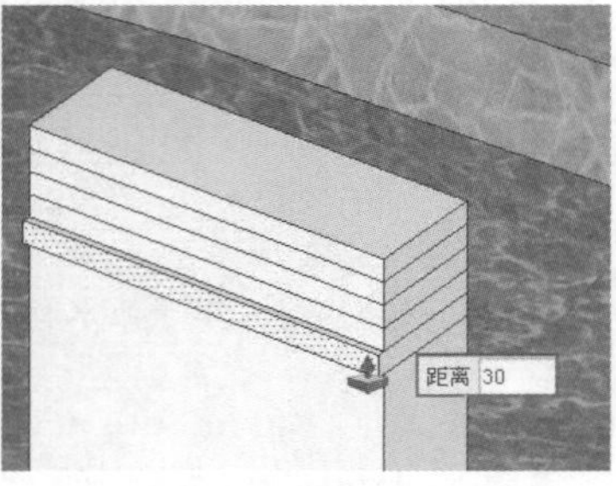


图 8-113　制作喷水柱细节

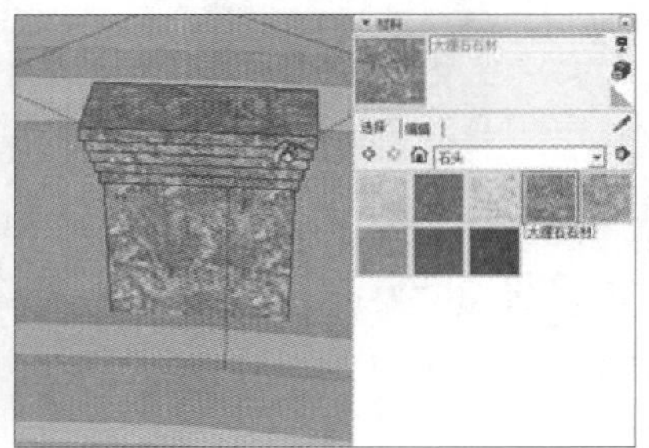

图 8-114　赋予喷水柱石材

**19** 通过【组件】面板调入“狮嘴喷水”模型组件，通过复制，制作喷水柱整体效果，如图 8-115~图 8-117 所示。

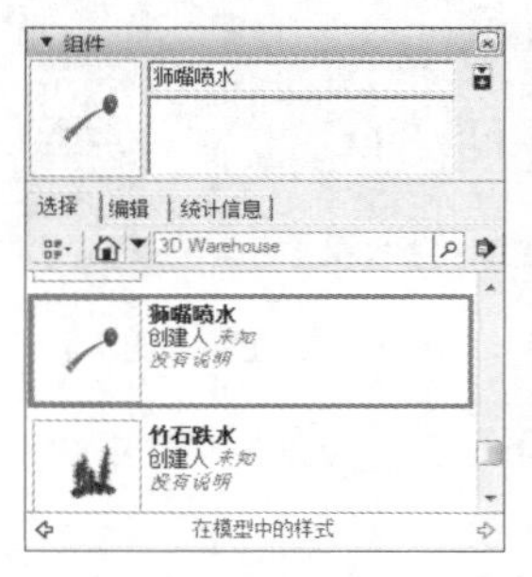


图 8-115　合并狮嘴喷水模型组件

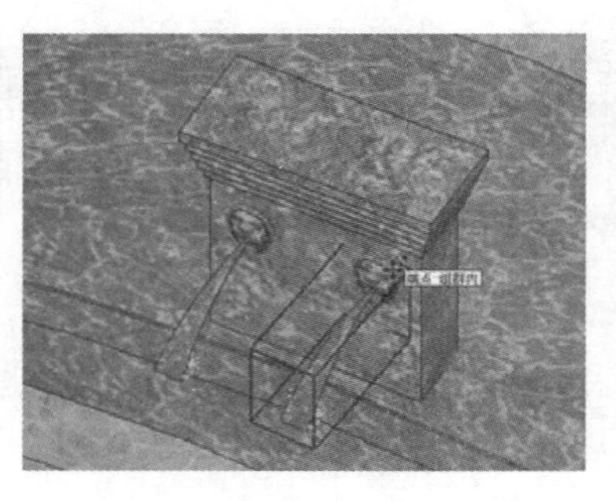

图 8-116　对齐并复制狮嘴喷水模型

图 8-117　喷水柱模型完成效果

**20** 选择创建完成的喷水柱，参考图纸进行“旋转复制”，完成文化演绎广场效果的创建，如图 8-118 与图 8-119 所示。接下来创建入口广场。

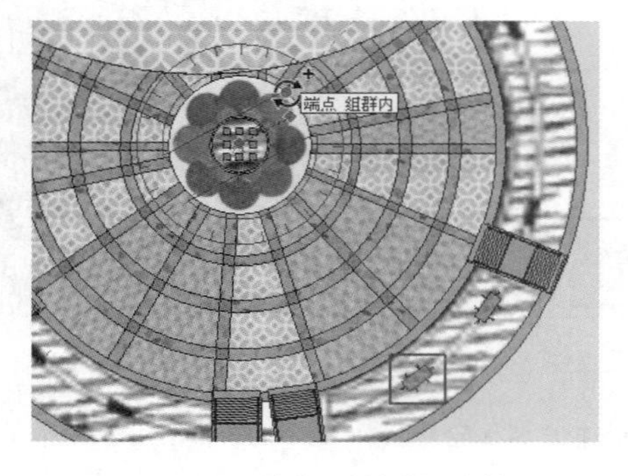


图 8-118　参考图纸复制味水柱

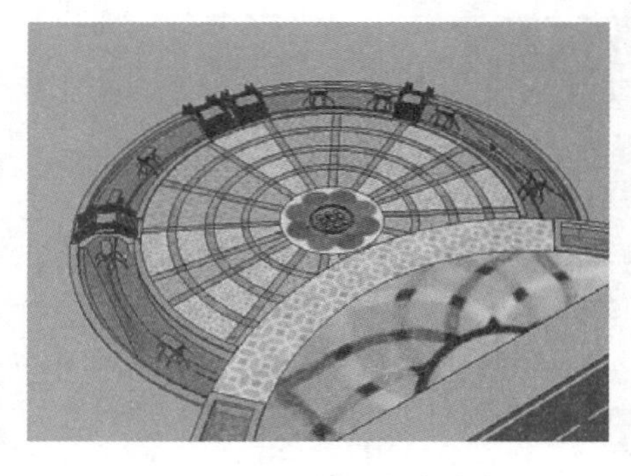

图 8-119　文化演绎广场完成效果

# 8.4 创建入口广场

01 参考图纸，使用【圆弧】工具绘制入口平台平面，如图 8-120~图 8-122 所示。

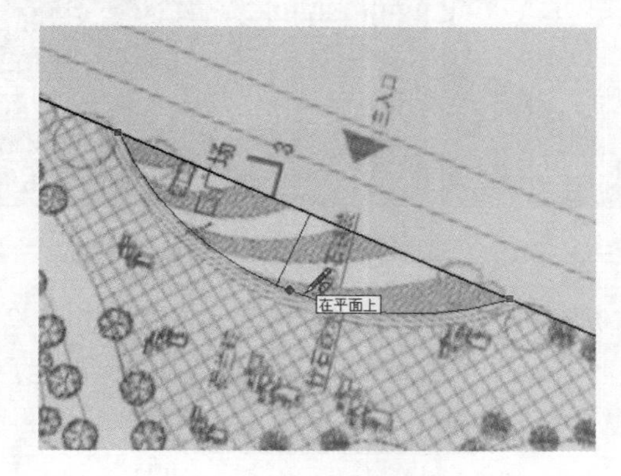


图 8-120　分割入口平台平面

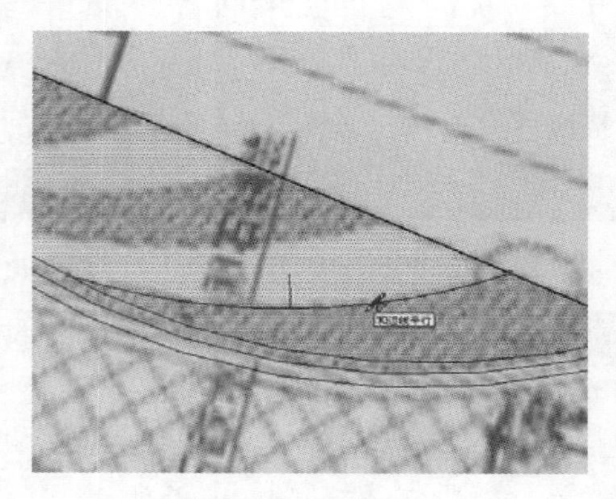

图 8-121　分割入口平台细节

02 打开【材料】面板，为细分割平面赋予不同石材，完成入口平台的创建，如图 8-123 与图 8-124 所示。

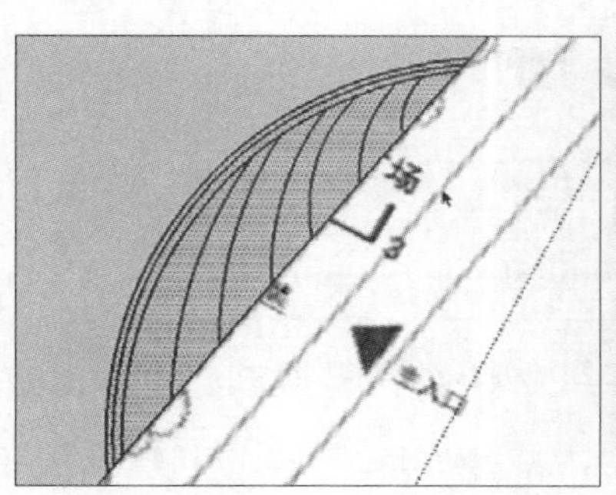

图 8-122　入口平台细节划分完成效果

图 8-123　赋予分割面材质

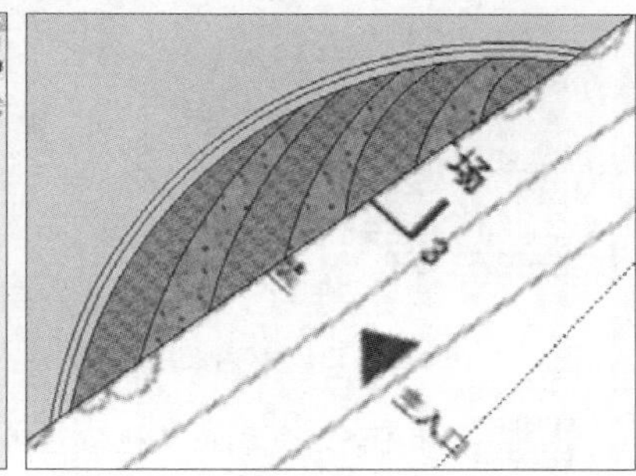

图 8-124　入口平台完成完成效果

03 参考图纸，结合使用【圆弧】与【直线】工具分割入口广场平面，如图 8-125 所示。

04 打开【材料】面板，赋予广场石材铺地并调整纹理细节，如图 8-126 所示。

05 参考图纸，使用【直线】工具创建入口广场树池平面，如图 8-127 所示。使用【推/拉】工具逐步制作轮廓细节，如图 8-128 与图 8-129 所示。

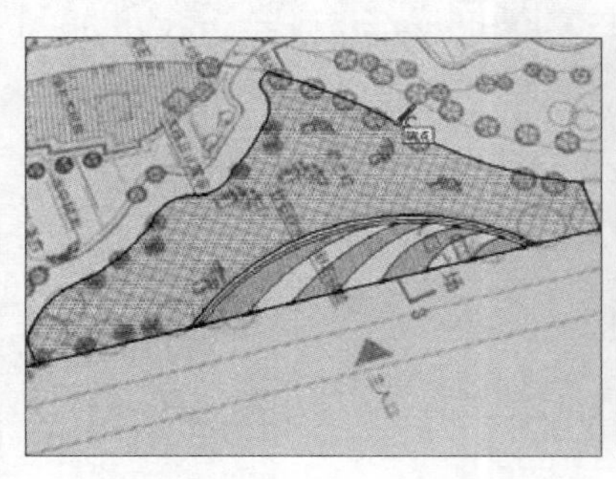

图 8-125　分割入口广场平面

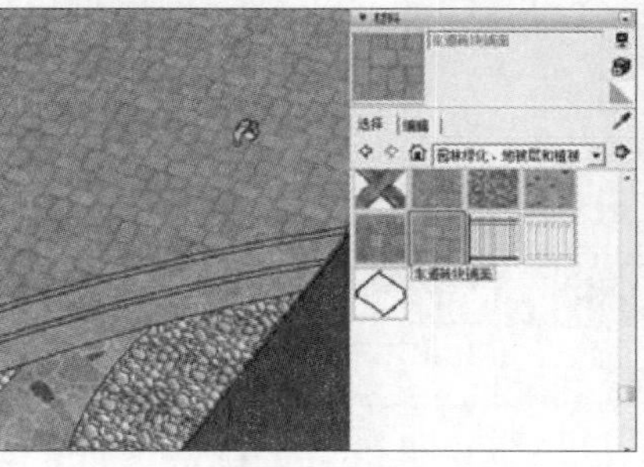

图 8-126　赋予广场铺地材质

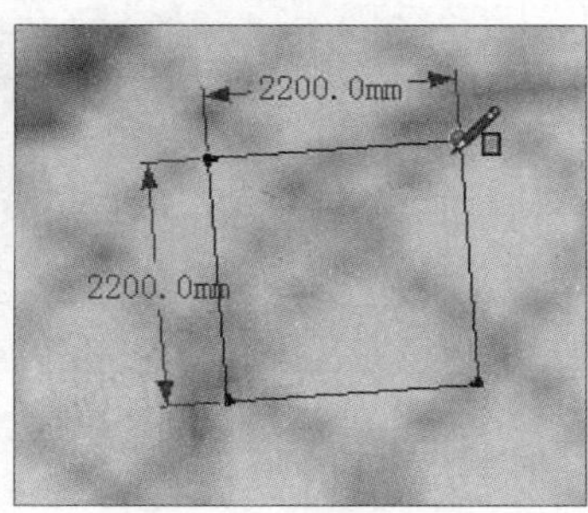


图 8-127　创建树池平台

**06** 赋予树池各部分对应材质，然后参考图纸，复制得到入口广场其他位置的树池模型，如图 8-130 与图 8-131 所示。

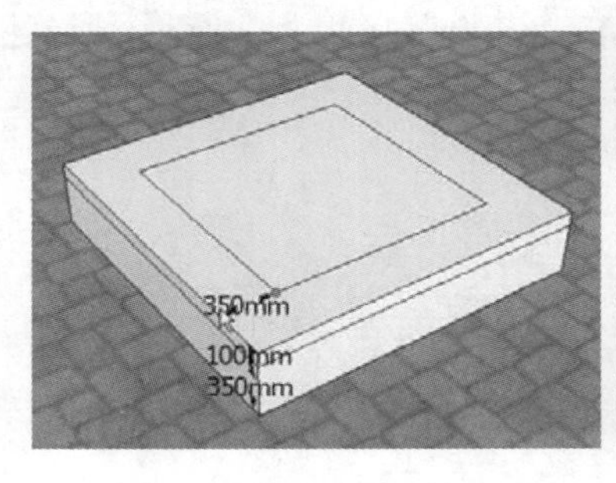

图 8-128　制作树池轮廓细节

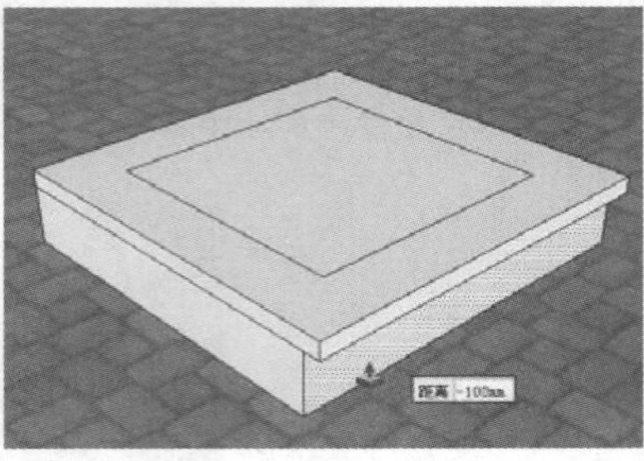
图 8-129　制作树池三维细节

图 8-130　赋予树池模型材质

**07** 进入【组件】面板，调入“竹石跌水”模型组件，然后参考图纸对齐位置并调整大小，如图 8-132 与图 8-133 所示。

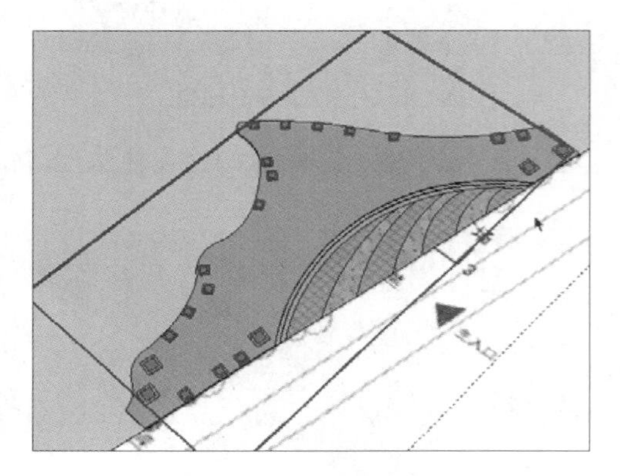
图 8-131　参考图纸复制树池

图 8-132　合并竹石跌水模型组件

**08** 参考图纸，复制出其他位置的“竹石跌水”并调整造型，完成入口广场的创建，如图 8-134~图 8-136 所示。

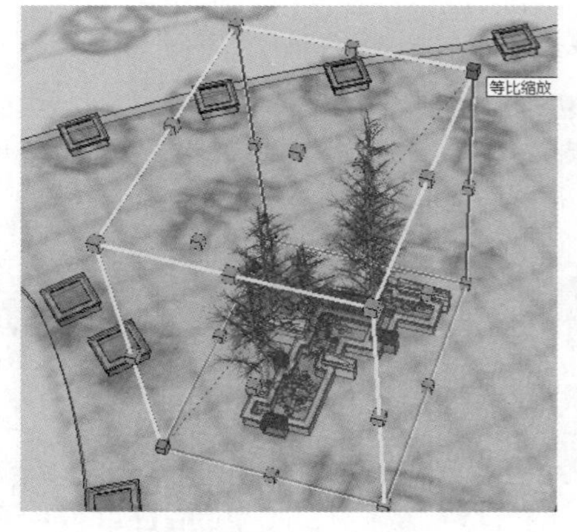

图 8-133　对齐位置并调整模型造型

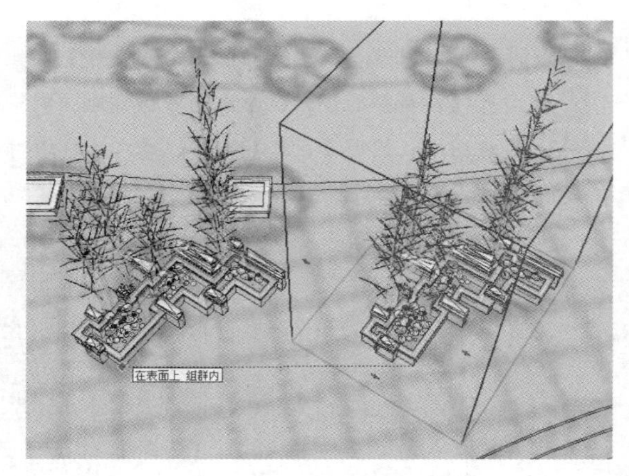

图 8-134　参考图纸复制并调整模型

图 8-135　竹石跌水布置完成效果

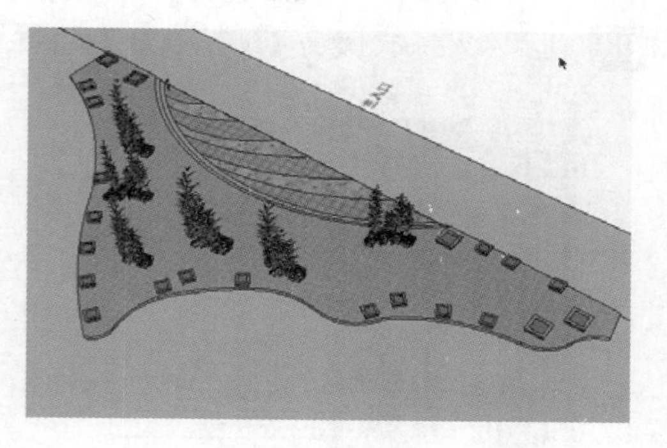

图 8-136　入口广场完成效果

# 8.5 创建水景及周边设施

## 8.5.1 创建水系

01 参考图纸，结合使用【直线】及【圆弧】等工具，整体分割出水系平面，并注意水系连接处细节的处理，如图 8-137 与图 8-138 所示。

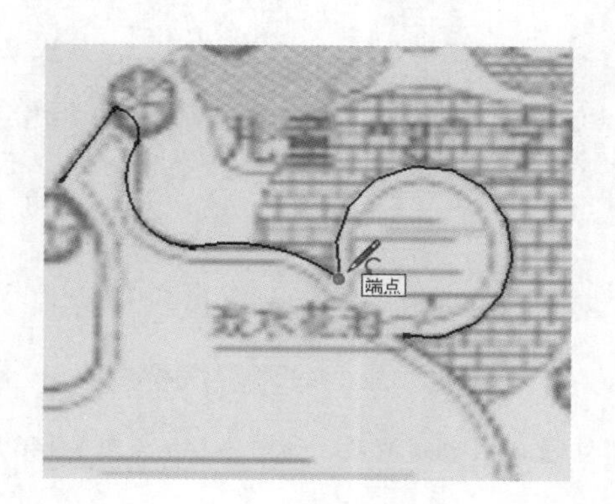


图 8-137　参考图纸分割水系

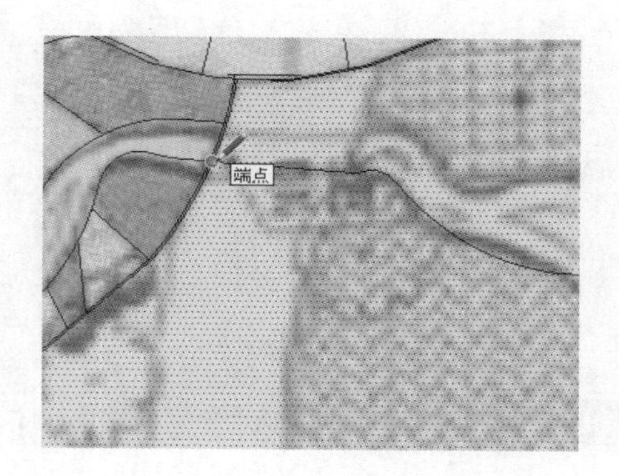


图 8-138　注意水系连接细节

02 水系平面整体分割完成后，将其移动复制出另一份，用于制作对应河沿，如图 8-139 与图 8-140 所示。

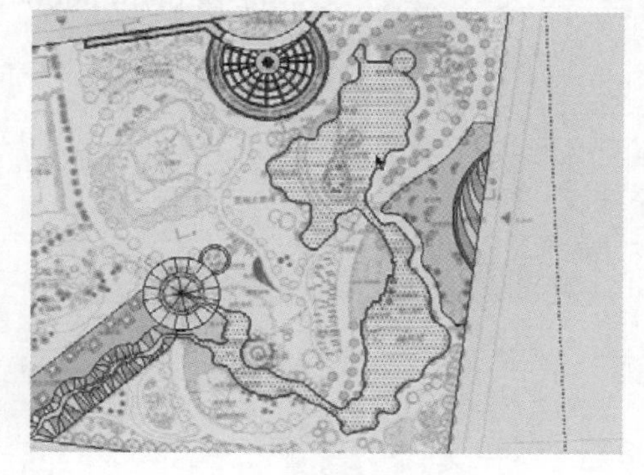

图 8-139　水系分割完成效果

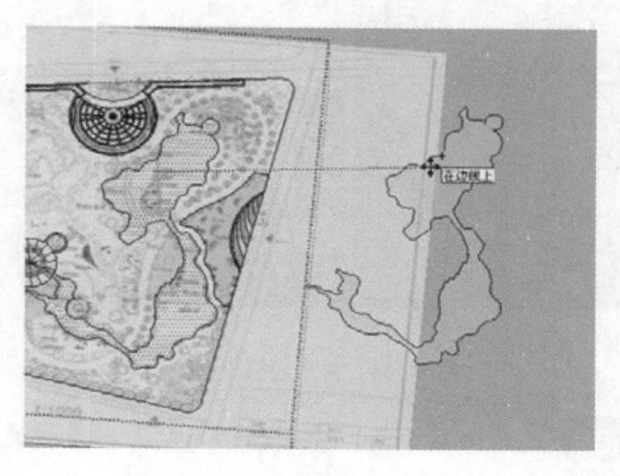

图 8-140　移动复制水系平面

03 选择水系平面创建为【组】，使用【偏移】制作浅水沙池平面，如图 8-141 与图 8-142 所示。

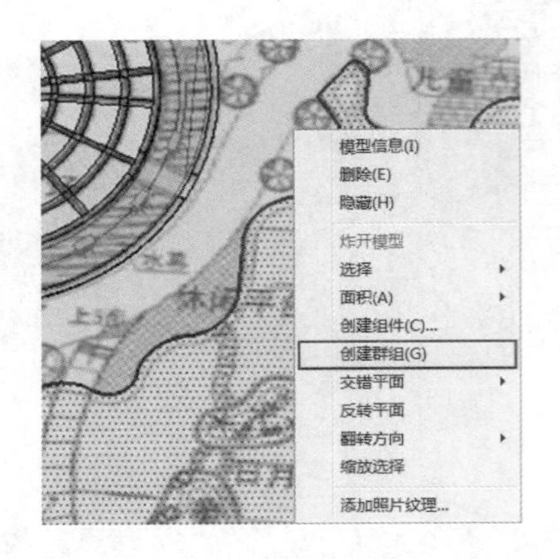


图 8-141　将水系平面单独创建为组

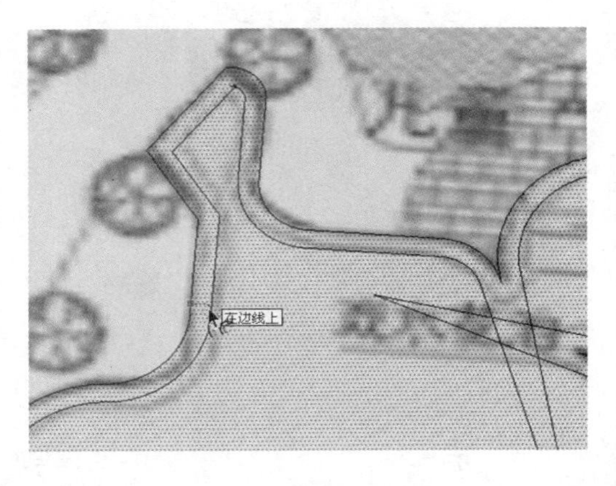


图 8-142　复制制作浅水沙池

04 处理由于【偏移】操作产生的杂乱线段，使用【圆弧】工具调整连接细节，如图 8-143 与图 8-144 所示。

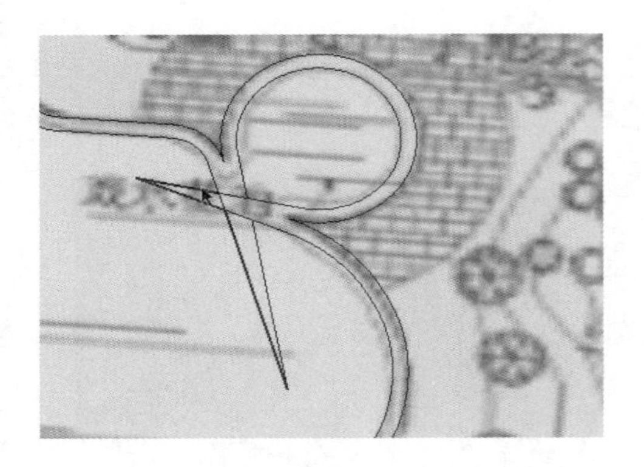

图 8-143　调整乱线

图 8-144　浅水沙池平面调整完成效果

05 打开【材料】面板，赋予中心模型面石材，使用【推/拉】工具创建池底，如图 8-145 与图 8-146 所示。

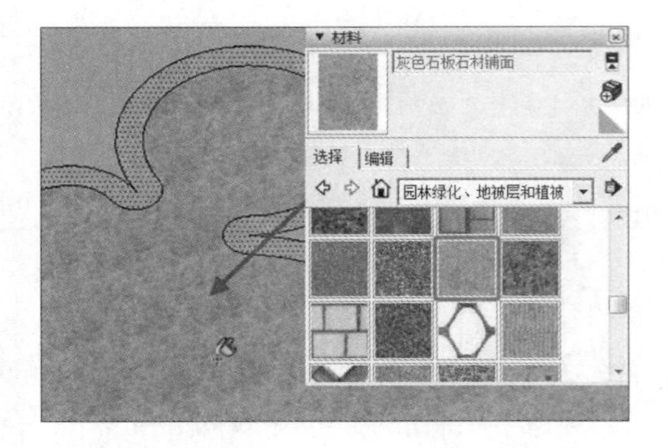


图 8-145　赋予内部平面石材

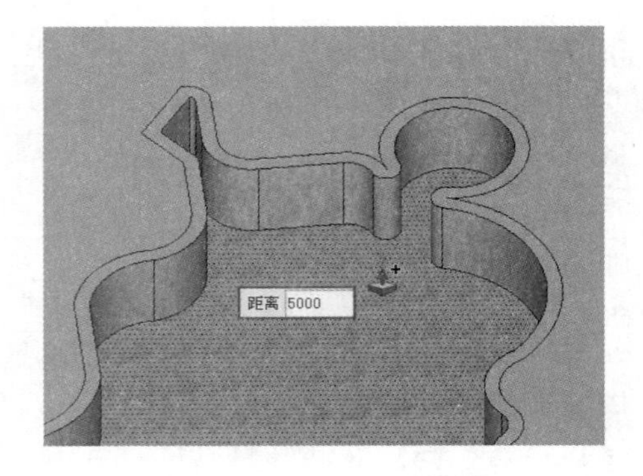


图 8-146　推拉池底深度

06 选择池底平面，向上移动复制出水面模型，然后赋予池水材质，如图 8-147 所示。

07 通过相同方式，处理景观大道水系连接细节并制作水面效果，如图 8-148 所示。

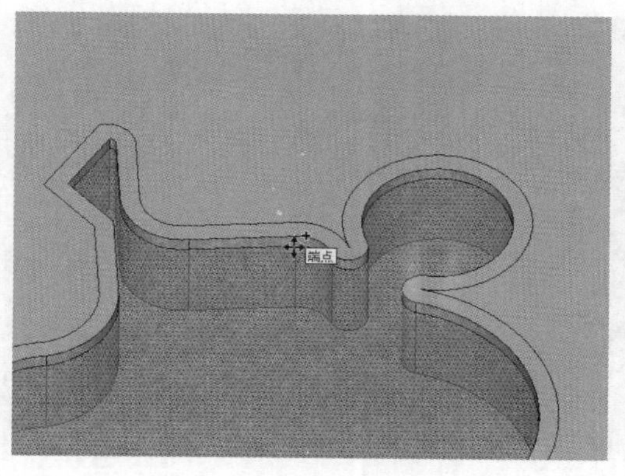


图 8-147 向上移动复制出水面模型

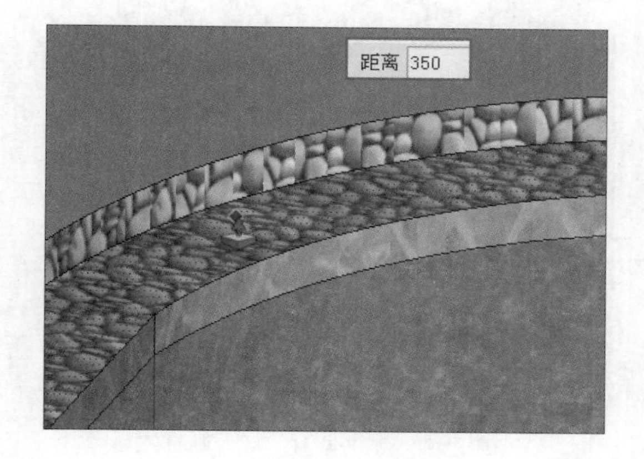

图 8-148 处理景观大道水系连接细节

08 打开【材料】面板，赋予浅水沙池平面鹅卵石材质，使用【推/拉】工具制作层次细节，如图 8-149 与图 8-150 所示。

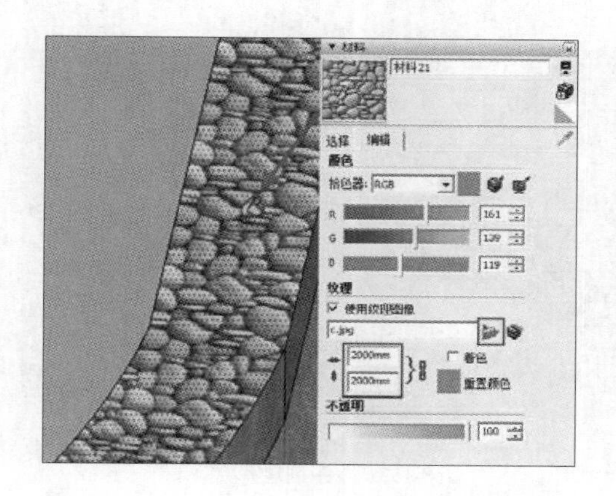


图 8-149 赋予浅水沙池平面卵石材质

距离 350

图 8-150 制作高差细节

09 选择之前复制的水系平面，结合使用【偏移】及【推/拉】工具，制作河沿细节模型，如图 8-151 与图 8-152 所示。

10 选择河沿模型，对齐水面位置，如图 8-153 所示。

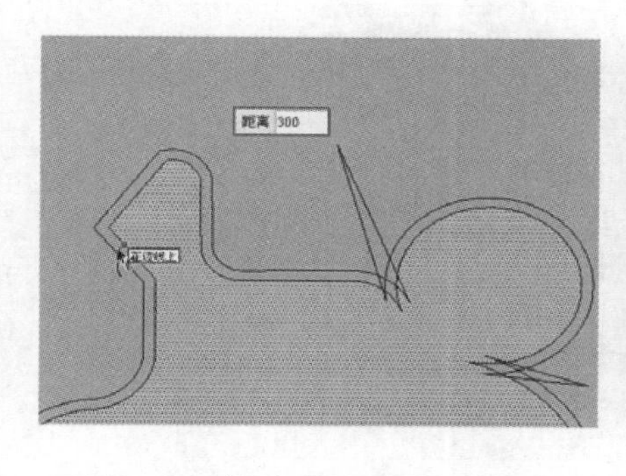


图 8-151 选择复制平面制作河沿平面

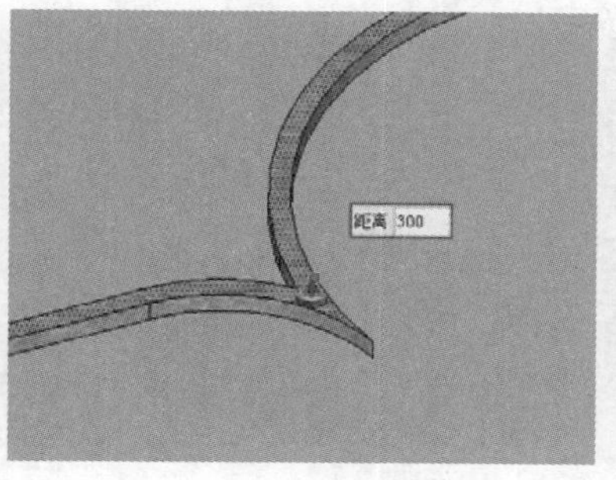


图 8-152 赋予石材并拉伸高度

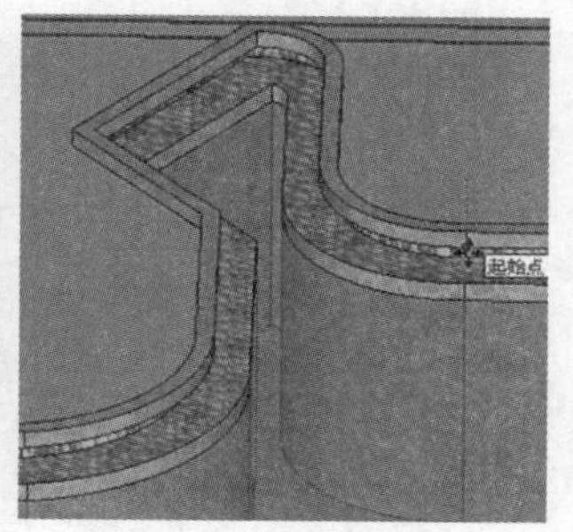


图 8-153 对齐河沿位置

11 重复上述操作，制作景观大道及涌泉广场处的相关细节效果，如图 8-154~图 8-156 所示。

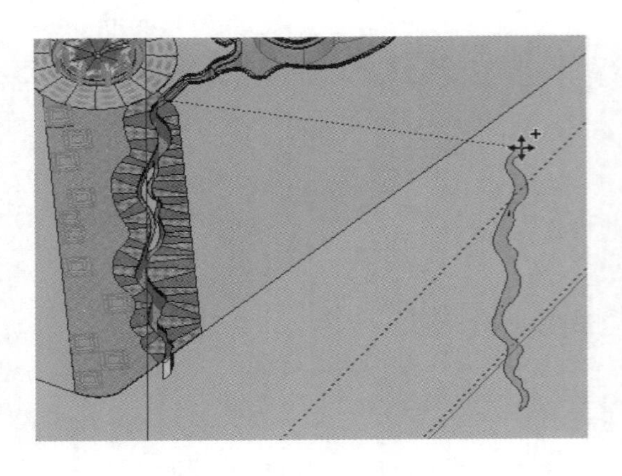

图 8-154　复制景观大道水系平面

图 8-155　制作景观大道河沿细节

12 完成上述操作后，此时水系效果如图 8-157 所示，接下来创建水系两岸相关设施细节。

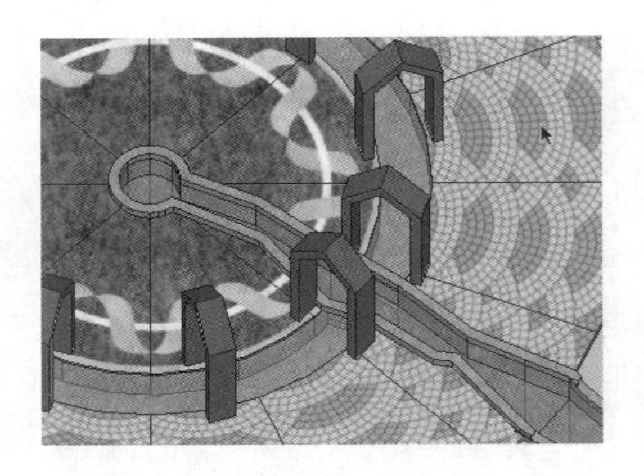

图 8-156　制作涌泉广场河沿细节

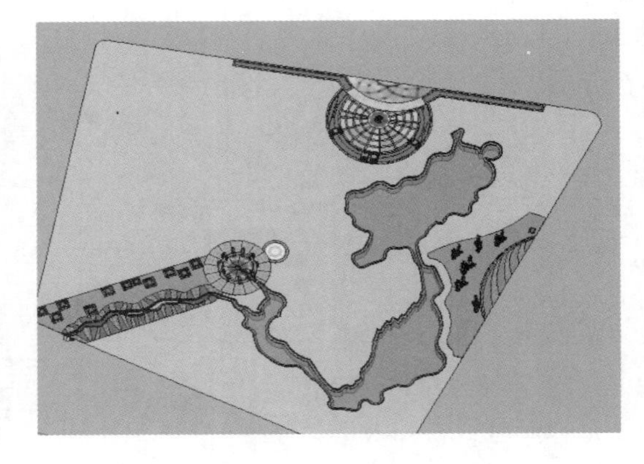

图 8-157　水系创建完成效果

## 8.5.2 创建儿童游乐小广场

01 参考图纸，结合使用【圆弧】及【圆】工具，分割儿童广场平面，如图 8-158 与图 8-159 所示。

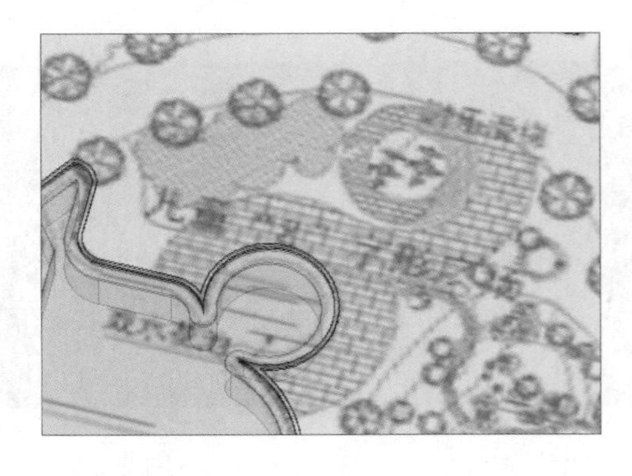

图 8-158　参考图纸分割儿童广场

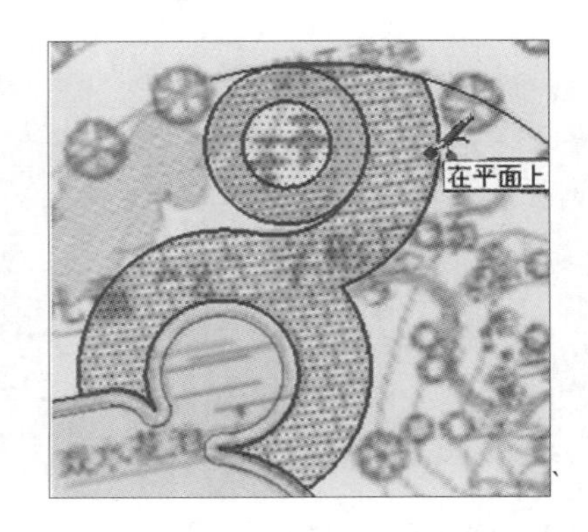


图 8-159　儿童广场轮廓平面完成效果

02 通过直线拆分及【圆弧】工具，制作弧形台阶平面，如图 8-160 与图 8-161 所示。

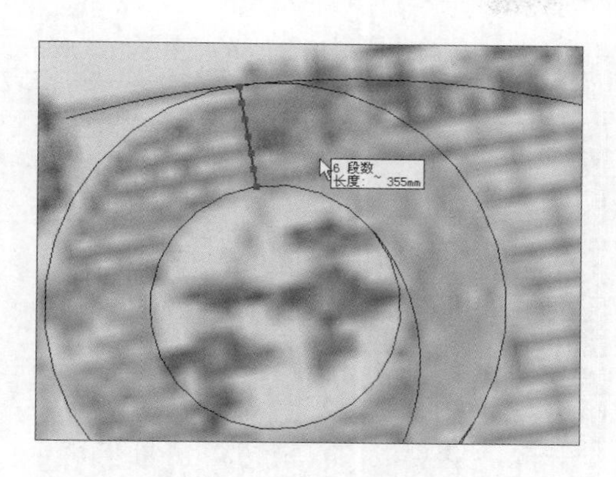

图 8-160 拆分台阶线

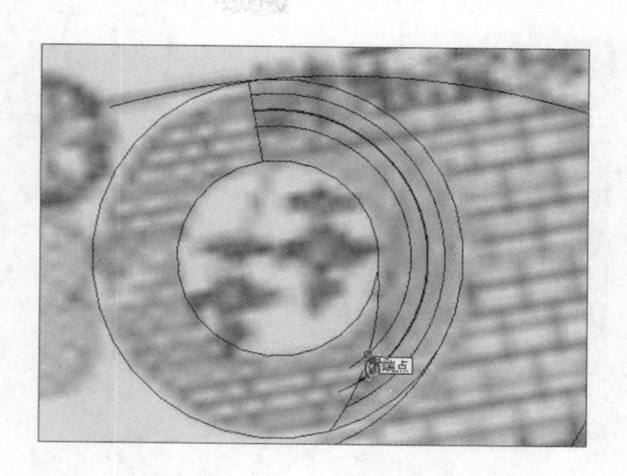

图 8-161 分割弧形台阶平面

03 使用【推/拉】工具制作弧形台阶细节，打开【材料】面板，调整并赋予石材，如图 8-162 与图 8-163 所示。

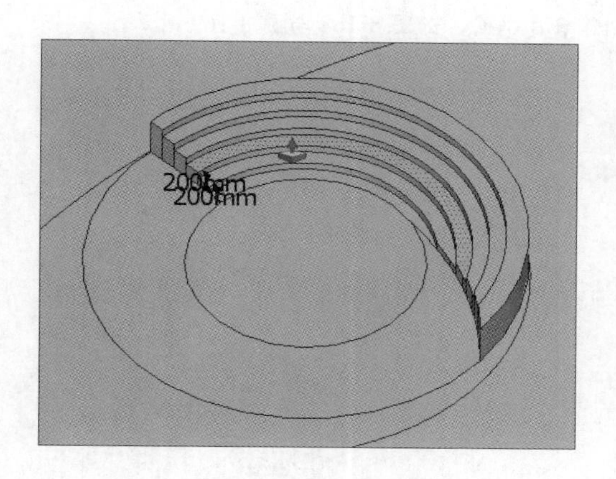

图 8-162 创建弧形台阶细节

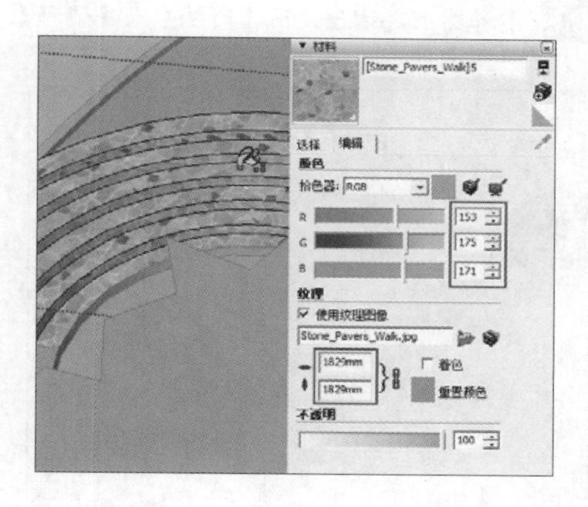

图 8-163 赋予台阶材质

## 8.5.3 创建日月岛、景观天桥及亲水木栈台

01 参考图纸，结合使用【圆弧】及【推/拉】工具制作水中汀步平面，启用【直线】工具分割出表面细节，如图 8-164 与图 8-165 所示。

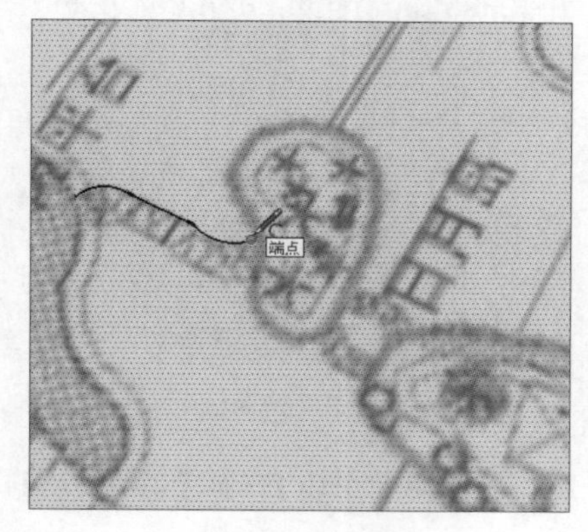

图 8-164 创建水中汀步平面

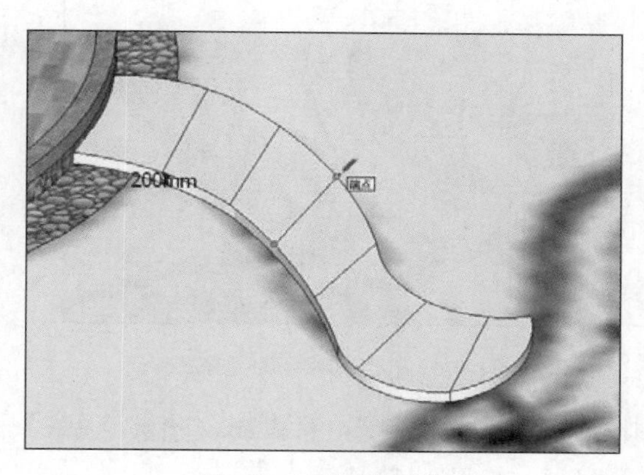

图 8-165 分割表面细节

02 使用【推/拉】工具制作表面缝隙及底部支撑，完成水中汀步的制作，如图 8-166 与图 8-167 所示。

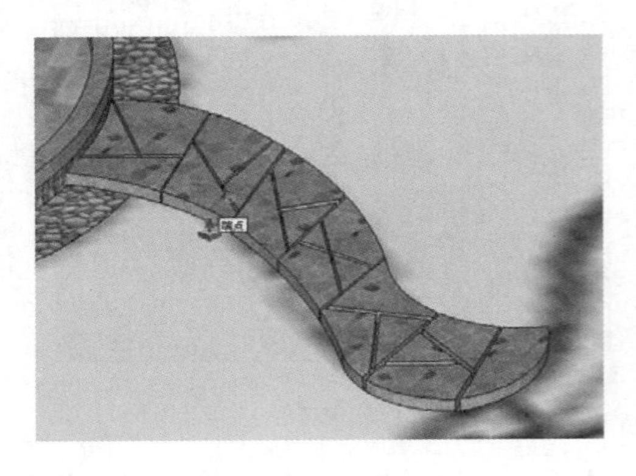

图 8-166　制作汀步表面细节

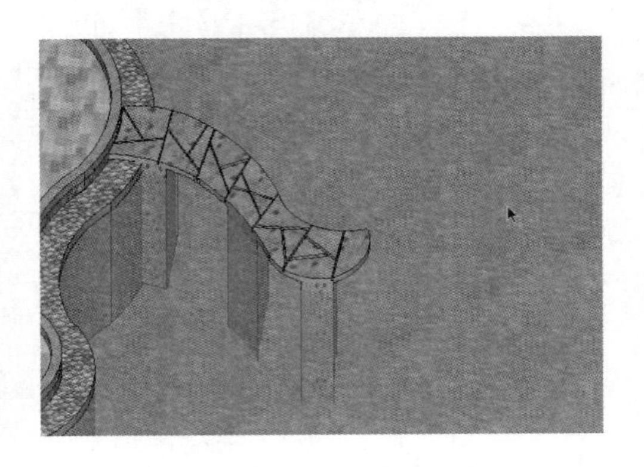

图 8-167　水中汀步完成效果

03 参考图纸，结合使用【圆弧】及【偏移】工具制作日岛平面，如图 8-168 与图 8-169 所示。

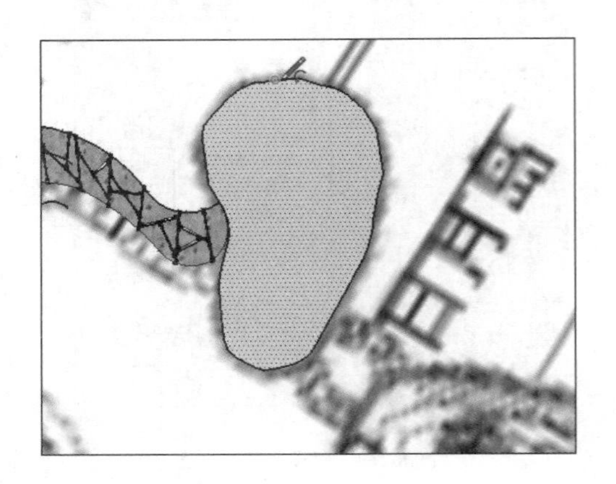

图 8-168　制作日岛平面

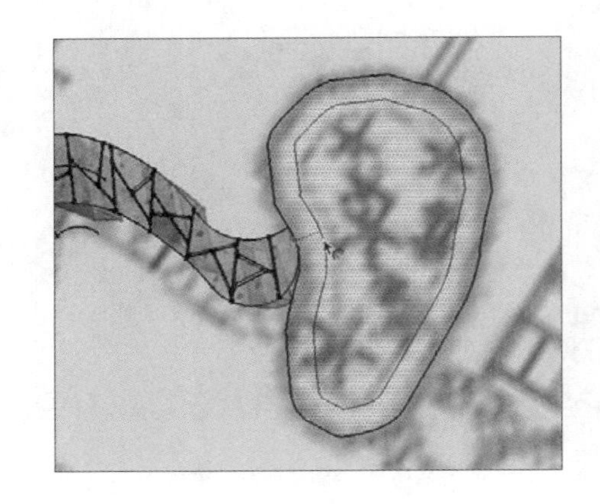

图 8-169　偏移复制制作内部平面

04 “移动复制”日岛内部平面，使用【缩放】工具调整出日岛等高线效果，如图 8-170 与图 8-171 所示。

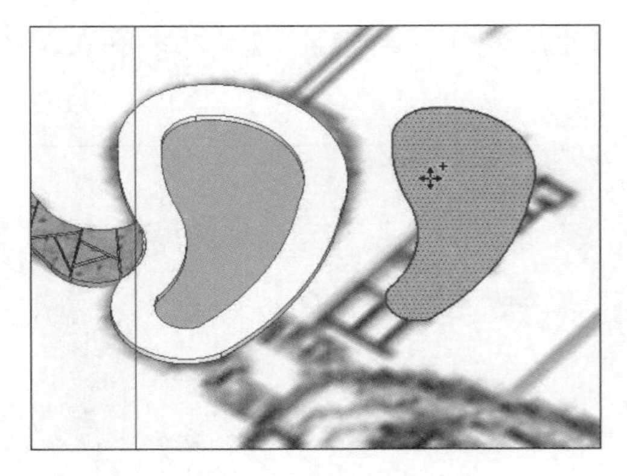

图 8-170　单独复制平面创建等高线

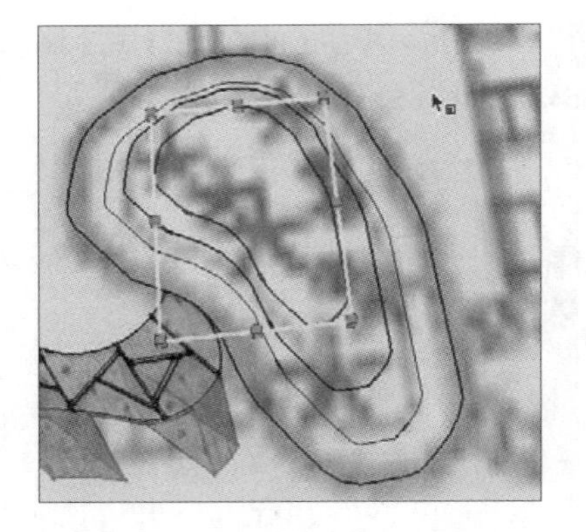

图 8-171　复制并调整等高线造型

05 删除内部模型面，仅保留线条作为等高线，然后使用【沙盒】工具栏中的【根据等高线创建】工具制作地形模型，如图 8-172 所示。

06 赋予日岛草地材质，如图 8-173 所示，使用【移动】工具对齐其位置，如图 8-174 所示。

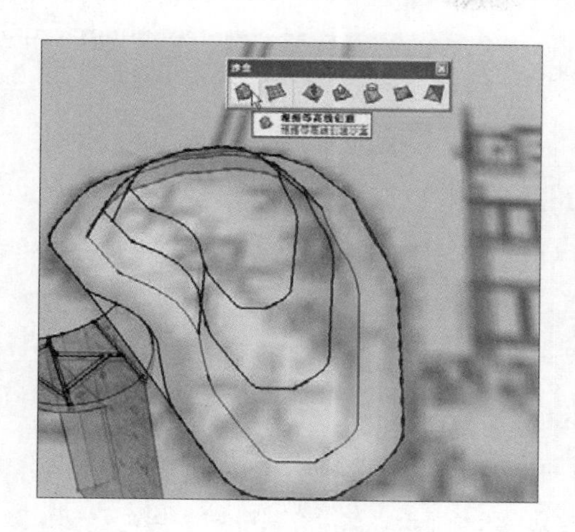
图 8-172 通过沙盒工具生成地形

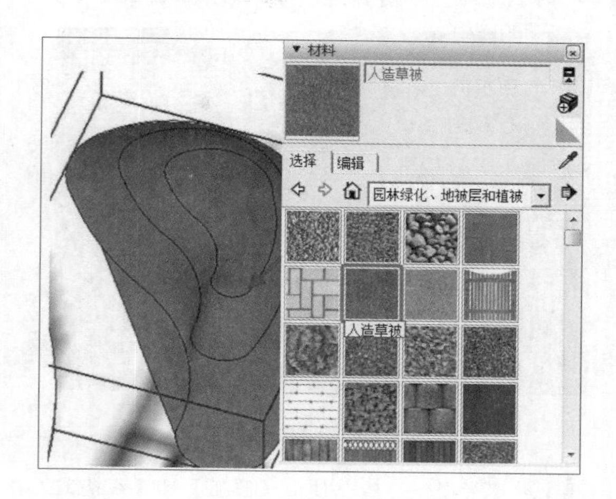

图 8-173 赋予日岛草地材质

07 通过类似方法制作该区域其他汀步及月岛地形，然后合并垂钓亭模型，如图 8-175~图 8-176 所示。

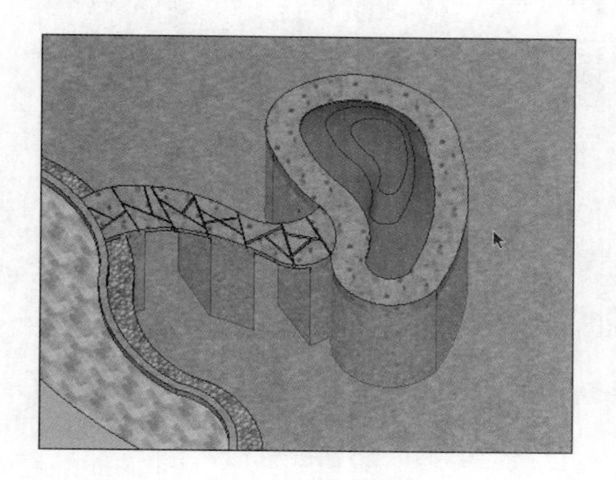
图 8-174 日岛完成效果

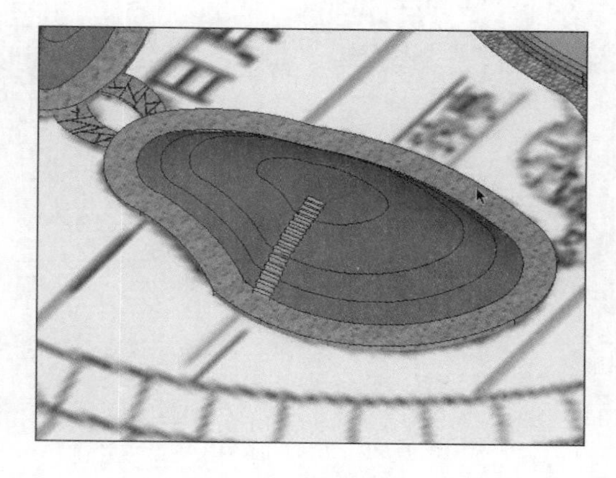
图 8-175 制作月岛地形与汀步

08 最后合并栏杆模型，调整到合适大小，如图 8-177 所示。移动复制得到其他栏杆，湖岛模型制作完成，效果如图 8-178 所示。接下来制作景观天桥。

图 8-176 合并垂钓亭模型

图 8-177 调入并调整栏杆模型

图 8-178　湖岛完成效果

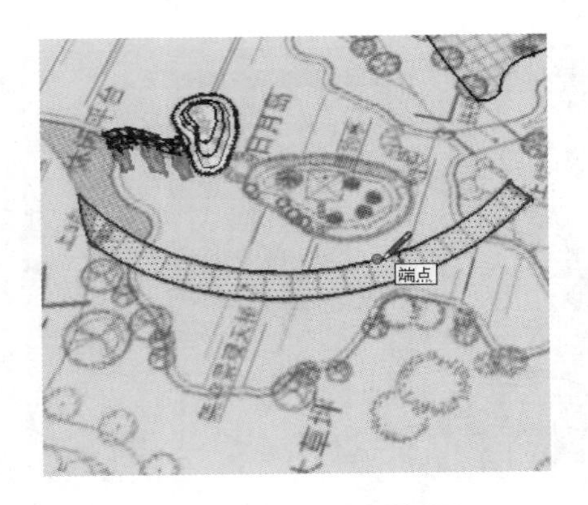


图 8-179　创建景观天桥平面

09 参考图纸，结合使用【圆弧】及【线条】工具创建景观天桥平面，然后分割两端台阶细节平面，如图 8-179~ 图 8-181 所示。

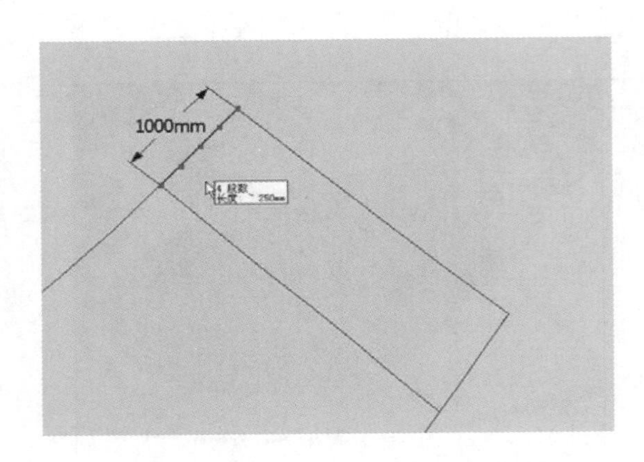


图 8-180　拆分台阶线段

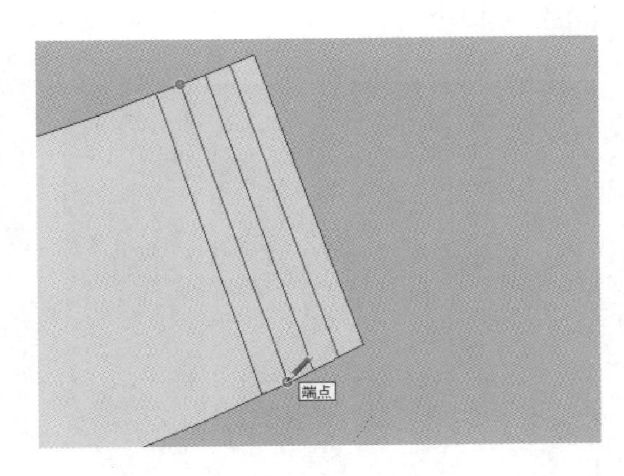


图 8-181　参考图纸分割台阶台面

10 使用【推/拉】工具制作台阶与平台细节，赋予对应石材后将其创建为组件，如图 8-182 与图 8-183 所示。

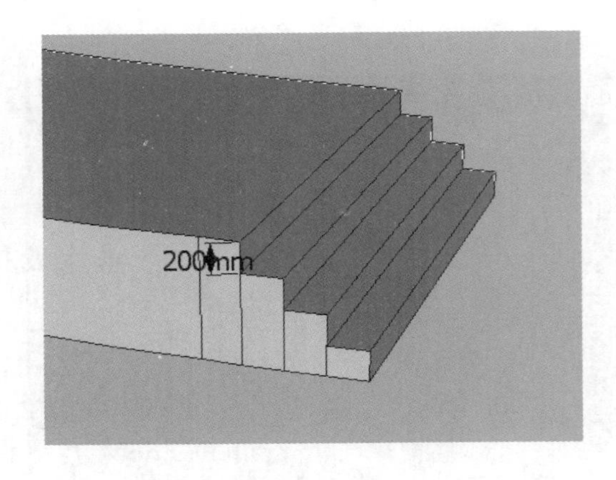


图 8-182　制作景观天桥台阶与平台

图 8-183　景观天桥完成效果

11 复制栏杆模型完成天桥效果，如图 8-184 与图 8-185 所示。接下来绘制亲水木栈台。

图 8-184　合并并调整栏杆模型组件

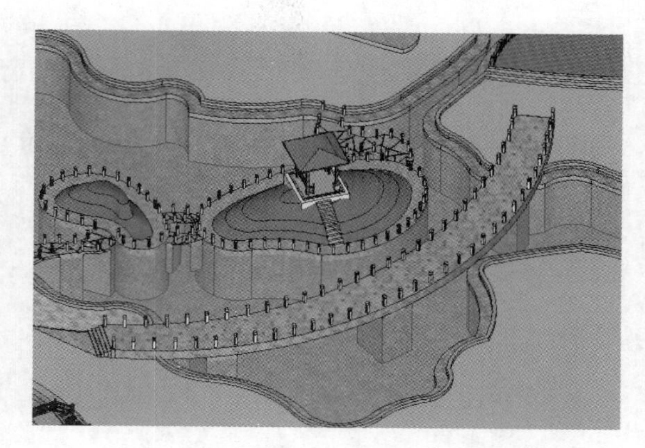

图 8-185　景观天桥完成效果

**12** 参考图纸，结合使用【圆弧】及【直线】工具创建亲水木栈台平面，使用【推/拉】工具制作台阶与平台细节，如图 8-186 与图 8-187 所示。

**13** 打开【材料】面板，对应赋予台阶与平台石材与木纹材质，然后合并木制栏杆模型组件，如图 8-188 与图 8-189 所示。

图 8-186　分割亲水木栈台平面

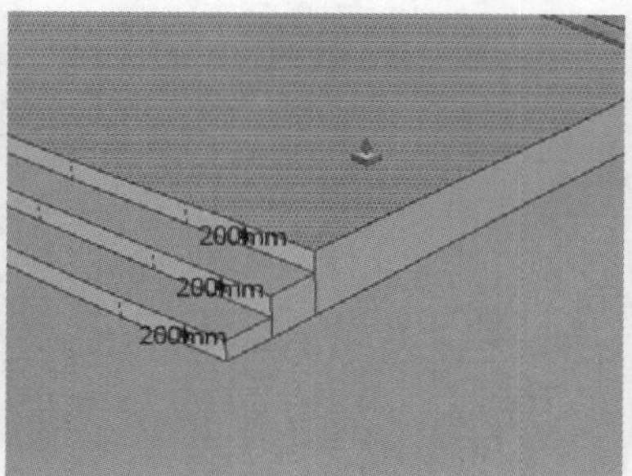


图 8-187　制作木平台与台阶

图 8-188　台阶及木平台材质完成效果

**14** 根据平台轮廓线复制栏杆模型，完成亲水木栈台效果如图 8-190 所示。接下来创建水系尾部的休憩平台与演绎舞台。

图 8-189　调入并调整栏杆模型组件

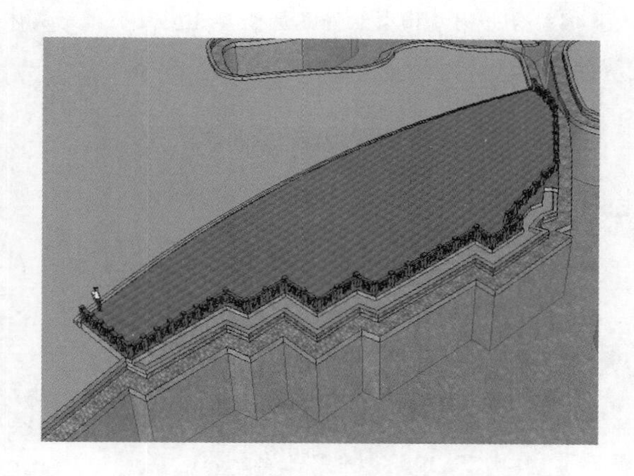

图 8-190　亲水木栈台完成效果

## 8.5.4 创建休憩平台与演绎舞台

01 参考图纸，结合使用【圆弧】及【偏移】工具创建休憩平台平面，如图 8-191 与图 8-192 所示。

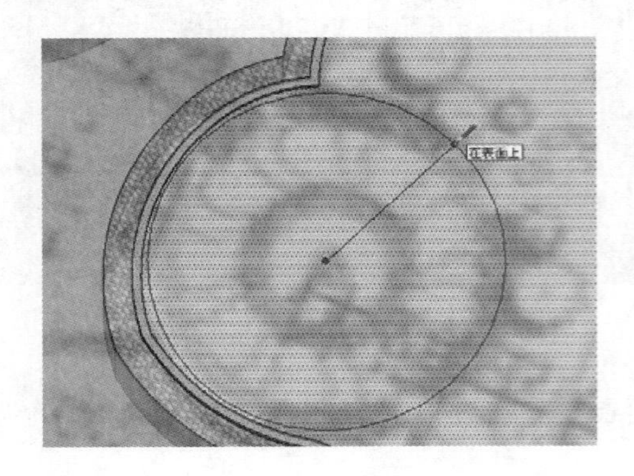

图 8-191　分割休憩平台平面

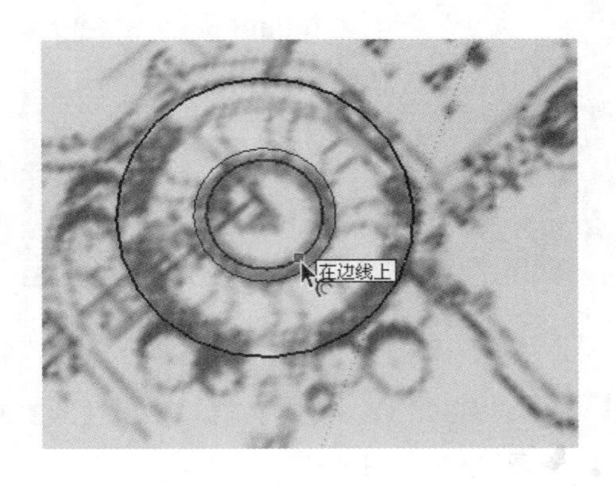


图 8-192　制作休憩平台细节

02 结合使用【推/拉】工具，制作休憩平台细节，赋予材质后合并“木质圆椅”组件模型，如图 8-193 与图 8-194 所示。

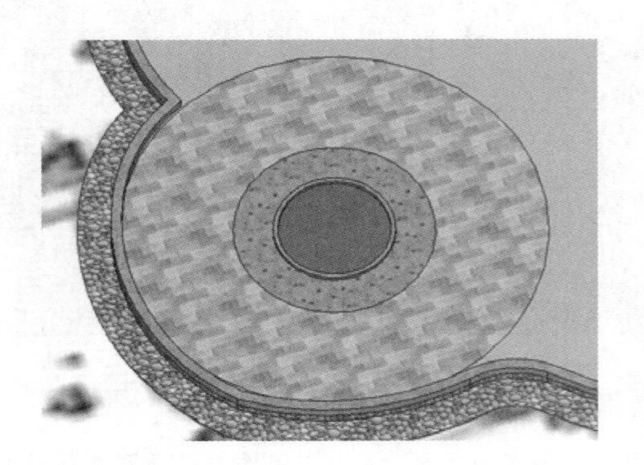

图 8-193　休憩平台完成效果

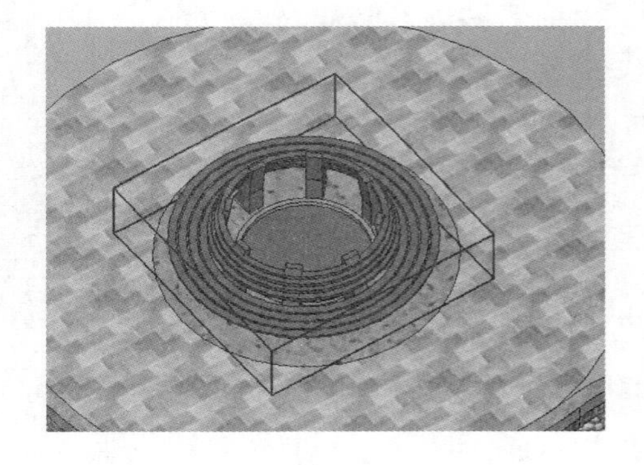

图 8-194　合并木质圆椅组件模型

03 合并树木模型组件，调整其造型大小，完成休憩平台的制作，如图 8-195 与图 8-196 所示。接下来创建演绎舞台。

图 8-195　合并树木组件造型

图 8-196　休憩平台完成效果

04 参考图纸，使用【圆弧】工具分割演绎舞台及下方的旱喷广场平面，如图 8-197 与图 8-198 所示。

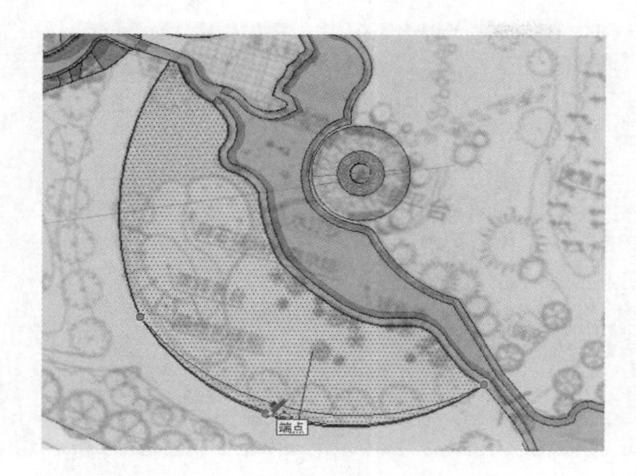


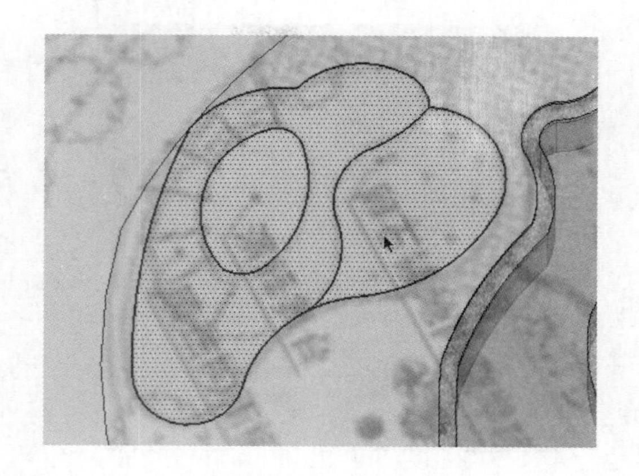

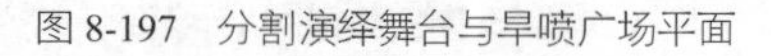
图 8-197 分割演绎舞台与旱喷广场平面

图 8-198 分割完成效果

05 结合使用【偏移】及【推/拉】工具，制作路沿及旱喷广场平面，如图 8-199 与图 8-200 所示。

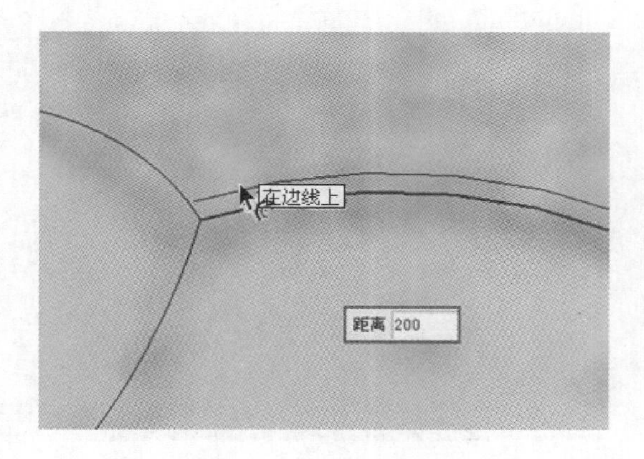


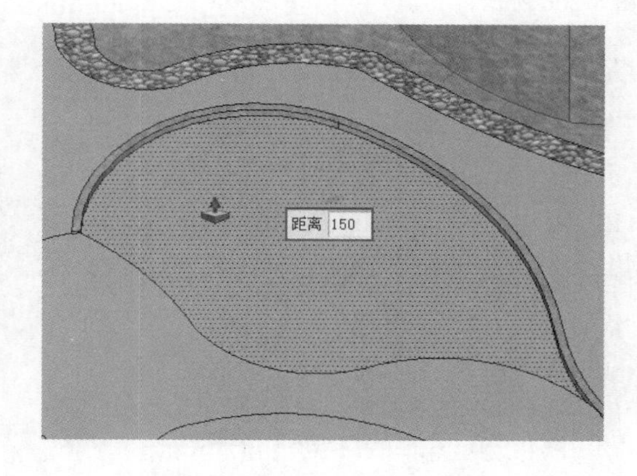


图 8-199 偏移复制路沿平面

图 8-200 向下推出旱喷广场平面

06 参考图纸，结合使用【圆】及【推/拉】等工具，创建旱喷广场喷嘴模型并赋予金属材质，如图 8-201 与图 8-202 所示。

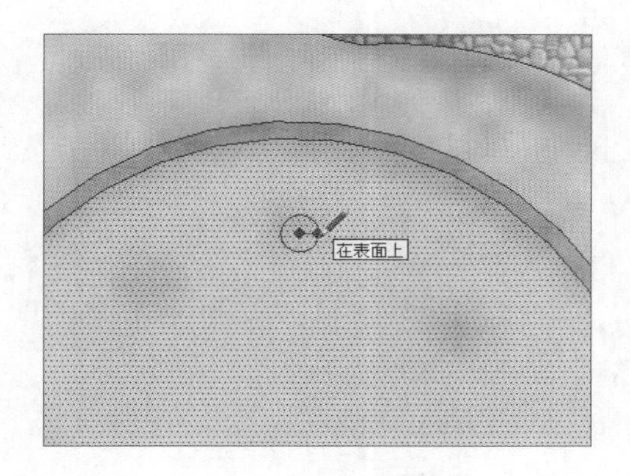


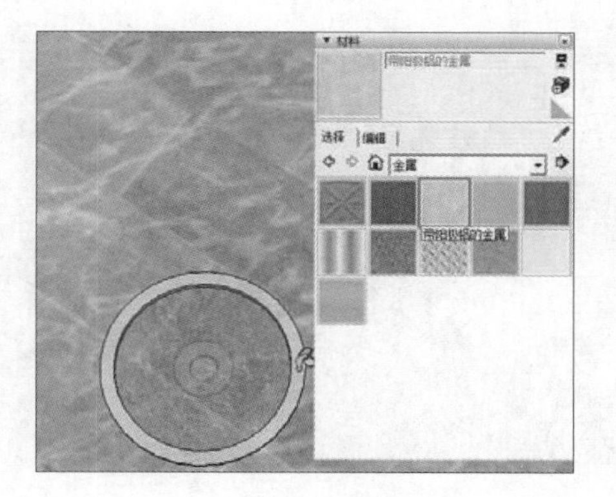


图 8-201 分割喷嘴平面

图 8-202 赋予喷嘴金属材质

07 “移动复制”喷嘴内部水面并赋予材质，将其整体创建为【组件】，设置粘合方式为“任意”，如图 8-203

与图 8-204 所示。

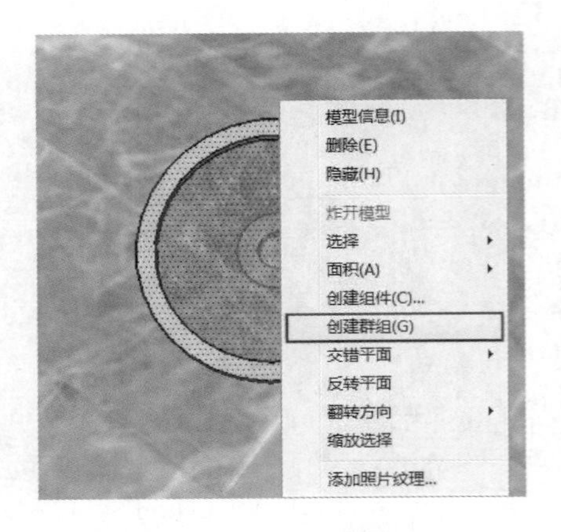


图 8-203　创建喷嘴组件

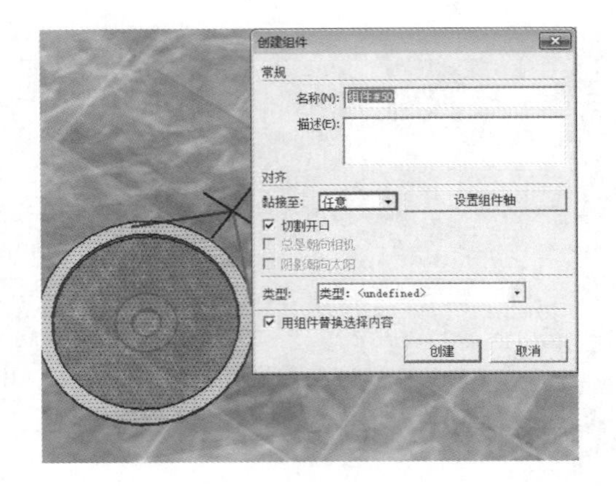


图 8-204　调整喷嘴组件粘合参数

**08** 选择喷嘴【组件】，参考图纸复制出其他喷嘴，然后赋予广场铺地石材，完成整体效果，如图 8-205 与图 8-206 所示。

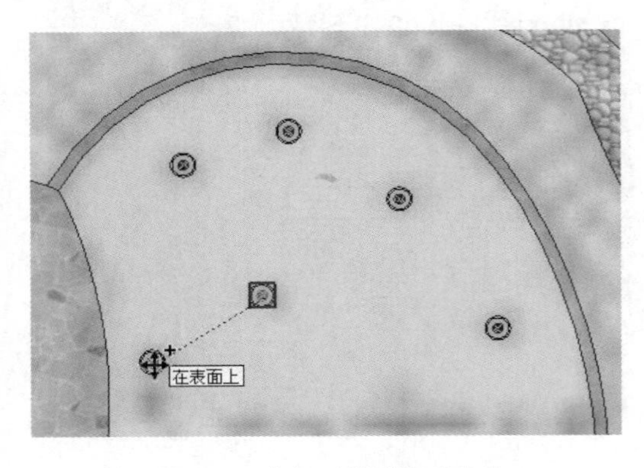


图 8-205　参考图纸复制旱喷喷嘴

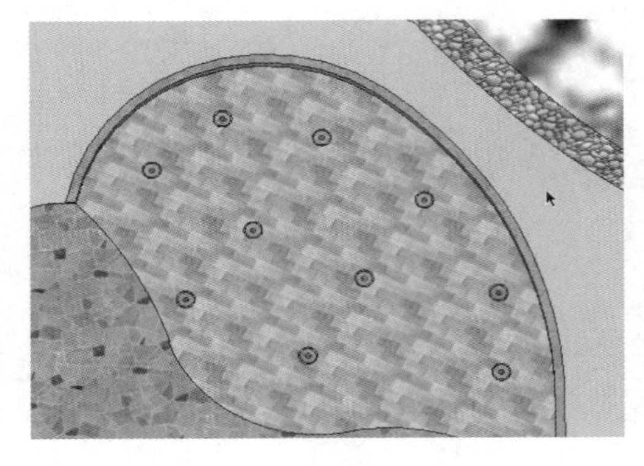

图 8-206　旱喷完成效果

**09** 参考图纸，结合使用【推/拉】工具制作演绎舞台层次细节，然后合并“张拉膜”模型组件，并调整其位置和方向，如图 8-207 与图 8-208 所示。

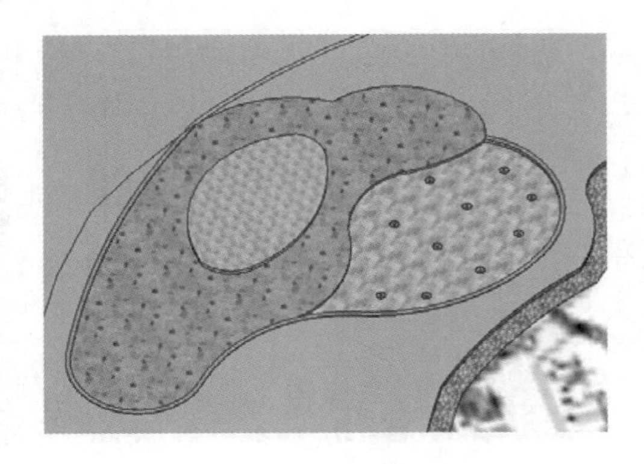

图 8-207　演绎舞台完成效果

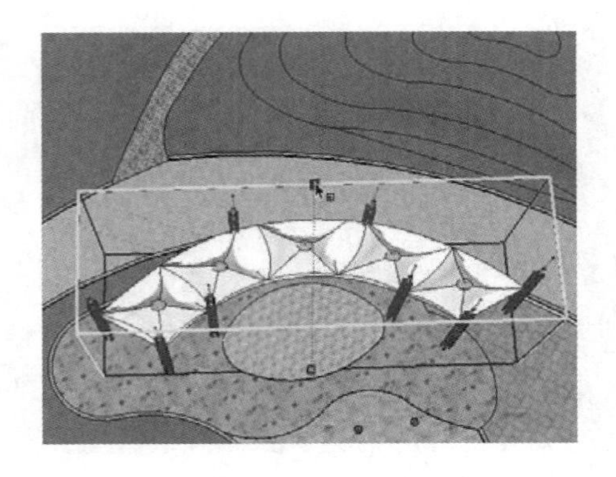

图 8-208　合并拉膜架造型

**10** 水系尾部左右两侧的休憩平台、旱喷广场及演绎舞台创建完成后，接下来制作连接细节，首先使用【直线】工具分割池底，如图 8-209 所示。

11 使用【推/拉】工具制作池底高度，通过线段调整出池底斜面，如图 8-210 与图 8-211 所示。

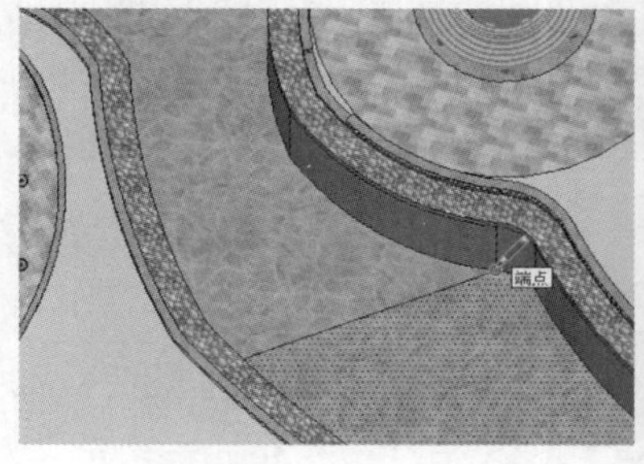

图 8-209　分割池底

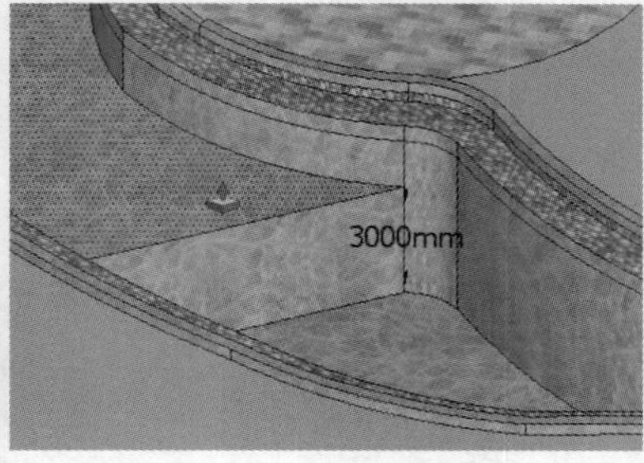

图 8-210　调整池底高度

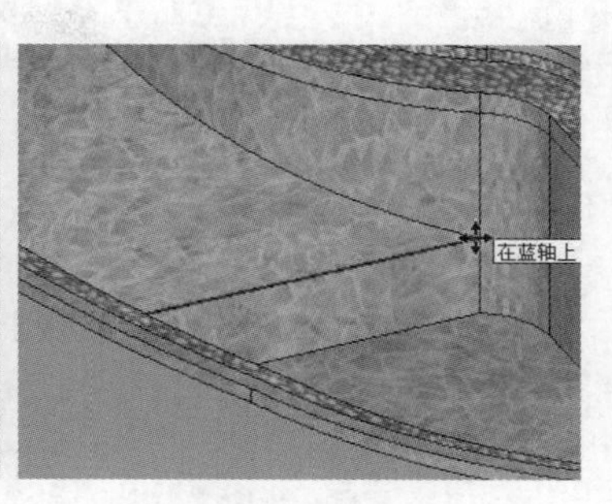

图 8-211　调整池底斜面细节

12 参考图纸，结合使用【直线】、【偏移】及【推/拉】工具，创建汀步模型，如图 8-212 与图 8-213 所示。

13 结合使用【直线】及【推/拉】工具，调整两侧河沿及浅水沙池细节，如图 8-214 与图 8-215 所示。

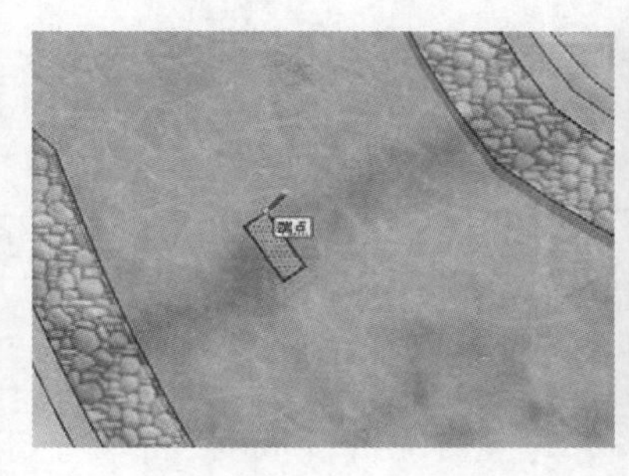

图 8-212　分割水中汀步平面

图 8-213　汀步模型完成效果

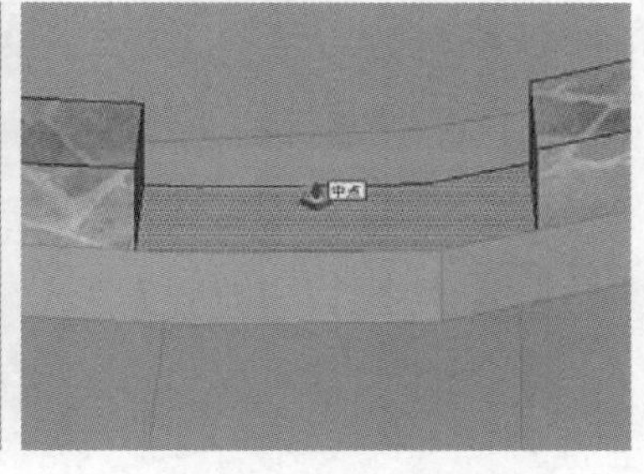

图 8-214　调整右岸路沿连接细节

14 选择之前制作好的汀步，通过“移动复制”制作整体汀步效果，如图 8-216~图 8-218 所示。

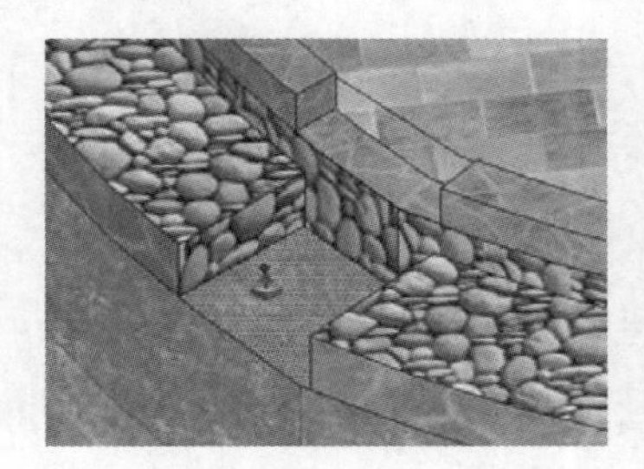
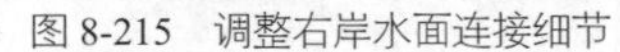
图 8-215　调整右岸水面连接细节

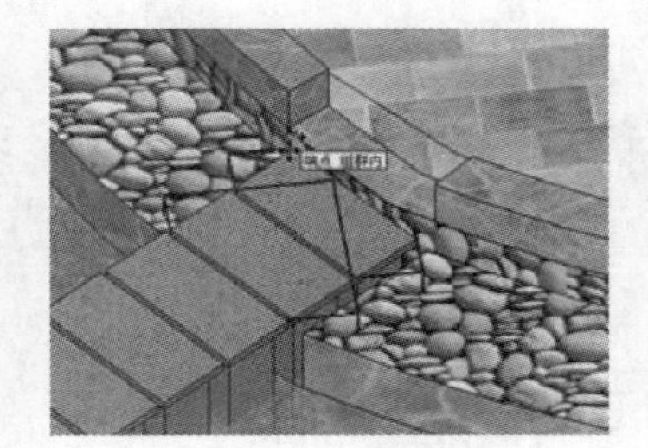
图 8-216　复制汀步

图 8-217　调整左岸连接细节

15 水系及其两岸的相关细节创建完成，当前模型效果如图 8-219 所示，接下来创建建筑及其他细节。

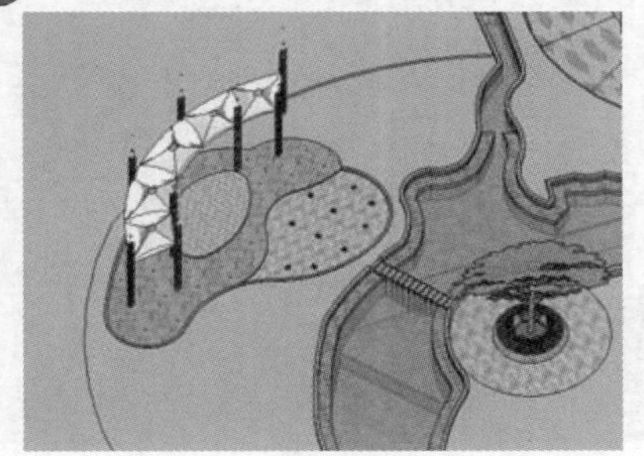
图 8-218　演绎舞台与休憩平台完成效果

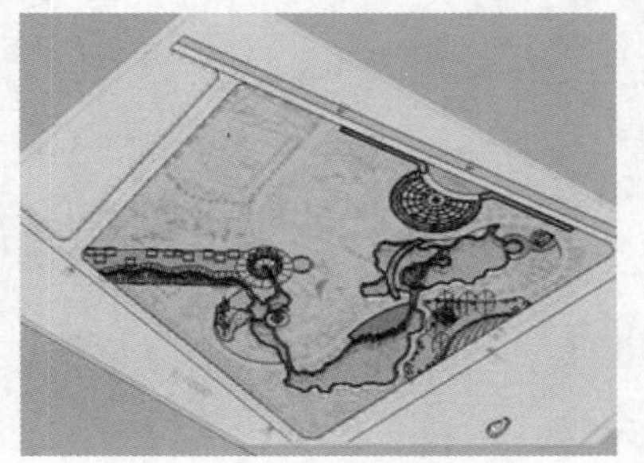
图 8-219　景观模型完成效果

# 8.6 创建建筑及其他细节

## 8.6.1 创建健身中心与网球场

01 参考图纸，使用【直线】工具分割健身中心细节平面，如图 8-220 与图 8-221 所示。

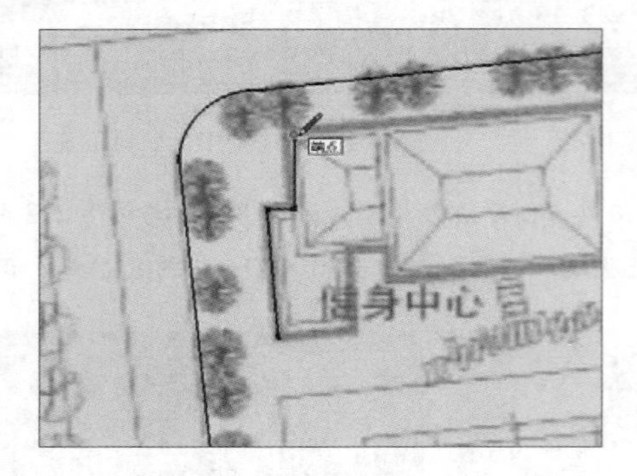


图 8-220　分割健身中心平面

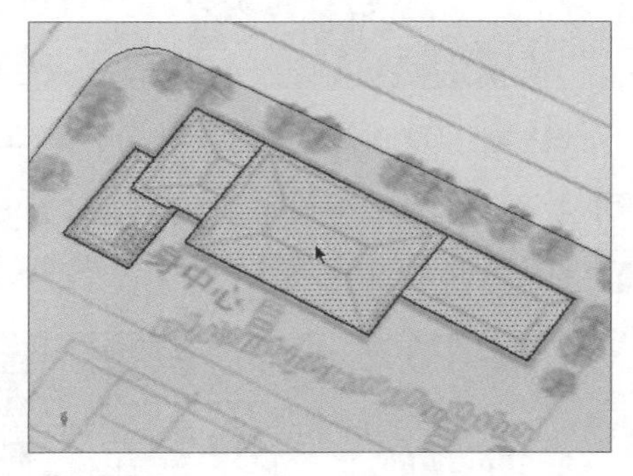

图 8-221　健身中心分割完成效果

02 结合使用【推/拉】及【缩放】工具，制作健身中心楼层及屋顶细节，如图 8-222 与图 8-223 所示。

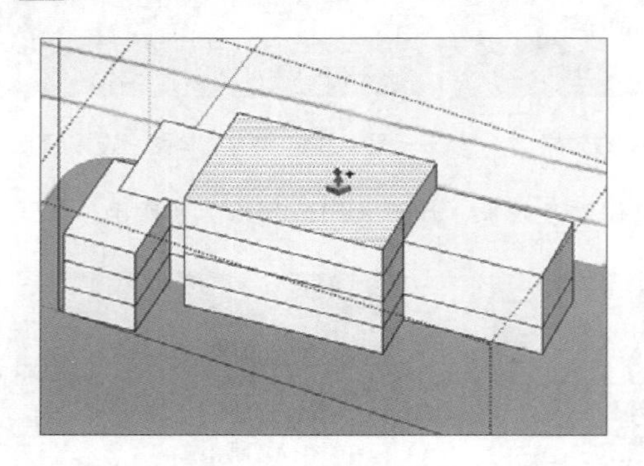

图 8-222　制作楼层

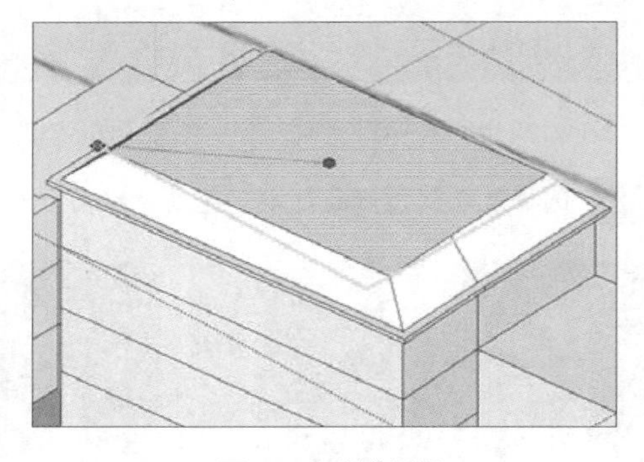

图 8-223　制作屋顶

03 健身中心轮廓制作完成后，再结合使用【偏移】及【推/拉】工具，制作大致的门窗效果即可，如图 8-224 与图 8-225 所示。

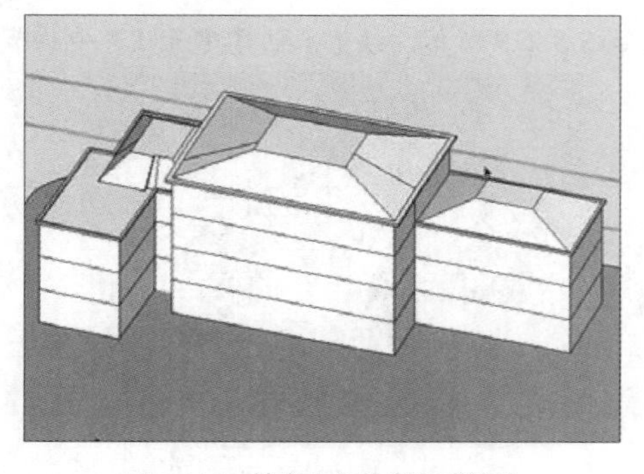

图 8-224　健身中心轮廓完成效果

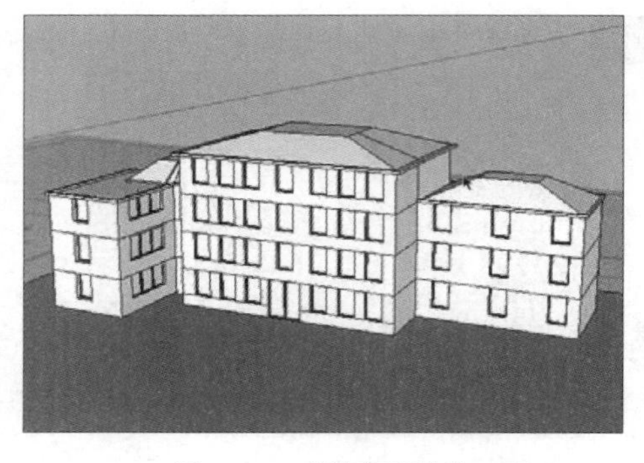

图 8-225　添加门窗效果

**04** 参考图纸，使用【直线】分割网球场地平面，如图 8-226 与图 8-227 所示。

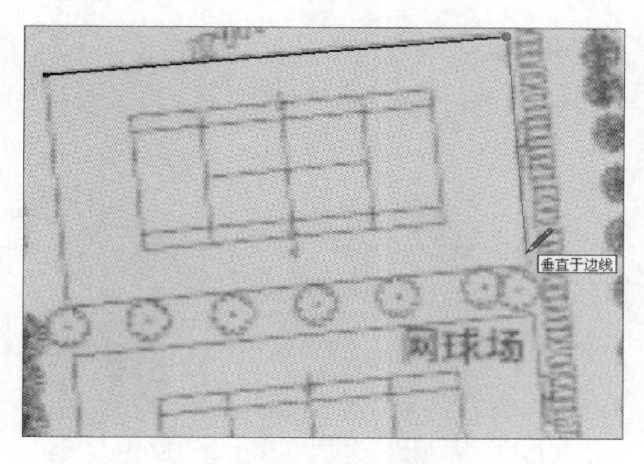


图 8-226　划分网球场所

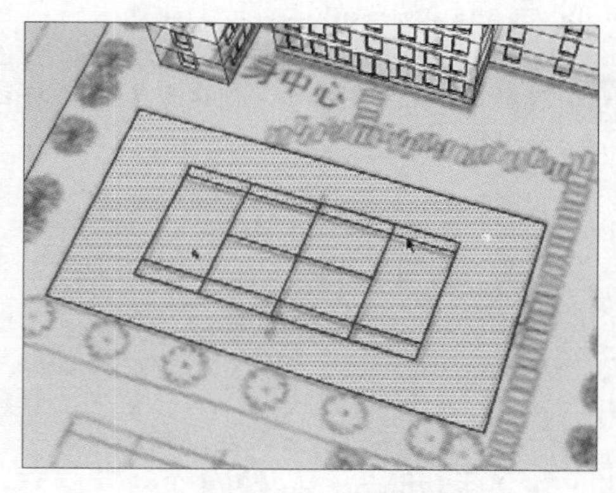

图 8-227　网球场划分效果

**05** 结合使用【偏移】及【推/拉】工具制作内场白线，然后赋予球场蓝色材质，如图 8-228 所示。

**06** 结合使用【矩形】、【推/拉】等工具，制作中间球网以及四周铁丝网模型，然后赋予透明材质模拟球网以及钢丝细节，如图 8-229 与图 8-230 所示。

图 8-228　制作白线并赋予内场材质

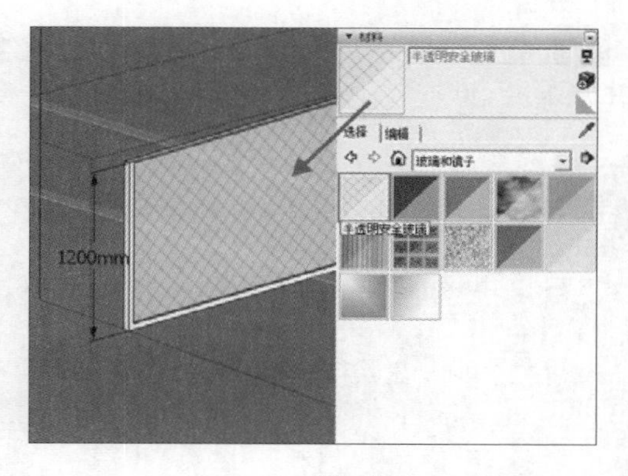


图 8-229　制作球网

**07** 赋予网球场内部草坪材质，完成单个网球场创建后，参考图纸复制得到下方的网球场，如图 8-231 所示。接下来创建道路以及其他景观小品。

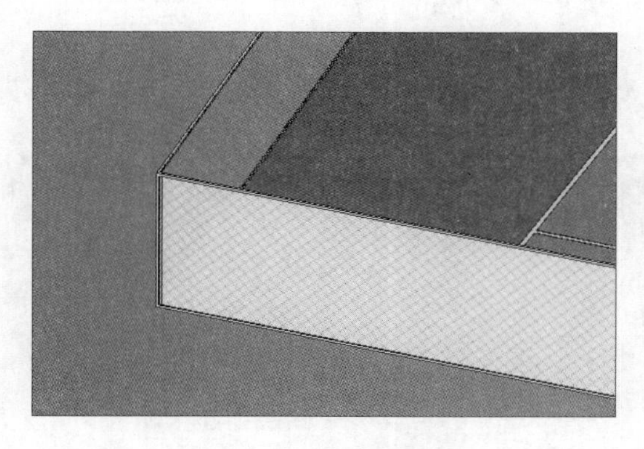

图 8-230　制作外围铁丝网架

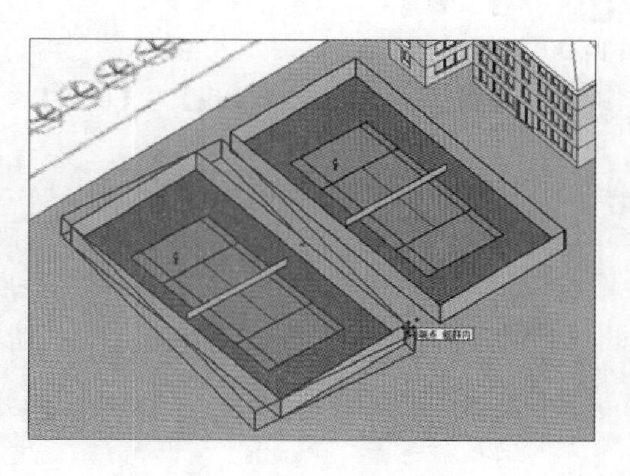

图 8-231　复制网球场

## 8.6.2 创建道路与其他景观小品

01 选择中心未分割平面，创建为【组】，将之前创建的模型隐藏，以方便道路的制作，如图 8-232 与图 8-233 所示。

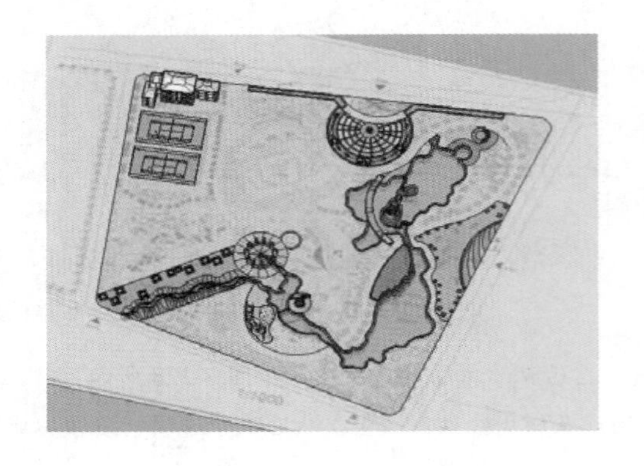

图 8-232　选择未分割平面

图 8-233　创建组

02 参考图纸，使用【直线】工具快速分割出主道平面，使用【圆弧】工具处理边端细节，如图 8-234~图 8-236 所示。

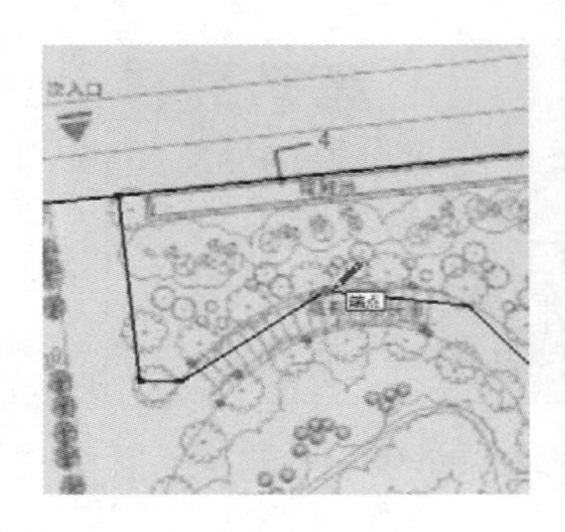

图 8-234　使用直线快速分割主道平面

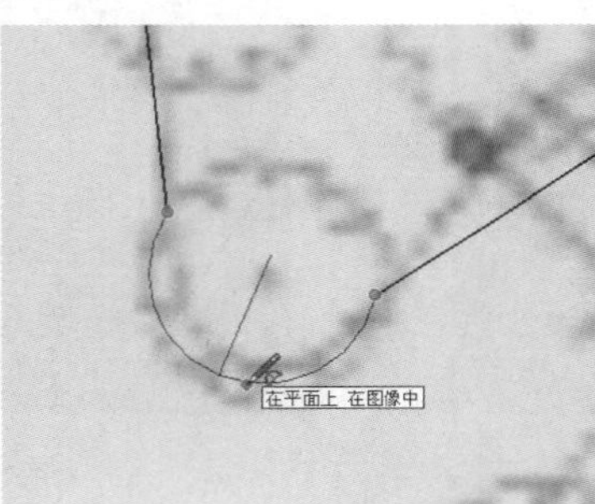


图 8-235　添加弧线细节

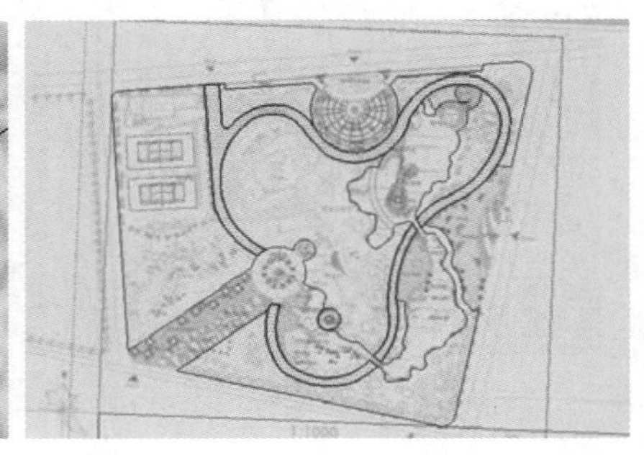

图 8-236　主道平面创建完成效果

03 使用【偏移】工具制作主道路沿平面，但为了处理好主道与周边小径的连接细节，暂不拉伸其高度，如图 8-237 所示。

04 参考图纸，结合使用【直线】及【圆弧】工具，分区域分割内部小径平面，如图 8-238~图 8-240 所示。

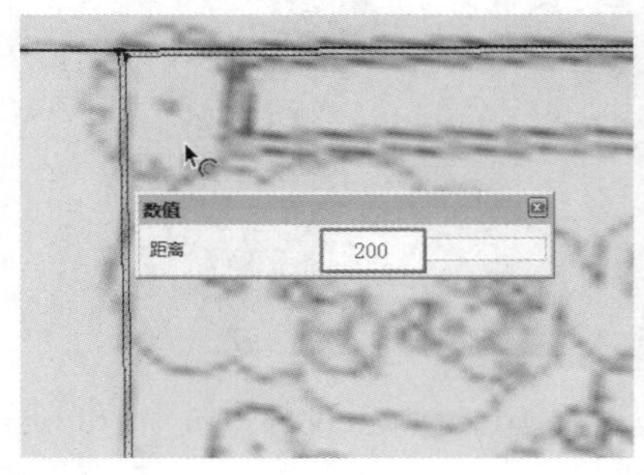


图 8-237　偏移复制制作路沿平面

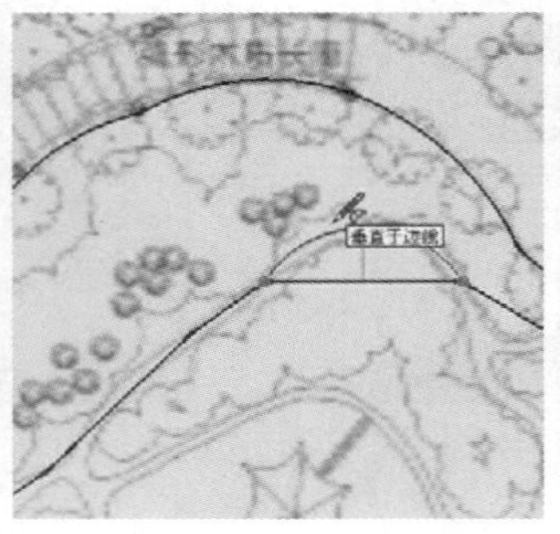

图 8-238　快速分割小径平面

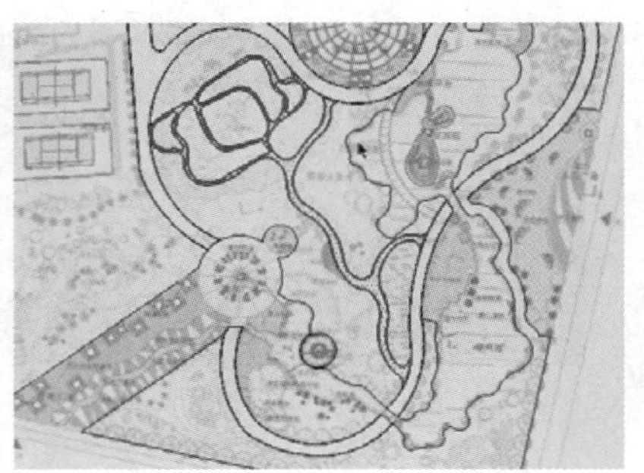

图 8-239　区域小径绘制完成效果

**05** 内部小径分割完成后，通过【直线】及【删除】工具处理其与主道的连接细节，如图 8-241 所示。

**06** 赋予分割路沿平面石材材质，并推拉出高度，然后分别赋予主道及小径对应的铺地材质，如图 8-242 与图 8-243 所示。

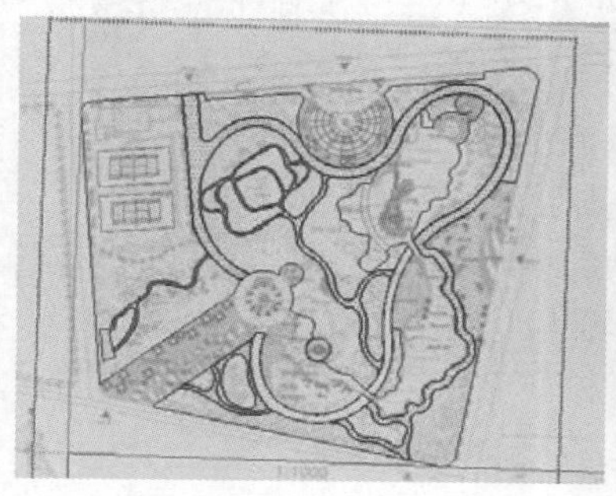
图 8-240　小径分割完成效果

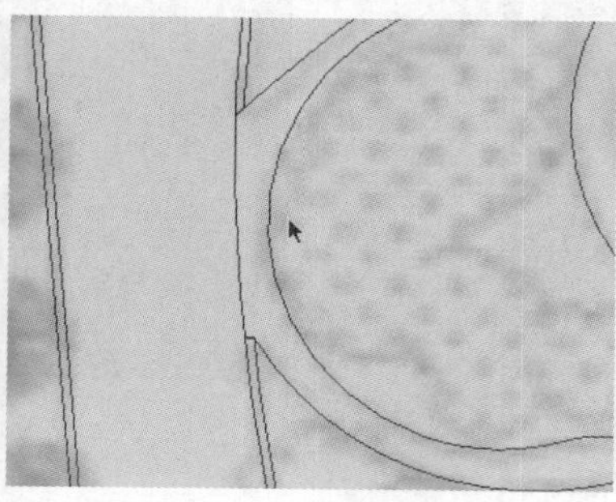
图 8-241　调整主道与小径结合部细节

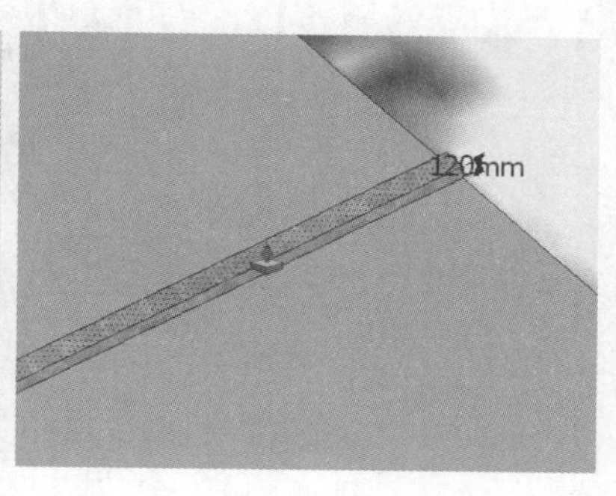
图 8-242　推拉出路沿高度

**07** 主道及小径细节制作完成后，合并“木桥”模型，根据图纸调整木桥的位置和方向，如图 8-244 与图 8-245 所示。

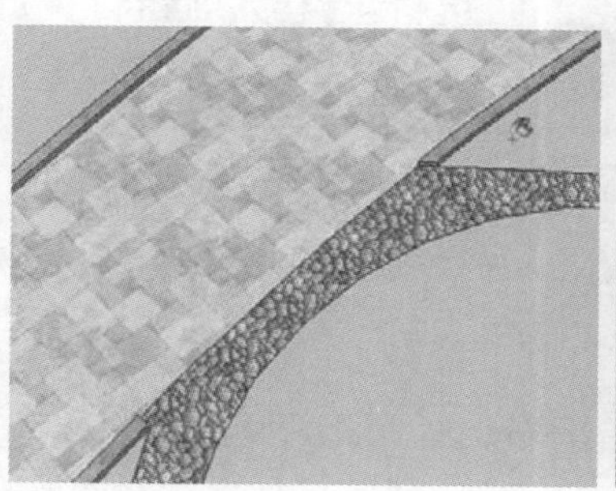
图 8-243　赋予主道以及小径对应材质

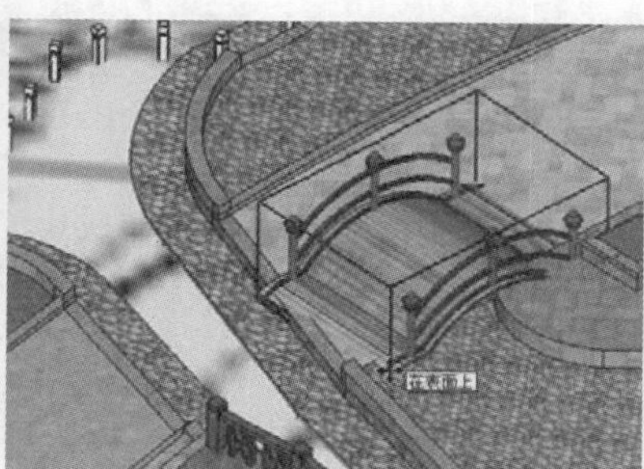
图 8-244　调入木桥模型

图 8-245　调整木桥位置和方向

**08** 通过之前介绍的方法，使用【沙盒】工具制作拉膜亭地形，然后合并“拉膜亭”模型，并调整其大小和位置，如图 8-246 与图 8-247 所示。

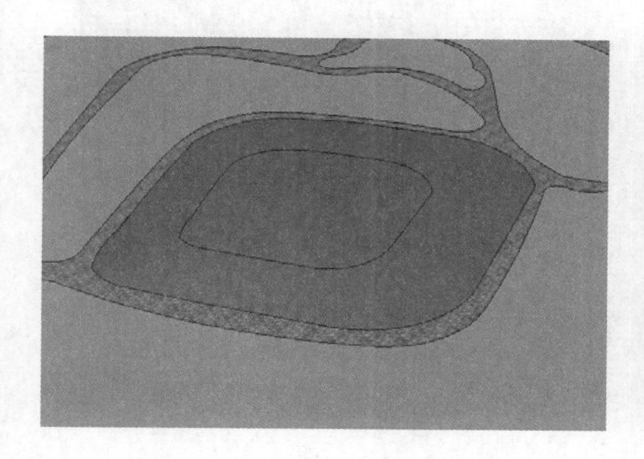

图 8-246　创建拉膜亭地形

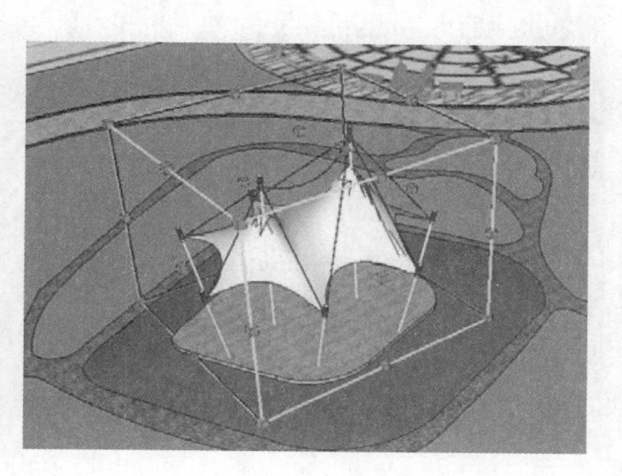
图 8-247　合并拉膜亭模型

**09** 参考图纸，结合使用【直线】及【推/拉】工具制作拉膜亭汀步细节，如图 8-248 与图 8-249 所示。

图 8-248　参考图纸制作汀步

图 8-249　拉膜亭完成效果

10 参考图纸，结合使用【圆弧】等工具分割伞亭平面并创建地形线条，如图 8-250 与图 8-251 所示。

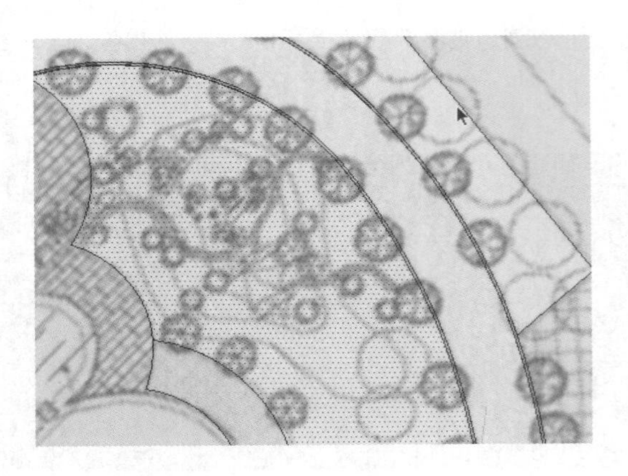

图 8-250　分割伞亭相关平面

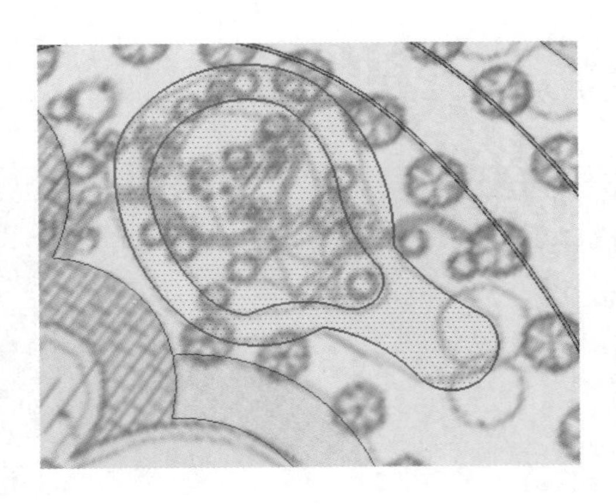

图 8-251　创建地形线条

11 使用【沙盒】工具制作伞亭地形，然后制作汀步效果，如图 8-252 与图 8-253 所示。

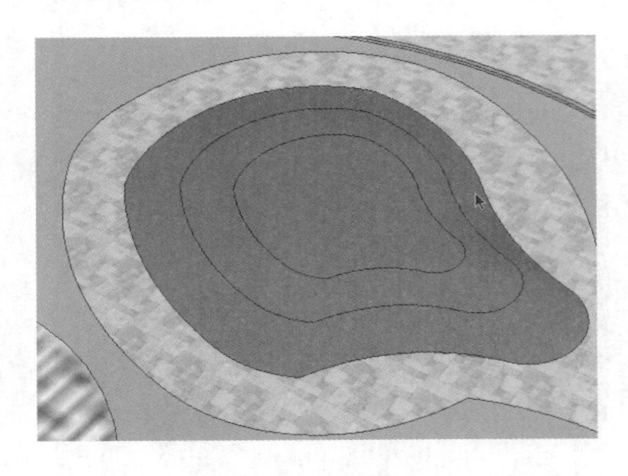

图 8-252　制作地形

图 8-253　制作汀步

12 通过【组件】面板合并“伞亭”模型，并调整造型位置和大小，完成该处效果的制作，如图 8-254 所示。

13 参考图纸，合并“弧形廊架”模型组件，然后调整造型效果，如图 8-255 所示。

图 8-254　伞亭完成效果

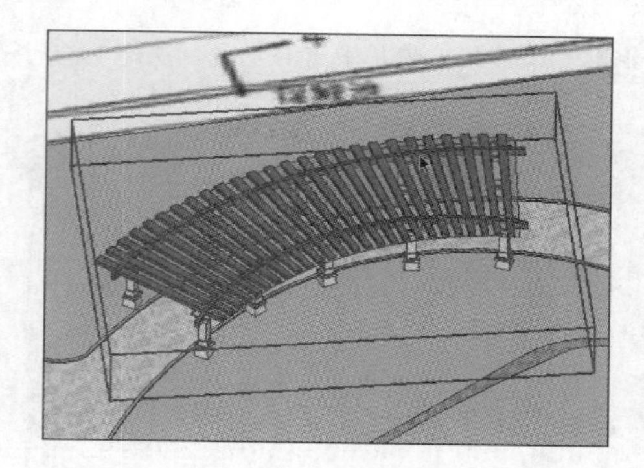

图 8-255　合并弧形廊架

14 打开【材料】面板，赋予其他地面草地材质，如图 8-256 所示。至此，景观模型及建筑等细节创建完成，如图 8-257 所示。

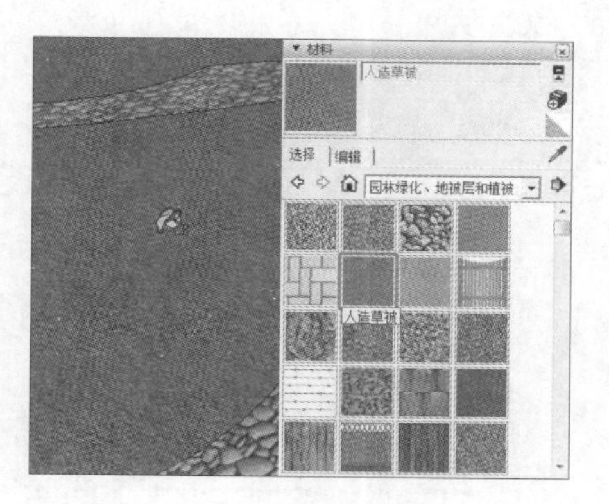


图 8-256　指定草地材质

图 8-257　景观模型及建筑创建完成效果

## 8.7 完成最终效果

### 8.7.1 添加绿化

01 放大视图至行道树处，通过【组件】面板合并树木模型，如图 8-258 与图 8-259 所示。

图 8-258　调整视角至行道树

图 8-259　选择调入行道树组件

**02** 参考图纸，使用多重移动复制快速制作行道树效果，如图 8-260 与图 8-261 所示。

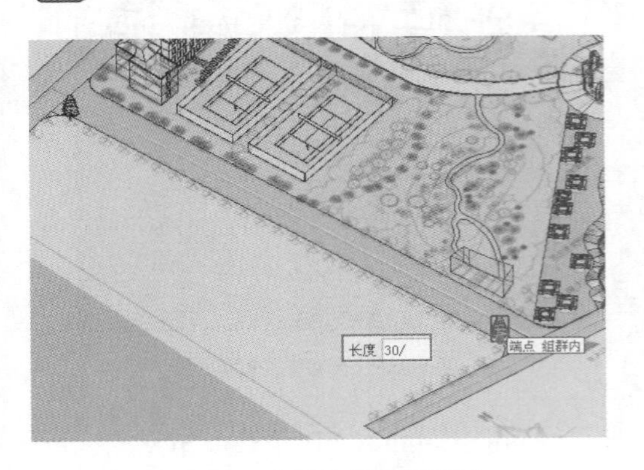

图 8-260　多重移动复制行道树

图 8-261　行道树复制完成效果

**03** 放大视图至景观大道“树池座凳”处，通过【组件】面板合并树木模型，如图 8-262~图 8-264 所示。

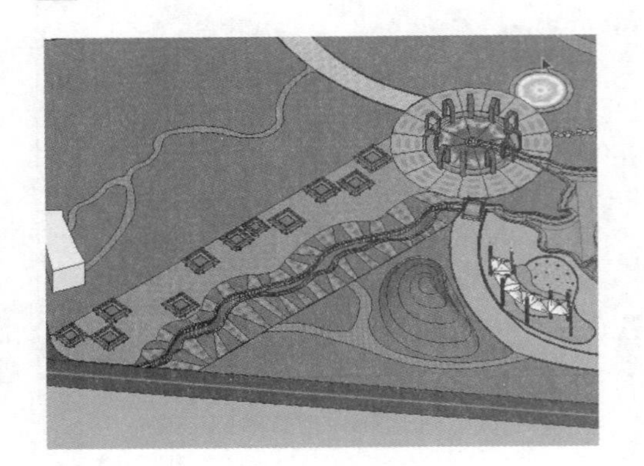

图 8-262　树池座凳当前效果

图 8-263　选择树木组件

**04** 参考图纸，通过复制完成其他区域树木的布置，如图 8-265 所示。

图 8-264　布置树池树木

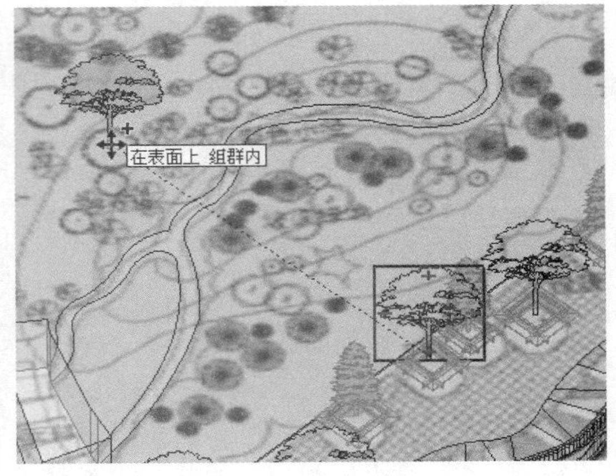


图 8-265　参考图纸复制树木

**05** 重复以上的操作，布置场景各处的树木及灌木模型，如图 8-266~图 8-269 所示。接下来保存场景并添加阴影。

图 8-266　树木绿化布置效果 1

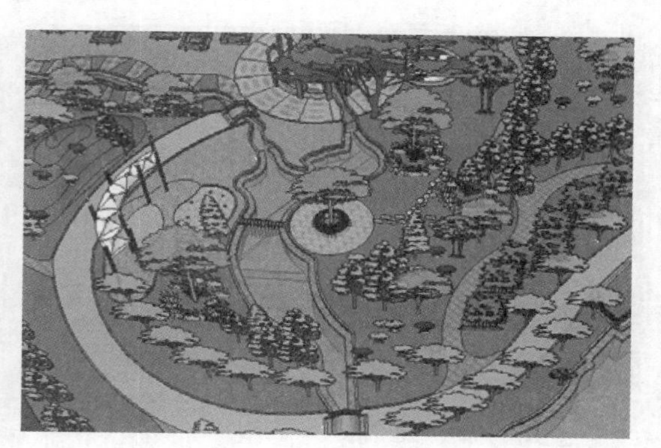

图 8-267　树木绿化布置效果 2

图 8-268　树木绿化布置效果 3

图 8-269　树木绿化布置效果 4

## 8.7.2 保存场景并添加阴影

**01** 将视图切换至【透视图】，调整显示风格为“单色”显示，以快速显示调整的阴影效果，如图 8-270 所示。接下来添加阴影细节。

**02** 通过视图缩放、平移等操作，调整本案例主要景观的节点观察效果，然后新建场景进行保存，如图 8-271~图 8-277 所示。

图 8-270　调整为单色显示

图 8-271　创建景观大道与涌泉广场场景

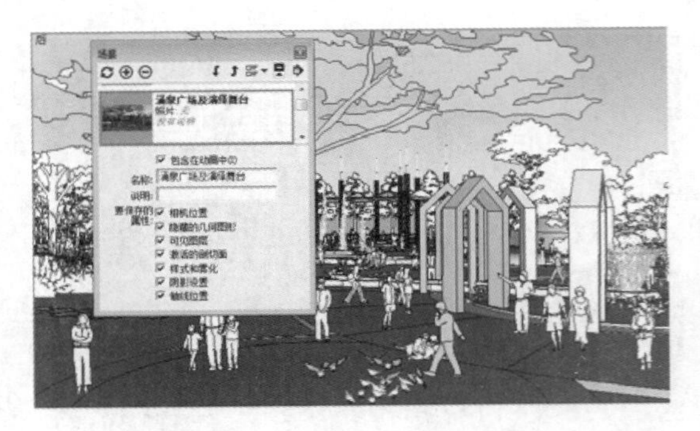

图 8-272　创建涌泉广场与演绎舞台场景

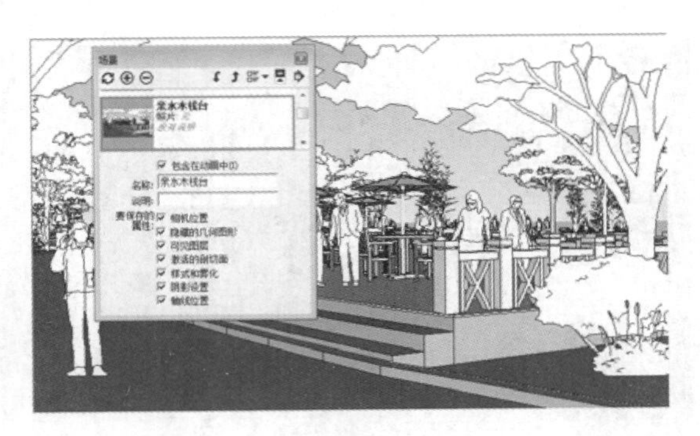

图 8-273　创建亲水木栈台场景

图 8-274　创建湖岛场景 1

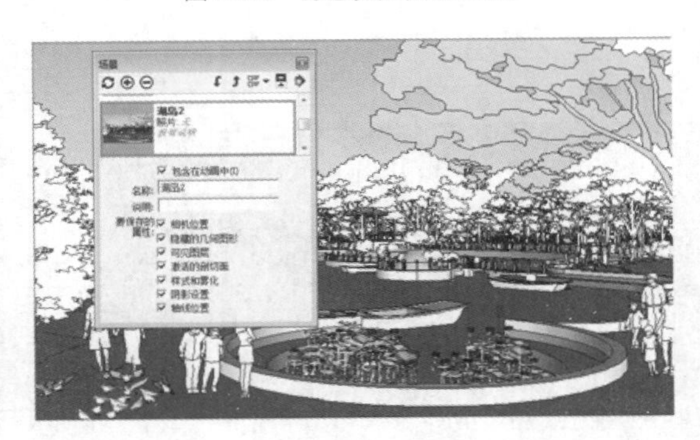

图 8-275　创建湖岛场景 2

图 8-276　创建文化演绎广场场景

图 8-277　创建入口广场场景

03 进入【阴影设置】面板，调整阴影朝向、明暗等细节，然后取消勾选【在地面上】参数，如图 8-278 所示。

04 确定好阴影效果后，切换回【材质贴图】显示模式，得到如图 8-279 所示的显示效果。

图 8-278　调整阴影效果

图 8-279　调整回纹理显示效果

### 8.7.3 添加人物与景观细节

01 调整场景阴影效果后，为了方便视图平移、旋转等操作，暂时隐藏阴影效果，然后通过【组件】面板，根据景观大道及涌泉广场场景特点调入人物模型，如图 8-280 与图 8-281 所示。

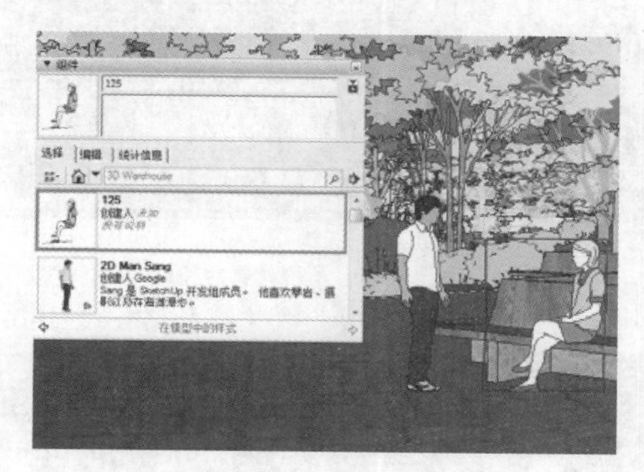


图 8-280　添加树池座凳处人物

图 8-281　添加河岸位置人物

02 景观大道以及涌泉广场人物布置完成后，再通过类似的方式布置车辆及喷水水柱，如图 8-282 与图 8-283 所示。

图 8-282　添加车辆

图 8-283　添加涌泉广场喷水水柱

03 经过以上调整，景观大道及涌泉广场视角效果如图 8-284 所示。

04 分别切换至其他保存的视角场景，根据场景特点对应地调入人物、水柱、休闲椅、花草、小船以及车辆模型，完成最终效果，如图 8-285~图 8-301 所示。

图 8-284　景观大道与涌泉广场完成效果

图 8-285　添加休憩广场人物

图 8-286　添加演绎舞台人物及旱喷水柱

图 8-287　涌泉广场以及演绎舞台完成效果

图 8-288　添加亲水木栈台处休闲座椅

图 8-289　添加亲水木栈台处人物

图 8-290　亲水木栈台视角完成效果

图 8-291　添加景观天桥以及日月岛处人物

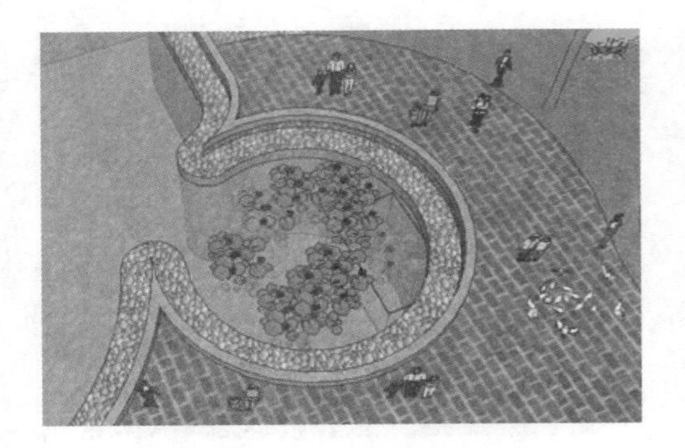

图 8-292　添加戏水花池内荷花

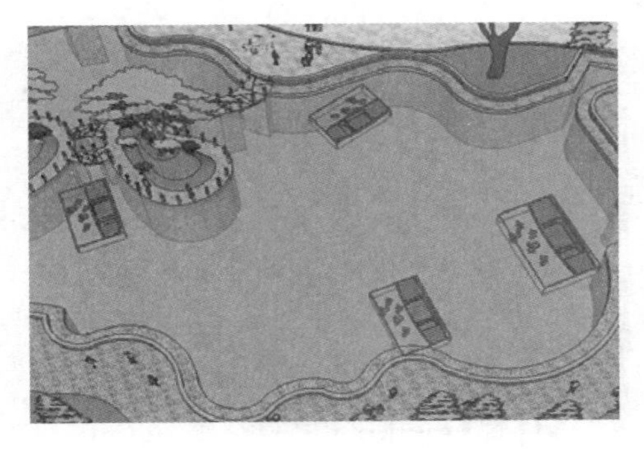

图 8-293　添加湖泊内小船

图 8-294　湖岛角度 1 完成效果

图 8-295　湖岛角度 2 完成效果

图 8-296　添加文化演绎广场处水柱

图 8-297　添加文化演绎广场处人物

图 8-298　文化演绎广场视角完成效果

图 8-299　添加入口广场处人物

图 8-300　添加入口广场处车辆

图 8-301　入口广场视角完成效果

05 所有保存场景细节添加完成后，再显示阴影即可得到最终效果，如本例开头处的图 8-1~图 8-8 所示。

# 第9章

# SketchUp园林景观彩绘大师表现

本章通过为彩绘大师后期处理实例，首先介绍了彩绘大师（Piranesi）的基本使用方法，然后讲述了水面、天空的处理方法与技巧。

本章将学习使用彩绘大师（Piranesi）对 SketchUp 中导出的 EPX 图纸进行后期处理的方法，从而表现出个性鲜明的彩绘效果，如图 9-1~图 9-8 所示。

图 9-1　SketchUp 中方案的原始效果

图 9-2　通过彩绘大师处理后的效果

图 9-3　SketchUp 中方案的原始细节 1

图 9-4　通过彩绘大师处理后的细节 1

图 9-5　SketchUp 中方案的原始效果 2

图 9-6　通过彩绘大师处理后的效果 2

图 9-7　SketchUp 中方案的原始细节 2

图 9-8　通过彩绘大师处理后的细节 2

从以上的效果对比中可以发现，通过彩绘大师（Piranesi）处理后，图片整体的色彩、层次都显得更为丰富，同时由于添加了反射、高光等细节，使效果显得更为真实和细腻。

# 9.1 在 SketchUp 中导出 Epx 文件

彩绘大师（Piranesi）标准文件为 Epx 格式，因此需要先将 SketchUp 中的方案导出为该格式，具体操作步骤如下：

01 启动 SketchUp 软件，打开本书第 8 章创建的公共绿地景观方案文件，选择“景观大道及涌泉广场”场景，如图 9-9 所示。

02 执行【文件】/【导出】/【二维图形】菜单命令，打开【输出二维图形】面板，设置导出类型为 Epx，如图 9-10 与图 9-11 所示。

图 9-9　选择景观通道及涌泉广场场景

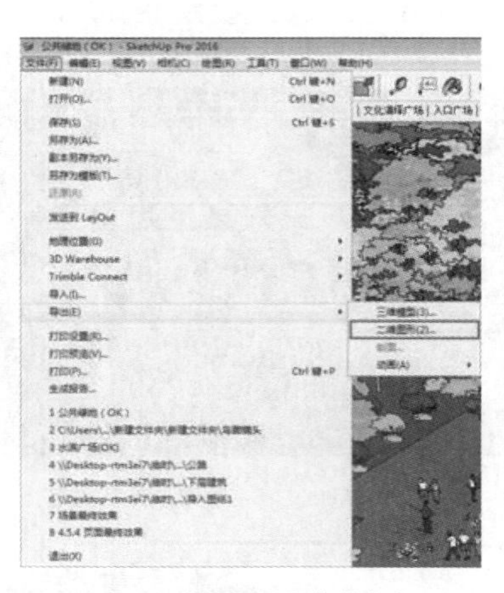

图 9-10　执行导出菜单命令

03 单击【输出二维图形】面板【选项】按钮，在弹出的【导出 Epx 选项】面板中设置导出尺寸等参数，如图 9-12 所示。

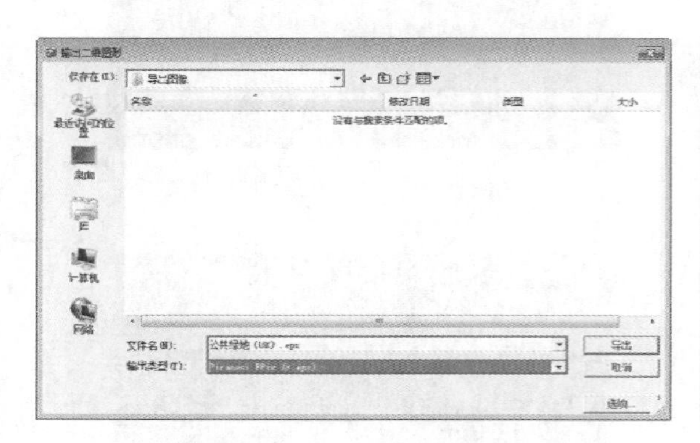

图 9-11　选择导出类型为 Epx

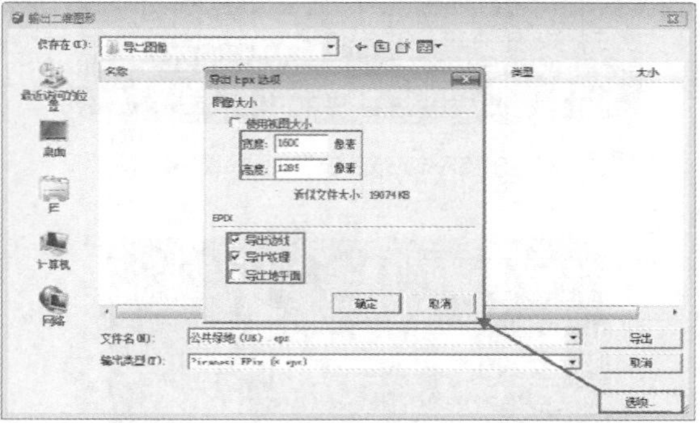

图 9-12　设定 Epx 导出选项

04 Epx 导出完成后，双击导入文件，启动彩绘大师（Piranesi）打开文件，如图 9-13 与图 9-14 所示。

05 接下来进入【湖岛 2】场景，首先执行【窗口】/【默认面板】/【风格】菜单命令，打开【风格】面板，如图 9-15 与图 9-16 所示。

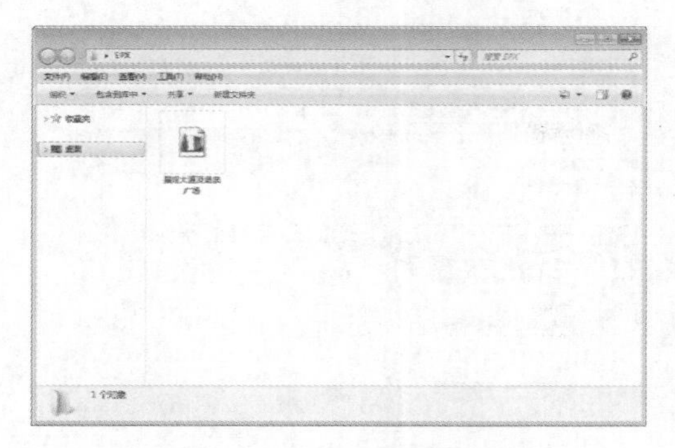

图 9-13　Epx 文件导出完成

图 9-14　景观大道及涌泉广场导出效果

图 9-15　进入湖岛 2 场景

图 9-16　执行【窗口】/【风格】菜单命令

06 通过【风格】面板中的【编辑】选项卡调整天空颜色为纯白色，然后再执行 Epx 导出操作，得到对应格式图像，如图 9-17 与图 9-18 所示。

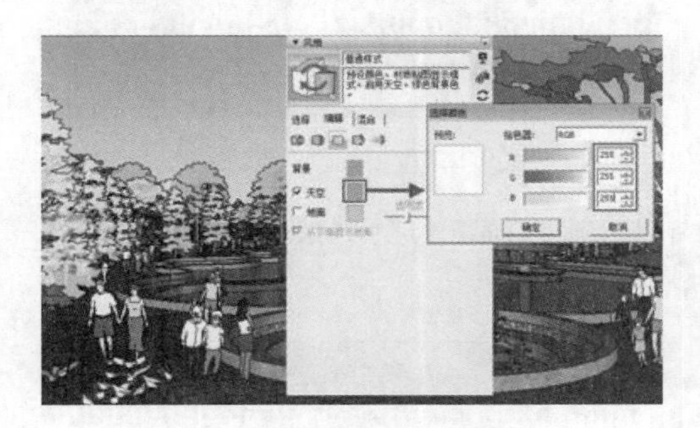

图 9-17　调整天空背景

图 9-18　湖岛 2 视角 Epx 导出效果

## 9.2 处理景观大道及涌泉广场

### 9.2.1 导入 Epx 文件

01 启动彩绘大师（Piranesi），如图 9-19 所示。执行【文件】/【打开】菜单命令，打开导出的“景观大道及涌泉广场”Epx 文件，如图 9-20 所示。

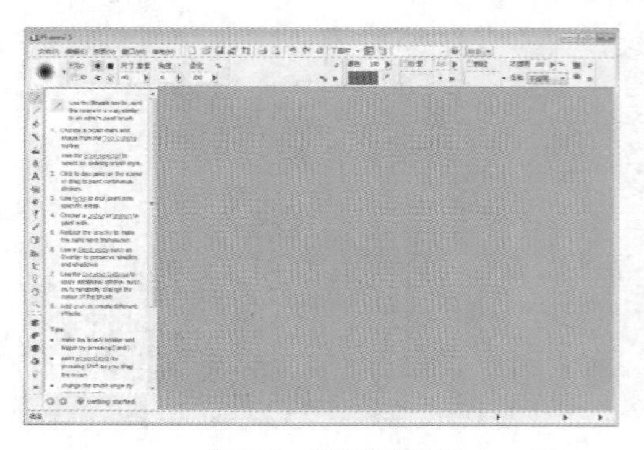

图 9-19　打开彩绘大师

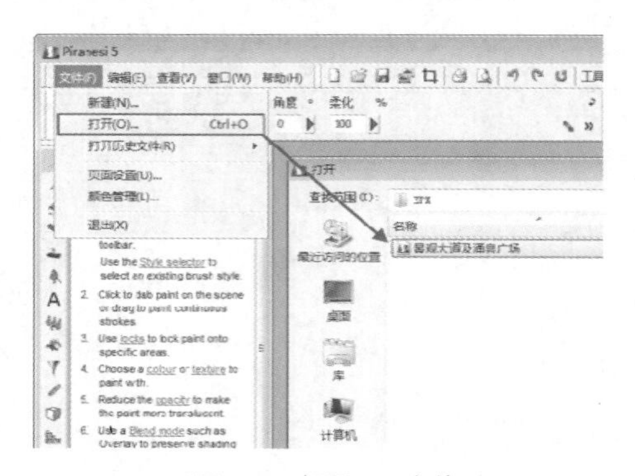

图 9-20　打开 Epx 文件

02 此时彩绘大师界面效果如图 9-21 所示，接下来首先处理树木与草地效果。

## 9.2.2 处理树木

01 彩绘大师（Piranesi）主要通过“笔刷”与“纹理贴图”进行效果的处理，单击显示/隐藏样式管理器按钮，打开【样式管理器】面板，可以选择多种“笔刷”与“纹理贴图”，首先选择一个渐变效果的笔刷，如图 9-22 与图 9-23 所示。

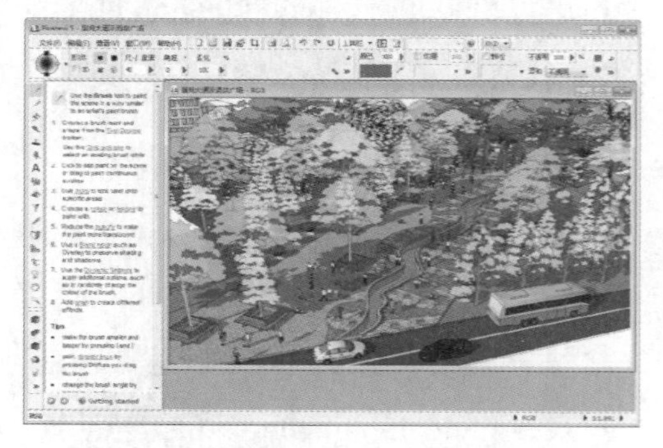
图 9-21　彩绘大师打开文件效果与界面

图 9-22　单击样式管理器按钮

02 双击目标笔刷即可进行应用，此时在界面左上角可以看到当前笔刷的形状以及【尺寸】、【角度】等控制参数，如图 9-24 所示。

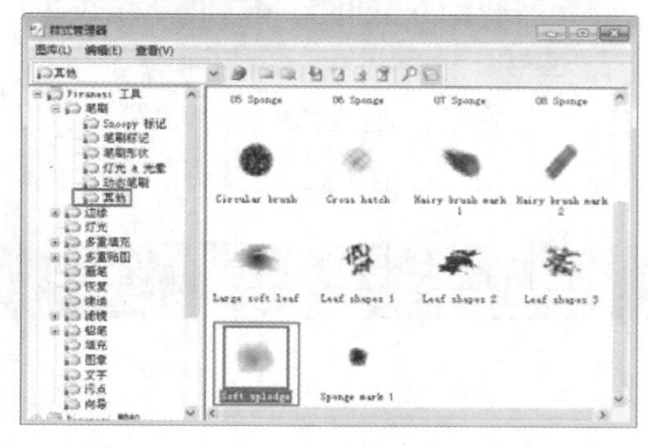

图 9-23　选择笔刷

图 9-24　笔刷控制参数 1

03 界面右上角则有笔刷【颜色】、【不透明】以及多种【混合】模式的选择，如图 9-25 所示。

04 “笔刷”的形状决定涂刷时产生的笔触形状，而“纹理贴图”则决定了涂刷的纹理、颜色细节。由于接下来将处理树干效果，因此进入【样式管理器】面板，选择一种树木表皮纹理贴图，如图 9-26 所示。

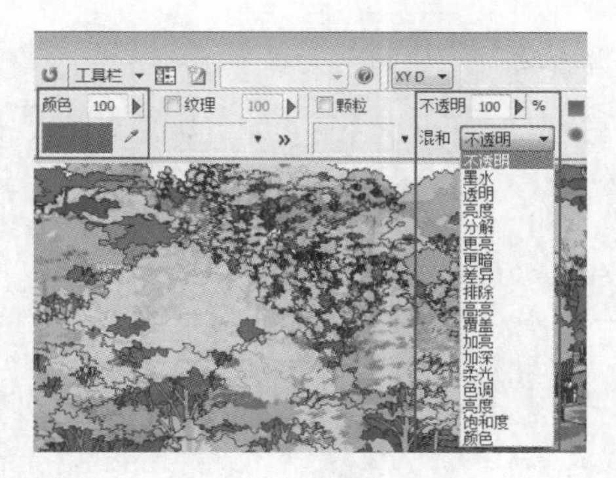


图 9-25　笔刷控制参数 2

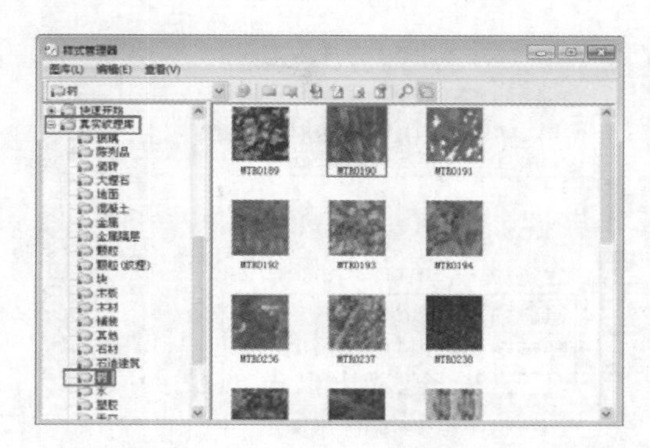


图 9-26　选择树干纹理图案

05 双击应用目标纹理贴图，在界面右上方可以看到应用的纹理，单击其右侧的下拉按钮可以调整纹理细节参数，如图 9-27 所示。

06 确定笔刷形态与纹理贴图后，将光标置于树干处对比笔刷大小，然后调整合适大小的笔刷区域，如图 9-28 与图 9-29 所示。

图 9-27　纹理控制面板

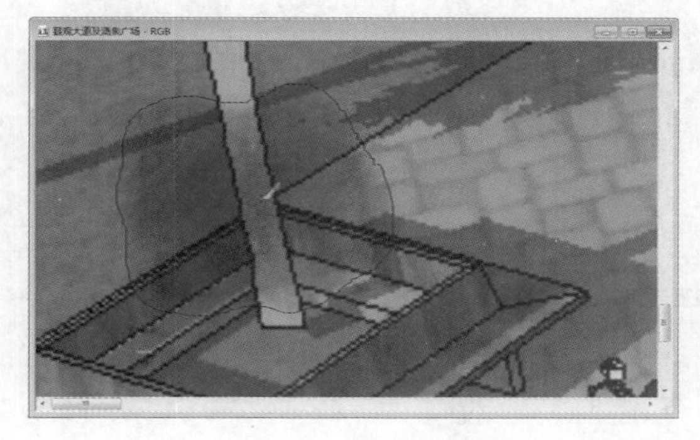

图 9-28　移动光标至涂刷区域

07 笔刷大小调整完成后，直接进行涂刷可以发现，应用的效果超出了树干范围，如图 9-30 所示。

图 9-29　控制笔刷大小

图 9-30　未进行锁定将涂刷出界

08 此时可以通过界面左下角的锁定按钮进行控制，如图 9-31 所示。

09 锁定后再次进行涂刷，此时涂抹范围不会超出边界。选择不同的【混合】模式，以得到所需的纹理混合效果，如图 9-32 与图 9-33 所示。

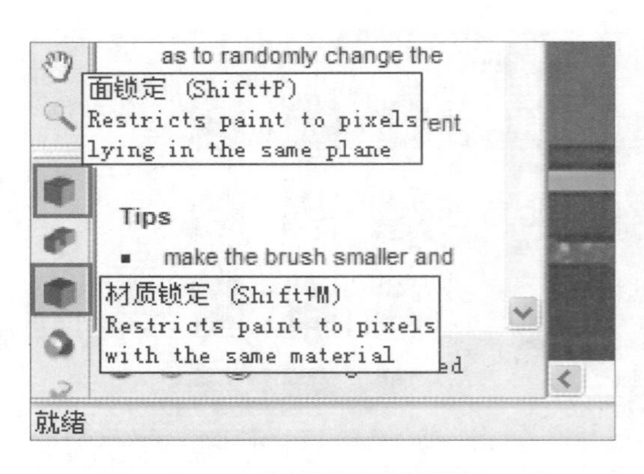


图 9-31 进行面锁定与材质锁定

图 9-32 不透明混合方式涂刷效果

10 确定【混合】模式后，首先按住鼠标左键在树干底部进行颜色较深的涂刷，然后向上进行单击涂刷，以产生较浅的效果，如图 9-34 与图 9-35 所示。

图 9-33 墨水混合方式涂刷效果

图 9-34 树干下方进行深色处理

11 通过相同方法涂刷图像中同一类型的树木树干，如图 9-36 所示。

图 9-35 单个树干处理完成效果

图 9-36 相似树木处理成类似效果

12 处理好一种类型的树木效果后，再调整纹理贴图以处理松树树干，如图 9-37 与图 9-38 所示。

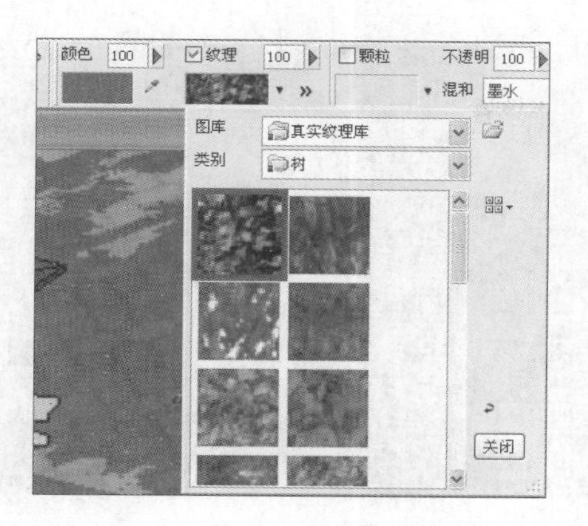


图 9-37 更换纹理贴图

图 9-38 处理松树树干

13 最后调整一种具有斑驳效果的纹理贴图，涂刷行道树树干，完成整个图像树干的处理，如图 9-39~图 9-41 所示。接下来处理树冠效果。

图 9-39 更换纹理贴图

图 9-40 处理街道树树干

14 树木的树冠通常通过马克笔笔触的“笔刷”配合颜色的变化进行快速处理，首先选择“笔刷”形状并调整大小，如图 9-42 与图 9-43 所示。

图 9-41 树木处理完成效果

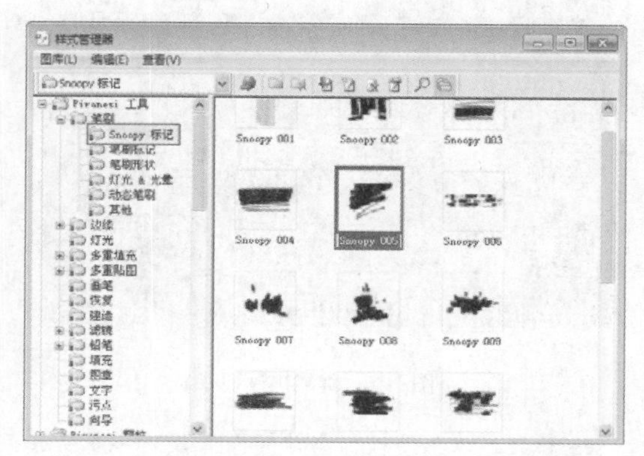


图 9-42 更换笔刷

15 为了得到与树冠相同的颜色，按住“Alt”键直接在树冠上进行吸取，然后解除锁定，在树冠处进行涂刷，产生笔触细节，如图 9-44 与图 9-45 所示。

图 9-43　参考树冠大小调整笔刷大小

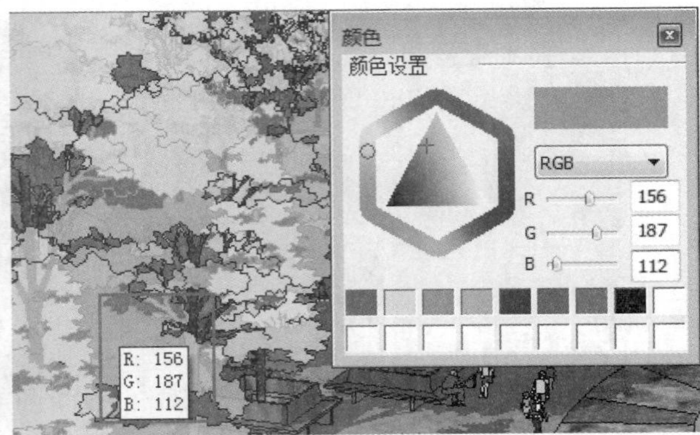


图 9-44　按住“Alt”键吸取树冠颜色

16 调整“笔刷”角度与形状，涂刷出更为丰富的笔触效果，如图 9-46~图 9-49 所示。

图 9-45　解除锁定涂刷树冠

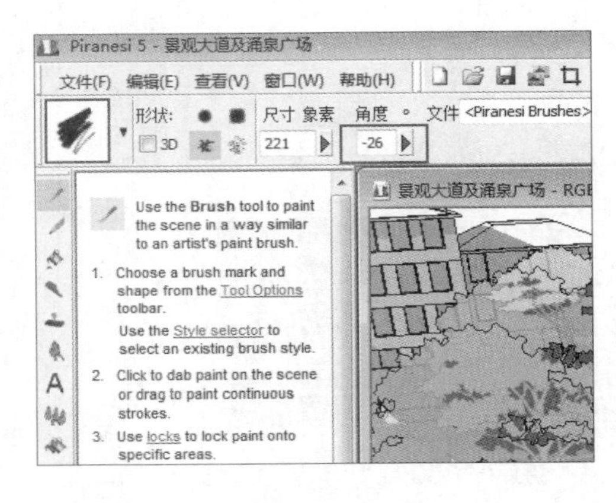


图 9-46　调整笔刷角度

图 9-47　涂刷树冠细节

图 9-48　调整笔刷造型

17 经过以上处理，当前的图像效果如图 9-50 所示，接下来处理草地与灌木。

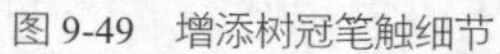

图 9-49　增添树冠笔触细节

图 9-50　树木处理完成效果

## 9.2.3 处理草地与灌木

01 当前的草地与灌木是单色效果，缺乏色彩变化与纹理细节，如图 9-51 所示。

02 打开【样式管理器】，选择“笔刷”与“纹理贴图”，然后调整控制参数，如图 9-52~图 9-54 所示。

图 9-51　当前草地效果

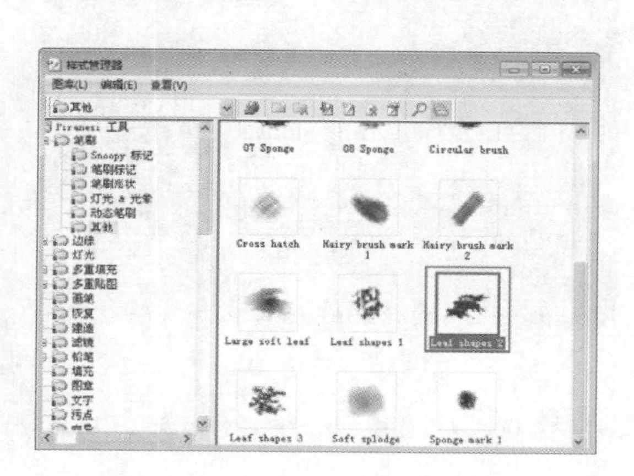


图 9-52　选择笔刷

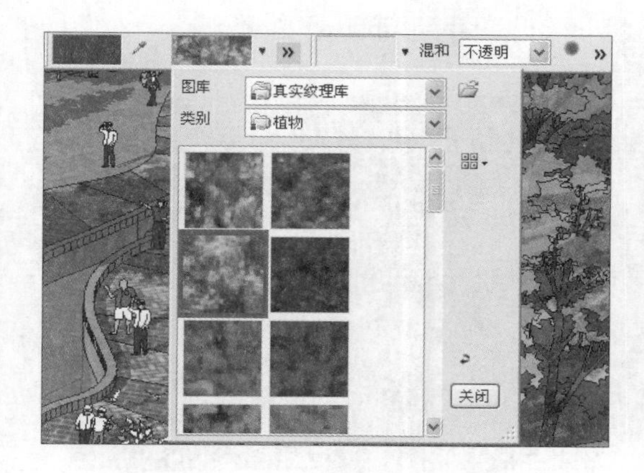


图 9-53　选择纹理贴图

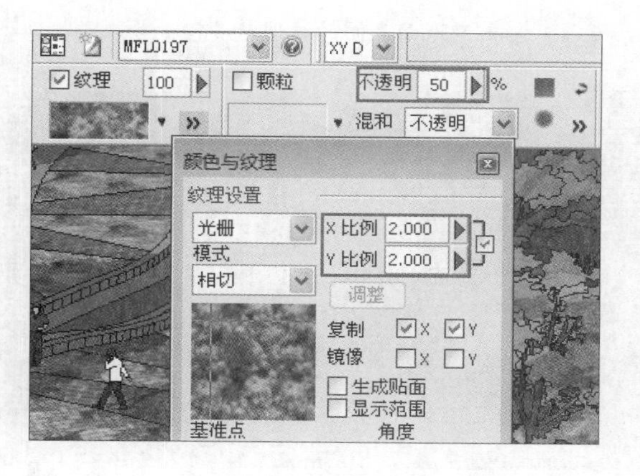


图 9-54　调整贴图比例

03 首先在左侧的草地与灌木区域涂刷，产生纹理与色彩细节，如图 9-55 与图 9-56 所示。

图 9-55 涂刷产生草地细节

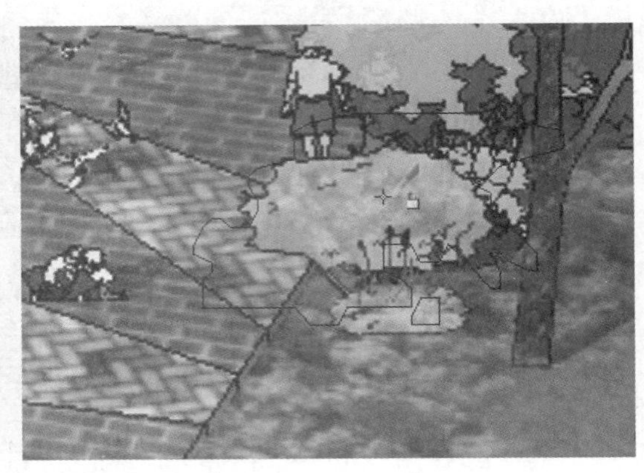

图 9-56 涂刷产生灌木细节

04 通过类似的方式处理左下角的草地与右侧的草地与灌木，如图 9-57 与图 9-58 所示。

图 9-57 涂刷空白草地

图 9-58 涂刷其他灌木及草地

05 通过以上处理，当前的图像的效果如图 9-59 所示，接下来处理地面与水面。

### 9.2.4 处理地面与水面

01 当前的地面表面的纹理与颜色十分规则，缺少细节的变化，如图 9-60 所示。

图 9-59 草地及灌木处理完成效果

图 9-60 当前地面效果

02 进入【样式管理器】面板，选择一个具有喷溅效果的笔刷，调整笔刷形状与相关控制参数，如图 9-61~图 9-63 所示。

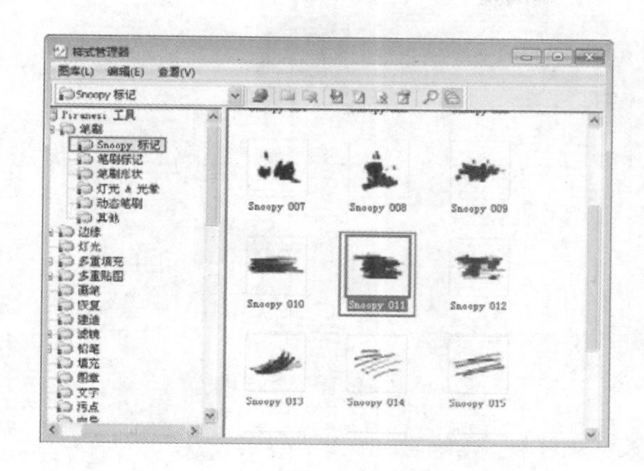


图 9-61　选择笔刷

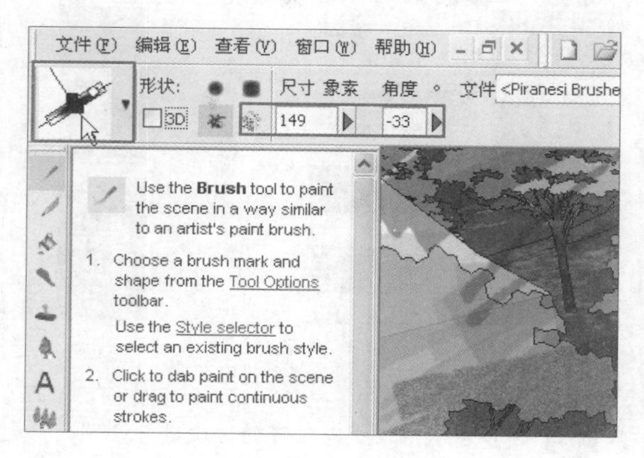


图 9-62　调整笔刷效果

03 分别在道路边界以及路沿上进行涂刷，产生脏旧与轻微的破损细节，如图 9-64 与图 9-65 所示。

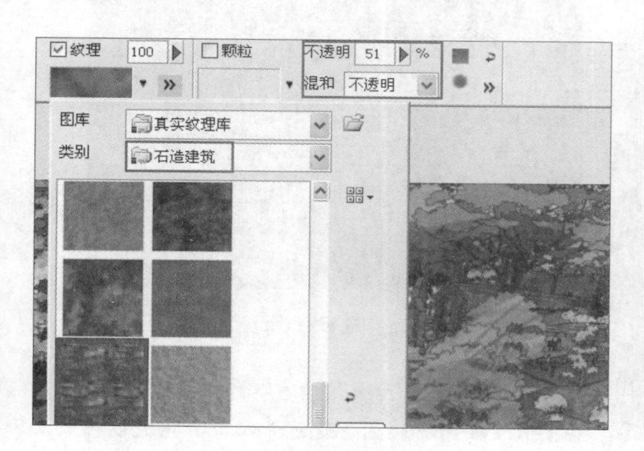


图 9-63　选择纹理贴图

图 9-64　涂刷道路边界

04 通过类似方式，处理河道与铺地细节，如图 9-66 所示。接下来处理水面。

图 9-65　涂刷路沿

图 9-66　涂刷路面

05 调整“纹理贴图”为天空贴图，调整笔刷控制参数，如图 9-67 与图 9-68 所示。

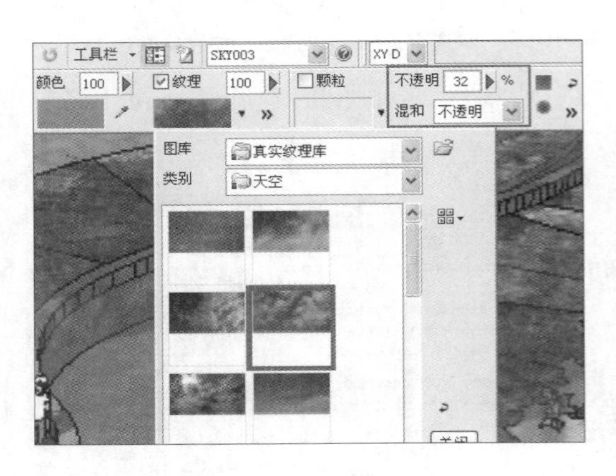


图 9-67　选择天空纹理贴图

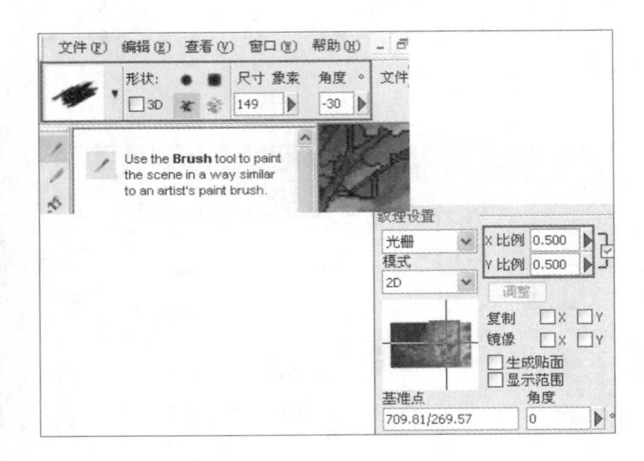


图 9-68　调整笔刷与纹理细节

06 逐步在水系较宽与较窄的区域进行涂刷，产生天空反射与高光细节，如图 9-69 与图 9-70 所示。

图 9-69　涂刷较宽的水面

图 9-70　涂刷较窄的水面

07 更换“笔刷”，在公路上涂刷出笔触细节，如图 9-71 所示。

08 经过以上处理，当前的图像效果如图 9-72 所示，接下来处理树池座凳、建筑等细节，完成最终效果。

图 9-71　涂刷公路细节

图 9-72　地面、水面处理完成效果

## 9.2.5 完成最终效果

01 使用植物贴图在树池座凳与涌泉广场水面处涂刷，产生颜色变化细节，如图 9-73 与图 9-74 所示。

图 9-73　涂刷树池座凳

图 9-74　涂刷涌泉广场水面

02 使用砖块与瓦片贴图在墙面以及屋顶上涂抹，产生对应纹理效果，如图 9-75 与图 9-76 所示。

图 9-75　涂刷墙体

图 9-76　涂刷屋顶

03 最后调整为马克笔状笔刷，设置相关控制参数，在图像的高亮处涂刷增加对比度，如图 9-77 与图 9-78 所示。

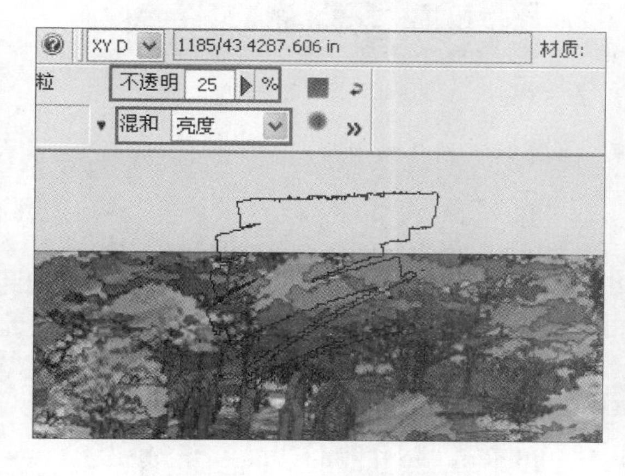


图 9-77　调整笔刷形态

图 9-78　涂刷亮部区域

04 最后在向光的树冠处进行类似的加亮处理，完成最终图像效果如图 9-79 所示。

## 9.3 处理湖岛角度 2 效果

“景观大道及涌泉广场”的处理过程中，主要介绍了彩绘大师（Piranesi）的使用流程，并对树木、灌木、草地、地面等细节的处理手法与技巧进行了详细的讲解，本节将重点介绍水面反射以及天空的处理方法与技巧。

### 9.3.1 导入 Epx 处理树木

01 启动彩绘大师（Piranesi），打开“湖岛 2”Epx 文件，选择用于处理树干的“笔刷”与“纹理贴图”，如图 9-80 与图 9-81 所示。

图 9-79　景观大道及涌泉广场最终处理效果

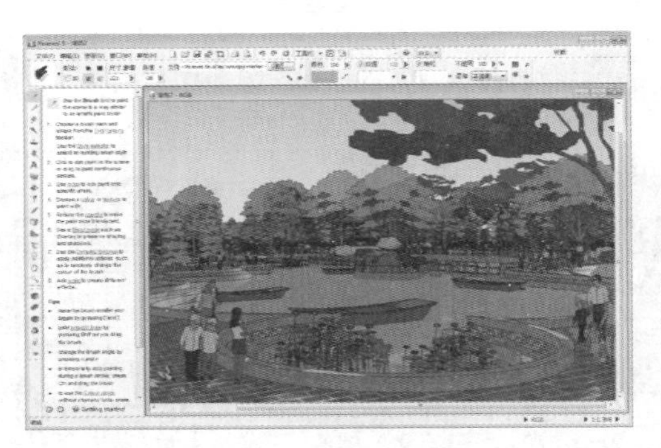

图 9-80　打开湖岛 2 文件

02 间隔选择部分树干进行涂刷，如图 9-82 与图 9-83 所示。

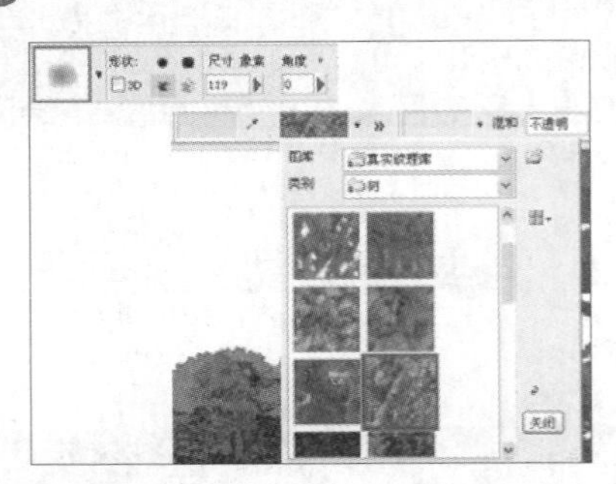


图 9-81　选择树干处理笔刷与纹理贴图

图 9-82　涂刷部分树木

03 更换纹理贴图，涂刷其他树干，处理好整体效果，如图 9-84~图 9-86 所示。

图 9-83　部分树木处理完成效果

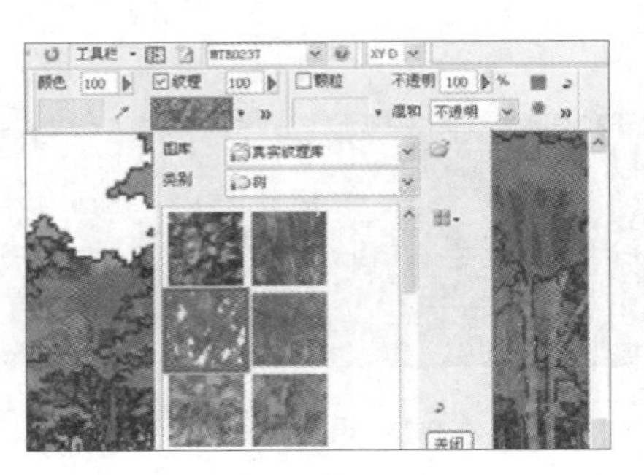


图 9-84　更换纹理贴图

图 9-85　涂刷其他树干细节

图 9-86　树干处理完成效果

04 更换笔刷并调整形状大小，如图 9-87 与图 9-88 所示。

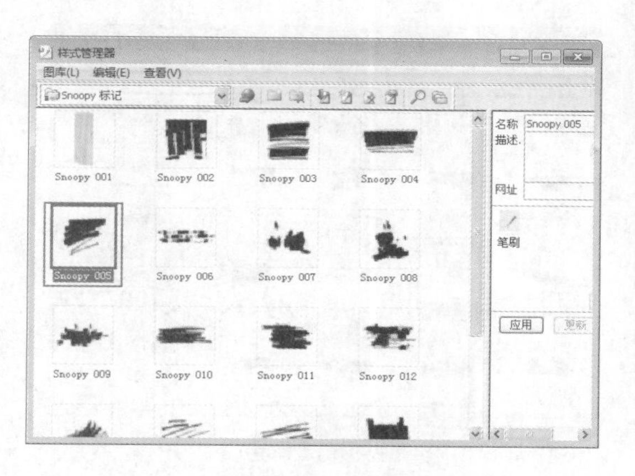


图 9-87　选择笔刷

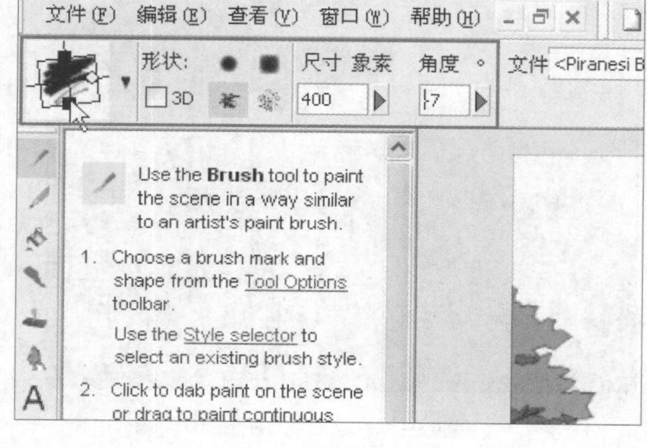


图 9-88　调整笔刷形态

05 调整笔刷【不透明度】及【混合】模式，吸取树冠颜色进行涂刷，产生马克笔笔触细节，如图 9-89~图 9-91 所示。

图 9-89　调整不透明度与混和模式

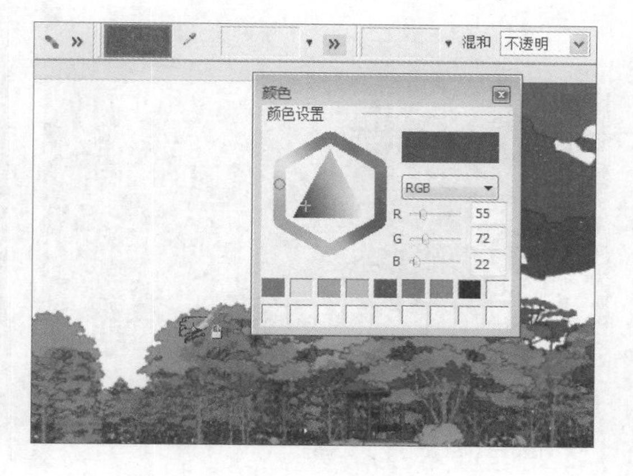


图 9-90　吸取树冠颜色

06 由于图像中的树冠颜色缺少色彩跳跃效果，为了丰富层次，调整颜色为明亮的暖色，涂刷产生颜色变化，如图 9-92 与图 9-93 所示。

图 9-91 涂刷树冠细节

图 9-92 调整笔刷及颜色

07 更换笔刷形状并调整大小与角度，在树冠处涂抹更多的细节笔触，如图 9-94 与图 9-95 所示。

图 9-93 涂刷增添树冠细节

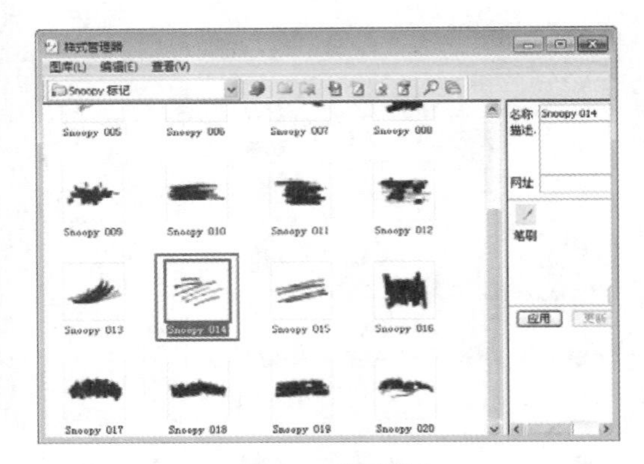


图 9-94 选择笔刷

08 经过以上处理，当前的图像效果如图 9-96 所示，接下来处理灌木及花草。

图 9-95 添加笔触细节

图 9-96 树木处理完成效果

## 9.3.2 处理灌木及花草

01 选择合适的笔刷与纹理贴图，如图 9-97 与图 9-98 所示。

02 逐步涂刷灌木与地形，产生色彩与纹理细节，如图 9-99 与图 9-100 所示。

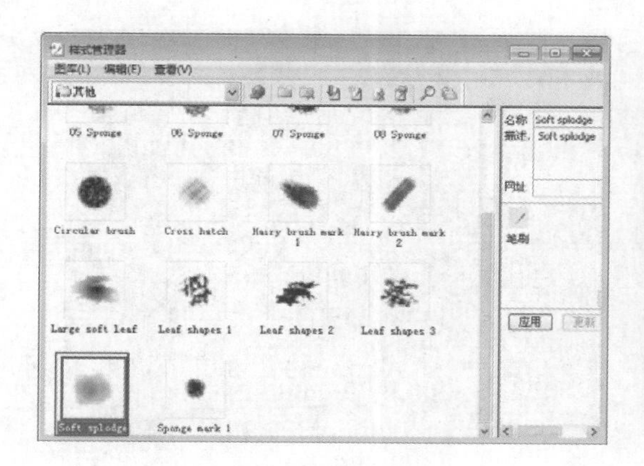


图 9-97　选择笔刷

图 9-98　选择纹理图案

图 9-99　涂刷灌木

图 9-100　涂刷地形

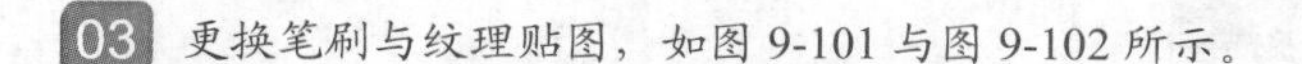

03 更换笔刷与纹理贴图，如图 9-101 与图 9-102 所示。

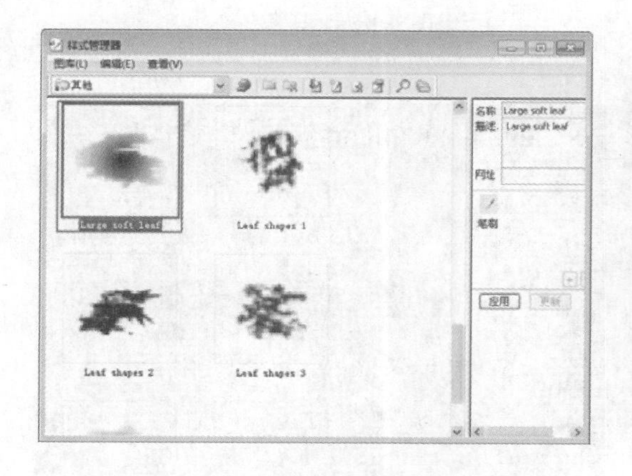


图 9-101　选择笔刷

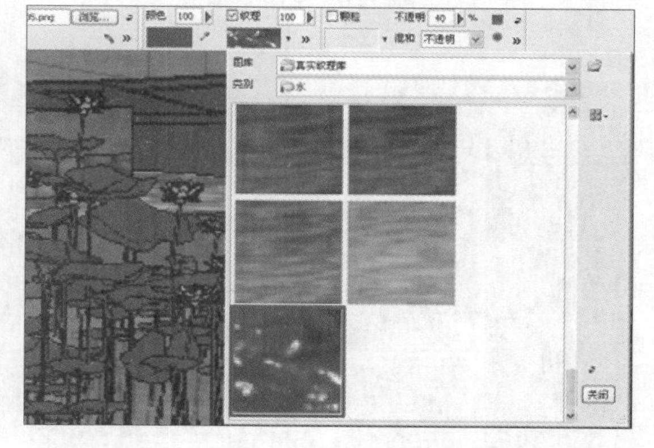


图 9-102　选择水纹纹理贴图

04 涂刷荷叶表面，产生水纹以及高光细节，如图 9-103 与图 9-104 所示。

05 选择马克笔笔触，在荷花表面涂刷出笔触细节，此时灌木及花草处理效果如图 9-105 所示。接下来处理地面与水面。

图 9-103　涂刷荷叶产生表面细节

图 9-104　添加笔触细节

## 9.3.3 处理地面与水面

01 选择笔刷与纹理贴图，如图 9-106 与图 9-107 所示。

图 9-105　灌木及花草处理完成效果

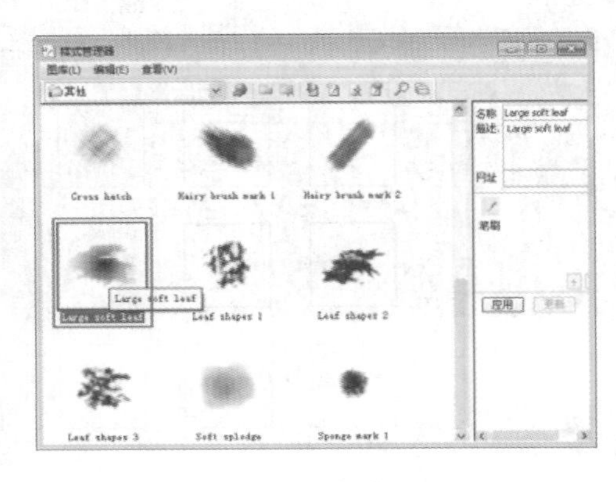


图 9-106　选择笔刷

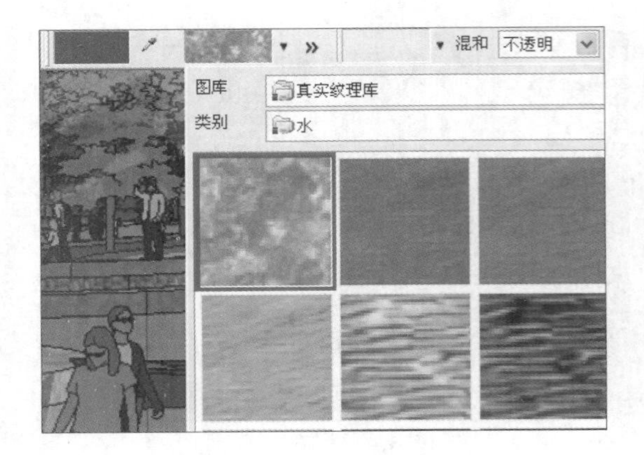


图 9-107　选择水纹纹理贴图

图 9-108　在地面角落亮光处涂刷细节

02 涂刷地面高光角落、荷叶以及浅水沙池区域，产生水纹及高亮效果，完成地面细节的制作，如图 9-108~图 9-111 所示。

图 9-109　随意涂刷花叶表面

图 9-110　涂刷浅水沙池区域

**03** 执行【文件】/【另存】菜单命令，另存当前图像效果，然后通过图像处理软件制作好水面倒影贴图，如图 9-112~图 9-113 所示。

图 9-111　地面处理完成效果

图 9-112　另存当前处理图像

**04** 进入【颜色与纹理】面板，单击【浏览】按钮，选择处理好的倒影贴图为“纹理贴图”，如图 9-114~图 9-115 所示。

图 9-113　制作倒影

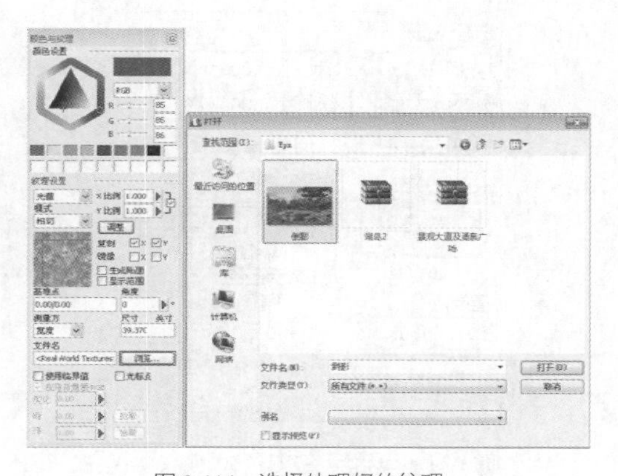

图 9-114　选择处理好的纹理

**05** 单击【填充】工具按钮，在水面处填充出倒影效果，如图 9-116 所示。

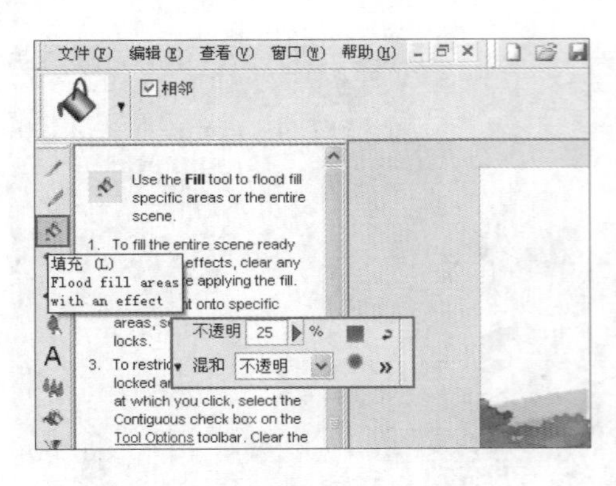


图 9-115　选择并调整填充工具

图 9-116　地面与水面处理完成效果

## 9.3.4 完成最终效果

01 进入【背景】文件夹，选择一张天空贴图，如图 9-117 所示。此时如果直接填充天空区域，云朵等效果通常不会理想，如图 9-118 所示。

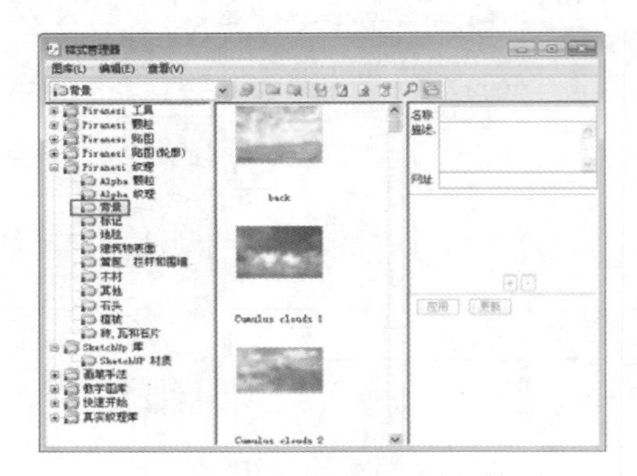


图 9-117　打开背景纹理文件

图 9-118　天空贴图直接填充效果

02 调整纹理贴图比例，如图 9-119 所示，然后多次填充，最终产生类似图 9-120 所示的天空效果。

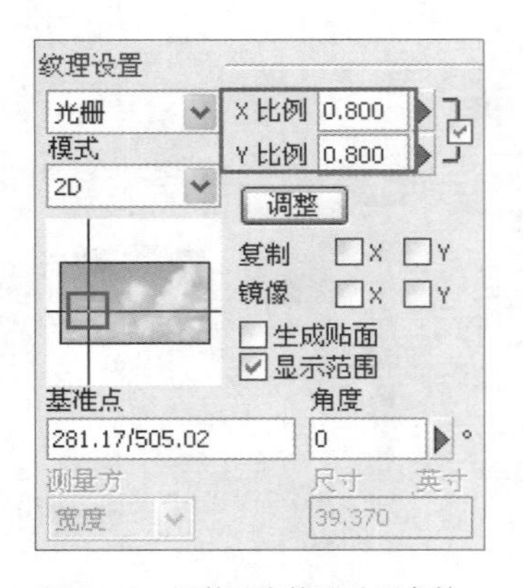


图 9-119　调整天空纹理贴图参数

图 9-120　天空填充完成效果

03 调整笔刷与颜色，涂刷出高光与光线效果，如图 9-121 与图 9-122 所示。

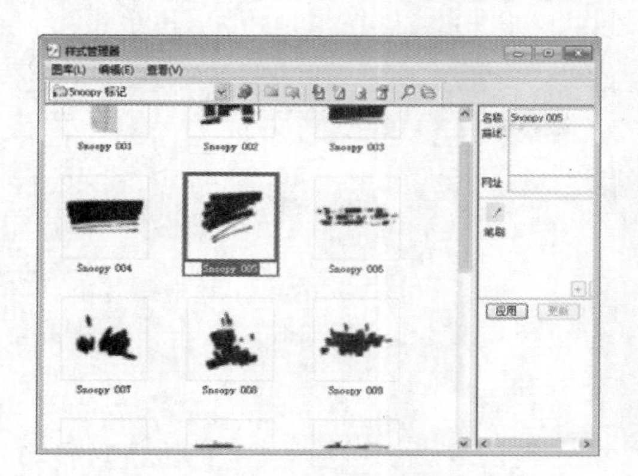


图 9-121 选择笔刷

图 9-122 涂刷产生光线效果

**04** 经过以上调整，最终得到湖岛 2 效果如图 9-123 所示。

图 9-123 湖岛角度 2 处理完成效果

# 第 10 章

# 彩色总平面图制作

为 Photoshop 小区彩色总平面图制作实例，讲述了 Photoshop 制作彩色总平面图的方法、流程和相关技巧。

本章通过一个小区景观实例，讲解使用 Photoshop 制作彩色总平面图的方法、流程和相关技巧，彩色总平面图最终效果图 10-1 所示。

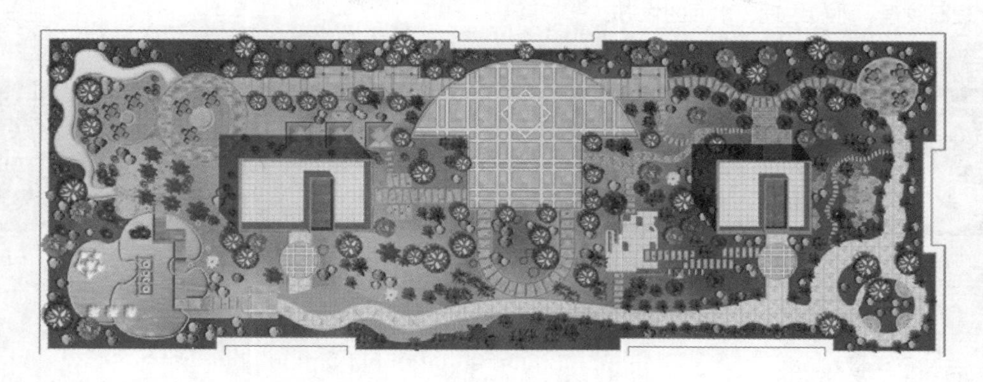

图 10-1　彩色总平面图

彩色总平面图通常又称为二维渲染图，其主要将传统的喷笔、水彩以及水粉等图像渲染手法通过计算机技术进行模拟，十分适合展示大型规划设计方案，如小区景观、城区规划、大型体育场馆等方案的二维表现。通过真实的草地、水面、树木的引入，使得制作完成的彩色总平面图形象生动、效果逼真。

## 10.1 了解彩色总平面图制作流程

绘制彩色总平面图主要分为三个阶段：AutoCAD 输出平面图、各种模块的制作以及后期合成处理。

### 10.1.1 AutoCAD 输出平面图

二维线框图是整个总平面图制作的基础，因此制作总平面图的第一步就是根据建筑师的设计意图，使用 AutoCAD 软件绘制出整体的布局规划，包括整个规划各组成部分的形状、位置、大小等，这也是保障最终平面图的正确和精确的关键。绘制完成后，执行【文件】|【打印】命令，将线框图输出为 EPS 格式的平面图像，如图 10-2~图 10-4 所示。

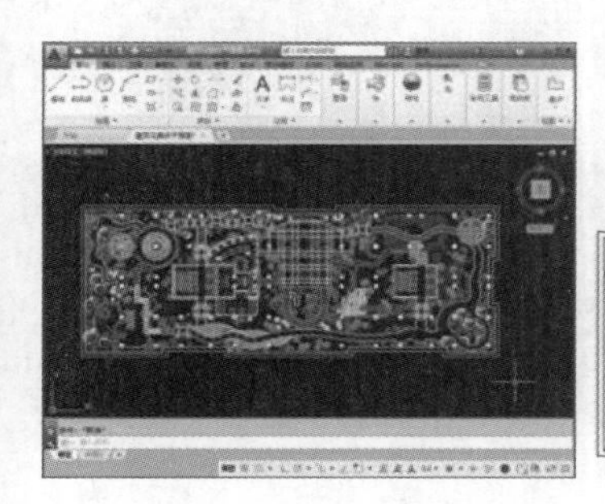

图 10-2　打开 AutoCAD 图纸

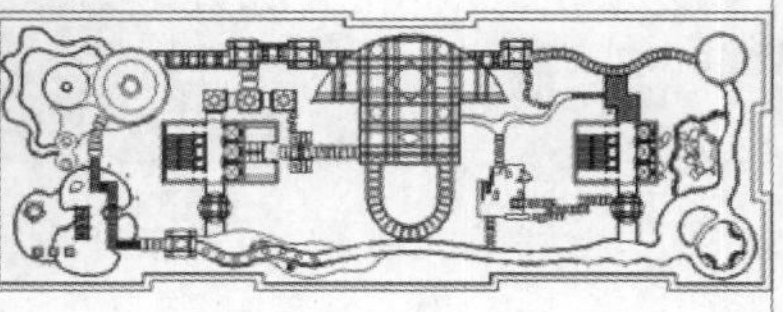

图 10-3　单独输出建筑与道路 EPS 文件

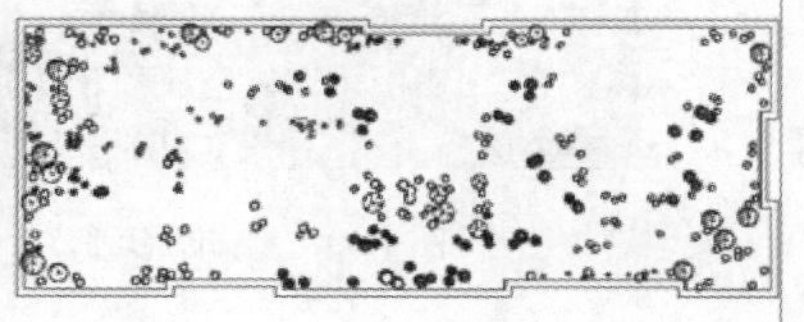

图 10-4　单独输出绿化植被 EPS 文件

### 10.1.2 各种模块的制作

总平面图的常见元素包括：草地、铺装（包括广场、人行道、花坛等）、水面、树木、灌木等，掌握了这些元素的制作方法，也就基本掌握了彩色总平面图的制作。这个过程主要由 Photoshop 来完成，如图 10-5~图 10-7 的所示，使用的工具包括：选择、填充、渐变、图案填充等，在制作水面、草地、路面时也会使用到一些图像素材，如大理石纹理、地砖纹理、水面图像等。

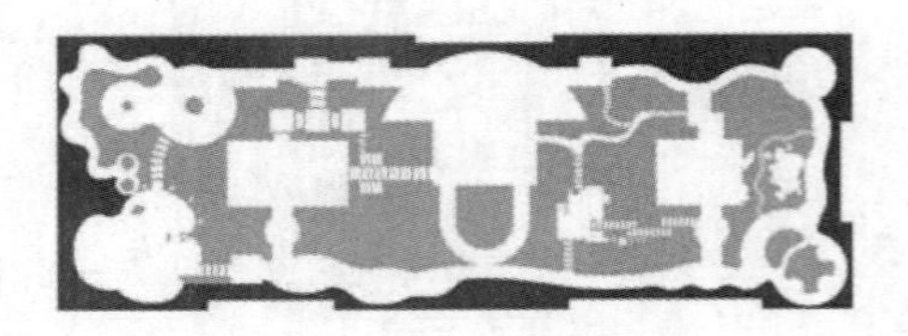

图 10-5　制作草地

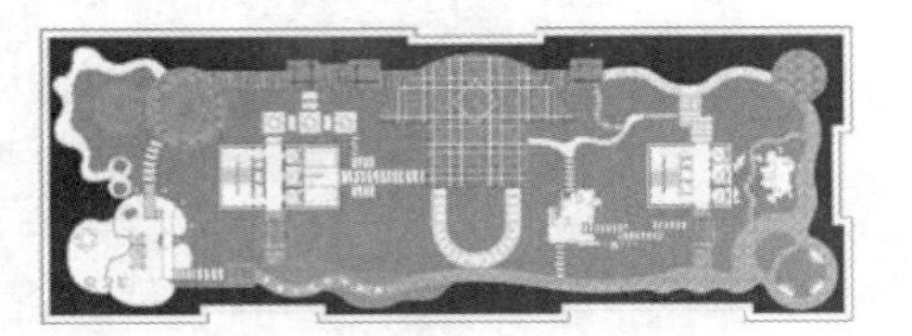

图 10-6　制作铺装

### 10.1.3 后期合成处理

制作完成了各素材模块之后，彩色总平面图的大部分工作也就基本完成了，最后便是对整个平面图进行后期的合成处理，如复制树木、制作阴影，加入配景，对草地进行精细加工，使整个画面和谐、自然，如图 10-8~图 10-10 所示。

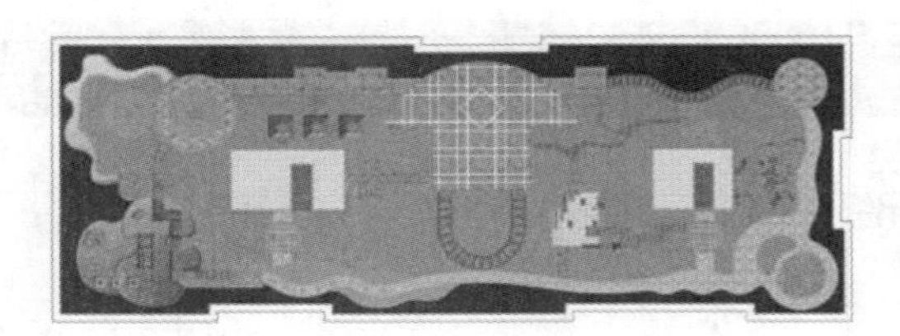

图 10-7　制作水面

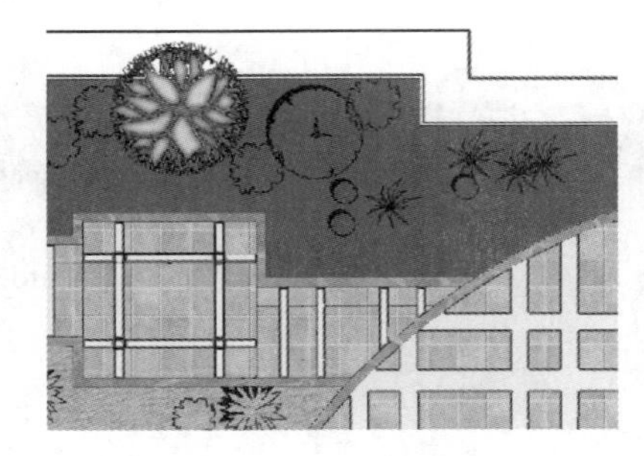

图 10-8　合成树木花草

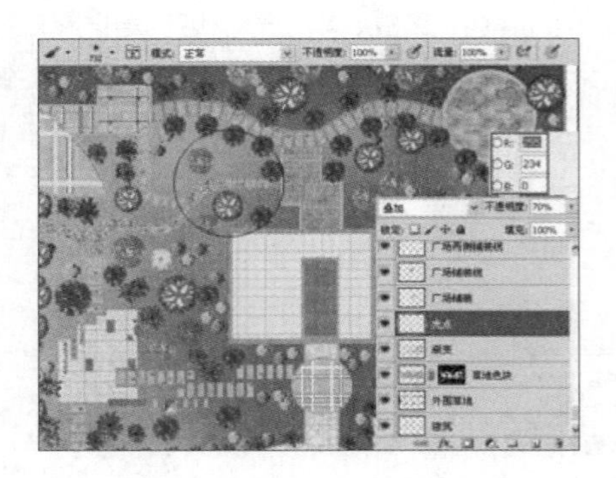

图 10-9　制作阴影细节

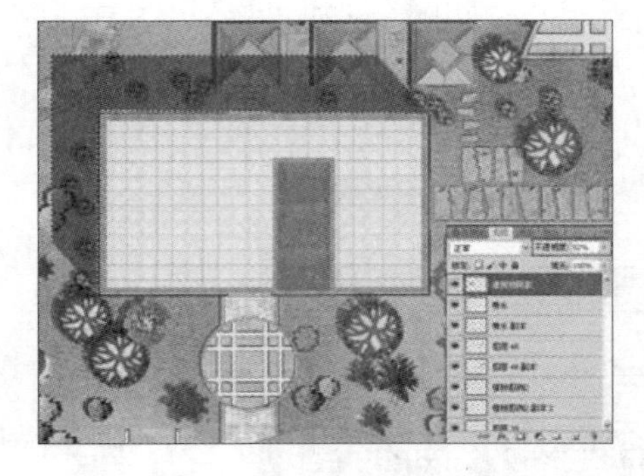

图 10-10　处理草地色彩细节

## 10.2 在 AutoCAD 中输出 EPS 文件

01 启动 AutoCAD，按下“Ctrl+O”快捷键，打开配套资源“屋顶花园总平面图.dwg”文件，如图 10-11 所示。

**02** 打印输出建筑和道路图形。通过控制图层打开或关闭，隐藏总平面图中的植物、文字等图形，如图 10-12 所示。

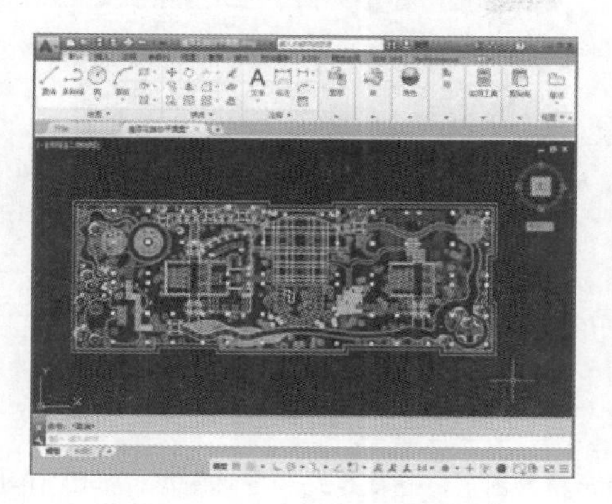

图 10-11　打开平面图

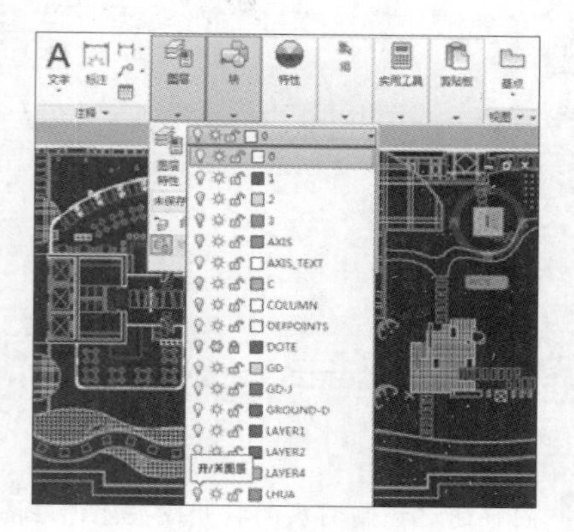


图 10-12　隐藏植被所在图层

**03** 未正确归类的图形则需要手动进行删除，如图 10-13 所示。

**04** 清理图纸中的铺装图形，如图 10-14 所示，删除填充的铺装图案。

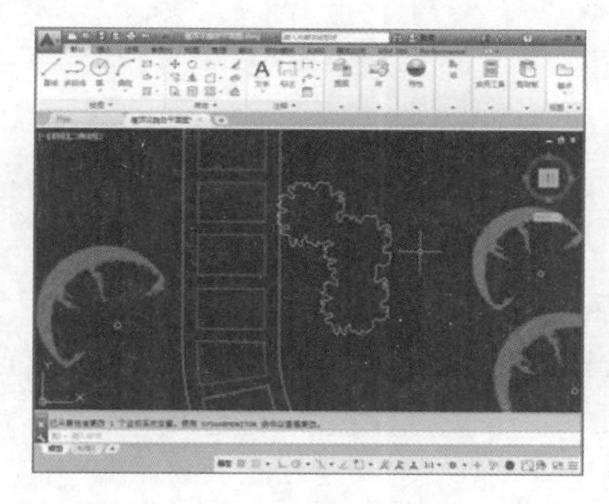

图 10-13　手动调整图层未归类的图形

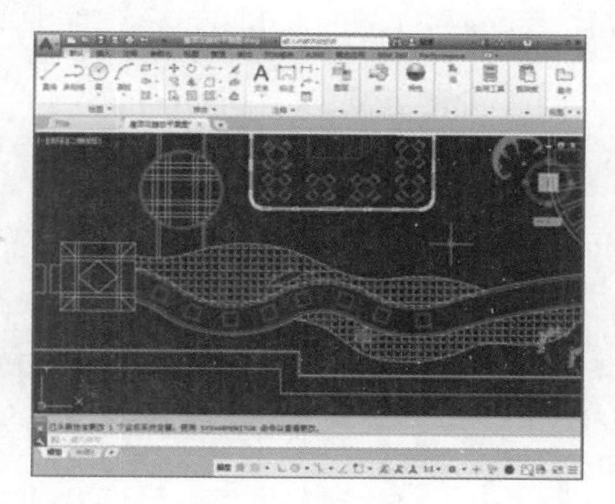

图 10-14　清理铺装图形

**05** 经过以上处理，得到整理好的建筑与道路，如图 10-15 所示。

**06** 单击【应用程序按钮】，单击【输出】/【其他格式】选项，如图 10-16 所示。

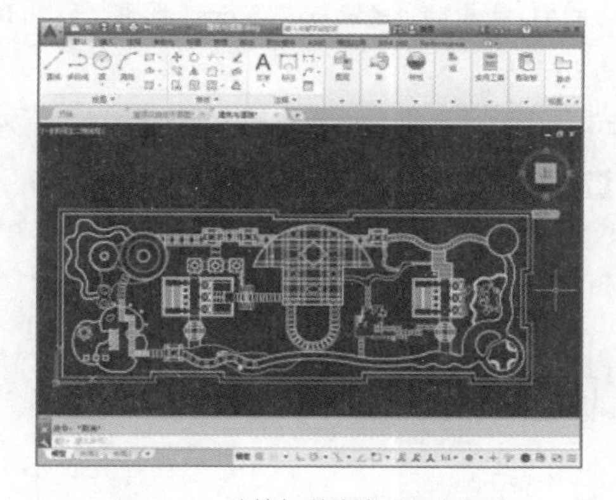

图 10-15　建筑与道路清理完成效果

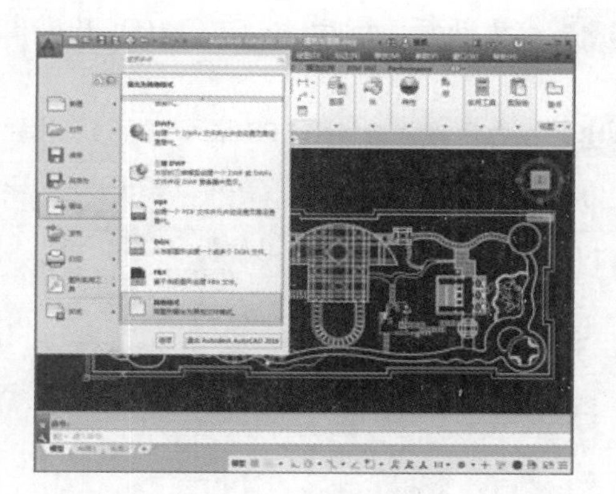

图 10-16　选择【输出】/【其他格式】选项

**07** 系统弹出【输出数据】对话框，在【文件类型】中选择 EPS 格式，然后选择文件夹，单击【保存】按钮将文件保存到指定文件夹，如图 10-17 所示。

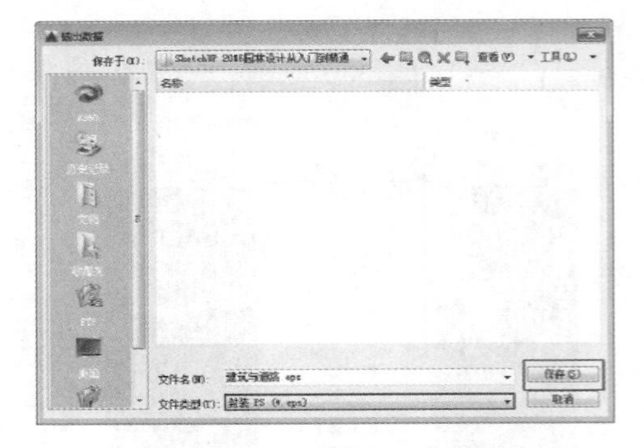
图 10-17　输出 EPS 文件

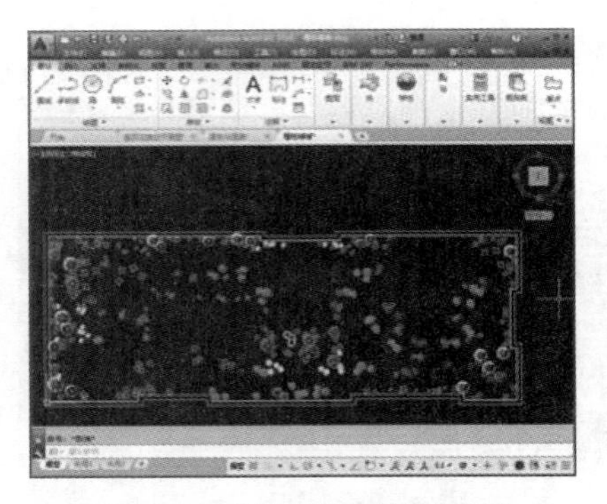
图 10-18　清理好的植被绿化图纸

08 同样通过控制图层的打开或关闭，在图形窗口中显示植物图形，隐藏建筑和道路图形，如图 10-18 所示。

09 同样通过输出文件保存为“绿化植物.eps”，如图 10-19 所示。

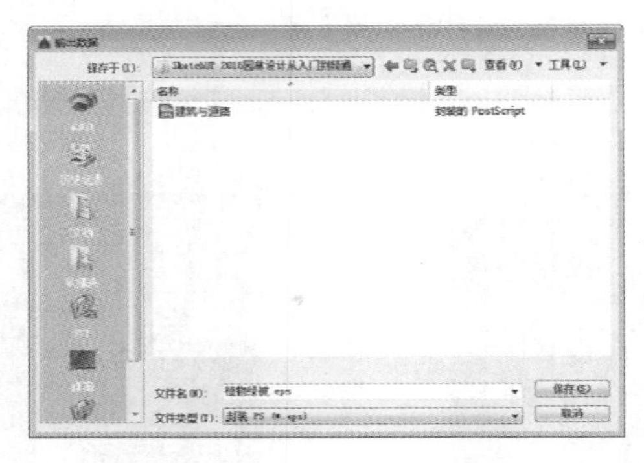
图 10-19　设置输出文件

## 10.3 栅格化 EPS 文件

01 启动 Photoshop 后，按下“Ctrl+O”快捷键，打开 AutoCAD 输出的“建筑与道路.eps”图形，如图 10-20 所示。

02 在打开的“栅格化 EPS 格式”对话框中，根据需要设置合适的图像大小和分辨率，如图 10-21 所示。

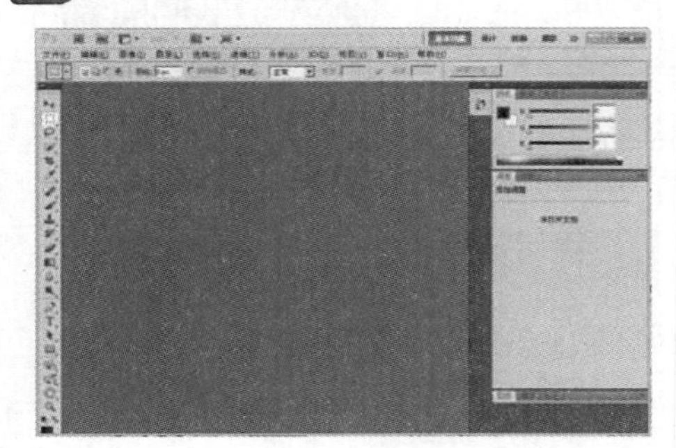
图 10-20　打开 Photoshop

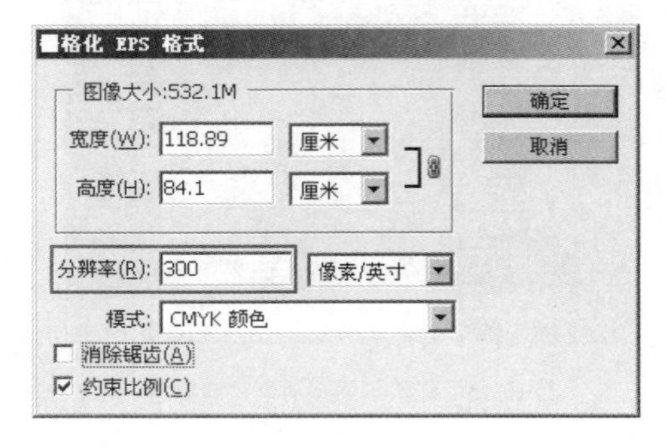

图 10-21　打开 Eps 文件并设置栅格化参数

03 单击【确定】按钮开始栅格化处理，得到一个透明背景的线框图像，将线框图层重命名为“建筑”，如图 10-22 所示。

04 按下“Ctrl+Shift+N”快捷键，新建空白图层，将其填充为纯白色，作为背景层，如图 10-23 所示。

图 10-22 建筑与道路栅格化完成

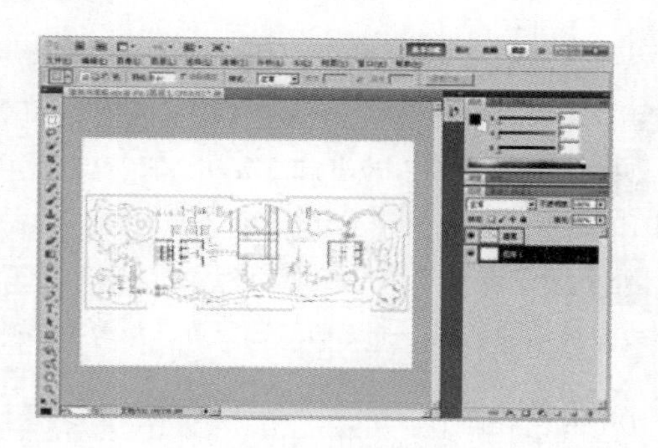

图 10-23 新建白色底图

05 按下“Ctrl + +”快捷键，放大图像显示，观察效果如图 10-24 所示。

06 使用同样的方法，打开 AutoCAD 打印输出的“植被绿化.eps”图形，如图 10-25 所示。

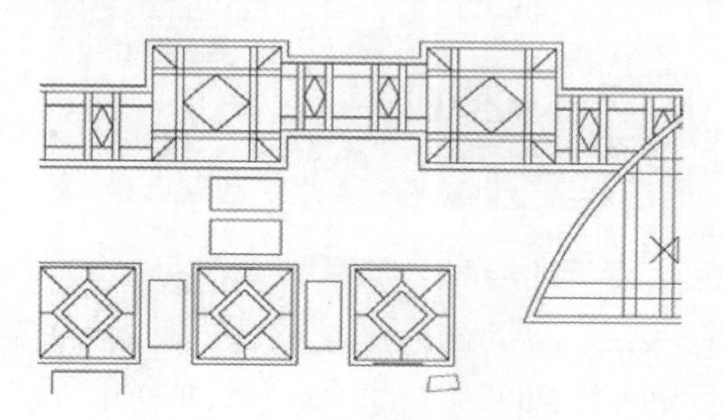

图 10-24 图纸放大观察效果

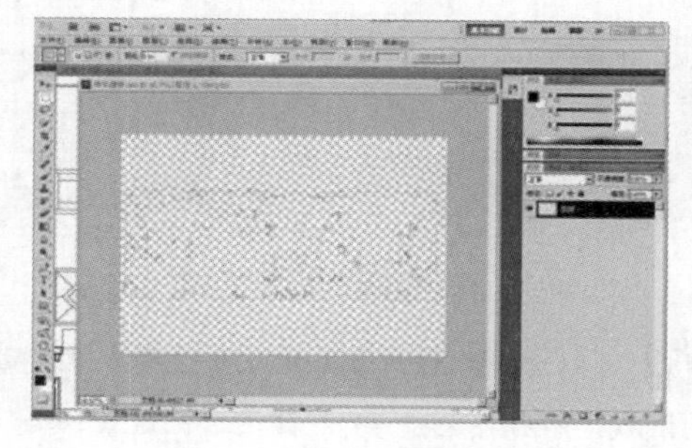

图 10-25 栅格化植物绿化文件

07 按下“V”键启用【移动】工具，按住“Shift”键，拖动复制栅格化的植被绿化图形到道路与建筑图像窗口，如图 10-26 所示，确保两个图形完全对齐。

08 按下“Ctrl+S”键，保存图像为 PSD 格式，如图 10-27 所示，下面将在该图形的基础上制作彩色总平面图。

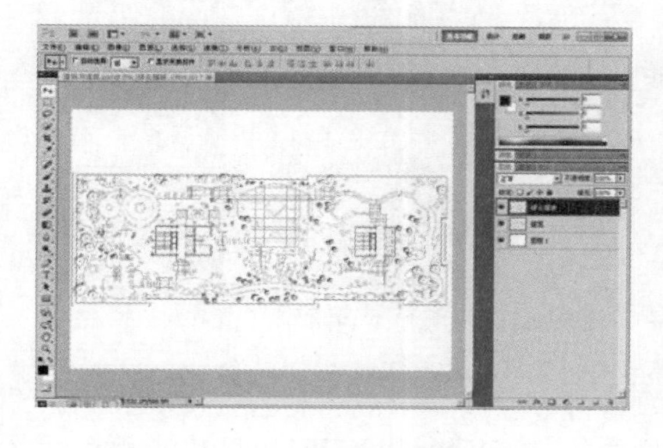

图 10-26 合并图形

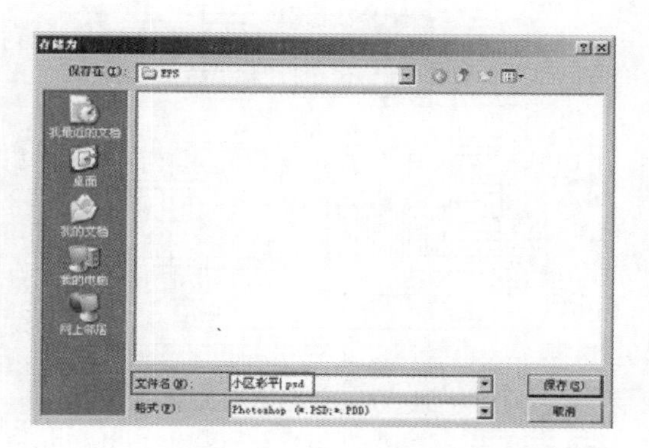


图 10-27 保存当前文件为 PSD

09 文档保存完成后，接下来制作草地。

# 10.4 制作草地

草地的制作方法较多，可以使用草地纹理图像、颜色填充、渐变填充或者使用滤镜制作，或者几种方法同时使用。草地内外一定要区分开色相、明度和饱和度，否则会因为缺少颜色变化而显得呆板。

01 选择“建筑”为当前图层，按下“W”键启用【魔棒】工具，移动光标至外围的草地区域单击选择，如图 10-28 所示。

02 为了准确观察当前的选择区域，按下“Q”键进入快速蒙版编辑模式，如图 10-29 所示，其中白色区域即为当前选择区域，半透明红色覆盖区域为非选择区域。

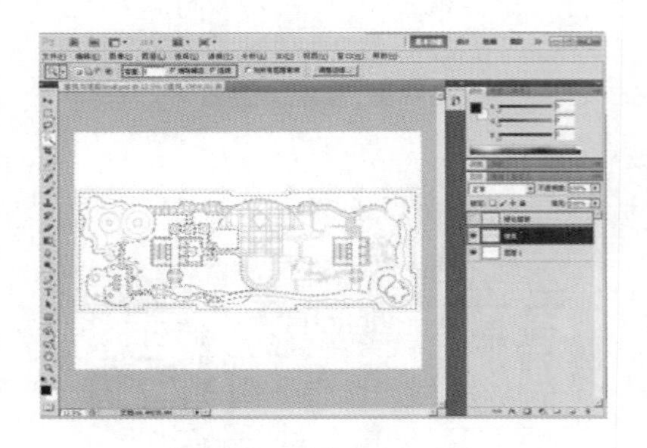

图 10-28 使用魔棒选择外围草地区域

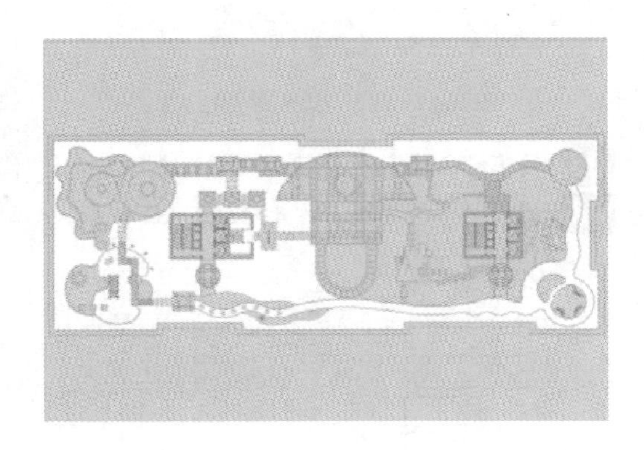

图 10-29 进入快速蒙版编辑模式

03 可以看到此时内部草地也被选择，这是由于部分线条未完全封闭造成的。使用放大工具放大显示多选的区域，然后再次按“Q”键退出快速蒙版编辑模式，使用铅笔工具连接断开区域，如图 10-30 所示。

04 封闭断开线段后，再次使用魔棒工具进行选择，可以发现此次正确选择了外部草地区域，如图 10-31 所示。

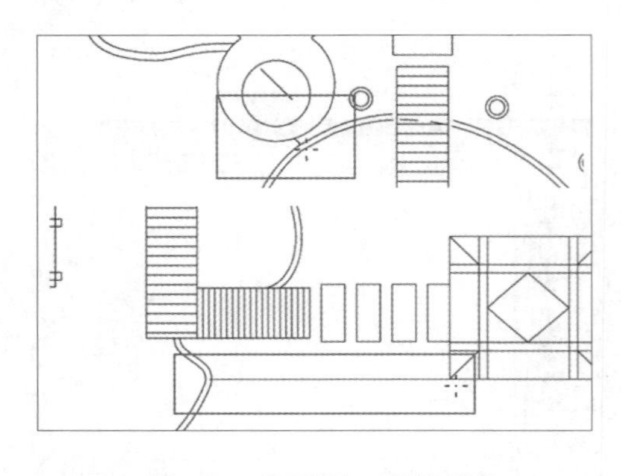

图 10-30 使用铅笔工具封闭线段

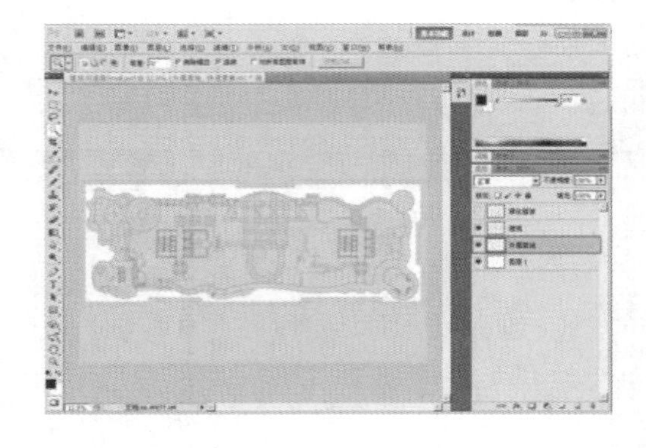

图 10-31 确认外部草地区域

05 新建“外部草地”图层，选择【编辑】\【填充】命令，填充深绿色#19572E，如图 10-32 所示。

06 通过类似方法选择内部草地区域，建立对应的“内部草地”图层，如图 10-33 所示。

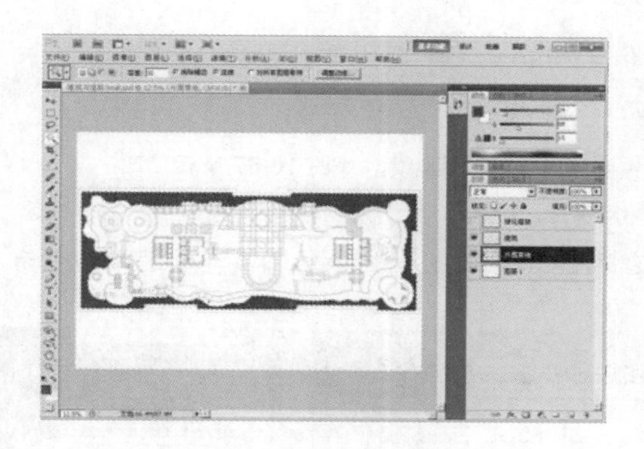

图 10-32 新建图层并填充外围草地

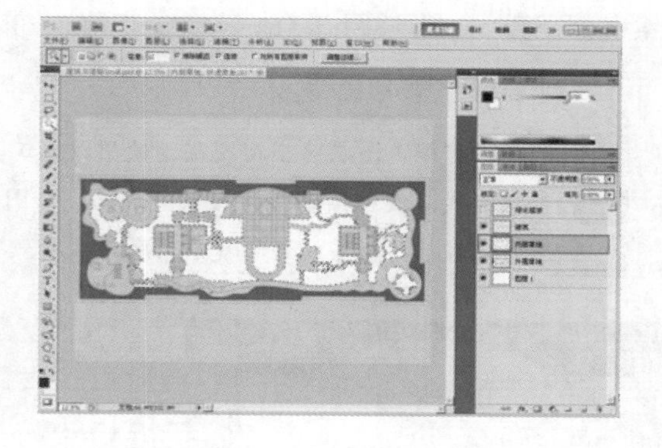

图 10-33 选择内部草地并新建图层

07 打开配套资源“草地贴图.jpg”素材，按“Ctrl+A”快捷键全选，执行【编辑】\【定义图案】命令将其定义为填充图案，如图 10-34 所示。

08 选择“内部草地”图层为当前图层，按下“Shift+ F5”键打开【填充】对话框，选择上步定义的草地图案，单击【确定】按钮进行填充，如图 10-35 所示。

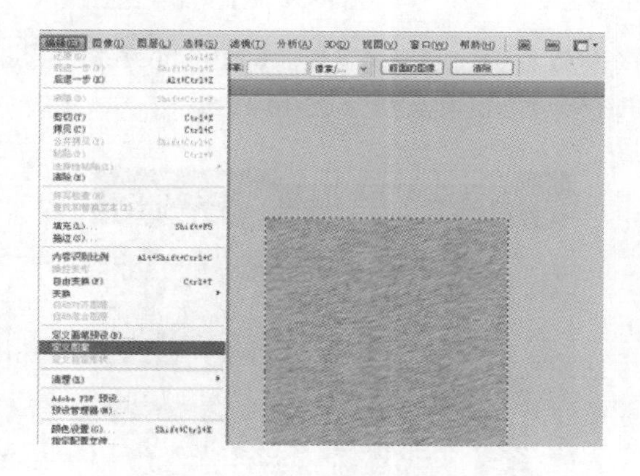

图 10-34 打开图片并定义为填充图案

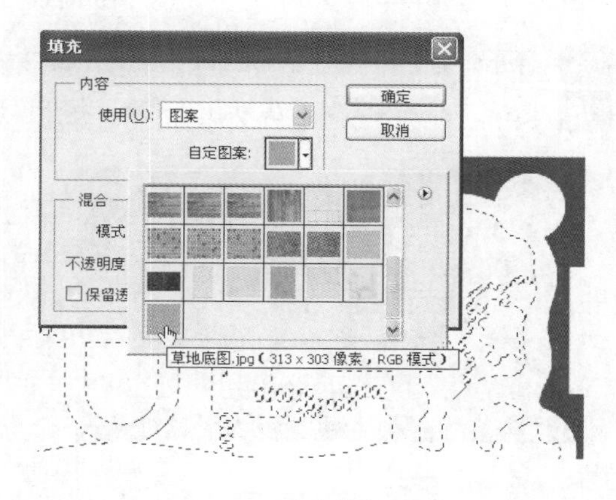


图 10-35 填充草地图案

09 填充完成后，得到如图 10-36 所示的初步草地效果。接下来制作道路铺装。

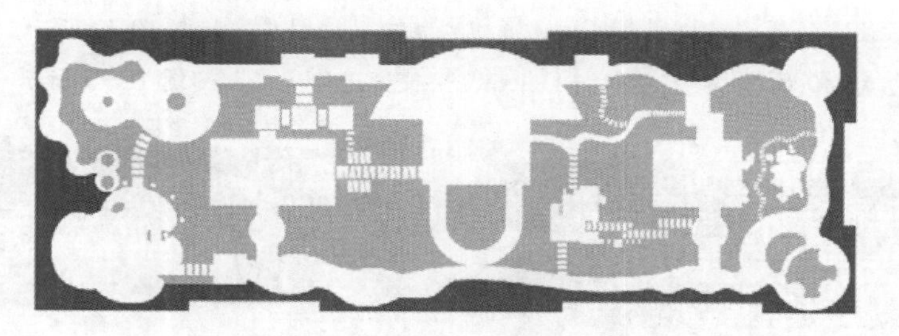

图 10-36 填充草地图案

## 10.5 制作道路铺装

广场、人行道一般都是由地砖铺砌而成，在总平面图的设计中，通常只需选择合适的地砖纹理，然后进行图案填充即可。本屋顶花园道路铺装有中央广场、左右两侧的圆形小广场等。

### 1. 制作中央广场等铺装

01 选择“建筑”图层为当前图层，使用放大工具放大中央铺装区域，如图 10-37 所示。

02 查找断线，使用铅笔工具进行连接，如图 10-38 所示。

03 连接完成后，按下“W”键启用魔棒工具，选择内部铺装区域并建立对应图层，如图 10-39 所示。

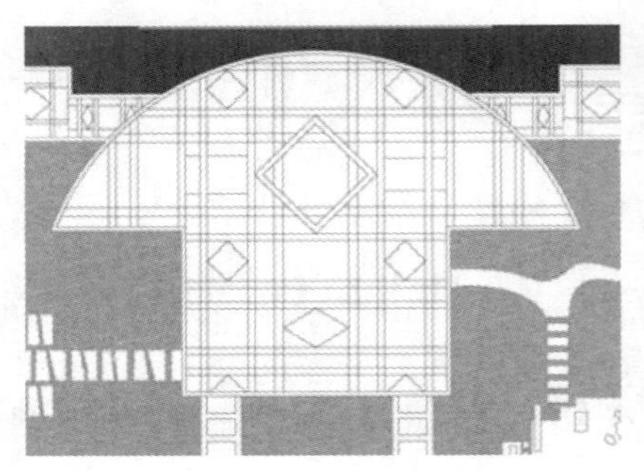

图 10-37 放大中央铺装区域

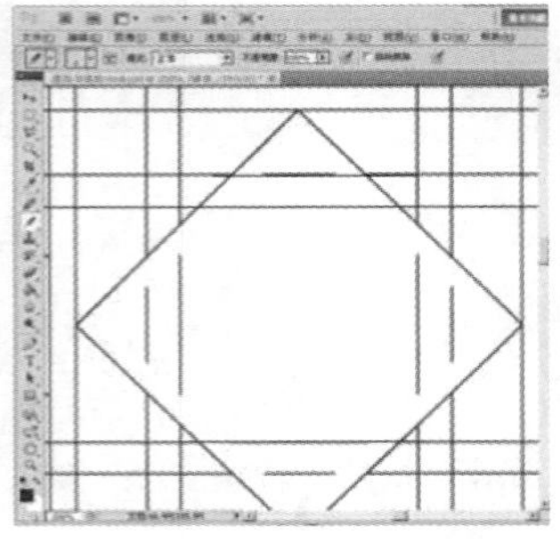

图 10-38 查看断线区域

图 10-39 选择内部铺装区域

04 打开配套资源“广场铺地.jpg”素材，使用前面介绍的方法将其定义为图案，如图 10-40 所示。

05 选择“内部铺装”图层为当前图层，按下“Shift+F5”进行图案填充，如图 10-41 所示。

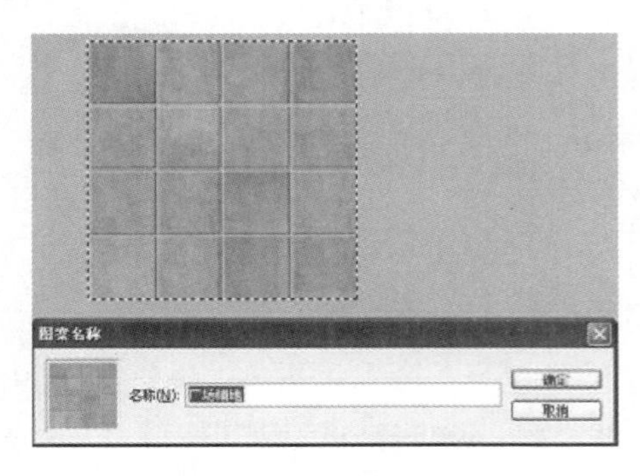


图 10-40 定义广场铺地图案

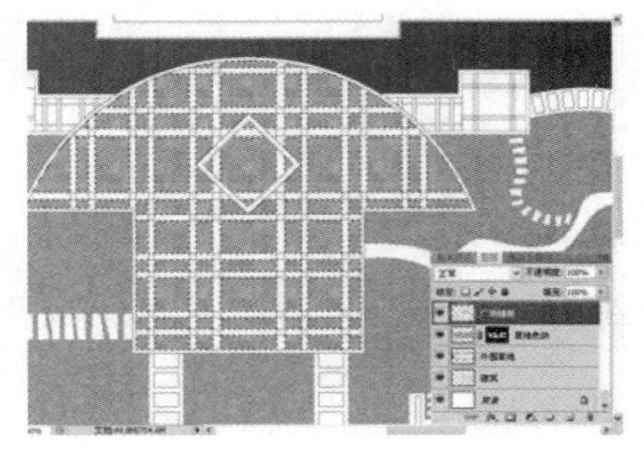

图 10-41 填充广场铺装

06 通过类似方法，选择广场铺装线区域，并建立相应区域图层，如图 10-42 所示。

07 调整前景色为#e0e0e0，按下“Alt + Delete”快捷键进行填充，如图 10-43 所示。

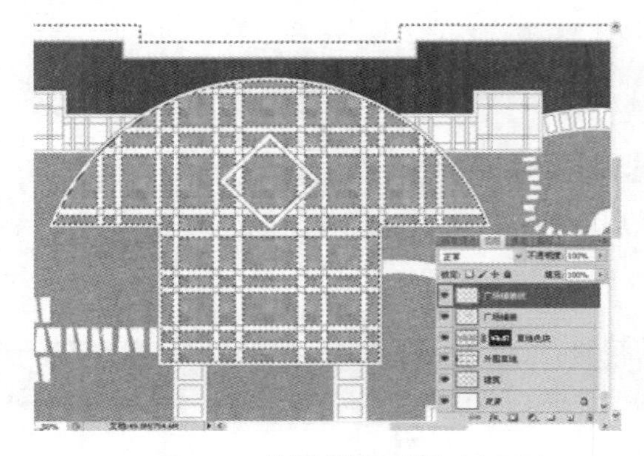

图 10-42 选择铺装线区域并建立图层

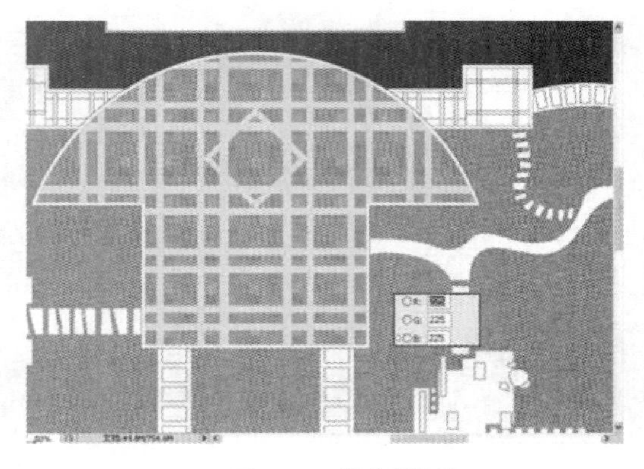

图 10-43 填充铺装线

08 填充完成后，执行【选择】|【修改】|【边界】菜单命令，在弹出的“边界选区”对话框中设置宽度为1像素，如图10-44所示。

09 调整前景色为纯黑色，按“Alt+Delete”键填充边界选区，效果如图10-45所示。

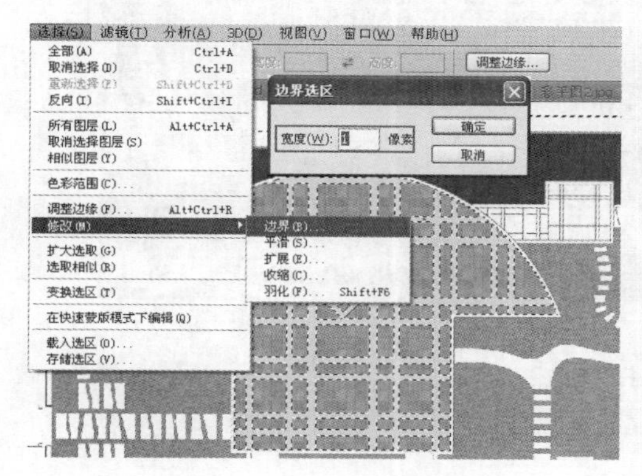


图10-44 创建1像素边界

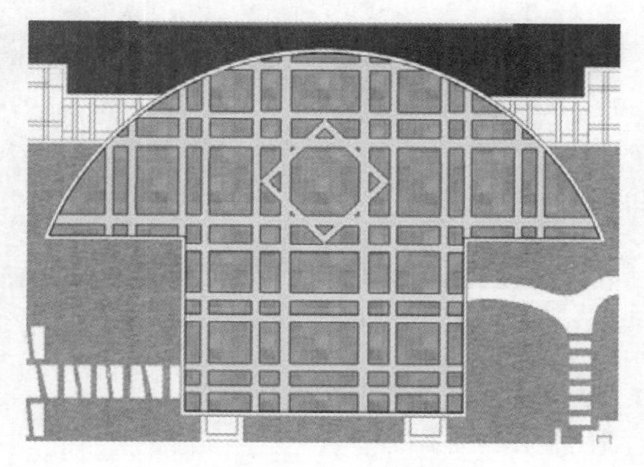

图10-45 填充边界线

10 使用同样的方法，制作其他区域的铺装效果，如图10-46~图10-48所示。

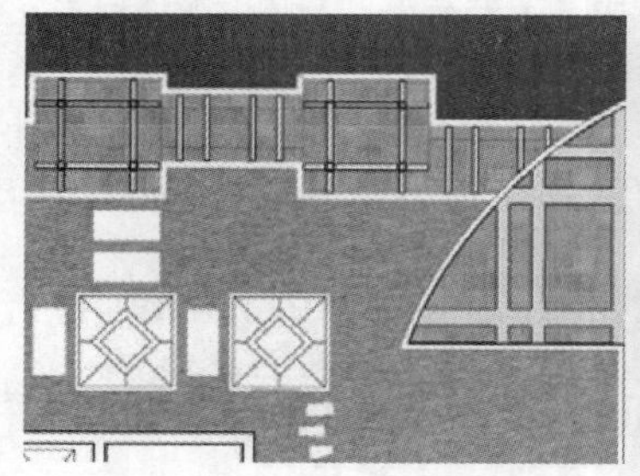

图10-46 制作两侧道路铺装

图10-47 制作左下角铺装

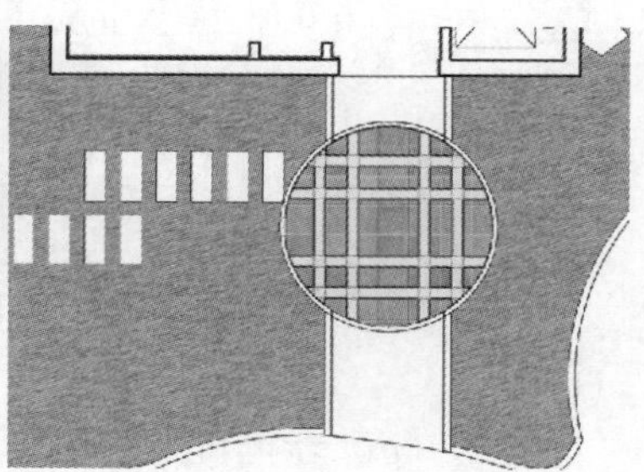

图10-48 制作右下角铺装

11 铺装制作完成后，打开配套资源“大理石-02.jpg”图片素材，将其定义为填充图案，如图10-49所示。

12 通过“建筑”图层与魔棒工具选择到路沿区域，填充大理石图案，得到如图10-50所示路沿效果。

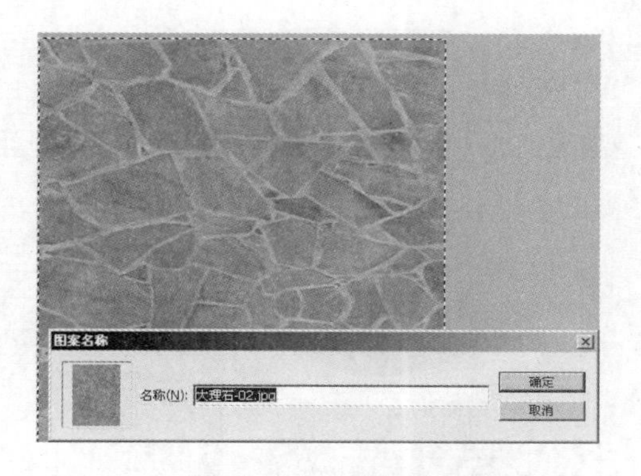


图10-49 定义路沿填充图案

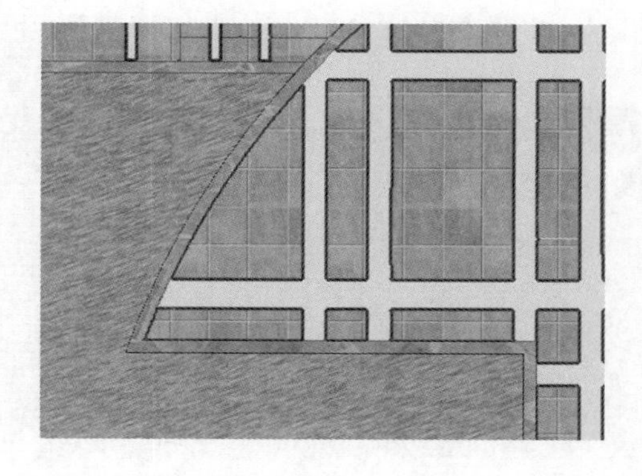

图10-50 填充路沿效果

13 经过以上处理，当前彩色总平面图效果如图10-51所示，接下来制作其他位置的铺装。

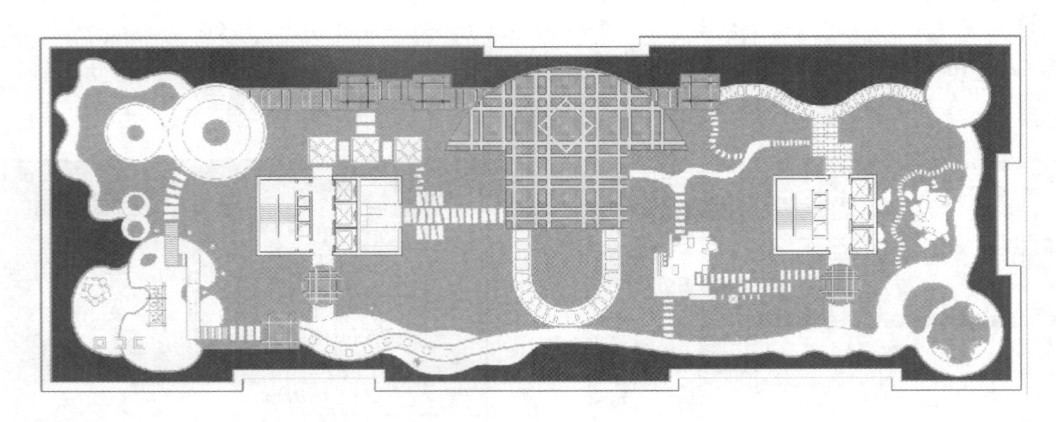

图 10-51　广场等铺装完成效果

2. 制作其他铺装

与广场铺装的制作方法类似，屋顶花园其他区域铺装同样使用“建立选区”→“定义图案”→“填充图案”的方法制作。

01 打开配套资源“石板.jpg”素材图片，将其定义为图案，如图 10-52 所示，然后填充右侧圆形休闲平台，如图 10-53 所示。

图 10-52　定义石板填充图案

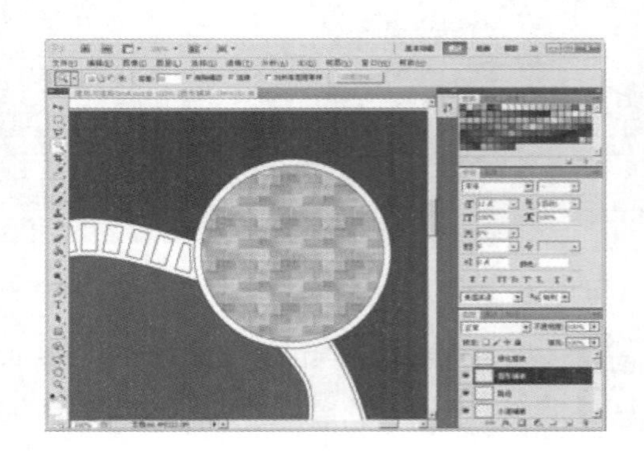

图 10-53　填充右侧圆形休闲平台

02 打开配套资源“灰石面.jpg”素材图片，将其定义为图案，如图 10-54 所示，然后填充右侧建筑出口路面，如图 10-55 所示。

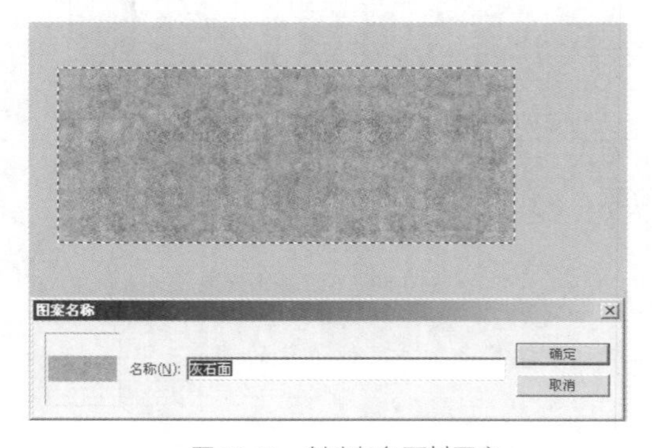


图 10-54　创建灰色石材图案

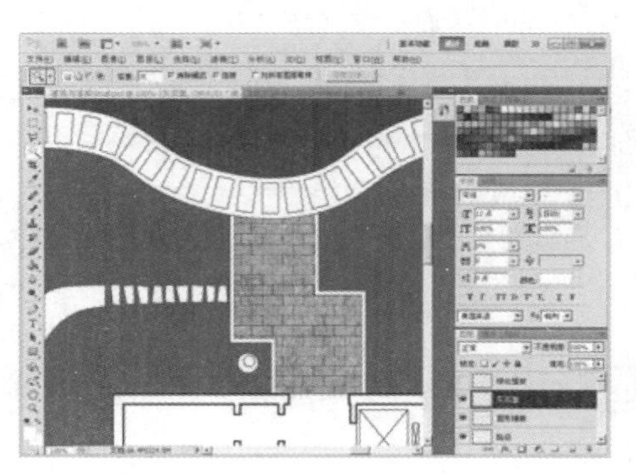

图 10-55　填充出口路面

03 打开配套资源“广场铺地.jpg”素材，将其定义为广场铺地，如图 10-56 所示，然后填充中心小广场地面，如图 10-57 所示。

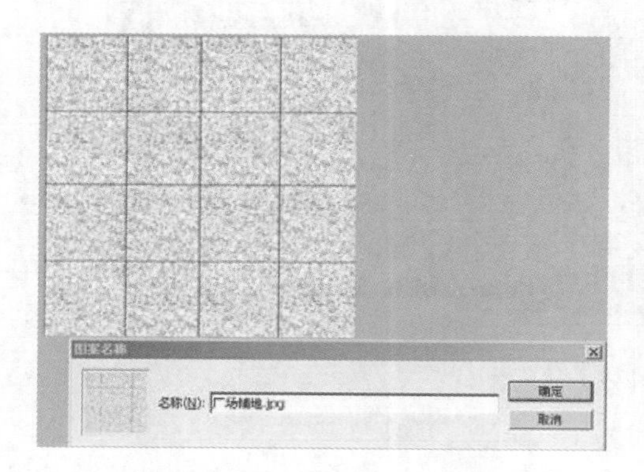


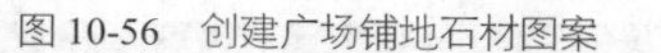
图 10-56 创建广场铺地石材图案

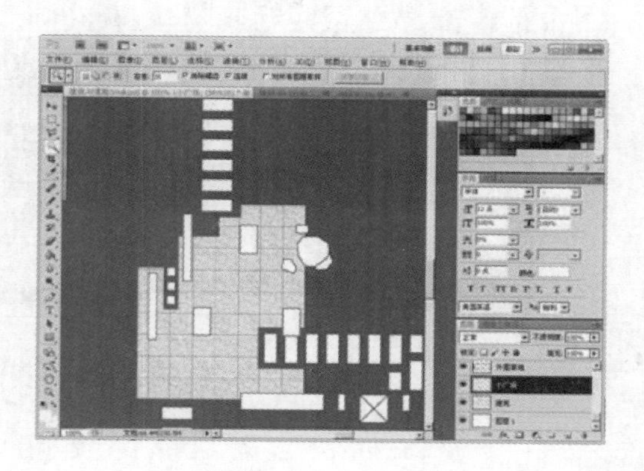

图 10-57 填充中心小广场

04 打开配套资源“卵石地砖.jpg”素材图片，将其定义为卵石地砖，如图 10-58 所示，然后填充左侧圆形休闲小广场，如图 10-59 所示。

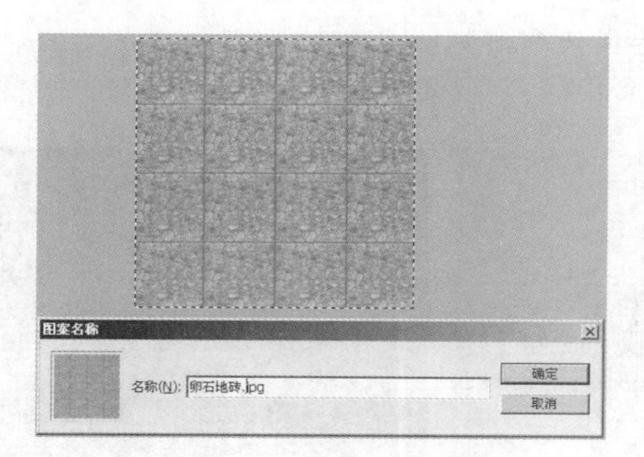


图 10-58 定义卵石地砖图案

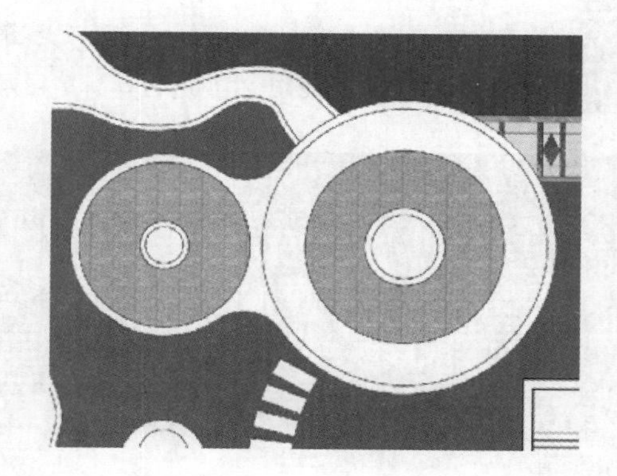

图 10-59 填充左侧圆形休闲小广场

05 通过类似方法，制作小广场与弧形休闲平台铺地，如图 10-60 与图 10-61 所示。

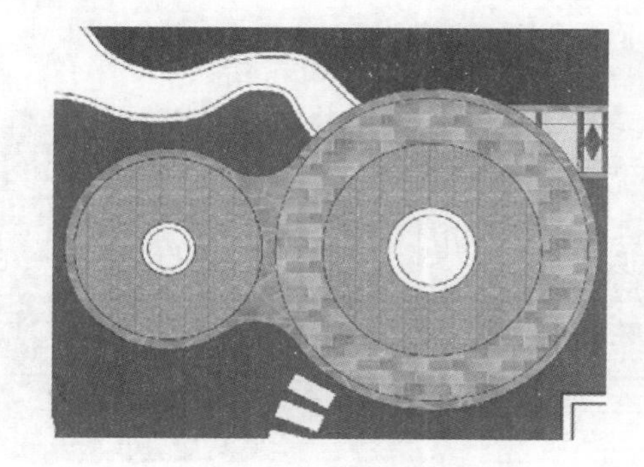

图 10-60 黄陶砖素材

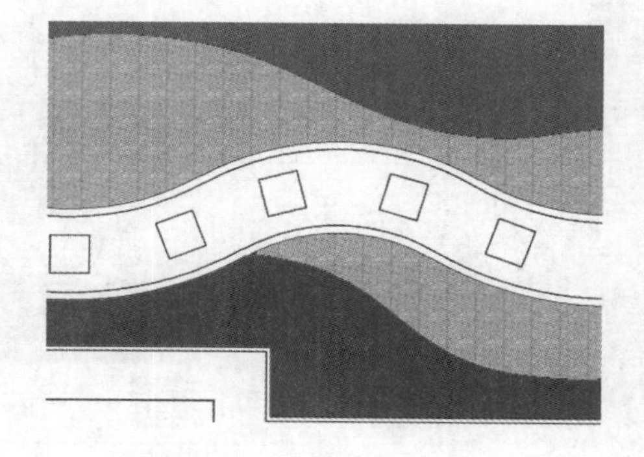

图 10-61 填充道路两旁弧形休闲平台

06 经过以上处理，当前的彩色总平面图效果如图 10-62 所示，接下来制作汀步、小路等细节。

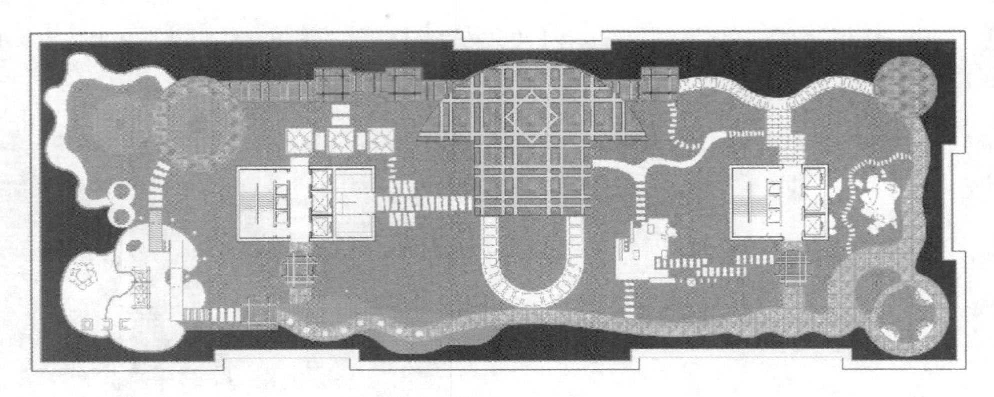

图 10-62　中央铺装完成的整体效果

## 10.6 制作汀步与小路

01 调整前景色为#80b148，填充汀步下方的草地，如图 10-63 所示。

02 打开配套资源“铺料.jpg”素材，定义为图案，如图 10-64 所示。

03 通过“建筑”图层创建汀步选区，新建图层后填充图案，得到如图 10-65 与图 10-66 所示的汀步效果。

图 10-63　填充汀步下方草地

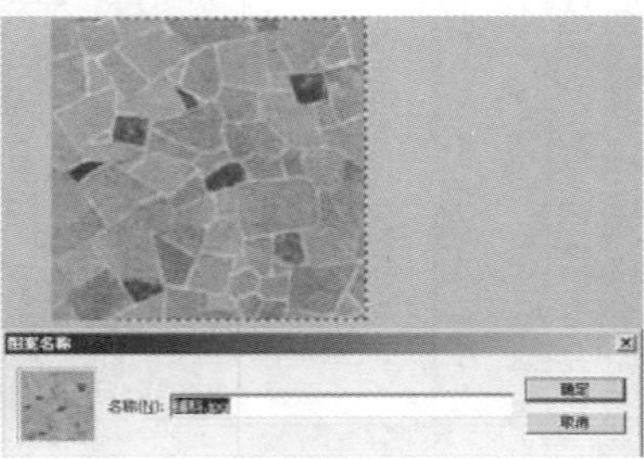


图 10-64　创建铺料贴图图案

图 10-65 填充汀步

04 打开配套资源“素鹅卵石.jpg”素材，将其定义为素鹅卵石，如图 10-67 所示。

05 通过“建筑”图层建立素鹅卵石选区，新建图层后进行填充，完成效果如图 10-68 所示。

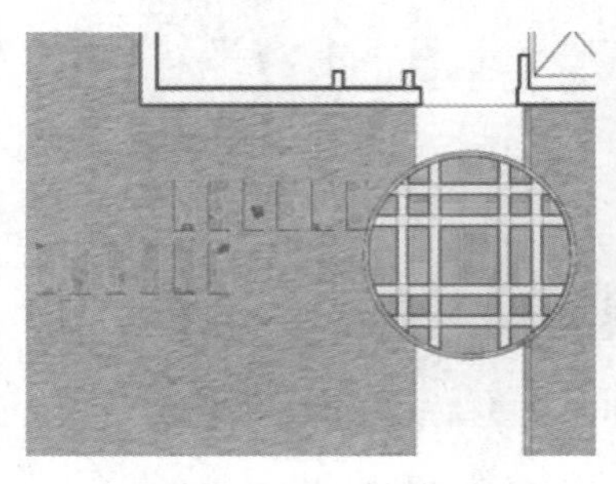

图 10-66　填充其他汀步

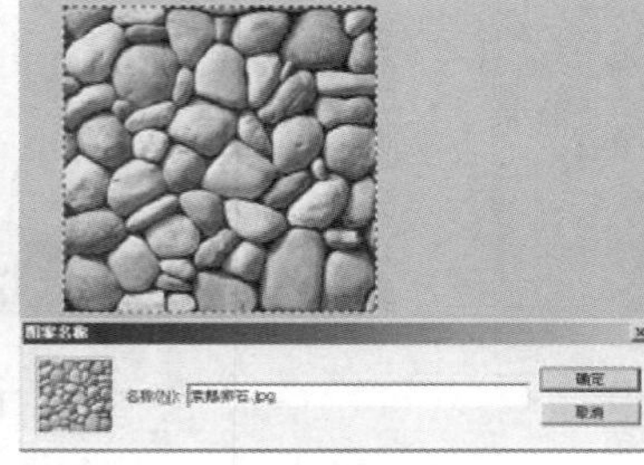


图 10-67　定义素鹅卵石图案

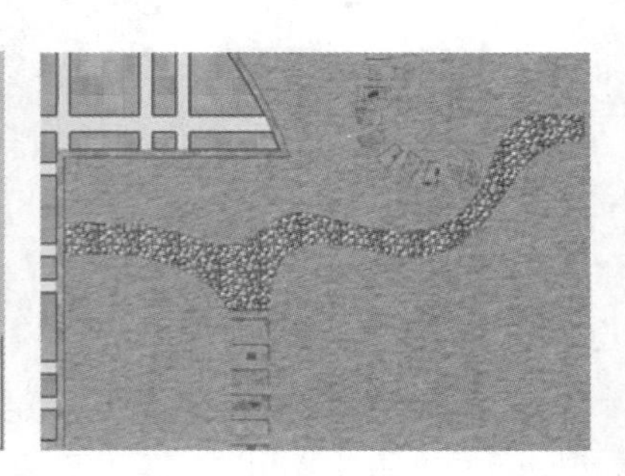

图 10-68　填充素鹅卵石道

06 打开配套资源“小路铺地.jpg”素材，定义为小路铺地，如图 10-69 所示。

07 通过“建筑”图层建立小道选区，新建图层后进行填充，完成效果如图 10-70 所示。

08 使用之前介绍的方法，制作以上各道路的路沿细节，完成效果如图 10-71 所示。

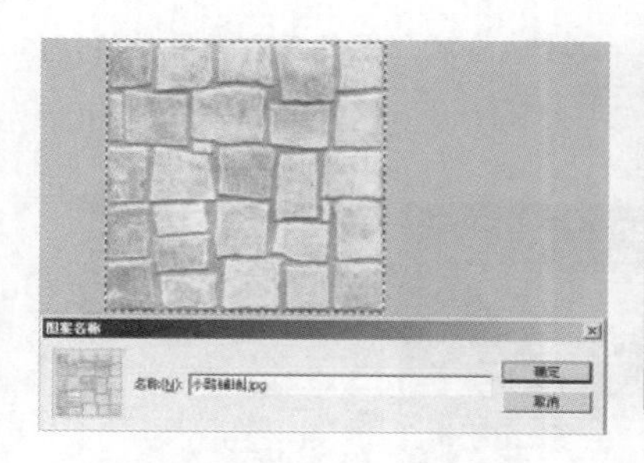


图 10-69 定义小路图案

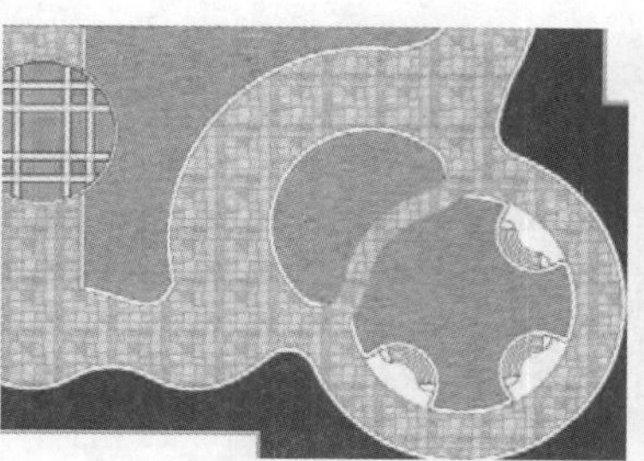

图 10-70 填充路面

图 10-71 制作路沿细节

09 经过以上处理，当前彩色总平面图效果如图 10-72 所示，接下来制作亭子、景石等细节。

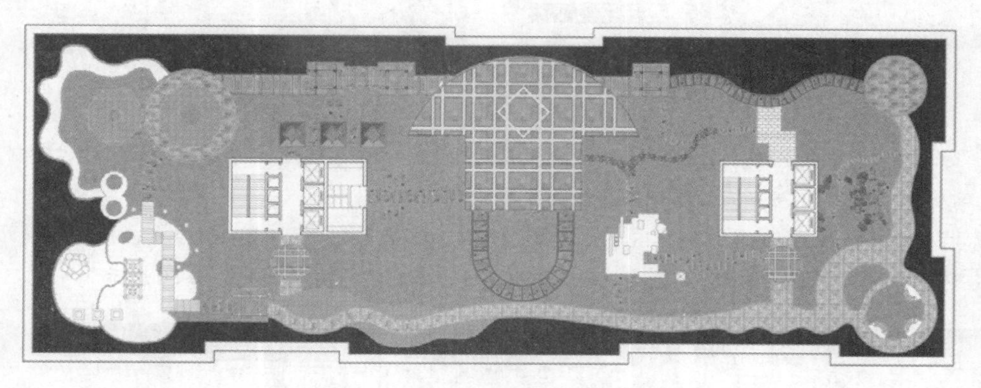

图 10-72 各处汀步与小路完成的整体效果

## 10.7 制作亭子与景石

01 打开配套资源“木纹.jpg”素材，定义为木纹，如图 10-73 所示。

02 通过“建筑”图层建立亭子木架选区，新建图层后填充木纹图案，完成效果如图 10-74 所示。

03 由于阳光的照射，亭子玻璃顶部将产生明暗变化，本例假定阳光为右下角方向，因此如图 10-75 所示的 1 和 2 面为受光面，3 和 4 面为阴影面。

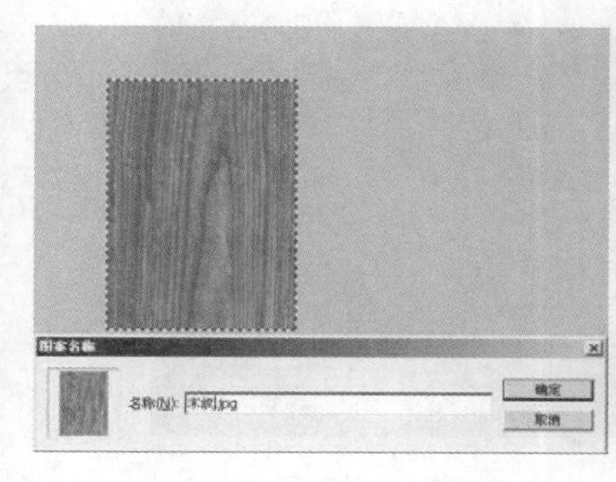


图 10-73 创建木纹图案

图 10-74 填充亭子木架

4
3
2
1

图 10-75 亭子屋顶亮度分区

04 通过“建筑”图层建立亭子 1 面选区，新建图层后填充#87c0e8 颜色，然后调整不透明度为 50%左右，完成效果如图 10-76 所示。

05 按下“Ctrl+J”键复制图层，按下“Ctrl+T”键调整朝向，制作2面玻璃屋顶，提高不透明度数值，体现亮度变化，如图10-77所示。

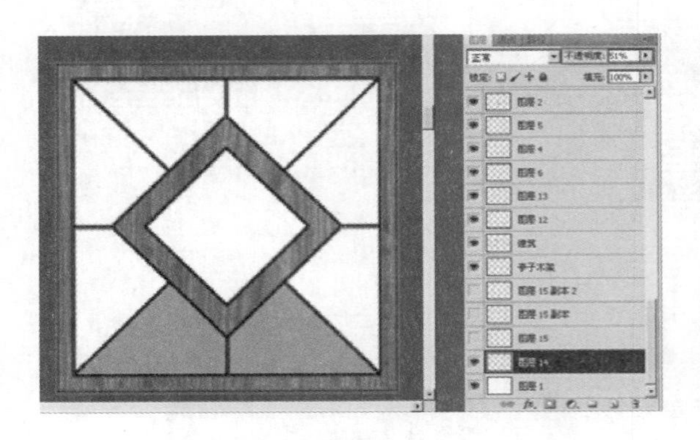

图10-76　制作下方最亮区域

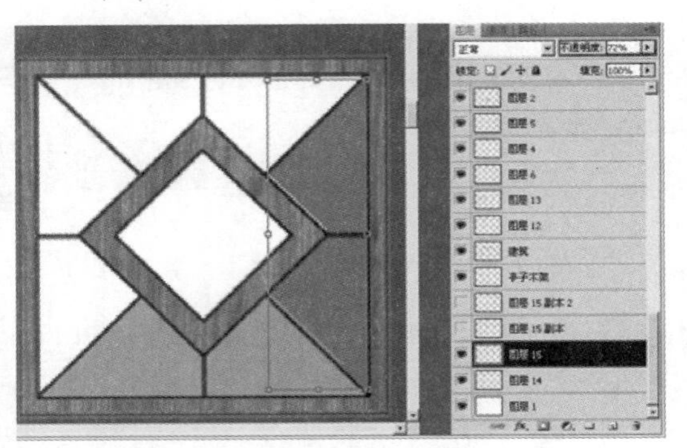

图10-77　复制并调整填充区域

06 通过相同方法制作亭子3面和4面，设置不透明度为100%，制作出阴影面效果。通过复制，得到另外两个玻璃屋顶，如图10-78所示，接下来制作景石等细节。

07 打开配套资源“土地和石材048.jpg”素材，定义为土地和石材，如图10-79所示。

08 通过“建筑”图层建立景石选区，新建图层后进行填充，完成效果如图10-80所示。

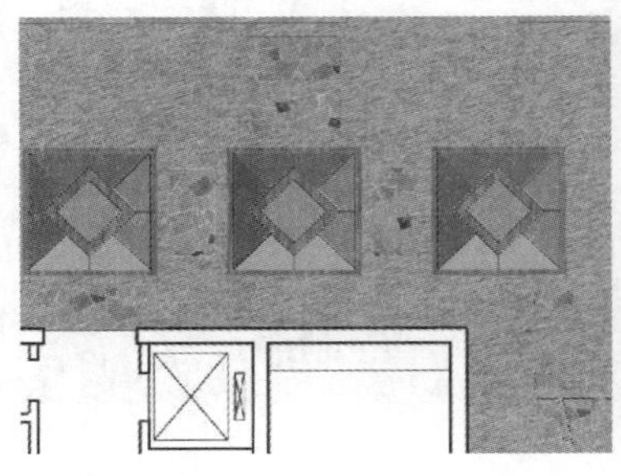

图10-78　亭子处理完成效果

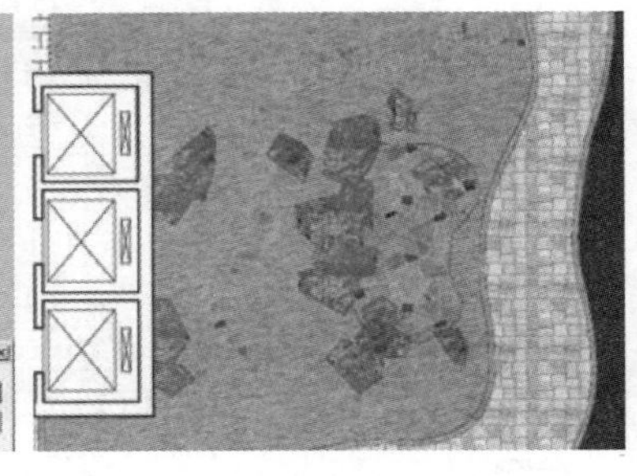

图10-79　创建石材贴图图案

图10-80　填充景石图层

09 重复类似操作，利用之前创建的木纹与石纹图案，制作广场以及右下角弧形座凳处的细节，完成效果如图10-81与图10-82所示。

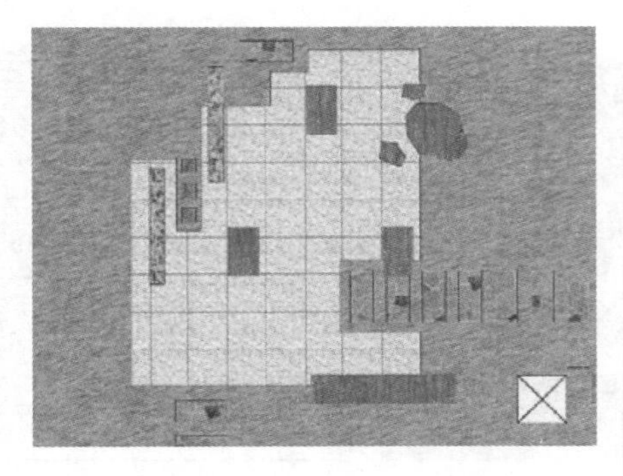

图10-81　填充广场座凳、景墙

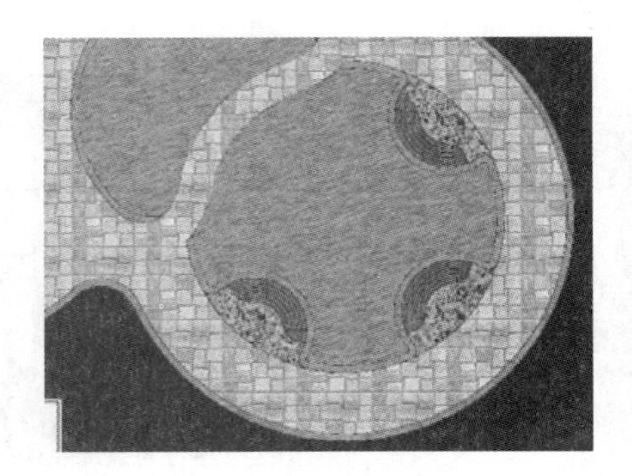

图10-82　填充右下角弧形座凳

10 通过以上处理后，屋顶彩色总平面图效果如图10-83所示，接下来制作水、建筑等细节。

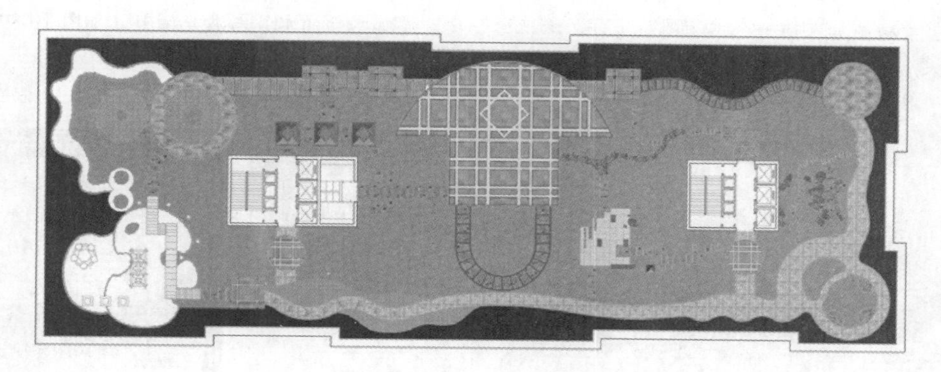

图 10-83 亭子与景石完成效果

## 10.8 制作水面与建筑

水面制作有颜色填充、渐变、水面图像等多种方法，无论使用何种方法都应表现出水边岸堤在水面上的投影，水面的质感和光感变化，如图 10-84 所示为几种水面效果。

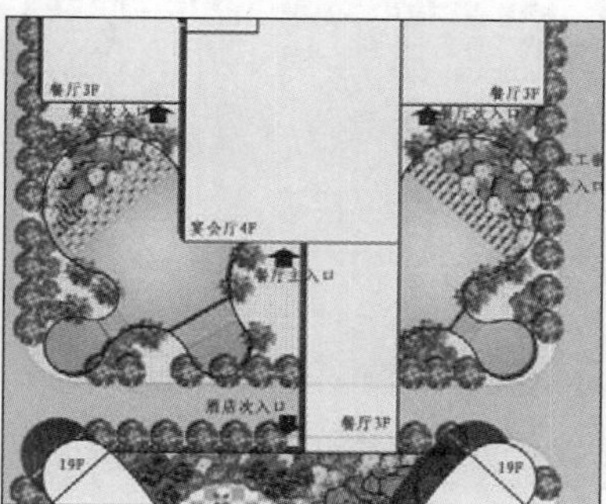


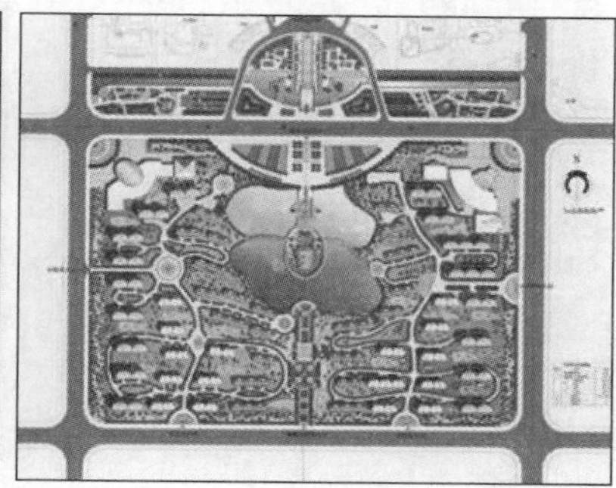

图 10-84 水景效果

01 打开配套资源“水面.jpg”素材，如图 10-85 所示，将其复制至当前的图像窗口。

02 使用“建筑”图层建立水面选区，如图 10-86 所示。执行【图层】\【图层蒙版】\【显示蒙版】命令，为水面图层添加图层蒙版，隐藏选区外的水面区域，然后添加【图层】\【图层样式】\【内阴影】命令，为水面添加内阴影，使效果更为真实，如图 10-87 所示。

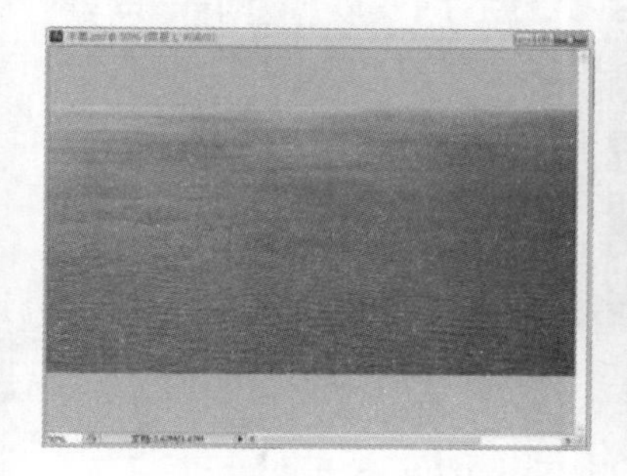

图 10-85 打开水面素材

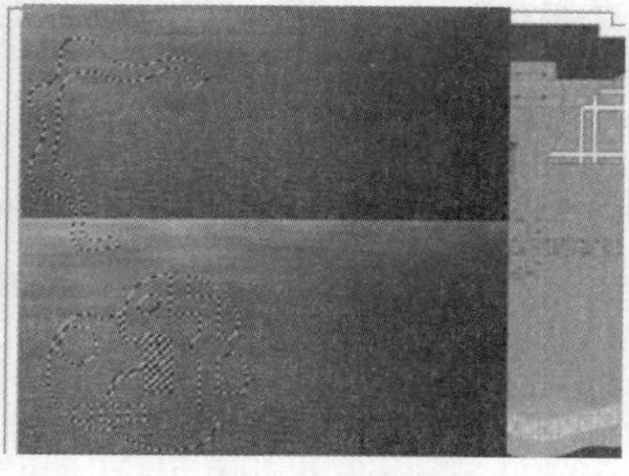

图 10-86 建立水面选区

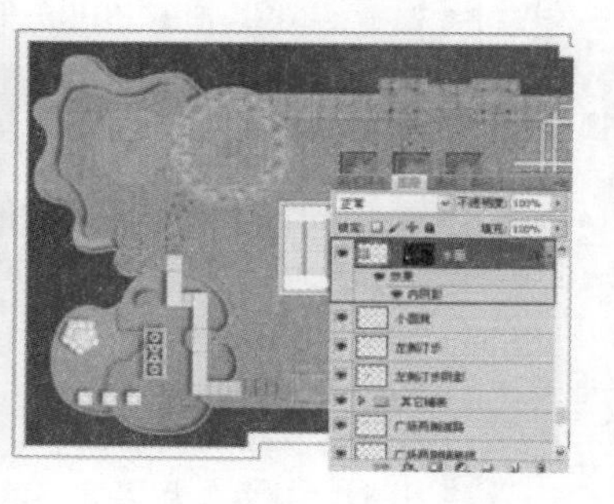

图 10-87 添加图层蒙版

03 打开配套资源“水纹波光.jpg”图片素材，如图 10-88 所示。

04 将素材叠加在前一个水面图层上方，降低透明度，添加水面的水纹与波光细节，如图 10-89 所示。

05 添加【色阶】调整图层，提高水面的亮度，如图 10-90 所示。

图 10-88　打开水纹波光贴图

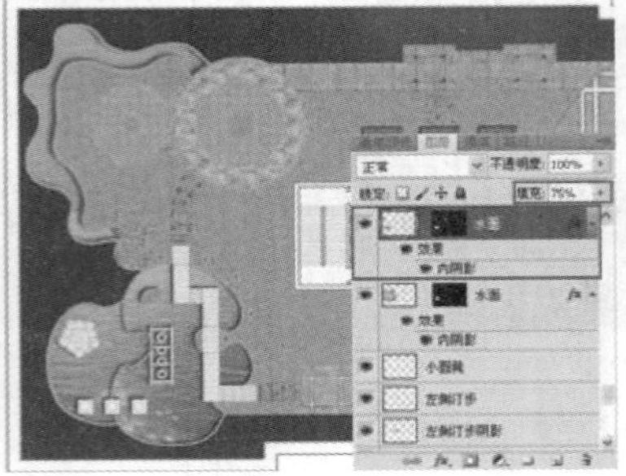

图 10-89　添加波光细节

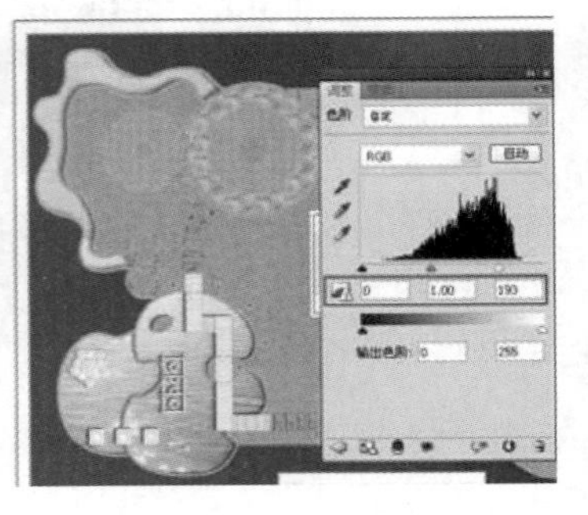

图 10-90　调整色阶

06 打开配套资源“原木板.jpg”素材，将其创建为填充图案，如图 10-91 所示。

07 通过“建筑”图层建立对应选区，使用原木图案分别填充亲水木平台与水中游乐设施框架，如图 10-92 与图 10-93 所示。

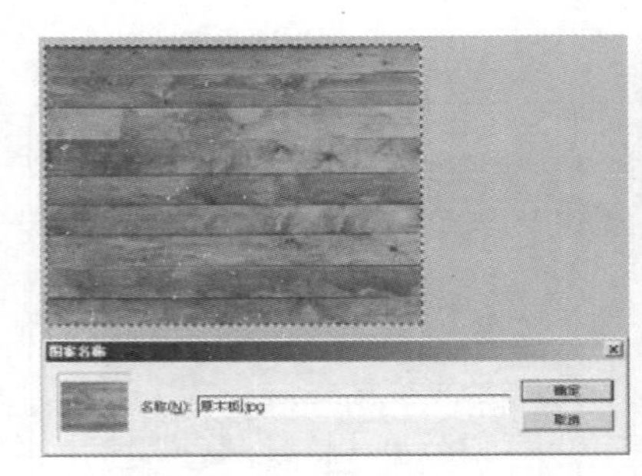

图 10-91　打开原木贴图并定义为图案

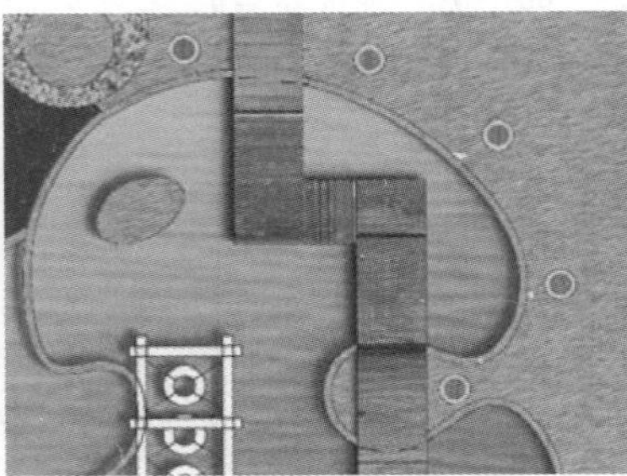

图 10-92　填充亲水平台区域

图 10-93　填充水中游乐设施

08 打开配套资源“大理石 01.jpg”素材，将其创建为填充图案，如图 10-94 所示。

09 通过“建筑”图层建立喷泉外层选区，填充外部轮廓图案，如图 10-95 所示。

10 使用类似的方法制作喷泉内部水面效果，如图 10-96 所示。

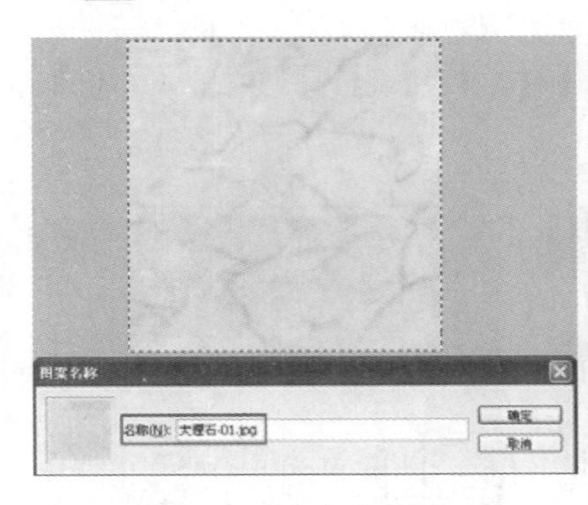


图 10-94　定义大理石图案

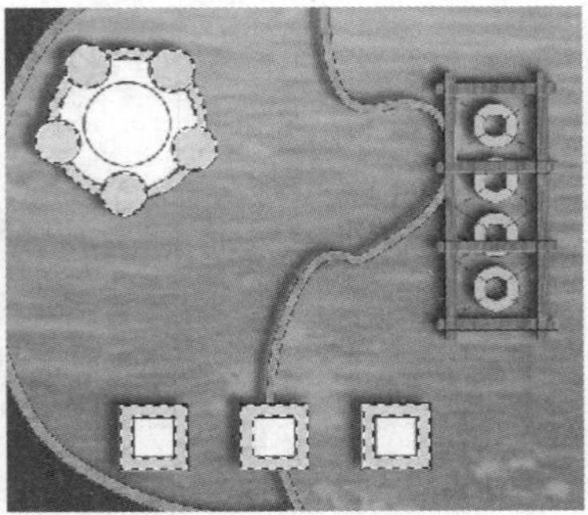

图 10-95　填充喷泉主体

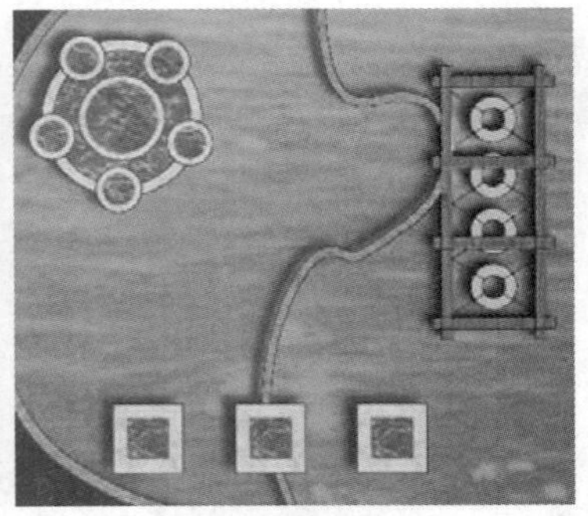

图 10-96　填充喷泉水面

11 通过“建筑”图层建立建筑平面，然后填充与路沿一致的贴图，如图 10-97 所示。

12 打开配套资源“屋面”图片素材，将其创建为填充图案，如图 10-98 所示。

13 按下“M”键激活矩形选框工具，选择建筑内部平面填充屋面与女儿墙，如图 10-99 所示。

图 10-97 制作建筑平面

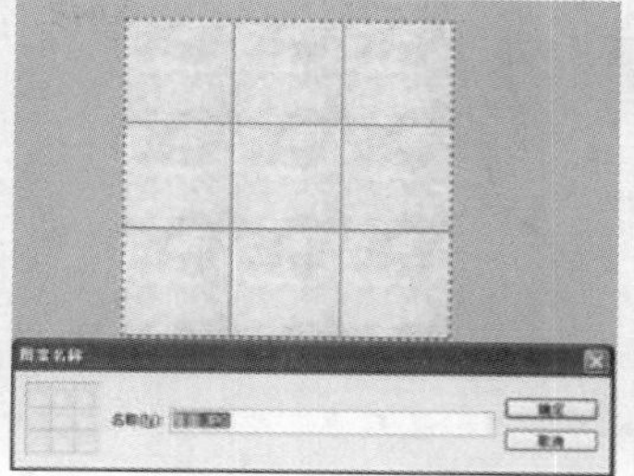
图 10-98 定义屋面图案

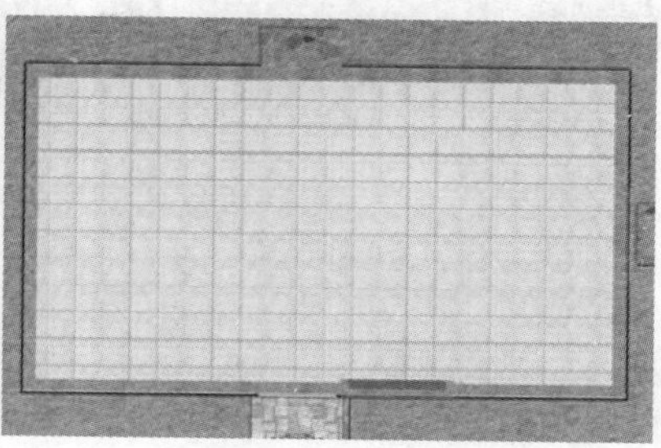
图 10-99 填充屋顶细节

14 打开配套资源“混凝土.jpg”图片素材，将其创建为填充图案，如图 10-100 所示。

15 按下“M”键打开矩形选区，选择建筑内部平面，填充屋面与女儿墙，如图 10-101 所示。

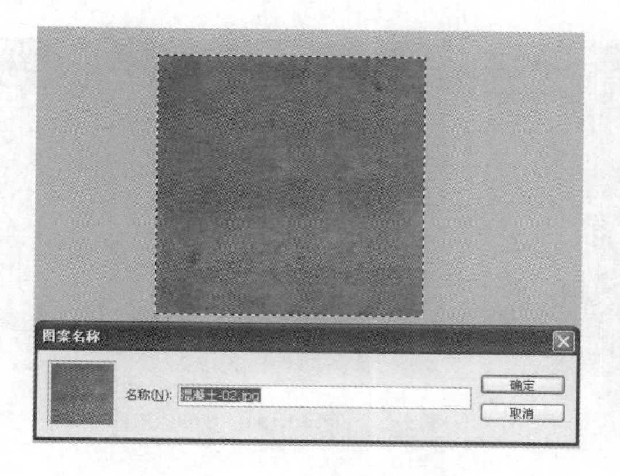

图 10-100 定义混凝土图案

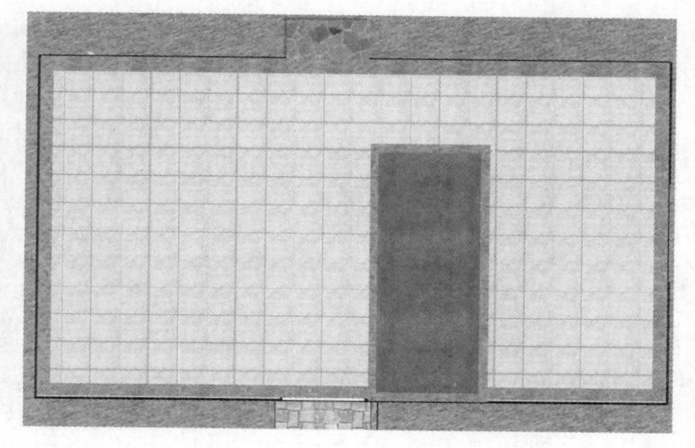
图 10-101 完成左侧建筑细节

16 使用相同的方法制作右侧建筑细节，如图 10-102 所示，完成彩色总平面图效果如图 10-103 所示。

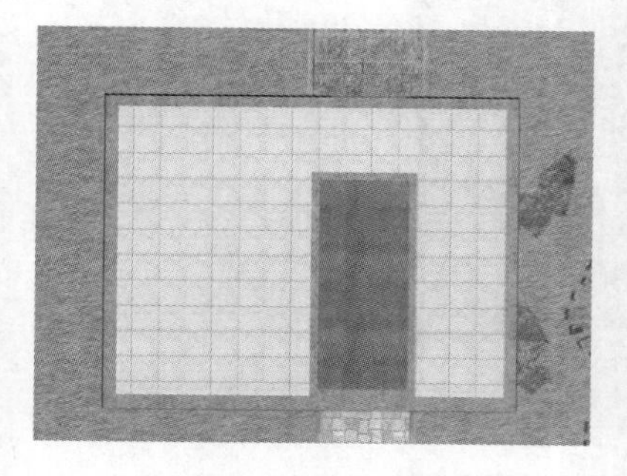
图 10-102 完成右侧建筑细节

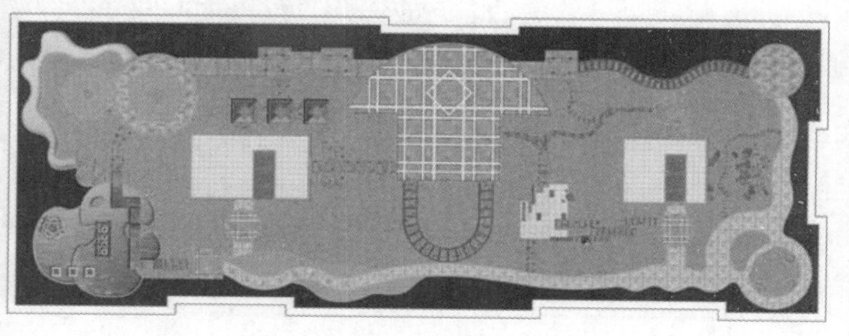
图 10-103 水面与建筑完成整体效果

## 10.9 合成喷水、桌椅及植物

01 打开配套资源“喷水.jpg”素材，如图 10-104 所示。

02 将其复制至当前图像窗口，参考喷水造型复制至相应位置，如图 10-105 与图 10-106 所示。

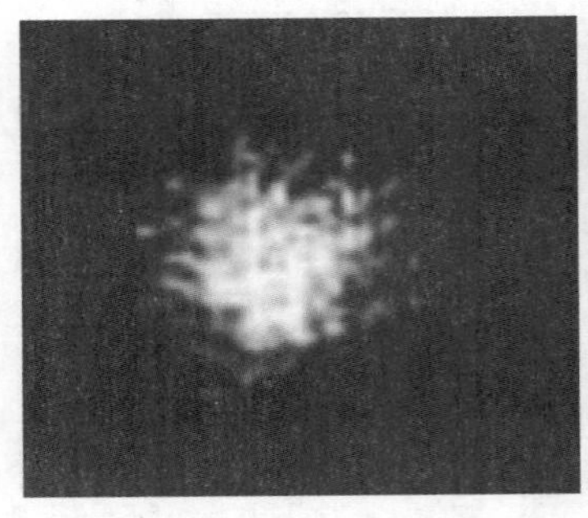
图 10-104　打开喷水素材

图 10-105　复制并制作圆形喷泉

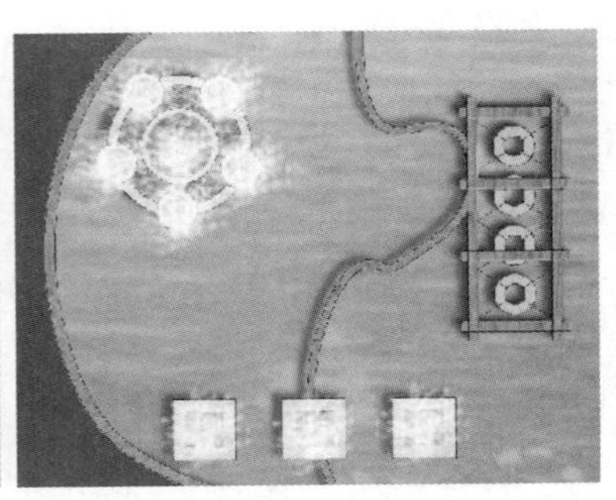
图 10-106　喷泉完成效果

03 打开配套资源“休闲椅.jpg”图片素材，如图 10-107 所示。

04 将其复制至当前图像窗口，按“Ctrl+T”快捷键开启变换，调整大小并复制到广场相应位置，如图 10-108 与图 10-109 所示。

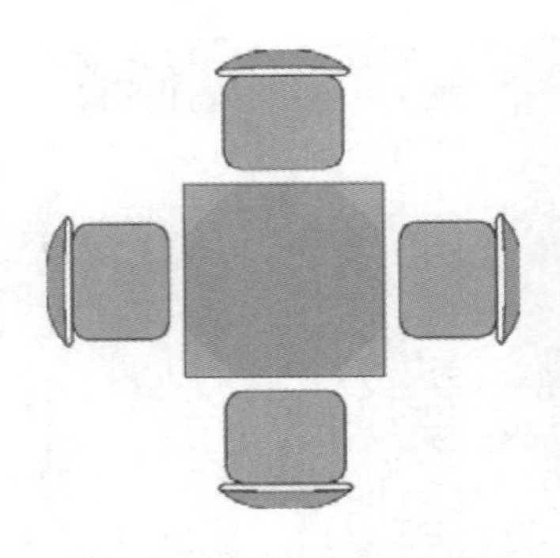
图 10-107　打开休闲桌椅素材

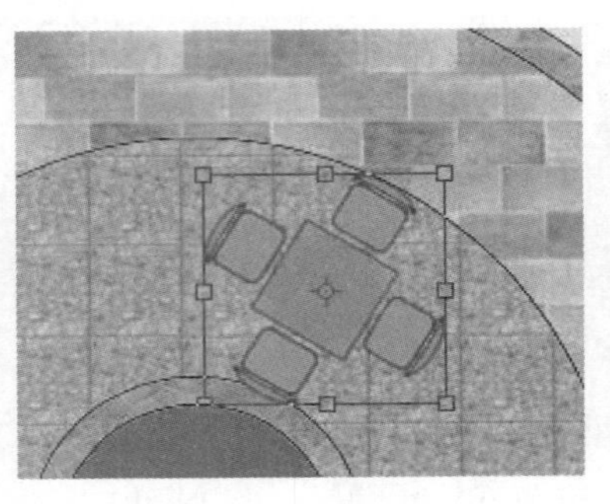
图 10-108　调整大小与方向

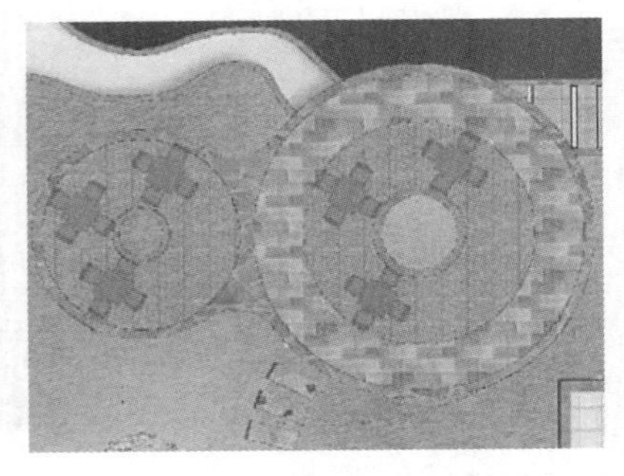
图 10-109　复制休闲椅

05 经过以上处理的彩色总平面图效果如图 10-110 所示，接下来添加植被树木。

06 打开配套资源“植物.jpg”素材，如图 10-111 所示。

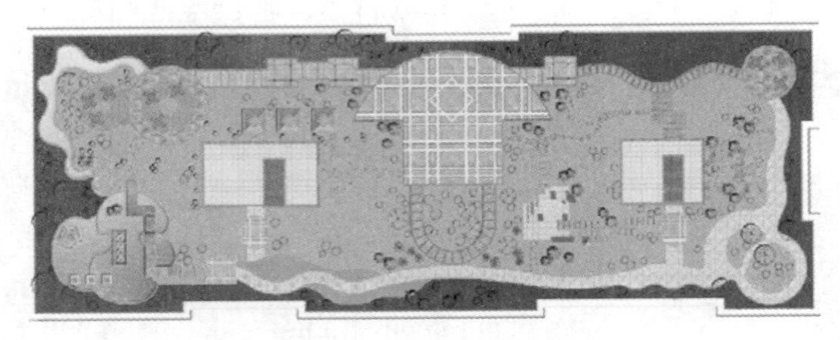
图 10-110　显示绿化植被图层

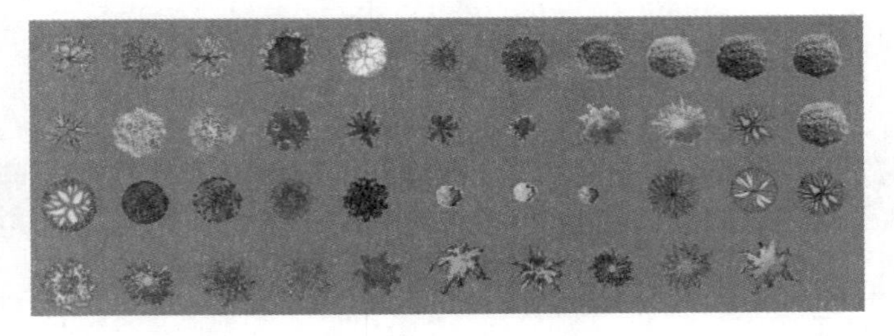
图 10-111　打开植物素材

07 重新显示之前隐藏的“植被绿化”图层，然后在植物素材中选择造型类似的树木进行合并，如图 10-112 所示。

08 参考“植被绿化”图层，调整树木位置与造型大小，如图 10-113 所示，然后进行复制，如图 10-114 所示。

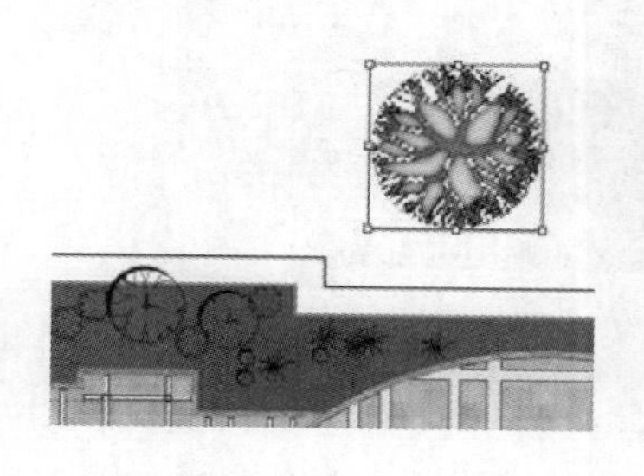

图 10-112　复制树木并调整大小

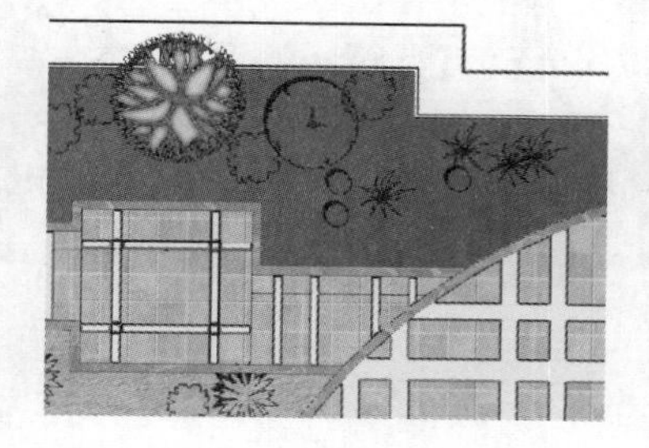

图 10-113　参考图纸进行摆放

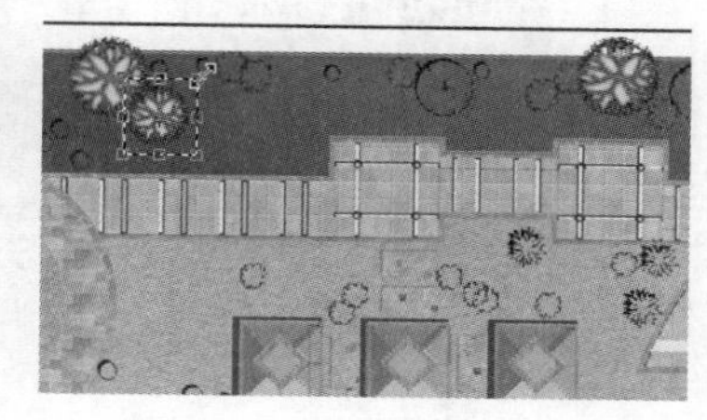

图 10-114　参考图纸进行复制

09 通过以上步骤，完成单一品种的种植效果，如图 10-115 所示。

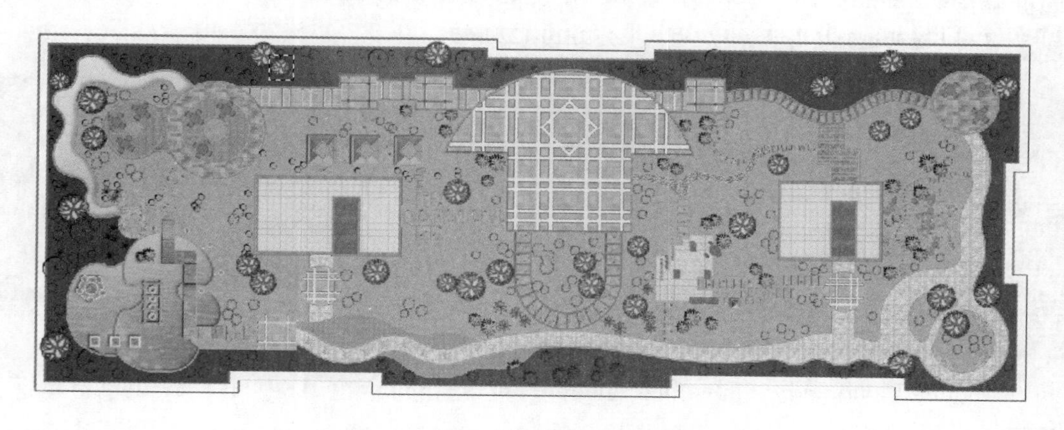

图 10-115　单种乔木图形布置完成效果

10 通过类似方法，参考图纸制作其他树木与灌木，在制作的过程中注意使用“色彩平衡”与“色彩/饱和度”进行调整，以产生颜色和亮度变化，使彩色总平面图颜色、变化更为丰富，如图 10-116 与图 10-117 所示。

11 经过以上处理，彩色总平面图区域效果如图 10-118 所示，整体效果如图 10-119 所示。从中可以看出，此时制作的绿化比较凌乱，接下来通过添加一些规则摆放的行道树，增加画面的秩序感。

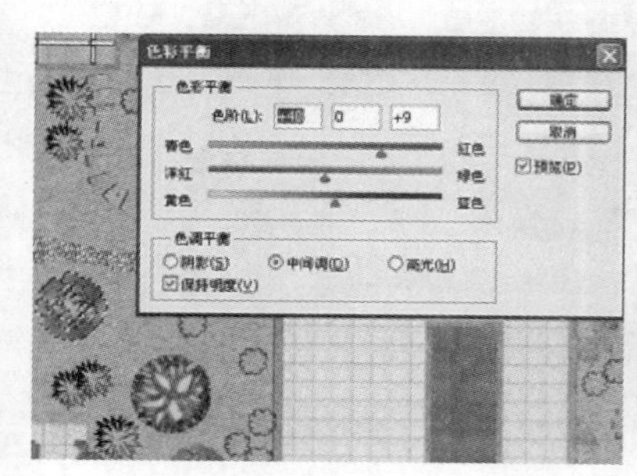

图 10-116　调整产生色彩区分

图 10-117　调整产生明暗区分

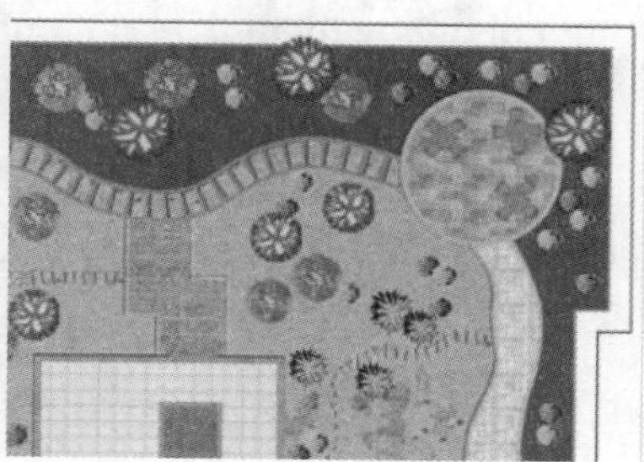

图 10-118　区域植被绿化完成效果

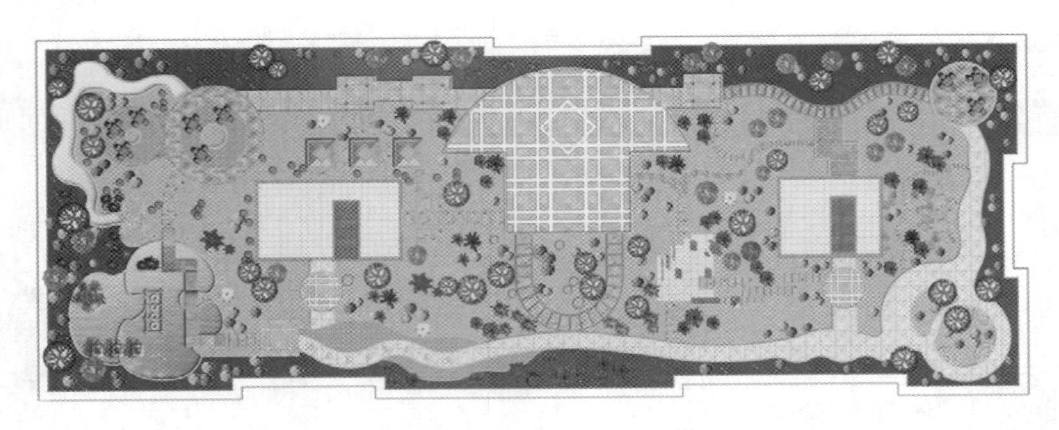

图 10-119　参考图纸布置完成效果

12 首先在“植物素材”图片素材中找到一些造型细致，色彩协调的图例，复制出汀步处的规则树木，如图 10-120 所示。

13 选择场景中已经制作的乔木进行规则复制，完成效果如图 10-121 所示。

14 复制小道两边的规则灌木，完成效果如图 10-122 所示。

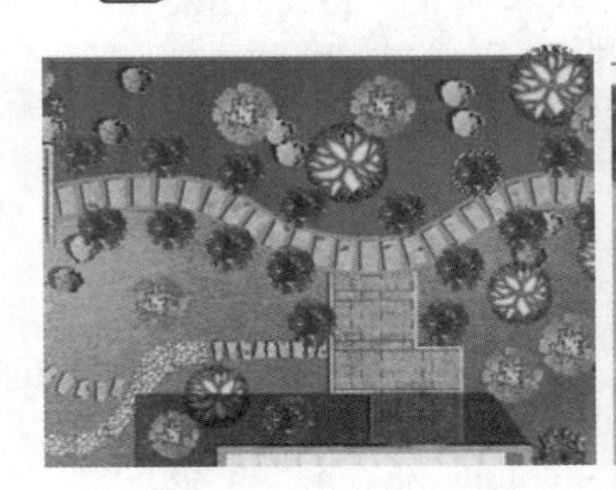

图 10-120　制作汀步处规则乔木

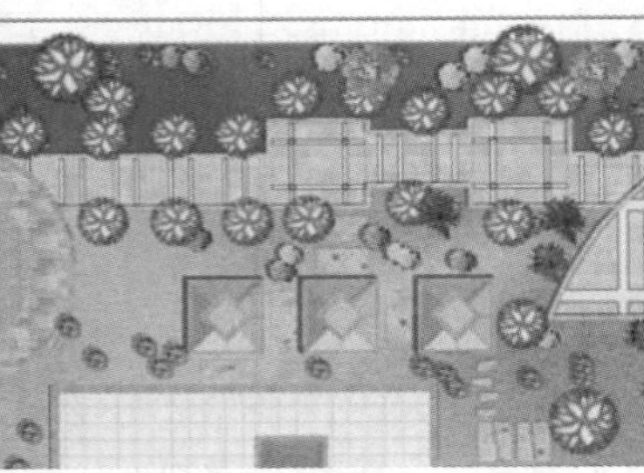

图 10-121　制作小道处规则乔木

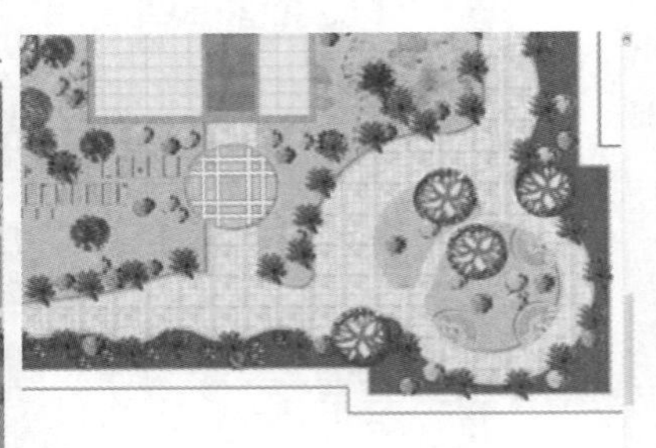

图 10-122　制作小道处规则灌木

15 通过以上的处理，得到绿化效果如图 10-123 所示，最后制作草地细节与阴影。

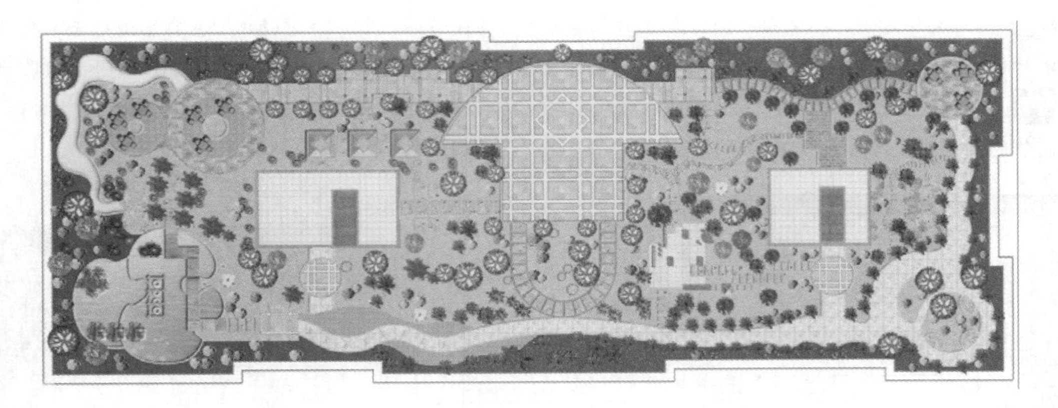

图 10-123　植被绿化最终效果

# 10.10 制作草地细节与阴影

## 10.10.1 制作草地色相和明暗变化

01 选择“内部草地”图层为当前图层，按下“Ctrl + J”组合键进行复制，得到“内部草地 2”复制图层。

02 按“Ctrl”键单击“内部草地 2”图层缩览图，创建图层选区。设置前景色为黑色，使用渐变填充工具填充“前景色到透明”渐变类型，如图 10-124 所示，制作出草地的明暗变化。

03 按下“B”键启用画笔工具，调整前景色颜色为暖色调，在草地上绘制出高光区，如图 10-125 所示，增加草地颜色的冷暖变化。

04 使用同样的方法，调整颜色为黑色，绘制出冷色调阴影区，如图 10-126 所示。

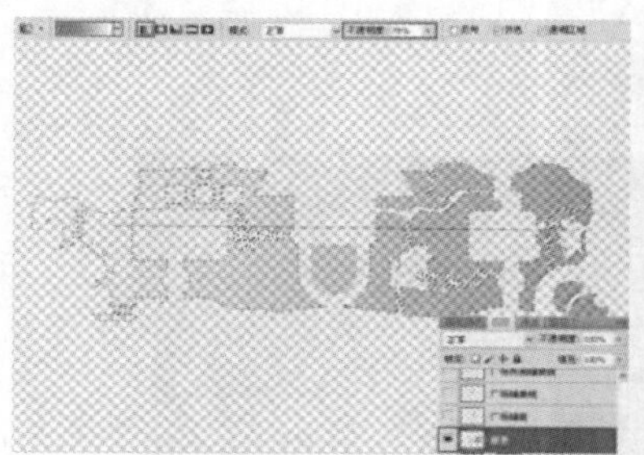

图 10-124 制作草地渐变细节

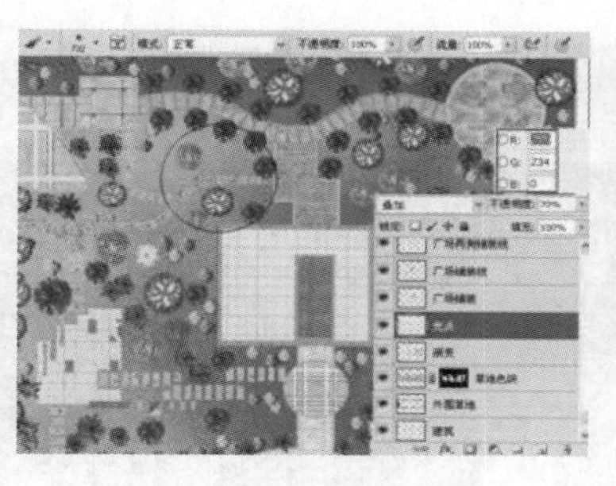

图 10-125 绘制草地高光区

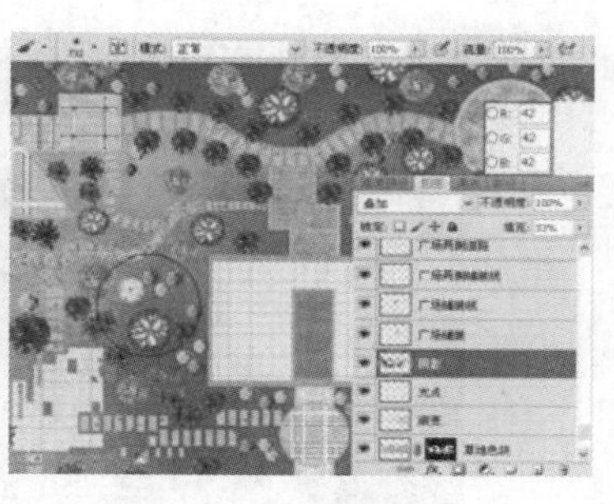

图 10-126 制作草地阴影区

05 通过以上处理，完成草地效果如图 10-127 所示。草地效果更为生动、逼真。

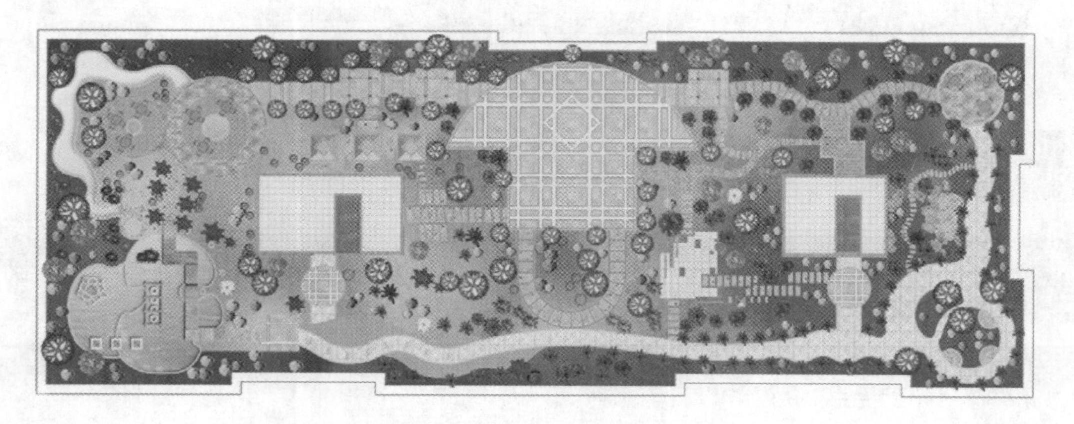

图 10-127 草地处理完成效果

## 10.10.2 制作阴影

阴影可以使植物、建筑与地面紧密地结合在一起，体现出相应的空间层次，使彩色总平面图更为真实。在制作阴影时，要注意统一阴影的方向，同时阴影应不宜为死黑，以制作一定的透明效果。

01 制作树木与灌木阴影细节，选择植物图层，按下“Ctrl+J”键进行复制，如图 10-128 所示。

02 将复制的图层调整至原图层下方，按住“Ctrl”键单击图层缩览图，建立图层选区。设置前景色为黑色，按“Alt + Delete”键填充黑色，降低不透明度数值，如图 10-129 所示。

03 通过光标移动填充图层产生投影效果，此时可以根据效果继续调整【不透明度】以产生合适的阴影亮度，如图 10-130 所示。

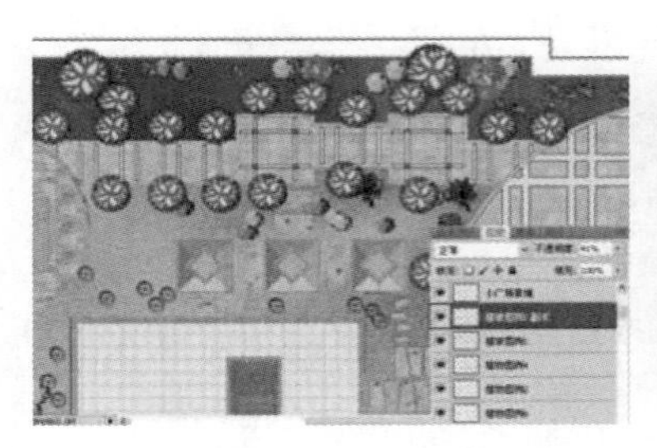
图 10-128 复制图层

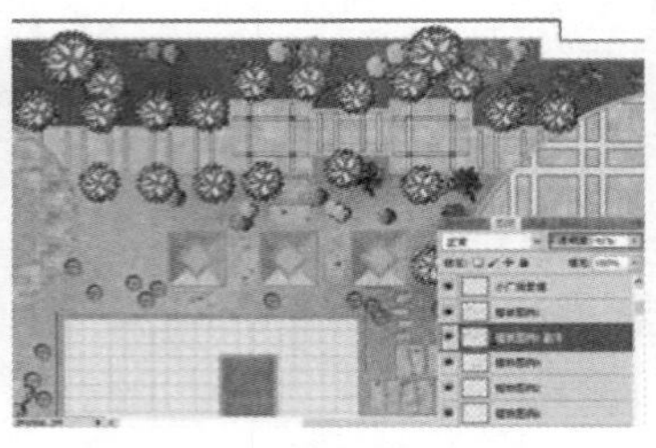
图 10-129 填充颜色并降低不透明度

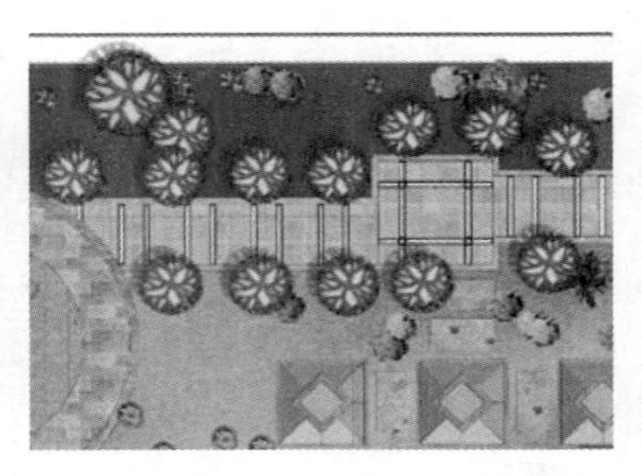
图 10-130 制作完成的阴影效果

04 通过相同方法制作其他绿化的阴影，如图 10-131 所示。

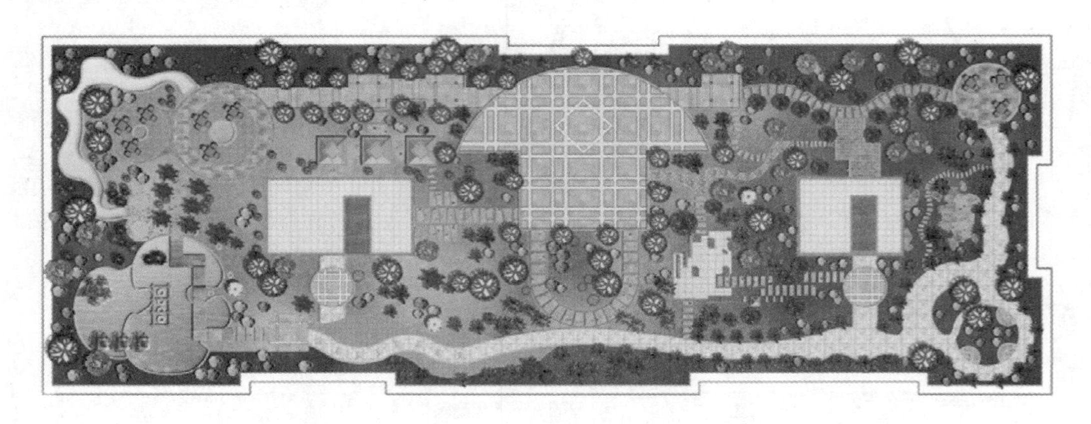
图 10-131 其他植被阴影完成效果

05 通过类似操作，制作喷泉水柱、游乐设施以及亲水木平台阴影，如图 10-132~图 10-134 所示。最后制作建筑阴影。

技 巧

造型简单的对象，可以直接使用图层样式的投影效果制作。

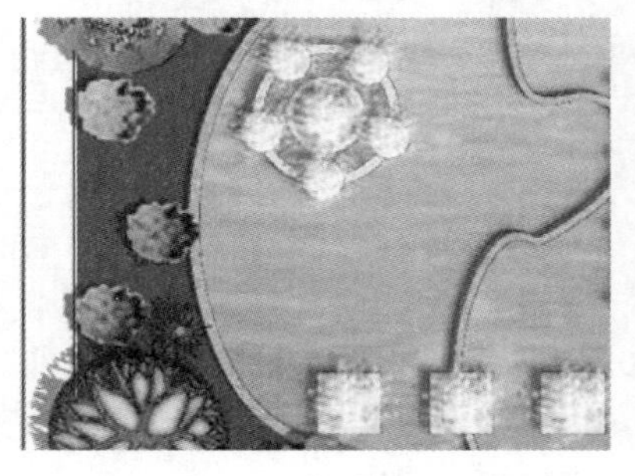
图 10-132 制作喷水阴影

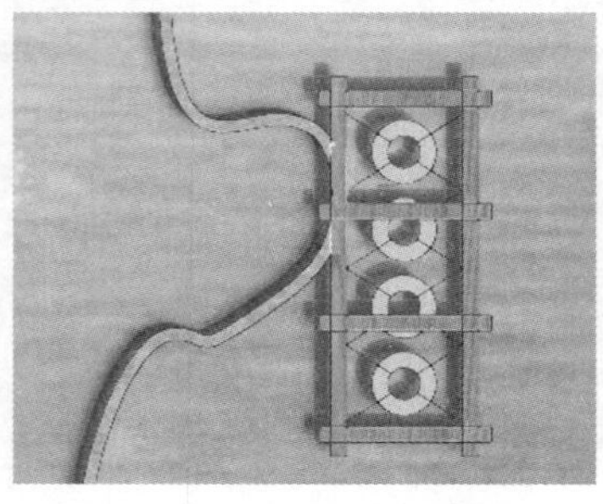
图 10-133 制作游乐设施阴影

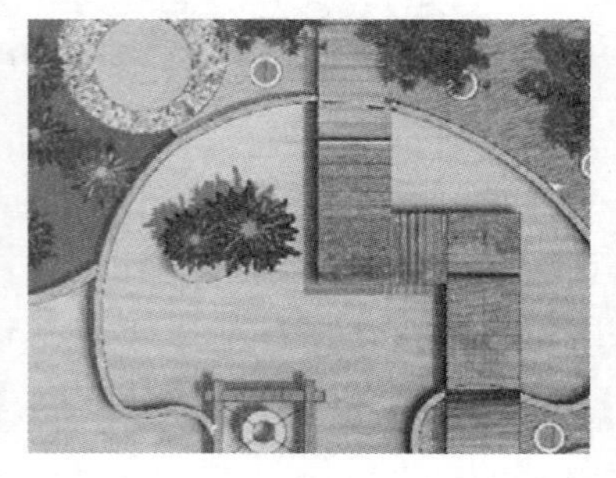
图 10-134 制作亲水木平台阴影

06 按下“P”键启用钢笔工具，在建筑周围绘制阴影区域，如图 10-135 所示。

07 在建筑图层下方新建一个图层，按下“Ctrl+Enter”键载入路径选区，填充黑色并降低不透明度，形成阴影效果如图 10-136 所示。

08 使用相同方法制作楼梯间与女儿墙阴影，完成效果如图 10-137 所示。

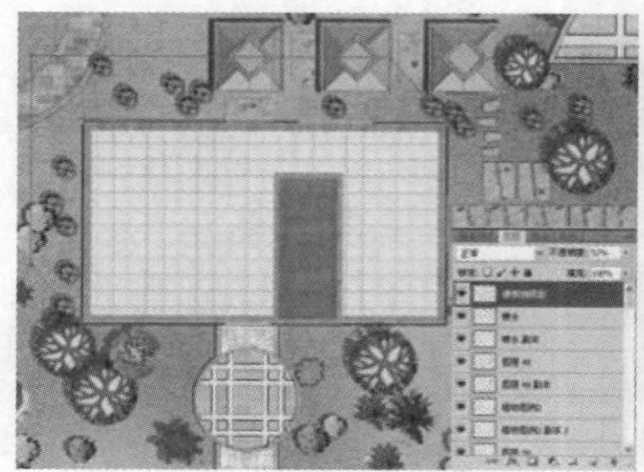

图 10-135　绘制阴影区域

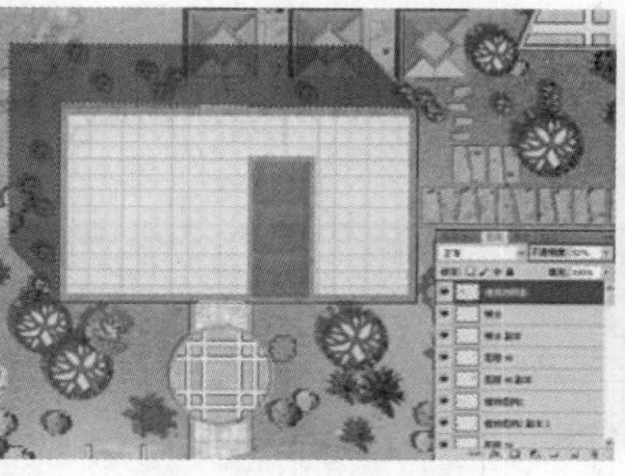

图 10-136　填充制作建筑阴影

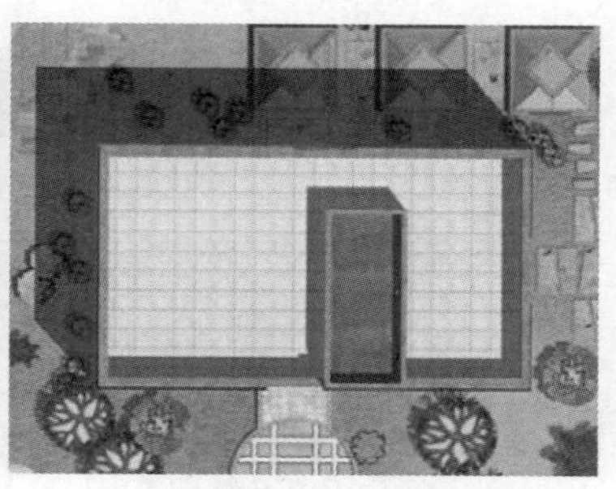

图 10-137　制作楼梯间与女儿墙阴影

**技 巧**

投影的长短，可以表现出建筑物的高矮。高大的建筑物，投影面积最长，反之就小。

09 通过类似方法操作制作右侧建筑阴影，完成本例彩色总平面图最终效果如图 10-138 所示。

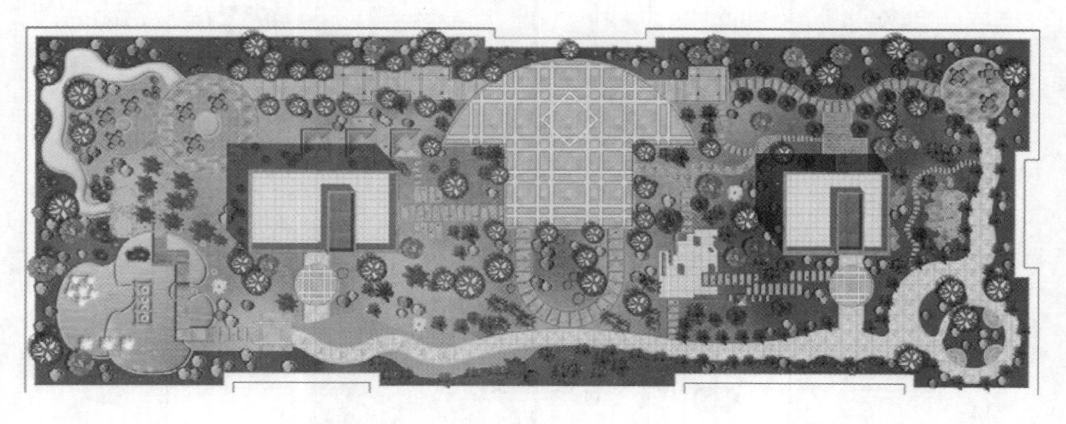

图 10-138　彩色总平面图最终效果

# 附 录

## 附 录 1：SketchUp 快捷功能键速查

| 直线 | | L | 圆 | | C |
|---|---|---|---|---|---|
| 圆弧 | | A | 材质 | | B |
| 矩形 | | R | 创建组件 | | G |
| 选择 | | 空格键 | 视图平移 | | H |
| 擦除 | | E | 旋转 | | Q |
| 移动 | | M | 推/拉 | | P |
| 缩放 | | S | 偏移 | | F |
| 卷尺 | | T | 视图缩放 | | Z |
| 环绕观察 | | O | | | |

# 附录 2：SketchUp 8.0/2015/2016 下拉菜单和工具栏对比

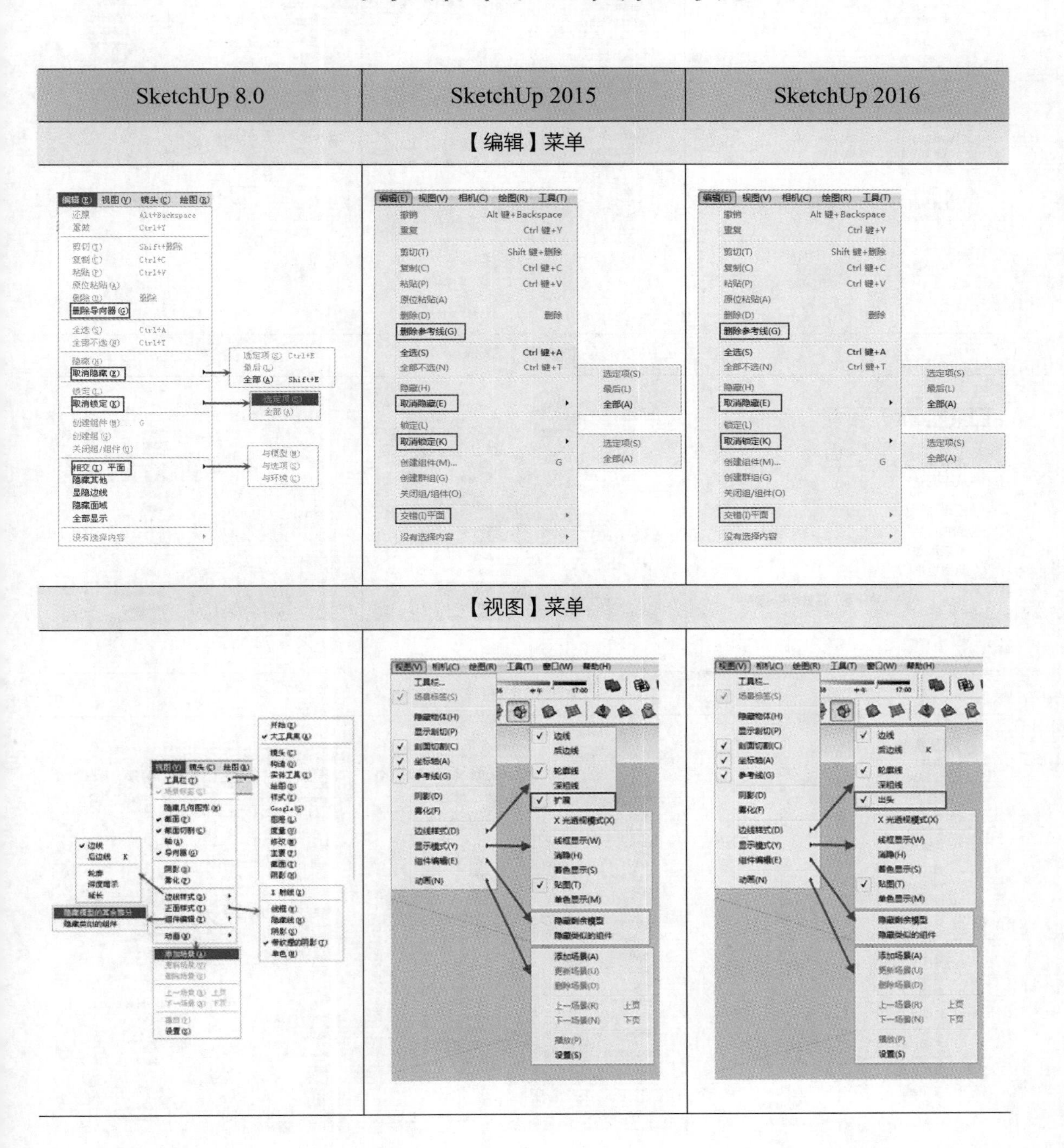

## 【镜头】或【相机】菜单

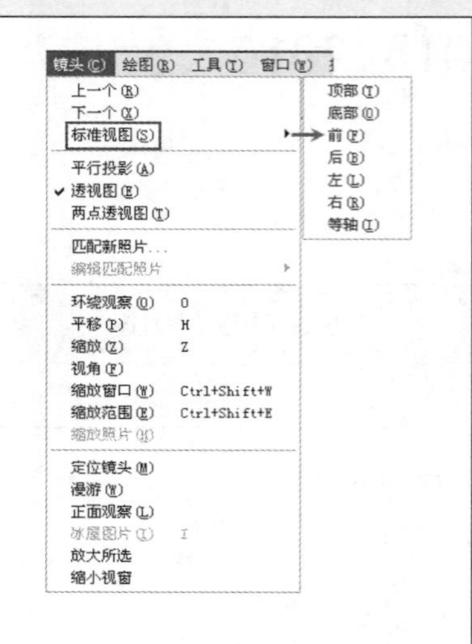


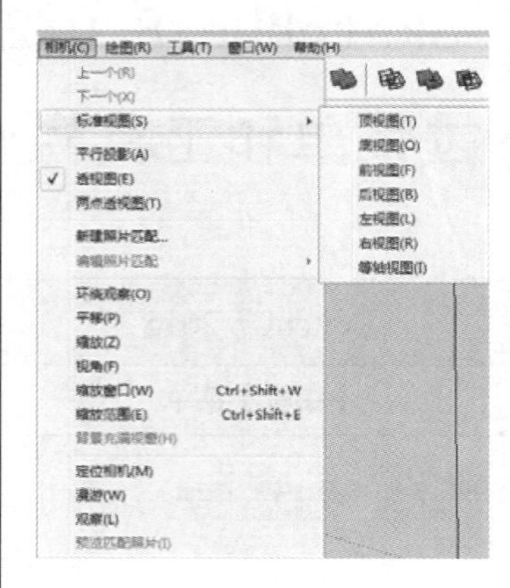

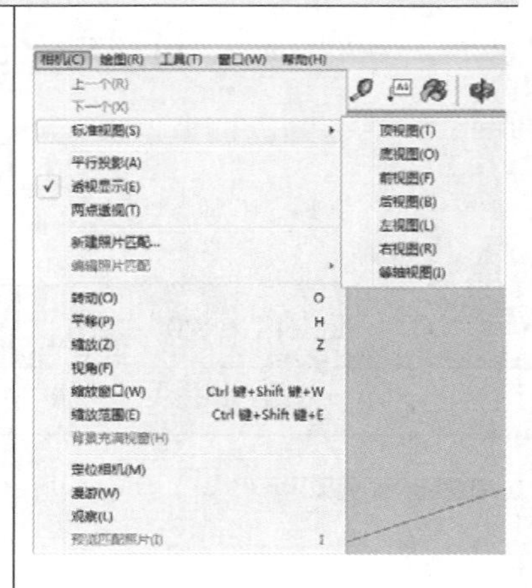

## 【绘图】菜单

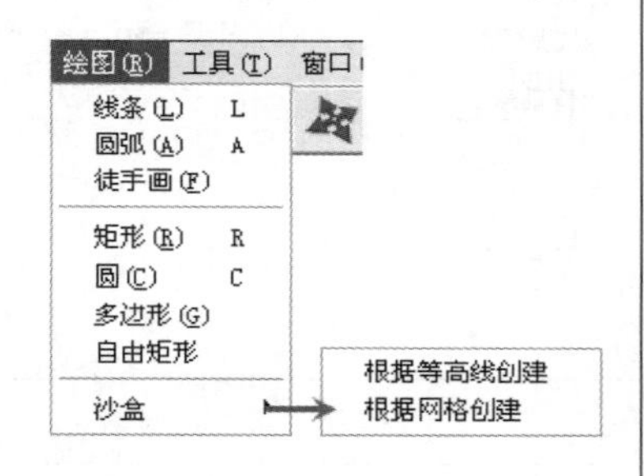


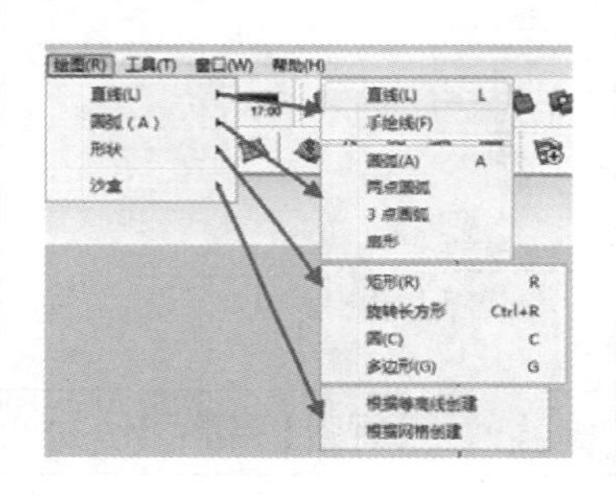

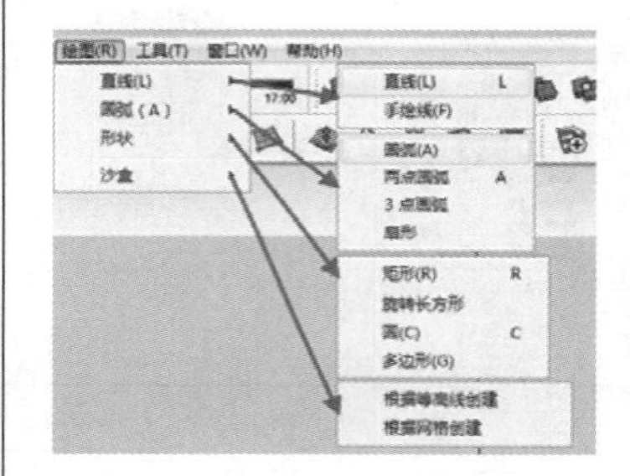

## 【工具】菜单

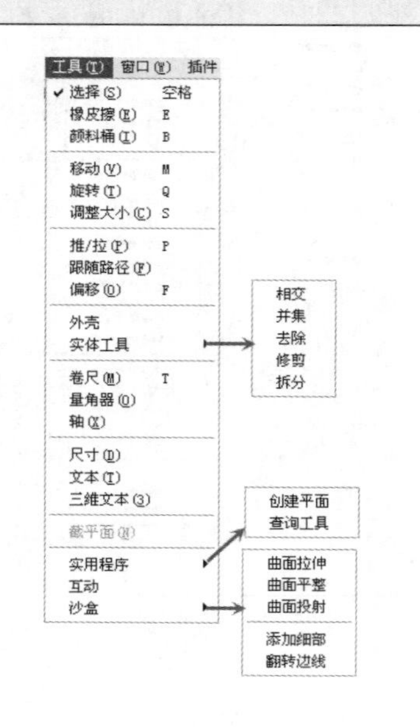


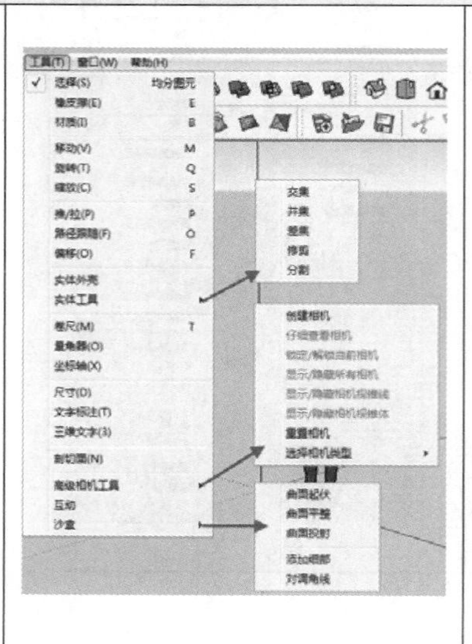

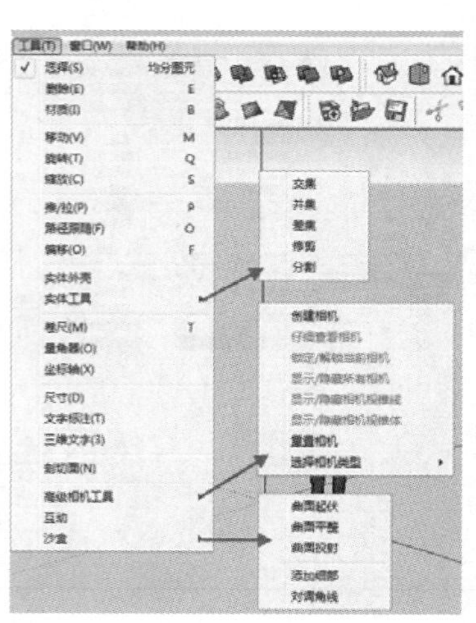

## 【窗口】菜单

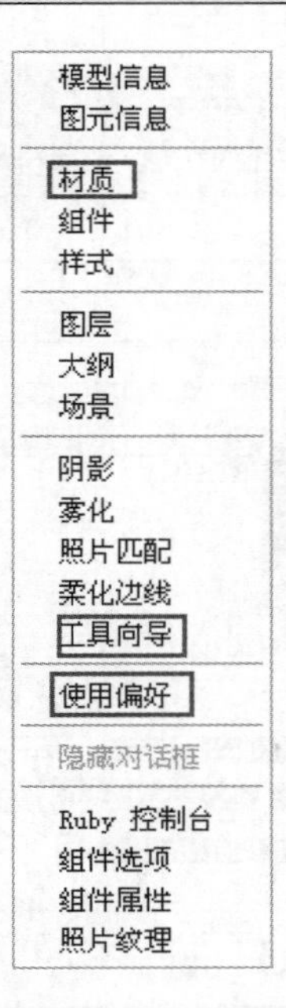


模型信息
图元信息
材料
组件 Ctrl+W
样式
图层
大纲
场景
阴影
雾化
照片匹配
柔化边线
工具向导
系统设置
Extension Warehouse
隐藏对话框
Ruby 控制台
组件选项
组件属性
照片纹理

窗口(W) 帮助(H)
默认面板 ▸
管理面板......
新建面板......
模型信息
系统设置
3D Warehouse
Extension Warehouse
Ruby 控制台
组件选项
组件属性
照片纹理

隐藏面板
更名面板
✓ 图元信息
✓ 材料
✓ 组件
✓ 风格
✓ 图层
✓ 场景
✓ 阴影
✓ 雾化
✓ 照片匹配
柔化边线
✓ 工具向导
✓ 管理目录

## 工具栏及对话框

### 沙盒工具

### 镜头或相机工具

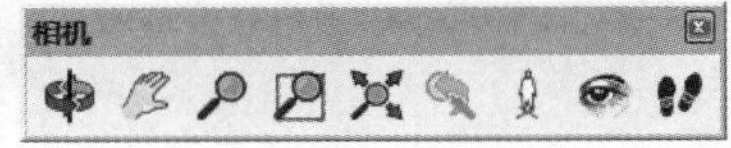


### 绘图工具

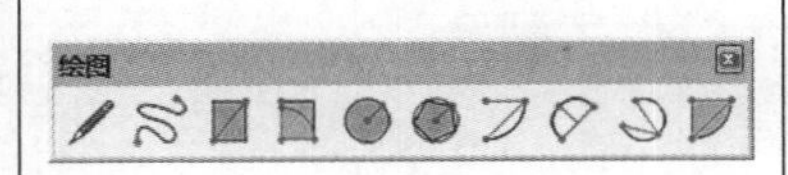


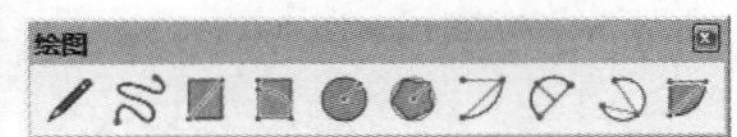


### 修改或编辑工具

| 样式或风格工具 | | |
|---|---|---|
| 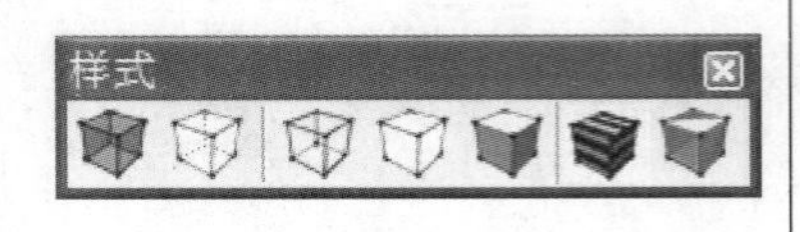 |  |  |
| 【材质】或【材料】对话框 | | |
| 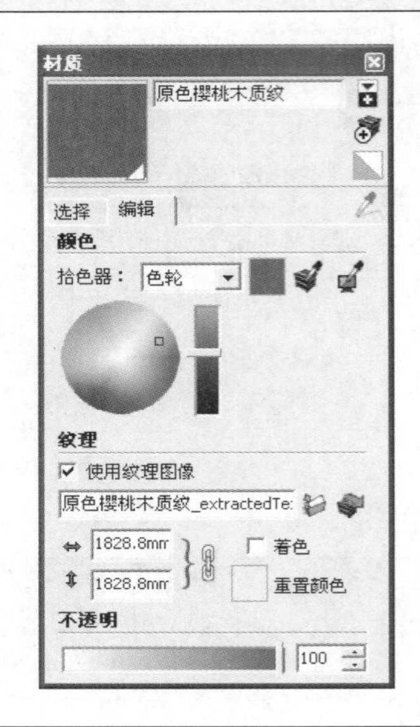 | 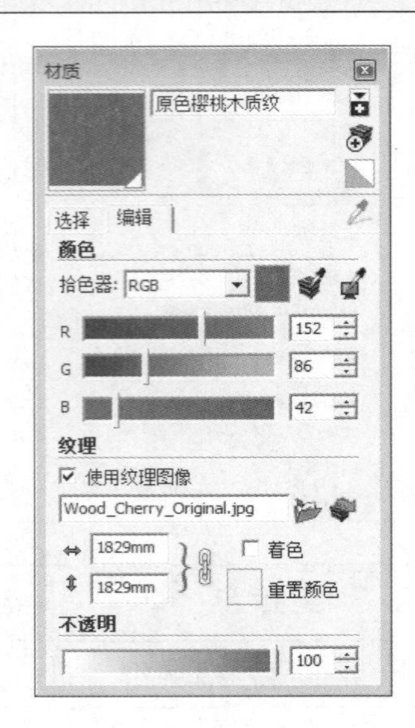 | 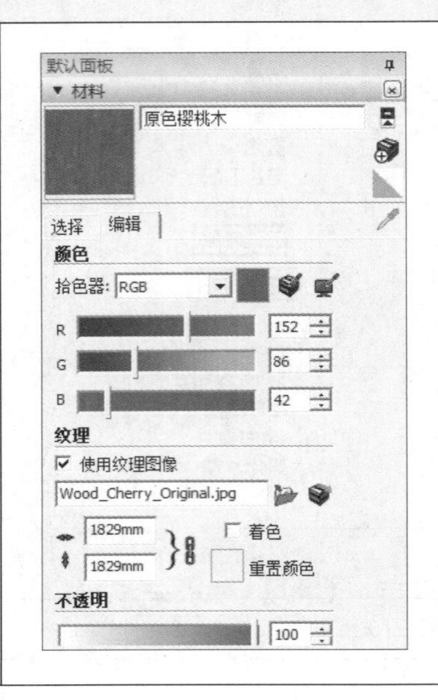 |